인강으로 합격하는

발송배전기술사

[기출+예상문제집]

Professional Engineer Generation Transmission and Distribution

양재학, 김재구, 구본우, 정일재, 공영초, 김재봉 지음

■ 도서 A/S 안내

성안당에서 발행하는 모든 도서는 저자와 출판사, 그리고 독자가 함께 만들어 나갑니다.

좋은 책을 펴내기 위해 많은 노력을 기울이고 있습니다. 혹시라도 내용상의 오류나 오탈자 등이 발견되면 "좋은 책은 나라의 보배"로서 우리 모두가 함께 만들어 간다는 마음으로 연락주시기 바랍니다. 수정 보완하여 더 나은 책이 되도록 최선을 다하겠습니다.

성안당은 늘 독자 여러분들의 소중한 의견을 기다리고 있습니다. 좋은 의견을 보내주시는 분께는 성안당 쇼핑몰의 포인트(3,000포인트)를 적립해 드립니다.

잘못 만들어진 책이나 부록 등이 파손된 경우에는 교환해 드립니다.

저자 문의 e-mail : ysk13276@naver.com

본서 기획자 e-mail : coh@cyber.co.kr (최옥현)

홈페이지 : http://www.cyber.co.kr   전화 : 031) 950-6300

Preface

머리말

고도의 정보사회로 나아가는 지금, 최고 수준의 전기기술은 다양한 분야에서 그 핵심을 이루고 있습니다. 이에 전기인들의 역할은 더욱 더 중요하게 대두되고 있습니다.

본서는 발송배전기술에 대한 참고 이론뿐만 아니라 업무상 기본개념 및 시험문제에 대한 내용을 폭 넓게 수록하여 현장 기술자와 수험자들로 하여금 자료 정리와 습득에 필요한 시간과 노력을 대폭 감소시킬 수 있도록 다음 사항에 중점을 두어 집필하였습니다.

❶ 발전소·변전소·송배전선로 설계 및 감리·기획 시 관련된 설비를 주된 내용으로 응용력을 기를 수 있도록 고차원의 내용을 담았습니다.

❷ 출제된 문제 위주로 살펴봤을 때 1999년도 57회 시험부터 최근까지 일정 기간을 두고 다시 출제되는 경향이 뚜렷하여 25년간 주요 출제문제의 해석도 대폭 보완하였습니다.

❸ 최근 안전분야가 중점적으로 다루어지면서 이에 대한 내용도 일부 포함시켜 이해도를 높이고 응용력을 키울 수 있도록 정리하였습니다.

상권	하권
• 발전공학(분산형 전원 포함) • 전력계통공학 • 배전공학	• 송전공학 • 변전공학(보호계전시스템 포함)

발송배전기술사 시험의 최근 출제경향을 자세히 분석해 보면 위에서 설명하였듯이 기출문제 중 중요문제는 일정 기간을 두고 반복적으로 다시 출제되고 있습니다. 계산 관련 문제는 기본적이고 필수적인 것이 많이 출제되고 있으며, 분산형 전원에 대한 내용도 신규 문제로 출제되고 있습니다.

Preface

    이에 학습 시 주제별로 구성된 문제를 전체적으로 필기해 보면 출제문제의 맥락을 충분히 파악할 수 있을 것입니다. 그리고 동영상 강의를 통해 내용을 숙지한 후 스스로 요약·정리하고, 기억의 고리를 활성화시키도록 MIND MAPPING 작업을 하면서 자신의 현장 경험을 첨가한다면 생생하고 완벽한 답안을 정리할 수 있을 것입니다.

    특히 이 책으로 전기인들이 국가적인 부의 창출에 기여할 기회와 설계기획부터 Fool proof 안전을 현장에 적용할 수도 있을 것으로 생각됩니다. 가장 최근의 관심인 분산형 전원의 전력계통연계 및 전력부하 증가와 저장(ESS)에 대한 기본지식을 축적하기에 좋은 책이라 자평합니다. 또한, 국내 엔지니어링에서 부족한 개념설계 부분을 많이 거론하여 기술력 향상에 노력하였으며, 대학교의 참고 교재로도 손색이 없을 것으로 생각됩니다.

    부디 이 책을 열심히 탐독하여(讀書百遍其義自見 의지로) 목표를 향해 차분하게, 그리고 배려있는 학습(수험자의 가족 및 회사에 대한 배려)을 하며 전기인으로서의 자부심을 한껏 누리시길 기원합니다.

    마지막으로 이 책의 출간을 위해 협조를 아끼지 않은 성안당 여러분들에게 심심한 감사를 드립니다.

2025년 저자 일동

시험 가이드

시험정보

01 개요

전기는 편리하고 깨끗한 에너지이지만 전기의 생산, 수송, 사용에 이르기까지의 모든 설비는 전기특성에 적합하게 시공되어야만 위험성을 배제할 수 있다. 이에 안전한 전기시설을 위하여 전문지식과 풍부한 실무경험을 겸비한 전문인력을 양성하기 위해 자격제도를 제정하였다.

02 수행 직무

발송배전설비의 계획과 운영, 발전설비, 송전설비, 배전설비, 변전설비 등 발송배전에 관한 설계, 시공, 감리 등의 기술업무를 수행하고 전기안전관리에 대한 지도를 담당한다.

03 진로 및 전망

- 한국전력공사를 비롯한 전기공사업체, 전기기기 제조업체, 신호보안장치의 제조 및 설비업체, 발전소, 철도청, 지하철공사 등에 진출할 수 있으며 일부는 전기시설 설계업체, 감리업체 등을 직접 운영하기도 한다.
- 모든 산업에서 기초가 되는 전기를 안전하게 사용하기 위해서는 배전선로의 신·증설 그리고 개·보수 공사의 기초가 되는 도면설계 및 공사감독에 전문가의 손길이 필수적이라 할 수 있다. 그러므로 전력수요의 확정에 대응하고 전력공급의 신뢰도를 높이기 위해서도 관련 자격증 소지자의 역할이 커지고 있는데 발송배전기술사는 발전설비, 송배전설비 등에 대한 설계·감리 등을 담당하는 최고의 기술자로 대우를 받을 수 있으며 전기, 전자, 전력, 통신 관련 분야 등 활동범위가 넓다. 또한, 「송유관 사업법」에 의해 송유관 사업에의 안전관리책임자로 고용될 수 있다.

04 시행처

한국산업인력공단 http://www.q-net.or.kr

05 관련 학과

대학의 전기공학, 전기제어공학 등 전기 관련 학과

06 시험과목

발송배전설비의 계획과 운영, 발전설비, 송전설비, 배전설비, 변전설비, 기타
발송배전에 관한 사항

07 검정방법

- 필기 : 단답형 및 주관식 논술형(매 교시당 100분, 총 400분)
- 면접 : 구술형 면접(30분 정도)

08 합격기준

100점을 만점으로 하여 60점 이상

09 출제경향

- 발송배전과 관련된 실무경험, 일반지식, 전문지식 및 응용능력
- 기술사로서의 경영관리·지도관리능력, 자질 및 품위

10 출제기준

주요 항목	세부 항목
1. 발송배전 일반	(1) 전력수요관리(수요상정, 부하관리, 예비율, 첨두부하억제 등) (2) 계통연계 및 운영(loop 운용, 광역연계, 분산형 전원연계 등) (3) 전원계획(계통 및 입지 계획, 전원의 종류 및 특징 등) (4) 발전소 기획(타당성 조사, 민자 발전사업 등) (5) 환경대책(발전소와 송배전 계통의 환경대책 등) (6) 전기회로 및 전기기기 일반 이론 (7) 전력설비 건설사업 관리에 관한 사항 (8) 신규전력공급에 관한 사항

2. 발전공학	(1) 수력발전
	  • 수력발전의 원리 등
	  • 수차의 종류 및 특성 등
	  • 낙차와 유량, 수력발전설비 등
	  • 양수발전소의 원리 및 특성 등
	(2) 화력발전
	  • 화력발전의 원리 등
	  • 열 사이클과 효율 등
	  • 화력발전설비(보일러, 급수장치, 과열기, 절탄기, 공기예열기, 집진장치 등)
	(3) 발전기의 종류와 특성 등
	  • 증기터빈 발전기, 가스터빈 발전기 등
	(4) 발전기의 여자방식, 냉각방식, 가능출력곡선, 단락비 등
	(5) 열병합발전, 복합발전, PFBC, CFBC, IGCC 등
	(6) 원자력발전
	  • 원자력발전설비의 종류와 특성 등
	  • 원자력발전의 안전성과 장단점 등
	(7) 신재생에너지에 의한 발전기술(연료전지, 바이오메스, 태양광, 풍력, 조력 등)
	(8) 발전소 소내 전력설비 등

주요 항목	세부 항목
3. 송전공학	(1) 교류 송전계통의 특성 • 가공 송전선로 및 지중 송전선로의 구성 • 선로정수와 코로나 등 • 집중 및 분포 정수회로, 송전용량의 이해 • 중성점 접지방식과 유도장해 등 • 이상전압의 발생원인과 방지대책 등 • 절연협조 (2) 직류송전(HVDC) • 직류송전의 특성과 장단점 등 • 직류송전 개폐장치 등 • 직류송전 설비의 구성 등 • 기타 직류송전 관련 기술 및 설비 등 (3) 신송전기술(초고압전력 케이블의 종류 및 전기적 특성 등)
4. 변전공학	(1) 변전소 설비 계획 • AIS 변전소와 GIS 변전소의 특성 • 변전소 원방 감시 제어 • 변전소 설계(모선 구성방법, 접지, 부대설비 등) • 변압기의 종류, 결선, 냉각방식, 시험방법 등 • 변압기의 병렬운전 조건 등 • 개폐장치, CT/VT, 모선의 종류 및 특성 등 (2) 보호계전 시스템 (3) 디지털 변전 등 변전 신기술(전력 IT 기술 등) (4) 전기철도 변전설비

주요 항목	세부 항목
5. 배전공학	(1) 배전계통의 구성, 배전방식 등 　• 배전선로의 관리와 보호 　• 배전계통의 플리커 및 전압 안정대책 　• 배전계통 설계 　• 배전계통의 접지설계 (2) 배전계획 (3) 배전자동화 등 배전 신기술 (4) 부하설비 (5) 전기철도 선로 등
6. 전력계통공학	(1) 전력계통 계획 및 운용, 제어 　• 전력조류 계산 　• 전력계통의 경제적 운용 　• 계통 운용 및 제어 　• 고조파 해석 및 방지대책 등 (2) 전력계통의 안정도 　• 고장해석 및 단락용량 경감대책 등 　• 전력계통의 신뢰도 　• 전력계통 안정화 대책 (3) 전력설비 정전예방 및 진단기술 (4) 계통 신기술(FACTS, 전력 IT 기술 등) (5) 스마트그리드 및 분산형 전원의 계통 연계기술 (6) 발전소 제어설비 등
7. 신기술 동향 등	(1) 원가절감, 생산성 향상, 신재료, 신기술 개발 및 공정개선에 관한 사항 등 (2) 발송배전분야 주요 시사 이슈 등

시험 가이드

합격전략

1교시	• 시험시간 100분 동안 13문제 중 10문제 정도를 선별하여 답안지를 작성하며 그 중 7문제는 거의 완벽하게 작성한다. • 3문제 정도는 문제를 분해해서 10점 정도를 획득한다 생각하고 답안지를 작성한다. • 1문제당 1페이지에서 1.5페이지 정도로 분량을 선정하고 답안지를 작성한다.
2교시	• 시험시간 100분 동안 6문제 중 4문제를 선별하여 답안지를 작성하되, 그 중 3문제는 거의 완벽하게 답안지를 작성한다. • 1문제는 문제를 분해해서 25점 정도를 획득한다 생각하고 답안지를 작성한다. • 1문제 안에는 그림 1개와 표 1개 이상을 포함하여 답안지를 작성한다. • 1문제당 2페이지에서 3페이지 정도로 분량을 선정하고 답안지를 작성한다.
3교시	• 시험시간 100분 동안 6문제 중 4문제를 선별하여 답안지를 작성하되, 그 중 3문제는 거의 완벽하게 답안지를 작성한다. • 1문제는 문제를 분해해서 25점 정도를 획득한다 생각하고 답안지를 작성한다. • 1문제 안에는 그림 1개와 표 1개 이상을 포함하여 답안지를 작성한다. • 1문제당 2페이지에서 3페이지 정도로 분량을 선정하고 답안지를 작성한다.
4교시	• 시험시간 100분 동안 6문제 중 4문제를 선별하여 답안지를 작성하되, 그 중 3문제는 거의 완벽하게 답안지를 작성한다. • 1문제는 문제를 분해해서 25점 정도를 획득한다 생각하고 답안지를 작성한다. • 1문제 안에는 그림 1개와 표 1개 이상을 포함하여 답안지를 작성한다. • 1문제당 2페이지에서 3페이지 정도로 분량을 선정하고 답안지를 작성한다.

암기비법

반복과 연상기법을 다음과 같이 실행하여 끊임없이 적극적으로 실천한다.

1. 자기 전에 그날 공부한 내용을 1문제당 2분 이내로 빠른 시간 내에 소리내어 읽어본다.
2. 다음날 일어나서 다시 한번 전날 학습한 내용을 되새기며 형광펜으로 밑줄 친 내용을 읽어본다.
3. 학습 전 어제와 그제 공부한 내용을 반드시 30분 정도 되새겨 본다.
4. 스마트폰에 본인이 공부한 내용을 촬영하여 화장실이나 대중교통 이용 시 반복하여 읽는다.
5. 업무 중 휴식 시간에 자신이 학습한 내용을 연상하며 되새겨 본다.
6. 직장 동료들이나 가족들 간의 대화에도 면접에 필요한 논리적인 대화를 할 수 있도록 연습하고 자신이 학습한 내용을 상대방에게 설명할 수 있도록 훈련한다.

※ 기술사 2차는 면접시험으로 언어능력, 특히 표현력이 부족하여 곤란한 경우가 많으므로 평상시에 연습해 두어야 한다.

시험지침

01 시험장 입장

- 시간 : 오전 8시 30분(가능한 대중교통 이용)
- 준비물 : 점심(초콜릿, 생수, 비타민, 껌 등), 공학용 계산기, 원형 자, 필기도구(검정색 4개), 신분증, 수험표 등

02 시험 시작

(1) 1교시 : 9:00~10:40(100분) → 13문제 중 10문제 필수 작성
- 20분간 휴식 : 이 시간에 본인이 기록한 것을 빠르게 전체적으로 본다.

(2) 2교시 : 11:00~12:40(100분) → 6문제 중 4문제 필수 작성
- 1시간 점심시간(12:40~13:40) : 식사를 빠르게 하고 남은 시간에 본인이 기록한 것을 빠르게 전체적으로 본다.

(3) 3교시 : 13:40~15:20(100분) → 6문제 중 4문제 필수 작성
- 20분간 휴식 : 이 시간에 본인이 기록한 것을 빠르게 전체적으로 본다.

(4) 4교시 : 15:40~17:20(100분) → 6문제 중 4문제 필수 작성
- 시험이 끝난 후 조용히 집으로 귀가하여 시험 본 내용을 꼼꼼히 작성할 것

답안 작성의 모든 것

01 답안지 작성방법

(1) 답안지는 230mm×297mm 전체 양면 14페이지로 22행 양식이다(용지가 매우 우수한 매끄러운 용지임).

(2) 필기도구 : 검정색의 1.0mm 또는 0.7~0.5mm 볼펜이나 젤펜 사용(본인의 감각에 맞게 선택)

(3) 1교시 답안지 작성법
답안지 작성 전에 전략을 세운다. 10문제를 선택하여 목차를 문제지나 답안지의 제일 앞장에 간단히 작성한다.
→ 답안지에 신속히 작성(25점 형태로 오버페이스 금지)하되 잘못 기재한 내용이 있으면 두 줄을 그어 지우고 진행한다.

(4) 2~4교시 답안지 작성법
답안지 작성 전에 전략을 세우는데 4문제를 신택하여 목차를 문제지나 답안지의 제일 앞장에 간단히 작성한다.
→ 답안지에 신속히 작성(25점 형태로 일부 오버페이스 가능)하되 잘못 기재한 내용이 있으면 두 줄을 그어 지우고 진행한다.

02 답안 작성 노하우

기술사 답안은 논리적 전개가 확실한 기획서와 같은 형식으로 작성하는 것이 효율적이다.

다음은 기본적인 답안 작성 방법으로 문제 형식에 맞춰 응용하며 연습하면 완성도 높은 답안을 작성할 수 있을 것이다.

(1) 서론

개요는 출제의도를 파악하고 있다는 것이 표현되도록 핵심 키워드 및 배경, 목적을 포함하여 작성한다.

(2) 본론

① 제목 : 제목은 해당 답안의 헤드라인이다. 어떤 내용을 주장하는지 알 수 있도록 작성한다.

② 답변 : 문제에서 요구하는 내용은 꼭 작성하여야 하며, 필요에 따라 사례 및 실무 내용을 포함하도록 작성한다.

③ 문제점 : 내가 주장하는 논리를 펼 수 있는 문제점에 대하여 작성하도록 하며, 출제 문제에 해당하는 정책, 법적 사항, 이행사항, 경제·사회적 여건 등 위주로 작성한다.

④ 개선방안 : 작성한 문제점에 대한 개선방안으로 작성한다.

※ 본론 전체의 내용은 다음을 염두에 두고 작성한다.

- 내가 주장하는 바의 방향이 맞는가
- 각 내용이 유기적으로 연계되어 있는가
- 결론을 뒷받침할 수 있는 내용인가

(3) 결론

전문가의 식견(주장)이 담긴 객관적인(과도한 표현 지양) 문장이 되도록 작성하며, 본론에서 제시한 내용에 맞게 작성한다.

03 답안 작성 시 체크리스트

기술사 답안 작성 후 다음 항목들을 체크해 본다면 답안 작성의 방향을 설정할 수 있을 것이다.

- ☑ 출제의도를 파악했는가?
- ☑ 문제에 대한 다양한 자료를 수집하고 이해했는가?
- ☑ 두괄식으로 답안을 작성했는가?
- ☑ 나의 논지가 담긴 소제목으로 구성했는가?
- ☑ 가독성있게 핵심 키워드와 함축된 문장으로 표현했는가?
- ☑ 전문성(실무내용)있는 내용을 포함했는가?
- ☑ 적절한 표 또는 삽도를 포함했는가?
- ☑ 논리적(스토리텔링)으로 답안을 구성했는가?
- ☑ 논지를 흩트리는 과도한 미사여구가 포함됐는가?
- ☑ 임팩트 있는 결론인가?
- ☑ 나만의 답안인가?

04 답안지 작성 시 글씨 쓰는 요령

(1) 세로획은 똑바로, 가로획은 약 25도로 우상향하는 글씨체로, 굳이 정자체를 고집할 이유는 없고 채점자들이 알 수 있는 얌전한 글씨체로 쓴다.
그리고 세로획이 자기도 모르게 다른 줄을 침범하는 경우가 있는데, 이는 채점자에게 안 좋은 이미지를 줄 수 있다. 또한, 가로로 작성하다 보면 답안지 양식의 테두리를 벗어나는 경우에도 채점자에게 안 좋은 이미지를 줄 수 있다.

(2) 글씨의 크기와 작성
  ① 답안지 양식에서 가로 줄 사이 정중앙에 글을 쓴다.
  ② 수식은 두 줄을 이용하여 답답하지 않게 쓴다.

③ 그림의 크기는 5줄 이내로 나타낸다.
④ 복잡한 표는 시간이 많이 소요되므로 간략한 표로 나타낸다.

답안지 작성 예

```
문1. 저압 전로에서 특별저압에 대한 ~

답)

  1. 개요

    (1)

    (2)

       ①

       ②

  2. 특성

    (1) 1 방법

       ①

          ㉠

    (2) 2 방법

       ①

          ㉠
```

테두리를
벗어나지
말 것

답안지 양식

아래한글에서 다음 답안지 양식을 인쇄하여 답안지를 작성하는 연습을
한다. [위 : 20mm, 머리말 : 8.0mm, 왼쪽 : 21.0mm, 오른쪽 : 25.0mm,
제본 : 0.0mm, 꼬리말 : 3.0mm, 아래쪽 : 15.0mm(A4 용지)]

CONTENTS 차 례

PART 01 송전공학

CONTENTS

CONTENTS 차례

CONTENTS

PART 02 변전공학

CONTENTS 차 례

CONTENTS

부록　　최근 기출문제 해설

"할 수 있다고 믿는 사람은 그렇게 되고,
할 수 없다고 믿는 사람 역시 그렇게 된다."

- 샤를 드골 -

송전공학

Professional Engineer
Generation Transmission and Distribution

직류 송전과 교류 송전

SECTION 01 실횻값과 평균값

001 정현파의 실횻값과 평균값의 의미를 설명하시오.

data 발송배전기술사 16-110-1-1 / 발송배전기술사, 건축전기설비기술사, 전기안전기술사 출제예상문제

comment 발송배전기술사 16-110-1-1은 발송배전기술사 시험 16년 110회 1교시 1번 문제를 의미하므로, 학습 시 참고하도록 한다.

답안 1. 실횻값(rms : root mean square)

(1) 정의

교류에 있어 순간값의 제곱 평균의 평방근

(2) 표현식

① $I = \sqrt{\dfrac{1}{T}\displaystyle\int_0^T i^2 dt}\,[\text{A}]$

② 정현파의 실횻값 : 순시값은 $i = I_m \sin\omega t$ 이므로

정현파 실횻값 $I = \sqrt{\dfrac{1}{T}\displaystyle\int_0^T (I_m \sin\omega t)^2 dt} = \dfrac{I_m}{\sqrt{2}} = 0.707 I_m\,[\text{A}]$

(3) 실횻값을 사용하는 물리적 의미

교류의 전압과 전류의 크기는 진폭을 알면 정해지지만 그 순시값은 시간에 따라 변화하므로 진폭만을 가지고 그 크기를 정하면 실용상 불편하므로 실횻값을 정하게 되면 시간과 관계없이 사용하게 되어 불편한 점을 해소시킬 수 있다.

(4) 직류와 정현파 교류의 실횻값

① 직류의 크기 = 최댓값

② 정현파 교류의 실횻값 $= \dfrac{최댓값}{\sqrt{2}}$

③ 실적용 예 : 코로나 방전인 경우의 공기 절연 파괴전압

ㄱ 직류 : 30kV/cm

ㄴ 교류 : $\dfrac{30}{\sqrt{2}} = 21.1\,\text{kV/cm}$

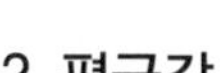

2. 평균값

(1) 정의

평균값(mean value)이란 교류에 있어 한 주기의 평균을 취하면 0이 되므로 순시값이 정(正) 또는 부(負)가 되는 반주기의 평균을 취한 값이다.

(2) 표현식(전류를 예로 설명)

① $I_{av} = \dfrac{1}{\dfrac{T}{2}} \displaystyle\int_0^{\frac{T}{2}} i \cdot dt \, [\text{A}]$

② 정현파의 평균값

 ㉠ 순시값 : $i = I_m \sin\omega t \, [\text{A}]$

  여기서, I_m : 최댓값[A]

 ㉡ 정현파의 평균값 : $I_{av} = \dfrac{1}{\dfrac{T}{2}} \displaystyle\int_0^{\frac{T}{2}} I_m \sin\omega t \cdot dt$

$$= \dfrac{2}{T} \int_0^{\frac{T}{2}} I_m \sin\omega t \, dt = \dfrac{2}{\pi} I_m = 0.637 I_m \, [\text{A}]$$

3. 최댓값과의 비율[파형률(form factor)과 파고율(crest factor)]

(1) 비정현파의 모양을 예상하기 위하여 실횻값이나 최댓값만으로는 불충분하므로 파의 형태와 높이의 비율을 정한다.

(2) 표현식

① $\text{파형률} = \dfrac{\text{실횻값}}{\text{평균값}}$

② $\text{파고율} = \dfrac{\text{최댓값}}{\text{실횻값}}$

(3) 정현파의 파형률과 파고율

① $\text{파형률} = \dfrac{\text{실횻값}}{\text{평균값}} = \dfrac{\dfrac{I_m}{\sqrt{2}}}{0.637 I_m} = 1.11$

② $\text{파고율} = \dfrac{\text{최댓값}}{\text{실횻값}} = \dfrac{I_m}{\dfrac{I_m}{\sqrt{2}}} = 1.414$

002 파형률(form factor)과 파고율(crest factor)에 대하여 설명하고, 아래 파형에 대한 파형률과 파고율을 구하시오.

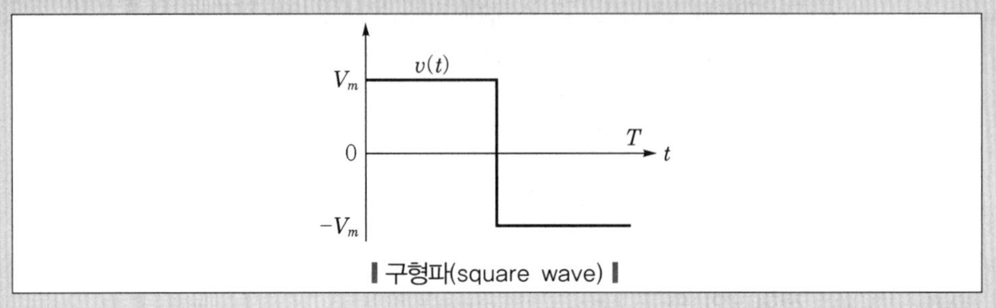

data 발송배전기술사 19-118-1-12 / 발송배전기술사, 건축전기설비기술사, 전기안전기술사 출제예상 문제

답안

1. 파형률(form factor)과 파고율(crest factor)

(1) 파형률(form factor)과 파고율(crest factor)을 사용하는 사유

① AC의 크기를 보통 열적인 개념(I^2R)으로 이용하기 위해서 실횻값을 사용한다.

② 실횻값으로는 파의 형태까지 알 수 없어 이를 알기 위해서 파고율(crest factor : 수탉의 벼슬모양으로 최고 지점을 의미)과 파형률을 사용한다.

(2) 파형률과 파고율

① 파고율 $= \dfrac{\text{최댓값}}{\text{실횻값}}$

② 파형률 $= \dfrac{\text{실횻값}}{\text{평균값}}$

2. 구형파의 파형률과 파고율

(1) 구형파의 실횻값과 평균값

① $V_{\mathrm{rms}} = \sqrt{\dfrac{1}{\frac{T}{2}} \displaystyle\int_0^{\frac{T}{2}} V_m{}^2\, dt} = V_m\,[\mathrm{V}]$

② $V_{av} = \dfrac{1}{\frac{T}{2}} \displaystyle\int_0^{\frac{T}{2}} V_m\, dt = V_m\,[\mathrm{V}]$

③ 구형파에서는 실횻값과 평균값은 같은 수치이다.

(2) 파형률과 파고율

① 파고율 $= \dfrac{최댓값}{실횻값} = \dfrac{V_m}{V_m} = 1$

② 파형률 $= \dfrac{실횻값}{평균값} = \dfrac{V_m}{V_m} = 1$

003 60Hz 정현파 교류의 파형을 그리고, 최댓값와 실횻값의 관계와 의미를 설명하시오.

data 발송배전기술사 18-115-1-3 / 발송배전기술사, 건축전기설비기술사, 전기안전기술사 출제예상 문제

답안

1. 60Hz 정현파 교류의 파형

(1) 1초에 60회 정현파로 진동하는 교류의 파형이다.

(2) 일반적으로 교류값은 실횻값을 의미한다.

(3) 교류값은 순시값, 최댓값, 평균값, 실횻값이 있다.

(4) 정현파 교류의 파형

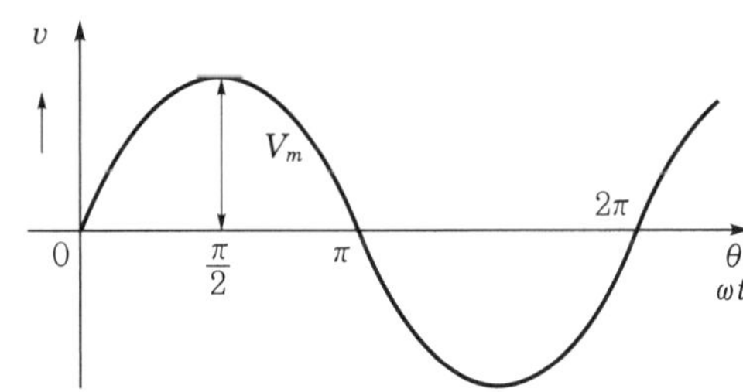

2. 최댓값과 실횻값의 관계와 의미

(1) 최댓값의 의미

① 순시값 $v = V_m \sin\omega t$ 에서 V_m 을 말한다.

② 순시값이란 순간순간에 나타나는 정현파의 값으로서, 회전각 θ 와 시간 t 에 따라 값이 변화한다.

(2) 실횻값의 의미

　① Root Mean Square를 말한다($V_{\rm rms}$).

　② 실횻값이란 교류값을 직류로 만들었을 때 동일 열량을 생성하는 크기를 말한다.

(3) 최댓값과 실횻값의 관계

$$V_{\rm rms} = \sqrt{\int_0^\pi \frac{v^2}{\pi} d\theta} = \sqrt{\frac{V_m{}^2}{\pi} \int_0^\pi \sin\theta^2 \cdot d\theta}$$

$$= \sqrt{\frac{V_m{}^2}{\pi} \int_0^\pi (1 - \cos^2\theta) \cdot d\theta}$$

$$= \frac{V_m}{\sqrt{2}} = 0.707\, V_m\,[\mathrm{V}]$$

즉, 실횻값은 최댓값의 $\dfrac{1}{\sqrt{2}}$ 배이다.

SECTION 02 직류 송전과 교류 송전의 특성

004 HVDC와 HVAC 송전방식을 기술성, 환경성, 경제성 측면에서 비교하고, 전류형 HVDC와 전압형 HVDC를 비교 설명하시오.

(data) 발송배전기술사 18-114-3-4 / 발송배전기술사 출제예상문제

답안

1. 직류송전방식의 기술성

(1) 전압의 최댓값이 낮다.

직류 전압＝교류 최곳값의 $\dfrac{1}{\sqrt{2}}$ 로 절연이 용이하여 AC보다 유리하다.

(2) 표피효과가 없다.

(3) 정전용량에 무관하여 송전선로의 충전이 불필요하다.

(4) 무효전력을 필요로 하지 않으므로 자기여자현상이 없고, 페란티 효과도 없다.

(5) 계통의 안정도 향상

① 신속한 조류 제어가 가능하므로 교류 계통의 사고에 의해 발생된 주파수 교란을 직류 전력 제어를 통하여 제어가 가능하므로, 연계 계통의 과도안정도가 향상된다.

② 송·수전단이 각각 독립운전이 가능하다.

(6) 주파수가 다른 계통과 비동기 연계(back to back system 적용 가능)가 가능하다.

(7) 교류 계통 간을 연계할 경우 직류 연계에 의한 단락용량의 증가는 없다.

(8) 단락전류가 작은 교류 계통 연계 시 교류 연계점에서 전압 불안정 현상이 발생한다.

(9) 교류 계통보다 자유도가 작고 제어방식 및 차단기의 신뢰성이 제고되어야 한다.

(10) 변환장치에서 고조파가 발생하므로 이의 방지대책이 요구된다.

(직류 측에서는 k_p차의 고조파, 교류 측에서는 $k_p \pm 1$의 고조파가 발생)

2. 직류 송전방식의 환경성

(1) 블록장치가 요구된다.

변환기의 ON-OFF로 고조파 전류가 변환소 내로 순환 시 각 모선이 Loop 안테나 작용으로 인해 라디오 주파수대에서 잡음이 발생한다. 따라서, 블록장치가 요구된다.

(2) 해저 케이블 설치 후 적정한 케이블 방호대책이 긴요하다(레이다 망 건설 등).

(3) 직류 2단자 송전방식의 대지귀로(해수귀로) 방식을 적용할 경우 문제점은 아래와 같다.

    ① 지중 매설금속에 대한 직류 전류의 영향 등(전식 등)

    ② 통신선이나 신호선에 대한 직류 전류의 영향

    ③ 해수귀로식은 선박의 나침반 작동에 악영향

3. 직류 송전의 경제성

(1) 역률 1로 송전효율이 높고, 유전손이 없다.

케이블의 온도 상승 요인은 저항손, 유전체손, 연피손(시스손)에 기인하므로, 직류의 유전체손이 없는 만큼, DC Cable의 온도 상승은 감소된다.

(2) 대지귀로 송전이 가능한 경우는 귀로도체를 생략할 수 있다.

(3) 변환장치는 유효전력이 50 ~ 60%로 무효전력을 소비하여 무효전력 보상설비의 비용이 크다.

(4) 변환장치가 고가이기 때문에 소용량 단거리 송전계통에 적용하는 것은 비경제적이다.

(5) 해저 케이블을 운반하거나 해저에서 케이블 접속점이 없어야 되므로 자재비가 고가이다.

4. HVAC(교류 송전방식)의 기술성

(1) 승압과 감압이 자유롭다.

(2) 직류 발전기보다 기기가 간단하고, 보수가 간편하다.

(3) 회전기에서는 3상의 회전자계를 이용하므로 직류보다 유리하다.

(4) 직류 송전보다 차단성이 우수하다.

(5) 송전전력 한계가 $P = \dfrac{V_s V_r}{X} \sin\delta [\text{MW}]$에 의해 제한된다.

(6) 주파수가 다른 교류 계통의 연계운전이 불가능하다.

5. 교류 송전의 환경성

초고압이 될수록 유도장해 유발 가능성이 높다.

6. HVAC(교류 송전방식)의 경제성

(1) 무효전력 및 표피효과로 송전손실이 크다.

(2) 현재 부하의 대부분이 AC로, 통일된 방식을 적용하고 있어 합리적·경제적 운용이 가능하다.

(3) 기기 및 선로의 절연비용이 HVDC에 비해 크다.

7. 전류형 HVDC와 전압형 HVDC의 비교

(1) 전류형 HVDC 시스템의 장점

사이리스터 밸브를 이용하는 '전류형 HVDC 시스템'이다.

① 기술개발 및 사업화 측면에서는 현재 KAPES, LS 산전 등 국내 기술개발이 추진 중이고, 기술개발의 자체 추진으로 사업화를 위한 실적이 가능하다.

② 시공 및 경제성 측면에서 전류형은 케이블이 상대적으로 고가이지만 변환설비는 상대적으로 저가로서 경제성이 우수하다.

③ 신뢰성이 검증된 기술을 사용할 수 있으며, 손실이 적은 편이다.

④ 대용량에 적용한다.

⑤ 시장 점유율은 전류형이 97%로 압도적이나, 기술 성숙기이다.

(2) 전류형 HVDC 시스템의 단점

전류원 변환장치로 계통전압이 필요한 사이리스터 밸브를 사용한다.

① 양측 변환소에 전압원이 있어야 기동이 가능하다.

② 최소 단락용량이 필요하다.

③ 변압용 변압기를 사용한다.

④ 고조파 35%의 보상을 포함하여 50%의 무효전력 보상이 필요하다.

⑤ 시공 및 경제성 측면에서 케이블이 상대적으로 고가이다.

(3) 전압형 HVDC 시스템(VSC)의 장점

전압형 HVDC는 전압원 변환장치로 IGBT 밸브를 사용한다.

① 고속 스위칭에 의해 점차 고조파가 큰 폭으로 감소해 고조파 필터의 크기가 상대적으로 작다.

② 고조파를 15% 수준으로 보상하므로 전류형에 비하여 적은 보상설비로 운용이 가능하다.

③ 무효전력에 대한 보상은 필요가 없기 때문에 무효전력 공급제한이 없다.

④ 일반 변압기를 사용하며, 계통 단락용량에 대한 제한이 없다.

⑤ 모듈화되고 규격화된 설계로 짧은 기간에 전력 전송이 가능하다.

⑥ 전압과 전력의 제어가 용이하다.

⑦ 매우 적은 단락용량에서도 정전기동(black start)이 가능하다.

⑧ 전력흐름의 방향을 순시전환한다.

⑨ LCC 변환소보다 VSC 변환소의 부지가 작다.

⑩ Multi-terminal system과 케이블 송전에 적합하다.

⑪ 커패시터와 리액턴스의 무효전력과 설비정격 내의 유효전력을 독립적으로 제어한다.

⑫ 전압형의 경우 케이블 시공에 유리하다.

⑬ 전압형은 자체 기동이 가능하다.

(4) 전압형 HVDC 시스템의 단점

① 전압형 HVDC 시스템의 경우 고속 스위칭을 해야 하기 때문에 손실률이 5 ~ 10% 가까이 되어 대용량일 경우 경제성이 떨어진다.

② 고속 스위칭을 해야 하기 때문에 전류형 HVDC에 비해 수명도 저하된다.

③ 전류형에 비해 전압형은 해외 기술로 시행을 해야 하는 단점이 있다.

④ LCC에 비해 손실이 크다.

⑤ LCC에 비해 VSC가 고가이다(변환설비의 가격이 고가).

⑥ 소용량(330MW)에 적용한다.

---

005 직류 송전시스템의 구성형태에 있어서 다음 아래의 각 항목에 대하여 설명하시오.
1. Point-to-Point 방식
2. Back-to-Back 방식
3. Multi-terminal 방식

data 발송배전기술사 18-116-2-1 / 발송배전기술사 출제예상문제

답안 1. Point-to-Point 방식

(1) 정의

가공선이나 케이블로 송전선로를 건설하여 두 지점을 계통연결하는 방식이다.

(2) HVDC의 기본적인 구성방식이다.

(3) 구분

모노폴라(monopolar : 단극) 방식과 바이폴라(bipolar : 양극) 방식으로 구분한다.

(4) Point-to-Point 방식 중 모노폴라(monopolar : 단극 시스템) 방식

① 하나의 송전선과 2개의 변환기로 구성된다.

② 장거리 가공송전선로의 대용량 전력을 경제성 있게 전송하는 것이 목적이다.

③ 육지와 섬 간의 장거리(40km 이상) 해저 케이블을 이용하는 선로이다.

④ 주로 부(−)극성의 하나의 도체를 가지며 귀로로 대지나 해수가 사용되나 때때로 금속제 귀로도 사용된다.

⑤ Monopolar 방식은 Bipolar 송전선로 건설 초기에 수요 증가로 Bipolar 운전이 필요할 때까지 변환설비의 투자를 연기시킬 목적으로 채용한다.

⑥ 모노폴라 방식의 종류

    ㉠ 대지 귀로 방식(ground return)과 해수 귀로 방식

- 전극소를 이용하는 방식으로 아래 표와 같이 구분된다.
- 전극소(sea electrodes)의 위치선정이 용이하다.
- 전극소는 10 ~ 20kV의 저전압 직류 선로로 변환기의 중성점에 연결된다.

대지 귀로 방식(ground return)	해수 귀로 방식
• 전식 문제가 있어 육지에서는 적용이 어려워 가공 송전선로에서는 이용 곤란 • 통신선외 전자유도장해 발생 우려 • 스웨덴 코트렌드섬 HVDC에 적용	• 해남 ~ 북제주 DC 180kV, 300MW (150MW 2회선) • 전류형 변환기 적용 • P2P 모노폴라 방식(단극 시스템)의 해수 귀로방식을 적용 • 쌍극 해수 귀로방식 • 양방향 송전, 양극 · 단극 운전 • 해수는 우수한 도체임
대지 귀로	해수 귀로

    ㉡ 도체 귀로 방식(metallic return) : 전극소를 이용하지 않는 별도 선로를 구성한다.

- 별도의 도체(XLPE, ACSR)를 따로 가설하여 도체 귀로(歸路)를 사용하는 방법

- 직류 송전에 의한 전기적 부식을 방지하기 위해서 사용
- 진도–서제주 HVDC 방식
  - 2중 단극 도체 귀로(XLPE) 방식
  - 진도 ~ 서제주 간 : 113km, 250kV, 400MW(200MW 2회선)
  - 전류형 변환기 적용
  - 양방향 송전, 이중 단극/양극/단극

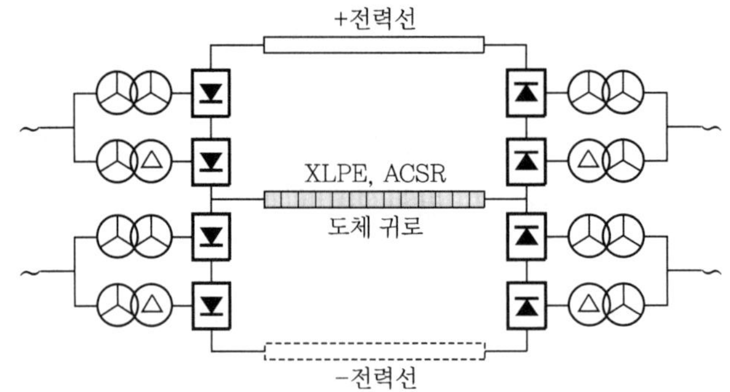

▎P2P 모노폴라 방식 중 도체 귀로 방식▎

(5) Point–to–Point 방식 중 바이폴라(bipolar : 양극 시스템) 방식

① **구성**

　㉠ 대부분의 가공선 HVDC에서는 양극성 구성방식으로 적용된다.

　㉡ 양극(+)과 음극(−)에 각각 1개의 도체를 사용한다[즉, 정극(+선) 1선과 부(−선)극성을 갖는 2개의 도체].

　㉢ 각 도체는 EHV 선로에서 복도체로 구성될 수 있다.

　㉣ 각 단자에는 직류 속에 연결된 동일 정격 2세트의 변환설비를 가지며 한 측이나 양측이 접지된다.

② **구성도**

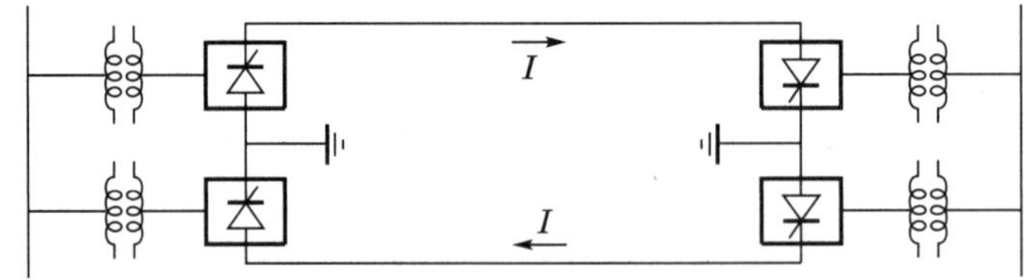

③ **특징**

　㉠ 통상 양극은 동일 전류로 동작되며, 따라서 이러한 조건하에서는 접지류의 흐름은 0이다.

　㉡ 이 방식은 2개의 극 중 한 극에 고장이 발생하더라도 다른 한 극만으로 운전이 가능한 장점이 있다.

ⓒ PTP 방식에서 송전전압은 최소의 투자비와 최소의 송전손실에 대하여 최적화된 값으로 결정된다.

④ 종류

㉠ 대지 귀로식(즉, 쌍극 1회선, 중성점 1단자 또는 양단 접지방식)

㉡ 도체 귀로식(즉, 쌍극 1회선, 중성점 1단자 또는 양단 접지방식)

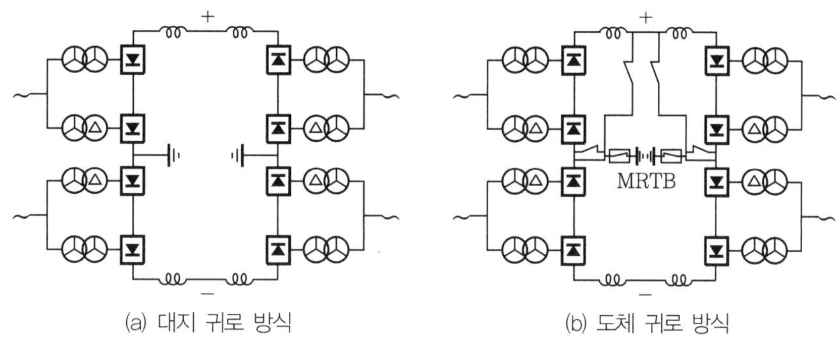

(a) 대지 귀로 방식   (b) 도체 귀로 방식

▮ 바이폴(양극 : bipole) 시스템 ▮

⑤ 적용 예

㉠ 동해안 ~ 수도권 : 440km, 500kV, 4000MW, HVDC 2023년 착공 ~ 2030년 경 준공(220km : 동해안 ~ 신가평, 220km : 동해안 ~ 수도권)

㉡ 동부 1구간 입찰공고, 총 11개로 나눠 순차적으로 발주한다.

㉢ 동부구간(울진 ~ 평창)과 서부구간(횡성 ~ 가평)으로 구분해서 진행되고 송전탑 440기를 건설한다(강관형 철탑 건설임).

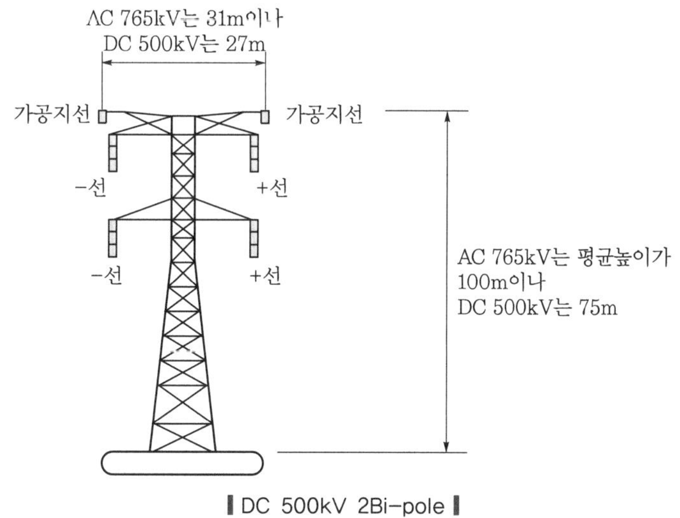

▮ DC 500kV 2Bi-pole ▮

15

2. Back-to-Back 방식

(1) 구성도

PTP 시스템 방식에서 송전선로가 없는 방식으로서, 다음 그림과 같다.

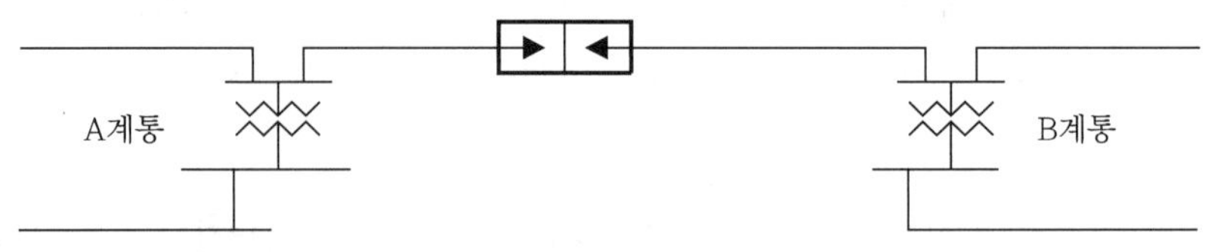

❚ BTB 전송방식 ❚

(2) 특징 및 목적

① 주파수나 위상변환 또는 계통의 안정화가 주된 목적이다.

② 송전선이 없고, 중·소용량의 전력량만 전송한다.

③ 대규모 계통에 존재하는 저차고조파의 영향을 줄이고, 송전용량을 증대시킬 목적이다.

④ 2개의 변환기가 동일 장소(동일 변전소 내)에 있는 직류 송전선이 없는 시스템 이다.

⑤ 직류 송전선이 없으므로 PTP에 비해 저전압, 대전류의 설계가 가능하여 절연 설계 측면에서 유리하다.

⑥ 설치장소와 기타 설비가 공유할 수 있어 PTP 방식보다 비용이 15 ~ 20% 경제 적이다.

(3) 용도

① 서로 다른 위상을 가진 전력계통의 연계

   예 독일 ~ 폴란드 간의 HVDC 연계

② 주파수가 다른 전력계통의 연계

   예 일본의 동부(50Hz) ~ 중서부(60Hz) 연계

③ 계통의 단락용량에 대한 내량을 높이기 위한 전력계통의 연계

   즉, 사고전류의 제한으로 계통의 단락용량을 경감시키는 연계

④ 계통 내에 존재하는 Subharmonic을 저감하기 위한 전력계통 연결

(4) BTB System과 PTP System의 비교

항목	PTP	BTB
송전용량	대용량	PTP에 비해 작음
연계 송전선로	있음(해저 케이블 또는 가공 T/L)	없음
목적	장거리 대용량 송전	위상변환, 계통안정도 향상

항목	PTP	BTB
경제성	• 가공선의 경우는 450km 이상일 경우 효과 증대 • 해저 케이블인 경우는 45km 이상일 경우 효과 증대	–
적용 분야	해저 케이블 송전, 대용량 장거리 송전	• 교류 계통 간의 비동기 연계 • 중소용량의 전력량만 송전
현황	• 제주 ~ 해남 간 연계(해저 케이블) • 진도 ~ 제주 간 연계(해저 케이블) • 500kV 북당진 ~ 고덕 HVDC 지중 송전선로에는 충남 당진항과 평택항 사이(육상) • 향후 : 울진 ~ 신가평 간 가공 500kV 연계	• 양주 BTB HVDC(전압형) • 200MW, VSC BTB HVDC • 변환소 위치 : 양주 S/S, 154kV 양주 S/S 모선 간 BTB

3. Multi-terminal 방식

(1) 2개 이상의 터미널을 갖는 방식이다.

(2) 구성도

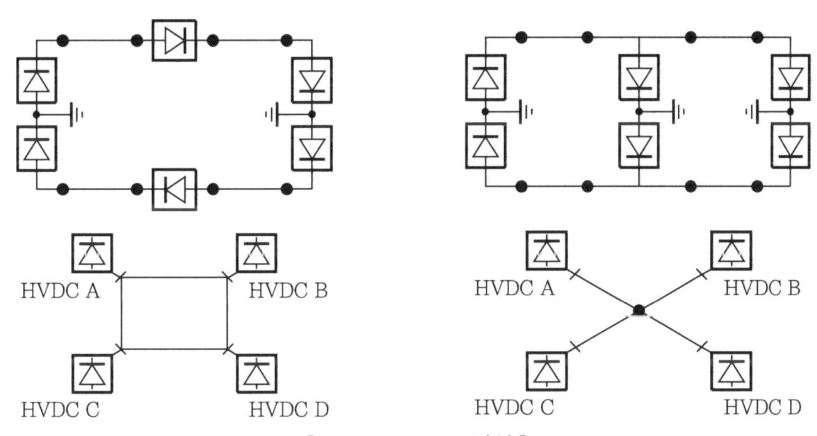

▌ Multi-terminal 방식 ▌

(3) 특징

① 시스템은 일반적으로 PTP 방식보다 복잡하므로, 정교한 시스템이 요구된다.

② 변환소 간의 통신이 매우 중요하다.

③ 병렬 연결된 다단자 구성에서 점호각의 제어나 기계식 스위치로 터미널의 접속을 역전시켜 각각의 변환기는 정류기나 인버터로 동작하여 전력조류의 방향과 크기를 제어할 수 있다.

comment 구성방식이 많이 혼란스러울 것이니 Mind map 기법으로 암기하면 기억이 잘된다.

> **reference**
>
> (1) 전류형 변환기술 : 송전 방향을 바꾸기 전 안정화를 위한 대기 시간을 확보해야 하는 제약요인이
>   있음
> (2) 완도 ~ 동제주 HVDC Monopole 구성
>   DC±150kV, 200MW(100km), 전압형 변환기
> (3) 북당진 ~ 고덕 HVDC
>   34.2km, 500kV, 1500MW은 모노폴 구성, 1500MW는 바이폴 구성

006 전류형 초고압 직류 송전방식(HVDC)에서 다음 사항을 설명하시오.

1. Back to Back과 Point to Point 방식 비교
2. 전류실패(commutation failure) 현상
3. 필터(filter) 설치 목적

data 발송배전기술사 20-121-2-2 / 발송배전기술사 출제예상문제

답안

1. Point-to-Point 방식

(1) 정의

가공선이나 케이블로 송전선로를 건설하여 두 지점을 계통연결하는 방식이다.

(2) HVDC의 기본적인 구성방식이다.

(3) 구분

모노폴라(monopolar : 단극) 방식과 바이폴라(bipolar : 양극) 방식으로 구분
한다.

① Monopolar 방식

㉠ 구성 : 변환장치와 하나의 도체로 구성

㉡ 귀로 : 도체 귀로, 대지 귀로, 해수 귀로 방식이 있다.

㉢ 도체 귀로 방식(metallic return) : 전극소를 이용하지 않는 별도 선로 구성

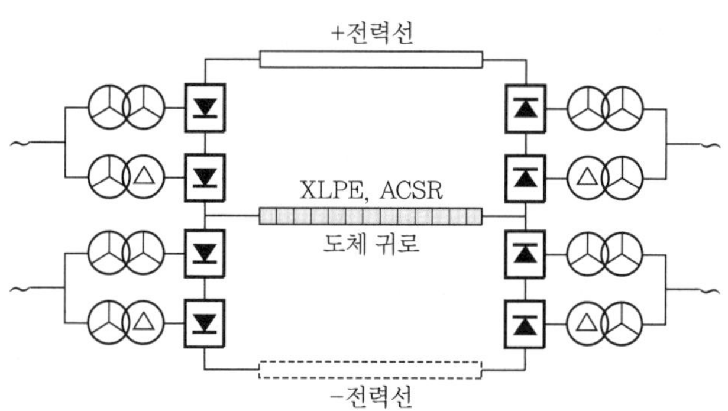

❙ P2P 모노폴라 방식 중 도체 귀로 방식(진도-서제주 HVDC 방식) ❙

② Bipolar 방식

　㉠ 구성 : 변환장치 2개로 구성되며 중성점 접지(대지 귀로식과 도체 귀로 방식임)

　㉡ 접지에 따라 편측·양측 접지로 나눈다.

　㉢ 한쪽 Pole 사고 시에도 연속송전이 가능하다.

　㉣ 2025년 현재 육상 가공 500kV HVDC 건설 중(동해안 ~ 신가평 S/S)이다. 이는 세계 최초 가공 HVDC 2회선 도체 귀로의 2Bipolar 방식이다.

2. Back-to-Back 방식

(1) 구성도

　PTP 시스템 방식에서 송전선로가 없는 방식으로서, 다음 그림과 같다.

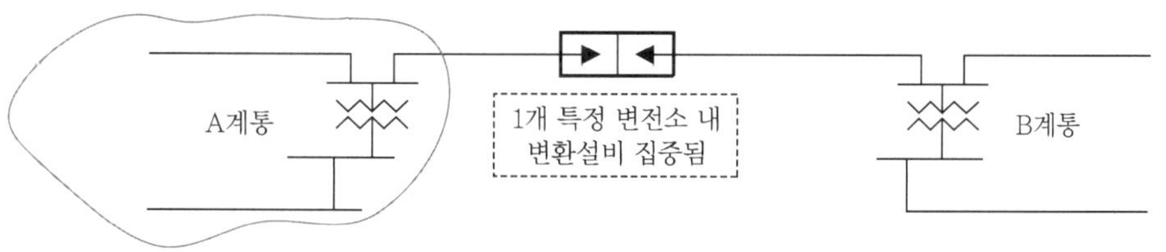

❙ BTB 전송방식 ❙

(2) 특징 및 목적

　① 주파수나 위상변환 또는 계통의 안정화가 주된 목적이다.

　② 송전선이 없고, 중·수용량의 전력량만 전송한다.

　③ 대규모 계통에 존재하는 저차고조파의 영향을 줄이고, 송전용량을 증대시킬 목적이다.

　④ 2개의 변환기가 동일 장소(동일 변전소 내)에 있는 직류 송전선이 없는 시스템이다.

⑤ 직류 송전선이 없으므로 PTP에 비해 저전압, 대전류의 설계가 가능하여 절연 설계 측면에서 유리하다.

⑥ 설치장소와 기타 설비가 공유할 수 있어 PTP 방식보다 비용이 15 ~ 20% 경제적이다.

3. PTP System과 BTB System의 비교

항목	PTP	BTB
송전용량	대용량	PTP에 비해 작음
연계 송전선로	있음(해저 케이블 또는 가공 T/L)	없음
목적	장거리 대용량 송전	위상변환, 계통안정도 향상
경제성	• 가공선의 경우는 450km 이상일 경우 효과 증대 • 해저 케이블인 경우는 45km 이상일 경우 효과 증대	–
적용 분야	해저 케이블 송전, 대용량 장거리 송전	• 교류 계통 간의 비동기 연계 • 중·소용량의 전력량만 송전
현황	• 제주 ~ 해남 간 연계(해저 케이블) • 진도 ~ 제주 간 연계(해저 케이블) • 500kV 북당진 ~ 고덕 HVDC 지중 송전선로에는 충남 당진항과 평택항 사이(육상) • 향후 : 울진 ~ 신가평 간 가공 500kV 연계	• 양주 BTB HVDC(전압형) • 200MW, VSC BTB HVDC • 변환소 위치 : 양주 S/S, 154kV 양주 S/S 모선 간 BTB

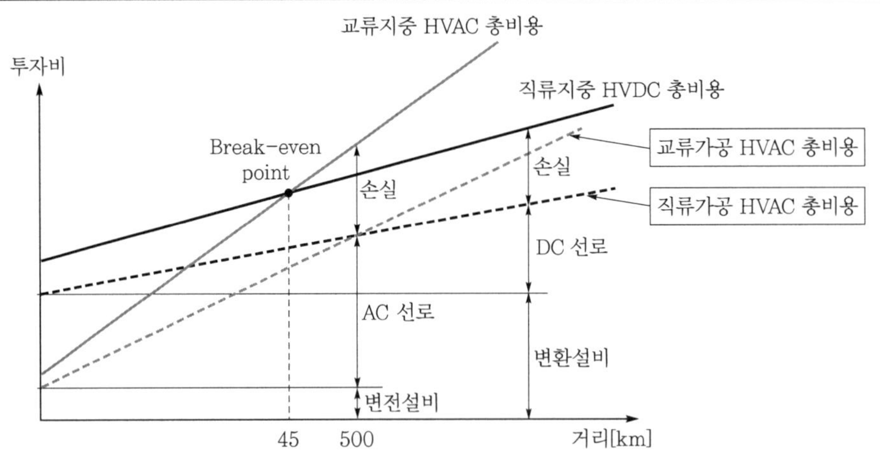

┃교류 및 직류 송전선 적용 시 투자비와 거리┃

comment 위 그래프를 필수로 암기하기 바란다.

4. 전류실패 현상

(1) 전류(轉流, commutation)

두 개의 사이리스터가 동시에 하나는 Turn-on 되고 또 하나는 Turn-off 되면서 하나의 사이리스터에서 다른 사이리스터로 전류가 옮겨가는 현상

(2) 전류실패 현상

인버터에서 전류(commutation) 전압의 극성이 반전되기 전에 도통될 밸브가 도통되지 못하는 사고를 말한다.

(3) 원인

소호각 시간 < 사이리스터의 Turn-off 시간일 때 발생하다.

① 사이리스터의 턴 오프(turn-off) 시간 : 도통 상태에서 비도통 상태로 천이하는 데 소요되는 시간

② 소호되어야 할 사이리스터는 $wt = \pi$에서 정극성의 교류 전압에 의하여 정방향 저지(forward block)상태에 있지 못하고 재도통하게 된다.

③ 이때, 교류전압 극성은 바뀌었으나 전류방향은 그대로 유지되어 인버터는 정류모드로 동작하는 전류실패(轉流失敗, commutation fail)가 발생한다.

(4) 영향

① DC 단락 발생으로 전력전달이 불가능

② 계통에서 인버터로 무효전력을 공급

③ 극성 반전

④ 인근 인버터의 연속적인 전류 실패

⑤ 인버터 손상

⑥ 직류 전류의 크기가 교류 전류보다 커지는 현상이 발생

(5) 대책

변환소의 전력 전자소로 구성된 Convertor 및 Invertor의 점호각 제어의 정밀화

5. HVDC 필터 설치 목적과 필터의 종류와 특성 등

comment 이 내용으로 25점 예상된다.

(1) 목적

① 고조파 억제

② 무효전력의 불균형 최소, 무효전력 공급

③ 전압왜곡 억제

④ 과도안정도 향상

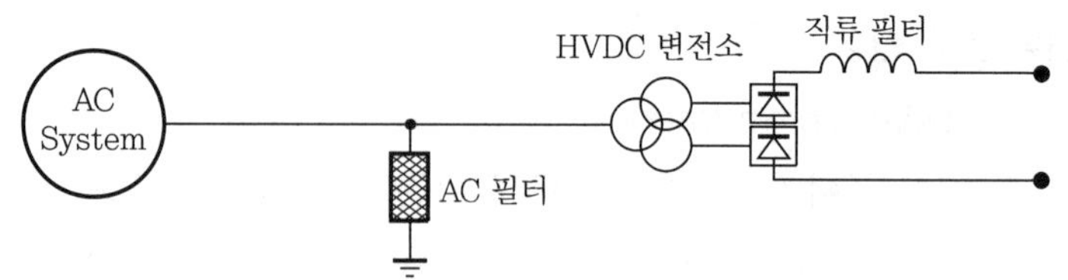

(2) 특정 차수 고조파 흡수

① 변환장치는 교류전압 불평형, 전압왜곡 등에 의해 고조파가 발생한다.

② 고조파 전류를 By-pass하기 위하여 콘덴서와 리액터를 직·병렬로 조합시켜 특정 차수에 대하여 저 임피던스를 나타내도록 한다.

③ 복동조 필터(DTF : Double Tuned Filter) : 11·13차 고조파 제거 목적

④ 고차형 고조파 저감(HPF : High-Pass Filter) : 23차 고조파 제거 목적

⑤ 저차형 고조파 저감(BPF : Band-Pass Filter) : 5·7차 고조파 제거 목적

(3) HVDC AC Filter

① HVDC 설비와 AC 계통 사이에 AC 필터를 설치하여 컨버터로부터 발생되는 고조파를 최대한 저감시킨다.

② AC 필터는 고조파 전류를 바이패스하기 위해 콘덴서와 리액터를 직·병렬로 조합시켜 특정 차수에 대하여 저임피던스를 나타내도록 함으로써, 저차형 고조파 저감을 위한 Band-pass filter와 고차형의 High-pass filter 등으로 구분된다.

③ 12펄스 컨버터의 특성 교류 고조파는 $12n \pm 1$ 성분에 해당한다.

④ 필터가 필요한 고조파 성분은 11·13·23차 그리고 25차 성분이다.

⑤ 그 이상 높은 차수의 고조파 성분은 고주파 통과 필터에 의해서 감쇄된다.

⑥ 특별한 동작이 필요할 때나 교류 시스템의 상태에 따라서 3차와 같이 낮은 차수의 고조파 필터가 필요하기도 하다.

⑦ 고조파 필터(harmonic filter)

   ㉠ 컨버터는 상당한 양의 고조파 전류를 발생시킨다.

   ㉡ 필터링을 하지 않으면 고조파 전류는 교류 전압에 왜곡을 만들고 통신 시스템을 방해하게 된다.

   ㉢ 고조파 필터는 임피던스가 작은 병렬선로를 설치하여 고조파 전류가 흘러 나가게 함으로써 교류 전압의 왜곡을 수용할 수 있는 범위 이내로 만드는 역할을 한다.

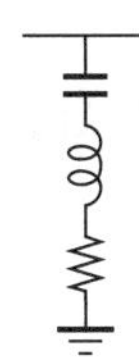
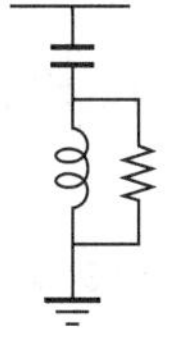

∥동조필터(tuned filter)∥   ∥고차수 필터(high-pass filter)∥

(4) HVDC AC Filter 중 고조파 필터의 Passive filter

① 교류 Filter, $L-C$ Filter, 수동 Filter라고도 말한다.

② Passive filter에는 동조필터와 고차수 필터가 있다.

③ $L-C$ 필터의 기본적인 회로는 L과 C의 공진현상을 이용한 것이다.

④ n차 고조파 전류는 대부분 필터를 통해 흡수되고 계통으로 유출 고조파 전류를 저감시킬 수 있다.

⑤ 다양한 필터의 종류를 나타내는데 경제적인 이유로 두 개의 Single-tuned 필터 대신 Double-tuned 필터, Triple-tuned 필터가 자주 사용된다.

⑥ 하이패스 필터 : 2차형, 3차형(전압형 HVDC에 적용)

  ㉠ 공진의 첨예도를 둔하게 하여 광범위한 고조파에 대해 저저항으로 한다.

  ㉡ 수동 필터의 종류

AC-필터 type 1 (Single Tuned ; ST)	AC-필터 type 2 (Double Tuned ; DT)	AC-필터 type 3 (Triple Tuned ; TT)

(5) DC 고조파 Filter

① 통신선 유도장해 경감

  ㉠ 고조파 전류가 직류 송전선에 흐르면 인근 통신회로에 유도작용으로 음성 신호의 질을 떨어뜨린다.

  ㉡ 그러므로 DC 고조파 필터는 직류 가공선로 System에 적용한다.

② DC 고조파 필터는 DC 회로 전압선과 중성선 간에 설치한다.

③ Back to back system 및 지중선로에는 불필요하다.

007 HVDC 변환설비에 대하여 다음 사항을 설명하시오.

1. 개요
2. 전류형 변환기의 종류별 주요 특징
3. 전압형 변환기의 주요 특징

data 발송배전기술사 24-132-2-5 / 발송배전기술사 출제예상문제

답안 1. 개요

(1) 교류 송전방식

발전단에서 부하단까지 각 구간에서 요구되는 전압을 변압기를 이용하여 변성시켜 승압 및 강압을 함으로써 필요한 전압을 얻는 방식이다.

(2) 직류 송전방식

직류 특고압 및 초고압에 의해서 국가 간 연계, 장거리 해저 케이블 전송, 장거리 연계 등에 활용되는 송전 방식으로, 사이리스터 소자 등을 이용한 방식이다.

(3) 직류 송전계통의 구성

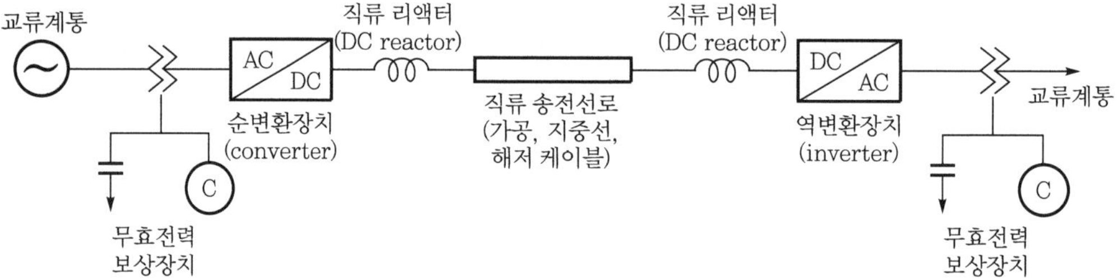

① **변환 변압기** : 교류 계통의 전압을 변환, 절연, 분리, 3권선 변압기로 154/79.2/79.2kV

② **변환장치** : 전력전자 소자로 IGBT, 사이리스트 소자를 직·병렬 조합한 모듈 형태, 직류 상호변환(교류 ↔ 직류)

③ **DC 리액터** : 직류 전류의 리플 현상 감소, 고장전류 감소, 고조파 저감

④ **직류 송전선로**

ㄱ 가공전선(2025년 현재 신울진에서 신가평 구간 시공 중)

ㄴ 지중케이블 : 당진 ~ 평택 고덕산업 간 약 33km 운영 중

ㄷ 해저 케이블 : 제주도 ~ 육지 간 3개 선로로 가동 중

⑤ **기타** : 조상설비, 고조파 필터, 접지설비, DC 피뢰기, 제어 및 보호 장치

2. 전류형 변환기의 종류별 주요 특징

(1) LCC(Line Commuted Converter) = CSC

① LCC 구성 : TR + CONV + DC LINE + INV + TR + 필터

② LCC 특징

㉠ 필터 + 무효전력 보상장치 필요

㉡ 계통 안정도 저하

㉢ AC 계통 역률 저하

㉣ 전류 실패 증가

③ LCC형의 유효단락비 : Q_C가 커서 $ESCR$(유효단락비)는 감소

$$ESCR = \frac{S_{MVA} - Q_C}{P_{dc}}$$

여기서, P_{dc} : HVDC 용량[MW]

$$S_{SC} = S_{MVA} - Q_C$$

여기서, S_{SC} : 연계 AC 단락용량[MVA], S_{MVA} : 연계계통의 단락용량[MVA]

Q_C : 무효전력 공급설비용량[MVA]

④ LCC형의 주파수 공진안정도 : 50Hz에서 69.6Ω, 103Hz에서 공진하며 450Ω, 550Hz와 650Hz에서 최소 임피던스

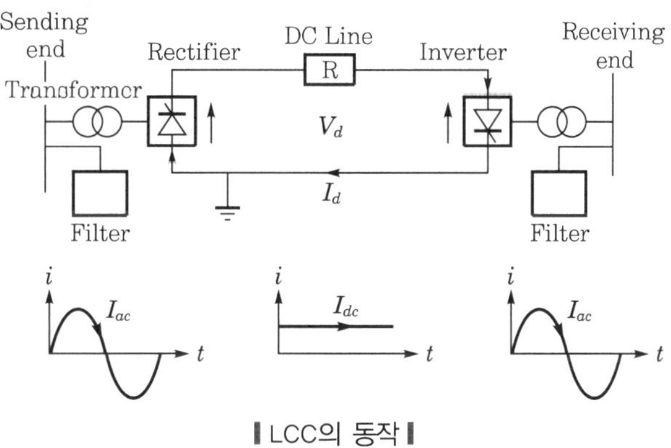

❚ LCC의 동작 ❚

(2) CCC(Capacitor Commutated Converter)

① CCC의 구성 : Converter ~ TR 사이에 직렬 커패시터 취부

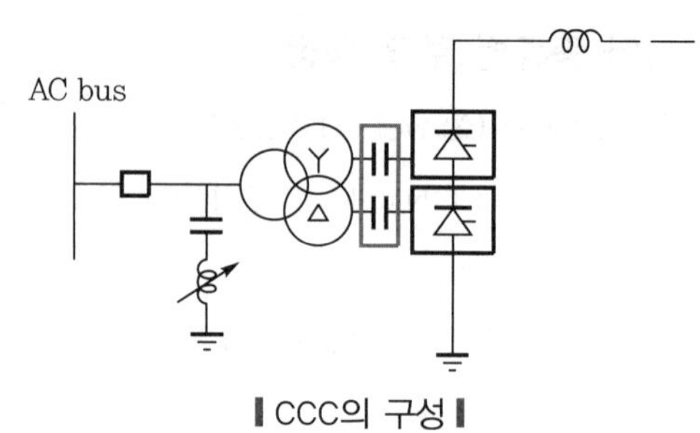

❚CCC의 구성❚

② CCC의 특징

  ㉠ 적은 용량의 필터, 무효전력 보상장치 필요

  ㉡ 계통 안정도 증가

  ㉢ AC 계통 역률 증가

  ㉣ 전류 실패 감소

③ CCC형의 유효단락비 : Q_C가 작으면 $ESCR$(유효단락비)는 증가

④ CCC형의 주파수 공진안정도 : 50Hz에서 55.3Ω, 207Hz에서 공진하며 1050Ω, 550Hz와 650Hz에서 최소 임피던스

3. 전압형 변환기의 주요 특징

(1) 전압형 HVDC 시스템의 장점

① 고속 스위칭에 의해 점차 고조파가 큰 폭으로 감소해 고조파 필터의 크기가 상대적으로 작다.

② 고조파를 15% 수준으로 보상하므로 전류형에 비하여 적은 보상설비로 운용이 가능하다.

③ 전압제어방식으로서 무효전력에 대한 공급(보상)은 필요가 없어, 무효전력 공급제한이 없다.

④ 일반 변압기를 사용하며 계통 단락용량에 대한 제한이 없다.

⑤ 모듈화되고 규격화된 설계로 짧은 기간에 전력 전송이 가능하며, 전압과 전력의 제어가 용이하다.

⑥ 매우 적은 단락용량에서도 정전기동(black start : 자력기동)이 가능하다.

⑦ 전력흐름의 방향을 순시전환 가능

  ㉠ 순간적으로 전력의 방향을 바꿀 수 있다(양방향성).

  ㉡ 응답속도가 매우 빠르다.

⑧ LCC 변환소보다 VSC 변환소의 부지가 작다.

⑨ 다단자 직류(multi-terminal system)와 케이블 송전에 적합하다.

⑩ 커패시터와 리액턴스의 무효전력의 독립적인 제어가 가능하다. 또, 설비정격 내의 유효전력을 독립적으로 제어한다.

⑪ 전압형의 경우 케이블 시공에 유리하다.

⑫ 전압형은 자체 기동이 가능하다.

⑬ VSC 밸브는 IGBT나 GTO 등과 같은 자기전류(self-commutating)가 가능한 소자로 구성된다.

⑭ DC 전압은 항상 1개의 극성이며, 전력의 방향전환은 DC 전류의 역전을 통해 이루어진다.

(2) 전압형 HVDC 시스템의 단점

① 전압형 HVDC 시스템의 경우 고속 스위칭을 해야 되는데 손실률이 5 ~ 10% 가까이 되기 때문에 대용량일 경우 경제성이 떨어진다.

② 고속 스위칭을 해야 하기 때문에 전류형 HVDC에 비해 수명도 저하된다.

③ 전류형에 비해 전압형은 해외 기술로 시행을 해야 하는 단점이 있다.

④ LCC에 비해 VSC는 비용이 고가이다(변환설비의 가격이 고가).

⑤ LCC 손실(0.7%)에 비해 VSC의 손실(1.0%)이 많으나, 점차 줄어들고 있는 추세이다.

⑥ 소용량(330MW)에 적용한다.

⑦ 전류형에 비해 아직 고가이다.

⑧ 기술적으로 전류형에 비해 매우 복잡하다.

4. 전류형과 전압형 전환방식의 비교

항목	전류형 HVDC(LCC)	전압형 HVDC(VSC)
원리	전류를 입력받아 전류로 변환 $(I_{ac} \leftrightarrow I_{dc})$	전압을 입력받아 전압으로 변환 $(V_{ac} \leftrightarrow V_{dc})$
변환소자	Thyristor	IGBT, GTO
최대 송전용량/전압	12000MW/1100kV	1100MW/320kV
최대 송전거리(실적)	3333km	200 ~ 500km
시스템 전체 손실	송전전력의 1.4%	송전전력의 2 ~ 2.2%
무효전력 보상	송전전력의 50 ~ 60%	불필요(자체 보상)
고조파 필터 설비	필요	생략 가능(불필요)
부지면적	큼	작음
해상 변환소 구축	어려움	용이함
Multi terminal 구조	복잡	간단
조류 역전방법	컨버터 전압 극성 반전	컨버터 전류 극성 반전

1. 전류형 변환기(LCC : Line Commutated Converter)의 원리와 주요 특징

① 전류형 HVDC 방식에 주로 사용되는 방식은 LCC 방식과 CCC 방식이 있으며 주로 LCC 방식을 적용한다.

② LCC(Line Commutated Converter) 방식의 주요 특징

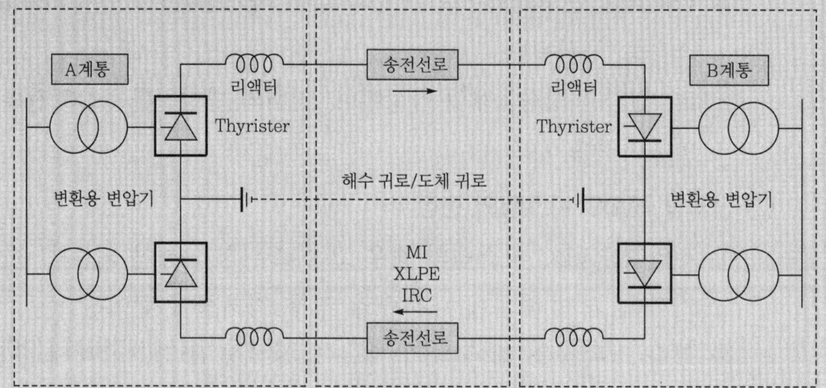

❙ Line commutated converter 방식 ❙

③ Thyristor 변환방식을 사용한다(사이리스터 밸브를 사용하여 전류를 통해 제어됨).

④ 현재 가장 대표적인 HVDC 방식이다.

⑤ 현재 제주 – 해남 및 제주 – 진도 HVDC에 사용하는 형식이다.

　㉠ Thyristor valve를 정류하기 위해서는 AC 계통의 전압이 반드시 필요하다.

　㉡ 전력전송 방향 변경은 DC 전압의 역전으로 가능하다.

　㉢ 유효전력의 50 ~ 60%의 무효전력이 필요하다.

　㉣ 무효전력 흡수는 AC 필터와 병렬 커패시터로 보상한다.

⑥ 전류형 HVDC 시스템의 장점 : 사이리스터 밸브를 이용하는 '전류형 HVDC 시스템'

　㉠ 기술개발 및 사업화 측면에서는 현재 KAPES, LS 산전 등 국내 기술개발이 추진 중이고, 기술개발의 자체 추진으로 사업화를 위한 실적이 가능하다.

　㉡ 시공 및 경제성 측면에서 전류형은 케이블이 상대적으로 고가이지만 변환설비는 상대적으로 저가로서 경제성이 우수하다.

　㉢ 신뢰성이 검증된 기술을 사용할 수 있다.

　㉣ 시장 점유율은 전류형이 97%로 압도적이나, 기술 성숙기이다.

　㉤ 상대적으로 가격이 저렴하다.

　㉥ 사이리스터의 스위칭 손실이 작아서 송전손실이 작다.

　㉦ 1GW의 대용량 전력을 보낼 수 있다.

　㉧ 가공송전 또는 케이블 송전, 가공 + 지중 혼합도 사용 가능하다.

⑦ 전류형 HVDC 시스템의 단점 : 전류원 변환장치로 계통전압이 필요한 사이리스터 밸브를 사용하므로 다음의 단점이 있다.

　㉠ 양측 변환소에 전압원이 있어야 기동이 가능하다.

　㉡ 무효전력 보상이 필요하다.

　㉢ 최소 단락용량이 필요하다.

ⓔ 변압용 변압기를 사용한다.

ⓜ 고조파 35%의 보상을 포함하여 50%의 무효전력의 보상이 필요하다.

ⓗ 고조파 발생률이 커서, 고조파 필터의 용량이 증가한다.

ⓢ 시공 및 경제성 측면에서 케이블이 상대적으로 고가이다.

2. 전압형 변환기(VSC : Voltage Source Converter) 원리와 주요 특징

① 전압형 HVDC 전력전송 역전 회로도

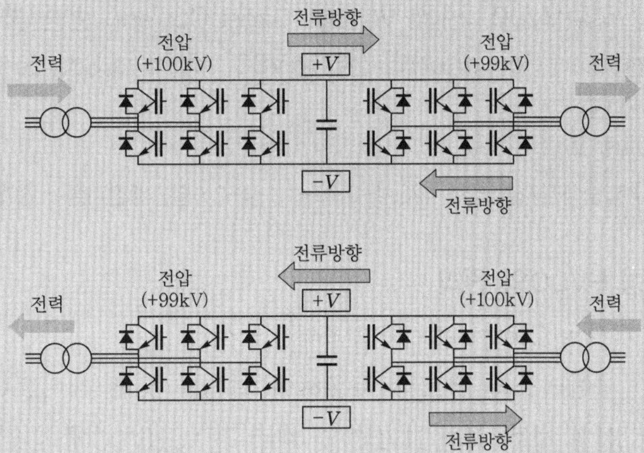

┃ 전압형 HVDC 전력전송 역전 ┃

② 원리

㉠ 전압형(VSC : Voltage Source Converter) HVDC의 시스템은 일반적으로 BTB(Back-to-Back)의 기능도 가지고 있으나 육지의 전력을 섬에 전송하는 방식이 기본방식이다.

㉡ 스위칭 패턴은 PWM 또는 MMC(Multi-Module Converter) 방법을 사용하고 있다.

㉢ 전압형 변환기는 IGBT 밸브를 사용하여, 전압을 통해 제어된다.

㉣ VSC 변환기는 소용량의 2-level과 대용량의 3-level 등이 있으며, 현재는 다중 모듈방식(MMC)의 변환기가 주류를 이루고 있다.

③ 전압형 HVDC 시스템의 주요 특징은 다음과 같다.

㉠ VSC 밸브는 IGBT나 GTO 등과 같은 자기전류(self-commutating)가 가능한 소자로 구성된다.

㉡ DC 전압은 항상 한 개의 극성이며, 전력의 방향전환은 DC 전류의 역전을 통해 이루어진다.

008 HVDC 시스템과 관련하여 다음 사항에 대하여 각각 설명하시오.

1. 전류형 HVDC 시스템
2. 전압형 HVDC 시스템
3. 각 시스템의 장단점

008-1 고전압 직류(HVDC : High Voltage Direct Current) 변환설비 중 전류형(LCC : Line Commutated Converter)과 전압형(VSC : Voltage Source Converter)의 차이점을 설명하시오.

data 발송배전기술사 21-123-1-3·17-111-4-2 / 발송배전기술사 출제예상문제

답안

1. 전류형 HVDC의 원리

(1) LCC(Line Commutated Converter) 방식

① 사이리스터 밸브를 사용하여 전류를 통해 제어된다.

② 현재 제주-해남 HVDC 및 제주-진도 HVDC에 사용되는 형식으로, 사이리스터 밸브를 정류하기 위해서는 AC계통의 전압이 반드시 필요하다.

(2) LCC 방식의 주요 특징

① 전력전송 방향 변경은 DC 전압의 역전으로 가능하다.

② 일반적으로 유효전력의 50 ~ 60%의 무효전력이 필요하다.

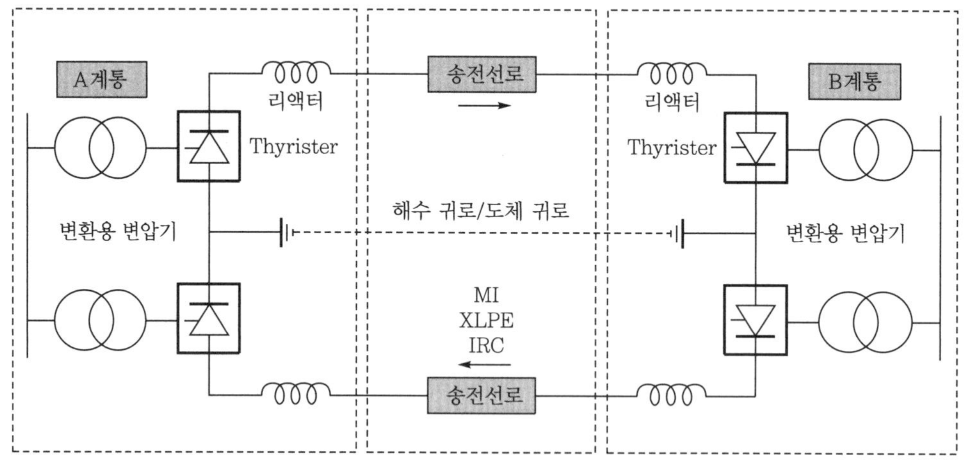

❚ Line Commutated Converter 방식 ❚

③ 무효전력 흡수는 AC필터와 병렬 커패시터로 보상한다.

④ 가공송전 또는 케이블송전 그리고 가공, 지중 혼합 사용이 가능하다.

2. 전압형 HVDC의 원리

(1) 전압형(VSC : Voltage Source Converter) HVDC의 시스템은 일반적으로 BTB(Back-to-Back)의 기능도 가지고 있으나 육지의 전력을 섬에 전송하는 방식이 기본방식이며 스위칭 패턴은 PWM 또는 MMC(Multi-Module Converter) 방법을 사용하고 있다.

(2) ABB의 HVDC Light, SIEMENS의 HVDC Plus, ALSTOM의 HVDC Extra 등이 전압형 HVDC에 해당한다.

(3) 전압형 변환기는 IGBT 밸브를 사용하여, 전압을 통해 제어된다.

(4) 전압형 HVDC 시스템의 주요 특징은 다음과 같다.

① VSC 밸브는 IGBT나 GTO 등과 같은 자기전류(self-commutating)가 가능한 소자로 구성된다.

② DC 전압은 항상 한 개의 극성이며, 전력의 방향전환은 DC 전류의 역전을 통해 이루어진다.

③ VSC 변환기는 소용량의 2-level과 대용량의 3-level 등이 있으며, 현재는 다중 모듈방식(MMC)의 변환기가 주류를 이루고 있다.

3. HVDC(High Voltage Direct Current) 컨버터의 전류형과 전압형의 장단점 비교

(1) 전류형 HVDC 시스템의 장점

사이리스터 밸브를 이용하는 '전류형 HVDC 시스템'이다.

① 기술 개발 및 사업화 측면에서는 현재 KAPES, LS 산전 등 국내 기술개발이 추신 중이고, 기술개발의 자체 추진으로 사업화를 위한 실적이 가능하다.

② 시공 및 경제성 측면에서 전류형은 케이블이 상대적으로 고가이지만 변환설비는 상대적으로 저가로서 경제성이 우수하다.

③ 신뢰성이 검증된 기술을 사용할 수 있으며, 손실이 적은 편이다.

④ 대용량에 적용한다.

⑤ 시장점유율은 전류형이 97%로 압도적이나, 기술 성숙기이다.

(2) 전류형 HVDC 시스템의 단점

전류원 변환장치로 계통 전압이 필요한 사이리스터 밸브를 사용한다.

① 양측 변환소에 전압원이 있어야 기동이 가능하다.

② 최소 단락용량이 필요하다.

③ 변압용 변압기를 사용한다.

④ 고조파 35%의 보상을 포함하여 50%의 무효전력 보상이 필요하다.

⑤ 시공 및 경제성 측면에서 케이블이 상대적으로 고가이다.

(3) 전압형 HVDC 시스템(VSC)의 장점

* Chapter 01 – 문제 007의 답안 '3./(1)' 내용을 참조한다.

(4) 전압형 HVDC 시스템의 단점

* Chapter 01 – 문제 007의 답안 '3./(2)' 내용을 참조한다.

009 HVDC의 전류 실패(轉流失敗, commutation failure)의 원인과 방지대책을 설명하시오.

data 발송배전기술사 23-129-1-11 / 발송배전기술사 출제예상문제

답안

1. HVDC의 전류(轉流)

(1) 정상운전 상태에서 변환기로 흘러들어가는 교류 전류와 흘러나가는 직류 전류의 크기는 동일하다.

(2) 사이리스터가 도통상태에서 오프상태로 천이할 때 내부 PN 접합면 사이에 충전된 캐리어가 원래의 상태로 복귀되어야만 완전한 Off 상태로 유지될 수 있다.

(3) 도통상태에서 비도통상태로 천이하는데 소요되는 시간을 사이리스터의 턴 오프(turn-off) 시간이라 한다.

(4) 소호각 $\gamma = \pi - (\alpha + \mu)$는 사이리스터의 Turn-off 시간보다는 길어야 한다.

여기서, γ : 점호전진각[°], α : 점호지연각[°], μ : 중첩각[°]

2. HVDC의 전류(轉流) 실패의 원인과 현상

(1) 전류(轉流) 실패의 정의

전류 실패(轉流失敗, commutation fail)는 전류(轉流) 전압의 극성이 반전되기 전까지 도통될 밸브가 도통되지 못하는 사고이다.

(2) 전류 실패의 원인

① 제어 원인 : 점호 지연

    ㉠ 소호각 $\gamma = \pi - (\alpha + \mu)$는 사이리스터의 Turn-off 시간보다는 길어야 하나 소호되어야 할 사이리스터는 $\omega t = \pi$에서 정극성의 교류 전압에 의하여 정방향 저지(forward block) 상태에 있지 못하고 재도통하게 된다.

    ㉡ 이때, 교류 전압 극성은 바뀌었으나 전류 방향은 그대로 유지되어 인버터는 정류 모드로 동작하는 전류 실패가 일어난다.

② 소자원인 : 소자의 불량, 과열

③ 계통원인 : 0점 지연으로 직류 전류 증가, 이상전압, 노이즈, AC측 전압변동

(3) 전류 실패의 영향

① 전류 실패가 일어나면 인버터의 직류 전압 극성이 '−'에서 '+'로 바뀌게 되고 큰 전류가 흐르게 되며, 직류 전류가 교류 전류보다 크게 나타난다.

② 전류 실패가 일어나면 DC에서 AC로의 전력변환이 이루어지지 않게 된다.

3. 대책

(1) 신뢰성 있는 소자 사용

① 전력변환기는 일시적인 전류(轉流) 실패에 견디도록 설계되며 교류 전원이 수십 ~ 수백 ms 이내에 정상으로 회복되면 제거된다.

② 그러나 열용량을 넘어서는 과전류가 흐르게 되면 사이리스터가 소손될 수 있기 때문에 이로부터 사이리스터를 보호할 필요가 있다.

(2) AC 측의 전압변동 및 외란의 신속한 복구

(3) 점호지연과 전류 실패되지 않게 인버터의 점호전진각(γ)을 증가시켜 소호전진각(β)이 증가되도록 정류기의 전류(轉流, Commutation)를 강제 감소시킨다.

① 컨버터의 제어각 : 소호지연각(δ) $= \alpha + \mu [°]$

② 인버터의 제어각 : 소호전진각(β) $= \gamma + \mu [°]$

    ㉠ 중첩각(μ) : 컨버터에서 다른 상으로의 전류 이전 시 시간지연을 전기각으로 표현한 각도이다.

    ㉡ 중첩각 발생원인 : AC 전원의 인덕턴스 L_c에 의한 상전류의 지연 발생으로 인해 나타난다.

010 500kV HVDC와 관련하여 아래 사항에 대하여 설명하시오.

1. 전류형(LCC), 전압형(VSC) HVDC 비교
2. 전류형 HVDC 원리
3. 전류형 HVDC의 전압 제어방법
4. 국내 HVDC 사업 현황

(data) 발송배전기술사 24-133-3-6 / 발송배전기술사 출제예상문제

답안 1. 전류형(LCC), 전압형(VSC) HVDC 비교

항목	전류형 HVDC(LCC)	전압형 HVDC(VSC)
원리	전류를 입력받아 전류로 변환 $(I_{ac} \leftrightarrow I_{dc})$	전압을 입력받아 전압으로 변환 $(V_{ac} \leftrightarrow V_{dc})$
변환소자	Thyristor	IGBT, GTO
최대 송전용량/전압	12000MW/1100kV	1100MW/320kV
최대 송전거리(실적)	3333km	$200 \sim 500$km
시스템 전체 손실	송전전력의 1.4%	송전전력의 $2 \sim 2.2$%
무효전력 보상	송전전력의 $50 \sim 60$%	불필요(자체 보상)
고조파 필터 설비	필요	생략 가능(불필요)
부지면적	큼	작음
해상 변환소 구축	어려움	용이함
Multi terminal 구조	복잡	간단
조류 역전방법	컨버터 전압 극성 반전	컨버터 전류 극성 반전

2. 전류형 HVDC 원리

(1) 교류 → 직류 변환(rectifier operation)

① 6펄스 사이리스터를 사용하여 브리지 회로를 구성시켜 정류한다.

② 직류 전압

$$V_d = V_{do}\cos\alpha - \frac{3}{\pi}X_c\,I_d[\text{V}]$$

여기서, V_d : 출력되는 직류 평균전압[V]

$V_{do} = \dfrac{3\sqrt{2}}{\pi}E_L$: 사이리스터에 의해 정류된 전압[V]

E_L : 상전압[V]

α : 지연각(delay angle)[°],

I_d : 정류된 직류 전류[A]

(2) 직류 → 교류 변환(inverter operation)

① 6펄스 사이리스터를 사용하여 브리지 회로를 구성시켜 인버터한다.

② Inverter 동작 시 직류 전압(V_d)

$$V_d = V_{do}\cos\beta + \frac{3}{\pi}X_c\,I_d\,[\mathrm{V}]$$

여기서, $\beta = 180° - \alpha$, $I_d = \dfrac{V_c}{\sqrt{2}\,X_c}[\cos\alpha - \cos(\alpha+\mu)]\,[\mathrm{A}]$

μ : 중첩각[°]

③ Inverter의 출력 전압 : 교류 전압으로서 부하 측으로 공급된다.

3. 전류형 HVDC의 전압 제어방법

(1) 제어선택의 기본 제어원리

① 교류 전압의 변동에 따른 직류 전류의 큰 변동을 막는다.

② 직류 전압을 정격 근처로 유지한다.

③ 송전단과 수전단의 역률을 가능하면 크게 유지한다.

(2) 제어방법

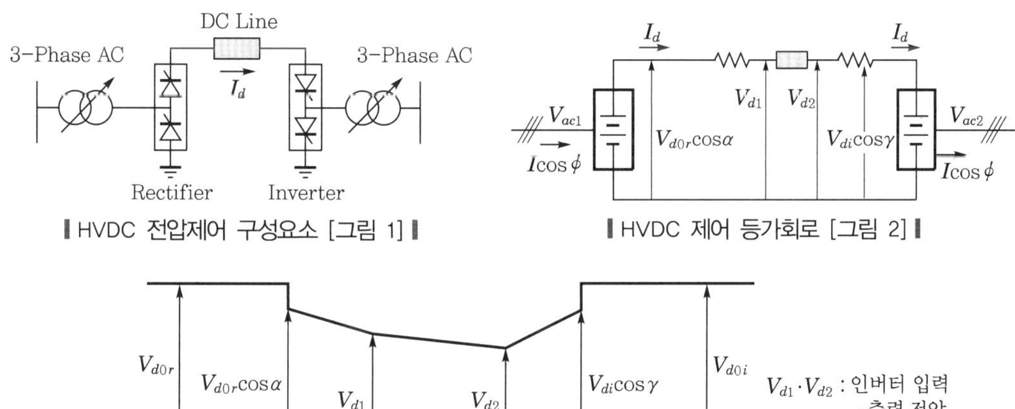

| HVDC 전압제어 구성요소 [그림 1] |

| HVDC 제어 등가회로 [그림 2] |

| HVDC 진압제어 진입 형태 [그림 3] |

① [그림 1]은 단극 연결 또는 양극(兩極) 연결(bipolar link) 중 하나의 극(pole)을 나타낸 것이다.

② [그림 2]와 [그림 3]은 [그림 1]에 해당된 등가도와 전압 제어형태이다.

③ 정류기로부터 인버터로 흐르는 직류 전류

$$I_d = \frac{V_{d0r}\cos\alpha - V_{d0i}\cos\gamma}{R_{cr} + R_L - R_{ci}}\,[\text{A}]$$

여기서, V_{d0r} : 정류 전압[V], α : 점호각[°]

V_{d0i} : 인버터 전압[V], γ : 제어각[°]

④ '③'의 식과 같이 분자항의 전압제어와 점호각 α, 제어각 γ를 조정하여 DC 전류를 조정한다.

⑤ DC 전류를 조정하면 정류기 단자와 인버터 단자에서의 유효전력은 다음과 같다.

㉠ $P_{dr} = V_{dr}\,I_d\,[\text{W}]$

㉡ $P_{di} = V_{di}\,I_d = P_{dr} - R_L\,I_d^{\,2}\,[\text{W}]$

⑥ 결과적으로 정류기에서는 점호각 α 제어를 통해 일정 전류의 모드 운전하여 DC 전류를 조정한다.

⑦ 인버터에서는 제어각 γ 제어를 통해 DC 전압을 조정하며, 설정범위를 초과할 경우 인버터 변압기 Tap을 조정하여 전압을 조정한다.

⑧ 인버터 전압 일정 제어를 채용하는 이유 : 인버터 전류 실패 시 $V_{di} = 0$이 되어 매우 큰 전류가 발생한다.

⑨ HVDC 역률

$$\cos\phi = \frac{1}{2}\{\cos\alpha + \cos(\alpha + \mu)\} = \frac{1}{2}\{\cos\gamma + \cos(\gamma + \mu)\}$$

여기서, μ : 중첩각

㉠ 손실이 무시된 이론적인 경우 교류 유효전력은 직류 전력과 동일하다.

㉡ $P = \sqrt{3}\,V_c\,I\cos\phi = V_d\,I_d\,[\text{W}]$

$$\therefore\ \cos\phi = \frac{V_d\,I_d}{\sqrt{3}\,V_c\,I}$$

㉢ 정류 측과 인버터 측의 역률은 다음과 같다.

- Rectifier의 $\cos\phi = \dfrac{1}{2}\{\cos\alpha + \cos(\alpha + \mu)\}$

- Inverter의 $\cos\phi = \dfrac{1}{2}(\cos\gamma + \cos\beta)$

단, $\gamma = \beta - \mu$, $\beta = 180 - \alpha$

4. 국내 HVDC 사업현황

No	사업명	사업규모	변환기술 및 케이블	준공연도
1	해남 ~ 제주(#1)	0.3GW, 180kV (101km)	전류형, MI(해저 케이블)	1998
2	진도 ~ 서제주(#2)	0.4GW, 250kV (101km)	전류형, MI(해저 케이블)	2013
3	완도 ~ 동제주(#3)	0.2GW, 150kV (96km)	전압형, XLPE(해저 케이블)	2024
4	북당진 ~ 고덕	1.5GW, 500kV (34.2km)	전류형, MI, XLPE (육상 케이블)	2023
5	양주 BTB	0.2GW, 120kV	전압형, 변전소 내	2024
6	신부평 BTB	0.5GW, 130kV	전압형, 변전소 내	2024
7	동해안 ~ 신가평	4GW, 500kV (230km)	전류형, 가공전선, 철탑	2030 준공 예상
8	동해안 ~ 동서울	4GW, 500kV (270km)	전류형, 가공전선, 철탑 + 육상 케이블	2029 준공 예상
9	서해안 ~ 수도권	8GW, 500kV (270km)	전압형, XLPE (해저 케이블)	2036 계획 중

011 HVDC 운영 시 고려하여야 할 다음의 기술적 사항에 대하여 설명하시오.

1. SCR(Short Circuit Ratio) 정의 및 운영기준
2. UIF(Unit Interaction Factor) 정의 및 운영기준

data 발송배전기술사 22-126-3-6 / 발송배전기술사 출제예상문제

답안

1. SCR(Short Circuit Ratio) 정의 및 운영기준

(1) 정의

AC 계통의 단락용량과 HVDC 용량과의 송전용량비로서, HVDC 용량에 대한 단락용량(S_{sc})의 비를 의미한다.

(2) 검토 이유

① HVDC 연계점에서 송전할 전력의 공급이 가능한 지를 판정하기 위해 사용한다.

② HVDC 설계 시 일반적으로 교류계통의 강도를 나타내는 지표로 계통의 임피던스를 고려한 단락용량이다.

③ 설치할 HVDC 시스템이 계통에 미치는 영향을 검토하기 위해서는 그 중 하나인 단락용량을 검토한다.

④ HVDC가 연계될 AC 지점에서 송전하게 될 전력이 공급 가능한 지 여부를 판정하기 위해서는 우선 그 지점의 단락비(SCR)를 구해야 한다.

⑤ 전류형 HVDC의 경우에는 무효전력 보상을 위한 병렬 커패시터, 동기조상기 등이 설치되기 때문에 이를 고려하기 위하여 $ESCR$을 새로운 계통 강도의 표로 사용한다.

(3) 수식

$$SCR = \frac{\text{연계 AC 단락용량[MVA]}}{\text{HVDC 송전용량[MW]}} = \frac{S_{sc}}{P_{dc}}$$

여기서, $S_{sc} = \dfrac{E_{ac}^{2}}{Z_{th}}$ [MW]

E_{ac} : 연계지점의 AC 전압[kV]

Z_{th} : HVDC 계통의 등가 리액턴스[Ω]

P_{dc} : HVDC 송전용량[MW]

Q_c : 무효전력 공급량[MVar]

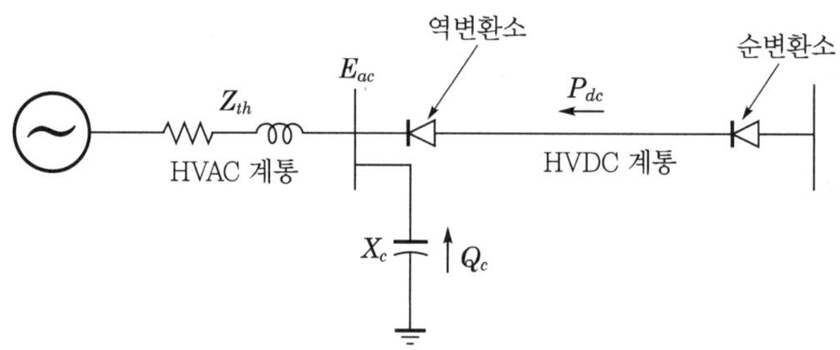

‖HVDC와 HVAC 연계 시의 SCR 개념 계통도‖

(4) 운영기준

① $1 < SCR < 2.5$: AC 시스템이 약하다는 의미로, HVDC 시스템을 효과적으로 운영하기 위해서는 특별한 무효전력 공급설비가 필요하다.

② $2.5 < SCR$: AC 시스템이 강하다는 의미로, HVDC 전력을 전송할 경우 AC 시스템의 문제는 없다.

③ 최근 강도기준

$ESCR$	AC 시스템 강도
$ESCR > 2.5$	강함
$1.5 < ESCR < 2.5$	약함
$ESCR < 1.5$	매우 약함

(5) ESCR(Effective Short Circuit Ratio)

① 무효전력 보상장치의 용량을 제외한 단락비이다.

② 표현식

$$ESCR = \frac{S_{sc} - Q_c}{P_{dc}}$$

③ $ESCR$이 3보다 높으면 강한 계통으로 간주하며, 2보다 작을 경우는 약한 계통으로 판단한다.

2. UIF(Unit Interface Factor)

(1) 정의

HVDC 제어계통과 발전기와의 차동기 공진은 전기적 거리에 따라 발생하며, 전기적 거리가 어느 정도 인가를 나타내는 지수

(2) UIF 검토 이유

저주파 공진현상(SSR : Subsynchronous Resonance)이 심할 경우 발전기의 터빈과 축을 파괴하는 결과를 초래할 수 있으므로 HVDC 송전방식을 적용한 계통 검토 시 안정직인 계통운영 보장을 위한 지표도 UIF를 사용한다.

(3) 수식

$$UIF = \frac{MVA_{\text{HVDC}}}{MVA_i}\left(1 - \frac{SC_i}{SC_{TOT}}\right)^2$$

여기서, MVA_{HVDC} : HVDC의 정격용량[MVA]

MVA_i : 발전기의 정격용량[MVA]

SC_i : 발전기를 제외한 AC 계통의 3상 단락용량[MVA]

SC_{TOT} : AC 계통의 3상 단락용량[MVA]

(4) 운영기준

① $UIF < 0.1$: 인근 발전기와 직류 제어기 사이 공진 등 상호영향이 작은 것이다.

② $UIF > 0.1$: 상호영향이 큰 것으로, 상세한 연구가 필요하다.

③ 안정적인 계통운영을 보장하기 위한 UIF는 0.1을 기준으로 항상 0.1 이하를 만족할 것

(5) 제주 실증단지 해석 결과 : $UIF < 0.1$

❙ UIF 검토 결과 ❙

연계지점 및 방법	SC_{TOT} [MVA]	SC_{TOT} [MVA]	MVA [MVA]	MVA_{HVDC} [MVA]	UIF	검토 결과
북경기 HVDC 3GW	16487	13801	1460	3000	0.05	만족
신중부 HVDC 3GW	16480	13787	1460	3000	0.05	만족
북경기 HVDC 6GW	22056	19273	1460	6000	0.06	만족
신중부 HVDC 6GW	22065	19279	1460	6000	0.06	만족

3. HVDC 시스템 설계 시 고려사항

(1) 시스템 설계

① **용량** : 정격용량(bipole, monopole), 최소 송전용량, 과부하용량

② **전압** : 정격 DC 전압, 최대 DC 전압

③ **변환기** : 전압형, 전류형

④ **선로, 조상기, 필터 등**

(2) 계통 설계

① **전력조류 및 단락용량 검토** : SCR, $ESCR$

② **발전기와의 공진검토**(UIF)

③ **안정도 검토** : HVDC 동작에 따른 교류 시스템의 과도안정 검토

④ **절연협조 검토** : 피뢰기, 밸브 고압 측, DC 중성선과 저압 측, 변환용 변압기 등

012 다기의 HVDC가 교류계통에 연계될 경우의 MIIF와 전력설비별 고려할 차동기 공진을 해당 종류별로 구분하여 설명하시오.

data 발송배전기술사 출제예상문제

답안

1. MIIF(Multi-Infeed Interaction Factor, 다기 HVDC 연계계통의 상호작용계수)

(1) 정의

① 다기의 HVDC가 AC 계통에 연계 시 HVDC 시스템 간 미치는 영향을 고려한 요소

② HVDC가 연계된 두 모선 i, j가 있을 때 i계통의 전압변동이 j계통의 전압변동에 미치는 비율

(2) 수식

$$MIIF_{ji} = \frac{\Delta V_j}{\Delta V_i}$$

(3) 운영기준

① $MIIF < 0.15$: 두 HVDC 간 미치는 영향이 거의 없다.

② $MIIF > 0.6$: 두 HVDC 간 미치는 영향이 커서 전류실패 발생 가능

2. 전력설비별 차동기 공진의 종류

구분	Series capacitor	Power electronics	Gas turbine
Series capacitor	−	SSCI	SSR
Power electronics	SSCI	SSCI(Any Freq.)	SSTI
Gas turbine	SSR	SSTI	−

예 Power electronics와 Series capacitor가 연계된 경우에는 SSCI가 발생할 우려가 있다는 것이다.

3. SSCI(Sub Synchronous Control Interaction)

(1) 전력전자 설비 간 또는 전력전자 설비와 직렬 커패시터 간의 차동기 주파수 영역에서의 상호 간섭 현상

(2) 장거리 송전망 또는 신재생 발전원이 연계된 계통 등에서 다양한 사례로 발생되고 있다.

(3) 그 원인은 컨버터 제어기 간 간섭의 영향으로 추정되고 있다.

4. SSTI(Sub Synchronous Torsional Interaction)

(1) HVDC 변환소가 원전 인근에 위치할 경우 축진동 주파수와 공진을 일으키는 현상

(2) 계통 고장 시 원전 냉각전력 공급에 차질 우려가 있다.

(3) 신재생에너지 설비의 증가로 인한 계통접속량이 증가될수록 HVDC와의 상호간섭 우려가 있다.

013 MVDC(Medium-Voltage Direct Current)의 정의, 구성, 특징에 대하여 설명하시오.

data 발송배전기술사 22-128-1-2 / 발송배전기술사 출제예상문제

답안

1. MVDC(Medium Voltage Direct Current, 중압 직류)

(1) 정의

HVDC와 수용가의 LVDC 사이 전압 레벨 및 전송용량을 갖는 직류 선로 시스템

(2) MVDC는 직류 가운데 중간 전압($1.5 \sim 100$kV) 사이의 전송용량을 갖는 시스템을 말한다.

(3) MVDC란 $1.5 \sim 100$kV 전압 범위를 말하며 태양광·풍력 등 중거리 전력망에 활용된다.

(4) 현실적으로 70kV를 고려한다.

(5) 배경

① 배전설비 확장 한계 극복 : 배전망 증설에 변전소 신증설이 수반되어 민원이 유발된다.

② 배전계통 제어 한계

㉠ 현재의 배전계통은 수동적인 단방향 전력의 흐름으로 구성되어 제어의 한계가 있다.

㉡ 분산전원 증가로 불확실성이 높아진 배전계통은 능동적이고 다방향적인 전력 제어를 요구받고 있다.

③ 전력변환 손실 감소 : DC 수요 측면에서 AC/DC 변환은 전력효율 비용에서 손실이 발생한다.

2. 구성

(1) 전력변환장치(컨버터)

(2) 보호장치(DC 차단기)

(3) 계측기

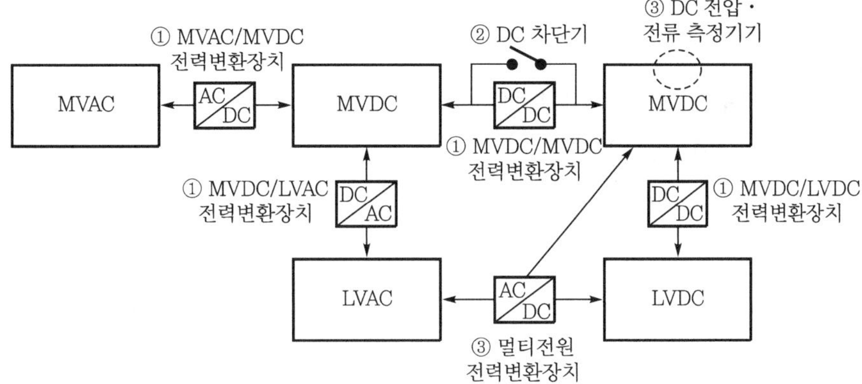

3. 특징(70kV, 하이브리드 배전망)

comment 다음 중 '(2)'의 내용만 기록하면 배점 10점용이다.

(1) 수동적 저압 옥내 배선(LVDC)

① 1.5kV 이하

② 주목적 : 수용가 연계

③ 특징

㉠ DC 변환효율 향상

㉡ DC 가전설비의 경량화 가능

㉢ 전기품질 향상

㉣ 인체 안전성 제고

(2) 능동적 망 제어 및 자립운용(MVDC)

① 1.5 ~ 100kV

② 주목적 : 중규모 계통연계

③ 특징

㉠ 배전망 제어/독립 운전 : 망의 유연한 제어로 이용 효율성 확보 및 사고 발생 시 독립운전이 가능

㉡ 용량 증대 : 기존 AC 선로의 DC화를 통한 용량확대 효과로 분산전원 연계 시 추가 배전선로 회피 가능

ⓒ DC 변환효율 향상 : 개별 변환이 아닌 일괄 변환 및 공급에 따른 효율
향상 및 비용 절감

ⓔ 1.5 ~ 100kV 중규모 중장거리 전력 전송 : 중소규모 신재생에너지단지 등
은 수요지와의 먼 거리로 인해 저압 송전 시 손실이 크므로 MVDC급 전력
전송 활용

ⓕ 이종 주파수 그리드 간 연계

(3) 대규모 장거리 전력전송(HVDC)

① 100kV 이상

② **주목적** : 지역 간 대용량 송전

③ **특징**

㉠ 100kV 이상 대규모 장거리 전력 전송 : 전송효을 향상 및 장거리 지상/지
중 전송 시 경제성 확보

㉡ 신규 인출선로 확보 : AC 대비 설비의 소형화 및 전자기장 유해성 해소

㉢ 조류 제어 : 교류 송전선로 사이에서 HVDC 선로를 통한 제어로 선로 이용
률 향상

㉣ 사고 여파 및 고장전류 차단 : 환상망 전력계통 분리 가능

㉤ 그리드 연계 : 이종 주파수 그리드 간 연계 용이

comment • 현재(24년) 울산 앞바다의 해상풍력 발전단지의 HVDC 연계 또는 HVAC 연계 검토
중인 바, 반드시 국방부의 환경승인이 필요하다(해상풍력 가동 시 120초 정도의 레이다망
이 정지될 수 있어 국가안보차원에서 대단히 중요한 요소로 되어 있음).

• 노르웨이의 경우 러시아의 미사일 공격에 대비한 해상풍력 건설 전체를 완전 취소한
상태이다.

SECTION 03 송전전압

014 송전선로 설계 시 경제적인 송전전압 결정방법에 대하여 설명하시오.

data 발송배전기술사 21-125-1-7 / 발송배전기술사 출제예상문제

답안

1. 경제적인 전압

각종 전압에 대하여 다음을 선정한다.

(1) 건설비와 송전전압의 관계

(2) 운전 유지비와 전압관계에 있어 연간 총지출이 최소가 되는 전압

2. 경제적인 송전전압 결정의 배경

(1) 송전전압을 높일수록 전력 전송은 유리해진다.

(2) 전압이 높으면 송전전력 증가 $P \propto V^2$, 손실 감소 $P_l \propto \dfrac{1}{V^2}$, 전선비 감소

$$A \propto \dfrac{1}{V^2}$$

(3) 전압이 높을수록 선로 또는 기기의 절연내력이 높아져 경제성은 떨어진다.

(4) (1)·(2)·(3)에 의하여 송전전압과 경제적인 측면의 양면을 고려하여 적정 전압 결정이 요구된다.

3. 송전전압의 상승에 따른 비용관계

(1) 연간 총지출과 경제적인 전압값의 선정관계

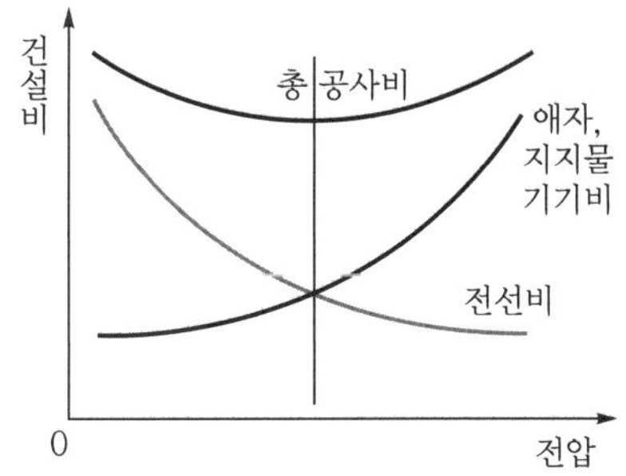

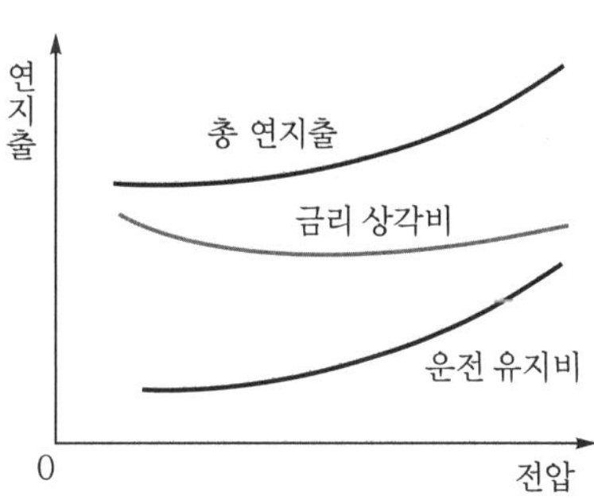

(2) 송전전압과 건설비의 관계

① 송전전압 상승에 따라 전선의 굵기가 축소된다.

② 송전전압 상승에 따라 절연내력 향상이 요구되어 애자기기의 절연비가 상승한다.

③ 송전전압 상승에 따라 전선 상호 간 거리 증대로 철탑규모가 상승하여 가격이 상승한다.

④ 송전전압 상승에 따라 변압기나 차단기 등 연결기기의 절연내력 상승으로 인해 기기가격이 고가이다.

⑤ 유도장해 등 과도 안정도 대책비용이 상승된다.

4. 경제적 전압을 구하는 방법

(1) 고유 송전용량 계수법에 의한 송전전압

$$P_r = K \cdot \frac{V_r^{\,2}}{l}\,[\text{kW}]$$

여기서, K : 송전용량계수(transmission capacity coefficient)

V_r : 수전단 전압[kV], 154kV의 T/L의 K값은 1200kV

l : 선로긍장[km]

(2) Alfrend still 식에 의한 경제적인 전압 산출

① 송전전압 $= 5.5\sqrt{0.6 \times 송전거리[\text{km}] + \dfrac{송전전력[\text{kW}]}{100}}\,[\text{kV}]$

② 적용 : 중거리 T/L의 개략 전압, 적정 전압 산정 시 이용된다.

---

015 송전선로의 선간전압을 2배로 높였을 경우 동일 전선, 동일 전력, 동일 손실 하에서의 송전거리는 어떻게 되는지 설명하시오.

data 발송배전기술사 20-122-1-11 / 발송배전기술사, 건축전기설비기술사 출제예상문제

답안 1. 전제 사항

3상 3선식 송전선로, 선간전압 V, 선로손실률 p, 역률 $\cos\theta$로 정한다.

2. 송전선로의 선간전압이 2배일 경우 동일 조건에서의 송전거리

(1) 전력

$$P = \sqrt{3}\, VI\cos\theta$$

(2) 손실률

$$p = \frac{3I^2 R}{P} = \frac{3I^2 R}{\sqrt{3}\, VI\cos\theta} = \frac{\sqrt{3}\, IR}{V\cos\theta}$$

(3) 저항

$$R = \frac{p\, V\cos\theta}{\sqrt{3}\, I} = \frac{p\, V^2\cos^2\theta}{\sqrt{3}\, I\, V\cos\theta} = \frac{p\, V^2\cos^2\theta}{P}\ [\Omega]$$

(4) 저항과 단면적 관계에서 단면적 산출

① $\ R = \rho\dfrac{l}{A} = \dfrac{p\, V^2\cos^2\theta}{P}\ [\Omega]$

② $\ A = \dfrac{\rho\, l\, P}{p\, V^2\cos^2\theta}\ [\mathrm{mm}^2]$

즉, $A \propto \dfrac{1}{V^2}$ (단면적은 전압의 제곱에 반비례함)

(5) 전선 총중량

① 3선이므로 $W_{\mathrm{eight}} = 3$가닥 $\times\, l \times A\,\sigma = \dfrac{3\rho\,\sigma\, l^2 P}{p\, V^2\cos^2\theta}\ [\mathrm{kg}]$

여기서, σ : 전선의 밀도 $[\mathrm{kg/m}^3]$

② $W \propto \dfrac{1}{V^2\cos^2\theta}$ (전선 총중량은 전압과 역률의 제곱에 반비례함)

(6) 송전전력

$$P = \frac{W\cdot p\, V^2\cos^2\theta}{3\rho\,\sigma\, l^2} = \frac{(3l\, A\,\sigma)\, p\, V^2\cos^2\theta}{3\rho\,\sigma\, l^2} = \frac{p\, A\, V^2\cos^2\theta}{\rho\, l}\ [\mathrm{W}]$$

$P \propto V^2$ (전력은 전압의 제곱에 비례함)

(7) 위 식에서 거리와 전압과의 관계는 다음과 같다.

① $\ l = \dfrac{p\, A\, V^2\cos^2\theta}{\rho\, P}$

즉, $l \propto V^2$

② 송전거리는 전압의 제곱에 비례하므로, 전압이 2배로 승압되면 송전거리는 2^2, 즉 4배이다.

015-1 전선의 허용전류 검토 시 검토되는 켈빈의 법칙에 대하여 설명하시오.

data 발송배전기술사 출제예상문제

답안

1. 전선의 허용전류

(1) 전선의 허용전류란 전선에 전류가 흐를 때 온도 상승이 있어 전류량을 전선의 허용한도 이내로, 즉 최고 허용온도 이하로 한 허용전류 또는 안전전류를 말한다.

(2) 허용전류를 정하는 이유

허용온도 이상 시 전선의 기계적인 강도 등의 성능 저하가 발생하는 것을 사전에 방지하기 위해서이다.

(3) 가공전선의 허용온도

① 단시간 과부하에서는 $100℃$ 이하

② 장시간 연속 운전 시는 $90℃$ 이하 – 장시간 연속 사용 시 접선 접속장소의 열화 등을 고려한 온도

(4) 적용되는 가공송전선의 주위 온도 및 풍속 등

주위 온도 $40℃$, 일사량 $0.1W/cm^2$, 풍속 $0.5m/s$

2. 켈빈의 법칙

(1) 단거리 T/L에서 건설 후에 전선의 단위길이를 기준으로 해서 연간 전력손실량의 가격과 전선 단위길이당의 건설비 이자와 상각비의 합계가 같게 되는 전선 굵기가 경제적인 전선이라는 법칙이다.

(2) 단거리 T/L에서 전선 단위길이당 연간 전력손실량의 가격

= 전선 단위길이당 건설비의 이자 + 전선 단위길이당 상각비

이때에 전선의 굵기가 가장 경제적인 것이라는 법칙이다.

(3) 허용전류로 송전용량이 결정될 경우 또는 켈빈의 법칙에 의해 정해지는 경제적인 전류용량은 해당 전선의 허용전류보다 훨씬 작은 값이다.

3. 켈빈의 법칙을 적용한 ACSR의 굵기 선정

(1) 알루미늄 전선의 경우

① 무게 : $2.7 \times 10^{-3} kg/m \cdot mm^2$

② 저항률 : $\dfrac{1}{35} Ω/m \cdot mm^2$

(2) 적용되는 요소의 의미

   ① M : 전선 1kg의 가격

   ② N : 1년간 전력량의 가격[원/kW·year]

   ③ P : 1년간 이자와 상각비와의 합계(소수표시)

   ④ A : 전선의 굵기[mm^2]

   ⑤ σ : 가장 경제적인 전류밀도[A/mm^2]

(3) 켈빈의 법칙에 따른 전류밀도 산출

   ① $(\sigma A)^2 \times \dfrac{1}{35A} \times 10^{-3} \times N = 2.73 \times 10^{-3} \times A \times M \times P$

$$\therefore \ \sigma \fallingdotseq \sqrt{\frac{2.7 \times 35 MP}{N}} \ [\text{A/mm}^2]$$

   여기서, σ : 가장 경제적인 전류밀도

   ② 전류 $I = \dfrac{P_r}{\sqrt{3}\, V_r \cos\theta}$

   여기서, P_r : 수전전력, $\cos\theta$: 역률

   ③ 전선의 굵기 $A = \dfrac{1}{\sigma} I = \dfrac{1}{\sigma} \cdot \dfrac{P_r}{\sqrt{3}\, V_r \cos\theta} \ [\text{mm}^2]$

   여기서, P_r : 전력[kW], V_r : 수전전압[kV]

   ④ 결과적으로 경제적인 알루미늄 전선의 굵기(A)는 다음과 같다.

$$A = \frac{1}{\sqrt{\dfrac{2.7 \times 35 MP}{N}}} \times \frac{P_r}{\sqrt{3}\, V_r \cos\theta} \ [\text{mm}^2]$$

(4) 켈빈의 법칙의 물리적 의미

   ① 전선가격 M이 비쌀수록 전선의 굵기는 가늘어진다.

   ② 이자 및 상각비 P가 클수록 전선의 굵기는 가늘어진다.

   ③ 전력요금 N이 저렴할수록 전선의 굵기는 가늘어진다.

memo

가공 송전

SECTION 01 철탑 건설

016 철탑을 사용목적에 따라 분류하여 설명하시오.

data 발송배전기술사 18-116-1-3 / 발송배전기술사 출제예상문제

답안

1. 철탑 형태상 구분

(1) 4각 철탑

기초가 사각 형태, 일반 철탑

(2) 방형 철탑

마주보는 2면이 같은 형태

(3) 문형 철탑(송전선로 인출용)

문 형태, 전차 선로용, 하천 횡단용

(4) 우두형 철탑

소 대가리 형태(국내는 765kV 1회선에 많이 사용함)

(5) 회전형 철탑

철탑을 암(arm) 밑에서 90° 회전한 철탑으로, 고강도로 제작되는 형태

2. 철탑 사용목적에 따른 분류

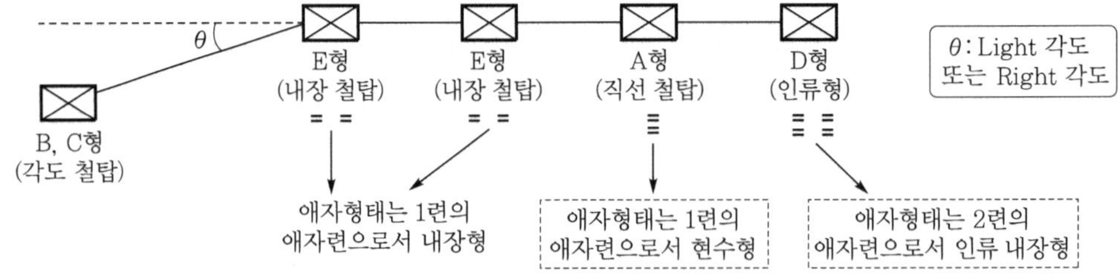

▮철탑 용도와 형태 및 애자련 예▮

(1) 인류 철탑(anchor tower) : D형 혹은 억류 지지철탑

① 전선의 전부가 억류(dead end)에 견딘다(전선을 끌어당겨 고정할 수 있는 철탑).

② 수평각도 30° 이상으로 된 D형 철탑으로, 충분한 강도를 얻을 수 없는 곳에 시설하며, 애자련은 인류 내장형이다.

(2) 직선 철탑(straight tower) : A형

직선 또는 수평각도 3° 이내 장소에 시설, 애자련은 현수형이다.

(3) 내장형(strain tower) : E형

① 선로보강용, 직선 철탑 10기마다 1기의 비율로 건설

② 전선에 지나친 불평형 장력이 가해질 경우 및 특수 철탑(장경간에 사용)의 경우에는 부근에 내장형을 세워 보강 요함

③ 장경간(long span) : 표준경간에 250m 더한 것을 초과한 경우

④ 최대 경간 : 전기설비기술기준에서 정한 경간

송전전압[kV]		표준경간[m]	최대 경간[m]	비고
154		300	600	• 2B : 2Bundle
345	2B	400	600	• 4B : 4Bundle
	4B	350	600	• 6B : 6Bundle
500(6B)/765(6B)		500	600	

(4) 각도 철탑(angle tower) : B형, C형

① 수평각도 3° 초과된 곳

② B형은 수평각도 3 ~ 20° 이하이고, C형은 수평각도 30° 초과된 것이다.

③ 애자련은 모두 내장형이다.

---

017 가공 송전선로의 지지물인 철탑의 기초 공법 중 마이크로 파일 공법에 대하여 개념도를 그리고 설명하시오.

data 발송배전기술사 17-111-1-9 / 발송배전기술사 출제예상문제

답안

1. 마이크로 파일(M/P) 공법 개념

(1) 유압 및 공압의 천공장비를 이용하여 지반의 지지층까지 천공(ϕ300mm 이하) 후 케이싱 및 강봉(thread bar)을 연결·조립 설치한 후 천공 홈 내부를 시멘트 밀크 그라우팅을 실시하는 매립 말뚝공법이다.

(2) 지반 보강과 지지말뚝으로 사용되고 있으며 강봉의 정착장 주면의 시멘트 그라우팅 부착력에 의해 선단 지지말뚝보다는 주면 마찰력으로 인장력과 압축력을 동시에 지지하는 공법이다.

(3) 현장 여건상 대형 장비 진입이 어렵고, 작업공간이 협소하거나 제한된 지역에서도 쉽게 설치할 수 있으며, 시멘트 그라우트와 강봉과의 부착력을 높이기 위하여 Thread bar를 사용한다.

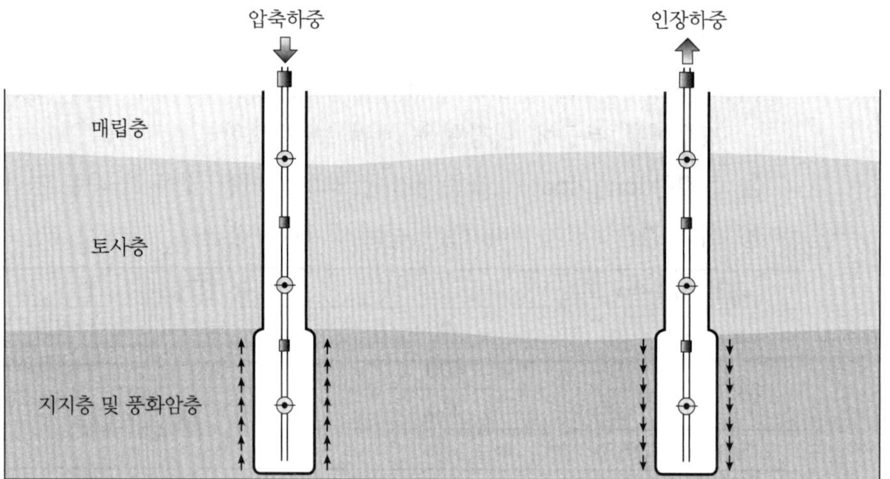

2. 특징

(1) Steel thread bar는 커플러를 사용하여 강봉을 연결하고, 소정의 깊이 및 제한된 공간에서 사용 가능하다.

(2) 소형화된 천공장비를 이용하여 대형 장비의 진입이 곤란한 제한된 장소 및 콘크리트, 암반 등의 지층도 시공이 가능하다.

(3) 경사 파일 시공도 가능하므로 다양한 하중(이때 하중은 압축·인발·수평 하중임)에 대응이 가능하다.

(4) Steel thread bar와 정착 지반 사이를 그라우팅하여 주면 마찰력으로 확실한 지지력을 확보하고 부식을 방지한다.

(5) Steel bar는 철근 및 Thread bar를 싱글 또는 그룹으로 사용한다.

(6) 말뚝의 정착 효과가 높아 기초 말뚝 및 보강 지지력이 확실하다.

(7) 시공이 간편하고 주변 지반 훼손이 거의 없다.

(8) 작업이 곤란한 협소공간 및 급경사지에도 적용성이 탁월하다.

(9) 철탑공사에 따른 산림 훼손면적을 50% 감소할 수 있다.

(10) 비탈면 붕괴위험을 최소화시킬 수 있는 동시에 저진동, 저소음 공법으로 환경영향을 최소화할 수 있다.

(11) 공사기간을 70% 단축시키는 동시에 공사비를 30 ~ 50% 절감할 수 있다.

(12) 드론 이용 시 시공자재 이동경로 없이 임야에 시공이 가능하므로 적극적인 연구
· 적용을 검토해야 한다.

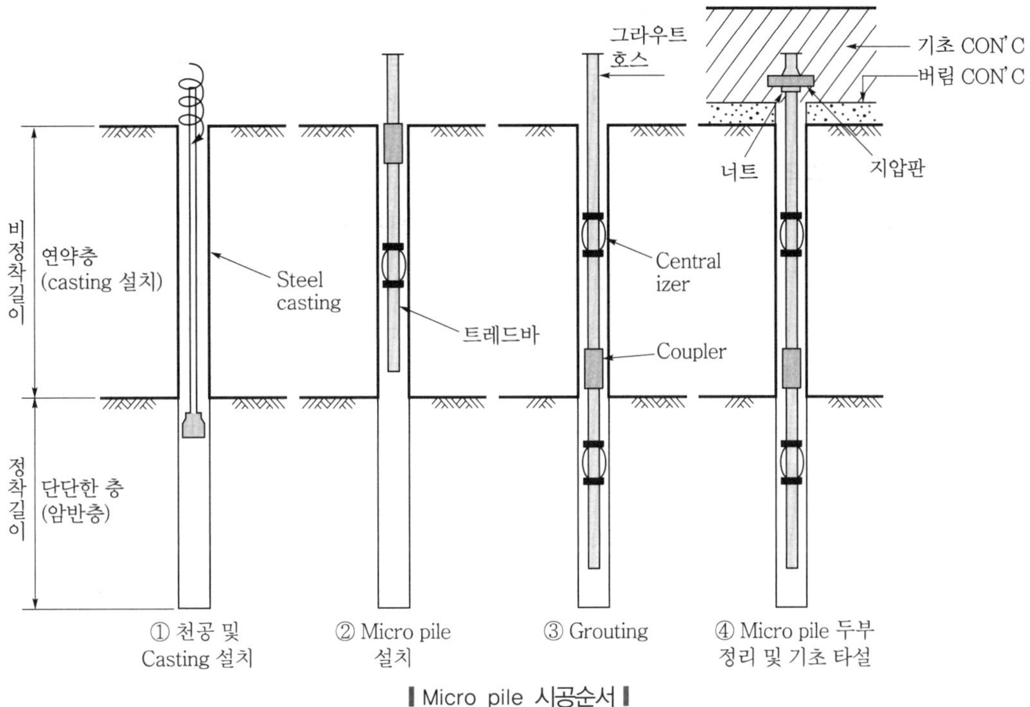

❚ Micro pile 시공순서 ❚

018 철탑 계탑공법(鐵塔繼塔工法)의 개요 및 특징에 대하여 설명하시오.

data 발송배전기술사 19-118-1-4 / 발송배전기술사 출제예상문제

답안

1. 개요

(1) 철탑 계탑공법은 FTB 공법(Floating Tower body and Bottom-up method)이
라고도 말한다.

(2) 구조물 등의 설치 제한, 철탑용지 확보 곤란 등으로 철탑의 추가설치가 어려울
경우 사용하는 방법이다.

(3) 전력선이 가선된 상태에서 임의의 높이까지 단기간에 계탑할 수 있는 방법으로
철탑의 지상부 전체를 밀어올려 그 하부에 계탑재를 접합시키는 공법이다.

2. FTB 공법

(1) 계탑 대상철탑의 내측에 철주를 조립해서 이것으로 철탑을 밀어올리기 위한 지지점 및 Guide로서 사용한다.

(2) Winch, Wire rope, Chain에 의해 철탑 전체를 가선상태로 밀어올려서, 사전에 철탑 기초에 연결되어 있는 주체부의 주각재에 접합되도록 한 것이다.

3. FTB 공법의 특징

(1) 철탑의 강도, 형체에 관계없이 임의의 높이까지 계탑이 가능하다.

(2) 가선상태에서 계탑이 가능하여 이설공사, 발받침공사 등이 필요 없다.

(3) 가섭선의 장력 증가, 불평균장력의 발생, 애자련의 흐름, 점퍼의 형태변화 등이 허용치 이하로 된 경우에는 송전상태로 공사를 실시할 수 있다. 실제로는 상세한 전선장력, 실장 등의 변화를 계산하고 있기 때문에 미리 각종 조정을 행하고 있는 경우가 많다.

(4) 송전선로 공사에 사용되고 있는 공구를 사용해서 시공이 가능하다.

(5) 밀어올리는 장치는 약 100kgf 이하의 중량으로 분해해서 운반할 수 있기 때문에 산간지나 중기를 반입할 수 없는 장소에도 용이하게 적용할 수 있다.

(6) 고소작업이 대략적으로 감소하기 때문에 안전성이나 작업성이 좋다.

(7) 철탑 계탑 전의 상태로부터 계탑 후에 옮기기까지가 단시간이기 때문에 설비운영 및 작업면에서 안전하다.

(8) 철탑부지 이외는 공사용지를 필요로 하지 않아 용지업무가 감소된다.

(9) 기설 철탑의 부재 및 기초를 유효하게 이용할 수 있다.

(10) 상기의 (1) ~ (9) 사항들은 철탑 기초가 상향될 높이에 관련 하중에 견딜 경우에서만 가능하다. 현실적으로 철탑 기초를 보강할 경우가 오히려 더 많아 철탑 기초 보강공사에 상당한 공사기일이 소요된다(임시 도로 허가, 산 부지 주인과의 협의 보상 등이 매우 까다롭고 상당한 공사기간 지연요소가 됨).

---

reference

인클로징 공법(enclosing)

(1) 개념

기설 철탑을 에워싸서 외측에 신설 철탑을 설치하여 송전선로 높이를 상향시키는 것이다.

(2) 주요 특징

① 임시선로 구성없이 편측 1회선씩 휴전만으로 가능하다.

② 경과지 변경없이 지지물만 교체하므로 민원이 감소한다.

③ 기설 경과지 변경이 곤란한 개소에 적용이 가능하다(단, 철탑기초는 기존 기초를 에워싸는 방식으로 토목공사를 시공해야 하므로 토목 기초 공사 기간이 신설보다 오히려 긺).

④ 임시선로 구성 불요로 타 공법대비 경제성이 우수하다.

⑤ 기설 철탑 부재는 활용하지 않는다.

⑥ 외부 철탑 완성 후 기존 철탑을 바로 철거해야 된다.

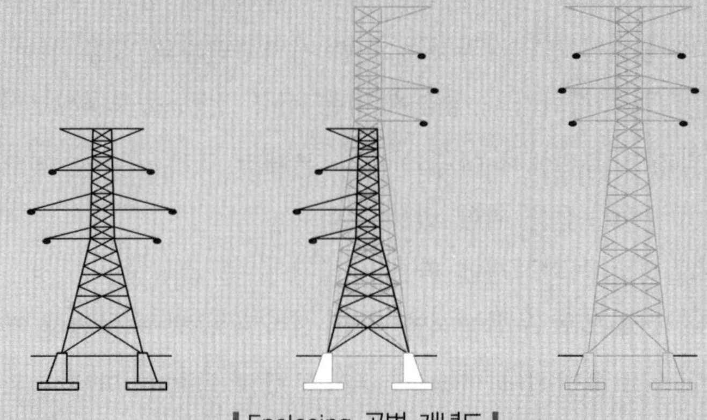

(3) 현장의 애로사항

① 각도형 철탑에서 외부로 에워싼 철탑의 상부 Arm 조립 시 기존 철탑에 간섭현상이 발생하여 공사진행이 매우 곤란하다.

② 이때는 외부의 철탑과 내부의 철탑을 적정한 블록체인으로 당겨서 외부 철탑을 조립하면 거의 해결된다.

---

019 철탑 인상공법의 필요성을 설명하고, Helper tower 공법과 Enclosing 공법의 특성을 비교하여 설명하시오.

data 발송배전기술사 17-111-3-5 / 발송배전기술사 출제예상문제

 **1. 철탑 인상공법의 개념**

송전철탑에 전선이 매달린 상태에서 철탑을 해체하지 않고 철탑 인상장비를 이용하여 철탑을 일정 높이까지 상향시키는 공법이다.

2. 철탑 계탑공법(철탑 인상공법)의 종류

(1) 탑체 중간부 이상교체 계탑공법

(2) 중간 상부 확대 계탑공법

(3) Helper-tower 계탑공법

(4) Enclosing 공법

3. 철탑 인상공법의 필요성

(1) 사회적 측면에서 아래와 같은 문제점 극복을 위해 필요하다.

① 송전철탑 신설에 대한 사회·환경단체 반대 극심

② 송전선로가 경과하는 주변 지역주민과의 갈등 심화

③ 토지 자산가치 상승에 따른 신규 철탑 용지 확보 곤란

(2) 환경적 측면에서 아래와 같은 문제점 극복을 위해 필요하다.

① 환경보전을 위한 법률 강화

② 산림 녹화정책에 따른 선하지 수목 급성장

③ 산림보호 우선정책에 의한 선하지 주변 수목벌채 제약

(3) 기술적 측면에서 아래와 같은 문제점 극복을 위해 필요하다.

① 산악지형의 악조건으로 가선로 구성이 불가능

② 가철탑 구성 용지 확보 장기화 및 공사비 증가

(4) 경제성 측면 및 신뢰성과 안전 측면에서 아래와 같은 특성에서 우수하다.

① 철탑의 강도, 형체에 관계없이 임의의 높이까지 계탑 가능

② 가선상태에서 계탑할 수 있기 때문에 선로 정전 및 임시선로 불필요

③ 상향 공법장비는 분해하여 운반할 수 있어 산지에도 적용 가능

④ 철탑 상부작업이 획기적으로 감소하여 안전성 및 작업성 양호

⑤ 계탑하는 시간이 단시간(8시간)으로 설비운영 및 작업성 효율화

⑥ 기설 철탑을 재활용하고 기존 기초를 유효하게 이용할 수 있어 매우 경제적임

⑦ 신공법을 적용해 송전설비의 안전성과 신뢰도를 상향시킴

⑧ 예산 절감도 중요하나 1980년도 이전에 건설한 송전선로의 경우 높이가 낮은 저지상고 개소가 많기 때문에 중장비에 의한 접촉고장 등 안전사고의 우려가 감소

4. Helper-tower 계탑공법

(1) 정의

하단 Arm 취부 위치에서 계탑 높이가 10m 이하인 개소에 적용하는 공법

(2) 적용 방법

① 154kV 기설 철탑에 철탑 인상장비인 Helper-tower를 설치하여 가선로를

구성하고 송전한 상태에서 기설 철탑을 인상할 준비가 된 상태로 철탑 상부에 조립 작업한다.

② 철탑 상부를 기설 철탑에서 분리하여 Lift-up한다.

③ 1단계 인상 작업 추진을 완료하고 연장재를 인상하여 인상된 부분에 연결한다.

④ 철탑 상부 인상 작업 및 연장재(10m) 취부를 완료하고 C1 Arm을 조립하기 위해 인상한다.

⑤ 편측 1회선 전력선을 Helper-tower에서 본선로 구성을 완료하여 송전하고 #2 C1 송전선로를 본 선로로 공중이동하며 Helper-arm을 철거한다.

⑥ #1, 2T/L 상부 인상 작업을 완료하고 Helper-tower를 철거한다.

(3) 특성

① 장점

㉠ 공사비가 저렴하여 경제적이다.

㉡ 기존 철탑에 Helper-tower를 장착하여 임시선로를 구성한다.

② 단점

㉠ 완성 후 미관을 저해하고, 형상이 불안정하다.

㉡ 154kV 다회선 철탑에는 적용이 곤란하다.

㉢ 기초부등 변위가 심하면 공법적용이 불가하다.

㉣ 345kV 철탑에는 적용이 불가하다.

5. Enclosing 공법

> **reference**
>
> **Enclosing**
> 기존의 철탑 바깥쪽으로 포위하여 철탑을 기초부터 상방으로 조립시켜 기존보다 높이를 올리는 공법으로, 현장에서 적용 중임

(1) 개발 배경

① 저지상고 개소의 해소를 위해 새로이 개발한 Enclosing 공법의 개발 배경을 사회·환경·기술적 측면에서 요구받고 있다.

② 송진선로 공사는 사회정세의 변화나 환경·기술적 측면에시 다양힌 영향을 받고 있음에 따른 신공법 적용의 필요성이 높아지게 되었다.

(2) 정의

① 편측 1회선 휴전으로 별도의 임시선로 구성없이 기초를 보강한 후 기존 철탑 외측으로 높이 제한 없이 철탑을 상향하는 공법이다.

② 송전선로의 주변환경 변화에 대응하기 위하여 지상고 부족 시 계탑을 시행할 경우 현재 국내에서는 2회선 동시 휴전 또는 Helper tower로 임시선로를 구성하거나 임시선로 구성없이 계탑을 시행하는 공법이다.

(3) Enclosing 적용

① Enclosing 공법(이하 Ec 공법)으로 불리는 이 신공법은 철탑 이설 시 임시선로를 건설하지 않고 기존 철탑의 바깥 측에 철탑을 신설해 1회선을 휴전한 후 철탑 조립 및 가선과정을 거쳐 기존 철탑을 철거하는 방식이다.

② 이 공법은 기존 철탑 부지 내에 마이크로 파일 기초를 시공할 때 기존 철탑의 변형·변위 정도에 관계없이 공법 적용이 가능하다.

③ 철탑의 지상고를 높이는데 있어 제한이 없는 것이 특징이다.

④ 154kV 철탑은 Helper tower 공법을 적용하였으나, 345kV 철탑은 적용할 공법이 없어 어려웠으나 345kV 송전선로 지상고 상향 공법인 Enclosing 공법을 개발해 적용한다.

(4) Enclosing 공법의 특성

① 장점

㉠ 편측 1회선 송전상태에서 탑체 조립이 가능하여 가선로 구성 불요

㉡ 345kV, 154kV 다회선 철탑 등 높이제한 없이 철탑 상향 가능

㉢ 기설 철탑 기초 부등변위 여부에 관계없이 적용 가능

㉣ 기 개발된 154kV Helper-tower 공법 적용 한계 극복 가능

② 단점

㉠ 기존 Arm 돌출부 통과부의 간섭을 고려한 결구형태 검토 필요

㉡ 작업자 승탑, 철탑재 인상 시 충전부 접촉 방호대책 필요

㉢ 기존 철탑과 Enclosing 철탑의 부재가 간섭될 수 있으므로 설계 시 면밀히 검토할 것

---

reference

(1) 기존 철탑을 포위해 기초부터 새로 건설한다는 의미로서, 기초를 기존 철탑 기초 바로 옆에 새로 건설하여(약 1개월 소요됨) 새로 건설된 기초 위로 철탑 부재를 기존 철탑을 1회선식 휴전 후 조립시공하여 기존 철탑보다 더 높이를 올릴 수 있는 공법으로서, 순수히 신설 철탑보다 공사비가 약 1.5배 이상 소요된다.

(2) 인클로징 철탑 완성 후 철탑 안에 있는 기존 철탑을 곧바로 지면까지 철거를 시작한다.

(3) 주로 철탑부지 민원으로 신설이 힘든 개소에 적용시킨다.

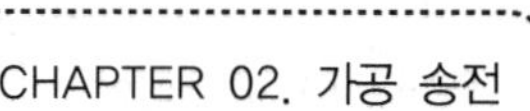

020 가공 송전철탑의 수평 하중경간과 수직 하중경간에 대하여 설명하시오.

data 발송배전기술사 23-129-1-12 / 발송배전기술사 출제예상문제

답안

1. 철탑의 수평 하중경간(horizontal span, wind span)

(1) 정의

양측에 있는 지지물의 중심점 간의 거리를 합한 것을 평균한 거리를 말한다.

(2) 수식

$$수평\ 하중경간(S) = \frac{S_1 + S_2}{2}$$

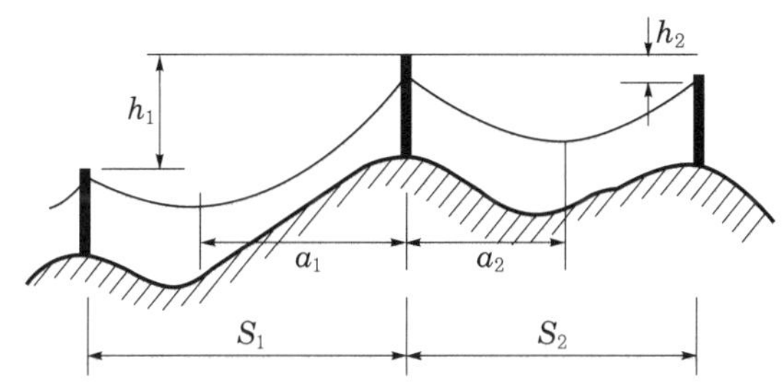

- S_1 : 한 지지물의 중심에서 좌측 지지물 중심까지의 수평거리
- S_2 : 한 지지물의 중심에서 우측 지지물 중심까지의 수평거리

∥ 수평 하중경간과 수직 하중경간 ∥

(3) 수평 하중경간의 적용

① 전선의 풍압력 계산에 사용한다.

전선의 풍압하중 H_C = 전선풍압 × 전선 외경[mm]
$$\times 수평\ 하중경간[m] \times 10^{-3}[kg]$$

② 주로 가섭선의 풍압하중과 수평 각도하중의 상대관계에서 구해지는 철탑 유도계산에 적용된다. 철탑 유도계산은 철탑 응력계산이 끝난 철탑을 수평각도에 따라 수평 하중경간에 얼마나 더 사용할 수 있는가를 말한다.

③ 수평각도에 따른 철탑 하중경간

$$S = \frac{H_{p'} + 2T\sin\frac{\theta}{2}}{H_c}$$

여기서, S : 철탑 하중경간[m]

$H_{p'}$: 전선풍압과 수평각도의 영향에 의한 전선의 횡분력과의 합[kg]

T : 전선의 상정 최대 장력[kg], θ : 수평각도[°]

H_c : 전선풍압[kg/m^2]

2. 철탑의 수직 하중경간(weight span)

(1) 정의

수직 하중경간은 한 지지물의 중심점에서 양측 경간(지지물 간 거리)에 가선된
전선의 최대 이도점(vertex) 간의 양측 거리

(2) 적용

전선의 무게를 계산하여 철탑의 수직 하중에 적용한다.

(3) 수직 하중경간

$$S = a_1 + a_2 = \left(\frac{S_1}{2} + \frac{Ch_1}{S_1} \right) + \left(\frac{S_2}{2} + \frac{Ch_2}{S_2} \right) = \frac{1}{2}(S_1 + S_2) + C\left(\frac{h_1}{S_1} + \frac{h_2}{S_2} \right)$$

여기서, $C : \dfrac{T}{W}$ (T : 수평장력)

(4) 전선의 수직 하중

$$W_c = W(a_1 + a_2) + I = WS_m + T\left(\frac{h_1}{S_1} + \frac{h_2}{S_2} \right) + I$$

여기서, W : 전선 단위길이당 무게[kg/m], $S_m : \dfrac{S_1 + S_2}{2}$[m]

h_1, h_2 : 3개의 철탑 중 낮은 부분과 높은 부분의 각 구간별 수직 높이 차이[m]

I : 애자중량[kg]

（reference）

철탑하중(鐵塔荷重)의 구분

(1) **철탑하중(鐵塔荷重)**

① 철탑에 가해지는 하중은 철탑, 가섭선, 애자, 금구류 등의 중량이 항시 작용하는 고정하중과
자연의 외력에 의해서 이들에 가해지는 풍하중 또는 빙설하중이 있다.

② 이런 하중과 함께 가섭선에 의한 수평 각도하중, 불평형 장력 등의 가섭선 장력하중이 있다.

③ 철탑하중 계산상 철탑의 수직 하중 및 수평 하중은 수평 횡하중, 수평 종하중으로 나누어 설계하
고 있다.

　㉠ 수직 하중 : 지지물의 자중과 적설중량, 가섭선 중량 및 여기에 부착하는 빙설중량 등

　㉡ 수평 횡하중 : 바람에 의해 철탑, 전선, 애자금구류 등에 가해지는 풍압하중과 전선로 수평각
이 있는 경우 전선장력에 의해 생기는 수평 각하중 및 전선의 전단에 의해 발생하는 염력이
있다.

　㉢ 수평 종하중 : 철탑 종축의 풍압력과 지지물 양측 경간차에 의해 생기는 불평형 장력

(2) **수직하중(垂直荷重)**

① 철탑에 수직분 하중으로 적용되는 지지물의 자중 및 적설 등의 중량, 가섭선(전력선 및 가공지선)
의 중량 및 이에 부착한 빙설중량이 있다.

　㉠ 가섭선 중량 = 가섭선 + 착빙설중량 + 애자장치 중량

ⓛ 착빙설(피빙)중량 = 피빙 단위중량 × 수직 하중경간

피빙의 두께 및 비중의 기준은 다음과 같다.

- 중다설지구 : 두께 40mm, 비중 0.6
- 다설지구 : 두께 20mm, 비중 0.6
- 기타 지구 : 두께 6mm, 비중 0.9

ⓒ 피빙 단위중량(단, d : 전선직경)

- 중다설지구 $W_s = (d+40)\pi \times 40 \times 0.6 \times 10^{-3} = 0.0754(d+40)[\text{kg/m}]$
- 다설지구 $W_s = (d+20)\pi \times 20 \times 0.6 \times 10^{-3} = 0.0377(d+20)[\text{kg/m}]$
- 기타 지구 $W_s = (d+6)\pi \times 6 \times 0.9 \times 10^{-3} = 0.01696(d+6)[\text{kg/m}]$

② 전선장력에 의한 수직 각도하중

$$V_t = T(\tan\delta_1 + \tan\delta_2)$$

여기서, V_t : 수직 하중, T : 가섭선의 상정 최대 장력, δ_1, δ_2 : 그림에서의 각도

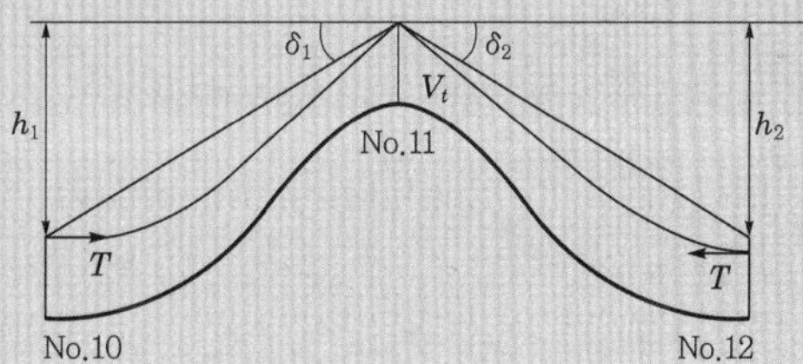

❙ 수직 각도 하중(V_t) ❙

(3) 수평 횡하중(水平橫荷重)

① 수평 횡하중은 바람에 의해 철탑, 전선, 애자 등에 가해지는 풍압하중과 송전선로에 수평각도가 있는 경우 가섭선 장력에 의해 생기는 수평 각도 하중 및 가섭선의 불평형 장력에 의한 염력이 있다.

② 풍압하중은 지지물의 풍압력(Π_t), 기섭선과 애지장치 등의 풍압력(Π_c)이 있으며 다음 식에 의하여 구한다.

$$P = C \times q \times A$$

여기서, P : 풍압력[kg], C : 풍력계수

q : 설계용 최대 풍속[kg/m²], A : 수풍면적[m²]

③ 가섭선 장력에 의한 수평 각도하중은 다음과 같다.

$$H_a = T_1\sin\alpha + T_2\sin\beta = 2T\sin\left(\frac{\theta}{2}\right)$$

여기서, T_1, T_2 : 가섭선의 좌측, 우측의 최대 사용장력

α, β : 수평각도

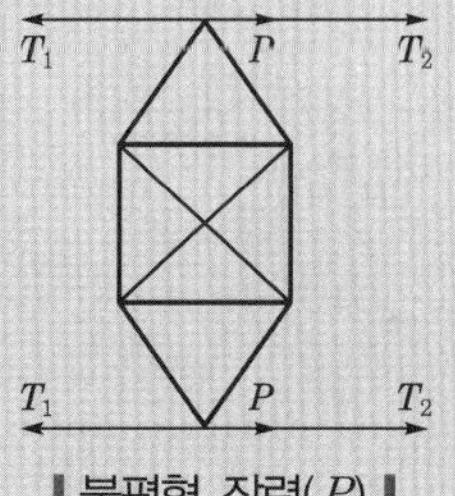

❙ 불평형 장력(P) ❙

> **(4) 수평 종하중(水平從荷重)**
> ① 수평 종하중은 지지물의 종축에 가해지는 철탑 종축 풍압하중($H_t{}'$)과 가섭선 불평형 장력과 불평형 장력에 의한 염력(비틀림)에 의한 하중이다.
> ② 철탑의 고저차가 심한 경우 그 전선장력에 의한 수직 각도하중이 있다.

comment 실제 철탑 현장에서는 민원이 많아 철탑 위치의 변경이 매우 빈번해서 재설계를 많이 하는 경우가 대다수로서 철탑설계회사들 용역비 문제로 발주자와 의견충돌이 빈번하다. 따라서, 설계감리비용에 반영이 당연히 되어 있어야 한다(일부 발주자는 시공감리에게 책임전가하면서 부대적인 추가비용을 시공사에 전가시켜 법적 문제로 되는 경우가 많아 반드시에는 발주자의 책임있는 문서 확인이 필요함).

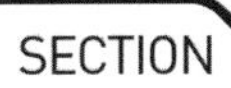

SECTION 02 송전용 애자

021 현수 애자련의 전압분포 및 각 애자에 전압분담을 균등하게 하는 방법을 설명하시오.

data 발송배전기술사 18-114-1-2 / 발송배전기술사 출제예상문제

답안 1. 현수 애자련의 전압분포

(1) 구성도

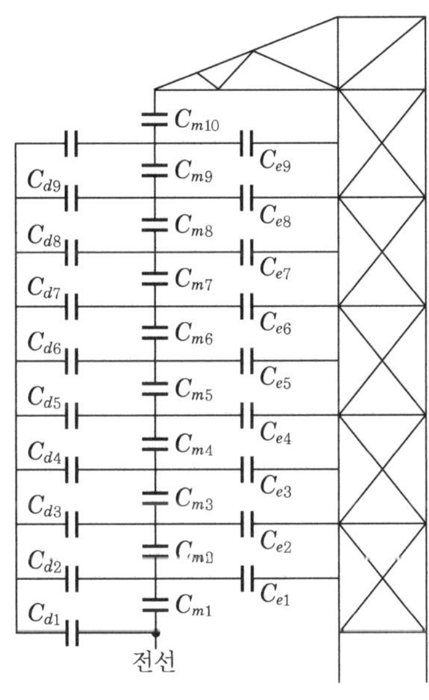

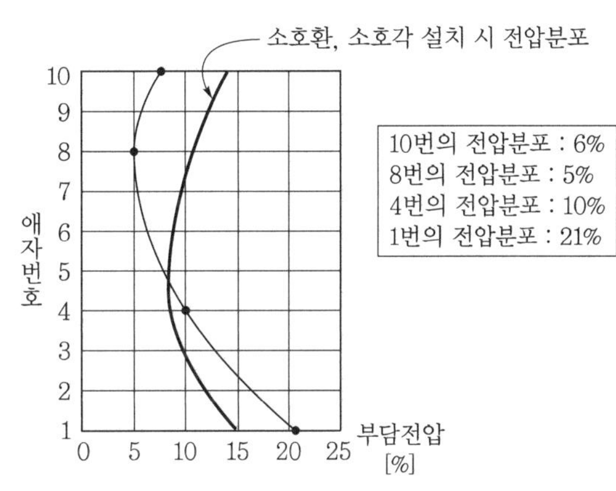

• C_m[PF] : 애자의 정전용량
• C_e : 애자금구와 철탑 사이의 정전용량
• C_d : 애자금구와 정전 사이의 정전용량

(2) 각 애자의 분담전압이 서로 다르다.

(3) 전선에 가까운 애자가 전압 분담비가 가장 크고 멀어질수록 분담비가 작아진다.

(4) 애자의 전압 분담비(예 현수련 1개소 당 10개의 애자 사용 시)

구분	1번 애자	8번 애자	10번 애자
전압분포 크기	전압분담이 가장 크다.	전압분담이 가장 작다.	전압분담이 약간 커진다.
전압분포 비율	21%	5%	6%
소호환(소호각) 설치 시	15%	8%	12%

2. 애자의 분담전압의 차이로 인한 문제점

(1) 애자수를 늘려도 그 개수에 비례해서 절연내력이 증가하지 않는다.

(2) 전압분담 불평등으로 분담비가 큰(1번) 애자 열화가 쉬워진다.

(3) 애자 전체의 이용률 저하의 원인이다.

3. 애자에 전압분담 균등화 방법

(1) 코로나 발생에 의한 전압분포 개선

① 전압분담이 큰 전선측 애자 코로나 발생

② 애자 자체의 정전용량(C_m)이 약간 증가

(2) 전선 측에 소호환, 소호각 설치(앞 그림 참조)

① 전선에 대한 정전용량(C_d) 증가 – 전압분담 개선

② 선로의 섬락 시 애자 열적 파괴 막는 효과

---

022 애자의 섬락전압(flashover voltage)에 대하여 설명하시오.

022-1 애자의 건조 섬락전압과 주수 섬락전압에 대하여 설명하시오.

(data) 발송배전기술사 20-120-1-3 · 17-112-4-2 / 발송배전기술사 출제예상문제

(comment) 107회 1교시 11번에 나온 것을 재차 배점 25점으로 출제하였다.

답안

1. 애자의 섬락

(1) 애자 섬락전압의 정의

애자의 양전극 간에 전압을 가하고 전압을 점점 올릴 때 애자가 건전하면, 애자 주위의 공기를 통하여 양전극 간에 지속적인 전호(電弧)가 생기며 이때의 섬락전압(flashover voltage)을 말한다.

(2) 애자 섬락 시 현상

① 섬락 발생 시 선로전류는 Arc 방전 → ② 아크전류는 철탑을 거쳐 대지로 통전 → ③ 도체의 1선이 Arc로 접지(接地) → ④ 1선 지락 발생

2. 애자 섬락전압의 종류와 특징

(1) 건조 섬락전압

① 정의 : 공기 중에서 깨끗하고 건조한 애자의 양전극 간에 상용 주파전압의 실효치를 가했을 때의 섬락전압

② 목적 : 건조한 경우의 송전선로 개폐 시 또는 지락고장 시에 발생되는 내부 이상전압에 견디는 절연내압을 파악하기 위함

③ 시험조건 : 온도 20℃, 기압 760mmhg, 상대습도 80%일 때의 전압 실효치로 애자에 인가할 경우

(2) 주수 섬락전압

① 정의 : 비가 와서 애자표면이 젖었을 경우, 양전극 간에 상용 주파전압의 실효치를 가했을 때의 섬락전압

② 목적 : 비가 와서 애자가 젖을 경우의 송전선로 개폐 시 또는 지락고장 시에 발생되는 내부 이상전압에 견디는 절연내압을 파악하기 위함

③ 시험조건 : 주수각도 45°, 주수량은 매분 3mm하며, 주수에 사용하는 물의 고유저항은 10000Ω·cm 이상을 표준으로 사용함

(3) 유중 파괴전압

① 정의 : 애자를 구성하는 자기 또는 유리의 절연내력을 나타내는 것으로, 애자를 절연유 내에 넣고 양전극 간에 상용 주파전압의 실효치를 가했을 때의 섬락전압

② 시험조건 : 양전극 간의 상용 주파수의 실효치 전압을 가함

(4) 충격파(임펄스) 섬락전압

① 정의 : 송전선에서 가장 가혹한 조건을 이루는 충격파 전압에 대한 섬락전압

② 종류

　㉠ 정극파 충격전압

　㉡ 부극파 충격전압

　㉢ 개폐서지 충격파에 의한 섬락전압

③ 목적

　㉠ 충격파인 $1.2 \times 50 \mu s$의 표준파로 된 외부 이상전압에 대한 절연내압 파악

　㉡ 개폐서지 표준파형 $250 \times 2500 \mu s$의 표준파로 된 내부 이상전압에 대한 절연내압 파악

④ 시험조건

㉠ 정극파 충격전압 및 부극파 충격전압 : 파형이 $1.2 \times 50 \mu s$인 표준 충격파로 된 파고치 전압을 애자의 양전극에 인가할 경우

㉡ 개폐서지 충격파에 의한 섬락전압 : 표준파형 $250 \times 2500 \mu s$의 표준파로 된 개폐서지 충격파의 파고치 전압을 애자의 양전극 간에 인가한 경우

(5) 50% 섬락전압

① 상기 충격섬락전압에서 충격파 $1.2 \times 50 \mu s$의 표준파인 이상전압을 애자에 인가 시 애자의 섬락횟수(6회 이상) 50%일 때의 파고치이다.

② 그 반수가 섬락하고 나머지는 섬락하지 않는 전압이다.

---

023 가공 송전선로의 활선상태에서 불량 현수애자 검출방법에 대하여 설명하시오.

data 발송배전기술사 23-130-1-7 / 발송배전기술사 출제예상문제

답안 **1. 가공 송전선로의 활선상태에서 불량 현수애자 검출방법**

(1) 송전용 현수애자의 절연성능을 확인하기 위하여 활선상태에서 불량애자 검출을 시행한다.

(2) 불량애자 검출기로는 음향식, 램프식, 전계식, 초음파식 등이 있다. 각 검출기의 검출방법은 다음과 같다.

① 음향식과 램프식 불량애자 검출방법

㉠ 애자련 중 애자 하나 하나가 분담하는 전압을 측정하여 소리 또는 네온램프에 불이 들어오는 상태로 애자의 성능을 확인하는 방식이다.

㉡ 시청각에 의한 작업자의 주관적인 판단으로 애자성능을 확인하므로 신뢰도가 떨어진다.

㉢ 절연성능의 불량 유무만을 판정하므로 애자의 불량 정도를 파악하기 어렵고 검출기가 짧아 안전거리 미달로 345kV 송전선로에는 사용할 수가 없다.

② 전계식 불량애자 검출방법은 애자련의 전계분포를 측정하는 방식이다.

㉠ 불량애자의 경우 전계가 떨어지게 된다.

㉡ 애자련 전체를 1회 왕복 Skid하여 일괄 측정할 수 있다.

ⓒ 측정된 전계분포를 Hand module에 저장하거나 휴대용 PC로 데이터를 무선 송신하여 현장에서 LCD module에 Display하여 확인할 수 있다.

ⓔ 애자련의 전계 분포 데이터를 관리하므로 애자의 열화추적이 가능하고 객관적으로 부를 판단할 수 있어 신뢰성이 높다.

③ 초음파식 불량애자 검출방법

ⓐ 애자에서 발생하는 초음파를 휴대용 PC로 수신하여 초음파 그래프를 이용하여 애자성능을 확인하는 방법이다.

ⓑ 작업자가 승탑하지 않고 지상에서 검출할 수 있어 안전작업이 가능하나 현재까지는 신뢰성이 떨어지지만 향후 기대가 되는 검출기이다.

2. 애자의 열화요인

(1) 애자 제조의 결함

① 자기제 또는 유황질의 불량

② 시멘트의 재질 불량

③ 집결 방법의 불완전

④ 자기 소성 냉각법의 부적정

⑤ 상기 원인에 의할 때는 불량애자는 시간의 경과에 따라 급격히 열화됨

(2) 온도의 영향

햇볕의 직사에 의해 고온으로 될 때 이후 소나기를 맞아 급냉되면 애자는 팽창계수가 다른 자기, 철, 유횡, 시멘트, 흙으로 구성되므로 각 부위는 스트레스기 생기고 열화의 원인이 된다.

(3) 시멘트 화학팽창(경년팽창)

① 시멘트는 오랜 세월이 지남에 따라 수분, 탄산가스 등을 흡수하여 경화 체적팽창함에 따라 자기 또는 유황에 스트레스를 주어 자기에 균열이 발생하고 열화의 원인이 된다.

② 핀형 애자 열화의 상당 부분은 이러한 시멘트의 경년열화에 의한 것이다.

(4) 전기적 스트레스와 코로나에 의한 영향

① 선로전압으로 생기는 전기적 스트레스 외에 이상전압에 의한 높은 스트레스가 열화원인이 되기도 한다.

② 큰 스트레스를 받은 부위에 코로나가 발생되어 애자가 열화한다.

③ 애자가 뇌격과 같은 이상전압의 충격을 받거나 애자 표면의 오손에 의해 애자

표면이 절연성을 일부 상실하면 섬락이 발생하여 아크에 의해 자기부에 용융
되거나, 열적 파괴가 생긴다.

(5) 자기의 흡수성

원료의 부적합, 소성 불량으로 애자 표면에 미세한 크랙이 형성되면 애자 표면에
서 흡수되어 애자 파괴의 원인이 된다.

(6) 기타 원인

자기 내부결합에 의한 응력, 핀의 부식, 반복적인 스트레스 등이 있다.

---

024 가공 송전선로의 애자에 대하여 다음을 설명하시오.

1. 애자의 전기적 특성
2. 애자의 구비조건
3. 시험 섬락전압(flash over voltage) 종류 및 유중파괴전압
4. 애자련 개수 결정기준

data 발송배전기술사 23-129-2-4 / 발송배전기술사 출제예상문제

답안 **1. 애자의 전기적 특성**

(1) 정전용량

① 자기, 금구 간, 정전용량이 존재하고 주수 시 표면적이 증가하므로 정전용량
은 증가한다.

② 현수애자의 경우 연결개수가 늘어날수록 정전용량은 감소한다.

③ 정전용량 불균등으로 애자에 걸리게 되는 아래 그림과 같이 전압 불균형이 발생
한다.

(2) 섬락전압

① 애자 상하금구 전압인가 시 주위 공기 절연이 파괴되어 아크를 발생시키는
전압

② 영향요소

　㉠ 전압 파형 : 급준파, 완만파

　㉡ 코로나 임계전압

　㉢ 애자 형태, 크기, 오손 정도, 공기일도, 온도, 습도

(3) 전압분포

① 금구 사이에 정전용량이 존재하므로 각 애자의 전압 불균등을 초래하여 애자 이용률은 저하된다.

② 포화특성

㉠ 섬락전압은 애자련의 연결개수에 정비례하지 않고 포화하는 특성을 말한다.

㉡ 이것은 애자 표면이나 섬락거리(대지와)에 따라 전압분포가 불균등하기 때문이다.

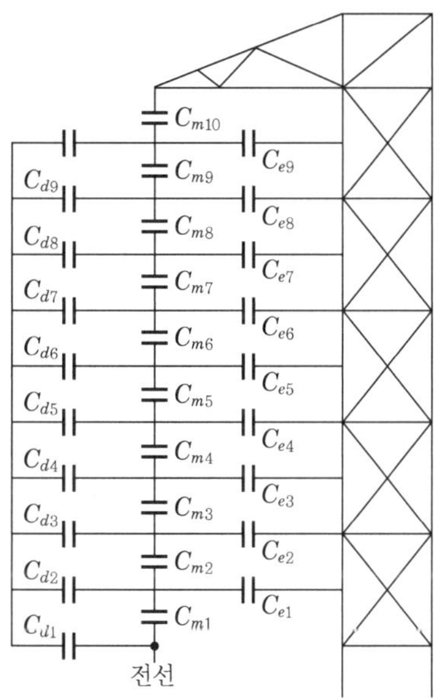

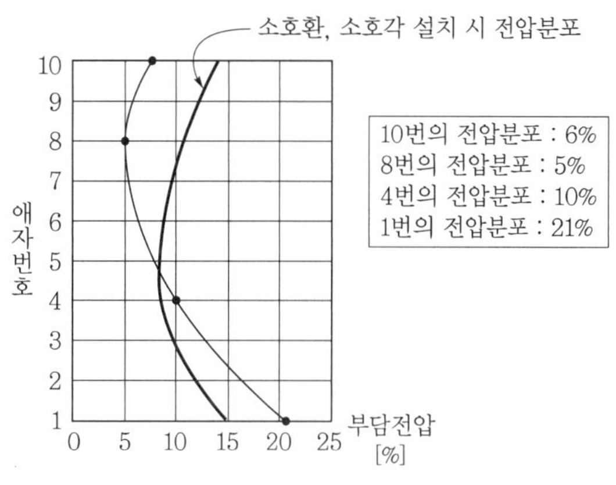

- C_m[PF] : 애자의 정전용량
- C_e : 애자금구와 철탑 사이의 성선용량
- C_d : 애자금구와 전선 사이의 정전용량

▌154kV 철탑 애자련의 전압분포 ▌

③ 애자의 전압분담

㉠ 전선에 가장 가까운 애자가 가장 분담비가 크고, 중간의 것은 낮으며 지지물에 가까운 것은 약간 커지게 된다.

㉡ 분담비가 큰 애자쪽이 열화가 쉬우므로 전체 이용률은 저하된다.

2. 애자의 구비조건

(1) 선로의 상규 전압에 대해서는 물론 각종 사고에 의해서 발생하는 이상전압에 대해서도 어느 정도의 절연내력을 가질 것

(2) 비, 눈, 안개 등에 대하여도 충분한 전기적 표면저항을 가지고 누설전류도 미소할 것

　　(3) 상규 송전전압하에서는 코로나 방전을 일으키지 않고 만일 표면에 아크라든가 코로나가 일어나더라도 그에 의해서 파괴되거나 상처를 남기지 않을 것

　　(4) 전선 등의 자체 중량 외에 바람, 눈 등에 의한 외격이 더해질 경우에도 충분한 기계적 강도를 지닐 것

　　(5) 내구력이 있고 가격이 저렴할 것

3. 시험 섬락전압(flash over voltage) 종류 및 유중 파괴전압

섬락전압의 크기 순서 : 충격파 섬락전압 > 유중 파괴전압 > 건조 섬락전압 > 주수 섬락전압

comment 문제 022의 '2'. 애자 섬락전압의 종류와 특징과 동일하다.

(1) 건조 섬락전압

(2) 주수 섬락전압

(3) 유중 파괴전압

(4) 충격파(임펄스) 섬락전압

(5) 254mm 현수애자 섬락전압 예시(254mm : 송전용 현수애자의 최대 직경)

건조 섬락전압	건조 섬락전압	50% 충격파 섬락전압	유중 파괴전압
80[kV, rms]	50[kV, rms]	• 정 125[kV, rms] • 부 130[kV, rms]	• 110[kV, rms] • 초고압용은 140[kV, rms]

(6) 애자 강도별 섬락전압의 예

　　＊ kN : 애자의 기계적 강도, Normal : 일반형, Fog : 내무형

구분		210kN		300kN		400kN (Normal)
		Normal	Fog	Normal	Fog	
상용주파 건조 섬락전압[kV]		80	100	90	110	95
상용주파수 섬락전압[kV]		47	60	53	65	53
뇌충격 섬락전압[kV]	정	125	150	140	165	140
$(1.2 \times 50\mu s)$	부	130	160	145	175	150
유중 파괴전압[kV]		140	140	140	140	140

4. 애자련 개수 결정기준

(1) 애자 개수 결정 시 고려사항

　　① 전기적 강도

　　　　㉠ 연능률, 혼능률

　　　　㉡ 과전압배수(알파계수, 개폐서지)

　　　　㉢ 절연협조

ㄹ 애자 내전압(주수 섬락전압)

ㅁ 공기절연 간격, 불평등 절연

② 기계적 강도

ㄱ 최대 사용장력

ㄴ 최대 사용하중

ㄷ 풍압하중 등

③ 환경적 요인

ㄱ 트래킹

ㄴ 염진해

ㄷ 풍압

ㄹ 적설량

(2) 전기적 강도를 고려한 개수 선정(IEC 60071 절연설계)

① 애자 수량

$$N \geq \frac{\text{목표 내전압}(V_W)}{\text{개당 애자 내전압}(V_B)}$$

여기서, V_m : 선간 최대 전압[kV]

ㄱ 목표 내전압

$$V_W = V_B(\text{기준전압}) \times n(\text{과전압 배수}) \times k_1(\text{기상 보정계수})$$

구분	V_B(기준전압)	154kV 과전압 배수	345kV 과전압 배수	765kV 과전압 배수
상용주파 이상전압	$\dfrac{V_m(170/362/800)}{\sqrt{3}}$	1.35	1.35	1.2
개폐서지	$\dfrac{V_m(170/362/800) \times \sqrt{2}}{\sqrt{3}}$	3.3	2.5	1.9

ㄴ 개당 애자 내전압(상용주파 이상전압 인가 시 임계섬락전압)

$$V_{F50} = \frac{V_W}{1 - m\,\sigma}[\text{kV}] = V_W \times k_2(\text{내압계수})$$

여기서, V_W : 목표 내전압, m : 적용배수, 3.0, σ : 절연강도 확률분포

• 상용주파 단시간 과전압 인가 시 섬락전압

$$V_{F50} = \left(V_m \times \frac{1}{\sqrt{3}}\right) \times n \times k_1 \times k_2[\text{kV}]$$

• 개폐서지 인가 시 섬락전압 : $V_{F50} = \left(V_m \times \dfrac{\sqrt{2}}{\sqrt{3}}\right) \times n \times k_1 \times k_2$

- 공기절연거리

$$- V_{50\%} = \sqrt{\frac{2}{3}} \times \text{계통 최고 전압[kV]} \times \text{과전압 배수}(n)$$
$$\times \text{기상보정계수}(K_1) \times \text{내압계수}(K_2)$$

$$- V_{50\%} = 1.26 \times 1080 \times \ln(0.46d + 1)$$

$$d = \frac{1}{0.46}\left(e^{\frac{V_{50\%}}{1.26 \times 1080}} - 1\right)$$

구분	345kV	154kV
n(상용주파 단시간 과전압 배수)	1.35	1.35
K_1(기상보정계수)	1.165	1.165
K_2(내압계수)	1.099	1.099
$V_{50\%}$(임계섬락전압, kV)	511	240
d[mm] : 이상 시 공기절연간격	1000	450

② **연능률(η)과 애자개수(n)**

㉠ 연능률 : $\eta = \dfrac{V}{N V_1}$

$$= \frac{\text{일련 애자의 전체 건조 섬락전압}(V)}{\text{일련의 애자개수}(N) \times \text{애자 1개의 건조 섬락전압}(V_1)}$$

㉡ $N \times V_{\text{개당 내압}} \geq V(\text{애자련 내압})$

$$\therefore \text{애자개수} \ \ N = \frac{\text{애자련 내압}}{V_{\text{개당 내압}}}$$

③ 혼능률 $= \dfrac{Z(\text{애자련 길이})}{Z_0(\text{아킹혼 간격})} \times 100[\%]$

345kV 이하에서는 75%를 선정한다.

(3) 연면 누설거리를 고려한 애자개수 결정(송전용 현수애자의 연면 누설거리 : 280mm)

① 염해 등급에 따른 애자누설거리(120kN 현수애자) 및 애자개수는 다음 표에
의한다.

오손구분	청정지구		A지구 애자개수	B지구 애자개수	C지구 애자개수	D지구 애자개수
ESDD 상정등가 염분 부착밀도	0.03mg/cm^2		0.03 ~ 0.063	0.063 ~ 0.125	0.125 ~ 0.5	0.5 이상
소요 누설거리	표준애자 [mm/공칭 kV]	19.1mm	22.9mm	25.4mm	28mm
	내무애자 [mm/공칭 kV]	17.8mm	20.3mm	24.1mm	26.7mm
애자개수(154kV 경우)			11개	13개	14개	16개
애자개수(345kV 경우)			24개	29개	32개	35개
해안으로부터 떨어진 거리			9km 초과	3.5 ~ 9km	1 ~ 3.5km	0 ~ 1km

② 오손구분 A지역 애자개수 산정

연면 누설거리 $\times N$개 $\geq$ 공칭전압(V_n) $\times$ 누설거리

$$N = \frac{154 \times 19.1}{280(\text{연면 누설거리})} = 10.5 \rightarrow 11\text{개}$$

단, 내무애자의 연면 누설거리는 430mm로 정하여 계산한다.

(4) 기계적 강도를 고려한 개수 결정

전압	소도체 수	애자련 수	애자의 기계적 강도(과전 파괴하중)
154kV	단도체	1련	25000Lbs = 120kN
		2련	
	복도체	1련	25000Lbs = 120kN
		2련	
345kV	2복도체	2련	현수개소는 120kN 내장개소는 160kN
	4복도체	2련	현수개소는 210kN 내장개소는 300kN

reference

송전용 애자의 규격

(1) 154kV 송전애자는 볼-소켓형 현수애자로서 ANSI 규격 25000Lbs, 36000Lbs급이며 표준규격은 다음 표와 같다.

┃ 볼-소켓형 현수애자 표준규격 ┃

항목		단위	25000Lbs	36000Lbs
애자직경 × 높이		mm	254 × 146	245 × 146
볼의 규격(ball size)		mm	18	22
과전 파괴하중		kg (LB)	12000 (25000)	16500 (36000)
타격 내하중		kg-cm (in-LB)	69 (60)	104 (90)
인장 내하중		kg (LB)	6000 (12000)	8250 (18000)
장시간 내하중		kg (LB)	7000 (15000)	11000 (24000)
누설거리		mm	280	280
상용주파 건조 섬락전압		kV	80	80
상용주파 주수 섬락전압		kV	50	50
50% 충격 섬락전압	정	kV	125	125
$(1.2 \times 50\mu s)$	부	kV	130	130
유중파괴전압		kV	110	110

(2) 345kV 송전선로용 애자 – 120kN(= 25000Lbs), 160kN(= 36000Lbs)

① 볼-소켓형 현수애자로서 IEC 규격 120kN, 160kN, 210kN, 300kN급 애자를 사용한다.

② 2도체 송전선로에서는 120kN, 160kN, 4도체 송전선로에서는 210kN, 300kN급 애자를 주로 사용하고 있고, 애자의 표준 제원은 아래 표와 같다.

┃345kV 선로에 사용 중인 애자규격┃

특성	2B 현수개소	2B 내장개소	4B 현수개소	4B 내장개소	4B 오손지구, 현수개소
Diameter [mm]	10″ (254)	10″	11″ (280)	12″ (320)	320
Spacing [mm]	146	146	170	195	170
Coupling [mm]	20	20	20	24	20
E-M 강도[kN] (LBS)	120 (25000)	160 (36000)	210 (46000)	300 (66000)	210 (46000)
충격파 건조 내전압[kV]	70	70	75	85	90
충격파 주수 내전압[kV]	40	40	45	50	55
50% FOV [kV]	125	125	130	145	175
누설거리[mm]	318	318	370	460	550
애자 색깔	회색	갈색	회색	갈색	회색
표시	120kN (25000Lbs)	160kN (36000Lbs)	210kN	300kN	210kN -FOG
애자개수	1×20EA 또는 2×20EA	2×20EA	1×18EA 또는 2×18EA	2×16EA	1×18EA 또는 2×18EA

③ 765kV 선로용은 IEC 규격 현수애자를 사용하고 기계적 강도는 300kN급 및 400kN급을 사용하고 있다.

025 소호환(arcing ring) 또는 소호각(arcing horn)을 설치하는 이유를 설명하시오.

(data) 발송배전기술사 20-122-1-13 / 발송배전기술사 출제예상문제

답안 **1. 소호환의 역할**

(1) 철탑에 설치된 애자련의 전압분포는 전선에 가장 가까운 애자가 가장 분담비가 크고, 중간의 것은 낮으며, 지지물에 가까운 것은 약간 커지고 있다.

(2) 이같이 애자의 분담전압이 다르므로 단순히 애자수를 증가한다고 해서 이에 비례해 애자련의 절연내력이 증가하지는 않는다.

(3) 따라서, 전압분포가 불평등하여 분담비가 큰 애자가 열화되기 쉬우므로 애자 전체로서의 이용률이 저하된다.

(4) 인가전압을 증대하면 전압분담비가 큰 전선 측의 애자에 코로나가 발생해 애자 자체의 외견상 정전용량이 증가하게 되므로 애자련에 이상전압이 가해져 섬락 발생 시 Arc로 인해 애자와 전선에 손상을 주는 경우가 많다.

(5) 이 손상을 방지하기 위해 애자련 상하에서 전극을 내어 소호장치를 설치하여 Arc의 진행 또는 발생을 유도한다.

2. 소호장치의 종류

소호각(arcing horn), 소호환(arcing ring)

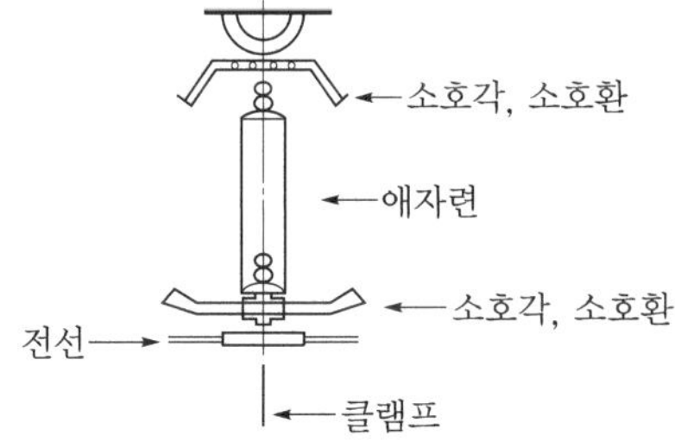

단, 피뢰기 설치 시 생략함
15V나 345kV 철탑 1상당 피뢰기는 2개,
• 1회선당 : 1상당 2개×3선 = 6개
• 154kV의 2회선 : 1상당 2개×6선 = 12개

3. 소호장치 설치의 이유(효과)

(1) 소호환(사각형 금구로 되어 있음), 소호각의 애자련 상하단에 설치한다.
애자의 직렬용량을 증대시켜 애자의 분포전압을 균등화한다.

(2) 전압분포가 불평등하여 분담비가 큰 애자가 열화되기 쉬우므로 애자 전체로서의 이용률이 저하됨을 소호장치를 설치하여 방지한다.

(3) 전선 측의 링(ring) 부착

애자의 분포전압이 균일하고 코로나 또는 전파장해를 방지한다.

4. 소호환의 명칭과 전압별 적용

(1) 취부 위치, 용도에 따라 균일환(grading ring), 차폐환(shield ring) 또는 제어링 (control ring)이라 부른다.

(2) 154kV 철탑에는 소호각(arcing horn)을 설치하고 345kV 철탑에는 소호환 (arcing ring)을 설치한다.

5. 154kV 철탑의 소호각

(1) 한전 철탑에는 소호각 대신 154kV용 LA를 설치한다.

(2) 2회선 철탑이면 2회선×3상×2개/상＝12개

6. 345kV 철탑의 소호환(ring)

(1) 한전 철탑에는 소호환 대신 345kV용 LA를 설치한다(1회선만 설치하며 1상당 2개씩).

(2) 2회선 철탑이면 1회선×3상×2개/상＝6개

comment 피뢰기 개수를 면접시험에서 질문한다.

＊피뢰기를 설치한 개소에는 소호각이나 소호환을 반드시 철거해야 송전선로 섬락사고가 예방된다.

SECTION 03 송전용 전선

026 가공 전선의 굵기 결정 시 검토사항을 설명하시오.

data 발송배전기술사 18-115-1-2 / 발송배전기술사 출제예상문제

답안 가공 전선의 굵기 결정 시 검토사항

(1) 허용전류(allowable current, ampacity)

① 허용전류 : 저항손에 의한 발열로 인해서 전선의 온도가 상승할 때 그 최고 온도에 대응하는 전류

② 최고 허용온도는 단시간 과부하에 대해서는 100℃, 장시간 연속부하는 90℃ 이다.

단, 주위온도 40℃, 일사량 $0.1W/cm^2$, 풍속 0.5m/s 기준이다.

③ 일반적으로 가공 송전선로는 아래의 ACSR을 사용하며, 허용온도는 달리 적용한다.

전선종류 구분	ACSR ACSR/AW HACSR HACSR/AW	TACSR TACSR/AW HTACSR HTACSR/AW	STACSR STACSR/AW HSTACSR/AW
연속 허용온도	90℃	150℃	210℃
단시간 허용온도	100℃	180℃	240℃
순시 허용온도	180℃	260℃	380℃

④ 전선이 굵을수록 저항이 작아져 온도 상승이 작으므로 허용전류가 증가하는데, 이를 안전전류라고도 한다.

(2) 기계적 강도

① 가공전선은 전선 자중(自重) 뿐만 아니라 착빙설, 댐퍼를 비롯한 부착금구의 하중, 각종 풍압에 의한 진동 등에도 단선되지 않도록 충분한 강도가 요구된다.

② 송전선으로 널리 사용되는 ACSR의 경우 바깥부분의 경알루미늄이 도체 역할을 맡고 있다. 그러나 기계적 강도($16 \sim 18kg/mm^2$)가 작으므로 이를 보완하기 위해서 가운데에 강연선(인장강도 $125kg/mm^2$)을 사용해서 기계적 강도를 크게 한다.

(3) 전압강하

① 단거리선로의 전압강하 약산식

$$e = V_s - V_r \fallingdotseq \sqrt{3}\, I(R\cos\theta + X\sin\theta)\,[\mathrm{V}]$$

② 저항 $R = \rho\dfrac{l}{A} \propto \dfrac{1}{A}$

③ $e \propto R \propto \dfrac{1}{A}$ 로서 단면적이 클수록 전압강하는 줄어들며 일반적으로 전압강하율이 5% 이하가 되도록 전선굵기를 정한다.

(4) 전력손실 및 코로나손

① 저항 R에 의한 손실 및 송전계통의 경우 특히 코로나손을 줄이기 위해서는 굵은 전선을 사용해야 한다.

② 손실률은 보통 5%를 넘지 않도록 전선굵기를 선정한다.

(5) 경제성

켈빈의 법칙에 의한다.

① 전류밀도 $\sigma = \sqrt{\dfrac{WMp}{\rho N}}\,[\mathrm{A/mm^2}]$

② 경제적 굵기 $A = \dfrac{I}{\sigma}\,[\mathrm{mm^2}]$

(6) 안정도를 고려한 전선굵기일 것

① $P = \dfrac{V_s V_r}{X}\sin\delta$ 에서 리액턴스의 크기에 따라 송전용량이 다르므로 이에 알맞은 가공 송전선을 적용한다.

② 보통 154kV는 410$\mathrm{mm^2}$, 수용가용 154kV는 330$\mathrm{mm^2}$, 345kV는 480$\mathrm{mm^2}$, 765kV는 480$\mathrm{mm^2}$, HVDC 500kV는 480$\mathrm{mm^2}$를 적용한다.

(7) 장래전망

장기계획과 기술적 전망 등을 고려하여 전선의 선택에 반영한다.

027 가공 송전용 연선과 관련된 다음 사항을 각각 설명하시오.

1. 연정(pitch)
2. 연선의 바깥지름과 소선의 지름과의 관계
3. 연선의 연입률
4. 연입률의 크기에 따른 특성 비교

027-1 연선의 연입률(pitch ratio)에 대하여 설명하시오.

(data) 발송배전기술사 21-124-1-4·17-112-1-9 / 발송배전기술사 출제예상문제

답안

1. 연정(pitch)

(1) 1선의 소선이 Pitch circle에 따라 1회전하는 사이에 연선의 중심축을 따라서 나가는 길이(l)이다.

(2) 연입률은 연선에 적용하고, 단선을 여러 가닥 꼬아서 만든 선을 연선이라 하며, 연선 중 단선 하나를 소선이라 한다.

2. 바깥지름(D)과 소선의 지름(d)과의 관계 및 소선 수와 연선중량

(1) $D = (2n+1)d$

여기서, n : 소선의 층수

(2) 소선의 총수

$$N = 3n(n+1) + 1$$

(3) 연선중량

$$W = wN(1+K)\,[\mathrm{kg/m}]$$

여기서, w : 소선 1선당 중량[kg/m], K : 연입률

3. 연선의 연입률

(1) 연선의 개념

단선을 여러 가닥 꼬아서 만든 선을 연선이라 하고, 연선 중 단선 하나를 소선이라 하며, 연입률은 연선에 적용한다.

(2) 피치서클(pitch circle)

각 소선의 중심을 통과하는 원을 말한다(그림의 점선).

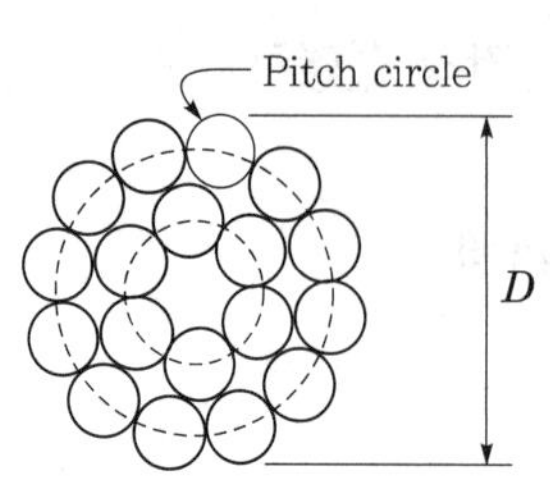
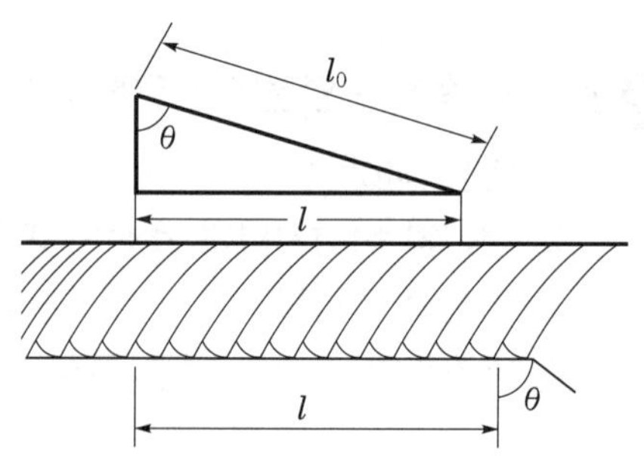

l_0 : Pitch 사이에 연입된 연선의 길이

l : Pitch circle에 따라 1회전하는 사이에 연선의 중심축을 따라서 나가는 길이

(3) 연입률

$$K = \frac{l_0 - l}{l} \times 100\,[\%]$$

① 정의 : 1선의 소선이 Pitch circle에 따라 1회전하는 사이에 연선의 중심축을 따라서 나가는 길이 l에 대한 값과 길이가 l인 Pitch 사이에 연입된 연선의 길이 l_0에서 l_0와 l의 차이를 백분율로 나타낸 것이다.

② l : 1선의 소선이 Pitch circle에 따라 1회전하는 사이에 연선의 중심축을 따라서 나가는 길이 l을 1층의 Pitch라 한다.

③ l_0 : 길이가 l인 Pitch 사이에 연입된 연선의 길이이다.

$l_0 > l$

(4) 가공 송전선로용 ACSR의 연입률

2 ~ 3%

(5) 꼬임 방법

S꼬임, Z꼬임으로 분류한다.

(6) 연입률의 적용

각 층 연입률의 평균치를 취한다.

4. 연입률의 크기에 따른 특성 비교

연입률이 클 때	연입률이 작을 때
• 중량이 증가하므로, 재료비 상승, 지지물 크기 증가, 이도 증가 • 소선 간 밀착이 쉬워 연선의 가요성 증가 • $R_a = r_a(1+K)$ 이므로 전기저항 증가로 발열 증가, 열방산 감소	• 소요 단면적을 얻기 위해 보다 많은 소선이 필요함 • 소선 간 밀착이 어려워 연선의 가요성 감소 • 공기와의 접촉면적 증가로 열방산이 증가되어 전기저항이 감소 • 동일 중량 $W = wN(1+K)$ 에서 K의 감소는 N의 증가로 이어짐

028 가공 송전선로에서 전선 벌어짐 현상(bird cage)의 발생원인과 원인별 방지대책을 설명하시오.

data 발송배전기술사 출제예상문제

comment 이 문항은 지금까지 3회 출제된 용어집 문항이다.

한전 용어집의 부식, 난류진동 문항도 상당히 출제확률이 높으므로 수험생들이 각자 준비하도록 한다.

답안

1. 발생원인

ACSR 전선 가선 공사 시 어느 특정부위가 마치 새집처럼 벌어지는 현상이다.

즉, 가공 선로 가선 공사 중 발생하는 전선 벌어짐 현상이다.

(1) 전선 회전

(2) Al 소선의 늘어남

(3) 전선의 밀림 등

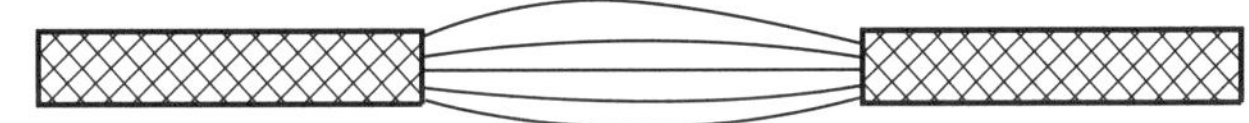

2. 발생원인별 대책

(1) 전선회전의 방지

① 연선작업 시 연선 Wire와 전선 간 Counter weight를 달아서 Wire의 회전력이 전선에 미치지 않도록 한다.

② 전선 자신의 회전력에 의하여 전선이 회전하는 것을 방지한다.

③ 중각도(수평각 30° 이상)의 연선은 가급적 피한다.

④ 각도 개소에서 사용하는 활차는 되도록 가벼운 활차를 사용한다. 예를 들면 2륜 금차를 피하고 1륜 금차를 사용한다.

(2) Al 소선의 늘어남을 작게 한다.

① 직경이 큰 활차를 사용한다. 통상 활차의 직경은 전선 외경의 15배 이상일 것

② 고장력 연선은 피하고 통상 연선장력은 전선 인장하중의 10% 정도로 한다.

(3) 전선의 밀림을 작게 한다.

① 저항이 큰 활차는 사용하지 않고 직경이 큰 활차를 사용한다.

② 연선차로서 Slip type의 것(unicycle sheave 1륜 연선차)은 피하고 Shoe chain type의 것을 사용한다.

③ 전선 표면의 기름이 건조한 경우에는 연선차에 들어가기 전에 약간의 주유를 해서 미끄럼을 양호하게 한다.

029 가공 송전설비의 가선공사에서 연선 및 긴선 작업 시 안전관리대책에 대하여 설명하시오.

data 전기안전기술사 21-125-3-2 / 발송배전기술사, 전기안전기술사 출제예상문제

답안

1. 개요

대부분의 송전선로는 2회선 이상으로 되어 있고, 그 선로를 보수하는 경우에 전 회선을 정전시키기가 곤란하므로, 1회선만 정전시키고 작업하게 되는데 이때의 안전 대책과 연선작업 및 긴선작업에 대하여 다음과 같이 설명하고자 한다.

2. 가선공사에서 연선작업과 긴선작업의 작업방법 비교

comment 면접시험에 많이 출제된다.

(1) 연선작업

① 기계 철탑 가로대의 애자 지지점에 활차를 가까이 붙이고 늘어놓은 메신저선을 엔진으로 감아 끌어당기는 작업으로, 전선 펴기작업(연선작업)이다.

② 와이어 펴기작업, 전력선 펴기작업, 조금차 공법, 가공 지선·전력선의 가접 속 작업, 가공 지선·전력선의 본접속 작업, 조인트 프로텍터의 부착작업

(2) 긴선작업(전선 당기기작업)

① 긴선작업은 연선작업이 완료된 후에 작업하는 것으로, 연선된 전선과 가공지 선을 내장철탑 간에서 소정의 장력으로 내장 애자장치에 취부하고 현수철탑 에서 전선 등을 현수장치에 고정하는 작업이다.

② 긴선은 연선된 전선을 내장구간별로 설계도에 맞게 전선장력을 조정하고 애 자장치와 전선을 연결한 뒤 스페이서, 점퍼선 등의 부속품을 취부하는 것을 말한다.

③ 긴선의 순서는 상부로부터 가공 지선, 전선의 순으로 하고, 2회선 이상의 대칭배열의 경우는 좌우전선을 동시에 긴선하며, 1회선 수평배열의 경우는 양외선, 중선의 순으로 한다.

④ 긴선용 Wire rope는 사용장력에 대하여 안전율 4 이상의 강도를 갖는 것이어
야 한다.

⑤ 긴선작업 진행순서 : 가공지선의 당기기작업 → 전력선의 당기기작업
→ 이도자 부착 및 전선처짐 측정작업 → 애자장치 설치 → 부속품 취부
→ 점퍼선 취부 → 스페이서 및 스페이서 댐퍼 설치작업

▌엔진풀러▐

▌텐셔너▐

▌스페이서 설치▐

3. 연선작업 시 안전관리 대책

(1) 작업 책임자는 다음 사항에 대하여 작업 관계자들에게 철저히 주지시켜야 한다.

① 공사내용, 안전대책, 시공방법

② 정전선로명, 회로명, 구간

③ 정전일시

④ 정전범위, 작업범위, 작업시간

⑤ 접지의 취부개소 및 취부방법

⑥ 시공 시의 연락선, 연락방법 등

(2) 고소작업 시의 안전대책

주상 또는 철탑 위에서 작업할 경우 추락사고 방지를 위해 안전대, 추락방지기구
등(추락방지망 설치 – 1개소당 약 200만원 공사비)을 착용한다.

(3) 정전의 확인

정전작업 시에는 정전 여부를 검전기를 사용하여 확인한다.

(4) 접지기구 설치

정전 확인 후 선로에 단락접지를 실지하되 먼저 집지측 금구를 칠딥 및 진신
등에 접속하고 접지 표시기를 부착하여 오인을 방지하도록 한다.

(5) 연선작업 시 안전대책

① 전선드럼 또는 엔진을 설치한 장소에서는 연선구간 배치도를 비치하고 전선
펴기 구간의 전선 1조당 길이 및 전선 접속위치, 엔진장소 구간 내의 철탑

각도 및 고저차, 작업자의 배치상황을 명확히 구분하여 이로 인한 사고를 예방해야 한다.

② 연선구간 내에서는 항상 연락이 확실하고 신속하게 되도록 유선 또는 무선전화 설비를 전선설치장비, 철탑, 전기적인 유도가 예상되는 곳, 기타 중요 개소에 설치하여 위험방지조치를 하여야 한다.

③ 연선구간 경계철탑은 원칙적으로 가지선을 설치하여야 한다. 가지선은 주주재와 암주재의 교점 또는 암의 끝부분에 취부해야 하고 취부방향은 원칙적으로 선로 중심방향과 평행으로 하고 취부각도는 수평지면과 가지선이 이루는 각이 45° 이하가 되도록 한다. 다만, 철탑암에 취부하는 가지선은 수평각도 30° 이하로 하여 암의 수직하중 증가로 인한 굴절을 방지하여야 한다.

④ 가지선의 굵기 및 조수는 철연선 $38mm^2$ 2조 이상 또는 동등 이상의 강연선으로 하고 각 암마다 개별로 매설된 근가에 고정한다.

⑤ 가지선의 회전방지를 위하여 턴버클에는 통나무나 각재를 끼워야 하며 외부인의 접근을 방지하기 위하여 구획로프나 표지를 설치해야 한다.

⑥ 기설 송전선과 접근 또는 교차하는 경우에는 전자유도작용에 의해 전선 등에 고전압이 유기될 수 있으므로 유도방지장치(접지로라 등)를 설치해야 한다.

⑦ 활차 사용 시 활차걸이에 걸리는 힘은 연선 와이어가 형성하는 각도 및 와이어 장력에 의하여 크게 변하므로 충분한 강도가 있는 것을 사용해야 한다.

⑧ 전선설치용 블록은 홈이 마모, 손상되었거나 회전이 불량한 것을 사용해서는 안 되며, 사용 전에 홈을 깨끗이 청소하여야 한다.

⑨ 연선장비는 다음에 유의하여 사용하여야 한다.

　　㉠ 운반 시는 그 기능이 손상되지 않도록 특히 주의해야 하고 사용 전·후 또는 사용 중 점검 및 손질을 철저히 하여야 한다.

　　㉡ 전선펴기 차는 드럼대와의 거리를 10m 이상으로 하고 충격에 의하여 위치 변동이 없도록 견고하게 고정한다.

　　㉢ 전선펴기 차의 제동장치는 방습에 특히 유의하여야 하며 정상상태에서만 사용해야 한다.

　　㉣ 장시간 연선을 중지할 경우 캄아롱 등으로 연선차 앞에 전선을 붙들어 매어 전선이 미끄러져 풀리는 것을 방지해야 한다.

ⓞ 연선작업을 원활하게 행하고 사고를 방지하기 위하여 다음 장소에는 반드시 감시원을 배치해야 한다.

    ㉠ 발받침 설치개소

    ㉡ 인하 블록 및 연선롤러(roller) 설치개소

    ㉢ 인상 및 인하각 수평각이 큰 철탑

    ㉣ 공공에 위해를 미칠 우려가 있는 곳

    ㉤ 연선 중 메신저 와이어나 전선이 수목에 접촉할 우려가 있는 곳

(6) 긴선작업 시 안전관리 대책

① 작업자는 장력이 걸린 전선이나 와이어가 만든 각도 밖에서 작업해야 한다.

② 전선설치작업이 높은 곳에서 이루어질 때는 감시원을 임명하여 감시하도록 해야 한다.

③ 전선설치용 사다리를 철구 위에서 사용할 때는 한쪽 끝을 철구에 단단히 묶은 후 사용하되 가벼운 사다리만을 사용하여야 한다.

④ 메신저 와이어를 사용하여 가선할 때는 충분한 강도의 와이어로프를 사용하고 전선이 늘어져 지면에 닿지 않도록 조치하여야 한다.

⑤ 지지물 위에서 작업자가 애자련 끝으로 나갈 경우나 이동할 때는 반드시 보조 로프와 안전허리띠 로프를 사용해야 한다.

⑥ 전선을 설치하거나 철거 시에는 한쪽 암의 전선만 설치 또는 철거하여 불평형 장력으로 인하여 철탑이 회전·굴절, 넘어지지 않도록 하여야 하며, 접지가 되지 않은 금구류는 충전된 도체로 취급해야 한다.

⑦ 전선이 설치될 때는 항상 감시원을 두어 전선설치 장력의 급격한 변화를 방지 하여야 하고, 장력변화로 인하여 인접설비나 작업자가 손상되지 않도록 이격 거리를 충분하게 유지하여야 한다.

⑧ 애자 금구류 인상작업 시 심부름 바를 직하에서 당기는 것은 피해야 한다.

⑨ 볼트, 너트 및 공구류는 전용 가방이나 견고한 주머니 등을 사용하여 떨어지는 일이 없도록 해야 한다.

⑩ 권상용 원치가 작업 중 주재, 부재, 발판볼트 등에 접촉되지 않도록 확인 후 작업해야 한다.

⑪ 와이어, 접속공구 등은 사전에 점검하여 이상 유무를 확인해야 한다.

⑫ 긴선작업을 할 때에는 철탑암의 가지선, 활차걸이 취부점을 점검하고 활차의 회전, 전선의 이탈, 전선당기기의 원활상태 등에 대하여 긴밀한 연락을 취할 수 있도록 작업자를 배치해야 한다.

⑬ 충전된 선로가 근접하여 있고 유도전압이 발생될 가능성이 있는 곳에서 전선을 설치하거나 철거 시에는 휴전작업 관련 사항에 준하여 시행한다.

4. 작업 종료 후의 주의사항

(1) 작업 완료 후에 작업 책임자는 작업자와 자재·공구 등의 상태를 확인하고 접지기구와 접지표시기를 철거한 후 작업자를 철수시킨 다음 선로의 상태를 다시 한번 점검한다.

(2) 접지기구를 철거할 경우에는 전원 측 금구를 제거하고 접지 측 금구를 제거한다.

(3) 설비관리자에게 작업 종료를 보고한다.

(4) 송전을 시작할 경우에는 작업자를 현장에 대기시켜 만일의 사고에 대비하여야 한다.

030 전선 경간을 S[m], 전선의 최저점에서의 수평장력을 T[kg], 선의 중량을 W[kg/m]라 할 때 전선 지지점에 고저차가 없는 경우의 이도 D[m]를 구하시오.

data 발송배전기술사 17-111-3-4 / 발송배전기술사 출제예상문제

답안

1. Dip(이도)

전선이 전선의 지지점을 연결하는 수평선으로부터 밑으로 내려가 있는 길이

2. Dip의 필요성

전선의 수축과 팽창이 계절에 따라 차이가 있어 Dip을 고려한 시공으로 전선의 탄성한도 초과로 인한 단선사고 예방(동절기) 및 여름철에 선간단락 도로, 통신 등의 횡단장소에 접촉의 위험을 사전에 방지하기 위해 필요하다.

3. Dip(이도)가 미치는 영향

(1) 이도의 대소는 지지물의 높이를 좌우한다.

(2) 이도가 너무 크면 전선의 진동이 좌우로 크게 되어 선상의 전선에 접촉하거나 수목접촉의 위험성이 있다.

(3) 이도가 너무 작으면, 전선의 장력이 증가하여 심할 경우에는 전선이 단선되기도 한다.

4. 전선 지지점에 고저차가 없는 경우의 이도 공식 유도

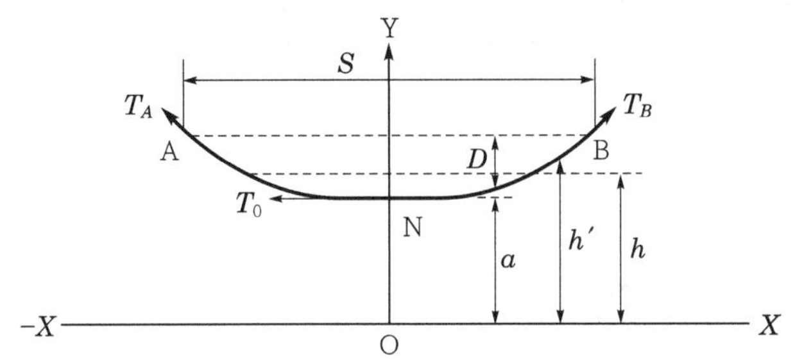

여기서, T_0 : N점에 작용하는 전선의 수평장력[kg]

$$\rightarrow T_A = T_B = T_0 + wD \fallingdotseq T_0$$

$a = \dfrac{T_0}{w}$: 곡선의 최저점 N의 좌표값[m]

w : 전선의 중량[kg/m]

S : 전선 지지점 간의 경간(span)[m]

(1) 이도가 경간길이의 10% 이내일 경우는 포물선으로 계산하여도 시용상 지장이 없다.

(2) 위의 곡선은 $y = a + \dfrac{x^2}{2a}$ 으로 표현 ·· 식 1)

(3) 위 포물선 식에 좌표의 원점 O를 N점으로 옮기면 $y = \dfrac{x^2}{2a}$ ··············· 식 2)

(4) 식 2)에 $x - \dfrac{S}{2}$[m]를 대입한 이도는 다음과 같다.

$$D = \dfrac{x^2}{2a} = \dfrac{WS^2}{8T_0}[m]$$ ··· 식 3)

여기서, 합성하중 : $W = \sqrt{(w + w_i)^2 + w_w^2}$

w : 전선자중, w_i : 부착빙설의 하중, w_w : 수평풍압

(5) 전선의 실제 길이 : $L = S + \dfrac{8D^2}{3S}[m] \rightarrow \dfrac{8D^2}{3S} \leq 0.01S$

(6) 전선의 평균 높이 : $h = h' - \dfrac{2}{3}D[m]$

여기서, h' : 전선 지지점의 높이

030-1 전선의 이도에 대한 커티너리 곡선과 각에 대한 개념 및 다음과 같은 경우에서의 Dip을 구하시오.

> 평평한 곳에서 동일 장력으로 가선된 2경간의 이도가 각각 4m 및 9m이다.
> 중간지점에서 전선이 떨어져서 처지게 된 경우로 가정한다.

data 발송배전기술사 출제예상문제

답안

1. 커티너리 곡선(catenary curve)

(1) 전선을 양측 지지점에서 잡아 당기면 어떤 커브를 가진 곡선으로 쳐지는데 이를 커티너리 곡선이라 한다.

(2) 전선의 이도는 이 곡선에 의하여 구해야 하는 것이나 경간이 그다지 길지 않을 때, 즉 이도가 경간의 10% 이하의 정도일 때에는 근사적으로 포물선으로 된다고 생각해도 실용상 지장이 없다.

2. 커티너리 각(catenary angle)

(1) 전선이 지나가는 동일 평면상에서 전선 취부점을 통과하는 수평선과 전선이 이루는 각을 커티너리 각이라고 한다.

(2) 현수 클램프의 입력각(enter angle)은 30°로 양측 합계가 60°이므로 현수철탑의 경우 커티너리 각의 합이 50°를 초과할 경우에는 4각 Arm으로 하여 커티너리 각을 작게 함으로써 전선의 꺾임을 방지하여야 한다.

(3) 내장철탑인 경우에는 커티너리 각이 위로 5° 이상일 경우 애자장치를 거꾸로 한 역조형을 사용한다.

(4) 현수장치인 경우에서 커티너리 각 검토요소

① 전선과 완금과의 이격거리 검토

② 현수 클램프의 입력각 검토

(5) 내장장치인 경우에서 커티너리 각 검토요소

① 애자련 장치 정·역조 검토

② Arm 평판의 휨모멘트 검토

③ 점퍼(Jumper)와 Arm과의 이격거리 검토

④ 점퍼(Jumper) 길이계산

(6) 커티너리 각

$$\theta = \tan^{-1}\left(\frac{1}{2T}\left(WS+\frac{I}{n}\right)\pm\frac{h}{S}\right)$$

여기서, T : 전선의 장력[kg]

W : 전선의 중량[kg/m]

S : 경간[m]

I : 애자중량[kg](현수인 경우는 $I=0$)

n : 1상당 도체수

h : 지지점 간의 고저차[m]

3. 평평한 곳에서 동일 장력으로 가선된 2경간의 이도가 각각 4m 및 9m일 때 중간지점에서 전선이 떨어져서 처지게 된 경우의 이도 산출

(1) 이도 산출방법

① 양 지지점이 같을 경우의 이도 : $\mathrm{Dip}=\dfrac{WS^2}{8T_0}$

② 양 지지점이 같을 경우의 전선 실제 길이(L) : $L=S+\dfrac{8D^2}{3S}\,[\mathrm{m}]$

③ 양 지지점의 높이가 다른 경우의 이도 : $\mathrm{Dip}=\dfrac{W}{8T_0}\left(S-\dfrac{2T_0}{WS}h\right)^2$

여기서, W : 전선의 중력 $w[\mathrm{kg/m}]$와 부착빙설의 중량(w_i) 및 수평풍압

w_w의 합성하중($W=\sqrt{(w+w_i)^2+w_w^2}$)

S : 경간, T_0 : N점에 작용하는 전선의 수평장력[kg]

h : 양 지지점의 고저차[m]

(2) 개념도

(3) Dip 산출

① S_1부분의 전선길이 : $L_1 = S_1 + \dfrac{8D_1{}^2}{3S_1}$

② S_2부분의 전선길이 : $L_2 = S_2 + \dfrac{8D_2{}^2}{3S_2}$

③ 두 경간의 전선길이 : $L = L_1 + L_2 = (S_1 + S_2) + \dfrac{8}{3}\left(\dfrac{D_1{}^2}{S_1} + \dfrac{D_2{}^2}{S_2}\right)$

④ 중간 지지점이 없을 경우의 전체 경간 : $S = S_1 + S_2$

⑤ 중간 지지점이 없을 경우의 전체 전선의 길이

$$L = S + \dfrac{8D_x{}^2}{3S} = (S_1 + S_2) + \dfrac{8D_x{}^2}{3(S_1 + S_2)}$$

$$\dfrac{8}{3}\left(\dfrac{D_1{}^2}{S_1} + \dfrac{D_2{}^2}{S_2}\right) = \dfrac{8D_x{}^2}{3(S_1 + S_2)}$$

$$\therefore \ D_x{}^2 = \left(\dfrac{D_1{}^2}{S_1} + \dfrac{D_2{}^2}{S_2}\right)(S_1 + S_2)$$

⑥ 문제 조건에서 경간 S_1부분과 경간 S_2부분의 장력이 같으므로 장력은

$$\text{Dip} = \dfrac{WS^2}{8T_0} \ \text{에서} \ \ T_1 = T_2 \text{이고,} \ \ \dfrac{WS_1{}^2}{8D_1} = \dfrac{WS_2{}^2}{8D_2}$$

⑦ $\dfrac{S_2}{S_1} = \sqrt{\dfrac{D_2}{D_1}} = \sqrt{\dfrac{9}{4}} = 1.5$

즉, $S_2 = 1.5S_1$

⑧ $D_x{}^2 = \left(\dfrac{4^2}{S_1} + \dfrac{9^2}{1.5S_1}\right)(S_1 + 1.5S_1) = (16 + 54) \times 2.5 = 175$

$$\therefore \ D_x = \sqrt{175} \ \fallingdotseq 13.23\,\text{m}$$

031 가공 송전선로의 이도 측정법에 대하여 설명하시오.

(data) 발송배전기술사 17-113-3-4 / 발송배전기술사 출제예상문제

답안

1. 개요

(1) 일반적으로 등장법 및 수평이도법이 많이 사용된다.

(2) 이도 측정법의 전체 구분

　① 사이도(斜弛度) 측정법

　　㉠ 등장법

　　㉡ 이장법

　　㉢ 각도법

　② 수평이도(水平弛度)법

　③ 특수한 방법

2. 사이도(斜弛度) 측정법

(1) 등장법

　① 개념도

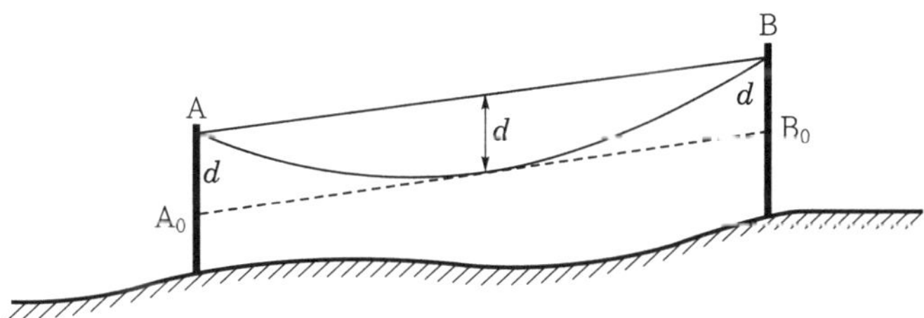

　② 특징

　　㉠ 지지점 A · B에서 수직으로 내린 선상으로 이도 d와 같은 점 A_0 · B_0를 정하고 A_0 · B_0점의 일직선상에 전선이 놓이도록 관측하는 방법이다.

　　㉡ 가장 간편하다.

(2) 이장법

① 개념도

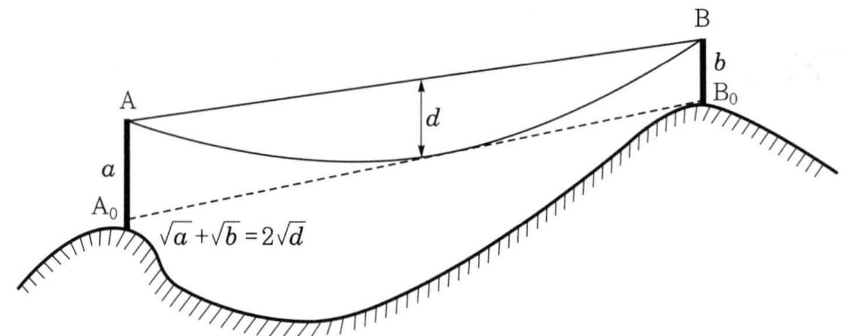

② 특징

    ㉠ 그림에서 $\sqrt{a} + \sqrt{b} = 2\sqrt{d}$ 가 되게 $A_0 \cdot B_0$점을 정하여 측정한다.

    ㉡ 등장법으로 하기 어려울 때 측정한다.

    ㉢ a와 b의 비가 2 ~ 3 이하이어야 오차가 작으며, 이도자를 철탑에 직접 취부할 수 없을 때 편리하다.

(3) 각도법

① 개념도

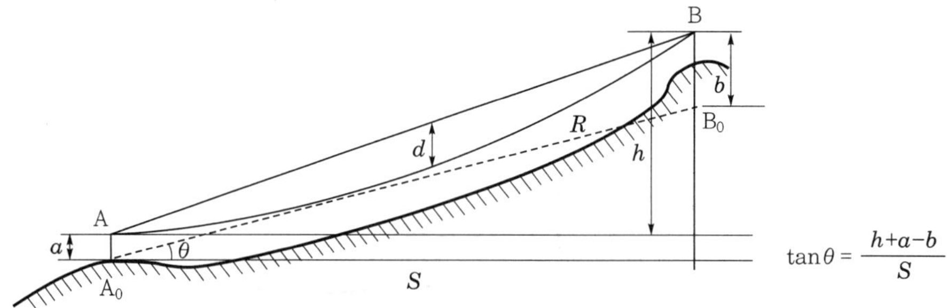

② 특징

    ㉠ 이장법과 원리는 같다.

    ㉡ 각도측정에 의하여 이도를 정하는 점이 다르다.

3. 수평이도(水平弛度)법

(1) 개념도

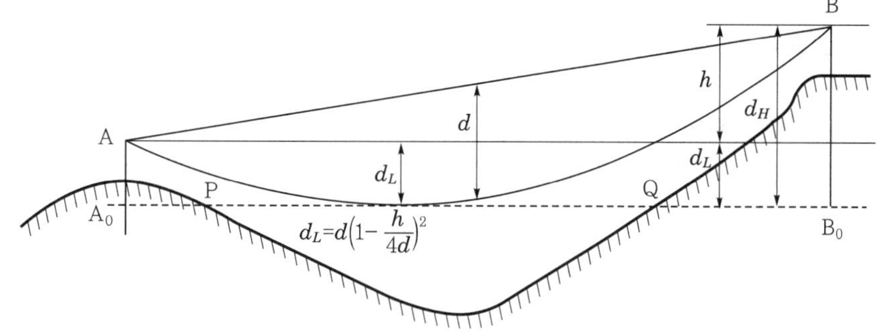

(2) 특징

① A의 지지점으로부터 수직으로 d_L만큼 내린 P점에 트랜지트나 레벨을 두고 수평선상에 전선의 절선을 일치시켜 이도를 측정한다.

② 이 경우 고저차가 클 때 수평이도 d_L의 변화에 대하여 d의 변화가 크기 때문에 전선의 최하부의 위치가 $\dfrac{S}{3} < S_1 < \dfrac{2}{3}S$의 범위에 있는 경우에 적용한다.

4. 특수한 방법

장력계법, 커티너리 각법, 기계적 충격파에 의한 방법 등이 있다.

5. 이도측정 경간의 선정

긴선구간 경간수	측정 경간수	측정 경간의 선정
3경간 이하	1경간 이상	Span 길이가 큰 경간
6경간 이하	2경간 이상	최대 경간 및 끝경간
7경간 이상	3경간 이상	중앙부근의 장경간 및 양쪽 끝경간 부근

032 가공 송전선의 이도 측정방법 4가지를 설명하시오.

(data) 발송배전기술사 23-129-1-8 / 발송배전기술사 출제예상문제

답안 가공 송전선의 이도 측정방법 4가지 비교

측정방법	장점	단점
등장법	• 측정방법이 가장 간단하다. • 오차가 작고 정밀도가 높다.	이도자, 수평실 취부점이 철탑에 부착되지 않는 경우 그 점을 추출해야 한다.
이장법	이도자를 철탑에 직접 취부할 수 없을 때 편리하다.	a·b 값이 극단적으로 다르면 오차가 크다.
수평이동법	계산이나 측정기의 측정 잘못이 없으면 정밀도가 높다.	측정범위가 정해져 있어 측정에 제한이 있다.
각도법	• 이도자를 철탑에 취부하지 않아도 측정이 가능하다. • 상기 측정방법으로 불가능할 때 적용이 가능하다.	• Prefab, 가선의 처짐조정에 사용이 곤란하다 • 지지점 고저차, 경간길이를 정확히 측정해야 한다. • 다도체로 전선이 요크에 취부되지 않으면 전선을 판별하기 어렵다. • 전선이 횡진하면 오차가 크다.
장력계법	산악지, 장경간 등에서 안개, 햇빛, 수목 등에 의한 이도관측이 곤란한 경우에 사용이 가능하다(지형, 기후에 관계없이 측정 가능).	전선과 직렬로 장력계를 삽입해야 한다.

(comment) 문제 031의 그림인 등장법, 이장법, 수평이도(水平弛度)법, 각도법과 동일하므로 그림 중 간단한 것만 1개 선택하여 기록한다(배점 10점용이므로).

033 154kV 가공 송전선로 설계 시 적용되는 표준 절연간격, 최소 절연간격 및 이상 시 절연간격에 대하여 설명하시오.

(data) 발송배전기술사 19-117-1-2 / 발송배전기술사 출제예상문제

답안 **1. 표준 절연간격(A)**

    (1) 뇌에 의한 섬락을 아킹혼 간으로 유도하기 위해 도체-하단 암 간에 유지하는 간격

(2) 표준 절연간격$(A) = 1.115A = 1.115 \times Z + 0.021\,[\text{m}]$

여기서, Z : 아킹혼 간격[m]

2. 최소 절연간격(b)

(1) 개폐 과전압에 의한 섬락을 아킹혼 간으로 유도하기 위해 도체-하단 암 간 유지 간격

(2) 도체와 상·하단 암 및 탑체 간의 개폐 내전압 특성으로부터 산출

3. 이상 시 절연간격(D)

(1) 상용주파 단시간 과전압에 대하여 도체-탑체, 도체-상단 암 간 유지간격

(2) 상용주파 단시간 과전압에 대한 내전압 특성으로부터 산출

4. 상간 절연간격

(1) 상간 과전압에 대하여 상간에 유지하여야 하는 간격

(2) 도체-도체의 내전압 특성으로부터 산출

(3) 점퍼(Jumper)의 종류, 수평각, 커티너리 등의 기계적 사항을 감안함

❚ 154kV 및 345kV 철탑 절연간격과 도면기호 표시법 ❚

전압별	구분		절연간격	도면기호
154kV	표준 절연간격[mm]	현수	1300	A
		내장	1300	
	최소 절연간격[mm]	현수	1150	b
		내장	1150	
	이상 시 절연간격[mm]		450	D
	상간 절연간격[mm]		1500	−
345kV	표준 절연간격[mm]	현수	2700	A
		내장	2700	
	최소 절연간격[mm]	현수	2200	b
		내장	2200	
	이상 시 절연간격[mm]		1000	D
	상간 절연간격[mm]		3200	−

SECTION 04 전선의 진동 관련

034 전선의 진동에 대하여 기술하시오.

data 발송배전기술사 출제예상문제

답안

1. 전선진동의 발생원인

(1) 매초 5m 정도의 미풍이 전선과 직각에 가까운 방향으로 불 때 그 직선의 배후에 공기의 소용돌이(칼만 와류)가 생기고, 이 때문에 전선의 수직방향으로 교번력이 작용해서 전선은 상하로 진동하게 된다.

(2) 이 진동수가 전선의 경간 및 단위길이당 무게 등에 의해 정해지는 고유 진동수와 같게 되면 공진을 일으켜서 진동은 지속한다.

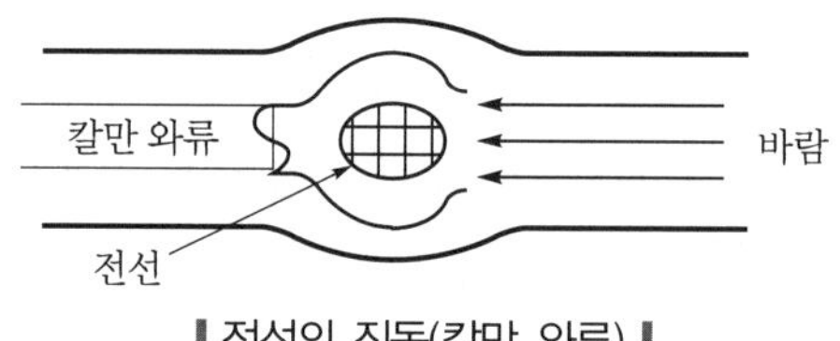

▎전선의 진동(칼만 와류)▎

2. 전선진동의 특징

(1) 실측에 의하면 평탄한 지방에서 1m/s일 때 생기며, 주파수는 20 ~ 30cps, 파장은 2 ~ 3m이다.

(2) 풍압에 의한 진동 주파수와 전선의 고유 진동수가 같게 되면 공진을 일으킨다.

① 고유 진동수 : $f_0 = \dfrac{1}{2l}\sqrt{\dfrac{t}{W}}$ [cycle/s, 즉 Hz]

② 풍압에 의한 진동 주파수 : $f_w = k \cdot \dfrac{v}{D}$, 진폭은 $(0.5 \sim 2)D$

여기서, k : 상수

v : 풍속[m/s]

D : 전선의 외경[mm]

(3) 공진은 주로 전화선 또는 장경한 굵은 송전선에서 발생하기 쉽고, 진폭은 도체 직경의 0.5 ~ 2배 정도이다.

(4) 공진으로 진동이 지속되면 사고에 이른다.

(5) 이 진동은 굵고 가벼운 전선에 일어나기 쉬우므로 진동면에서 볼 때 ACSR이 경동선보다 불리하다.

(6) 실측에 의하면 진동의 주파수는 중공도선에 4 ~ 15cyle, ACSR에서는 6 ~ 25cycle의 진동이 빈도가 높다.

3. 전선진동의 영향

(1) 진동 계속으로 전선의 지지점에는 응력을 받아서 피로현상을 나타내고 결국 단선 사고(clamp에서 2cm 부근)를 일으킨다.

(2) 철탑 같은 지지물에 연결되어 있는 볼트 조임을 이완시켜 본래의 강도를 저하 시킨다.

4. 진동 방지대책

(1) 전선에서의 진동 방지대책

① Armour rod 사용 : 전선의 지지점(현수 클램프) 좌우에 전선과 동일 재질의 테이퍼로 1 ~ 3m 길이로 전선 위에 꼬임방향으로 감는다.

② Damper의 사용 : 클램프 가까이에 붙어서 진동에너지를 흡수한다.

　㉠ 종류 : 스톡브리지 댐퍼, 토셔널 댐퍼, Space damper

　㉡ Stock bridge pamper 시설방법 : 아연도금한 강연선의 양단에 추를 붙인 것으로, 전선 지지점에 가까운 진동 루프 길이의 $\frac{1}{3} \sim \frac{1}{2}$에 취부한다.

　㉢ Torsional damper의 시설방법 : 아연도금한 강연선의 양단에 가지모양 의 추를 서로 반대방향으로 붙인 것으로, 1 ~ 2개를 연직선에서 $60°$로 클램프의 양단에 취부한다.

　㉣ Space damper 특징 : Space와 Damper의 역할을 동시 수행하여 가격면 에서 공사비가 절감한다.

③ Free center type suspension clamp(프리센터형 현수 클램프) 사용 : 클램프가 전선의 진동에 따라 자유로이 움직이게 하여, 진동은 클램프를 통해 다음 경간에 이행되면서 감쇠된다.

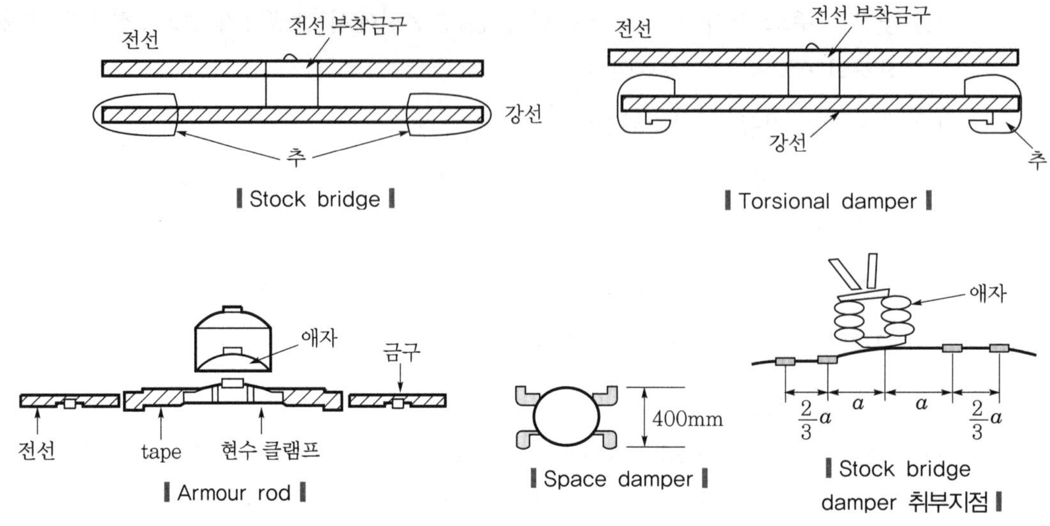

(2) 가공지선의 진동 방지대책

① 베이트 댐퍼(bate damper) 사용으로 가공지선의 지지점 부근에 가공지선과 동일선으로 한쪽에 5.5 ~ 7m 정도 첨선한 것이다.

② 베이트 댐퍼의 특징 : 취부가 수월하고 가는 전선의 진동방지에 효과가 있는데 만일 가공지선이 단선될 경우에는 보강효과가 기대된다.

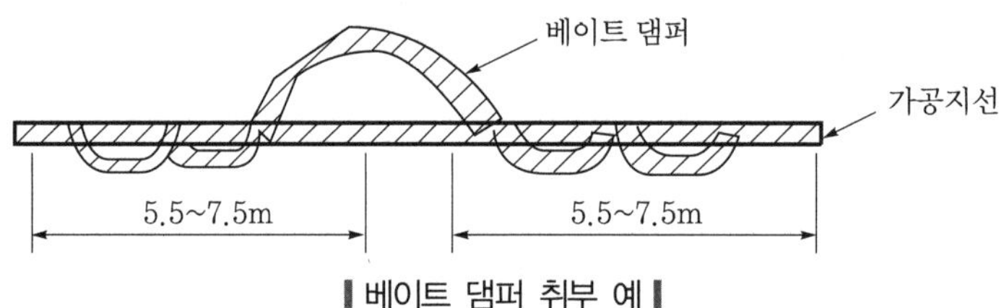

베이트 댐퍼 취부 예

035 가공 송전선로에서 발생하는 진동의 종류를 구분하고, 갤러핑(galloping) 현상에 대하여 설명하시오.

035-1 갤러핑(galloping) 현상의 원인 및 대책에 대하여 설명하시오.

data 발송배전기술사 22-127-1-6 · 17-113-1-5 / 발송배전기술사 출제예상문제

답안

1. 가공 송전선로에서 발생하는 진동의 종류

(1) 전기적 진동

단락 전자력 진동, 코로나 진동

(2) 기계적 진동

① 미풍 진동 : 풍속 7m/s 이하에서 단도체에서 고려한다.

② 후류 역진동 : 풍속 7 ~ 18m/s 이하에서 4도체와 2도체에서 고려한다.

㉠ 소경간 진동 : 4도체에 적용

㉡ 강체형 진동 : 2도체에 적용하고 3종류로 구분한다.

- 회전 · 비틀림 진동(rolling and twisting)
- 수직 갤러핑
- 수평 갤러핑, 사행

③ 갤러핑 : 다도체에 적용

④ 전선염회(twisting and kissing) : 다도체에 적용

⑤ 횡진 : 다도체에 적용

2. Galloping

(1) Galloping의 정의

① 전선이 주로 착빙설에 의한 공기역학적 불안전성과 강풍에 의한 자려(自勵) 진동

② 갤러핑은 착빙설이 다양한 모양으로 형성되어 전선 단면의 비대칭성에 의해 피빙이 날개와 같이 작용함으로써 수평풍에 의한 인양력과 전선 자중의 상호 작용으로 전선이 계속 저주파로 진동하는 현상

③ 전선에 착빙설이 발생하면 공기 역학적 불안정으로 전선이 상방향으로 부상하는 현상

(2) 갤러핑 발생의 직접 원인이 되는 공기역학적 비대칭성이 발생하는 경우

  ① 착빙설이 전선 표면에 비대칭적으로 비대화되었을 때

  ② 8m/s 이상 강풍에 의한 공기 역학적 비대칭성에 의해 발생

    ㉠ 착설의 빙화(氷花)

    ㉡ 고드름의 부착

    ㉢ 진눈깨비, 습설(濕雪)의 착빙

    ㉣ 상승기류에 의한 착빙(着氷)

    ㉤ 전선의 사풍(斜風)

    ㉥ 기타 비대칭 부착물 등이며 가선조건에 의해서도 고려할 요소 등

(3) **영향**

  ① 진동주파수(3c/s)가 낮고 진폭(수십 cm ~ 수십 m)이 커서 선간 단락사고의 원인이 된다.

  ② 단선사고가 발생한다.

  ③ 장력이 변화하고 철탑 부담증가로 파손된다.

(4) **방지대책**

  ① 상간(相間) 수평거리 조정(OFF-SET)

  ② 지지물 입지 선정 시 갤러핑 발생 예상 개소를 피함

  ③ 갤러핑이 심한 개소는 상간 Spacer 취부

  ④ 철탑 보강

(5) **갤러핑의 특징**

  ① 일반적인 미풍에 의한 전선진동과는 다르다.

  ② 비교적 주파수가 낮고 진폭이 큰 진동때문에 자주 송전선의 선간단락의 원인이 된다.

  ③ 바람이 직접 받는 곳에 발생하기 쉽고, 지상고가 높은 쪽이 발생확률이 높다.

  ④ 피빙이 적어도 발생한다.

  ⑤ 사풍에 의하여 전선이 꼬이면서 상방향으로 뜬다.

  ⑥ **다발 발생지역** : 산의 능선이나 해안에서 산으로 연결되는 지점

  ⑦ 단도체보다 다도체가, 가는 전선보다 굵은 전선이 일어나기 쉽다.

(6) **갤러핑 진동의 크기**

가공전선에 착빙이나 착설이 있어 그 형상이나 표면의 상태가 공기의 흐름에 대해서 상하 비대칭인 경우 저주파(0.1 ~ 5m/s)의 큰 진폭(수십 cm ~ 수십 m)의 진동이 발생한다.

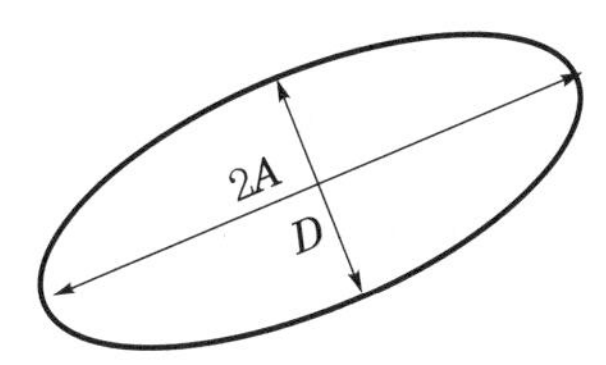

$2A = B \cdot d$

$D = 0.5 \times 2A$

여기서, 2A : 타원의 장축(長軸)[m]

B : 바람계수로, $0.23 \sim 0.354$

d : 저온계 시 이도[m]

D : 단축길이[m]

(7) 갤러핑의 형태

① 전경간 갤러핑

② 스페이서 소도체 진동

③ 진행파적 진동

---

036 가공 송전선로의 미풍 진동현상의 발생원인, 문제점 및 방지대책에 대하여 설명하시오.

(data) 발송배전기술사 18-115-1-12 / 발송배전기술사 출제예상문제

답안

* Chapter 02 - 문제 034의 답안을 참조한다.

---

037 복도체 가공 송전선로의 서브스판 진동(subspan oscillation)에 대해서 설명하고, 2도체 송전선로보다 4도체 송전선로가 서브스판 진동에 더 취약한 이유를 설명하시오.

(data) 발송배전기술사 19-117-4-1 / 발송배전기술사 출제예상문제

답안

1. 서브스판 진동의 개요(정의)

(1) 서브스판 진동현상은 다도체 방식 가공 송전선로에서 바람이 불어오는 방향에 놓인 소도체, 즉 풍상 측 도체(windward conductor)의 후류역(wake)에 의해 발생되는 진동현상

(2) 다도체 방식 송전선로에서 발생하는 스페이스 댐퍼와 스페이서 댐퍼 사이에서 수평방향의 타원형을 그리면서 진동하는 현상

(3) 후류역

다음 그림과 같이 풍상 측의 도체 뒤에 놓인 풍하 측의 도체(leeward conductor) 주위에 생기는 공기역학적인 차폐로 인해 풍속이 감소된 영역을 의미한다.

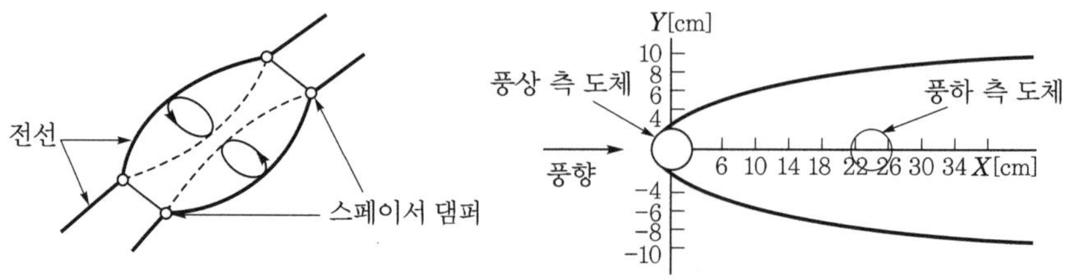

┃ 풍상 측 도체의 후류역 개념도 ┃

2. 송전선로에서 바람에 의해 발생하는 주요 진동현상

진동현상 종류	발생 풍속범위	진동 주파수 범위	주요 진동방향	피해사례
미풍 진동	$1 \sim 7$m/s 이하	$3 \sim 150$Hz	수직방향	전선, 금구 등의 피로, 마모, 전선단선 사고
서브스판 진동	$5 \sim 18$m/s 이하	$0.15 \sim 10$Hz	수평방향 (타원형)	전선, 금구 등의 피로, 마모, 전선단선 사고
갤러핑 진동	$7 \sim 20$m/s 이하	$0.1 \sim 3$Hz	수직방향 (타원형)	전선, 금구, 철탑 애자련 등의 피로파괴와 전선단선 사고

3. 2도체 송전선로보다 4도체 송전선로가 서브스판 진동에 더 취약한 이유

(1) 4도체 가공 송전선로 진동현상

① 4도체 가공 송전선로는 소체 구조상에 의한 진동현상이 주로 발생하는데, 이 진동은 바람을 직접 받는 풍상 측(wind-ward) 도체의 후면이 공기역학적 차폐로 인해 풍속이 감소된 영역이 발생되고, 이 영역에 위치한 풍하 측(lee-ward : 바람이 가려지는 측) 도체의 양력 발생으로 인해 진동하는 현상이다.

② 후류에 의한 진동은 그림과 같이 4개의 전동유형으로 구분되는데 (a)를 서브스판 진동이라 하고 나머지 3개 진동을 강체형 진동(rigid-body-mode)이라고 한다.

104

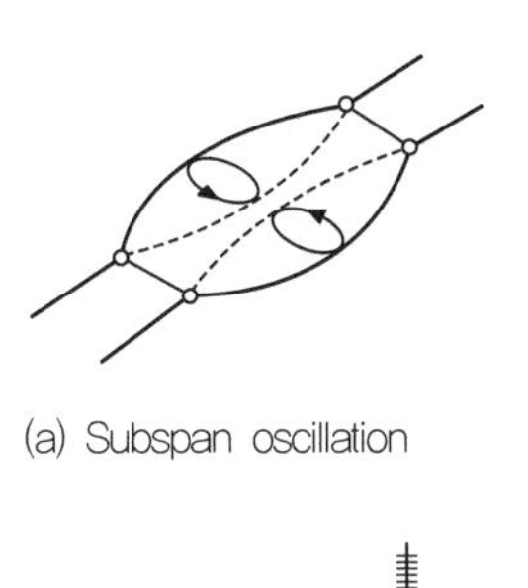

(a) Subspan oscillation

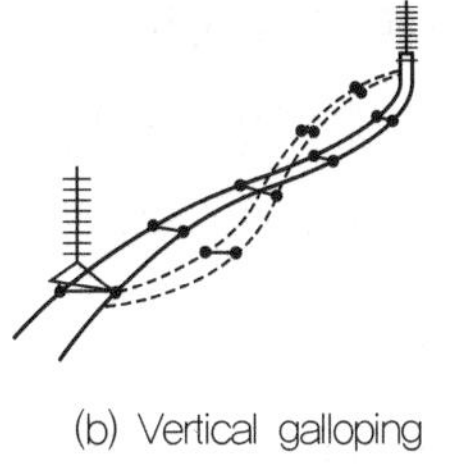

(b) Vertical galloping

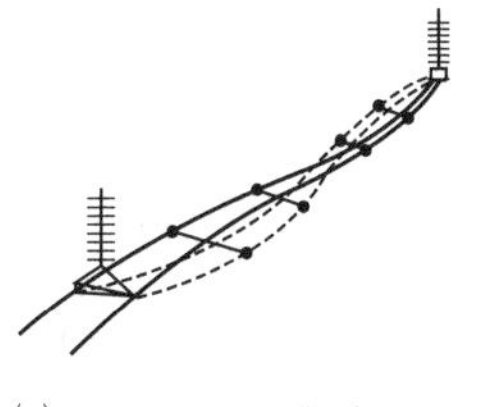

(c) Horizontal galloping

(d) Rolling or twisting

(2) 4도체 송전선로가 서브스판 진동에 더 취약한 이유와 서브스판 악영향

① 4도체 가공 송전선로에서 발생되는 진동은 대체적으로 진동이 크고 자주 발생하기 때문에 전선에 미치는 영향도 크다.

② 특정한 조건의 소공간에서 발생되는 진동으로 인해서 스페이서 댐퍼 위치에서 전선이 쉽게 단선되거나 스페이서 댐퍼가 손상되는 사고가 발생하기 때문에 가급적 빠른 시일 내에 진동 저감대책을 세우는 것이 필요하다.

③ 서브스판 진동은 스페이서 댐퍼와 스페이서 댐퍼 사이에서 수평방향의 타원형을 그리면서 진동하는 특징을 갖는다.

④ 345kV 서브스판 진동 발생 다발 소경간에서는 스페이서 댐퍼 위치에서 전선이 쉽게 단선되거나 스페이서 댐퍼가 손상되는 사고가 발생한다.

⑤ 서브스판의 진폭이 클 경우에는 스페이서 댐퍼 클램프 또는 현수 클램프의 전선 지지점에서 곡응력에 의한 전선의 피로현상이 누적되어 전선의 수명을 단축시키거나 단선사고를 일으키게 된다.

4. 서브스판 진동 발생의 지형 특성

서브스판 진동 발생은 지형 특성과도 밀접한 관련이 있다.

(1) 매우 광활한 지역

(2) 바다 또는 호수에 근접된 지역

(3) 경과지의 지형이 심한 기복이 없고 장애물이 적은 지역

(4) 송전선로와 직각방향으로 흩어짐 없이 바람이 부는 지역

(5) 일정한 풍속의 바람이 부는 지역

5. 서브스판 진동대책

진동 발생 다발 소경간 진동 저감 방안(서브스판 진동 발생 다발 소경간에 대한 진동 저감대책)으로는 다음과 같으며, 스페이서 댐퍼 설치만으로 대책을 세우는 것이 일반적이다.

(1) 소도체수의 배열(마름모형상으로 소도체 배열 등)을 조정하는 방법

진동 전파가 없도록 경간 내 스페이서 댐퍼 설치 시 간격을 불균등하게 설치한다.

(2) 소도체 간격을 조정하는 방법(소도체 간격을 크게 함)

(3) 다도체 구성의 비틀림 정도를 조정하는 방법 적용

(4) 해당 소경간에 복도체용 스페이서를 설치하는 방법

(5) 스페이서 댐퍼의 설치위치를 재조정하거나 설치간격을 조정하는 방법 적용 (스페이스 댐퍼 ~ 스페이서 댐퍼 사이의 간격을 짧게)

---

reference

1. 서브스판 진동 발생 다발 소경간(sub-span)과 악영향

① 일반적으로 철탑과 철탑 사이의 한 경간을 놓고 볼 때, 서브스판 진동이 발생하면, 여러 개의 소경간에서 동시에 발생하는 것이 일반적이나 선로 구성 또는 경과지 조건에 따라서는 유독 한 경간 중에서 특정 소경간에서만 서브스판 진동이 빈번하게 자주 발생하는 경우가 있다.

② 이 소경간을 서브스판 진동 발생 다발 소경간이라 한다.

③ 345kV 실 선로에서 진동 발생 현황을 조사한 바에 따르면, 이러한 소경간이 적지 않게 있는 것으로 알려지고 있다.

④ 진동 발생 다발 소경간에서 발생되는 진동은 대체적으로 진동이 크고 자주 발생하므로 전선에 미치는 영향도 크다.

⑤ 서브스판 진동(subspan oscillation)이란 것은 한심을 이루는 전선의 수가 2개 이상인 다도체방식 송전선로에서 발생하는 진동현상으로서, 비교적 바람이 세게 부는 경우에 발생한다.

⑥ 서브스판 진동은 스페이서 댐퍼(spacer damper)와 스페이서 댐퍼 사이에서 수평방향의 타원형을 그리면서 진동하는 특징을 갖는다.

⑦ 345kV 서브스판 진동 발생 다발 소경간에서는 스페이서 댐퍼 위치에서 전선이 쉽게 단선되거나 스페이서 댐퍼가 손상되는 사고가 발생한다.

⑧ 서브스판의 진폭이 클 경우에는 스페이서 댐퍼 클램프 또는 현수 클램프의 전선 지지점에 곡응력에 의한 전선의 피로현상이 누적되어 전선의 수명을 단축시키거나 단선사고를 일으키게 된다.

2. 2도체 송전선로와 4도체 송전선로의 서브스판 진동현상 비교

① 소도체수에 따른 발생빈도의 차이는 다음과 같다.

4도체 서브스판 진동 > 2도체 서브스판 진동 > 3도체 서브스판 진동

② 3도체의 경우는 풍하 측 도체가 후류역 내에 위치하지 않아 비교적 안정적인 구조이다.

③ 4도체의 경우는 후류역 내에 풍하 측 도체가 모두 위치하고 있다.

④ 풍상 측과 풍하 측 도체를 구성하는 두 개의 소도체 간격이 서브스판 진동발생과 밀접한 관계가

있는데, 이는 풍하 측 도체가 후류역의 어느 위치에 놓이게 되는 것인가가 소도체 간격에 의해 결정되기 때문이다.

⑤ 소도체 간격(a)을 소도체 직경(d)의 비로 나타낸 수인 $\dfrac{a}{d}$의 값이 커질수록 풍하 측 도체가 후류역에서 멀어지는 지점에 위치하기 때문에 서브스판 진동이 잘 생기지 않는다.

⑥ 외국의 실측보고에는 서브스판 진동에 대해 대체적으로 안정한 $\dfrac{a}{d}$의 범위로서 2도체 및 3도체의 경우는 8 ~ 16, 4도체의 경우는 20 이상이 되는 것으로 알려지고 있다.

⑦ 2도체의 경우 $\dfrac{a}{d}$를 계산해 보면 다음과 같다.

    ㉠ ACSR 330mm^2 전선을 사용하는 복도체 선로 : $\dfrac{a}{d} \fallingdotseq 16$

    ㉡ ACSR 410mm^2 전선을 사용하는 복도체 선로 : $\dfrac{a}{d} \fallingdotseq 14$

⑧ 따라서, 154kV 2도체 ACSR 330mm^2 경우는 비교적 서브스판 진동에 대해 안정한 위치에 있다고 할 수 있으며, 154kV 2도체 ACSR 410mm^2 경우는 안전한 범위에서 크게 벗어나지는 않는 것이다.

⑨ 상기와 같은 이유로 인해 복도체 송전선로에서는 서브스판 진동이 크게 발생하지 않고 있어, 스페이서 댐퍼를 설치하지 않는 경우가 있다.

⑩ 그러나 4도체 345kV 480mm^2 경우에는 서브스판의 악영향이 발생되고 있으므로 진동대책이 필요하다.

3. 서브스판 진동 발생에 미치는 영향

① 소도체수와 배열

    ㉠ 다도체 송전선로에서 가장 많이 적용되고 있는 소도체수는 2도체, 4도체이며, 최근에는 초고압 선로의 도입으로 6도체, 8도체 구성도 있다.

    ㉡ 서브스판 진동에 가장 민감한 구성은 4도체 구성이고, 다음이 3도체, 2도체이다.

    ㉢ 일반적으로 서브스판 진동은 8m/s 이상의 풍속에서 발생하는 것으로 보고되고 있으나, 정방형 4도체 구성에서는 4m/s 정도의 낮은 풍속에서도 발생하기도 한다.

    ㉣ 이같이 서브스판 진동은 소도체수와 소도체의 배열구성과 밀접한 관계가 있다.

② 소도체 간격

    ㉠ 소도체의 풍상(windward) 측과 풍하(leeward) 측 도체의 간격(a)은 도체 직경(d)에 대한 간격의 비, 즉 $\dfrac{a}{d}$로 나타낼 수 있는데 일반적으로 10 ~ 20범위이다.

    ㉡ $\dfrac{a}{d}$ 값이 어느 이상이 되면 풍하 측 도체가 후류역의 범위에 놓이지 않게 되어, 후류에 의한 진동발생이 작거나 없어진다.

    ㉢ 2도체와 3도체 구성에서는 $\dfrac{a}{d}$가 16 ~ 18범위에서, 4도체 구성에서는 20 이상이면 안정한 것으로 보고되고 있다.

    ㉣ 소도체 간격은 서브스판 진동 발생에 직접적인 영향을 미치는데, 소도체 구성 중에서 345kV 4도체의 경우가 서브스판 진동 발생에 가장 취약한 구조이어서, 실제 송전선로 중에서 가장 진동이 잘 발생하는 선로이다.

　　　ⓜ 소도체 간격은 코로나 발생, 송전용량 등의 관점에서 결정되는데, 서브스판 진동이 우려되는 특정 구간에 대해서는 소도체 간격을 전기적인 설계 측면을 떠나 설계하는 것도 진동에 대한 송전선로 신뢰도 측면에서 고려할 필요가 있다.

③ 다도체 구성의 비틀림 정도

　　ⓐ 풍상 측 도체에 의한 공기역학적 차폐효과의 세기와 특성이 풍하 측 도체에 미치는 영향은 후류역 내에 풍하 측 도체의 위치에 따라 변한다.

　　ⓑ 후류의 특성은 다도체가 바람에 대해 수평일 때 진동이 약해지는 경향이 있다. 진동 발생에 대해 불안정 영역이 되는 기울림 정도는 5~15범위이다.

　　ⓒ 기울임은 풍하 측 도체가 풍상 측 도체의 후류 위쪽에 있으면 정방향, 낮은 쪽에 있으면 부방향이라 한다.

　　ⓓ 4도체 구성에서는 부방향, 2도체 구성에서는 정방향의 기울림에서 이런 불안정 영역이 발생하는 것으로 보고되고 있다.

　　ⓔ 이러한 현상은 송전선로의 가선조건에 따라 쉽게 나타날 수 있는 현상이다.

④ 서브스판 진동 발생의 지형 특성

comment 면접시험에서 자주 질문하는 주제이기도 하다.

SECTION 05 송전공사 감리

038 전력설비 건설사업 관리의 감리업무와 관련한 다음 사항을 설명하시오.
1. 안전관리에 대한 감리원의 역할과 업무내용
2. 품질관리에 대한 중점 품질관리 대상과 방법
3. 통합감리 기준

data 발송배전기술사 22-127-3-1 / 발송배전기술사, 건축전기설비기술사, 전기안전기술사, 전기응용
기술사 출제예상문제

답안 1. 안전관리에 대한 감리원 역할과 업무내용

(1) (안전)감리원 역할

① 안전담당자 지정 및 안전관리자 지도, 감독, 확인

② 현장의 전반적 안전·보건문제 책임 추진

③ 안전관리 조직 구성

④ 공사업자로 하여금 근로기준법, 산업안전보건법, 산업재해보험법 및 관계 법
규를 준수하도록 안전관리를 관리 및 지도

(2) 업무내용

① 안전관리자에 대한 임무수행 능력 보유 및 권한 부여 검토

② 시공계획과 연계된 안전계획의 수립 및 그 내용의 실효성 검토

③ 공사업자의 안전조직 편성 및 임무의 법상 구비조건 충족 여부를 검토

④ 안전점검 및 안전교육 계획의 수립 여부와 내용의 적정성 검토

⑤ 안전관리 예산 편성 및 집행계획의 적정성 검토

⑥ 유해·위험 방지계획(수립 대상에 한함) 내용 및 실천 가능성 검토

⑦ 표준 안전관리비는 다른 용도에 사용불가함에 따른 관리

⑧ 현장 안전관리규정의 비치 및 그 내용의 적정성 검토

⑨ 감리원이 공사업자에게 시공과정마다 발생될 수 있는 안전사고 요소를 도출
하고 이를 할 수 있는 절차·수단 등을 규정한 '총체적 안전관리계획서(TSC :
Total Safety Control)'를 작성·활용하도록 적극 권장

⑩ 안전관리계획의 이행 및 여건 변동 시 계획변경의 여부 검토

⑪ 안전보건협의회 구성 및 운영상태

⑫ 안전점검 계획수립 및 실시(일일, 주간, 우기 및 해빙기 등 자체 안전점검 등)

⑬ 안전교육계획의 실시

⑭ 위험장소 및 작업에 대한 안전조치 이행(고소작업, 추락위험작업, 낙하비례 위험작업, 중량물 취급작업, 화재 위험작업, 그 밖의 위험작업 등)

⑮ 안전표지 부착 및 유지관리, 기성관리

2. 감리의 중점 품질관리 대상 및 방법

(1) 대상

품질관리가 소홀해지기 쉽거나 하자발생 빈도가 높으며 시공 후 시정이 어렵고, 많은 노력과 경비가 소요되는 공종 또는 부위

(2) 방법

① 감리원은 중점 품질관리 대상으로 선정된 공종에 대한 관리방안을 수립하여 시행 전에 발주자에게 보고하고 공사업자에게도 통보한다.

② 해당 공종 및 시공부위는 상황판이나 도면 등에 표기하여 업무담당자, 감리원, 공사업자 모두가 항상 숙지하도록 한다.

③ 공정계획 시 중점 품질관리 대상 공종이 동시에 여러 개소에서 시공되거나 공휴일, 야간 등 관리가 소홀해질 수 있는 시기에 시공되지 않도록 조정한다.

④ 필요시 해당 부위에 '중점 품질관리 공종' 팻말을 설치하고 주의사항을 명기한다.

⑤ 시공 중 감리원은 물론 시공관리 책임자가 반드시 입회하도록 한다.

3. 통합감리 기준

(1) 수개의 전기시설물 공사현장이 인접하여 하나의 공사현장으로 공사감리가 가능한 경우에는 이를 통합하여 감리 발주, 공사 감리 수행

(2) 통합감리 기준 및 신고방법

① 공사현장 3개소 이하 공사현장 간 이동거리 30km 미만(특별시, 광역시 10km 미만)

② 상주 감리원의 배치일정 중복 허용

③ 상주 감리원과 비상주 감리원 배치건수는 1건으로 봄

④ **감리원 배치인 월수 산정** : 정액 적산방식, 실비정액 가산방식 적용

⑤ 각 공사현장별 내용을 통합하여 신고함

039 고속도로 4차선(상·하행선)과 국도 2차선 위에 154kV 가공 송전선로 6회선 인출, 가공 송전선로 위로 345kV 철탑 간의 경간이 약 450m 되는(인출 철탑은 60m, 인출 2호 철탑은 110m 정도로서 야산에 위치함) 경우의 송전선로를 신설하고자 할 때 안전을 위하여 보호망을 필수적으로 설치하여야 한다. 이때, 기존의 발받침틀 공법의 보호망 시공방법은 공사기간 및 공사비가 많이 소요되어 공사기간이 작게 소요되고 공사비 절감효과가 대단히 큰 가변식 가이드링 보호망 공법으로 시공지시하고자 한다. 이에 대하여 설명하시오.

(data) 발송배전기술사 출제예상문제

(comment) 실제 이 공법을 시도해보면 매우 편리하고 공사기간이 초스피드로 진행된다.

답안

1. 가이드 로프 설치 절차

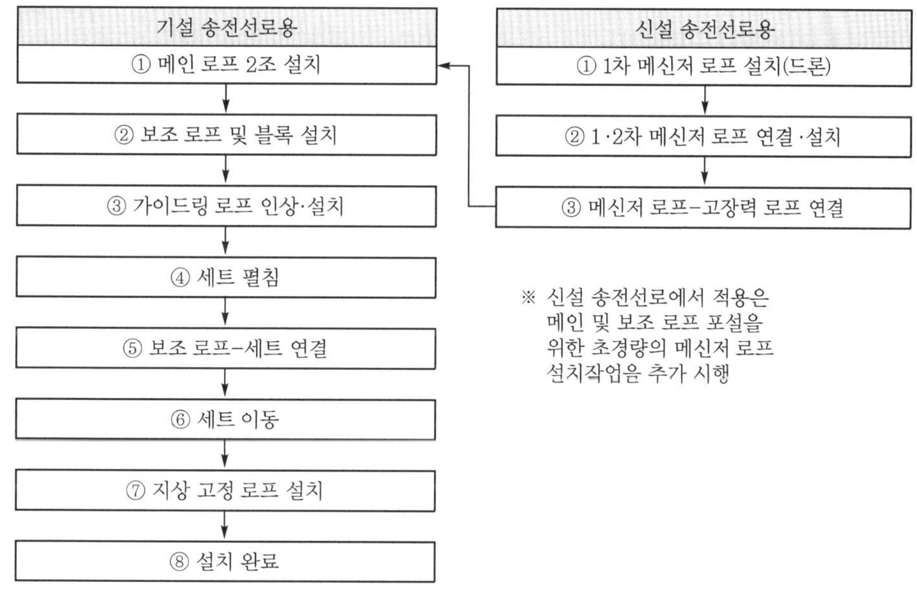

2. 대관허가 소요일과 공사비 절감효과

(1) 보통 발받침틀 설치공법으로 보호망을 설치할 경우 도로공사 및 지자체에 승인을 신청해야 하는 번거로운 과정이 있고, 허가 기일이 상당히 소요되어 공사기간에 차질이 생길 수 있다.

(2) 위의 경우와 같이 높은 경우의 발받침틀이 적어도 대형 발받침틀 6개소 이상 소요되므로 이에 수반한 안전검토 및 공사비가 임시철탑 건설비용 정도로 대단히 크다.

(3) 그러나 이 공법을 적용하면 (1), (2)의 행정과정과 시공노력이 필요없게 되므로 막대한 공사비 절감과 공사기간 단축(설치 2일, 철거 1일)이 가능하다. – 발받침틀 공법은 설치 15일 이상, 철거 7일 정도 소요된다.

3. 기설 송전선로에 가이드 로프링 시공방법

(1) 스페이셔 CAR 및 메인 로프(16mm) 2조 설치

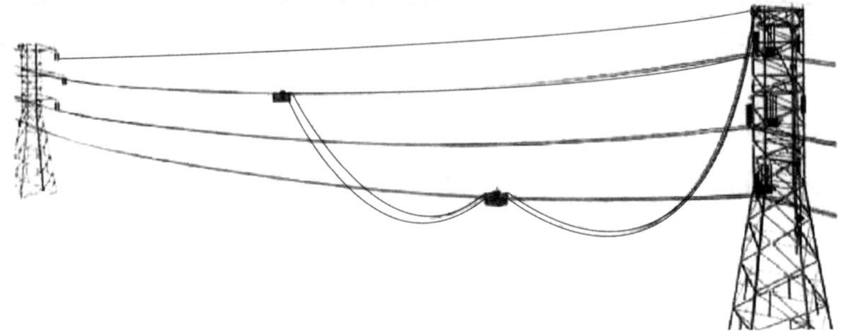

(2) 위치 조절용 보조 로프 및 블록 설치

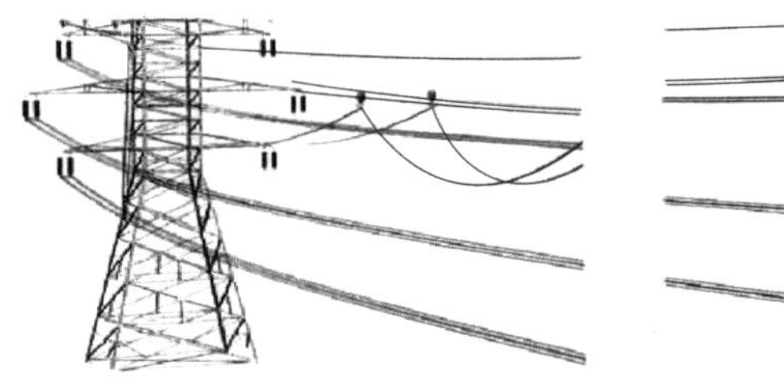
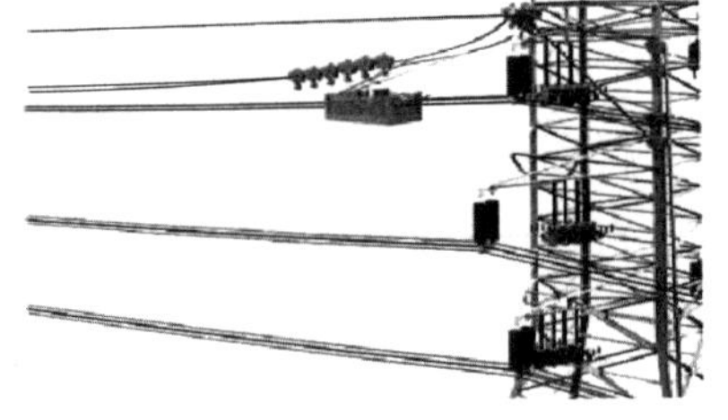

(3) 가이드 로프 인상 설치

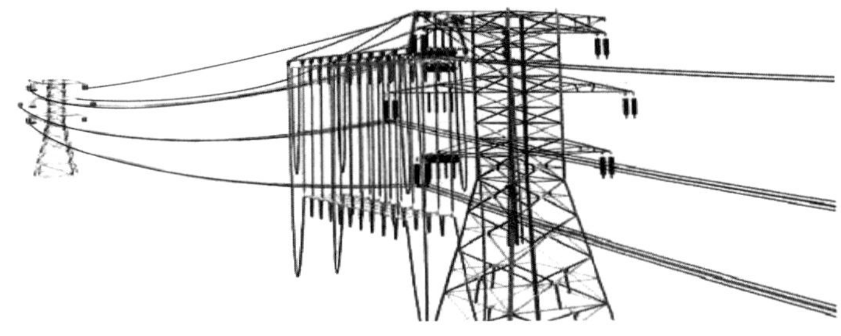

(4) 가이드링 로프 세트 펼침

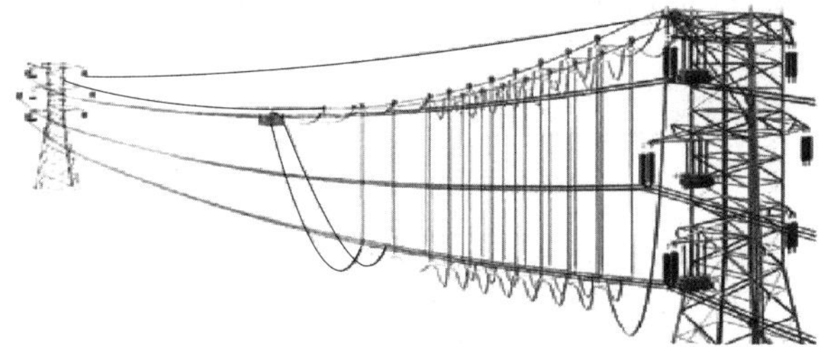

(5) 위치 조절용 보조 로프와 세트 연결

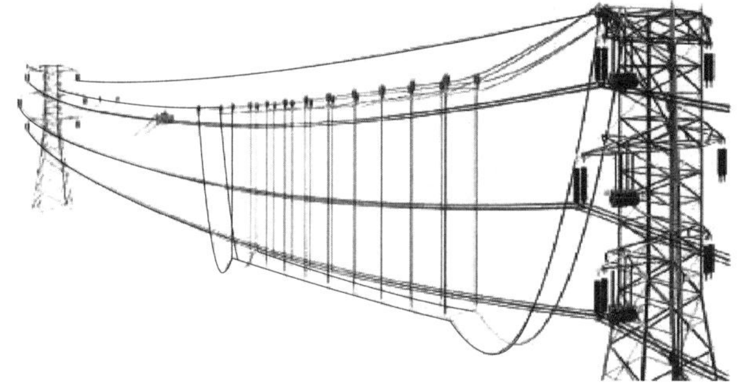

(6) 보호시설물 위치로 세트 이동

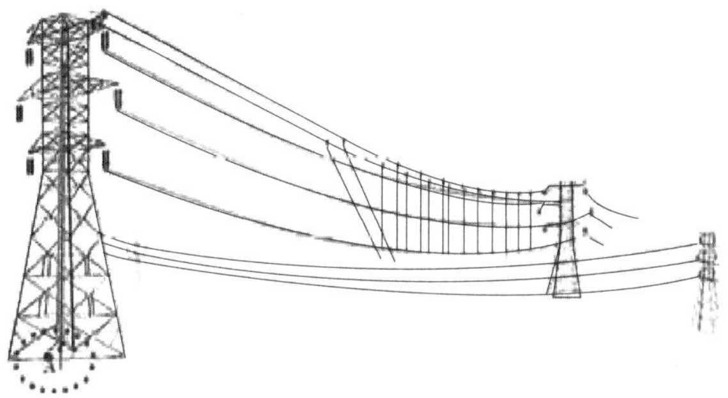

(7) 메인 로프 및 보조 로프 장력조절 후 고정

(8) 지상 고정 로프 설치

하부 가이드링 로프 양측을 지상 고정용 로프(기설철탑 LEG 하단부)와 연결하여 고정한다.

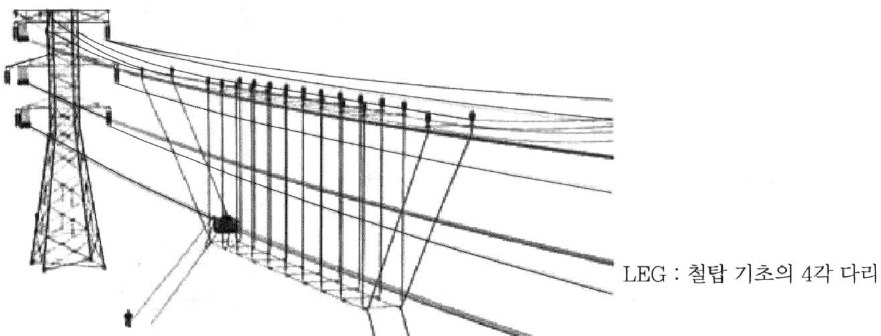

LEG : 철탑 기초의 4각 다리

(9) 가변식 가이드링 로프 설치완료

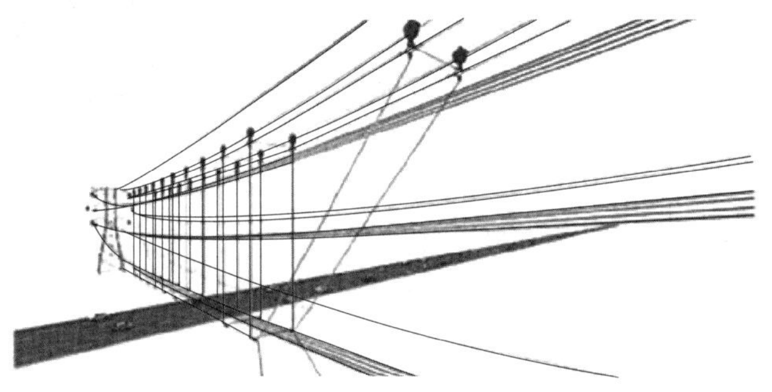

4. 신설 송전선로 가이드링 로프 설치공법

(1) 드론을 이용해 양측 철탑 간 1차 메신저 로프 설치

① 1차 메신저 로프는 초경량 3mm 특수 로프를 사용한다.

② 양측 철탑에 1차 메신저 로프 연결을 위한 작업자를 배치한다.

③ 1차 메신저 로프를 드론을 이용해 양측 철탑 간에 포설한다.

(2) 1차 메신저 로프에 2차 메신저 로프 5조를 철탑 ARM에 수평으로 설치

① 2차 메신저 로프는 초경량 3mm 특수 로프를 사용한다.

② 1차 메신저 로프에 2차 메신저 로프 5조를 연결하여 포설한다.

단, 5조 포설이 어려울 경우 2조, 3조로 분할하여 포설한다.

③ 1·2차 메신저 로프 설치 시 처짐 방지를 위해 일정 장력을 유지한다.

(3) 메신저 로프와 고장력 로프를 연결 설치

① 2조 : 메인 로프용 고장력 로프를 연결하여 설치한다.

② 2조 : 위치 조정용 고장력 로프를 연결하여 설치한다.

③ 1조 : 연선용 와이어 포설용 고장력 로프를 연결하여 설치한다.

④ 단, 연선용 와이어 포설용은 가이드링 로프의 내부에 위치하도록 설치한다.

(4) 가이드링 로프 설치용 메인 로프 및 보조 로프 설치

① 양측 철탑에 스내치 블록 및 BV 윈치(또는 엔진) 장비를 설치한다.

② 메인 로프와 위치조절용 보조 로프를 양측 철탑에 설치된 BV 윈치(또는 엔진)를 이용해 일정한 장력을 유지하면서 로프망을 고정 설치한다.

③ 메인 로프에 위치조절용 블록을 설치한다.

(5) 가이드링 로프 세트 인상 및 펼침(기설 송전선로 방식과 동일)

① 세트 인상용 로프를 이용해 조립된 세트를 철탑 상부로 인상한다.

② 인상된 세트 상단 원형 링크를 위치조절용 블록 훅에 연결 설치한다.

③ 세트 상단 원형 링크 간 횡간로프를 연결하여 설치한다.

④ 위치조절용 보조 로프와 세트를 연결하여 설치한다.

(6) 메인 로프 및 보조 로프 장력조절 후 고정

BV 윈치(또는 엔진)를 이용해 메인 로프, 보조 로프 장력조절 후 고정한다.

(7) 가변식 가이드 로프링 설치 완료

(reference)

Ref 공법

(1) 이 공법을 고속도로 횡단(고속도로 위로 154kV 6회선 횡단함)개소 실제 적용한 결과 공사비가 약 5억 정도 절약할 수 있어, 한국의 고속도로 횡단개소에서 어느 곳이라도 실제 적용 가능하므로 공사비 절감효과와 공정단축효과가 매우 크므로 적극 시행해야 한다.

(2) 410m 고속도로 횡단개소에 345kV 철탑 110m, 345kV 철탑 60m 두 철탑 사이를 345kV 송전선로를 건설할 경우 과거방식은 60m 이상의 가철탑을 2개소 임시건설하고 철거하는 시공과 공정이 낭비되는 경우가 생긴다. 이때, 이 공법을 적용하면 신기술료만 지불하면 되므로 매우 공정이 간단하고(공사기간 3일만 소요), 공사비를 대폭 절약할 수 있다.

(3) 24년 현재 한국의 송전설계수준은 선진수준에 조금 미달하므로 시공감리 시 어쩔 수 없이 신공법 적용을 면밀히 검토할 수 밖에 없으므로, 최초 현장 배치 시 시공공사비와 공사기간을 단축할 수 있는 신공법 또는 기존공법의 변경도 시공감리책임자는 면밀한 연구검토 및 적용을 해야 할 것이다(다만, 시공사는 신공법과 공법 변경을 꺼리는 경향을 자주 보이는데 왜냐하면 공사비가 감액되기 때문이다. 그러므로 발주자와 충분히 협의를 하여 안전시공이 되어야 할 것임).

039-1 송전선로 부근에서 발생하는 전계로 인하여 정전유도에 대하여 설명하시오.
1. 정전유도를 받고 있는 물체에 접촉한 경우의 전격현상
2. 정전유도를 받고 있는 인체의 방전에 의한 전격현상

data 전기안전기술사 24-134-4-4·19-119-3-3 / 발송배전기술사, 전기안전기술사 출제예상문제

답안

1. 개요

(1) 송전선 부근에는 송전전압, 송전선의 전선 배치, 전선의 구성 및 상 배치 등에 의해 전계가 발생하고 있다.

(2) 이 전계 중에 대지로부터 절연된 물체가 놓여 있다면 그 물체에 전하가 유도되어 전압이 생긴다. 이 현상을 정전유도라 한다.

2. 정전유도를 받고 있는 물체에 접촉한 경우의 전격현상

(1) 송전선 밑의 자동차, 펴진 우산 등의 정전유도를 받는 경우의 전기적 등가회로는 아래 그림과 같다.

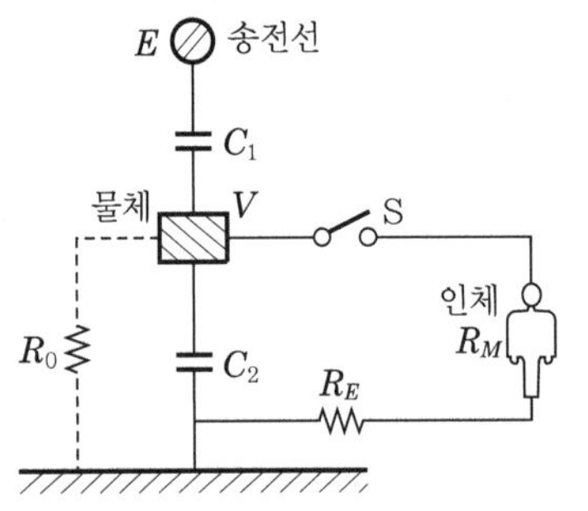

▌물체의 정전유도 등가회로 ▌

여기서, R_0 : 물체의 대지절연저항[Ω]
E : 송전선의 대지전압[V]
C_1 : 송전선과 물체 간의 정전용량[F]
C_2 : 물체와 대지 간의 정전용량[F]
R_M : 인체저항[Ω], V : 정전유도전압[V]
R_E : 인체와 대지 간의 접촉저항[Ω]

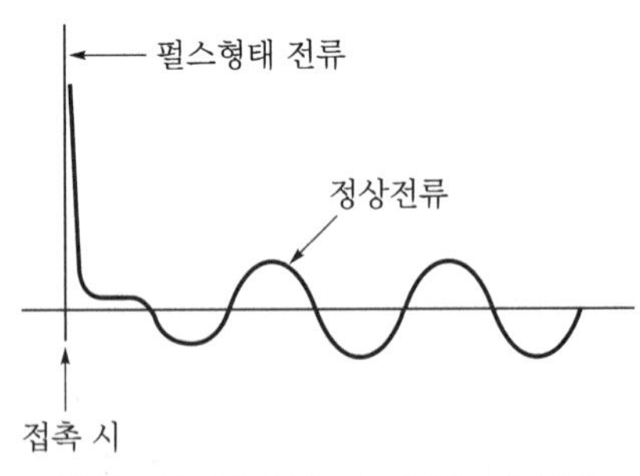

▌유도물체에 접촉 시 흐르는 전류 ▌

(2) 이 경우 물체에 유도된 전압 V는 식 1)과 같이 표시한다.

여기서, R_0는 무한대로 보고 무시한다.

① $V = \dfrac{C_1}{C_1 + C_2} E$ ⋯⋯⋯⋯⋯⋯⋯⋯⋯⋯⋯⋯⋯⋯⋯⋯⋯⋯⋯⋯⋯ 식 1)

② 만약 이 경우 인체가 이 물체에 접촉하면(S를 닫는 경우) 흐르는 과도전류는 식 2)로 얻어지고, 접촉하면 식 3)으로 표시되는 정상전류가 인체에 흐른다.

③ 접촉순간 극히 짧은 시간에 파고치가 높은 펄스형태의 과도전류가 흐르고 계속해서 C_1을 통해 정상적인 상용주파수의 교류전류가 흘러 전격을 받는다.

(3) 과도전류

$$I_t = \frac{V}{R_M + R_E} \exp \frac{-t}{C_2(R_M + R_E)}$$ ⋯⋯⋯⋯⋯⋯⋯⋯⋯⋯⋯⋯⋯ 식 2)

(4) 정상전류

$$I_S = \frac{j\dot{\omega} C_1}{1 + j\omega C_1(R_M + R_E)} \dot{E}_S$$ ⋯⋯⋯⋯⋯⋯⋯⋯⋯⋯⋯⋯⋯ 식 3)

(5) 일반적으로 R_M 및 R_E에 비해 $\dfrac{1}{\omega C_1}$ 이 대단히 크고, C_1에 흐르는 전류가 정해지는 경우가 많아서 이 경우 정상전류는 다음과 같이 된다.

$$\dot{I}_S = j\omega C_1 \dot{E}_S [\text{A}]$$ ⋯⋯⋯⋯⋯⋯⋯⋯⋯⋯⋯⋯⋯⋯⋯⋯⋯⋯⋯⋯ 식 4)

여기서, $\omega = 2\pi f$ (f : 주파수)이며 $\dot{I}_S$, $\dot{E}_S$는 상용주파 교류 전류 및 전압의 페이저(phasor) 표현이다.

3. 정전유도를 받고 있는 인체의 방전에 의한 전격현상

(1) 송전선 및 고압기기의 부근에 인체가 있을 경우 혹은 활선작업의 경우 인체 자신이 정전유도를 받게 되는 경우의 등가회로는 다음과 같다.

① 아래 그림의 기호 E, C_1, V, R_0, R_E, C_2는 앞의 등가회로 그림과 같다.

② $\dot{I}_S = \dfrac{V}{R_E} \exp\left(\dfrac{-t}{C_2 R_E}\right)$ ⋯⋯⋯⋯⋯⋯⋯⋯⋯⋯⋯⋯⋯⋯⋯⋯ 식 5)

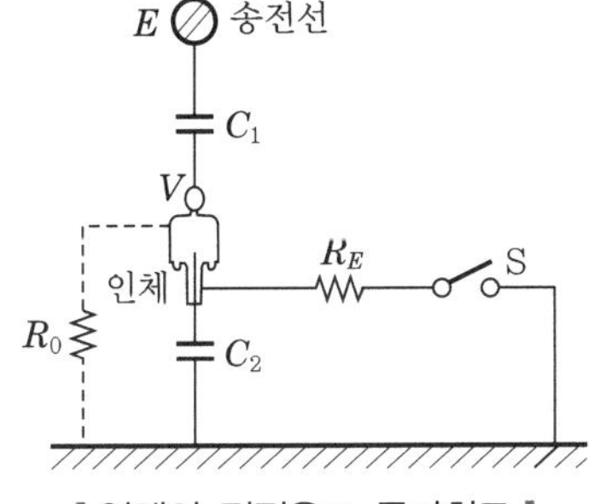

여기서, R_0 : 물체(인체)의 대지절연저항[Ω]
E : 송전전압[V]
V : 인체에 유도되는 전압[V]
C_1 : 인체와 송전선 간의 정전용량[F]
C_2 : 인체와 대지 간의 정전용량[F]

❚ 인체의 정전유도 등가회로 ❚

117

(2) 정전유도를 받고 있는 인체가 접지체에 접속할 때(S를 ON) 식 5)와 아래 식 6)에 의해서 얻어진다.

(3) 정상전류

$$\dot{I}_S = \frac{j\omega C_1}{1 + j\omega C_1 R_E}\dot{E}_S\,[\text{A}]$$ ·· 식 6)

특히 $R_E < \dfrac{1}{C_1}$ 이라 하면 $\dot{I}_S = j\omega C_1 E_S\,[\text{A}]$ ····································· 식 7)

(4) 정전유도에 의한 전격의 경우는 과도전류와 정상전류의 양자 전류에 대한 위험성을 검토할 필요가 있다.

(5) 일반적으로 과도전류는 순간적으로 흐르고 그 크기가 상당히 크지만 시간이 아주 짧고 급히 감쇄하기 때문에 인체에 대한 위험성이라는 점에서 오히려 지속적으로 흐르는 상용주파수의 정상전류에 대해서 더 중요하게 고찰해야 한다.

지중 전선로

SECTION 01 케이블 공사

040 교류(AC) 지중 송전선로를 채용하는 이유와 장단점을 가공 송전선로와 비교하여 설명하시오.

data 발송배전기술사 19-117-2-3 / 발송배전기술사, 전기안전기술사, 전기응용기술사 출제예상문제

답안

1. 지중 송전선로 채용 이유(설계기준 5001)

케이블 및 그 부속재를 관로식, 전력구식, 직매식에 의해 지중에 설치하는 전선로로서, 다음 경우에 채용한다.

(1) 가공선 건설이 불가능하거나 곤란한 경우

    ① 법규상 제한 : 기술기준, 도로법 등 법규의 제한을 받아 가공선로 설치 불가지역

    ② 용지상 제약 : 지중 공급지역, 지중 확정지역

    ③ 수용가와의 계약 : 고객요청 시

    ④ 협정상의 제약 : 신규 개발단지 조성에 따른 지중화로 행청부처와 협의 추진 사업

    ⑤ 발·변전소 인출구 등 회선수가 많아 가공선로로 시설하기 곤란한 경우

    ⑥ 장경간으로 가공선로 시설이 곤란한 개소

        comment 국내의 아파트 신축단지나 산업단지 내 가공철탑의 지중화는 요청자부담으로 전국적으로 많이 진행 중임(시공은 요청자가, 인수는 한전에서 시행)

(2) 안전, 환경, 경제성 등 종합적으로 유리한 경우

(3) 기술적 및 설비 보안상 지중선이 타당하다고 인정되는 경우

(4) 도시 미관을 중요시 하는 경우

(5) 수용밀도가 높은 지역

(6) 자연재해 등 사고에 대해 신뢰도가 요구되는 경우

(7) 유도장해가 없어야 하는 지역 : 공항 등

2. 지중 송전선로의 장단점에 대한 가공 송전선로와의 비교 설명

비교 항목	지중 선로	가공 선로
계통구성	환상, 망상, 예비선 절체방식	수지상, 연계, 예비선 절체방식
공급능력	동일 루트 다회선 가능, 도심지 적합	동일 루트에 4회선 이상 곤란
송전용량	• 냉각장해로 가공선보다 낮음 • 관로/전력구 직·간접 냉각 • 공기, 물 냉각 • 초전도 케이블 개발로 대용량화 가능	• 냉각이 수월하여 송전용량이 높은 편 • 공기 냉각
포설방법	• 직매식, 관로식, 전력구식 • 포설거리 : 약 100km 이내 • 주자재 : XLPE	• 철탑 • 포설거리 : 약 100km 이상 • 주자재 : ACSR, TACSR, STACIR, ACCC, Gap 전선, ACCR
고장형태	• 고장점 발견이 어렵고 복구가 어려움 • 원칙적으로 재폐로 불가 • 비자복 절연 • 화재 시 전소 위험	• 수목 접촉 등 순간, 영구사고 발생 • 재폐로 가능 • 자복 절연(자연적으로 절연복구)
외부영향	외부 기상여건과 무관	외부 기상에 따라 영향

전기적 특성	• Surge impedance는 약 50Ω
	  – 인덕턴스가 $\frac{1}{3}$ 배 감소
	  – 정전용량이 30배 증가
	  – Surge impedance는 가공선로의 $\frac{1}{10}$
	  서지속도는 가공선로의 약 $\frac{1}{2}$
	• 정전용량이 큼
	  – 개폐 서지가 큼
	  – 페란티 현상 발생
	  – 송전에 필요한 무효전력 증가
	  – 발전기 자기여자 현상 발생
	• 시스 연가
		• Surge impedance는 약 500Ω
		• 선로정수 불평형 발생으로 연가 필요 (선로 연가는 주로 변전소에서 시행)

품질	• 유도장해 : 차폐 케이블 사용
	• 부분방전 : 케이블 보이드에서 발생
	• 전자파
	  – 전력구에서 일차 차폐
	  – 관로매설식은 파형관 상부에 하부 개방된 금속덕트 형태로 대응함
	• 부식 발생 : 방식설비 필요
		• 유도장해 : 가공지선 사용
		• 부분방전 : 가공전선 표면에서 발생
		• 전자파 : 극저주파 발생

비교 항목	지중 선로	가공 선로
경제성	• 건설비 고가(가공의 8배 이상) 　– 154 철탑 2기 : 8억 　– 154 지중 관로 : 60억 • 공기는 장기간 • 주로 도심지역에 시공하나 대관협의 　만 원활하면 가공공사보다 단기간에 　완성됨(400m 긍장 154kV 2회선 아 　스팔트 포장지역 공사기간 약 1달이 　면 완료됨)	• 지중 설비에 비해 저렴 • 민원이 없을 경우는 공기는 단기간 　이나 현실적으로 항상 민원이 있어 　공사기간은 지연됨(2년 예상 시 3년 　에서 4년 정도 됨)

041 단락전류에 견딜 수 있는 고압 케이블의 도체 단면적(최소치)을 구하기 위해 적용해야 할 사항을 설명하시오.

(data) 발송배전기술사 20-121-1-11 / 발송배전기술사, 건축전기설비기술사, 전기안전기술사, 전기응용 기술사 출제예상문제

답안

1. 개요

(1) 도체에서 발생하는 줄열은 도체 저항에 비례하고, 도체 저항은 도체 단면적에 반비례한다.

(2) 단락전류가 흐를 때 발생하는 줄열에 의해 유전체의 온도가 한계값 이상으로 상승하면 줄열에 의한 전자의 격렬한 운동으로 인해 전자가 연쇄반응으로 발생되므로 절연파괴에 이르게 된다.

(3) 따라서, 단락전류로 인한 절연체의 온도가 절연파괴를 일으키거나 절연을 열화시키는 한계 이상으로 상승시키지 않는 최소한의 단면적을 선정해야 한다.

2. 도체 최소 단면적 결정 시 적용사항

(1) 절연체 최고 허용온도

(2) 주위온도(기중, 지중)

(3) 지중매설의 경우 토양의 열 저항률

(4) 케이블 포설방법

(5) 단락전류에 의해 발생하는 전기・기계적 응력

(6) 케이블 심선수

3. 단락전류에 의한 도체의 최소 단면적

(1) 단락 시 전류에 견디는 케이블의 최소 규격

$$S = I_s \sqrt{\dfrac{t_s\,\alpha_r\,\rho_r \times 10^4}{T_{CAP}\cdot\ln\left(1+\dfrac{T_m-T_a}{K_0+T_a}\right)}} = \dfrac{I_S\sqrt{t_s}}{K}\,[\text{mm}^2]$$

여기서, I_s : 단락전류[A], t_s : 고장지속시간[s]

α_r : 열저항률, ρ_r : 저항률[$\mu\Omega \cdot$ cm]

T_{CAP} : 열용량계수, $3422\text{J/cm}^3 \cdot \text{℃}$

T_m : 단락 시 케이블 허용 최고 온도

T_a : 상시 허용온도

K_0 : $K_0 = \dfrac{1}{\alpha} - 20$ (α : 20℃에서의 도체 저항 온도계수)

구분 \ 전선종류	절연전선, HIV, GV	XLPE
상시 허용온도	70	90
단락 시 허용온도	160	250

(2) 단락 시 견디는 XLPE(CV)케이블의 최소 규격

$$S = I_s \sqrt{\dfrac{t_c\alpha_r\rho_r \times 10^4}{T_{CAP}\cdot\ln\left(1+\dfrac{T_m-T_a}{K_0+T_a}\right)}}$$

$$= I_s \sqrt{\dfrac{t_s \times 0.00393 \times 0.017241}{3422 \times \ln\left(1+\dfrac{250-90}{234.5+90}\right)}} = \dfrac{\sqrt{t_s}}{143} \times I_s\,[\text{mm}^2]$$

여기서, 연동선의 제반계수

α_r : 열저항률, 0.00393, ρ_r : 저항률[$\mu\Omega \cdot$ cm], 1724

T_{CAP} : 열용량계수, $3422\text{J/cm}^3 \cdot \text{℃}$

T_m : 단락 시 케이블 허용 최고 온도, 250℃

T_a : 상시 허용온도, 90℃

K_0 : $K_0 = \dfrac{1}{\alpha} - 20 = \dfrac{1}{0.00393} - 20 = 254.5 - 20 = 234.5$

α : 20℃에서의 도체 저항 온도계수

123

4. 단락 시 고압 케이블 최소 단면적 선정 시 고려사항

(1) 단락전류 산출 시 비대칭 계수를 고려할 것

(2) 기계적 강도는 실효치에 비대칭 계수를 곱하여 단락전자력을 검토할 것

(3) 열적 강도 검토사항

① 단락 시 허용전류에 의한 발열량 ≤ 단락 시 허용전류에 의한 방열량

② 도체별 허용온도(상시 허용 및 단락 시 허용)

③ 주위온도 : 주위온도가 낮을수록 열낙차에 의한 방열량 증가

④ 고장차단시간

(4) $S = \dfrac{I_s\sqrt{t}}{K}$ 에 의한 최소 단면적 검토사항

① I_s 감소 : 단락전류의 신속한 제한(power fuse 적용, 초전도 한류기 등)

② K의 증가 : 냉각시스템 적용, 초전도 Cable 사용, 열용량이 우수한 절연체 사용

③ t의 감소 : 고장제거시간을 최소화하기 위한 고장전류의 고속차단, 해당 전력계통에 적정한 보호계전방식의 선정

042 전력케이블의 허용전류에 영향을 미치는 요소에 대하여 설명하시오.

data 발송배전기술사 21-125-1-2 / 발송배전기술사, 건축전기설비기술사, 전기안전기술사, 전기응용 기술사 출제예상문제

답안

1. 개요

(1) 케이블 허용전류란 케이블에서 장시간에 걸쳐 도체나 유전체 손상없이 통전 가능한 전류의 한도치

(2) 수식

$$\text{발열량}(nI^2 R_{ac} + W_{유전체}) \leq \text{방열량}\left(\frac{\Delta T}{R_{th}}\right) \text{에서}$$

$$\text{케이블의 안전전류(허용전류) } I = \eta\sqrt{\frac{T_1 - T_2 - T_d}{n R_{ac} R_{th}}}\ [\text{A}]$$

2. 영향 요소

(1) 다조포설 저감률(η)

다조포설 시 주위온도 상승으로 허용전류 감소

(2) 심선수(n)

케이블 심선수가 적을수록 허용전류 증가

(3) 절연체 허용온도(T_1)

XLPE 상시 허용온도 90℃, 절연체의 허용온도가 높을수록 증가

(4) 주위온도(T_2)

공기나 토양의 온도가 낮을수록 열낙차가 커서 방열량 증가

(5) 유전체 손실에 해당하는 온도(T_d)

유전체 손실이 발열량으로 발생되어 허용전류 증가

(6) 케이블 열저항(R_{th})

케이블 열저항이 작을수록 허용전류 증가

(7) 교류 실효저항(R_{ac})

$$R_{ac} = r_0 \times k_1 \times k_2\,[\Omega]$$

① $r_0 = \dfrac{1}{58} \times \dfrac{100}{C} \times \dfrac{l}{A} \times K_1 \times K_2 \times K_3 \times K_4\,[\Omega/\mathrm{cm}]$

여기서, r_0 : 직류도체 저항, 58 : 표준동 도전도

C : 도전율(구리 : 100 ~ 97%, Al : 61%)

K_1 : 소선 연입률, K_2 : 분할도체, 다심 케이블 집합 연입률

K_3 : 압축 성형 가공계수, K_4 : 최대 도체 저항계수

② $k_1 = 1 + \alpha(T_1 - 20)$: 사용온도에서의 저항과 20℃에서의 도체 저항비

여기서, α : 온도계수

③ $k_2 = 1 + \lambda_s + \lambda_p$: 교류 저항과 직류 저항비

여기서, λ_s : 표피효과계수, λ_p : 근접효과계수

043 관로 내 케이블 설치 시 발생하는 재밍 레이쇼(jamming ratio)에 대하여 설명하시오.

data 발송배전기술사 17-113-1-4 / 발송배전기술사, 건축전기설비기술사, 전기안전기술사, 전기응용 기술사 출제예상문제

답안 1. 정의

케이블을 1공 3조로 관로에 설치할 경우 케이블이 관로에 끼어 부설이 불가능한 상태가 되는 케이블 외경 대 관로 내경의 범위(jamming ratio)

2. Jamming ratio의 영향

(1) 관로의 끼임 현상

(2) 측압이 크게 발생해서 케이블의 포설이 어렵다.

3. Jamming ratio의 발생구간

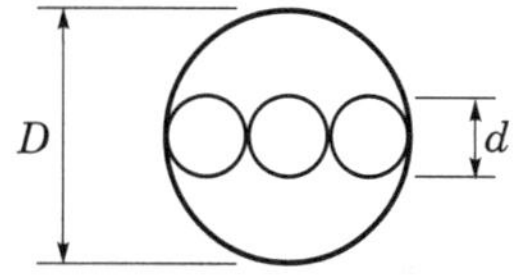

$D = 3d \pm 0.15$
$D = 2.85d \sim 3.15d$에서 발생
- D : 관 내경[mm]
- d : 케이블의 최대 외경[mm]

4. 관로 선정 시 Jamming ratio 고려선정(방지방법)

(1) 케이블 배열을 유지하면서 부설하기 위해서는 다음 조건을 충족시켜야 한다.

① 1공 1조 포설의 경우

㉠ $D \geq 1.3d$

㉡ $D \geq d + 30$

② 1공 3조 포설의 경우

㉠ $2.16d + 30[\text{mm}] \leq$ 관 내경$(D) \leq 2.85d$

㉡ $D \geq 3.15d$를 만족하는 관을 선정할 것

(2) $D < 3 \times d$일 때 경제적이다.

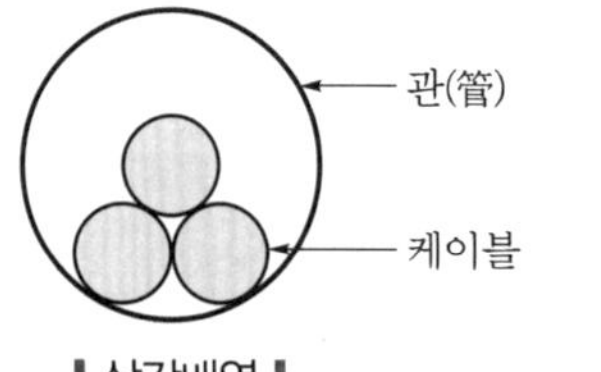

‖삼각배열‖

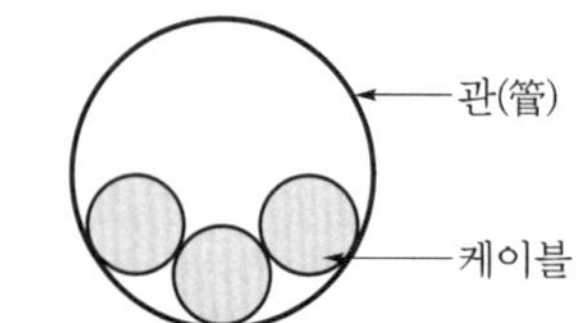

‖요람배열(cradle formation)‖

(3) $D > 3 \times d$일 때 비경제적이다.

044 초고압 지중선로의 154kV 케이블(cable)의 접속방법 중 PMJ(Pre-Molded Joint) 공법, TMJ(Tape Molded Joint) 공법, CSJ(Cold Shrinkable Joint) 공법을 설명하시오.

data 발송배전기술사 17-111-1-10 / 발송배전기술사, 건축전기설비기술사, 전기안전기술사, 전기응용 기술사 출제예상문제

답안

1. 프리몰드형 접속함(PMJ : Pre-Molded Joint box)

(1) 조립식 접속재(prefabricated joint)와 같이 제조공장에서 미리 성형, 검사한 접속함을 현장에서 조립하여 접속하는 공법이다.

(2) 조립식 접속에 비해 시공이 간편하고 시공기간도 짧을 뿐만 아니라, 접속재의 크기도 과거 Tape molding 방식보다 작다.

(3) 절연 보강층인 고무 슬리브는 폴리머 재질로 제조하며 EPDM 또는 실리콘을 주로 사용한다.

(4) 절연 보강층 외에 고압부와 저압부의 차폐용 전극이 사출 또는 압출 공정에 의해 일체형으로 성형된다.

(5) 현재 케이블 접속 시 프리몰드 접속을 표준으로 하고 있다(대부분 PMJ 공법으로 시공 중임).

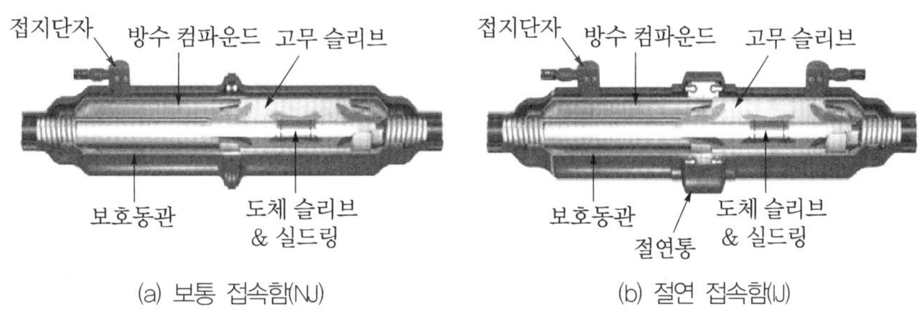

▎154kV Pre-molded joint ▎

2. TMJ(Tape Molded Joint) 공법

(1) TMJ용 테이프는 가교제를 첨가한 미가교 테이프를 사용하는 경우와 미리 전자선 등으로 조사한 반가교 조사 PE 테이프를 사용하는 경우가 있다.

(2) 조사 PE 테이프는 테이프 가교도를 관리해 두면 두꺼운 몰드의 경우에도 편심의 걱정이 없는 이점이 있다.

(3) 테이프 몰드형 접속함은 현장에서 절연층을 권취하고 몰딩하기 때문에 이물의 혼입을 철저히 방지하여야 하고, 몰딩공정의 경우 보강 절연체의 가교를 위한 온도와 유지시간의 관리가 중요하다.

(4) 주로 클린 텐트 내에서 작업이 이루어지며, 시공 후에는 X-레이 촬영에 의한 절연체 내 이물의 확인검사를 하기도 한다(신설구간에는 시공하지 않고 있음).

3. CSJ(Cold Shrinkable Joint) 공법

(1) 고무 유닛을 단일 절연물로 하는 XLPE 케이블용 접속함인 PMJ(조립식 접속함)는 기존의 TMJ나 PJ에 비해 부품수가 적어서 접속방법이 비교적 간단하다.

(2) 그러나 PMJ(조립식 접속함) 접속 시에는 고무 유닛 내경보다 상대적으로 큰 XLPE 케이블에 고무 유닛을 삽입하기 위하여 별도의 고무 유닛 확장장치나 확장치구를 빼내기 위한 장치가 필요하고, 직접 XLPE 케이블에 삽입할 경우에는 삽입장치가 필요하다.

(3) CSJ(상온 수축형 접속함)는 접속현장에서 PMJ 접속 시 고무 유닛을 삽입하기 위한 별도의 확장장치나 삽입장치가 필요하지 않아서 접속방법이 매우 간단하다.

4. 프리 파브형 접속함(PJ : Prefabricated Joint box)

(1) 지중 케이블을 접속하기 위한 공법 중 하나로서, 제조공장에서 미리 성형 및 품질 관리된 부품을 현장에서 조립하는 공법이다.

(2) 시공 시의 결함을 줄일 수 있어 주로 초고압용으로 사용하고 있다.

(3) 이 접속은 일반 접속공법(TMJ : Tape Mold Joint)에 비해 시공기간이 짧은 반면에 접속재가 크고 길어 작업공간이 많이 소요된다.

---

045 지중 송전선 포설에서 프리 스네이크(free snake) 현상에 대하여 설명하시오.

data 발송배전기술사 18-116-1-6 / 발송배전기술사, 건축전기설비기술사, 전기안전기술사, 전기응용기술사 출제예상문제

답안

1. 스네이크(snake) 부설에 대한 필요성

(1) 전력구에서는 케이블을 행거나 방재 트로프 내에 설치한다.

(2) 이 경우 케이블에 대하여 구속력이 작기 때문에 관로에 설치할 때와 같이 열신축량이 크고, 경사지에는 활락현상이 발생하기 쉽다.

(3) 특히 케이블 경과지 중 곡선부에서의 케이블의 이동이 심하고, 그 부분에 신축이 집중되어 케이블이 극단적으로 구부러진다. 이런 현상을 'Free snake 현상'이라 부른다.

(4) 이러한 현상을 완화하기 위하여, 전력구 내에 케이블을 설치할 경우 뱀이 기어가는 것과 같이 케이블을 꾸불꾸불하게 설치하는 것을 스네이크(snake) 부설이라 한다.

2. Snake 부설의 개념도

아래 그림은 케이블이 열팽창하였을 때 점선과 같이 변위를 일으키며 신축량을 흡수하는 것을 보여주고 있다.

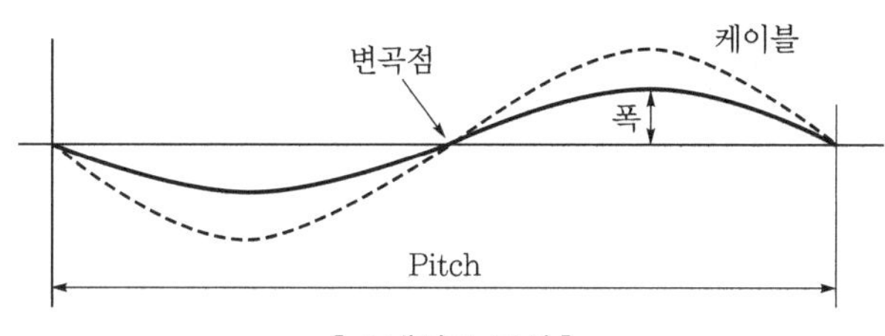

❚ 스네이크 부설 ❚

3. Snake 부설의 특징

(1) 열신축은 Snake 현상의 변화에 따라서 흡수되기 때문에 맨홀에서의 케이블 신축은 현저히 감소되고, Off-set 길이를 줄일 수 있다.

(2) Snake의 변곡점 또는 끝부분을 Cleat로 고정하면 직선적으로 설치할 때보다 훨씬 작은 구속력으로 고정할 수 있고, 크리트 구조도 간단하게 된다.

(3) 금속시스에 발생하는 형태 변화는 케이블 전 구간에 걸쳐서 분산되어 Off-set 부분만에 집중되지 않는다.

(4) 케이블을 크리트로 고정하기 때문에 프리 스네이크(free snake) 현상이 발생하지 않는다.

(5) 경사지에서는 크리트에 요구되는 구속력이 현저히 감소되고, 간단히 고정할 수 있다. 전력 구내 케이블 스네이크는 수평 스네이크로 하고, 필요 시 수직 스네이크를 시행하며, 현재 국내에서 적용하고 있는 스네이크 설치 규격은 아래와 같다.

❚ 수평 스네이크 폭 및 피치 ❚

구분	345kV	154kV
1Pitch당 거리	9m 이하	6m 이하
스네이크 폭	$1D_s$ 이상	$1D_s$ 이상

단, D_s : 케이블 시스의 평균 외경

045-1 가공 송전선로의 오프셋 개념과 지중 송전선로의 오프셋 개념을 비교 설명하시오.

data 발송배전기술사 출제예상문제

답안

1. 가공 전선의 Off-set

(1) 가공 전선의 Off-set 정의

전선을 수직으로 배치할 경우에 상·중·하선 상호 간의 수평거리 차를 말한다.

(2) 가공 전선에서 Off-set을 두는 목적

① 착빙설로 인한 전선의 처짐 또는 빙설이 탈락할 경우 그 반동으로 Jumping에 의한 전선의 선간 섬락사고를 방지하기 위해서이다.

② Galloping 현상 등에 의한 전선의 선간 섬락사고를 방지시키기 위해서이다.

(3) 방법

① Arm의 길이를 조정하여 수평거리 차를 두고 있다.

② Off-set은 보통 선로의 선간전압에 대한 상용주파 방전 개시 전압의 1.5 ~ 2배 정도를 취한다.

③ 보통지구의 경우 Off set을 약간씩 두고 있으나 강원도와 같은 다설(多雪)지구는 Off-set을 크게 하고 있다.

적용하고 있는 Off-set은 다음과 같다.

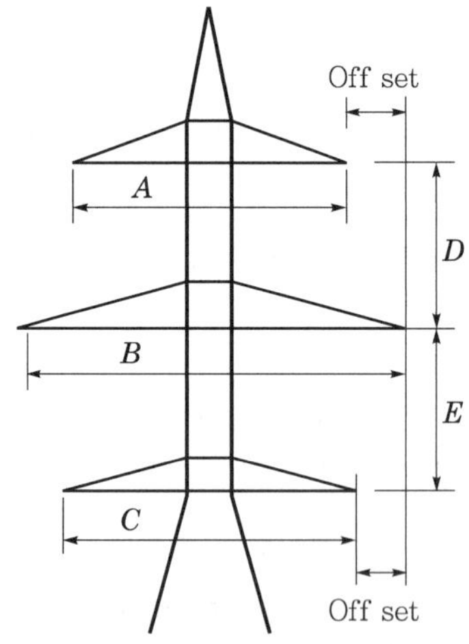

지역	기호\전압	A	B	C	D	E	비고
다설지구	154kV	8000	14100	10300	4900	3900	강릉, 태백지구
보통지구	〃	7000	9200	7200	4200	3600	다설지구 제외 지역

2. 지중 선로의 Off-set

(1) 지중 선로의 Off-set 정의

맨홀 내의 관로구로부터 케이블 접속부에 이르는 케이블의 구부림

(2) Off-set 설정 사유

① 열사이클에 의한 케이블의 신축량을 Off-set 곡률반경에 의하여 흡수하도록 하기 위해서이다.

② 맨홀 등 접속부의 설계 시 고려해야 된다.

(3) Off-set 요소 및 분류

① 요소 : 폭(E), 길이(F) (그림 참조)

② Off-set 분류 : 수평 Off-set, 수직 Off-set, 입체 Off-set

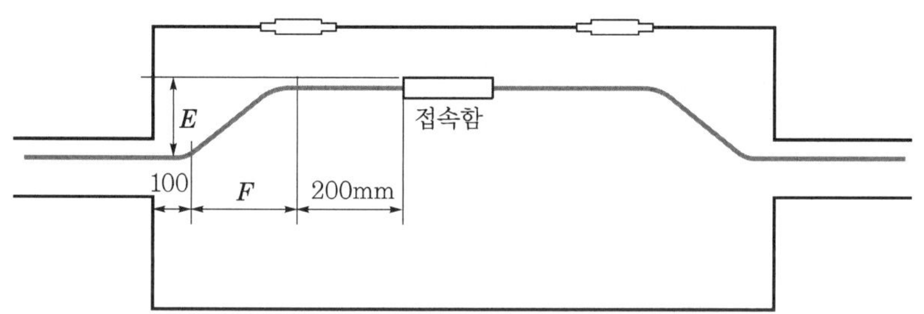

❙ 22.9kV용 지중 전선로의 맨홀 내 오프셋 개념도 ❙

(4) 지중 오프셋의 크기

① 22.9kV용 지중 선로 : 최소 200mm 이상

② 154kV용 지중 선로 : 최소 750mm 이상

045-2 케이블의 시공방법을 비교 설명하시오.

data 발송배전기술사 출제예상문제

답안 1. 개요

(1) 경과지 선정

지중 송전선로는 도로 지하에 전력구를 건설해야 되므로 아래 장소는 회피해야 되며 토목공법 적용방법을 검토해야 한다.

① 건설 또는 보안상 불편하고 좁은 길

② 교통이 빈번한 도로

③ 굴착에 공사비가 많이 들고 지하수가 많은 도로

④ 굴곡이 심하거나 고저차가 심한 도로

⑤ 전식의 우려가 있는 장소

⑥ 토목공법 – 오픈 컷, 메사쉴드, 터널공법 중 어느 1개의 방법을 경과지 구간의 차량통행 매설물 등을 고려하여 결정하되 반드시 현장 확인 후 수평·수직의 선형이 나와야 된다.

2. 케이블 시공방식의 비교(KEC 334.1)

(1) 지중 전선로 전선에 케이블을 사용하고 또한 관로식·암거식(暗渠式) 또는 직접 매설식에 의하여 시설하여야 한다.

(2) 직접 매설식, 관로식, 암거식(暗渠式) 특성 요약 및 매설 깊이

구분	직매식	관로식	암거식
장점	• 공사비가 싸고 공기가 짧음 • 열발산이 좋아 허용전류가 큼 • 케이블의 융통성이 있음 • 케이블의 대진 대책임	• 케이블 재사공, 증설이 용이 • 외상을 잘 안 입음 • 고장복구가 비교적 용이 • 보수점검이 편리함	• 많은 가닥수를 시공할 경우에 편리 • 열 발산이 좋아 허용전류가 큼
단점	• 케이블의 손상을 받기 쉬움 • 재시공 및 증설 곤란 • 보수 점검이 불편	• 공사비가 비쌈 • 허용전류가 작음 • 케이블의 융통성이 작음 • 신축, 진동에 의한 시즈의 피로가 큼	• 공사비가 3방식 중 가장 비싸며 공기가 긺 • 케이블 화재 시 피해가 확산됨
매설깊이	• 도로면 1.2m 이상 • 기타 : 0.6m 이상	• 도로면 1.0m 이상 • 중량물 압력 없는 곳 : 0.6m 이상	견고하고, 차량, 기타 중량물의 압력에 견딜 것
적용대상	장래 증설 전망이 없는 2차 선 이하의 케이블을 시설하거나 임시 선로에 적용	• 지중 선로 구성에서 케이블 회선수가 3회선 이상 • 장차 회선 증설이 예상되는 곳 • 도로가 좁고 포설이나 굴착 작업이 곤란한 곳	• 케이블 증설 및 교체가 예상되며 회선수가 많은 경우 • (송전 회선수×3 + 배전용 공수 + 사고대비 공수)의 합이 20을 초과할 경우 • 345kV 케이블이 수용되는 경우 • 지하철 건설 시 전력구 설치가 필요할 경우

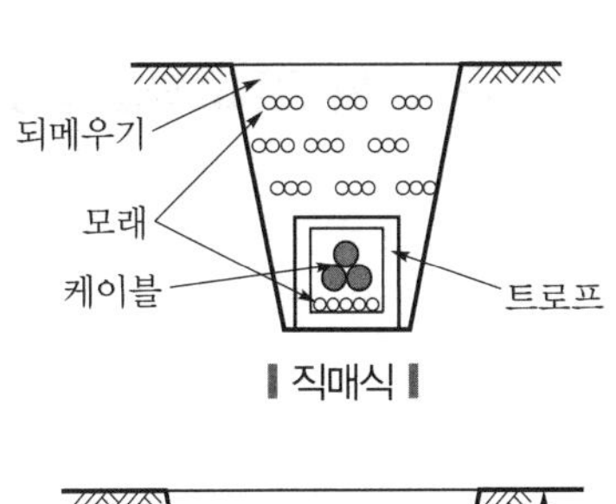

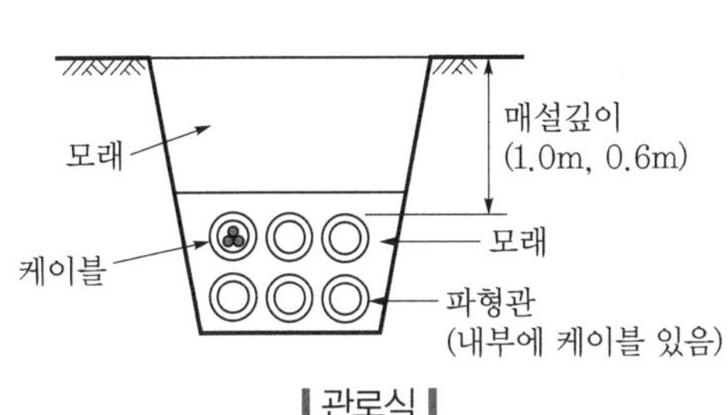

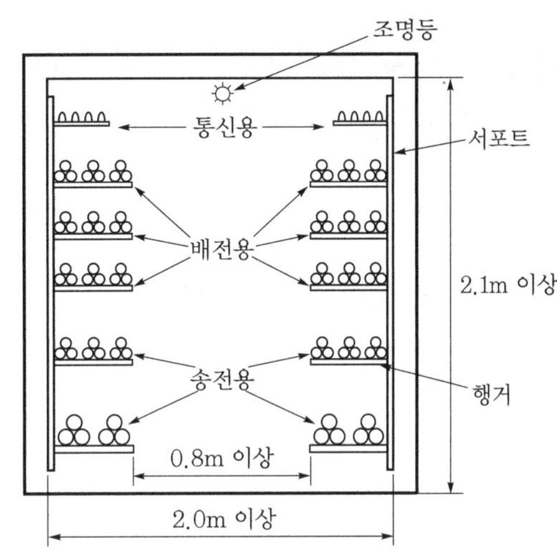

(3) 지중 전선을 냉각하기 위하여 케이블을 넣은 관 내에 물을 순환시키는 경우 지중 전선로는 순환수 압력에 견디고 또한 물이 새지 아니하도록 시설할 것

(4) 암거에 시설하는 지중 전선은 다음의 난연조치(혹은 난연 케이블 의무적 사용)를 하고, 암거 내에 자동 소화설비를 시설할 것

① 불연성 또는 자소성이 있는 난연성 피복이 된 지중 전선을 사용할 것

② 불연성 또는 자소성이 있는 난연성의 연소방지 테이프, 연소방지 시트, 연소방지 도료, 기타 이와 유사한 것으로 지중 전선을 피복할 것

③ 불연성 또는 자소성이 있는 난연성의 관 또는 트로프에 넣어 지중 전선을 시설할 것

045-3 전력 케이블의 전기적인 특징에 영향을 주는 선로정수와 표피효과 및 근접효과를 설명하시오.

data 전기응용기술사 22-128-4-4 / 발송배전기술사, 전기응용기술사 출제예상문제

답안

1. 전력 케이블의 선로정수

(1) 저항

① 케이블의 도체로서는 연동이 사용되고 있는데 그 저항값은 직류에 대한 값보다 교류에 대한 값이 약간 더 크다.

② 그 이유는 표피효과와 도체 간의 간격이 작아지기 때문에 일어나는 근접효과에 의해 전류 분포가 불균일하게 되기 때문이다.

③ 케이블의 저항은 일반적으로 20℃에 있어서의 직류 표준 저항값으로 나타내며 다음 식으로 계산하여 적용한다.

$$R_0 = \frac{1}{58\sigma} \times \frac{1}{\frac{\pi}{4}d_0^{\,2}n}(1+k_2)(1+k_3)\,[\Omega/\mathrm{km}]$$

여기서, σ : 도전율, $0.97 \sim 0.99$

d_0 : 연동선(소선)의 표준 지름[mm]

n : 소선수

k_2 : 소선 연선율(60가닥 이하 2%, 61가닥 이상 3%)

k_3 : 다심 케이블의 경우 심선 연선율(2 ~ 4심 1%, 5 ~ 7심 2%)

(2) 인덕턴스

① 심선 1가닥당의 인덕턴스는 외장 및 연피를 무시하면 가공선의 경우와 마찬가지로 다음 식을 써서 계산할 수 있다.

$$L = 0.05 + 0.4605\log_{10}\frac{D}{r}\,[\mathrm{mH/km}]$$

여기서, D : 도체의 중심 거리[m], r : 도체의 반지름[m]

② 케이블의 인덕턴스는 D가 작기 때문에 가공선에 비해서 그 값이 훨씬 작아서 대략 $\frac{1}{3}$ 정도 밖에 되지 않는다.

(3) 정전용량

① 단심 케이블의 정전용량

$$C = \frac{0.02413\varepsilon_s}{\log_{10}\dfrac{R}{r}}\,[\mu\mathrm{F/km}]$$

여기서, ε_s : 비유전율(유침지 절연층일 경우 $3.4 \sim 3.9$)

R : 연피의 안반지름(절연 반지름)[m], r : 도체의 반지름[m]

② 다심 케이블의 정전용량

$$C = \frac{0.0556\varepsilon_s n}{G}\,[\mu\mathrm{F/km}]$$

여기서, n : 심선수(3심 케이블이면 $n=3$), G : 형상계수

③ 정전용량의 개략값은 $C = 0.3 \sim 1.7\,\mu\mathrm{F/km}$의 범위이다.

④ 케이블에서는 C의 계산식에서 가공선로에서의 선간거리 대신 절연 반지름 (연피 반지름)을 쓰고 있기 때문에 C의 값이 가공 송전선에 비해서 대략 30배 정도로 크다.

⑤ 케이블은 가공전선에 비해서 인덕턴스는 작고 정전용량은 크다는 특징이 있다.

⑥ 3심 벨트 케이블의 정전용량은 다음 그림과 같이 대지 정전용량 C_s와 상호용량 C_m을 이용하여 구한다.

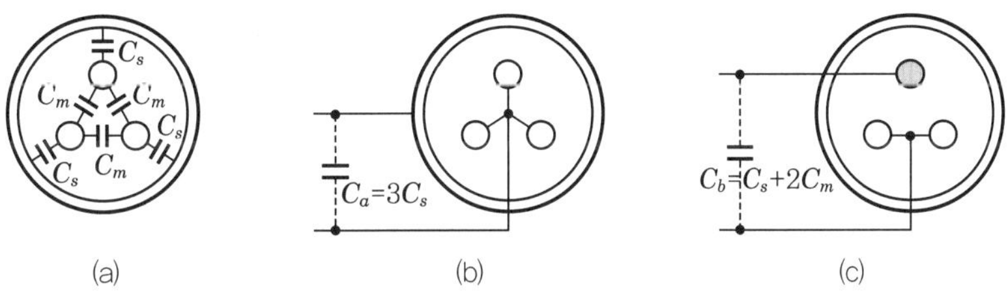

㉠ 먼저 (b)처럼 3심 일괄 연피 간의 정전용량 C_a를 측정하면

$$C_a = 3C_s \;\rightarrow\; C_s = \frac{1}{3}C_a$$

㉡ 다음에 (c)처럼 1심과 2심 및 연피를 연결한 것과의 사이에서 정전용량 C_b를 측정하면

$$C_b = C_s + 2C_m \;\rightarrow\; C_m = \frac{1}{2}(C_b - C_a) = \frac{1}{2}\left(C_b - \frac{C_a}{3}\right)$$

135

ⓒ 따라서, 3상 전압을 인가하였을 경우 1상당의 정전용량인 작용 정전용량 C는 다음과 같다.

$$C = C_s + 3C_m = \frac{1}{3}C_a + 3 \times \frac{1}{2}\left(C_b - \frac{C_a}{3}\right) = \frac{9C_b - C_a}{6}$$

2. 표피효과(skin effect)

(1) 정의

① 전선에 전류가 흐를 때 전선 중심부일수록 그 전류가 만드는 자속과 쇄교하여 인덕턴스가 커지기 때문에 중심부보다 도체 표면에 많은 전류가 흐르는 현상을 말한다.

② 직류는 모두 같은 전류밀도로 흐르지만 주파수가 있는 교류는 도체 표면의 전류밀도가 커진다.

(2) 영향

① 유효 단면적이 축소된다.

② 저항값은 직류일 때보다 증대한다.

$$R_{ac} = R_{dc} \times k_1 \times k_2$$

여기서, R_{dc} : 도체에 있어 직류 통전 시의 저항

$k_1 : 1 + \alpha(T_1 - 20)$, 사용온도에서의 도체저항과 20℃에서의 도체저항비

$k_2 = 1 + \lambda_s + \lambda_p$: 교류저항과 직류저항의 비

λ_s : 표피효과계수, λ_p : 근접효과계수

$$\lambda_P = -\frac{G(x)}{1 - \dfrac{(2d_1)^2}{S^2} \times H(x)} \times \frac{(2d_1)^2}{S^2}$$

여기서, λ_P : 근접효과계수, d_1 : 도체 바깥지름

S : 도체 중심 간격

③ 권선의 단면적, 주파수, 도전율, 투자율이 클수록 표피효과는 증대한다.

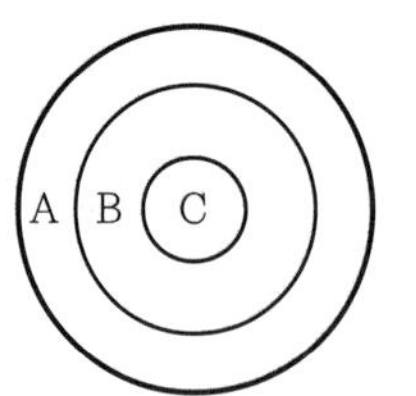

136

(3) 발생 원리

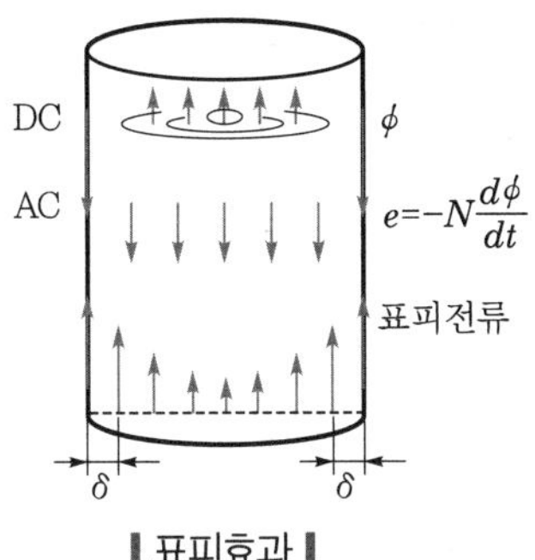

| 표피효과 |

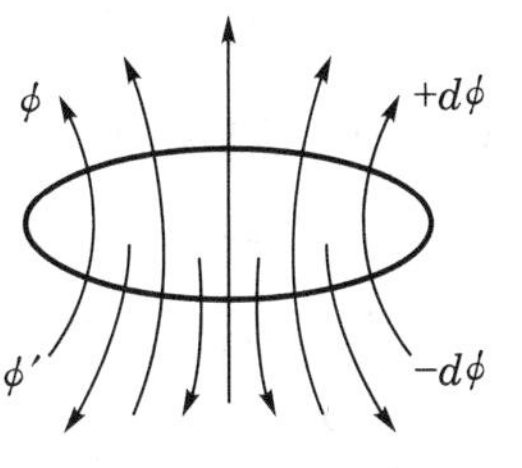

자속과 기전력의 방향 $\phi=LI$

| 렌츠의 법칙 |

① 주파수가 있는 교류 전류 자속이 시간에 따라 변화하면 유도 기전력이 발생한다.

② 중심부일수록 인덕턴스 L이 증가하고 자속 쇄교에 의한 기전력이 증가한다.

즉, 인덕턴스 $L = \dfrac{d\phi}{di} = \dfrac{\phi}{i}$ 에서 ϕ가 커지면 L이 커진다.

③ **전류밀도 변화에 따라 표피효과 발생**

   ㉠ 표면으로 갈수록 전류밀도가 증가한다.

   ㉡ 렌츠법칙에서 유도 기전력 $e = -L\dfrac{di}{dt} = -\dfrac{d\phi}{dt}$ [V]가 중심부에서 가장 크기 때문에 중심부 전류는 감소하고, 표피에 많은 전류가 흐르게 되는 표피 효과가 발생한다.

④ **침투깊이(skin depth)**

   ㉠ 전기장이 표면에서의 값에서 약 36.8%로 감쇄하는 깊이를 침투깊이(skin depth)라 하며, 표면 전류밀도의 $e^{-1} = 0.368$배가 되는 표피에서부터의 깊이로서, 이를 δ[m]로 표현한다.

$$\delta = \frac{1}{\sqrt{\pi f \mu \delta}}\,[\text{m}]$$

여기서, δ : 침투깊이, μ : 투자율, σ 또는 k : 도전율

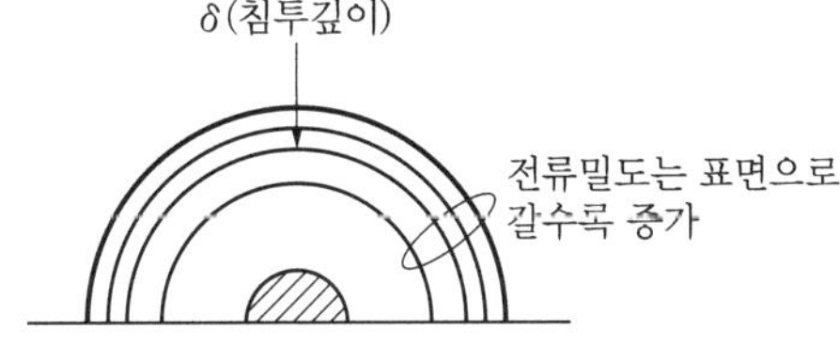

| 표피효과와 침투깊이의 관계 |

   ㉡ 이 깊이에서의 전류값은 표면 전류의 36.8%가 되고, 이곳에서의 수송 전력도 $0.135(= 0.368^2)$배로 감소한다.

  © 완전 도체($\sigma \rightarrow \infty$) 또는 초고주파($f \rightarrow \infty$)에서는 전류 또는 자속이 도체 내로 침투하지 못하고 표면에만 흐른다.

(4) 표피효과 대책

 ① 교류보다는 직류 송전한다.

 ② 케이블은 연선을 사용한다.

 ③ 가공 송전일 경우 복도체를 사용한다(154kV-2도체, 345kV-4도체, 765kV-6도체).

 ④ **고주파 영역** : 중공 도선을 사용한다(도체 내부의 무효분을 없앰).

 ⑤ 침투깊이는 분모가 작아지면 깊어져$\left(\dfrac{1}{0} = \infty\right)$ 전류밀도가 좋아지며, 직류 송전과 같은 효과가 된다.

 ⑥ **공식 방법** : Bus-bar를 사용한다.

(5) 적용

표피효과에 의해서 전계·자계가 도체 내부에 들어가지 못하는 현상을 이용한 것이 전자차폐(electromagnetic shielding)이다.

3. 근접효과(proximity effect)

(1) 정의

 ① 많은 도체가 근접해 배치되어 있는 경우 각 도체에 흐르는 전류의 크기, 방향 및 주파수에 따라서 각 도체의 단면에 흐르는 전류의 밀도 분포가 변화하는 현상이다.

 ② 표피효과를 1본의 도체에서 나타나는 현상이라 생각하면 근접효과는 2본 이상의 왕복 도체에서 나타나는 현상이다.

(2) 현상(전류의 분포)

 ① 전류가 같은 방향일 경우 전류 분포 : 반발력

 ② 전류가 다른 방향일 경우 전류 분포 : 흡인력

 ③ 3심 케이블인 경우(다른 방향) : 다른 방향

(3) 영향

① 주파수가 높을수록 근접효과는 더 심해진다.

② 도체가 근접해 배치되어 있을수록 현저하게 근접효과는 더 심해진다.

③ 두 도체 간에 근접 면적이 크면 클수록 근접효과는 더 심해진다.

(4) 경감대책

① 사용 주파수를 낮출 것

② 절연전선을 사용할 것

③ 양 도체 간의 간격을 넓힐 것

④ 양 도체 간의 단면적을 작게 할 것

045-4 초고압 지중 송전선로의 접속에 다음 사항을 설명하시오.

1. 직선 접속의 절연 접속함(IJ)과 보통 접속함(NJ)

2. 직선 접속함에 있어 주절연물에 따른 PMJ, TMJ, PJ 등 공법

3. 종단 접속함(EB-A, EB-G, EB-O)

4. STOP 접속(유지접속)

data 발송배전기술사 출제예상문제

답안

1. 직선 접속(直線接續, Straight Joint)의 절연 접속함(IJ)과 보통 접속함(NJ)

(1) 직선 접속(直線接續, Straight Joint)의 정의

직선 접속은 동종의 케이블을 서로 직선적으로 접속하는 것

(2) 직선 접속함(JOINT)

① 케이블과 케이블을 연결하기 위한 접속함

② 선로 계통도상 접지 시스템에 따라 절연 접속함(IJ), 보통 접속함(NJ)으로 구분한다.

③ 주절연물에 따라 PMJ, TMJ, PJ 등으로 구분한다.

(3) 접지 시스템에 따른 보통 접속함(NJ)과 절연 접속함(IJ)의 구분

구분	보통 접속함(NJ)	절연 접속함(IJ)
개념	케이블과 케이블 상호 간을 연결하는 접속함으로, 전기적으로 도체와 금속시스가 모두 연결되게 하는 접속함임	• 내부의 절연구조는 보통 접속함과 동일하며 케이블 양단 간의 금속시스를 전기적으로 절연하는 차이만 있음 • Sheath 전위 상승 및 시스손을 저감하는 목적으로 접속하는 방식 • 침입서지(surge) 등으로 시스전압이 이상적으로 상승될 우려가 있는 개소에는 방식층을 전기적으로 보호하기 위해 절연통 보호장치를 설치함
구조	접지단자 방수 컴파운드 고무 슬리브 / 보호동관 도체 슬리브 & 실드링	접지단자 방수 컴파운드 고무 슬리브 / 보호동관 절연통 도체 슬리브 & 실드링
외관	끊어진 케이블 시스를 동관을 통해 전기적 연결	절연통을 통해 케이블 시스 양단을 절연
외피	끊어진 케이블 외도는 반도전 Tape 및 금속 Mesh를 통해 고무 슬리브 외부와 연결	고무 슬리브의 절연구간을 절연 Tape로 보강하고 양단의 차폐 Paint가 전기적으로 연결되지 않게 함

2. 직선 접속함에 있어 주절연물에 따른 PMJ, TMJ, PJ 등 공법

(1) 프리몰드형 접속함(PMJ : Pre-Molded Joint box)

* Chapter 03 - 문제 044의 답안 '1.' 내용을 참조한다.

(2) TMJ(Tape Molded Joint) 공법

* Chapter 03 - 문제 044의 답안 '2.' 내용을 참조한다.

(3) CSJ(Cold Shrinkable Joint) 공법 – 상온수축형 접속함

* Chapter 03 - 문제 044의 답안 '3.' 내용을 참조한다.

(4) 프리 파브형 접속함(PJ : Prefabricated Joint box)

* Chapter 03 - 문제 044의 답안 '4.' 내용을 참조한다.

3. 종단접속함(EB-A, EB-G, EB-O ; Termination, Sealing End, End Box)

케이블과 옥내 배선, 케이블과 가공선 또는 전기기기 등을 접속하는 것을 말한다. 즉, 케이블과 타 설비와의 접속을 말하며 접속된 상태를 케이블 헤드(C/H : Cable Head), 실링엔드(S/E : Sealing End), 종단함 등으로 부르며 케이블과 접속될 설비의 종류에 따라 접속방법이 기중 종단접속, 가스중 종단접속, 유중 종단접속 등으로 구분한다.

(1) 기중 종단접속함(EB-A : End Box in Air)

① 가공 송전선과 지중 송전 케이블의 끝단 간을 연결하기 위한 접속함으로 주로 옥외 변전소 등의 대기 중에 설치된다.

② 대기 중에서 케이블과 타 설비(보통 가공 선로)를 접속하는 접속함을 말한다.

③ 절연 보강층의 전계 완화를 위한 주요 절연부품의 구분에 따라 Prefab, Premold(S-on), Condenser cone type으로 구분된다.

④ 외부 절연물 적용 구분

㉠ 유침지 케이블(OF 케이블 등)은 자기제 애관을 사용한다.

㉡ XLPE 등은 자기제 애관, 에폭시 수지제 애관 등을 사용한다.

(2) 가스중 종단접속함(EB-G : End Box in Gas)

① 차단기 내의 버스바와 지중 케이블을 연결할 때 사용하는 접속함으로, 주로 GIS 구내에 설치된다(GIS와 케이블을 접속할 때 사용하는 접속함).

② 절연 보강층의 전계 완화를 위한 주요 절연부품의 구분에 따라 Prefab(XLPE 적용), Bell-mouth type(OF 적용)으로 구분된다.

③ GIS와 체결 규격에 따라서 IEC(60859, 62271-209)를 따르는 IEC와 Non-IEC type(JIS type 포함)으로 다시 구분된다.

④ 일반적으로 외부 절연물로 에폭시 수지제 애관이 사용되고 있다.

(3) 유중 종단접속함(EB-O : End Box in Oil)

① 유입 변압기(transformer)와 지중 케이블을 접속하기 위한 접속함이다.

② 변압기 오일의 열화 등을 고려하여 에폭시애관의 외부 누설길이를 길게 한 스커드형 구조를 채택하기도 한다.

③ 고객 요구조건에 따라 PIC type으로도 적용이 가능하다.

④ 상부의 변압기 모선과 연결되는 외부에 실드처리는 변압기 오일의 절연내력과 장기간 사용의 열화를 고려하여 고압 전극부 방전방지를 위해 가스중 종단접속함 대비 상대적으로 강화하여 보강된다.

4. 스톱 접속[STOP 유지 접속(油止接續), SJ : Stop Joint]

(1) OF 또는 POF 선로에서 선로길이, 압력 등의 문제로 급유구간(給油區間)을 별도로 분할할 필요가 있을 때 사용하는 접속방식이다.

(2) 절연유 통로는 차단하고, 도체는 접속시키는 방법을 말한다.

(3) 유지 접속(oil stop joint)

① 장거리 OF 선로에서 급유구간을 분할하고자 할 때 사용하는 접속방법이다.

② 양측 케이블의 절연유 통로는 차단시키고 도체는 전기적으로 접속한 것이다.

③ 이때, 사용하는 접속함으로서 금속시스 상호 간을 연결할 경우에는 유지 접속함(SJ)을 사용하고, 금속시스 상호 간을 절연할 경우에는 유지 절연 접속함(SIJ)을 사용한다.

(4) 준유지 접속(semi oil stop joint)

① POF 케이블에서 급유구간을 분할하는 접속방법이다.

② 절연유는 상시에 양측 케이블의 접속부에 설치된 바이패스(by pass) 파이프로 유통된다.

③ 절연유를 차단할 필요가 있을 때는 케이블 선심에 장착된 패킹(packing)을 이용하여 유통로를 차단하지만 완전히 차단되지는 않는다.

SECTION

02 케이블 손실과 냉각

046 전력 케이블의 손실에 대하여 설명하시오.

(data) 발송배전기술사 16-110-1-8 / 발송배전기술사, 건축전기설비기술사, 전기안전기술사, 전기응용
기술사 출제예상문제

답안

1. 개요

전력 케이블에 통전 전류가 흐르면 Joule 열에 의한 저항손, 유전체손, 연피손 등이
발생되며 인가 전압에 따라 전위 경도는 달라지며 절연체의 절연내력이 충분히 커서
케이블의 안전 사용이 가능하도록 해야 한다. 케이블 손실의 종류는 아래의 3가지
이다.

2. 도체손

(1) 개요

케이블의 도체에서 발생되는 손실이며, 전력 손실 중 가장 크다.

$$P_l = I^2 R = I^2 \rho \frac{l}{A} = I^2 \times \frac{1}{58} \times \frac{100}{C} \times \frac{l}{A} \, [\text{W}]$$

여기서, ρ : 고유 저항$\left(\text{Cu} = \dfrac{1}{58}, \ \text{Al} = \dfrac{1}{35}\right)[\Omega \cdot \text{m}]$

C : 도전율(Cu 100%, Al 61%, 경동선 97%, 연동선 100%)

(2) 저감 대책

도전율이 좋고, 단면적이 큰 도체를 사용한다.

3. 유전체손(W_d)

(1) 정의

① 케이블의 유전체에서 발생되는 손실로서, 절연체를 전극 간에 끼우고 교류
전압을 인가했을 경우 발생하는 손실을 말한다.

즉, 전압 인가 → 정전용량 C 발생 → 충전 전류

$I_c = \omega CE$ 발생

143

② 케이블에 전압을 인가했을 때 흐르는 전류는 유전체의 정전용량에 의한 충전 전류 I_c와 전압과 동상분으로 누설 저항에 의한 I_R로 구성된다.

즉, $\tan\delta = \dfrac{I_R}{I_C}$ 에서 $I_R = I_c \cdot \tan\delta = \omega CE \cdot \tan\delta$

여기서 δ : 유전체 손실각

(2) 유전체 손실

$$W_d = E \cdot I_R = E \cdot \omega CE \tan\delta = \omega CE^2 \tan\delta$$

(3) 대책

$W_d \propto \tan\delta$ 이므로 유전체 손실을 줄이기 위해서는 절연물의 절연성이 우수해 I_R을 줄일 수 있는 물질을 사용한다.

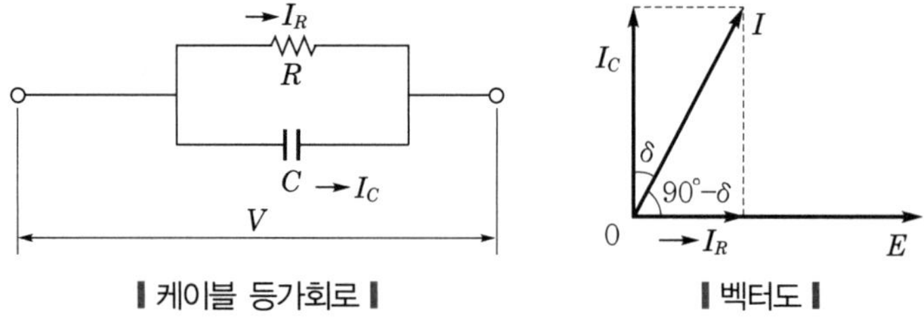

▮ 케이블 등가회로 ▮　　　　▮ 벡터도 ▮

4. 연피손(시스손)

(1) 정의

연피 및 알루미늄피 등 도전성의 외피를 갖는 케이블의 경우에 발생한다.

(2) 연피손의 종류 및 발생 원인

① **와전류손** : 시스에 흐르는 와전류 때문에 발생하는 손실

② **시스 회로손** : 케이블 도체 전류에서의 전자 유도작용에 의해 시스를 접지함에 따라 시스에 전류 i_s가 흐르고 시스 저항을 r_s라 하면 $i_s{}^2 r_s$가 되는 손실

③ 시스손은 시스의 저항률이 작을수록, 전류의 크기나 주파수가 클수록, 단심 케이블의 이격거리가 클수록 큰 값을 나타낸다.

(3) 시스손 저감 대책

① 연가

② 시스 자체를 접지한다(편단 접지, 크로스 본드 접지). 시스 접지는 전위와 전류를 동시에 최소한으로 하는 접지 방식을 선택한다.

③ 케이블을 근접 시공한다.

047 절연물의 유전체손 발생원인, 유전체손의 벡터도와 수식, 전기설비에의 활용 방안에 대하여 설명하시오.

data 발송배전기술사 18-114-2-6 / 발송배전기술사, 건축전기설비기술사, 전기안전기술사, 전기응용 기술사 출제예상문제

답안

1. 절연물의 유전체손 발생원인

(1) 유전체손의 정의

유전체를 전극 간에 삽입하고 교류 전압을 인가할 경우 발생하는 손실

(2) 유전체손의 발생 이유

① 절연성능은 유전체의 유전정접과 관련이 있고 유전체손이 발생한다.

② 발생 이유

㉠ 완전한 절연이 유지되는 유전체를 교류 전극에 삽입한 후 양전극에 전압 V를 인가하면 충전전류는 전압보다 90도 진상이 된다.

㉡ 그러나 약간의 절연열화가 진행되면 유전체 내의 누설저항과 쌍극자 능률 등에 의해 유전체 손실이 발생하여 아래 그림과 같이 위상각 90도보다 작은 위상을 갖는 전류 I가 흐른다.

㉢ 이 전류에 의한 유전체 내의 누설저항에 의한 유전체손은

$$P = V I_R = V I_C \tan\delta = \omega C V^2 \tan\delta 가 발생한다.$$

2. 유전체손의 벡터도와 수식

(1) 유전체손의 Vector도

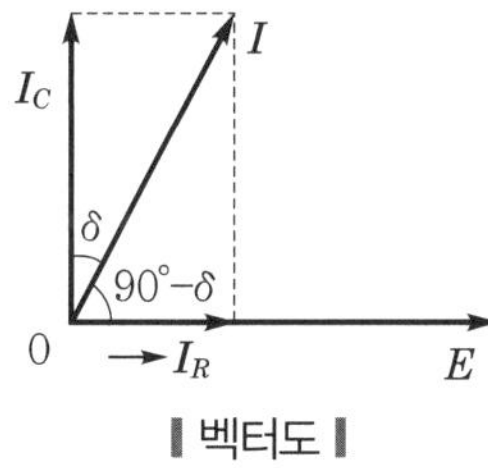

‖ 벡터도 ‖

(2) 유전체손 발생 메커니즘에 대한 수식

① 유전체의 정전용량에 의한 전류 I_C 성분과 미소하지만 누설전류에 의한 I_R에 의한 $E I_R$인 유전체손이 발생한다.

② 이때, 위의 그림과 같이 I_C의 전류보다 δ만큼 뒤진 작은 전류 I가 흐른다.

145

③ 그러므로 유전체손은 다음과 같다.

$$P = V I_R = V I \cos (90° - \delta) = V I \sin\delta = Y V^2 \sin\delta \quad \cdots\cdots\cdots\cdots 식\ 1)$$

여기서, δ : 손실각, Y : 유전체의 어드미턴스

④ 유전체를 흐르는 전류는 유효성분 I_R과 무효성분 I_C로 나누면 그림과 같은 등가회로를 구할 수 있다.

⑤ 따라서, δ가 작은 값일 때, $\sin\delta \fallingdotseq \tan\delta$이므로 식 1)은

$$P = V I_R = V I \cos (90° - \delta) = V I \sin\delta = V I \tan\delta [\text{W}]$$

⑥ 전류 $I = \omega C V$이므로, $P = \omega C V^2 \tan\delta \quad \cdots\cdots\cdots\cdots\cdots\cdots\cdots\cdots 식\ 2)$

여기서, $\tan\delta$: 유전정접, δ : 유전체의 손실각

⑦ 식 2)에서 유전체의 정전용량 C는 $C = \dfrac{\varepsilon_0 \varepsilon_s A}{d} [\text{F}]$이다.

(3) 유전체 손실은 비유전율(ε_s)과 유전정접에 비례한다.

3. 유전체손의 전기설비에의 활용 방안

(1) 케이블 유전체의 절연열화 측정

(2) 유입 변압기의 절연유 열화 측정

(3) 발전기, 전동기 등의 절연물 열화 측정

(4) 전열가열 공정 중 유전가열의 전기응용 설비

---

048 전력 케이블의 시스(sheath) 유기전압을 낮추기 위하여 사용되는 접지방식 3가지에 대하여 설명하시오.

data 발송배전기술사 18-116-2-3 / 발송배전기술사, 건축전기설비기술사, 전기안전기술사, 전기응용 기술사 출제예상문제

답안 1. 금속 시스의 기능(설치목적)

(1) 내부에 있는 절연체의 보호

(2) 절연유의 압력 유지

(3) 대기 중 습기의 절연체 혼입 방지

(4) 고장전류의 귀로

(5) 전기적 차폐효과(납, 알루미늄, 철, stainless 등을 사용)

2. 금속 시스의 유기전압 발생

(1) 다수 도체의 전류로부터 전자유도에 의해 금속 시스에 유기된 도체 전압의 발생

$$E = \sum j X_{mi} \cdot I_i [\text{V/km}]$$

여기서, X_{mi} : 도체(i)와 sheath 간의 상호 리액턴스[Ω/km]

I_i : 도체(i)의 전류[A]

① 시스 유기전압은 케이블의 배치상태와 상호 이격거리 등에 따라 달라지며, 손실 등을 고려한 경제성의 관점으로부터 어느 정도의 유기전압 발생은 감수 해야 한다.

② 현재는 방식 케이블을 사용하기 때문에 금속 시스의 교류 전류에 의한 부식을 고려하지 않아도 되며, 주로 인체에 대한 안전의 관점에서 제한치를 설정하고 있다.

(2) 단심 케이블 시스 유기전압에 대한 위험성과 설비운용

① 시스 유기전압의 제한치는 인체에서의 안전확보 관점에서 결정되고, 절연에 는 영향을 끼치지 않는다.

② 시스의 전류는 손실의 저감을 위해 제한하고, 주어진 계통에서는 유기전압을 낮출수록 전류가 승가하여 손실이 커진다.

③ 따라서, 인체에서의 위험을 배제할 수 있다면, 시스의 전류를 줄이는 것이 유리하다.

④ 케이블 시스에 전압이 유기되면 인체에 위험을 주고 또한 시스의 노출부분에 서 아크를 발생하여 케이블을 손상시킬 위험이 있다.

⑤ 맨홀 간의 거리와 부하전류가 증가할 것이므로, 유기전압이 더 증가될 것이 다.

⑥ 이러한 시스 유기전압을 저감하기 위해서는 전력구의 케이블 시스 유기전압 을 150V 이하로 하기 위하여 시스 접지를 하고 있다.

comment) 24년 12월 한전기준으로 변경되었다.

⑦ 보호대책에 의해 시스 충전부의 절연을 충분히 확보할 수 있다면, 시스 유기전 압을 엄밀히 규제하는 것보다는 보호대책을 강화하고, 작업환경을 개선하는 것이 합리적인 설비운용 방안으로 판단된다.

3. 저감대책

(1) 케이블의 적절한 배열은 정삼각형의 배열을 택하고, 케이블 사이의 간격을 작게 하여 시스 유기전압을 낮출 수 있으나, 시스의 와류 손실, 케이블의 허용전류 등과의 관계를 검토해야 한다.

(2) 케이블 연가는 케이블 도체 자체를 연속적으로 연가하여, 시스의 유기전압을 매우 낮게 유지할 수 있으나, 이는 케이블의 제조 및 포설작업 등에 어려움이 있어 시스 유기전압 감소를 위한 다음의 접지방식을 적용한다.

4. 시스 유기전압 감소를 위한 접지방식 3가지

Solid bond 접지방식(완전 접지, 양단 접지)	

• 케이블 시스를 2개소 이상에서 일괄 접지하는 방식
• 시스 전위는 낮지만 긴 선로에서는 시스 전류가 크게 되어 시스 회로손이 많아지기 때문에 다음과 같은 경우에 적용함
  – 허용전류의 면에서 충분한 여유가 있으며 시스 회로손이 문제가 되지 않는 경우
  – 장거리 해저 케이블 등과 같이 시스 전압 저감법을 적용하지 못하는 경우
  단, NJ : 보통 접속, IJ : 절연 접속
	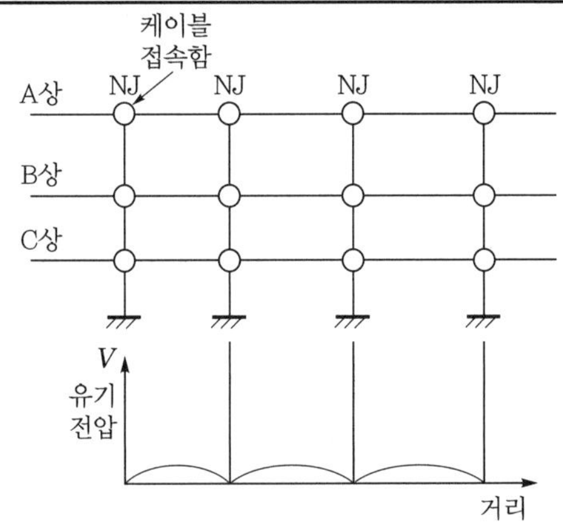
	
	‖ 완전 접지방식과 시스 유기전압 ‖

Single point bonding(편단 접지)	
• 발·변전소 인출용 선로와 같이 긍장이 짧은 곳에 적용되는 방식 • 케이블 편단에서 시스를 접지하고 다른 단을 개방하여 시스 회로손을 '0'이 되게 함 • 양단을 접지하게 되면 시스 유기전압은 현저히 감소되지만, 시스에 큰 전류가 흘러 시스 손실이 커지고 송전용량이 감소되므로 장거리 케이블 및 양단 접지방식으로는 적용하지 않음	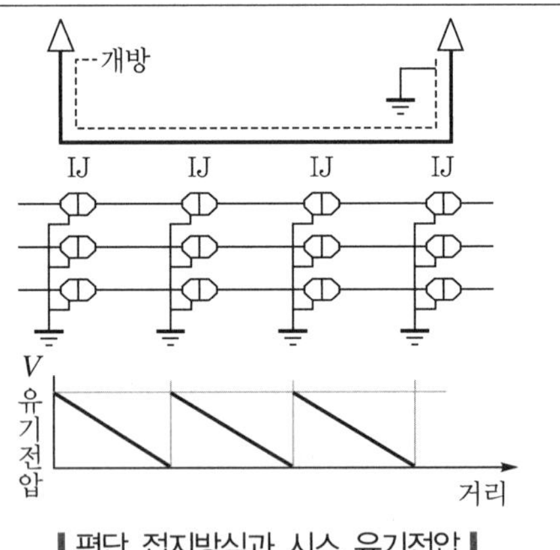 ‖ 편단 접지방식과 시스 유기전압 ‖

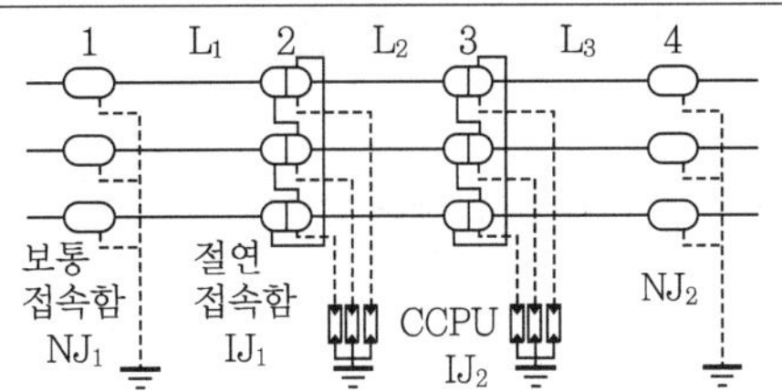

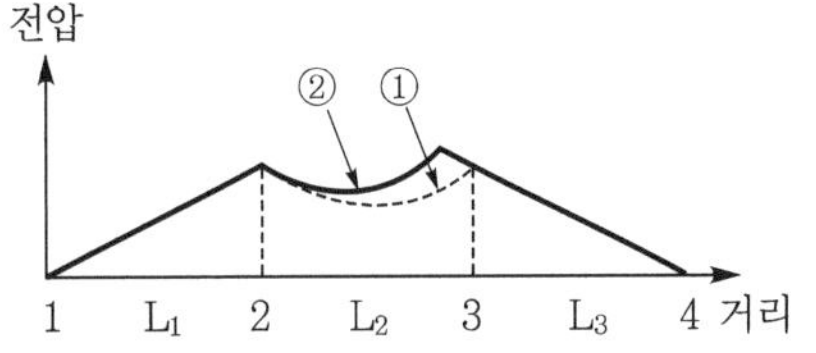

Cross bonding(크로스본드 접지)

- 편단 접지방식과 같이 단식 케이블에서 금속 시스의 유기전압을 저하시키기 위한 접지방식
- 금속 시스 유기전압은 심선에 흐르는 전류의 크기와 선로긍장에 비례하여 증대하므로 선로긍장이 길어 편단 접지가 효과가 없을 때 주로 크로스본드 접지방식을 채용함
- 이 접지방식은 본드(bond)선으로 3상을 연가한 후 접지하는 것으로, 각 경간이 다른 경우에는 잔류전압을 작게 함
- 현재 적용하고 있는 Cross bond 접지방식이 다른 접지보다 유기전압 및 상시 전류의 종합적인 판정에서 유리함
- 주의점 : 중간 접속부에서 발생하는 서지 억제대책으로 방식층 보호장치(CCPU)를 설치할 것

- 이상적인 유기전압 : 시스 연가길이가 완전히 동일할 경우($L_1 = L_2 = L_3$)
- 실제 유기전압 : 시스 연가길이가 이상적으로 동일하지 않기 때문($L_1 ≒ L_2 ≒ L_3$)

❚ 크로스본드 접지방식과 시스 유기전압 ❚

---

049 지중 송전 케이블의 시스 와전류 손실과 시스 순환전류 손실에 대하여 설명하시오.

data 발송배전기술사 19-117-1-3 / 발송배전기술사, 건축전기설비기술사, 전기안전기술사, 전기응용 기술사 출제예상문제

답안

1. 케이블 손실 구분

(1) 도체손

(2) 유전체손

(3) 연피손(시스손)

   ① 연피 및 알루미늄피 등 도전성의 외피를 갖는 케이블의 경우에 발생

   ② 시스 와전류 손실 + 시스 순환 손실

2. 시스 와전류 손실

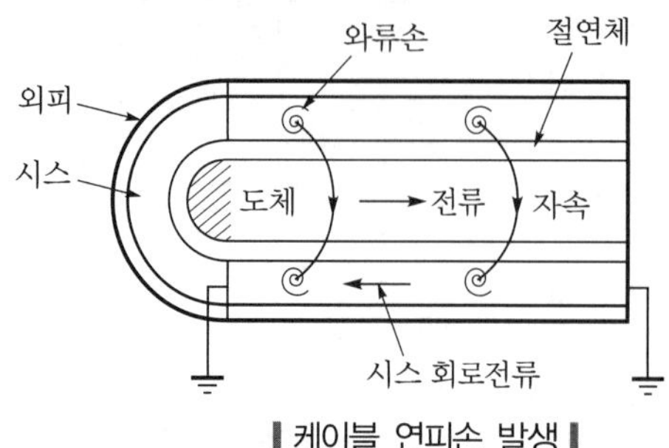

▌케이블 연피손 발생 ▌

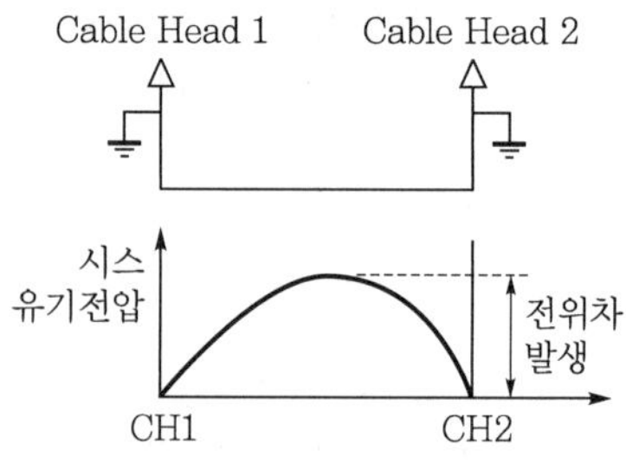

▌케이블 시스 유기전압 ▌

(1) 도체에서 발생된 교류 자속이 시스로 차단될 때 유도전압이 발생되면서 시스에 발생하는 맴돌이 전류에 의한 와전류 손실을 말한다.

(2) 연피저항에 의한 손실로서, 케이블의 단면에 발생한다.

(3) 시스 와전류 손실의 감소대책

① 금속시스의 고유저항을 높게 한다.

② 케이블 간격을 크게 한다.

③ 시스 와전류 손실을 작게 하는 상 배열로 포설한다.

3. 시스 순환전류 손실(W_s)

(1) 도체 전류에 의한 전자유도로 시스 상호 및 시스와 대지 사이를 순환하는 시스 전류로 인해 발생하는 시스 순환전류 손실

(2) 전압이 유기된 시스가 폐회로가 되면 유도전류가 폐회로 구간으로 순환되면서 발생하는 손실(케이블 접속재 구간 사이)

(3) W_s의 식 유도

$$E_s = I X_m$$

여기서, E_s : 금속시스 유기전압[V], I : 도체전류[A], X_m : 상호 인덕턴스[Ω]

$$i_s = \frac{E_s}{\sqrt{R_s^{\,2} + X_m^{\,2}}}$$

여기서, i_s : 순환전류, R_s : 금속시스 저항

$$W_s = i_s^{\,2} R = \frac{R_s X_m^{\,2}}{R_s^{\,2} + X_m^{\,2}} \cdot I^2$$

여기서, W_s : 시스 순환전류 손실

(4) 시스손은 시스의 저항률이 작을수록, 전류의 크기나 주파수가 클수록, 단심 케이블의 이격거리가 클수록 큰 값을 나타낸다.

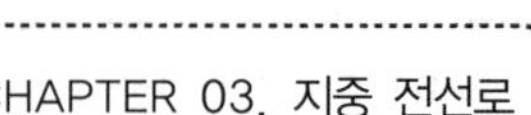

(5) 시스 순환전류 손실 저감대책

comment 크로스본드 접지방식을 구체적으로 설명한 중요한 내용이다.

① 시스 자체를 접지한다(편단 접지, 크로스본드 접지).

ㄱ 시스 접지는 전위와 전류를 동시에 최소한으로 하는 접지방식을 선택한다.

ㄴ Sheath 전위는 전력구 내 케이블 및 전력구 외에 설치된 케이블도 150V 이하일 것

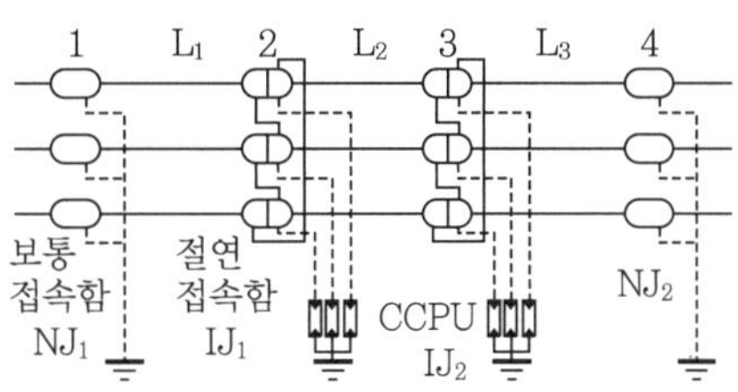

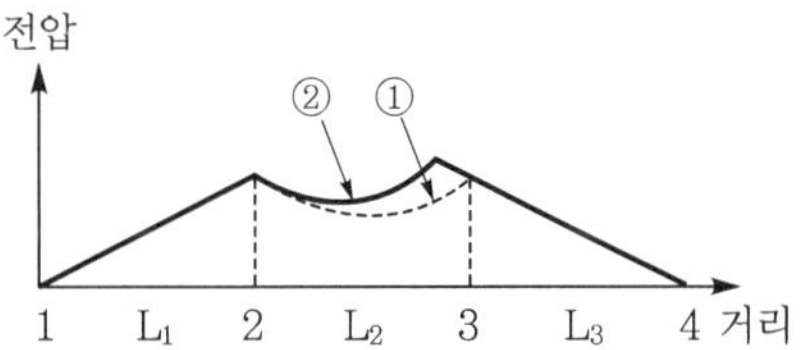

┃ 크로스본드 접지방식과 시스 유기전압 ┃

ㄷ 보통접속(NJ : Normal straight Joint) : 케이블 상호 간을 단순히 접속하는 것으로서, 도체, Sheath가 모두 전기적으로 연결되게 접속한 것

ㄹ 절연접속(IJ : Insulated Joint)

- 단심 케이블에서 도체는 연결하고 양측 케이블의 금속시스(sheath) 상호 간은 절연해서 Sheath 전위 상승 및 시스손을 저감하는 목적으로 접속하는 방식
- 절연접속함을 사용한다.
- 침입서지(surge) 등으로 시스전압이 이상적으로 상승될 우려가 있는 개소에는 방식층을 전기적으로 보호하기 위해 절연통 보호장치를 설치한다.

② 교락 비접지 방식

comment 이것 자체가 배점 10점용으로 기출에 많이 출제되었다.

ㄱ 각 상의 절연접속함에 보호장치를 설치하여 양단의 금속시스는 By-pass 시키고, 대지에 접지하지 않는 방식이다.

ㄴ 위 그림의 IJ_1 개소와 IJ_2 개소에 적용하는 방식으로서, 실제 현장에는 이 방식을 대부분 적용하는데 과도전압 억제 효과가 뛰어나 현재 154kV 및 345kV 지중선로에 채용한다.

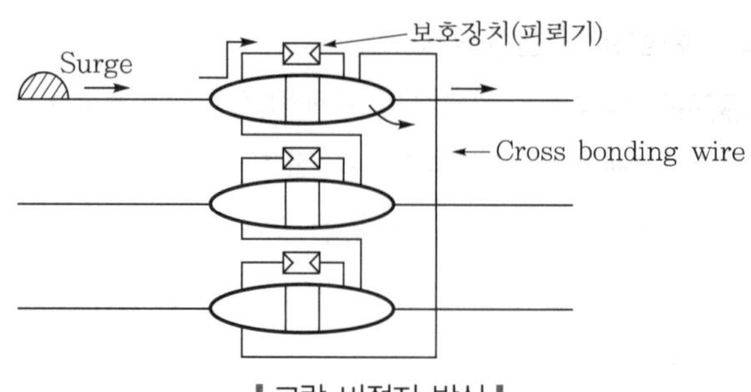

┃ 교락 비접지 방식 ┃

③ 전력구의 케이블 배치

　ㄱ 정삼각 배열로 근접 시공한다.

　ㄴ 특히 케이블 클리트에서 고정된 케이블 상호 간격 확장공법으로 케이블
　　 용량을 증가시킨다(즉, 2500mm^2 구간에 2000mm^2 적용 가능).

　　→ 케이블 긍장이 장경간일 경우 공사비 절감이 매우 크므로 반드시 설계
　　　 할 때 검토할 것

④ 관로구간에는 케이블 포설을 직각배열로 시공한다.

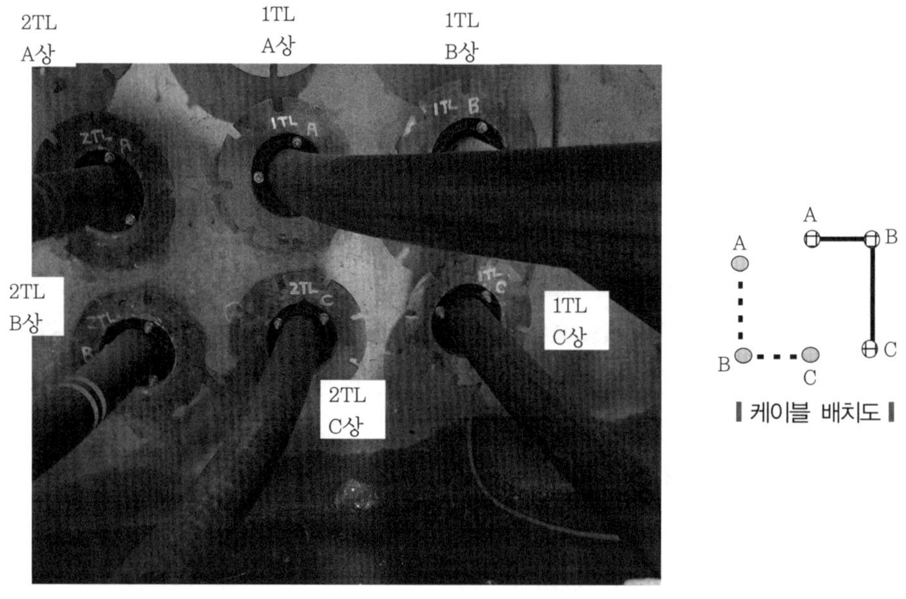

┃ 케이블 배치도 ┃

┃ 관로식 지중 송전선로 맨홀 내 케이블 배치 ┃

comment • 배점 10점용으로는 내용이 많기에 최대한 요약하여 암기한다.
　　　　 • 향후 배점 25점 대비용이다.
　　　　 • 기회가 되면 한전 지중 송전케이블 맨홀 안을 실제 현장답사하여 케이블 배치, 접지방식(NJ,
　　　　　 IJ, IJ, NJ) 및 맨홀 내 클리트 배치 등을 체험해보도록 한다.

050 지중 케이블 냉각방식에 대하여 설명하시오.

(data) 발송배전기술사 17-112-2-4 / 발송배전기술사, 건축전기설비기술사, 전기안전기술사, 전기응용
기술사 출제예상문제

답안 1. 개요

(1) 지중 송전선로의 송전용량은 허용전류에 따라 정해진다.

(2) 허용전류란 케이블에 전류가 흐를 때 저항, 유전체손, 시스손 등의 전력손실로
인한 온도 상승과 기저온도의 합이 케이블 절연제의 최고 허용온도를 초과하지
않는 전류이다.

(3) 송전용량을 향상시키기 위해서는 케이블의 허용전류를 증가시켜야 하며 이를
위해서는 도체의 온도 상승을 억제시키거나 기저온도를 저하시켜야 한다.

(4) 케이블의 안전전류 $I = k \sqrt{\dfrac{1}{nr}\left(\dfrac{T_1 - T_2}{R_{th}} - W_d\right)}$ 이므로 온도를 낮추면 케이블
의 용량을 증가시킬 수 있음을 의미한다.

(5) 케이블의 허용전류 증가시키는 방법

① 케이블 자체의 성능을 높여 시스 회로 손실을 저감시킨다.

② $\tan\theta$가 작은 절연체를 사용한다.

③ 케이블 도체를 굵게 한다.

④ 케이블을 외부로부디 냉각시킨디.

(6) 하기에서 도체의 온도 상승을 억제시키는 방법으로 CV 케이블 냉각방식, 가스
냉각방식에 대해 설명한다.

(7) 기저온도를 저하시키는 방법으로 새로운 전력 케이블에 대하여 기술하고자 한다.

2. CV 케이블의 냉각방식

(1) 관로 간접 수냉식

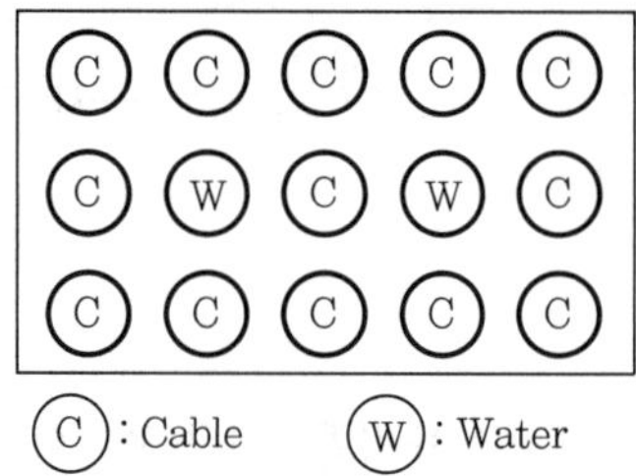

① 일반적으로 많은 케이블을 부설하는 관로 중앙 내부에 냉수 용수용 관로를 별도로 부설하여 케이블 발생열을 흡수하는 방식

② 케이블과 수냉관 사이에 관로의 열저항이 있어 냉각효과는 크지 않음

(2) 관로 직접 수냉식

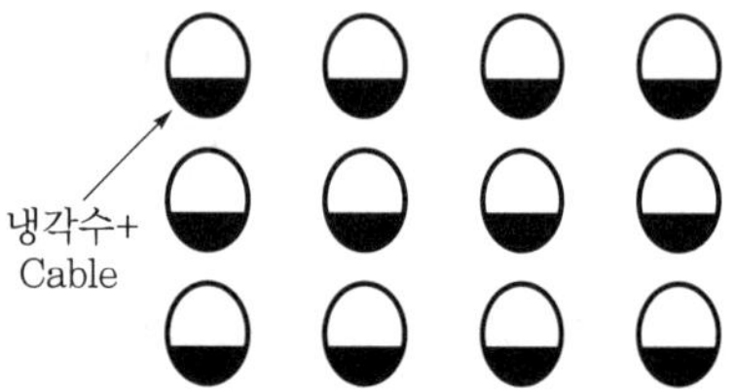

① 관로식에서 용량을 증대시킬 때 사용하는 방법

② 케이블 수용관에 직접 냉수를 용수시켜 발생 열을 흡수시키는 효과가 높은 방식

③ 케이블에 수압이 작용하므로 내수성(耐水性) 및 수트리와 맨홀 내 케이블 냉각 등을 고려해야 함

(3) 동도 트로프 내 간접 수냉식

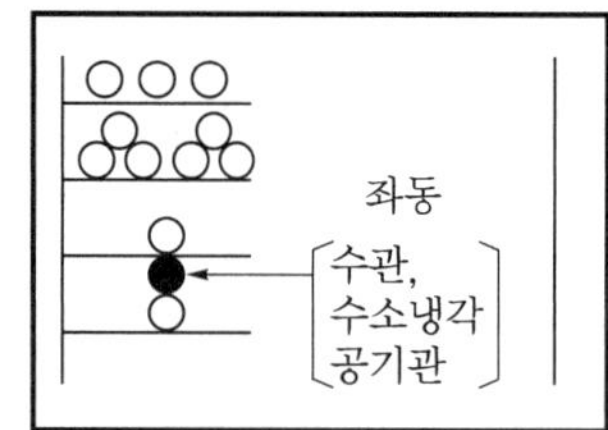

① 케이블을 수용하는 트로프 내 수냉관(공기관)을 2열 정도 설치하고 냉수를 통수시켜 케이블의 발생열을 흡수함

② 트로프 내의 열저항으로 인해 간접 수냉과 마찬가지로 냉각효과는 크지 않음

3. 가스 냉각방식

POF 케이블에서 기름 대신 질소가스를 $12 \sim 14\text{kg/cm}^2$ 정도의 압력으로 순환시키는 방식이다.

① 플렌트 공사비가 매우 크다.

② 토공 공사비가 크다.

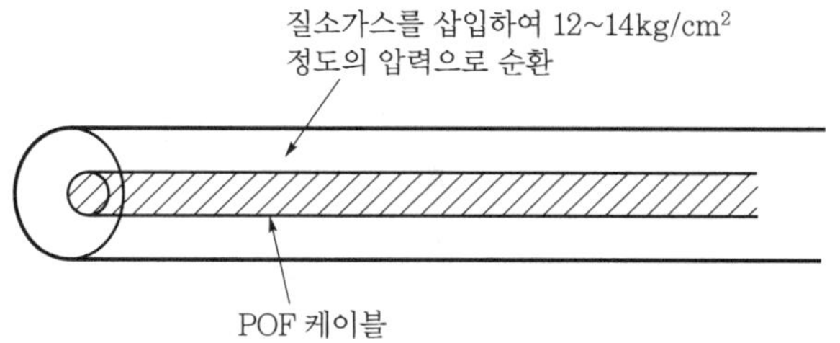

4. 새로운 전력 케이블의 사용

(1) 관로 기중 케이블

① 도체로서 알루미늄 또는 동을 사용한다.

② 이것을 에폭시 수지에 의한 절연 Spacer로 강관, 알루미늄관 또는 스테인리스 스틸 관 내에 지지하고 관 내를 SF_6 가스로 충진한 케이블이다.

③ 정격 : 500kV, 8000A, 600 ~ 1000만kW

④ 특징

㉠ 가공선과 거의 같은 정도의 송전용량을 가질 수 있다.

㉡ SF_6 가스는 비도전율이 거의 1로서 공기와 같기 때문에 OF 케이블에 비해 정전용량이 $\dfrac{1}{10}$ 이하로 되어 충전용량이 작다.

㉢ 유전체손은 무시할 수 있을 정도로 작기 때문에 온도 상승에 따른 송전용량은 제약받지 않는다.

㉣ 케이블의 공장제조 단위길이가 짧기 때문에 접속개소가 많아지고 용접 시의 접속 방법 및 작업 환경에 특별한 주의가 요구된다.

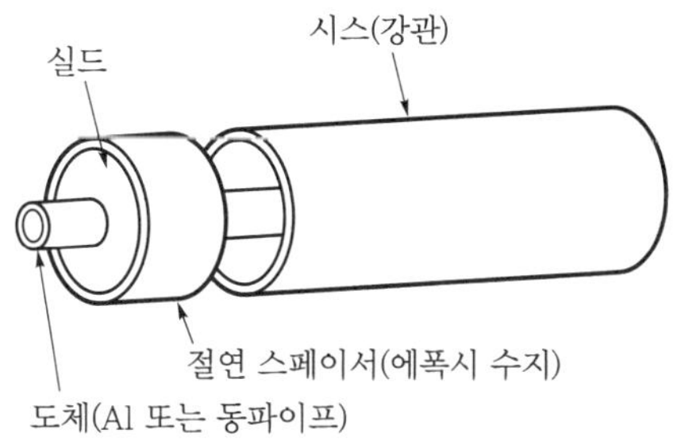

❙ 관로 기중 케이블 ❙

(2) 극저온 케이블

① 도체로서 고순도의 알루미늄 또는 동을 사용하고 절대온도 20 ~ 80K의 극저온으로 냉각시켜 도체저항을 저하시킴으로써 대전류를 통전시키는 케이블이다.

② OF 케이블의 중공부분에 액체 수소 또는 액체 질소를 순환시켜 냉각시키는 방법도 강구되고 있다.

③ 정격 : 500 ~ 700kV, 300 ~ 500만kW

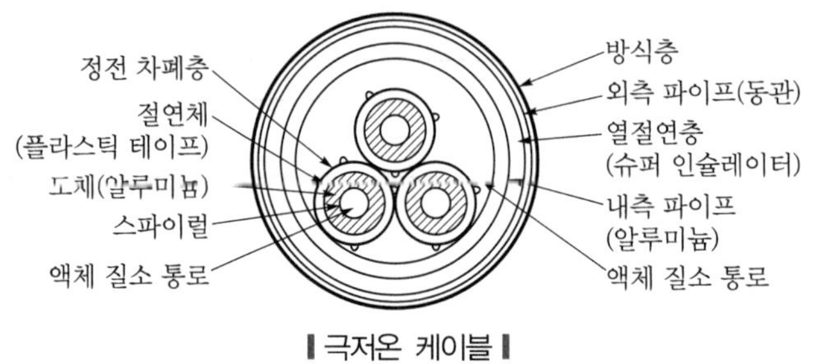

▮극저온 케이블▮

(3) 초전도 케이블

① 도체로서 나이오븀, 나이오븀-타이타늄 등의 초전도 재료를 사용하고 액체 헬륨, 액체 질소로 온도를 절대온도 4 ~ 5K으로 낮추어 전기저항을 '0'에 접근시키는 방법이다.

※ 도체 내 : 액체 헬륨을 한 방향으로 순환, 도체 외 : 액체 헬륨을 도체 내의 반대 방향으로 순환

② 정격 : 500kV, 1000만kW

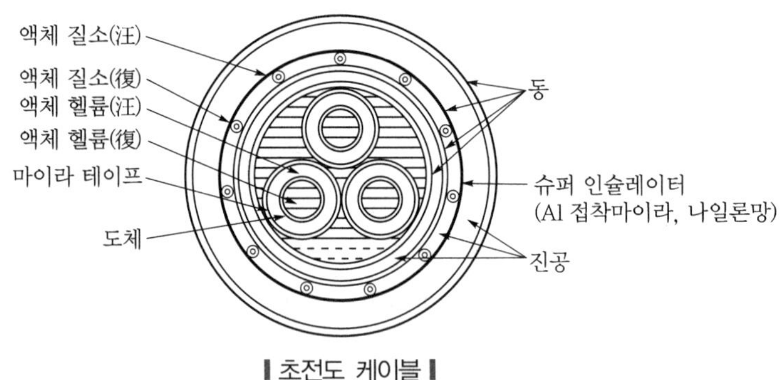

▮초전도 케이블▮

5. 향후 전망

(1) 지중선 선로의 송전용량은 허용전류에 따라 정해지며 허용전류는 절대적으로 최고 허용온도에 따른다.

(2) 결국 주위의 온도를 감소시키기 위해서 간접 수냉 또는 유냉식을 이용하나 열저항

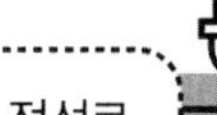

이나 순환용 관의 내부마찰 등으로 효과를 보기 위해서는 여러 설비와 투자가 필요하다.

(3) 따라서, 새로운 전력 케이블을 조속히 개발(특히 초전도 케이블) 적용하여 실용화 되도록 해야 할 것이다.

050-1 케이블의 안전전류를 설명하시오.

(data) 발송배전기술사 출제예상문제

(comment) 배점 10점 문제로 출제가 예상된다.

[답안] 1. 통전 시 발생열량 W와 안전전류 I 산출

(1) 도체저항 $r[\Omega/\text{cm}]$, 도체전류 $I[\text{A}]$, 심선수[m], 옴손 $W_r[\text{W/cm}]$, 유전체손을 $W_d[\text{W/cm}]$라 하면

$$W = W_r + W_d = nI^2r + W_d$$

또는 $W = \dfrac{T_1 - T_2}{R_{th}}$

여기서, T_1 : 케이블의 최고 허용온도[℃], T_2 : 주위의 온도[℃]

R_{th} : 열저항[℃/W/cm]

(2) 케이블의 종류별 허용온도

케이블의 종류	전압	연속[℃]	단락 시[℃]
솔리드	23kV	70	200
OF 케이블	154kV	85	150
CV 케이블	66kV	90	230

2. 상기 식에 의하여 케이블 안전전류(I) 선정

(1) $nI^2r + W_d - \dfrac{T_1 - T_2}{R_{th}}$

(2) $I = k\sqrt{\dfrac{1}{nr}\left(\dfrac{T_1 - T_2}{R_{th}} - W_d\right)}$

(3) 전력구식, 암거식의 안전전류 $I' = K \cdot I$

여기서, K : 부설방식에 따른 전류감소계수

157

(4) 대략 OF 케이블의 안전전류는 $1.3 \sim 1.8\text{A/mm}^2$ 정도이다.

comment 케이블의 안전전류의 내용을 케이블 냉각방식의 내용에 삽입시켜 고득점 전략으로 한다. 왜 케이블을 냉각하는가에 초점을 두고 서술한다.

051 지중 케이블 냉각방식의 종류와 특징에 대하여 설명하시오.

data 발송배전기술사 19-118-1-5 / 발송배전기술사, 건축전기설비기술사, 전기안전기술사, 전기응용 기술사 출제예상문제

답안

1. 지중 케이블의 냉각 이유

(1) 케이블 안전전류

$$I = K \sqrt{\frac{1}{nr}\left(\frac{T_1 - T_2}{R_{th}}\right)}$$

여기서, K : 부설방식에 따른 전류감소 계수

T_1 : 케이블의 최고 허용온도[℃]

T_2 : 주위의 온도[℃]

R_{th} : 열저항[℃/W/cm]

(2) 케이블의 송전용량 향상을 위해서는 허용전류를 증가시켜야 하며, 이때 안전하게 허용전류를 증가시키려면 케이블 주위의 온도[℃]를 위 식처럼 저하시켜야 한다.

2. 지중 케이블 냉각방식의 종류

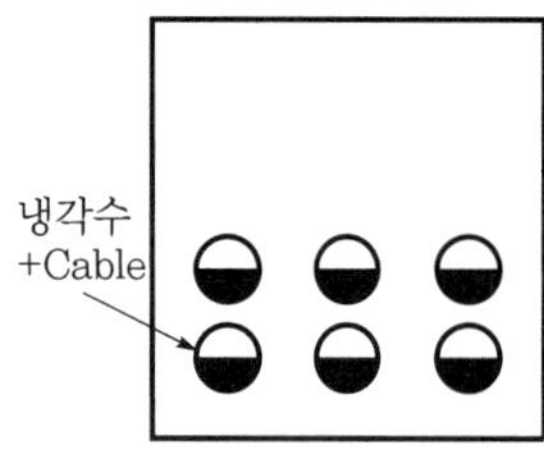

▌관로 직접 수냉식▐

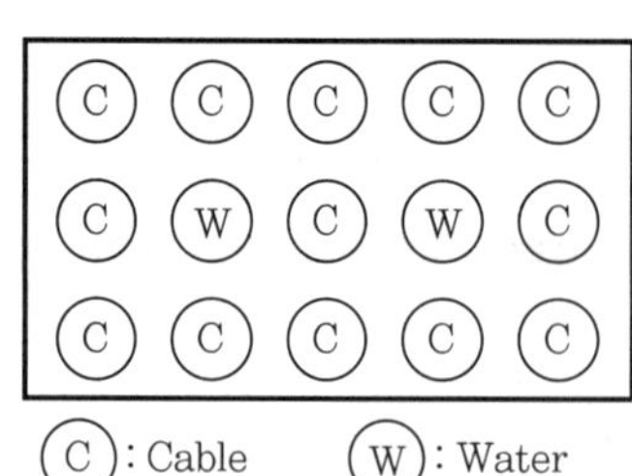

▌관로 간접 수냉식▐

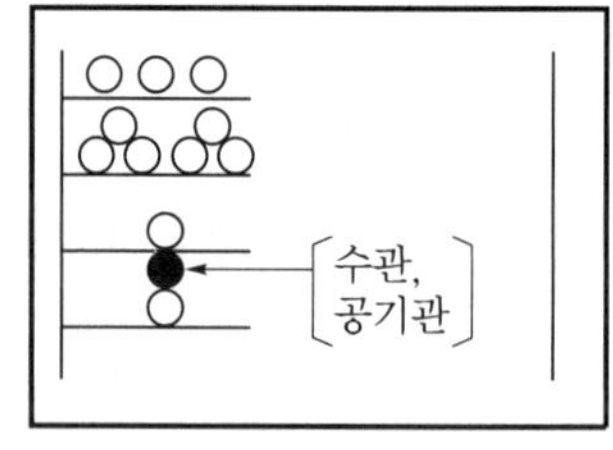

▌전력구 내 간접 수냉식▐

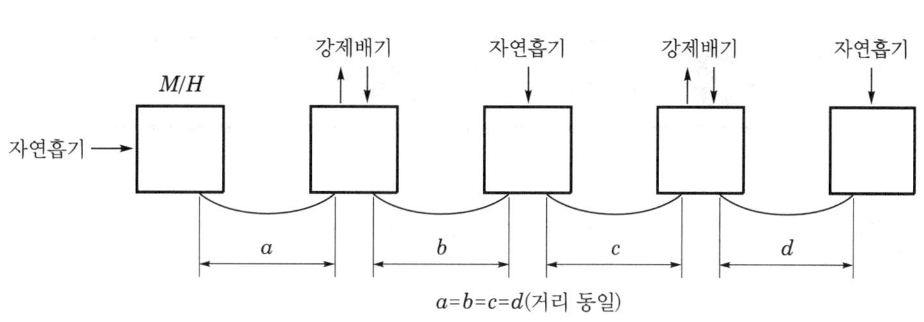

▮ 전력구 케이블의 풍냉방식 ▮

(1) 냉각방식별 구분

　① 직접 냉각 : 관로 및 전력구 직접 냉각, 전력구 풍냉방식

　② 간접 냉각 : 관로 간접 냉각, 전력구 간접 냉각(수냉관, 트로프)

(2) 냉각매체별 구분

　풍냉·수냉·유냉 방식(OF 케이블에 적용)

(3) 기타

　도체 냉각, 히트파이프 냉각

(4) 전력구의 풍냉 방식 적용 시 주의사항

　환풍구가 설치되어 자연 흡기 시 지상 외기의 오염이 매우 심하므로 전력구 순시 자들은 환경오염 피해(폐암 등) 우려가 매우 높아 적절한 조치 후에 순시 시행 한다.

3. 냉각방식의 특징

냉각방식 구분	특징
직접 냉각방식	• 표면 냉각방식 • 도체 냉각방식 다음으로 냉각효과가 높음
간접 냉각방식	• 외부 냉각방식 • 케이블 주변의 토양, 공기를 냉각 • 냉각효과는 약하지만 다수의 동시 냉각 가능
도체 냉각	• 케이블 도체 내부에 냉각통로를 설치한 방식(OF 케이블, 초전도 케이블) • 냉각효과 가장 우수 • 접속함 등 부속장치 소요로 유지관리가 고난도임
히트파이프 냉각	• 에어컨 원리를 이용한 방식, 즉 열사이클 변화를 하는 냉매 이용 • 흡수된 열을 공기, 토양 중으로 방출 • 변전소 인출부에 효과적으로 적용시켜 국부적 고온장소에 사용 가능함

159

SECTION 03 케이블 특성과 열화

052 단심 케이블, H지 케이블, SL지 케이블에서 표현하는 절연저항(R_i)에 대하여 설명하시오.

data 발송배전기술사 18-116-1-4 / 발송배전기술사, 건축전기설비기술사, 전기안전기술사, 전기응용기술사 출제예상문제

단안 케이블에서 표현하는 절언저항(R_i)

(1) 절연저항은 전선의 도체와 대지 사이의 절연 정도(저항)

(2) 이 부분에 직류 전압을 인가할 때 흐르는 누설전류와 전압의 비

(3) 케이블의 절연성능을 나타내는 기본적인 지수

(4) 절연저항값이 클수록 양호한 설비

(5) 도체와 절연체의 두께 및 절연체의 재질에 의해 결정된 값

(6) 20℃에서의 단위길이당의 값으로 환산하여 사용함

(7) 케이블 절연저항(D_r) 산출식

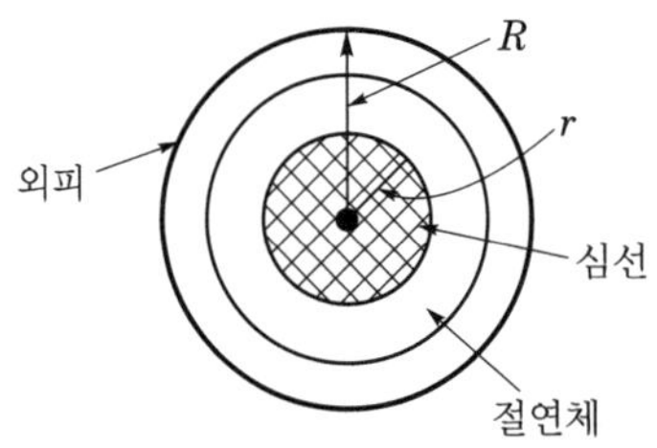

$$R_i = D_r = \frac{\rho}{2\pi L} \times l_n\left(\frac{R}{r}\right) \, [\Omega/\text{km}]$$

여기서, ρ : 절연재료의 고유저항

$\rho = \rho_0 e^{(-\alpha)t}$

ρ_0 : 20℃에서의 고유저항, α : 20℃에서의 저항온도계수

t : 측정 시 온도

L : 측정대상의 길이[km]

R : 측정대상의 반경[mm]

r : 측정대상 내부의 금속층 반경[mm]

053 가공 선로와 지중 선로의 파동 임피던스(surge impedance) 및 전파속도를 비교 설명하시오.

(data) 발송배전기술사 18-116-1-8·17-112-2-5 / 발송배전기술사, 건축전기설비기술사, 전기안전기술사, 전기응용기술사 출제예상문제

답안 **파동 임피던스(surge Impedance) 및 전파속도(V)와 광속도의 관계**

(1) 아래의 e와 i의 비는 일종의 임피던스로, Z라 표시되며 이를 파동 임피던스라 한다.

(2) 파동 임피던스

$$Z = \frac{e}{i} = \frac{e}{e\,CV} = \frac{1}{CV} = LV = \sqrt{\frac{L}{C}} \; [\Omega] \quad \cdots\cdots\cdots\cdots \text{식 1)}$$

여기서, $i = \dfrac{dq}{dt} = e\,C \cdot \dfrac{dx}{dx} = e\,CV \left(\because \text{속도} = V = \dfrac{dx}{dt} \right)$

$$e = \frac{d\phi}{dt} = iL \cdot \frac{dx}{dt} = iLV \; (\because \; d\phi = iLdx)$$

(3) 가공선의 파동 임피던스 크기와 파동 임피던스의 관계

① $L = 0.4605\log_{10}\dfrac{2h}{r}$ [mH/km] (단, $D = 2h$) $\cdots\cdots\cdots$ 식 2)

② $C = \dfrac{0.02413}{\log_{10}\dfrac{2h}{r}}$ $[\mu\text{F/km}]$ $\cdots\cdots\cdots\cdots\cdots$ 식 3)

③ 가공선의 파동 임피던스

$$Z_0 = \sqrt{\frac{L}{C}} = \sqrt{\frac{0.4605 \times 10^{-3}}{0.02413 \times 10^{-6}}} \log_{10}\frac{2h}{r} = 138\log_{10}\frac{2h}{r}$$

④ 상기 식에서 파동 임피던스는 Z와 관계 없다.

(4) 전파속도와 광속도의 관계

① 식 1)에서 $\dfrac{1}{CV} = LV$에서 $LCV^2 = 1$

$$\therefore \; V = \frac{1}{\sqrt{LC}} \quad \cdots\cdots\cdots\cdots\cdots\cdots \text{식 4)}$$

② 식 4)에 식 2)와 식 3)을 대입하여 정리하면

$$V = \frac{1}{\sqrt{LC}} = 3 \times 10^5 \text{km/s} \quad \cdots\cdots\cdots\cdots \text{식 5)}$$

③ 파동 임피던스값은 전선의 굵기와 높이에 따라 다르나 전파속도는 광속도와 같다.

④ 지중선의 파동 임피던스 크기 및 전파속도

㉠ $L = 0.4605\log_{10}\dfrac{R}{r}\,[\text{mH/km}]$

㉡ $C = \dfrac{0.02413 \times \varepsilon_s}{\log_{10}\dfrac{R}{r}}\,[\mu\text{F/km}]$

여기서, ε_s : 절연물의 비유전율, r : 심선 도체의 반경

R : 케이블의 중심에서 차폐선[연피 또는 동(銅)테이프까지의 반지름]

㉢ 지중선의 파동 임피던스 : $Z = \dfrac{138}{\sqrt{\varepsilon_s}}\log_{10}\dfrac{R}{r}\,[\Omega]$

㉣ 지중선의 전파속도 : $V = \dfrac{1}{\sqrt{\varepsilon_s}} \times 3 \times 10^5\,[\text{km/s}]$

㉤ 케이블 선로의 전파속도는 절연물체의 비유전율 ε_s의 평방근에 반비례하며 일반적으로 유전율이 2.5 ~ 4 정도로 전파속도는 가공선에 비해 늦어져 7할 정도이다.

054 전력 케이블의 트리(tree) 현상에 대하여 설명하시오.

(data) 발송배전기술사 16-110-3-5 / 발송배전기술사, 건축전기설비기술사, 전기안전기술사, 전기응용기술사 출제예상문제

답안 1. 열화의 원인과 형태

(1) 열화의 원인은 매우 다양하고 상호 복합적인 현상으로 나타나나 전기적, 열적, 화학적, 기계적, 생물적 요인 등으로 구분된다.

(2) 원인과 형태

열화의 원인	열화의 형태
• 전기적 요인 : 운전전압, 과전압, 서지전류	부분방전 열화, 전기트리, 수트리
• 열적 요인 : 이상온도 상승, 열신축(열 cycle)	열적으로 열화 또는 열에 의한 재질의 화학적인 변화
• 화학적 요인 : 기름, 화학약품, 토양 중의 화학물질의 케이블 절연층 투과	화학적 손상, 열화 화학트리

열화의 원인	열화의 형태
• 기계적 요인 　- 기계적 압력·인장·충격·외상에 의한 케이블의 손상 　- 보호피복의 손상으로 침수	전기적 요인과 복합작용으로 열화
• 생물적 요인 : 개미·쥐·벌레 등 동식물의 잠식	외피 절연체의 손상

(3) 위의 내용을 그림으로 표시하면 다음과 같다.

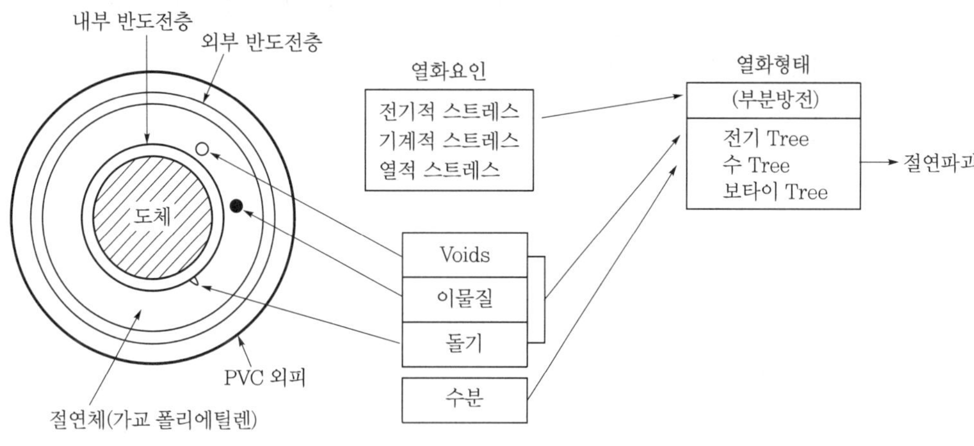

2. 전압 열화의 종류별 특징

(1) 상기 여러 원인 중 전기적 요인에 의한 열화형태를 전압 열화라고 칭한다.

(2) 전압 열화의 분류

　① 전기 Tree : CV 케이블 절연체 내에 Void, 이물, 돌기 등으로 인해 고전계에 의한 부분방전으로, 이것이 수지상으로 성장하여 발생한다.

　② 수Tree(아래 그림 참조)

　　㉠ 케이블이 흡습된 상태에서 폴리에틸렌의 물리·화학적 작용에 의해 절연 파괴가 일어나는 현상으로, 다음 그림과 같이 교류 파괴전압이 나타난다.

　　㉡ 수트리의 구분 : 내도 수트리, 나비상 수트리, 외도 수트리

　　　• 내도 수트리 및 외도 수트리 : 내부 및 외부 반도체층과 절연체 계면체의 경계점을 기점으로 해서 발생하는 것으로, 절연성능에 대한 영향이 크고, 현재 CV 케이블의 수트리의 대부분이다.

　　　• 나비상 수트리(보타이 트리) : 절연체의 미소한 이물질이나 공극(void)에서 발생하는 것으로, 모양이 나비넥타이 형태로, 내부 또는 외부 반도 전층 결함부에서 절연체 내의 Void나 이물질의 중심에서 양측으로 늘어나는 절연파괴 현상이다.

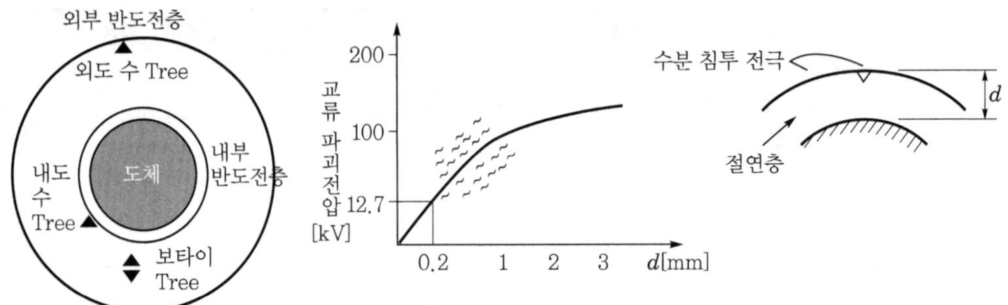

▌수분 침투 전극이 있는 경우 CV 케이블 교류 파괴전압과 절연두께 ▌

3. 케이블의 트리에 대한 구체적 설명

(1) 개요

① 고체 절연물 속에서 나뭇가지 모양의 방전흔적을 남기는 절연 열화 현상을 말한다.

② 이는 넓은 의미로 코로나 방전 열화의 일종으로, 트리현상에는 수트리(water tree), 전기적 트리(electrical tree), 화학적 트리(chemical tree) 등이 있다.

(2) 수트리(water tree)

① 물과 전계가 공존하는 조건하에서 전극의 돌기나 상처 및 절연체 내부의 이물질 또는 보이드(void) 등에서 미소한 침식현상을 수반하는 열화형태를 말한다.

② 벤티드형과 보타이형이 있다.

③ 벤티드 수트리(vented water tree)

  ㉠ 절연체의 경계면(접촉면)에서 발생하여 절연체 중심부로 성장하는 트리

  ㉡ 특징

   • 1년에 $10 \sim 1000\mu\mathrm{m}$ 정도 느리게 성장하기 때문에 수년이 지나야 절연체의 바깥부분에 도달할 수 있다.

   • 일반적으로 보타이 트리와 비교하여 초기 성장은 느리지만 대부분의 경우 더 큰 크기로 성장한다.

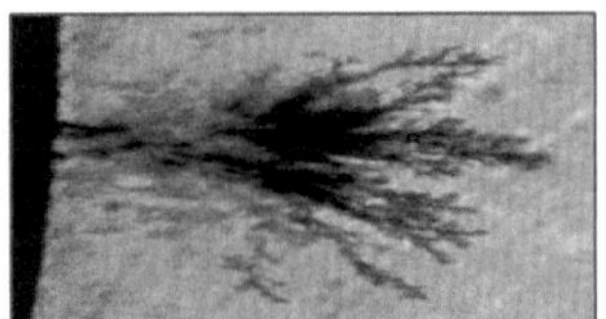

▌벤티드 수트리 ▌

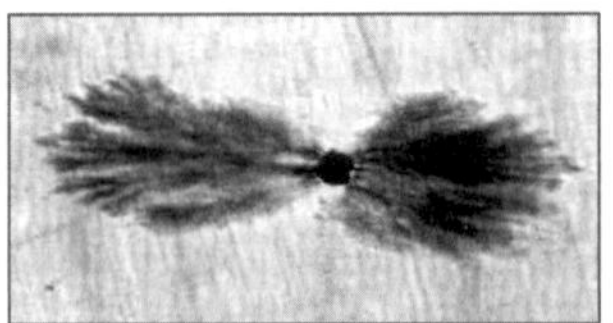

▌보타이 수트리 ▌

④ 보타이 수트리(bow-tie water tree)

　㉠ 절연체의 내부에 생성된 트리로서, 서로 반대 방향으로 성장하는 두 개의 작은 벤티드 트리를 보타이 트리라고 한다.

　㉡ 특징

　　• 일반적으로 절연체에 포함된 화학적 이물질 등에 의하여 절연체 중간부분에서 발생한다.

　　• 도체 방향과 중성선 방향의 양방향으로 성장하되 전형적으로 0.5mm까지 성장한다.

　　• 트리 생성 개시 후 짧은 시간 동안 최종 길이까지 도달하며 성장이 멈추는 특징이 있다.

(3) 전기적 트리(electrical tree)

① 절연체의 부분방전에 의해 탄화점이 발생하고 이 탄화점에서의 지속적인 부분방전은 절연체 재질의 부식을 촉진시키면서 전기트리로 성장한다.

② 전기트리는 절연파괴가 발생하기 전 열화의 마지막 단계로서, 벤티드 트리나 보타이 트리의 첨점에서 부분방전(PD)이 발생하고 탄화채널 생성과 함께 전기트리로 전이되어 성장하는 특징을 가진다.

③ 일단 탄화채널이 생성되면 전기트리의 발생 후 절연파괴로의 진전은 급속도로 진행한다.

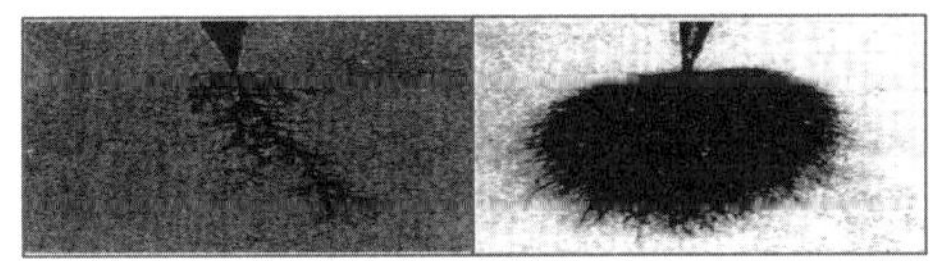

┃전기적 트리(electrical tree)┃

(4) 화학적 트리(chemical tree)

케이블 포설 주위에 유화수소와 같은 유화물이 존재하면 이 유화물이 케이블 시스 및 절연체를 투과해서 동 도체에 도달하면 동과 유화물이 반응해 유화동을 생성한다.

055 배전 케이블의 열화원인과 열화형태 및 열화 진단방법에 대하여 설명하시오.

data 발송배전기술사 21-123-4-1 / 발송배전기술사, 건축전기설비기술사, 전기안전기술사, 전기응용
기술사 출제예상문제

답안

1. 개요

(1) CV 케이블을 지중에 설치한 후 6 ~ 8년 경과하면 수 Tree라고 하는 열화현상이
발생한다.

(2) 전력 케이블이 열화형태는 외적으로 전혀 나타나지 않고 서서히 진행되어 부분적
인 결함이나 열화를 쉽게 예측할 수 없다.

2. 열화의 원인과 형태

* Chapter 03 - 문제 054의 답안 '1.' 내용을 참조한다.

3. 사선상태의 케이블 열화진단

(1) 직류 고전압 인가법(직류 누설 전류법) – 성극지수 시험, Polarization Index Test

① 측정 방법 : 케이블에 직류 전압을 서서히 인가 시 전류-시간 특성, 전류-전압
특성을 보고 케이블의 절연열화를 진단하는 방법 → 측정 시간 10분 소요

② 절연열화가 발생된 Cable의 경우

㉠ 누설전류의 절댓값이 큼

㉡ 킥 현상이 발생

㉢ 전류가 증가하는 현상이 나타남

③ 적용 : 154kV급까지 적용하고 열화 및 보수 판정에 널리 채용

④ 절연물에 직류 전압을 인가하면 다음과 같은 전류가 흐른다.

㉠ 누설전류 : 절연물의 내부 또는 표면을 통하여 흐르는 전류로서, 시간에
대하여 변화가 없음

㉡ 흡수전류 : 절연물(유전체)에 흡수되는 전하에 의해 발생하는 전류로서,
시간에 따라 서서히 감소함

㉢ 변위전류 : 절연체(축전지)의 전하가 저장되는 동안 흐르는 전류

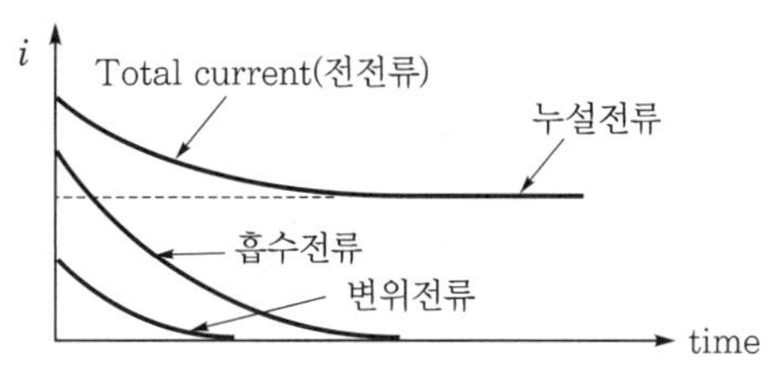

┃ 절연물의 직류 전류 분석 ┃

⑤ 이때, 흡습의 정도를 성극지수로 나타낸다.

$$성극지수(PI) = \frac{전압인가\ 1분\ 때의\ 전류}{전압인가\ 10분\ 때의\ 전류}$$

$$= \frac{전압인가\ 1분\ 때의\ 절연저항}{전압인가\ 10분\ 때의\ 절연저항}$$

⑥ **시험전압** : 보통 500V 또는 1000V를 이용하나, 정격전압에 가까운 전압을 인가하는 것이 좋다.

⑦ **판정** : PI 가 2.0 이하일 경우 불량

(2) 등온 완화전류 시험법

① 케이블 방전 시 완화전류의 크기를 시간대별로 분석하여 절연체의 열화 정도에 따라 시간대별 완화전류의 크기를 시간대별로 분석

② 케이블에 DC 1kV를 30분간 인가한 후 전원 분리한 다음 5초 동안 접지로 연결하여 방전한 후 완화전류를 측정한다.

③ 열화계수(aging factor)를 계산하여 열화상태를 판단하고 열화계수는 다음에 익한다.

㉠ 양호 : 2.0 미만

㉡ 주의 : 2.0 ~ 2.5

㉢ 불량 : 2.5 초과

(3) 부분 방전 시험

① 절연체에 상용 주파 교류 전압을 인가하여 절연체 중 Void, 이물질 흡입 등의 결함에서 발생하는 부분방전 크기와 빈도를 측정하여 열화를 분석한다.

② **측정 방법** : 절연체에 상용 주파 교류 전압을 인가하여 절연체 중 Void(보이드), 이물질 흡입, 외상 등의 결함에서 발생하는 부분방전 크기와 빈도를 측정하여 열화를 분석한다.

③ 원리 : 부분 방전에 수반되는 전압 변화 ΔV로 검출

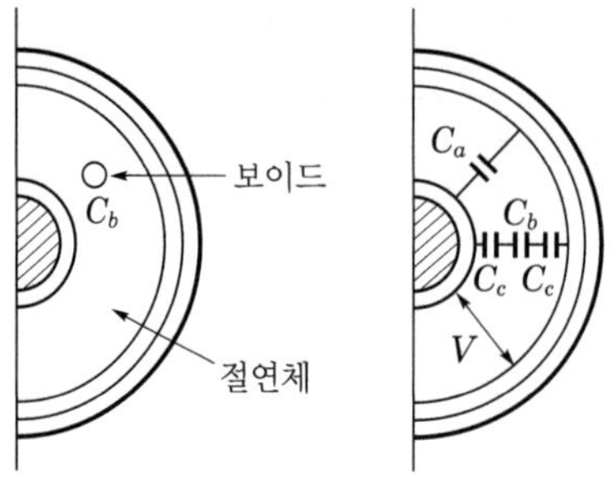

┃ 케이블 정전용량 분포 모습 ┃

㉠ 위 그림에서와 같이 C_b와 C_c의 직렬 회로는 고전압을 인가시킬 때 C_b의 보이드 부분에서 절연파괴가 일어나 부분 방전이 발생한다.

㉡ 부분 방전에 수반되는 전압 변화 ΔV로 검출된다.

$$\Delta V = \frac{Q}{C_b} = \frac{1}{C_b} \times \frac{C_b \times C_c}{C_b + C_c} \times V = \frac{C_c}{C_b + C_c} \times V$$

④ 적용

㉠ 케이블 절연체의 C_c나 ΔV는 실제로 구하기는 아주 어렵다.

㉡ 일반적으로 교정기를 사용하여 방전 전하를 구하는 방법을 많이 적용하고, Shield room에서의 시험이 요구된다.

(4) 절연저항법

① **측정 방법** : 절연저항계(메거 : megger)로 절연체와 실드 간의 절연저항을 측정하여 판정(보통 측정 개시로부터 1분 후의 값을 채용)한다.

② **판정**

㉠ 도체 ↔ 대지 : 500MΩ 이상

㉡ Shield ↔ 대지 : 2000MΩ 이상

③ **적용**

㉠ 양부 판정은 가능하나 정밀 분석은 어렵다.

㉡ 가장 간단한 방법이나 전압에 한계가 있다.

(5) $\tan\delta$법(유전정접법)

① **측정 방법** : 절연물에 상용 주파수 교류 전압을 인가했을 때의 $\tan\delta$값, $\tan\delta -$전압 특성, $\tan\delta -$온도 특성 등으로부터 절연물의 흡습 보이드(void) 등에 의한 절연열화 정도를 조사하는 시험

② 판정(tanδ% 조치)

　㉠ 0.5% 이하 1～3년에 1회 정도 측정 : 양호

　㉡ 0.5～5% 미만 수개월～1년 후에 측정 : 주의

　㉢ 5% 이상 케이블 교환 : 불량

③ 적용

　㉠ 셰링 브리지는 측정 정도가 높기 때문에 정밀한 값을 요하는 케이블 등의 절연체에 대한 정밀 진단이 가능하다.

　㉡ 가장 정확한 시험방법이나 시험설비가 커 이동이 어려워 케이블 제조사에 국한해서 사용한다.

4. 고압 케이블의 주요 AC 활선 진단법

구분	진단방법 및 특징
활선 tanδ법	• 케이블 리드선에 분압기를 접속하여 활선상태로 측정한 전압요소와 케이블 절연체와 접지선에 흐르는 전류를 측정하여 그 위상차에 의해서 자동 평형회로로부터 tanδ를 구하는 방법 • 특별한 고압 전원장치가 필요 없으며 측정장비가 간편 • 측정 전압 한계(6.6kV)
저주파 중첩 누설전류 측정법	운전 중인 케이블의 도체와 차폐층 간에 저주파(7.5Hz, 20V)의 전압을 중첩하면 절연체에 유효분 및 무효분 전류가 흐르는데 유효분 전류를 검출하여 절연저항을 측정함
접지선 전류법	• 운전 중 케이블의 수트리 상태에 따라 정전용량의 증가율 ΔC 간에는 상관관계가 있으며, 이때 접지선에 흐르는 전류가 증가하는데 이를 측정함 • 측정기가 소형이고 조작이 간편 • 측정 전압 한계(6.6kV)
활선 부분 방전법	• 운전 중 케이블이 실드 접지선에 흐르는 충전전류를 검출하여 케이블 내의 부분 방전 크기를 분석하여 판정함 • 측정이 비교적 간편하고 측정 전압의 범위가 넓음 • 노이즈의 영향을 받을 우려가 있음

comment 그림 1개 정도 기록하도록 한다(문제 056번 그림 이용).

056 전력용 케이블 절연재료의 열화요인 및 개선 대책에 대하여 설명하시오.

057 우리나라 22.9kV-Y 배전계통에서 사용하는 지중 배전 케이블 절연열화 원인과 진단법에 대하여 설명하시오.

data 발송배전기술사 23-129-2-1·22-128-3-2 / 발송배전기술사, 건축전기설비기술사, 전기안전기술사, 전기응용기술사 출제예상문제

답안

1. 개요

* Chapter 03 - 문제 055의 답안 '1.' 내용을 참조한다.

2. 열화의 원인과 형태

* Chapter 03 - 문제 054의 답안 '1.' 내용을 참조한다.

3. 수트리 열화

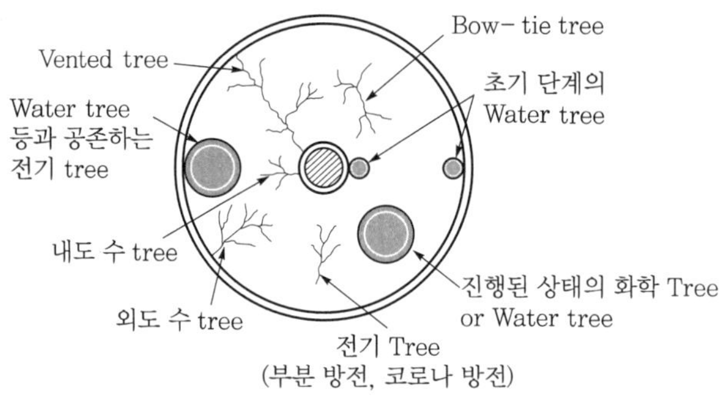

‖ CV 케이블 Tree 발생 형태 ‖

4. 수트리의 구분

종류	특징
내도 수트리	• 내부 반도체층과 절연체 계면체의 경계점을 기점으로 해서 발생 • 절연성능에 대한 영향이 큼 • 현재 CV 케이블 수트리의 대부분임
외도 수트리	• 외부 반도전층과 절연체 계면체의 경계점을 기점으로 해서 발생 • 절연성능에 대한 영향이 큼 • 현재 CV 케이블 수트리의 대부분임
나비상 수트리 (보타이 트리)	• 절연체의 미소한 이물질이나 공극(void)에서 발생하는 것 • 모양이 나비 넥타이 형상 • 내부 또는 외부 반도전층 결함부에서 절연체 내의 Void나 이물질의 중심에서 양측으로 늘어나는 절연파괴 현상

> **reference**
> **수트리의 공통적 특징**
> (1) 케이블이 흡습된 상태에서 폴리에틸렌의 물리·화학적 작용에 의해 절연파괴가 일어나는 현상으로
>   전기 트리보다 저전계에서 발생함
> (2) 케이블 수명에 미치는 영향 : 내도 트리 > 외도 트리 > 보타이 트리

5. 열화 개선 대책

(1) 제조과정의 품질 확보

　불순물이 침투되지 않게 제조 압출공정에서 작업장의 클린화 및 수분(습도) 최소화

(2) 케이블 외피로부터 수분이 침투되지 않게 금속 테이프 등으로 차수층 설치

(3) 도체에 수밀형 컴파운드의 충진

(4) 중성선을 외피 안에 삽입하는 구조(TR-CNCE-W 케이블)

(5) 관로 시공과정에서 파형관이나 금속관의 이음 부분에 대한 철저한 방수장치 설치

(6) 관로 내로 침투된 물이 맨홀 등에 고이지 않게 실린더 가스켓의 철저한 방수시공
    과 맨홀의 외벽 방수 및 내벽 방수를 철저히 함

(7) 기존 맨홀은 정기적으로 유지관리 철저(오염물 제거 및 누적된 오염물 외부 방출)

(8) 케이블 열화측정관리

　① 활선상태(on-line 상태에서의) 케이블 열화진단법

　　㉠ 직류 성분 측정법(활선 수트리 측정)

　　㉡ 직류 전압 중첩 누설전류 측정법

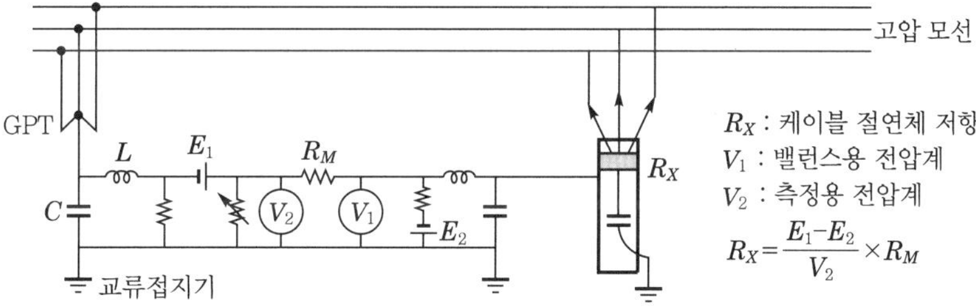

　　㉢ 활선 $\tan\delta$법

　　㉣ 지주피 중첩 누설전류 측정법

　　㉤ 접지선 전류법

　　㉥ 온도 측정법

Ⓢ 활선 부분 방전법

Ⓞ 초음파법(AE : Acoustic Emission)

② **사선상태의 케이블 열화진단법**

  ㉠ 직류 고전압 인가법(직류 누설 전류법) – 성극지수 시험, Polarization Index Test

    • 측정 방법 : 케이블에 직류 전압을 서서히 인가 시 전류–시간 특성, 전류–전압 특성을 보고 케이블의 절연열화를 진단하는 방법 → 측정 시간 10분 소요

    • 절연열화가 발생된 Cable의 경우

      – 누설전류의 절댓값이 큼

      – 킥 현상이 발생함

      – 전류가 증가하는 현상이 나타남

    • 적용 : 154kV급까지 적용하고 열화 및 보수 판정에 널리 채용

  ㉡ 부분 방전 시험 : 절연체에 상용주파 교류 전압을 인가하여 절연체 중 Void, 이물질 흡입 등의 결함에서 발생하는 부분 방전 크기와 빈도를 측정하여 열화 분석

  ㉢ 절연저항법 : 절연저항계(메거 : megger)로 절연체와 실드 간의 절연저항을 측정하여 판정(보통 측정 개시로부터 1분 후의 값을 채용)한다.

  ㉣ $\tan\delta$법(유전정접법)

    • 측정 방법 : 절연물에 상용주파수 교류 전압을 인가했을 때 $\tan\delta$값, $\tan\delta$–전압 특성, $\tan\delta$–온도 특성 등으로부터 절연물의 흡습 보이드(void) 등에 의한 절연열화 정도를 조사하는 시험

    • 판정($\tan\delta$% 조치)

      – 0.5 이하 1~3년에 1회 정도 측정 : 양호

      – 0.5~5 미만 수 개월~1년 후에 측정 : 주의

      – 5 이상 케이블 교환 : 불량

    • 셰링 브리지법의 적용

      – 셰링 브리지는 측정 정도가 높기 때문에 정밀한 값을 요하는 케이블 등의 절연체에 대한 정밀 진단이 가능하다.

      – 가장 정확한 시험방법이나 시험설비가 커 이동이 어려워 케이블 제조사에 국한해 사용한다.

ⓜ 등온 완화전류 시험법

- 케이블 방전 시 완화전류의 크기를 시간대별로 분석하여 절연체의 열화 정도에 따라 시간대별 완화전류의 크기를 시간대별로 분석
- 케이블에 DC 1kV를 30분간 인가한 후 전원 분리 후 5초 동안 접지로 연결하여 방전한 후 완화전류를 측정함
- 열화계수(aging factor)를 계산하여 열화상태를 판단하고, 열화계수는 다음에 의한다.
  - 양호 : 2.0 미만
  - 주의 : 2.0 ~ 2.5
  - 불량 : 2.5 초과

ⓗ VLF 시험 : 현재 배전사업자가 가장 많이 적용하는 방법으로 다음과 같다.

(9) VLF 시험의 구체적 내용

① 소형·경량으로 시험장치 Size 축소화가 가능하고 이동이 용이하다.

  ㉠ XLPE Cable의 열화진단 중 유전정접 측정은 상용주파수 60Hz 이용 시 장비의 대형화로 인하여 제조사 현장에서만 진단 가능했으나 VLF(0.01 ~ 1Hz)를 이용하여 불편을 해소하였다.

  ㉡ 진단할 경우 장비를 $\frac{1}{600}$ 까지 축소할 수 있으므로 Cable 설치 사용현장에서 진단 측정이 가능하다.

② 현장 적용성이 우수하다.

  ㉠ 다기능 : 여러 데이터를 한 장비로 측정 가능[$\tan\delta$(유전정접)과 부분 방전을 동시에 측정 가능]

  ㉡ 시험용 전원이 불필요하며 경량 장비로 높은 DC 내전압 인가

③ 교류 인가로 공간전하 축적이 없다.

  ㉠ 0.1Hz 정현파 전압을 상전압의 3배 크기로 케이블에 일정 시간 동안(30분) 인가하여 절연파괴 발생 여부를 확인하는 방법

  ㉡ 내전압 시험방법의 종류 : 장비 안에 아래 기능이 내장되어 있음

- 코사인 파형을 이용한 시험
- 사인파형(정형파)을 이용한 시험
- Bipolar rectangular 파형을 이용한 시험
- 정·부극성 DC 내전압시험

④ PD 모니터링 + VLF 내전압시험 : VLF 내전압 및 PD를 순차적으로 점검하여 케이블의 절연파괴 발생 여부와 접속점의 부분 방전을 확인하는 방법

⑤ VLF PD(부분 방전) 시험

    ㉠ VLF 전원을 케이블에 인가한 후 불량점에서 발생하는 부분 방전의 크기(전류량)를 측정하는 방법이며, 현장에서 사용할 전원은 0.1Hz 전원(DC 전원에 가까움)이다.

    ㉡ VLF 전원에서의 부분 방전 개시전압이 상용주파 개시전압보다 2배 정도이다.

⑥ 특성

    ㉠ 부분 방전의 발생 위치 및 크기를 검출할 수 있음

    ㉡ 측정 데이터가 그래프로 표현되어 케이블 시스템의 절연상태를 등급으로 구분판정 가능

    ㉢ $\tan\delta$값에 의해 케이블의 열화 여부를 판정함

    ㉣ 절연저항이 감소되어 손실전류가 증가하고 $\tan\delta$값이 큰 값으로 열화진행이 더 가속됨

    ㉤ 수트리, 전기트리, 부분 방전에 의해서 절연열화는 절연체의 손실로 나타나서 $\tan\delta$값은 증가하므로 절연체 내부의 이상징후를 판정함

⑦ $\tan\delta$ 측정에 따른 상태판정

$\tan\delta$	판정	진단
0.5% 미만	양호	–
0.5 ~ 5%	요주의	수트리 발생
5% 이상	불량	수트리 진전, 내전압 극히 저하

058 고압 및 특고압 지중 케이블의 절연열화 원인과 활선상태에서의 진단방법에 대하여 설명하시오.

(data) 발송배전기술사 24-132-3-6 / 발송배전기술사, 건축전기설비기술사, 전기안전기술사, 전기응용기술사 출제예상문제

답안

1. 개요

    ＊ Chapter 03 - 문제 055의 답안 '1.' 내용을 참조한다.

2. 열화의 원인과 형태

* Chapter 03 - 문제 054의 답안 '1.' 내용을 참조한다.

3. CN-CV 케이블의 열화상태(불량상태)를 나타내는 특성값

절연저항	• 본체 절연저항 : 100MΩ 이하 • 방식층 절연저항 : 1000MΩ 이하	직류 성분법	30mA 초과 : 불량
$\tan\delta$	• 사선 : 5% 초과 • 활선 : 5% 초과	교류 중첩법	$I_{sa} \geq 10\text{mA}$
성극비	$\dfrac{1\text{분 후 전류}}{10\text{분 후 전류}} < 1$	저주파 중첩	400MΩ 초과 시 – 교체

4. 활선상태(on-line 상태에서의) 케이블 열화진단법

구분	진단방법 및 특징
직류 성분 측정법 (활선 수트리 측정)	• 수트리 발생부위는 침·평판 전극의 정류작용이 나타나서 직류 전류가 흐르는데 이 직류 성분 전류를 검출하여 수트리를 알아내는 진단법 • $\tan\delta$ 측정치와 병용함 • A급 : 직류 성분 0.5mA 이하, $\tan\delta = 0.1\%$ 이하 • B급 : 직류 성분 0.5 ~ 30mA, $\tan\delta = 0.1 ~ 0.15\%$ • C급 : 직류 성분 30mA 이상, $\tan\delta = 0.15\%$ 이상
직류 전압 중첩 누설전류 측정법	• 비접지계통에서 운전 중 GPT를 통해서 중성점으로부터 케이블에 직류 저전압을 인가해 누설전류를 측정하여 절연저항에 의해 판정함 • 50V의 직류 전압을 인가하며 열화케이블의 경우에는 큰 누설전류가 흐름 • 절연저항 5000MΩ 이상 : 양호 • 절연저항 100MΩ 이하 : 불량
활선 $\tan\delta$법	• 케이블 리드선에 분압기를 접속하여 활선상태로 측정한 전압요소와 케이블 절연체와 접지선에 흐르는 전류를 측정하여 그 위상차에 의해서 자동 평형회로로부터 $\tan\delta$를 구하는 방법 • 특별한 고압 전원장치가 필요 없으며 측정 장비가 간편 • 측정 전압 한계(6.6kV)
저주파 중첩 누설전류 측정법	운전 중인 케이블의 도체와 차폐층 간에 저주파(7.5Hz, 20V)의 전압을 중첩하면 절연체에 유효분 및 무효분 전류가 흐르는데 유효분 전류를 검출하여 절연저항을 측정함
접지선 전류법	• 운전 중 케이블의 수트리 상태에 따라 정전용량의 증가율 ΔC 간에는 상관관계가 있으며, 이때 접지선에 흐르는 전류가 증가하는데 이를 측정함 • 측정기가 소형이고 조작이 간편함 • 측정 전압 한계(6.6kV)

구분	진단방법 및 특징
온도 측정법	광화이버 온도분포 센서를 이용하여 Pulse가 도달하는 시간차에 의해 수트리가 발생한 위치를 특정할 수 있음
활선 부분방전법	• 운전 중 케이블이 실드 접지선에 흐르는 충전전류를 검출하여 케이블 내의 부분방전 크기를 분석하여 판정함 • 측정이 비교적 간편하고 측정 전압의 범위가 넓음 • 노이즈의 영향을 받을 우려가 있음
초음파법(AE : Acoustic Emission)	수트리 발생부분에서의 부분방전 시 생기는 초음파를 측정함

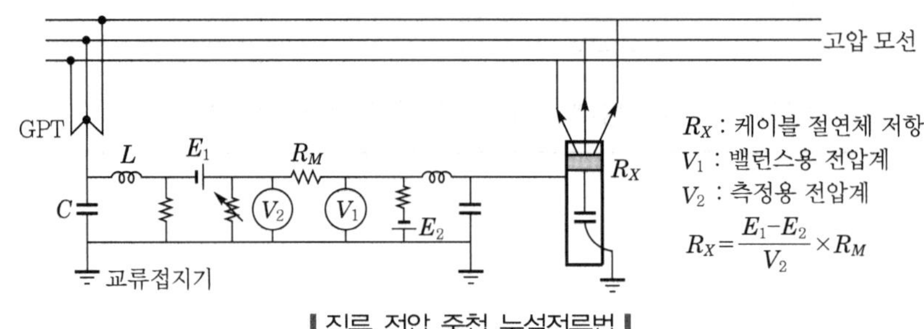

‖ 직류 전압 중첩 누설전류법 ‖

059 배전 지중 케이블 열화와 관련한 다음 사항을 설명하시오.
1. 지중 케이블의 열화 형태
2. VLF(Very Low Frequeny) 진단법을 채용하는 이유와 VLF 진단항목의 종류
3. DC 내전압 시험과 VLF 진단법의 차이점

(data) 발송배전기술사 21-124-2-5 / 발송배전기술사, 건축전기설비기술사, 전기안전기술사, 전기응용기술사 출제예상문제

답안

1. 지중 케이블의 열화형태

* Chapter 03 - 문제 054의 답안 '1.' 내용을 참조한다.

2. VLF(Very Low Frequeny) 진단법을 채용하는 이유와 VLF 진단항목의 종류

(1) VLF의 의미

VLF(Very Low Frequency)는 사용 주파수[60Hz보다 매우 낮은 주파수인 초저주파수(0.01 ~ 1Hz)]를 인가하여 XLPE Cable의 절연내력 또는 열화의 정도를 진단하는 데 사용하는 전원을 말한다.

(2) 채용하는 이유

① 소형·경량으로 시험장치 Size의 축소화가 가능하고 이동이 용이하다.

    ㉠ XLPE Cable의 열화진단 중 유전정접 측정은 상용주파수 60Hz 이용 시 장비의 대형화로 인하여 제조사 현장에서만 진단이 가능했으나 VLF(0.01 ~ 1Hz)를 이용해서 불편을 해소하였다.

    ㉡ 진단할 경우 장비를 $\dfrac{1}{600}$까지 축소할 수 있으므로 Cable 설치 사용현장에서 진단 측정이 가능하다.

$$충전용량\ 기본식 : Q = VI_c = \omega CV^2 = 2\pi f C V^2 [\text{kVA}]$$

    여기서, V : 시험전압[kV]

            C : 케이블의 정전용량[F/km]

            f : 사용 전원 주파수[Hz]

    ㉢ 시험장치 전원을 60Hz → 0.1Hz로 변경 시 충전용량 비교(위 식에서 f를 60Hz에서 0.1Hz로 변경 시)

        • 피시험 Cable 규격 : CNCV 325mm^2 10km → 정전용량 0.3μF/km

        • 내전압(인가전압) : 20kV

    ㉣ 비교 계산

구분	60Hz 전원 사용 시 필요 충전용량	VLF 0.1Hz 전원 사용 시 충전용량
계산	$Q_{60} = 2\pi \times 60 \times 0.3 \times 10^{-6} \times 10 \times 20^2$ $= 452\,\text{kVA}$	$Q_{60} = 2\pi \times 0.1 \times 0.3 \times 10^{-6} \times 10 \times 20^2$ $= 0.75\,\text{kVA}$
결론	60Hz 시험장치를 $\dfrac{0.75}{452} = \dfrac{1}{600}$ 로 소형화 가능	

② 현장 적용성이 우수하다.

    ㉠ 다기능 : 여러 데이터를 한 장비로 측정 가능[$\tan\delta$(유전정접)과 부분방전을 동시에 측정 가능]

    ㉡ 시험용 전원 불필요

    ㉢ 경량 장비로 높은 DC 내전압 인가

③ 교류 인가로 공간전하 축적 없음

(3) VLF 진단항목의 종류

① VLF 내전압 시험

    ㉠ 0.1Hz 정현파 전압을 상전압의 3배 크기로 케이블에 일정 시간 동안(30분) 인가하여 절연파괴 발생 여부를 확인하는 방법

177

ⓛ 내전압 시험방법의 종류

- 코사인 파형을 이용한 시험
- 사인파형(정형파)을 이용한 시험
- Bipolar rectangular 파형을 이용한 시험
- 정–부극성 DC 내전압 시험

② 유전정접법에 의한 케이블 열화진단

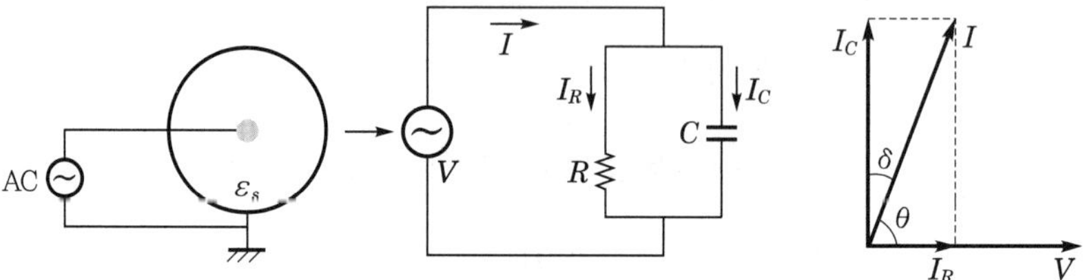

┃ 등가회로도와 Vector diagram ┃

㉠ 케이블의 도체와 Sheath 사이는 그림과 같이 절연저항 R과 정전용량 C 의 병렬 결합으로 볼 수 있다.

㉡ 케이블의 도체와 Sheath 사이에 교류 전압을 인가할 때 흐르는 전류는 절연저항에 의한 누설전류 I_R과 정전용량에 의한 충전전류 I_C의 벡터적 합성전류이다.

㉢ I_R은 전압 V와 동상이며, I_C는 전압보다 90° 앞선다.

㉣ 벡터도에서 θ를 유전손실각이라 하며 유전체손실은 $W_d = VIR_R = VI\cos\theta$ [W]이다.

㉤ 유전정접($\tan\delta$)

$$\tan\delta = \frac{I_R}{I_C} = \frac{\dfrac{V}{R}}{\omega CV} = \frac{1}{\omega CR}$$

위 식에서 누설전류 I_R이 클수록, δ가 클수록, $\tan\delta$가 클수록 절연물이 불량에 가깝다는 것을 알 수 있다.

㉥ 상태판정

┃ $\tan\delta$ 측정에 따른 상태판정 ┃

$\tan\delta$	판정	진단
0.5% 미만	양호	–
0.5 ~ 5%	요주의	수트리 발생
5% 이상	불량	수트리 진전, 내전압 극히 저하

③ VLF PD(부분방전) 시험

　㉠ VLF 전원을 케이블에 인가한 후 불량점에서 발생하는 부분방전의 크기(전류량)를 측정하는 방법이며, 현장에서 사용할 전원은 0.1Hz 전원(DC 전원에 가까움)이다.

　㉡ VLF 전원에서의 부분방전 개시전압이 상용주파 개시전압보다 2배 정도이다.

　㉢ 절연체 내부의 이물질, 공극(void) 등에서 전계차에 따른 미소 부분방전량을 측정하는 방법이다.

　㉣ 외부 Noise(background noise)에 매우 취약하여 차폐실에서 측정해야 한다.

　㉤ 현장에 설치된 케이블을 VLF 장비로 시험할 경우 현실적으로 많은 오차가 동반된다.

　㉥ 측정 방법

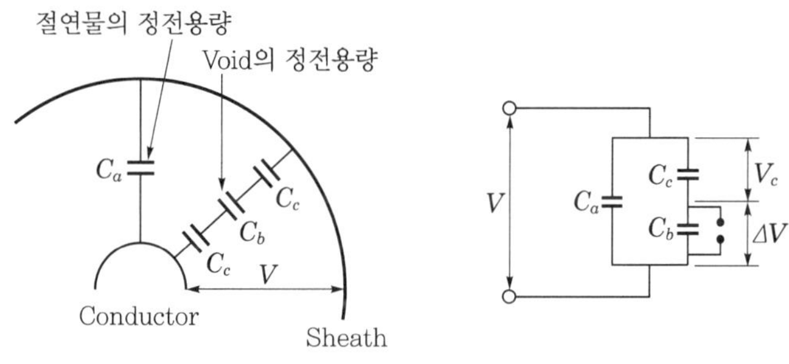

❘ PD 측정 개념도 ❘

위 그림에서 전압 V를 인가했을 때 분압된 전압을 V_c, ΔV라면 식은 다음과 같다.

$$\Delta V = \frac{Q}{C_b} = \frac{1}{C_b} \times \left(\frac{C_b C_c}{C_b + C_c} \right) \times V = \left(\frac{C_c}{C_b + C_c} \right) \times V$$

　㉦ 상태 판정

❘ 부분방전시험 상태 판정기준 ❘

구분	기준	판정
22.9kV	2000pC 미만	정상
	2000 ~ 5000pC	요주의
	5000pC 이상	이상
154kV	1000pC 미만	정상
	1000pC 이상	요주의

3. DC 내전압 시험과 VLF 진단법의 차이점

DC 내전압 시험	VLF 진단법
• 사선 상태에서 측정함 • 차폐 Sheath가 있는 케이블만 측정 가능 • 공간전하 축적 가능성 있음 • 345kV 케이블까지 측정 가능	• 다기능 : 한 장비로 여러 데이터 측정 가능 • 시험용 전원 불필요 • 교류 인가로 공간전하 축적 없음 • 측정 및 진단에 숙련도 필요(한전에서 기능 인증 자격증 제도도 있음) • 경량 장비로 높은 DC 내전압 인가 • 154kV 케이블까지 측정 가능

※ 비고 : DC 내전압 시험기는 가로×세로×높이 50cm 이내의 소형 케이스로 휴대 이동이 간편함

060 전력 케이블의 열화 검출방법 중 정전 진단방법을 설명하시오.

(data) 발송배전기술사 19-117-1-11 / 발송배전기술사, 건축전기설비기술사, 전기안전기술사, 전기응용기술사 출제예상문제

답안 * Chapter 03 - 문제 055의 답안 '3.' 내용을 참조한다.

061 케이블에 전기적 고장이 발생한 경우 사고점 탐지법을 3가지 들고 설명하시오.

062 지중 송전선로의 케이블 고장점 탐지방법을 5가지 설명하시오.

(data) 발송배전기술사 22-127-2-5·18-115-4-4 / 발송배전기술사, 건축전기설비기술사, 전기안전기술사, 전기응용기술사 출제예상문제

답안 1. 측정기에 의한 방법의 분류

　(1) 단선사고 측정

　　① 정전용량법

　　② Pulse radar법

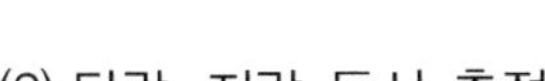

(2) 단락, 지락 동시 측정

　　Pulse rader법

(3) 1선 지락 및 2선 단락 측정

　　① 저압 머레이루프법(절연저항이 3kΩ 이하)

　　② 고압 머레이루프법(절연저항이 3kΩ 이상)

2. Murray loop법

comment 각종 시험(기술사 포함)에 많이 출제된다.

(1) 원리

　　휘트스톤 브리지법의 원리를 이용해 사고점까지의 거리를 측정하는 방법(회로 구성이 된 경우에만)

(2) 고압 머레이루프법

　　전원 전압이 수천 V 이상일 경우 사용하고 기타는 저압 머레이루프법을 적용한다.

(3) 고장점까지의 거리 계산

지락고장일 경우	선간단락 사고의 고장일 경우
  • 저항은 케이블의 길이에 비례하므로 길이 L과 x를 저항으로 취급함 • r_1, r_2 : 머레이루프저항, R : 가변저항 　L : 케이블의 긍장, x : 고장점까지의 거리 $r_1 \times (R + x) = r_2 \times (2L - x)$ ∴ $x = (2 \cdot r_2 L - r_1 R)/(r_1 + r_2)$	 $r_1 \times (R + 2x) = r_2 \times 2L$ ∴ $x = (2 \cdot r_2 L - r_1 R)/2r_1$

(4) 장점

　　① 측정의 정밀도가 높다.

　　② 측정조작 및 측정운반이 용이하다.

　　③ 케이블 사고 대부분이 1선 지락사고로 적용범위가 넓고, 사용 실적도 많다.

(5) 단점

　　① 단선사고 시에는 적용이 불가하다.

　　② 지락저항이 높고, 사고점이 방전하는 경우는 측정이 곤란하다.

　　③ 3상 동시 지락의 경우는 병행 건전상이 없어 측정이 곤란하다.

3. Pulse radar법

사고 케이블에 전압을 송출해서 건전 케이블과 다른 Surge 임피던스를 가진 사고점
에서, 반사되는 Pulse를 검지해 Pulse의 전파시간을 측정한 후 사고점까지의 거리를
구하는 방식

4. 임피던스 브리지법

브리지 회로의 원리를 이용해 회로의 어드미턴스나 인덕턴스를 측정하여 고장점을
찾는 방식으로, 고장점이 단선되고, 또 단선점이 저저항 접지에 사용된다.

5. 정전용량법

건전상의 정전용량과 사고상의 정전용량을 비교하여 사고점을 산출한다.

6. 탐색코일(search coil)에 의한 방법

접지고장이나 단락고장인 경우 500Hz 정도 신호를 한쪽 끝에서 보내고 지상에서
만들어진 자계를 탐색코일로 찾는 방법이다.

---

reference

케이블의 VLF(Very Low Frequency) 열화진단

(1) VLF 손실계수($\tan\delta$) 측정과 VLF 부분방전 측정으로 구분한다.

(2) VLF $\tan\delta$ 측정
 ① 목적 : 케이블의 전체적인 상태 진단(지중 케이블 열화측정)
 ② 시험주파수 : 0.1Hz
 ③ 시험전압 : 0.5Uo, 1Uo, 1.5Uo

(3) VLF P/D 측정
 ① 목적 : 절연체의 국부적인 결함 검출(결함개소 위치 측정) → 이것을 이용하여 고장점을 색출함
 ② 시험전압 : 1.0Uo(13.2kV), 1.25Uo(16.5kV), 1.5Uo(19.8kV), 1.75Uo(23.1kV)

  여기서, Uo : $22.9/\sqrt{3}$ 으로, 상전압
 ③ 판정기준 : 500pC 초과 시
 ④ 조치사항 : 고장임박조건에 준하여 조치

063 지중 케이블의 고장점 탐색방법 중 머레이루프법(murray loop method)에 대하여 설명하시오.

064 지중 선로 사고탐색법 중 머레이루프법을 설명하시오.

data 발송배전기술사 19-117-1-12·17-112-1-1 / 발송배전기술사, 건축전기설비기술사, 전기안전기술사, 전기응용기술사 출제예상문제

답안 * Chapter 03 - 문제 062의 답안 내용을 참조한다.

SECTION 04 해저 케이블

065 해저 케이블 경과지 조사 시 포설루트의 필요조건 및 조사항목을 설명하시오.

(data) 발송배전기술사 19-118-2-3 / 발송배전기술사, 건축전기설비기술사, 전기안전기술사, 전기응용 기술사 출제예상문제

답안

1. 개요

(1) 해저 케이블 경과지 조사는 해저 케이블 건설공사 기간이 장시간 소요되고 공사비가 많이 소모되므로 경제성·시공성·안전성을 종합적으로 고려하여 신뢰성이 있고 경제적인 경과지를 선정해야 한다.

(2) 설계 시 관련 법규 및 규정을 준수하고 장기계획을 고려하여 경과지를 선정해야 한다.

(3) 가공 송전, 지중 송전 또는 해저 케이블 송전공사의 공사기간 중 50% 이상이 경과지로 선정된 구역의 토목공사이다. 따라서 공사기간의 단축은 경과지 최적루트 선정에 달려 있으므로 매우 중요한 건설공사의 기본이다.

2. 포설루트의 필요조건

필요조건(평가항목)			평가요소
입지 여건	해상 여건	어업권 규모	해상 경과지 내 보상이 필요한 어업권 종류 및 규모
		어장 규모(투묘지역)	해상 경과지 내 어장 규모
		인공어초 분포 규모	해상 경과지 내 인공어초 분포 현황
		자재운반 용이성	인근 부두 활용 가능성
		해상 관광지/레저수역 지정 여부	해상 경과지 내 관광지 및 레저수역 지정 여부 및 지정 범위
	시공성	퇴적층 평균 깊이	해상 경과지 퇴적층의 깊이에 따른 시공의 용이성
		평균 수심	해상 경과지 수심에 따른 시공의 용이성
		최강 조류속	해상 경과지 조류속에 따른 시공의 용이성
		해저 지형의 경사도	해저 지형의 굴곡에 따른 해저 케이블 매설작업의 안전성 및 용이성
		해저 지장물	지장물에 따른 작업의 안전성 및 용이성
	해상 교통	해상 혼잡도 (선박운항 빈도)	해상 케이블 매설공사 시 영향을 주는 선박의 운항빈도
	관련 계획 부합성	관련 개발계획	상위 계획, 지자체 계획, 민간투자 계획 수립 여부

필요조건(평가항목)		평가요소
운영효율성	유지·보수 용이성	• 해상구간 유지·보수 용이성 • 어업권 규모 및 경제성
지자체 의견 및 민원여건	지자체 업무협조 및 사업추진 의지	지자체 협의 결과를 바탕으로 사업유치 의지 분석
	지역주민 지지도	• 기존 유사사례 분석에 따른 지역주민 정서 • 환경단체의 간섭예상 정도
경제성	자재비/설치비/허가 및 보상비	해상 구간 케이블 부설 공사비 및 보상비 등의 경제성

3. 해저 케이블 경과지 조사 시 포설루트의 조사항목

(1) 해저 지형 탐사

(2) 해저면 영상 조사

(3) 해저 지층 탐사

(4) 연안선 측량 조사

(5) 잠수 조사

(6) 자력 탐사

(7) 조석 관측

(8) 조류, 기온, 풍속, 기압, 습도, 폭풍, 강수, 안개 조사

(9) 어업 종류와 특성

(10) 고성능 시추 조사

(11) 콘관입(Cone Penetration Test ; CPT) 시험

(12) 민원유발요소

reference

1. 경과지 선정 시 고려사항
   ① 양육부
      ㉠ 케이블 입상 및 용지매입 용이
      ㉡ 육지선로와 연계가 용이한 곳
   ② 조긴대
      ㉠ 케이블 매설 용이
      ㉡ 선박계류, 특정 어업 등으로 인한 케이블 손상 우려가 없는 곳
   ③ 경과지
      ㉠ 퇴적층이 두꺼운 곳
      ㉡ 암반지역일 경우 단거리, 암반 절취 및 보강이 용이한 곳 선정

④ 케이블 보호공법과 시공이 용이한 곳

⑤ 어장 및 양식장 피해가 작은 경과지

⑥ 해저 장애물이 없는 곳

⑦ 타 시설물과 교차가 적은 곳

⑧ 해상·해저 개발 계획을 참고하여 선정

⑨ 지진, 돌출부, 어로지역, 환경보호지역 등 지역 특성 고려

2. 해저 케이블 기본계획 시 고려사항

① 직류 송전방식 검토 : BTB, PTP 방식(단국, 쌍극, 대지, 해수, 도체 귀로식)

② 계통 연계사항

   ㉠ 계통 연계기준 준수 : 동기화, 보호계전

   ㉡ 해저 케이블 경과지 및 보호방법

   ㉢ 변환소 위치

   ㉣ AC 계통연계

   ㉤ 설비 주요 제원 및 제어방식 : 사이리스터 밸브형식, 변압기, 고조파 필터

③ 직류 송전선로 운전에 따른 환경영향

   ㉠ 상시 및 고장 시 통신선 유도장해

   ㉡ 전기부식

   ㉢ 염해대책 고려

④ 기술 타당성 검토

   ㉠ 계통 안정도 분석 : 전압 안정도

   ㉡ 전력 조류 계산 : 유효전력, 무효전력, 전압변동, 수전용량 검토

   ㉢ 단락용량 검토 : 단락용량비 검토

   ㉣ 운전 및 제어 방식 검토

   ㉤ 설비 신뢰도 검토 : 고장 정지율, 고장 지속시간 신뢰도 계산

   ㉥ 환경영향평가 : 직류 전류에 의한 나침판 영향, 직류 코로나로 인한 대전 및 전식

   ㉦ 공정 계획 검토 및 공정 계획표 작성 : PERT/CPM, PDM 기법 활용

⑤ 해양조사

   ㉠ 해저 및 해양 지구물리학, 지질공화적 측량 탐사, 해저지형/지층/지질 조사

   ㉡ 조류 관측 : 조류 방향, 유속, 염도, 수온 관측

   ㉢ 자연환경 : 태풍, 기온, 풍속, 기압, 상대습도, 폭풍, 강수, 안개, 강설일수 조사

   ㉣ 어업현황 : 어업종류, 사용어구, 양식업 종류, 어업 및 양식업 면허와 실태조사

   ㉤ 케이블 경과지 조사 및 선정

⑥ 경제성 검토

   ㉠ HVDC 손익 분기점 검토 : 해저 케이블 약 50km 정도가 손익 분기점(brake even)

   ㉡ 소요 공사비 산정 : 해저 케이블 소요량 보호공사 물량, 변환기기 물량, 고정비

   ㉢ 발전비용 검토 : 도시 자체 발전비용과 육지 계통 평균 발전비용 비교

3. 해저 케이블 보호공법 14가지

공법		방식	적용 구간
돌을 쌓는 구조	Rock berm	해저 케이블 상단에 일정한 단면을 가지도록 사석을 투하하여 쌓는 형식	• 암반 구간 • 매설깊이 불충분 구간
케이블을 매설하는 구조	Burying (매설)	매설기를 이용하여 해저 케이블을 바닥면 속에 매설	• 토사 구간 • 연약층 구간
	Trenching (선행 굴착)	암반 지역에 선행 굴착 후 굴착면 내에 해저 케이블 설치	• 천해부 구간, 암반 구간 • 선행 굴착이 가능한 구간
Bag 구조	Stone bag	폴리에스터 재질의 땅에 사석을 넣은 돌망태를 해저 케이블 상단부에 설치	• 천해부 구간 • 암반 구간
	Concrete bag	콘크리트를 넣은 마대를 해저 케이블 상단부에 설치	• 천해부 구간, 암반 구간 • 사전 굴착이 힘든 구간
케이블을 감싸는 구조	보호강관	해저 케이블 반으로 분리된 보호강관에 넣어 볼트로 조립하여 설치	외부 충격에 대한 2차적 방어가 필요한 구간
	우레탄 보호관 (up-pipe)	해저 케이블을 폴리우레탄 제품으로 감싸서 설치	외부 충격에 대한 2차적 방어가 필요한 구간
유연한 매트리스 구조	ACM	콘크리트 셀을 연결한 유연한 구조의 매트리스를 해저 케이블 상단에 설치	• 암반 구간 • 굴착이 어려운 구간
	FCM	콘크리트 셀을 연결한 유연한 구조의 매트리스를 해저 케이블 상단에 설치	• 암반 구간 • 굴착이 어려운 구간
	전주-매트리스	전주를 연결한 유연한 구조의 매트리스를 해저 케이블 상단에 설치	• 암반 구간 • 굴착이 어려운 구간
단단한 매트리스 구조	콘크리트 매트리스	일정한 크기의 콘크리트 매트리스를 해저 케이블 상단에 설치	• 양식장 구간 • 해저 케이블 교차 구간
	W-매트리스	일정한 크기의 매트리스를 이음부가 겹치도록 설치	• 양식장 구간 • 해저 케이블 보수·보강 구간
철근 콘크리트 구조	A-duct	아치형태의 철근 콘크리트 구조물을 이음부가 겹치도록 설치	천해부 구간
	U-duct	철근 콘크리트 구조물을 요철형태의 이음부가 겹치도록 설치	천해부 구간

• ACM : Advanced Cantilever Method
• FCM : Free Cantilever Method

066 HVDC(High Voltage Direct Current)에 대하여 다음 각 항목을 설명하시오.

1. 경제·기술적 관점에서의 AC 송전과 비교한 DC 송전의 장점
2. HVDC 케이블의 종류
3. 전류형 HVDC와 전압형 HVDC의 주요 특징

(data) 발송배전기술사 22-128-2-2 / 발송배전기술사, 건축전기설비기술사, 전기안전기술사, 전기응용
기술사 출제예상문제

답안

1. 경제·기술적 관점에서의 AC 송전과 비교한 DC 송전의 장점

(1) 경제석 관점

① 투자비 저감

　　㉠ 변환설비비용 : DC > AC

　　㉡ 거리비용 : DC < AC

② 장거리화 될수록 이상현상에 대한 비용이 증가

③ 전송 손실 저감 : AC는 거리에 따라 X 증가, 표피효과, 리액턴스 성분에 의한 손실 발생

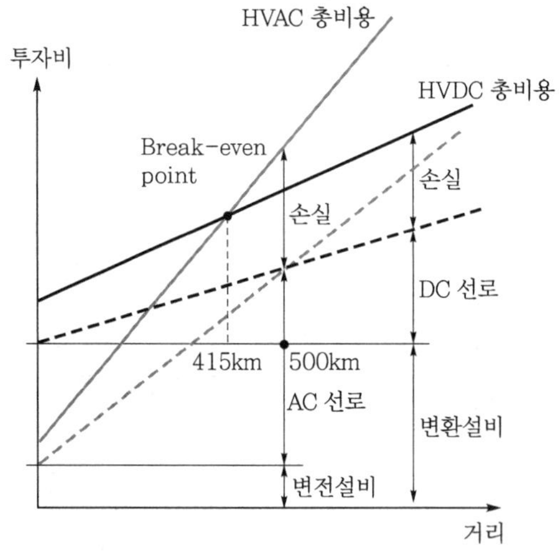

┃교류 및 직류 송전선 적용 시 투자비와 거리 ┃

(2) 기술적 관점

① 비동기 계통 간 연계 : 주파수나 위상각에 독립적 운전제어 가능

② 단락용량 억제 : X성분이 없어 고장전류를 증가시키지 않음

③ 유효전력 제어 용이

　　㉠ 전력조류 제어, 정주파수 제어, 감쇠 제어가 용이

ⓛ 안정도 한계에 이른 AC 계통 전력전송용량 증대 가능

④ 장거리 해저 케이블 송전 가능

2. HVDC 케이블 종류

구분	MI Cable	OF Cable	XLPE	초전도 케이블
절연체	• Kraft(유침지) • PPLP	Kraft(유침지)	XLPE	PPLP
허용온도	• Kraft : 55도 • PPLP : 85도	55도	• 전류형 : 90도 • 전압형 : 70도	–
공간전하	무	무	• 전류형 : 유 • 전압형 : 무	무
특징	• 극성 반전 문제없음 • 급유설비 불필요 • HVDC 적용 경험 많음 • 절연유 함침시간 필요	• 극성 반전 문제없음 • 별도의 급유시설 필요 • AC 적용 경험이 많음 • 화재 위험	• 생산시간 짧음 • 높은 허용온도 • 극성 반전 취약 (전류형)	• 대전류용 • 소형 • 자기차폐기능
거리	거리 제한 없음	30	100	30
적용	• 북당진 ~ 고덕 MI PPLP 　- 전력선 : MI 　 2500mm^2×2 　- 중성선 : XLPE 　 2000mm^2×2 • 제주 ~ 해남	국내 미적용	동제주 ~ 완도. (VSC 500mm^2, 90.895km, ±150kV)	개발 중

• 국내 해저 케이블 생산공장 : LS(LS 전선)가 독점, 대한 전선이 2025년부터 생산 노력 중
• 해저 케이블은 중간 집속짐 없이 제주도에서 육지까지 포실됨

3. 전류형 HVDC와 전압형 HVDC의 주요 특징

구분	전류형(LCC)	전압형(VSC)
변환소자	Thyristor_전류 위상제어	IGBT_전압 크기제어
케이블	MI (극성 반전에 취약)	XLPE DC 전압 극성이 동일
변환손실	1%	1.5%
면적	대형	소형
AC 전압제어	불가능	가능 (유효전력, 무효전력 독립 제이)
무효전력 보상장치	필요	불필요
고조파 필터	필요	불필요, 고차 고조파 필터는 필요
정전기동(B.START)	불가	가능

067 해상 풍력 발전소의 건설이 활성화됨에 따라 해저 케이블의 적용도 빈번해지고 있다. 154kV AC 해저 케이블에 대하여 다음을 설명하시오.

1. 구조 및 특징
2. 해저 케이블 보호공법에서 매설 및 비매설 공법에 대하여 비교 설명

data 발송배전기술사 23-130-3-3 / 발송배전기술사 출제예상문제

comment 발송배전기술사 기출 124회의 문항에 구조 및 특징을 합하여 출제한 것이다.

답안

1. 154kV AC 해저 케이블(submarine cable) 구조 및 특징

(1) 구조

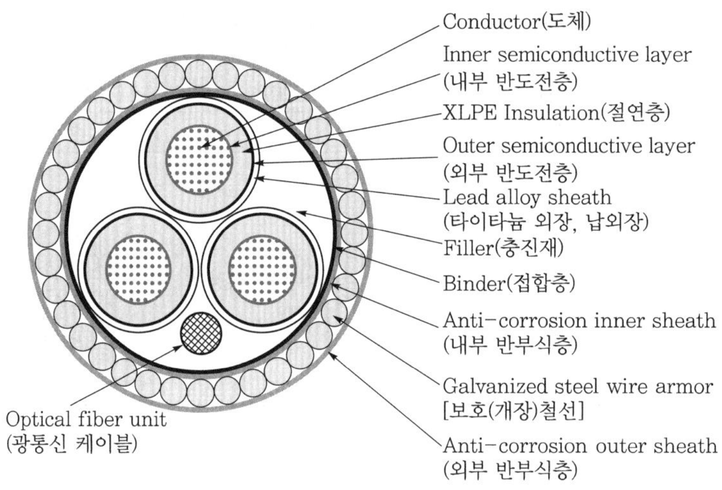

❘ 154kV AC XLPE 해저 케이블 ❘

① 도체 : 나연동선, 압축 원형 연선

② 내부 반도전층 : 반도전성 테이프

③ 절연층 : 압출 가교 폴리에틸렌(17mm)

④ 외부 반도전층 : 전도전성 콤파운드

⑤ 금속시스층 : 연합금(납합금)

⑥ 방식층 : 반도전 폴리에틸렌 6mm

⑦ 개재물 : 6mm 아연도금 철선 적용

⑧ 바인딩 테이프

⑨ 완충층

⑩ 철선 외장층 : 아연도금 철선(1중 강선)

⑪ 외부 보호층

⑫ 광유닛

(2) 특징

① 3심 케이블이고 광통신 케이블도 내장되어 있다.

② 교류(AC) 해저 케이블은 기존 지중 계통과 연계 시 추가비용이 발생하지 않는다.

③ 중장거리(100km 이하)에 주로 이용(해저에서는 접속점 없음)한다.

④ 통상적으로 XLPE 절연이 적용되며, XLPE 절연 케이블은 용이한 포설 및 유지 관리, 간단한 접속 및 보수, 우수한 화학적·전기적 특성 등의 장점으로 해저 케이블에 널리 사용한다.

⑤ 최대 전압 : 400kV

⑥ 최대 도체 Size : 2500sqmm

⑦ 국내 최대 외경 및 무게 : 외경 203mm, 단위 무게 83kg/m

⑧ 4코어 구성 : 전력용 3C + 통신용 1C(광케이블 16core)

⑨ 케이블 시스 : 연합금(납)을 적용하여 유동 방지, 고비중, 내부식성 및 신율 우수함

⑩ 용도

　㉠ 전력 연계용 해저 케이블 : 국가 간 연계, 도서 간 연계

　㉡ 풍력용 해저 케이블

　　• 외부망 해저 전력 케이블(해상 변전소 – 육상 변전소)

　　• 내부망 해저 전력 케이블(해상 발전기 간, 해상 발전기 – 해상 변전소 연결)

2. 해저 케이블 보호공법에서 매설 및 비매설 공법에 대한 비교

(1) 보호공법 선정 기준 : 매설을 원칙으로 함

① 수심 40m 이하의 천해부 구간 : 매설 및 보호관 취부 원칙과 Rock berm과 보호 구조물 공법을 병행한다.

② 수심 40m 초과의 심해부 구간 : 매설심도 확보 시에는 매설을 원칙으로 하되 미 확보 시에는 Rock berm 공법도 병행한다.

③ 연안 및 항로 구간에 적용하는 공법 : 매설공법 + Mat + Duct + Rock berm + Trench 공법을 최적화시킨 공법으로 적용한다.

(7) 매설 및 비매설 공법에 대한 비교

	공법	방식	적용 구간	매설공법/ 비매설공법
돌을 쌓는 구조	Rock berm	해저 케이블 상단에 일정한 단면을 가지도록 사석을 투하하여 쌓는 형식	• 암반구간 • 매설깊이 불충분 구간	비매설공법
케이블을 매설하는 구조	Burying (매설)	매설기를 이용하여 해저 케이블을 바닥면 속에 매설	• 토사구간 • 연약층 구간	매설공법
	Trenching (선행 굴착)	암반 지역에 선행 굴착 후 굴착면 내에 해저 케이블 설치	• 천해부 연안구간, 암반구간 • 선행 굴착이 가능한 구간	매설공법
Bag 구조	Stone bag	폴리에스터 재질의 땅에 사석을 넣은 돌망태를 해저 케이블 상단부에 설치	• 천해부 연안구간 • 암반구간	비매설공법
	Concrete bag	콘크리트를 넣은 마대를 해저 케이블 상단부에 설치	• 천해부 연안구간, 암반구간 • 사전 굴착이 힘든 구간	비매설공법
케이블을 감싸는 구조	보호강관	해저 케이블을 반으로 분리된 보호 강관에 넣어 볼트로 조립하여 설치	외부 충격에 대한 2차적 방어가 필요한 구간	비매설공법
	우레탄 보호관 (up-pipe)	해저 케이블을 폴리우레탄 제품으로 감싸서 설치	외부 충격에 대한 2차적 방어가 필요한 구간	비매설공법
유연한 매트리스 구조	ACM	콘크리트 셀을 연결한 유연한 구조의 매트리스를 해저 케이블 상단에 설치	• 암반구간 • 굴착이 어려운 구간	비매설공법
	FCM	콘크리트 셀을 연결한 유연한 구조의 매트리스를 해저 케이블 상단에 설치	• 암반구간 • 굴착이 어려운 구간	비매설공법
	전주-매트리스	전주를 연결한 유연한 구조의 매트리스를 해저 케이블 상단에 설치	• 암반구간 • 굴착이 어려운 구간	비매설공법
단단한 매트리스 구조	콘크리트 매트리스	일정한 크기의 콘크리트 매트리스를 해저 케이블 상단에 설치	• 양식장 구간 • 해저 케이블 교차구간	비매설공법
	W-매트리스	일정한 크기의 매트리스를 이음부가 겹치도록 설치	• 양식장 구간 • 해저 케이블 보수·보강 구간	비매설공법

	공법	방식	적용 구간	매설공법/ 비매설공법
철근 콘크리트 구조	A-duct	아치형태의 철근 콘크리트 구조물을 이음부가 겹치도록 설치	천해부 연안구간	비매설공법
	U-duct	철근 콘크리트 구조물을 요철형태의 이음부가 겹치도록 설치	천해부 연안구간	비매설공법

- ACM : Advanced Cantilever Method
- FCM : Free Cantilever Method

068 해저 케이블은 입상주에서부터 양륙지점을 거쳐 해저구간에 포설된 케이블을 말한다. 해저 케이블의 고장점 탐지기법에 대하여 설명하시오.

data 발송배전기술사 22-128-1-8 / 발송배전기술사 출제예상문제

답안

1. 해저 케이블 고장점 탐지법

(1) Murray loop법

   ① 원리 : 휘트스톤 브리지법의 원리를 이용해 사고점까지의 거리를 측정하는 방법(회로 구성이 된 경우에만)

   ② 고압 머레이루프법 : 전원 전압이 수천 V 이상일 경우 사용하고 기타는 저압 미레이루프법을 적용한다.

   ③ 고장점까지의 거리 계산

지락고장일 경우	선간단락 사고의 고장일 경우
(회로도: r_1, r_2, R, L, x, 12V, 단락선, 고장점, G)	(회로도: r_1, r_2, R, L, x, 12V, 단락선, 단락점, G)
• 저항은 케이블의 길이에 비례하므로 길이 L과 x를 저항으로 취급함 • r_1, r_2 : 머레이루프서항, R : 가변저항 L : 케이블의 긍장, x : 고장점까지의 거리 $r_1 \times (R+x) = r_2 \times (2L-x)$ $\therefore x = (2 \cdot r_2 L - r_1 R)/(r_1 + r_2)$	$r_1 \times (R+2x) = r_2 \times 2L$ $\therefore x = (2 \cdot r_2 L - r_1 R)/2r_1$

   ④ 장점

      ㉠ 측정의 정밀도가 높다.

ⓛ 측정조작 및 측정운반이 용이하다.

ⓒ 케이블 사고 대부분이 1선 지락사고로 적용범위가 넓고, 사용 실적도 많다.

⑤ 단점

ⓐ 단선사고 시에는 적용이 불가하다.

ⓛ 지락저항이 높고, 사고점이 방전하는 경우는 측정이 곤란하다.

ⓒ 3상 동시 지락의 경우는 병행 건전상이 없어 측정이 곤란하다.

(2) 탐색코일(search coil)에 의한 방법

접지고장이나 단락고장인 경우에 500Hz 정도를 신호 한쪽 끝에서 보내고 지상에서 만들어진 자계를 탐색코일로 찾는 방법이다.

(3) TDR법

① TDR(Time Domain Reflectometry) 기술은 케이블에 특정 신호를 주입하고, 고장점에서 반사되는 신호를 측정·분석하여 케이블 고장의 종류와 위치를 추정하는 기술이다.

② 아래 그림과 같이 케이블의 말단에서 합선이 발생된 경우 케이블의 임피던스(Z_0)보다 고장점의 임피던스(Z_T)가 작으므로$(Z_0 > Z_T)$, 입력신호와 반대위상의 파형이 측정된다.

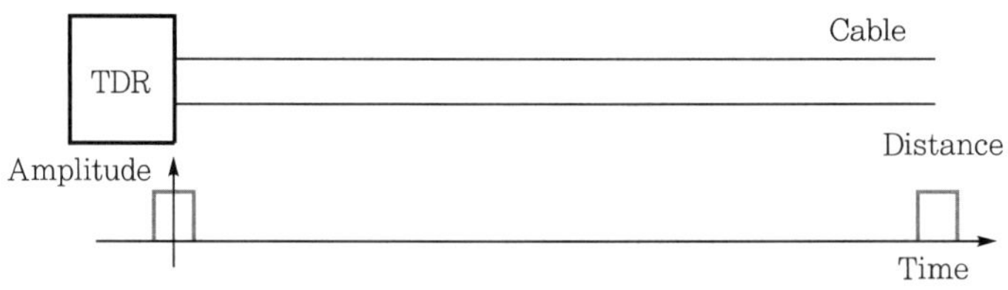

‖ 케이블 Short 시의 TDR 측정 개념 ‖

③ 아래 그림과 같이 케이블의 말단에서 단선이 발생된 경우 케이블의 임피던스(Z_0)보다 고장점의 임피던스(Z_T)가 커지므로$(Z_0 < Z_T)$, 입력신호와 같은 위상의 파형이 측정된다.

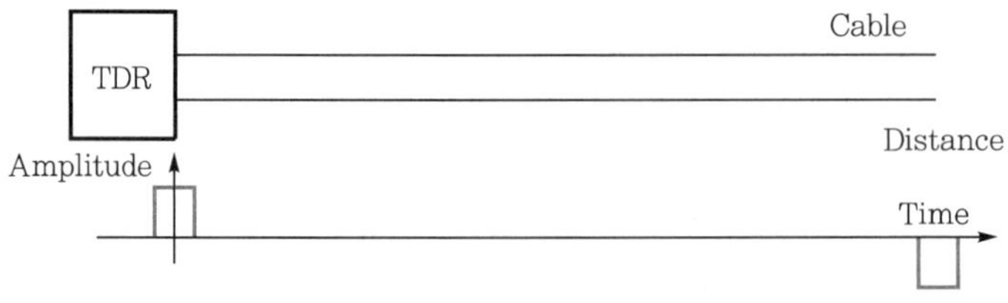

‖ 케이블 Open 시의 TDR 측정 개념 ‖

④ 케이블 고장점의 거리(D)는 다음 식과 같이 반사시간(T)과 전파속도(VOP : Velocity Of Propagation)에 의해 추정할 수 있다.

$$D = \frac{T}{2} \times VOP$$

여기서, D : 케이블 고장점의 거리

　　　　T : 반사시간

　　　　VOP : 전파속도(velocity of propagation)

⑤ 전파속도는 케이블 종류마다 상이한 값을 가지며, 케이블 제조회사 또는 측정에 의해 값을 구할 수 있다.

(4) 자계 검출법

① **측정 원리** : 암페어 오른손 법칙 이용

　㉠ 자계 : $H = \dfrac{nI}{2\pi r}$ [AT/m]

　㉡ 전류와 자속밀도 : $B = \mu H$ 에서 $I = \dfrac{2\pi r}{\mu} B$ [A]

② **측정 방법** : 해저 케이블 도체에 전류를 통전시켜, 시스에 유기되는 전류에 의한 자속의 차이를 이용한다.

　㉠ 해저 케이블은 양단 접지이므로 시스의 전류는 동일한 전류가 발생한다.

　㉡ 전류 유입점에서의 자속이 크다.

　㉢ 말단에서의 자속은 작다($\because$ 쇄교자속이 작아 작은 전류 발생).

　㉣ 해저 케이블의 고장점에 절연이 파괴되었기에 다음의 이유로 고장지짐을 알 수 있다.

- 해저 케이블의 외장 강대(bar)와 시스 사이에 시스 유도전류가 흐르고, 도체에 전류가 흐르면 시스와 외장 강대 간에는 자속이 발생한다.
- 건전구간에서는 도체와 시스 간의 자속밀도가 있어 순환전류가 시스와 도체 간에 통전된다.
- 고장점(절연파괴 부분) 이후에는 시스와 외장 강대 간에는 자속밀도가 있으나 도체에는 전류가 없어 순환전류는 시스와 외장 강대 간에만 생성된다.
- 자속밀도가 급격히 강하되는 지점(변곡점)을 고장점으로 본다.

- 전류 주입점에서 말단까지의 긍장의 65% 거리(고장점 이후 구간인) 이후
  에는 전류 감쇄로 자계 검출이 불가하다.

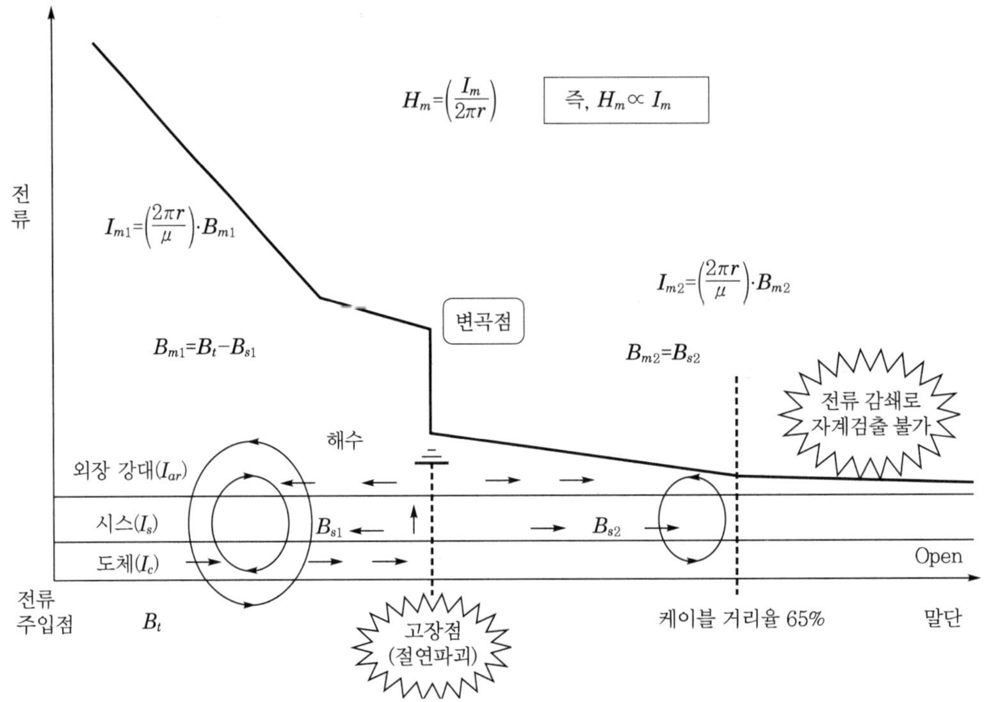

❘ 외장 강대 공통접지 연결 시 고장점 탐지 패턴 ❘

---

069 해저 케이블의 보호방안을 연안구간과 항로구간으로 구분하여 설명하시오.

(data) 발송배전기술사 21-124-4-2 · 19-118-2-3 / 발송배전기술사 출제예상문제

[답안] 1. 개요

(1) 해저 케이블 경과지 조사는 해저 케이블 건설공사 기간이 장시간 소요되고 공사
비가 많이 소모되므로 경제성, 시공성, 안전성을 종합적으로 고려하여 신뢰성이
있고 경제적인 경과지를 선정해야 한다.

(2) 설계 시 관련 법규 및 규정을 준수하고 장기계획을 고려하여 경과지를 선정해야
한다.

(3) 항로구간의 해저 케이블 경과지 선정 시 가공 송전, 지중 송전 또는 해저 케이블 송전공사의 공사기간 중 50% 이상이 경과지로 선정된 구역의 토목공사이다. 따라서 공사기간의 단축은 경과지 최적 루트 선정에 달려 있으므로 매우 중요한 건설공사의 기본이다.

(4) 최근에 해저 케이블을 지진과 쓰나미를 예측하는 센서로도 활용이 가능하여 관심이 커지고 있다.

2. 해저 케이블 경과지 조사 시 포설루트의 조사항목

(1) 해저 지형 탐사

(2) 해저면 영상 조사

(3) 해저 지층 탐사

(4) 연안선 측량 조사

(5) 잠수 조사

(6) 자력 탐사

(7) 조석 관측

(8) 조류, 기온, 풍속, 기압, 습도, 폭풍, 강수, 안개 조사

(9) 어업 종류와 특성

(10) 고성능 시추 조사

(11) 콘관입(Cone Penetration Test ; CPT) 시험

(12) 민원유발요소

3. 경과지 선정 시 고려사항

(1) 양육부

① 케이블 입상 및 용지매입 용이

② 육지선로와 연계가 용이한 곳

(2) 조간대

① 케이블 매설 용이

② 선박계류, 특정 어업 등으로 인한 케이블 손상 우려가 없는 곳

(3) 경과지

① 퇴적층이 두꺼운 곳

② 암반지역일 경우 단거리, 암반 절취 및 보강이 용이한 곳 선정

197

(4) 케이블 보호공법과 시공이 용이한 곳

(5) 어장 및 양식장 피해가 작은 경과지

(6) 해저 장애물이 없는 곳

(7) 타 시설물과 교차가 적은 곳

(8) 해상·해저 개발 계획을 참고하여 선정

(9) 지진, 돌출부, 어로지역, 환경보호지역 등 지역 특성 고려

4. 해저 케이블 보호공법 14가지 연안구간과 항로구간

공법		방식	적용 구간
돌을 쌓는 구조	Rock berm	해저 케이블 상단에 일정한 단면을 가지도록 사석을 투하하여 쌓는 형식	• 암반 구간 • 매설깊이 불충분 구간
케이블을 매설하는 구조	Burying (매설)	매설기를 이용하여 해저 케이블을 바닥면 속에 매설	• 토사 구간 • 연약층 구간
	Trenching (선행 굴착)	암반 지역에 선행 굴착 후 굴착면 내에 해저 케이블 설치	• 천해부 구간, 암반 구간 • 선행 굴착이 가능한 구간
Bag 구조	Stone bag	폴리에스터 재질의 땅에 사석을 넣은 돌망태를 해저 케이블 상단부에 설치	• 천해부 구간 • 암반 구간
	Concrete bag	콘크리트를 넣은 마대를 해저 케이블 상단부에 설치	• 천해부 구간, 암반 구간 • 사전 굴착이 힘든 구간
케이블을 감싸는 구조	보호강관	해저 케이블 반으로 분리된 보호강관에 넣어 볼트로 조립하여 설치	외부 충격에 대한 2차적 방어가 필요한 구간
	우레탄 보호관 (up-pipe)	해저 케이블을 폴리우레탄 제품으로 감싸서 설치	외부 충격에 대한 2차적 방어가 필요한 구간
유연한 매트리스 구조	ACM	콘크리트 셀을 연결한 유연한 구조의 매트리스를 해저 케이블 상단에 설치	• 암반 구간 • 굴착이 어려운 구간
	FCM	콘크리트 셀을 연결한 유연한 구조의 매트리스를 해저 케이블 상단에 설치	• 암반 구간 • 굴착이 어려운 구간
	전주- 매트리스	전주를 연결한 유연한 구조의 매트리스를 해저 케이블 상단에 설치	• 암반 구간 • 굴착이 어려운 구간

공법		방식	적용 구간
단단한 매트리스 구조	콘크리트 매트리스	일정한 크기의 콘크리트 매트리스를 해저 케이블 상단에 설치	• 양식장 구간 • 해저 케이블 교차 구간
	W-매트리스	일정한 크기의 매트리스를 이음부가 겹치도록 설치	• 양식장 구간 • 해저 케이블 보수·보강 구간
철근 콘크리트 구조	A-duct	아치형태의 철근 콘크리트 구조물을 이음부가 겹치도록 설치	천해부 구간
	U-duct	철근 콘크리트 구조물을 요철형태의 이음부가 겹치도록 설치	천해부 구간

• ACM : Advanced Cantilever Method
• FCM : Free Cantilever Method

SECTION **05** 지중 전선로 관리

070 전력구 풍냉시스템 송풍방식의 종류, 특징 및 적용기준을 설명하시오.

data 발송배전기술사 19-118-2-2 / 발송배전기술사, 건축전기설비기술사, 전기안전기술사, 전기응용 기술사 출제예상문제

답안

1. 전력구의 냉각시스템

(1) 전력구 내 규정온도가 37도 초과 시 케이블의 허용전류는 감소하게 된다.

(2) 종류

수냉식(직접식, 간접식), 풍냉식(자연식, 강제식)

(3) 전력구에 냉각시스템을 적용할 경우 송전용량의 1.2 ~ 2.5배까지 증가가 가능하다.

(4) 한전은 전력구에 간접 수냉식을 적용 중이다. 트로프 내에 송전 케이블과 송수관을 함께 설치하여 물을 강제순환하면서 케이블에 발생한 열의 방출을 쉽게 하는 방식이다.

(5) 일반적으로 전력구에는 풍냉시스템을 채용한다.

2. 풍냉시스템 설치 시 고려사항

(1) 수용 케이블의 회선수 및 장래 계획

(2) 발생 열량, 토양 고유 열저항, 지질

(3) 지하 수위의 영향

(4) 환기공 설치 개소의 노상 조건

(5) 환기 방식

전력구 내 공기의 유동속도를 일정하게 하게 하는 시스템

3. 풍냉시스템 송풍방식의 종류, 특징 및 적용기준

구분	자연냉각방식	강제냉각방식	병행방식
개념	냉각매체인 공기를 자연환기에 의해 순환	공기를 Fan을 사용하여 강제로 순환	자연냉각 + 강제냉각방식 or 수냉식과 병행

구분	자연냉각방식	강제냉각방식	병행방식
적용 기준	• 소규모, 단거리 전력구 • 유해가스 배출이 없는 경우 • 발생 열량이 적은 선로	• 중대규모, 중장거리 전력구 • 유해가스 배출이 필요한 경우 • 발생 열량이 많은 선로 • 화재 시 연기 차단이 가능해야 하므로 정역운전이 가능할 것	• 중대규모, 중장거리 전력구 • 신뢰성 필요 개소
특징	• 공기의 온도차로 인한 밀도차에 의해서 자연적으로 순환 • Fan을 사용하지 않아 별도의 전원, 제어설비자 불필요하므로 유지·보수가 간단함 • 냉각효과는 다소 떨어짐	• 동력을 사용하여 공기를 강제 순환 • Fan에 대한 별도 전원, 제어설비 필요 • 유지·보수는 자연냉각방식 보다 어려움 • 냉각효과는 자연냉각방식 보다 우수	• 냉각효과 우수 • Fan이나 펌프 고장 시에도 자연냉각 가능 • 신뢰성 우수, 고가

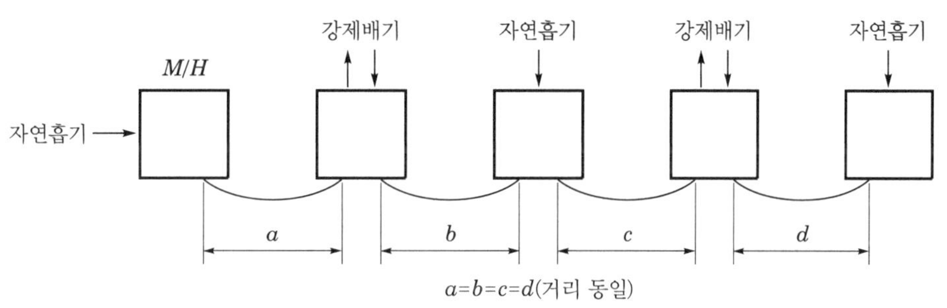

❚ 강제냉각방식의 개념도 ❚

4. 환풍기 및 수중 펌프 제어반의 조건

수중 펌프 제어반	환풍기
• 자동 및 수동 운전 • 과부하 방지기능 • 결상 보호기능 • 지락·단락 시 보호기능	• 전력구 내 풍속 : 2m/s 이하 • 환기구 그레이팅 상부 풍속 : 5m/s 이하

071 전력구 종합 감시 시스템의 구성설비 및 관리항목을 설명하시오.

072 지중 송전의 전력구 감시 시스템의 주요 기능 및 시스템 구성에 대하여 설명하시오.

data 발송배전기술사 21-125-1-3 · 17-113-1-8 / 발송배전기술사, 건축전기설비기술사, 전기안전기술사, 전기응용기술사 출제예상문제

답안

1. 개요

전력구 감시 시스템이란 전력구 내에서 발생하는 각종 사고를 미연에 방지하고, 사고 발생 시 신속한 대처가 가능하도록 구축한 시스템을 말한다.

2. 주요 기능

(1) 전력구 내 케이블 유압, 온도 및 출입자, 침수, 가스, 환경, 화재 등 상시 전력구의 운전상태 감시

(2) 케이블 표면온도, 접속함 온도 측정

(3) 펌프, 환풍기 등의 원방 제어

(4) 측정 Data trend 분석

3. 시스템의 구성

(1) 주국(MS : Mster Station)

컴퓨터, 프린터, 제어장치, 무정전 접속장치

(2) 자국(CLS : Compact Local Station)

광다중 전송장치, 광접속함

(3) 전송로

광케이블

(4) 감지센서

① 온도센서 : 접속함 온도센서, 분포온도 측정장치

② 유류센서 : 유압 · 유위 센서

③ 출입자 센서 : 근접센서, 적외선 센서, ITV

④ 침수센서 : 수위센서

⑤ 화재센서 : 정온식 감지선형 감지기

⑥ 환경센서 : 산소, 메탄, 가연성 가스, 감시카메라 등

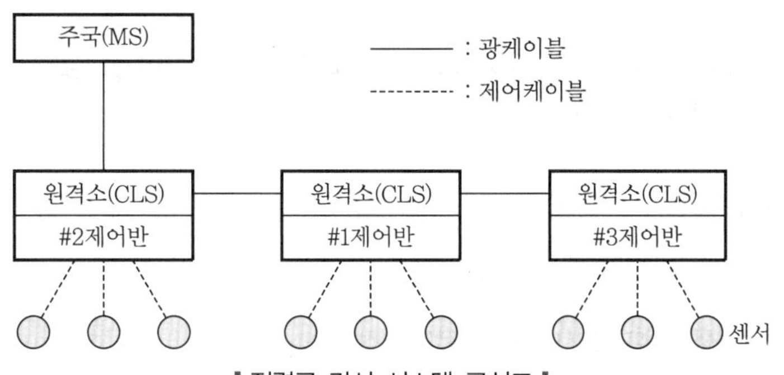

▌전력구 감시 시스템 구성도 ▌

4. 관리항목(감시대상 전력구 및 적용 항목, 적용 유형)

comment 아래 내용을 표로 표현해도 되나, 시험볼 때에는 오히려 혼란스럽고 시간이 더 소요된다.

(1) 주요 전력구

　① 형태

　　㉠ 장긍장 : 500m 이상

　　㉡ 부하밀집 : 200m 이상(15회선 이상)

　　㉢ 중요 부하 : 주요 국제대회 및 특수 부하공급 주요 설비

　② 적용 유형 및 감시제어 항목

　　㉠ 일반형

　　㉡ 배수(감시・제어), 환기(감시・제어)

　　㉢ 조명(감시・제어), 카메라(감시・제어)

　　㉣ 출입(감시・세어), 화재 및 온도(김시)

(2) 일반 전력구

　① 형태 : 소규모(단긍장) 전력구는 100m 이상 200m 미만

　② 적용 유형 및 감시제어 항목

　　㉠ 간이형

　　㉡ 출입(감시)

　　㉢ 화재(감시)

073 지중 배전선로 경과지에 사용하는 지중 선로 표시기의 설치목적, 설치장소 및 종류에 대하여 설명하시오.

data 발송배전기술사 21-124-1-11 / 발송배전기술사, 건축전기설비기술사, 전기안전기술사, 전기응용 기술사 출제예상문제

답안

1. 지중 선로 표시기의 설치목적, 설치장소

지상에서 지중 배전선로 경과지, 케이블 접속 등을 파악할 수 있도록 Cable 지상의 아스팔트, 콘크리트 포장 및 보도블록에 표시한다.

2. 지중 선로 표시기의 설치기준과 종류(윗부분 직경 : 100mm, 매설부분 길이 : 140mm)

(1) 직선구간은 10m마다 설치한다.

(2) 종점, 굴곡점, 분기점, 케이블 접속점에 설치한다.

(3) 5종류

    ① UM-1 : 직선방향형

    ② UM-2 : 양방향형

    ③ UM-3 : 3방향형

    ④ UM-4 : 4방향형

    ⑤ UM-5 : 접속점 표시형

074 지중 전선로의 전식(electrolytic corrosion)의 발생원인과 전기방식(electrolytic protection)에 대하여 설명하시오.

(data) 발송배전기술사 24-133-2-5 / 발송배전기술사, 건축전기설비기술사, 전기안전기술사, 전기응용 기술사 출제예상문제

답안

1. 개요

전식은 부식의 한 부분에 속하며 다음은 부식현상을 우선적으로 표현하고, 전식의 원인 및 전기방식에 대하여 설명하고자 한다.

2. 부식

(1) 부식의 정의

Energy 준위가 높은 물질에서 Energy 준위가 낮은 화합물로 되돌아가는 과정에서 물질 자체가 변질되거나 혹은 물질의 특성이 변질되는 것이다.

(2) 발생원인

① 금속이 전해질(토양, 물 등) 속에 놓이게 되면 전해질의 용존산소, 온도차 등의 주위환경 조건에 차이가 나타난다.

② 금속 자체의 함유된 불순물, 잔류응력 등의 금속 측 원인에 의해 전위차가 발생한다.

③ 금속의 표면에 수많은 양극부와 음극부가 형성된다.

④ 양극부에서는 금속이 이온으로 전해질 속으로 부식 전류가 흘러 양극부의 금속이 용해되어 가는데 이와 같은 현상인 전기화학적인 반응을 전식이라 한다.

(3) 부식 발생 메커니즘

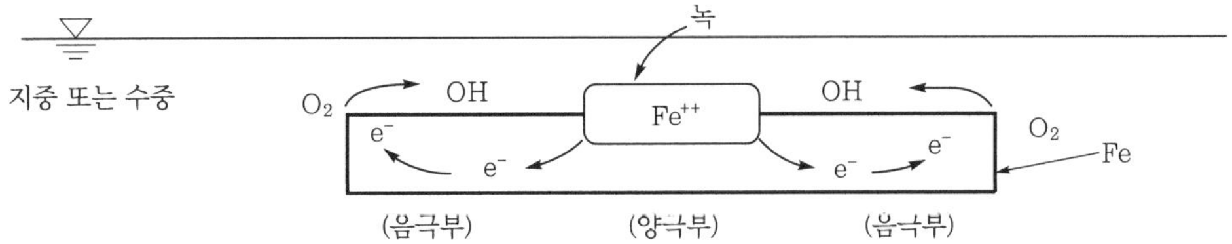

① 양극부

ⓐ 금속의 이온화(산화반응)

$$Fe \rightarrow Fe^{++} + 2e^-$$

ⓑ 물, 공기와 만나 전위차에 의해 전자가 방출된다.

② 음극부

   ㉠ 물의 수산기 발생

$$H_2O + \frac{1}{2}O_2 + 2e \rightarrow 2OH^-$$

   ㉡ 산소와 전자가 물에서 환원반응을 한다.

③ 환원반응시켜 산화 제1철 발생 : 녹 발생

$$Fe + H_2O + \frac{1}{2}O_2 \rightarrow Fe^{++} + 2OH^- \rightarrow Fe(OH)_2$$

(4) 부식의 형태

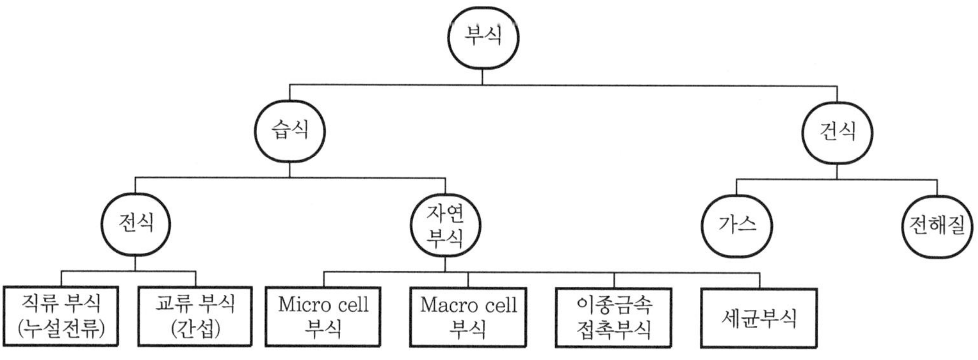

(5) 부식의 종류별 특징

종류	특징
Micro cell	전위차에 의한 부식 발생
Macro cell	염류농도 및 용존산소 차이에 의한 부식 발생(산소농담전지)
이종금속 접촉	이종금속 결합 시 부식 발생(동접지체에 연결된 철골건물)
세균	토양에 서식 중인 세균에 의해 부식 발생(황산염 박테리아)
전식	외부에서 흘러들어온 누설전류에 의해 부식 발생(전철 근처 금속관)
자연부식	공기, 물, 토립자에 의해 부식 발생(반건조한 습한 상태)

(6) 부식 방지의 기본대책

방지대책	내용
원인의 제거	부식을 일으키는 원인을 찾아 제거
재료의 선정	전식을 일으키기 어려운 금속 선택
방식 다복	금속표면에 폴리에틸렌 라이닝과 수지 라이닝 피복
환경 개선	매설관 근처 모래로 치환
전기 방식법	전류를 유입시켜 자연부식 방지
기타	Bonding, 도장, 전식 지역 위험표시, 누설전류 귀로 설치

3. 전식(전기부식)

(1) 전식의 개념

① 전해질 속의 금속이 직류 전류의 흐름으로 이온화하여 금속이 소모되는 현상

② 지중에 매설된 금속체에 누설전류가 흐를 때 전류의 유출 부분에서 금속이 이온화하여 대지로 유출됨으로써 부식되는 현상

③ 부식의 형태 중 습식에 속하며 전식은 직류 부식과 교류 부식으로 구분됨

④ **전식 발생 4요소** : 양극, 음극, 이온 경로(대지), 금속 경로가 있어야 부식됨

(2) 케이블에 있어서 전식 발생원인

① 대지에 매설된 직류 케이블에 누설전류가 흐름으로써 인근의 금속이 이온화하여 금속이 소모됨(직류 케이블에 누설전류 흐름)

② **간섭에 의한 부식** : 직류 케이블에서 누설된 부분을 양극으로 설정할 수 있고, 이 양극과 방식되는 배관 사이에 비방식 배관이 위치할 경우 집중적인 전기부식 현상이 방식 배관에서 발생함

③ **점핑에 의한 부식** : 방식 처리된 배관과 방식 처리되지 않은 배관(비방식 배관)을 절연 이음매로 접속할 경우 케이블의 누설전류가 점핑으로 이동되어 비방식 배관에는 전기부식이 과다하게 발생함

(3) 전식에 적용되는 전해법칙

① **제1법칙** : 반응물질의 양은 통과한 전기량에 비례함

② **제2법칙** : 전해되는 물질의 양은 금속의 화학당량에 비례함

$$W = k\,Q = k\,(I\,t) = \frac{Z}{F} \times I\,t$$

여기서, $k : \dfrac{Z}{F}$ 로서 전기화학당량, Q : 전하량, Z : 금속화학당량

F : 패러데이 상수, $96500\mathrm{C/mole}$

4. 전기방식(cathodic protection)

(1) 부식 방지의 기본대책

방지대책	내용
원인의 제거	부식을 일으키는 원인을 찾아 제거
재료의 선정	전식을 일으키기 어려운 금속 선택
방식 다복	금속 표면에 폴리에틸렌 라이닝과 수지 라이닝 피복
환경 개선	매설관 근처 모래로 치환

방지대책	내용
전기 방식법	전류를 유입시켜 자연부식 방지
기타	Bonding, 도장, 전식 지역 위험표시, 누설전류 귀로 설치

(2) 희생양극식(sacrificial anode system) : 유전양극법

① 금속 배관에 상대적으로 전위가 높은 금속을 직접 또는 도선에 의해 접속시키는 방식이다.

② 이종 금속 간의 이온화 경향 차이를 이용하여 소방배관이 음극이 되도록 하고, 접속시킨 금속이 양극이 되어 대신 부식되도록 하는 것이다.

③ Anode의 재질은 Fe보다 고전위인 Mg, Zn, Al 등을 사용하며, 이 양극은 서서히 소모된다.

④ 희생양극(anode)은 접지저항을 낮춰 발생전류를 많게 하기 위하여 벤토나이트 계통의 양극(backfill) 재료를 넣어 사용한다.

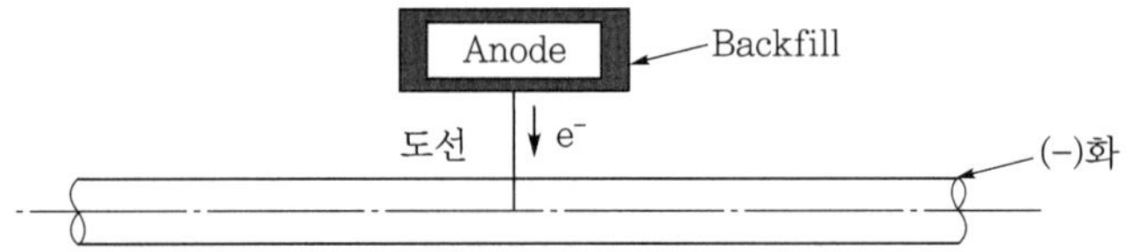

⑤ 장점

　㉠ 별도의 전원 공급이 필요하지 않다.

　㉡ 설계 및 설치가 매우 쉽다.

　㉢ 유지·보수가 거의 필요 없다.

　㉣ 주위 시설물에 대한 간섭이 거의 없다.

　㉤ 전류 분포가 균일하다.

　㉥ 도장된 배관이나 다수로 분산된 배관에 적합하다.

⑥ 단점

　㉠ 적은 방식 전류가 필요한 경우에만 사용이 가능하다.

　㉡ 토양 저항이 크거나 수중에는 부적합하다.

　㉢ 유효 전위가 제한된다.

(3) 외부전원법

① **방법** : 그림과 같이 매설 금속체와 양극 접지체 사이에 직류 전지를 설치하여 매설 금속체로부터 유출되는 전류를 상쇄시키는 방식전류를 흘린다.

② **특징** : 효과범위가 넓고 전극의 소모가 적어 평상시 관리가 쉬우나 초기 투자비가 약간 비싸고, 다른 매설 금속체에 대한 간섭에 대해 충분히 검토할 것

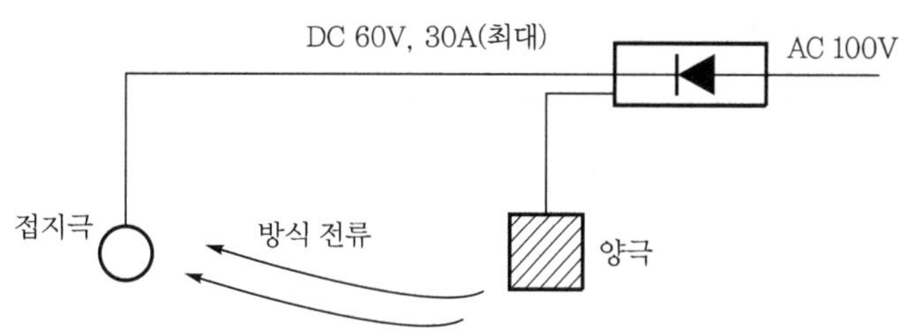

(4) 직접 배류법

① **방법** : 피방식 구조물의 누설전류 유출부분과 전철 레일을 직접 접속하여 누설
전류가 전해질을 통하지 않고 전기적 경로로 통하게 하여 부식을 방지한다.

② **특징** : 유지비가 싸고 누설전류가 상당히 경미한 곳에 적용한다.

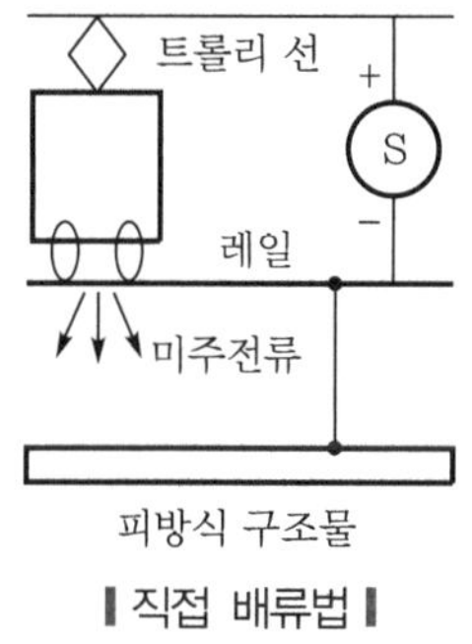

❚ 직접 배류법 ❚

(5) 선택 배류법

① **방법** : 직류 배류법과 같은 방식이나 역전류가 흐르는 것을 방지하기 위해
Diode를 설치하여 부식을 방지하고 외부전원법과 병행해 사용한다.

② **특징** : 유지비가 싸고 전철과의 관계위치에 따라 매우 효과적이나 범위가 제한
적이며 레일전위가 높을 때는 전기방식의 효과가 없다.

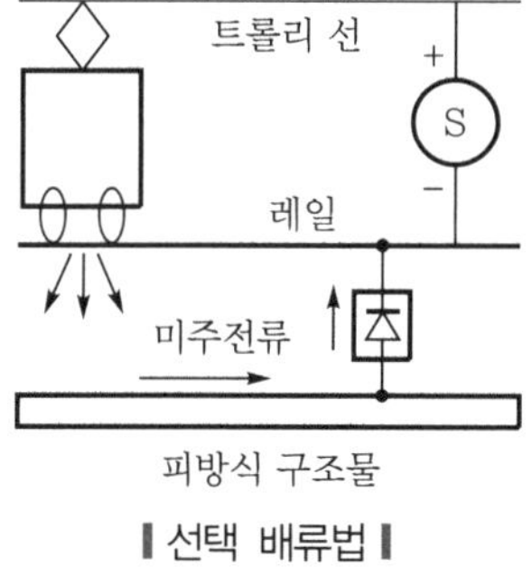

❚ 선택 배류법 ❚

(6) 강제 배류법

① **방법** : 직류 전원장치에 의해 레일에 강제적으로 배류하는 것으로, 선택 배류법 + 외부전원법과 같은 형태로 항상 배류되기 때문에 항상 방식할 수 있는 방법이다.

② **특징** : 효과범위가 넓으며 외부전원법에 비해 값이 싸지만 다른 매설체에 대한 간섭 및 신호장애에 대한 충분한 검토가 필요하다.

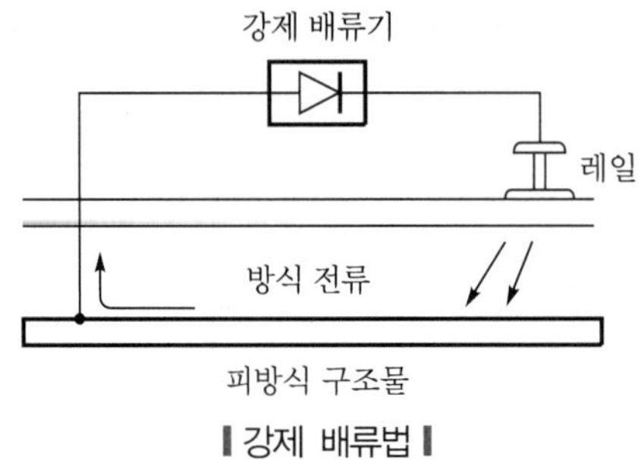

❙ 강제 배류법 ❙

(7) KEC에서 정한 전기방식 기준 준수

① **전원장치** : 금속제의 외함에 넣을 것, 변압기는 절연변압기일 것

② **회로의 사용전압** : 저압 최고 전압은 직류 60V 이하일 것

③ 지표 또는 수중에서 1m 간격의 임의 2점 간의 전위차는 5V 미만(방호 시 10V 미만)일 것

④ 지중에 매설하는 양극의 매설깊이는 0.75m 이상일 것

⑤ 수중에 시설하는 양극과 그 주위 1m 이내의 거리에 있는 임의점 사이의 전위차는 10V를 넘지 아니할 것

선로정수와 코로나 특성

SECTION 01 선로정수

075 3상 3선식 송전선로에서의 인덕턴스 종류 3가지에 대하여 설명하시오.

(data) 발송배전기술사 18-114-4-5 / 발송배전기술사 출제예상문제

답안

1. 개요

(1) 인덕턴스의 정의

회로전류 I가 통전 시 자체의 전류에 의해 생긴 자속(ϕ)과 항상 쇄교하고, 또한 전류가 변화할 경우 쇄교수도 변화되며, 이 자속의 변화에 방해하려는 역기전력 $\left(e = -L\dfrac{di}{dt}\right)$이 유도된다. 이때의 L을 자기(自己) 인덕턴스라 하며 단위는 [H]이고, 자속과의 관계는 $d\phi = L\,di$가 된다.

(2) 송전선로의 인덕턴스 구분

① 대지귀로 자기 인덕턴스(L_e)

② 대지귀로 상호 인덕턴스($L_e{}'$)

③ 작용 인덕턴스(L)

④ 영상 인덕턴스(L_0)

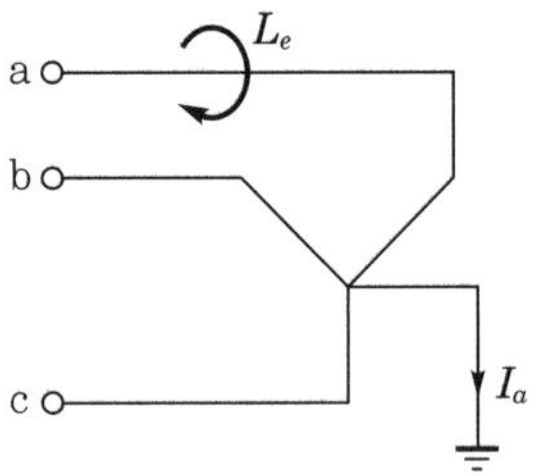

▮ 대지귀로 자기 인덕턴스 ▮

2. 대지귀로 자기 인덕턴스(L_e)

(1) 정의

a상에만 전류를 흘렸을 경우의 자기 인덕턴스

(2) 개략 값

① 이론상의 계산값

㉠ 왕복귀로 전선의 인덕턴스(L_a)

$$L_a = 0.05 + 0.4605\log_{10}\frac{H+h}{r} = 0.05 + 0.4605\log_{10}\frac{2H_e}{r}\ [\mathrm{mH/km}]$$

여기서, H : 지표면 아래 전선의 영상 깊이[m]

h : 전선의 대지상 높이[m]

r : 전선도체의 반경[m]

H_e : $\dfrac{H+h}{2}$로, 등가 대지면의 깊이[m]

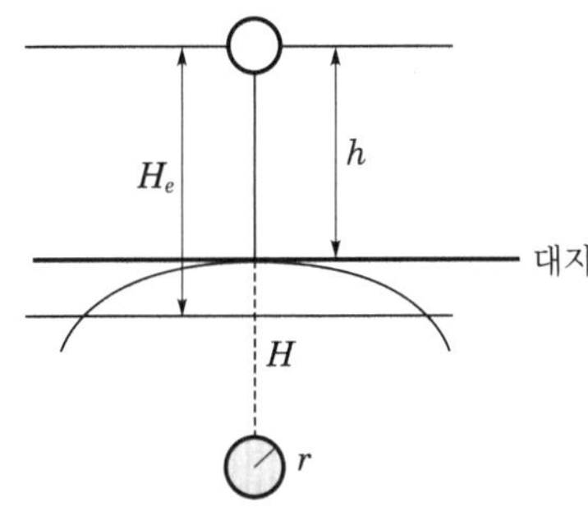

㉡ 왕복귀로 전선의 인덕턴스($L_a{'}$)

$$L_a = 0.05 + 0.4605\log_{10}\frac{H+h}{H} \fallingdotseq 0.05\,\mathrm{mH/km}$$

㉢ 왕복귀로를 가신한 총 대지귀로 지기 인덕턴스(L_e)

$$L_e = L_a + L_a{'} = 0.1 + 0.4605\log_{10}\frac{2H_e}{r}\ [\mathrm{mH/km}]$$

㉣ 이 값은 1선과 대지를 통해 돌아온 전류가 실제로 땅속 몇 m의 깊이를 중심으로 흐르고 있는지 알 수 없기 때문에 계산식을 사용하여 산출할 수 없어 송전선로가 완성되면 실측에 의해 L_e의 값을 구한다.

② L_e의 실측

㉠ 수전단을 접지하고 a선에만 전류 I_a를 흘려 주었을 경우 a선의 주위에 발생하는 L_e의 값

㉡ 지금까지의 실측에 의하면 $L_e = 2.4\,\mathrm{mH/km}$이다.

㉢ 송전선 계산에서는 무조건 이 값을 적용한다.

213

3. 대지귀로 상호 인덕턴스($L_e{}'$)

(1) 정의

그림과 같이 a선에만 전류가 흘렀을 경우 a선과 b선 및 a선과 c선과의 상호 인덕턴스

(2) 개략 값

① 이론상 계산값

㉠ $L_e{}' = 0.05 + 0.4605\log_{10}\dfrac{H+h}{D} = 0.05 + 0.4605\log_{10}\dfrac{2H_e}{D}\,[\text{mH/km}]$

㉡ 대지를 귀로로 하는 전류가 지하에 얼마만큼의 깊이로 흐르는지 알 수 없어 계산상 산출은 불가능하므로 $L_e{}'$도 실측에 의해 측정한다.

② 실측값 : $L_e{}' = 1.1\,\text{mH/km}$

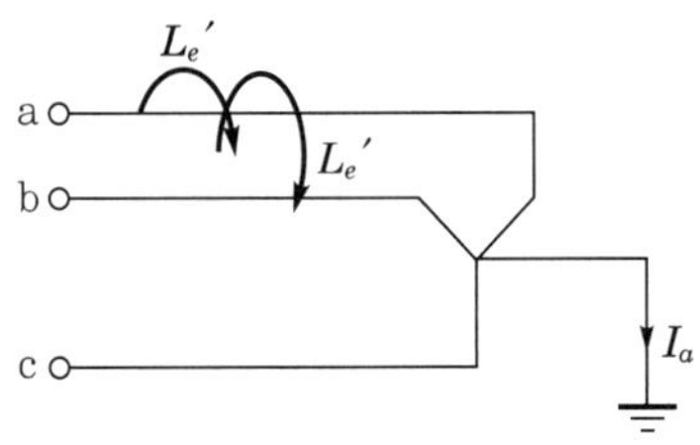

┃ 대지귀로 상호 인덕턴스 ┃

4. 작용 인덕턴스(L_n, working inductance)

(1) 정의

① 송전선에 대칭 3상 교류가 흘렀을 경우의 1선당 인덕턴스이다.

② L_n은 전류가 전선에만 흐르고, 대지에는 흐르지 않은 상태에서의 1상당의 인덕턴스이다. 즉, $I_a + I_b + I_c = 0$의 조건에서의 인덕턴스이다.

③ 만일 3상의 전류가 불평형으로 되었을 경우 작용 인덕턴스는 존재하지 않는다.

④ 3선간의 등가거리(D)가 다른 경우는 등가 선간거리를 적용한다.

$$D = \sqrt{D_{ab} \cdot D_{bc} \cdot D_{ca}}$$

⑤ 송전선은 평형 3상 회로이기 때문에 임의로 1상을 택할 수 있다.

⑥ 아래 그림에서 a선의 작용 인덕턴스를 구해보면 다음과 같다.

$$L_n = (I_a\text{에 의한 } L_e) + (I_b\text{에 의한 } L_e{}') + (I_c\text{에 의한 } L_e{}')$$

여기서, $L_e{}'$: 상호 인덕턴스

⑦ 이 값이 3상 송전선의 1선의 총쇄교 자속수를 나타내고($\Phi = LI$이므로) 이것에 의해 전압강하가 발생한다.

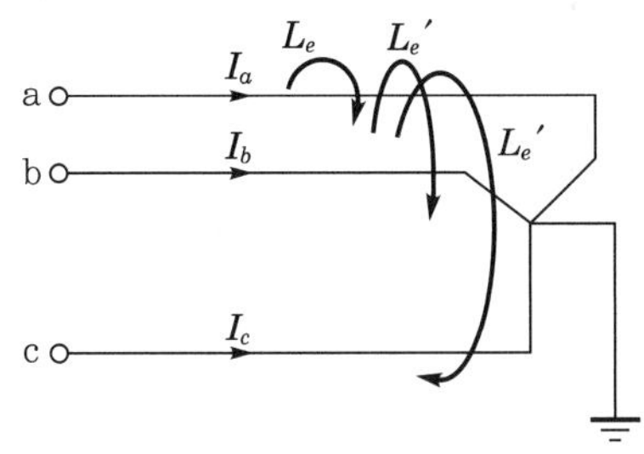

∥a선의 작용 인덕턴스 ∥

(2) 작용 임피던스값

1.3mH/km

5. 인덕턴스의 적용

(1) 평상시 및 단락 고장 시

① 작용 인덕턴스(L_n)를 사용한다.

$$L_n = 0.05 + 0.4605\log_{10}\frac{D}{r}\,[\text{mH/km}]$$

② 이 경우 전류는 평형 3상 교류로서, $i_a + i_b + i_c = 0$가 전제되어야 한다.

③ 3선간의 선간거리가 다를 경우는 등가 선간거리를 이용한다.

$$D = \sqrt{D_{ab} \cdot D_{bc} \cdot D_{ca}}$$

(2) 지락 고장 시

① 대지귀로 인덕턴스(L_e)를 사용한다.

$$L_e = 0.1 + 0.4605\log_{10}\frac{2H_e}{r}\,[\text{mH/km}]$$

여기서, $H_e : \dfrac{H_e}{2}\,[\text{m}]$로 등가 대지면의 깊이

comment 문제 075번의 그림을 참조한다.

② 이 경우 L_e는 H_e를 정확히 알 수 없어 계산에 의하지 않고 실측값을 사용한다.

③ H_e(등가 대지면의 깊이) : 보통 산악지대는 90m, 평지는 300m로 본다.

④ 지락 고장 시 영상 리액턴스의 대략 값

$$I_g = 3I_0 = \frac{3Ea}{Z_0 + Z_1 + Z_2} = \frac{3Ea}{X_0 + X_1 + X_2} \quad (단, \ X_0 = X_t + X_{l0})$$

여기서, X_t : 역상·영상·정상분이 같은 변압기의 리액턴스

X_{l0} : 선로의 영상 리액턴스

(3) 영상 인덕턴스(L_0)

① **정의** : 송전선 a·b·c 3선에서 모두 같은 위상(同相)의 전류가 흘렀을 경우 (영상전류가 흘렀을 경우)의 인덕턴스

② **개략 값** : 3개의 자속에 의힌 L_e, $L_e{}'$, $L_e{}'$가 모두 동싱이므로

$L_0 = L_e + 2L_e{}' = 2.4 + 2 \times 1.1 = 4.6\,\mathrm{mH/km}$

③ 지락 고장 시 선로 인덕턴스는 작용 인덕턴스가 아닌 대지귀로 자기 인덕턴스 (L_e)를 사용한다.

④ 실용상 1회선 송전선로에서는 영상 인덕턴스에 작용 인덕턴스의 약 4배를 적용하고 2회선 송전선로에서는 영상 인덕턴스에 작용 인덕턴스의 약 7배를 적용한다.

076 변압기의 1·2차측에서 본 %임피던스가 동일함($\%Z_1 = \%Z_2$)을 설명하시오.

data 발송배전기술사 17-112-1-12 / 발송배전기술사 출제예상문제

답안 **1. %임피던스의 개념**

(1) 그림과 같이 임피던스 $Z[\Omega]$이 접속되고, $E[\mathrm{V}]$ 정격전압이 인가된 회로에 정격 전류 $I[\mathrm{A}]$가 흐르면 $ZI[\mathrm{V}]$의 전압강하가 발생한다.

(2) 전압강하 $ZI[\mathrm{V}]$가 정격전압 $E[\mathrm{V}]$에 대하여 백분율로 어느 정도 인가를 표시할 수 있는 %Impedance법 표현식은 다음과 같다.

$$\%Z = \frac{ZI}{E} \times 100\,[\%]$$

216

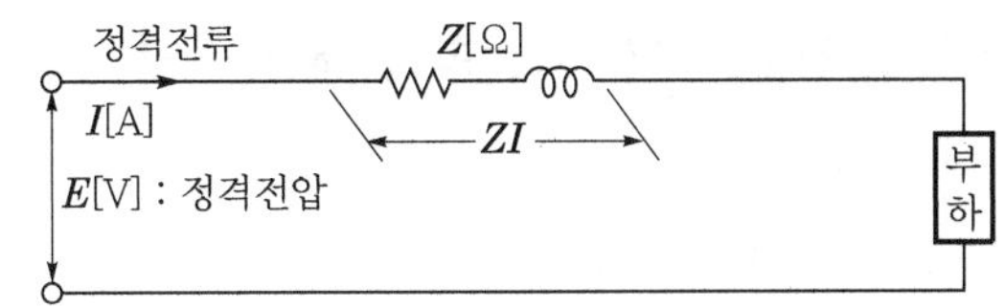

(3) %임피던스법의 실제 적용기법

① $\%Z = \dfrac{ZI}{E_0} \times 100[\%] = \dfrac{ZI}{1000E} \times 100[\%] = \dfrac{ZI \cdot E}{10E \cdot E}[\%] = \dfrac{[\text{kVA}] \cdot Z}{10E^2}[\%]$

여기서, Z : 1상당의 임피던스[Ω], I : 정격전류[A]

E_0 : 정격전압[V], E : 정격선간전압[kV]

[kVA] : 변압기의 정격용량

② 3상 변압기의 경우 $\%Z = \dfrac{P \cdot Z}{10\,V^2}[\%]$

(4) 단위법

$Z[\text{pu}] = \dfrac{\%Z}{100} = \dfrac{P \cdot Z}{1000\,V^2}[\text{pu}]$

여기서, P : 3상 변압기 용량[kVA], V : 선간전압[kV]

2. 변압기의 %임피던스

(1) 정의

① 변압기의 임피던스는 누설자속에 의한 리액턴스분과 권선저항에 의한 저항분이 있으며 이러한 임피던스는 변압기 내부 전압강하를 발생시키는 데 이것을 임피던스 전압이라고 한다.

② 이 전압강하분이 정격 전압의 몇 %인가를 나타낸 것을 %Impedance라고 한다.

(2) 측정도

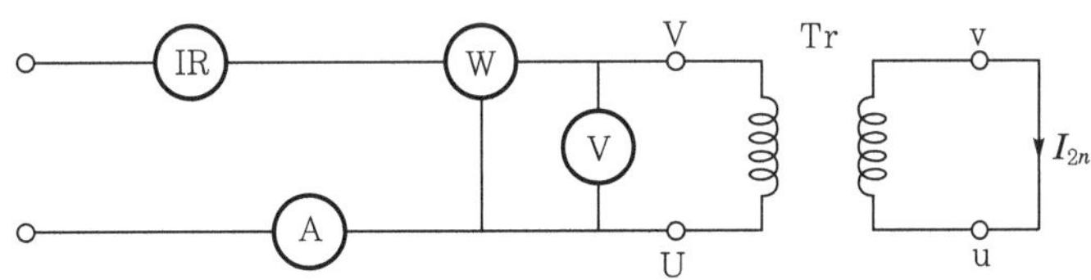

① 그림과 같은 회로의 변압기 2차 측을 단락하고, 1차 측에 정격 주파수의 저전압을 인가하여 서서히 증가하면 정격 전류가 흐른다.

② 정격 전류가 흐를 때 '(1)'의 정의와 같이 1차 전압을 임피던스 전압이라 하고 이를 백분율로 환산하면 %임피던스 전압이라 하며, $\%Z$로 표기한다.

3. 변압기 1·2차 측의 $\%Z$가 동일함에 대한 증명

(1) 개념도 및 설명

① 아래 그림과 같이 2권선 변압기의 1·2차 변압비가 n일 경우를 설명한다.

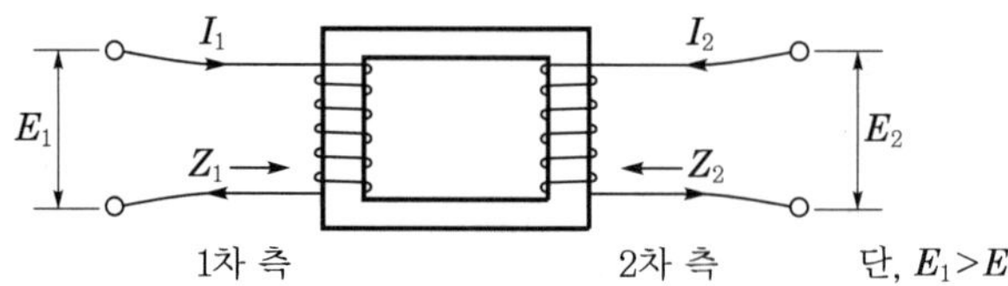

② 변압비 : $n = \dfrac{E_1}{E_2} = \dfrac{I_2}{I_1}$

③ 1차 측에서 본 임피던스를 Z_1, 2차 측에서 본 임피던스를 Z_2로 하면 %임피던스의 정의에 의해 다음 식과 같이 표현한다.

$$\%Z_2 = \frac{Z_2 I_2}{E_2} \times 100 = \frac{\dfrac{Z_1}{n^2} \times nI_1}{\dfrac{E_1}{n}} \times 100 = \frac{Z_1 I_1}{E_1} \times 100 \,[\%]$$

(2) 의미

변압기의 임피던스를 $\%Z$로 표현하면 고압 측에서 보거나, 저압 측에서 보더라도 언제나 그 값이 같기 때문에 $Z[\Omega]$ 방법처럼 전압에 대하여 신경쓸 필요가 없어 변압기의 명판에는 $\%Z$를 사용한다.

SECTION 02 코로나

077 코로나 임계전압과 코로나 방지대책을 설명하시오.

(data) 발송배전기술사 16-110-1-7 / 발송배전기술사 출제예상문제

(comment) 발송배전에서 자주 나오는 기초적인 기본 문항으로, 정확한 수식과 단위, 그 개념을 표현하도록 한다.

(답안)

1. 코로나

전선에 고전압을 가하게 되면 전선표면 및 부근의 전계가 공기의 파열극한 전위경도 (직류 : 30kV/cm, 교류 : 21.1kV/cm) 이상이 되어 공기의 전리를 일으키고, 낮은 소리(코로나 소음), 엷은 빛을 수반하는 방전현상

(comment) 배점 25점이면 그림을 1개 그릴 것(동심구에 X축, Y축 절연파괴 그림), 문제 078의 코로나 개념을 말한다.

2. 코로나 악영향 5가지

(1) 코로나 손실(Corona loss)

① 코로나 손실은 Peek 실험식으로 주어지는 전력 손실이 발생하고 또한 송전효율이 저하된다.

② 코로나 손실에 대한 실험식

$$P = \frac{241}{\delta}(f+25)\sqrt{\frac{r}{D}}\,(E-E_0)^2 \times 10^{-5}\,[\text{kW/km/1선}]$$

여기서, f : 주파수[Hz], E : 전선의 대지전압[kV]

$\qquad\qquad E_0$: 코로나 임계전압[kV]

③ 상기 식은 1ϕ 2W식 혹은 정삼각형 배치의 3상식에만 적용되며, 3상식 비대칭 배치 혹은 병행 2회선의 경우는 각도체의 전위경도가 다르므로 다음 식으로 표현한다.

$$P = \frac{1276}{\delta}(f+25)\sqrt{\frac{r}{D}}\left(\log_{10}\frac{D}{r_0}\right)^2 \times (G_0 - G_D)^2 \times 10^{-5}\,[\text{kW/km/1선}]$$

여기서, δ : 상대 공기밀도, $\delta = \dfrac{0.386b}{t+273}$

$\qquad\qquad b$: 기압[mmHg]

r : 전선의 반지름[cm], D : 선간거리[cm]

G_0 : 주어진 전위경도[keff/cm]

G_D : 파열한계 전위경도로, 21.1keff/cm

(2) 통신선에서의 유도장해

코로나에 의한 고조파 전류 중 제3고조파 성분이 중성점 전류로 나타나고, 중성점 직접 접지방식에는 인근 통신선에 유도장해를 주고 또한 파형을 일그러뜨린다.

(3) 소호 리액터의 소호 능력 저하

1선 지락 시 건전상의 대지전압 상승으로 Corona는 고장점의 잔류 전류의 유효분을 증가시켜서 소호 능력을 지하시킨다.

(4) 코로나의 전기적 잡음 발생 → Noise 장해(RFI, EMI 장해)

① 코로나 방전은 전선표면의 전위경도가 30kV/cm 초과 시에만 발생한다.

② 이때, 교류전압의 반파마다 간헐적으로 코로나가 발생하며, 고조파 펄스를 발생시켜, 고조파는 선로에 따라 전파되어, 근처의 라디오, TV 수신에 장해, 반송계전기 및 방송설비에 잡음 장해를 발생시킨다.

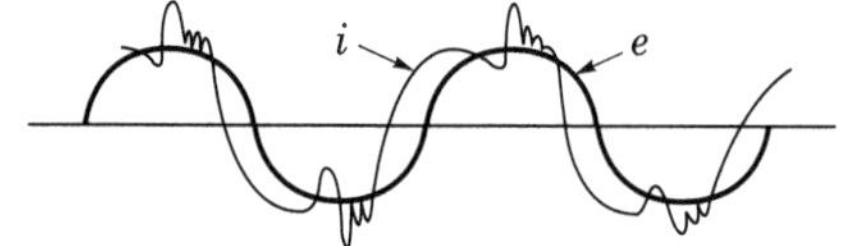

┃코로나 방전 예┃

(5) 전선의 부식 촉진

코로나에 의한 오존(O_3) 및 산화질소가 공기 중의 수분과 흡수·화합하여 초산(NHO_3)이 되어 전선과 바인드선을 열화 부식시킨다.

(6) 가청 코로나 소음 발생(AN) → 기계적인 장해

코로나 방전 시 가청 주파수 성분이 많이 있어 인근 주민들에게 불평을 듣게 된다.

(7) 전선의 코로나 진동

우천 시의 코로나로 인해 전선의 진동현상(코로나 진동)이 발생하는 경우 미약하지만 전선의 피로열화에 연결된다.

(8) 이온류의 대전현상

HVDC에서는 전선 표면에 발생하는 코로나 방전으로 인하여 대지로 향하는 이온류가 생기며, 선 아래 물체에 전하를 부여해서 전압을 유기한다.

(9) 진행되는 파고값 감쇠

악영향은 아니나 Surge(진행파)는 전압이 높아서, 코로나를 발생시키면서 진행되므로, Surge 감쇠효과는 대부분 코로나 방전에 의한 것이다.

3. 코로나 방지대책

(1) 굵은 전선을 사용하여 코로나 임계전압을 높인다.

① 임계전압 : G_0(주어진 전위경도)와 파열극한 전위경도 G_D가 같게 되는 점에서는 중성점(대지)에 대한 상전압의 크기

$$E_0 = 24.3 m_0 m_1 \delta d \log_{10} \frac{D}{r} \, [\text{kV}] \quad \cdots\cdots\cdots\cdots\cdots\cdots\cdots\cdots\cdots\cdots \text{식 1)}$$

여기서, m_0 : 전선표면계수

m_1 : 날씨계수(맑은 날은 1.0, 비가 오면 0.8)

δ : 상대 공기밀도

d : 전선의 직경[cm]

D : 선간거리[cm]

r : 전선의 반경[cm]

② 상기 식에서 반경(r)은 두 번 들어갔으나, 뒤의 $\left(r = \dfrac{d}{2} \right)$ 전선 반경은 로그함수적으로 변화되어, 전체적으로는 굵은 전선 사용 시 E_0은 상승한다.

③ 765kV에서는 굵은 전선을 사용할 때 건설비가 비싸지나, 코로나 손실 감소의 양자에 대한 경제성을 고려해서 480mm^{2}로 채용하고 있다.

④ ACSR은 경동연선에 비해 기볍고 굵어서 코로나 방지면에서 우수하다.

(2) 다도체의 사용

① 다도체 사용 시 임계전압의 r이 $r'(r' = \sqrt[n]{r s^{n-1}}$, r : 다도체 개개의 반경, s : 다도체의 간격, n : 다도체수)로 되어 $r' > r$이 되므로 임계전압 상승 → 코로나 발생 감소

② 다도체 사용 시 등가반경(r')이 훨씬 크게 되어 임계전압을 상당히 높일 수 있다.

③ 765kV T/L에서는 480mm$^2 \times 6$도체를 사용(소음기준 50dB 이하)한다.

(3) 매끈한 전선표면의 유지

식 1)에서 m_0는 전선표면이 매끄러울수록 임계전압은 상승한다.

(4) 아킹혼, 아킹링의 사용

(5) 반도체 유약의 사용

핀애자의 경우 반도체 유약을 바르면 Corona 손실이 저감된다.

(6) 가선금구의 개량 – 국부 코로나 방지

가선금구를 개량하여 특정 부위에서 전위경도가 완만하도록 하여 코로나를 방지한다.

(7) 고조파에 의한 유도장해

765kV T/L은 직접 접지방식이므로 중성선 전류에 의한 제3고조파 유도장해 문제로 OPGW의 광섬유 Cable을 사용하고 통신선의 장해를 방지시킨다.

(8) TV 및 Radio 잡음

765kV T/L에서 가정소음(50db)을 만족하도록 $480\text{mm}^2 \times 6$도체를 사용한다.

078 가공 송전선로에서 코로나 발생에 영향을 미치는 요인 및 대책에 대하여 설명하시오.

(data) 발송배전기술사 21-124-1-5 / 발송배전기술사 출제예상문제

답안 1. 코로나의 개념

코로나란 전선에 고전압을 가하게 되면 전선 표면 및 부근의 전계가 공기의 파열극한 전위경도(직류 : 30kV/cm, 교류 : 21.1kV/cm) 이상이 되어 공기의 전리를 일으키고, 낮은 소리(코로나 소음), 엷은 빛을 수반하는 방전현상이다. 아래 그림과 같이 전위경도를 나타내고 있다.

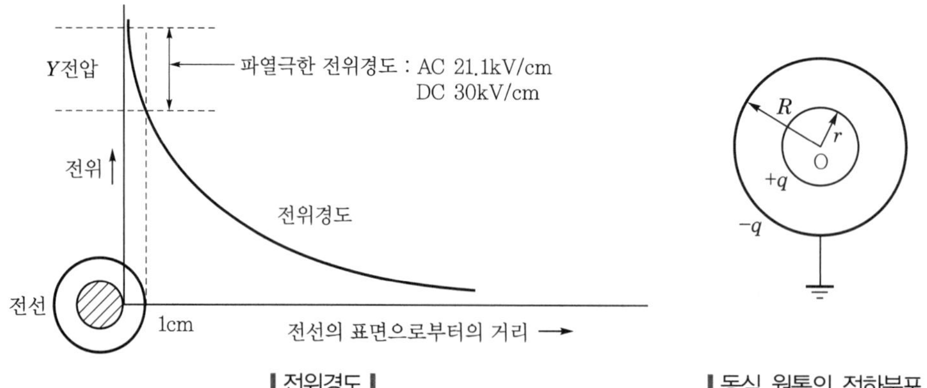

‖ 전위경도 ‖　　　　‖ 동심 원통의 전하분포 ‖

2. 코로나의 악영향(장해)

(1) 코로나 손실(corona loss)

(2) 통신선에의 유도장해

(3) 소호 리액터의 소호 능력 저하

(4) 전선의 부식 촉진

(5) 가청 코로나 소음 발생(AN) → 기계적인 장해

(6) 전선의 코로나 진동

(7) 이온류의 대전 현상

(8) 코로나의 전기적 잡음 발생 → Noise 장해(RFI, EMI 장해)

(9) 진행되는 파고값 감쇠

3. 코로나의 임계전압

(1) 개념

G_0(주어진 전위경도)와 파열극한 전위경도 G_D가 같게 되는 점에서 중성점(대지)에 대한 상전압의 크기

여기서, G_0 : 주어진 전위경도[keff/cm]

$\qquad G_D$: 파열한계 전위경도 21.1keff/cm

(2) 임계전압의 표현식

$$E_0 = 24.3 m_0 m_1 \delta d \log 10 \frac{D}{r} \text{[kV]} \quad \text{식 1)}$$

여기서, m_0 : 전선표면계수, m_1 : 날씨계수(맑은 날은 1.0, 비가 오면 0.8)

$\qquad \delta$: 상대 공기밀도, $\delta = \dfrac{0.386b}{273 + t}$

$\qquad b$: 기압[mmHg], t : 온도[℃]

$\qquad d$: 전선의 직경[cm]

$\qquad D$: 선간거리[cm]

$\qquad r$: 전선의 반경[cm]

4. 코로나 방지대책

＊Chapter 04 - 문제 077의 답안 '3.' 내용을 참조한다.

079 코로나 임계전압의 정의 및 관계식을 쓰고 코로나 방지대책을 설명하시오.

080 코로나 임계전압의 정의와 방지대책에 대하여 설명하시오.

(data) 발송배전기술사 24-132-1-5 · 18-116-1-11 / 발송배전기술사, 건축전기설비기술사, 전기안전기술사, 전기응용기술사 출제예상문제

1. 코로나의 개념

＊ Chapter 04 - 문제 078의 답안 '1.' 내용을 참조한다.

2. 코로나의 악영향(장해)

＊ Chapter 04 - 문제 078의 답안 '2.' 내용을 참조한다.

3. 코로나의 임계전압

＊ Chapter 04 - 문제 078의 답안 '3.' 내용을 참조한다.

4. 코로나 방지대책

＊ Chapter 04 - 문제 077의 답안 '3.' 내용을 참조한다.

081

다음 그림과 같은 바깥반지름 R[m]과 안반지름 r[m]인 두 개의 동심 원통을 양전극 A·B로 하고 B를 접지해서 A·B 사이에 V의 전압을 인가하면 A·B의 단위길이마다 각각 균등하게 $+q$[C/m], $-q$[C/m]의 전하가 생긴다. 이를 이용한 실제 송전선에서의 코로나 임계전압[kV]을 유도하고, 코로나 장해와 대책을 설명하시오. (단, 실제 송전선의 전선은 평행하고, $r \ll R$이다)

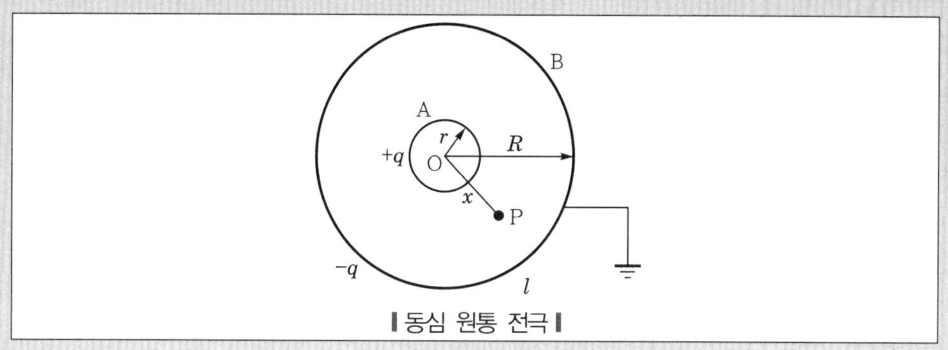

▮동심 원통 전극▮

(data) 발송배전기술사 20-120-4-6 / 발송배전기술사 출제예상문제

(comment) 출제자가 상당히 고려한 문제로 보인다. 원통 전극에서 코로나 대책까지 난이도가 높은 질문이다.

답안

1. 코로나 임계전압 유도

(1) 가우스 법칙에 의한 임의점의 전속밀도와 전계

$$\int E \cdot ds = \frac{q\,l}{\varepsilon_0} = E \cdot 2\pi x\,l$$

$$\therefore\ E = \frac{q}{2\pi\varepsilon_0\,x} \quad\text{.. 식 1)}$$

따라서, $q = 2\pi\varepsilon_0\,x \cdot E$

선전하밀도 $\lambda = \dfrac{q}{x} \rightarrow q = \lambda x$

(2) 도체 간의 전위차는 위의 선전하밀도 관계식을 이용하여 구한다.

$$V = -\int_{R}^{x} E_x\,dr = \int_{x}^{R} E_x\,dr = \frac{\lambda}{2\pi\varepsilon_0}\ln\frac{R}{r} = xE\ln\frac{R}{r} \quad\text{........................ 식 2)}$$

(3) 전계의 세기 $E_x = \dfrac{V}{x\ln\dfrac{R}{r}}$ .... 식 3)

최대의 전계 $E_r = \dfrac{V}{r\ln\dfrac{R}{r}}$ .... 식 4)

(4) 최대 전위경도

① 파열극한 전위경도에 도달할 때 전극 표면은 이온화되어 전리가 시작된다.

② 공기전리 시 도전성을 가지며 내부 전극의 반지름이 커진 것처럼 되어 불꽃방전이 발생한다.

(5) 코로나 임계전압

① 식 4)에 의해

$$V = E_r \times r \times \ln\frac{R}{r} = 21.1\,\mathrm{kV/cm} \times r \times 2.303\log_{10}\frac{R}{r}$$

$$= 24.3\,d\log_{10}\frac{R}{r} \simeq 24.3\,m_0 m_1 \delta\, d\log_{10}\frac{R}{r}\,[\mathrm{kV}]$$

$$= 24.3\,m_0 m_1 \delta\, d\log_{10}\frac{D}{r}\,[\mathrm{kV}]$$

여기서, m_0 : 전선표면계수

m_1 : 날씨계수(맑은 날은 1.0, 비가 오면 0.8)

δ : 상대 공기밀도, $\delta = \dfrac{0.386b}{273+t}$

b : 기압[mmHg]

t : 온도[℃]

d : 전선의 직경[cm]

R : 동심 원통 간의 거리[cm](송전선로 해석 시는 D로 함)

r : 전선의 반경[cm]

② 임계전압 : G_0(주어진 전위경도)와 파열극한 전위경도 G_D가 같게 되는 점에서 중성점(대지)에 대한 상전압의 크기

2. 송전선의 코로나 영향(장해)

* Chapter 04 – 문제 078의 답안 '2.' 내용을 참조한다.

3. 코로나 방지대책

* Chapter 04 – 문제 077의 답안 '3.' 내용을 참조한다.

송전 특성

082 중거리 송전선로의 T형 등가회로와 벡터도(수전단 전압을 벡터로 취한 경우)를 그리고 이를 이용하여 송전단의 전압 및 전류를 유도하시오.

data 발송배전기술사 17-111-4-4 / 발송배전기술사 출제예상문제

답안 1. 중거리 송전선로의 T형 등가회로와 벡터도(수전단 전압을 기준 벡터로 취한 경우)

(1) 분류

$50 \sim 100\text{km}$ 긍장에서 T형, π형 집중회로로 분류된다.

(2) T회로의 등가회로

① T회로는 정전용량을 서로 중앙에 집중시키고 임피던스를 이분해서 양측에서 나눈 근사법

② 중거리 T/L의 T등가회로도

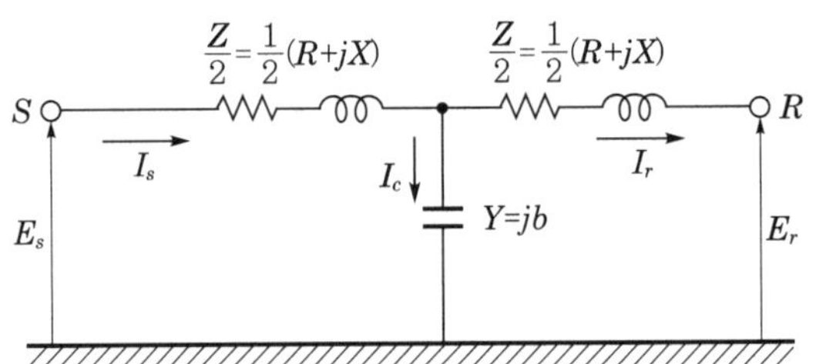

(3) 전압 Vector도

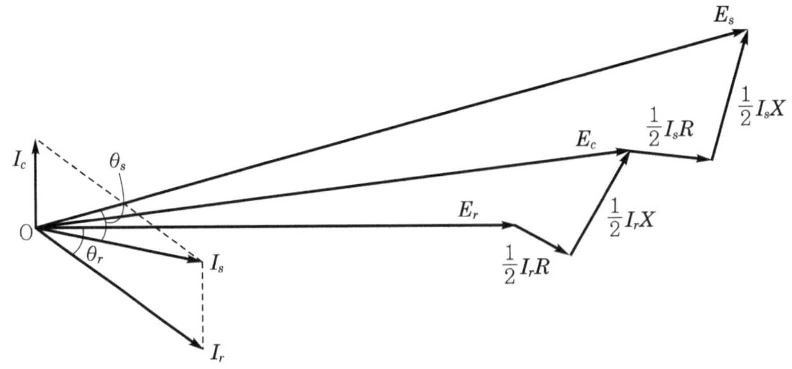

comment T형의 전류 Vector도를 수험생 스스로 그려보길 바란다.

2. 회로정수 A, B, C, D와 송전단 전류 및 송전단 전압 산출

(1) E_c점의 전압

$$E_c = E_r + I_r \cdot \frac{Z}{2} \quad \text{─────────── 식 1)}$$

(2) 전류 I_c

$$I_c = YE_c = Y\left(E_r + I_r \cdot \frac{Z}{2}\right) = YE_r + \frac{ZY}{2}I_r \quad \text{─────── 식 2)}$$

(3) 송전단 전류 I_s

① $I_s = I_r + I_c$ ─────────────────────── 식 3)

② 식 3)에 식 2)를 대입하면

$$I_s = I_r + \left(YE_r + \frac{ZY}{2}I_r\right) = YE_r + \left(1 + \frac{ZY}{2}\right)I_r \quad \text{────── 식 4)}$$

(4) 송전단 전압 E_s

① $E_s = E_c + \frac{Z}{2}I_s$ ──────────────────── 식 5)

② 식 5)에 식 1) 및 식 4)를 대입하면

$$E_s = E_r + I_r \cdot \frac{Z}{2} + \frac{Z}{2}YE_r + \left(1 + \frac{ZY}{2}\right)I_r$$

$$= \left(1 + \frac{ZY}{2}\right)E_r + \left(1 + \frac{ZY}{4}\right)ZI_r \quad \text{────── 식 6)}$$

(5) 일반정수(4단자 정수)

① $E_s = AE_r + BI_r$, $I_s = CE_r + DI_r$ 이다.

② 따라서, 식 4)와 식 6)에서 표현된 것을 적용하면 다음과 같다.

$A = 1 + \dfrac{ZY}{2}$	물리적 의미	수전단을 개방 시 송전단과 수전단의 전압비, 단위 없음
$B = \left(1 + \dfrac{ZY}{4}\right)Z$	물리적 의미	수전단을 단락 시 수전단 전류에 대한 송전단의 전압. 임피던스 단위
$C = Y$	물리적 의미	수전단을 개방 시 수전단 전압에 대한 송전단의 전류. 어드미턴스 단위
$D = 1 + \dfrac{ZY}{2}$	물리적 의미	수전단을 단락 시 송전단과 수전단의 전류비. 단위 없음

③ $\dot{A} = \dot{D}$, $\dot{A}\dot{D} - \dot{B}\dot{C} = 1$

083 중거리 송전선로의 특성과 π형 등가회로 및 벡터도를 설명하시오.

data 발송배전기술사 18-114-3-6 / 발송배전기술사 출제예상문제

답안

1. 개요

송전선로는 R, L, G, C가 선로 전체에 걸쳐서, 평등히 분포된 분포정수회로로 송·수전단의 전력, 전압, 전류 손실 등의 특성을 정확히 계산하려면 분포정수회로로 취급해야 된다.

2. π회로의 특성

(1) 송전선로의 긍장에 따라 집중정수회로 또는 분포정수회로로 취급한다.

(2) 단거리 T/L

긍장 50km 이내, 저항(R), 인덕턴스(L)만이 한 장소에 집중된 집중정수회로(단거리 송전선로에서는 정전용량 무시)

(3) 중거리 T/L

① 긍장 50 ～ 100km 정도, R, L, C가 중앙 또는 양단에만 분포 집중된 T회로 또는 π회로의 집중정수회로로 취급한다.

② 중거리 송전선로의 경우는 누설 컨덕턴스는 무시할 수 있으나 선로의 정전용량에 의한 어드미턴스 Y는 무시할 수 없으므로 이를 포함해서 고려해야 한다.

(4) 국내의 적용

① 국내의 T/L은 100km 정도 미만이 대부분으로, π형 등가회로 취급이 실용적이다.

② 이유는 중성점 직접 접지방식으로 등가회로상의 I_{cs}, I_{cr} 이 미소하여 T회로보다 π형 등가회로가 실용적이다.

(5) 장거리 T/L

긍장 100km 이상 R, L, G, C가 포함된 분포정수회로이다.

3. π형 등가회로 및 벡터도

(1) π회로의 정의

임피던스 Z를 전부 송전선로의 중간에 집중시키고, 어드미턴스 Y를 2분해서 양측으로 나눈 것이다.

(2) 중거리 T/L의 π형 등가회로 및 4단자 정수 산출

① 등가회로

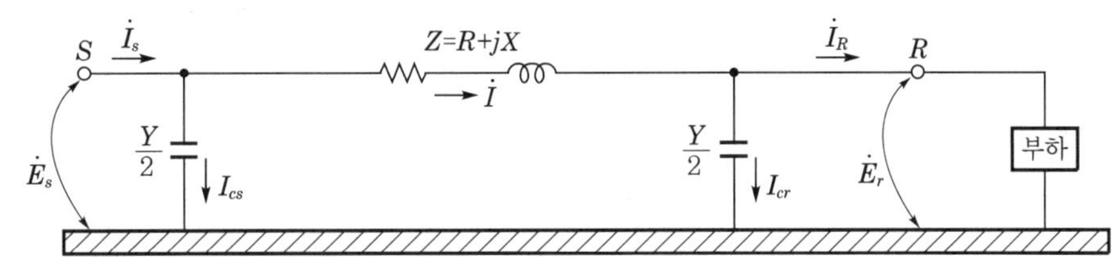

② $\dot{E}_s = \dot{E}_r + \dot{Z}\dot{I}$, $\dot{I} = \dot{I}_r + \dot{I}_{cs}$, $\dot{I}_{cr} = \dfrac{Y}{2}\dot{E}_r$, $\dot{I}_{cs} = \dfrac{Y}{2}\dot{E}_r$

③ 종속 이론에 의하여 4단자 정수를 구하면 다음과 같다.

$$\begin{bmatrix} A_1 & B_1 \\ C_1 & D_1 \end{bmatrix} = \begin{bmatrix} 1 & 0 \\ \dfrac{Y}{2} & 1 \end{bmatrix},\quad \begin{bmatrix} A_2 & B_2 \\ C_2 & D_2 \end{bmatrix} = \begin{bmatrix} 1 & Z \\ 0 & 1 \end{bmatrix},\quad \begin{bmatrix} A_3 & B_3 \\ C_3 & D_3 \end{bmatrix} = \begin{bmatrix} 1 & 0 \\ \dfrac{Y}{2} & 1 \end{bmatrix}$$

$$\therefore \begin{bmatrix} A & B \\ C & D \end{bmatrix} = \begin{bmatrix} 1 & 0 \\ \dfrac{Y}{2} & 1 \end{bmatrix} \cdot \begin{bmatrix} 1 & Z \\ 0 & 1 \end{bmatrix} \cdot \begin{bmatrix} 1 & 0 \\ \dfrac{Y}{2} & 1 \end{bmatrix}$$

$$= \begin{bmatrix} 1 + \dfrac{ZY}{2} & Z \\ Y\left(1 + \dfrac{ZY}{4}\right) & 1 + \dfrac{ZY}{2} \end{bmatrix}$$

(3) π형 등가회로의 벡터도

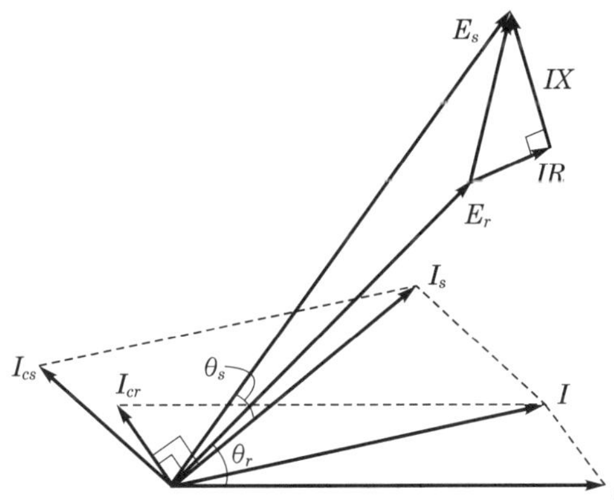

단, I_r과 E_r의 역률각 : θ_r

I_s과 E_s의 역률각 : θ_s

E_r과 I_{cr}의 위상차 : $\dfrac{\pi}{2}$

E_s와 I_{cs}의 위상차 : $\dfrac{\pi}{2}$

SECTION **02** 송전전력 표현법

084 전력계산 방법에 대한 다음 물음에 답하시오.

1. 교류전력의 벡터적 표현방법인 복소전력에 대하여 설명하시오.

2. 어떤 부하에 $v(t) = 100\sqrt{2}\sin\left(\omega t + \dfrac{\pi}{3}\right)$[V]의 전압을 가했을 때

   $i(t) = 10\sqrt{2}\cos\left(\omega t - \dfrac{\pi}{3}\right)$[A] 전류가 흘렀다.

   이 회로의 유효전력[W]과 무효전력[Var]을 구하시오.

data 발송배전기술사 22-126-1-4 / 발송배전기술사 출제예상문제

답안 1. 복소전력

(1) 복소전력

교류전력의 실수부를 유효전력으로, 허수부를 무효전력으로 표현한 것이다.

(2) Vector 표시

① 계통의 부하는 대부분 지상부하이다.

② 지상을 정($\mathrm{正}$)으로 무효전력을 +로 표현하기 위하여 전류를 공액으로 한다.

③ $W = EI^* = E\,\underline{/\delta_1} \times (I\,\underline{/\delta_2})^* = E\,\underline{/\delta_1} \times (I\,\underline{/-\delta}) = EI\,\underline{/(\delta_1 - \delta_2)}$

(상차각 $\delta = \delta_1 - \delta_2$)

(3) 계통에서 부하측으로 무효전력을 공급하는 상태를 $+jQ$로 표현한다.

(4) 전력의 상차각을 전압과 전류의 위상차로 표현하기 위해서 전류만 공액으로 표시한다.

① 전류 공액(I^*)

ㄱ 허수부분 '+' → 유도성 무효전력

ㄴ 허수부분 '−' → 용량성 무효전력

② 전압 공액(V^*)

ㄱ 허수부분 '+' → 용량성 무효전력

ㄴ 허수부분 '−' → 유도성 무효전력

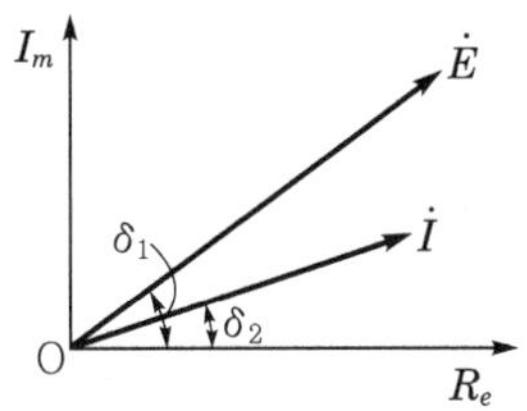

┃ 전압 · 전류의 Vector도 ┃

2. 회로의 유효전력[W]과 무효전력[Var] 산출

$$\begin{array}{l} \text{순시치} : v = V_m \sin(\omega t + \alpha) \ \text{또는} \ v = \sqrt{2}\,V \sin(\omega t + \alpha) \\[2mm] \text{페이저} : V = \dfrac{V_m}{\sqrt{2}} \underline{/\alpha} \ \text{또는} \ V = V \underline{/\alpha} \end{array}$$

(1) $v(t) = 100\sqrt{2}\,\sin\left(\omega t + \dfrac{\pi}{3}\right) = 100 \underline{/60°}$

(2) $i(t) = 10\sqrt{2}\,\cos\left(\omega t - \dfrac{\pi}{3}\right) = 10\sqrt{2}\,\sin\left(\omega t - \dfrac{\pi}{3} + \dfrac{\pi}{2}\right)$

$$= 10\sqrt{2}\,\sin\left(\omega t + \dfrac{1}{6}\pi\right)$$

$$= 100 \underline{/30°}$$

(3) 복소전력

$$W = V I^* = (100 \underline{/60°}) \times (10 \underline{/30°})^*$$

$$= (100 \underline{/60°}) \times (10 \underline{/-30°})$$

$$= 1000 \underline{/30°} = 1000(\cos 30° + j\sin 30°)$$

$$= 1000\left(\dfrac{\sqrt{3}}{2} + j\dfrac{1}{2}\right) = 500\sqrt{3} + j\,500\,[\text{VA}]$$

(4) 결론

① 유효전력 : $P = 500\sqrt{3} = 866\,\text{W}$

② 무효전력 : $Q = 500\,\text{Var}$

085 전압과 전류가 각각, $\dot{E} = E\,\underline{/\theta_1}$, $\dot{I} = I\,\underline{/\theta_2}$ 로 표현된 경우 복소전력 $\dot{W}$ 을 구하고 복소전력의 의미를 설명하시오.

data 발송배전기술사 18-114-1-12 / 발송배전기술사 출제예상문제

답안 1. 전압·전류의 Vector도

    (1) $\dot{E} = E\,\underline{/\phi_1}$, $\dot{I} = I\,\underline{/\phi_2}$, $\phi = \phi_1 - \phi_2$ ························· 식 1)

       여기서, ϕ_1, ϕ_2 : 전압의 위상각, 전류의 위상각

             $\phi_1 - \phi_2$: 위상차

    (2) Vector는 아래 그림과 같다.

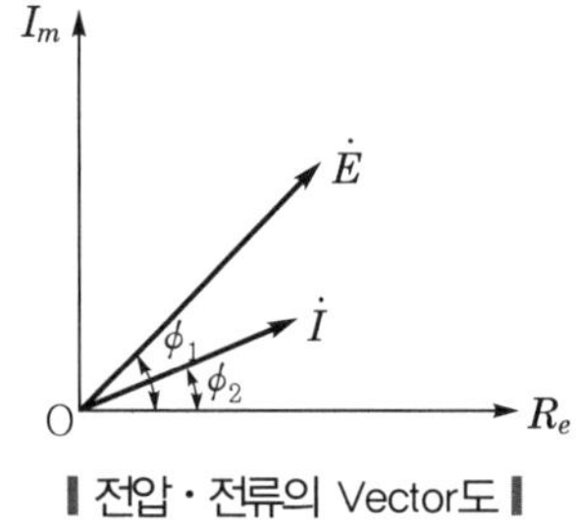

▮ 전압·전류의 Vector도 ▮

2. 교류 전력의 벡터 표시와 복소전력의 물리적 의미

    (1) Vector의 공액(conjugate)을 이용한 전력의 표현법

       ① 전압 Vector $\dot{E}$의 공액을 이용한 전력 표현

$$\dot{W} = \dot{E}^* \cdot \dot{I} = EI\,\underline{/(\phi_2 - \phi_1)}$$

$$= EI\cos(\phi_2 - \phi_1) + jEI\sin(\phi_2 - \phi_1) = EI\cos(-\phi) + j\sin(-\phi)$$

$$= EI\cos\phi - jEI\sin\phi = P - jQ \quad \text{······························ 식 2)}$$

       ② 전류 Vecotr $\dot{I}$의 공액을 이용한 전력표현

$$\dot{W} = \dot{E} \cdot \dot{I}^* = EI\,\underline{/(\phi_1 - \phi_2)}$$

$$= EI\cos(\phi_1 - \phi_2) + jEI\sin(\phi_1 - \phi_2) = EI\cos\phi + j\sin\phi$$

$$= EI\cos\phi + jEI\sin\phi = P + jQ \quad \text{···························· 식 3)}$$

       ③ 상기 결과에 의하여 $\phi_1 < \phi_2$, 즉 전류 위상이 앞설 때는 용량성 전력이 된다.

       ④ 그림에서 $\phi_1 > \phi_2$이면 전압 벡터의 위상이 전류보다 앞서는 지상 성분으로 지상 무효전력이 된다.

(2) 일반적인 송전전력의 표현과 물리적 의미

① 일반적으로 부하란 전동기 등의 X_L부하가 많다.

② 지상 무효전력을 소비한다.

③ 따라서, 규약에 의해 다음과 같이 정하고 있다.

   ㉠ 일반적인 부하는 지상 부하가 많아 지상 무효전력을 정(正)으로 규약한다.

   ㉡ $+Q$를 지상 취급, $-Q$를 진상 취급한다.

④ 결론적으로, $\dot{W} = \dot{E} \cdot \dot{I}^* = P + jQ$ [지상 무효전력을 정(正)으로 정함]

086 송전단 전압 $\dot{V}_s = V_s \underline{/\delta}$, 수전단 전압 $\dot{V}_r = V_r \underline{/0°}$ 그리고 송전선로의 조건이 $R \ll X$일 때 송·수전단의 무효전력을 구하시오.

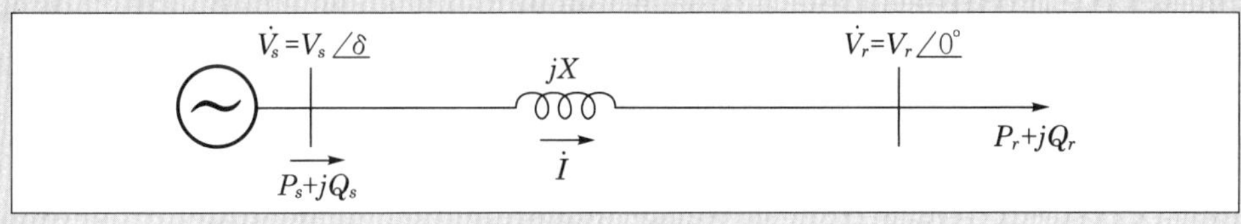

data 발송배전기술사 17-112-4-1 / 발송배전기술사 출제예상문제

 **답안**

1. 진류

$$\dot{I} = \frac{V\underline{/\delta} - V\underline{/0}}{jX} \quad \text{······ 식 1)}$$

2. 송전단 무효전력(Q_s)

(1) 송전단 전력 W_s

식 1)을 대입하면 W_s는 다음과 같이 유도된다.

$$\dot{W}_s = \dot{V}_s \cdot \dot{I}^* = V_s\underline{/\delta} \cdot \left(\frac{(V_s\underline{/-\delta}) - V_r}{-jX} \right)$$

$$= \frac{V_s^2 - V_s V_r \underline{/\delta}}{-jX} = \frac{V_s^2 - V_s V_r(\cos\delta + j\sin\delta)}{-jX}$$

$$= \frac{V_s V_r}{X}\sin\delta + j\frac{V_s(V_s - V_r\cos\delta)}{X}$$

$$= P_s + jQ_s \quad \text{······ 식 2)}$$

(2) 송전단 무효전력(Q_s)

식 2)에 의하여, $Q_s = \dfrac{V_s(V_s - V_r\cos\delta)}{X}$

3. 수전단 무효전력(Q_r)

(1) 수전단 전력 W_r

식 1)을 대입하면 W_r은 다음과 같이 유도된다.

$$\dot{W}_r = \dot{V}_r \cdot \dot{I}^* = V_r\,\underline{/0} \cdot \left(\frac{(V_s\,\underline{/-\delta}) - V_r}{-jX}\right)$$

$$= \frac{(V_s V_r\,\underline{/-\delta}) - V_r^{\,2}}{-jX}$$

$$= \frac{V_s V_r(\cos\delta - j\sin\delta) - V_r^{\,2}}{-jX}$$

$$= \frac{j V_s V_r(\cos\delta - j\sin\delta) - j V_r^{\,2}}{X}$$

$$= \frac{V_s V_r}{X}\sin\delta + j\frac{V_r(V_s\cos\delta - V_r)}{X}$$

$$= P_r + j\,Q_r \quad\text{·· 식 3)}$$

(2) 수전단 무효전력(Q_r)

식 3)에 의하여, $Q_r = \dfrac{V_r(V_s\cos\delta - V_r)}{X}$

---

087 변압기 Y–Y 결선방식의 특징과 송전선로에 적용 시 문제점에 대하여 설명하시오.

data 발송배전기술사 18-114-2-5 / 발송배전기술사 출제예상문제

답안

1. Y–Y 결선 변압기의 특징

(1) 1·2차 모두 중성점 접지가 가능하여 이상전압을 경감시킨다.

(2) 중성점 접지를 할 수 있어 단절연 방식을 채택 가능하다.

(3) 변압비, 권선 Impedance가 서로 틀려도 순환전류가 흐르지 않는다.

(4) 고전압 대전류이므로 권선의 점적률이 좋으며 상전압이 선간전압의 $\frac{1}{3}$ 이므로 고전압 권선에 적합하다.

(5) 제3고조파 여자전류의 통로가 없어 유도전압 파형은 제3고조파를 포함한 왜형파가 되고 권선의 절연 Stress가 증가한다.

(6) 제3고조파에 의한 통신선 유도장해를 발생시키고 지락사고 시 이상전압이 발생한다.

2. 주요 송전선로에서 M Tr을 Y-Y 결선하지 않는 이유

(1) Tr 철심의 특성상 왜형파 발생

① 여자전류와 자속과는 어느 한쪽이 정현파일 경우 다른 쪽은 왜형파가 된다.

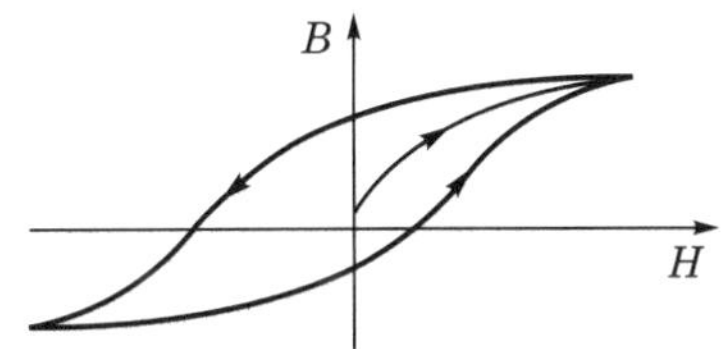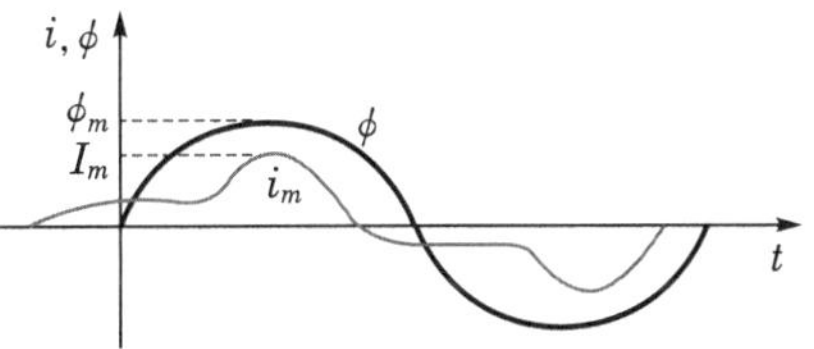

┃ 히스테리시스 특성과 왜파 ┃

② 왜형파 = 기본파 + 제3고조파(약 40%)

(정격전류의 약 5%가 여자전류이므로 $5 \times 0.4 = 2\%$ 가 정격전류의 제3고조파)

(2) 중성점 접지 시 중성점에는 제3고조파의 단상 전압이 발생되고 선로의 대지충전 용량을 통하여 제3고조파의 단상 전류로 흐른다.

① $E_a = E_1 \sin \omega t + E_3 \sin 3(\omega t - \theta)$

$E_b = E_1 \sin(\omega t - 120°) + E_3 \sin 3(\omega t - \theta - 120°)$

$\quad = E_1 \sin(\omega t - 120°) + E_3 \sin 3(\omega t - \theta)$

$E_c = E_1 \sin(\omega t - 240°) + E_3 \sin 3(\omega t - \theta - 240°)$

$\quad = E_1 \sin(\omega t - 240°) + E_3 \sin 3(\omega t - \theta)$

여기서, E_1 : 기본파 전압, E_3 : 제3고조파 전압

θ : 기본파와 제3고조파의 상차각

② 제3고조파 전압은 $E_3 \sin 3(\omega t - \theta)$ 의 단상 전압이다.

(3) 중성점 전위의 이동

① 각 상의 제3고조파 전압은 영상분으로 중성점 전위는 2차 전압 삼각형 중심보다 1차의 제3고조파의 영상분 기전력 V_0 만큼 이동한다.

② 이 때문에 각 변압기에 걸리는 전압은 불평형이 된다.

(4) 제3고조파 발생으로 인근 통신선에 유도장해 증가

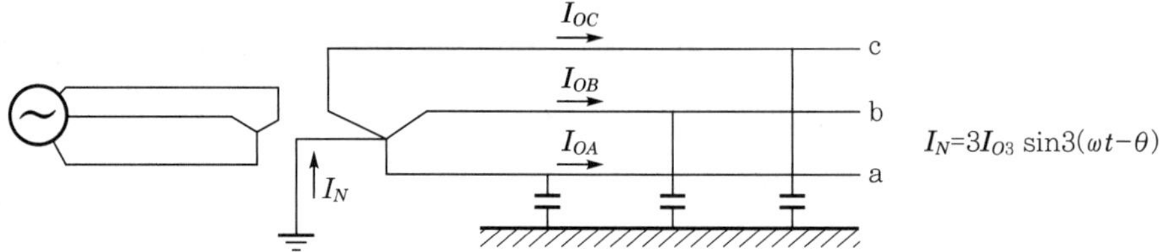

① 제3고조파 발생 메커니즘

$$I_{OA} = I_{O1}\sin\omega t + I_{O3}\sin3(\omega t - \theta)$$

$$I_{OB} = I_{O1}\sin(\omega t - 120°) + I_{O3}\sin3(\omega t - \theta - 120°)$$

$$= I_{O1}\sin(\omega t - 120°) + I_{O3}\sin3(\omega t - \theta)$$

$$I_{OC} = I_{O1}\sin(\omega t - 240°) + I_{O3}\sin3(\omega t - \theta - 240°)$$

$$= I_{O1}\sin(\omega t - 240) + I_{O3}\sin3(\omega t - \theta)$$

$$\therefore \ I_N = I_{OA} + I_{OB} + I_{OC} = 3I_{O3}\sin3(\omega t - \theta) : 제3고조파의\ 단상\ 전류$$

즉, 중성점 전류 I_N은 부하와 관계없이 선로의 대지정전용량을 통해서 상시 대지로 흐르므로 전자유도 장해를 일으키는 원인이 된다.

② 제3고조파에 의한 유도장해 발생

㉠ 통신선의 유도장해

$$e = -\frac{d}{dt}(M_A\dot{I}_{OA} + M_B\dot{I}_{OB} + M_C\dot{I}_{OC}) = -M\frac{d}{dt}(\dot{I}_{OA} + \dot{I}_{OB} + \dot{I}_{OC})$$

$$= 3\sqrt{2}\,M \cdot \frac{d}{dt}\{I_{O3}\sin3(\omega t - \theta)\}$$

단, 각 상과 통신선의 상호 인덕턴스 $M_A = M_B = M_C$

㉡ 부하 시, 무부하 시와는 무관하며 Tr의 여자전류는 부하전류의 5% 정도이므로 제3고조파 전류 $= 5 \times 0.4 = 2\%$

㉢ 제3고조파의 작은 값에도 유도기전력은 유도장해의 한 요인(평상시, 사고시) 주파수는 $60 \times 3 = 180\,\mathrm{Hz}$의 특성으로 유도장해의 증가요인이다.

㉣ 3선의 전류(A·B·C상의 영상분)가 Vector적으로 동위상으로 합쳐지고, 제3고조파의 중첩 현상 및 고조파 유도장해의 증가원인이다.

(5) 제3고조파 발생으로 Tr에 스트레스 증가

① 제3고조파를 포함한 첨두파형의 전압이 유기되어 층간절연에 스트레스가 증가한다.

② 발전기와 변압기 1차측이 접지되어 있어 발전기 권선에 고조파가 통전되어 발전기 권선이 과열(발전소에 송전용 변전소의 M Tr의 경우)된다.

(6) 대지정전용량과의 직렬 공진현상

2차 선로의 대지용량과 제3고조파에 대한 여자 리액턴스가 같을 때는 직렬 공진(series resonance)이 일어나고 이상 고전압이 발생할 우려가 있다.

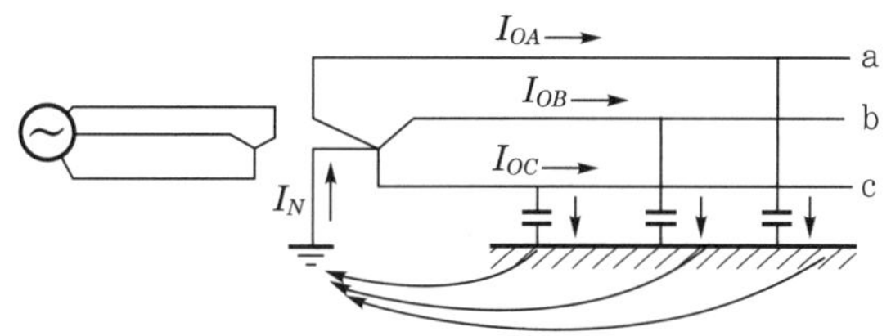

┃ Y–Y 결선에 있어 중성점 접지의 경우 선로 대지정전용량에 의한 전류분포 ┃

---

088 송전선에서 무부하시험, 단락시험을 실시하여 특성 임피던스 $\dot{Z}_w$와 전파정수 $\dot{\gamma}$를 구하는 방법을 설명하시오.

data 발송배전기술사 16-110-4-6 / 발송배전기술사 출제예상문제

답안

1. 특성 임피던스(characteristic impedance) 또는 파동 임피던스

(1) 정의

송전선을 이동하는 진행파에 대한 전압과 전류의 비를 말한다.

(2) 무한장·송전선로 각 점에서의 특성 임피던스 Z_w

$$Z_w = \sqrt{\frac{Z}{Y}} = \sqrt{\frac{r + jx}{g + jb}} \fallingdotseq \sqrt{\frac{j\omega L}{j\omega C}} = \sqrt{\frac{L}{C}} \, [\Omega]$$

$\fallingdotseq$ T/L(가공)은 300 ~ 500Ω이 된다.

여기서, Z : 선로의 직렬 임피던스, Y : 선로의 병렬 어드미턴스

2. 전반정수(propagation constant)

(1) 정의

전파정수 또는 전반정수란 $\gamma = \sqrt{ZY}$로 선로 각 점에서의 전압, 전류가 송전단에서 멀어져 감에 따라 지수 함수적으로 크기가 감소되고, 위상이 늦어짐을 표시하는 것을 말한다.

(2) 일반식

$$\gamma = \sqrt{ZY} = \sqrt{(r+jx)(g+jb)} \fallingdotseq \sqrt{(j\omega L)(j\omega C)} = j\omega\sqrt{LC}\,[\text{rad}]$$

3. Z_w와 γ를 송전선에서 구하는 방법

(1) 무부하시험

  ① 송전단 전압과 전류

$$E_s = \cosh rl\,E_r + Z_w\sinh rl\,I_r$$

$$I_s = \frac{1}{Z_w}\sinh rl\,E_r + \cosh rl\,I_r$$

  ② 수전단을 개방하여 송전단에서 전압인가 시, $I_r = 0$이 되므로 송전단의 전압·전류는 다음과 같다.

$$E_{so} = \cosh rl\,E_{ro}$$

$$I_{so} = \frac{1}{Z_w}\sinh rl\,E_{ro}$$

  ③ 송전단에서 본 무부하 어드미턴스 Y_0

$$Y_0 = \frac{I_{so}}{E_{so}} = \frac{1}{Z_w}\tanh\gamma l$$

(2) 단락 시험

  ① 수전단을 단락한 후 송전단에서 전압 인가 시 $E_r = 0$이 되므로 송전단 전압·전류는 다음과 같다.

$$E_{ss} = Z_w\sinh rl\cdot I_{rs}$$

$$I_{ss} = \cosh rl\cdot I_{rs}$$

  ② 송전단에서 본 단락 임피던스 Z_s

$$Z_s = \frac{E_{ss}}{I_{ss}} = Z_w\cdot\tanh\gamma l$$

여기서, l : 측정거리[m]

(3) 위의 식으로부터 특성 임피던스와 전파정수를 구하면 다음과 같다.

  ① $\dfrac{Z_s}{Y_o} = \dfrac{Z_w\tanh\gamma l}{\dfrac{1}{Z_w}\tanh\gamma l} = Z_w{}^2$이므로

특성 임피던스 $Z_w = \sqrt{\dfrac{Z_s}{Y_o}}$

240

② 전파정수 γ : $Z_s Y_o = (Z_w \cdot \tanh \gamma l)\left(\dfrac{1}{Z_w} \tanh \gamma l\right) = \tan^2 h\,\gamma l$ 에서

$$\rightarrow \gamma l = \tanh^{-1}\sqrt{Z_s Y_o}$$

$$\therefore \gamma = \frac{1}{l} \cdot \tanh^{-1}\sqrt{Z_s Y_o}$$

088-1 평형 3상 회로에서 1선의 대지정전용량은 $C[\mu F/km]$, 선간의 정전용량은 $C'[\mu F/km]$ 라 할 때 a·b상을 개방하여 c상과 대지 사이에 전압 E를 가할 때 4km당의 충전전류를 산출하시오.

data 발송배전기술사 출제예상문제

답안

1. 문제를 그림으로 본 해석도

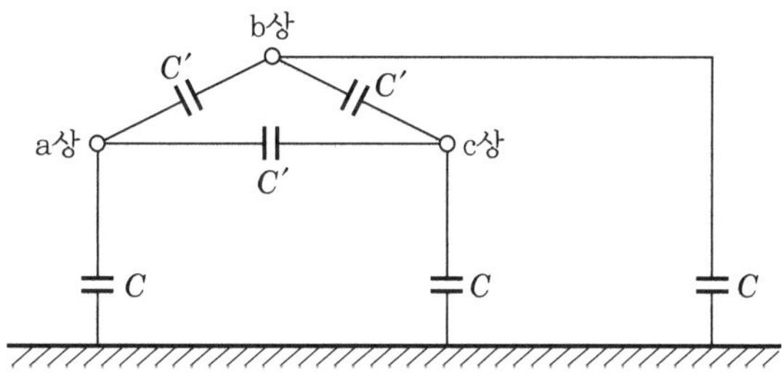

2. 상간의 정전용량 C'

a·b상을 개방하므로 두 상 간의 정전용량 C'는 고려하지 않는다.

3. 합성 정전용량

(1) 두 상을 개방한 후의 등가회로

C와 C'의 직렬 2개와 C의 합성 정전용량이므로 다음의 등기회로가 된다.

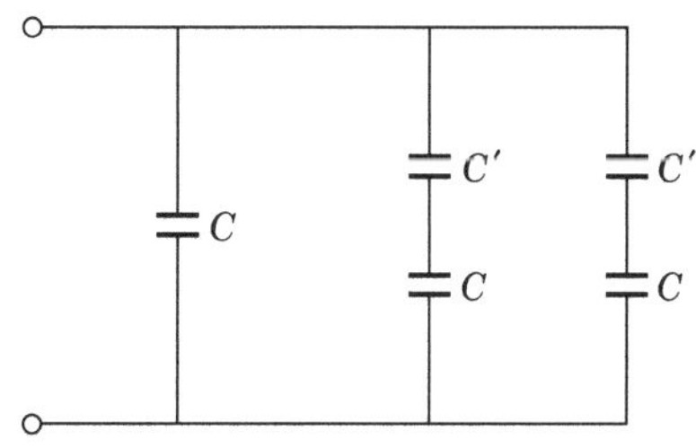

241

(2) 합성 정전용량

$$C_0 = \left(\frac{C' \times C}{C' + C} \right) \times 2 + C$$

콘덴서의 직·병렬은 저항과 반대개념이다.

(3) 충전전류

$$I = (2\pi f C_0) \times \frac{V}{\sqrt{3}} = 2\pi f \left(\frac{2C'C}{C'+C} + C \right) E$$

088-2 송전전력 방정식을 유도하고 Motor action과 Generator action 영역을 표시하시오.

data 발송배전기술사 출제예상문제

답안 1. 송전전력 방정식의 유도

(1) 하나의 동기발전기가 계통에 얼마나 많은 전력을 공급할 수 있는가를 알아보기 위해 그림과 같이 무한대 모선을 통해 모선에 접속된 발전기의 등가도에서 원통형 발전기에 대해 송전전력 방정식을 유도하면 다음과 같다.

$$P_e = |E||I|\cos(\delta - \theta)$$

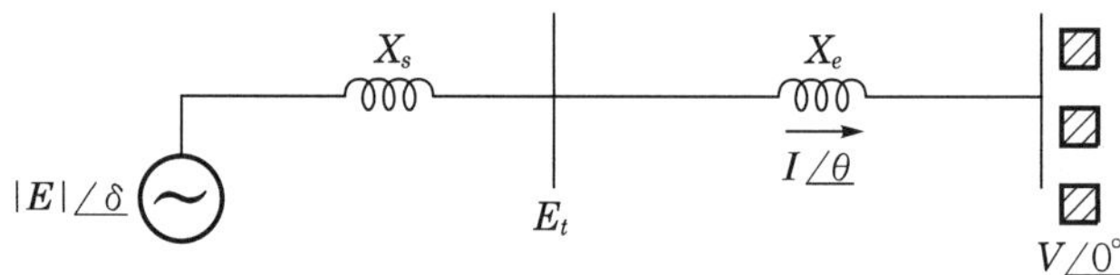

(2) 전류는 아래와 같다.

$$I = \frac{E-V}{jx} = \frac{E}{jx} - \frac{V}{jx} = \frac{|E|\angle\delta - 90°}{X} + \frac{|V|\angle 90°}{X}$$

(3) 따라서, 송전전력은 다음과 같다.

① $X = X_s + X_e = X_d + X_e$

② $P_e = |E||I|\cos(\delta - \theta) = |E||I_1|\cos(\delta - \theta_1) + |E||I_2|\cos(\delta - \theta_2)$

③ (2)의 식을 대입하여 정리하면

$$P_e = \frac{|E||E|}{X} \cos\{\delta - (\delta - 90°)\} + \frac{|E||V|}{X} \cos(\delta - 90°)$$

$$= \frac{|E||V|}{X} \sin\delta$$

④ ①을 ③에 대입하여 정리하면 송전전력이 다음과 같이 산출된다.

$$P_e = \frac{|E||V|}{X_d + X_e} \sin\delta$$

여기서, X_s : 동기 리액턴스 ≒ X_d

X_e : 발전기 단자 이후의 수전단까지의 동기 리액턴스

2. Motor action과 Generator action 영역 그래프

(1) $P_e = \dfrac{|E||V|}{X} \sin\delta$의 상차각 δ에서의 직각 좌표상에서 전력 P_e를 그리면 나타나는 그래프는 전력각 곡선(power angle curve)이다.

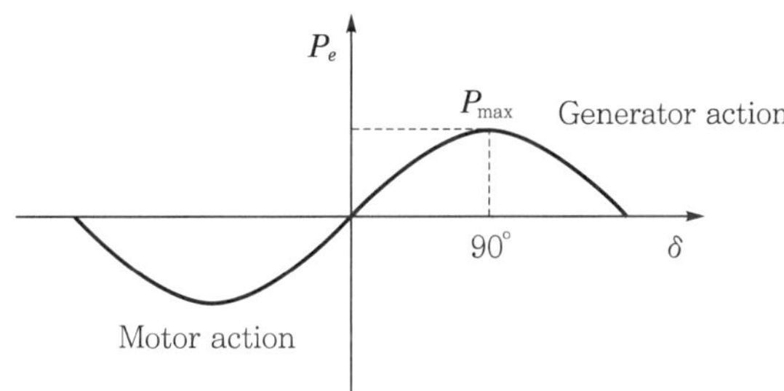

(2) Generator action

전력각(δ)의 값이 양(+)이면 발전기

(3) Motor action

전력각(δ)의 값이 음(−)이면 전동기

SECTION 03 전력 원선도

089 정전압 송전에서 전력 원선도에 대하여 다음 물음에 답하시오.

1. 송·수전단 전압이 각각 $\dot{V}_s$, $\dot{V}_r$인 3상 1회선 송전선에 의해 수전단의 평형부하에 공급할 수 있는 최대 유효전력을 구하시오. (단, 송전선 각 상 임피던스는 $R+jX$이고 선로의 정전용량은 무시하며 이 송전선로는 정전압 송전 방식이다.)

2. 송전선의 수전단 전력원의 방정식이 $P_r^{\,2}+(Q_r+400)^2=250000$으로 표현되는 전력계통에서 무부하 시 수전단 전압을 일정하게 유지하는 데 필요한 조상기의 종류, 조상용량을 원선도상에 표시하시오. (단, P[kW], Q[kVar])

(data) 발송배전기술사 17-111-4-6 / 발송배전기술사 출제예상문제

[답안]

1. 송·수전단 전압이 각각 $\dot{V}_s$, $\dot{V}_r$인 3상 1회선 송전선에 의해 수전단의 평형부하에 공급할 수 있는 최대 유효전력

   (1) 문제의 도식

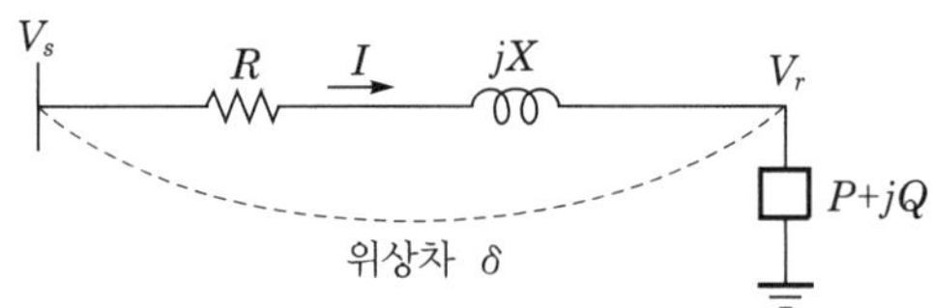

   (2) 선로의 전류 산출

   수전단 선간전압을 기준으로 하면

   $$I = \frac{V_s\,\underline{/\delta}-V_r}{\sqrt{3}\,Z\underline{/\theta}} = \frac{1}{\sqrt{3}\,(R+jX)}\left\{V_s(\cos\delta+j\sin\delta)-V_r\right\}$$

   또는 $I = \dfrac{V_s\,\underline{/\delta}-V_r}{\sqrt{3}\,Z\underline{/\theta}} = \dfrac{V_s\,\underline{/(\delta-\theta)}-V_r\,\underline{/-\delta}}{\sqrt{3}\,Z}$

   (3) 수전단의 유효 및 무효전력 P, Q 산출

   ① 수전단 전력

   $$W_r = P_r + jQ_r = \sqrt{3}\,V_r\,{I_r}^{*}$$

   $$= \frac{V_r\,{V_s}^{*}-V_r\,{V_r}^{*}}{Z^{*}} = \frac{V_s V_r(\cos\delta-j\sin\delta)-{V_r}^{2}}{R-jX}$$

$$= \frac{V_s V_r (R\cos\delta + X\sin\delta) - R V_r^2}{R^2 + X^2}$$

$$+ j\,\frac{V_s V_r (X\cos\delta - R\sin\delta) - X V_r^2}{R^2 + X^2}$$

② 따라서, 유효전력 및 무효전력은 다음과 같다.

$$P = \frac{V_s V_r (R\cos\delta + X\sin\delta) - R V_r^2}{R^2 + X^2}$$

$$Q = \frac{V_s V_r (X\cos\delta - R\sin\delta) - X V_r^2}{R^2 + X^2}$$

2. 송전선의 수전단 전력원의 방정식이 $P_r^2 + (Q_r + 400)^2 = 250000$ 으로 표현되는 전력계통에서 무부하 시 수전단 전압을 일정하게 유지하는 데 필요한 조상기의 종류, 조상용량을 원선도상에 표시(단, P[kW], Q[kVar])

(1) 전력 원선도의 정의

① 선로의 제량을 계산할 때 수식에 의한 방법과 도식에 의한 방법이 있다.

② 전자(前者)는 번잡하지만 정확한 결과를 얻을 수 있고, 후자(後者)는 개략적이나마 필요한 내용을 간단히 구해서 변화하는 양을 한눈으로 볼 수 있는 특징이 있다.

③ 선로의 송·수전 양단의 전압크기를 일정하게 하고 다만 상차각만 변화시켜서 전력(P)을 송전할 수 있는가, 또 어떠한 무효전력(Q)이 흐르는가의 관계를 표시한 것이다.

(2) 정전압 송전방식의 원리

① 전력 원선도에서는 송·수전단의 유효전력(P_s, P_r) 및 무효전력(Q_s, Q_r) 4개 중 어느 것이나 1개만 정해지면 다른 것은 자동적으로 결정되어 계통흐름을 인지한다.

② 정전압 송전방식에서는 항상 E_s, E_r의 크기를 일정하게 유지하므로 P는 일정한 값이 된다.

③ 따라서, 송·수전단 전력은 언제나 원선도의 원주상에 존재하지 않으면 안 된다.

(3) 전력 원선도의 중심점과 반지름

문제에서 주어진 전력 방정식은 $\left(P + \dfrac{V_r^2 R}{Z^2}\right)^2 + \left(Q - \dfrac{V_r^2 X}{Z^2}\right)^2 = \left(\dfrac{V_s V_r}{Z}\right)^2$ 에서 다음과 같이 구할 수 있다.

① 중심 : $\left(-\dfrac{V_r^2 R}{Z^2},\ \dfrac{V_r^2 X}{Z^2}\right)$

② 반지름 : $\dfrac{V_s V_r}{Z}$

(4) 그러므로 주어진 조건에서 원선도의 반지름은 $\sqrt{250000} = 500$ 이다.

(5) 원의 중심 : $(0,\ -400)$

(6) 조상기의 종류

지상 무효전력을 공급하는 Shunt reactor를 적용한다.

(7) 조상용량을 원선도상에 표시(단, $P[\mathrm{kW}]$, $Q[\mathrm{kVar}]$)

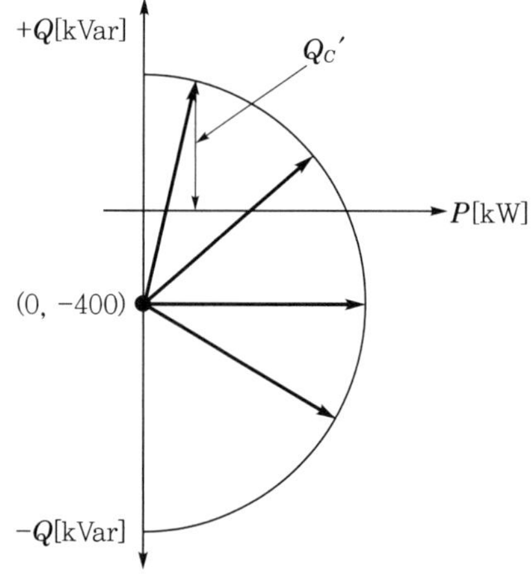

$$P_r^2 + (Q_r + 400)^2 = 250000$$

$$-Q' = 400 - \sqrt{500^2 - P_r^2}\ [\mathrm{kVar}]$$

$$\therefore\ Q_c' = Q' - Q_L' = \left\{(400 - \sqrt{500^2 - P_r^2}) - P_r \tan\phi_r\right\}$$

090 전력 원선도에 관한 다음을 설명하시오.
1. 전력 원선도 개념
2. 전력 원선도로부터 파악할 수 있는 사항
3. 일정 역률의 부하를 증가시키는 경우에 정전압을 유지하기 위한 수전단의 조상설비 운용방법

data 발송배전기술사 23-131-4-5 / 발송배전기술사 출제예상문제

답안

1. 전력 원선도의 정의

(1) 선로의 제량을 계산할 때 수식에 의한 방법과 도식에 의한 방법이 있다.

(2) 전자(前者)는 번잡하지만 정확한 결과를 얻을 수 있고, 후자(後者)는 개략적이나마 필요한 내용을 간단히 구해서 변화하는 양을 한눈으로 볼 수 있는 특징이 있다.

(3) 선로의 송·수전 양단의 전압크기를 일정하게 하고 다만 상차각만 변화시켜서 전력 P를 송전할 수 있는가, 또 어떠한 무효전력 Q가 흐르는가의 관계를 표시한 것이다.

2. 전력 원선도로부터 파악할 수 있는 사항

(1) 전력 원선도상의 P 손실, Q 손실 표시

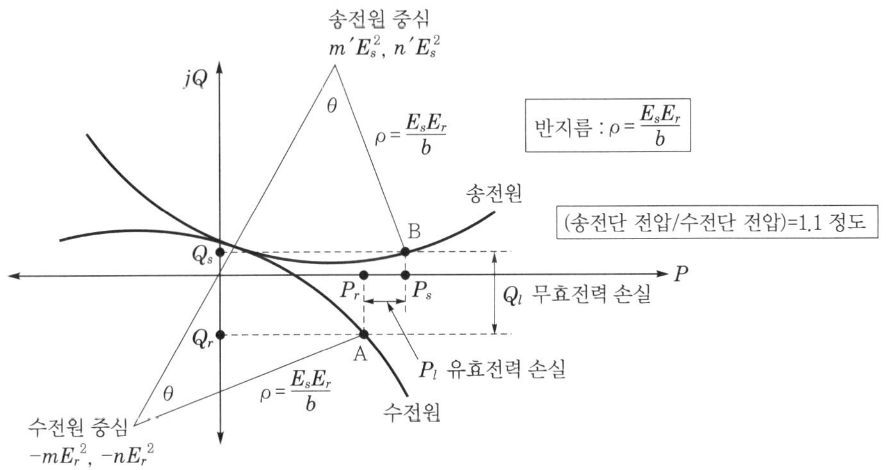

┃ 전력 원선도상의 손실 표시 ┃

(2) 전력 원선도 작도

① 정전압 계통에서 4단자 정수를 이용한 방정식

$$\dot{E}_s = \dot{A}\dot{E}_r + \dot{B}\dot{I}_r$$

$$\dot{I}_s = \dot{C}\dot{E}_r + \dot{D}\dot{I}_r$$

② 여기서, $\dot{B} = b\underline{/\beta}$, $\dfrac{\dot{A}}{\dot{B}} = m - jn$, $\dfrac{\dot{D}}{\dot{B}} = m' - jn'$, $\rho = \dfrac{E_s E_r}{b}$ 이라 하면

송전전력 $\dot{W}_s = P_s + jQ_s$ 및 수전전력 $\dot{W}_r = P_r + jQ_r$ 은 다음과 같다.

$$\dot{W}_s = (m' + jn')E_s^2 - \rho\underline{/\theta + \beta}$$

$$= m'E_0^2 - \rho\cos(\theta + \beta) + jn'F_s^2 - j\rho\sin(\theta + \beta)$$

$$\dot{W}_r = \rho\cos(\theta - \beta) - j\rho\sin(\theta - \beta) - (m + jn)E_r^2$$

③ 그러므로 $\dot{W}_s$, $\dot{W}_r$ 을 θ 에 대해서 변화시켜주면 중심이 $(m'E_s^2,\ n'E_s^2)$ 및

$(-mE_r^2,\ -nE_r^2)$ 이고 반지름이 $\rho = \dfrac{E_s E_r}{b}$ 인 원이 된다.

(3) 정전압 송전방식의 원리

① 전력 원선도에서는 송·수전단의 유효전력$(P_s,\ P_r)$ 및 무효전력$(Q_s,\ Q_r)$ 4개 중 어느 것이나 1개만 정해지면 다른 것은 자동적으로 결정되어 계통흐름을 인지한다.

② 정전압 송전방식에서는 항상 E_s, E_r 의 크기를 일정하게 유지하므로 P 는 일정한 값이 된다.

③ 따라서, 송·수전단 전력은 언제나 원선도의 원주상에 존재하지 않으면 안 된다.

(4) 전력 원선도의 중심점과 반지름

문제에서 주어진 전력 방정식은 $\left(P + \dfrac{V_r^2 R}{Z^2}\right)^2 + \left(Q - \dfrac{V_r^2 X}{Z^2}\right)^2 = \left(\dfrac{V_s V_r}{Z}\right)^2$ 이고

이 식으로부터 다음을 구할 수 있다.

① 중심 : $\left(-\dfrac{V_r^2 R}{Z^2},\ \dfrac{V_r^2 X}{Z^2}\right)$

② 반지름 : $\dfrac{V_s V_r}{Z}$

(5) 파악할 수 있는 사항

   ① 송·수전단 전력 : 송·수전단 유효전력(P_s, P_r), 송·수전단 무효전력(Q_s, Q_r), 송·수전단 피상전력(W_s, W_r)

   ② 필요한 전력수송을 위한 송·수전단 전압 간의 상차각[위상각(θ)]

   ③ 송·수전할 수 있는 최대 전력

   ④ 선로손실과 송전효율

   ⑤ 요구하는 부하전력을 수전단에서 받기 위해 필요한 조상용량(Q_c)

   ⑥ 수전단 역률(조상용량을 공급으로 조정된 후의 값)

3. 일정 역률의 부하를 증가시키는 경우에 정전압을 유지하기 위한 수전단의 조상설비 운용

(1) 수전단에서 임의의 전력 P_r을 받고 있으면 그에 따라서 수전단 무효전력 Q_r이 정해지고, 이때의 값에 따라 송전단 전력 P_s, Q_s도 정해진다.

(2) P_r을 수전하기 위해서는 송전단, 수전단이 다같이 그에 상당한 일정 역률로 운전해야 한다.

(3) 송전단에서는 발전기로 요구되는 무효전력을 공급할 수 있지만 수전단에서는 부하가 요구하는 무효전력과 원선도상에서 정해지는 무효전력과의 차에 해당하는 무효전력을 따로 공급해야 한다.

(4) 단계별 필요한 조치

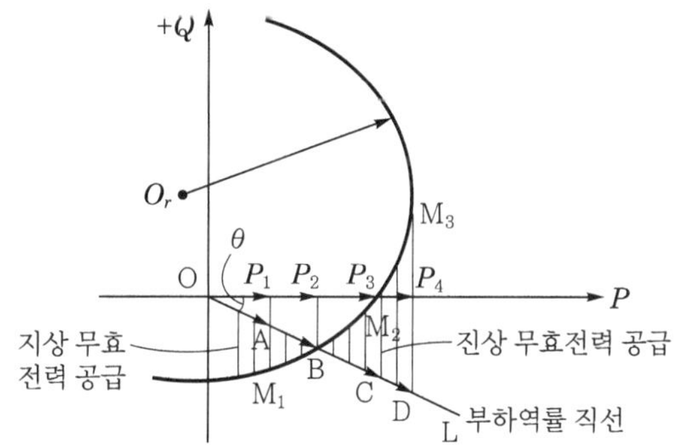

▌수전 전력 원선도와 부하직선▐

   ① 부하가 커짐에 따라($P_1 \rightarrow P_2 \rightarrow P_3 \rightarrow P_4$) 이를 수전하기 위한 수전원의 점($M_1 \rightarrow B \rightarrow M_2 \rightarrow M_3$)도 같이 원주상을 이동한다.

② A점에서 필요한 조치 : B점보다 작은 수전전력 P_1의 경우에 부하전력은 A점이고 원선도상에는 M_1점이므로 $\overline{AM_1}$에 해당하는 지상 무효전력을 수전단에서 따로 공급해주어야 수전전력을 원선도상에 실을 수 있게 된다.

③ B점에서 필요한 조치 : 부하역률 직선($\overline{OL}$)과 원선도는 B점에서 서로 만나게 되며, 교점 B에 해당하는 부하전력 P_2를 수전 시 부하의 역률은 일정하다.

④ C점에서 필요한 조치 : 수전전력 P_3가 필요할 경우 이에 상당하는 부하전력은 원선도상 M_2이므로 $\overline{CM_2}$의 길이에 해당하는 진상 무효전력을 수전단에서 따로 공급해주어야만 수전전력을 원선도상에 실을 수 있다.

⑤ D점에서 필요한 조치 : 수전전력 P_4가 필요할 경우 이에 상당하는 부하전력은 원선도상 M_3이므로 $\overline{DM_3}$의 길이에 해당하는 진상 무효전력을 수전단에서 따로 공급해주어야 수전전력을 원선도상에 실을 수 있다.

⑥ 따라서, 부하가 B점을 초과할 경우에는(중부하 시) 수전단에서 진상 무효전력을 공급하고, 부하가 B점보다 줄어들었을 경우에는(경부하 시) 반대로 지상 무효전력을 공급해서 송·수전단의 전압을 일정하게 유지해야 한다.

⑦ 앞의 그림에서 임의의 역률의 부하에서도 이에 해당하는 부하직선을 그려주면, 조상설비의 용량 크기를 알 수 있다.

---

091 다음은 전력 원선도에 관한 설명이다. 각각의 물음에 답하시오.

1. 전력 원선도상의 P 손실, Q 손실을 나타내고, 전력 원선도로부터 파악할 수 있는 사항을 간략히 설명하시오.
2. 일정 역률($\cos\theta$)의 부하를 증가시키는 경우에 정전압을 유지하기 위한 수전단의 조상설비 운용방법을 설명하시오.

data 발송배전기술사 18-115-3-1 / 발송배전기술사 출제예상문제

답안 1. 전력 원선도의 정의

＊ Chapter 05 - 문제 090의 답안 '1.' 내용을 참조한다.

2. 전력 원선도상의 P 손실, Q 손실을 나타내고, 전력 원선도로부터 파악할 수 있는 사항

 * Chapter 05 – 문제 090의 답안 '2.' 내용을 참조한다.

3. 일정 역률($\cos\theta$)의 부하를 증가시키는 경우에 정전압을 유지하기 위한 수전단의 조상설비 운용방법(전압유지를 위한 단계별 조치)

 * Chapter 05 – 문제 090의 답안 '3.' 내용을 참조한다.

---

092 단거리 송전선로에서 송·수전 양단 전압을 조상설비를 이용하여 일정하게 유지하고 있을 때에 대한 전력 원선도를 그리고, 송전단 위상각이 36.8도이고 수전단 위상각이 0도일 때 송·수전 전력[pu] 및 손실[pu]을 각각 구하시오. (단, 송전단 전압은 1.05pu, 수전단 전압은 1.0pu로 유지되는 것으로 하며, 선로 임피던스 $Z = 0.03 + j0.04$[pu] 이다)

(data) 발송배전기술사 21-123-1-6 / 발송배전기술사 출제예상문제

답안

1. 전력 원선도 작성

(1) 선로정수

 ① 단거리 송전선로의 4단자 정수 : $A = 1,\ B = Z,\ C = 0,\ D = 1$

 ② $Z = 0.03 + j0.04 = 0.05 \Big/ \Big(\theta = \tan^{-}\dfrac{4}{3}\Big) = 0.05 \big/ 53.13° = b \big/ \beta$

  여기서, b : 임피던스 크기, β : 선로의 역률각

 ③ $\delta = 36.8°$ (δ : 송전단 위상각이 $36.8°$)

(2) 원선도 정수

 ① $\dfrac{1}{B} = \dfrac{1}{0.05 \big/ 53.13°} = 20 \big/ -53.13°$

 ② $\dfrac{A}{B} = \dfrac{1}{0.05 \big/ 53.13°} - 20 \big/ -53.13° = 12 \quad j16 = m - jn$

 ③ $\dfrac{D}{B} = \dfrac{1}{0.05 \big/ 53.13°} = 20 \big/ -53.13° = 12 - j16 = m' - jn'$

④ $\rho = \dfrac{V_s V_r}{b} = \dfrac{(1.05 \times 1.0)\,\underline{/36.8°}}{0.05} = 21\,\underline{/36.8°}$

반지름 $\rho = \dfrac{V_s V_r}{b} = 21\,\underline{/36.8°}$

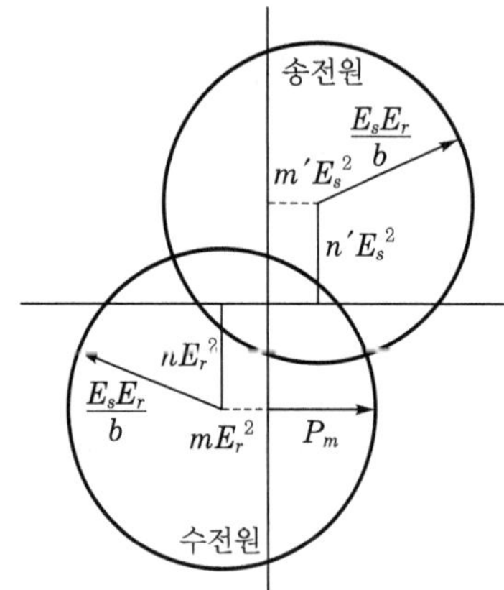

2. 송전단 위상각이 36.8도이고 수전단 위상각이 0도일 때 송수전 전력[pu] 및 손실[pu]

(1) 송전전력

$$m' V_s^{\,2} - \rho \cos(\beta + \delta) = 12 \times 1.05^2 - 21\cos(36.8 + 53.13)$$
$$= 13.20\,\mathrm{pu}$$

(2) 수전전력

$$\dfrac{V_s V_r}{b}\cos(\beta - \delta) - m V_r^{\,2} = 21\cos(53.18 - 36.8) - 12 \times 1^2$$
$$= 8.15\,\mathrm{pu}$$

(3) 손실

송전전력−수전전력 $= 13.23 - 8.15 = 5.05\,\mathrm{pu}$

SECTION 04 장거리 송전선로

093 아래 사항에 대하여 설명하시오.

1. 장거리 무부하 송전선을 시송전할 경우 1상당 충전용량 크기
   (W_S : 1상당 충전용량, E_S, I_S : 송전 전압·전류, E_r, I_r : 수전 전압·전류)

2. 1상분의 등가회로가 아래 그림과 같이 표현되는 무부하 지중 송전선로에 지금 $L = 20\,\text{mH}$, $C = 50\,\mu\text{F}$일 때 이 선로의 수전단 전압은 송전단에 비해 몇 % 상승하는지 구하시오. (단, 전원의 주파수는 60Hz이다)

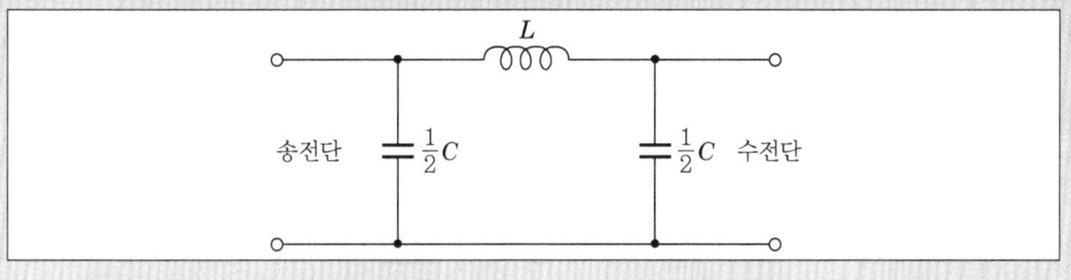

data 발송배전기술사 20-120-3-3 / 발송배전기술사 출제예상문제

답안

1. 장거리 무부하 송전선을 시송전할 경우 1상당 충전용량 크기

(1) 절연협조 차원에서 정격전압의 1.05배를 감안한 절연합리화 시행

(2) 장거리 무부하 송전선로의 시충전 시 다음의 메커니즘에 의한 시행

① 시충진힐 때는 E_r이 정격전압이 되도록 E_S로 시충전한다.

② 1상의 충전용량 $\dot{W}_S = \dot{E}_S \cdot \dot{I}_S{}^*$

여기서, E_S : 상전압

또, 선로는 무부하로(R이 개방) $I_r = 0$이다.

③ 그러므로 $E_S = \dot{A}E_r + \dot{B}I_r$이고, $I_S = \dot{C}E_r + \dot{D}I_r$이다.

④ 따라서, $I_r = 0$이면 $E_S = \dot{A}E_r$이고, $I_S = \dot{C}E_r$이 되며, $\dot{E}_r = \dfrac{1}{A}\dot{E}_S$가 된다.

(3) 1상당 충전용량 $\dot{W}_S$

① $\dot{W}_S = \dot{E}_S \cdot \dot{I}_S{}^* = E_S(\dot{C}E_r)^* = E_S(\dot{C})^*\left(\dfrac{1}{\dot{A}}E_S\right)^* = E_S{}^2\left(\dfrac{C}{A}\right)^*$

② 결과적으로 $|W_S| = E_S{}^2\left|\dfrac{C}{A}\right|$로 된 충전용량으로 장거리 송전선로를 시충전한다.

여기서, $C : \dfrac{I_S}{E_r}$ 로, 위상과 크기를 갖고 있는 어드미턴스

$A : \dfrac{E_S}{E_r}$ 로, 크기만 있는 수치

2. **1상분의 등가회로가 아래 그림과 같이 표현되는 무부하 지중 송전선로에 지금 $L = 20\,\text{mH}$, $C = 50\,\mu\text{F}$일 때 이 선로의 수전단 전압이 송전단에 비해 상승하는 비율 (단, 전원의 주파수 = 60Hz)**

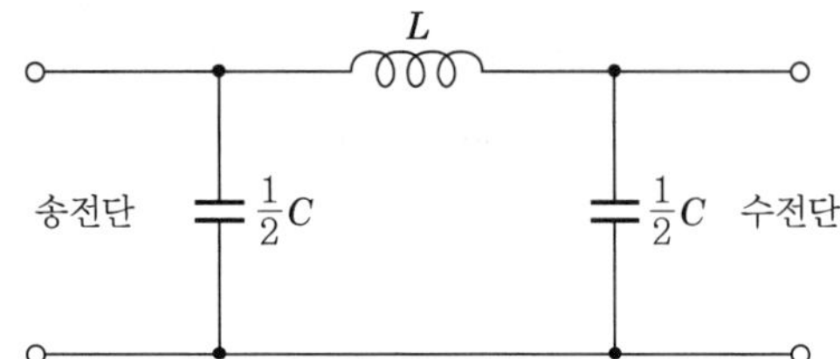

(1) 전기 회로망을 활용한 송·수전단 전압 변화율

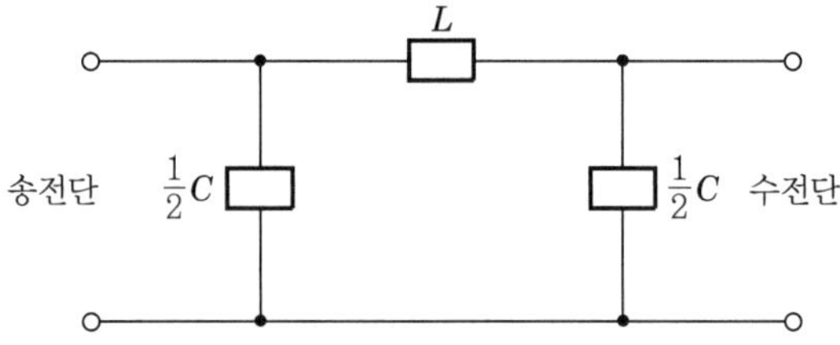

(2) 분압 법칙에 의한 수전단 전압

$$E_r = E_S \times \frac{\dfrac{1}{j\,0.5\omega C}}{j\omega L + \left(\dfrac{1}{j0.5\omega C}\right)} = E_S \times \frac{1}{1 - \dfrac{\omega^2 LC}{2}}$$

$$\therefore \frac{E_r}{E_S} = \frac{1}{1 - \dfrac{\omega^2 LC}{2}} = \frac{1}{1 - \dfrac{(2\pi \times 60)^2 \times 20 \times 10^{-3} \times 50 \times 10^{-6}}{2}} = 1.0765$$

(3) 수전단 전압이 7.65% 상승한다(페란티 현상 발생).

094 페란티 현상(Ferranti phenomenon)에 대하여 설명하시오.

data 발송배전기술사 17-111-1-4 / 발송배전기술사, 전기안전기술사 출제예상문제

답안

1. 페란티 현상의 정의

(1) 일반적으로 부하의 역률은 지상이나 장거리 T/L에서는 분포 정전용량이 크게 나타나서, 부하가 경부하 및 무부하일 때는 선로의 정전용량으로 위상이 거의 90° 진상인 충전전류 I_c가 흐르게 된다.

(2) 이때, 충전전류 I_c와 선로의 자기 인덕턴스에 의한 기전력 때문에 수전단 전압 E_r이 송전단 전압 E_S보다 높게 되는 현상을 페란티 효과(현상)라 한다.

2. 페란티 현상 Vector도

(1) Vector도를 활용한 페란티 현상의 발생 이유

① 장거리 T/L에서는 정전용량(C)의 영향으로 특히 무부하 T/L의 충전 시 문제가 된다.

② 일반적으로 부하의 역률은 지상 부하로 전류가 전압의 위상보다 뒤져 아래의 왼쪽 그림과 같다.

③ 주간 또는 심야일 때 경부하의 경우 정전용량으로 인한 충전전류가 전압보다 거의 90도 진상이 됨으로써 충전전류 I_c와 선로의 자기 인덕턴스에 의한 기전력 때문에 수전단 전압이 송전단 전압보다 높게 되는 현상을 아래 오른쪽 그림과 같은 Vector도를 통해 알 수 있다.

(2) Vector도 비교

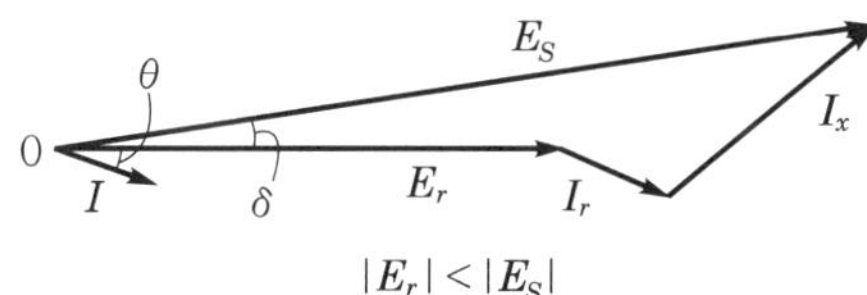

‖ 지상 전류의 Vector도 ‖

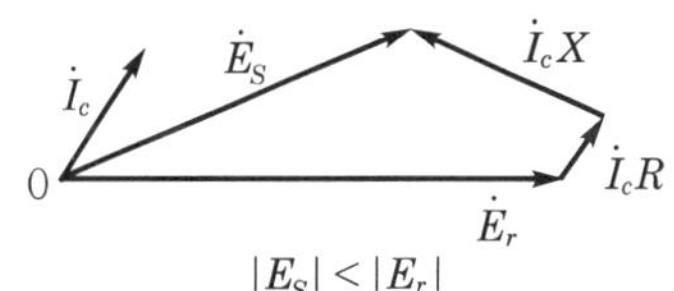

‖ 진상 전류의 Vector도 ‖

(3) 페란티 현상 특성

송전선로의 단위길이당 정전용량이 클수록, 선로의 길이가 길어질수록 현저하다.

3. 특성(영향)

(1) 송전단의 전압이 제일 낮고, 송전단에서 갈수록 수전단의 개방단에서 최곳값의 전압이 나타나 전력품질의 저하 요인이 된다(규정전압 유지 불가능 등).

(2) 선로의 충전용량이 높게 될 경우 계통의 절연 또한 문제가 되어 계통사고가 발생할 우려가 높다.

(3) 무부하 송전선로를 차단할 경우 차단기에 가혹차단 악영향을 더욱 심화시킨다.

4. 대책

comment 장거리 송전선로 시충전 시의 충전용량에 대한 설명이다.

(1) 절연협조 차원에서 정격전압의 1.05배를 감안한 절연합리화 시행

(2) 장거리 무부하 송전선로의 시충전 시 다음의 메커니즘에 의한 시행

① 시충전할 때는 E_r이 정격전압이 되도록 E_S로 시충전한다.

② 이때, 1상의 충전용량 $\dot{W}_S = \dot{E}_S \cdot \dot{I}_S{}^*$이고(여기서, E_S : 상전압) 또, 선로는 무부하로(R이 개방) $I_r = 0$이다.

③ 그러므로 $E_S = \dot{A}E_r + \dot{B}I_r$이고, $I_S = \dot{C}E_r + \dot{D}I_r$이다.

④ 따라서, $I_r = 0$이면 $E_S = \dot{A}E_r$이고, $I_S = \dot{C}E_r$이 되며, $\dot{E}_r = \dfrac{1}{\dot{A}}\dot{E}_S$가 된다.

⑤ 1상당 충전용량 $\dot{W}_S$는 다음과 같다.

$$\dot{W}_S = \dot{E}_S \cdot \dot{I}_S{}^* = E_S(\dot{C}E_r)^* = E_S(\dot{C})^*\left(\frac{1}{\dot{A}}E_S\right)^* = E_S{}^2\left(\frac{C}{A}\right)^*$$

결과적으로 $|W_S| = E_S{}^2\left|\dfrac{C}{A}\right|$로 된 충전용량으로 장거리 송전선로를 시충전한다.

여기서, $C : \dfrac{I_S}{E_r}$로, 위상과 크기를 갖고 있는 어드미턴스

$A : \dfrac{E_S}{E_r}$로, 크기만 있는 수치

(3) 적정용량의 분로 리액터를 설치하여 유도성 부하로 용량성 부하를 상쇄시킨다.

095 발전기 자기여자현상의 정의 및 방지대책을 기술하고, 송전전압 345kV 2회선, 선로길이 250km, 선로의 작용 정전용량 0.01μF/km라고 할 때, 이 선로에 자기여자를 일으키지 않고 충전하기 위한 발전기 최소 용량[kVA]을 산정하시오. (단, 발전기의 단락비는 1.1, 포화율은 0.12이다)

data 발송배전기술사 19-119-3-1 / 발송배전기술사 출제예상문제

답안

1. 발전기 자기여자현상의 정의 및 원인과 발생 메커니즘

(1) 정의

발전기의 용량이 선로의 충전용량보다 적은 경우 장거리 무부하 송전선로를 충전할 때 충전전류 때문에 전기자 반작용으로 인한 증자작용이 발생하면 발전기의 단자전압이 급격히 정격전압보다 상승하는 현상이다.

(2) 원인

① 장거리 무부하 송전선로의 충전용량이 발전기 용량보다 클 경우

② 용량성 무효전력의 과다공급 : 무효전력 보상장치의 과보상

③ 전기자의 증자 반작용

(3) 발생 Mechanism

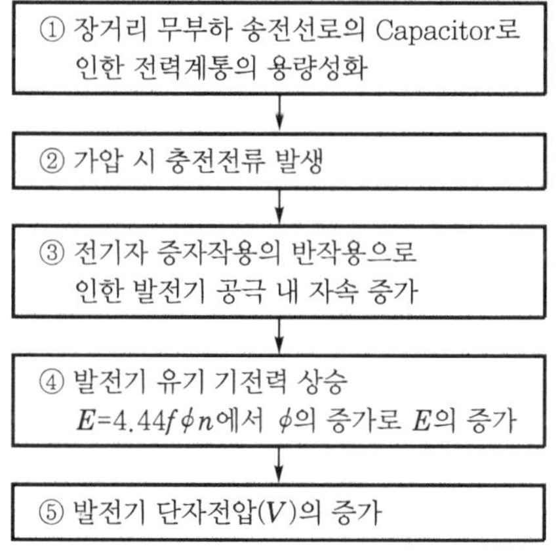

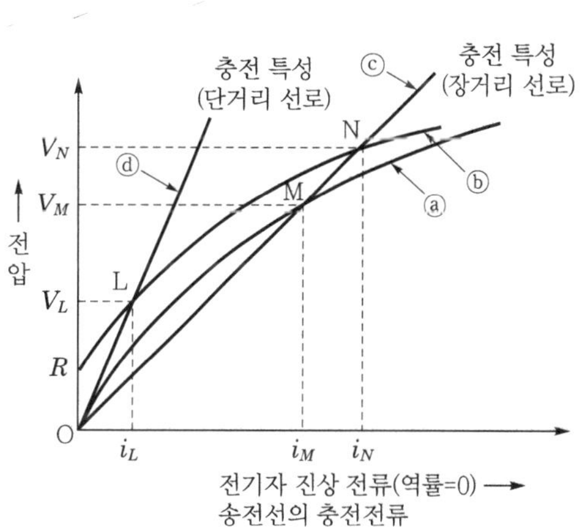

(4) 발전기의 자기여자현상 그래프 설명

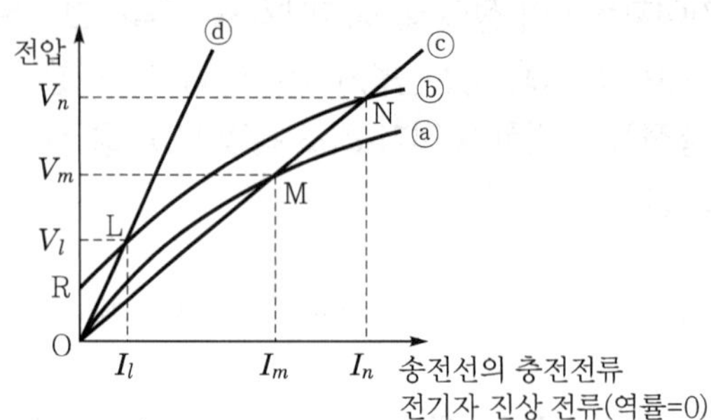

❚ 발전기의 자기여자현상 ❚

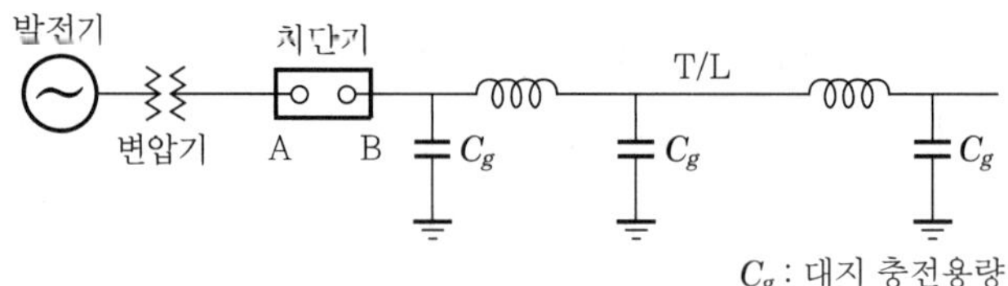

❚ 발전기 자기여자현상의 개념도 ❚

① ⓐ곡선 : 무여자인 경우 발전기의 진상 전기자 전류(역률＝0)에 의한 포화특성

② ⓑ곡선 : 여자전류가 있는 경우(계자전류로 무부하에서 $\overline{\text{OR}}$의 유기전압이 발생한 경우) 발전기의 진상 전기자 전류(역률＝0)에 의한 포화특성

③ ⓒ곡선 : 장거리 선로의 충전특성

④ ⓓ곡선 : 단거리 선로의 충전특성

⑤ 그림에서 정전용량이 큰 ⓒ의 장거리 T/L의 경우에는 무여자일지라도 전압은 V_m까지 상승하고, 여자전류가 있을 경우에는 V_n까지 상승한다.

⑥ 정전용량이 큰 ⓒ의 장거리 T/L의 경우에 여자전류가 있을 경우는 V_n까지 상승한다.

⑦ 단거리 T/L에는 ⑤, ⑥과 같은 현상은 발생하지 않는다.

⑧ 장거리 T/L(곡선 ⓒ)의 경우 무여자 시 순식간에 전압이 M까지 상승한다.

⑨ 단거리 T/L(곡선 ⓓ)의 경우 자기여자는 발생하지 않고 무부하에서 $\overline{\text{OR}}$의 유기전압이 발생하는 여자를 걸었을 때에도 L점에서 멈추게 된다.

⑩ 따라서, 단거리 T/L에서 전압을 더 올리려면 계자전류를 증가시키면 되고, 이에 따라 전압은 곡선 ⓓ를 따라서 상승하게 된다.

(5) 영향

① 발전기 절연 열화

② 계통 절체나 송전공사 준공 후 무부하 시송전 불가와 지연

무부하 시 1상 충전용량은 다음과 같이 구한다.

$$W_s = E_s I_s^{\ *} = E_s C^* E_r^{\ *} = E_s C^* \frac{1}{A^*} E_s^{\ *} = E_s^{\ 2} \frac{C^*}{A^*} = \left| \frac{C^*}{A} \right| E_s^{\ *}$$

여기서, $E_s = \dfrac{V_s}{\sqrt{3}}$

$A^* = A \, [\because 4$단자 정수 A는 단순한 전압비로서, 공액(conjugate)해도 변화없음]

2. 발전기 자기여자현상의 대책

(1) 기본 개념식

$$K_s \geq \frac{Q'}{Q} \left(\frac{V}{V'} \right)^2 (1 + \sigma) \rightarrow \text{자기여자 미발생 조건}$$

(2) 발전기 측의 자기여자 방지대책

① 한 대의 발전기로 자기여자를 일으키지 않고 V'의 전압으로 충전할 수 있는 지를 조사하기 위해서는 발전기의 단락비가 아래 식의 K_s보다 큰 지를 알아보면 된다. 즉, 아래와 같은 방법으로 단락비가 큰 발전기를 채택한다.

㉠ $\%Z = \dfrac{ZP}{10\,V^2} \propto \dfrac{P}{V^2} \propto \dfrac{1}{K_s}$

$\therefore$ 발전기 단락비 $K_s = \dfrac{V^2}{P} = \dfrac{(\text{발전기 정격전압})^2}{\text{발전기 정격용량}}$

$\rightarrow$ 단락비 $K_s \geq \dfrac{Q'}{Q} \left(\dfrac{V}{V'} \right)^2 (1 + \sigma)$를 만족할 것 $\cdots\cdots\cdots\cdots$ 식 1)

여기서, V, Q : 발전기의 정격 전압 및 출력

$\quad\quad\quad V'$, Q' : 충전전압 및 그때의 선로 충전용량

$\quad\quad\quad \sigma$: 정격 전압에서의 포화계수(포화율 $0.05 \sim 0.15$)

㉡ 전압을 낮추어 충전

• 일반적으로 페란티 현상 및 자기여자현상 때문에 충전전압은 정격의 80% 정도로 낮추어서 시충전한다.

$$K_s \geq \frac{Q'}{Q} \left(\frac{V}{V'} \right)^2 (1 + \sigma) = \frac{Q'}{Q} \left(\frac{V}{0.8\,V} \right)^2 (1 + 0.1) = 1.72 \times \frac{Q'}{Q}$$

(단, σ : 0.1로 가정)

• $K_s \geq \dfrac{Q'}{Q} \left(\dfrac{V}{V'} \right)^2 (1 + \sigma)$에서 저전압 시송전 : 정격의 80% 정도로 시송전하고 이로서 포화율 σ를 감소시킬 수 있다.

- 이때의 적정 발전기 용량은 $Q \geq \dfrac{Q'}{K_s}\left(\dfrac{V}{V'}\right)^2(1+\sigma) = \dfrac{1.72Q'}{K_s}$ 일 것

  만약, $K_s = 0.64$일 경우 자기여자를 일으키지 않는 적정 발전기 용량은

  $Q \geq \dfrac{1.72}{0.64}Q' = 2.69Q'$ 여야 하지만, $K_s = 1.2$일 경우 발전기 용량은

  $Q \geq \dfrac{1.72}{1.2}Q' = 1.43Q'$ 이면 자기여자를 일으키지 않는다.

ⓒ 발전기 용량이 $Q = 2Q'$일 때의 예를 들면,

  $K_s \geq 1.72 \times \dfrac{Q'}{Q} = 1.72 \times \dfrac{Q'}{2Q} = 0.86$

  즉, 난락비는 적어도 0.86 이상이어야만 하므로 $K_s = 0.64$일 경우에는
  자기여자가 발생하고, $K_s = 1.2$일 때는 자기여자를 방지할 수 있다.

ⓓ 또 다른 단락비의 표현

  $K_s =$ 발전기의 단락비

  $= \dfrac{\text{무부하로 정격전압을 발생시키는 데 요하는 여자전류}}{\text{3상 단락 시에 정격전류와 같은 지속 단락전류를 흘리는 데 요하는 여자전류}}$

ⓔ 위 식으로부터 단락비가 큰 발전기일수록 송전선로의 충전에 적합함을
  알 수 있다.

ⓕ 그러나 발전기의 단락비는 1 정도일 경우가 가장 경제적이고 이것을 더 크게
  한다는 것은 발전기가 대형으로 되어 값이 비싸져서 경제적이지 못하다.

② 충전용 발전기 용량을 선로의 충전 용량보다 크게 할 것
  발전기 용량 > 선로의 충전 용량
  상기 식으로부터, 기호로 표시하면 다음과 같다.

$$Q \geq \dfrac{Q'}{K_s}\left(\dfrac{V}{V'}\right)^2(1+\sigma)$$

③ **발전기의 병렬운전** : 발전기 2 ~ 3대로 병렬운전하여 충전한다.

④ 발전기 $\%Z$를 감소시켜 전기자 반작용 감소($\%Z$가 작은 철기기 사용)

  $\left(Z[\text{pu}] = \dfrac{\%Z}{100} = \dfrac{1}{K_s} \text{이므로} \right)$

⑤ 발전기 잔류자기의 크기가 작게 철심을 개선한다.

⑥ 발전기의 단락비가 크면 철공진 방지에도 유효하다.

⑦ 장거리 충전선로일수록 발전기의 단락비를 크게 한다.

⑧ 발전기의 저여자 운전

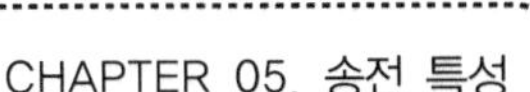

(3) 계통 측의 자기여자 방지대책

① 위의 '(2)의 ⓑ'조건이 만족되지 않을 경우에는 지상 전류를 공급한다.

    ㉠ 수전단 선로 말단에 변압기나 분로 리액터를 접속하여 지상 전류를 공급하게 한다.

    ㉡ 병렬 리액터의 지상 용량으로 진상인 충전 용량의 일부를 상쇄해서 선로의 길이를 전기적으로 짧게 하는 것과 같은 효과를 얻을 수 있기 때문이다. 즉, 수전단에 병렬 리액터를 접속한다(I_L로 I_c를 상쇄).

② 주파수 조정 : 주파수를 저하하여 충전 → 전기자 반작용에 의한 전압강하 발생 → 충전전류 감소

③ 변압기의 용량을 증대시켜 인덕턴스 L의 보상

④ 콘덴서의 과보상 억제 : APFR 적용, SVC의 연속운전

⑤ 계통의 Tr 접속(I_c와 I_L의 일부 상쇄 등)

3. 발전기 용량 계산

(1) 1선당 충전전류

$$I_c = \omega CE = 2\pi f \times 0.01 \times 10^{-6}\,\mu\mathrm{F/km} \times 250\,\mathrm{km} \times \frac{345000}{\sqrt{3}}$$

$$= 187.73\,\mathrm{A}$$

(2) 2회선 충전용량

$$Q_{c2} = 2Q_{c1} = 2 \times (3EI_c)$$

$$= 2 \times \left(3 \times \frac{345\mathrm{kV}}{\sqrt{3}} \times 187.73\right)$$

$$= 2 \times 112179\,\mathrm{kVA} = 22358\,\mathrm{kVA}$$

(3) 발전기 용량

$$Q \geq \frac{Q'}{K_s}\left(\frac{V}{V'}\right)^2 (1+\sigma) = \frac{224358}{1.1}(1+0.12) = 228437\,\mathrm{kVA}$$

여기서, Q : 3상 발전기 정격용량[MVA]

    Q' : 선로의 충전용량, K_s : 단락비

    V : 발전기의 정격전압[kV]

    V' : 충전전압(선간전압)[kV]

    σ : 포화율

096 유도 전동기의 자기여자현상과 그 대책에 대하여 설명하시오.

(data) 발송배전기술사 23-131-1-1 / 발송배전기술사 출제예상문제

답안

1. 유도 전동기의 자기여자현상의 개념

(1) 유도 전동기의 자기여자현상이란 유도 전동기와 콘덴서가 개폐기의 부하 측에 직결되는 경우 개폐기를 개방한 후의 전동기 모선전압이 '0'이 되지 않고 이상 상승하거나 전압이 자연 감소하지 않는 현상을 말한다.

(2) 모터용 콘덴서는 모터의 선원용 차단기를 차단해도 전동기에 콘덴서는 계속 접속한 상태이다.

(3) 이때, 모터는 관성에 의해 계속 회전하게 되고 이때의 잔류자기에 의해 전압이 유기된다.

(4) 이 전압은 단시간이나 콘덴서에 전류를 흐르게 하여 부하에 대하여 유도 발전기로 작용한다.

(5) 이 경우 전동기의 단자전압이 상승하는데 이를 유도 전동기의 자기여자현상이라 한다.

(6) 현상

전동기의 단자전압이 일시적으로 정격전압을 초과하는 현상이 발생한다.

2. 유도 전동기의 자기여자현상 발생 메커니즘

(comment) 배점 10점에서는 기록할 필요가 없다.

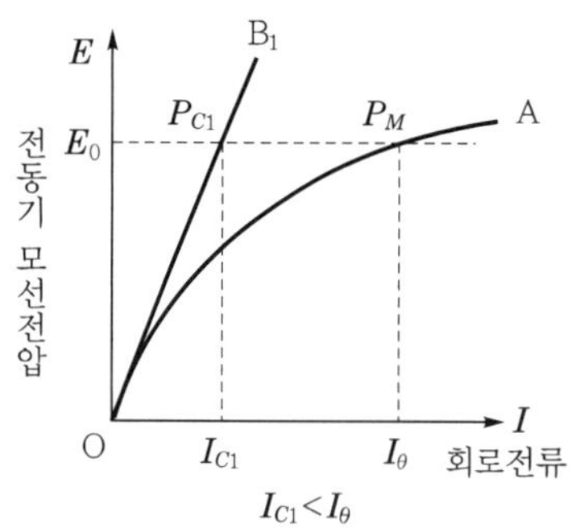

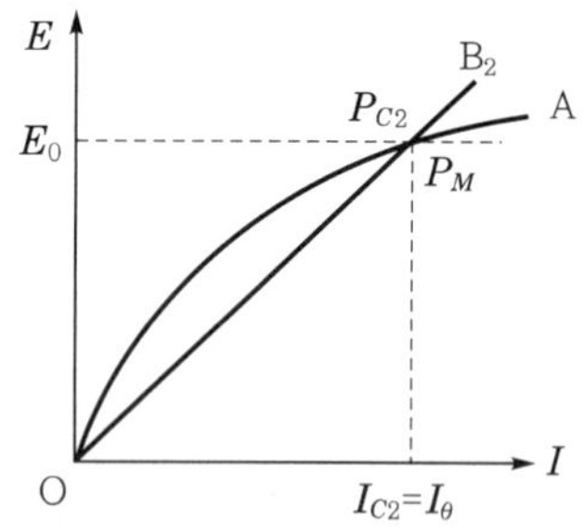

(a) 자기여자 미 발생 시 P_{C1}과 P_M 곡선   (b) 자기여자 발생 한계 시 P_{C2}와 P_M 곡선

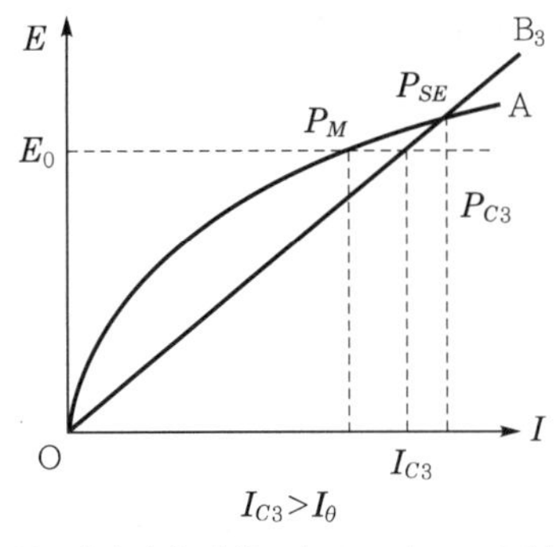

여기서, 곡선 A : 전동기의 무부하 여자용량 특성곡선
곡선 B : 콘덴서 용량 특성곡선
E_0 : 정격전압, P_C : 콘덴서 용량
P_M : 전동기 무부하 여자용량
I_θ : 유도 전동기의 여자전류
$I_{C1} \sim I_{C3}$: 개방 직전의 콘덴서 전류

(c) 자기여자 발생 시 P_{C3}과 P_M 곡선

‖ 전동기 모선전압 ‖

(1) 자기여자 발생이 없는 경우 : $I_{C1} < I_\theta$

① 전동기 무부하 여자용량이 콘덴서 용량보다 큰 경우

② 전원 개방 후 전동기는 콘덴서의 충전전류에 의해 여자되어 유도 발전기로 작용

③ 유도 발전기는 입력이 없어 회전수가 곡선 A, B의 교차점을 향해 감소

(2) 자기여자 발생 한계의 경우 : $I_{C2} = I_\theta$

① 전동기 무부하 여자용량과 콘덴서 용량이 같은 경우

② 전원 개방 후 곡선 A, B_2의 교차점에서 정격전압과 같은 여자전압으로 회전

③ ‘①’의 경우와 동일하게 점차 회전수 감소

(3) 자기여자 발생의 경우 : $I_{C3} > I_\theta$

① 전동기 무부하 여자용량보다 콘덴서 용량이 큰 경우

② 전원 개방 후 곡선 A, B_3의 교차점, 즉 정격전압보다 높은 여자전압으로 된 상태에서 모터의 회전 관성력에 의해 시간경과와 함께 회전이 지속된 경우 이 전압도 저하된다.

③ 정격출력에서 역률 100%로 하도록 한 콘덴서 용량의 경우 140% 정도까지 상승한다.

④ 이때, 콘덴서의 전류는 진상 전류로, 이 진상 전류가 전동기의 전기자 반작용에 의하여 증자작용을 함으로써 일시적으로 전동기 단자전압이 정격전압을 초과하는 현상이 발생한다.

3. 유도 전동기의 자기여자현상 방지대책

(1) 적정한 콘덴서 용량 선정

콘덴서 용량 $= (0.5 \sim 0.25) \times$ 유도 전동기 정격용량

(2) 콘덴서의 정격전류가 유도 전동기의 무부하 여자전류보다 작게 콘덴서를 선정할
  것(IEC 규정에는 콘덴서의 정격전류＝모터의 무부하 여자전류의 90% 정도)

(3) 콘덴서 전용 개폐기 설치

  유도 전동기 개방 시 콘덴서 분리

(4) 자기여자전압이 50% 이하가 될 때까지 재투입 시간이 연장되도록 인터록을 부착
  한다.

(5) 개개의 부하에 고압 및 특고압 진상용 콘덴서를 시설하는 경우 모터의 자기여자 대책
  현장 조작 개폐기보다도 부하 측에 접속하고 또한 다음에 의하여 시설하는 것을
  원칙으로 힌다.

  ① 콘덴서는 개개의 부하에 설치하고 공용하지 않는 것이 좋다.

  ② 콘덴서의 용량은 부하의 무효분보다 크게 하지 말 것

  ③ 콘덴서는 본선에 직접 접속하고 특히 전용의 개폐기, 퓨즈, 유입 차단기 등을
    설치하지 말 것

  ④ 이 경우 콘덴서에 이르는 분기선은 본선의 최소 굵기보다 작게 하지 말 것

    ㉠ 방전장치가 있는 콘덴서에는 개폐기(차단기 포함)를 설치할 수 있으나 평
      상시 개폐는 하지 않음을 원칙으로 한다.

    ㉡ COS를 설치할 경우 다음에 의하여야 한다.

      • 고압 : COS에 퓨즈를 삽입하지 않고 단면적 6mm^2 이상의 나동선으로
        직결

      • 특고압 : COS에는 퓨즈를 삽입하고, 콘덴서 용량별 퓨즈 정격은 정격전
        류의 200% 이내의 것을 사용하며, 용량별 정격전류는 규정에 의한다.

097 발전기 단락비의 의미를 설명하고, 장거리 송전선로에서 발전기가 자기여자(self excitation) 현상을 일으키지 않을 조건을 설명하시오.

(data) 발송배전기술사 18-115-4-3 / 발송배전기술사 출제예상문제

답안 **1. 단락비의 의미**

(1) 무부하 포화곡선

① 정격속도 무부하에서 계자전류 I_f 증가 시 무부하 단자전압 V의 변화곡선

② 포하율(σ) : 포화의 정도를 표현한 것으로, 정격전압에서의 포화계수(포화율 $0.05 \sim 0.15$)

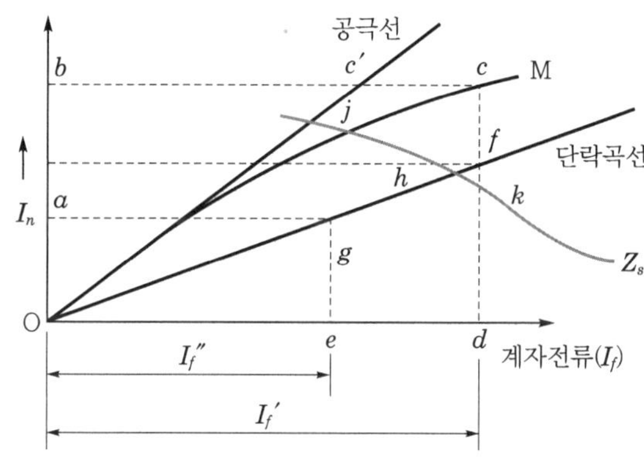

‖ 단락곡선, 무부하 포화곡선 ‖

(2) 단락곡선

3상을 단락시킨 상태로 발전기를 정격속도로 운전하면서 계자전류 I_f를 증가시켰을 때 단락전류 I_s의 변화곡선, 전기자 권선의 감자작용으로 직선이 된다.

(3) 동기 임피던스

① 동기 임피던스 Z_s : 정격 상전압과 단락전류 I_s의 비

$$Z_s = \frac{E_n}{I_s}$$

여기서, E_n : 상전압 유기 기전력, $E_n = \dfrac{V_n}{\sqrt{3}}$

② %동기 임피던스

$$\%Z_s = \frac{Z_s I_n}{E_n} \times 100 = \frac{Z_s I_n}{10 E_n}\bigg|_{E_n}$$

$$= \frac{Z_s P}{10 E_n{}^2} = \frac{Z_s \cdot 3P}{10 V_n{}^2} = \frac{P_3 Z_s}{10 V_n{}^2}$$

여기서, $Z_s I_n$: 임피던스 강하, E_n : 정격전압[kV]

$\quad\quad\quad I_n$: 정격전류, I_s : 단락전류

$\quad\quad\quad P$: 단상 정격용량

$\quad\quad\quad P_3 = 3P$: 3상 정격용량[kVA]

③ %동기 임피던스와 단락비(K_s)의 관계

$$\% Z_s = \frac{Z_s I_n}{E_n} \times 100 = \frac{I_n}{I_s} \times 100 = \frac{1}{Z[\mathrm{pu}]} \times 100[\%] = \frac{1}{K_s} \times 100[\%]$$

(4) 단락비

① 정의 : 발전기의 지속 단락전류와 정격전류의 비

② 표현식

$$K_s = \frac{\text{무부하 시 정격 전압 } V_n \text{을 유기시키는 데 필요한 계자전류}(I_f{}')}{\text{3상 단락 시 정격전류와 같은 단락전류를 흘리는 데 필요한 계자전류}(I_f{}'')}$$

$$= \frac{I_s}{I_n} = \frac{\text{지속 단락전류}}{\text{정격전류}} = \frac{100\%}{\%Z} = \frac{1}{Z[\mathrm{pu}]}$$

③ 단락비와 발전기의 출력관계

$$K_s \geq \frac{Q'}{Q}\left(\frac{V}{V'}\right)^2 (1+\sigma)$$

여기서, V, Q : 발전기의 정격전압 및 출력

$\quad\quad\quad V'$, Q' : 충전전압 및 그때의 선로 충전용량

(5) 단락비의 특성

구분	단락비가 큰 경우	단락비가 작은 경우
구조와 단락비	발전기에 구성재료 중 철성분이 많음을 나타내는 철기계의 의미	발전기 구성재료 중 구리성분이 많음을 나타내는 동기계의 의미
성능에 미치는 영향	• 동기 임피던스 작음 • 전압 변동률 작음(리액턴스가 작아지므로) • 전기자 반작용 작음 • 발전기 자기여자현상 방지효과 큼 • 과부하 내량이 커서 안정도 향상에 유리함	• 동기 임피던스 큼 • 전압 변동률 큼 • 전기자 반작용 큼 • 발전기 자기여자현상 방지효과 작음 • 과부하 내량이 작아 안정도 향상에 불리함

구분	단락비가 큰 경우	단락비가 작은 경우
성능에 미치는 영향	• 동기 임피던스가 작다는 것의 의미는 계자 기자력이 크다는 것을 의미하며, 계자 철심(즉, 회전자 직경)이 커서 기계 중량이 큰 철기계 의미 • 기계가 크게 되어 가격이 고가 • 철손, 기계손 증가로 효율 저하	• 전기자 반작용에 의한 기자력이 크므로 공극이 작고, 계자 기자력이 전기자 기자력에 대해 작다는 의미 • 중량이 가볍고 기계가 적게 되어 가격이 저렴 • 철손, 기계손 감소로 효율 증가
기타 특성	• 단락비와 동기 임피던스 Z[pu]는 역수임 • 동기기의 특성을 결정하는 주요 요소임 • 크기 : 수차 발전기는 $0.9 \sim 1.2$, 터빈 발전기는 $0.6 \sim 1.0$ 정도	

2. 장거리 송전선로의 발전기 자기여자현상(self excitation)과 단락비

(1) 자기여자현상 발생 메커니즘

① 장거리 T/L에서 수전단에 무부하일 경우라도 정전용량에 의한 충전전류가 송전단으로부터 공급되어야 한다.

② 이 충전전류는 전압보다 거의 90° 진상이므로 교류 발전기의 전기자 반작용에 의해 지상 전류의 경우는 반대로 발전기의 여자회로를 개방한 채로 발전기를 송전선에 접속하더라도 순식간에 발전기의 전압이 이상 상승되는 현상이다.

(2) 그래프 설명

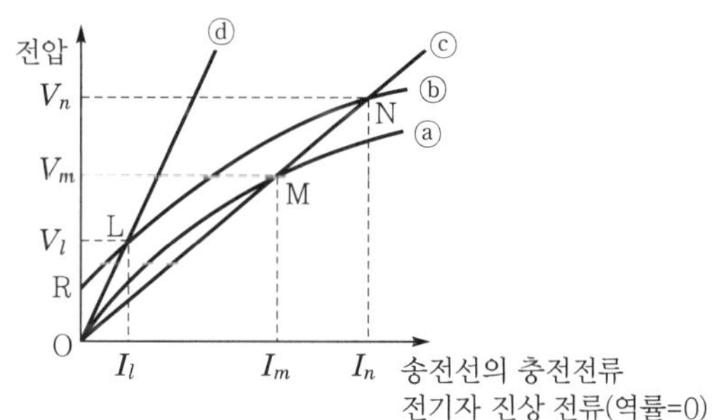

▎발전기의 자기여자현상▎

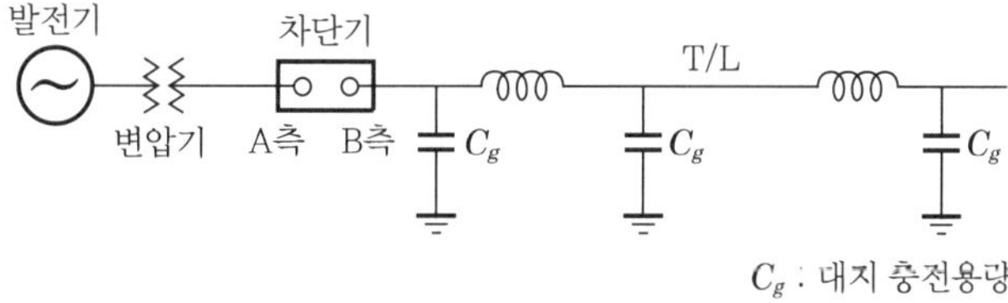

▎발전기 자기여자현상 개념도▎

① ⓐ곡선 : 무여자인 경우 발전기의 진상 전기자 전류(역률＝0)에 의한 포화특성

② ⓑ곡선 : 여자전류가 있는 경우(계자전류로 무부하에서 OR의 유기전압이 발생한 경우) 발전기의 진상 전기자 전류(역률＝0)에 의한 포화특성

③ ⓒ곡선 : 장거리 선로의 충전특성

④ ⓓ곡선 : 단거리 선로의 충전특성

⑤ 그림에서 정전용량이 큰 ⓒ의 장거리 T/L의 경우에는 무여자일지라도 전압은 V_m까지 상승하고, 여자전류가 있을 경우에는 V_n까지 상승한다.

⑥ 정전용량이 큰 ⓒ의 장거리 T/L의 경우에 여자전류가 있을 경우는 V_n까지 상승한다.

⑦ 단거리 T/L에는 '⑤ · ⑥'과 같은 현상은 발생하지 않는다.

⑧ 장거리 T/L(곡선 ⓒ)의 경우 무여자 시 순식간에 전압이 M까지 상승한다.

⑨ 단거리 T/L(곡선 ⓓ)의 경우 자기여자는 발생하지 않고 무부하에서 OR의 유기전압이 발생하는 여자를 걸었을 때에도 L점에서 멈추게 된다.

⑩ 따라서, 단거리 T/L에서 전압을 더 올리려면 계자전류를 증가시키면 되고, 이에 따라 전압은 곡선 ⓓ를 따라서 상승하게 된다.

(3) 자기여자현상의 영향

발전기 절연이 파괴된다.

(앞의 발전기 자기여자현상 그래프 설명도 같은 발생 메커니즘에 의한 것임)

(4) 자기여자 방지대책

① 단락비

$$K_s \geq \frac{Q'}{Q}\left(\frac{V}{V'}\right)^2 (1+\sigma)$$

여기서 Q' : 충전전압 V'에 대한 송전선의 충전용량[MVA]

Q : 발전기의 정격용량[MVA]

V : 발전기의 정격전압[kV]

V' : 충전전압[kV]

σ : 정격전압에서의 포화계수(약 $0.05 \sim 0.15$ 정도)

즉, $Q \geq \dfrac{Q'}{K_s}\left(\dfrac{V}{V'}\right)^2 (1+\sigma)$ ...... 식 1)

② 식 1) 조건이 만족 안 될 경우는 수전단에 병렬 리액터를 접속한다(I_L로 I_c를 상쇄).

③ 발전기의 저여자운전

④ 계통의 Tr 접속으로 I_c와 I_L의 일부 상쇄 등

098 송전용량과 송전전압 및 송전거리와의 관계를 송전용량 계수법을 이용하여 설명하시오.

(data) 발송배전기술사 18-114-1-7 / 발송배전기술사 출제예상문제

답안

1. 송전용량 계수법

(1) 개념

고유 부하법에서는 송전용량은 선로의 길이에 관계없이 전압의 크기만으로 정해지기 때문에 여기에 선로의 길이를 고려한 것이 송전용량 계수법(送電容量係數法)이다.

(2) 송전용량 계수법의 표현식

$$P_r = k\frac{E_r^{\,2}}{l}\,[\text{kW}]$$

여기서, P_r : 수전전력[kW]

E_r : 수전단 선간전압[kV]

l : 송전거리[km]

(3) 송전용량 계수법의 특성

① 고유 부하법과는 달리 전압의 크기와 송전거리를 고려한 송전용량이다.

② 이 식의 k는 송전용량계수라고 하는데 그 값은 각 전압계급에 따라서 달라진다.

③ 참고로 154kV 계통의 송진용량계수는 전압계급 140kV 개략값으로 1200을 적용한다.

④ 적용 : 현실적으로 중거리 송전선로에 적용

(reference)

(1) 경제적인 개략적인 송전전압을 구하기 위한 Still 공식

$$V = 5.5\sqrt{0.6l + \frac{P_r}{100}}$$

여기서, l : 송전거리[km], P_r : 수전전력[kW]

(2) 장거리 송전선로의 송전용량 결정 시 고려할 요소

① 송·수전단 전압의 위상차가 적당할 것

㉠ 송전전력 $P = \dfrac{E_s E_r}{X}\sin\delta$로서 δ는 전력 안정도 측면을 고려하여 30~40°로 정하는 것이 적정하다.

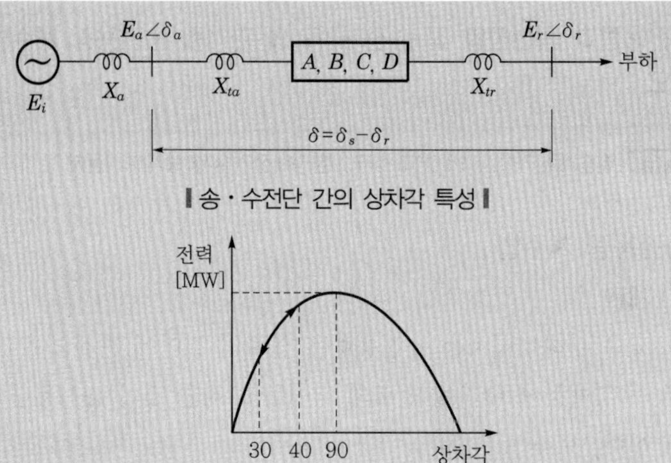

ⓛ 상기 그림과 같이 상차각이 90° 초과 시 오히려 송전전력은 감소되므로 일반적으로 100km 이상의 T/L에서는 상차각을 30 ~ 40°로 정한다.

② 조상기 용량이 적당할 것

㉠ 수전전력이 증대하여 상차각 δ가 벌어지면, 소요되는 조상용량이 과대해지고, 조상설비의 경비가 막대해진다.

ⓛ 따라서, 경제적 측면에서 조상설비의 용량은 수전전력의 75%가 적당하다.

③ 송전효율이 적당할 것 : 적정 송전효율은 90% 이상일 것

④ 기술적으로 안정되고 또한 경제적일 것 : 송전계통 전체의 비용이나 기기의 적정 배치를 고려해서 선정한다.

⑤ 안정도의 관점에서 특히 공급 신뢰도와 관련하여 송전용량 결정 필요

㉠ 송전용량 기준으로 검토대상은 정태 안정도, 1선 지락, 2선 지락, 3상 단락고장 등이다.

ⓛ 대용량 장거리 T/L의 경우 기간계통이 대부분으로 고장 시의 과도 안정도를 확보하고 리액턴스 저감 관점에서 송전용량을 고려해야 한다.

(3) 고유 부하법(SIL)

① 정의 및 특성

㉠ 고유 송전용량(SIL : Surge Impedance Loading) 또는 고유 부하법이란 장거리 송전선로에 있어 송전전력의 극한을 산출하는 방법이다.

ⓛ 수전단을 특성 임피던스로 단락한 상태에서의 수전전력

ⓒ 실제의 송전용량을 고유 송전용량의 몇 배로 설정하는 가는 선로긍장에 따라 달라진다.

ⓔ 복도체 사용 시 C가 증대, L이 감소하므로 고유 송전용량은 증가한다.

② SIL 표현식

$$P = \frac{V_r^2}{Z_S} = \frac{V_r^2}{\sqrt{\dfrac{L}{C}}} \; [\text{MW/회선}]$$

여기서, P : 고유부하(고유 송전용량)[MW]

Z_S : 선로의 특성 임피던스[Ω]

V_r : 수전단 선간전압[kV]

중성점 접지방식과 유도장해

SECTION 01 잔류 전압과 중성점 접지방식

099 3상 송전계통에서 중성점 잔류 전압에 대하여 설명하시오.

1. 송전선로에서 발생되는 중성점 잔류 전압에 대하여 설명하시오.

2. 3상 송전계통에서 중성점 잔류 전압에 대하여 설명하시오.

(data) 발송배전기술사 24-133-1-7·17-112-1-3·16-110-2-3 / 발송배전기술사, 건축전기설비기술사, 전기안전기술사, 전기응용기술사 출제예상문제

답안 1. 잔류 전압의 정의

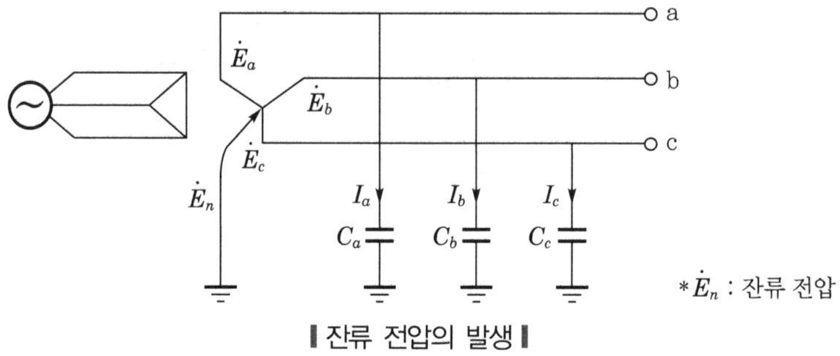

❙ 잔류 전압의 발생 ❙

(1) 선로에 있어 각 선의 정전용량은 다소간의 차이가 있어, 그 중성점은 다소의 전위가 발생한다.

(2) 이처럼 보통의 운전상태에서 중성점을 접지하지 않을 경우 중성점에 나타나는 전위를 Residual voltage라 한다.

2. 잔류 전압의 발생원인

(1) 정상상태에서 잔류 전압 발생원인

송전선의 연가(transposition)가 충분하지 않아 3상 각 상의 대지정전용량이 불평형일 경우

(2) 과도상태에서 잔류 전압 발생원인

차단기의 개폐가 동시에 이루어지지 않음에 따른 현상

① 3상 간의 불평형

② 단선사고 발생 시 등

3. 잔류 전압의 크기(유도)

(1) 앞의 그림에서 E_a를 기준 Vector로 두면

$$\dot{E}_a = E, \ \dot{E}_b = a^2 E_a, \ \dot{E}_c = a\dot{E}_a$$

$$단, \ a^2 = -\frac{1}{2} - j\frac{\sqrt{3}}{2}, \ a = -\frac{1}{2} + j\frac{\sqrt{3}}{2} \quad\text{············· 식 1)}$$

(2) 선로의 충전전류 산출은 각 선로의 대지전위가 $(\dot{E}_n + \dot{E}_a)$, $(\dot{E}_n + \dot{E}_b)$, $(\dot{E}_n + \dot{E}_c)$ 이므로

① $\dot{I}_a = j\omega C_a(\dot{E}_n + \dot{E}_a), \ \dot{I}_b = j\omega C_b(\dot{E}_n + \dot{E}_b), \ \dot{I}_c = j\omega C_c(\dot{E}_n + \dot{E}_c) \quad\text{······· 식 2)}$

여기서, $C_a, \ C_b, \ C_c$: 각 상 전선의 대지 정전용량

② 중성점은 비접지이므로 $\dot{I}_a + \dot{I}_b + \dot{I}_c = 0$

③ $C_a(\dot{E}_n + \dot{E}_a) + C_b(\dot{E}_n + \dot{E}_b) + C_c(\dot{E}_n + \dot{E}_c) = 0$

$$\therefore \ \dot{E}_n = \frac{C_a\dot{E}_a + C_b\dot{E}_b + C_c\dot{E}_c}{C_a + C_b + C_c} = \frac{C_a + a^2 C_b + a C_c}{C_a + C_b + C_c} \cdot \dot{E}_a \quad\text{················· 식 3)}$$

④ 식 3)의 분자 중 $\left(C_a - \dfrac{1}{2}C_b - \dfrac{1}{2}C_c\right) - j\left(\dfrac{\sqrt{3}}{2}C_b - \dfrac{\sqrt{3}}{2}C_c\right)$를 절대치로 구하면

$$\sqrt{C_a{}^2 + C_b{}^2 + C_c{}^2 - C_a C_b - C_b C_c - C_c C_a}$$
$$= \sqrt{C_a(C_a - C_b) + C_b(C_b - C_c) + C_c(C_c - C_a)} \quad\text{····························· 식 4)}$$

(3) 잔류 전압의 절대치 $|E_n|$

$$|E_n| = \frac{\sqrt{C_a(C_a - C_b) + C_b(C_b - C_c) + C_c(C_c - C_a)}}{C_a + C_b + C_c} \times \frac{V}{\sqrt{3}} \quad\text{··················· 식 5)}$$

여기서, V : 선간전압($= \sqrt{3}\,E$)

(4) $C_a = C_b = C_c$이면 $\dot{E}_n = 0 \quad\text{·· 식 6)}$

(5) 결과적으로 연가를 정확히 하면 식 5)와 식 6)에 의해서 중성점 잔류 전압이 0이 되고, 연가의 효과가 정확히 나타남을 알 수 있다.

4. 잔류 전압의 영향

(1) 중성점 접지 시는 기본 주파의 단상 전류로 인한 통신선 유도장해 발생

(2) 다중 접지 중성점과 연결된 부하의 전위 상승에 따른 절연레벨 상승이 요구되어 절연비용 증가

(3) 중성점 불안정

(4) 계측 전압·전류의 변동

(5) 보호계전기 Setting치 불안정

5. 잔류 전압의 방지대책

(1) 송전선로의 충분한 연가 시행

① 잔류 전압이 있는 회로에 저항으로 임피던스를 연결하면 중성점에 전류가 흐르게 되어 이 크기에 따라 정전유도 장해 등의 문제점이 발생하므로, 송전선을 연가하여 대지 정전용량을 평형시킨다.

② 저항접지 계통에서는 잔류 전압이 별 문제가 안 되나, 특히 소호 리액터 섭지 계통에서 잔류 전압은 직렬 공진의 원인이 되므로 전선 연가를 충분히 할 것

③ **연가방법** : 회전식, Jumper식

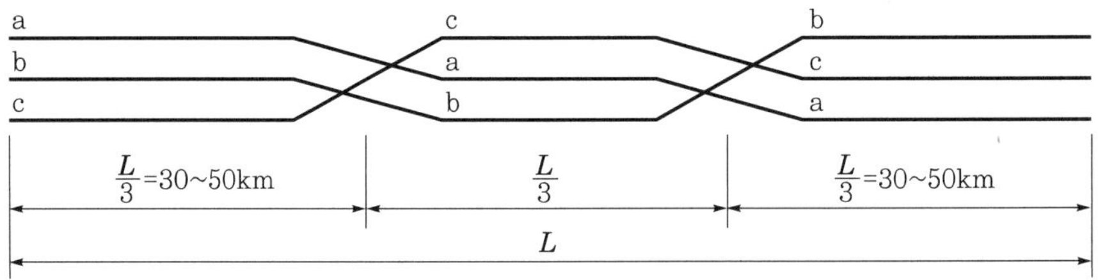

④ **연가 불충분의 악영향**

㉠ 소호 리액터 계통의 공진현상 우려

㉡ 상시 중성점에 전류가 흘러 전력 손실이 발생하고 유도장해 발생

㉢ 저항 접지계는 각 선의 인덕턴스 차이로 각 상의 전압강하가 다르고, 3상 불평형되어 수전단 측 역률을 저하시킴

(2) **각 상의 정전용량에 불평형이 있을 경우**

소호 리액터의 공진 Tap을 각 상의 정전용량 합계와 병렬공진시킨다.

즉, $W_L = \dfrac{1}{W(C_a + C_b + C_c)}$

100 송전선로에서 연가(transposition)의 목적을 설명하시오.

data 발송배전기술사 17-111-1-3 / 발송배전기술사, 전기안전기술사 출제예상문제

답안

1. 연가(transposition)의 정의

선로정수의 불평형을 방지하기 위하여 선로 도중에 개폐소나 연가용 철탑을 이용하여 각 상의 위치를 서로 바꿔주어, 전체 선로에 걸쳐서 각 상의 선로정수가 같은 값이 되게 하는 것이다.

2. 연가(transposition)의 목적

(1) 선로정수의 불평형이 발생하면 중성점이 영전위가 되지 않고 잔류 전압이 생기므로 이를 방지한다.

(2) 소호 리액터 접지계통에서는 이 잔류 전압이 직렬 공진의 원인이 되어 상시 중성점에 전류가 흘러서 전력 손실이 생기고 근접 통신선에 유도장해를 일으키므로 연가 시행으로 방지한다.

(3) 저항접지계통에서는 각 선의 인덕턴스가 불평형 시 각 상의 전압강하가 다르고, 수전단 측 역률 저하가 있기에 이를 방지한다.

3. 연가방법

(1) 가공 송선선로의 연가방법

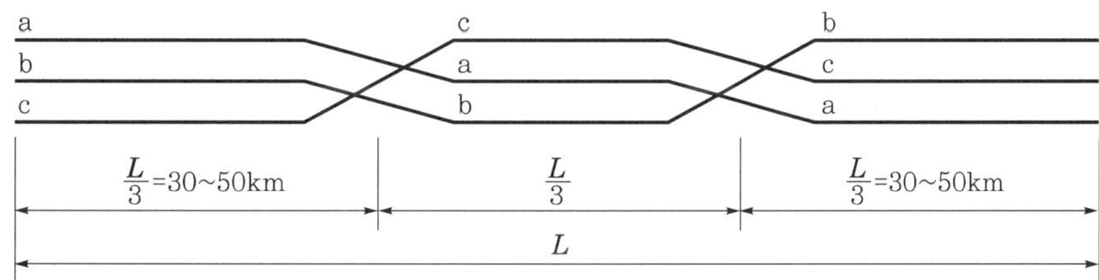

① 연가는 전(全)긍장을 거리로 3등분해서 각 상에 속해 있는 전선이 전 구간에서 각 위치를 일주하도록 한다.

② Jumper시 : 특수 지지물을 설계해서 위 그림과 같이 철탑이 가 상선이 위치를 점퍼선으로 바꾸는 경우로서, 이러한 철탑을 연가철탑이라 한다.

③ 회전식 : 지지물과 지지물 사이에 별도의 표준 지지물을 삽입하여 전선 상호간에 적당한 간격을 유지하면서 전선의 위치를 바꿔놓는 방법이다.

(2) 중간 개폐소의 설치

(3) 연가의 효과

    ① 선로 정수 평형으로 수전단 전압의 평형 유지

    ② 잔류 전압 발생 방지

    ③ 유도장해 발생 억제

(4) 지중 선로의 연가방법

    ① 지중 전선로 전체 긍장의 $\dfrac{1}{3}$ 거리마다 가공 송전선로 연가방식처럼(jumper 식) 맨홀 내에서 시행

    ② 지중 전선로 전체 긍장의 $\dfrac{1}{3}$ 거리마다 가공 송전선로 연가방식처럼(jumper 식) 전력구 내에서 시행

---

101 전력계통의 중성점 접지방식에 대하여 설명하시오.

data 발송배전기술사, 건축전기설비기술사, 전기안전기술사, 전기응용기술사 출제예상문제

답안

1. 중성점 접지방식의 정의(종류)

변압기의 중성점을 접지하는 접지 임피던스 Z_n의 크기와 종류에 따라 구분한다.

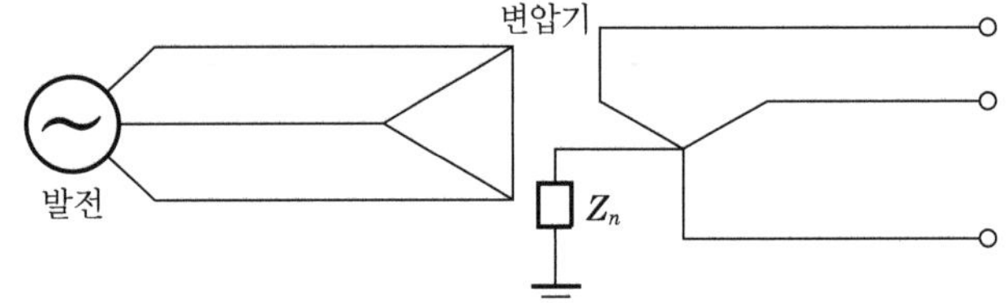

2. 중성점 접지의 4대 목적

(1) 전력계통의 지락 고장 시 건전상의 대지전위 상승을 억제하여 전선로 및 기기의 절연레벨을 경감

(2) 낙뢰 침입 시 Arc 지락에 의한 이상전압 경감 및 발생 방지

(3) 전력계통의 지락고장 시에 접지 계전기 동작에 대한 확실성 확보

(4) 소호 리액터 접지방식 시스템의 1선 지락 시에 Arc 지락을 신속하게 소멸시켜, 지속적인 송전 가능

3. 전력계통의 중성점 접지방식의 비교

NO	비교항목	비접지식	고저항 접지식	저항 접지식	직접 접지식	소호 리액터식
1	결선도					
2	유효 접지전류 (지락전류)	수백 mA 정도	5 ~ 100A 정도	200A 이상	수십 ~ 수천 A	수 mA
3	적용 계통	고압 회로	특고압 회로 고압 회로	특고압 회로	특고압 회로 저압 회로	특고압 회로
4	1선 지락 시 건전상의 전압 상승	케이블 계통에서 간헐 아크 지락에 의한 과전압이 발생	약간 큼 ($R = 100$ ~ 1000Ω 정도)	작음 ($R = 30Ω$ 정도)	작음 평상시와 거의 같음	큼 적어도 $\sqrt{3}$ 배 까지 올라간다.
5	1선 지락 시 통신선의 유도장해 정도	적음	일반적으로 작음	일반적으로 큼	가장 큼 고속도 차단 시스템 채용으로 보상	가장 작음
6	1선 지락 시 계통 안정도	좋음	좋음	약간 좋음	나쁨	좋음
7	지락고장 시 회로 차단	자연소호되므로 차단 불필요 단, 영구 고장 시 회로차단 필요	차단 필요	차단 필요	차단 필요	자연소호되므로 차단 불필요 단, 영구 고장 시 회로차단 필요
8	지락고장 시 계전기 동작	곤란할 경우가 있음	확실함	확실함	가장 확실함	불가능함
9	지락고장 시 기기손상	적음	일반적으로 적음	일반적으로 큼	가장 큼	가장 작음
10	계통운전	계전기 적용이 곤란하므로 운전에 불편할 때가 있음	용이함	용이함	용이함	운전상황에 따라 탭 변경을 요함 직렬 공진에 주의를 요함
11	기기의 절연 비용	큼	일반적으로 큼	일반적으로 작음	가장 작음	큼
12	초기 설비비	적게 듦	많이 듦	많이 듦	적게 듦	가장 많이 듦
13	접지기기 설치공간	작음	큼	큼	작음	가장 큼

102 중성점 접지방식 중 소호 리액터 접지방식의 원리에 대하여 설명하시오.

data 발송배전기술사 18-114-1-8 / 발송배전기술사, 건축전기설비기술사, 전기안전기술사, 전기응용
기술사 출제예상문제

답안

1. 소호 리액터 접지방식의 원리

(1) 계통에 접속된 변압기의 중성점을 송전선로(送電線路)의 대지 정전용량과 공진하
는 리액터를 통해서 접지하는 방식으로, Petersen coil 또는 소호 리액터 접지라
한다

(2) 소호 리액터 접지방식의 원리

① 교류이론의 L, C(병렬공진)를 응용한 것으로 전력선 1선과 대지 간의 정전용
량의 3배

② $3C$와 리액터 L에 의한 공진조건 $\omega L = \dfrac{1}{3\omega C}$ 이면 고장점에서는 합성 리액턴
스가 무한대로 되어 1선 지락고장이 발생하여도 지락전류(고장전류)는 '0'이
되는 원리이다(실제로 최소).

(3) 특징

고장점의 아크는 지락전류의 '0'점 통과로 자연히 소멸되어 1선 지락고장 발생에
도 불구하고 정전없이 송전을 계속 할 수 있다.

2. $\omega L = \dfrac{1}{3\omega C}$ 임의 증명(소호 리액터 공진조건)

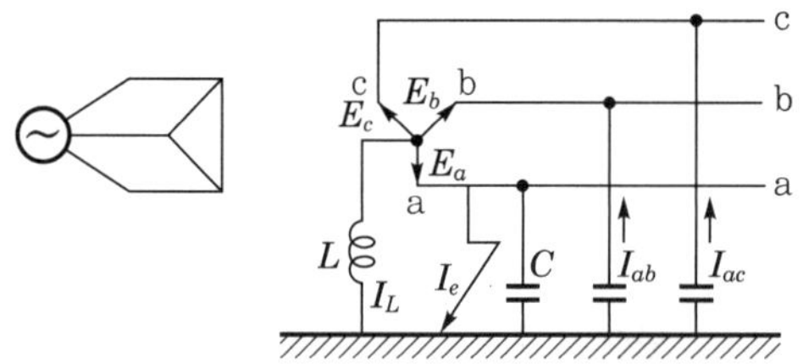

❚ 소호 리액터 접지계통의 지락고장 ❚

① 지락전류 $I_e = I_{ab} + I_{ac} = 0$일 때 소호 작용

② $\dfrac{E_a}{j\omega L} + j\omega C(E_a - E_b) + j\omega C(E_a - E_c) = 0$ ························· 식 1)

③ $\dot{E}_a$를 기준벡터로 하면

$$\dot{E}_a = E_a \underline{/0°}$$

$$\dot{E}_b = a^2 \dot{E}_a = a^{-1} \dot{E}_a = \left(-\frac{1}{2} - j\frac{\sqrt{3}}{2} \right) \dot{E}_a$$

$$\dot{E}_c = a^{-2} \dot{E}_a = a \dot{E}_a = E\underline{/-240°} = \left(-\frac{1}{2} + j\frac{\sqrt{3}}{2} \right) \dot{E}_a \quad \cdots\cdots\cdots\cdots\cdots\cdots\cdots 식 \ 2)$$

④ 식 2)를 1)에 대입하면 $\omega L = \dfrac{1}{3\omega C}$

⑤ L의 값은 $L = \dfrac{1}{3\omega^2 C}$ 이며 변압기의 t를 포함시키면 $\omega L = \dfrac{1}{3\omega C} - \dfrac{t}{3}$ 가 된다.

3. 실제의 적용

C의 값이 철손, 누설 컨덕턴스, 코로나손 등으로 변화되므로, Tap을 변경하여 소호리액터의 값을 조정한다.

---

103 전력계통 유효접지방식의 개념 및 장단점을 설명하시오.

103-1 계통접지에 있어 유효접지의 의미와 장단점에 대하여 설명하시오.

(**data**) 발송배전기술사 24-133-1-9·23-131-2-3 / 발송배전기술사, 건축전기설비기술사, 전기안전기술사, 전기응용기술사 출제예상문제

답안

1. 유효접지의 개념(유효접지방식의 의미, 정의)

(1) 1선 지락 시 건전상의 전위 ≤ 1.3×상전압

전력계통에서 1선 지락 고장 시 건전상의 전위가 상전압의 1.3배 이하가 되도록 중성점 임피던스를 억제한 중성점 직접 접지방식

(2) 1선 지락고장 시 건전상의 대지전위 ≤ 정상 시 선간전압×0.75

1선 지락고장 시 건전상의 대지전위가 정상 시의 선간전압 75% 이하로 하기 위해 중성점 임피던스를 억제한 중성점 직접 접지방식

(3) 예

① 154kV의 대지전압은 $154/\sqrt{3} = 88.91\,\mathrm{kV}$

② 대지전압$\times 1.3 = 88.91 \times 1.3 = 115.58\,\text{kV}$

③ $154 \times 0.75 = 115.5\,\text{kV}$(즉, ②값 $=$ ③값)

(4) 유효접지의 목적

① 이상전압 발생 방지

② 1선 지락사고 시 건전상의 전압 상승 억제

③ 기기류의 저감 절연

④ 지락 보호 계전기 확실한 동작

(5) 유효접지의 조건

① 1선 지락 시 건전상의 전위가 상전압의 1.3배 이하로 되도록 건전상 조건하에서의 어느 점에서든지 영상·정상 임피던스 비는 다음과 같다.

  ㉠ 1선 지락 시의 이상전압 발생 메커니즘 : 아래 그림과 같이 a상이 지락되면 건전한 b·c상의 대지전위 E_b, E_c는 아래와 같다.

$$E_b = \frac{(a^2-1)Z_0 + (a^2-a)Z_2}{Z_0 + Z_1 + Z_2} \cdot E_a \quad \cdots\cdots\cdots\cdots \text{식 1)}$$

$$E_c = \frac{(a-1)Z_0 + (a-a^2)Z_2}{Z_0 + Z_1 + Z_2} \cdot E_a \quad \cdots\cdots\cdots\cdots \text{식 2)}$$

여기서, E_a : 고장 직전의 건전한 A상 상전압[V]

       E_b : B상 상전압[V]

       Z_0, Z_1, Z_2 : 고장점에서 본 영상·정상·역상 임피던스

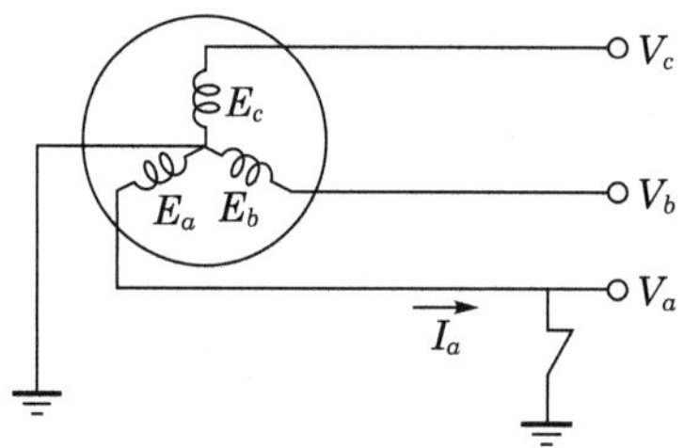

  ㉡ 식 1)에서 $Z_0 = R_0 + jX_0$, 정상 임피던스$=$역상 임피던스, $R \ll X$일 때, $Z_1 = Z_2 = 0 + jX_1$이 된다.

$$\therefore \frac{E_b}{E_a} = a^2 - \frac{Z_0 - Z_1}{Z_0 + 2Z_1} = a^2 - \frac{R_0 + jX_0 - jX_1}{R_0 + jX_0 + j2X_1}$$

$$= a^2 - \frac{\dfrac{R_0}{jX_1} + \dfrac{X_0}{X_1} - 1}{\dfrac{R_0}{jX_1} + \dfrac{X_0}{X_1} + 2} \quad \cdots\cdots\cdots\cdots \text{식 3)}$$

280

ⓒ 식 3)에서 $\dfrac{X_0}{X_1}$, $\dfrac{R_0}{X_1}$를 파라미터로 해서 건전상의 상전압에 대한 배수를 그리면 아래 그림이다.

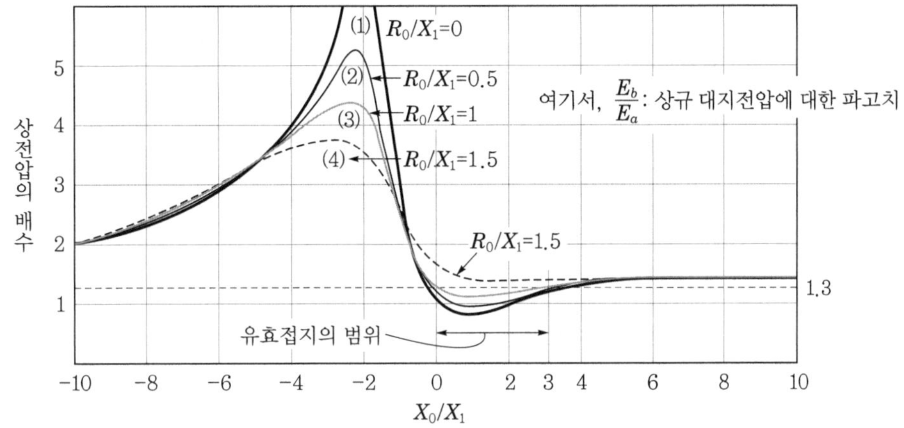

▌1선 지락 시 건전상의 전압 상승 ▌

ⓓ 결과적으로 위 그림과 같이 1선 지락조건에서 유효접지는 어느 점에서든지 영상·정상 임피던스의 비는 다음과 같아야 된다.

$$0 < \frac{R_0}{X_1} \leq 1, \ 0 \leq \frac{X_0}{X_1} \leq 3$$

여기서, R_0 : 영상분 저항

X_0, X_1 : 영상·정상분 리액턴스

② 중성점의 접지는 전체 계통이 유효접지 내(접지계수가 80% 이내)에 있어야 한다.

$$접지계수 = \frac{1선\ 지락사고\ 시\ 고장점에서의\ 건전상\ 대전압}{사고\ 제거\ 후의\ 선간전압}$$

③ 어느 점에서도 1선 지락전류는 3상 단락전류의 60%보다 커야 한다.

④ 접지하지 않은 중성점의 전위 상승은 154kV의 경우 73kV 이내로 유지한다.

2. 유효접지방식의 장단점

(1) 장점

① 절연레벨의 경감

㉠ 1선 지락고장 시 건전상의 대지전위 상승이 거의 없고, 아크지락 등에 의한 이상전압, 개폐서지 등도 다른 접지방식에 비해 매우 낮은 편이므로

각종 기기들의 절연을 낮출 수 있고, 애자의 개수도 줄일 수 있어 전압이 높을수록 경제적인 측면에서 유리해 진다.

ⓛ 현재 154 · 345 · 65kV 계통은 직접 접지방식을 적용한다.

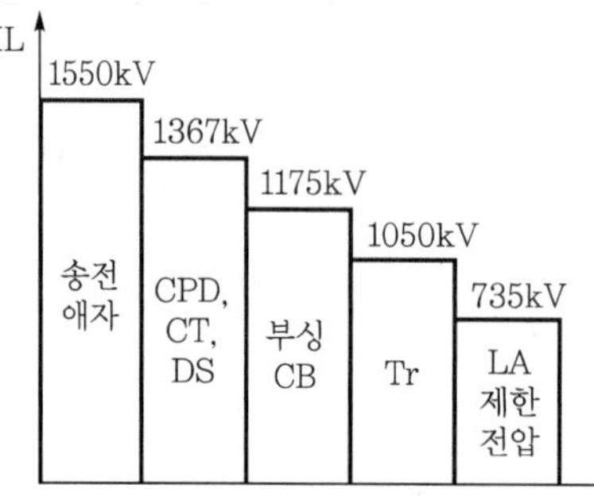

▌345kV 계통 절연협조 ▌

옆의 그림과 표는 절연협조 측면에서 유효 접지방식 적용 시 효과를 보인 것임 즉, 유효접지를 적용하지 않을 경우는 변압기의 절연강도가 1550kV로 되어야 하나, 유효접지를 적용하므로 1050kV까지 저감할 수 있어 경제성에서 탁월함을 의미함

ⓒ BIL과 절연협조

절연계급 (호)	전력계통				변압기의 BIL[kV]	신형 LA에 의한 가능한 보호 BIL[kV]	피뢰기 정격전압[kV] 10[kA]용	피뢰기 유효 이격 거리[m]
	공칭전압 [kV]	중성점 접지방식	애자수	BIL [kV]				
300	345	유효접지	20	1550	1050 (2단 저감)	950 (3단 저감)	288	85
140	154	유효접지	10	750	650 (1단 저감)	550 (2단 저감)	144	65

② 변압기의 단절연(graded insulation)

ⓛ 변압기의 중성점은 항상 0전위 부근을 유지한다.

ⓒ 선로 측에 비해 중성점 부근의 절연레벨을 단계적으로 낮추어서 시행하는 소위 단절연이 가능하여 변압기 중량과 가격을 줄일 수 있다.

③ 피뢰기 책무 경감

ⓛ 개폐서지의 값이 낮으므로 정격전압이 낮은 피뢰기를 사용할 수 있다.

ⓒ 충격 방전 개시전압과 제한전압을 낮출 수 있다.

④ 개폐서지의 제한

ⓛ 중성점 접지로 개폐서지 및 3상 비동기 투입 시의 이상전압 발생을 억제

ⓒ 피뢰기 동작책무 경감, 피뢰기 효과가 증대됨

⑤ 보호 계전기 동작 확실

ⓛ 1선 지락고장은 1상 단락과 같아 고장전류가 크다.

ⓒ 고장 발생 시 고장검출이 용이하고 고속도 차단이 가능하다.

ⓒ 1선 지락 시 발생되는 문제점은 고속도 차단으로 해결이 가능하다.

(2) 단점

① 계통에 주는 영향으로 고장 시 계통의 안정도 저하가 크다.

  ㉠ 1선 지락전류가 타 방식보다 커서 계통충격이 크다.

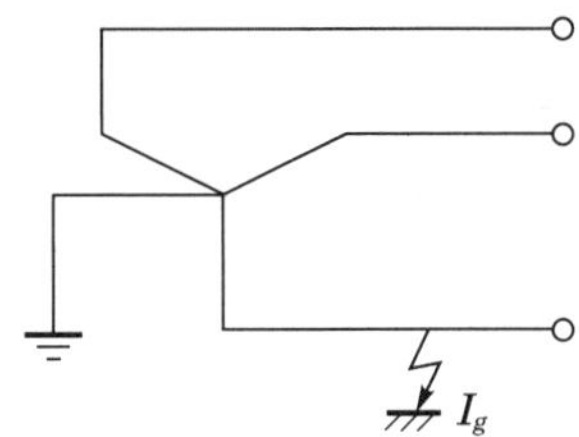

I_g : 지락전류, $I_g = \dfrac{3E_a}{Z_0 + Z_1 + Z_2} = 3I_0$

  ㉡ 계통의 안정도 저하 : 고장 시 $X \rightarrow 2X$, $C \rightarrow \dfrac{C}{2}$ 로 되어 $P_r = \dfrac{V_s V_r}{X} \sin\theta$

  에서 지락 시 임피던스 상승

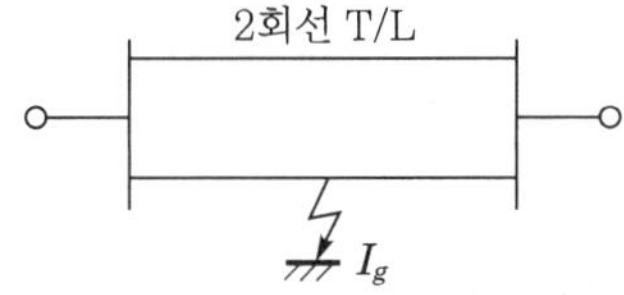

  ㉢ 대책 : 고속도 차단, 고속도 재폐로 시행 연계력 강화 등

② 유도장해 발생 : 1선 지락 시 인근 통신선에 유도장해 발생(전자유도)

③ 차단기가 대전류를 차단할 기회가 많아서, 신뢰도가 높은 차단기의 선택이 요구된다.

SECTION 02 유도장해

> **104** 전력선이 통신선에 근접해 있을 경우 통신선에 전압 및 전류가 유도되어 정전유도, 전자유도가 발생하게 된다. 정전유도와 전자유도에 대하여 다음 사항을 각각 설명하시오.
> 1. 개념
> 2. 유도전압 계산식
> 3. 특징
> 4. 경감대책
>
> **104-1** 송전선로에서 발생하는 유도장해의 원인과 대책을 설명하시오.
>
> **104-2** 전력선이 통신선에 근접해 있을 경우 발생되는 유도장해에 대하여 다음을 설명하시오.
> 1. 정전유도 및 전자유도
> 2. 전력선 측과 통신선 측면에서의 유도장해 경감대책

data 발송배전기술사 24-132-2-6 · 20-120-2-3 · 18-114-3-5 / 발송배전기술사, 건축전기설비기술사, 전기안전기술사, 전기응용기술사 출제예상문제

답안

1. 정전유도와 전자유도의 개념

(1) 정전유도

전력선과 통신선 상호 간의 정전용량(c)에 의한 유도전류가 원인

(2) 전자유도

전력선과 통신선 상호 간의 상호 인덕턴스(M)에 의한 유도전압이 원인

2. 유도전압 계산식

구분	정전유도	전자유도
개념도	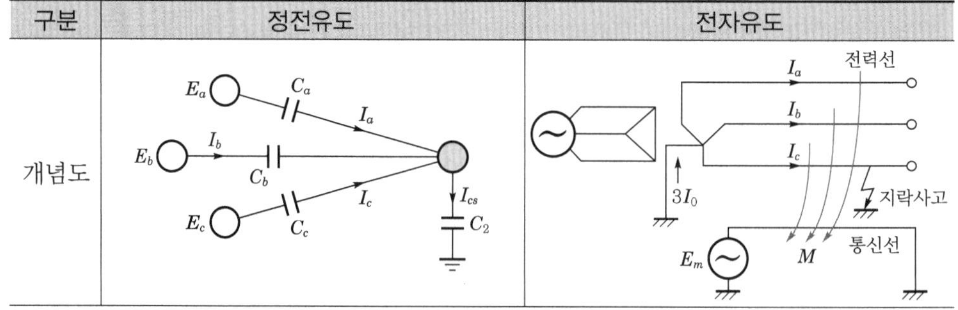	

구분	정전유도	전자유도
유도 전압	$\|\dot{E_s}\|=\dfrac{\sqrt{C_a(C_a-C_b)+C_b(C_b-C_c)+C_c(C_c-C_a)}}{C_a+C_b+C_c+C_2}$ $\times E$ 여기서, $\dot{E_s}$: 정전유도전압 $\quad\quad C_2$: 통신선의 대지 정전용량[μF] $\quad\quad C_a,\ C_b,\ C_c$: 전력선의 각 상과 $\quad\quad\quad\quad\quad$ 통신선 간의 상호 $\quad\quad\quad\quad\quad$ 정전용량[μF]	$\dot{E_m}=-j\omega Ml(I_a+I_b+I_c)$ $\quad\ =-j\omega Ml(3I_0)$ 여기서, l : 양선의 병행길이[km] $\quad\quad 3I_0$: 유도전류$=3\times$영상전류 $\quad\quad\quad\quad\ =$지락전류[A] $\quad\quad M$: 상호 인덕턴스[H/km]

3. 정전유도와 전자유도의 특징

정전유도	전자유도
• 원인 : 영상전압 • 평상시 정상적으로 송전에서 발생함 • 선로의 대지 정전용량 불평형으로 선로에는 영상전압이 발생하고, 선로와 통신선 간의 상호 정전용량의 불평형으로 통신선에 정전유도전압($\dot{E_s}$)이 발생함 • 통신선과의 이격거리 증대 시 영향 감소	• 원인 : 영상전류 • 지락고장 시 발생함 • 지락고장 시 영상분 전류가 발생하여, 이로 인한 영상분 자속이 발생되면서 자속변화로 역기전력이 유기됨 • 통신선과의 병행거리를 축소시키면 영향이 감소됨

4. 정전유도와 전자유도의 경감대책

(1) 정전유도장해의 경감대책

① 전력선 측 및 통신선에 적절한 차폐선을 설치한다.

② 통신선을 케이블화하여 외피를 접지한다(shield cable 사용).

③ 연가가 완전하다면 $C_a=C_b=C_c$가 되어 $\dot{E_s}=0$이 되며 선로정수는 평형화되고, 잔류 전압은 없어지므로, 정전유도전압은 발생되지 않는다.

④ 전력선과 통신선의 이격거리 증대 : 50m 이상

⑤ 피유도 회선의 적당한 접지

(2) 전자유도장해에 영향을 주는 3인자

전자유도전압 $\dot{E_m}=-j\omega Ml(I_a+I_b+I_c)=-j\omega Ml(3I_0)$

3인자 구분	내용
결합인자	전자회로와 통신회로와의 정전 및 전자 결합의 정도를 표시하는 것이며, 주로 양자의 기하학적 배치로 결정됨. 이것에는 연가 및 차폐의 효과도 포함함 (주로 M 또는 C에 의한 것임)
작용인자	전력회로에서의 상용 주파 및 고주파의 전압·전류이며, 평상시에 계속적인 것과 순간적인 것 2가지(주로 I_0에 의한 것임)로 분류함

3인자 구분	내용
수동인자	통신회로 및 그 자체로 정해지는 인자이고, 이상상태에 대한 통신회로 및 설비의 특성, 선택도, 통신설비의 전력레벨, 주파수 특성, 대지의 평형도 등이 포함됨

(3) 전자유도장해의 대책

① M 저감(결합인자의 저감)

comment 이 자체로도 배점 25점이다.

㉠ 가공지선을 설치하여 차폐효과를 발휘하도록 한다(차폐선 설치).

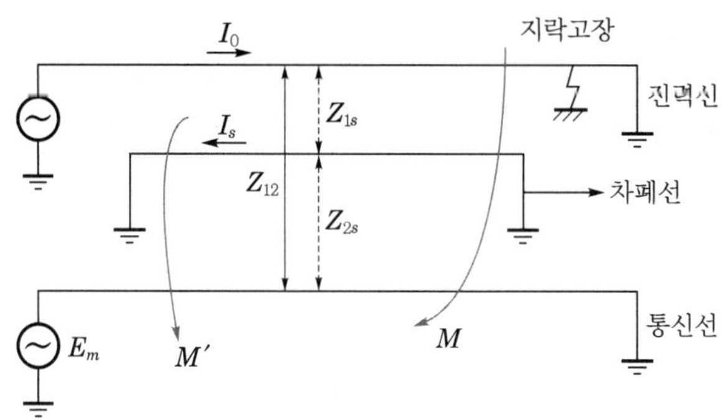

- 그림과 같이 차폐선의 양단을 단락시켜 전력선이 지락고장 발생 시에 차폐선에는 단락전류 I_s를 통전하도록 하여 차폐선과 통신선 간에 M'가 발생하도록 한다.

- 송전선에 발생된 I_0에 의한 M과 서로 상쇄된다.

- 통신선에 유도되는 전압

$$\dot{E}_m = -Z_{12}I_0 + Z_{2s}I_s$$

$$= -Z_{12}I_0 + Z_{2s}\left(\frac{Z_{1s}}{Z_s}\right)I_0 = Z_{12}I_0\left(1 - \frac{Z_{1s}\,Z_{2s}}{Z_s\,Z_{12}}\right) = E_m\,\lambda$$

여기서, Z_{12} : 전력선과 통신선 간 상호 임피던스

Z_{2s} : 통신선과 차폐선 간 상호 임피던스

I_s : 지락전류 I_g가 있을 때 차폐선의 분류전류로도 취급됨

$$\rightarrow I_s = \left(\frac{Z_{1s}}{Z_s}\right)I_0$$

Z_{1s} : 전력선과 차폐선 간 상호 임피던스

Z_s : 차폐선 자기 임피던스

λ : 차폐계수

- $-Z_{12}I_0$는 차폐선이 없을 경우 유도전압이므로 차폐선을 설치함으로써, $\left(1 - \dfrac{Z_{1s}Z_{2s}}{Z_s Z_{12}}\right)$의 유도전압이 줄게 되었다.

- 차폐선 계수 $\lambda = \left| 1 - \dfrac{Z_{1s}\,Z_{2s}}{Z_s\,Z_{12}} \right|$이며 λ가 작을수록 E_m은 감소한다.

- 상기와 같은 이유로 송전선로에서 차폐선을 ACSR으로 이용하여 얻게 되는 효과
  - 뇌격방지 효과
  - 지락 시 접지전류 분류 효과
  - 유도장해의 감소 효과
- 차폐선 설치위치에 따른 효과 및 ACSR 적용 사유
  - 실제의 차폐선은 전력선에 접근시켜서 차폐계수 λ가 되는 상태로 설치한다.
  - 상호 임피던스 Z_{1s}에 대하여 차폐선의 자기 임피던스 Z_s를 접근시킬수록 차폐효과가 점점 커지게 된다.
  - 차폐선의 자기 임피던스를 될 수 있는 한 작게 해서 차폐선에 흐르는 전압을 크게 해주면 차폐효과는 더 커진다. 이렇게 하기 위해서는 가공지선으로 동선(銅線)을 사용하여야 하나 ACSR 전선보다 무거우므로 철탑강도를 증가시켜야 된다.
  - 실제적으로는 ACSR 가공지선을 더욱 많이 적용하고 있다.
- 전력선의 지중 케이블화 : 과다한 투자비가 소요된다.
- 상호 이격거리를 크게 한다.

⒫ 통신선 측의 M의 저감 대책
- 통신선에 차폐선 및 차폐선륜 설치
- 유도 억압선륜 또는 유도중화 트렌스의 설치로 통신 유도잡음 저감
- 통신 케이블의 차폐화(연피 통신 케이블)

② I_0 억제(작용인자의 저감)

〖 전력선 측의 I_0 억제
- 중성점 접지저항을 크게 하고 소호 리액터 접지 검토 또는 배전용 MTR에는 NGR 적용 등
- 고장 지속시간 단축을 위해서 고속도 재폐로 방식 채용
  - 765kV : 다상 재폐로 방식

- 345kV : 단상 + 3상 재폐로 방식
- 154kV : 3상 재폐로 방식
- 고속도 지락보호 계전방식 채용
- 직접 접지일 경우 기유도전류의 분포를 조절한다.

ⓛ 통신선 측의 I_0 억제

- 통신선에 LA 설치
- 전력회사 통신망의 광통신 케이블화
- 전력회사용 통신망에 전치 LA, 피뢰탄기 등 적용
- 전력회사 통신망에 서지 흡수소자, 피뢰기 등을 2·3중 설치
- 유도전압 억제
  - 통신선에 우수한 피뢰기 사용

    ┌ 장점 : 경제적(피뢰 겸용)
    └ 단점 : 전화선에 취부됨, 상시유도 및 잡음전압 감소에는 효과없음
  - ARS 설치 : 유도억압 장치로서, 기유도원에서 발생하는 유도전류를 증폭하여 결합 트랜스로 역공급하여 유도전압 상쇄(주로 케이블에 사용)

③ l 저감(수동인자) : 통신선과의 병행거리 축소

㉠ 전력선 측의 l 저감

- 통신선과의 병행거리 단축
- 통신선과의 교차는 가급적 직각으로 시공
- 전력선의 루트 변경 : 통신선로 루트변경 공사비가 과다한 경우에 적용

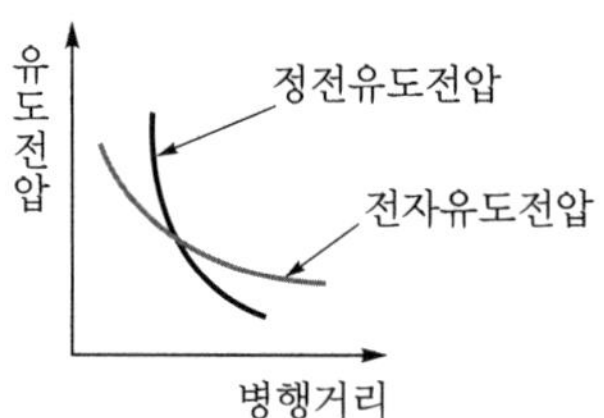

㉡ 통신선 측의 l 저감

- 통신선의 도중에 중계 코일(일종의 절연 변압기)을 넣어서 구간을 분할
- 통신선의 루트 변경 : 최소한의 통신선 루트 변경으로 효과가 클 때 적용

105 송전선의 1선 지락사고 시 송전선과 병행 가설된 통신선이 받는 전자유도장해와 관련된 다음 사항들을 설명하시오.
1. 전자유도전압의 크기
2. 전자유도 영향과 경감대책
3. 차폐선 설치에 따른 차폐효과

(data) 발송배전기술사 21-123-3-3 / 발송배전기술사, 건축전기설비기술사, 전기안전기술사, 전기응용 기술사 출제예상문제

답안

1. 전자유도전압의 크기

(1) 전자유도장해의 발생원리

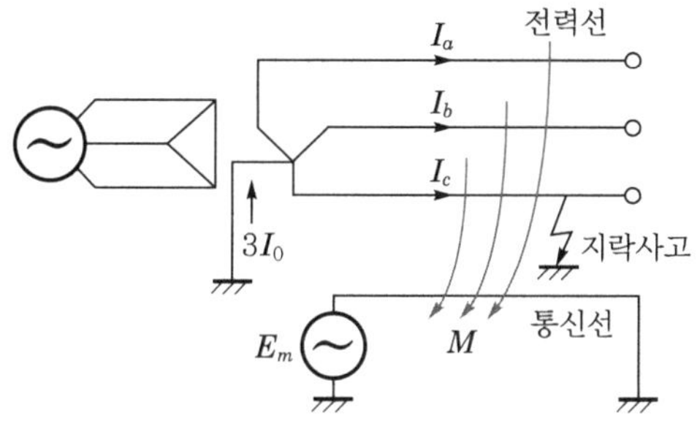

① 송전선에 1선 지락사고 등이 발생해서 영상전류가 흐르면 통신선과의 전자적인 결합에 의해서 통신선에 커다란 유도전압$\left(e = \dfrac{d\phi}{dt} = \dfrac{d\,M\,i}{dt}\right)$, 전류가 유도된다.

② 통신선이 받는 전자유도전압

$$E_m = -\,j\omega M\,l(I_a + I_b + I_c) = -\,j\omega M\,l(3I_0)$$

여기서, M : 상호 인덕턴스[H/km]

l : 양선의 병행길이[km]

$3I_0$: 기유도전류 = 3 × 영상전류 = 지락전류[A]

③ 평상시는 3상 평형이므로 I_0가 0으로 전자유도장해가 없지만, 지락고장 시에는 상당히 큰 I_0가 흘러 전자유도장해가 발생되어 통신장해를 일으킨다.

④ 발생 메커니즘 : 전력선에 1선 지락 발생 → 영상전류 통전 → 통신선과 전자적 결합(M) → 통신선의 유도전압$\left(e = \dfrac{d\phi}{dt} = \dfrac{d\,M\,i}{dt}\right)$에서 전류의 순간적 변화로 전압 유도, 전류 발생 → 통신선 장해 발생

⑤ E_m은 M을 직접 구할 수 없어 계산식으로 구하긴 불가능하고 실험식에 의하여 구한다.

(2) 전자유도장해 발생요인 3인자와 전자유도전압의 크기

$E_m = -j\omega M l(I_a + I_b + I_c) = -j\omega M(3I_0)$에서 각 요소인 M, l, $3I_0$를 말하며, 이 요소를 감소시키는 것이 대책이다.

여기서, M : 상호 인덕턴스[H/km]

l : 양선의 병행길이[km]

$3I_0$: $3 \times$영상전류 = 지락전류

2. 전자유도의 영향과 경감내책

(1) 영향

구분 종류		제한값([V] 이하)	유도 발생설비	장해 내용
정전유도		국내 기준 없음 (일본의 경우 150V)	• 전력선 • 전기철도 • 방송 고주파 발생	• 통신설비의 절연파괴 • 통화 잡음 및 기기 오동작 • 통신 측 피뢰기 동작
전자 유도	사고 시 유도위험 전압	• 배전선 : 430V • 송전선 : 650V	• 접지방식의 전력선 - 345, 154kV T/L - 66kV 저항접지 T/L - 22.9kV D/L • 교류 전기철도	• 통신설비의 절연파괴 • 인명 감전위험 • 통신 측 피뢰기 동작
	상시 유도전압	• 기기 오동작 : 15V • 인체위험 : 60V		• 인명 감전위험 • 통신기기의 오동작
	상시 유도 잡음전압	통신 케이블 : 1.0mV		• 통화 잡음 발생 • 통화 품질 저하
대지전위 상승		650V	–	• 통신설비의 절연파괴 • 인명 감전위험 • 통신 측 피뢰기 동작

(2) 전력선 측에서의 전자유도장해 대책

① M 저감(결합인자의 저감)

  * Chapter 06 - 문제 104의 답안 '4.1(3)/①' 내용을 참조한다.

② l 저감(수동인자) : 통신선과의 병행거리 축소

  ㉠ 통신선과의 병행거리 단축

  ㉡ 통신선과의 교차는 가급적 직각으로 시공

  ㉢ 전력선의 루트 변경 : 통신선로 루트 변경 공사비가 과다한 경우에 적용

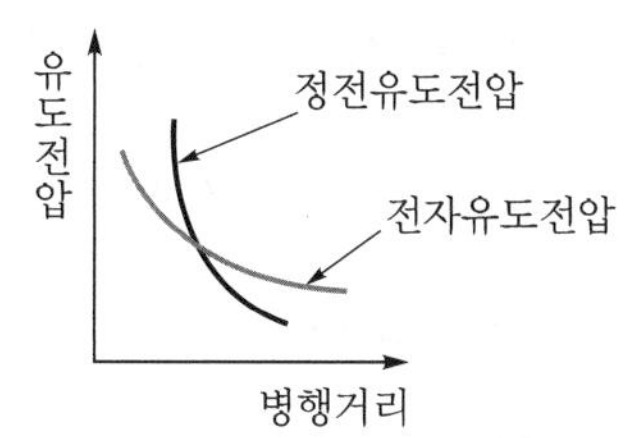

③ I_0 억제(작용인자의 저감) : 중성점 접지저항을 크게 하고, 소호 리액터 접지 검토 또는 배전용 MTR에는 NGR 적용 등

3. 차폐선 설치에 따른 차폐효과

(1) 차폐선 설치에 의한 유도장해 경감

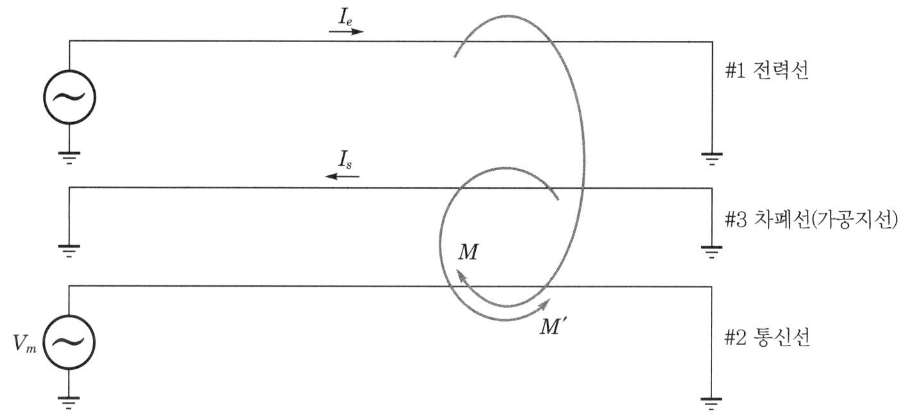

① 차폐선에는 양측이 단락되어 있으므로 단락전류 I_s 가 흐른다(I_e 와 반대 방향).

② 차폐선의 단락전류 I_s 에 의해서 통신선에 자속 M' 가 발생된다.

③ 자속 M' 와 M 과는 위상이 180° 반대(즉, I_e 와 I_s 는 반대 방향으로 흐름)이므로 M 의 값이 감소되어 통신선에 생기는 유도전압 V_m 은 반 정도로 줄어든다.

(2) 차폐선 이론

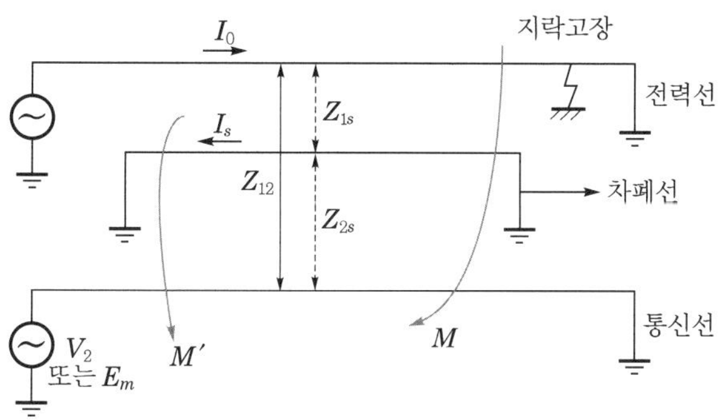

- V_2 : 통신선에 유도되는 전자유도전압
- Z_{1s} : 전력선과 차폐선 간 상호 임피던스
- Z_{2s} : 통신선과 차폐선 간 상호 임피던스
- Z_{12} : 전력선과 통신선 간 상호 임피던스
- Z_s : 차폐선 자기 임피던스

① 차폐선 양단이 완전 접지되어 있다면 통신선에 유도되는 전압 V_2는

$$V_2 = -Z_{12}I_0 + Z_{2s}I_1 = -Z_{12}I_0 + Z_{2s}\left(\frac{Z_{1s}I_0}{Z_s}\right) = -Z_{12}I_0\left(1 - \frac{Z_{1s}Z_{2s}}{Z_s Z_{12}}\right)$$

여기서, $-Z_{12}I_0$: I_0의 방향이 통신선 유도전류 방향과 반대이므로 '−' 부호

$\quad\quad I_0$: 전력선의 영상전류

$\quad\quad I_1$: 차폐선의 유도전류

$\quad\quad Z_s$: 차폐선 자체 임피던스

② $-Z_{12}I_0$는 차폐선이 없을 경우 유도전압이므로, 차폐선을 설치함으로써

$\left(1 - \dfrac{Z_{1s}Z_{2s}}{Z_s Z_{12}}\right)$의 유도전압이 감소한다.

③ 차폐선 계수 $\lambda = \left|1 - \dfrac{Z_{1s}Z_{2s}}{Z_s Z_{12}}\right|$로 표시한다.

④ 차폐선을 전력선에 접근해서 설치하는 경우의 유도전압 $V_2{}'$는

$$V_2{}' = -Z_{12}I_0\left(1 - \frac{Z_{1s}}{Z_s}\right) \ (Z_{12} \fallingdotseq Z_{2s}\text{이므로}), \ \text{이때 차폐계수 } \lambda' = \left|1 - \frac{Z_{1s}}{Z_s}\right|$$

가 된다.

⑤ 차폐선을 통신선에 접근해서 설치하는 경우의 유도전압 $V_2{}''$는

$$V_2{}'' = -Z_{12}I_0\left(1 - \frac{Z_{2s}}{Z_s}\right) \ (Z_{12} \fallingdotseq Z_{1s}\text{이므로}), \ \text{이때 차폐계수 } \lambda'' = \left|1 - \frac{Z_{2s}}{Z_s}\right|$$

가 된다.

(3) 차폐선 설치위치에 따른 효과 및 ACSR 적용 사유

① 실제 차폐선은 전력선에 접근시켜 차폐계수 λ가 되는 상태로 설치한다.

② 상호 임피던스 Z_{1s}에 대하여 차폐선의 자기 임피던스 Z_s를 접근시킬수록 차폐효과가 점점 커지게 된다.

③ 차폐선의 자기 임피던스를 될 수 있는 한 작게 해서 차폐선에 흐르는 전압을 크게 해주면 차폐효과는 더 커진다. 이렇게 하기 위해서는 가공지선을 동선 (銅線)을 사용하여야 하나 ACSR 전선보다 무거우므로 철탑강도를 증가시켜야 된다.

④ 실제적으로는 ACSR 가공지선을 더욱 많이 적용하고 있다.

106 유도장해 경감대책으로 전력선과 통신선 사이에 차폐선을 설치하는데, 차폐선 설치에 따른 차폐효과에 대하여 설명하시오.

106-1 가공선로에 설치되어 있는 가공 지선의 전자유도장해 차폐효과를 설명하시오.

(data) 발송배전기술사 18-116-4-5·18-115-3-3 / 발송배전기술사, 건축전기설비기술사, 전기안전기술사, 전기응용기술사 출제예상문제

답안

1. 개요

송전선에 1선 지락사고 등이 발생해서 영상전류가 흐르면 통신선과의 전자적인 결합에 의하여 통신선에 커다란 전압·전류를 유도하게 되어 통신용 기기나 통신 종사자에게 위해를 가하거나 통신이나 통화를 불가능하게 하는 유도장해를 일으킨다. 이를 위해 전력선과 통신선 사이에 차폐선을 설치하는데 이것에 대한 효과를 아래와 같이 기술한다.

2. 전자유도 발생원리

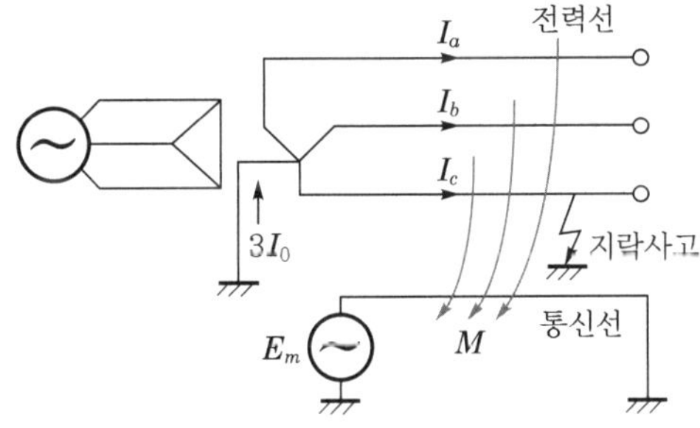

(1) 송전선에 1선 지락사고 등이 발생해서 영상전류가 흐르면 통신선과의 전자적인 결합에 의해서 통신선에 커다란 유도전압$\left(e = \dfrac{d\phi}{dt} = \dfrac{dMi}{dt}\right)$, 전류가 유도된다.

(2) 통신선이 받는 전자유도전압

$$E_m = -j\omega M l(I_a + I_b + I_c) = -j\omega M l(3I_0)$$

여기서, M : 상호 인덕턴스[H/km], l : 양선의 병행길이[km]

$3I_0$: 기유도전류 $= 3 \times$ 영상전류 $=$ 지락전류[A]

(3) 평상시는 3상 평형이므로 I_0가 0으로 전자유도장해가 없지만, 지락고장 시에는 상당히 큰 I_0가 흘러 전자유도장해가 발생되어 통신장해를 일으킨다.

(4) 발생 메커니즘

전력선에 1선 지락 발생 → 영상전류 통전 → 통신선과 전자적 결합(M) → 통신선의 유도전압$\left(e = \dfrac{d\phi}{dt} = \dfrac{dMi}{dt}\right)$에서 전류의 순간적 변화로 전압 유도, 전류 발생 → 통신선 장해 발생

(5) E_m은 M을 직접 구할 수 없어 계산식으로 구하긴 불가능하고 실험식에 의하여 구한다.

(6) 단락사고는 대지전류가 흐르지 않으므로 유도장해는 문제되지 않는다.

3. 차폐선 설치에 의한 유도장해 경감

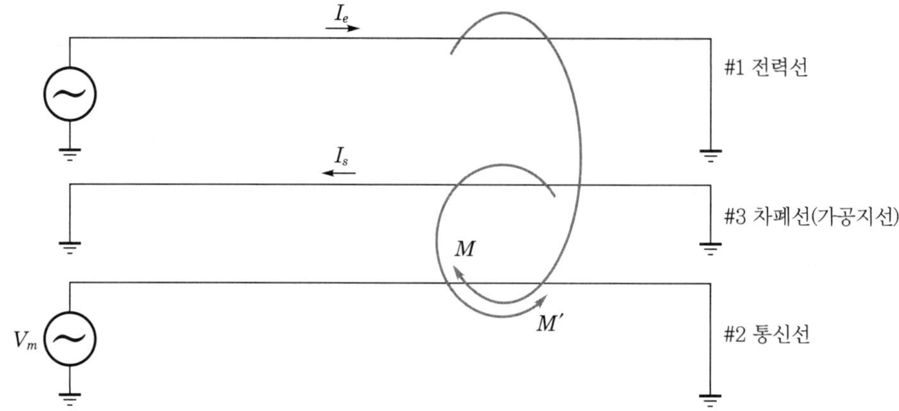

(1) 차폐선에는 양측이 단락되어 있으므로 단락전류 I_s가 흐른다(I_e와 반대 방향).

(2) 차폐선의 단락전류 I_s에 의해서 통신선에 자속 M'가 발생된다.

(3) 자속 M'와 M과는 위상이 $180°$ 반대(즉, I_e와 I_s는 반대 방향으로 흐름)이므로 M의 값이 감소되어 통신선에 생기는 유도전압 V_m은 반 정도로 줄어든다.

4. 차폐선 설치위치에 따른 효과

(1) 실제 차폐선은 전력선에 접근시켜 차폐계수 λ가 되는 상태로 설치한다.

(2) 상호 임피던스 Z_{1s}에 대하여 차폐선의 자기 임피던스 Z_s를 접근시킬수록 차폐효과가 점점 커지게 된다.

(3) 차폐선의 자기 임피던스를 될 수 있는 한 작게 해서 차폐선에 흐르는 전압을 크게 해주면 차폐효과는 더 커진다. 이렇게 하기 위해서는 가공지선으로 동선(銅線)을 사용하여야 하나 ACSR 전선보다 무거우므로 철탑강도를 증가시켜야 된다.

(4) 실제적으로는 ACSR 가공지선을 더욱 많이 적용하고 있다.

5. 차폐선의 가설

(1) 차폐선의 가설장소는 송전철탑 정부(頂部)의 가공지선을 가설하는 곳으로 택하는 것이 보통이다.

(2) 차폐선은 단락전류를 흘려야 하므로 송전선과 똑같은 ACSR이라든지 통신선을 사용해서 유도전압 경감과 가공지선으로서의 역할을 동시에 수행하도록 한다.

(3) 송전철탑의 가공지선은 2회선이어야 한다(154kV의 차폐각은 5도 이하, 345kV 는 0도, 765kV는 −8도임).

comment 철탑 보강공사 시(154kV 가공지선을 1조에서 2조로 시공 시), 철탑 기초보강이 요구된다. 현실적으로 임야에 시공용 간이도로 건설 등의 매우 까다로운 시공현장이 발생되므로 발주자와 충분한 협의로 기초보강없이 또는 기공지선 1조를 그대로 사용하는 것도 고려해야 된다.

memo

107 다음 회로에 대한 영상·정상 및 역상 임피던스를 구하고, 각각의 등가회로를 작성하시오.

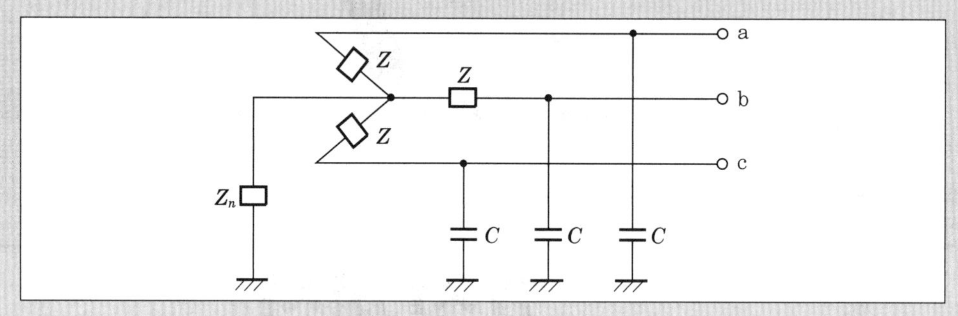

data 발송배전기술사 22-127-2-6 / 발송배전기술사, 건축전기설비기술사, 전기안전기술사 출제예상문제

답안

1. 영상회로의 해석과 등가회로

(1) 영상회로의 정의

① 3상 1회선 송전선에서 고장점 단자 a·b·c를 일괄하고, 이것과 대지 사이에 단상 전원을 넣어, 단상 교류를 흘릴 때 흘러가는 범위 회로이다.

② 단자 a·b·c를 대지와 일괄 접속 후 각 상에 영상분 전류(I_0, I_0, I_0)를 인가할 경우 전류가 흐를 수 있는 회로이다.

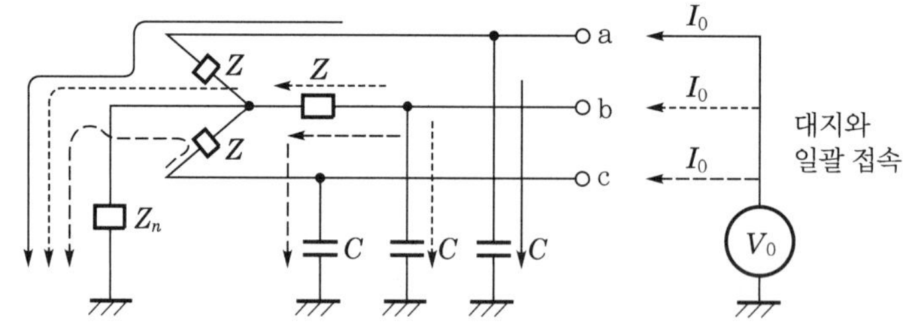

▮영상회로의 전류 통전범위▮

(2) 영상회로는 변압기의 △ 결선 내로만 순환하므로, 변압기의 임피던스 Z_t까지만으로 구성된다.

(3) 이때 중성점의 접지저항(Z_n)에는 1상의 영상전류(I_0)의 3배($3I_0$)가 흐르므로, 이 임피던스값을 3배로 취급한다.

(4) 영상회로의 1선당 등가회로

① 이때의 정전용량은 대지 정전용량이다.

② 영상 임피던스 $Z_0 = \dfrac{(3+3Z_n)(-X_{c0})}{(Z+3Z_n)-X_{c0}}$

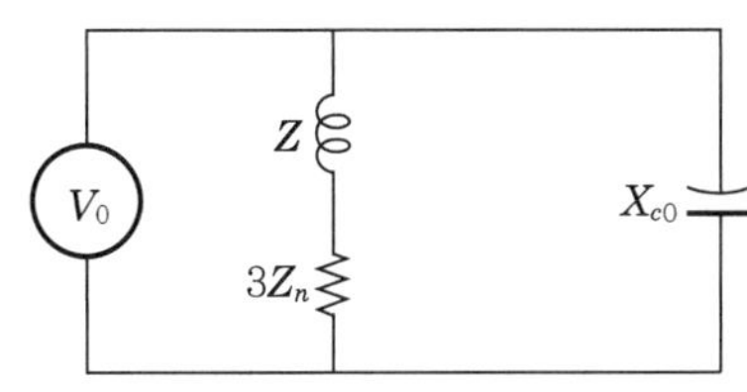

▌영상 등가회로▐

여기서, X_{c0} : 1상의 대지 정전용량으로서, $X_{c0} = -j\dfrac{1}{\omega C}$

V_0 : 역상전압

2. 정상회로

(1) 정의

① 고장점에서 회로망 전체의 정상 임피던스를 구하기 위해 단자 a · b · c에 상회 전 방향이 정상인 3상 평형 전압을 인가해서 각 상의 평형 3상 교류가 흘러가 는 범위 회로이다.

② 단자 a · b · c에 위상차가 120도인 정상분 전류(I_1, a^2I_1, aI_1)를 통전할 경우 전류가 흐를 수 있는 회로이다.

③ 정상회로는 대칭 3상 교류이므로 중성점을 통과하지 않는다.

④ 중성점 접지지형은 포함되지 않는다.

⑤ 변압기, 선로 임피던스는 정상 · 역상이 동일하다.

(2) 정상회로의 등가회로

① 전류통전범위

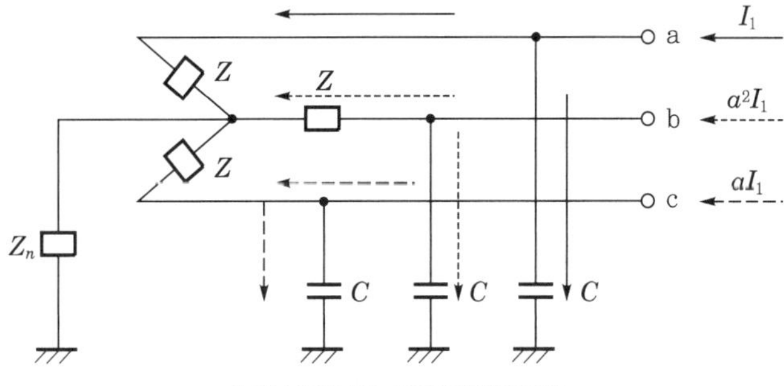

▌정상회로의 전류통전범위▐

㉠ 3상 평형 전원이므로 $I_1 + a^2 I_1 + a I_1 = 0$, 즉 중성점 전류의 합은 0(중성점으로 전류가 흐르지 않음을 의미 → 대지로 흐르는 전류의 합도 0)

㉡ 이 경우의 정전용량은 작용 정전용량이다.

② 정상 임피던스

$$Z_1 = \frac{Z(-X_{cw})}{Z - X_{cw}}$$

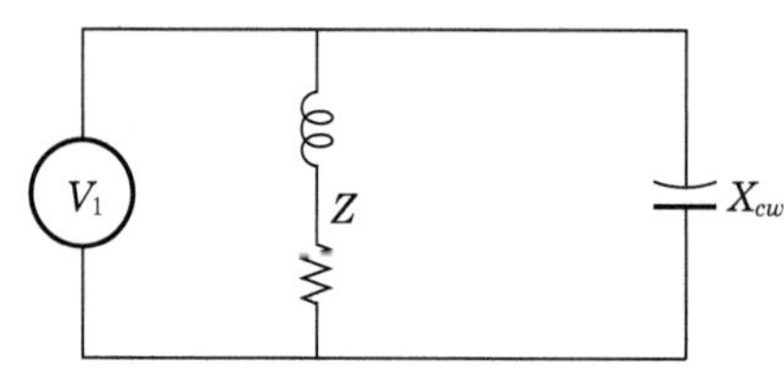

❚ 정상회로의 등가회로 ❚

여기서, X_{cw} : 작용 정전용량의 리액턴스, V_1 : 정상전압

3. 역상회로

(1) 정의

① 고장점에서 회로망 전체의 역상 임피던스를 구하기 위해, 단자 a·b·c에 상회전 방향이 역상인 3상 평형 전압을 인가해서 각 상의 평형 3상 교류가 흘러가는 범위 회로(정상회로에서 a·b·c인 상회전 방향이 역상인 3상 평형 회로에서 통전되는 범위의 회로)

② 단자 a·b·c에 위상차가 120도인 정상분 전류(I_1, $a I_1$, $a^2 I_1$)를 통전할 경우 전류가 흐를 수 있는 회로

③ 역상회로는 대칭 3상 교류이므로 중성점을 통과하지 않는다.

④ 중성점 접지저항은 포함되지 않는다.

⑤ 변압기, 선로 임피던스는 정상·역상이 동일하다.

⑥ 고장 전류 순시값에서도 과도 임피던스를 적용한다.

(2) 역상회로의 등가회로

① 전류통전범위

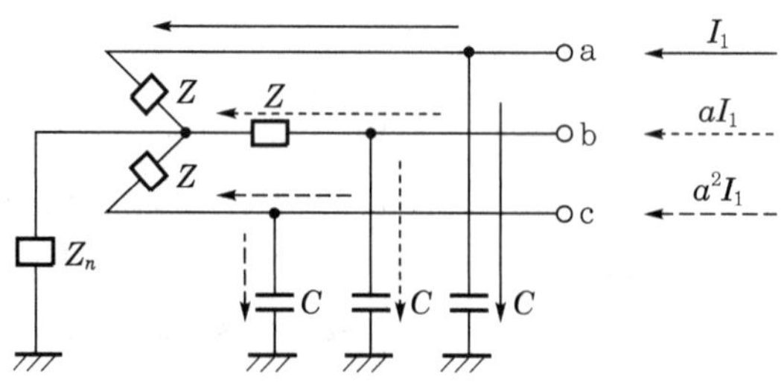

❚ 역상회로의 전류통전범위 ❚

300

㉠ 3상 평형 전원이므로 $I_1 + aI_1 + a^2 I_1 = 0$, 즉 중성점 전류의 합은 0(중성점으로 전류가 흐르지 않음을 의미하고 대지로 흐르는 전류의 합도 0)

㉡ 이 경우의 정전용량은 작용 정전용량이다.

② 역상 임피던스

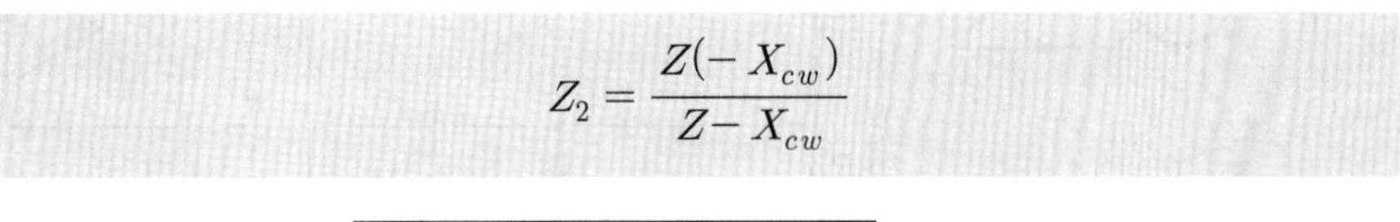

$$Z_2 = \frac{Z(-X_{cw})}{Z - X_{cw}}$$

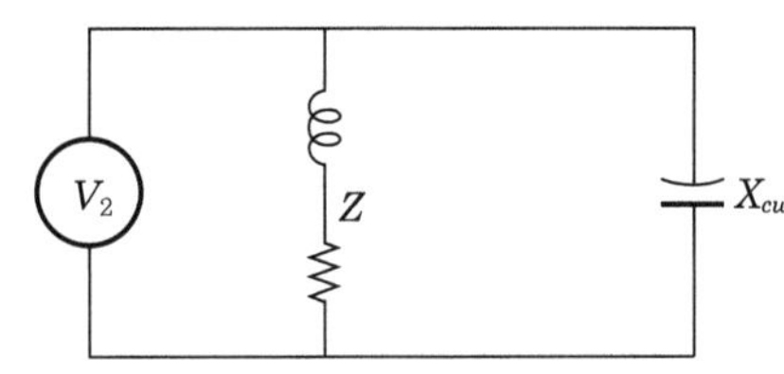

❙ 역상회로의 등가회로 ❙

여기서, X_{cw} : 작용 정전용량의 리액턴스, V_2 : 역상전압

108 그림과 같은 계통의 선로 중앙에서 1선 지락고장이 발생했을 때 영상·정상·역상, 대칭분 회로 및 등가회로를 그리고 설명하시오.

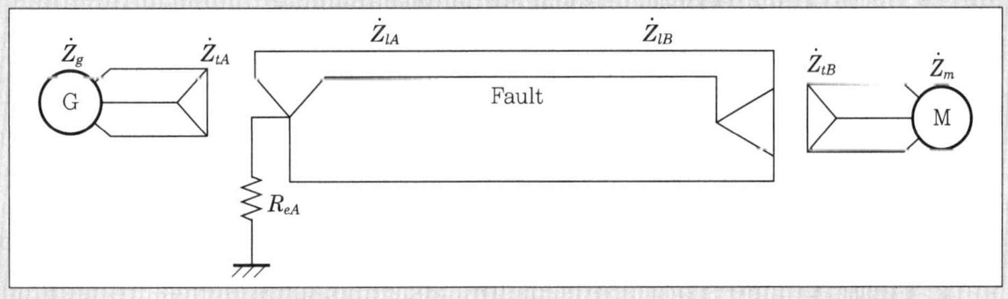

108-1 3상 송전선로의 영상·정상·역상 리액턴스를 구하는 방법을 설명하시오.

(data) 발송배전기술사 18-115-1-10·16-110-4-3 / 발송배전기술사 출제예상문제

답안

1. 개요

(1) 송전선의 고장계산은 연결된 발전기, 변압기, 부하, 접지방식도 고려된 계산일 것

(2) 고장해석은 발전기의 기본식을 적용하여 3개의 대칭분 회로(정상·역상·영상 회로)로 분해하여 계산한 후 대칭 좌표법에 의해 중첩하여 계산한다.

2. 정상회로 및 역상회로의 해석과 등가회로

(1) 정상회로

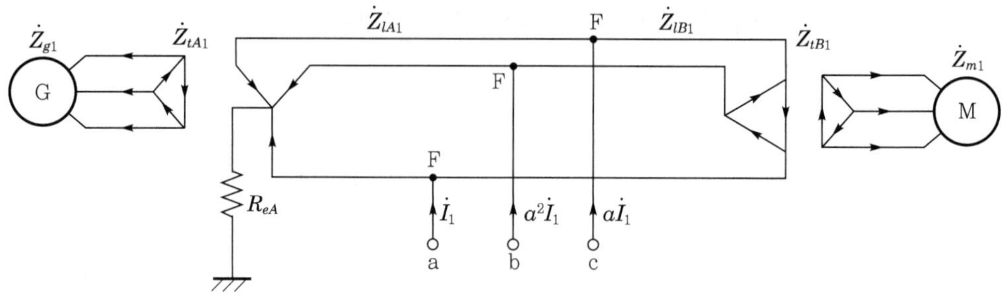

▌정상회로 = 역상회로 ▌

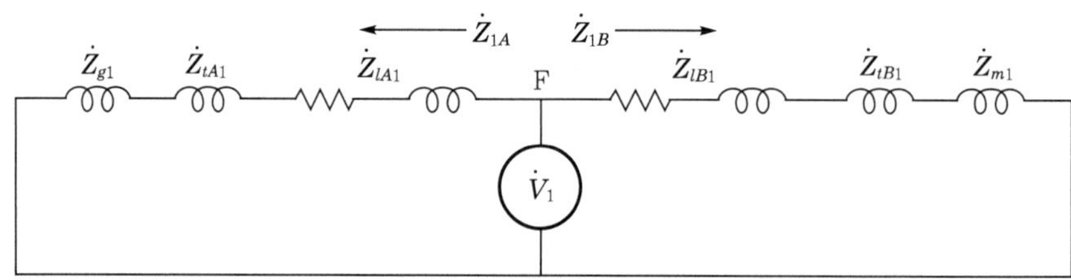

▌상회로(= 역상회로)의 등가회로 ▌

① 고장점 F에서 회로망 전체의 정상 임피던스를 구하기 위해 단자 a · b 및 c에 상회전 방향인 3상 평형전압 $\dot{V}_1$을 인가하여 각 $\dot{I}_1$, $a^2\dot{I}_1$ 및 $a\dot{I}_1$인 평형 3상 전류가 흘러가는 범위가 바로 정상회로이다.

② 정상회로의 대칭 3상 전류는 $I_1 + a^2 I_1 + a I_1 = 0$이므로 중성점으로는 흐르지 않는다.

③ 중성점 접지 여부와는 아무런 관련이 없으므로 정상회로에는 중성점 접지저항은 포함되지 않는다.

④ 전원 측의 발전기나 부하 측의 전동기에는 변압기의 △회로를 통해서 전류가 흐르므로 발전기의 정상 임피던스 $\dot{Z}_{g1}$, 또 부하의 정상 임피던스 $\dot{Z}_{m1}$, 변압기의 정상 임피던스 $\dot{Z}_{tA1}$도 정상 임피던스로서 결선의 상태에도 전혀 구애받지 않고 고장점으로부터 발전기 혹은 부하단의 전동기까지의 임피던스들로 나타내면 된다.

⑤ 정상회로의 등가회로 : 선로정수는 평상시의 작용 인덕턴스 및 작용 정전용량을 사용한다.

(2) 역상회로

① 고장점 F에서 회로망 전체의 역상 임피던스를 구하기 위해 단자 a・b 및 c에 상회전 반대 방향인 역상 3상 평형전압 $\dot{V}_2$를 인가하여 각각 $\dot{I}_2$, $a\dot{I}_2$ 및 $a^2\dot{I}_2$인 평형 3상 전류를 흘려 주었을 때 그 전류가 흘러가는 범위가 바로 역상회로이다.

② 역상회로는 전류의 상순이 정상분과 반대인 점만 제외하고는 범위가 정상회로와 동일하다. 즉, $I_2 + aI_2 + a^2I_2 = 0$이어서 중성점 접지저항과는 역시 관계 없다.

③ 발전기와 전동기 같은 회전기의 경우 특별한 조건이 없는 한, 고장 순간에는 정상분과 역상분은 동일하므로 역상분 임피던스의 크기 역시 정상분과 동일하다.

④ 정상회로의 등가회로 : 선로정수는 평상시의 작용 인덕턴스 및 작용 정전용량을 사용한다.

(3) 정상 및 역상분의 등가 임피던스

고장점에서 본 계통 전체의 정상(＝역상) 임피던스는 다음과 같다.

$$\dot{Z}_1 = \dot{Z}_{1A} // \dot{Z}_{1B} = \frac{\dot{Z}_{1A}\dot{Z}_{1B}}{\dot{Z}_{1A} + \dot{Z}_{1B}} = \frac{\dot{Z}_{2A}\dot{Z}_{2B}}{\dot{Z}_{2A} + \dot{Z}_{2B}} = \dot{Z}_2$$

3. 영상회로의 해석과 등기회로

(1) 영상회로

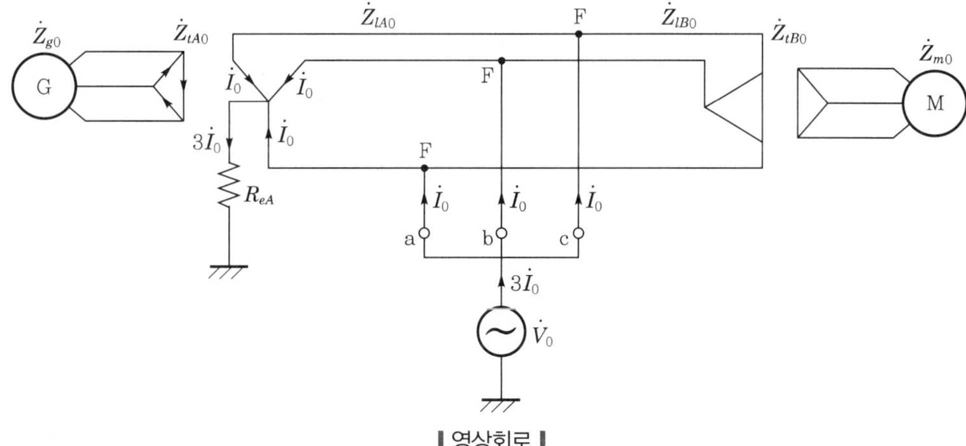

❙ 영상회로 ❙

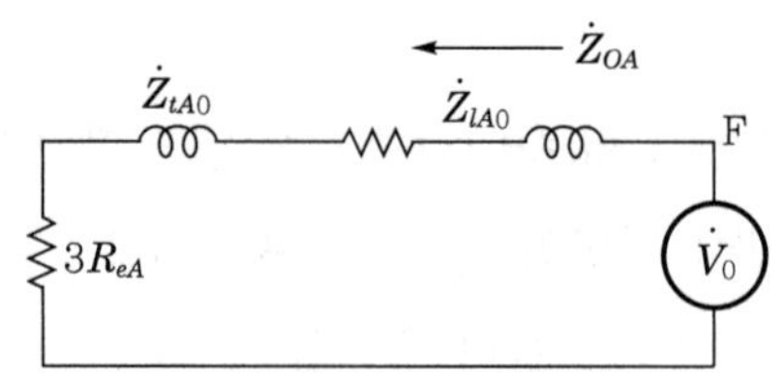

▌영상회로의 등가회로 ▐

① 3상 1회선 송전선에서 고장점 단자 a · b 및 c를 일괄하고, 이것과 대지 사이에 단상 전원 $\dot{V}_0$를 인가하여 각 상에 동상의 단상 교류(영상전류) $\dot{I}_0$를 흘릴 때 그 전류가 흘러가는 범위의 회로이다.

② 3상 전류의 합은 1상의 영상전류의 3배($\dot{I}_0 + \dot{I}_0 + \dot{I}_0 = 3\dot{I}_0$)가 흐르므로 중성점 접지저항값을 3배($R_{eA} \rightarrow 3R_{eA}$)로 취급한다.

③ 접지저항은 한 상의 영상전류 $\dot{I}_0$를 취급하는 영상회로에서 3배의 크기로 나타낸다.

④ 영상회로는 변압기의 △결선 내로만 순환하므로 변압기의 임피던스까지만 구성된다.

⑤ 변압기가 △−△ 혹은 Y 결선이라 하더라도 중성점 비접지식이면 역시 영상전류는 흐르지 못한다. 이런 경우에는 영상회로는 그 점에서 끝난다.

⑥ 영상회로는 정상 혹은 역상회로와는 달리 변압기의 결선 및 중성점의 접지 여부에 따라서 크게 달라진다.

⑦ 선로 리액턴스는 평상시의 작용 인덕턴스가 아니라 3선 일괄 대지귀로 인덕턴스인 소위 영상 인덕턴스를 사용해야 한다.

(2) 등가 임피던스

고장점에서 본 계통 전체의 영상 임피던스는 $\dot{Z}_0 = \dot{Z}_{0A} = \dot{Z}_{lA0} + \dot{Z}_{tA0} + 3R_{eA}$ 이다.

SECTION 02 1선 지락전류

109 아래 그림에서 나타낸 바와 같이 무부하 상태에 있는 발전기의 a상 지락 시 접지저항을 R_f라고 할 때, a상의 고장전류의 크기와 개방단자인 b·c상의 단자전압 V_b, V_c를 구하시오.

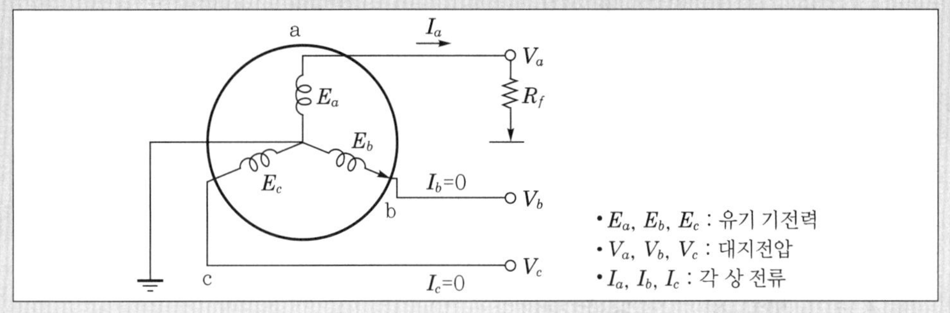

(data) 발송배전기술사 24-132-2-4, 건축전기설비기술사 22-127-3-2 / 발송배전기술사, 건축전기설비기술사 출제예상문제

답안 1. 고장조건

$$I_b = 0,\ \ I_c = 0,\ \ V = R_f I_a$$

2. 대칭분 전류

$$I_0 = \frac{1}{3}(I_a + I_b + I_c) = \frac{1}{3}(I_a + 0 + 0) = \frac{I_a}{3}$$

$$I_1 = \frac{1}{3}(I_a + aI_b + a^2 I_c) = \frac{1}{3}(I_a + a \times 0 + a^2 \times 0) = \frac{I_a}{3}$$

$$I_2 = \frac{1}{3}(I_a + a^2 I_b + a I_c) = \frac{1}{3}(I_a + a^2 \times 0 + a \times 0) = \frac{I_a}{3}$$

$$I_0 = I_1 = I_2$$

$$\therefore\ I_a = 3I_0 = I_g$$

3. 지락전류 산출

(1) 발전기 기본식

① $V_0 = -Z_0 I_0$

② $V_1 = E_a - Z_1 I_1$

③ $V_2 = -Z_2 I_2$

(2) a상 단자전압 V_a

$$V_a = V_0 + V_1 + V_2 = (-Z_0 I_0) + (E_a - Z_1 I_1) + (-Z_2 I_2)$$
$$= E_a - (Z_0 + Z_1 + Z_2) I_0 = R_f I_a = R_f(3I_0)$$

(3) a상 유기전압 E_a는 지락전류 경로의 원천이 되므로 단상 회로로 간주되어 다음과 같이 유도된다.

$$E_a = (Z_0 + Z_1 + Z_2) I_0 + R_f(3I_0) = (Z_0 + Z_1 + Z_1 + 3R)I_0$$

$$\therefore \ I_0 = \frac{E_a}{Z_0 + Z_1 + Z_2 + 3R_f}$$

(4) 지락전류 I_a

$$I_a = 3I_0 = \frac{3E_a}{Z_0 + Z_1 + Z_2 + 3R_f}$$

4. a상 지락 시 b·c상 단자전압

[조건] 지락점에 접지저항 R_f가 존재할 경우

(1) 회로조건

$$I_0 = I_1 = I_2$$

$$I_0 = \frac{E_a}{Z_0 + Z_1 + Z_2 + 3R_f}$$

여기서, Z_0 : 발전기의 영상분 임피던스

　　　　Z_1 : 정상분 임피던스

　　　　Z_2 : 역상분 임피던스

(2) 건전상의 전압 V_b

① $V_b = V_0 + a^2 V_1 + a V_2$

$$= (-Z_0 I_0) + a^2(E_a - Z_1 I_1) + a(-Z_2 I_2)$$
$$= -I_0(Z_0 + a^2 Z_1 + a Z_2) + a^2 E_a$$

② $I_0 = \dfrac{E_a}{Z_0 + Z_1 + Z_2 + 3R_f}$ 를 대입하여 식을 정리하면 다음과 같다.

$$V_b = -\frac{E_a}{Z_0 + Z_1 + Z_2 + 3R_f} \cdot (Z_0 + a^2 Z_1 + a Z_2) + a^2 E_a$$

$$= \frac{(a^2 - 1)Z_0 + (a^2 - a)Z_2 + a^2 3R_f}{Z_0 + Z_1 + Z_2 + 3R_f} \times E_a$$

306

(3) 건전상의 전압 V_c

V_b와 동일한 방법으로 식을 구하면 다음과 같이 된다.

$$V_c = \frac{(a-1)Z_0 + (a-a^2)Z_2 + a \cdot 3R_f}{Z_0 + Z_1 + Z_2 + 3R_f} \times E_a$$

comment 상기 수식 해석에서 독자들이 스스로 인식하기 바란다. (˙)는 기록 완료한 후 나중에 마킹하도록 한다(채점자들은 이런 표시, 즉 vector 표현까지 다 검토하므로 벡터 표시가 없다면 득점을 인정하지 않을 수 있음. 인력시장에서 발송배전기술사가 너무 많은 경우에 취할 수 있는 사항임).

110 발전기의 기본식을 이용하여 발전기 b상이 지락되었을 경우 b상의 지락전류 및 건전상의 전압을 구하시오.

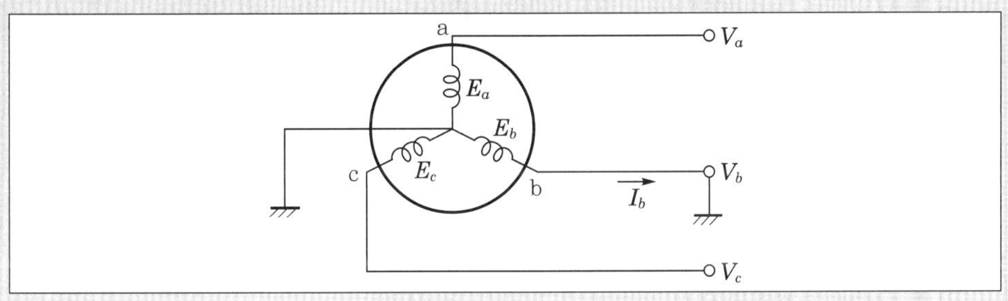

data 발송배전기술사 17-111-3-6 / 발송배전기술사, 건축전기설비기술사 출제예상문제

답안

1. 고장조건

무부하 b상 지락

$V_b = 0$, $I_a = I_c = 0$ ··· 식 1)

2. 미지량

1선 지락 시 구하고자 하는 대상이다. 즉, $\dot{I}_b$, V_a, V_c이다.

3. 대칭분 전류와 b상 전류

(1) $I_0 = \dfrac{1}{3}\left(I_a + I_b + I_c\right) = \dfrac{1}{3}\left(0 + I_b + 0\right) = \dfrac{I_b}{3} \rightarrow I_b = 3I_0$

(2) $I_1 = \dfrac{1}{3}\left(I_a + aI_b + a^2I_c\right) = \dfrac{1}{3}\left(0 + aI_b + 0\right) = \dfrac{aI_b}{3} \rightarrow I_1 = \dfrac{a}{3}I_b = aI_0$

307

(3) $I_2 = \dfrac{1}{3}\left(I_a + a^2 I_b + aI_c\right) = \dfrac{1}{3}\left(0 + a^2 I_b + 0\right) = \dfrac{a^2 I_b}{3} \ \rightarrow \ I_2 = \dfrac{a^2}{3}I_b = a^2 I_0$

$$\therefore \ I_b = I_0 + a^2 I_1 + aI_2 = \dfrac{I_b}{3} + \dfrac{a^3 I_b}{3} + \dfrac{a^3 I_b}{3}$$

$$= \dfrac{1}{3}\left(1 + a^3 + a^3\right)I_b = \dfrac{1}{3} \times 3\,I_b = 3I_0$$

4. 발전기 기본식과 연립한 후 지락전류 산출

(1) 발전기의 기본식

$$V_0 = - Z_0\,I_0$$

$$V_1 = E_a - Z_1 I_1$$

$$V_2 = - Z_2 I_2$$

(2) b상 전압 V_b

$$V_b = V_0 + a^2 V_1 + a V_2 = - Z_0 I_0 + a^2\left(E_a - Z_1 I_1\right) + a\left(- Z_2 I_2\right)$$

$$= a^2 E_a - \left(Z_0 I_0 + a^2 Z_1 I_1 + aZ_2 I_2\right)$$

$$= a^2 E_a - \left\{ Z_0\left(\dfrac{I_b}{3}\right) + a^2 Z_1\left(\dfrac{aI_b}{3}\right) + aZ_2\left(\dfrac{a^2 I_b}{3}\right) \right\}$$

$$= a^2 E_a - \dfrac{1}{3}\left(3\,I_0\right)\left(Z_0 + a^3 Z_1 + a^3 Z_2\right)$$

$$= a^2 E_a - I_0\left(Z_0 + Z_1 + Z_2\right) = 0$$

(3) $I_0 = \dfrac{a^2 E_a}{Z_0 + Z_1 + Z_2}$ $\cdots\cdots\cdots\cdots\cdots\cdots\cdots\cdots\cdots\cdots\cdots\cdots\cdots\cdots\cdots\cdots$ 식 2)

(4) $I_0 = \dfrac{I_b}{3}$ 이므로, 지락전류 $I_b = 3I_0 = \dfrac{3a^2 E_a}{Z_0 + Z_1 + Z_2}$

5. 건전상 전압

(1) a상 전압

① $V_a = V_0 + V_1 + V_2 = - Z_0 I_0 + \left(E_a - Z_1 I_1\right) - Z_2 I_2$

$\qquad = - Z_0 I_0 + \left(E_a - aZ_1 I_0\right) - a^2 Z_2 I_0$

$\qquad = E_a - \left(Z_0 + aZ_1 + a^2 Z_2\right)I_0$

② 윗 식을 통분하기 위해 우항의 첫 식에 $\left(Z_0 + Z_1 + Z_2\right)$을 곱하고 나누며, 우항의 둘째 식 I_0에 식 2)를 대입하여 a상의 단자를 구한다.

308

$$V_a = \frac{(Z_0 + Z_1 + Z_2)E_a}{Z_0 + Z_1 + Z_2} - \frac{(Z_0 + aZ_1 + a^2 Z_2)E_a}{Z_0 + Z_1 + Z_2}$$

$$= \frac{(1-a)Z_1 + (1-a^2)Z_2}{Z_0 + Z_1 + Z_2}E_a$$

(2) c상 전압$[a^4 = a^3 \times a^1 = a \ (\because \ a^3 = 1)]$

$$V_c = V_0 + aV_1 + a^2 V_2 = -Z_0 I_0 + aE_a - aZ_1 I_1 - a^2 Z_2 I_2$$

$$= aE_a - (Z_0 + a^2 Z_1 + a^4 Z_2)I_0 = aE_a - (Z_0 + a^2 Z_1 + aZ_2)I_0$$

$$= \frac{(a-1)Z_0 + (a-a^2)Z_2}{Z_0 + Z_1 + Z_2}E_a$$

comment 벡터 표시(˙)를 전체 수식에 수험생 스스로 기록하도록 한다.

111 다음 그림과 같은 회로에서 a상 완전지락 시 지락전류와 b상의 전압 V_b를 구하시오.

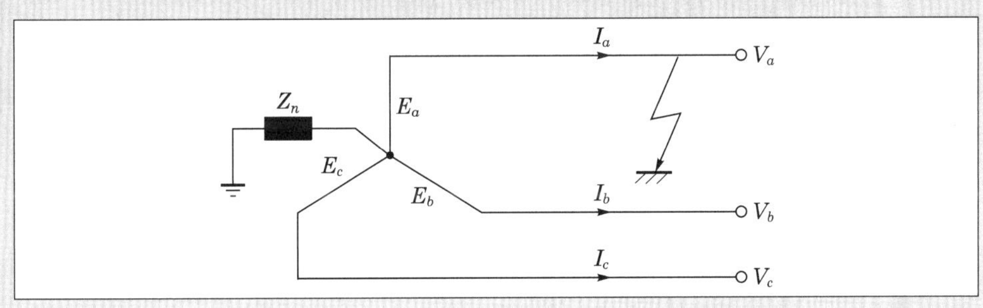

data 발송배전기술사 17-113-2-5 / 발송배전기술사, 건축전기설비기술사 출제예상문제

답안

1. 고장조건

(1) a상 완전지락 3상 무부하 조건

(2) 중성점 Z_n로 접지

2. 기지값

(1) 무부하 조건 $I_b = I_c = 0$

(2) 지락조건 $V_a = 0$

(3) 중성점 Z_n로 접지

3. 미지값

(1) 지락전류 $= I_a$

(2) b상의 전압(건전상 전압)$= V_b$

(3) c상의 전압(건전상 전압)$= V_c$

4. 발전기의 기본식

$$V_0 =- Z_0 I_0 =- (3Z_n + Z_0)I_0$$
$$V_1 = E_a - Z_1 I_1$$
$$V_2 =- Z_2 I_2$$

5. 대칭분 전류

$$I_0 = \frac{1}{3}(I_a + I_b + I_c) = \frac{1}{3}(I_a + 0 + 0) = \frac{1}{3}I_a$$

$$I_1 = \frac{1}{3}(I_a + a I_b + a^2 I_c) = \frac{1}{3}(I_a + 0 + 0) = \frac{1}{3}I_a$$

$$I_2 = \frac{1}{3}(I_a + a^2 I_b + a I_c) = \frac{1}{3}(I_a + 0 + 0) = \frac{1}{3}I_a$$

$$I_0 = I_1 = I_2 = \frac{1}{3}I_a$$

$$\therefore \ I_a = I_g = 3I_0$$

6. 영상분 전류

(1) $V_a = 0 = V_0 + V_1 + V_2$

$$[V_0 =- Z_0 I_0 =- (3Z_n + Z_0)I_0, \quad V_1 = E_a - Z_1 I_1, \quad V_2 =- Z_2 I_2]$$

(2) $I_0 = \dfrac{E_a}{Z_0 + Z_1 + Z_2 + 3Z_n}$

7. 대칭분 전압

(1) $V_0 =- (3Z_n + Z_0)I_0 = \dfrac{-(Z_0 + 3Z_n)}{Z_0 + Z_1 + Z_2 + 3Z_n} \cdot E_a$

(2) $V_1 = E_a - Z_1 I_1 = \dfrac{Z_0 + Z_2 + 3Z_n}{Z_0 + Z_1 + Z_2 + 3Z_n} \cdot E_a$

(3) $V_2 =- Z_2 I_2 = \dfrac{-Z_2}{Z_0 + Z_1 + Z_2 + 3Z_n} \cdot E_a$

8. 미지값 산출

(1) $I_a = I_0 + I_1 + I_2 = 3I_0 = I_g(\text{지락전류}) = \dfrac{3}{Z_0 + Z_1 + Z_2 + 3Z_n} \cdot E_a$

(2) b상의 전압

$$V_b = V_0 + a^2 V_1 + a V_2$$

$$= \dfrac{(a^2-1)Z_0 + (a^2-a)Z_2 + 3(a^2-1)Z_n}{Z_0 + Z_1 + Z_2 + 3Z_n} \cdot E_a$$

$$V_c = V_0 + a V_1 + a^2 V_2$$

$$= \dfrac{(a-1)Z_0 + (a-a^2)Z_2 + 3(a-1)Z_n}{Z_0 + Z_1 + Z_2 + 3Z_n} \cdot E_a$$

comment 벡터 표시($\cdot$)를 전체 수식에 수험생 스스로 기록하도록 한다.

112 그림과 같이 중성점이 R_n으로 접지된 무부하 발전기의 상이 고장점 저항 R_F를 통하여 지락되었을 때, 발전기 기본식을 이용하여 지락전류를 구하시오. (단, $V_0 = -Z_0 I_0 - R_n I_a$)

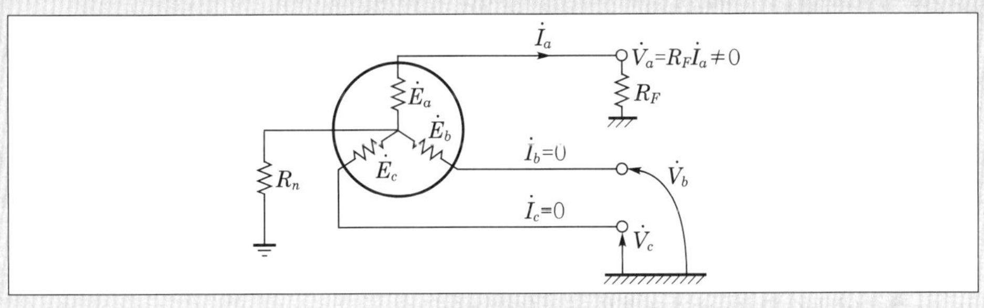

data 발송배전기술사 21-125-4-2 / 발송배전기술사, 건축전기설비기술사 출제예상문제

답안 1. 고장조건

(1) $I_b = I_c = 0$에서 $I_1 = I_2$, 즉 정상전류 = 역상전류

(2) $V_a = R_F I_a$: 문제의 그림에 표기되어 있다.

2. 대칭분 전류 및 전압 산출

(1) 전류

$$I_0 = \frac{1}{3}(I_a + I_b + I_c) = \frac{1}{3}I_a$$

$$I_1 = \frac{1}{3}(I_a + aI_b + a^2 I_c) = \frac{1}{3}I_a$$

$$I_2 = \frac{1}{3}(I_a + a^2 I_b + aI_c) = \frac{1}{3}I_a$$

$$I_0 = I_1 = I_2 = \frac{1}{3}I_a$$

$$\therefore \ I_a = 3I_0$$

(2) 전압

$$V_a = V_0 + V_1 + V_2 = I_a R_F$$

$$V_b = V_0 + a^2 V_1 + a V_2$$

$$V_c = V_0 + a V_1 + a^2 V_2$$

3. 지락고장전류 산출

(1) 발전기 기본식

$$V_0 = -Z_0 I_0 - R_n I_a$$

$$V_1 = E_a - I_1 Z_1$$

$$V_2 = -I_2 Z_2$$

(2) 지락고장전류

$$V_a = V_0 + V_1 + V_2 = (-Z_0 I_0 - R_n I_a) + (E_a - I_1 Z_1) + (-I_2 Z_2) = R_F I_a$$

$$I_0(Z_0 + Z_1 + Z_2 + 3R_n + 3R_F) = 3E_a$$

$$I_0 = \frac{E_a}{(Z_0 + 3R_n) + Z_1 + Z_2 + 3R_F}$$

$$\therefore \ I_a = 3I_0 = \frac{3E_a}{(Z_0 + 3R_n) + Z_1 + Z_2 + 3R_F}$$

4. 등가회로와 건전상 전압 산출

(1) $3R_n$ 의미

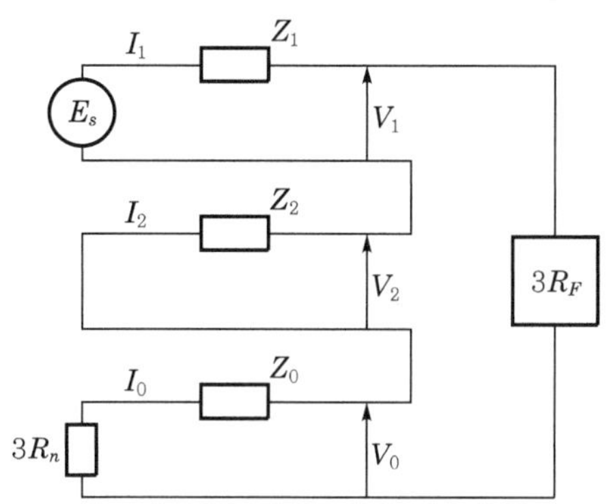

┃1선 지락전류 등가회로 ┃

① 등가회로는 단상 회로 표현이다.

$$I_a R_n = 3I_0 R_n = I_0\left(3R_n\right)$$

② 중성점 접지저항은 발전기 기본식에 영향을 준다는 의미이다.

(2) $3R_F$ 의미

① 지락점의 접지저항에 의한 a상 전위 상승에 기여한다.

② 발전기 기본식에 미포함되며 이것은 지락점의 전위 상승이 발전기의 유기기
전력 변화에는 영향을 못미친다는 것으로, 원거리 지락으로 해석한다.

(3) 건전상 전압산출

$$V_b - \frac{[(a^2-1)(Z_0+3R_n)+(a^2-a)Z_2+3a^2 R_F]}{(Z_0+3R_n)+Z_1+Z_2+3R_F}E_a$$

$$V_c = \frac{[(a-1)(Z_0+3R_n)+(a-a^2)Z_2+3a R_F]}{(Z_0+3R_n)+Z_1+Z_2+3R_F}E_a$$

comment 벡터 표시($\cdot$)를 전체 수식에 수험생 스스로 기록하도록 한다.

113 아래와 같은 배전계통의 고장점 A에서 3상 단락전류(I_{3s})와 1선 지락전류(I_g)를 대칭 좌표법으로 구하시오. (단, 소수점 둘째자리에서 반올림한다)

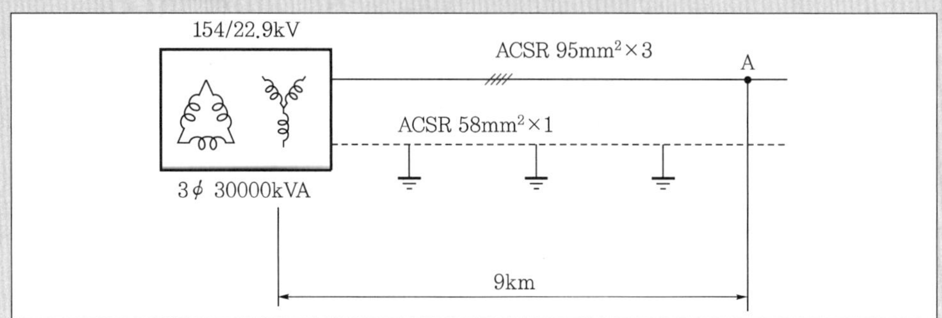

[계산 조건]

• 전원 측(계통) 임피던스 : 11%(100MVA 기준)
• 주변압기의 임피던스 : 9.5%(자기용량에서)
• 3상 단락의 고장저항은 무시하며, 1선 지락의 고장저항값은 7.5Ω
• 정상 및 역상 임피던스(ACSR 95mm²) : $5.8 + j8.41$[%/km]
• 영상 임피던스(ACSR 95-58mm²) : $14.02 + j32.36$[%/km]

data 발송배전기술사 18-115-3-5 / 발송배전기술사, 건축전기설비기술사 출제예상문제

답안 1. 3상 단락전류 I_s

(1) $I_{3s} = \dfrac{100}{\%Z_1} \times I_n = \dfrac{100\%}{\%Z_1} \times \dfrac{100 \times 10^3 \text{kVA}}{\sqrt{3} \times 22.9\text{kV}} = \dfrac{100}{\%Z_1} \times 2521\,[\text{A}]$

여기서, $\%Z_1 = \%Z_s + \%Z_t + Z_{l1}$

$\%Z_s = j11\,\%$

$\%Z_t = \left(j9.5 \times \dfrac{100\text{MVA}}{30\text{MVA}} \right) = j31.7\,\%$

$\%Z_{l1} = (5.8 + j8.41)\,[\%/\text{km}] \times 9\text{km} = 52.2 + j75.7\,[\%]$

(2) $\%Z_1 = \%Z_s + \%Z_t + \%Z_{l1} = j11 + j31.7 + 52.2 + j75.7 = 52.2 + j118.4\,[\%]$

(3) $I_{3s} = \dfrac{100}{\%Z_1} \times I_n = \dfrac{252100\text{kVA}}{52.2 + j118.4} = \dfrac{252100}{\sqrt{52.2^2 + 118.4^2}} = 1955\,\text{A}$

2. 1선 지락전류 계산

(1) $I_g = \dfrac{3 \times 100}{Z_1 + Z_2 + Z_0 + 3R_f} \times I_n\,[\text{A}]$

여기서, $\%Z_1 = \%Z_2 = \%Z_s + \%Z_t + Z_{l1}$

$\%Z_0 = Z_t + Z_{l0}$

$\%R_f = \dfrac{P \cdot Z}{10\,V^2} = \dfrac{100 \times 10\text{kVA} \times 7.5\,\Omega}{10 \times 22.9^2} = 143\%$

(2) $I_g = \dfrac{3 \times 100}{Z_1 + Z_2 + Z_0 + 3R_f} \times I_n\,[\text{A}]$

$= \dfrac{300 \times 2521}{2(52.2 + j118.4) + (126.2 + j322.9) + (143 \times 3)}$

$= \dfrac{300 \times 2521}{659.6 + j559.7} = \dfrac{756300}{\sqrt{659.6^2 + 559.7^2}} = 874\,\text{A}$

여기서, 선로의 영상 임피던스(ACSR 95-58mm^2)와 변압기의 영상 임피던스 합

이므로 $[14.02 + j(32.36)(\%/\text{km})] \times 9[\text{km}] + j31.7\% = 126.2 + j322.94$

---

114 발전기 기본식을 이용하여 선간 단락전류가 3상 단락전류의 $\dfrac{\sqrt{3}}{2}$ 배임을 설명하시오.

114-1 발전기 단자에서 2상 단락사고 시 전류의 크기가 3상 단락사고 전류 크기의 86.6%가 됨을 설명하시오.

(data) 발송배전기술사 18-116-3-5 · 17-112-2-1 / 발송배전기술사, 건축전기설비기술사 출제예상문제

답안 1. 회로도

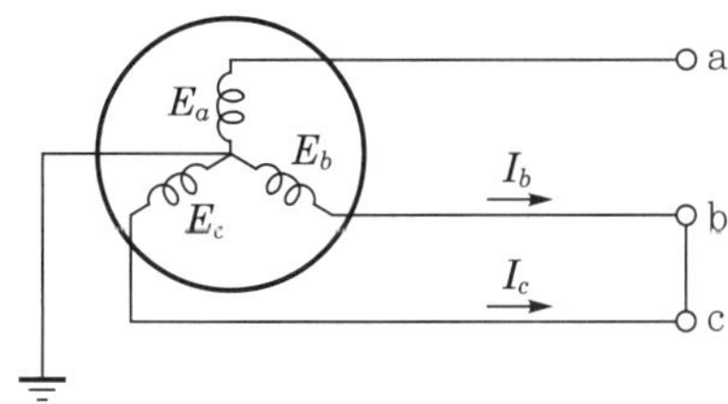

2. 조건

무부하 상태, b · c상 단락

3. 기지량 및 미지량(구하고자 하는 값)

(1) 기지량

① $I_a = 0$

② $I_b = -I_c$

③ $V_b = V_c$

(2) 미지량

V_b, V_c

4. 대칭분 전류

(1) 조건에서 $I_a = 0$이고, b상과 c상의 단락인 경우 크기는 같으나 반대 방향이므로,

영상전류 $I_0 = \dfrac{1}{3}(I_a + I_b + I_c) = 0$ .... 식 1)

(2) $I_a = I_0 + I_1 + I_2$, $I_b = I_0 + a^2 I_1 + a I_2$, $I_c = I_0 + a I_1 + a^2 I_2$

(3) 조건에서 $I_b = -I_c$이므로

$(I_0 + a^2 I_1 + a I_2) - (I_0 + a I_1 + a^2 I_2) = 0$

(4) $(a^2 - a)I_1 + (a - a^2)I_2 = (a^2 - a)(I_1 - I_2) = 0$

(5) $(a^2 - a) \neq 0$이므로, $I_1 = -I_2$

(6) 물리적 의미로는 정상전류와 역상전류는 크기는 같고, 방향은 반대의 의미이다.

(7) 발전기 기본식에서 $V_0 = -Z_0 I_0$이므로 영상전압 $V_0 = 0$이다.

(8) $V_b = V_0 + a^2 V_1 + a V_2$, $V_c = V_0 + a V_1 + a^2 V_2$

(9) $V_b - V_c = 0$

$\therefore V_1 = V_2$ .... 식 2)

(10) 이 식을 발전기 기본식에 대입하고, (5)에서 설명한 결과에 의해 정상전류를 구한다.

$E_a - Z_1 I_1 = -Z_2 I_2 = Z_2 I_1$, $E_a = (Z_1 + Z_2)I_1$

$\therefore I_1 = \dfrac{E_a}{Z_1 + Z_2} = -I_2$ .... 식 3)

5. 대칭분 전압

(1) $V_0 = -Z_0 I_0 = -Z_0 \times 0 = 0$

(2) $V_1 = E_a - Z_1 I_1 = E_a - Z_1 \times \dfrac{E_a}{Z_1 + Z_2} = \dfrac{Z_2}{Z_1 + Z_2} E_a$ ························· 식 4)

(3) $V_2 = -Z_2 I_2 = Z_2 I_1 = \dfrac{Z_2}{Z_1 + Z_2} E_a$

(4) 선간단락 시 정상전압과 역상전압은 동일하다$(V_1 = V_2)$.

6. 선간 단락전류가 3상 단락전류의 86.6% 증명[$\sqrt{3}/2$] 및 건전상의 전압이 고장상 전압의 2배임에 대한 증명

(1) 앞의 식 1)과 3) 및 4)에 의하여, $I_1 = \dfrac{E_a}{Z_1 + Z_2} = -I_2$

$$I_b = I_0 + a^2 I_1 + a I_2 = 0 + (a^2 - a)I_1 = \dfrac{a^2 - a}{Z_1 + Z_2} E_a$$

$$= -j\,\dfrac{\sqrt{3}}{2Z_1} E_a = -j\,0.866 \left(\dfrac{E_a}{Z_1} \right)$$

여기서, $a^2 E_a - a E_a = E_b - E_c = E_{bc} = $ 무부하 선간전압

(2) 선간 단락전류는 3상 단락전류의 86.6%이다.

(3) $I_b = -j\,\dfrac{\sqrt{3}}{2Z_1} E_a$ 이므로 E_a를 기준하면 선간단락전류는 90° 지상전류이다.

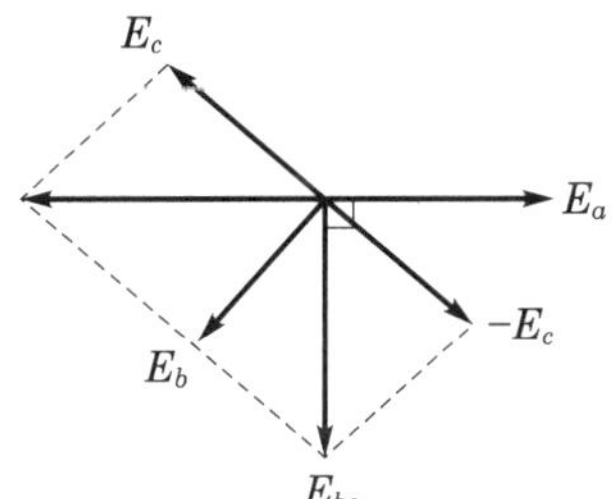

(4) 식 1)과 2), 3), 4)에 의하여

$$V_u = V_0 + V_1 + V_2 = -Z_0 I_0 + 2V_2 = 0 + 2V_2 = 2V_2 = \dfrac{2Z_2 E_a}{Z_1 + Z_2}$$ ·········· 식 5)

(5) $V_b = V_c = (a^2 + a)V_1 = -V_1 = -V_2 = -\dfrac{Z_2 E_a}{Z_1 + Z_2}$ ························· 식 6)

(6) 단락 상전압은 건전상 전압의 $\dfrac{1}{2}$ 배이다.

7. 3상 단락과 선간 단락인 경우의 전류 및 전압에 대한 임피던스 변화

(1) 3상 단락과 선간 단락인 경우 전류의 임피던스 변화

① 3상 단락의 경우 : 식 5)와 같이 정상 임피던스에 반비례하며, 지상인 전류이다.

② 2상 단락의 경우 : 식 5)와 같이 정상 임피던스에 반비례하고, 크기는 3상 단락의 86.6%이며 지상인 전류이다.

(2) 선간 단락인 경우의 전압에 대한 임피던스 변화

2상 단락의 경우 식 6)과 같이 정상 임피던스와 역상 임피던스의 합계에 반비례하고, 역상 임피던스에 비례한다.

115 아래 그림과 같이 3상 교류 발전기의 b상, c상이 임피던스 Z_F를 통해 단락한 경우 각 상의 전압과 단락전류를 구하시오.

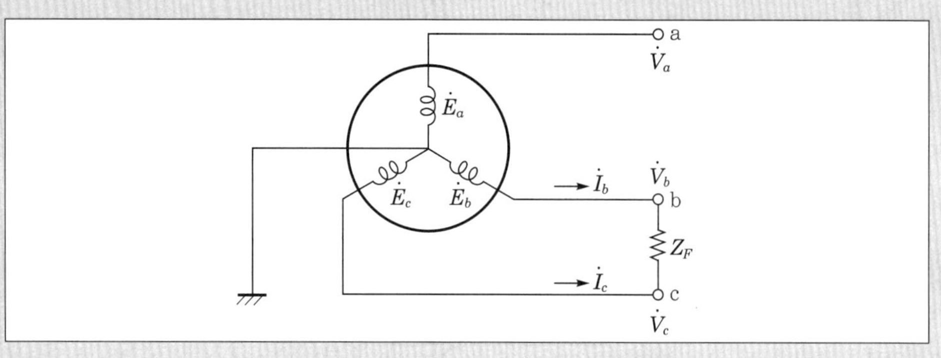

data 발송배전기술사 15-80-3-4 / 발송배전기술사, 건축전기설비기술사 출제예상문제

comment 이 문제가 그대로 25년도 136회 출제됨.

답안 **1. 대칭분의 전압 · 전류**

(1) 대칭분의 전류

① 조건에서 $I_a = 0$이고, b상과 c상의 단락인 경우 크기는 같으나 반대 방향이므로, 영상전류 $I_0 = \dfrac{1}{3}(I_a + I_b + I_c) = 0$

② $I_a = I_0 + I_1 + I_2, \quad I_b = I_0 + a^2 I_1 + a I_2, \quad I_c = I_0 + a I_1 + a^2 I_2$

③ 조건에서 $I_b = - I_c$이므로

$$(I_0 + a^2 I_1 + a I_2) - (I_0 + a I_1 + a^2 I_2) = 0$$

④ $(a^2 - a) I_1 + (a - a^2) I_2 = (a^2 - a)(I_1 - I_2) = 0$

⑤ $(a^2 - a) \neq 0$이므로, $I_1 = - I_2$

⑥ 물리적 의미로는 정상전류와 역상전류는 크기는 같고, 방향은 반대의 의미 이다.

⑦ 발전기 기본식에서 $V_0 = - Z_0 I_0$이므로 영상전압 $V_0 = 0$이다.

⑧ $V_b = V_0 + a^2 V_1 + a V_2$, $V_c = V_0 + a V_1 + a^2 V_2$

⑨ $V_b - V_c = 0$

$$\therefore \ V_1 = V_2$$

⑩ 이 식을 발전기 기본식에 대입하고, ⑤에서 설명한 결과에 의해 정상전류를 구한다.

$$E_a - Z_1 I_1 = - Z_2 I_2 = Z_2 I_1, \ E_a = (Z_1 + Z_2) I_1$$

$$\therefore \ I_1 = \frac{E_a}{Z_1 + Z_2} = - I_2$$

(2) 대칭분의 전압

① $V_0 = - Z_0 I_0 = - Z_0 \times 0 = 0$

② $V_1 = E_a - Z_1 I_1 = E_a - Z_1 \times \dfrac{E_a}{Z_1 + Z_2} = \dfrac{Z_2}{Z_1 + Z_2} E_a$

③ $V_2 = Z_2 I_2 = Z_2 I_1 = \dfrac{Z_2}{Z_1 + Z_2} E_a$

④ 선간단락 시 정상전압과 역상전압은 동일하다($V_1 = V_2$).

(3) 발전기 기본식을 이용하여 정상전류 산출

① $V_0 = - Z_0 I_0$, $V_1 = E_a - Z_1 I_1$, $V_2 = - Z_2 I_2$

② $V_1 = V_2$이므로 $E_a - Z_1 I_1 = - Z_2 I_2$

③ $I_1 = - I_2$이므로 $E_a - Z_1 I_1 = Z_2 I_1$

$$\therefore \ I_1 = \frac{E_a}{Z_1 + Z_2} = - I_2$$

2. 미지값의 산출

(1) 단락전류값 I_b

$$I_b = a^2 I_1 + a I_2 = (a^2 - a)I_1 = \frac{(a^2 - a)\,E_a}{Z_1 + Z_2} = \frac{E_{bc}}{Z_1 + Z_2} = \frac{\sqrt{3}\,E_a}{2Z_1} = 0.866 I_{3S}$$

여기서, $a^2 E_a - a E_a = E_b - E_c = E_{bc}$: 무부하 선간전압

(2) 단자전압 V_a, V_b, V_c

① 발전기 기본식과 $V_1 = V_2$이므로

$$V_a = V_0 + V_1 + V_2 = 0 + V_1 + V_2 = 2V_2 = 2(-Z_2 I_2)$$

$$= 2(Z_2 I_1) = \frac{2Z_2}{Z_1 + Z_2} E_a$$

② $V_b - V_c = 0$에서 $V_b = V_c$이고 위의 설명에 의해서 $V_0 = 0$이므로

  ㉠ $V_b = V_0 + a^2 V_1 + a V_2 = (a^2 + a)V_1 = -V_1 = -V_2$

  ㉡ 위 식 $V_a = 2V_2 = \dfrac{2Z_2}{Z_1 + Z_2} E_a$이므로 이를 이용하여 V_b, V_c를 구하면

$$V_b = V_0 + a^2 V_1 + a V_2 = (a^2 + a)V_1 = -V_1 = -V_2 = \frac{-Z_2}{Z_1 + Z_2} E_a$$

$$V_c = V_0 + a V_1 + a^2 V_2 = (a + a^2)V_1 = -V_1 = -V_2 = \frac{-Z_2}{Z_1 + Z_2} E_a$$

(3) 그러므로 ① · ②에 의해 단락단자(b · c상)의 전압은 개방단자(a상) 전압의 0.5 배이다.

3. Z_F를 b상과 c상 선간에 삽입 시 선간 단락전류의 산출

(1) bc상의 선간 단락 시 $\dot{Z}_1$을 $\dot{Z}_1 + \dot{Z}_F$로, $\dot{Z}_2$을 $\dot{Z}_2 + \dot{Z}_F$로 두어 선간 단락전류와 각 상의 전압을 산출한다.

(2) '2.' 미지값 결과식에 위 (1)을 대입하여 구한다.

  ① $\dot{I}_b = -\dot{I}_c = \dfrac{(a^2 - a)\dot{E}_a}{Z_1{'} + Z_2{'}} = \dfrac{\dot{E}_{bc}}{(Z_1 + Z_F) + (Z_2 + Z_F)} = \dfrac{\sqrt{3}\,\dot{E}_a}{Z_1 + Z_2 + 2Z_F}$

  ② $\dot{V}_a = \dfrac{2Z_2{'}}{Z_1{'} + Z_2{'}}\dot{E}_a = \dfrac{2(Z_2 + Z_F)}{(Z_1 + Z_F) + (Z_2 + Z_F)}\dot{E}_a = \dfrac{2(Z_1 + Z_F)}{Z_1 + Z_2 + 2Z_F}\dot{E}_a$

  ③ $\dot{V}_b = \dot{V}_c = \dfrac{-Z_2{'}}{Z_1{'} + Z_2{'}}\dot{E}_a = \dfrac{-(Z_2 + Z_F)}{(Z_1 + Z_F) + (Z_2 + Z_F)}\dot{E}_a = \dfrac{-(Z_2 + Z_F)}{Z_1 + Z_2 + 2Z_F}\dot{E}_a$

comment 벡터 표시(˙)는 수험생 스스로 표시하도록 한다.

116 22.9kV 3상 4선식 계통에서 3상 단락전류 I_s, 1선 지락고장전류 I_g를 구하시오. (단, 주변압기 자기용량은 3상 50MVA이고, 100MVA 기준 정격전류(I_n) 및 1Ω당 고장저항 값의 %Impedance는 각각 2500A, 20%로 계산할 것)

[계산 조건]
- 계통의 %Impedance(100MVA 기준) : 15%
- 주변압기 %Impedance(자기용량에서) : 2.5%
- 선로의 정상 %Impedance(100MVA 기준) : 30%
- 선로의 영상 %Impedance(100MVA 기준) : 45%
- 1선 지락 시 고장저항값 : 5Ω

(**data**) 발송배전기술사 19-118-4-6 / 발송배전기술사, 건축전기설비기술사 출제예상문제

[답안]

1. 계통도의 조건

변압기는 Y-Y 결선 또는 △-Y이고, 1차 측은 비접지, 2차 측은 중성점 직접 접지이다(∵ 문제에서 영상분 임피던스가 주어지지 않음).

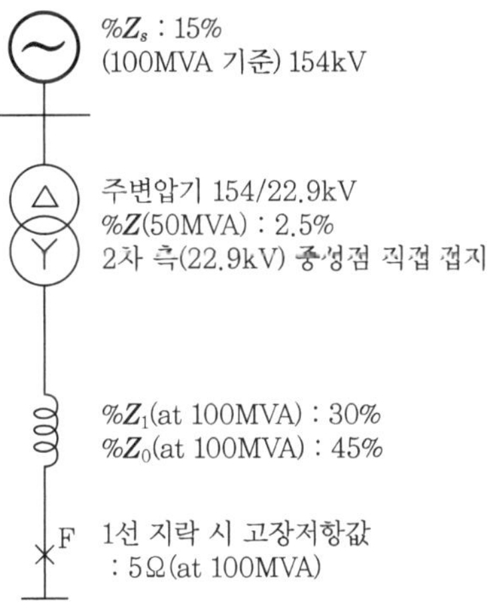

2. 주어진 수치의 100MVA 기준의 %임피던스 변환

(1) 계통의 %Impedance(100MVA 기준) : $15\% \rightarrow \%Z_S = 15\%$

(2) 주변압기 %Impedance(50MVA 기준) : $2.5\% \rightarrow \%Z_T' = 15\% \times \dfrac{100\text{MVA}}{50\text{MVA}} = 30\%$

(3) 선로의 정상 %Impedance(100MVA 기준) : $30\% \rightarrow \%Z_{l1} = 30\%$

(4) 선로의 영상 %Impedance(100MVA 기준) : $45\% \rightarrow \%Z_{l0} = 45\%$

(5) 1선 지락 시 고장저항값 : 5[Ω]

$$\%Z_F{}' = \frac{P \cdot Z}{10\,V^2} = \frac{100 \times 10^3 \times 5\Omega}{10 \times 22.9^2} = 20\%/\Omega \times 5\Omega = 100\%$$

3. 3상 단락전류 I_s

$$I_s = \frac{100}{\%Z_1} \times I_n = \frac{100}{j(15+5+30)} \times \frac{100\text{MVA}}{\sqrt{3} \times 22.9\text{kV}} = \frac{100}{j50} \times 2500 = 5000\text{A}$$

%정상 임피던스 = 전원 측 정상분 + 변압기 측 정상분 + 선로 측 정상분

$$= \%Z_s + \%Z_T{}' + \%Z_l = j15\% + j5\% + j30\% = j50\%$$

4. 1선 지락전류 I_g

(1) 전원에서 고장점까지의 %임피던스 합계(100MVA 기준)

① $\%Z_1 = \%Z_2 =$ 전원 측 정상분 + 변압기 측 정상분 + 선로 측 정상분

$$= j(15\% + 5\% + 30\%) = j50\%$$

② $\%Z_0 = j5$(변압기 영상분)$+ j45\%$(선로 영상분)$+ 3 \times 100\%$(고장점 영상분)

$$= 300 + j50\%$$

여기서, 변압기 1차 측은 조건에서 비접지로 설정하였기에 전원 측의 영상분은 계산수치에서 제외한다.

> (comment) 문제마다 조건에 따라 대처해야 한다. 많이 헷갈리는 부분이니 충분히 숙지하도록 한다.

(2) 1선 지락전류 I_g

> (comment) 2개의 공식 중 본인이 익숙한 것으로 적용 가능하다.

① 1선 지락전류 공식

㉠ $I_g = \dfrac{3 \times 100}{\%Z_0 + \%Z_1 + \%Z_2} \times I_n$

여기서, $\%Z_0$: 이미 관련된 영상 임피던스 전부를 계산한 수치

㉡ $I_g = \dfrac{3 \times 100}{\%Z_1 + \%Z_2 + \%Z_0{}' + 3 \times \%R_F} \times I_n$

여기서, $\%Z_0{}'$: 고장점을 제외한 영상 임피던스 전부

② $I_g = \dfrac{3 \times 100}{\%Z_0 + \%Z_1 + \%Z_2} \times I_n$

$$= \frac{300\%}{(300\% + j50\%) + (j50\%) + (j50)} \times 2500\text{A}$$

$$\fallingdotseq 2236\,\underline{/-26.56}\,\text{A} = 22.36\,\text{kA}$$

117 6.6kV 비접지 선로에서 1선 지락사고 시 등가회로를 그리고 고장전류 및 영상전압 산출식을 유도하시오.

(data) 발송배전기술사 16-110-2-1 / 발송배전기술사, 건축전기설비기술사 출제예상문제

답안

1. 6.6kV 비접지 선로에서 1선 지락사고 시 지락고장의 등가도

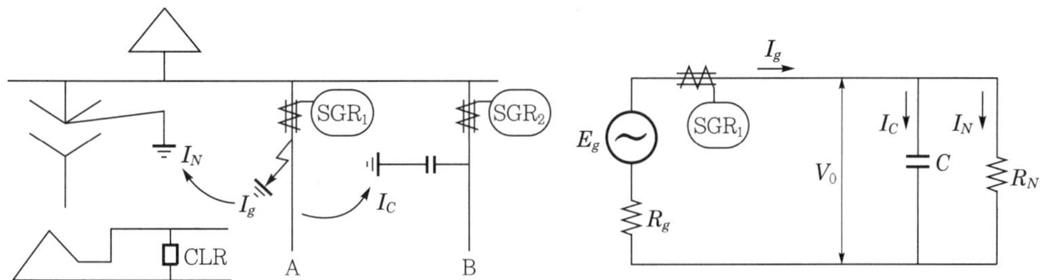

여기서, I_g : 지락지점의 지락전류, I_N : GPT 중성점에 유입되는 지락전류(즉, GPT 1차 전류)
I_C : ZCT 2가 검출하는 지락전류, CLR : 한류저항기(Current Limiting Resistor)
SGR : 선택 지락방향 계전기(Selective Ground Relay), C : 건전회선의 정전용량
E_g : 상전압($6600/\sqrt{3}$), R_N : GPT 1차로 환산한 등가저항
R_g : 지락점의 저항, V_0 : 영상전압

(1) 한류저항(CLR)

① 한류저항의 역할

㉠ 지락전류 제한

㉡ 계전기(SCR)에 유효전류 공급

㉢ 제3고조파 전류 억제 및 계통 안정화

② CLR의 크기 : 계전기 제작업체에 따라 다르나 일반적으로 3.3kV 50Ω, 6.6kV 25Ω, 22kV 8Ω을 사용하며, 지락 시 지락전류가 흐르므로 충분한 용량으로 설계할 것

(2) CLR의 GPT 1차 환산

① 1차 환산식

$$R_N = \frac{n^2 r}{9}$$

여기서, R_N : 한류저항을 1차로 환산한 값
n : GPT의 권수비
r : 한류저항의 크기

② 6.6kV의 경우 : $R_N = \dfrac{n^2 r}{9} = \dfrac{1}{9} \times \left(\dfrac{6600}{\sqrt{3}} \Big/ \dfrac{190}{3} \right)^2 \times 25 = 10055\,\Omega$ ········ 식 1)

2. 1선 지락전류의 크기와 계전기(SGR)의 동작관계

(1) $I_G = \dfrac{E_g}{R_g + \dfrac{1}{\dfrac{1}{R_N} + j3\omega C}}$ ··· 식 2)

여기서, 등가도에서의 C는 1개이나 3상이므로 $3C$

(2) 지락점의 저항과 정전용량이 작아서 R_g, $j3\omega C$를 무시하면

① 6.6kV의 경우 $I_g = \dfrac{E_g}{R_N} = \dfrac{6600/\sqrt{3}}{10055} \fallingdotseq 380\,\text{mA}$ ························ 식 3)

② 완전지락 시 계통 정전용량을 무시하면 지락전류는 380mA가 흐른다.

(3) ZCT 2차는 380mA×ZCT비

한류저항값이 맞지 않을 경우 1선 지락사고가 발생하여도 ZCT에서는 지락전류가 검출되지 않거나, 지락전류가 검출되더라도 감도가 작아 계전기(SGR)가 동작하지 않는다.

3. 영상전압의 크기

식 2)와 등가도에 의해 다음과 같이 구한다.

(1) $V_0 = E_g \times \dfrac{\dfrac{1}{\dfrac{1}{R_N} + j3\omega C}}{R_g + \dfrac{1}{\dfrac{1}{R_N} + j3\omega C}} = I_g \times \dfrac{1}{\dfrac{1}{R_N} + j3\omega C}\,[\text{V}]$ ·················· 식 4)

(2) $R_g = 0$, $\omega C = 0$일 경우 $V_0 = 0.38\,\text{A} \times 10055\,\Omega = 3821\,\text{V}$

(3) 계전기에 입력되는 영상전압은 다음과 같다.

$V_0{}' = 3821 \Big/ \left(\dfrac{6600}{\sqrt{3}} \Big/ \dfrac{190}{3} \right) \times 3 = 190.5\,\text{V}$

324

4. SGR 계전기의 감도가 떨어지는 이유

(1) 6.6kV 지중선로가 길어지는 경우

① SGR은 케이블 계통 등에서, 특히 지중선로가 길어져서 충전전류가 상당히 커지는 경우(약 8A 이상)에는 상기 영상전압 V_0 식에서 영상전압이 작게 나타나므로 계전기의 검출 감도가 저하한다.

② 이런 경우에는 CLR 양단에 과전압 지락계전기(OVGR)를 설치하여 과전압 지락계전기로 이를 검출하여 영상전압을 승압시켜 감도를 향상시키는 방법이 사용되기도 한다.

(2) 동일 회로에 GPT가 여러 대 설치되는 경우

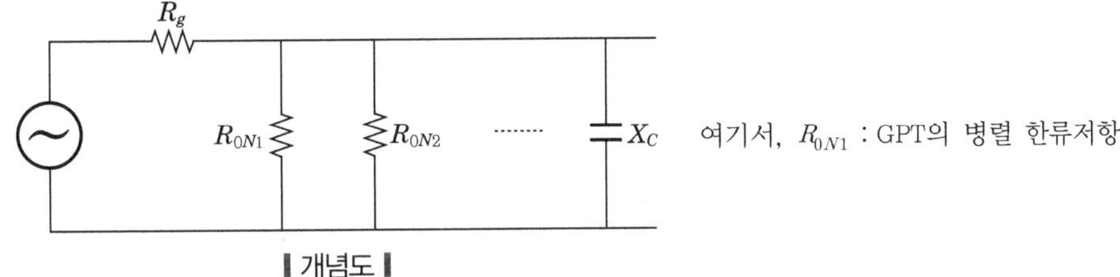

❚ 개념도 ❚

① 설치 개소가 많을 경우 그림과 같은 영상 등가회로에서 GPT의 한류저항이 병렬로 접속되어 있는 것으로 간주할 수 있다.

② 그림의 R_{0N1}의 크기가 작을수록, GPT가 많이 설치되어 있을수록 영상전압의 크기가 작아져 SGR의 검출감도가 떨어지거나, 경우에 따라서는 동작하지 않을 수도 있다.

(3) 지락점 서항이 큰 경우

지락점의 저항 R_g가 큰 경우도 마찬가지로 V_0 식에서 영상전압의 크기가 작아져 SGR 계전기의 검출감도가 떨어진다.

117-1 그림과 같이 평행 2회선 계통이 있다. 부하 측 변전소 B의 인입구 P에 설치한 차단기의 최대 3상 단락전류를 구하시오.

> [구성요소]
> - 전원 측 발전기 및 변압기의 용량 대수 : 200MVA×2대
> - 발전기와 변압기의 단락 임피던스의 합 : 200MVA 기준 24%
> - 송전선로의 길이 : 100km
> - 송전선의 정상 리액턴스 : 154kV, 100MVA 기준으로 1.8%(1가닥 1km당)
> - 동기 조상기 및 변압기의 용량 및 대수 : 각 500MVA×1대
> - 동기 조상기와 변압기의 단락 임피던스의 합 : 500MVA 기준으로 25%
> - 운전전압 : 154kV로 가정함

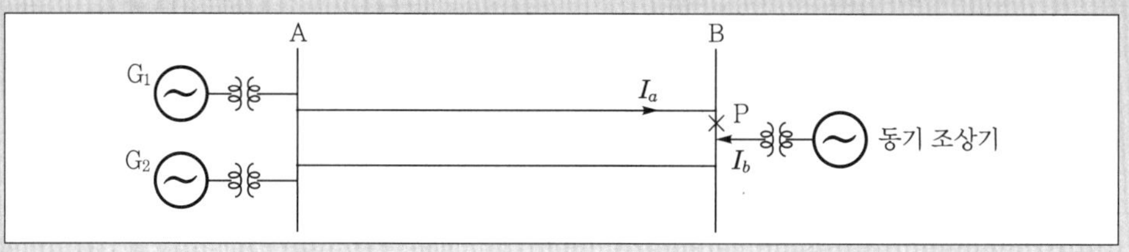

data 발송배전기술사 출제예상문제

답안

1. 주어진 문제의 조건에 의한 계통도

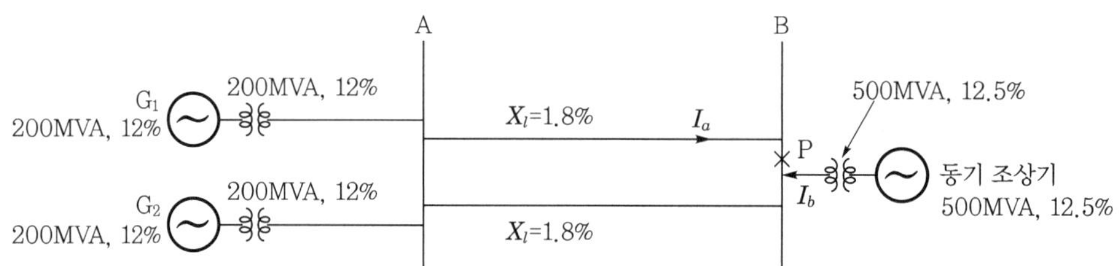

2. 기준 용량 : 100MVA

3. 발전기와 변압기 단락 임피던스 합을 100MVA 기준으로 환산

$$24 \times \frac{기준용량}{대상용량} = 24 \times \frac{100}{200} = 12\%$$

4. 송전선의 %Impedance

$$1.8\%/\mathrm{km} \times l = 1.8 \times 100\,\mathrm{km} = 180\%$$

5. 동기 조상기와 변압기의 합인 500MVA 25%를 100MVA로 환산

$$25 \times \frac{100}{500} = 5\%$$

6. 임피던스 Map

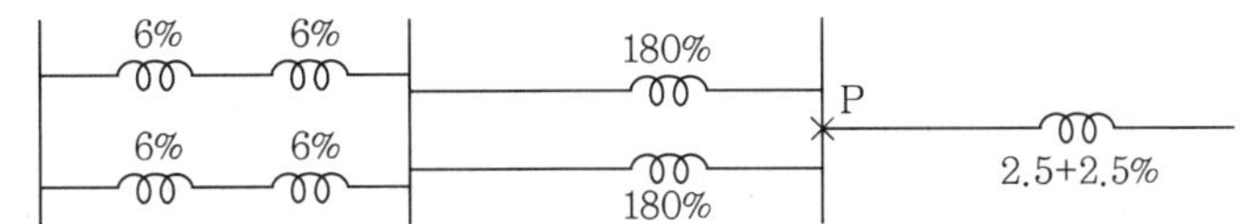

7. 점 P에서 전원 측으로 본 전체 임피던스

$$\% Z_{\text{total}} = \frac{12 + 180}{2} = 96\%$$

8. 정격전류(I_n)

$$I_n = \frac{100\,\text{MVA} \times 10^3}{\sqrt{3} \times 154\text{kV}} = 374.9\,\text{A}$$

9. 발전기 측에서 점 P까지 흐르는 전류(단락전류) I_a

$$I_a = \frac{100}{Z_{\text{total}}} \times I_n = \frac{100\%}{96\%} I_n$$

10. 조상기 측에서 점 P에 흐르는 전류 I_b

$$I_b = \frac{100\%}{5\%} I_n$$

11. 점 P에 흐르는 전류 I_P

$$I_P = I_a + I_b = \left(\frac{100}{96} + \frac{100}{5} \right) I_n \fallingdotseq 21.04 I_n$$
$$= 21.04 \times 374.9 = 7888\,\text{A}$$

117-2 그림의 계통을 보고 다음 물음에 답하시오.

1. 전력 Base를 100MVA로 본 PU 계통도를 그려라.

2. 230kV 측에 3상 단락고장이 발생하였다. 18kV 및 345kV 측 선로에 흐르는 고장 전류의 PU 및 A값을 구하시오.

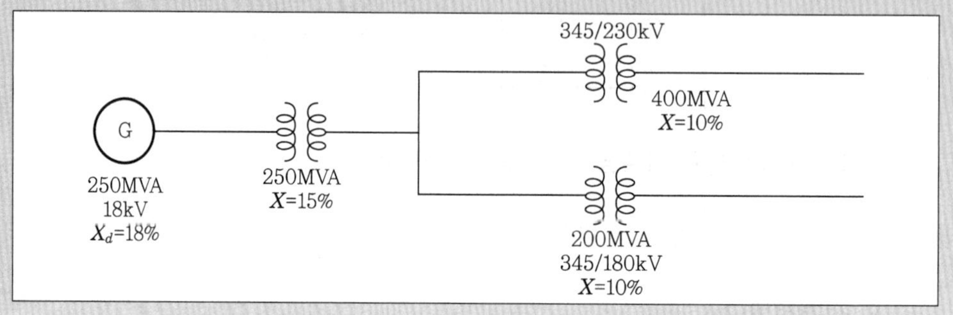

data 발송배전기술사 출제예상문제

답안

1. PU 계통도

(1) 각 요소별 환산 PU 산출

① 250MVA 발전기의 $X_d = 18\%$이므로 $Z[\mathrm{pu}]$는 0.18이며, 이를 100MVA 기준으로 환산하면 $Z[\mathrm{pu}] = \dfrac{기준}{대상} \times Z[\mathrm{pu}] = \dfrac{100}{250} \times 0.18 = 0.072\,[\mathrm{pu}]$

② Step up Tr의 $Z[\mathrm{pu}] = 0.15 \times \dfrac{100}{250} = 0.06\,[\mathrm{pu}]$

③ 400MVA Step down의 $Z[\mathrm{pu}] = 0.1 \times \dfrac{100}{400} = 0.025\,[\mathrm{pu}]$

④ 200MVA Step down의 $Z[\mathrm{pu}] = 0.1 \times \dfrac{100}{200} = 0.05\,[\mathrm{pu}]$

(2) $Z[\mathrm{pu}]$ 계통도는 다음과 같다.

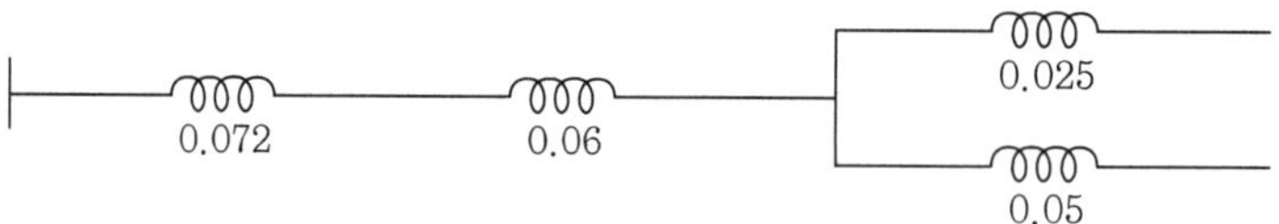

2. 230kV 측에 단락고장 시 고장전류의 PU 및 A값 산출

(1) 고장단락 고장전류의 PU 계통도

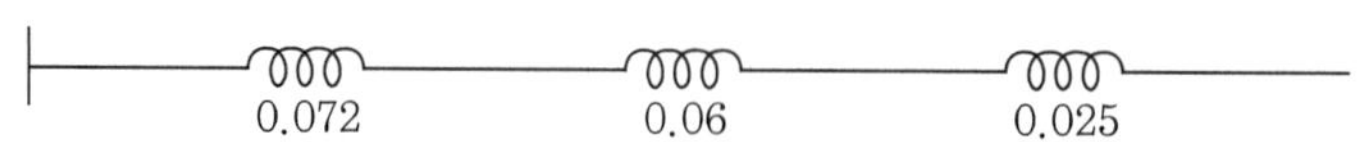

(2) 합성 Impedance

$$Z_{\text{total}} = 0.072 + 0.06 + 0.025 = 0.157\,\text{pu}$$

$$I_S = \frac{1}{Z[\text{pu}]} \times I_n = \frac{1}{0.072 + 0.06 + 0.025} \times \frac{100000}{\sqrt{3} \times 230} = 1599\,\text{A}$$

3. 고장전류의 PU 및 A값

(1) 18kV 측 선로 측의 고장전류

① 200MVA 변압기 측 선로는 무한대 모선에 연결되어 있으며, 고장점에서 볼 때 병렬로 연결되어 있으므로 $X[\text{pu}]$ 값은 ∞가 된다.

② $I_S = \dfrac{1}{Z[\text{pu}]} \times I_n = \dfrac{1}{0.072 + 0.06 + 0.025} \times I_n = 6.369 I_n$

$$= 6.369 \times \frac{100000}{\sqrt{3} \times 18} = 20428\,\text{A} = 20.4\,\text{kA}$$

여기서, I_n : 기준전류

(2) 345kV 측 선로 측의 고장전류

① 18kV 측과 마찬가지로 고장전류의 PU값은 동일하다.

② $I_{3S} = 6.369\,\text{pu} = 6.369 \times \dfrac{100000}{\sqrt{3} \times 345} = 1066\,\text{A} = 1.066\,\text{kA}$

4. 정리

① 전력 Base를 100MVA로 본 PU 계통도

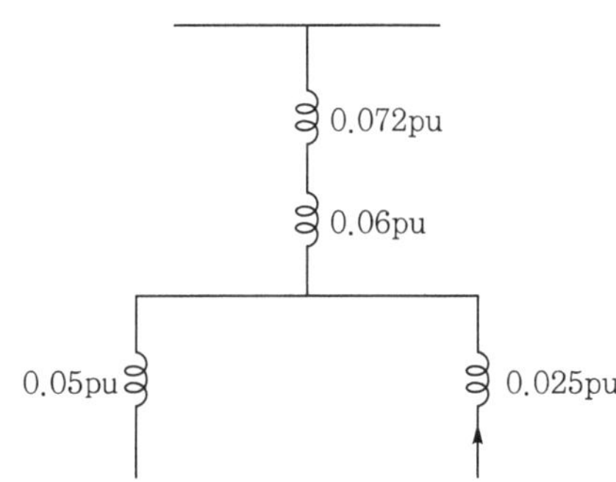

② 18kV 측 고장전류 : 6.369pu, 즉 20.4kA

③ 345kV 측 고장전류 : 6.369pu, 즉 1.066kA

117-3 다음 그림과 같이 발전기에서 1선 지락 시 발전기 기본식을 활용한 1선 지락전류 산출법을 SEQUENCE Network 선도로 설명하시오.

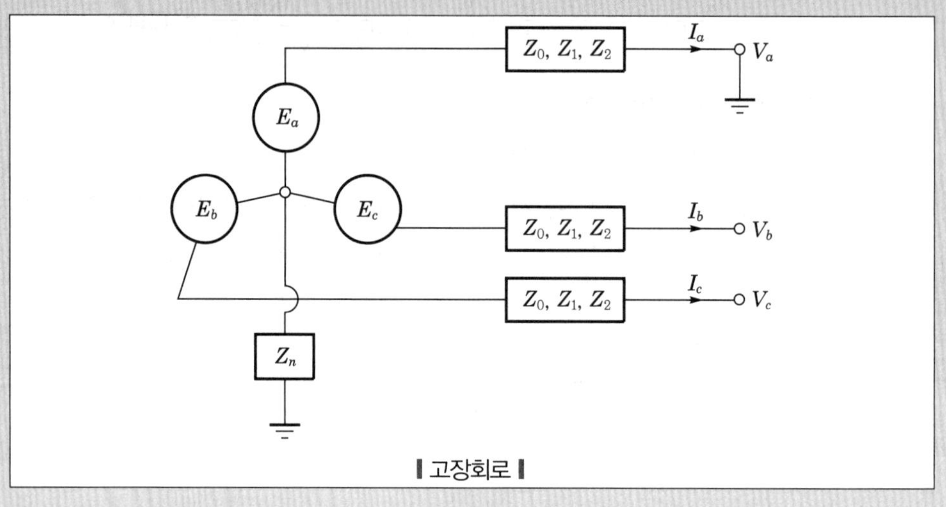

| 고장회로 |

(data) 발송배전기술사 출제예상문제

답안

1. a상 1선 지락 시 기지량

$$I_b = I_c = 0, \ V_a = 0 \quad \text{·· 식 1)}$$

2. 대칭좌표법에 의한 각 상의 전류

$$I_a = I_0 + I_1 + I_2 \quad \text{··· 식 2)}$$

$$I_b = I_0 + a^2 I_1 + a I_2$$

$$I_c = I_0 + a I_1 + a^2 I_2$$

3. 대칭분 전류는 식 1)에 의해 정리하면 다음과 같다.

$$I_0 = \frac{1}{3}(I_a + I_b + I_c) = \frac{1}{3} I_a \quad \text{······························· 식 3)}$$

$$I_1 = \frac{1}{3}(I_a + a I_b + a^2 I_c) = \frac{1}{3} I_a$$

$$I_2 = \frac{1}{3}(I_a + a^2 I_b + a I_c) = \frac{1}{3} I_a$$

4. 영상전류 산출

(1) '3.'에서 $I_0 = I_1 = I_2$이고 크기와 방향이 같음을 알 수 있다.

(2) $I_0 = I_1 = I_2$이고 중성점 접지 임피던스 Z_n을 고려하며 발전기 기본식을 변형한다.

$$\begin{cases} V_0 = -Z_0 I_0 \\ V_1 = E_a - I_1 Z_1 \\ V_2 = -Z_2 I_2 \end{cases} \rightarrow \begin{cases} V_0 = -(Z_0 + 3Z_n)I_0 \\ V_1 = E_a - I_0 Z_1 \\ V_2 = -Z_2 I_0 \end{cases}$$

(3) 기지량과 대칭좌표법에 의해 $V_a = V_0 + V_1 + V_2 = 0$

(4) $V_0 + V_1 + V_2 = E_a - I_0(Z_0 + Z_1 + Z_2 + 3Z_n) = 0$

(5) 영상전류 $I_0 = \dfrac{E_a}{Z_0 + Z_1 + Z_2 + 3Z_n}$

5. 지락전류 I_a

식 2)와 식 3)에 의하여

$$I_a = I_0 + I_1 + I_2 = 3I_0 = \dfrac{3E_a}{Z_0 + Z_1 + Z_2 + 3Z_n}$$

6. SEQUENCE Network 선도 작도

(1) $I_a = I_g = I_0 + I_1 + I_2 = I_0 + I_0 + I_0 = 3I_0$

(2) SEQUENCE Network 선도는 다음과 같다.

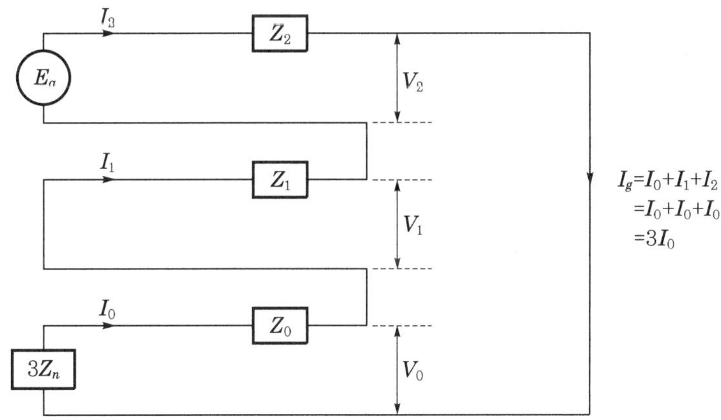

❚ 1선 지락 SEQUENCE Network 선도 ❚

117-4 고장해석에 있어 사용되는 각 경우의 등가회로에 대하여 기술하시오.

(data) 발송배전기술사 출제예상문제

답안

1. 1선 지락 시

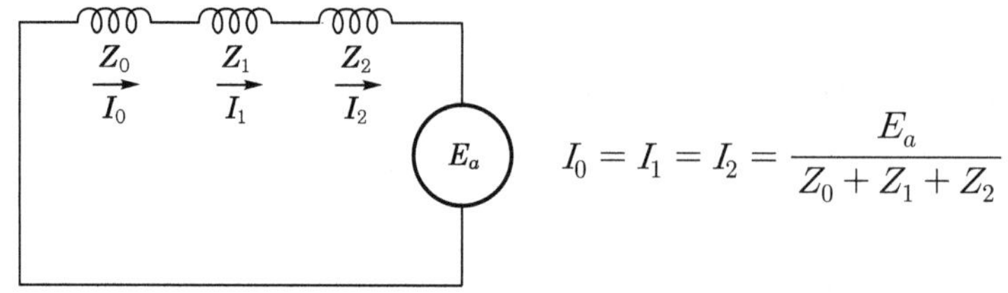

$$I_0 = I_1 = I_2 = \frac{E_a}{Z_0 + Z_1 + Z_2}$$

▮ 1선 지락 시 등가회로와 영상전류, 정상전류, 역상전류 ▮

2. 2선 지락 시

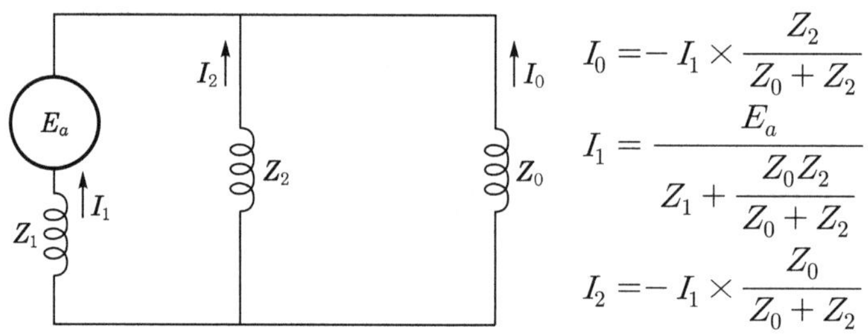

$$I_0 = - I_1 \times \frac{Z_2}{Z_0 + Z_2}$$

$$I_1 = \frac{E_a}{Z_1 + \dfrac{Z_0 Z_2}{Z_0 + Z_2}}$$

$$I_2 = - I_1 \times \frac{Z_0}{Z_0 + Z_2}$$

▮ 2선 지락 시 등가회로와 영상전류, 정상전류, 역상전류 ▮

3. 선간 단락 시

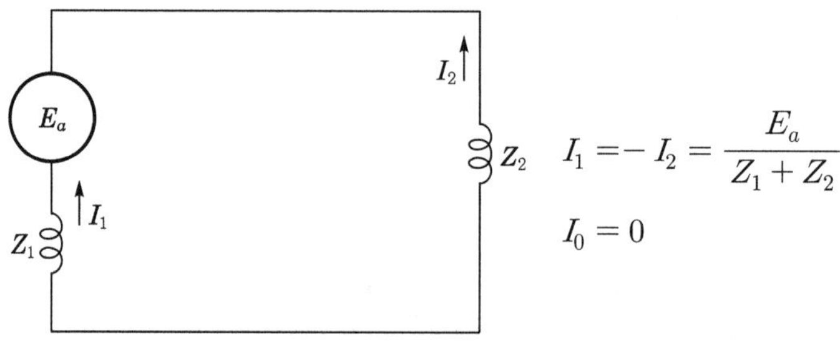

$$I_1 = - I_2 = \frac{E_a}{Z_1 + Z_2}$$

$$I_0 = 0$$

▮ 선간 단락 시 등가회로와 영상전류, 정상전류, 역상전류 ▮

4. 3상 단락 시

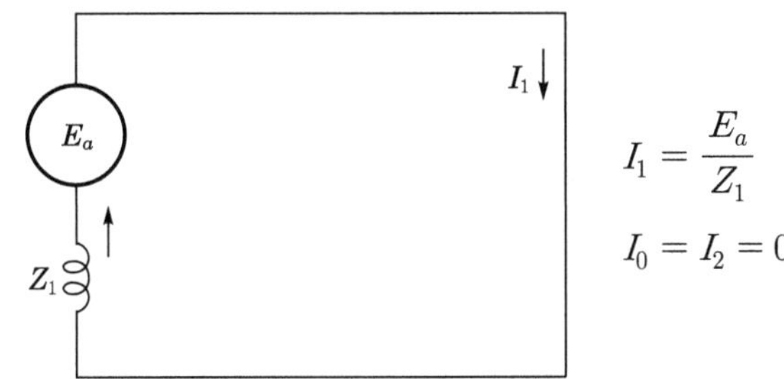

$$I_1 = \frac{E_a}{Z_1}$$

$$I_0 = I_2 = 0$$

❚ 3상 단락 시 등가회로와 영상전류, 정상전류, 역상전류 ❚

117-5 다음 계통에서 각 지점의 CB 차단용량을 구하시오.

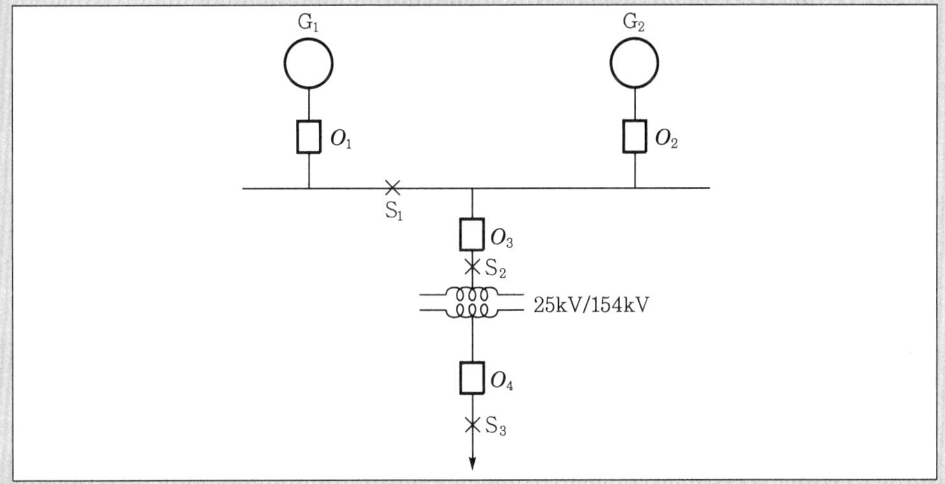

단, 발전기 G_1 : 용량 100000kVA, x_{G1} 15%

발전기 G_2 : 용량 200000kVA, x_{G2} 20%

변압기 T : 용량 300000kVA, x_{Tr} 18%

이라 하고 선로 측으로부터의 단락전류는 고려하지 않는다.

(data) 발송배전기술사 출제예상문제

답안

1. 각 리액턴스를 300MVA 용량으로 환산

$$x_{G1} = 15\% \times \frac{300}{100} = 45\%$$

$$x_{G2} = 20\% \times \frac{300}{200} = 30\%$$

$$x_{Tr} = 18\% \times \frac{300}{300} = 18\%$$

2. O_1, O_2의 차단용량

(1) S₁점에서 단락사고 발생 시 차단용량

$$P_{O1} = \frac{100\%}{45\%} \times 300\,\mathrm{MVA} = 667\,\mathrm{MVA}$$

(2) S₁점에서 단락사고 발생 시의 차단용량

$$P_{O2} = \frac{100\%}{30\%} \times 300\,\mathrm{MVA} = 1000\,\mathrm{MVA}$$

(3) 차단용량은 1000MVA 이상의 표준값 차단기를 설치하면 된다.

3. O_3의 차단용량

(1) S₂점에서 단락사고가 발생하였을 때 단락전류를 차단하면 된다.

(2) 발전기 G₁과 G₂의 합산 단락전류가 유입된다.

(3) O_3의 차단용량= 667 + 1000 = 1667\,\mathrm{MVA}

(4) 차단용량은 1667MVA 이상의 표준값으로 차단기를 설치한다.

4. O_4의 차단용량

(1) S₃점에서 단락할 때로 가정하여 이 점에서 본 전원 측 합성 %임피던스

$$x_{O3} = \frac{45 \times 30}{45 + 30} + 18 = 36.0\%$$

(2) O_4의 차단용량= $\frac{100}{36} \times 300\,\mathrm{MVA} = 833.33\,\mathrm{MVA}$

(3) 차단용량은 834MVA 이상의 표준값으로 차단기를 설치한다.

117-6 불평형 고장계산을 위한 대칭좌표법에 대하여 설명하시오.

data 건축전기설비기술사 17-113-1-1 / 발송배전기술사, 건축전기설비기술사 출제예상문제

답안

1. 대칭좌표법의 정의

전력계통의 3상 단락고장은 평형상태로 보아 단락 전류·전압 산출은 용이하나, 1선 지락같은 불평형 고장은 비대칭인 경우가 많아 불평형 3상 회로를 대칭인 3개 회로로 분해한 후 그 평형회로에 전압성분, 전류성분으로 다루고 다시 이것을 겹쳐서 실제의 회로를 해석하는 방법이다.

2. 대칭좌표법을 이용한 계산법의 개념 및 계산방법의 흐름

(1) 개념

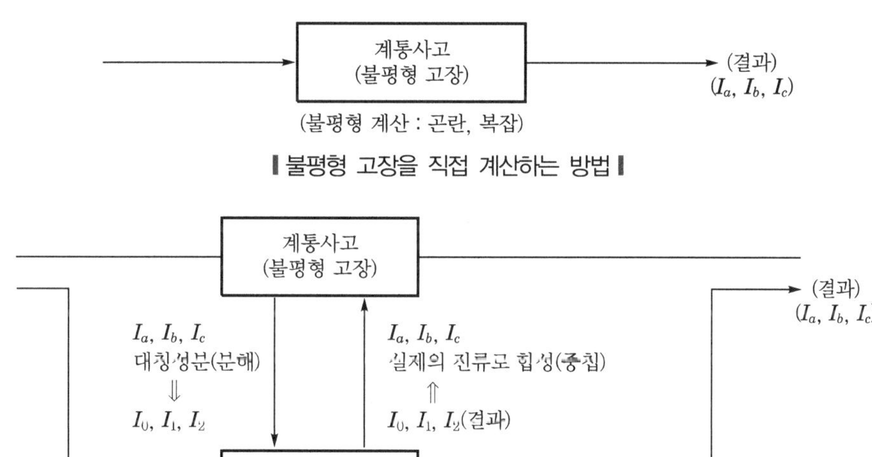

(2) 대칭좌표법을 사용한 고장계산방법의 흐름

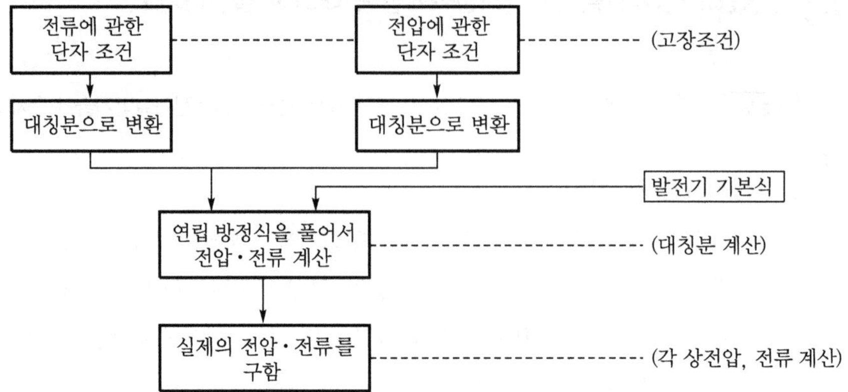

3. 대칭좌표법을 사용한 불평형 전류의 해석

(1) 불평형 전류 표현

① 개념도

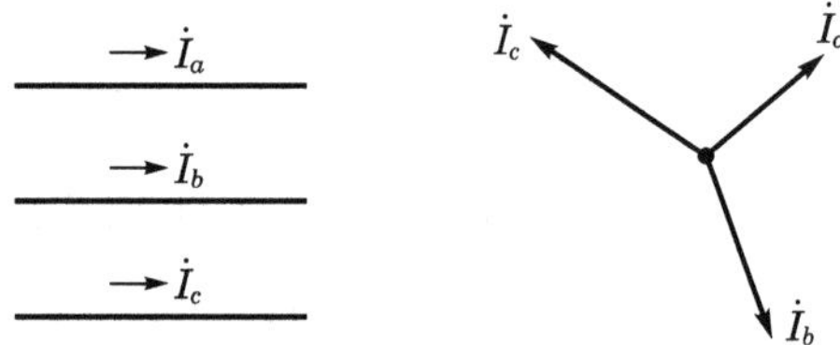

❚ 불평형 전류의 개념도 ❚

② a상의 전류 $\dot{I}_a$를 기준으로 해서 영상·정상·역상전류는 다음과 같다.

$$\begin{bmatrix} \dot{I}_0 \\ \dot{I}_1 \\ \dot{I}_2 \end{bmatrix} = \frac{1}{3} = \begin{bmatrix} 1 & 1 & 1 \\ 1 & a & a^2 \\ 1 & a^2 & a \end{bmatrix} \begin{bmatrix} \dot{I}_a \\ \dot{I}_b \\ \dot{I}_c \end{bmatrix}$$

여기서, $a = 1\underline{/120°} = -\dfrac{1}{2} + j\dfrac{\sqrt{3}}{2} = \varepsilon^{j\frac{2}{3}\pi}$

$a^2 = a \cdot a = -\dfrac{1}{2} - j\dfrac{\sqrt{3}}{2} = \varepsilon^{j\frac{4}{3}\pi}$

$a^3 = a \cdot a^2 = 1\underline{/360°} = 1$

$1 + a + a^2 = 0$

(2) $\dot{I}_a$, $\dot{I}_b$, $\dot{I}_c$의 산출

앞의 식 '(1)'의 $\dot{I}_0$, $\dot{I}_1$, $\dot{I}_2$를 알면 전류 $\dot{I}_a$, $\dot{I}_b$, $\dot{I}_c$는 다음과 같이 산출된다.

$$\begin{bmatrix} \dot{I}_a \\ \dot{I}_b \\ \dot{I}_c \end{bmatrix} = \begin{bmatrix} 1 & 1 & 1 \\ 1 & a^2 & a \\ 1 & a & a^2 \end{bmatrix} \begin{bmatrix} \dot{I}_0 \\ \dot{I}_1 \\ \dot{I}_2 \end{bmatrix}$$

4. 대칭좌표법을 이용한 영상·정상·역상전류 산출방법

(1) 1선 지락고장 등이 발생할 경우 불평형 전류의 각 대칭분 분해 해석

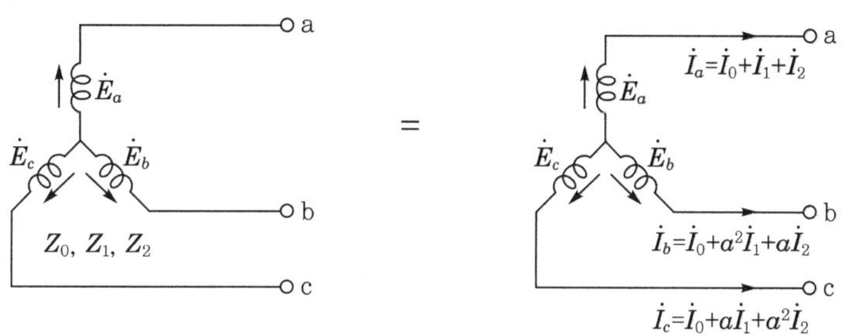

▌고장 시 전류 ▐

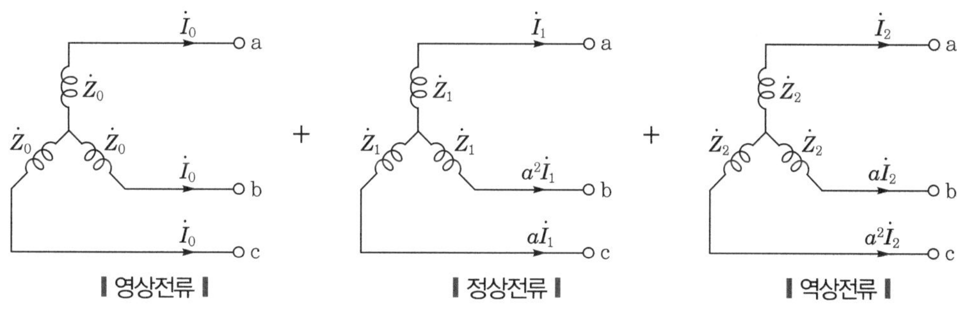

▌영상전류 ▐　　　　▌정상전류 ▐　　　　▌역상전류 ▐

(2) 영상전류(zero phase current)

① 상기 제1성분인 $\dot{I}_0$는 영상전류 그림과 같이 동일 위상각을 가진 평형 단상 전류이다.

② 영상전류는 지락고장 시 접지 계전기를 동작시키는 전류이나, 한편 통신선에 전자유도장해를 일으키는 전류이기도 하다.

(3) 정상전류(positive phase current)

① 상기 제2성분인 $\dot{I}_1$은 정상전류 그림과 같이 각 상 가운데 $\dot{I}_1$, $a^2\dot{I}_1$, $a\dot{I}_1$이라는 형태의 평형 3상 교류로서, 전원과 동일한 상회전 방향으로 되어 있다.

② 정상전류는 전동기에 흘러 회전토크를 주게 된다.

(4) 역상전류(negative phase current)

① 상기 제3성분인 $\dot{I}_2$는 $\dot{I}_1$과 상회전이 반대인 3상 평형전류이다.

② 역상전류는 전동기 표면에 제동작용을 하여 전동기 출력을 감소시킨다.

(5) 각 대칭분의 관계

① 벡터도상 해석

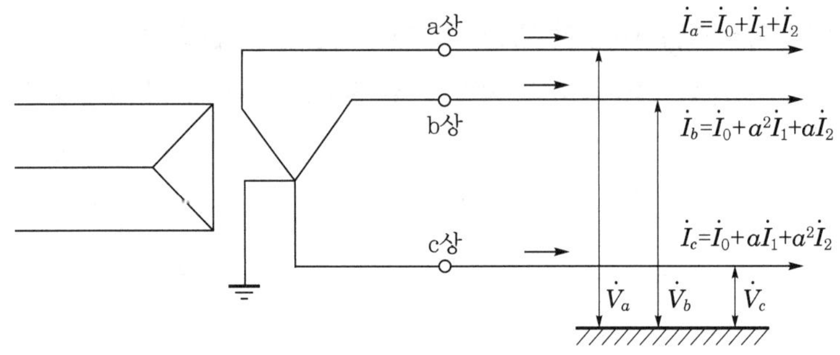

▌고장 시의 전류 ▌

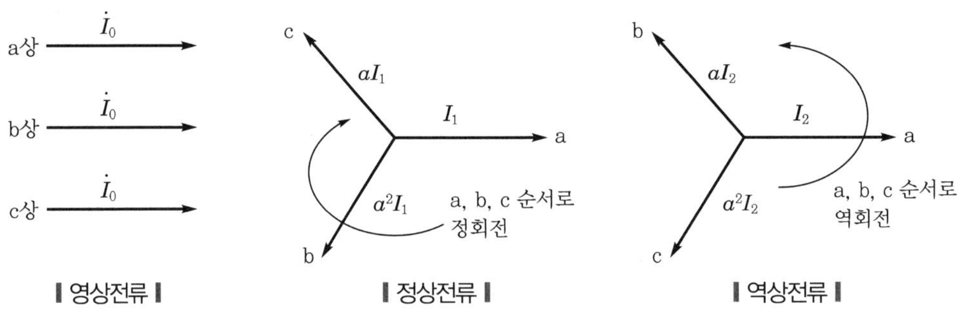

▌영상전류 ▌　　　**▌정상전류 ▌**　　　**▌역상전류 ▌**

② 정상전류 그림에서 보는 바와 같이 I_1은 전원과 동일한 상회전 방향을 가지므로 정상전류라 한다.

③ 역상전류 그림에서 보는 바와 같이 I_2는 전원과 반대인 상회전 방향을 가지므로 역상전류라 한다.

5. 대칭분 전압

대칭분 전류와 동일한 내용으로 나타난다(즉, 상기의 여러 식에서 $\dot{I}$를 $\dot{V}$로 바꾼 것임).

$$\begin{bmatrix} \dot{V}_0 \\ \dot{V}_1 \\ \dot{V}_2 \end{bmatrix} = \frac{1}{3} = \begin{bmatrix} 1 & 1 & 1 \\ 1 & a & a^2 \\ 1 & a^2 & a \end{bmatrix} \begin{bmatrix} \dot{V}_a \\ \dot{V}_b \\ \dot{V}_c \end{bmatrix} \qquad \begin{bmatrix} \dot{V}_a \\ \dot{V}_b \\ \dot{V}_c \end{bmatrix} = \begin{bmatrix} 1 & 1 & 1 \\ 1 & a^2 & a \\ 1 & a & a^2 \end{bmatrix} \begin{bmatrix} \dot{V}_0 \\ \dot{V}_1 \\ \dot{V}_2 \end{bmatrix}$$

117-7 대칭좌표법을 이용하여 3상 전력회로에서 유기전압과 임피던스가 평형을 이루고 있을 때 발전기의 기본식을 유도하고, 이때 해석에 있어 영상·정상·역상 임피던스에 대하여 설명하시오.

data 건축전기설비기술사 22-128-3-6 / 발송배전기술사, 건축전기설비기술사 출제예상문제

답안

1. 발전기 기본식의 정의

(1) 3상 발전기에서 발전기에 임의 불평형 전류가 통전할 경우의 그 단자전압과 전류와의 관계를 구하는 것이다.

(2) 발전기의 유도기전력은 대칭이고, 무부하로서, 무부하 유도진압은 3상 평형인 전제조건으로 설정한다.

2. 개념도

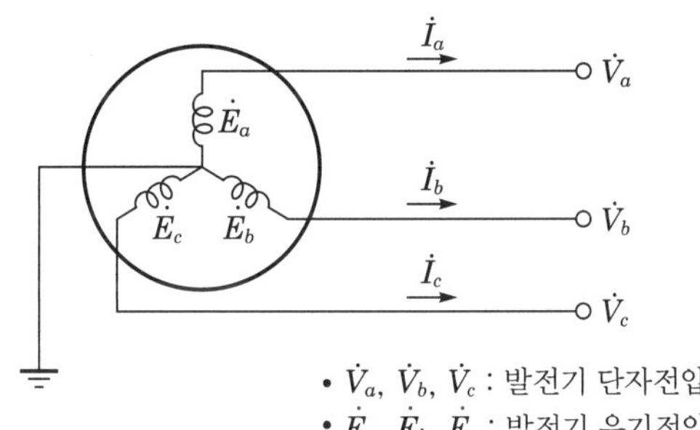

- $\dot{V}_a$, $\dot{V}_b$, $\dot{V}_c$: 발전기 단자전압
- $\dot{E}_a$, $\dot{E}_b$, $\dot{E}_c$: 발전기 유기전압

3. 조건

3상 발전기는 무부하이면서 각 상은 평형전압을 유기기전력으로 발생함

4. 발전기 기본식의 유도

(1) 불평형 단자전압 $\dot{V}_a$, $\dot{V}_b$, $\dot{V}_c$의 표현

발전기의 기전력 $\dot{E}_a$, $\dot{E}_b$, $\dot{E}_c$(상전압, 즉 대지전압)가 대칭인 조건에서 불평형 전류 $\dot{I}_a$, $\dot{I}_b$, $\dot{I}_c$가 통전 시 단자전압 $\dot{V}_a$, $\dot{V}_b$, $\dot{V}_c$(상전압, 즉 대지전압)는 각 상의 전압강하를 $\dot{v}_a$, $\dot{v}_b$, $\dot{v}_c$라 하면

$$\dot{V}_a = \dot{E}_a - \dot{v}_a$$
$$\dot{V}_b = \dot{E}_b - \dot{v}_b = a^2\dot{E}_a - \dot{v}_b$$
$$\dot{V}_c = \dot{E}_c - \dot{v}_c = a\dot{E}_a - \dot{v}_c$$

(2) 단자전압의 대칭분

$$\dot{V}_0 = \frac{1}{3}(\dot{V}_a + \dot{V}_b + \dot{V}_c) = \frac{1}{3}(\dot{E}_a + a^2\dot{E}_a + a\dot{E}_a - \dot{v}_a - \dot{v}_b - \dot{v}_c)$$

$$= -\frac{1}{3}(\dot{v}_a + \dot{v}_b + \dot{v}_c)$$

$$\dot{V}_1 = \frac{1}{3}(\dot{V}_a + a\dot{V}_b + a^2\dot{V}_c) = \frac{1}{3}(\dot{E}_a + a^3\dot{E}_a + a^3\dot{E}_a - \dot{v}_a - a\dot{v}_b - a^2\dot{v}_c)$$

$$= \dot{E}_a - \frac{1}{3}(\dot{v}_a + a\dot{v}_b + a^2\dot{v}_c)$$

$$\dot{V}_2 = \frac{1}{3}(\dot{V}_a + a^2\dot{V}_b + a\dot{V}_c) = \frac{1}{3}(\dot{E}_a + a^4\dot{E}_a + a^2\dot{E}_a - \dot{v}_a - a^2\dot{v}_b - a\dot{v}_c)$$

$$= -\frac{1}{3}(\dot{v}_a + a^2\dot{v}_b + a\dot{v}_c)$$

단, $a^3 = 1$, $a^4 = a$, $1 + a + a^2 = 1 + a^4 + a^2 = 0$

(3) 전압강하

각각 대칭분 임피던스와 대칭분 전류의 곱이다.

$$\dot{v}_a = \dot{Z}_0\dot{I}_0 + \dot{Z}_1\dot{I}_1 + \dot{Z}_2\dot{I}_2 \quad \cdots\cdots \text{식 1)}$$

$$\dot{v}_b = \dot{Z}_0\dot{I}_0 + a^2\dot{Z}_1\dot{I}_1 + a\dot{Z}_2\dot{I}_2 \quad \cdots\cdots \text{식 2)}$$

$$\dot{v}_c = \dot{Z}_0\dot{I}_0 + a\dot{Z}_1\dot{I}_1 + a^2\dot{Z}_2\dot{I}_2 \quad \cdots\cdots \text{식 3)}$$

(4) 각 대칭분 전압강하

① 식 1) + 2) + 3)에서 $\frac{1}{3}(\dot{v}_a + \dot{v}_b + \dot{v}_c) = \dot{Z}_0\dot{I}_0$

 $(\because 1 + a + a^2 = 0$ 이므로)

② 식 1) + 2) $\times a$ + 3) $\times a^2$ 에서 $\frac{1}{3}(\dot{v}_a + a\dot{v}_b + a^2\dot{v}_c) = \dot{Z}_1\dot{I}_1$

 $(\because 1 + a^3 + a^3 = 1 + 1 + 1 = 3$ 이므로)

③ 식 1) + 2) $\times a^2$ + 3) $\times a$ 에서 $\frac{1}{3}(\dot{v}_a + a^2\dot{v}_b + a\dot{v}_c) = \dot{Z}_2\dot{I}_2$

 $(\because 1 + a^3 + a^3 = 1 + 1 + 1 = 3$ 이므로)

(5) 단자전압의 대칭분(발전기 기본식)

$$\dot{V}_0 = -\frac{1}{3}(\dot{v}_a + \dot{v}_b + \dot{v}_c) = -\dot{Z}_0\dot{I}_0$$

$$\dot{V}_1 = \dot{E}_a - \frac{1}{3}(\dot{v}_a + a\dot{v}_b + a^2\dot{v}_c) = \dot{E}_a - \dot{Z}_1\dot{I}_1$$

$$\dot{V}_2 = -\frac{1}{3}(\dot{v}_a + a^2\dot{v}_b + a\dot{v}_c) = -\dot{Z}_2\dot{I}_2$$

5. 영상·정상·역상분 임피던스의 물리적 의미

(1) I_0, I_1, I_2

영상·정상·역상분 전류

(2) 영상전류(I_0)

발전기 단자 측에서 보아, 영상 임피던스 Z_0가 각 상에 있는 경우 발전기를 무여자 규정속도로 회전하고, a·b·c의 3단자를 일괄해서 이것과 대지 사이에 영상전압을 가한 경우의 1선당 임피던스를 영상 임피던스라 하고, 이때 흐르는 전류를 말한다.

(3) 영상 임피던스(Z_0)

① 발전기에 영상전류 I_0인 동상(同相) 전류가 각 상에 흘렀을 때의 임피던스

② 발전기의 전기자 전압강하는 각 상에서 $I_0 Z_0$만큼 발생한다.

(4) 정상 임피던스(Z_1)

① 발전기의 각 상에 I_1, $a^2 I_1$, $a I_1$인 정상의 3상 평형전류가 흘렀을 경우의 임피던스

② 이로 인한 전압강하는 각 상에 $I_1 Z_1$, $a^2 I_1 Z_1$, $a I_1 Z_1$가 발생한다.

③ 발전기의 명판에 기록된 동기 임피던스를 말한다.

④ 발전기의 누설 임피던스 외에 전기자 반작용에 의한 리액턴스가 가산되므로, 누설 임피던스의 3 ~ 4배가 된다.

⑤ 고장 시와 같은 과도상태에서는 전기자 반작용이 나타나지 않으므로 고장순간에는 $Z_1 ≒ Z_2$가 된다.

(5) 역상 임피던스(Z_2)

① 발전기의 각 상에 I_2, $a I_2$, $a^2 I_2$인 역상의 3상 평형전류가 흘렀을 경우의 임피던스

② 발전기의 단자 측에서 본 역상 임피던스로서, 발전기를 무여자 규정속도로 회전하고 a·b·c의 3단자에 외부에서 상회전 방향이 반대인 역상전압 V_2를 가한 경우의 임피던스이다.

memo

안정도

SECTION 01 안정도 향상 대책

118 1기 무한대 계통의 안정도 종류와 특징에 대하여 설명하시오.

(data) 발송배전기술사 17-112-3-2 / 발송배전기술사 출제예상문제

답안

1. 무한대 모선(infinite bus)

(1) 내부 임피던스가 '0'이고 전압 E_r은 그 크기이 위상이 부하의 증감에 관계없이 전혀 변하지 않고, 극히 큰 관성정수를 가지는 용량 무한대의 모선, 즉 가장 이상적인 모선이다.

(2) 3상 동기기가 하나의 대용량 발전기에 등가계통 리액턴스(X_e)를 통하여 연결되어 있는 경우로서, 이 발전기의 출력이나 여자(field excitation)의 어떠한 변화도 계통의 주파수나 단자전압을 변동시키지 않고 원상태 그대로를 유지하면서 쉽게 계통을 분석하도록 등가화한 모선을 무한대 모선이라 한다.

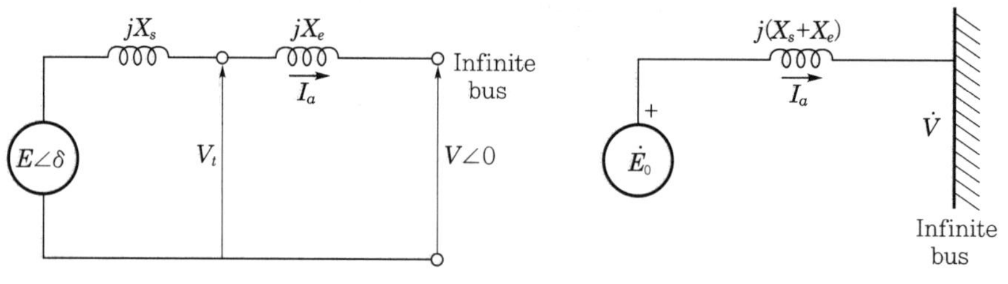

┃1기 무한대 모선의 등가도 ┃　　　　┃1기 무한대 모선 계통도 ┃

(3) V를 테브난의 전압, X_e는 동기 발전기의 단자에서 계통을 들여다 보았을 때 나타나는 테브난의 리액턴스, 그리고 동기 발전기에 관계되는 동기 리액턴스를 X_s라 하면 위 그림의 단선 결선도와 같이 표시되며, 이것이 무한대 모선의 등가도이다.

2. 1기 무한대 계통 Model

(1) 모델 계통도

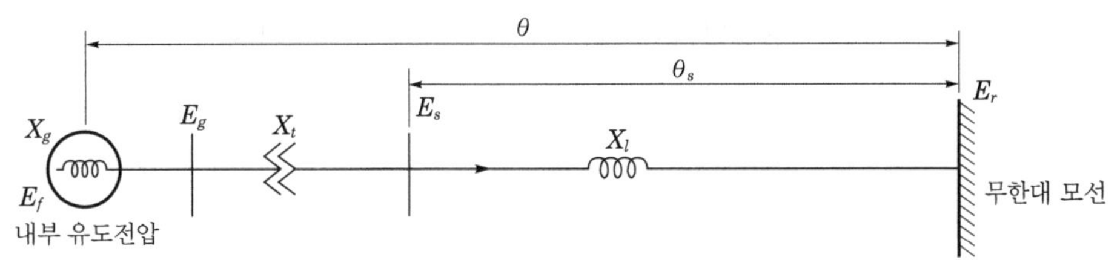

여기서, θ : 안정도 계산의 대상범위, E_f : 발전기 리액턴스 배후의 내부 유도전압

θ_s : 전력 원선도 대상범위, E_g : 발전기의 단자전압

X_g : 발전기 리액턴스, X_t : 변압기 리액턴스

X_l : 선로 리액턴스, $X = X_g + X_t + X_l$

(2) 일반적으로 1기 무한대 모선 계통의 과도 안정도 동요 방정식은 다음과 같이 표현된다.

$$\frac{d^2\theta}{dt^2} = \frac{d\omega}{dt} = \frac{\omega}{M}(P_i - P_n)$$

3. 전력 계통 안정도의 구분

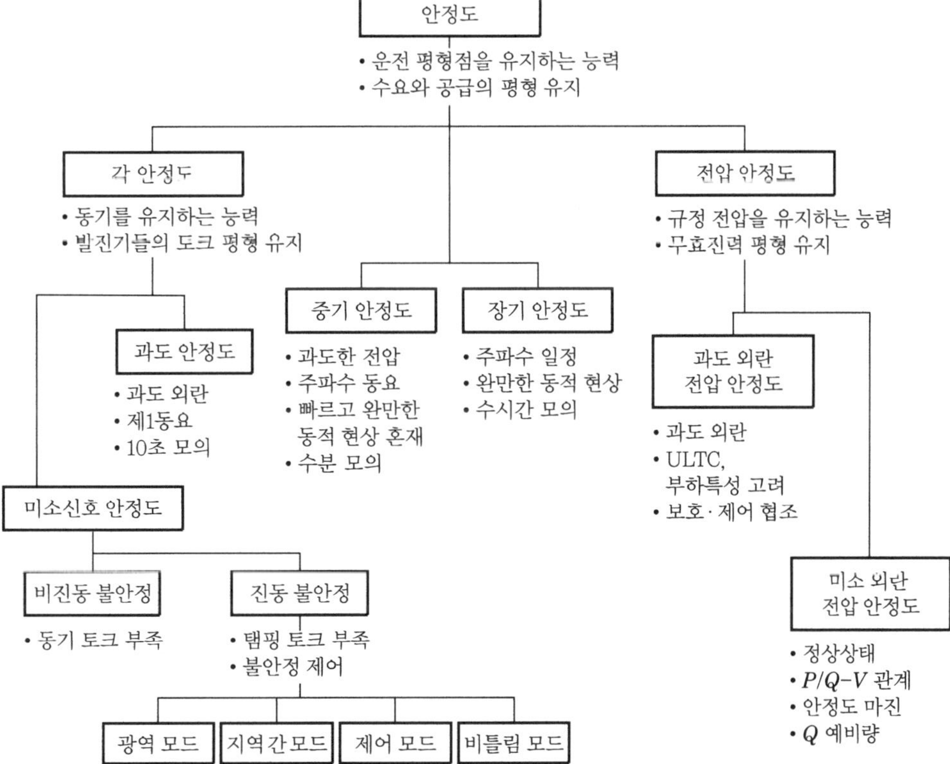

4. 안정도의 특징 비교

(1) 과도 안정도(transient stability)

   ① 급격한 외란 발생 : 지락·단락·회로 차단, 재폐로, 계통 분리 시

   ② 안정한 운전상태로 도달할 수 있는 정도

(2) 정태 안정도(small signal stability = 미소신호 안정도(small disturbance stability))

   ① 완만한 부하변화 : 미소 외란 발생

   ② 불안정 현상이 발생하지 않고(LFO 등) 계통을 운용할 수 있는 정도

   ② 미소 외란에 대하여 전력계통이 동기화력을 유지할 수 있는 능력

(3) 동태 안정도(dynamic stability)

   ① 고유 안정도 : 제어계의 효과를 고려하지 않을 경우, 발전기 내부 전압 일정 간주

   ② 동적 안정도 : 발전기 전압 조정기(AVR), 조속기의 제어효과 고려

(4) 위상각 안정도(angle stability)

   ① 전력계통과 발전기 등이 동기화를 유지할 수 있는 정도

   ② 발전기들의 전기·기계적 특성에 영향을 받는다.

(5) 전압 안정도(voltage stability)

   ① 외란 발생 후 규정된 전압을 유지할 수 있는 능력

   ② 원인 : 무효전력 공급 부족, 전압강하 증대

---

119 전력계통의 안정도에서 동기화력(synchronizing power)을 설명하고, 1기 무한대 계통에서 전력-상차각을 이용한 안정도 판별에 대하여 설명하시오.

data 발송배전기술사 20-120-1-6 / 발송배전기술사 출제예상문제

답안

1. 동기화력(synchronizing power)

(1) 동기화력의 정의

상차각 δ가 변동 시 발전기 간 또는 계통 간 동기를 유지하는 데 필요한 유효전력

(2) 수식

상차각 변동 시 발생하는 전력이므로 유효 전력식을 상차각으로 미분한다.

$$P_s = \frac{dP}{d\delta} = \left(\frac{E_f E_r}{x}\right)\cos\delta$$

(3) 의미

전력 상차각 곡선의 접선 기울기로서, 사고나 부하 증가 시 상차각이 증가하면 이것을 원상태로 되돌리려는 회복력을 의미한다.

2. 1기 무한대 계통

(1) 무한대 모선의 개념

① 내부 임피던스＝0

② 전압값은 크기와 위상에 관계없이 일정

③ 극히 큰 관성정수 $M = \infty$ (단, $M = J\omega^2$)

④ 용량 $= \infty$

(2) 1기 무한대 계통

E_f(발전기 리액턴스 배후의 내부 유도전압)＝발전기 단자전압(E_s)＋발전기 리액턴스(X_g)에 의한 전압강하

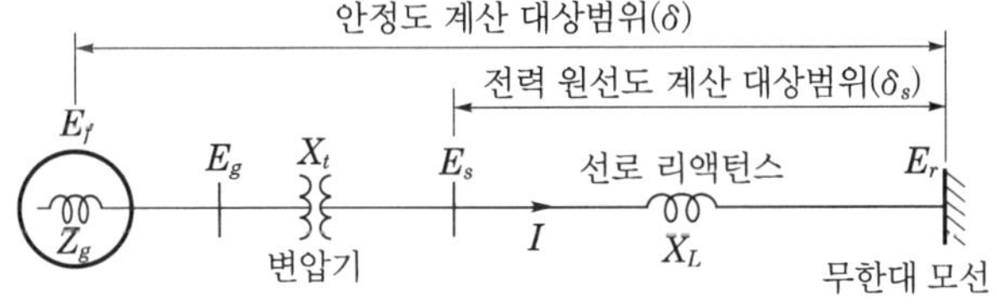

┃ 1기 무한대 모선 ┃

(3) 전압 벡터도

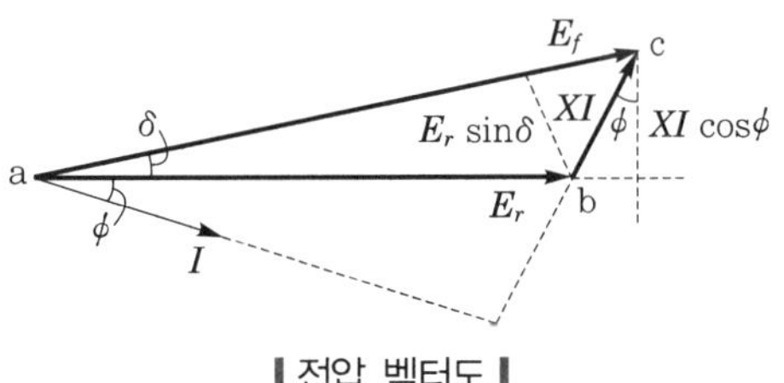

┃ 전압 벡터도 ┃

347

(4) 전력 상차각 특성을 나타내는 기본식 유도

① 전압 벡터도 그림에서 점 a · b · c의 면적을 선분 ab를 밑변으로 하는 삼각형의 면적

$$\frac{1}{2} E_r \cdot X I \cos\phi$$ ┈┈┈┈┈┈┈┈┈┈┈┈┈┈ 식 1)

② 점 a · b · c의 면적을 선분 ac를 밑변으로 하는 삼각형의 면적

$$\frac{1}{2} E_f E_r \sin\delta$$ ┈┈┈┈┈┈┈┈┈┈┈┈┈┈ 식 2)

③ 식 1) = 식 2)이므로, $\frac{1}{2} E_r X I \cos\phi = \frac{1}{2} E_f E_r \sin\delta$

$$E_r X I \cos\phi = E_f E_r \sin\delta$$ ┈┈┈┈┈┈┈┈┈┈┈┈┈┈ 식 3)

④ 여기서, 수전전력을 $P = E_r I \cos\phi$로 정리하면

$$PX = E_f E_r \sin\delta$$

$$P = \frac{E_f E_r}{X} \sin\delta$$

$$\therefore \ P_{\max} = \frac{E_f E_r}{X}$$ ┈┈┈┈┈┈┈┈┈┈┈┈┈┈ 식 4)

(5) 전력 – 상차각 곡선

① 위 식 4)를 이용하여 전력–상차각 곡선을 그리면 다음과 같다.

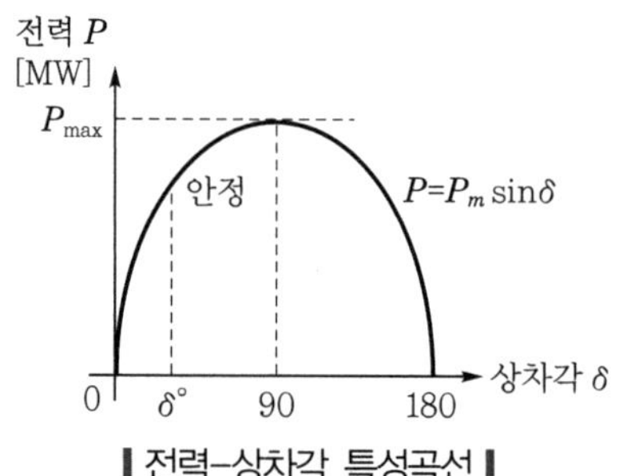

❙ 전력–상차각 특성곡선 ❙

② 그림과 같이 발전기 내부 기전력(E_f)과 수전단 전압의 상차각이 90°일 때 최대 수전전력이 된다.

348

3. 1기 무한대 계통에서 전력-상차각을 이용한 안정도 판별

(1) $P = \dfrac{E_f E_r}{X} \sin\delta$에서 그림을 그리면 다음과 같다.

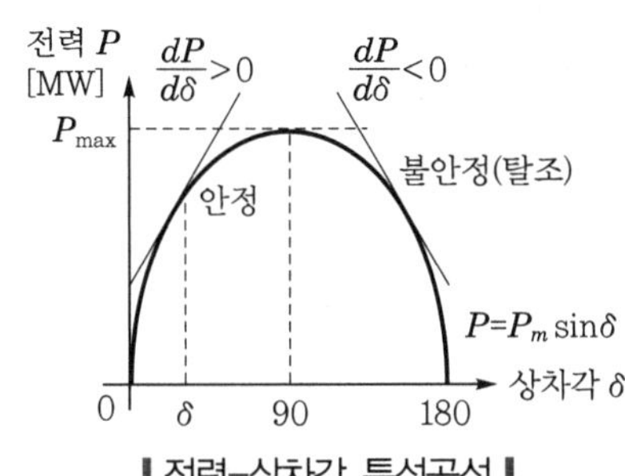

┃ 전력-상차각 특성곡선 ┃

(2) 상차각 δ가 변할 때 안정도 판별법

위상각 (상차각)	0 ~ 90도 미만	90도	90도 초과 180도
동기화력	+	0	−
안정 판별	안정	안정한계	불안정
의미	상차각 증가 시 회복하려는 전력 즉, 동기화력도 증가함	동기화력이 최대일 경우로서, 이때 정태 안정 극한 전력이 됨	상차각 증가 시 동기화력은 감소되고 발전기는 탈조됨

(3) 탈조

동기기 간의 위상차가 너무 벌어져서 동기를 유지할 수 없게 되는 현상

120 전력계통의 과도 안정도 해석에서 다음을 설명하시오.

1. 2회선 중 1선로의 고장 시, 일정 시간 후 고장난 1회선이 차단되었을 경우 등면적법으로 안정도를 판별하는 방법
2. 임계 고장 제거시간(criticalclearing time)

(data) 발송배전기술사 18-115-4-5 / 발송배전기술사 출제예상문제

답안 1. 2회선 중 1선로의 고장 시 일정 시간 후 고장난 1회선이 차단되었을 경우 등면적법으로 안정도를 판별하는 방법

(1) 특징

① 주로 2기 계통의 과도 안정도 해석에 적용된다.

② 입·출력의 변화에 따른 에너지의 과부족을 전력–상차각 곡선에서 가속면적과 감속면적을 비교하여 안정도를 판별한다.

③ 과도 시의 시간에 따른 위상각의 변화는 알 수 없다.

(2) 2회선에서 1회선이 고장 시의 등면적법 계통도

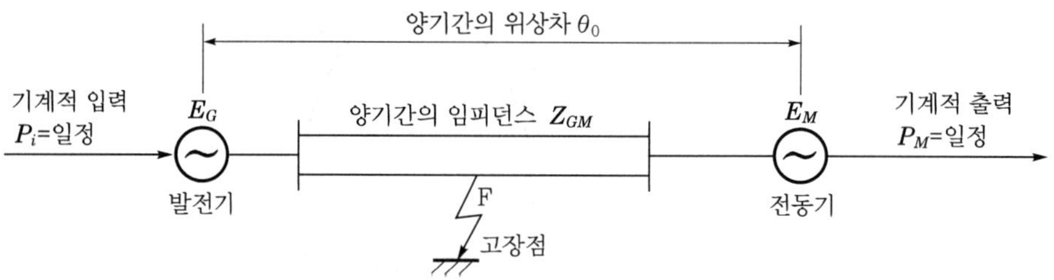

(3) 고장 전 발전기의 전기적 출력

$$P_G = \frac{E_G E_M}{Z_{GM}} \sin \theta_0$$

(4) 1회선 고장 시 발전기의 전기적 출력

$$P_F = \frac{E_G E_M}{Z_F} \sin \theta_F$$

단, $\theta_F = \theta_0 \sim \theta_1$

(5) 고장구간 선택 차단 시

$$P' = \frac{E_G E_M}{Z_{GM}{'}} \sin \theta'$$

단, $\theta' = \theta_1 \sim \theta_2$

(6) 고장 발생에서 재폐로 시까지의 계통상태

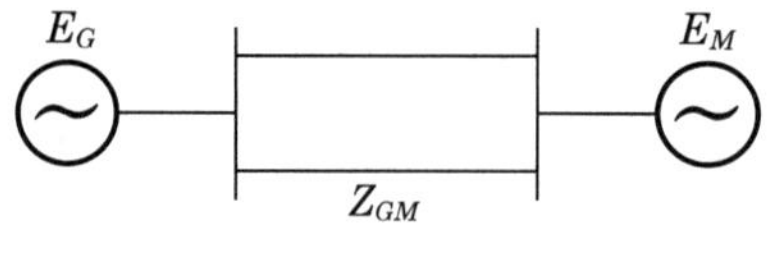

┃ 고장 전(2회선 운전) ┃

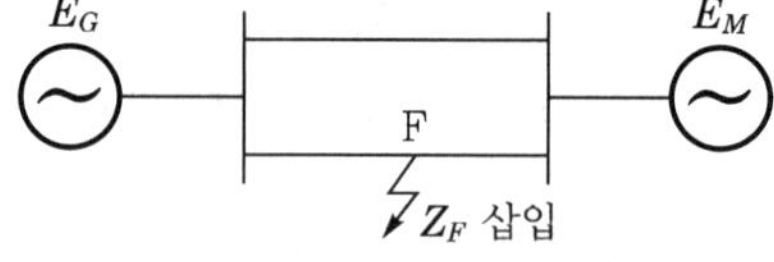

┃ 고장 발생(Z_{GM} 변화) ┃

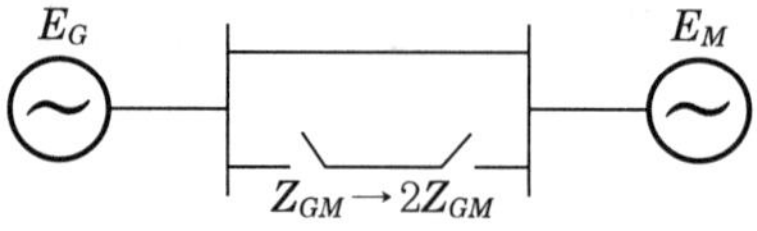

┃ 고장구간 제거(1회선 운전) ┃

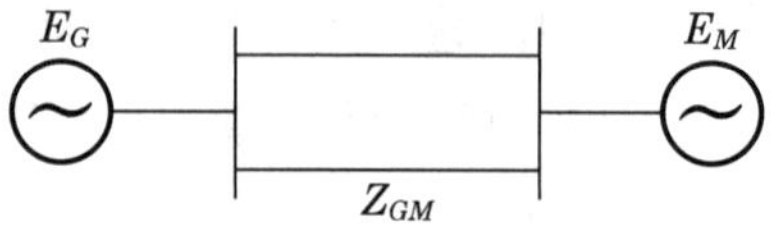

┃ 재폐로(2회선 운전) ┃

(7) 고장 시 전력–위상차각 변화특성

앞 (6)의 그림 과정을 다음의 고장 시 전력–위상차각 특성 곡선을 이용하여 고장 시의 계통 동요상태를 설명할 수 있다.

① 처음 a점, 즉 P_0, θ_0에서 운전하고 있던 동작점이 고장 발생과 더불어 b점으로 옮기게 된다.

② 이때, 발전기쪽은 $P_0 - P_B\sin\theta_0$만큼 입력이 초과되어 회전자는 가속하나, 이와 반대로 부하 측의 전동기는 그 만큼 입력이 부족해서 회전자는 감속한다.

③ 이러한 관계를 유지하면서 고장이 계속되는 동안 시간의 경과와 더불어 발전기와 전동기의 상차각은 곡선 B에 따라서 이동해 간다.

④ 동작점이 b로부터 c에 달했을 때 차단기가 동작해서 고장회선을 차단할 경우 회로상태가 1회선의 정상상태로 변경되면서 동작점은 곡선 C의 d점으로 이동한다.

⑤ d점에서는 발전기 출력이 입력 이상의 것을 요구하므로 감속되고 전동기쪽은 입력이 출력보다 커지므로 가속한다.

⑥ b → c점까지 발전기는 입력과잉으로, 전동기는 입력부족으로 양기간의 위상차각을 증대시키는 방향으로 가속되고 있던 것이 d점 이후에서는 반대로 양기간의 위상차각을 감소시키는 방향으로 감속된다.

⑦ 위상차각은 회전체의 관성 때문에 다음의 조건이 만족되는 θ_2까지 벌어진다.

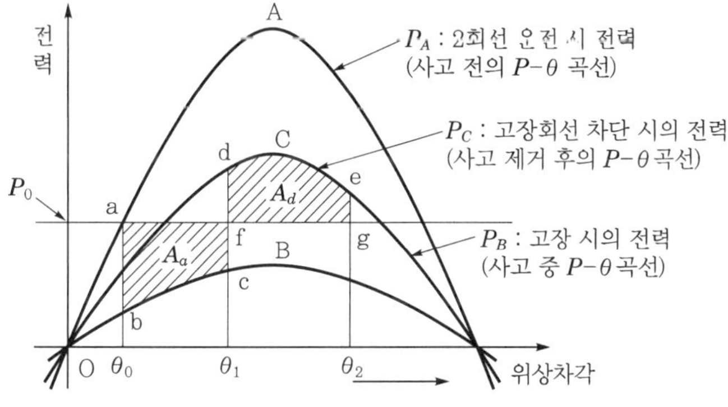

▌고장 시의 전력 – 위상차각 특성 ▌

⑧ $$\int_{\theta_0}^{\theta_1}(P_0 - P_B\sin\theta)d\theta = \int_{\theta_1}^{\theta_2}(P_C\sin\theta - P_0)\,d\theta$$

⑨ 면적 abcf = fdeg

351

⑩ 이와 같이 일단 d점을 지나쳐가는 조건들을 만족하는 θ_2까지 증대되었다가 다시 되돌아가는 왕복진동을 되풀이하나 저항, 기타의 손실분에 의한 제동작용으로 동요는 점차 감쇠되어 안정한 운전상태로 있게 된다.

⑪ 이때, 고장차단시간이 늦어져 아래의 그림에서 나타난 바와 같이 면적 abc′f′ > f′d′h로 되면 회복력이 부족할 뿐만 아니라 h점 통과한 후에는 위상차각의 증가와 더불어 더욱 회복력이 감소되어 드디어 탈조하게 된다.

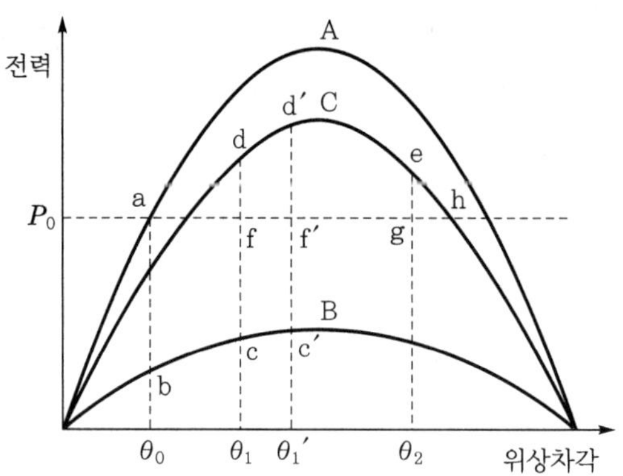

❚ 고장차단시간 지연 시 전력 – 위상차각 특성 ❚

⑫ 과도 안정 극한이란 차단시간을 파라미터로 해서 면적 abc′f′ = f′d′h의 상태로 될 때까지 고장구간 선택 차단을 조정함으로써 얻을 수 있고, 또 이러한 검토로부터 계통의 안정도 여부도 판별할 수 있다.

(8) 등면적법에 의한 안정도 판별

① $\displaystyle\int_{\theta_0}^{\theta_1}(P_0 - P_B\sin\theta)d\theta < \int_{\theta_1}^{\theta_2}(P_C\sin\theta - P_0)\,d\theta$

즉, (면적 $A_a < A_d$)인 상태는 계통안정

② $\displaystyle\int_{\theta_0}^{\theta_1}(P_0 - P_B\sin\theta)d\theta > \int_{\theta_1}^{\theta_2}(P_C\sin\theta - P_0)\,d\theta$

즉, (면적 $A_a > A_d$)인 상태는 계통이 불안정하게 되고 동기를 유지하지 못하고 탈조한다.

③ 이는 고장 제거 후(1초 이내)의 안정영역의 제동 에너지가 고장 제거 전 불안정 영역의 에너지보다 크면 안정함을 의미한다.

(9) 임계상태

① 차단시간을 파라미터로 하면 면적 abcf = 면적 fdh

즉, $A_a = A_d$가 되는 상태를 임계상태라 하며, 이를 초과하면 탈조상태가 된다.

352

② 등면적법은 시간과는 직접적인 관련이 없으나 차단시간이 늦어지면 차단 시의 위상차각이 커져서 제동 에너지가 감당할 수 없는 상태가 되므로 임계상태 이전에 차단기가 작동되도록 고려해야 한다.

③ 임계상태가 되는 위상차각 이전에 차단이 되면, 이 계통은 안정하다고 판정한다.

2. 임계고장 제거시간(critical cleaning time)

(1) 무한대 모선 모델계통의 그림에 나타낸 계통이 안정 평형상태에 있을 때 계통의 일부에 고장이 일어났다고 가정할 경우, 계통에 고장이 발생하면 이 계통의 동요상태를 나타내는 미분방정식의 정수에 변화가 생기게 된다.

(2) $P_e = V_1 V_2 Y_{12} \sin\delta$의 전달 어드미턴스 Y_{12}, 또는 최대 송전전력 P_M이 작아져서 $B(= P_m/P_M)$의 값이 고장 전의 값 B_0보다 큰 $B_f(>B_0)$의 값으로 변화한다.

(3) 고장에 의해서 발전기로부터의 전기적 출력 P_e는 저하하고, 반면 기계적 입력 P_m은 일정하게 유지되므로 발전기는 가속하게 되고, 위상면상의 동작점은 고장 중 계통에 대한 위상면 궤적 그림의 실선에 따라서 이동한다.

(4) 위상면 궤적 그림은 이 상태를 나타낸 것으로서, 출발점 $P_0(V=0,\ \delta=\delta_0 = \sin^{-1}B_0)$는 고장 전의 계통에 대한 안정 평균점, 즉 그림의 점선으로 된 Separatrix$(B=B_0)$에 대한 과점(過點) 특이점(vortex)이다.

(5) 고장 발생과 더불어 동작점은 P_0로부터 출발해서 $P_0 \rightarrow Q \rightarrow R$처럼 위상면 궤적 그림의 실선으로 된 고장 중의 계통에 대한 위상면 궤적에 따라 변화하게 된다.

(6) 고장이 발생한 다음 조금 후 고장이 제거되면 다시 송전선의 최대 송전용량 P_M이 증가해서 B의 값도 B_f로부터 이것보다 작은 $B_p(< B_f)$의 값으로 변화하게 된다.

(7) 위상면 궤적 그림의 실선으로 된 부분은 고장 제거 후의 계통에 대한 Separatrix인데, 고장 제거 후의 계통이 안정을 유지하기 위하여서는 고장제거시간의 동작점이 Separatrix(구분선)의 내부에 존재해야 하므로, 고장 제거는 위상면 궤적 그림의 Q점에 도달하기 전에 이루어져야 한다.

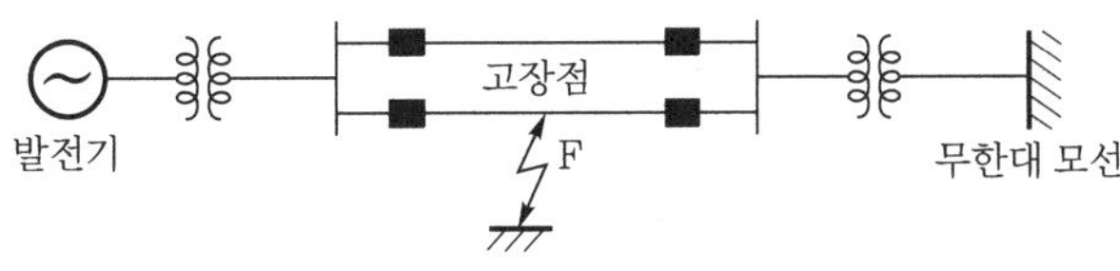

❚ 무한대 모선 모델계통 ❚

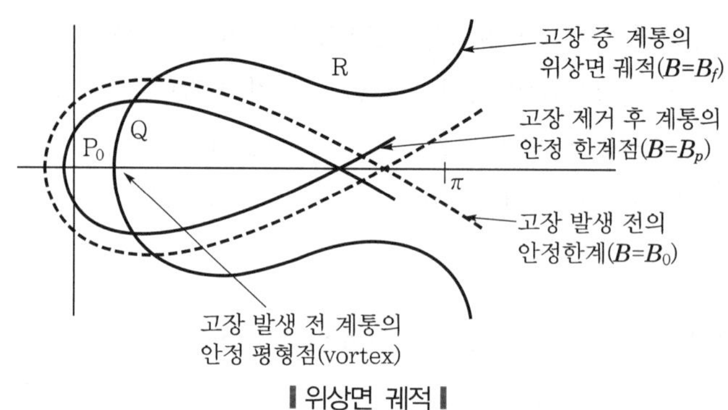

▌위상면 궤적 ▐

(8) Q는 고장제거 후의 계통이 안정을 유지하는 데 필요한 임계 고장 제거점으로서, Q의 δ쇠표 δ_Q가 임계고장 제거 위상각으로 되는 것이다. 여기서, 이것을 시간으로 바꾸어 보면 곧 δ가 δ_0로부터 δ_Q에 이르기까지의 시간은 $T = \int_{\delta_0}^{\delta_Q} \dfrac{d\delta}{V}$로 주어질 것이다. 이때, 이 시간까지의 시간을 임계고장 제거시간이라 한다.

121 아래 그림을 참고하여 등면적법에 대하여 설명하시오. (단, 가·감속 영역을 과도 안정도와 연관하여 설명할 것)

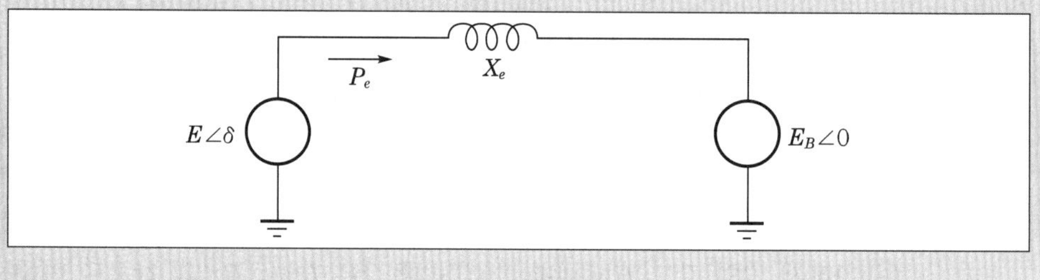

data 발송배전기술사 17-111-2-1 / 발송배전기술사 출제예상문제

답안

1. 등면적법(等面積法, equal area method)의 특징

(1) 특징

① 주로 2기 계통의 과도 안정도 해석에 적용된다.

② 입·출력의 변화에 따른 에너지의 과부족을 간단한 도면을 사용하여 구함으로써 안정도 판별을 쉽게 할 수 있다.

③ 과도 시 시간에 따른 위상각의 변화는 알 수 없다.

2. 1회선인 경우의 등면적법

(1) 고장 시의 계통도

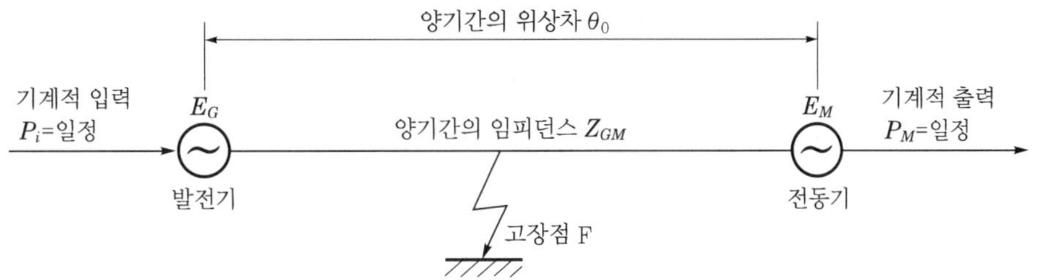

(2) 고장 시의 전력–상차각 곡선

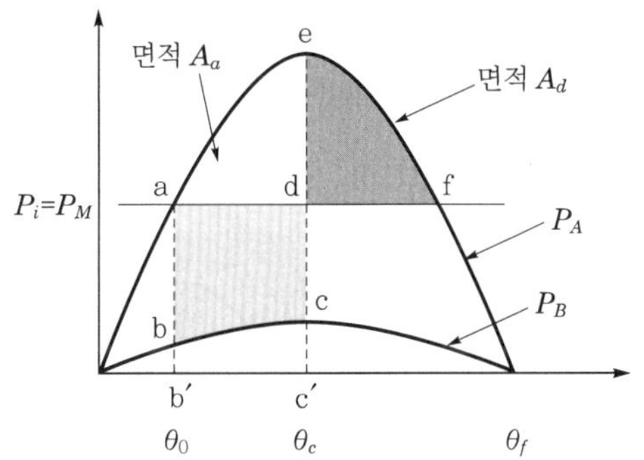

여기서, P_A : 정상 운전 시의 전력
P_B : 고장 중의 전력

(3) a점 : 고장 전 평형상태

① 발전기 터빈으로부터의 기계적 입력 P_i =발전기의 전기적 출력 P_G

② 발전기의 전기적 출력 P_G = 전동기의 전기적 입력기 P_A = 전동기의 기계적 출력 P_M

③ 송·수전단 상차각 θ_0

(4) b점 : 고장 발생(단, 3상 완전 단락 시 b′점)

① 고장 전 전력 P_A → 고장 중 전력 P_B(단, 3상 완전 단락 시는 $P_B = 0$)

② 기계적 입력 P_i =기계적 출력 P_M =일정

③ 발전기 입력 과잉($P_i > P_B$) → 가속

④ 전동기 입력 부족($P_D < P_M$) → 감속

위상차각이 벌어진다. : $\theta_0 \rightarrow \theta_c$

(5) c점

고장 회복(3상 완전 단락 시 c′점)

(6) e점

① 고장 중 P_B → 고장 전 전력 P_A

② 기계적 입력 P_i =기계적 출력 P_M =일정

③ 발전기 입력 부족($P_i < P_A$) → 감속 ⎤
④ 전동기 입력 과잉($P_A > P_M$) → 가속 ⎦ 위상차각이 좁혀져야 한다.

⑤ 그러나 회전체의 관성때문에 e점에서 멈추지 않고 계속 벌어진다.

$\theta_c \rightarrow \theta_f$

(7) f점

위상차각은 관성에 의하여 면적 A_u(abcd, 3상 완전 단라 시는 ab′c′d)와 면저 A_d(def)가 같아지는 f점까지 벌어졌다가 다시 좁혀진다.

3. 안정도 판별법

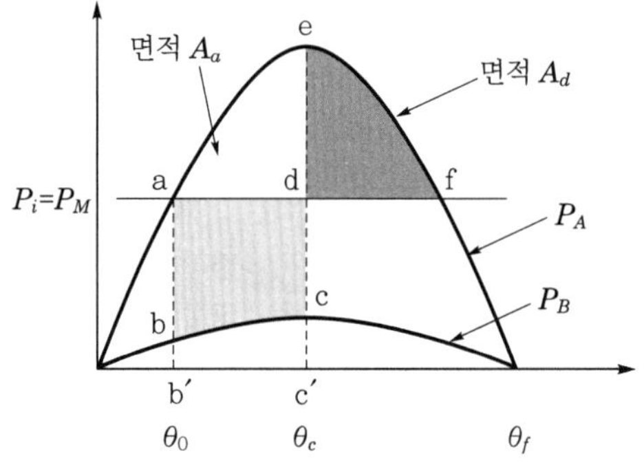

(1) 면적 A_a(abcd) < 면적 A_d(def)일 때 → 안정 여유 > 0

∴ 안정

여기서, 면적 A_a(abcd) : 가속 에너지

면적 A_d(def) : 감속 에너지

(2) 면적 A_a(abcd) = 면적 A_d(def)일 때 → 안정 여유 = 0

∴ 임계안정

(3) 면적 A_a > 면적 A_d일 때 → 안정 여유 < 0

∴ 불안정, 탈조

122 전력계통의 안정도 향상 대책에 대하여 설명하시오.

(data) 발송배전기술사 20-122-4-2 / 발송배전기술사 출제예상문제

답안 **1. 개요**

사고가 발생하면 발전기는 드디어 탈조까지 이르게 되므로, 과도 안정도 향상을 위해서는 무엇보다도 발전기 가속을 억제하는 대책을 취해야 한다.

(1) 과도 안정도의 정의

과도 안정도란 계통의 주어진 과도 안정도 운전조건 하에서 안정하게 운전을 지속할 수 있는가의 여부를 결정하는 능력

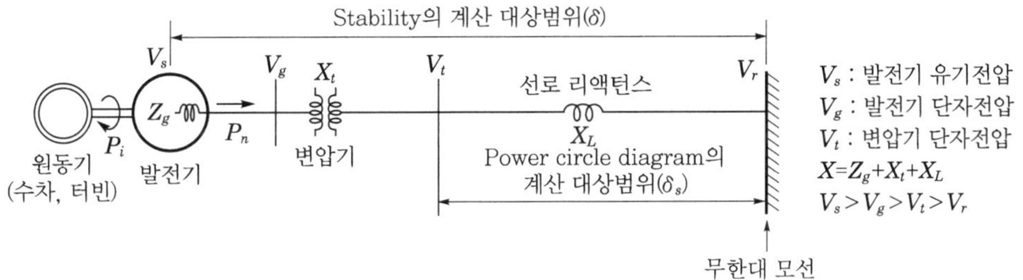

▮ 전력계통의 안정도 및 원선도 등가회로 ▮

(2) 과도 안정도의 기본식

$$\frac{d^2\theta}{dt^2} = \frac{d\omega}{dt} = \frac{\omega}{M}(P_i - P_n) = \frac{\omega}{M}\left(P_i - \frac{V_s V_r}{x}\sin\theta\right) \quad \cdots\cdots\cdots \text{식 1)}$$

여기서, θ : 상차각, M : 단위 관성정수

ω : 회전체 각속도, P_i : 기계적 입력

P_n : 전기적 출력, x : 계통의 리액턴스

① 발전기가 탈조한다는 것은 식 1)의 우변이 고장 중 급격히 커지든지 고장 제거 후(1회선 차단)에도 상당한 시간동안 정의 값을 취하기 때문에 일어난다.

② 발전기 가속 억제대책

ㄱ 강제적으로 전기적 출력 증대(P_n 증대)

ㄴ 터빈으로부터 공급되는 기계적 입력(P_i) 경감

ㄷ 관성정수 M 증대

2. 안정도 향상 대책

(1) 계통의 직렬 리액턴스를 감소시킴

① 발전기와 변압기의 리액턴스를 단락비가 커지며 관성정수도 커지므로 과도 안정도 향상

    ㉠ 대용량 발전기를 채용하면 $K_S = \dfrac{1}{x_d}$ 단락비가 커짐

    ㉡ 단권 변압기 채용으로 리액턴스가 감소되어 과도 안정도 향상

② 선로의 병행회선을 증가하거나 복도체 사용 : 리액턴스가 20% 정도 감소되고, 코로나 개시전압이 높아지므로 안정도는 향상

    ㉠ $L_n = \dfrac{0.05}{n} + 0.4605\log_{10}\dfrac{D}{\sqrt[n]{rS^{n-1}}}$ [mH/km]

    여기서, S : 소도체 간격[m]

    ㉡ $C_n = \dfrac{0.02413}{\log_{10}\dfrac{D}{\sqrt[n]{rS^{n-1}}}}$ [μF]

    여기서, r : 소도체 반지름[m], n : 소도체 수

    ㉢ L은 20% 감소하고, 코로나 개시전압 증가, 정전용량은 20 ~ 30% 정도 증가되어, 안정도가 향상된다.

③ 직렬 콘덴서를 삽입해서 선로의 리액턴스 보상 : 선로정수를 변화시켜서 선로의 전압강하를 감소시키거나 수전단 전압의 맥동을 작게 하는 것으로 선로의 중앙점 부근에 두는 것이 좋다.

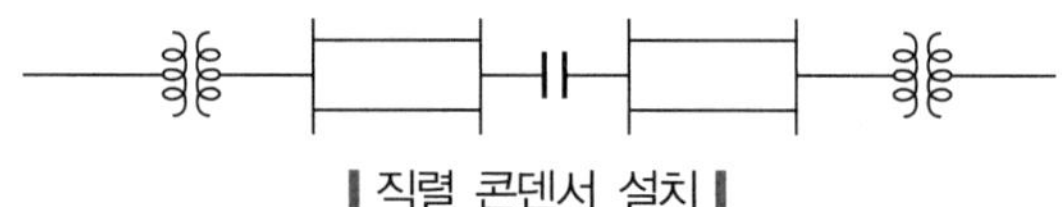

┃직렬 콘덴서 설치┃

(2) 전압변동의 억제

① 속응 여자방식의 채용

    ㉠ 고장 발생으로 발전기 전압이 저하하더라도 여자기의 전압 상승률이 크고, 정상전압이 크며 응답속도가 빠른 자동전압 조정기를 사용하여 발전기 전압을 일정 수준까지 유지시키면 그만큼 안정도가 향상된다.

    ㉡ 일반 여자기의 전압 상승률 : 30 ~ 100V/s

    속응 여자기의 전압 상승률 : 수천 V/s

    정상전압(ceiling voltage) : 1000V 정도

358

② **계통연계** : 여러 계통을 적당한 장소에서 서로 연락하면 계통용량이 증대되어 튼튼해지므로 고장 시 전압 변동이 감소된다.

③ **중간 조상방식의 채용**

　㉠ 선로의 송·수전 양단의 중간위치에 조상기를 설치하여 이점의 전압을 상승시켜 일정하게 유지함으로써 안정극한 전력을 증대시킬 수 있다.

　㉡ 송·수전단의 용량과 맞먹을 정도의 조상기 용량을 필요로 하므로 경제적인 면에서 문제가 된다.

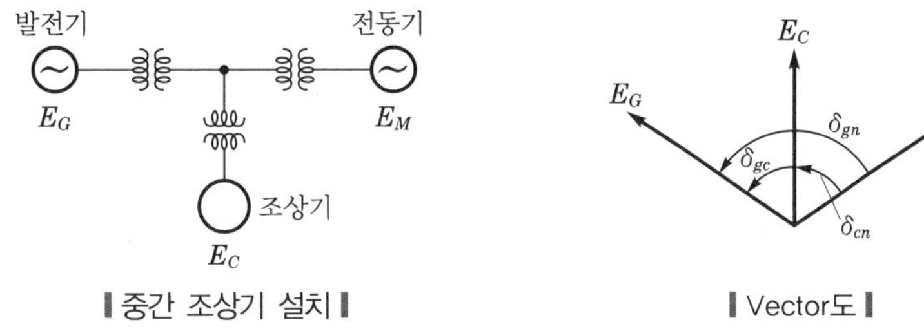

❚ 중간 조상기 설치 ❚　　　❚ Vector도 ❚

(3) **사고 시 계통에 주는 충격의 경감**

① **적당한 중성점 방식의 채용** : 소호 리액터 방식 > 비접지 > 고저항 접지 > 직접 접지

② **보호계전방식 중 고속 차단방식 채용**

　㉠ 보호계전방식을 완비해서 고장구간의 양단을 신속하게 동시에 차단한다.

　㉡ 차단시간이 늦어지면 늦어질수록 양단의 동기 상차각은 벌어지게 되어 과도 안정도가 나빠진다.

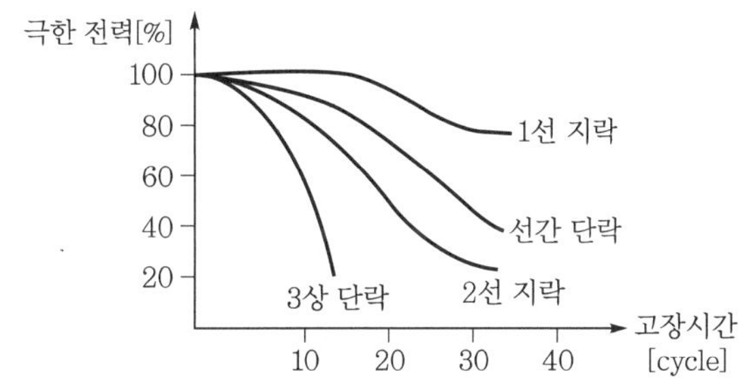

❚ 고장 차단시간이 과도 안정도에 미치는 영향 ❚

(4) **재폐로 방식의 채용**

① 재폐로 방식이란 반송 보호계전방식에 의해 고속차단–재폐로 동작을 자동적으로 실시하는 방법이다.

② 3상 재폐로와 단상 재폐로의 두 가지가 있으며 단상 재폐로 방식이 안정도면에서 더 유리하다.

(5) 고장 중 발전기의 기계적 입력과 전기적 출력 차이의 최소화(고장 시 전력변동 억제대책)

① 초고속 조속기 채용 : 동작이 빠른 조속기가 나오면 그만큼 안정도 증진에 유효

② 동적 제동(dynamic braking) 및 TCBR(Thyrister Control Braking Resistor) : 고장과 동시에 발전기 회로에 직렬로 저항을 넣어줌으로써 출력의 불평형을 완화시킨다.

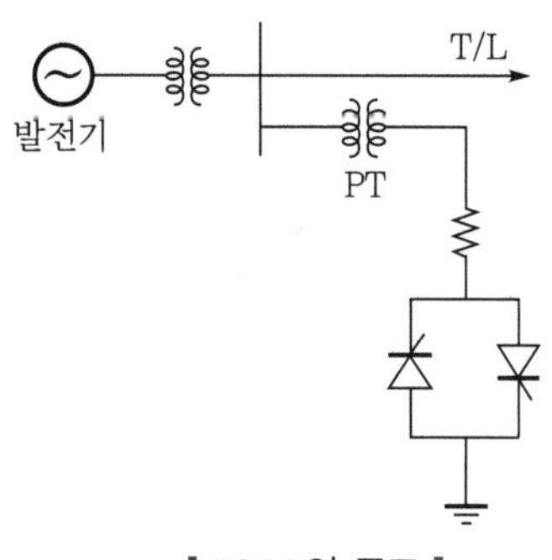

‖TCBR의 구조‖

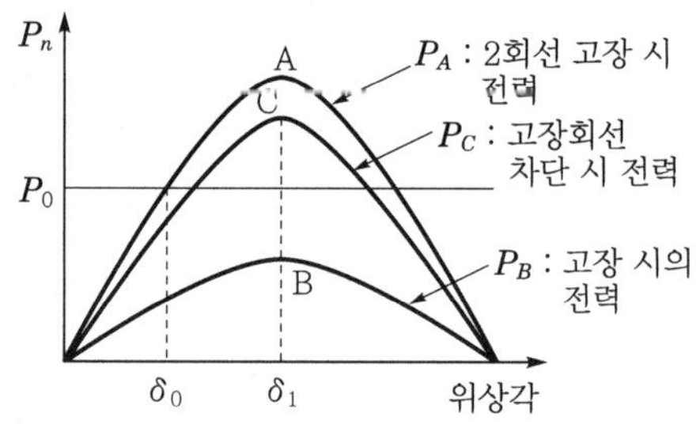

‖EVA에 의한 안정화 원리‖

(6) EVA(고속 터빈 밸브 제어) 채용

차단이 너무 늦으면 안정도 회복이 안 되므로 EVA를 사용하고 기계적 입력(入力)(터빈 입력)을 경감시켜 등면적법에 의한 과도 안정도 향상에 유효하다.

(7) FACTS 설비 적정 적용

FACTS 설비 종류	FACTS 주요 기능과 시스템	직·병렬 보상구분	보상대상
UPFC (Unified Power Flow Controller) : 종합 조류 제어기	(전압원 인버터 시스템) 안정도 향상, 위상각 제어, 전압 제어, 전력 조류 제어,	직·병렬 보상	$\delta,\ V,\ X$
STATCOM (Static Synchronous Compensator) : 정지형 동기 직렬 보상장치	(전압원 인버터 시스템) 안정도 향상, 전압 유지	직·병렬 보상	$X,\ V$
SVC (Static Var Compensator) : 정지형 무효전력 보상장치	(사이리스터 스위칭 시스템) 전압 유지	병렬 보상	V
TCSC (Thyristor Controlled Series Capacitor) : 사이리스터 제어 직렬 커패시터	(사이리스터 스위칭 시스템) 안정도 향상, 임피던스 제어, 조류 제어	직렬 보상	X

FACTS 설비 종류	FACTS 주요 기능과 시스템	직·병렬 보상구분	보상대상
TCBR (ThyristoR Controlled Braking Resistor) : 사이리스터 제어 제동저항	(사이리스터 스위칭 시스템) 안정도 향상, 계통동요 억제	병렬 보상	P
TCPR (Thyristor Controlled Phase Angle Regulator) : 사이리스터 제어 위상 변환기	(사이리스터 스위칭 시스템) 안정도 향상, 위상각 제어, 전력조류 제어	직렬 보상	δ, V, X
SSSC (Static Synchronous Series Compensator) : 정지형 동기 직렬 보상장치	(전압원 인버터 시스템) 전력조류 제어, 임피던스 제어, 안정도 향상	직렬 보상	X

※ UPFC, STATCOM, SVC, TCSC의 FACTS 설비는 현재 적용 중이다.

123 전력계통 안정도에서 미소신호 안정도(small signal stability)의 정의, 발생원인, 주요 해석법, 대책에 대하여 각각 설명하시오.

(data) 발송배전기술사 21-123-1-9 / 발송배전기술사 출제예상문제

답안

1. 미소신호 안정도(small signal stability)의 정의

(1) 미소신호 안정도는 스위치의 개폐, 소규모 부하의 변동과 같은 미소외란에 대해서 전력계통 내 발전기들이 동기상태를 유지할 수 있는 능력으로 정의한다.

(2) 부하나 발전기에서 작은 외란이 발생하였을 경우 전력계통이 동기상태를 유지하는 능력을 의미하는 것으로서, 위상각 안정도의 한 종류이다.

(3) 미소신호 안정도의 불안정은 작은 외란 후 부족한 댐핑(damping) 토크로 인해 진폭이 커지는 진동이 발생하는 것을 의미한다.

(4) 미소신호 안정도는 미소외란 아래서 진동이 지속되지 않고 동기를 유지하는 능력이다.

2. 미소신호 불안정 발생원인

(1) 비진동 불안정 발생원인

동기토크 부족

(2) **진동 불안정 발생원인**

댐핑토크 부족(부족한 댐핑으로 인해 전력계통에 심각한 위협), 불안정 제어

① 광역모드의 불안정

② 지역모드의 불안정

③ 제어모드의 불안정

④ 비틀림모드의 불안정

(3) 전기·기계적 모드(electro mechanical mode)는 낮은 주파수의 진동으로 인한 불안정

(4) 불안정한 저주파 진동

3. 미소신호 안정도의 주요 해석법

(1) 미소신호 안정도 해석은 주로 전력계통의 고유치 분석을 이용한 모드 해석 기법을 통하여 해석한다.

(2) 전력계통의 고유치는 전력계통 모델의 선형화 과정을 통해 산출할 수 있다.

(3) 충분히 작은 외란을 고려하므로 비선형적인 전력계통 방정식을 선형화하여 해석한다.

(4) 최근 대량의 재생 에너지원 확대로 인해 전력계통의 관성계수가 변화하는 상황에 따라 미소신호 안정도 관점에서 계통 안정도 취약성 분석연구가 진행되고 있다.

4. 미소신호 안정도의 대책

미소신호 안정도 관점에서 안정성을 확보하기 위해서는 실제 전력계통에서 나타나는 고유치들이 충분한 크기의 감쇄율(damping ratio)을 가져야 한다.

최종 목적은 계통 고유 주파수를 변경하여 관심 발전기에서 SSR이 발생하지 않도록 회피하는 것이다.

(1) **PSS 적용**

500MVA 이상의 발전기는 의무적으로 적용한다.

(2) 송전용량 증대/안정도 향상을 위해 송전선로에 직렬 커패시터(TCSC)를 설치하여 운용한다.

(3) **직렬 보상량의 제한**

일반적으로 50% 미만을 권장하며 SSR 위험이 높을 경우 그보다 작은 값으로 한다(보상량 제한).

(4) 차동기 전류를 제한할 수 있는 필터를 설계하여 적용한다.

① 필터의 일반적인 위치는 발전기와 Step-up 변압기 사이 또는 직렬 커패시터와 병렬로 설치한다.

② 필터는 기본적으로 'RLC' 소자들이 병렬로 설치된 구조이며 차동기 성분의 전류를 제한하기 위하여 고임피던스 특성을 갖는다.

(5) 차동기 공진을 예방하기 위하여 발전기 여자 시스템을 개선한다.

차동기 공진을 감시하는 센서의 설치와 발견된 차동기 공진에 빠른 댐핑을 제공하는 회로설계를 적용한다.

(6) 일정 크기 이상의 차동기 성분 전류를 감시하거나, 발전기/터빈 측의 속도 변화를 감시하여 SSR 진동을 감시하는 보호 계전기를 설치하고 진동이 감지될 때 발전기가 탈락하는 보호 시스템을 구성한다.

(7) 전력전자소자로 조작되는 설비를 통하여 계통의 유효 임피던스를 빠르게 변경시켜 공진 주파수 대역을 회피한다.

---

124 신재생 에너지의 급격한 증가에 따라 최근 전력계통의 계통관성(system inertia) 영향과 재생 에너지원 수용능력(hosting capacity) 문제가 대두되고 있다. 다음을 설명하시오.
1. 계통관성의 정의, 특성 및 시사점
2. 재생 에너지원 수용능력 개념과 수용능력 향상 방안

(data) 발송배전기술사 21-123-2-6 / 발송배전기술사 출제예상문제

답안 **1. 계통관성의 정의, 특성 및 시사점**

(1) 정의 : 주파수 변화를 방해하는 힘

전력계통에 연결된 회전체들로부터 계통 주파수가 변동하는 반대 방향으로 작용하는 힘으로 동기기(발전기, 전동기) 회전체에 저장된 운동 에너지의 합이다.

(2) 특성

① 계통관성이 클수록 주파수 변화율이 작다.

$$\frac{d^2\theta}{dt^2} = \frac{d\omega}{dt} = \frac{\omega}{M}(P_i - P_n)$$

M(관성정수)이 클수록 위상변화가 감소한다.

② 재생 에너지 비중 증가로 계통관성 감소, 수급 불안정에 의한 주파수 진동현상, 저주파수 발생, 대용량 발전단지의 탈락

(3) 시사점

① 재생 에너지 투입에 따른 계통관성 및 예비력 감소

ㄱ 재생 에너지 계통투입에 따른 기존의 회전식 발전기 비중 감소

ㄴ 발전기 비중 감소에 따른 발전기에 보유된 예비력이 감소하는 현상 발생

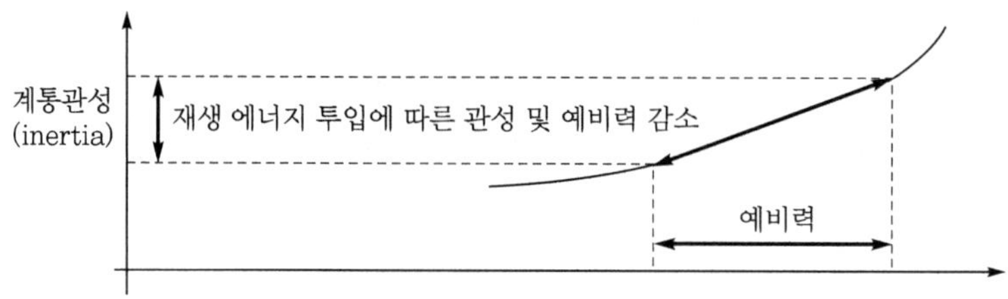

▌계통관성(inertia)과 예비력의 관계 ▌

② 계통관성별 필요 예비력

ㄱ 예비력이 클수록 계통관성이 작아도 가능

ㄴ 예비력이 작아지게 되면 큰 계통관성이 필요하게 되며 이는 주파수 유지를 위한 최소한의 기준이 된다.

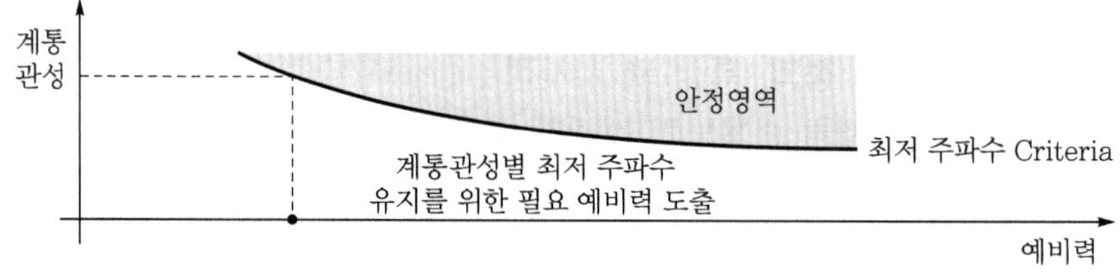

▌계통관성과 예비력 관계에서 안정영역 ▌

③ 계통 특성을 고려한 최대 재생 에너지원 투입량 결정

ㄱ 위의 ② 조건을 중첩한다.

ㄴ 신뢰도 기준을 위한 최소 관성 에너지, 필요 예비력, 신재생 발전원의 최대 연계용량을 도출한다.

ㄷ 교점 : 확보된 예비력 = 필요 예비력 지점(계통관성 = 신뢰도 유지)

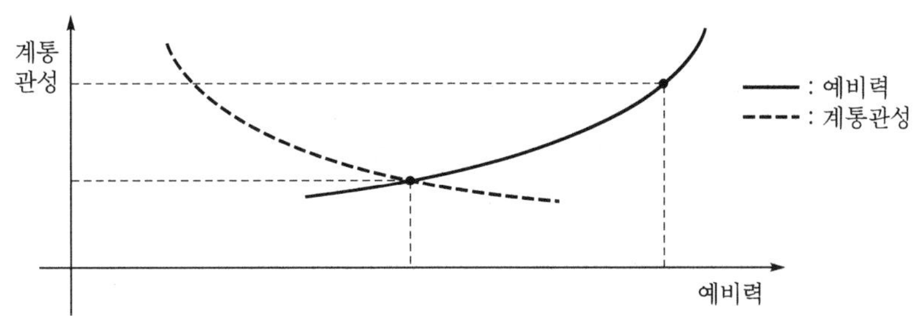

┃ 계통 특성을 고려한 계통관성과 예비력 관계 ┃

④ 주파수 유지 기준 강화, 예비력 검토, 국내 관성정수 데이터 베이스 확보
⑤ 관성자원(가스터빈, 동기 조상기, 초고속 ESS, 스마트 인버터) 확보
⑥ 실시간 모니터링 및 제도 개선과 법제화 추진

2. 재생 에너지원 수용능력 개념과 수용능력 향상 방안

(1) 개념

전기품질이나 계통 신뢰도에 문제없는 범위에서 추가적인 설비 보강 없이 수용할 수 있는 신재생 에너지 용량

(2) 향상 방안

① 유연한 송·배전망 접속
   ㉠ 배전선로 부하특성을 종합 검토, 최대 수용능력 적용을 위해 접속용량을 차등화함
   ㉡ 일정 수준 이하로 발전출력을 제한(최대 출력 제한)
   ㉢ 재생 에너지 선 접속 후 계통 혼잡 시 출력을 제어한 후 제어 시행

② 기존 송·배전 설비 활용 극대화
   ㉠ 계통포화 지역 자가용 설비 설치 시 보조금을 지원하기 위한 자가소비 촉진
   ㉡ 신재생 설비를 자가용 설비로 전환하는 것에 대한 경제적 지원
   ㉢ 신재생 에너지에 적합한 입지 발굴 시 송·배전망 조기구축 추진
   ㉣ 지역별 신재생 계획물량 예측, 선제적 전력망을 보강하도록 지역계획 수립

③ 신재생 에너지의 운영관리 체계 구축
   ㉠ 계통 복원력 강화
      • 자가출력 조정 : VPP를 구성해 사전 입찰, 출력 조정
      • 유연성 : ESS, 양수, 가스터빈 등 유연성 자원 확보
      • 계통관성 : 불시 고장을 대비하여 안정적 계통운영에 필요한 관성자원 확보 강화

    ⓒ 신재생 에너지 관제 인프라 통합
- 실시간 감시, 자동 예측, 원격 제어가 가능한 통합 관제 시스템 구축
- 신재생 에너지 설비의 상태, 제어신호 양방향 전달, 출력 제어가 가능한 스마트 인버터 적용

④ 국가적인 대정전 대비(2025년 스페인 대정전 발생)
    ㉠ 태양광 발전시스템의 간헐성과 피크조정능력 부족이 원인으로 추정된다.
    ㉡ 인버터의 인위적인 조작(해킹 등)으로 인한 고의적인 정전유발로 추정되기도 한다.
    ㉢ 안정적인 ESS의 대용량화를 조속히 구축하여 정전에 대비해야 한다.

124-1 전력계통의 안정도 해석에 있어 고장 시의 고장점 임피던스 적용방법을 고장의 종류에 따라 6가지로 구분(1선 지락, 2선 지락, 선간 단락, 3선 단락, 1선 단선, 2선 단선)하여 간단히 수식과 그림으로 설명하시오.

(data) 발송배전기술사 출제예상문제

답안

고장의 종류	등가 고장 임피던스 Z_F	임피던스 삽입 개소 및 삽입 방법
1선 지락	$Z_F = Z_0 + Z_2$	
2선 지락	$Z_F = \dfrac{Z_0 Z_2}{Z_0 + Z_2}$	
선간 단락	$Z_F = Z_2$	
3선 단락	$Z_F = 0$	고장점과 중성점에 Z_F를 병렬로 삽입한다.
1선 단선	$Z_F = \dfrac{Z_0 Z_2}{Z_0 + Z_2}$	
2선 단선	$Z_F = Z_0 + Z_2$	고장점에 Z_F를 직렬로 삽입한다.

* 기호에 전부 Vector 표시를 할 것

124-2 다음 그림에서 정태 안정도 극한전력을 구하고 안정도를 판별하시오. (단, 수전전력은 1.25pu, 전동기의 역률은 1.0pu, 기준전압은 전동기 단자전압이다)

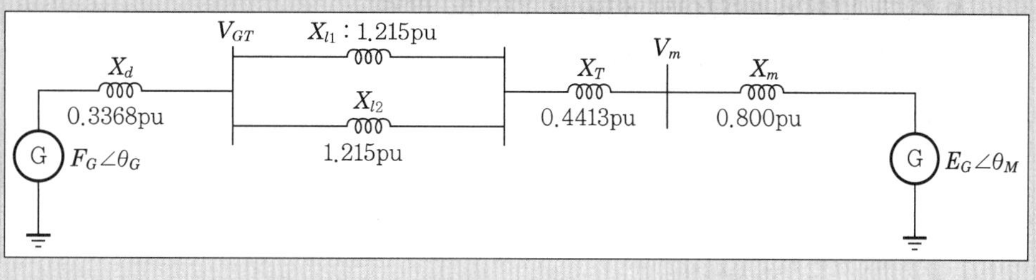

data 발송배전기술사 출제예상문제

답안

1. 전체 계통의 리액턴스

$$X_{\text{Total}} = X_d + \frac{X_{l1} \cdot X_{l2}}{X_{l1} + X_{l2}} + X_T + X_m$$

$$= 0.3368 + \frac{1.215}{2} + 0.4413 + 0.800 = 2.1856 \, \text{pu}$$

2. 선로전류

(1) 수전전력이 1.25pu, 전동기의 단자전압이 $1.0 \underline{/0°} \, [\text{pu}]$

(2) $P = E I^*$ 에서

$$I^* = \frac{P}{E} = \frac{1.25}{1.0 \underline{/0°}} = 1.25 \underline{/0°} \, [\text{pu}]$$

$$\therefore \ I = 1.25 \underline{/0°}$$

3. 전동기의 내부 유기전압 E_M

$$E_M = V_m - jIX_m = 1 - j(1.25 \times 0.8) = 1.414 \underline{/-45°} \, [\text{pu}]$$

4. 발전기의 내부 유기전압 $E_G \underline{/\theta_G}$

$$E_G = V_m + jI(X_d + X_l + X_{tr})$$

$$= 1 + j1.25(0.3368 + 0.6075 + 0.4413)$$

$$= 1 + j1.732 = 2.0 \underline{/60°} \, [\text{pu}]$$

5. 동기화력 산출

(1) 상차각 θ

$$\theta = |\theta_m| + |\theta_g| = 45° + 60° = 105°$$

(2) 동기화력 $\dfrac{dP}{d\theta} = \dfrac{E_G E_M}{X}\cos\theta = \dfrac{2.0 \times 1.414}{2.1856}\cos 105° = -0.335$

6. 정태 안정도 극한전력 산출과 안정도 판별

(1) 동기화력이 -0.335이므로 0보다 작아 계통은 불안정하다.

(2) 정태 안정도 극한전력

$$P = \dfrac{E_G E_M}{X}\sin\theta = \dfrac{E_G E_M}{X} \times 1$$

$$= \dfrac{2.0 \times 1.414}{2.1856} \times 1 = 1.294\,\mathrm{pu}$$

$\because$ 상차각이 90도일 때 정태 안정도 극한전력이므로 $\sin\theta = \sin 90° = 1$

124-3 다음 그림의 2회선 중 1회선 사고 시 고장전력 $P_{AB}{}'$를 구하시오. (단, 단위 : pu)

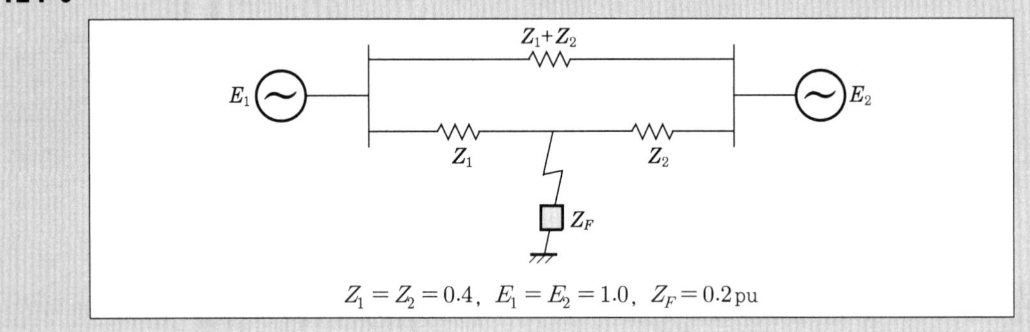

data 발송배전기술사 출제예상문제

답안

1. 고장 시 송전전력에 대한 기본 이론

(1) 고장 중 등가 정상회로

계산을 간단히 하기 위하여 다음 '①'의 왼쪽 그림의 송전선에서 고장(단, 단선 고장 제외)이 발생할 경우 고장 중의 등가 정상회로는 오른쪽 그림이 되고, 이것을 Y-△ 변환하면 '②'의 그림이 된다.

① 고장 전 등가회로와 고장 중 Y 등가회로

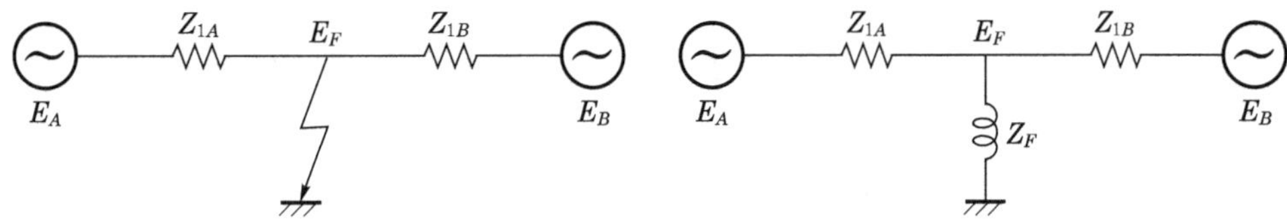

▮ 고장 전 등가회로 ▮　　　　　　▮ 고장 중의 Y 등가회로 ▮

여기서, E_A, E_B : 양단 동기기의 과도 임피던스 배후전압

E_F : 고장점에서의 고장 발생 전 대지전압

Z_{1A}, Z_{1B} : 고장점에서 양측으로 본 정상 임피던스

$$Z_{1A} = Z_{g_1 A} + Z_{tA} + Z_{l1A}$$

$$Z_{1B} = Z_{g_1 B} + Z_{tB} + Z_{l1B}$$

$Z_{g_1 A}$, $Z_{g_1 B}$: 양단 초기 과도 정상 임피던스

② 고장 중 델타 등가회로

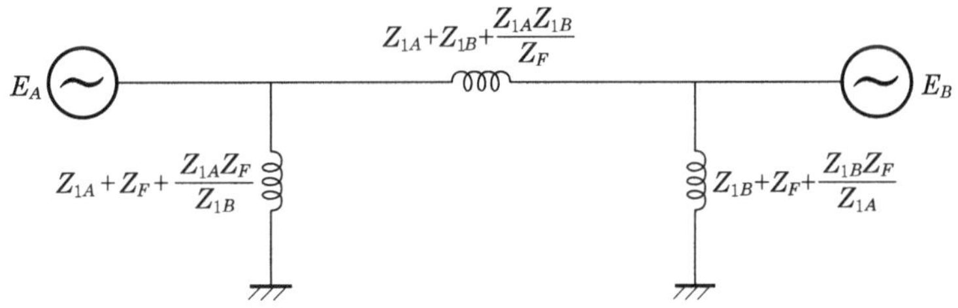

▮ 선로 고장 시의 등가 정상회로 ▮

㉠ $\dfrac{\text{인근곱} + \text{인근곱} + \text{인근곱}}{\text{맞은 편의 임피던스}} = \dfrac{Z_{1A}Z_F + Z_{1B}Z_F + Z_{1A}Z_{1B}}{Z_F}$

$$= Z_{1A} + Z_{1B} + \dfrac{Z_{1A}Z_{1B}}{Z_F}$$

㉡ $\dfrac{\text{인근곱} + \text{인근곱} + \text{인근곱}}{\text{맞은 편의 임피던스}} = \dfrac{Z_{1A}Z_F + Z_{1B}Z_F + Z_{1A}Z_{1B}}{Z_{1B}}$

$$= Z_{1A} + Z_F + \dfrac{Z_{1A}Z_F}{Z_{1B}}$$

㉢ $\dfrac{\text{인근곱} + \text{인근곱} + \text{인근곱}}{\text{맞은 편의 임피던스}} = \dfrac{Z_{1A}Z_F + Z_{1B}Z_F + Z_{1A}Z_{1B}}{Z_{1A}}$

$$= Z_{1B} + Z_F + \dfrac{Z_{1B}Z_F}{Z_{1A}}$$

(2) 고장 중의 전달 임피던스 Z와 송전전력 P' 산출

① '(1)의 ②' 결과 고장 중의 전달 임피던스 $Z = Z_{1A} + Z_{1B} + \dfrac{Z_{1A}Z_{1B}}{Z_F}$

② 송전전력 $P' = \dfrac{E_A\,E_B\,\sin\theta}{Z_{1A} + Z_{1B} + \dfrac{Z_{1A}Z_{1B}}{Z_F}}$

여기서, $\theta = E_A \sim E_B$의 상차각

2. 주어진 수치에 의한 고장전력의 변화

(1) 고장회선의 전달 임피던스 : '1의 (2)/①'과 같다.

$$Z_{12}{}' = Z_{1A} + Z_{1B} + \frac{Z_{1A}Z_{1B}}{Z_F} = Z_1 + Z_2 + \frac{Z_1 Z_2}{Z_F}$$

$$= 0.4 + 0.4 + \frac{0.4 \times 0.4}{0.2} = 1.6$$

(2) 고장회선과 건전회선이 병렬회로이므로 Total 전달 임피던스는 다음과 같다.

$$Z_{12}{}'' = \frac{(0.4 + 0.4) \times 1.6}{(0.4 + 0.4) + 1.6} = 0.53$$

(3) 고장 중의 송전전력 $P_{AB}{}' = \dfrac{E_1 E_2}{Z_{12}{}''} = \dfrac{1.0 \times 1.0}{0.53} = 1.88\,\mathrm{pu}$

(4) 고장이 없을 경우의 Total 전달 임피던스 $Z_{12} = \dfrac{(0.4 + 0.4) \times (0.4 + 0.4)}{(0.4 + 0.4) + (0.4 + 0.4)} = 0.4$

(5) 고장 전의 송전전력 $P_{AB} = \dfrac{E_1 E_2}{Z_{12}} = \dfrac{1.0 \times 1.0}{0.4} = 2.5\,\mathrm{pu}$

(6) 결과적으로 고장 전후의 전력을 비교하면 $(1.88/2.5) \times 100 = 75.2\%$로 감소한다.

> **124-4** 축세륜 효과에 대하여 다음 식을 이용하여 설명하시오.
>
> $$\tan\theta = \frac{W_g + W_m}{W_g - W_m}\tan\phi$$
>
> 여기서, θ : 송·수전단 동기기의 내부 임피던스를 포함한 전 임피던스의 상차각
>
> W_g : 발전기의 관성정수, W_m : 전동기의 관성정수
>
> ϕ : 정태안정 극한의 상차각

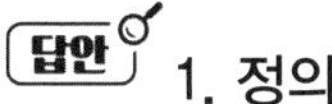 발송배전기술사 출제예상문제

답안

1. 정의

(1) 축세륜 효과란 플라이휠 효과(GD^2)를 말한다.

(2) 전력계통과 연계되어 기계적 운동을 하는 발전기에서는 부하 측의 증감에 따라 발전기와 부하 간의 상차각이 변동되므로 관성의 효과를 이용하여 안정적인 전력 수송을 할 수 있게 하는 효과를 말한다.

2. 전력 상차각 메커니즘

(1) 1기의 무한대 계통의 개념도

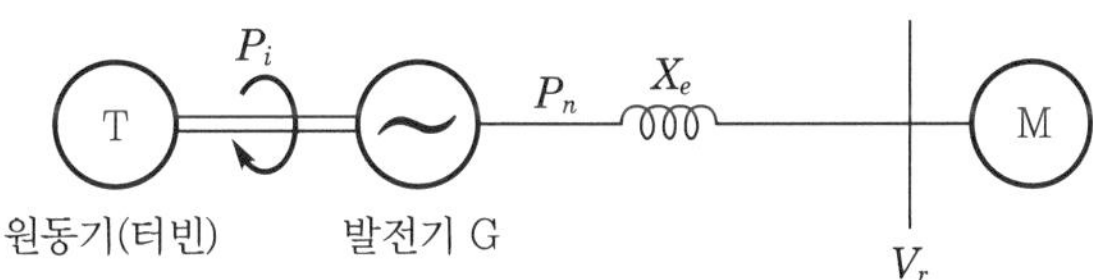

(2) 실제 송전선에서의 전력상차각 특성

① T/L에서는 R, C가 있고 송·수전단의 동기기는 유한의 용량과 관성을 고려해야 된다.

② 송·수전 양단에서의 동기기가 그 내부 유도전압 간에서 위상차각 θ로 운전 중이다.

③ 이 위상차각 θ가 어떤 원인으로 극히 적은 $\Delta\theta$만큼 증가하였을 경우에 송전원과 수전원에는 전압의 변화가 생긴다.

④ 이 상태에서는 송전단의 동기기(발전기)에서는 출력의 증가가 요구되고 수전단의 동기기(전동기)에서는 입력의 증가가 요구된다.

⑤ '④'의 경우는 짧은 시간 동안의 경우로서, 발전기는 기계적 입력(원동기의 출력) 및 전동기의 기계적 출력이 다같이 일정한 값을 유지하는 것으로 가정하면, 발전기는 감속하려 하고, 전동기는 가속되려고 할 것이다.

⑥ 송·수전단의 동기기는 다같이 위상차각의 증가를 방해하는 작용을 한다.

⑦ 위상차각 θ가 감소할 경우 모든 현상이 상기와 반대의 경우가 된다.

⑧ 결국 θ의 점은 안정된 동작점이 된다.

3. 축세륜 효과

(1) 송·수전원에서 ($\phi < \theta < 180 - \theta$) 범위에서 θ가 증가할 경우

① G 출력의 증가가 있으면 발전기는 감속되고, 발전기 E_g의 위상은 뒤진다.

② M 입력의 감소가 있으면 전동기는 감속되고, 전동기 E_m의 위상은 뒤진다.

　여기서, G : 발전기, M : 전동기

　　　　E_g, E_m : 발전기 단자전압, 전동기 단자전압

　　　　ϕ : 정태 안정 극한의 상차각

　　　　θ : 송·수전단 동기기의 내부 임피던스를 포함한 전 임피던스의 상
　　　　　차각

(2) G, M의 감속도가 대소에 따라 안정 또는 불안정하게 되며, 이때의 안정 및 불안정 여부 및 위상 벡터도는 다음 그림과 같다.

① G의 감속도 > M의 감속도 : θ가 감소되고, 안정

② G의 감속도 < M의 감속도 : θ가 증대되고, 불안정

③ G, M의 감속도가 대소에 따라 안정 또는 불안정 위상 벡터도는 다음과 같다.

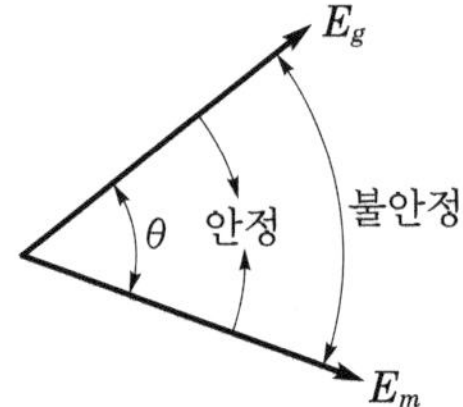

(3) 발전기와 전동기의 관성의 크기(축세륜 효과)에 따른 안정성 판단

① 앞 (1)에서 θ는 정태 안정 극한의 상차각으로 정해지며

$$\tan\theta = \frac{W_g + W_m}{W_g - W_m}\tan\phi$$

　여기서, θ : 송·수전단 동기기의 내부 임피던스를 포함한 전 임피던스의 상
　　　　　차각

　　　　W_g : 발전기의 관성정수, W_m : 전동기의 관성정수

　　　　ϕ : 정태 안정 극한의 상차각

② 상기 식에서

㉠ $W_g = W_m$일 경우

$$\tan\theta = \frac{W_g + W_m}{W_g - W_m}\tan\phi = \frac{2\,W_g}{0}\tan\phi = \infty$$

$$\therefore \ \theta = 90°$$

즉, 송·수전단의 관성정수가 거의 동일할 경우 $\theta = 90°$가 극한 위상차각이 된다.

㉡ $W_g \gg W_m$일 경우

$$\tan\theta = \frac{W_g + W_m}{W_g - W_m}\tan\phi = \frac{(W_g/W_m)+1}{(W_g/W_m)-1}\tan\phi \fallingdotseq \tan\phi$$

즉, 송전단의 관성정수가 충분히 클 경우에는 $\theta = \phi$가 극한 위상차각이 된다.

㉢ $W_g \ll W_m$일 경우

$$\tan\theta = \frac{W_g + W_m}{W_g - W_m}\tan\phi = \frac{(W_g/W_m)+1}{(W_g/W_m)-1}\tan\phi \fallingdotseq -\tan\phi$$

즉, 수전단의 관성정수가 충분히 클 경우에는 $\theta = 180 - \phi$가 극한 위상차각이 된다.

㉣ 상기에서 ϕ의 값은 80° 부근일 경우가 많으므로 $\theta = \phi$가 극한 위상차각이라고 해도 무방하다.

(4) 결과적으로 G, M의 감속도가 내소에 따라 안징 또는 불안정힌 위상 벡터도는 다음과 같다.

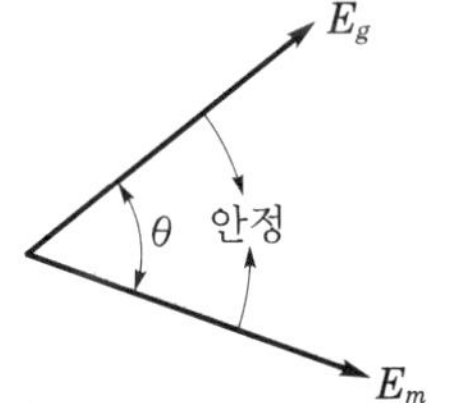

┃ θ 감소 시 안정된 상차각 변동 특성 ┃

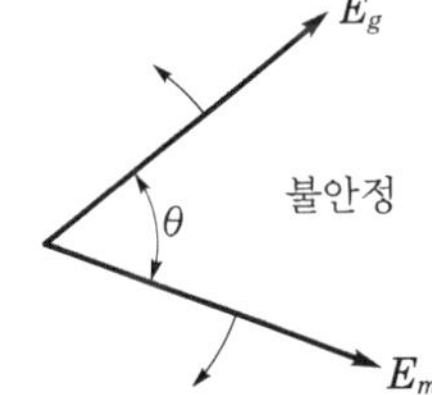

┃ θ 증가 시 불안정한 상차각 변동 특성 ┃

4. 결론

(1) 전력계통과 연계되어 기계적 운동을 하는 발전기에서는 부하측의 증감에 따라 발전기와 부하 간의 상차각이 변동된다.

(2) 이후 상차각이 안정적인 위치로 이동한다.

(3) 이로써 관성의 효과(축세륜 효과)를 이용하여 안정도 향상에 기여할 수 있다.

373

> **125** 송전선로에서 송전용량을 산정할 때 선로의 열적 한계(thermal limit), 전압강하 한계 (voltage drop limit), 정상상태 안정도 한계(steady-state stability limit)를 고려해야 한다. 이 3가지 한계에 대하여 설명하시오.
>
> 1. 전력계통에서 송전용량을 산정할 때, 열적 한계(thermal limit), 전압 안정도 한계 (voltage stability limit), 과도 안정도 한계(transient stability limit)를 설명하시오.
> 2. 송전선로의 송전용량을 산정할 때 고려할 전압강하 한계(voltage drop limit)와 정상상태 안정도 한계(steady-state stability limit)에 대하여 설명하시오.

data 발송배전기술사 24-133-1-6·23-131-1-8·18-115-1-9 / 발송배전기술사 출제예상문제

답안

1. 열적 한계(thermal limit)

(1) 열적 허용전류

① 줄열에 의한 발생열량과 일사량 및 방산열량과 열 발산량 관계를 검토하여 열평형식상의 전류를 만족시킬 것

② 열 평형식 : $I^2R + Q_s = Q_r + Q_c$ ··· 식 1)

여기서, I^2R : 줄열(발생열량), Q_s : 일사량

Q_r : 방사열량, Q_c : 열 발산량

③ 허용한계온도의 결정방법

㉠ 주위온도 : 40℃로 가정

㉡ 전류가 흐름으로 인해 발생하는 열에 의한 온도 상승값을 더하여 허용한계온도를 결정

㉢ 통상적으로 한계온도 표준

- 단시간 과부하 : 100℃
- 장시간 연속 사용 시 : 허용온도 90℃

㉣ 가공 송전선로에서 여름의 주위 온도를 40℃ 기준으로 하는 경우

- 전선의 온도 상승은 장시간 연속상태에서 50℃로 정함
- 단시간인 경우는 60℃로 정함

(2) 단락전류를 고려한 순시허용전류

① 알루미늄 전선의 $I_s = 94 \times \dfrac{A}{\sqrt{t}}$ [A]

동전선의 $I_s = 143 \times \dfrac{A}{\sqrt{t}}$ [A] ································· 식 2)

여기서, A : 전선 단면적[mm^2]

t : 단락전류의 통전시간[s]

② 단락 시 허용전류

㉠ 단락·지락 시 고장전류가 흐르는 시간(일반적으로 0.5 ~ 2초) 동안에 통전 가능한 허용전류

㉡ 연속 시 최고 허용온도를 적용함

㉢ 절연체의 종류, 도체 재료, 단락 지속시간의 영향을 받음

(3) 송전용량 결정

식 1)과 식 2)를 모두 만족시키는 송전용량으로 결정할 것

2. 전압강하 한계(voltage drop limit)

(1) 전압강하 한계용량은 부하전력의 증가에 따라 전력계통의 전압이 저하되어 전압 붕괴가 발생하는 현상에 의해 전력수송이 제약되는 용량을 의미한다.

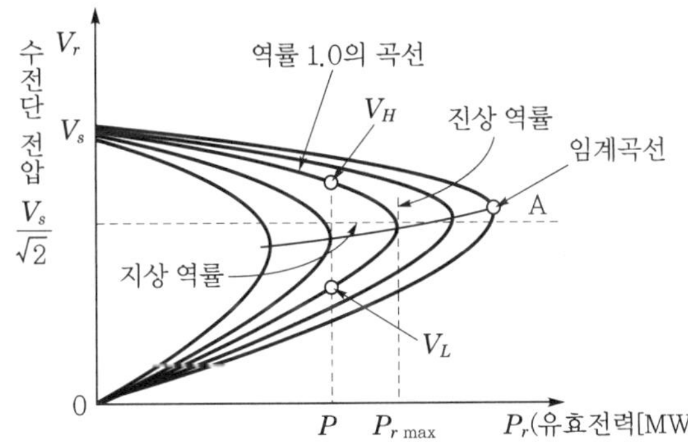

• 상반부 : P 증가 – 전압 감소 – 안정 영역 $\left(\dfrac{dV}{dP} < 0\right)$

• 하반부 : P 증가 – 전압 상승 – 불안정 영역 $\left(\dfrac{dV}{dP} > 0\right)$

┃ 부하의 역률을 파라미터로 한 $P_r - V_r$ 곡선 ┃

(2) 위 그림은 전압 안정도를 나타내는 $P- V$ 특성곡선이라고 하며 Nose curve로 불린다. $P- V$ 특성곡선 끝을 Nose단이라 하며, 전압 불안정은 전력이 Nose curve의 끝에 있으면 발생한다.

(3) 이를 초과하지 않는 최대의 수송능력을 전압 안정도 제약 송전용량이라고 한다.

(4) 일반적으로 송전용량은 전압강하 한계와 밀접한 관계가 있으며, 허용전압강하는 5% 이하가 되도록 결정한다.

3. 정상상태 안정도 한계(steady-state stability limit)

(1) 일반적으로 단거리 선로의 전류는 부하에 의해 그 값이 결정된다.

(2) 중·장거리 선로에서는 선로의 직렬 리액턴스가 저항보다 4~10배 정도 크기 때문에 선로의 리액턴스에 의해 전송능력이 제약된다.

(3) 그림(송전선로 모형)과 같이 송·수전단 전압이 각각 V_s, V_r, 선로 리액턴스 X, 송·수전단 간 위상차가 δ인 경우 송전선로에 수송되는 전력 $P = \dfrac{V_s V_r}{X} \sin\delta$로 계산한다.

① 송·수전단 전압의 위상차가 적당해야 하며, δ는 전력 안정도 측면을 고려하여 30~40°로 정하는 것이 적정하다.

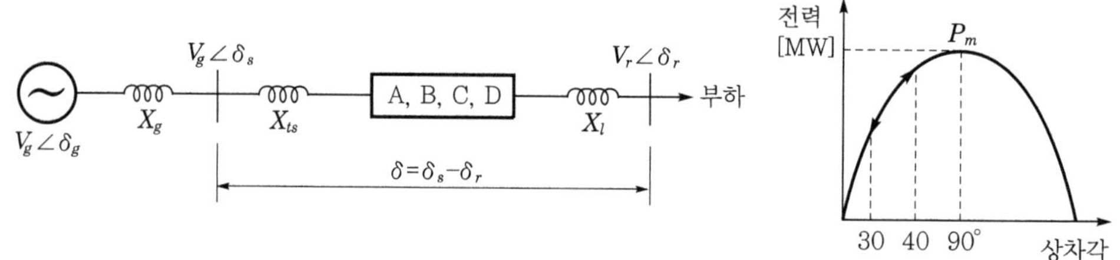

┃ 송·수전단 간의 상차각 특성의 등가도와 상차각도 ┃

② 위의 그림과 같이 상차각이 90° 초과 시 오히려 송전전력은 감소되므로 일반적으로 100km 이상의 T/L에서는 상차각을 30~40°로 정한다.

③ 위상차 δ가 90°일 경우 수송전력 P는 최대가 되는데 이때의 전력을 정태 안정 극한전력이라고 한다.

④ 리액턴스가 큰 송전선로는 이 정태 안정 극한전력에 의해 송전용량이 결정된다.

376

126 초내열 알루미늄 피복 인바심 알루미늄 합금연선(STACIR/AW)의 특성을 설명하고, 강심 알루미늄 연선(ACSR) A480(R)과 A480(C)의 차이 및 용도를 설명하시오.

data 발송배전기술사 22-127-1-13 / 발송배전기술사 출제예상문제

답안

1. 초내열 AI 피복 인바심, 알루미늄 합금연선(STACIR/AW)의 특성

(1) Super Thermal-resistant Al-Alloy Conductors, Al-Clad Invar Reinforced

(2) 구조

Al 합금연선 + Al 피복 인바선(기존 STACIR의 아연도금을 Al 도금으로 변경)

(3) 특성

① 송전용량 증대 : 알루미늄(aluminium)의 내열성을 향상시키기 위하여 지르코늄을 첨가로 상대적으로 도전율이 저하되지 않도록 제조하여 전선의 연속 허용온도는 210℃, 순시 허용온도 240℃까지 사용하게 되어 송전용량이 동일 규격의 ACSR보다 약 2배를 증가시킨다.

② 이도 억제 특성 양호

㉠ 전선의 온도가 상승하여 전선의 물성이 바뀌는 천이점 온도 이상이 되면 선팽창계수가 ACSR의 $\dfrac{1}{6} \sim \dfrac{1}{5}$ 정도로 감소되고 탄성계수는 반대로 약 2배 정도 증가되어 높은 온도에서 이도의 증가가 매우 작다.

㉡ 표준경간에서 ACSR 보다약 7 ~ 8% 정도 이도가 증가하므로 기존 지지물의 높이를 변경하지 않고 전선민을 교체하여 송진용량을 증대시길 수 있다.

㉢ 그러나 장경간 개소에서는 이도가 ACSR보다 많이 증가하므로 전선교체 계획 수립 시 지상고를 검토하여 철탑 삽입 등을 고려하여야 한다.

③ 경제적 장단점

㉠ 양호한 이도 특성으로 지상고 확보가 가능하고 기존 철탑 설계조건을 만족하므로 기존 철탑 변경없이 전선 교체만으로 송전용량을 2배 정도 증가시킬 수 있어 송전선로 건설보다 훨씬 경제적이고 획기적으로 공기를 단축할 수 있다.

㉡ 동일 규격의 ACSR보다 전기저항이 약간 크기 때문에 전력손실이 약 1.8% 정도 증가하며 전선가격이 ACSR에 비해 3 ~ 7배 정도로 고가이다.

④ STACIR 전선과 대비한 특성

㉠ 전력손실 및 전선중량이 약 4% 감소

㉡ 도전율 14%의 알루미늄 피복 인바선을 사용함으로써 허용전류가 2% 정도 증가

㉢ Al 피복으로 알루미늄선과의 이종금속 접촉에 의한 전해부식을 방지할 수 있다.

2. 강심 알루미늄 연선(ACSR) A480(R)과 A480(C)의 차이 및 용도

구분	A480(R)	A480(C)
차이점	• RAIL : Bird 명칭으로 뜸부기 • 연선구성 Al 45/3.7, St 7/2.47 • 단면적 Al 483.8, St 33.54	• CARDINAL : Bird 명칭으로 홍관조 • 연선구성 Al 54/3.38, St 7/3.38 • 단면적 Al 484.5, St 62.81
용도	345kV 송전선로 480SQ×4B(4조, 2조)	765kV 송전선로 480SQ×6B(6조)

※ 주의점 : 전선 공사 및 설계 시 기존의 전선 종류와 반드시 일치시켜야 체결하는 금구가 일치되어 전선 장력 유지·관리 등에 문제점이 없음(감리 시 철저히 확인요함)

126-1 탄소가 많이 들어간 신소재 송전전선 3가지에 대하여 구분하여 설명하시오.

(data) 발송배전기술사 출제예상문제

(comment) 아래의 내용을 수험자들이 각자 개조식으로 요약 정리를 반드시 해야 한다(왜 버드케이지란 무엇인가에 대하여 3차례 이상 출제된 문제이고 127회에 STACIR/AW가 질문에 나오지 않은 부분은 바로 이 내용임).

(답안)

1. 증용량 저이도 전선(HTLS : High Temperature Low Sag Overhead Conductors)

(1) 탄소섬유 강화 복합재료 전선(ACCC : Aluminum Conductor Composite Core)

① 미국에서 '04년 개발한 전선으로, 탄소섬유와 유리섬유 복합재료 이중 구조 지지선과 ASTM B609의 도전율 63% IACS의 1350-O Tempered Al 도체로 구성되어 있고, 도체의 전 층이 압축형(TW) 구조인 전선이다.

② 지금까지 12000km를 설치한 실적이 있다. 탄소섬유 복합재료 부분이 전선의 하중을 대부분 담당하게 되며, 지지선 외곽에 위치한 유리섬유 복합재료 부분은 절연 역할을 한다.

③ 이도 특성이 매우 우수하고 부식의 걱정이 없는 반면 특수한 시공방법을 적용하여야 하는 단점이 있다.

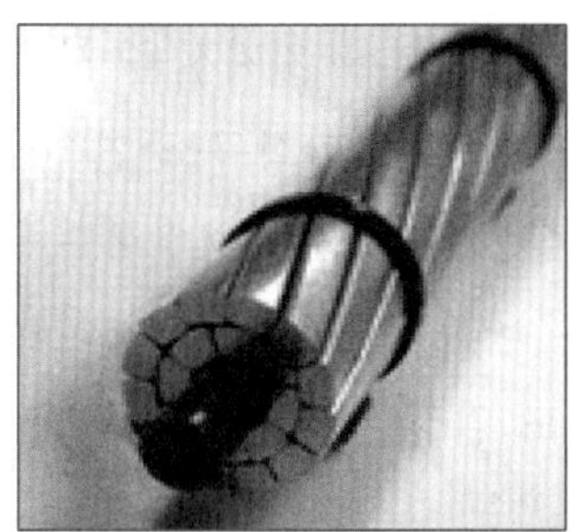

❚ ACCC 전선 ❚

(2) Gap 전선

① 강심과 알루미늄 도체 사이에 간격을 확보하고 그리스로 채워 강심에 전체의 장력이 부담되도록 설계한 전선으로, STACIR 전선 다음으로 증용량 전선 중 세계적으로 가장 설치 실적이 많다.

② 보통 강심보다 인장강도가 훨씬 높은 초강도 아연도 강선을 사용하고 연속 허용온도 150℃의 내열 알루미늄을 사용하며, 최근에는 도전율 60% 이상의 연속 허용온도 210℃의 초내열 알루미늄 합금을 사용하는 GZTACSR 전선이 개발되었다.

③ Al 연선의 선팽창계수가 크므로 연선 도체의 내층을 압축형(TW)으로 하여, 강심과의 사이에 환형의 간격을 확보하고 특수 내열 그리스로 채우고, 전체의 장력이 강심에만 부담되고 알루미늄에는 부담되지 않도록 설계되었다.

④ 전선 가격 자체는 ACSR 전선의 약 2배 정도로 비교적 저렴하나 시공비용이 비싼 단점이 있다.

❚ Gap 전선 ❚

(3) 알루미늄 지지 복합재료 전선(ACCR : Aluminum Conductor Composite Reinforced)

① 미국의 3M에서 개발한 전선으로서, 알루미나 세라믹 섬유를 금속 알루미늄 도체와 직접 복합화한 지지선을 사용하는 전선이다.

② 알루미나 연속섬유는 탄화규소 연속섬유와 함께 세계적으로 각광받는 첨단 소재로서, 높은 비강도, 비탄성계수, 고내열성의 우수한 특성을 제공하지만 가격이 너무 비싸 원가절감 대책이 향후 과제로 지목되고 있다.

③ 지지선 자체도 일정 부분 도체 역할을 수행함으로써 전체 전선저항이 낮아지는 장점이 있다.

④ 도체는 도전율 60% IACS, 연속 허용온도 210℃의 초내열 알루미늄 합금 STAL을 사용하고 있다.

∥ ACCR 전선 ∥

SECTION **02** 안정도 한계와 발전의 운전

127 자동 발전 제어(AGC)의 역할과 동작특성을 설명하시오.

data 발송배전기술사 17-111-4-1 / 발송배전기술사 출제예상문제

답안

1. 개요

(1) 최근 화력 발전소는 대용량화로 SCALE MERIT 추구, 운전 제어방식 복잡화, 고온·고압의 고효율화에 따른 안전 운전을 위해 보일러·터빈·발전기의 종합 제어 단계가 요구된다.

(2) AGC의 개념상 분류방법

① 자동 주파수 제어(AFC) : 부하 변동에 따라 출력이 따라간다.

② AFC와 경제 부하 배분(ELD) 조건을 만족하는 전력계통 제어 : 경제급전 제어 (EDC : Economic Dispatch Control)

③ 보일러·터빈·발전기의 통합 제어 : 일반적으로 AGC로 지칭한다.

2. 자동 발전 제어(AGC)의 역할

(1) AGC(Automatic Gengration Control)란 발전소 각 부분의 운전상황을 신속·정확히 파악하여 부하 변동에 속응시키고 기기의 이상에 대해서는 미연에 방지하도록 보일러·터빈·발전기를 통합 제어하는 것이다.

(2) 일정한 주기마다 주파수와 각 발전기의 출력을 측정하여, 계통 주파수를 효과적으로 유지시키기 위해 발전기의 출력을 증감발 가능하도록 제어신호를 내보내는 기능이다.

(3) 제어실 면적 절약

(4) 자료가 On-line되어 조치 신속·정확

(5) 운전 시 오동작·오측정 방지

(6) 열효율의 고효율화로 경제적 운전 제어

(7) 이상점 신속 발견으로 사고 미연 방지

(8) 발전소 신뢰성, 안전성 증가

(9) 운전요원이 감소될 수 있음

(10) 발전기 마디의 조속기 운전 강화

(11) 적정한 운전 예비력 확보

3. AGC의 제어대상 설비

(1) 보일러

보일러는 노에 연료를 공급하여 연소시키고, 그 발생 열을 보일러 급수에 전달하여 물을 증발시켜 열 에너지를 발생시키는 장치이다.

(2) 터빈

고속·고압의 기기로 진동, 열응력 비틀림, 부식 등에 견뎌야 하고 밸브 윤활 계통, 베어링 밀봉 등의 어느 한 부분에 이상이 큰 사고를 유발할 수 있으며 터빈수명을 급격히 단축시킬 수 있어 터빈의 제어보다는 진단 및 감시, 보호기능이 더욱 중요하다.

(3) 발전기

① 기계적으로 터빈과 커플링으로 연결되어 있어서 터빈과 마찬가지로 중량물이 고속으로 회전하므로 발전기 자체를 감시·진단하기 위한 모니터링 장치가 필요하다.

② 그 외에 계통과의 보호뿐만 아니라 여자기 자체를 보호하기 위한 기능이 필수적이며 전력계통 안정화 장치(PSS) 부착으로 제어한다.

4. AGC 동작특성

(1) 크거나 지속적인 외란에 대하여는 제어동작을 신속하게 시행한다.

(2) 반면, 단주기 동요성분이 미소변위 시는 미동작하다가 적분편파를 고려하여 동작함으로써, 발전기 출력을 가급적 빈번하게 동작되지 않게 하고 주파수를 규정치 내로 유지시킨다.

(3) 자동 급전 시스템에 의하여 매 4초마다 제어신호를 $60\pm0.1Hz$ 범위로, 시간편차는 ±12초 범위로 유지시키는 것을 목표로 한다.

(4) 제어방식

① **보일러 추종 제어방식** : 터빈의 증기유량이 변화를 검출해 보일러 압력을 조작하는 방식 → 드럼형 보일러에 적용한다.

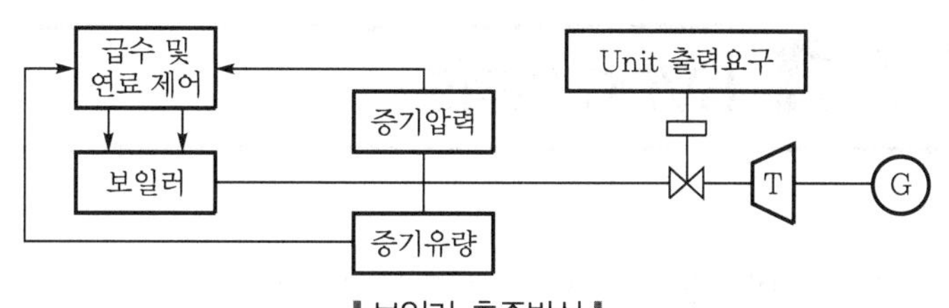

∥ 보일러 추종방식 ∥

② 보일러·터빈 협조 제어방식

　㉠ 출력 설정치, 자동 주파수 조정장치의 신호로 만들어진 Unit 출력 지령에
　　터빈을 추종시킴과 동시에 보일러 입력도 추종시킴으로써 협조하는 방식
　　이다.

　㉡ 관류식 보일러에 적용한다.

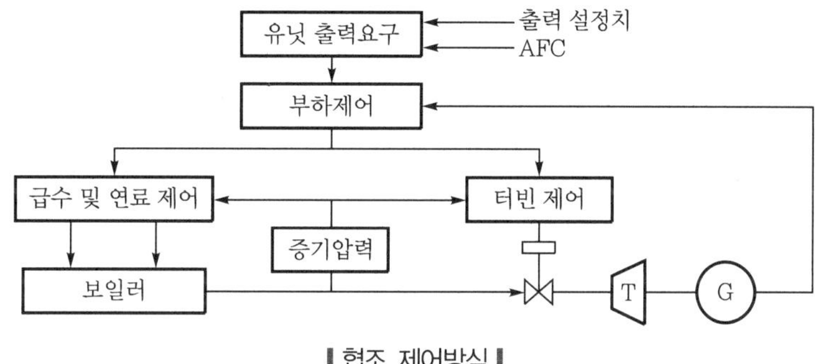

∥ 협조 제어방식 ∥

SECTION 03 HVDC 안정도

128 기존 교류 전력계통에 500kV HVDC(High Voltage Direct Current)가 도입될 경우 전력계통 안정성 측면에서 고려해야 할 기술적 사항과 안정도 판별법에 대하여 설명하시오.

(data) 발송배전기술사 21-123-4-5 / 발송배전기술사 출제예상문제

답안

1. 500kV HVDC 도입 시 전력계통 안정성 측면에서 고려해야 할 기술적 사항

(1) 과부하

① 장거리 대규모 전력 전송과 관련한 안정도 문제 검토

② 선로 고장 등으로 우회선로에 과부하 발생 검토

(2) 고장전류

① 전력계통 확대에 따른 고장전류 증대 검토

② 차단기 용량 상회로 차단기 폭발 가능성 검토

(3) 전압 안정도

① 장거리 송전선로의 증대, 손실 저감 목적으로 초고압화 경향

② 수전단 전압 저하, 무효전력 부족 검토

(4) 과도 안정도

① 전력 생산과 수급 불균형에 의한 위상각 안정도 검토

② 단락·지락 등 사고에 의한 발전기의 전압, 주파수, 상차각, 유효전력, 무효전력, 여자전압 등 전력계통의 상태 변화 검토

2. 안정도 판별법

(1) 과부하 선로 판별

① 100 ~ 120% : 고장 발생 시 허용범위

② 120 ~ 150% : 사후조치 120% 미만으로 복구

③ 150% 이상 : 사전조치 고장에 의해 발생하지 않을 것

(2) 고장전류 판별

① 단락비(SCR : Short Circuit Ratio)

$$SCR = \frac{P_s}{P_{dc}}, \quad P_s = \frac{E_{ac}^{\,2}}{Z_{th}} \rightarrow \text{AC 단락용량}$$

여기서, E_{ac} : 직류 계통이 연계되는 연계점의 교류 전압

Z_{th} : 교류 계통의 임피던스

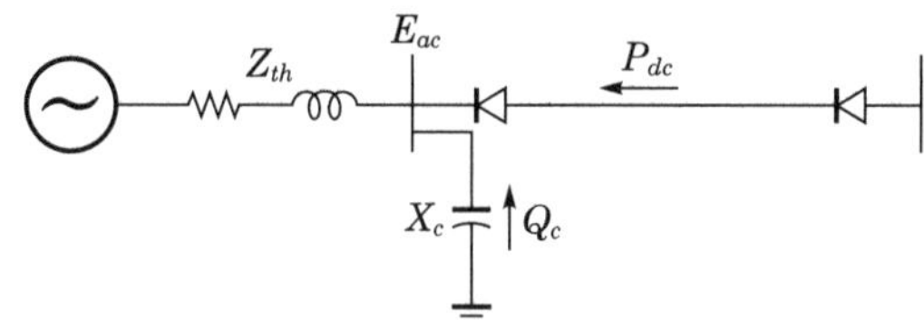

② 유효 단락비(ESCR : Effective SCR)

㉠ $ESCR = \dfrac{SC_{MVA} - Q_c}{P_{dc}}$

여기서, SC_{MVA} : 교류 계통의 용량

Q_c : 무효전력 보상장치의 용량, P_{dc} : DC 단락용량

㉡ 무효전력 보상장치의 용량이 커질수록 $ESCR$ 값이 작아져 계통이 약화된다.

③ $ESCR$ 기준

$ESCR$	AC 시스템 강도
$ESCR > 3$	Strong
$2 < ESCR < 3$	Weak
$ESCR < 2$	Very weak

(3) 전압 안정도 판별

① 계통 부하를 늘려가면서 조류계산을 통해 전압 불안정 지점을 탐색한다.

② 판별 : 그림과 같이 $P - V$ 선도상에서 $\dfrac{dV_r}{dP_r} < 0$ 이면 전압 안정도는 안정영역

이다. 즉, 부하 증가 시 전압 감소, 부하 감소, 다시 전압이 증가하여 원전압을

회복한다.

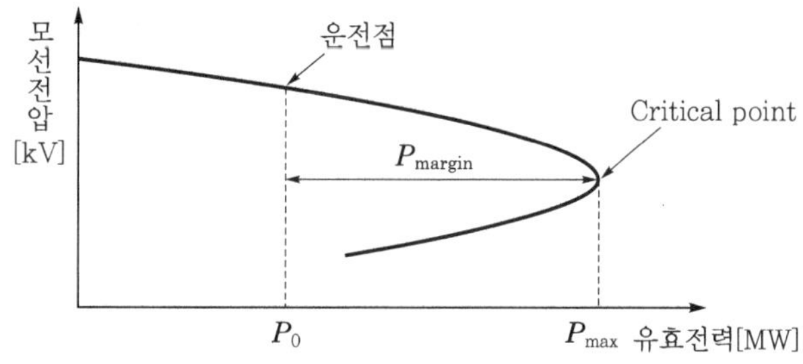

(4) 과도 안정도 판별

① 등면적법

  ㉠ 2기 전력계통에 적용하며, 전력–상차각 곡선에서 기속면적, 감속면적을
   비교하여 안정도를 판별한다.

  ㉡ 고장 시 전력–위상각 특성

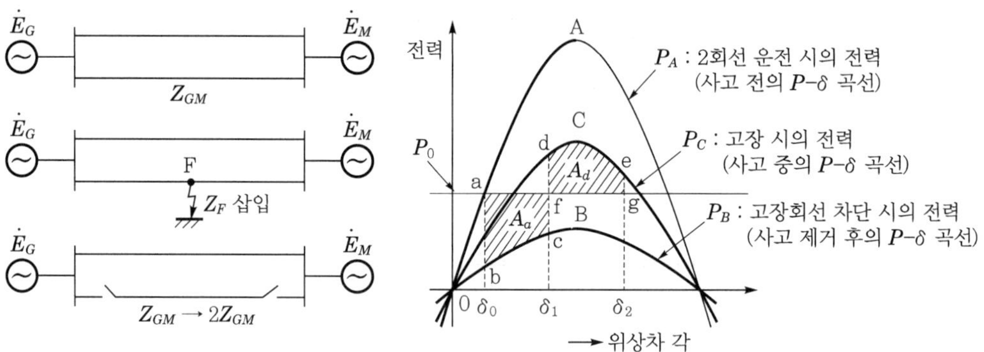

  • 면적 abcf : 발전기 회전자 가속력으로 작용하여 상차각 증가

  • 면적 dfge : 발전기 회전자 가속력으로 작용하여 관성에 의해 상차각은
   계속 증가하다가 면적 dfge와 면적 abcf가 동일할 때까지 증가

  ㉢ 상차각 변화에 따른 송전전력의 변화

상차각 변화	계통 상황	적용 Impedance	송전전력	상차각 /발전기 변화
$0 \sim \delta_0$	고장 전	Z_{GM}	$P_A = \dfrac{E_G E_M}{Z_{GM}} \sin \delta_a = P_0$	–
δ_0	고장 발생	Z_F	$P_B = \dfrac{E_G E_M}{Z_{FB}} \sin \delta_{FB} \cdot (\delta_0 \sim \delta_1)$	• 상차각 증가 • 발전기 가속 • 전동기 감속
δ_1	고장 차단	$2Z_{GM}$	$P_B = \dfrac{E_G E_M}{2Z_{GM}} \sin \delta' \cdot (\delta_1 \sim \delta_2)$	• 상차각 증가 • 상차각 증가 멈춤 • 발전기 감속 • 전동기 가속
δ_2	관성력	$2Z_{GM}$	–	–

② 단단법

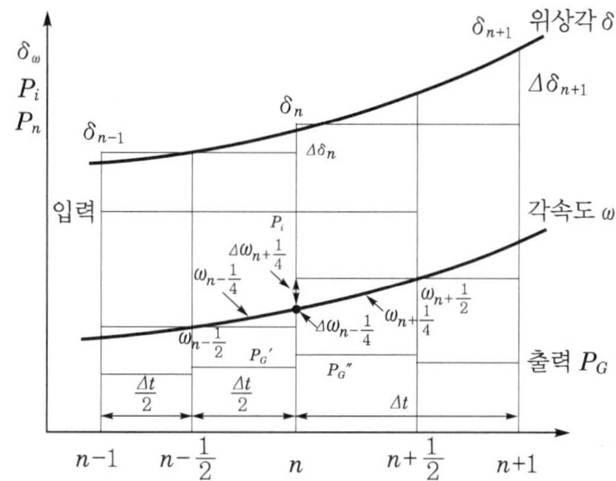

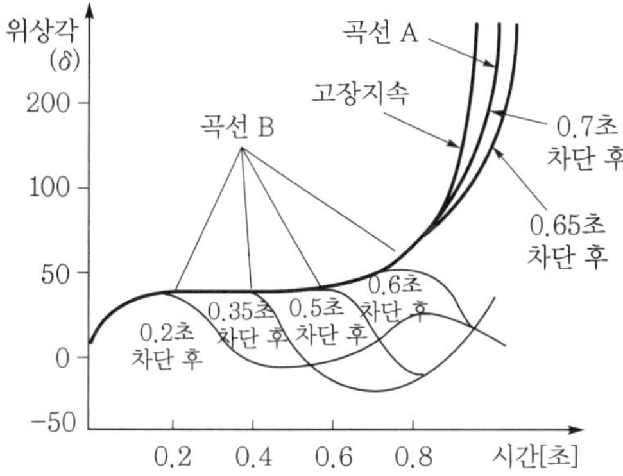

㉠ 다기 전력계통에 적용하며, 외란에 의한 각 계단의 미소변화를 차례로 계산시켜 상차각과 전력의 시간적 관계를 구하는 방법이다.

㉡ 그림에서 시간 n을 중심으로 $\left(n-\dfrac{1}{2}\right)$로부터 n까지의 시간 동안 $\left(\dfrac{\Delta t}{2}\right)$ 출력은 $P_G{}'$로 일정하고, n으로부터 $\left(n+\dfrac{1}{2}\right)$까지의 시간 동안 $\left(\dfrac{\Delta t}{2}\right)$ 출력은 $P_G{}''$로 역시 일정하다고 볼 때 이 시간 동안 각속도의 변화 및 위상각의 변화는 다음과 같다.

- 순시 각속도 : $\omega_{\left(n-\frac{1}{2}\right)} = \dfrac{\Delta\delta_n}{\Delta t}$, $\omega_{\left(n+\frac{1}{2}\right)} = \dfrac{\Delta\delta_{(n+1)}}{\Delta t}$

- 위상각 : $\Delta\delta_{(n+1)} = \Delta\delta + \dfrac{\omega}{M}(\Delta t)^2\left(P_i - \dfrac{P_n{}' - P_n{}''}{2}\right)$

㉢ 단단법에서는 위 식을 이용하여 위상각을 차례로 구하는 것이며, 위상각이 90° 이내일 때의 시간은 0.6초 이내이다.

387

memo

이상전압과 절연협조

SECTION 01 진행파 특성

129 송전선로의 진행파에 대하여 다음을 설명하시오.

1. 진행파의 전파원리
2. 가공선로와 지중선로의 파동 임피던스(surge impedance) 및 전파속도 비교

129-1 전위·전류의 진행파를 설명하고, 파동 임피던스(surge impedance) Z는 선로의 길이에 관계 없고 전파속도(V)는 광속도와 같음을 설명하시오.

data 발송배전기술사 23-131-2-5·17-112-2-5 / 발송배전기술사, 건축전기설비기술사, 전기안전기술사 출제예상문제

답안

1. 진행파의 전파원리(기본원리)

(1) 이상전압의 전파는 그 충격지점에서 정전용량으로 인하여 충전시킨 다음 차례차례로 충격지점의 좌우로 진행되어 나간다.

(2) 선로상 어느 부분에서든 자유전하 Q가 발생할 경우 이 전하는 구분되어 좌우로 나뉘어져, 각각 송·수전단을 향하여 진행하면서 진행파를 형성하게 된다.

(3) 진행파의 개념도

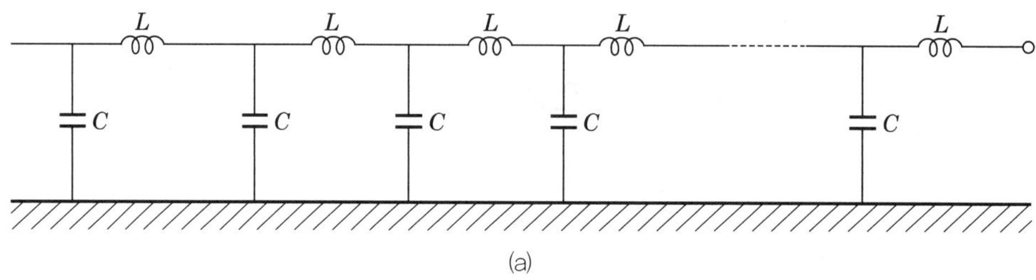

(a)

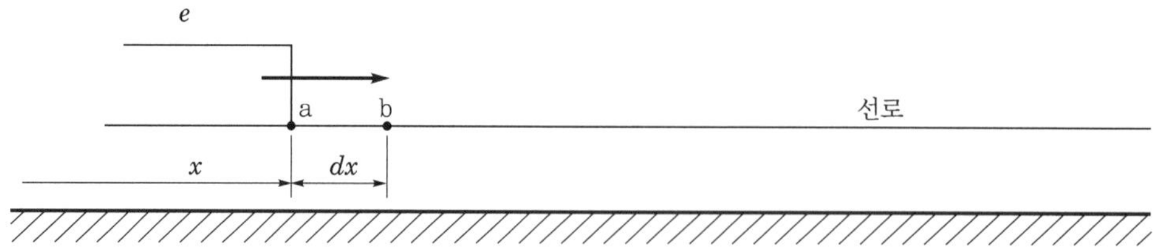

(b)

① 선로정수가 L, C뿐이고 무한장 선로에서 파두의 준도가 무한대인 구형파의 전위 진행파가 점 a까지 진행되면, 점 a의 전위 및 전류 진행은 a점으로부터

dx 만큼 앞선 b점에는 아직 전위 · 전류 진행파가 미달이므로 b점의 전위 · 전류는 0이 된다.

② 이때, dx 구간에 축적될 전하 dq 는 $dq = e\,C\,dx$ 이므로, dx 구간에 흐르는 전류 i 는 $i = \dfrac{dq}{dt} = e\,C\,\dfrac{dx}{dt} = e\,C\,V \left(\text{여기서, } V = \dfrac{dx}{dt} \text{ 로 속도}\right)$ ················ 식 1)

③ i 에 의한 자속 $d\phi = i\,L\,dx$ 로 전선 내에서 역기전력을 발생시켜 전위를 가지며 이것은 전위 진행파 e 와 평형이 되므로

$$e = \frac{d\phi}{dt} = i\,L\,\frac{dx}{dt} = i\,L\,V \quad\text{················ 식 2)}$$

④ 결과적으로 식 1)은 전류 진행파를, 식 2)는 전위의 진행파를 나타낸 것이 된다.

2. 가공선과 케이블의 특성 임피던스와 전파속도

(comment) 발송배전기술사에서 자주 출제된다.

(1) 가공선의 파동 임피던스(surge impedance ; 특성 임피던스, 과도 접지저항)

① 상기 e 와 i 의 비는 일종의 임피던스로, Z 라 표시되며 이를 파동 임피던스라 한다.

② 파동 임피던스 : $Z = \dfrac{e}{i} = \dfrac{e}{e\,CV} = \dfrac{1}{CV} = LV = \sqrt{\dfrac{L}{C}}\ [\Omega]$

위 식에서 $e = iLV$, $CV \times LV = 1$, $LCV^2 = 1$, $V = \dfrac{1}{\sqrt{LC}}$

$\therefore\ Z = \dfrac{e}{i} = LV = L \times \dfrac{1}{\sqrt{LC}} - \sqrt{\dfrac{L}{C}}\ [\Omega]$

③ 가공선의 파동 임피던스 크기

㉠ $L = 0.4605\log_{10}\dfrac{D}{r}\ [\text{mH/km}]$

㉡ $C = \dfrac{0.02413}{\log_{10}\dfrac{D}{r}}\ [\mu\text{F/km}]$

㉢ 가공선의 파동 임피던스

$$Z_0 = \sqrt{\frac{L}{C}} = \sqrt{\frac{0.4605 \times 10^{-3}}{0.02413 \times 10^{-6}}}\,\log_{10}\frac{D}{r} = 138\log_{10}\frac{D}{r}$$

(2) 가공선의 진행파 전파속도

① $V = \dfrac{1}{\sqrt{LC}} = 3 \times 10^5 \,[\mathrm{km/s}]$

② 파동 임피던스값은 전선의 굵기와 높이에 따라 다르나 전파속도는 광속도이다.

여기서, r : 전선반경

h : 전선의 지상고

D : 등가 선간거리

(3) 지중선의 파동 임피던스 크기 및 전파속도

① $L = 0.4605 \log_{10} \dfrac{R}{r} \,[\mathrm{mH/km}]$

② $C = \dfrac{0.02413\,\varepsilon_s}{\log_{10} \dfrac{R}{r}} \,[\mu\mathrm{F/km}]$

여기서, ε_s : 절연물의 비유전율

R : 케이블 중심에서의 차폐선(연피 또는 동테이프까지의 반지름)

③ 지중선의 파동 임피던스

$Z = \dfrac{138}{\sqrt{\varepsilon_s}} \log_{10} \dfrac{R}{r} \,[\Omega]$

④ 지중선의 전파속도

$V = \dfrac{1}{\sqrt{\varepsilon_s}} \times 3 \times 10^5 \,[\mathrm{km/s}]$

⑤ 케이블 선로의 전파속도는 절연물체의 비유전율 ε_s 의 평방근에 반비례하며 일반적으로 비유전율이 $2.5 \sim 4$ 정도로 전파속도는 가공선에 비해 늦어져 7할 정도이다.

130 특성 임피던스가 각각 $Z_1 = 300\,\Omega$, $Z_2 = 400\,\Omega$인 두 개의 케이블이 그림과 같이 연결되어 있고, 6600V의 직류 전압신호가 좌측 케이블을 통하여 우측으로 전송되고 있다. 다음 물음에 답하시오.

1. 케이블 지점 ab에서 좌측으로 반사되는 전압 V_1을 구하시오.
2. 케이블 지점 ab에서 우측 케이블로 전달되는 전압 V_2를 구하시오.

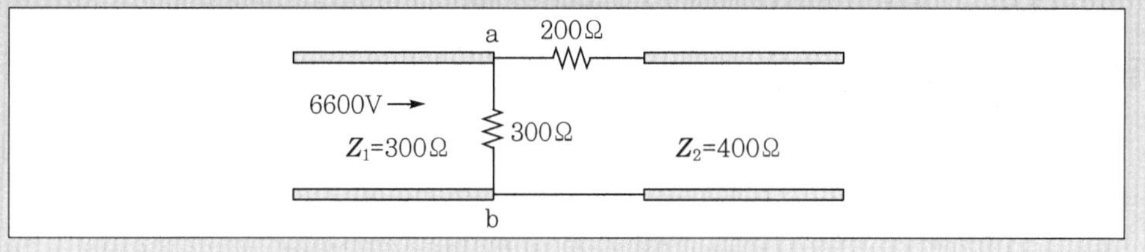

(**data**) 발송배전기술사 18-115-2-2 / 발송배전기술사, 건축전기설비기술사, 전기안전기술사 출제예상문제

답안 1. 케이블 지점 ab에서 좌측으로 반사되는 전압 V_1

(1) 변이점 : a, b

(2) 특성 임피던스

① Z_1 : 변이점에서 좌측의 특성 임피던스

$$Z_1 = 300$$

② $Z_2{}'$: 변이점에서 우측으로 본 직·병렬 합성의 특성 임피던스

$$Z_2{}' = \frac{300 \times (200 + 400)}{300 + (200 + 400)} = 200\,\Omega$$

(3) 반사파 전압 V_1

$$V_1 = \frac{Z_2{}' - Z_1}{Z_1 + Z_2{}'}\, V_i = \frac{200 - 300}{300 + 200} \times 6600 = -1320\,\text{V}$$

2. 케이블 지점 ab에서 우측 케이블로 전달되는 전압 V_2

투과파 전압 V_2

$$V_2 = \frac{2Z_2{}'}{Z_1 + Z_2{}'}\, V_i = \frac{2 \times 200}{300 + 200} \times 6600 = 5280\,\text{V}$$

131 전압·전류의 진행파에서 전압 투과계수(γ_e), 전류 투과계수(γ_i) 및 반사계수(β)를 유도하고 아래의 관계식이 맞음을 설명하시오.

[관계식] $\gamma_e - \beta = 1,\ \gamma_i + \beta = 1$

data 발송배전기술사 17-112-4-5 / 발송배전기술사, 건축전기설비기술사, 전기안전기술사 출제예상 문제

답안

1. 변이점(transition point)

(1) 진행파는 서지의 갑작스런 변화로 생기며, 변이점에 도달한 서지는 일부 반사되고 일부는 투과된다. → 진행파는 3개의 파형 요소로 변화한다.

(2) 접속점에서는 서지 임피던스가 변화한다. 이때, 접속점은 다음과 같다.

  ① 선로 말단의 개방, 단락 또는 피뢰기의 접속 등

  ② 가공선과 지중선의 접속

  ③ 접속점에서는 에너지가 보존되며, 전압·전류도 연속이다.

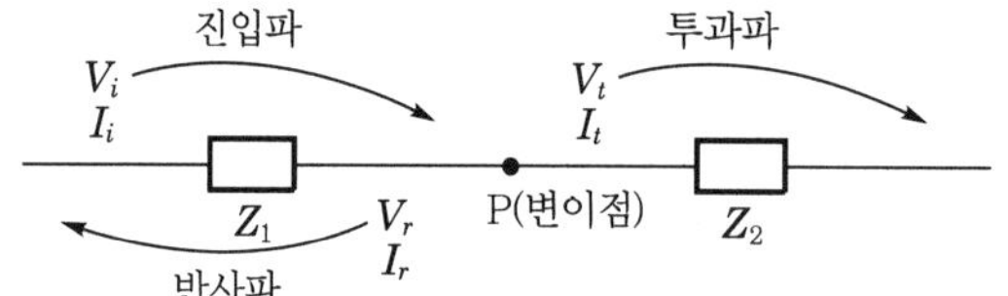

2. 진행파의 반사와 투과에 대한 식 유도

(1) 전압의 투과계수 유도

  ① 변이점에서 키르히호프 법칙을 적용하면(즉, 변이점 P에서의 전압·전류는 보존됨)

$$V_i = - V_r + V_t,\ i_i - i_r - i_t = 0 \quad \cdots\cdots \text{식 1)}$$

  ② 옴의 법칙에 의해 $i_i = \dfrac{V_i}{Z_1},\ i_r = \dfrac{V_r}{Z_1},\ i_t = \dfrac{V_t}{Z_2}$ $\quad\cdots\cdots$ 식 2)

  ③ 식 1)을 변형하면 $V_i = V_t - V_r,\ \dfrac{1}{Z_1}V_i = \dfrac{1}{Z_2}V_t + \dfrac{1}{Z_1}V_r$ $\quad\cdots$ 식 3)

  ④ 식 3)의 연립 방정식을 크레모어 공식에 의해 해석하면 투과전압(V_t)은 다음과 같이 유도된다.

$$V_t = \cfrac{\begin{vmatrix} V_i & -1 \\ \dfrac{1}{Z_1}V_i & \dfrac{1}{Z_1} \end{vmatrix}}{\begin{vmatrix} 1 & -1 \\ \dfrac{1}{Z_2} & \dfrac{1}{Z_1} \end{vmatrix}} = \frac{2Z_2}{Z_1+Z_2}V_i = \gamma_e V_i \quad \text{……………………………… 식 4)}$$

여기서, $\gamma_e = \dfrac{2Z_2}{Z_1+Z_2}$를 전압파의 투과계수라 함

(2) 전압의 반사계수 유도

식 3)의 연립 방정식을 크레모어 공식에 의해 해석하면 반사전압(V_r)은 다음과 같다.

$$V_r = \cfrac{\begin{vmatrix} 1 & V_i \\ \dfrac{1}{Z_2} & \dfrac{1}{Z_1}V_i \end{vmatrix}}{\begin{vmatrix} 1 & -1 \\ \dfrac{1}{Z_2} & \dfrac{1}{Z_1} \end{vmatrix}} = \frac{Z_2-Z_1}{Z_1+Z_2}V_i = \beta V_i \quad \text{……………………………… 식 5)}$$

여기서, $\beta = \dfrac{Z_2-Z_1}{Z_1+Z_2}$를 전압파의 반사계수라 함

(3) 전류의 투과계수 유도

$$i_t = \frac{V_t}{Z_2} = \frac{\dfrac{2Z_2}{Z_1+Z_2}V_i}{Z_2} = \frac{2V_i}{Z_1+Z_2}$$

또, $V_i = i_i \cdot Z_1$이므로 위 식에 대입하면

$$i_t = \frac{2V_i}{Z_1+Z_2} = \frac{2Z_1}{Z_1+Z_2}i_i = \gamma_i i_i$$

여기서, $\gamma_i = \dfrac{2Z_1}{Z_1+Z_2}$을 전류의 투과계수라 함

(4) 전류의 반사계수 유도

① 식 2)와 식 5)에 의해 $i_r = -\dfrac{V_r}{Z_1} = -\dfrac{\left(\dfrac{Z_2-Z_1}{Z_1+Z_2}\right)V_i}{Z_1}$

② $\dfrac{V_i}{Z_1}$는 침입파 전류 i_i가 되므로 위 식에 대입하면 반사파 전류(i_r)는

$$i_r = -\cfrac{\left(\cfrac{Z_2 - Z_1}{Z_1 + Z_2}\right)V_i}{Z_1} = -\left(\cfrac{Z_2 - Z_1}{Z_1 + Z_2}\right) \times i_i = -\beta i_i$$

여기서, $-\beta = -\cfrac{Z_2 - Z_1}{Z_1 + Z_2}$를 전류의 반사계수라 함

③ $-\beta$란 전압과 전류의 반사파는 반대 극성(위상차 180°)이므로 전압이 정반사인 경우 전류는 부반사를 의미한다.

(5) 전압의 투과와 반사계수 및 전류의 투과와 반사계수의 조합

① $\gamma_e - \beta = 1$

$$\therefore\ \gamma_e = \frac{2Z_2}{Z_1 + Z_2} - \left(\frac{Z_2 - Z_1}{Z_1 + Z_2}\right) = \frac{2Z_2 - (Z_2 - Z_1)}{Z_1 + Z_2} = \frac{Z_1 + Z_2}{Z_1 + Z_2} = 1$$

② $\gamma_i + \beta = 1$

$$\therefore\ \gamma_i = \frac{2Z_1}{Z_1 + Z_2} + \left(\frac{Z_2 - Z_1}{Z_1 + Z_2}\right) = 1$$

㉠ $\gamma_e = \cfrac{2Z_2}{Z_1 + Z_2}$: 전압의 투과계수

㉡ $\gamma_i = \cfrac{2Z_1}{Z_1 + Z_2}$: 전류의 투과계수

㉢ $\beta = \cfrac{Z_2 - Z_1}{Z_1 + Z_2}$: 전압파의 반사계수

㉣ $-\beta = -\cfrac{Z_2 - Z_1}{Z_1 + Z_2}$: 전류의 반사계수

3. 종단 개방 시 및 접지 시의 전압·전류의 파고값

(1) 종단 개방 시($Z_2 = \infty$)

① 투과파 전압·전류

㉠ 투과파 전압 : $V_t = \cfrac{2Z_2}{Z_2 + Z_1} \times V_i$에서 분모·분자를 Z_2로 나누면

$$V_t = \cfrac{2}{1 + \cfrac{Z_1}{Z_2}} \times V_i \text{에서}\ \frac{Z_1}{Z_2} = 0 \text{이므로}\ V_t = 2V_i \text{가 된다.}$$

㉡ 투과파 전류 : $i_t = \cfrac{2Z_1}{Z_2 + Z_1} \times i_i$에서 분모·분자를 Z_2로 나누면

$$\frac{Z_1}{Z_2} = 0 \text{ 이므로}\ i_t = \frac{0}{1 + 0} \times i_i = 0 \text{이 된다.}$$

② 반사파 전압 · 전류

㉠ 반사파 전압 : $V_r = \dfrac{Z_2 - Z_1}{Z_2 + Z_1} \times V_i$ 에서 분모 · 분자를 Z_2로 나누면

$$V_r = \dfrac{1 - \dfrac{Z_1}{Z_2}}{1 + \dfrac{Z_1}{Z_2}} \times V_i \text{에서} \ \dfrac{Z_1}{Z_2} = 0 \text{이므로} \ V_r = V_i \text{가 된다.}$$

㉡ 반사파 전류 : $i_r = \dfrac{Z_1 - Z_2}{Z_2 + Z_1} \times i_i$에서 분모 · 분자를 Z_2로 나누면

$$i_r = \dfrac{\dfrac{Z_1}{Z_2} - 1}{\dfrac{Z_1}{Z_2} + 1} \times i_i \text{에서} \ \dfrac{Z_1}{Z_2} = 0 \text{이므로} \ i_r = -i_i \text{가 된다.}$$

(2) 종단 접지 시($Z_2 = 0$)

① 투과파 전압 · 전류

㉠ 투과파 전압 : $V_t = \dfrac{2Z_2}{Z_2 + Z_1} \times V_i$에서 분모 · 분자의 $Z_2 = 0$이므로

$$V_t = \dfrac{2 \times 0}{1 \times 0 + Z_1} \times V_t = 0 \text{이 된다.}$$

㉡ 투과파 전류 : $i_t = \dfrac{2Z_1}{Z_2 + Z_1} \times i_i$에서 $Z_2 = 0$이므로

$$i_t = \dfrac{2Z_1}{0 + Z_1} \times i_i = 2i_i \text{가 된다.}$$

② 반사파 전압 · 전류

㉠ 반사파 전압 : $V_r = \dfrac{Z_2 - Z_1}{Z_2 + Z_1} \times V_i$ 에서 $Z_2 = 0$이므로

$$V_r = \dfrac{0 - Z_1}{0 + Z_1} \times V_i = -V_i \text{가 된다.}$$

㉡ 반사파 전류 : $i_r = \dfrac{Z_1 - Z_2}{Z_2 + Z_1} \times i_i$에서 $Z_2 = 0$이므로

$$i_r = \dfrac{Z_1 - 0}{Z_1 + 0} \times i_i = i_i \text{가 된다.}$$

4. 결론

개방 및 접지 시 구분		투과, 반사의 전압·전류	전압·전류의 파고값의 물리적 의미
종단 개방 시	투과파	투과파 전압	$V_t = 2V_i$ 개방 시 투과파 전압은 침입파의 2배임 즉, 전압은 정반사하여 종단에서는 크기가 2배
		투과파 전류	0(즉, 개방 시 투과파 전류는 입사파와 부반사에 의해 '0')
	반사파	반사파 전압	$V_r = V_i$
		반사파 전류	$i_r = -i_i$
종단 접지 시	투과파	투과파 전압	전압은 부반사하여 종단에서는 전압은 '0'
		투과파 전류	$i_t = 2i_i$(전류는 정반사하여 종단에서는 크기가 입사파의 2배)
	반사파	반사파 전압	$V_r = -V_i$
		반사파 전류	$i_r = i_i$

132 가공선과 지중선이 결합되는 선로에 진행파가 진행 시 결합점의 전위를 구하는 방법으로 Bewley가 고안한 격자도(lattice diagram)에 대하여 설명하시오.

(data) 발송배전기술사 16-110-4-1 / 발송배전기술사 출제예상문제

(comment) 문제 131에서는 감마를 투과계수로 표현하고, 132에서는 대문자 감마를 반사계수로 설명한 내용이다.

답안

1. 격자도(lattice diagram)

(1) 의미

① 진행파의 중복 반사효과에 대한 계산에 이용한다.

② 모든 파형 요소는 아래로 내려오며 그린다.

③ 어떤 시간, 위치에서의 합계는 그 순간 그 위치에 도달한 모든 파형들의 합계이다.

④ 각각의 도착 시간차는 같은 시간주기로 그린다.

(2) 표현

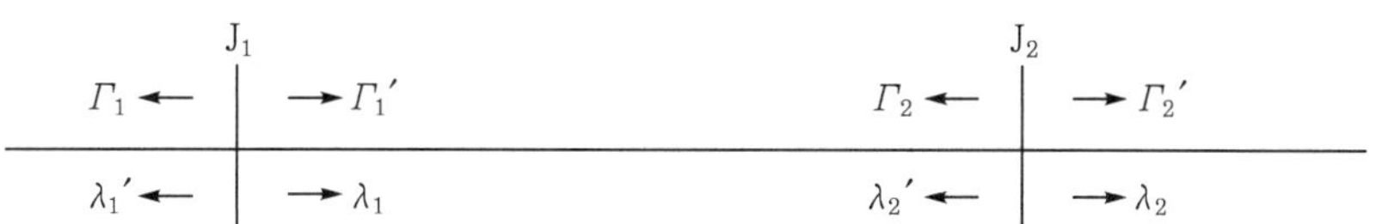

- Γ, $\lambda(=1+\Gamma)$: 왼쪽에서 도달한 파형의 반사계수 및 투과계수
- Γ', $\lambda'(=1+\Gamma')$: 오른쪽에서 도달한 파형의 반사계수 및 투과계수

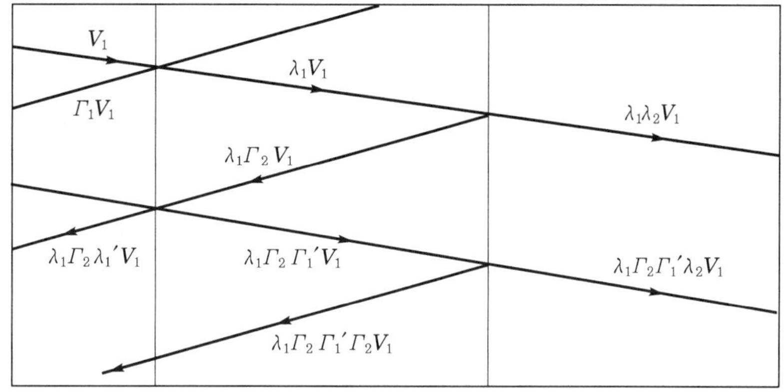

❚ 진행파 진행 시 결합점의 전위 변화 ❚

(3) 예

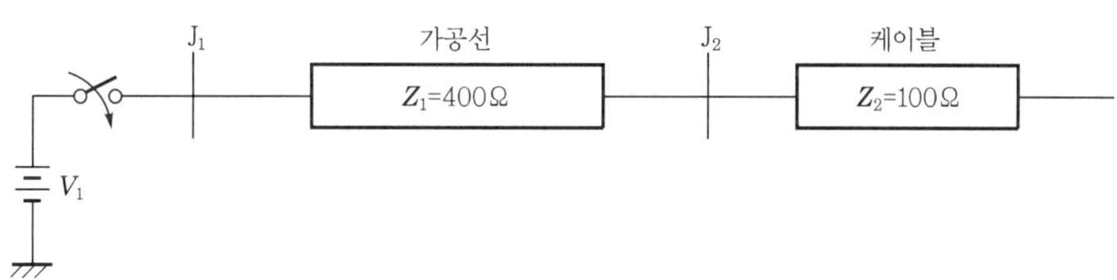

① 투과파 전압의 투과계수

$$\lambda_1 = \frac{2Z_2}{Z_2 + Z_1} = \frac{2 \times 400}{400 + 0} = 2 \;\rightarrow\; \lambda_1 V_1 = 2V_1 = 1.0\,\text{pu}$$로 설정한다.

여기서, $Z_2 = 400$, $Z_1 = 0$

  그림의 $Z_1 = 400\Omega$은 해석에서 J_1점 후단에 속하므로 서지 임피던스

  인 공식의 Z_2가 됨

  λ : 왼쪽에서 도달한 파형의 투과계수

② 반사계수 $\Gamma_1' = \dfrac{Z_2 - Z_1}{Z_2 + Z_1} = \dfrac{0 - 400}{0 + 400} = -1$

  투과계수 $\lambda_1' = -1 + 1 = 0$

③ 반사계수 $\Gamma_2 = \dfrac{100-400}{400+100} = -0.6$

    투과계수 $\lambda_2 = 1-0.6 = 0.4$

2. 격자도 그림 예

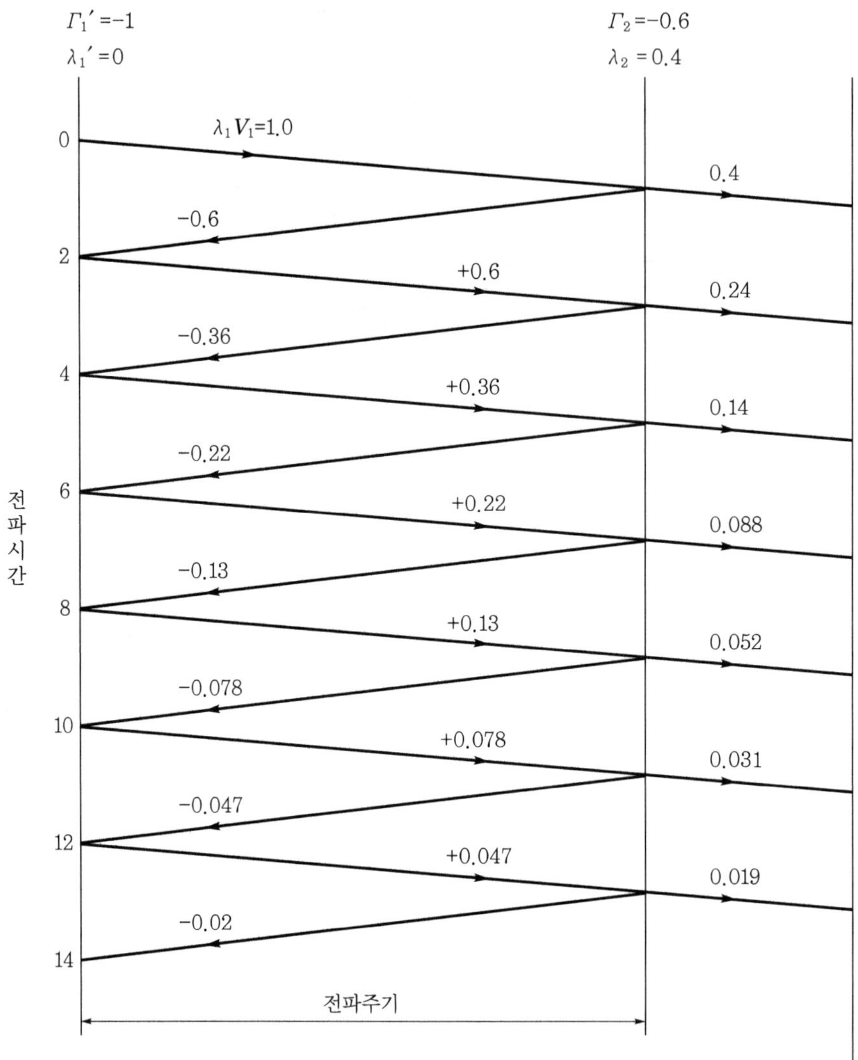

여기서, $0.6 = 1.0-0.4$, $0.24 = 0.6 \times 0.4$

    $0.36 = 0.6-0.24$, $0.14 = 0.36 \times 0.4$

    $0.22 = 0.36-0.14$, $0.088 = 0.22 \times 0.4$

    $0.13 = 0.22-0.088$, $0.052 = 0.13 \times 0.4$

    $0.047 = 0.078-0.031$, $0.019 = 0.047 \times 0.4$

    $0.028 = 0.047-0.019$, $0.078 = 0.13-0.052$

❚ 전파주기 ❚

SECTION 02 이상전압

133 전력계통의 절연은 이상전압의 크기에 의해 결정된다. 전력계통에서 발생하는 내·외부 이상전압의 원인을 열거하고 각각 설명하시오.

(data) 발송배전기술사 20-121-4-2, 건축전기설비기술사 21-124-4-3 / 발송배전기술사, 건축전기설비기술사, 전기안전기술사 출제예상문제

(comment) 많이 출제된다. 문제로 나오면 최소 3페이지로 기록하도록 한다. 각 항목마다 배점 10점 또는 25점이 예상된다.

답안 1. 내부 이상전압의 원인

(1) 내부 이상전압의 구분

과도진동전압(개폐 surge)		상용주파 지속성 이상전압	
계통 조작 시	고장 발생 시	계통 조작 시	고장 발생 시
• 무부하 선로 개폐 시 이상전압 • 유도성 소전류 차단 시 이상전압 • 변압기 3상 비동기 투입 시 이상전압 • 급준괴도전압(VFTO)	• 고속도 재폐로 시 이상전압 • 고장전류 차단 시의 이상전압 • 탈조 차단 시의 이상전압 • 영구 지락에 의한 과도진동전압 • 충격성 지락에 따른 과도진동전압	• 무부하 송전선의 페란티 효과 • 발전기 자기여자현상 • 수차 발전기의 부하 차단 시 이상전압	• 1선 및 2선 지락 시 이상전압 • 기본파 공진전압 • 고조파 공진전압 • 소호 리액터 1선 단선 이상전압 • 소호 리액터게 이계통 병가

(2) 개폐서지의 종류와 특성

① 무부하 충전전류 차단(재점호)

㉠ 충전전류는 차단하기 쉽지만 재점호를 여러 번 일으키고 그 때마다 Surge에 의해 3 ~ 5배의 이상전압이 발생한다.

㉡ 방지대책

• 차단속도를 신속하게 함

• 고압 전자 접촉기 사용(VCS) : 재점호를 방지하기 위해

• 중성점 저저항 접지(직접 접지 계통, 임피던스 접지 계통)

• LA 설치

• 병렬 회선 설치 : 복도체

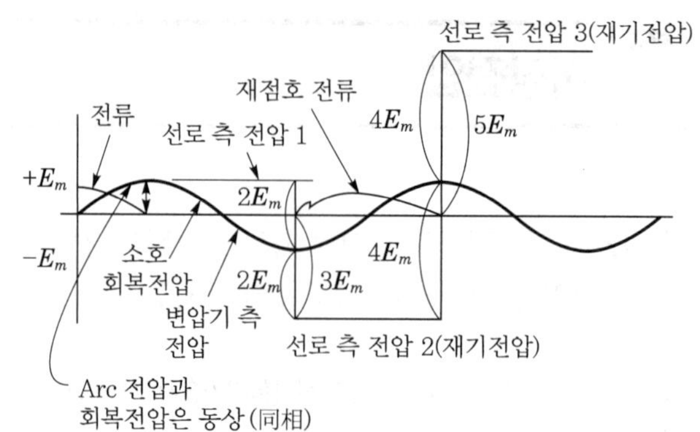

┃ 무제동 이상전압의 충전전류 차단(고주파 소호) ┃

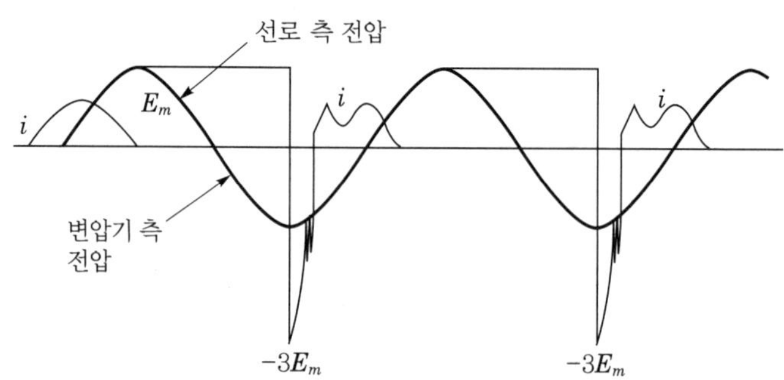

┃ 제동작용이 있을 경우의 충전전류 차단(저주파 소호) ┃

② 무부하 투입서지

 ㉠ 무부하 전선에 전하가 남아있는 상태일 때 전원 측에 차단기를 투입하면 재점호에 의해 과전압이 발생된다. 이를 투입서지라 한다.

 ㉡ 이와 같은 투입서지의 메커니즘은 다음 그림과 같이 설명된다.

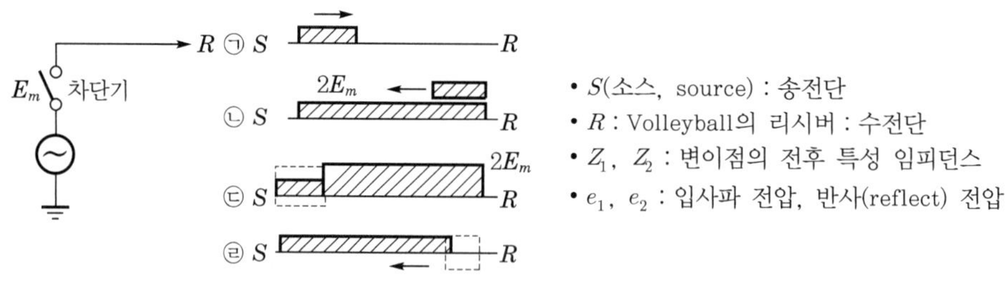

┃ 무부하 송전선로 투입 시 이상전압 발생 개념도 ┃

• 무부하 T/L에 최대치 E_m의 전원을 투입하면 진행파가 선로의 종단에 도달한다.

• 이때, 종단 개방조건($Z_2 = \infty$)이면 정반사하여 전압파는 $2E_m$의 이상전압이 된다.

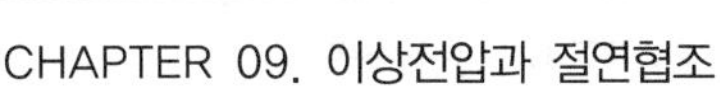

ⓒ 투입 시 이상전압 방지대책

- 전원투입 Surge는 최고치가 $2E_m$ 정도로 차단될 경우 서지에 비하여 작기 때문에 계통전압이 낮을 때는 문제가 되지 않는다.
- 345kV 이상 계통에서는 문제가 고려되어 처음에 수백 Ω의 저항을 삽입해 투입한 후 주접점을 투입하는 투입 저항방식을 적용한다.

③ 유도성 소전류 차단(전류 재단 설명)

㉠ 전류 재단은 변압기 여자전류 등의 지상 소전류를 진공 차단기 등 소호력이 강한 차단기로 차단할 때 → 전류가 자연 0점 전에 강제 소호되는 현상

㉡ TR 유도성 $e = -L\dfrac{di}{dt}$ → 전류 0점 차단 → $t = 0$, $e = \infty$ → 철심, 권선에 스트레스 영향

㉢ 방지대책

- 단로기로서 차단
- 변압기와 병렬로 적당한 콘덴서 설치
- 변압기 측에 피뢰기 설치

④ 고속도 재폐로 시 차단(무부하 선로의 투입 및 재투입 surge)

㉠ 재폐로 시에 선로 측에 잔류 전하가 있고, 재폐로 시 재점호가 일어나면 큰 Surge가 발생한다.

㉡ 방지대책

- 차단 후 충분한 소이온 시간이 지난 후에 재투입힘 : 재폐로 시의 재점호 방지
- 저항 투입 방식 채용
- HSGS(High Speed Ground Switch) 설치 : 선로의 잔류 전하를 대지로 방전 후 재투입(765kV 적용)

⑤ 3상 동시 투입 실패 시

㉠ 원리

- 차단기 각 상의 전극은 보통 동시에 투입되지 않고 근소한 시간적 차이가 생긴다.
- 이 차이가 심한 경우 정상 대지 전압 파고치의 3배 전후의 서지가 발생한다.
- 이 Surge가 변압기 전원 측에 유입되면 부하 측이 위험하다.

    ⓛ 감소 대책

      • 변압기 저압 측에 보호 콘덴서 설치

      • LA 설치

⑥ 단락전류의 차단(재기전압＝재발호)

    ㉠ 단락전류 i는 전원전압 e에 비하여 90° 정도 지상인 전류이므로 $t=0$에서 전류 I가 영점 소호되었을 때 V_r은 전원 측의 RLC 회로에서의 과도 진동에 의해 감쇄 진동 파형(재기 전압)이 된다.

    ㉡ 재발호(재기전압)는 차단기의 차단능력을 저하시키지만 이상전압은 작다.

    ㉢ 방지대책 : 중성점 저항 접지

⑦ 고장전류 차단 시의 Surge 원인과 대책

    ㉠ 원인

      • 중성점을 리액터 접지시킨 영상 임피던스가 큰 계통의 고장전류(단락전류)는 90° 지상에 근접

      • 이것을 전류 '0'에서 차단 시 차단기의 전원 측 전압이 차단 직전의 최대 Arc 전압에서 전원전압으로 이행되는 과정에서 과도진동에 의해 Surge가 발생

      • 이때, Surge의 크기는 상규 대지전압의 파고치의 2배 정도임

    ㉡ 고장전류 차단 시 Surge 대책

      • 일반적으로 방지대책이 불필요함

      • 만일 높은 값이 걸리는 경우는 중성점에 저항접지(NGR 이용 등)를 실시함

⑧ 근거리 선로차단 SLF(Short Line Fault) 현상

    comment 이 내용 자세로도 배점 25점 가능하다.

    ㉠ 발·변전소에 설치된 차단기에서 수 km 떨어진 선로상에서의 단락 고장을 차단 시 차단기의 가장 가까운 곳보다 단락전류가 작음에도 불구하고 재기전압의 상승률이 높아지기 때문에 차단이 곤란한 현상이다.

ㄴ 발생 메커니즘

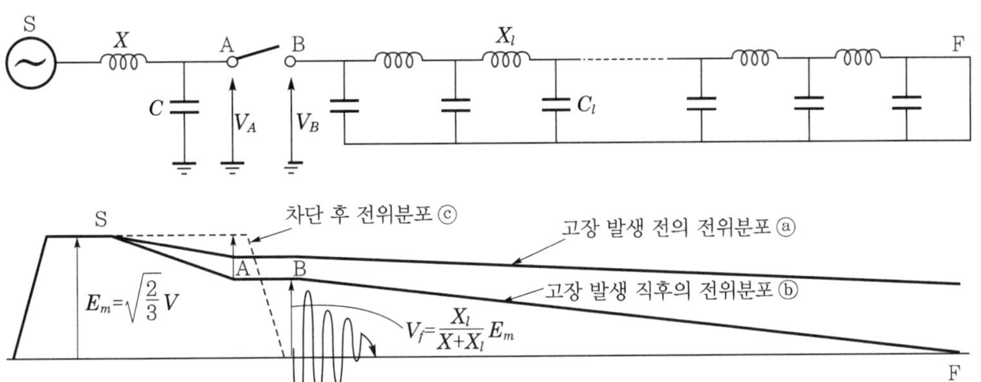

┃ SLF 현상의 등가도와 전위분포 ┃

- 전원 측 전압 : $E_m = \sqrt{\dfrac{2}{3}}\, V$

- 고장 전 전위분포 : 그래프 ⓐ와 같이 거리에 따른 전압강하 발생

- 고장 직후 전위분포 : 그래프 ⓑ와 같고, $V_f = \dfrac{X_l}{X + X_l} E_m$

- 차단 후 전위분포 : 그래프 ⓒ와 같고, 전원 측은 전원 측 전압으로 급변, 선로 측 전압은 0으로 급변

- 고장 발생지점을 차단할 경우 선로 측 전압의 급격한 변화로 인해 고주파 진동전압이 발생함

- 이 고주파 진동전압과 전원 측 전압의 차에 의해 차이전압이 작음에도 재점호기 발생하여 차단기는 차단 실패한

- 발생파형은 아래 그림과 같이 $V_A - V_B$의 삼각파형이 됨

- 이 삼각파형의 초기 전압 상승률이 커서 차단기의 절연내력을 초과하면 재점호 및 절연파괴가 발생함

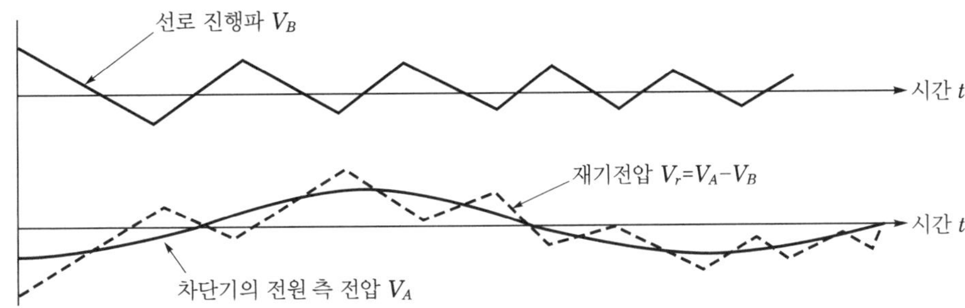

┃ SLF 발생파형 ┃

     ⓒ 차단기의 SLF 대책

- 재기전압을 억제한다.
  - 차단부에 병렬저항을 삽입(공기 차단기에는 사용 중임)한다.
  - 콘덴서를 차단기 단자 간 또는 선로 측 단자대 대지 간에 삽입한다.
- 차단기의 절연회복 특성을 빠르게 하기 위한 다음의 방법을 사용한다.
  - 전극의 개리 속도를 빨리 한다.
  - 차단점수를 증가시킨다.
  - 가스 차단기 같이 절연내력이 높은 매체를 사용한다.

⑨ 1선 지락 시 이상전압

    ⓐ 발생원인 : a상 지락 시 건전상의 이상전압은 다음과 같다.

$$E_b = \frac{(a^2 - 1)Z_0 + (a^2 - a)Z_2}{Z_0 + Z_1 + Z_2} E_a$$

$$E_c = \frac{(a - 1)Z_0 + (a - a^2)Z_2}{Z_0 + Z_1 + Z_2} E_a$$

    ⓑ 대책

- 적정한 중성점 접지방식 채용(특히 직접 접지)
- 고속도 재폐로 방식 채용
- 고신뢰도의 Ry(디지털 Ry) 채용 등
- 지속성 이상전압은 피뢰기 등에 의해 해소할 수 없고, 계통 조건의 개선에 의해 저감 가능

⑩ 직류 차단

    ⓐ 직류는 맥류이므로 전류 0점이 없어 차단 시 전류 절단현상이 발생하여 강한 Arc가 발생하고 폭발음이 크다.

    ⓑ 차단기 접촉자의 마모가 쉬워 접촉자 간에 바리스터나 ZNR 등을 삽입시킨다.

    ⓒ 직류 차단기로는 HSCB(High Speed CB)가 사용된다.

2. 외부 이상전압의 원인과 대책(뇌 surge 발생원인과 방지대책)

(1) 발생원인

① 직격뢰

    ⓐ 열뢰, 계뢰, 와뢰 등 뇌운(적란운)에 의해 스트립리더와 다트리더로 진행 후 주방전에 의해 약 100MW 정도의 뇌격이 발생된다.

406

ⓒ 발생된 뇌격은 가공선에 직접 가해지면 뇌격점 양쪽으로 같은 크기의 전류 Surge가 진행된다.

② 유도뢰

㉠ 뇌운 때문에 선로상에 구속된 전하가, 뇌방전 때문에 자유전하가 되어 선로의 양편으로 전파해 나가는 Surge

ⓒ 110kV 이상의 선로에서는 별 문제가 안 된다.

③ 뇌전압 및 뇌전류의 파형

㉠ 뇌충격은 다음 그림과 같은 충격파로 Surge로 불리워진다.

ⓒ 극히 짧은 시간에 파고값에 달하고 또 소멸도 극히 짧은 시간에 되는 파형이다.

ⓒ 직격뢰에 의한 충격파 파고값은 극히 높아서 수 100kV 이상으로 추정되며 T_f(파두장)$= 1 \sim 10 \mu$s, T_t(파미장)$= 10 \sim 100 \mu$s 정도이다.

ⓓ 표준파형으로 설정값은 $1.2 \times 50 \mu$s이다.

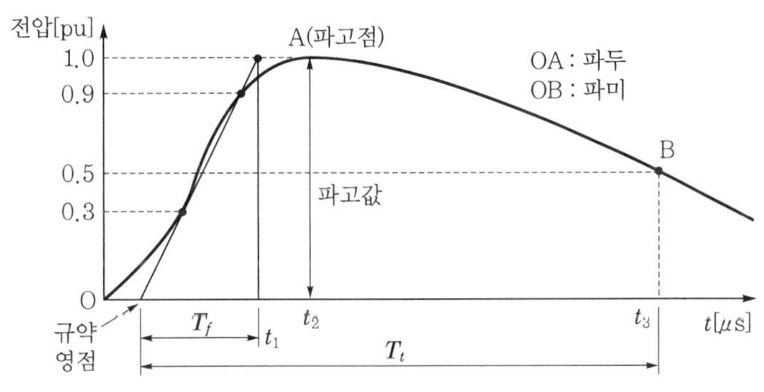

┃표준 충격전압 파형┃

(2) 외부 이상전압의 대책

① **가공지선 설치** : A-W 이론에 의한 가공지선 설치

② 피뢰기 설치

③ **접지의 메시화** : 발·변전소의 Mesh 접지 시행, CH 철탑의 메시 접지

④ 절연강도를 고려한 전력기기들 간의 절연협조

134 전력계통에서 차단기 투입 및 차단 시 발생하는 개폐서지(switching surge)의 종류 및 대책에 대하여 설명하시오.

(data) 발송배전기술사 22-127-4-6 / 발송배전기술사, 건축전기설비기술사, 전기안전기술사, 전기응용기술사 출제예상문제

답안

1. 개요

(1) 개폐 서지는 뇌 서지에 비해 파고값은 높지 않으나 그 계속 시간이 수 ms로 비교적 길기 때문에 기기의 절연에 주는 영향을 무시할 수 없다.

(2) 무부하 선로의 개폐 서지, 유도성 소전류 차단 서지는 개폐 서지의 대표적인 것으로 피뢰기 등의 보호대상이 되는 서지이다.

(3) 고장전류 차단 서지, 3상의 비동기 투입 서지는 파고값도 낮고 절연상 문제가 작다.

2. 개폐 서지의 종류

(1) 무부하 선로의 개폐 서지

투입 서지, 재점호 서지, 단로기 개폐 서지

(2) 유도성 소전류 차단 서지

전류 절단 서지(재단 서지), 반복 재발호(재점호), 유발재단

(3) 기타 서지

고장전류 차단 서지, 3상의 비동기 투입 서지

3. 무부하 송전선로의 투입 서지

(1) 무부하 송전선에 전하가 남아있는 상태일 때 전원 측에서 차단기를 투입하면 재점호에 의한 과전압이 발생한다.

(2) 무부하 선로에 교류전압의 최댓값이 E_m 일 때 전원을 투입하면 투입 순간 파고값 E_m 의 투입 서지가 진행파가 되어 선로 말단에 도달한다.

(3) 서지는 기기가 접속된 선로 말단에서 반사하여 $2E_m$ 의 이상전압이 발생한다.

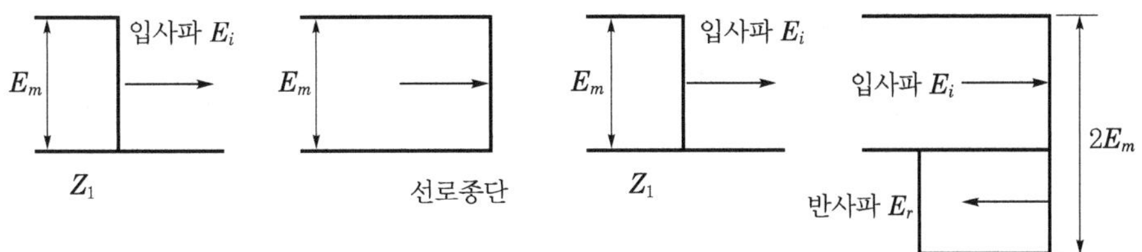

┃ 무부하 투입 서지 ┃

(4) 반사파의 크기

$$E_r = \frac{Z_2 - Z_1}{Z_2 + Z_1} \times E_i$$

여기서, Z_2 : 선로 종단 특성 임피던스, Z_1 : 선로 특성 임피던스

(5) 진행파의 반사와 투과는 특성 임피던스에 영향을 받는다.

(6) 대책

① 전원투입 Surge는 최고치가 $2E_m$ 정도로 차단할 때 서지에 비하여 작기 때문에 계통전압이 낮을 때는 문제가 되지 않는다.

② 345kV 이상 계통에서는 투입 서지가 고려되어 처음에 수백 Ω의 저항을 삽입해 투입한 후 주접점을 투입하는 투입 저항방식을 적용한다.

③ 초고압 계통에서는 개폐 과전압의 최댓값을 억제하기 위하여 투입 저항(closing resistor)을 삽입하며, 800kV 계통에서는 선로 양쪽에 분로 리액터(shunt reactor)를 또 삽입한다.

④ 개폐 과전압의 최댓값을 E_m 이라 하며, 345kV 계통에서 E_m 은 2.3 ~ 2.5pu 이며, 800kV 계통에서는 2.00pu가 되도록 억제하고 있다.

4. 무부하 송전선로(진상 소전류) 개방 시(차단 시) 이상전압

(1) 무부하 선로에서 충전전류를 차단할 때 차단기 극간 절연이 재기전압을 견디지 못할 때 재점호 서지가 발생된다.

(2) 재점호 현상은 무부하 선로의 충전전류를 차단기로 차단할 경우 다음의 메커니즘으로 서지가 발생한다.

① 차단기 극간의 절연회복이 충분하지 못하면 재점호가 발생한다.

② 차단기 2차측 잔류 전압이 급격히 전원전압으로 되돌아가려고 진동을 일으켜 서지가 발생한다.

③ 무부하 송전선로 개방 시 차단기 극간에 충전전류로 인한 잔류전압 때문에

이상전압이 0.5사이클 주기로 발생하여 홀수배로 증폭되나, 실제로는 회로 정수와 코로나에 의한 제동작용이 있어 $\frac{1}{120}$초 동안 약 3.5배 이하로 발생한다.

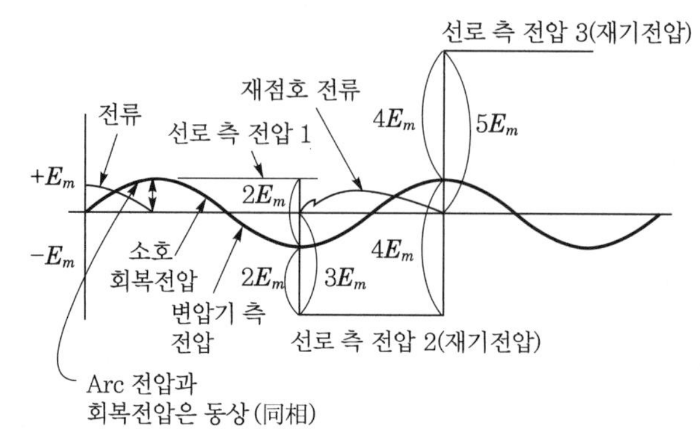

‖ 무제동 이상전압의 충전전류 차단(고주파 소호) ‖

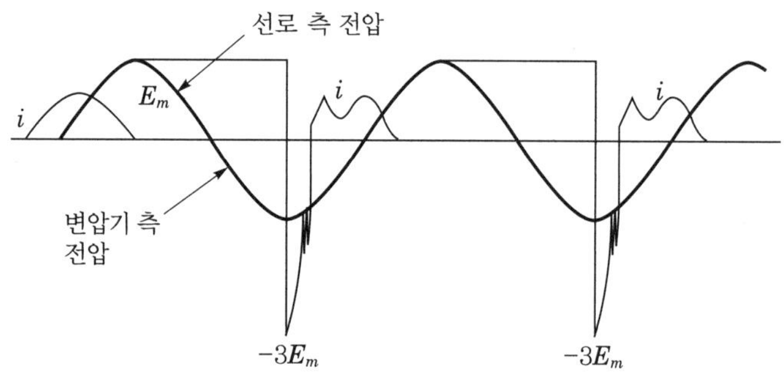

‖ 제동작용이 있을 경우의 충전전류 차단(저주파 소호) ‖

(3) 무부하 송전선로(진상 소전류) 개방 시(차단 시) 이상전압 방지대책

① 부하 충전전류 차단 시의 재점호를 방지하기 위해 차단기의 고속차단을 시행

② 중성점을 직접 접지 또는 임피던스 접지하여 선로의 잔류전하를 속히 대지로 방전시킬 것

③ 병렬 회선 설치

④ 전극의 개리속도를 빠르게 하거나, 다중 차단방식, 저항 차단방식 등을 적용

5. 지상 소전류 차단의 개폐 서지의 원인과 대책(유도성 소전류 차단 시의 surge 원인과 대책)

(1) 원인

① 변압기 여자전류, 리액터와 전동기 전류를 차단할 때 교류전류의 자연 0점 이전에 강제적으로 전류를 재단하는 Arc chop-ping 현상을 일으키고 이로 인해 개폐 서지가 발생한다.

② 무부하 변압기, 발전기의 여자전류와 같이 소전류를 소호력이 큰 대용량의 타력형 차단기로 전류 '0'을 기다리지 않고, 차단 시 $e = L\dfrac{di}{dt}$ 에 의한 과도성의 이상전압이 발생한다.

③ 개념도 및 발생 메커니즘 : L에 흐르는 순시전류 i_0가 '0'일 때 L에 병렬로 연결된 표유 정전용량 C는 e_0으로 충전되어 정전 에너지로 변환되며 $\dfrac{1}{2}CV_m{}^2 = \dfrac{1}{2}Li_0{}^2 + \dfrac{1}{2}Ce_0{}^2$이 된다.

$$\therefore \ V_m = \sqrt{\dfrac{L}{C}i_0{}^2 + e_0{}^2}$$

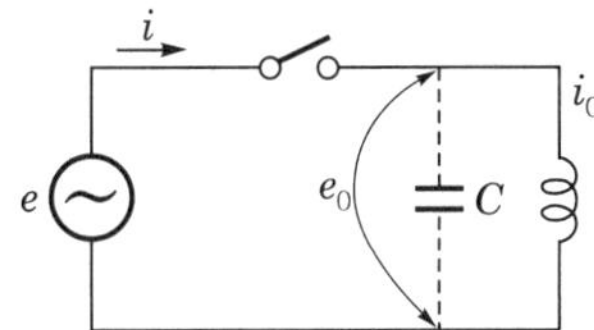

④ 종류

    ㉠ 반복 재점호 Surge → 극간 절연 회복상태에 따라 점호·소호가 반복될 때 발생

    ㉡ 유발 절단 Surge → 3상 전류 차단 시 각 상의 전류 절단 위상이 다를 때 발생

(2) 방지대책

① 단로기로 여자전류 차단

② 병렬 콘덴서 설치

③ Tr 측에 LA 설치

④ 콘덴서와 저항을 조합한 Surge 억제 피뢰기 설치

6. 근거리 선로의 차단 장애현상(SLF : Short Line Fault 현상)

(1) 발전소에 설치된 차단기가 수 km 떨어진 선로상에서의 단락 고장을 차단할 때 차단기의 가장 가까운 곳보다 단락전류가 작음에도 불구하고 재기전압 상승률이 높아져 차단이 곤란한 현상을 근거리 선로고장 현상이라 한다.

(2) SLF 발생파형

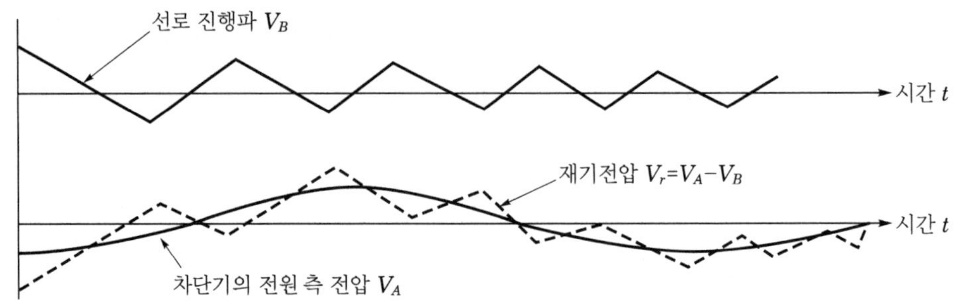

▮ SLF 발생파형 ▮

(3) 차단기의 SLF 대책

① 재기전압을 억제한다.

　㉠ 차단부에 병렬저항을 삽입(공기 차단기에는 사용 중임)한다.

　㉡ 콘덴서를 차단기 단자 간 또는 선로 측 단자대 대지 간에 삽입한다.

② 차단기의 절연회복 특성을 빠르게 하기 위한 다음의 방법을 사용한다.

　㉠ 전극의 개리 속도를 빨리 한다.

　㉡ 차단점수를 증가시킨다.

　㉢ 가스 차단기 같이 절연내력이 높은 매체를 사용한다.

7. 고속도 재폐로 시의 Surge 원인과 대책

(1) 원인

재폐로 시 선로 측에 잔류 전하가 있고, 재점호가 일어나면 큰 서지가 발생한다.

(2) 대책

① 재점호 방지를 위해 차단 후 충분한 소이온 시간이 지난 후에 재투입한다.

② 소이온 시간은 345kV에서 20cycle, 765kV에서 33cycle 정도이다.

③ HSGS(High Speed Ground Switch)를 이용하여 선로의 잔류 전하를 대지로 방전시킨 후 재투입한다. → 765kV 적용

④ 차단기에 저항 2단 투입방식을 채택한다.

8. 변압기 3상 비동기 투입 Surge의 원인과 대책

(1) 원인

① 차단기의 각 상 전극은 정확히 동일 시각에 투입되지 않고 근소하나마 시간차가 있다.

② 차이가 좀 심한 경우는 상규 대지전압의 파고치 3배의 Surge가 발생한다.

(2) 대책

필요한 경우 변압기에 보호 콘덴서나 피뢰기를 설치한다.

9. 고장전류 차단 시의 Surge 원인과 대책

(1) 원인

① 중성점을 리액터로 접지시켜 영상 임피던스가 큰 계통의 고장전류(단락전류)는 90° 지상에 근접

② 전류 '0'에서 차단 시 차단기의 전원 측 전압이 차단 직전의 최대 Arc 전압에서 전원전압으로 이행되는 과정에서 과도진동에 의해 Surge가 발생

③ 이때, Surge의 크기는 상규 대지전압의 파고치의 2배 정도임

(2) 고장전류 차단 시 Surge 대책

① 일반적으로 방지대책이 불필요함

② 만일 높은 값이 걸리는 경우는 중성점에 저항접지(NGR 이용 등)를 실시함

10. 직류 차단

(1) 직류는 맥류이므로 전류 0점이 없어 차단 시 전류 절단현상이 발생하여 강한 Arc가 발생하고 폭발음이 크다.

(2) 차단기 접촉자의 마모가 쉬워 접촉자 간에 Varistor나 ZNR 등을 삽입시킨다.

(3) 직류 차단기로는 HSCB(High Speed CB)가 사용된다.

---

135 표준충격전압 파형, 그리고 파두장, 파미장 및 파두준도에 대하여 설명하시오.

(data) 발송배전기술사 20-120-1-4 / 발송배전기술사, 건축전기설비기술사, 전기안전기술사 출제예상 문제

답안 1. 표준충격전압·전류 파형의 정의 및 이용

전력설비가 직격뢰를 받게 될 때 과도적으로 단시간에 나타나게 되는 충격전압, 충격전류 파형을 진동파가 겹치지 않는 단극성의 전압·전류만을 설정하여, 각종 전기기기의 절연강도, 절연협조에 이용하는 파형을 말한다.

2. 충격파의 파형

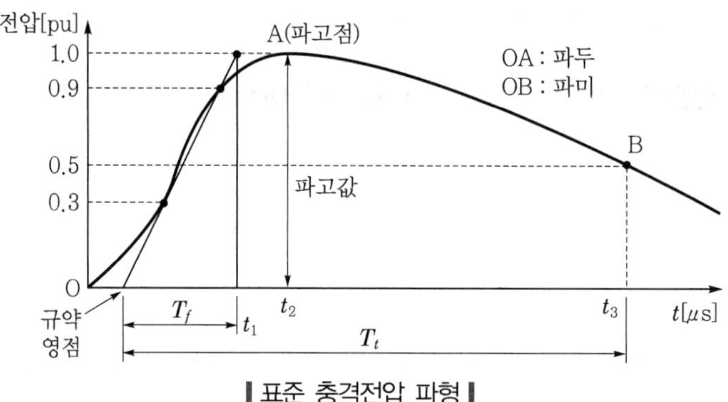

▌ 표준 충격전압 파형 ▌

3. 표준파형, 파두장, 파미장

(1) $1.2 \times 50\mu\text{s}$를 표준 충격으로 사용하고 있다.

(2) 파두장($T_f = t_1 - t_0 = 1.2\mu\text{s}$), 파두시간

① t_0 : 파고치의 30% 및 90%점을 통하는 시간 좌표축의 교점

② t_1 : 파고치의 90%점에 해당하는 시간

(3) 파미장($T_t = t_3 - t_0$), 파미시간

① t_2 : 파고치의 100%점에 해당하는 시간

② t_3 : 파고치의 50%점에 해당하는 시간

4. 규약 원점(virtual origin of an Impulse)

(1) 전압파에서 규약 원점

파고치의 30% 및 90%점을 통하는 시간 좌표축의 교점

(2) 전류파에서 규약 원점

파고치의 10%되는 시각보다 $0.1 T_f$ 앞선 시간

5. 규약 파두준도(virtual steepness of the front)

(1) 파고치를 규약 파두시간으로 제한한 값으로, 전압의 상승 기울기를 말한다.

(2) 표현식

$$\frac{E}{T_f}$$

여기서, E : 전압 파고치

136 다음의 용어를 설명하시오.

1. 뇌 충격전압파
2. 트래킹
3. 유전체손
4. 유전체 역률

(data) 발송배전기술사 22-127-1-2 / 발송배전기술사, 건축전기설비기술사, 전기안전기술사, 전기응용
기술사 출제예상문제

(comment) 한전[송·배전 기술 용어집]에서 출제되었다.

답안

1. 뇌 충격전압파

(1) 송전선이나 변전설비의 절연을 파괴하여 사고를 일으키는 이상전압 중에서 특히
피해가 현저한 것이 뇌 이상전압이다.

(2) 송·변전 설비의 뇌 이상전압에 대한 절연을 설계하든가 시험하고자 할 경우에는
뇌 이상전압을 대상으로 하여야 한다.

(3) 뇌 이상전압 중 자주 일어나는 대표적인 파형이면서, 인공적으로 쉽게 발생시킬
수 있는 파형을 그림과 같이 표준파형으로 선정하여 사용하고 있다.

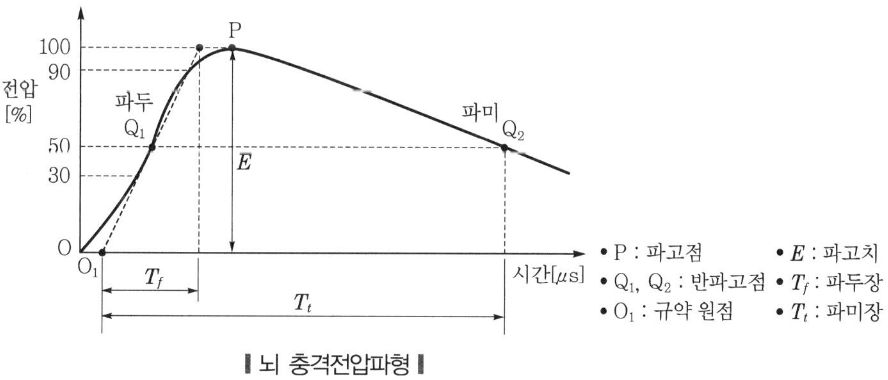

‖ 뇌 충격전압파형 ‖

(4) 표준 충격파형

파두길이가 1.2μs, 파미길이가 50μs를 사용하고 1.2×50μs로 표시한다.

① **파두길이** : 파고값의 30%에서 90%까지인 점을 직선으로 연결하여 이것이 연
장선과 만나는 점과 100%인 선과 만나는 점 사이의 시간

② **파미길이** : 파미의 파고치가 50%로 저하하기까지의 시간

2. 트래킹

(1) 정의

트래킹이란 절연물 표면상 연면방향으로 전계가 존재할 때 탄화도전로(track)가 형성되는 현상이다.

(2) 영향

① 절연물 연면방향의 절연성능에 악영향을 준다.

② 유기제 플라스틱 애자와 같이 외기와 접촉하고 있는 경우 먼지나 염분, 수분 등이 부착하기 쉽고, 부착량이나 부착분포에 따라 표면에 전류가 흐를 수 있다.

③ 그 결과 줄열에 의하여 Dry spot이나 Dry band라고 하는 국부적인 건조지대가 절연체 표면에 발생하고, 오손상태나 습윤상태에 따라 절연파괴로 진전된다.

④ 송전선로 애자는 자기제 애자라서 트래킹의 문제는 없으나, 배전선로는 전선이 대부분 절연전선으로 시설되므로 라인포스트 애자와 절연전선 바인드 체결에서 트래킹 발생으로 인한 애자의 폭발현상이 발생할 수 있다.

⑤ 따라서, 대부분 바인드리스로 전선을 애자에 채결하고 있다.

3. 유전체손(dielectric loss)

(1) 유전체손의 정의

흡수현상을 수반하는 고체 유전체에 교번전압을 인가하면 그 실효치와 동일한 직류 전압을 인가할 때보다 전력손실이 큰 것을 말한다.

(2) 원인과 영향

① 쌍극자배향에 의한 흡수전류로 인한 것이다.

② 흡수전류가 크면 유전체손도 증가한다.

③ 고전압에 있어서는 고체 유전체 중에 존재하는 기포 또는 공극이 고전계로 인해 이온화되어 코로나 방전을 일으킨다.

④ 이로 인해 코로나 손실이 발생하며 이것도 유전체손에 포함된다.

4. 유전체 역률(dielectric power factor)

(1) 전극 사이의 고체 유전체에 교번전압 V를 인가하면, 유전체에는 충전전류 I_c, 누설전류 I_g 및 쌍극자 전도전류 I_d가 다음 그림과 같이 흐른다.

416

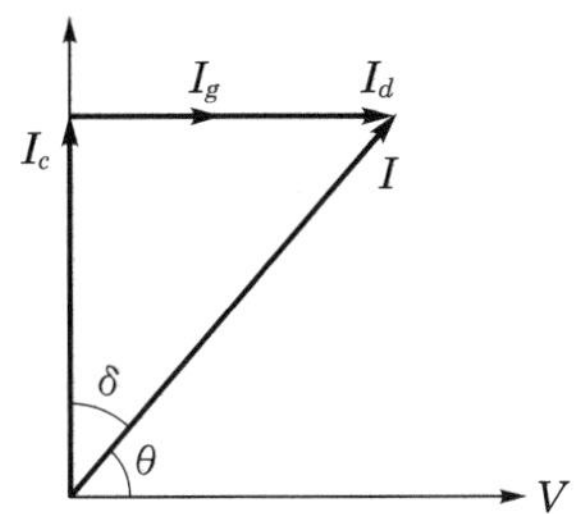

▌ 전압·전류의 벡터 다이어그램 ▌

(2) 이 경우 공급되는 전력, 즉 유전체에서 소비되는 전력은 다음과 같다.

$$VI\cos\theta = VI\sin\delta \fallingdotseq VI\tan\delta$$

여기서, $\cos\theta$: 유전체 역률, δ : 유전 손실각, $\tan\delta$: 유전정접

(3) 그림에서 누설전류 I_g는 대단히 적으므로 무시해도 된다.

(4) 정전용량을 C, 주파수를 f라 하여 $\omega = 2\pi f$라 하면, 유전체손 W는 대략 다음과 같다.

$$W = \omega CV^2 \tan\delta$$

여기서, C : 유전체의 비유전율 ε_r에 비례하므로 유전체손은 $\varepsilon_r \tan\delta$에 비례한다.

(5) 코로나가 발생하면 이 유전체손이 증가하기 때문에 유전체손의 측정은 고체 유전체의 절연열화의 정도를 판정하는 방법을 사용하고 있다.

SECTION 03 피뢰기

> **137** 피뢰기 설치위치와 피뢰기의 정격전압 결정 시 고려할 사항에 대하여 설명하시오.

(data) 발송배전기술사 16-110-3-3 / 발송배전기술사, 건축전기설비기술사, 전기안전기술사, 전기응용 기술사 출제예상문제

답안

1. 피뢰기의 설치위치

(1) 개념

특성 임피던스가 다른 지점이 만나는 장소에 피뢰기를 설치하여 침입하는 이상전압을 일정 값까지 방류하는 역할을 한다.

(2) 전기설비기술기준에서 정한 위치

① 발전소, 변전소 또는 이에 준하는 장소의 가공전선 인입구 및 인출구

② 가공 전선로에 접속하는 배전용 Tr의 고압 측 및 특고압 측

③ 고압 및 특고압 가공 전선으로부터 공급을 받는 수용장소의 입구

④ 가공 전선로와 지중 전선로가 만나는 곳

> **(reference)**
> 피뢰기는 왕복 진행하는 진행파이기 때문에 가능한 한 피보호기에 근접해서 설치하는 것이 유효하다.

⑤ 전기설비기술기준상 전압별 피뢰와 피 보호기기와의 최대 이격거리

전압[kV]	345	154	66	22.9
최대 이격거리[m]	85	65	45	20

(3) 피뢰기 위치와 보호할 대상의 이상전압 및 위치

① 변압기 단자에 걸리는 전압의 파고치

$$V_t = V_a + \frac{2Sl}{v} = V_a + 2St\,[\text{kV}] \quad\cdots\cdots\cdots\cdots\cdots\cdots\cdots\cdots \text{식 1)}$$

여기서, V_t : 피뢰기의 제한전압[kV]

S : 파두준도[kV/μs]

(가공 선로 : 200kV/μs 정도, 케이블 : 500kV/μs 정도)

$l = vt$: 이격거리[m]

$$t = \frac{l}{v} \; : \; 전파시간[s]$$

$$v \; : \; 진행파의 \; 전파속도[m/\mu s]$$

$$(가공 \; 선로 : 300m/\mu s, \; 케이블 : 150 \sim 200m/\mu s)$$

② 이격거리 l이 길면 길수록, 식 1)과 같이 제한전압은 상승한다.

③ 따라서, 피뢰기를 변압기에 근접시킬수록 변압기로 오는 투과전압, 즉 피뢰기의 제한전압은 낮아지므로 절연 협조상 상당히 유리하다.

2. 피뢰기의 정격전압 결정 시 고려사항

(1) 정격전압 = 공칭전압 × 1.4/1.1 (비유효접지 계통)

(2) 정격전압 = $\alpha\beta V_m = KV_m$

여기서, α : 접지계수(유효접지 계통 : 75 ~ 85%, 비유효접지 계통 : 100, 110%)

β : 유도(유효접지 계통 1.1, 비유효접지 계통 1.15)

$K = \alpha\beta = 115\%$

V_m : 최고 허용전압(계통의 최고 허용전압은 공칭전압의 1.2배 정도)

(3) 공칭전압을 V라 할 경우

① 직접 접지계의 정격전압 = 0.8 ~ 1.0V

② 비유효접지계의 정격전압 = 1.4 ~ 1.6V

(4) LA의 정격전압의 적용 예

① 보통 선간전압의 1.4배 정도이다.

② 상용주파 이상전압의 크기는 유효접지계에서 1선 지락 시에 1.2 ~ 1.4배 정도이다.

③ 345kV 피뢰기의 정격전압

$$V_L = 1.15\alpha \, V_m = 1.15 \times 1.2 \times \frac{362}{\sqrt{3}} = 288\,kV$$

④ 154kV 피뢰기의 정격전압

$$V_L = 1.15 \times 1.2 \times \frac{362}{\sqrt{3}} = 288\,kV$$

공칭진입[kV]	중성점 접지방식	LA 정격전압[kV]	비고
765	직접 접지(유효)	612kV	• ( )는 ANSI 규정 • 정격전압 선정 시 고려사항 – 중성점 접지방식 – 계통의 최고 전압을 상회하는 LA 정격전압일 것
345	직접 접지(유효)	288kV	
154	직접 접지(유효)	138(144)	
22.9	직접 접지(유효)	21(선로용) or 18kV(수용가용)	

(5) 피뢰기 호칭

① 최고 전압을 기준으로 피뢰기 정격전압의 비로서 부른다.

② 적용 예

㉠ 345kV 계통 : $\dfrac{288}{362} = 0.8$, 80% 피뢰기

㉡ 154kV 계통 : $\dfrac{144}{169} = 0.8$, 85% 피뢰기

㉢ 66kV 계통 : $\dfrac{84}{72} = 1.15$, 115% 피뢰기

---

138 피뢰기 정격전압의 정의와 정격전압 결정 시 고려사항에 대하여 설명하시오.

data 발송배전기술사 19-118-1-6 / 발송배전기술사, 건축전기설비기술사, 전기안전기술사, 전기응용
기술사 출제예상문제

답안

1. 피뢰기 정격전압의 정의

(1) LA의 정격전압이란 상용 주파 허용 단자전압으로 피뢰기에서 속류를 차단할 수
있는 최고의 상용 주파수의 교류전압으로 실횻값으로 나타낸다.

(2) 피뢰기 양단자 간에 인가한 상태에서 소정의 단위동작 책무를 소정의 횟수만큼
반복수행할 수 있는 속류 차단 가능한 정격 주파수의 상용 주파 전압의 실횻값
이다.

(3) LA의 정격전압 4가지 선정방법

① 유효접지 계통 LA의 정격전압

$$V_L = \alpha \beta V_m$$

여기서, α : 접지계수, β : 여유율, V_m : 계통 최고 전압

㉠ 접지계수(α) : 1선 지락 시 건전상의 대지전위 상승값과 상규 선간전압과
의 비

$$접지계수\ \alpha = \dfrac{1선\ 지락\ 시\ 건전상의\ 대지전위}{지락\ 전\ 최대\ 선간전압}$$

㉡ 공칭전압(접지계수) : 22kV(0.8), 154kV(0.75), 345kV(0.67), 765kV(0.64)

ⓒ 여유율 β : 유효접지 1.05 ~ 1.1, 비유효접지 1.15 정도

ⓔ 최고 전압 V_m : 해당 계통 지속운전이 가능한 최고 전압, 공칭전압 $\times \dfrac{1.15}{1.1}$

② 비유효접지 계통 : $V_n = V \times \dfrac{1.4}{1.1} [\mathrm{kV}]$

③ 직접 접지 : $V_n = V \times 0.8 \sim 1.2 [\mathrm{kV}]$

④ 저항 접지, 소호 리액터 접지 : $V_n = V \times 1.4 \sim 1.6 [\mathrm{kV}]$

2. 정격전압 결정 시 고려사항

(1) 정상시

① 단시간 과전압에 동작하지 않을 것

② 페란티 현상, 자기여자 현상, 1선 지락 시 건전상 전위 상승값에 부동작

③ 접지방식에 따라 단시간 과전압 양상이 다르므로 유효접지를 선정할 때 검토할 것

(2) 방전 시

① 제한전압 : 정격전압의 1.6 ~ 3.6배이므로 제한전압과 Tr 내량 확인

② 방전내량 : 공칭 방전전류에 견딜 수 있는 정격전압 선정

(3) 절연협조

① 피뢰기 위치 검토

$$V_t = V_u + \frac{2Sl}{v} = V_u + 2St \, [\mathrm{kV}] \qquad \cdots\cdots\cdots \text{식 1)}$$

여기서, V_t : 피뢰기의 제한전압[kV]

S : 파두준도[kV/μs]

(가공 선로 : 200kV/μs 정도, 케이블 : 500kV/μs 정도)

$l = vt$: 이격거리[m]

$t = \dfrac{l}{v}$: 전파시간[s]

v : 진행파의 전파속도[m/μs]

(가공 선로 : 300m/μs, 케이블 : 150 ~ 200m/μs)

② 피보호기기 절연레벨

㉠ 계통 최고 전압(V_m)

㉡ 정격전압 : 속류차단 가능한 접지계수와 여유계수를 고려한 계통 최고 전압의 실효치

421

ⓒ 제한전압 : 정격전압 × (1.6 ~ 3.6)배

ⓓ 변압기 BIL : 제한전압 × 1.2배 (약 20% 여유를 줌)

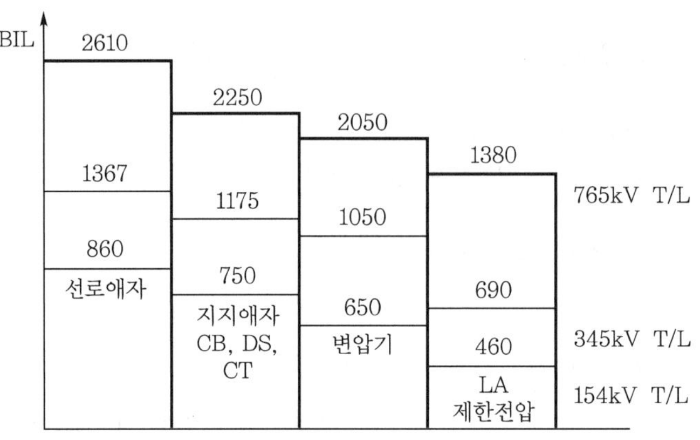

‖ 절연강도 비교표 ‖

139 변압기의 절연강도를 피뢰기 제한전압과 관련하여 설명하시오.

data 발송배전기술사 18-116-3-6 / 발송배전기술사, 건축전기설비기술사, 전기안전기술사, 전기응용기술사 출제예상문제

답안

1. 피뢰기의 개념

(1) 전력 계통 및 기기에 있어서 외뢰(직격뢰 및 유도뢰)에 대한 절연협조를 반드시 해야 한다. 그러나 절연강도 유지상 외뢰에 견딜 수 있게 하는 것은 경제적 여건상 문제점이 많다. 따라서 피뢰기를 통한 외뢰 및 내뢰를 억제시키는 것을 전제로 절연협조의 기본이 설정된다.

(2) 전력 계통에서 발생하는 외뢰 및 내뢰의 이상전압 방지의 역할을 LA(Lighting Arrester)가 한다. 즉, 이상전압을 신속하게 방전하고 속류를 차단한다.

2. 피뢰기의 제한전압

(1) 정의

① 방전으로 저하되어 피뢰기 단자 간에 남게 되는 충격전압의 파고치

② 방전 중 피뢰기 단자에 걸리는 전압

③ 공칭 방전전류에서의 피뢰기 단자전압

(2) 피뢰기의 제한전압 유도

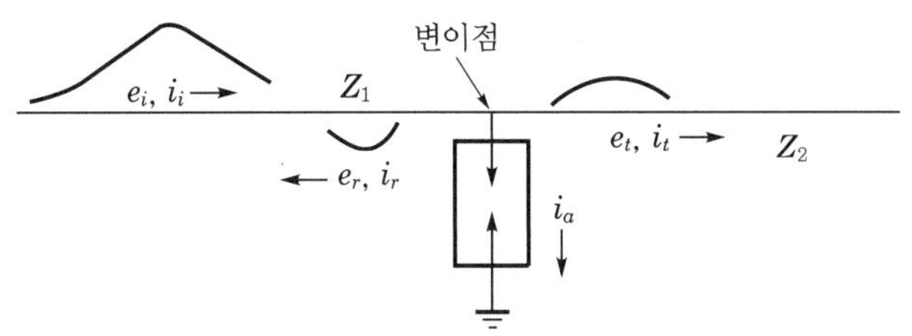

여기서, Z_1, Z_2 : 피뢰기 설치점(변이점) 전후의 특성 임피던스$\left(Z_1 = \sqrt{\dfrac{L_1}{C_1}},\ Z_2 = \sqrt{\dfrac{L_2}{C_2}}\right)$

e_i, i_i : 입사파 전압·전류, e_r, i_r : 반사파 전압·전류

e_t, i_t : 투과파 전압·전류, e_a : 제한전압, i_a : 피뢰기의 방전전류

❚ 피뢰기 설치점 전후의 이상전압과 방전전류 ❚

① 그림에서 전압은 키르히호프 제2법칙을 적용하면,

$$e_i - e_r = e_t = e_a \qquad \text{……………………………………………… 식 1)}$$

전류는 키르히호프 제1법칙을 적용하여

$$i_i - i_r = i_a + i_t \qquad \text{……………………………………………… 식 2)}$$

옴의 법칙을 적용하여

$$e_i = Z_1 i_1,\quad v_r = -Z_1 i_r,\quad v_t = Z_2 i_t \qquad \text{…………………… 식 3)}$$

② 식 1)에 식 2)와 3)을 대입하여 정리하면,

$$e_a + Z_1\left(\frac{e_a}{Z_2}\right) = 2e_i - Z_1 i_a$$

$$e_a\left(1 + \frac{Z_1}{Z_2}\right) = 2e_i - Z_1 i_a$$

$$e_a = \frac{2e_i - Z_1 i_a}{1 + \dfrac{Z_1}{Z_2}} = \frac{2Z_2}{Z_1 + Z_2}e_i - \frac{Z_1 Z_2}{Z_1 + Z_2}i_a$$

$$= \frac{2Z_2}{Z_1 + Z_2}\left(e_i - \frac{Z_1}{2}i_a\right) \qquad \text{…………………………………… 식 4)}$$

③ 피뢰기를 설치해 보호하는 기기에 $\dfrac{Z_1 Z_2}{Z_1 + Z_2}i_a$ 만큼의 충격를 회피시킬 수 있음을 나타내고 그만큼 기기의 절연강도를 완화시킬 수 있어 경제성 효과가 우수하다.

3. 변압기의 절연강도와 피뢰기 제한전압의 관계

(1) 변압기의 절연강도 > (피뢰기의 제한전압 + 피뢰기 접지저항의 저항강하)

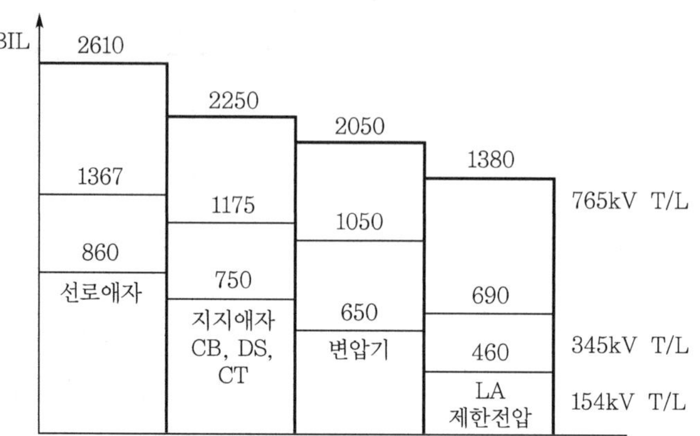

∥ 절연강도 비교표 ∥

(2) 피뢰기의 제한전압과 계통의 BIL과의 관계 예

① 제한전압 $= \mathrm{BIL} \times 0.8$ 정도

② 충격 방전개시전압 ≒ $\mathrm{BIL} \times 0.85$ 정도

4. 피뢰기 제한전압을 고려한 154kV 유효접지 계통의 변압기 절연설계

(1) 피뢰기 정격전압의 결정

피뢰기 정격전압 $V = \alpha \beta V_m$

여기서, α : 접지계수, β : 여유계수, V_m : 계통 최고 전압

예 154kV용 피뢰기 정격전압 : $154 \times \dfrac{1.2}{1.1} \times 0.75 \times 1.15 = 144\,\mathrm{kV}$

(2) 피뢰기 제한전압의 결정

피뢰기 제한전압 $=$ 피뢰기 정격전압 $\times (2.6 \sim 3.2)$

예 154kV용 피뢰기 제한전압 : $144 \times 3.2 = 460\,\mathrm{kV}$

(3) 기기의 절연강도 결정

① 변압기의 절연강도 > (피뢰기의 제한전압 + 피뢰기 접지저항의 저항강하)

예 154kV 변압기 절연강도 > $[460\,\mathrm{kV} + (10\,\mathrm{kA} \times 10\,\Omega) = 560\,\mathrm{kV}]$

② 의미 : 이상전압이 내습하더라도 피뢰기가 보호해준다는 전제로 변압기의 절연강도를 560kV 이상만 하면 된다는 의미

(4) LA를 설치하여 변압기의 BIL을 저감시킴

① 전절연 시 $BIL = 5E + 50 = 5 \times 140 + 50 = 750\,kV$

여기서, E : 절연계급

② 유효접지 계통에서는 저감 절연이 가능하므로 피뢰기 제한전압을 기준으로 위의 변압기 절연 강도식을 만족하는 범위에서 저감 절연이 가능하다.

③ 저감 절연을 적용 시 1단 저감하여 650kV로 절연한다.

④ 변압기의 절연강도가 낮을 수 있는 것은 피뢰기가 보호해 주기 때문이다.

⑤ 그러므로 피뢰기 제한전압이 낮을수록 변압기 절연강도값이 낮아지므로 2단, 3단 저감 절연까지 가능해진다.

⑥ 1000kV 이하 시에는 1단 저감할 때마다 100kV 저감하고, 1000kV 초과 시에는 1단 저감할 때마다 250kV씩 저감한다.

---

140 피뢰기에 관한 다음의 용어를 설명하시오.

1. 정격전압
2. 제한전압
3. 방전전류
4. 상용주파방전 개시전압
5. 충격방전 개시전압

data 발송배전기술사 17-113-1-10 / 발송배전기술사, 건축전기설비기술사, 전기안전기술사, 전기응용 기술사 출제예상문제

답안 1. 정격전압

(1) LA의 정격전압이란 상용 주파 허용 단자전압으로 피뢰기에서 속류를 차단할 수 있는 최고 상용 주파수의 교류전압으로 실횻값으로 나타낸다.

(2) 피뢰기 양단자 간에 인가한 상태에서 소정의 단위동작 책무를 소정의 횟수만큼 반복 수행할 수 있는 정격 주파수의 상용 주파 전압의 실횻값이다.

2. 제한전압

(1) 피뢰기 방전 중 이상전압이 제한되어 피뢰기의 양단자 사이에 남는 (충격)임펄스 전압으로, 방전 개시의 파고값과 파형으로 정해지며, 파고값으로 표현한다.

(2) 제한전압과 절연협조

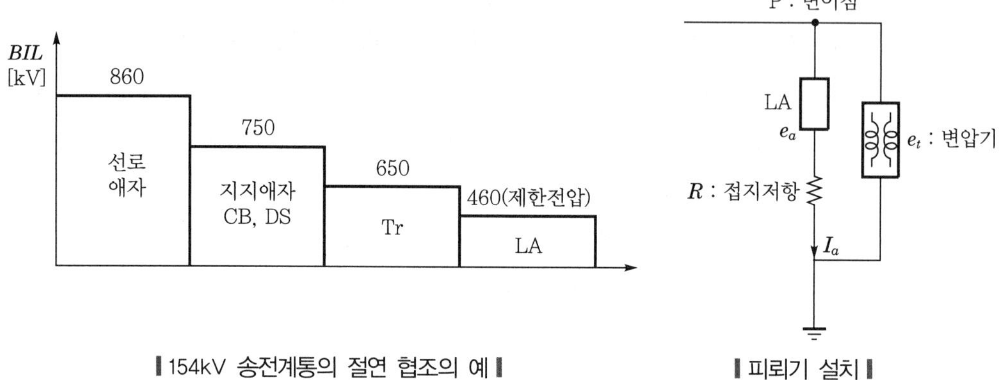

┃ 154kV 송전계통의 절연 협조의 예 ┃　　　　┃ 피뢰기 설치 ┃

3. 방전전류

(1) 정의

　　Gap의 방전에 따라 피뢰기를 통해서 대지로 흐르는 충격전류

(2) 피뢰기의 방전전류의 허용 최대 한도를 방전내량이라 하며, 파고값이다.

4. 상용주파방전 개시전압

(1) 상용 주파수의 방전개시전압(실횻값)을 상용주파방전 개시전압이라고 하는데 보통 이 값은 피뢰기의 정격전압의 1.5배 이상이 되도록 잡고 있다.

(2) 154kV 경우 $138 \times 1.5 \fallingdotseq 207\,\mathrm{kV}$

5. 충격방전 개시전압

(1) 피뢰기의 단자 간에 충격전압을 인가하였을 경우 방전을 개시하는 전압을 충격방전 개시전압이라고 한다.

(2) 다음과 같은 값을 충격비라고 부르고 있다.

$$\text{충격비} = \frac{\text{충격방전 개시전압}}{\text{상용주파방전 개시전압의 파고값}}$$

141 피뢰기에 대하여 다음 물음에 답하시오.

1. 피뢰기의 방전내량에 대하여 설명하시오.
2. 피뢰기 적용 시 고려사항을 설명하시오.
3. 피뢰기 설치장소를 쓰고 그림에서 피뢰기 시설이 의무화되어 있는 장소를 도면에 그리고 $\otimes$ 표시하시오.

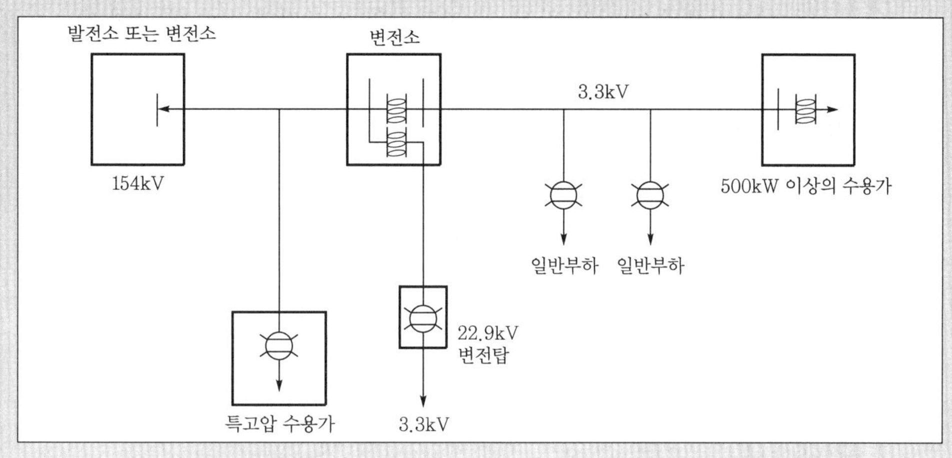

(data) 발송배전기술사 17-111-2-6 / 발송배전기술사, 건축전기설비기술사, 전기안전기술사, 전기응용기술사 출제예상문제

답안

1. 피뢰기의 방전내량(공칭 방전전류)

(1) 정의

Gap의 방전에 따라 피뢰기를 통해서 대지로 흐르는 충격전류를 피뢰기이 방전전류라 한다.

(2) 피뢰기 방전전류의 허용 최대 한도를 방전내량이라 하며, 파고값으로 나타낸다.

(3) 방전전류의 적용 예

적용 개소	공칭 방전전류	비고
발전소, 154kV 이상 전력계통, 66kV 이상 S/S, 장거리 T/L용	10kA	765kV용은 20kA의 공칭 방전전류
변전소(66kV 이상 계통, 3000kVA 이히 뱅그에 적용)	5kA	
배전선로용(22.9kV, 22kV) 일반수용가용(22.9kV용)	2.5kA	

(4) 선로 및 발·변전소의 차폐 유무와 그 지방의 IKL을 참고로 하여 결정한다.

2. 피뢰기 적용 시 고려사항

(1) 충격방전 개시전압이 낮을 것

이상전압 내습 시 충격방전 개시전압이 피보호기기의 기준 충격절연강도(BIL)보다 충분히 낮아야 한다.

(2) 제한전압이 낮을 것

뇌 충격전류를 대지로 방전 시 피뢰기의 단자전압 상승이 제한전압 이하로 충분하게 낮아져야 한다.

(3) 속류 차단이 확실할 것

정상 시 발생할 수 있는 속류를 실질적으로 차단하고 동작책무가 확실해야 한다.

(4) 특성 요소가 뇌 전류 방전에 필요한 내량을 가지고 있을 것

특성 요소의 에너지 흡수 능력이 커야 한다.

(5) 반복동작이 가능할 것

속류 차단의 반복동작을 오랜 기간 동안 사용하는 것에 견딜 수 있어야 한다.

(6) 구조가 견고하고 특성이 변화하지 않을 것

3. 피뢰기 설치장소

(1) 피뢰기 설치장소의 기준

① 발전소, 변전소 또는 이에 준하는 장소의 가공선로 인출구 및 인입구에 설치한다.

② 고압 또는 특고압 가공 선로로부터 공급받는 수용장소의 인입구에 설치한다.

③ 가공 전선로에 접속하는 배전용 변압기 고압 측 및 특고압 측에 설치한다.

④ 가공 전선로와 지중 전선로가 접속되는 곳에 설치한다.

(2) 도면상 피뢰기의 설치장소 표시

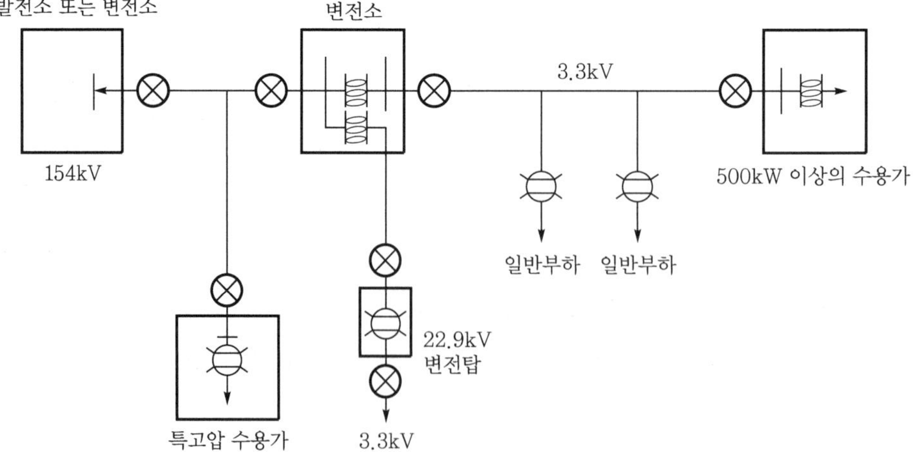

142 배전선로용 피뢰기의 성능 및 시험과 피뢰기 설치기준을 각각 설명하시오.

data 발송배전기술사 20-122-3-6 / 발송배전기술사, 건축전기설비기술사, 전기안전기술사, 전기응용
기술사 출제예상문제

답안 1. 피뢰기의 성능

  (1) 피뢰기의 구비조건

    ① 충격방전 개시전압이 낮을 것

    ② 상용주파방전 개시전압이 높을 것

    ③ 이상전압(뇌 개폐 서지) 침입 시 신속한 방전이 가능할 수 있게 충격비가 낮
      을 것

    ④ 방전내량이 크고, 통전 시 단자전압을 일정 레벨 이하로 억제하도록 제한전압
      이 낮을 것

    ⑤ 속류 차단능력이 신속하여 자복기능(자복 : 자동 복구)이 있을 것

    ⑥ 경년변화에도 열화가 쉽게 안 될 것

    ⑦ 우수한 비직선성 전압-전류 특성을 갖을 것

    ⑧ 반복동작에 특성이 열화되지 않을 것

    ⑨ 경제적일 것

  (2) 배전용 폴리머 피뢰기(CS 5920)

    ① 기준전압 : 1mA 전류 인가 시 양단자 간 전압 DC 22.9kV 이상

    ② 정격전압 - 18kV, 연속 운전전압 최저치 - 15.3kV, 공칭 방전전류 : 5kA

    ③ 제한전압 : 뇌 충격 파고치는 65kV, 정격 차단전류 파고치는 75kV

    ④ 동작책무 : 공칭 방전전류에 대한 제한전압은 5% 미만으로 변화, 열폭주가 없
      어야 함

    ⑤ 단락내력 : 용기 폭발이 없어야 하며 내부 아크로 인한 화재에도 자기소화
      기능

    ⑥ 부분방전 : 최대 연속 동작전압 1.05배, 전압 인가 시 10pC 이내

    ⑦ 내구성 : 공칭 방전전류에 대해 구조 및 성능 열화가 없어야 함

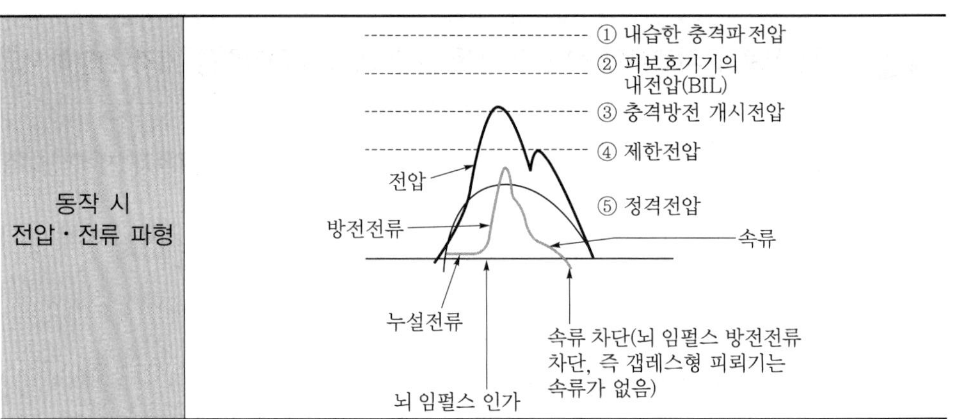

2. 배전용 피뢰기의 시험 및 검사

시험은 인정시험, 검수시험, 참고시험으로 구분한다.

No	시험항목	인정시험	검수시험	참고시험
1	구조검사	○	○	
2	누설전류시험	○	○	
3	기준전압 측정	○	○	
4	제한전압시험	○	○	
5	장시간 안전성 검증	○		
6	반복 전하 전송 정격시험	○		
7	열화산 거동 검증시험	○		
8	동작책무 시험	○		
9	상용 주파 전압-시간 특성시험	○		
10	단락회로 내력시험	○		
11	피뢰기 단로기시험	○		
12	절연내력시험	○		
13	기계적 특성 및 내열화성 시험	○		
14	오손시험	○		
15	특성 요소의 $V-I$ 특성			○
16	부분방전시험	○	○	
17	전류분배시험	○		
18	RIV 시험	○		
19	도금시험	○	○	
20	피뢰기 내부 구성품 절연내력시험	○		
21	내부 그레이딩 구성품시험	○	○	

3. 피뢰기 시설[전기설비기술기준 제34조]

(1) 고압 및 특고압의 전로 중 다음에 열거하는 곳 또는 이에 근접한 곳에는 피뢰기를 시설하여야 한다.

① 발전소, 변전소 또는 이에 준하는 장소의 가공전선 인입구 및 인출구

② 가공 전선로에 접속하는 배전용 Tr의 고압 측 및 특고압 측

③ 고압 및 특고압 가공 전선으로부터 공급을 받는 수용장소의 입구

④ 가공 전선로와 지중 전선로가 만나는 곳

> **reference**
> 피뢰기는 가능한 한 피보호기에 근접해서 설치하는 것이 유효하다. 왕복 진행하는 진행파이기 때문이다.

(2) 피뢰기와 피보호기기의 거리

‖ LA의 최대 유효 이격거리 ‖

전압[kV]	변압기 BIL	유효 이격거리	전압[kV]	변압기 BIL	유효 이격거리
345	1050	85m	66	350	45m
154	650	65m	22 22.9	150	20m

(3) 피뢰기와 피보호기기의 이격거리가 근접할수록 유리한 이유

> **comment** 단독으로 배점 10점 예상된다.

① 파두준도 S가 속도 v로 피뢰기와 변압기 사이를 왕복한 시간을 t_1, 입사파와 반사파가 중첩되어 파두준도가 $2S$로 되어 변압기 단자에 노달하는 시산을 t_2리 히면 다음 그림과 같이 설명된다.

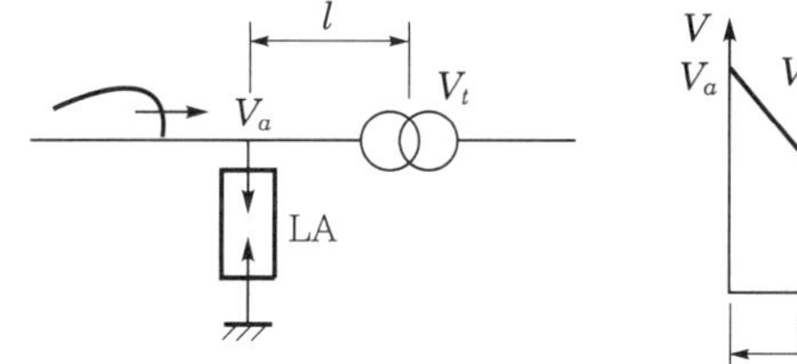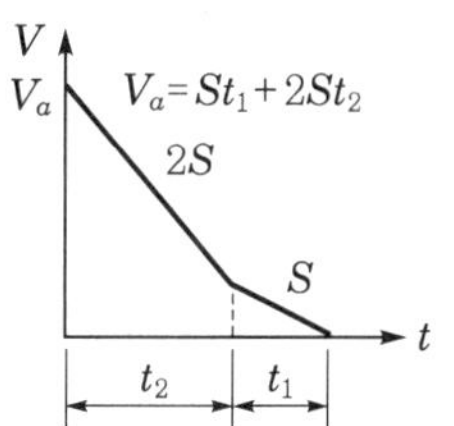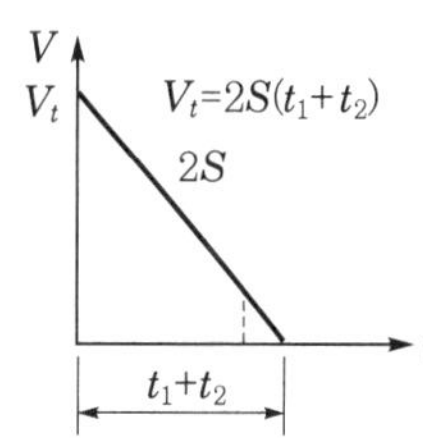

여기서, V_t : 기기에 걸리는 전압[kV], V_a : 피뢰기 제한전압[kV], S : 침입파의 파두준도[kV/μs]

l : 피뢰기와 기기와의 거리[m], v : 서지의 전파속도[m/μs]

‖ 피뢰기 제한전압(V_a)과 변압기 단자전압(V_t)의 관계도 ‖

㉠ $t_1 = \dfrac{2l}{v}$, $\quad V_t = 2S(t_1 + t_2) = 2St_1 + 2St_2$, $\quad V_a = St_1 + 2St_2$

㉡ $V_t - V_a = St_1 = S \times \dfrac{2l}{v} = 2St \quad \left(\because t = \dfrac{l}{v} \right)$

ⓒ $V_t = V_a + 2St = V_a + \dfrac{2Sl}{v}$

② 투과파 전압은 변압기 단자에서 정반사하고, 다시 피뢰기에서 부반사하여 변압기로 되돌아오므로 $2St$만큼의 전압 상승이 변압기 단자에서 발생한다.

③ 상기 식과 같이 투과전압은 피뢰기와 피보호기기의 이격거리에 비례하여 상승한다.

④ 따라서, 이격거리를 작게 하면 전압 상승이 작아 유리하다.

(4) 절연협조 검토사항

① 기기의 절연강도와 보호레벨

② 접지저항을 저감시킬 것

③ 피뢰기와 피보호기기의 거리를 단축시킬 것

④ 절연협조 불가 시 대책

ㄱ 피뢰기 위치 재검토

ㄴ 차폐 개선 : 인입선 차폐를 강화하고 방전전류를 낮추며 보호레벨을 낮춘다. 특히 가공 고압 배전선로에서는 가공 지선을 설치하여 가공 지선의 Loop화로 뇌격 시 가공 지선을 통한 뇌격 전류의 분류효과 최대화

ㄷ 절연레벨 향상 : 기기 절연레벨을 1단 상승

ㄹ 계통 특성 향상 : 유효접지 검토, 개폐서지 저감, 지속성 이상전압 저감

---

reference

(1) 피뢰기의 연속운전 전압(ES5920-0005 기준)

comment 별도로 배점 10점이 예상된다.

① 정의 : 피뢰기 단자 간에 연속적으로 인가할 수 있는 상용주파 전압의 실효치

② 고려사항 : 계통 최고 전압과 발생 가능한 고조파 전압 상승분을 충분히 고려할 것

③ LA 정격전압별 피뢰기의 연속 운전전압

정격전압[kV]	연속 운전전압 최저치[kV]	비고
576	462	$800/\sqrt{3}$
288	230	-
144	115	-
72	57	-
24	19.5	-
21	17	-
18	15.3	-

(2) 대전류 동작책무

comment 별도로 배점 10점이 예상된다.

① 금속산화물 피뢰기는 $4/10\mu s$의 전류를 인가시킨 전후의 공칭 방전전류에 대한 제한전압이 다음 표의 값 이상 변하지 말아야 한다.

② 비직선 저항기의 관통 및 섬락의 흔적이나 손상이 없어야 한다.

③ 열적 안정성을 평가하여 열 폭주의 징후가 없어야 한다.

▌공칭 방전전류별 최대 전류 및 제한전압 변화 ▌

공칭 방전전류	최대 전류(kA, 파고치)	공칭 방전전류에 대한 제한전압 변화(최대)
20kA	125	±5%
10kA	100	±5%
5kA	65	±5%
2.5kA	25	±5%

(3) 피뢰기의 제한전압

정격전압 (kV, 실효치)	뇌충격(kV, 파고치)				개폐 충격 (kV, 파고치)	급준전류 (kV, 파고치)
	20kA 피뢰기	10kA 피뢰기	5kA 피뢰기	2.5kA 피뢰기		
18	–	–	–	65	–	75
21	–	76	76	–	60[1]	88
24	–	87	87	–	70[1]	100
72	–	270	270	–	188[1]	310
144	–	375	–	–	315	413
288	–	750	–	–	630	526
576	1400	–	–	–	1300	1500

* 1) 개폐 충격은 10kA 피뢰기에만 적용한다.

> **143** 피뢰기를 피보호기기에 근접하여 설치하는 이유에 대하여 설명하시오.
>
> **143-1** 피뢰기를 피보호기기에 가까이 설치해야 하는 이유를 수식을 쓰고 설명하시오.

data 발송배전기술사 24-133-1-11, 건축전기설비기술사 23-129-1-4 / 발송배전기술사, 건축전기설비기술사, 전기안전기술사, 전기응용기술사 출제예상문제

답안

1. 피뢰기 설치 개념도

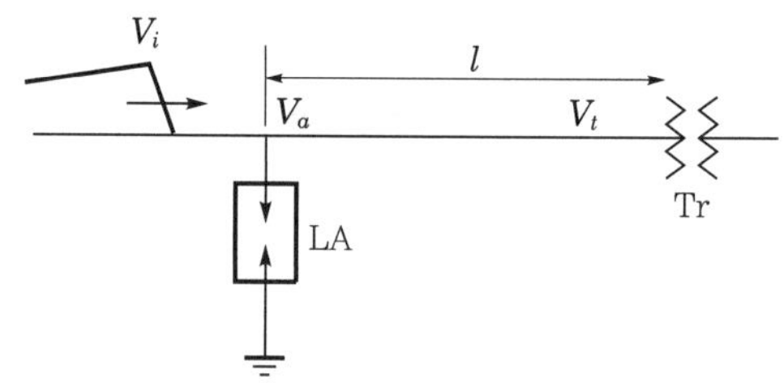

2. 피뢰기 제한전압과 변압기 단자전압의 해석으로 본 피보호기기에 근접 설치가 효과적인 이유

(1) 파두준도 S가 속도 v로 침입하여 변이점 이후의 변압기에 도달한 후 왕복하는 시간(t_1)

$$t_1 = \frac{2l}{v} \quad \cdots\cdots \text{식 1)}$$

여기서, l : 변이점에서 이격된 지점의 변압기까지의 거리

(2) 변압기의 단자전압(V_t)

$$V_t = 2S(t_1 + t_2) = 2St_1 + 2St_2 \quad \cdots\cdots \text{식 2)}$$

혹은, $V_t = V_a + \dfrac{2Sl}{v} = V_a + 2St$

여기서, S : 침입파의 파두준도[kV/μs](차폐선로 500kV/μs, 일반선로 200 kV/μs)

t_2 : 입사파와 반사파가 중첩된 $2S$가 제한전압에 도달하는 시간

V_a : 피뢰기의 제한전압

(3) 피뢰기의 제한전압(V_a)

$$V_a = St_1 + 2St_2 \quad \cdots\cdots \text{식 3)}$$

(4) 식 2) − 식 3)하면

$$V_t - V_a = St_1 \quad \text{··· 식 4)}$$

(5) 식 1)을 식 4)에 대입하면

$$V_t - V_a = S\left(\frac{2\,l}{v}\right) \quad \text{····························· 식 5)}$$

(6) $V_t = V_a + S\left(\frac{2\,l}{v}\right) = V_a + 2\,St \quad \text{················ 식 6)}$

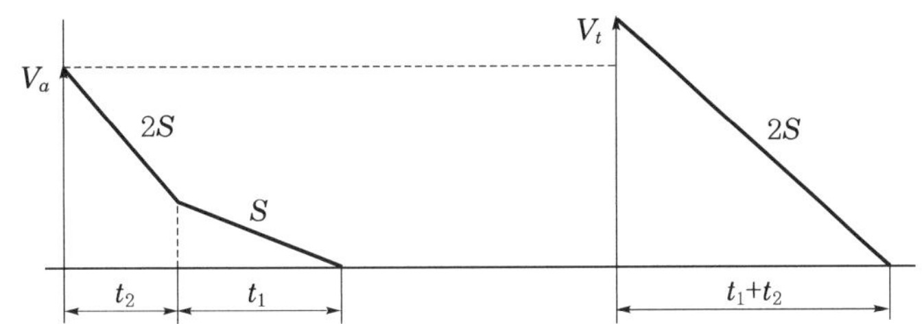

- t_1 : 파두준도 S가 속도 v로 침입하여 변이점 이후의 변압기에 도달한 후 왕복하는 시간
- t_2 : 입사파와 반사파가 중첩된 $2S$(파두준도의 2배)가 제한전압에 도달하는 시간

(a) 피뢰기의 제한전압   (b) 변압기 단자전압

‖ 피뢰기의 제한전압(V_a)과 변압기의 단자전압(V_t) ‖

(7) 위 식 6)과 같이 피보호기기의 단자전압(V_t)은 이격거리(l)에 비례하여 증가한다.

(8) 이격거리 l이 길면 길수록, 식 3)과 같이 제한전압은 상승한다.

(9) 피뢰기를 변압기에 근접시킬수록 변압기로 오는 투과전압, 즉 피뢰기의 제한전압은 낮아지므로 절연협조상 상당히 유리하다.

(10) 전압별 피뢰와 피보호기기와의 최대 이격거리

전압[kV]	345	154	66	22.9
최대 이격거리[m]	85	65	45	20

144 345kV 및 154kV 변압기 중성점 피뢰기의 정격전압을 선정하고, 발전기 무부하 운전 중 주변압기(22/345kV, △−Y 결선, 중성점 비접지)의 2차(고압) 측에서 1선 지락 발생 시 중성점에 설치된 피뢰기의 건전성을 판정하시오.

data 발송배전기술사 19-118-3-2 / 발송배전기술사, 건축전기설비기술사, 전기안전기술사, 전기응용 기술사 출제예상문제

답안 **1. 345kV 및 154kV 변압기 중성점 피뢰기의 설치목적**

(1) 유효접지를 만족시키는 범위 내 일부 변압기의 중성점은 부동(floating) 운전한 다(전부가 아님).

(2) 중성점 부동 운전 시(중성점 개방운전) 변압기는 뇌임펄스나 스위칭 서지에 의한 위협에 노출되므로 중성점 보호용 피뢰기를 중성점과 대지 사이에 설치할 것

2. 변압기 중성점용 피뢰기 정격전압

(1) IEC 60099-5-2000의 기준

중성점용 피뢰기의 정격전압 ≥ 상과 대지 사이에 설치되는 피뢰기 정격전압×0.6

(2) IEEE Std C62.22-1997

① 원칙 : 대칭좌표법을 이용하여 계산하여 정격전압을 정한다.

② 계통의 상전압과 동일하게 결정하는 경우 : 전력용 변압기가 퓨즈에 의한 보호 또는 다른 단상 개폐기 등에 의해 개폐되는 경우 나머지 한 상이 개방되지 않은 상태일 경우

comment 한국전기기술진들이 미국 사업할 경우 미국설계자들과 약간의 의견충돌이 있는 부분이다. 미국 전기설계인들은 미국 변호사보다 수입이 높은 경우가 많다.

(3) 한전 설계기준 DS-1031

다음 표처럼 154kV, 345kV 중성점과 대지 간의 상용주파 단시간 과전압 배수 - 0.68 적용

▌상용주파 단시간 과전압 개폐 과전압▐

전압별[kV]	구분		과전압 배수[pu]	1pu당 기준전압[kV]
154	상용주파 단시간 과전압	상-대지 간	1.35	$1\text{pu}=\dfrac{170}{\sqrt{3}}$
		중성점-대지 간	0.68	
	개폐 과전압	상-대지 간	3.3	$1\text{pu}=\dfrac{\sqrt{2}\times170}{\sqrt{3}}$
		중성점-대지 간	4.6	
345	상용주파 단시간 과전압	상-대지 간	1.35	$1\text{pu}=\dfrac{362}{\sqrt{3}}$
		중성점-대지 간	0.68	
	개폐 과전압	상-대지 간	2.5	$1\text{pu}=\dfrac{\sqrt{2}\times362}{\sqrt{3}}$
		중성점-대지 간	4.0	

3. 154kV, 345kV 변압기의 중성점 피뢰기 정격전압

(1) 154kV 중성점 피뢰기 정격전압

① 계통 최고 전압 기준 : 170kV

② 중성점 피뢰기 정격전압 $V_N = \alpha\beta V_m = 0.68 \times 1 \times \dfrac{170}{\sqrt{3}} = 66.74\,\text{kV}$

③ 중성점 피뢰기는 IEC 60099-4에서 6으로 나뉘어지는 것을 권고안으로 적용하여 72kV로 선정한다$\left(66.7\ \text{이상으로 6으로 나누어지는 값}\ \dfrac{66.7}{6} = 12\right)$.

(2) 345kV 중성점 피뢰기 정격전압

① 계통 최고 전압 기준 : 362kV

② 중성점 피뢰기 정격전압 $V_N = \alpha\beta V_m = 0.68 \times 1 \times \dfrac{362}{\sqrt{3}} = 142.1\,\text{kV}$

③ 중성점 피뢰기는 IEC 60099-4에서 6으로 나뉘어지는 것을 권고안을 적용하여 144kV로 선정한다$(144 \div 6 = 24)$.

4. 발전기 무부하 운전 중 주변압기(22/345kV, D-Y, 중성점 비접지)의 고압 측 1선 지락 발생 시 중성점에 설치된 피뢰기의 건전성 판정

(1) '3'의 계산값으로 정한 주변압기 345kV의 중성점 피뢰기 정격전압 : 144kV

(2) 발전기 무부하 운전 중이므로 345kV 측은 345kV 전압이 인가된 상태에서 1선 지락 시 중성점 전위 상승값은 다음과 같다.

$$\text{전위 상승값} = 0.68 \times \dfrac{345}{\sqrt{3}} = 135.44\,\text{kV}$$

(3) 피뢰기 정격전압(144kV) > 전위 상승값(135.44kV)

(4) 중성점에 설치된 피뢰기의 정격전압을 144kV로 선정하는 것이 적정하다(즉, 건전성이 확인됨).

---

145 절연레벨에 따른 절연방법을 설명하고, 우리나라 계통에서 저감 절연 채택이 가능한 이유에 대하여 피뢰기 제한전압을 중심으로 설명하시오.

data 발송배전기술사 20-121-2-6 / 발송배전기술사, 건축전기설비기술사, 전기안전기술사, 전기응용기술사 출제예상문제

답안 1. 절연레벨에 따른 절연방법

(1) 절연레벨$\left(= 기준전압 = \dfrac{공칭전압}{1.1}\right)$

① 정의 : 전기기기 및 전기설비 절연강도를 나타내는 선로 측 절연의 계급

② 목적 : 절연구성의 표준화, 통일성, 합리적 설계를 위한 기준이 되는 전압

③ 절연레벨의 종류

㉠ 선로 측 절연레벨

정격전압	22.9kV	154kV	345kV	765kV
절연계급	20	140	전절연, 2단 저감	전절연, 3단 저감
BIL	150/125 건식	750/650 전절연/1단 저감	1178/1050 전절연/2단 저감	2250/2050 전절연/3단 저감

㉡ 중성점 절연레벨[한전설계 ESB 140 기준]

공칭전압 [kV]	계통 최고 전압 [kV]	중성점 피뢰기 정격전압[kV]	중성점 일시 과전압계수	중성점 BIL
154	170	72	0.4684	350
345	362	108	0.4684	450
765	800	144	0.3	350

(2) 기준충격절연강도(BIL)

comment 이 내용 자체가 배점 10점용이다.

① 정의(절연강도 시험용 임펄스 전압)

㉠ 고전압 기기의 절연이 그 기기에 가해질 것으로 예상되는 충격전압에 견디는 강도

㉡ 뇌격 시험파형으로 $1.2 \times 50\mu s$ 기준

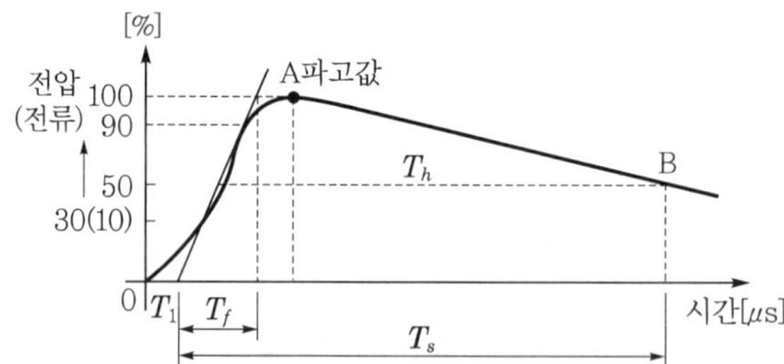

┃ 표준(전압, 전류) 충격파 절연강도 시험파형 ┃

② 변압기의 BIL

㉠ 유입 Tr : $BIL = 5E + 50[kV]$

여기서, E : 절연계급 또는 $\dfrac{공칭전압}{1.1}$

    ⓛ 건식 Tr

- $\sqrt{2}$ × 상용 주파 내전압 × 임펄스 비(1.25 적용)
- 22.9kV 몰드 Tr BIL = $\sqrt{2} \times 50 \times 1.25 = 89 \rightarrow 95\,\mathrm{kV}$

(3) 절연방법

① 전절연(full insulation)

    ㉠ 정의 : 기기나 선로의 절연을 BIL(기준충격절연강도)로 절연한 것

    ⓛ 비유효 접지계통에 접속되는 권선에 적용한다.

    ⓒ 뇌 임펄스 내전압 시험값으로 절연레벨의 기준(BIL)을 정한다.

$$BIL = 5E + 50\,[\mathrm{kV}]$$

여기서, E : 최저 전압$\left(=\dfrac{공칭전압}{1.1}\right)$ 혹은 절연계급

    ㉣ 20호(234kV) 이상의 비유효 접지계통에 적용한다.

② 저감절연

    ㉠ 피뢰기 제한전압을 기준으로 기기나 선로의 절연을 BIL보다 낮추어서 절연한 것

    ⓛ 절연계급(E)의 수치가 공칭전압을 1.1로 나눈 값보다 낮은 경우

$$\left(저감절연의 절연계급 < \dfrac{공칭전압}{1.1}\right)$$

    ⓒ 유효접지계통에 저감절연을 적용시키면 1선 지락 시 건전상의 대지전압이 낮으므로 정격전압이 낮은 피뢰기를 적용할 수 있다.

    ㉣ BIL이 낮아진 결과로 변압기의 중량이 가벼워지고, 가격도 저하되어 변압기의 경우에는 임피던스가 줄어 계통 안정도에 기여한다.

    ⓜ 전절연보다 낮은 수준의 절연으로 1단, 2단, 3단 저감 가능(345kV 적용을 보면 2단 저감 절연 효과 발생)

- 전절연 시 345kV M.Tr의 BIL

    $5E + 50 = 5 \times 300 + 50 = 1550\,\mathrm{kV}$

- 저감절연 시 345kV M.Tr의 BIL

    $5E' + 50 = 5 \times 200 + 50 = 1050\,\mathrm{kV}$

③ 단절연(graded insulation)

    ㉠ 단절연이란 유효접지계통에 접속되는 변압기 내부의 전위가 중성점으로

갈수록 단계적으로 저감시킬 수 있어, 접속된 기기의 절연강도를 선로단

자의 $\frac{1}{3}$ 정도가 되는 경우의 절연을 말한다(중량, 부피, 가격 등이 저감).

ⓛ 단절연으로 하면 권선 중성점 측의 지권선 또는 철심에 대한 주절연 치수를 단축할 수 있으므로 경제적이며, 특히 고전압으로 될수록 그 효과가 크다.

ⓒ 단절연된 변압기의 중성점이 비접지인 경우 중성점과 대지 간(大地間)에 피뢰기를 설치해야 한다.

ⓔ 실제로 변압기의 절연레벨을 단계적으로 달리 제작할 수 있으나, 변압기 제작상 번거로움의 이유로 인하여 저감절연용 변압기를 계통에 적용(Tr 내의 권선)한다.

ⓜ 변압기의 BCT, 케이블의 절연을 대표적인 단절연의 적용 예로 들 수 있다.

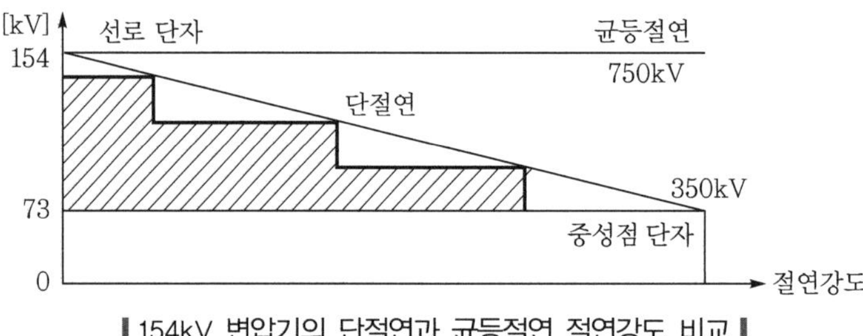

❙154kV 변압기의 단절연과 균등절연 절연강도 비교❙

ⓗ 단절연이 가능한 이유

- 154kV 경우 선로 측은 140호, 중성점(접지단)은 30 ~ 80호이므로 절연 레벨이 차이가 나므로 단절연이 가능하다.
- 직접 접지의 중성점 BIL : 30호

  중성점의 BIL $= 30 \times 5 = 150$kV
- 유효접지에 LA 설치 시 중성점 BIL : 60호

  중성점의 BIL $= 60 \times 5 + 50 = 350$kV

ⓢ 비유효접지에 LA 설치 시 중성점 BIL : 80호

  중성점의 BIL $= 80 \times 5 + 50 = 450$kV

④ **균등절연**(uniform insulation)

㉠ 변압기 권선의 절연을 선로 단자와 중성점 단자를 같은 절연강도로 절연처리한 것이다.

선로에서 중성점 측의 절연레벨 = 변압기 권선의 절연레벨

ⓛ △ 결선 시의 권선절연이다.

ⓒ 단절연에 대해서 중성점 단자의 절연강도가 선로 단자와 같은 경우

ⓔ 권선의 모든 부분이 대지에 대해 그 선로 단자의 교류시험전압에 견딜 것

ⓜ 균등절연의 경우도 중성점 피뢰기를 설치하는 것이 바람직하지만 경제적인 이유에서 Bushing 보호 Gap으로 대용시키는 일도 있다.

---

reference

154kV에서 절연방식별 BIL 비교

(1) 전절연 : 750BIL, 140호

(2) 저감절연 : 650BIL, 140호

(3) 단절연

　① 단절연 - 비유효접지계의 중성점 LA 접지 시 중성점 BIL : 450BIL, 80호

　② 단절연 - 유효접지계의 중성점 LA 접지 시 중성점 BIL : 350BIL, 60호

　③ 단절연 - 유효접지계의 직접 접지 시 중성점 BIL : 150BIL, 30호

(4) 중성점용 LA의 정격전압 : 72kV

(5) 154kV 선로용 LA의 정격전압 : 144kV

---

2. 저감절연 채택이 가능한 이유에 대한 피뢰기 제한전압 중심의 설명

(1) 유효접지

　① 1선 지락 시 건전상 전위 상승이 고장 전 상전압의 1.3배 이하가 되는 접지계통을 말한다.

　② $\dfrac{V_c}{E_a} = \dfrac{Z_0(a-1) + Z_2(a-a^2)}{Z_0 + Z_1 + Z_2} \leq 1.3$

(2) 유효접지의 조건

　① $\dfrac{R_0}{X_1} \leq 1,\ \dfrac{X_0}{X_1} \leq 3$

　② 3상 단락전류 $\times$ 0.6 $\leq$ 1선 지락전류

　③ 비접지 중성점 전위 상승 $\leq$ 상전압 $\times$ 0.85

　④ 계통 임피던스가 유도성 영역

(3) 피뢰기 정격전압 산정

$$V = \alpha\beta V_m$$

여기서, α : 접지계수, β : 여유율, V_m : 계통 최고 전압

① **접지계수(α)** : 1선 지락 시 건전상의 대지전위 상승값과 상규 선간전압과의 비

   ㉠ 22kV 경우 : 0.8

   ㉡ 154kV 경우 : 0.75

   ㉢ 345kV 경우 : 0.67

   ㉣ 765kV 경우 : 0.64

② **여유율** : 유효접지 1.05 ~ 1.1, 비유효접지 1.15 정도

③ **계통 최고 전압 V_m** : 해당 계통 지속운전 가능한 최고 전압

$$\frac{\text{공칭전압}\times1.15}{1.1}$$

(4) 피뢰기 제한전압 산정

① **일반식** : $V_a = (1.6 \sim 3.6)\,V_n$

   정격전압이 낮을수록 제한전압도 낮다.

② **유도식** : $V_a = \dfrac{2Z_2}{Z_1 + Z_2}\left(e_i - \dfrac{1}{2}i_a Z_1\right),\ i_a = \dfrac{V_a}{R}$

③ 피뢰기 접지가 유효접지계통에 연결되면 작은 R(피뢰기 접지저항)값에 의해 i_a(방전전류)가 신속히 방전되므로 피뢰기 제한전압이 낮아지게 된다.

(5) 제한전압과 피보호기기 BIL

① **변압기 BIL** ≥ 피뢰기 제한전압 + 접지선 전압강하 + 여유

② 제한전압이 낮으면 변압기 BIL도 낮출 수 있음

③ **뇌서지** : 기기 BIL의 80% 이하로 제한(반복인가에 의한 여유치)

④ **개폐서지** : 기기 BIL의 70% 이하로 제한(0.83×0.85)

(6) 결론적으로 다음의 이유로 저감절연을 채택하는 이유가 있다.

① 유효접지계통은 접지계수가 낮아 피뢰기 제한전압이 낮고, 피보호기기의 BIL을 저하시킬 수 있어 저감절연을 채택한다.

② 유효접지계통은 접지저항이 작아 피뢰기 제한전압이 낮고, 피보호기기의 BIL을 저하시킬 수 있어 저감절연을 채택한다.

146 KS C IEC 62305에서 정의된 피뢰구역(lightning protection zone)과 피뢰레벨 (lightning protection level)의 기본개념에 대하여 설명하시오.

(data) 발송배전기술사 18-116-2-2 / 발송배전기술사, 건축전기설비기술사, 전기안전기술사, 전기응용 기술사 출제예상문제

(comment) 대단히 암기하기 어려운 문제로서, 건축전기에서 가끔 나오므로 개략적 파악만 하도록 한다 (다른 중요 문항도 많으므로).

답안

1. 피뢰구역(lightning protection zone)의 기본개념

(1) 피뢰구역 LPZ(Lightning Protection Zone)

뇌 전자기적 환경이 정의된 구역으로, LPZ의 구역 경계는 물리적인 경계(예 벽, 바닥, 천장)일 필요는 없다.

(2) 차폐선, 서지보호장치(SPD), 자기차폐, 뇌 보호 시스템(LPS)과 같은 보호대책을 적용하여 피뢰구역을 결정한다.

(3) LPZ에 대한 기본 개념도는 다음 그림과 같다.

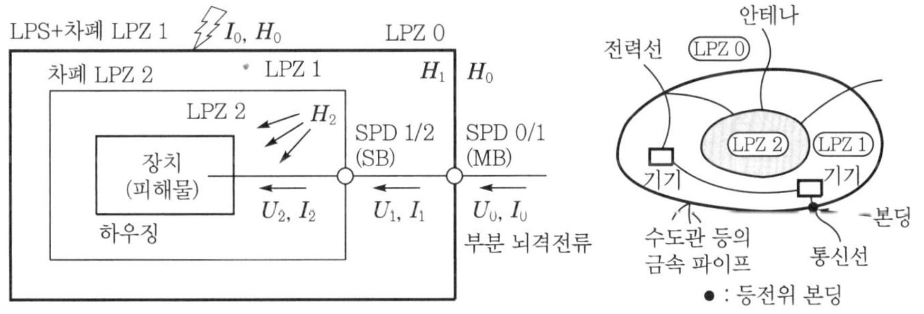

▎LPZ 구분의 개념도 ▎

(4) LPZ 정의 및 피뢰 영역별 대상 설비

피뢰 영역	구체적인 대상 설비의 예
LPZ 0_A	• 직격뢰에 의한 뇌격과 완전한 뇌 전자계의 위험이 있는 지역 　→ 내부 시스템은 뇌 서지전류의 전체 또는 일부분이 흐르기 쉽다. • 대상 설비 : 외등(가로등, 보안등) 감시 카메라 등
LPZ 0_B	• 직격뢰에 의한 뇌격은 보호되나 완전한 뇌 전자계의 위험이 있는 지역 　→ 내부 시스템은 뇌 서지전류의 일부분이 흐르기 쉽다. • 대상 설비 : 옥상 수전(큐비클) 설비, 공조 옥외기, 항공 장애등, 안테나등
LPZ 1	• 전류 분배기 및 절연 인터페이스 또는 경계지역의 SPD에 의해 서지전류가 제한된 지역 → 공간 차폐는 뇌격에 의한 전자계의 형성을 약하게 한다. • 대상 설비 : 건물 내 인입 부분의 설비 - 수·변전 설비, MDF, 전화 교환기

피뢰 영역	구체적인 대상 설비의 예
LPZ 2	• 전류 분배기 및 절연 인터페이스 또는 경계지역의 SPD에 의해 서지전류가 더욱 제한된 지역 → 뇌 전자계의 형성을 더욱 약하게 하기 위해 추가적인 공간 차폐가 이용된다. • 대상 설비 : 방재 센터, 중앙 감시실, 전산실 등

2. 피뢰레벨(lightning protection level)의 기본개념

(1) 피뢰레벨 LPL(Lightning Protection Level)의 정의

① 자연적으로 발생하는 뇌 방전을 초과하지 않는 최대 그리고 최소 설계값에 대한 확률에 관련된 일련의 뇌 전류 파라미터로 정해지는 레벨이다.

② 피뢰레벨은 일련의 뇌 전류 파라미터에 따라 보호대책을 설계하는 데 이용된다.

(2) 피뢰레벨에 따른 뇌격 전류의 파라미터 최댓값은 [표 1]과 같다.

표의 이용방법 – 피뢰 시스템 구성요소(도체 단면적, 금속판 두께, spd 전류용량, 위험방전의 이격거리) 설계 시

┃표 1┃ 피뢰레벨에 따른 뇌격 전류의 파라미터 최댓값

최초 단시간 뇌격			피뢰레벨			
전류 파라미터	기호	단위	I	II	III	IV
피크 전류	I	kA	200	150	100	100
단시간 뇌격 전하량	Q_{short}	C	100	75	50	50
비에너지	W/R	MJ/Ω	10	5.6	2.5	2.5
시간 파라미터	T_1/T_2	$\mu s/\mu s$	10/350			
후속 단시간 뇌격			피뢰레벨			
전류 파라미터	기호	단위	I	II	III	IV
피크 전류	I	kA	50	37.5	25	25
평균준도	di/dt	kA/μs	200	150	100	100
시간 파라미터	T_1/T_2	$\mu s/\mu s$	0.25/100			
장시간 뇌격			피뢰레벨			
전류 파라미터	기호	단위	I	II	III	IV
장시간 뇌격 전하량	Q_{long}	C	200	150	100	100
시간 파라미터	T_{long}	s	0.5			
뇌 방전			피뢰레벨			
전류 파라미터	기호	단위	I	II	III	IV
뇌방전 전하량	Q_{flash}	C	300	225	150	150

(3) 뇌 방전에 대한 피뢰 시스템의 보호효율을 시설상태에 따라서 확률적으로 고려할 것

(4) 피뢰레벨(보호레벨)은 Ⅰ, Ⅱ, Ⅲ, Ⅳ의 4단계로 설정한다.

(5) 보호효율은 [표 3]에 제시되어 있는 바와 같이 [표 2]에 정의된 최소 피크전류보다 큰 확률의 낙뢰에 대하여 보호레벨 Ⅰ은 99%, 보호레벨 Ⅱ는 97%, 보호레벨 Ⅲ은 91%, 보호레벨 Ⅳ는 84% 이상으로 된다.

┃표 2┃ 뇌격전류 파라미터의 최솟값과 LPL 상응하는 회전구체의 반지름

수뢰기준			피뢰레벨(LPL)			
구분	기호	단위	Ⅰ	Ⅱ	Ⅲ	Ⅳ
최소 피크전류	I	kA	3	5	10	16
회전구체 반지름	r	m	20	30	45	60

┃표 3┃ 뇌격전류 파라미터의 제한에 대한 확률

뇌격전류 파라미터의 확률	피뢰레벨(LPL)			
	Ⅰ	Ⅱ	Ⅲ	Ⅳ
[표 1]에 정의된 최댓값보다 작은 확률	0.99	0.98	0.97	0.97
[표 2]에 정의된 최솟값보다 큰 확률	0.99	0.97	0.91	0.84

(6) 보호레벨을 선정하는 자

　① 보호 대상물의 종류, 중요도에 따라 실제로 타당한 것으로 생각되는 보호레벨을 설계자 또는 소유자가 선정한다.

　② 이에 대응하는 피뢰 시스템을 시설할 것

(7) 피뢰설비의 보호레벨의 결정 간이방법

KS C IEC 62305-2의 부속서 1의 구조물의 위험성 평가를 위한 간이 소프트웨어를 이용하여 피뢰설비의 보호레벨의 결정도 가능한다.

(8) 위험물 저장 및 처리시설에 설치하는 피뢰설비의 보호등급

　① 건축물의 설비기준 틈에 관한 규칙 제20조(피뢰설비)에 의한다.

　② 보호등급 Ⅱ 이상을 적용할 것

(9) 피뢰설비를 구성하는 수뢰부 시스템, 인하도선 시스템과 접지 시스템의 모든 부품은 $10/350\mu$s의 뇌격전류에 대한 전기·기계·열적 내력을 가지는 것일 것

SECTION 04 절연협조

147 선로나 기기에서의 전절연(full insulation), 저감절연(reduced insulation), 변압기에서의 단절연(graded insulation), 균등절연(uniform insulation)에 대하여 설명하시오.

(data) 발송배전기술사 18-116-4-2 / 발송배전기술사, 건축전기설비기술사, 전기안전기술사, 전기응용 기술사 출제예상문제

답안

1. 선로나 기기에서의 전절연(full insulation)

(1) 정의

기기나 선로의 절연을 BIL(기준충격절연강도)로 절연한 것

(2) 비유효 접지계통에 접속되는 권선에 적용한다.

(3) 뇌 임펄스 내전압 시험값으로 절연레벨의 기준(BIL)을 정한다.

$$BIL = 5E + 50 \, [kV]$$

여기서, E : 최저 전압$\left(= \dfrac{공칭전압}{1.1} \right)$ 혹은 절연계급

(4) 20호(234kV) 이상의 비유효 접지계통에 적용한다.

2. 선로나 기기에서의 저감절연

(1) 피뢰기 제한전압을 기준으로 기기나 선로의 절연을 BIL보다 낮추어서 절연한 것

(2) 절연계급(E)의 수치가 공칭전압을 1.1로 나눈 값보다 낮은 경우

$$\left(저감절연의 \ 절연계급 < \dfrac{공칭전압}{1.1} \right)$$

(3) 유효접지계통에 저감절연을 적용시키면 1선 지락 시 건전상의 대지전압이 낮으므로 정격전압이 낮은 피뢰기를 적용할 수 있다.

(4) BIL이 낮아진 결과로 변압기의 중량이 가벼워지고, 가격도 저하되어 변압기의 경우에는 임피던스가 줄어 계통 안정도에 기여한다.

(5) 전절연보다 낮은 수준의 절연으로 1단, 2단, 3단 저감 가능(345kV 적용을 보면 2단 저감 절연 효과 발생)

① 전절연 시 345kV M.Tr의 BIL

$$5E + 50 = 5 \times 300 + 50 = 1550\,\mathrm{kV}$$

② 저감절연 시 345kV M.Tr의 BIL

$$5E' + 50 = 5 \times 200 + 50 = 1050\,\mathrm{kV}$$

3. 변압기에서의 단절연(graded insulation)

(1) 단절연이란 유효접지계통에 접속되는 변압기 내부의 전위가 중성점으로 갈수록 단계적으로 저감시킬 수 있어, 접속된 기기의 절연강도를 선로 단자의 $\frac{1}{3}$ 정도가 되는 경우의 절연을 말한다(중량, 부피, 가격 등이 저감).

(2) 단절연으로 하면 권선 중성점 측의 지권선 또는 철심에 대한 주절연 치수를 단축할 수 있으므로 경제적이며, 특히 고전압으로 될수록 그 효과가 크다.

(3) 단절연된 변압기의 중성점이 비접지인 경우 중성점과 대지 간(大地間)에 피뢰기를 설치해야 한다.

(4) 실제로 변압기의 절연레벨을 단계적으로 달리 제작할 수 있으나, 변압기 제작상 번거로움의 이유로 인하여 저감절연용 변압기를 계통에 적용(Tr 내의 권선)한다.

(5) 변압기의 BCT, 케이블의 절연을 대표적인 단절연의 적용 예로 들 수 있다.

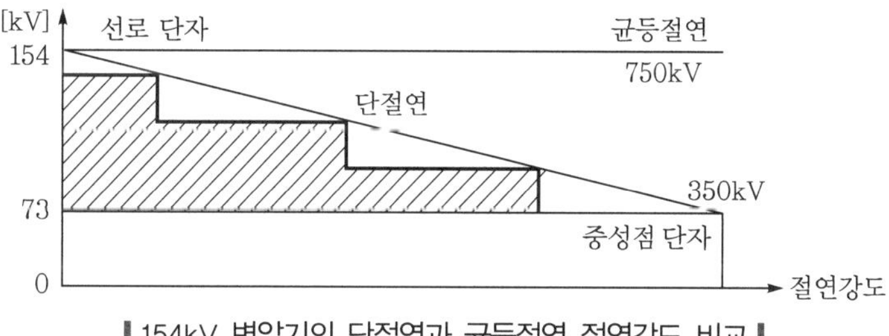

‖ 154kV 변압기의 단절연과 균등절연 절연강도 비교 ‖

(6) 단절연이 가능한 이유

① 154kV 경우 선로 측은 140호, 중성점(접지단)은 30 ~ 80호이므로 절연레벨이 차이가 나므로 단절연이 가능하다.

② 직접 접지의 중성점 BIL : 30호

중성점의 BIL $= 30 \times 5 = 150\,\mathrm{kV}$

③ 유효접지에 LA 설치 시 중성점 BIL : 60호

중성점의 BIL $= 60 \times 5 + 50 = 350\,\mathrm{kV}$

(7) 비유효접지에 LA 설치 시 중성점 BIL : 80호

중성점의 $\mathrm{BIL} = 80 \times 5 + 50 = 450\mathrm{kV}$

4. 변압기에서의 균등절연(uniform insulation)

(1) 변압기 권선의 절연을 선로 단자와 중성점 단자를 같은 절연강도로 절연처리한 것이다.

(2) 적용

① △결선 시의 권선절연

② 단절연에 대해서 중성점 단자의 절연강도가 선로 단자와 같은 경우

(3) 권선의 모든 부분이 대지에 대해 그 선로 단자의 교류시험전압에 견딜 것

(4) 균등절연의 경우도 중성점 피뢰기를 설치하는 것이 바람직하지만 경제적인 이유에서 Bushing 보호 Gap으로 대용시키는 일도 있다.

(5) Gap의 길이는 정극성 표준화 충격전압에 대한 50% Flashover 전압이 기준충격절연강도의 83%로 되도록 선택한다.

(6) 특별히 지정하지 않으면 변압기 권선 중성점 단자의 절연강도는 균등절연으로 한다.

---

148 초고압 전력용 변압기의 중성점 접지방식에 따른 절연방식 4가지를 설명하시오.

data 발송배전기술사 23-131-3-5 / 발송배전기술사, 건축전기설비기술사, 전기안전기술사, 전기응용기술사 출제예상문제

답안

1. 전절연(full insulation)

(1) 개념

$$\left(\frac{계통의 \ 공칭전압}{1.1} = 절연계급 \right) 인 \ 경우의 \ 절연$$

(2) 특징

비유효접지 계통에 접속되는 권선에 채용

(3) 예

① 154kV 변압기의 전절연에서 변압기

$$BIL = 5E + 50$$

여기서, E : 절연계급으로서, 154kV에서는 $154/1.1 = 140$호

② 154kV 전절연에서의 변압기 $BIL = 5E + 50 = 5 \times 140 + 50 = 750\,kV$

2. 저감절연(reduced insulation)

(1) 개념

$$\left(\frac{\text{계통의 공칭전압}}{1.1} > \text{절연계급} \right) \text{인 경우의 절연}$$

(2) 특징

① 유효접지계통에서 1선 지락사고 시는 건전상의 대지전압이 비유효접지계통의 건전상의 대지전압보다 낮으므로 피뢰기의 정격전압과 제한전압을 저감시킬 수 있다.

② '①'의 사유에 의해 변압기 및 관련 기기의 절연레벨을 낮출 수 있다.

③ 한국의 초고압 계통은 유효접지계통으로 예외 없이 저감절연을 실시하고 있다.

(3) BIL 저감절연 기준

① BIL 1000kV 이상은 1단마다 250kV 저감

② BIL 1000kV 이하는 1단마다 100kV 저감

(4) 아래 표와 같이 절연계급의 수치가 공칭전압[kV]을 1.1로 나눈 값보다 낮은 경우를 저감절연이라 한다.

❘ 우리나라 계통 저감절연(예) ❘

계통전압[kV]	기준충격절연강도[kV]	현재 사용 BIL[kV]	신형 피뢰기 BIL[kV]
154	750	650(1단 저감)	550(2단 저감)
345	1550	1050(2단 저감)	950(3단 저감)
765	3550	2050(3단 저감)	−

(5) 저감절연의 절연계급 수치는 공칭전압의 약 80%로 되어 있고, 절연계급에서 1단 저감되어 있다.

3. 단절연(graded insulation)

(1) 유효접지계통 중성점의 절연강도를 선로 단자전압의 $\dfrac{1}{3}$ 정도로 한 절연이다.

(2) 유효접지계통 변압기 중성점 단자의 절연강도는 전력선 측보다 낮게 잡아도 된다.

(3) 절연강도는 각 코일에 균일하게 할 필요가 없이 선로선 측은 강하고 중성점에 가까워질수록 약하게 하여도 되므로 변압기의 치수 및 중량을 경감할 수 있어 경제적이다.

(4) 중성점 절연레벨 예

계통 전압	선로 측 BIL[kV]		중성점 BIL(= 단절연)[kV]		
	전절연	저감절연	직접 접지	피뢰접지 : 유효접지 계통	피뢰접지 : 비유효접지 계통
154 kV	140호×5+50 =750	120호×5+50=650 신형 LA 적용 시 : 550	30호×5 =150	60호×5+50 =350	80호×5+50 =450

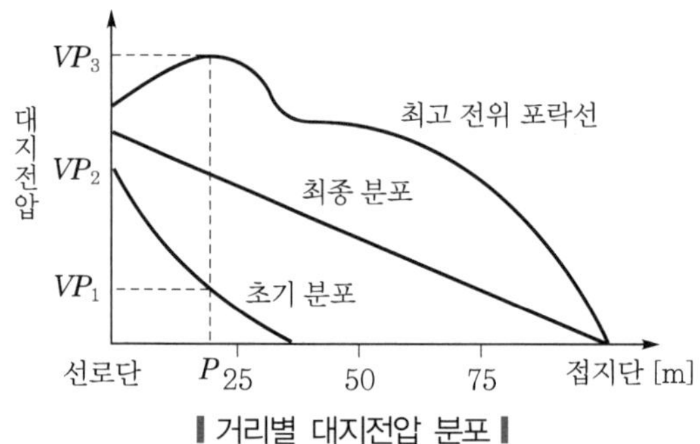

┃ 거리별 대지전압 분포 ┃

(5) 변압기의 단절연(graded insulation)

① 변압기의 특고압 측 결선이 Y결선이고, 중성점이 유효접지인 경우 중성점의 절연을 선로권선의 절연에 비하여 낮게 하는 방식이다.

② 다음과 같이 절연강도가 중성점에 가까울수록 단계적으로 낮추어가는 방식이다.

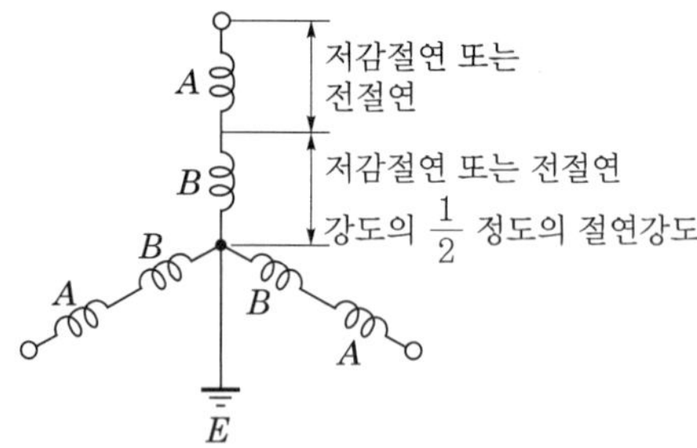

┃ 변압기 단절연의 개념도 ┃

③ 유효접지계통에서 중성점의 절연강도는 선로권선의 약 $\frac{1}{2}$ 정도이다.

④ 154kV 변압기의 단절연(graded insulation) 적용 예

   ㉠ 선로 측 권선 : 650kV 절연

   ㉡ 중성점 측 권선 : 350kV 절연

⑤ 단절연(graded insulation)의 특징 : 변압기의 치수 및 중량이 경감되어 경제적이다.

(6) 콘덴서 부싱에서도 단절연을 채용한다.

4. 균등절연(uniform insulation)

(1) 중성점 단자의 절연강도＝선로 단자의 절연강도인 경우의 절연

(2) △결선 시 권선절연을 균등절연이라 한다.

(3) 비유효접지계통(비접지계통, 소호 리액터 접지, 고저항 접지)에 적용한다.

(4) 계통에 1선 지락이 발생할 경우 다른 2선의 대지전압은 선간전압까지 상승하게 된다.

(5) 계통에 사용되는 피뢰기는 선간전압에 공칭전압과 최고 계통운전전압, 페란티효과에 의한 전압 상승을 고려하여 단자전압을 공칭전압의 1.4배 정도로 하여야 한다.

(6) 이 경우 회로 공칭전압과 절연계급의 호수는 일치한다.

(7) 특징 : 단절연의 반대이다.

---

149 전력 케이블에 적용하는 단절연을 설명하고 유전율이 다른 물질(유전율 ε_1, ε_2)로 단절연이 적용된 경우에 대하여 설명하시오.

(data) 발송배전기술사 22-127-3-2 / 발송배전기술사, 건축전기설비기술사, 전기안전기술사, 전기응용기술사 출제예상문제

답안

1. 전력 케이블에 적용하는 단절연의 정의

(1) 단절연(graded insulation)이란 유효접지계통에 접속되는 변압기는 내부의 전위가 중성점으로 갈수록 저감되므로 권선의 절연은 중성점으로 갈수록 저감시킬 수 있어 이때의 절연강도는 선로 단자의 $\dfrac{1}{3}$ 정도가 되는 절연강도가 되는 것이다.

(2) 동심 케이블 등의 절연층의 유전속 밀도는, 내부 도체에 가까울수록 커지므로, 단일 절연물을 쓰면 도체에 인접한 점의 전위경도가 커져, 전체로서의 절연내력이 저하한다.

(3) 단계적으로 절연강도를 달리 할 수 있는 절연을 말한다.

(4) 단절연이란 절연층을 적당한 두께의 여러 단으로 나누어, 유전속 밀도가 큰 층일수록 유전율이 큰 절연물을 사용하는 것을 말하며, 이렇게 함으로써 전 전압을 적당한 각 층에 분배해서, 각 층의 최대 전위경도를 합리적인 값으로 제한하여, 절연내력을 크게 하고, 절연물의 이용률을 높인다.

2. 유전율이 다른 물질(유전율 ε_1, ε_2)로 단절연이 적용된 경우(단절연의 케이블에서의 적용)

(1) 동축 케이블의 전계와 단절연 가능 사유

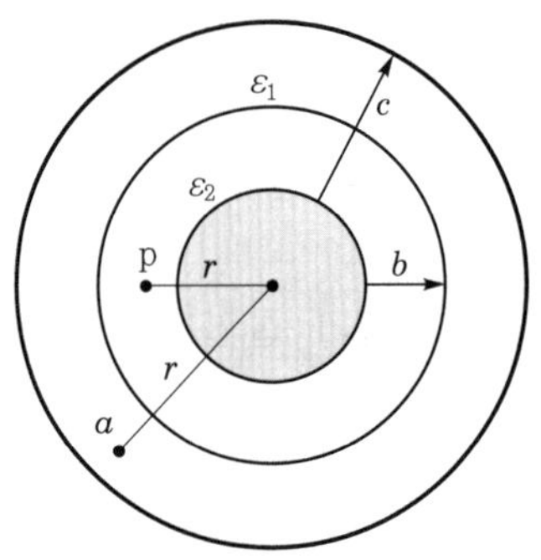

❙ 케이블의 단절연 ❙

① 동심 케이블에서 절연층의 유전속 밀도(D)는 내부 도체에 가까울수록 커지므로 케이블 전체로서는 절연내력은 저하된다.

② 이를 방지하기 위해 절연층을 여러 단으로 나누어 도체에 가까울수록 유전율(ε)이 큰 절연물 사용 시 전위경도를 균일하게 할 수 있다.

③ $D = \varepsilon E$이고 $E = \dfrac{D}{\varepsilon}$이므로 ε이 커지면 전계 E는 줄어든다.

④ 단절연을 통하여 케이블 절연내력을 보강할 수 있음을 알 수 있다.

⑤ 만일, $\varepsilon_1 a = \varepsilon_2 b$로 두 종류의 유전체를 사용하면 $\dfrac{\varepsilon_1}{\varepsilon_2} = \dfrac{b}{a}$로서 $E_{1m} = E_{2m}$이 된다.

(2) 케이블에서의 단절연 해석

① 몇 종류의 유전체를 적정히 사용하여 균일한 전계에 가깝도록 단절연하며

전계의 세기가 어느 곳에서든 일정하려면 ε(유전율)이 중심으로부터의 거리 r과 반비례하면 됨을 알 수 있다.

② 특고압 지중 케이블을 예로서, 케이블의 내부 반도전층, 절연체, 외부 반도전층의 유전율을 각각 달리하여 내부 도체에 가까울수록 유전율을 단계적으로 크게 하여 전체 케이블의 절연협조를 할 수 있음을 알 수 있다.

150 전력계통에 연계되는 대규모 발전소의 절연협조(insulation coordination)에 대하여 설명하시오.

data 발송배전기술사 20-122-3-3 / 발송배전기술사, 건축전기설비기술사, 전기안전기술사, 전기응용 기술사 출제예상문제

답안

1. 절연협조의 정의

전력기기의 절연을 상용주파 이상전압과 내뢰에는 견디고 뇌와 같은 이상전압은 피뢰기의 제한전압 이하로 억제하여 절연을 합리적·경제적으로 설계하는 것이다.

2. 대규모 발전소 구성과 절연협조의 기본 방안

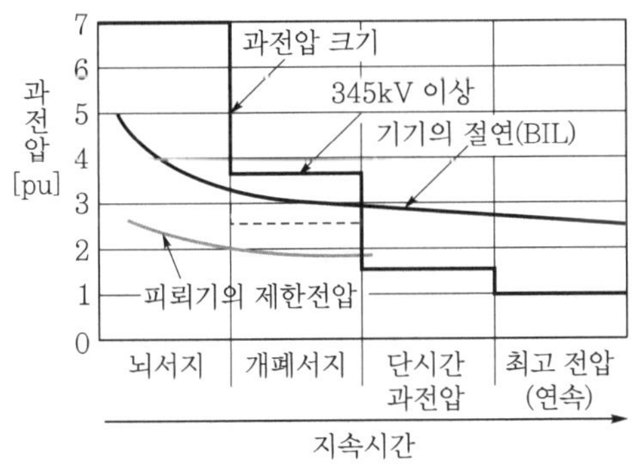

▌발전소 절연협조의 기본방안▐

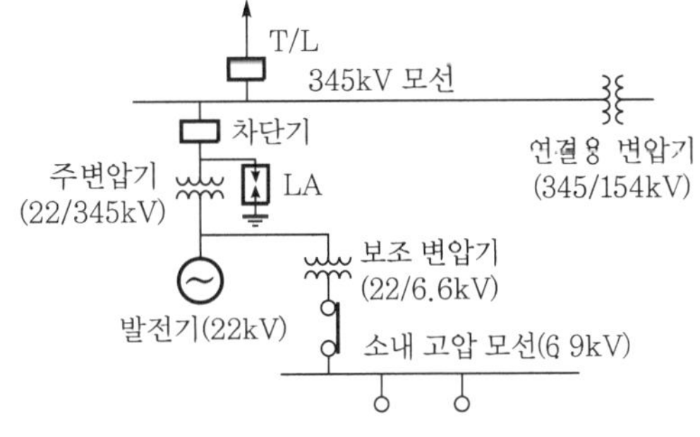

▌발전소 연계 간이 계통도▐

(1) 단시간 과전압(상용주파 이상전압)

① 1선 지락 시 건전상 전위 상승에 기기 열화가 발생하지 않도록 절연을 설계한다.

② 연계선로 계통의 유효접지 기준을 만족해야 한다.

(2) 개폐서지

① 개폐서지는 상규 대지전압의 4배 이하로 하고 기기 절연은 이보다 커야 한다.

② 345kV 이상의 개폐서지는 뇌서지보다 커질 수 있으므로 절연설계 시 고려해야 한다.

(3) 뇌서지

① 뇌서지에 대해서 모든 기기의 절연을 보호한다는 것은 비효율적이며 비경제적이다.

② 피뢰의 제한전압 이하로 억제시켜 기기 절연을 합리적·경제적으로 설계한다.

3. 대규모 발전소 절연협조 고려사항

(1) 상용주파 절연협조(유효접지)

단시간 이상전압의 대표격인 1선 지락 검토

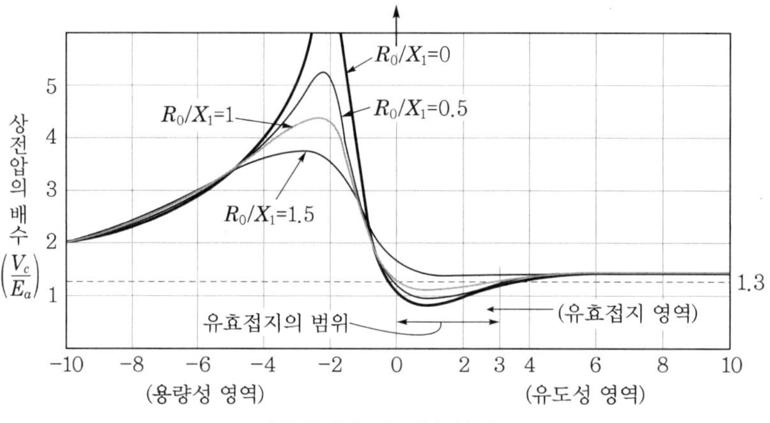

∥ 유효접지 시 이상전압 ∥

① 유효접지의 정의 : 1선 지락 시 건전상 전위 상승이 고장 전 상전압의 1.3배 이하가 되는 접지계통

② 유효접지의 조건

㉠ A상 지락 시 전위 상승 ≤ 1.3배 이하

㉡ $\dfrac{R_0}{X_1} \le 1$, $\dfrac{X_0}{X_1} \le 3$을 만족시킬 것

㉢ 3상 단락전류 × 0.6 ≤ 1선 지락전류

㉣ 비접지 중성점 전위 상승 ≤ 상전압×0.85

③ 유효접지의 장점 : 저감절연, 단절연으로 절연비용이 저감된다.

454

(2) 뇌서지 절연협조

① 기준충격절연강도(BIL)

ㄱ 정의 : 규정 조건하에서 기기가 견뎌야 할 충격전압의 표준파형

ㄴ 시험파형

- $1.2 \times 50\mu s$, 파두장(T_f)은 $1.2\mu s$, 파미장(T_t)은 $50\mu s$

- 규약 파두준도 : $\dfrac{E}{T_f}$

ㄷ 사용이유

- 기기 간 절연설계 표준화, 합리화
- 통일된 절연체계 확립

② 변압기 BIL

ㄱ 정의 : 변압기의 뇌충격파에 대한 절연의 기준치

ㄴ 변압기 절연강도 > 피뢰기 제한전압 + 접지선 전압강하 + 여유

ㄷ 유입 변압기 BIL = SE(절연계급) + 50[kV]

예 345kV 변압기의 BIL = 5×300+50 = 1550kV

③ 전압별 변압기 BIL

공칭전압[kV]	22.9	154	345
BIL[kV]	125(150)	650(1단 저감)	1050(2단 저감)
피뢰기 제한전압[kV]	65(76)	460	725
피뢰기 정격전압[kV]	18(21)	138(144)	288

(3) 개폐서지(BSIL)

① 개폐 임펄스 : BIL 1회 파괴전압의 83% 정도의 크기

② 개폐 임펄스 반복 인가전압이 개폐서지의 85% 이하면 절연열화가 없는 것으로 간주한다.

∴ 따라서, BSIL = BIL×0.83×0.85 = 0.7BIL

③ 500kV 이상에서는 계통 자체의 절연레벨이 극한치에 달하여 뇌에 의한 외부 이상전압보다는 개폐서지 등 내부 발생 이상전압이 절연설계의 목표이다.

4. 변압기와 피뢰기의 절연협조

(1) 목적

피뢰기를 적용시켜 이상전압을 제한전압 이하로 억제하여 변압기의 절연강도를 보강하고, 전력기기 간 절연강도를 합리적·체계적으로 설계하여 경제성을 도모한다.

(2) 방법

① 피뢰기 정격전압 결정

$$V_L = \alpha\,\beta\,V_m$$

여기서, α : 접지계수, β : 여유율, V_m : 계통 최고 선간전압

② 피뢰기의 제한전압 결정

㉠ 정격전압×(1.6 ~ 3.6배) 선정

㉡ 제한전압비 $= \dfrac{\text{피뢰기 제한전압(파고치)}}{\text{피뢰기 정격전압(실효치)}} \simeq 3.0$ 전후

㉢ 제한전압을 낮추려면 피뢰기 정격전압을 저감시킬 것

㉣ 1선 지락 시 건전상 대지전위 상승을 억제하면 피뢰기 정격전압을 낮출 수 있다.

㉤ 이것은 계통의 중성점 접지방식을 유효접지방식으로 할 때 가능하다.

5. 발전소의 절연협조

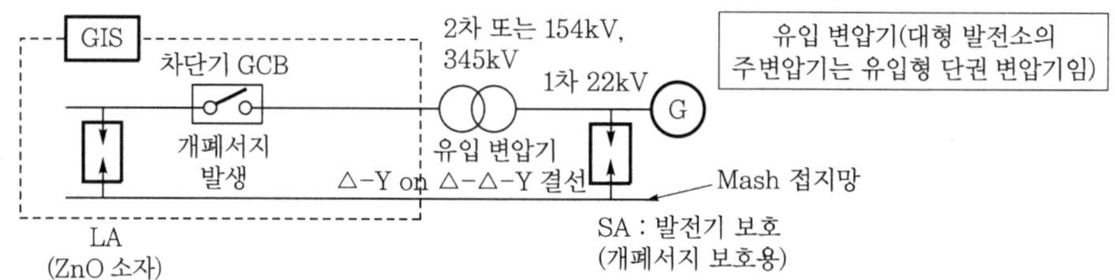

(1) 유효접지

1선 지락 시 건전상 전위 상승 억제로 2차 절연파괴를 방지한다.

(2) LA

주변압기, 선로, 발전기를 뇌서지로부터 보호한다.

(3) SA

35kV 이하의 발전소 소내 변압기, 선로, 발전기를 개폐서지로부터 보호한다.

(4) 메시 접지망 설치

6. 절연협조가 불가능할 경우의 검토사항

(1) 피뢰기 위치 재검토

피뢰기 보호효과는 피보호기기에 가까울수록 유효하다.

① $e_t = e_a + \dfrac{2Sl}{v}$ [kV]에서 이격거리 l이 작을수록 e_t값이 작아지기 때문이다.

여기서, e_t : 변압기의 전압 파고값, l : 피뢰기와 피보호기기 간의 거리

② **최대 유효거리** : 154kV는 65m, 345kV는 85m

(2) 차폐범위 개선

발전소 구내 변전설비 및 근처 1~2km 정도의 충분한 차폐효과를 지닌 가공지선 추가로 설치(완전 차폐)한다.

(3) 보호레벨이 낮은 신형 피뢰기의 제품을 사용한다.

(4) 피뢰기 접지선에 의한 전압 상승 억제

① 방전전류에 의한 전위 상승 억제를 위하여 피뢰기 접지저항을 5Ω 이하로 할 것

② 접지선의 인덕턴스는 $1.2\mu\mathrm{H/m}$이므로, 최대한 단거리, 굵고, 직선으로 설치

(5) 피보호기기의 절연내력 향상

---

151 계통을 구성하는 각종 기기 및 전력설비의 절연강도를 선정하는 전력계통 절연협조 (insulation coordination)에 대하여 설명하시오.

data 발송배전기술사 23-130-2-3 / 발송배전기술사, 건축전기설비기술사, 전기안전기술사, 전기응용 기술사 출제예상문제

답안 1. 개요

(1) 절연협조(coordination of insulation)의 정의

① 계통 내의 각 기기·기구·애자 등의 상호 간에 적정한 절연강도를 갖게 하여, 계통설계를 합리적·경제적으로 할 수 있게 한 것이다.

② 하나의 전력계통에서 피뢰기 제한전압을 기준으로, 이것에 대해 어느 정도 여유를 가진 절연강도를 구비해서, 모든 기기에 이것 이상의 내압을 갖도록 함과 동시에, 기기의 중요도, 특수성 및 피뢰기의 원근에 따라 합리적인 격차 를 두어 계통 전체로서의 정연한 합리적 절연체계를 갖도록 하는 것이다.

(2) 절연협조의 요건

① 뇌 외의 서지에는 플레시-오버, 절연파괴 없을 것

② 직격뢰를 받아도 피해를 최소화할 수 있을 것

2. 절연의 종류

comment 배점 10점으로 예상된다.

(1) 전절연(full insulation)

① 개념 : $\left(\dfrac{\text{계통의 공칭전압}}{1.1} = \text{절연계급}\right)$인 경우의 절연

② 특징 : 비유효접지계통에 접속되는 권선의 채용

(2) 저감절연(reduced insulation)

① 개념 : $\left(\dfrac{\text{계통의 공칭전압}}{1.1} > \text{절연계급}\right)$인 경우의 절연

② 특징

    ㉠ 유효접지계통에서 1선 지락사고 시는 건전상의 대지전압이 비유효접지계통의 건전상의 대지전압보다 낮으므로 피뢰기의 정격전압과 제한전압을 저감시킬 수 있다.

    ㉡ '㉠'의 사유에 의해 변압기 및 관련 기기의 절연레벨을 낮출 수 있다.

(3) 단절연(graded insulation)

① 개념 : 유효접지계통 중성점의 절연강도를 선로 단자전압의 $\dfrac{1}{3}$ 정도로 한 절연이다.

② 특징 : 유효접지계통 중성점 단자의 절연강도는 전력선 측보다 낮게 잡아도 된다.

(4) 균등절연(uniform insulation)

① 개념

    ㉠ 중성점 단자의 절연강도＝선로단자의 절연강도인 경우의 절연

    ㉡ △결선 시 권선절연을 균등절연이라 한다.

② 특징 : 단절연의 반대이다.

3. 전력계통 절연협조의 기본방안

(1) 절연의 합리화

① 개념 : 전력계통에서 피뢰기의 제한전압을 기준으로 모든 기기에 절연강도의 격차를 두어 계통 전체를 정연한 합리적 체계를 갖도록 하는 것이다.

② 합리화 방안

    ㉠ 계통의 절연

- 상용주파서지, 개폐서지는 견딜 것
- 뇌서지는 피뢰기로 기기의 절연 확보

ⓛ 내뢰는 상규대지전압 파고값의 4배 이하이므로, 기기 자체의 내력으로 견디도록 설계하여 특별한 보호장치 없이 섬락, 절연파괴가 발생되지 않을 정도의 절연강도를 확보한다.

ⓒ 외뢰에는 기기 자체의 절연강도를 이에 견딜 수 있게 한다는 것은 경제적으로 불가하므로, 피뢰장치로 기기의 절연강도를 확보한다.

③ 절연협조의 일례

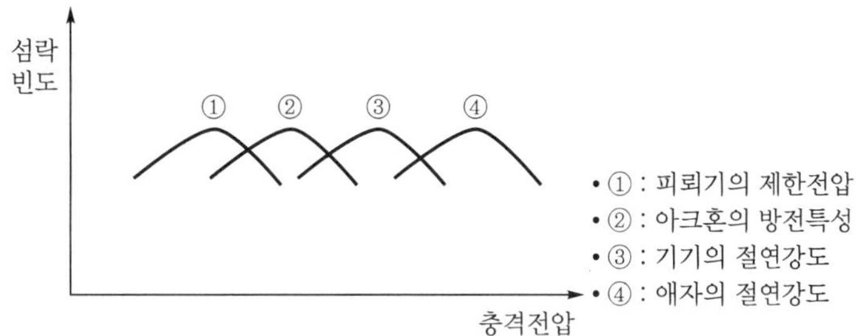

‖ 절연의 합리화 ‖

(2) 절연협조상 보호장치와 피보호설비의 전압-시간 특성의 구간범위

① 충격전압 구간 : $300\mu s$까지 설정

② 개폐서지 구간 : 3s

③ 상용주파 과전압 구간 : 3cycle 이하

④ 상시 전압의 구간 모든 시간에서 협조가 이루어질 것

4. 절연계급과 기준충격절연강도

(1) 절연계급

① 전력계통에 사용되는 기기(직류 회전기, 건식 변압기, 정류기는 제외)의 절연강도에 대하여 구분한 것으로 계급을 단지 호수로 나타낸 것이다.

② 계통의 최저 전압을 나타낸 것이다.

(2) 기준충격절연강도(BIL : Basic Impulse Insulation Level)

comment 배점 10점으로 예상된다.

① 개념

㉠ 기기 절연을 표준화하여 통일된 절연체계를 구성한다는 목적에서 설정된 절연계급에 대응해서 기준충격절연강도를 정한다.

459

ⓛ 표현식

$$BIL = 5 \cdot E + 50 [kV]$$

여기서, E : 최저 전압 $= \dfrac{공칭전압}{1.1}[kV]$ 또는 절연계급(호수)

단, 직류 회전기, 건식 변압기, 정류기는 제외

② BIL과 절연협조

절연계급(호)	전력계통				변압기의 BIL[kV]	신형 LA에 의한 가능한 보호 BIL[kV]	피뢰기 정격전압 10[kA]용	피뢰기 유효이격 거리[m]
	공칭전압 [kV]	중성점 접지방식	애자수	BIL [kV]				
300	345	유효접지	20	1550	1050 (2단 저감)	950 (3단 저감)	288	85
140	154	유효접지	10	750	650 (1단 저감)	550 (2단 저감)	144	65
20	22.9	3상 4W 다중 접지	2	150	150	–	21kV 배전선로(18)	20

5. 전력계통에서의 적용

(1) 발·변전소에서의 절연협조

① 가공지선 설치 : 구내 및 그 부근 1 ~ 2km 정도에 송전선에 설치하여 충분한 차폐효과를 갖게 한다.

② 피뢰기 설치 : 이상전압을 제한전압까지 저하시킨다.

㉠ 피뢰기의 보호효과는 피뢰기가 피보호기기에 근접할수록 유리하다.

$$e_t = e_a + \frac{2Sl}{V} = e_a + 2S \cdot t [kV]$$

여기서, e_t : 제한전압[kV], S : 파두전도[kV/μs]

l : LA와 피보호기와의 거리[m] → 345kV : 85m, 154kV : 65m

V : 진행파의 전파속도[m/s]

t : 진입파의 전파시간[μs]

㉡ 변압기의 절연강도 > 피뢰기의 제한전압 + 접지저항 강하

㉢ 피뢰기의 접지저항을 작게(5[Ω] 이하) 한다.

전압 \ 항목	LA 정격전압[kV]	변압기와의 이격거리	LA 제한전압	공칭방전전류
345kV	288	85m 이하	735kV	10kA
154kV	144	65m 이하	460kV	5kA
22.9kV	21	20m 이하	60kV	2.5 ~ 5kA

(2) 송전선에서의 절연협조

comment 배점 25점으로 예상한다.

① **목표** : 애자로 절연하며, 애자의 절연강도는 내부서지, 고장서지에 섬락 없게 설계한다.

② **가공지선 설치**

    ㉠ 가공지선으로 뇌서지에 대한 차폐를 $A - W$ 이론에 의한 차폐를 원칙으로 한다.

    ㉡ 가공지선의 목적 : 뇌차폐, 진행파의 감쇠, 유도장해 감소

    ㉢ 유도뢰에 대한 차폐 : 가공지선의 보호율$\left(m = \dfrac{q_1}{q_0}\right)$을 3상 1회선에서 0.45 ~ 0.6, 3상 2회선에서 0.35 ~ 0.6 정도로 유지시켜, 뇌운에 의한 정전유도 전하량을 감소시킨다.

       여기서, q_1 : 가공지선이 있는 경우의 단위길이당 전하량

               q_0 : 가공지선이 없는 경우의 단위길이당 전하량

    ㉣ 직격뢰 차폐

      • 가공지선의 보호각을 전압에 따라 달리 적용되도록 가공지선을 설치한다. 765kV : −8°, 345kV : 0°, 154kV : 5°

      • 가공지선의 보호효율을 높여, 직격뢰에 대한 확률을 줄인다.

      • 진행파의 감쇠 촉진 : 전선상의 이상전압에 의한 전자유도작용이 가공지선에도 진행파로 나타나서, 철탑에 이르면 부(否)의 일부 반사가 될 때, 전선상에 진자유도작용을 나타내어 결과적으로 전선상의 진행파를 감쇠시킨다.

③ **송전용 LA 적용** : 갭레스 피뢰기 적용(철탑에 있는 현수애자에 피뢰기 설치)

④ **철탑의 탑각에 매설지선 시공으로 탑각 접지저항을 저감시킨다.**

    ㉠ 철탑 전위의 파고값(E)

$$E = RI(1 - C)\alpha\,[\text{kV}]$$

   여기서, R : 철탑의 탑각 접지저항[Ω]

         I : 철탑의 뇌격전류 파고값[A]

         C : 가공지선과 전선과의 정전유도 정도를 나타내는 결합계수 (0.2 ~ 0.4)

         α : 인접 철탑으로부터 반사파에 의한 파고값 저감률

    ⓛ 철탑과 전선 사이의 역섬락이 발생하지 않도록 탑각 접지저항을 매설지선을 이용하여 탑각을 기준으로 적정한 방법으로 대지에 도선(주로 동복강선 $38mm^2$ 이상)을 지표면에서 $30 \sim 50cm$ 깊이에 $30 \sim 50m$ 길이로 적정한 방법으로 매설한다.

    ⓒ 매설지선 시공의 철탑 접지저항 표준

- 154kV 철탑의 접지저항 : 15Ω 이하
- 345kV 철탑의 접지저항 : 20Ω 이하
- 765kV 철탑의 접지저항 : 15Ω 이하

⑤ **경간 역섬락 방지** : 가공지선과 전선과의 이격을 충분히 유지시키거나, 2선의 가공지선일 경우는 교락편을 적정 개소에 설치한다.

⑥ **재폐로 방식 적용** : 뇌와 같은 순간적 과도전류의 고장일 경우 속류를 신속히 차단하고 아크가 소멸하면 송전한다.

⑦ **불평형 절연 실시(765kV T/L에서 적용)** : 2회선 동시 지락사고가 많으므로 2회선 송전 시 한쪽 회선의 절연강도를 낮게 하기 위해 애자개수는 한쪽을 1개 줄인다.

(3) 가공배전선로에서의 절연협조

① **절연협조의 주안점** : 다수 분산배치되어 있는 배전용 변압기의 보호

② **피뢰기 선택과 적용** : 양호한 동작, 저렴한 가격, 사용이 편리한 피뢰기 선택

③ **가공지선의 효과적 시공** : 1개 변전소에서 인출된 해당 고압 가공배전선로의 가공지선을 완전히 시공함과 동시에 타 배전선로와도 또한 가공지선을 루프화 시켜, 뇌격 등의 이상전압을 접지선으로 다중 분류시킴으로써 뇌격전류의 분류효과를 극대화한다.

④ **가공지선의 차폐각 45도 이내 유지** : 완금편출 개소의 가공지선 지지대는 곡형을 사용한다.

⑤ **접지시공 철저** : 다중 접지의 고압 전주 매 개소당 접지저항을 25Ω 이하로 시공하여 이상전압의 신속한 대지로의 방전통로를 확보한다.

⑥ **절연전선 시공 개소의 피뢰기 및 가공지선의 2중 적용** : 가공지선과 피뢰기를 이중적으로 해당 개소에 설치 적용함으로써 완벽한 뇌격 피해를 방지한다.

6. 향후 전망

(1) 절연협조 검토

뇌의 자연현상, 기기 제작기술, 선로 운용기술을 하나로 묶는 광범위한 분야에 지식과 자료가 필요하다.

(2) 절연협조 관련 자료를 확보한다.

(3) 요소가 많으므로, 과거의 실적과 경험을 토대로 신중히 검토한다.

(4) 계통전압의 상승에 따라 계통의 절연레벨을 유효접지방식으로 적용시키고 있어 절연협조의 중요성은 감퇴되는 경향이 있다.

(5) 최근 절연설계

피뢰기의 기술혁신에 의한 신뢰성 향상으로 점차 개폐서지나 상용주파서지 등에 관심이 집중되고 있다.

152 송전선로 철탑에 적용하는 매설지선에 대하여 설명하시오.

(data) 발송배전기술사 24-133-1-5 / 발송배전기술사, 건축전기설비기술사, 전기안전기술사, 전기응용 기술사 출제예상문제

(comment) 배점 10점용인 경우 밑줄 친 부분만 기록하면 된다.

답안

1. Counter poise(매설지선) 정의 및 필요성

(1) 송전선로의 철탑 또는 가공지선이 직격뢰를 받게 되면 뇌전류가 철탑의 다리를 통해서 대지로 흐르게 된다.

(2) 철탑에 있어 철탑재의 저항에 의해 철탑 암부 등의 전위가 상승하고, 철탑과 전선 사이에 섬락이 일어난다. 이를 역섬락이라고 한다.

(3) 역섬락 현상은 뇌전류와 철탑다리 접지저항 값의 곱에 비례하므로 역섬락 사고를 방지하기 위해서는 접지저항을 경감시켜야 한다.

(4) 접지저항을 낮추기 위해 각 탑각을 기준으로 적정한 방법으로 대지에 도선(주로 동복강선 $38mm^2$ 이상)을 지표면에서 $30 \sim 50cm$ 깊이에 매설하는 도선을 Counter poise(매설지선)라고 한다.

2. 매설지선의 설치방법

(1) 대지고유저항이 $300\Omega \cdot m$ 이상 시 설치

(2) 동복강선 $38mm^2$ 이상의 굵기 선정

(3) 깊이 50cm 정도로 30 ~ 50m 길이로 적정한 방법으로 매설

(4) 시공방식(아래 그림 참조)

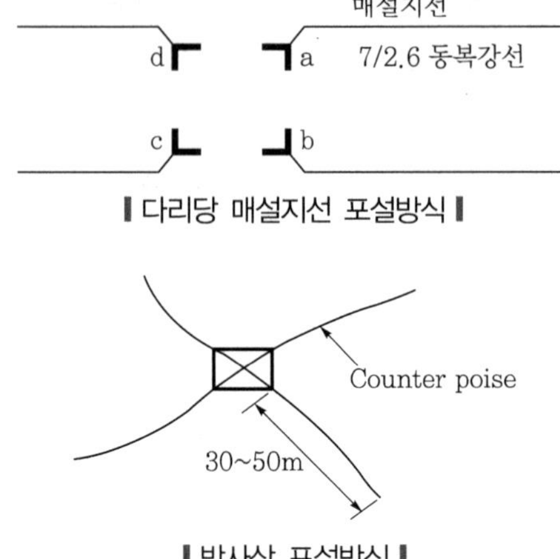

┃ 다리당 매설지선 포설방식 ┃

┃ 방사상 포설방식 ┃

① 방사상 포설방식 그림은 다리당 매설지선 포설방식 그림보다 충격파 임피던스가 작아 대부분 방사상 포설방식을 적용한다.

② 특히 방사상 포설방법은 산악지와 같이 암반으로 구성되어 목표치의 접지저항(아래 참조)을 얻기 어려운 개소에 매우 효과적이다.

③ 주의사항 : 시공장소의 고유저항이 낮은 흙으로 되메우기할 것

④ 매설지선에 사용되는 접지동봉

    ㉠ 크기 : 50mm×1500mm 이상의 각철 또는 접지동봉

    ㉡ 접지도선 : $38mm^2$ 이상의 연동연선

    ㉢ 접지봉 간의 거리유지 : 2m 정도

3. 매설지선 시공의 철탑 접지저항 표준

(1) 154kV 철탑의 접지저항

    15Ω 이하

(2) 345kV 철탑의 접지저항

    20Ω 이하

(3) 765kV 철탑의 접지저항

    15Ω 이하

4. 매설지선시공의 최신 경향

지중방전 시 강한 뇌(또는 개폐 surge) 지락전류 통전 시 돌침에 의해 돌침 부근에서 지중방전이 발생하면 그 주위의 흙이 이온화되어, 접지저항은 급격히 감소된다.

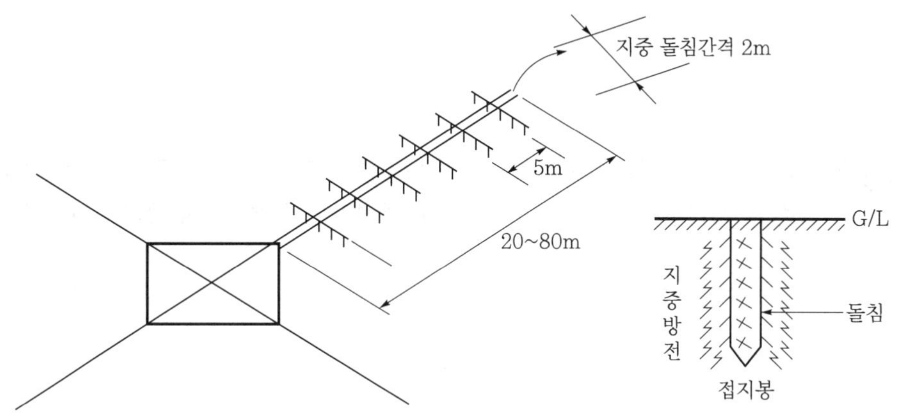

❚ 지중방전을 이용한 접지저항 저감도 ❚

5. 매설지선 이용 시 접지저항값 계산식

$$R = \frac{\rho}{2\pi L}\left\{\left(\log_e \frac{2l}{r}\right) + \left(\log_e \frac{l}{t}\right) - 2\right\}$$

여기서, ρ : 대지의 고유저항$[\Omega \cdot m]$, $L : \dfrac{l}{2}$

  l : 매설지선의 길이[m]

  r : 매설지선의 반경[m]

  t : 매설지선의 깊이[m]

6. 매설지선의 효과

철탑의 탑각에 매설지선 시공으로 탑각의 접지저항을 저감시킨다.

(1) 철탑 전위의 파고값(E)

$$E = RI(1 - C)\alpha\,[\text{kV}]$$

여기서, R : 철탑의 탑각 접지저항$[\Omega]$

  I : 철탑의 뇌격전류 파고값[A]

  C : 가공지선과 전선과의 정전유도 정도를 나타내는 결합계수$(0.2 \sim 0.4)$

  α : 인접 철탑으로부터 반사파에 의한 파고값 저감률

465

(2) 철탑과 전선 사이의 역섬락이 발생하지 않도록 탑각 접지저항을 매설지선을 이용
하여 탑각을 기준으로 적정한 방법으로 대지에 도선(주로 동복강선 38mm^2 이상)
지표면에서 30 ~ 50cm 깊이에 30 ~ 50m 길이로 적정한 방법으로 매설한다.

---

153 전력계통 절연협조란 계통을 구성하는 각종 기기 및 설비의 절연강도를 선정하기 위한
일련의 작업들을 칭하는 것으로, 그 선정과정을 흐름도로 정리하고 설명하시오.

data 발송배전기술사 10-92-4-5 / 발송배전기술사, 건축전기설비기술사, 전기안전기술사, 전기응용
기술사 출제예상문제

답안

1. 절연협조(coordination of insulation)

(1) 정의

① 계통 내의 각 기기·기구·애자 등의 상호 간에 적정한 절연강도를 갖게 하여,
계통설계를 합리적·경제적으로 할 수 있게 한 것이다.

② 하나의 전력계통에서 피뢰기 제한전압을 기준으로, 이것에 대해 어느 정도
여유를 가진 절연강도를 구비해서, 모든 기기에 이것 이상의 내압을 갖도록
함과 동시에, 기기의 중요도, 특수성 및 피뢰기의 원근에 따라 합리적인 격차
를 두어 계통 전체로서의 정연한 합리적 절연체계를 갖도록 하는 것이다.

(2) 절연협조의 요건

① 뇌 외의 서지에는 플래시-오버, 절연파괴가 없을 것

② 직격뢰를 받아도 피해를 최소화할 수 있을 것

2. 절연설계의 흐름도

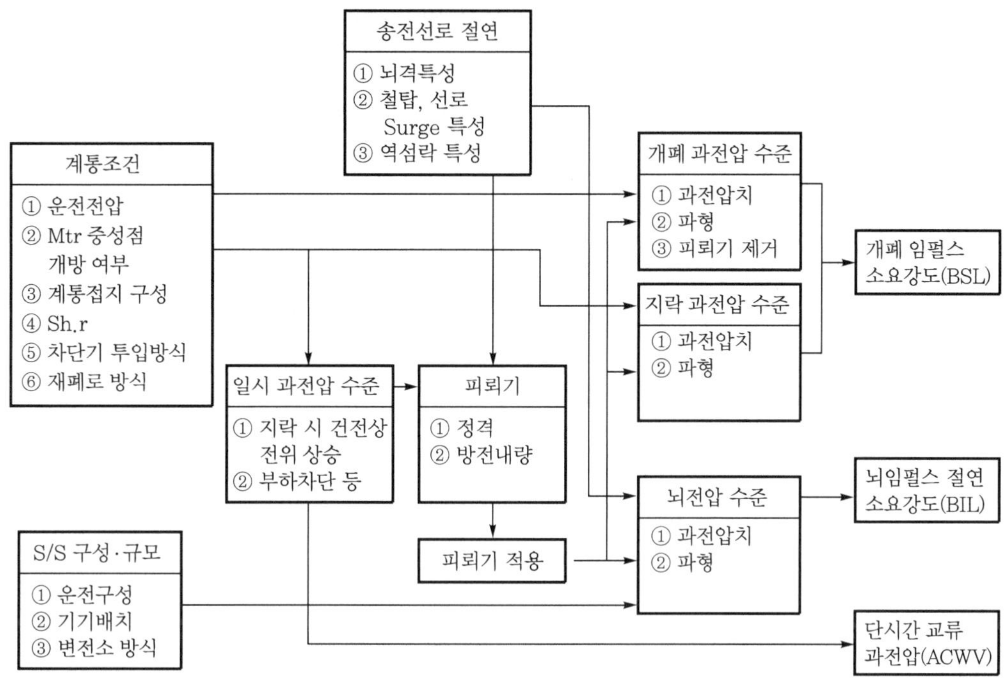

* 주요 기본조건 : 송전선로 절연, 계통조건, S/S 구성, 규모

---

154 송·변전 전력계통의 절연설계의 개념에 대하여 아래 항목으로 간단히 설명하시오.
1. 전반적인 절연설계 개념
2. 송전선로의 절연설계 개념
3. 변전소의 절연설계 개념

(data) 발송배전기술사, 전기안전기술사 출제예상문제

답안 1. 전반적인 절연설계 개념

(1) 절연설계

전력계통에 발생 가능한 이상전압에 대하여 고장없이, 또 만약 고장 시라도 연속
적으로 송전이 가능하도록 전력계통 각 부분의 절연강도를 정하는 것이다.

(2) 절연설계의 필요성과 BIL

① 전력계통을 구성한 절연체의 내전압보다 큰 전압이 가해지면 절연체는 절연 특성이 상실되고, 회복되지 않는다.

② 따라서, 대상 절연체의 절연레벨을 검토할 때 발생 가능한 최대 과전압보다 높게 선정하도록 설계 안전율을 적용시켜 절연레벨을 정한다.

즉, 그 기기의 기준충격절연강도(BIL)를 정하고 있다.

(3) 기본적 원칙

뇌전압 이외의 전압에서는 섬락현상이 없고, 절연파괴가 되지 않을 것

2. 송전선로의 절연설계 개념

(1) 가공 송전선로에서의 절연설계 시 종합적 중점 고려사항

① 뇌, 비, 풍우 및 각종 오염 등에 대한 자연환경적 과전압, 바람 등에 의한 전선의 진동

② 오염으로 인한 애자의 오손 등급

③ 계통 내부의 과전압

(2) 송전선로 절연설계에 있어 주요 결정사항

① 애자련의 개수

② 전선과 지지물과의 이격거리

③ 전선 상호 간의 간격

④ 탑각 접지저항

⑤ 가공지선의 차폐각도

3. 변전소의 절연설계 개념

(1) 기본개념

뇌에 대하여 완전 차폐되고, 피뢰기에 의하여 과전압이 억제되는 것을 전제한 것이다.

(2) 직격뢰에 대한 피해를 최소한으로 유지하기 위해 계통 전체에 걸친 아래 사항을 고려한 절연을 합리적으로 조정한다.

① 계통의 접지방식

② 피뢰기의 보호효과

③ 보호 계전기의 동작, 회로조건 및 경제성 등을 감안

468

4. 최근 경향

(1) 765kV 초초고압 전력계통 등장으로 절연레벨이 극한치에 이르러, 외부 이상전압보다는 개폐서지 등 내부 이상전압에 의한 절연협조 차원을 더 많이 연구하여 적용 중이다.

(2) 계통 구성의 복잡화, 대용량에 따른 단락 고장전류가 증대되므로 이에 따른 절연설계방법도 더욱 심화연구 중이다.

---

155 플랜트 전력계통의 Insulation coordination study에 대하여 설명하시오.

(data) 발송배전기술사 16-110-1-3 / 발송배전기술사, 건축전기설비기술사, 전기안전기술사, 전기응용기술사 출제예상문제

답안

1. 절연협조(coordination of insulation)의 정의

(1) 계통 내의 각 기기·기구·애자 등의 상호 간에 적정한 절연강도를 갖게 하여, 계통 설계를 합리적·경제적으로 할 수 있게 한 것이다.

(2) 하나의 전력계통에서 피뢰기 제한전압을 기준으로, 이것에 대해 어느 정도 여유를 가진 절연강도를 구비해서, 모든 기기에 이것 이상의 내압을 갖도록 한 것이다.

(3) 기기의 중요도, 특수성 및 피뢰기의 원근에 따라 합리적인 격차를 두어 계통 전체로서의 정연한 합리적 절연체계를 갖도록 하는 것이다.

2. 절연협조의 요건

(1) 뇌 외(外)의 서지에는 플래시 오버, 절연파괴가 없을 것

(2) 직격뢰를 받아도 피해를 최소화할 수 있을 것

3. 절연설계

(1) 절연설계의 일반적인 방법

① 각종 과전압을 피뢰기의 적정 배치로 일정 수준 이하로 억제한다.

② 억제된 과전압에 대한 절연물의 절연내력 특성을 감안해 절연강도를 선정한다.

(2) 절연강도 선정과정(IEC-71-1 근거)

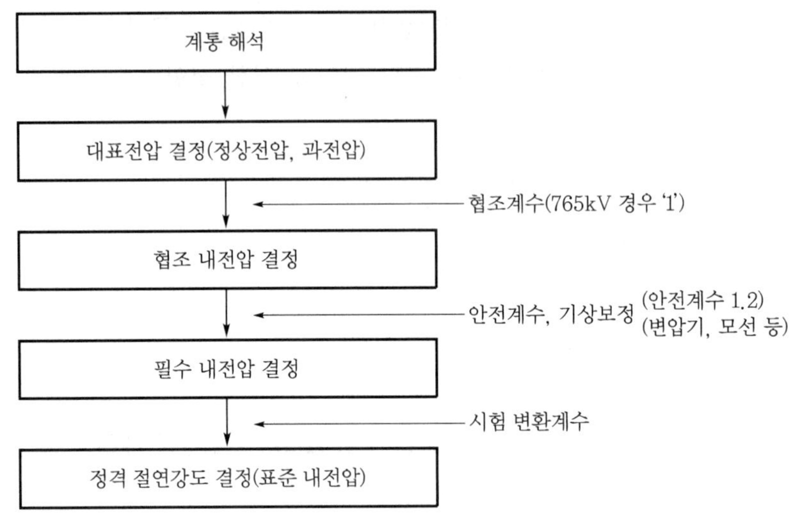

❘ 변전기기의 절연강도 선정과정 ❘

4. 전력계통의 절연협조의 기본 방안

(1) 절연의 합리화

전력계통에서 피뢰기의 제한전압을 기준으로 모든 기기에 절연강도의 격차를 두어 계통 전체를 정연한 합리적 체계를 갖도록 하는 것이다.

(2) 합리화 방안

① **계통의 절연** : 상용주파서지, 개폐서지는 견디고, 뇌서지는 피뢰기로 기기의 절연을 확보할 것

② 내뢰는 상규 대지전압 파고값의 4배 이하이므로, 기기 자체의 내력으로 견디도록 설계하여 특별한 보호장치 없이 섬락, 절연파괴가 발생되지 않을 정도의 절연강도를 확보할 것

③ 외뢰에는 기기 자체의 절연강도를 이에 견딜 수 있게 한다는 것은 경제적으로 불가하므로, 피뢰장치로 기기의 절연강도를 확보할 것

5. 플랜트 전력계통의 적용

(1) 가공지선 설치

구내 및 그 부근 1 ~ 2km 정도의 송전선에 설치하여 충분한 차폐효과를 갖게 한다.

(2) 피뢰기 설치

이상전압을 제한전압까지 저하시킨다.

① 피뢰기의 보호효과는 피보호기기에 근접할수록 유리하다.

$$e_t = e_a + \frac{2Sl}{V} = e_a + 2S \cdot t[\text{kV}]$$

여기서, e_t : 제한전압kV, S : 파두전도[kV/μs]

l : LA와 피보호기기와의 거리[m](345kV-85m, 154kV-65m)

V : 진행파의 전파속도[m/s]

t : 진입파의 전파시간[μs]

② 변압기의 절연강도 > 피뢰기의 제한전압 + 접지저항 강하

③ 피뢰기의 접지저항을 작게 한다(5Ω 이하).

‖ LA 정격전압과 LA 제한전압 및 변압기와의 거리 ‖

항목 / 전압	LA 정격전압[kV]	변압기와의 이격거리	LA 제한전압	공칭방전전류
345kV	288	85m 이하	735kV	10kA
154kV	144	65m 이하	460kV	5kA
22.9kV	21	20m 이하	–	2.5 ~ 5kA

memo

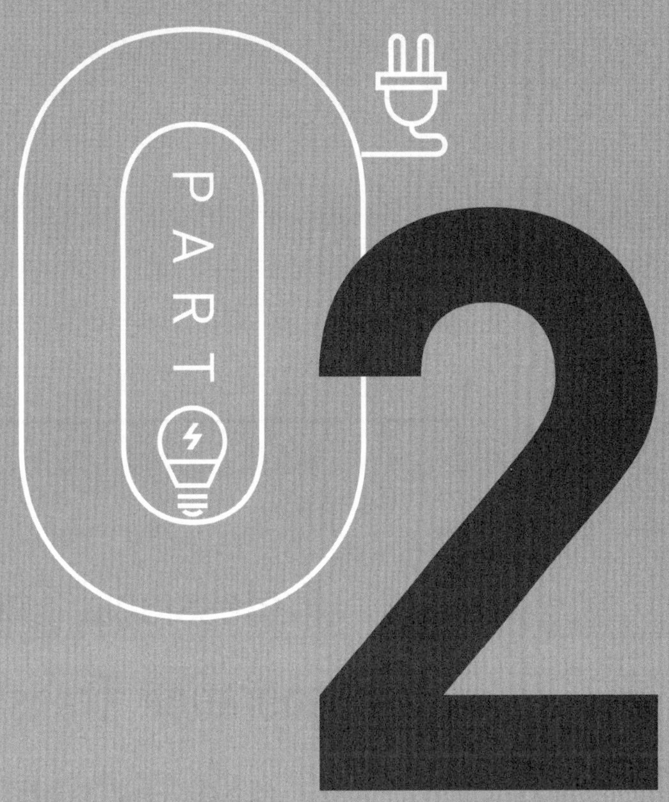

변전공학

Professional Engineer
Generation Transmission
and Distribution

GIS 및 변압기

SECTION 01 GIS 및 변전소 형태

001 SF$_6$ 가스 절연 변전소(GIS)에 대하여 주요 구성설비, 특징(장단점), 설비진단 방법을 설명하시오.

(data) 발송배전기술사 21-125-4-3 / 발송배전기술사, 건축전기설비기술사, 전기안전기술사, 전기응용 기술사 출제예상문제

답안

1. 개요

(1) Gas Insulated Substation이란 GIS(Gas Insulated Switch gear)와 유입 변압기를 GIB(Gas Insulated Bus)로 연결해서 사용하는 변전소이다.

(2) GIS(Gas Insulated Switchgear)는 철제통(알루미늄 합금 또는 steel) 속에 모선, 차단기, 단로기, 변류기, 피뢰기 등을 내장시키고 SF$_6$ 가스를 주입한 가스 절연 개폐장치를 말한다.

(3) SF$_6$ 가스를 충진 밀폐한 것으로, 변전소 부피의 대폭 축소 및 고신뢰도 확보가 가능하므로 GIS는 설비의 Compact화 및 신뢰도 향상을 도모하게 된다.

2. GIS 주요 구성설비

(1) 가스 차단기

SF$_6$ 가스를 주소호 및 절연매질로 사용하는 GCB를 사용한다.

(2) GIS Bus

가스 절연 모선은 간소화, 안전성, 고신뢰도와 소형화 등을 목적으로 한다.

(3) 단로기(disconnecting switch)

① 단로기는 정격전압 이하에서 단지 충전된 전로(電路)를 개폐하기 위한 기기로 부하전류의 개폐는 원칙적으로 하지 않는다.

② 충전된 전로를 개폐하여 회로의 접속 변경, 구분이나 차단기 등의 점검보수 시 전원으로부터 분리를 확실하게 하기 위하여 사용되며 고압에서 초고압까지 사용한다.

③ 명칭도 국가 또는 제작사에 따라 다르며 Line switch, Isolator, Air switch 등으로 한다.

④ 단로기는 도전부(블레이드), 접촉자, 지지애자 및 조작장치로 구성되며 소용량은 단순한 칼날형 접촉이 사용되지만 대전류용은 조작력 일부를 이용하여 접촉력을 높이는 방식을 채용한다.

(4) 접지 개폐기(earthing switch)

① 보수 점검 시 안전을 위해 GIS 내의 가스를 회수하지 않고도 외부에서 접지하도록 하는 기기이다.

② 부주의한 조작 등과 같은 우발적인 사고를 방지하는 것이 목적이다.

(5) 케이블/붓싱 접속부

전력 케이블을 단말장치인 에폭시 콘(epoxy cone)과의 접속을 위한 장치이다.

(6) 계기용 변압기(VT)

GIS 내에 설치하여 1차 회로의 고전압을 저전압(110V, $110/\sqrt{3}$ V)으로 변성하여 계측기와 보호 계전기를 동작시키는 계기이다.

(7) 계기용 변류기(CT)

대전류를 변성시켜 소전류(정격 2차 전류 5A)로 변성해서 계측기와 보호 계전기를 동작시켜 준다.

(8) 피뢰기

① 대지 간의 절연을 위해 SF_6 가스로 밀봉되어 있고, 직렬 갭을 없엔 Zino oxide형 피뢰기(ZLA)를 사용한다.

② 뇌 및 개폐서지 억제용이다.

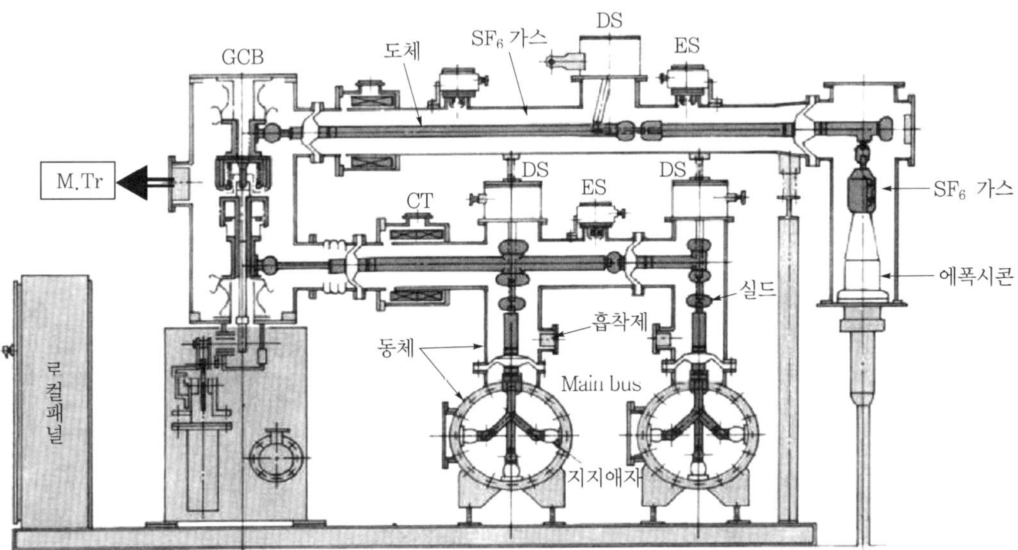

┃ 지중 T/L과 연결된 GIS 구성도 ┃

3. GIS의 특징(장단점)

(1) 장점

① 설비의 축소화 : SF_6 Gas는 절연내력이 커서(공기의 7배) 충전부의 절연거리를 줄일 수 있어 종래 변전소보다 $\frac{1}{15} \sim \frac{1}{10}$ 정도로 축소 가능하다.

② 주변 환경과 조화 : 소음이 작고, 소형이며, 외부환경에 미치는 악영향이 작다.

③ 고성능, 고신뢰성

㉠ 우수한 절연특성 및 차단성능, 냉각매체의 우수함

㉡ 염해, 오손, 기후 등의 영향을 적게 받음

④ 설치공기의 단축 : 공장에서 조립, 시험이 완료된 상태에서 수송·반입되므로 설치가 간단하며 공기가 단축된다.

⑤ 점검·보수의 간소화 : 밀폐형 기기이므로 점검이 거의 필요 없다.

⑥ 건설공기 단축 : Module 형태로 운반·조립되므로 설치기간이 단축된다.

⑦ 종합적인 경제성이 우수 : GIS 자체 가격은 종래 기기보다 비싸지만 용지의 고가화 및 환경 대책비용 등을 고려하면 오히려 경제적이다.

> (comment) 실제 154kV급 이상에서는 대부분 GIS 변전소이다.

(2) 단점

① 고장 발생 시 초기 대응이 불충분하면 대형 사고 유발 우려가 있다.

② 고장 발생 시 조기복구, 임시복구가 거의 불가능하다.

③ 육안 점검이 곤란하며, SF_6 Gas의 세심한 주의가 필요하다.

④ 한랭지($-62\,^\circ\mathrm{C}$에서 액화)에서는 가스의 액화방지 장치가 필요하다.

4. GIS 설비의 진단기술

(1) 부분 방전 검출법

① GIS 내부의 미립자(particle) 또는 돌기부 등에서 발생하는 미소 코로나를 UHF 센서를 이용하여 검출한다.

② 절연성능을 확인하거나 절연의 열화 정도를 예지하여 GPT법, 진동 검출법, 연피 전극법, 전자 커플링법 등이 있다.

(2) 초음파 검출법

초음파에 의한 탱크의 탄성파를 시찰하여 이물질을 검출하는 방법이다.

(3) SF₆ 가스 압력 측정법

SF₆ 가스 누기 여부를 판정하게 된다.

(4) X선 촬영법

X선을 투과하여 기기 내부의 파손, 볼트 이완, 접촉부 상태 등을 진단한다.

(5) 저속 구동법

개폐기의 구동부 외부에서 저속으로 조작하여 기계 계통의 외부를 진단한다.

(6) 피뢰기 누설전류 측정법

피뢰기의 누설전류를 측정하여 피뢰기의 열화상태를 측정하게 된다.

reference

SF₆ Gas의 성질

(1) 물리·화학적 성질

① 안정도가 높은 불활성 기체 : 상온에서 무색·무취·무연·무독의 기체로, 화학적·열적으로 안정하다.

② 공기에 비해 절연강도가 크다(소호능력이 공기의 100배).

③ 비탄성 충돌

④ -60℃에서 액화한다.

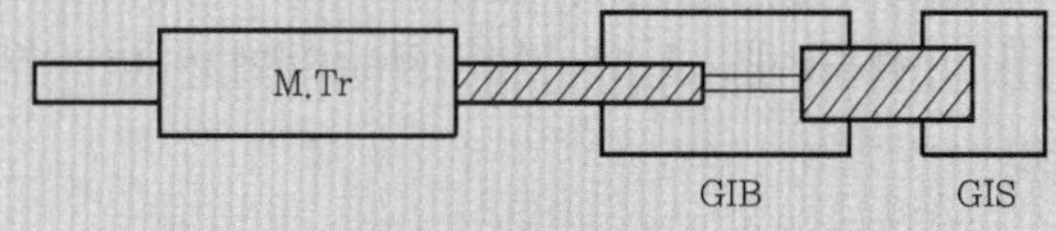

‖ GIS 개념도 ‖

(2) 전기적 성질

① 소호능력 우수 : ARC 시정수가 작아 대전류 차단에 유리하다.

② 절연회복이 빠르다.

③ 가스의 성질이 우수하여 차단기가 소형이다.

④ 전자 친화력이 크다.

002 초고압 변전소 설계 시 환경적 고려사항을 설명하고 GIS 변전소에 사용하는 가스 절연 개폐장치(GIS) 및 SF₆ 가스의 특징을 설명하시오.

(data) 발송배전기술사 24-132-2-1 / 발송배전기술사, 건축전기설비기술사, 전기안전기술사, 전기응용 기술사 출제예상문제

답안

1. 초고압 변전소 설계 시 환경적 고려사항

(1) 소음의 발생과 대책

① 변압기, 분로 리액터 등의 소음대책

㉠ 기기의 설계 제작면에서는 자기(磁氣) 일그러짐이 작은 규소강을 사용하여 자속밀도를 낮게 잡는다.

㉡ 저소음 Cooler나 송유자냉식 Cooler 등을 채용하고, 진동발생 부분과의 사이에는 방진패킹이나 방진고무 등을 사용한다.

㉢ 본체를 강철판 등으로 밀폐하거나 콘크리트 방음벽이나 건물로 덮는 등 외부의 구조물로 소음을 차단한다.

② 차단기 단로기 등의 소음대책 : 근본적으로 가스 차단기나 진공 차단기 등 저소음의 기종을 채용하고 공기 차단기에는 머플러를 설치해서 소음을 저하시킨다.

③ 압축공기 장치 등의 소음대책 : 수납하는 건물을 방음구조로 하거나 경계부근에는 설치하지 않도록 해서 외부에의 소음을 방지한다.

(2) 화재 및 누유의 대책

① 화재 발생 방지대책 : 기름을 사용하고 있는 변압기로부터의 화재 발생을 방지하는 것이 중점이며, 먼저 변압기 본체가 파괴되지 않도록 탱크를 보강하거나 사고 시에는 고속 차단을 위하여 고속 릴레이나 차단기를 설치하여 출화로 이르기 전에 운전정지시킨다.

② 소화장치의 보강 : 고정식 소화장치를 설비하여 출화와 동시에 작동시켜서 자동 소화시키거나 유사연소를 방지하기 위하여 방화벽이나 수막, 자갈 등을 설치한다.

③ 누유방지장치 : 변압기 주변에 기름이 고이는 장소를 만들거나 기름 수분 분리 장치 등에 의해서 유출된 기름을 구내에서 멈추도록 한다.

(3) 정전유도 방지 대책을 검토한다.

(4) 전파장해와 대책

① 텔레비전 수신장해 대책 : 종합 안테나를 설치해서 각 호별로 분배한다.

② 라디오 장해 대책 : 모선의 사이즈를 크게 하거나 도체를 많게 하거나 기기단자나 인류점에는 실드링을 설치하여 코로나 노이즈 레벨을 저하시킨다.

(5) 환경조화와 SF_6 가스 환수계획

① 부지조성에 있어서는 기존 수목이나 나무 등을 가급적 많이 남겨 놓도록 연구하고 깎아낸 성토부분을 녹화한다.

② 바깥 틀에는 컬러펜스 등을 채용하고 바깥측에는 수목을 심는다.

③ 건축물의 외관이나 색채는 주위환경과 조화된 것으로 하고 부지경계에서 상당히 떨어지도록 한다.

④ 이산화탄소의 23900배에 달하는 지구온난화 물질이기 때문에 SF_6 전체 사용물량을 고려한 환수장치도 반드시 고려하여야 한다.

⑤ 전기설비에 대해서는 기기나 모선의 배치를 연구하여 가급적 축소(환경조화형 GIS화)하고, 설비와 주변 지역과의 위화감을 작게 한다.

㉠ 도심지의 변전소 : 환경문제 및 부지확보 문제 때문에 유리하다.

㉡ 해안지역, 산악지역 등의 대규모 전력설비, 해안지역의 염해문제 및 산악지역의 양수발전소에서 지하에 설치하는 경우 전력설비 축소에 의한 굴착량의 감소, 습기에 의한 부식 방지 등에 유리하다.

㉢ 고전압 대용량 기간계통의 전력설비에서 외부 환경에 의한 영향이 거의 없고, 운전 시의 안전성 및 고신뢰성에 유리하다.

2. GIS 변전소에 사용하는 가스 절연 개폐장치(GIS)의 특징

＊ Chapter 01 - 문제 001의 답안 '3.' 내용을 참조한다.

3. 가스 절연 개폐장치(GIS)의 소호물질인 SF_6 가스의 특징

(1) 물리·화학적 성질

① 안정도가 높은 불활성 기체 : 상온에서 무색·무취·무연·무독의 기체로 화학적·열적으로 안정하다.

② 공기에 비해 절연강도가 크다(소호능력이 공기의 100배).

③ 비탄성 충돌

④ $-60℃$에서 액화한다.

⑤ 동일 압력에서 공기의 2.5 ~ 3.5배의 절연내력이 있다.

⑥ 가스 압력이 3 ~ 4kg/cm^{2}에서는 절연유 이상의 절연내력이 있다.

⑦ 부피가 고전압 다중 차단기에서는 공기 차단기의 $\frac{1}{3} \sim \frac{1}{2}$로 소형화가 가능하다.

(2) 전기적 성질

① 소호능력 우수 : SF$_6$ ARC 시정수가 작아 대전류 차단에 유리(소호능력이 뛰어남 : 공기의 100배)하다.

② 절연 회복이 빠르다(절연내력이 공기의 2 ~ 3배).

③ 가스의 성질이 우수하여 차단기가 소형이다.

④ 전자 친화력이 크다.

---

003 GIS(가스 절연 개폐장치)의 예방진단기술에 대하여 다음을 설명하시오.
1. 온라인형 부분방전 검출장치
2. 온라인형 LA 누설전류 측정장치
3. UHF PD 예방진단시스템

(**data**) 건축전기설비기술사 21-125-2-6 / 발송배전기술사, 건축전기설비기술사, 전기안전기술사, 전기응용기술사 출제예상문제

답안 **1. GIS 온라인 예방진단 개요**

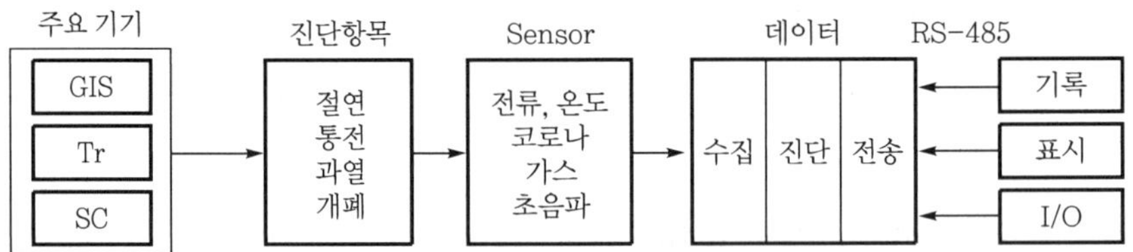

(1) 센서

각종 센서, 측정기를 GIS의 내부, 외함 또는 접지선에 설치한다.

(2) 신호처리

센서로 입력신호 발송 → 진단장치에서 A/D 변환, 필터링, 신호처리 후 → 컴퓨터로 전송

(3) 진단용 컴퓨터

데이터 기록, 진단결과 및 열화추이 분석, 변화추이를 감시

2. GIS 온라인형 부분방전 검출장치

(1) 전자파 검출(전자파 부분방전 측정)

① GIS 내부에 부분방전이 발생할 경우 주파수 범위가 광범위한 전자파가 발생한다.

② 이 부분방전으로 고주파 전압과 전류, 음향신호, 빛, 분해가스, 전자파 등이 생긴다.

③ 전자파 검찰법

㉠ 고주파 안테나 센서 내장

㉡ GIS 내부에서 발생하는 전자파 펄스를 검출한다.

㉢ 스펙트럼 분석장치로 750 ~ 1500MHz 대역의 주파수를 해석하는 기술이다.

④ 특징

㉠ 신뢰도가 확보된 수준까지 기술이 개발되었다.

㉡ Noise 영향을 최소화할 수 있다.

㉢ 전압계급에 구애받지 않는다.

㉣ 검출감도 측면에서 타 측정법보다 유리하다.

(2) 접지선 전류 검출

① GIS 내부에서 부분방전 시 GIS의 접지선에 고주파의 펄스전류가 흐른다.

② 접지선에 페라이트 코어로 권선한 코일(로고스키 coil)로 이를 검출할 수 있다.

(3) 절연 스페이스에 의한 전압 검출

① GIS의 고전압 도체를 지지하는 절연 스페이스의 정전용량을 이용하여 부분방전을 검출하는 방법이다.

② 스페이스 외부에 취부한 검출용 전극에 유기되는 고주파 펄스 전압을 탐침으로 검출한다.

(4) 외피 전극법에 의한 전류 검출

① GIS의 내부에 부분방전이 발생하면 고주파 전류가 접지용기로 통전하게 되면 접지용기의 전위가 과도적으로 상승한다.

② 이 용기의 전위진동을 용기 외피에 절연하여 취부시킨 전극을 이용해 검출하는 방식이다.

(5) 음향·진동에 의한 진단(초음파 음향 측정)

① GIS 내부에서 부분방전이 발생할 때 아크에 의해 외함 벽에 고주파 충격진동이 발생한다.

② GIS의 외벽에 초음파 센서와 진동 가속도계를 부착하여 내부 음향과 외함 미소 진동을 계측하는 방법이다.

(6) 화학적 검출에 의한 진단(SF_6 가스분석)

① GIS 내부에서 장기간 부분방전이 발생할 경우 활성분해 생성물이 발생한다.

② 생성물 : SOF_4, SOF_2, SO_2F_2, SO_2 등

③ 가스분석에 의하여 부분방전의 유무를 검출하기 위하여 검출 센서를 이용한다.

④ 변압기에도 유용한 진단기법으로, 변압기에는 유중 가스분석법을 적용한다.

3. 온라인형 LA 누설전류 측정장치

(1) 피뢰기의 산화아연소자(ZnO)에 전압이 인가되면 소자의 저항분에 의한 누설전류가 흐르며, 이 누설전류에 의해 소자가 발열한다.

(2) 누설전류의 증가로 발열량(I^2R)이 방열량보다 큰 경우에는 피뢰기는 과열되고, 열폭주에 의하여 파괴에 이르게 되므로 평상시 LA의 누설전류를 모니터링 해야 한다.

(3) 피뢰기가 정상 시 절연체의 역할을 하므로 접지 측에 흐르는 누설전류는 수십 μA 밖에 흐르지 않는다.

(4) 누설전류 점검 시 정상 및 불량 판정

① 0.4mA 이하 : 정상

② 0.5mA 이상 : 불량

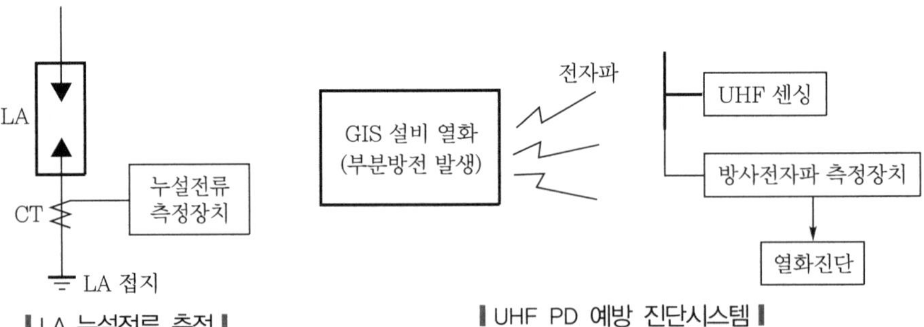

‖ LA 누설전류 측정 ‖　　　‖ UHF PD 예방 진단시스템 ‖

4. UHF PD 예방 진단시스템

(1) 절연 열화 시 부분방전에 의하여 전자파가 발생한다.

(2) 이때, 전자파(UHF)는 광대역(수백 MHz)에 걸쳐서 발생한다.

(3) 이 전자파는 약 3MHz에서 가장 많이 분포한다.

(4) 이 부분방전 전자파(UHF)를 검출 안테나에 의해서 검출한다.

---

004 변전소에 적용하는 GIS(Gas Insulation Switchgear) 설비의 가스 특성과 문제점 및 설비의 주요 관리항목(감시대상)에 대하여 설명하시오.

data 전기응용기술사 22-128-3-5 / 발송배전기술사, 건축전기설비기술사, 전기안전기술사, 전기응용 기술사 출제예상문제

comment 아래 내용 중 1. ~ 4.까지만 기록해도 되나, 향후 5. 이후로도 예상되는 내용이다.

답안

1. GIS 변전소

(1) Gas Insulated Substation이란 GIS(Gas Insulated Switch gear)와 유입 변압기를 GIB(Gas Insulated Bus)로 연결해서 사용하는 변전소이다.

(2) GIS(Gas Insulated Switchgear)는 철제통(알루미늄 합금 또는 steel) 속에 모선, 차단기, 단로기, 변류기, 피뢰기 등을 내장시키고 SF_6 가스를 주입한 가스 절연 개폐장치를 말한다.

(3) SF_6 가스를 충진 밀폐한 것으로, 변전소 부피의 대폭 축소 및 고신뢰도 확보가 가능하므로 GIS는 설비의 콤팩트화 및 신뢰도 향상을 도모하게 된다.

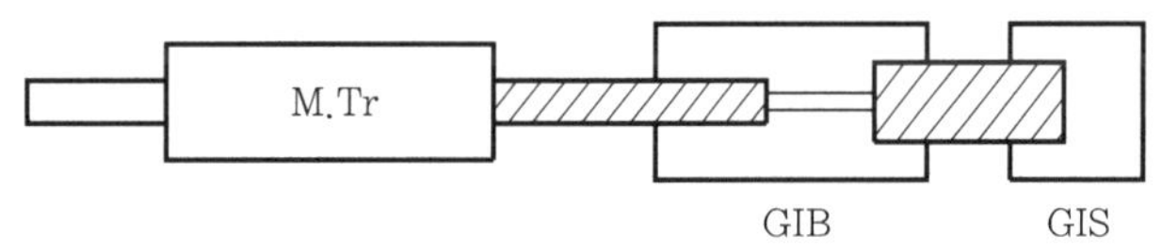

▍GIS 개념도 ▍

2. 가스 절연 변전소에 사용되는 가스의 특징(SF_6 Gas의 성질)

(1) 물리 · 화학적 성질

① 안정도가 높은 불활성 기체 : 상온에서 무색 · 무취 · 무연 · 무독의 기체로 화학적 · 열적으로 안정하다.

② 공기에 비해 절연강도가 크다(소호능력이 공기의 100배).

③ 비탄성 충돌

④ $-60℃$에서 액화한다.

⑤ 동일 압력에서 공기의 $2.5 \sim 3.5$배의 절연내력이 있다.

⑥ 가스 압력이 $3 \sim 4kg/cm^2$에서는 절연유 이상의 절연내력이 있다.

⑦ 부피가 고전압 다중 차단기에서는 공기 차단기의 $\frac{1}{3} \sim \frac{1}{2}$로 소형화가 가능하다.

(2) 전기적 성질

① **소호능력 우수** : SF_6 ARC 시정수가 작아 대전류 차단에 유리(소호능력이 뛰어남 : 공기의 100배)하다.

② 절연 회복이 빠르다(절연내력이 공기의 $2 \sim 3$배).

③ 가스의 성질이 우수하여 차단기가 소형이다.

④ 전자 친화력이 크다.

3. GIS(Gas Insulation Switchgear) 설비 가스의 문제점

(1) 환경 문제

① GIS 개폐장치에 사용되는 절연 가스, 황화 헥사 플루오 라이드(SF_6)는 지구 온난화 가능성이 있는 매우 강력한 온실 가스이다.

② CO_2보다 23900배 큰 온난화지수이며, SF_6는 대기 중의 수명이 3200년이므로, 지구온난화에 장기간 동안 악영향을 줄 것이다.

③ 1파운드의 SF_6 지구온난화가 11톤의 일산화탄소와 같은 영향을 준다.

(2) 안전 문제

① 온도 $350℉$ 이상 시 SF_6는 유독하며 독성·부식성이 강한 분해 부산물(SO_2, SOF_2, SO_2F_2, HF 등)을 발생시킨다.

　㉠ 부산물은 가스 또는 분말의 형태로 사람에게 눈, 코, 목을 자극하고, 폐부종 및 기타 폐 손상, 피부 및 안구 화상, 코 막힘, 기관지염을 유발시킨다.

　㉡ 분산물 분말은 뾰루지를 발생시킨다.

② SF_6가 스파크 방전에 노출되었을 때, 부분방전, 스위칭 소호와 아크 실패를 유발시킨다.

486

4. 설비의 주요 관리항목(감시대상, GIS 감시진단)

(1) GIS 부분방전(PD : Partial Discharges) 감시

① GIS 내부의 절연사고를 미연에 방지하기 위한 부분방전 진단을 실시한다.

② GIS 내부 결함에서 발생하는 PD로 인해 발생하는 전자파를 검출하는 UHF 측정방식으로 GIS의 이상상태를 감시하게 된다.

③ UHF 측정은 방식에 따라서 광대역과 협대역 방식으로 대별되는데, 차폐구조의 가능 여부에 따라 두 가지 방식 모두 적용이 가능하도록 해야 한다.

④ UHF PD 센서는 국내 최초로 LS 산전 자체 개발한 센서로, CIGRE 권고사항인 5pC 이하의 감도를 가지고 있다.

⑤ PD DAU(DAU : Data Acquisition Unit)

　㉠ 데이터를 취득해 가공하고 상위로 전달하는 데이터 취득장치이다.

　㉡ 주파수 대역은 100 ~ 1500MHz, 대역폭은 10MHz에서 동작하므로 전단의 센싱부의 특성에 따라 사용한다.

　㉢ PD DAU의 기본적 성능

　　• Pre-Amplifier

　　• 피크 디텍터

　　• 리시버/카운터

　　• 기준전압 발생기

　　• 통신 하드웨어

(2) 가스밀도 감시

① GIS의 차단성능 및 절연유지에 중요한 역할을 하는 GIS의 절연매질인 SF_6 가스의 밀도를 감시한다.

② GIS의 절연매질인 SF_6 가스는 GIS의 차단 기능 및 절연유지에 중요한 역할을 수행한다.

③ GIS에서 SF_6 가스가 누기되면 통전성능이 불능, 차단 실패 및 절연사고로 직결될 수 있으므로 가스 압력의 상시 감시는 필수적이다.

④ 가스밀도 센서를 GIS의 SF_6 가스 구획별로 설치하고, 센서는 온도보상 기능을 구비하고 있다.

⑤ 센서의 전원은 GIS의 제어전원 회로로부터 DC 24V를 입력받아 출력으로 DC 4 ~ 20mA의 선형적인 특성신호를 상위로 전송한다.

(3) 차단기 감시

① 차단기 소호실 내부의 주요 구성품인 아크 접점 및 노즐의 마모상태 감시진단

   ㉠ GIS 차단기의 이상동작으로 인한 사고를 미연에 방지하기 위해서는 차단기 소호실 내부의 구성품인 아크 접점과 노즐의 마모상태와 조작기의 동작 특성을 감시할 필요가 있다.

   ㉡ 아크 접점 및 노즐의 감시를 위해 필요한 신호로는 차단기 동작 시의 각 상 전류신호와 각 상의 아크시간 연산을 위한 스트로크 또는 트립코일 전류신호가 있다.

   ㉢ 각 상 전류는 일반적으로 CT를 사용하고 측정하며 후단의 션트 저항을 이용해 전압신호로 변환시킨 후 DAU에 입력된다.

   ㉣ 차단기 접점마모를 정량적으로 평가하기 위해 아크시간을 측정해 접점마모를 추정하고 있다.

② 조작기의 동작특성 변화를 감시하기 위한 차단기 감시진단 : 트립코일 전류신호 외에 클로징 코일전류 신호와 차단기 조작기와 기계적으로 연동되는 보조접점의 신호, 주변 온도, 동작 제어전압 및 조작기 압력 등을 이용해 조작기 동작특성을 감시한다.

5. 진단결과의 확인

(1) HMI를 이용한 확인

① HMI는 FEP로부터 실시간 센서 데이터를 수신하고, 필요 시 데이터 베이스를 엑세스해 자료를 가져올 수 있다.

② HMI는 실시간으로 센서 데이터를 감시할 수 있는 화면을 제공하며, 실시간 트랜드, 이벤트 자료 및 과거의 자료를 조회할 수 있다.

③ 센서 데이터의 이상 발생 시 분석을 통해 진단결과를 확인할 수 있다.

④ 데이터 베이스에 저장된 측정 센서들의 값들을 활용해 엑셀 보고서를 생성할 수 있다.

(2) 화면의 구성

① HMI 주화면은 사용자에 의해 각 화면으로 이동할 수 있다.

② 센서 종류별 검색, 포인트별 검색 등의 검색화면을 제공하고, 현재 기기상태, 포인트 설정, 하드웨어 설정, 실시간 트랜드, 분석, 보고서 등을 지원한다.

③ 감시화면은 사용자에 의해 편집이 가능하며, 센서값이 표시되는 부분은 정상, 주의, 경보의 3단계별로 정의된 색상으로 표시해 사용자에게 시각적 인지를 제공한다.

④ DAU의 통신상태를 표시해 DAU의 동작 여부를 알 수 있다.

⑤ 진단 및 분석화면은 크게 GIS에 대한 PD 진단과 MTR에 대한 다중 유중 가스 분석을 지원하고 있다.

⑥ GIS의 UHF 센서 측정 데이터를 $Ph_i - Q - n$으로 분리해서 차트 형태로 보여준다.

여기서, Ph_i : 위상, Q : 전하량, n : 반복수

⑦ 사용자는 이를 통한 통계적 데이터를 이용해서 GIS 진단을 수행하게 된다. 데이터의 형태는 방전 전하량, Ph_i 값이며 데이터베이스에 저장된다.

⑧ 분석 및 진단 화면에서는 이 데이터를 근거로 지정된 시간대별로 $Ph_i - Q - n$ 분석과 트렌드 및 이벤트를 표시한다.

⑨ 진단은 신경회로망으로 학습된 데이터를 사용한다.

6. GIS 설비 안전진단(기술)

(1) 부분방전 검출법

① 가스 절연기기의 절연파괴는 처음 국부적인 미소 코로나에서 서서히 절연이 열화되고, 최종적으로 전로방전으로 확대된다.

② GIS는 정격 가스압력 및 상시 운전상태에서 부분방전이 없는 상태로 설계되므로, 미소 코로나를 검출하여 절연성능을 확인하거나 절연의 열화 정도를 예지하는 것이 중요하다.

③ GIS 내부의 미립자(particle) 또는 돌기부 등에서 발생하는 미소 코로나를 UHF 센서를 이용해 검출하여 절연성능을 확인하거나, 절연의 열화 정도를 예지하는 방법으로는 GPT법, 진동 검출법, 연피 전극법, 전자 커플링법 등이 있다.

(2) 초음파 검출법

① 절연성능을 저하시키는 원인으로 탱크 내에 도전성 이물이 있는 경우, 이물(異物)이 탱크 내에 상용 주파수 전계에 의해 운동하게 된다.

② 이때, 운동하는 이물이 탱크에 충돌하여 미약한 초음파가 발생하고, 이 초음파에 의한 탄성파를 측정하면 이물질 검출이 가능하다는 방법이다.

(3) SF_6 가스 압력 측정법

SF_6 가스누기 여부를 판정하게 된다.

① 가스 절연기기 내의 가스 성분 분석은 가스 순도, 가스 중의 잔유 수분량 측정법, 내부의 코로나 방전에 의한 분해가스의 분석법을 이용하여 내부 절연계의 이상 유무를 예측할 수 있다.

② 내부 아크를 수반하는 고장이 발생한 경우에는 다량의 분해가스가 발생되므로 고장범위를 판정할 수 있다.

(4) X선 촬영법

X선을 투과하여 기기 내부의 파손, 볼트 이완, 접촉부 상태 등을 진단한다.

① 가스 절연기기를 분해하지 않고 내부의 구조적 상태를 판별하는 방법이다.

② 동일한 강도의 X선을 촬영하여 기기 내부의 파손, 볼트 이완, 접촉부 및 개극상태, 접촉자의 소모상태, 핀의 장착상태 등을 진단할 수 있다.

(5) 저속 구동법

① 개폐기기의 구동계 외부에서 저속도로 조작하여 기계 계통의 외부 진단을 행한다.

② 그 원리는 운전을 정지한 개폐기기의 운동계를 통상 조작 시의 $\dfrac{1}{100}$ 정도 저속으로 구동하여 이때의 구동력과 스트로크를 측정하는 것이다.

③ 측정된 구동력의 거의 전부가 동작부의 마찰력을 나타내므로 내부 이상이 있는 경우 이들이 구체적으로 존재하는 위치와 정도를 검출할 수 있다.

(6) 피뢰기 누설전류 측정법

피뢰기의 누설전류를 측정하여 피뢰기의 열화상태를 측정한다.

7. GIS의 열화요인

(1) 열적인 열화

① 패킹(packing) 또는 Spacer 재료의 열화

② 절연물의 열 열화

③ 접촉자의 소모량에 의한 열화

(2) 전기적 열화

(3) 기계적 열화

(4) 환경적 열화

005 가스 절연 개폐장치(GIS : Gas Insulated Switch Gear)의 장점을 설명하고, 25.8kV GIS 제작 및 설치 후 시행하는 시험내용에 대하여 각각 설명하시오.

data 발송배전기술사 17-112-2-3 / 발송배전기술사, 건축전기설비기술사, 전기안전기술사, 전기응용기술사 출제예상문제

답안

1. 개요

(1) Gas Insulated Substation이란 GIS(Gas Insulated Switch gear)와 유입 변압기를 GIB(Gas Insulated Bus)로 연결해서 사용하는 변전소이다.

(2) GIS(Gas Insulated Switchgear)는 철제통(알루미늄 합금 또는 steel) 속에 모선, 차단기, 단로기, 변류기, 피뢰기 등을 내장시키고 SF_6 가스를 주입한 가스 절연 개폐장치를 말한다.

(3) SF_6 가스를 충진 밀폐한 것으로, 변전소 부피의 대폭 축소 및 고신뢰도 확보가 가능하므로 GIS는 설비의 콤팩트화 및 신뢰도 향상을 도모하게 된다.

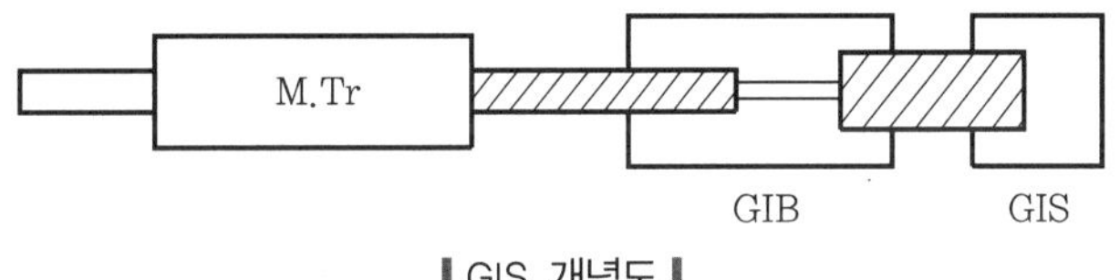

❙ GIS 개념도 ❙

2. GIS의 적용

(1) 도심지의 변전소

환경 문제 및 부지확보 문제 때문에 유리하다.

(2) 해안지역, 산악지역 등의 대규모 전력설비, 해안지역의 염해문제 및 산악지역의 양수 발전소에서 지하에 설치하는 경우 전력설비 축소에 의한 굴착량의 감소, 습기에 의한 부식 방지 등에 유리하다.

(3) 고전압 대용량 기간계통의 전력설비에서 외부 환경에 의한 영향이 거의 없고, 운전 시의 안전성 및 고신뢰성에 유리하다.

3. GIS의 장단점

(1) 장점

① 설비의 축소화 : SF_6 Gas는 절연내력이 커서(공기의 7배) 충전부의 절연거리를 줄일 수 있어 종래 변전소보다 $\dfrac{1}{15} \sim \dfrac{1}{10}$ 정도로 축소 가능하다.

② 주변 환경과 조화 : 소음이 작고, 소형이며, 외부환경에 미치는 악영향이 작다.

③ 고성능, 고신뢰성

    ㉠ 우수한 절연특성 및 차단성능, 냉각매체의 우수함

    ㉡ 염해, 오손, 기후 등의 영향을 적게 받음

④ 설치공기의 단축 : 공장에서 조립, 시험이 완료된 상태에서 수송·반입되므로 설치가 간단하며 공기가 단축된다.

⑤ 점검·보수의 간소화 : 밀폐형 기기이므로 점검이 거의 필요 없다.

⑥ 건설공기 단축 : Module 형태로 운반·조립되므로 설치기간이 단축된다.

⑦ 종합적인 경제성이 우수 : GIS 자체 가격은 종래 기기보다 비싸지만 용지의 고가화 및 환경 대책비용 등을 고려하면 오히려 경제적이다.

> **comment** 실제 154kV급 이상에서는 대부분 GIS 변전소이다.

(2) 단점

① 고장 발생 시 초기 대응이 불충분하면 대형 사고 유발 우려가 있다.

② 고장 발생 시 조기복구, 임시복구가 거의 불가능하다.

③ 육안 점검이 곤란하며, SF_6 Gas의 세심한 주의가 필요하다.

④ 한랭지($-62℃$에서 액화)에서는 가스의 액화방지 장치가 필요하다.

(3) 단로기 등의 개폐장치 조작 시 VFTO(급준과도 회복전압 진동)에 대한 대책이 필요하다.

4. 25.8kV GIS 제작 및 설치 후 시행하는 시험내용

> **comment** 출제자의 의도는 다음의 개괄적인 내용을 기록하라는 것으로 예측된다.
> 개폐장치의 시험은 인정시험과 검수시험, 현장시험, 참고시험 및 개발시험으로 구분하며 시험 및 검사항목은 해당 기기의 사용전압, 용도에 따라 규격이 명시된다.

(1) 인정시험(認定試驗)

제품의 품질확인 및 공급자의 품질 유지능력을 인정하기 위한 것으로, 인정시험은 원칙적으로 종류, 정격, 성능, 구조가 다른 제품에 대해 실시한다.

(2) 검수시험(檢受試驗)

구입 시 해당 물품의 인정시험으로 확인된 성능을 보증하기 위해 인정시험 항목의 일부를 행한다.

(3) 현장시험(現場試驗)

검수시험을 필한 제품을 수송 및 설치 후 이상발생 유무를 확인하는 절차로 한다.

(4) 참고시험(參考試驗)

인정시험 이외의 제특성 중 설계, 공사, 운전 및 보수 상 참고하기 위한 것으로, 개발시험 시 실시하되 개발시험 합·부 판정에 무관하다.

(5) 개발시험(開發試驗)

개발제품을 인정하기 위한 시험으로서, 인정시험과 참고시험 항목을 모두 포함하여 실시한다.

5. GIS 제작 및 설치에 대한 구체적인 시험 및 검사항목

> **reference**
> 약자의 의미
> (1) 인 : 인증시험
> (2) 검 : 검수시험
> (3) 현 : 현장시험
> (4) 참 : 참고시험

(1) 구조및 외관검사 : 인, 검, 현

(2) 전기적 절연시험

 ① 보조회로의 절연시험 : 인, 검, 현

 ② 상용 주파 내전압시험/부분방전시험 : 인, 검

 ③ 뇌충격 내전압시험 : 인

(3) 주회로 저항측정 : 인, 검, 현

(4) 온도상승시험 : 인

(5) 단시간 전류시험 : 인

(6) 투입 및 차단능력시험

 ① 시험항목에 속하는 다음 시험에 대한 인증시험만 시행한다.

 ② 시험항목 : 단락 투입 차단시험/임계전류시험/탈조차단시험/충전전류 차단시험/지상 소전류 차단시험

(7) 기계적 동작시험 : 인, 검

(8) 보조회로의 보호등급 확인시험 : 인

(9) 내부 고장 시 아크상태시험 : 인

(10) 외함 압력시험 : 인, 검

(11) 외함 시험(파열압력 또는 비파괴압력) : 인

(12) 기밀시험 : 인, 현

(13) 조작 및 제어회로시험 : 인, 검, 현

(14) 절연저항시험 : 인, 검, 현

(15) 가스 수분 측정 : 현

(16) CRPT시험 : 인, 검

(17) 피뢰기시험 : 인, 검

(18) 연속 개폐시험(10000회) : 인

(19) 내진시험 : 참

(20) 소음시험 : 참

006 가스 절연 개폐장치(GIS : Gas Insulated Switchgear)의 접지에 대하여 아래 사항을 설명하시오.

1. 탱크 및 가대의 접지
2. 주회로의 접지
3. GIS와 다른 기기의 접속 시 접지

data 전기응용기술사 21-122-3-3 / 발송배전기술사, 건축전기설비기술사, 전기안전기술사, 전기응용기술사 출제예상문제

답안 1. 탱크 및 가대의 접지

(1) GIS 탱크의 접지방식의 특징 및 적용상 검토사항

1점 접지방식	다점 접지방식
• 상시 외피전류가 흐르지 않기 때문에 대전류 정격에서도 온도 상승이 낮다. • 기초부에의 유입전류가 없기 때문에 기기 지지대의 온도 상승이 없다.	• 외부 누설자계가 작다. • 유도 Surge level이 낮다. • 접지가 확실하다. • 절연물 사용개소가 적다.

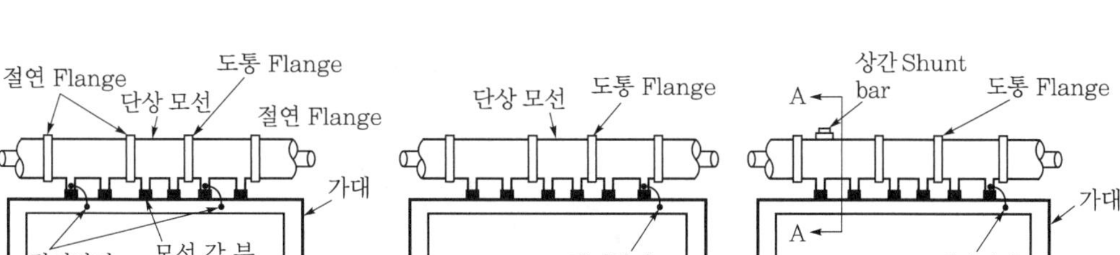

▮GIS 접지방식의 사진전경▮

(2) 접속 Flange부 구조는 아래 방식에서 선정한다.

① 1점 접지방식

㉠ 사고전류 통전 시 용기의 유기전압이 운전원에 위험하지 않을 범위로 억제하도록 적당한 탱크 길이마다 구분하여 절연한다.

㉡ 절연기능을 고려하지 않는 개소에서는 1점 접지할 필요가 없다.

㉢ 옥외 사용의 경우 내후성, 내염진해성을 고려하여 설계한다.

㉣ 앞의 1점 접시방식 그림과 같이 탱크는 하나의 접지선으로 접지되고, 10m 정도의 길이를 최대로 하여 인접 탱크 사이를 절연하고 있는 방식이다.

㉤ 절연시키는 방법으로는 직렬 탱크 사이는 Flange부에서, 대지 간은 탱크 지지가대 연결부에서 절연하는 것이 일반적이다.

② 다점 접지방식

㉠ 원칙적으로 전체가 도통된 Flange로 구성된다.

㉡ 탱크는 앞의 다점 접지방식 그림에서 보는 바와 같이 다수 점에서 접지되고, 일반적으로 직렬 탱크 간에는 도통 Flange로 설치하며 지지가대 연결부도 절연시키지 않고 체부 볼트 등으로 도통시키며 접지선도 탱크에 취부한다.

(3) 탱크 지지가대 연결부는 아래 방식으로 선정한다.

① 1점 접지방식 : 접지선을 통하는 경로 외에 대지로의 접지경로가 없도록 하기 위하여, 기기 지지가대 연결부와 지지가대부는 절연할 것

② 다점 접지방식 : 기기 지지가대 연결부는 대지와 통전해도 되어 배려사항이 없다.

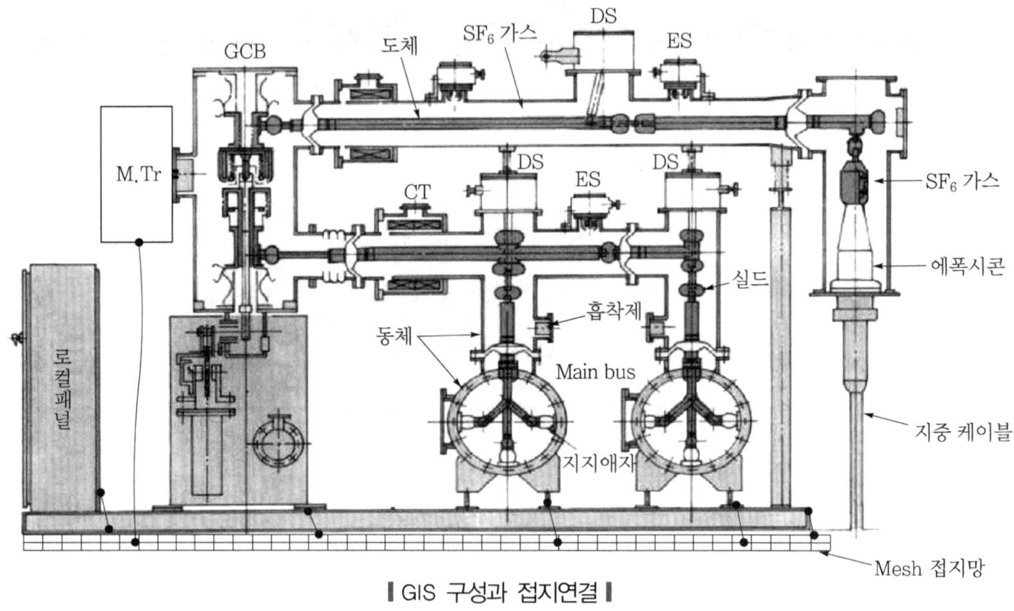

❘ GIS 구성과 접지연결 ❘

2. GIS에서 주회로의 접지

(1) 일반적으로 접지계통은 고장전류에 따른 열적·기계적 응력에 충분히 견디어야 한다.

(2) 타 부분과 단로될 수 있는 주회로와 각 부분은 접지할 수 있어야 한다.

(3) 단위기기 유닛의 외피는 접지도체와 접속·접지되어야 하며, 모든 금속부분과 주회로 또는 보조회로에 속하지 않는 다른 모든 부분은 직접 접지도체에 접속하거나 금속 구조물 부분을 통하여 집속되어야 한다.

(4) 접지되는 각 부분의 상호연결은 볼트조임 또는 용접처리하되 본체 덮개, 문짝, 격벽 또는 기타 구조물 부분 간에 전기적으로 접속되도록 한다. 고압 격실의 문짝은 적절한 방법에 의해 본체틀에 접속한다.

(5) 상기 접지된 인출부의 금속부분은 시험 또는 단로상태에서 접지접속을 유지함은 물론 보조회로가 모두 단로되지 않은 인출 중에도 접지되어 있어야 한다.

3. GIS와 다른 기기의 접속 시 접지

GIS와 변압기나 지중 케이블이 접속할 경우를 말한다.

(1) 인출형 기기의 접지

인출형 차단기, 변압기 등의 외피는 접지모선에 전기적으로 접속되어 있으며 본체를 인출할 때는 용이하게 분해가 가능할 것

(2) 고정형 기기의 접지

① 고정형 차단기, 변압기 등의 외함은 접지모선에 전기적으로 접지되어 있을 것

② 단로기, 변류기 등 외함을 갖지 않는 기기 부착대 등은 금속볼트로 조여 접지한다.

③ GIS 탱크와 변압기의 접속이 실제의 GIS 핵심기술이며, 접속에는 벨로스를 통해 GIS 내의 모선과 변압기의 각 상을 별도로 접속한다.

④ 이때, GIS 탱크 외부에는 1점 접지 또는 다점 접지 후 접지선을 GIS 기초에 매설 시공된 메시 접지단자에 연결하여 기초 하부에 있는 메시 접지망에 전기적·기계적으로 완전 접속한다.

---

007 IEC 61850에 따른 디지털 변전소의 구성방법 및 주요 장치에 대하여 설명하시오.

data 발송배전기술사 21-125-2-3 / 발송배전기술사, 건축전기설비기술사, 전기안전기술사, 전기응용기술사 출제예상문제

답안

1. IEC 61850 개요

(1) Hard-wire로 전송되던 변전설비의 아날로그 신호(상태에 대한 감시/계측 정보와 제어/보호 계전정보)를 디지털 정보(LN : Logical Node)로 정의하고 정의된 정보를 교환하기 위한 통신방법(MMS, GOOSE, SV)을 정의한 국제표준을 말한다.

(2) 변전소 시스템을 효율적으로 엔지니어링하기 위한 방법(SCL)을 정의한 국제표준이며, 변전소의 통신 네트워크와 통신 시스템에 대한 전반적인 사항을 다루고 있다.

(3) SCL(Substation Configuration description Language)

변전소 구성 언어, XML에 기반한 언어(XML : Extensible Mark-up Language, 확장성 생성 언어)

2. IEC 61850에 따른 디지털 변전소의 구성방법

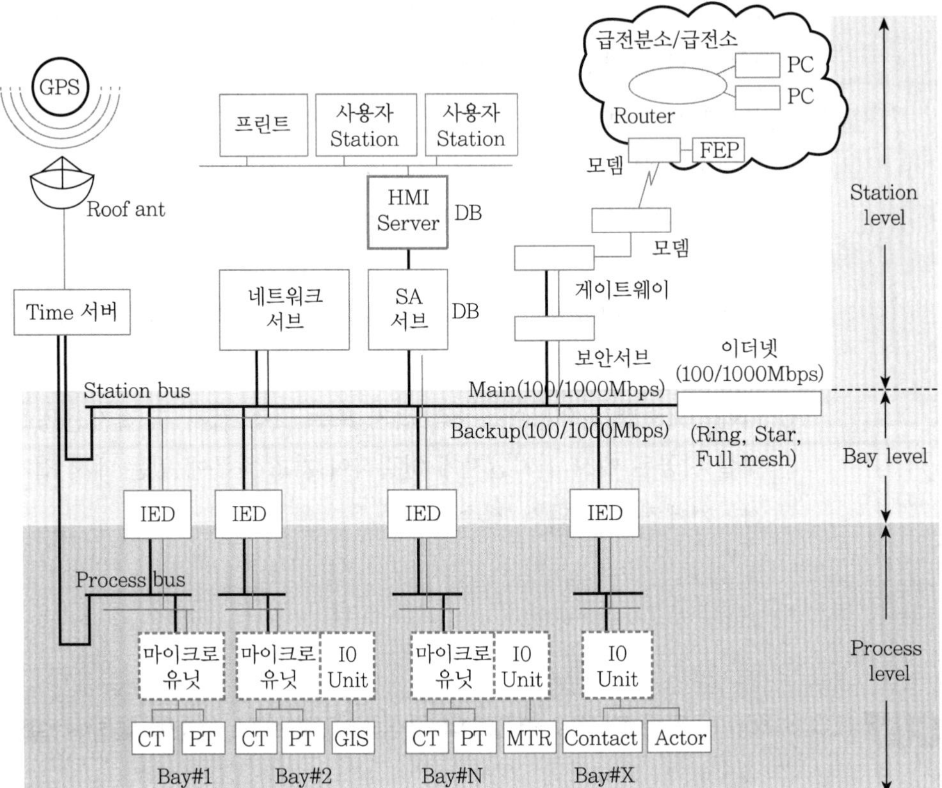

3. 디지털 변전소의 주요 장치

(1) Station level(운영장치)

① 사용자가 HMI를 통해 화면을 보고 데이터 취득 제어

② 주요 장치(SNTP, NMS, NAC, SA, HMI, GW)

ㄱ 표준시각 동기장치(SNTP : Simple Network Time Protocol) : GPS로부터 시간정보를 수신하여 네트워크에 연결된 모든 장치의 시간정보 제공

ㄴ 네트워크 운영장치(NMS : Network Manage System) : 전력 네트워크를 관리 분석하기 위한 통신장비

ㄷ 네트워크 보안장치(NAC : Network Access Control)

ㄹ SA 운영장치[HMI 장치, Substation Automation(변전소 자동화 운영장치)] : Main, Backup 2개의 서버로 변전소 내 모든 정보를 감시 · 제어 · 계측 기능 수행

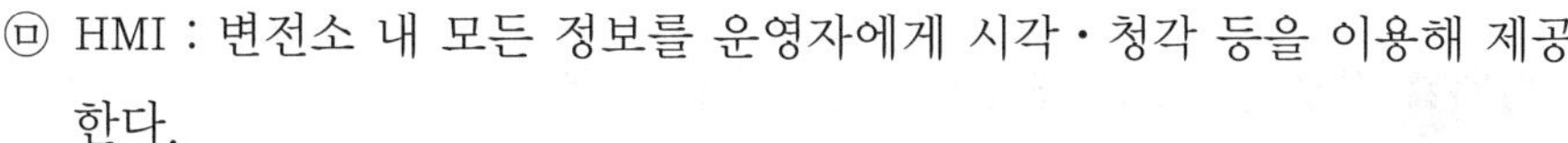

  ㉤ HMI : 변전소 내 모든 정보를 운영자에게 시각·청각 등을 이용해 제공한다.

  ㉥ Gateway : RTU, SCADA 와 연계하기 위한 프로그램

(2) Bay level

 ① 전력설비 보호, 제어, 감시, 계측하기 위한 IED(Intelligent Electronic Device)

 ② 구성

  ㉠ 보호계전 IED : 디지털 복합 계전기로 구성

  ㉡ 제어 IED

  ㉢ 예방진단 IED

  ※ IED는 전력계통에 문제가 발생할 경우 이를 감지하고, 해당 구간을 계통에서 분리해주는 디지털 변전소에서 안전성을 보장하는 핵심역할을 담당한다.

(3) Process level

 ① 전력설비를 보호하기 위한 각종 센서 및 제어 장치들

 ② 친환경 CB + ES + DS로 실 계통장치가 작동

4. 기존 시스템과 SA 시스템 비교

구분	기존 시스템	IEC 61850
정보 전달매체	Hard-wire	Fiber-optic
정보 처리기술	아날로그 신호처리	Digital 신호처리
회로구성 장치	Relay, Aux Ry, Contact, F/R 등	IED
회로구성 구조	전기·기계석 Sequence	논리적 Program
설비정보 표현	전기·기계적 Aux Ry, Contact	디지털화 LN
SCADA 연계	RTU	정보연계장치 (gateway software)
HMI 연계	포인트별 1 : 1 연결	1 : N 연결
전력설비 구성	복잡한 Hard-wire	IED 내부 Logic

008 전철 변전소에 대하여 다음 사항을 설명하시오.

1. 수전전압
2. 전원 특성 및 구비조건
3. 위치 선정 시 고려사항
4. 전철 변전소 설치간격
   - 결정요소
   - 단축 시 장단점

(data) 발송배전기술사 24-132-3-5 / 발송배전기술사, 건축전기설비기술사, 전기안전기술사, 전기응용 기술사 출제예상문제

(comment) 전기철도기술사 61회, 65회, 68회, 71회, 80회, 86회 등에서 자주 출제되었던 문항이다.

답안

1. 수전전압과 급전전압

직류 전기철도방식	단상 교류 전기철도방식
• 수전전압 : 22.9kV • 급전전압 　– 일반 전력계통에서 수전한 특고압 교류 전력을 전철 변전소 변압기로 강압(AC 1.2kV) 　– 실리콘 정류기(SR)에 의해 직류 1500V로 변환하여 전차선로에 DC 1500V로 급전을 시행	• 수전전압 : 송전계통 154kV • 급전전압 　– 수전한 상용 주파수 전력을 교류 전철 변전소의 스코트 변압기로 강압(50kV)하여 전차선로에 교류 전력을 공급 　– 이후 전차선로에는 여러 가지 전압 및 주파수 방식이 있으나 AC 25kV 방식으로 전기철도에 급전을 시행

2. 전원 특성 및 구비조건

(1) 전철 변전소의 전원 특성

① 전기철도 부하는 전기차의 빈번한 기동·정지를 반복하는 등 부하변화가 심하고 부하의 위치가 열차진행에 따라 이동하는 이동부하이다.

② 변전소의 전기용량은 전기차의 부하에 충분히 견디어야 하며, 전차선로의 전압강하는 허용범위 이내이어야 하는 요구조건을 만족해야 한다.

③ 사고 시 1개 변전소가 정전되더라도 연장급전 등으로 열차 안전운행을 확보해야 하는 등 높은 신뢰도가 요구된다.

④ 전차선로나 전기차 사고 등으로 집전회로가 단락하는 경우 확실하게 사고회로를 검출하여 구분 차단해야 한다.

500

(2) 구비조건

① 전기철도 설비는 고장 시 고장의 범위를 한정하고 고장전류를 차단할 수 있을 것

② 단전이 필요할 경우 단전범위를 한정할 수 있도록 계통별 및 구간별로 분리할 수 있을 것

③ 차량 운행에 직접적인 영향을 미치는 설비 고장이 발생한 경우 고장부분이 정상부분으로 파급되지 않게 전기적으로 자동 분리할 수 있을 것

④ 예비설비를 사용하여 정상 운용할 수 있을 것

⑤ 변전소의 위치는 가급적 수전선로의 길이가 최소화되도록 하며, 전력수급이 용이하고, 변전소 앞 절연구간에서 전기철도차량의 타행 운행이 가능한 곳을 선정할 것

⑥ 기기와 시설자재의 운반이 용이하고, 공해, 염해, 각종 재해의 영향이 작거나 없는 곳을 선정할 것

⑦ 변전설비는 설비운영과 안전성 확보를 위하여 원격 감시 및 제어방법과 유지 · 보수를 고려할 것

⑧ 전기철도 노선, 전기철도 차량의 특성, 차량운행 계획 및 철도망 건설계획 등 부하특성과 연장급전 등을 고려하여 변전소 등의 용량을 결정하고, 급전계통을 구성할 것

⑨ 변전소의 배치

㉠ 변전소의 배치는 전기철도의 종류, 급전방식, 전기차의 출력, 선로 조건, 운전상황 등을 고려하여야 함

㉡ 전차선로 전류용량, 전압강하, 전식 또는 유도장해 등의 환경적 요소를 동시에 만족하도록 검토하여야 함

3. 전철용 변전소의 위치 선정 시 고려사항

(1) 급전구간 내의 부하 중심점에 근접할 것

(2) 수전 변전소(한전 등 전원 공급점)와 가까운 거리에 있을 것

(3) 변전소 간격을 유지하고 전압강하에 지장이 없을 것

(4) 기기의 운반 및 반입이 편리할 것

(5) 지반이 견고하여 수해나 토사 유입 등의 우려가 없을 것

(6) 필요 시 양질의 냉각수를 얻을 수 있을 것

(7) 토지비용(용지 매수비용)이 저렴하고 향후 증설 가능할 것

(8) 인근지역에 소음, 유해 Gas 배출, 염진해의 영향이 작을 것

(9) 변전소 인출부근에 절연구분 장치의 설치조건에 만족할 것

(10) 환경보호를 해치지 않고 장래 도로, 하천개량 등의 계획이 없을 것

4. 전철 변전소 설치간격

(1) 결정요소

① 직류 전철 변전소의 전식 장해 방지 측면

② 전기차 운전에 적합한 전원 확보, 전압강하 허용범위 이내

③ 급전회로의 고장검출 보호능력, 보호계통의 신뢰도

④ 용지 확보

⑤ 경제적인 건설비 부담

ㄱ DC 구간 : 커티너리 구간은 약 5 ~ 6km, 강체가선 구간은 약 10 ~ 12km

ㄴ AC 구간 : BT 급전구간은 약 30km, AT 급전구간은 약 40 ~ 100km

(2) 전철 변전소 설치간격 단축 시의 장단점

① 장점

ㄱ 전압강하 및 전력손실이 감소

ㄴ 동일 전압강하에서 전차선로의 전류용량이 작아져 전차선로 건설비 감소

ㄷ 귀선의 누설전류가 감소하여 전식 및 통신유도 장해 감소

ㄹ 급전회로의 보호가 용이

② 단점

ㄱ 변전소 수가 증가하여 전체 건설비 증가

ㄴ 기기의 단위용량이 작아지므로 효율 저하 및 손실 증가

ㄷ 보수 및 운전경비와 운전인력의 증가

009 배전용 변전소의 적정 용량 산정 및 위치선정에 대하여 설명하시오.

data 발송배전기술사 23-131-3-3 / 발송배전기술사, 건축전기설비기술사, 전기안전기술사, 전기응용
기술사 출제예상문제

답안

1. 배전용 변전소의 적정 용량 산정

(1) 변전소의 초기 규모

① 배전용 변전소란 2차 변전소로서, 154/22.9kV-Y로 전압 변성하는 변전소이다.

② 장기 송·변전 설비 계획에 의거한 최초 건설 시의 설비규모를 정한다.

③ M.Tr의 뱅크수 및 용량, 송전선로 회선수, 조류의 융통성, 계통운영 안정성을
고려한다.

④ 인출 예상 회선수와 전력구 규모, 특히 지방의 신재생에너지 설비의 연계용량
을 검토하여 충분한 주변압기 용량과 뱅크수 및 회선수를 면밀하게 검토한다.

(2) 변전소의 최종 규모(최대 규모)

① 전원입지, 장기적인 전력수요, 계통의 연계능력 및 운영측면을 고려한 규모일 것

② 최종 규모는 최대 규모 이내로 결정하되 조상설비 및 기타 설비는 계통여건에
따를 것

③ 계통전압별 M.Tr용량과 뱅크수 및 회선수

계통전압	M.Tr용량	뱅크수	연결 선로수 (고압측/저압측)
1차 변전소 765kV	2000MVA/Bank	5	8/12
1차 변전소 345kV	500MVA/Bank	4	10/18
2차 변전소 154kV	60MVA/Bank	4 (수요 증가가 예상될 경우 6)	12/28

(3) 배전용 변전소의 주요 구성기기 및 배전용 변압기 용량과 주요 고려사항

① 주요 구성기기

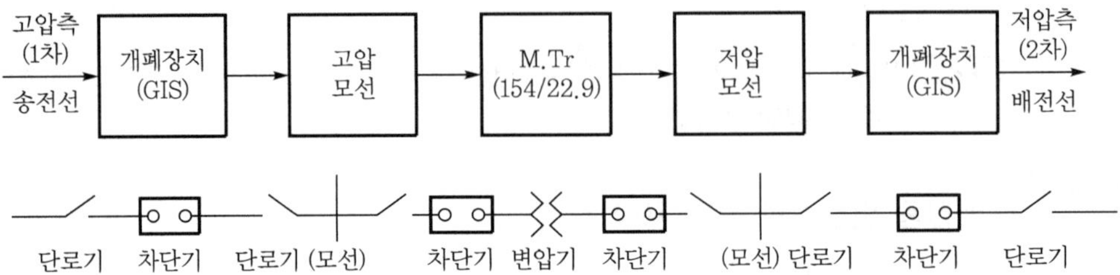

② 변압기 용량

$$\frac{\text{소요부하 합계} \times \text{수용률}}{\text{부등률}} \times \frac{\text{여유율}}{\text{과부하율}} + \text{기타}$$

③ 절연협조, 보호협조, 접지 시스템 설치 필요공간

④ 옥내 설치/옥외 설치/지하 설치의 여유공간과 배전인출 케이블 접속의 용이성

2. 변전소 위치선정

(1) 부하의 중심지역에 설치

부하 밀집지역 내 설비	부하 밀집지역 외 설치
송전선로 : 장구간	송전선로 : 단구간
단구간 배전선로로 전압강하 및 전력손실이 적음	장구간 배전선로로 전압강하 및 전력손실이 많음
민원발생이 심함	민원발생이 적음

(2) 수용지 부지 내 설치

대규모 산업공장, 대학 구내, 관공서 구내의 위치, 상가 주차장

(3) 에너지 Park형

① 옥내 GIS형과 지하 GIS형 변전소의 장점을 반영한 특화된 모델이다.

② 지상부는 지역주민 편의시설(옥상공원, 산책로, 체육시설 등)로 이용되고 건물 내에 변전설비를 설치하는 반지하 형태이다.

(4) 변전소 위치에 따른 전력손실과 전압강하는 부하의 배치형태에 따라 다르므로 분산 부하율과 분산 손실계수를 고려한 위치일 것

① 부하 형태별 분산 부하율과 분산 손실계수 구분

부하형태	모양	분산 부하율 =손실계수(H)	분산 손실계수 (h)
평등 분포		$\dfrac{1}{2}$	$\dfrac{1}{3}$
말단일수록 큰 분포		$\dfrac{2}{3}$	$\dfrac{8}{15}$
송전단일수록 큰 분포		$\dfrac{1}{3}$	$\dfrac{1}{5}$
중앙일수록 큰 분포		$\dfrac{1}{2}$	$\dfrac{23}{60}$

② 손실계수(H) : 말단 집중부하에 대해서 어느 기간 중의 평균손실과 최대 손실의 비

③ 분산 손실계수(h) : 말단 집중부하에 비해 선로에 분산배치된 경우의 손실 비율

010 전선로나 변전소에 사용되는 애자의 염진해 대책에 대하여 설명하시오.

data 발송배전기술사 19-118-3-4 / 발송배전기술사, 건축전기설비기술사, 전기안전기술사, 전기응용
기술사 출제예상문제

답안

1. 개요

염진해 대책 설계의 목표는 애자에 염분 또는 진애 부착 시 애자 내압치가 저하되므
로 사전에 애자의 염분 또는 진애 부착량을 상정 → 조건에 맞는 애자의 소요 내전압
및 개수를 결정한다.

2. 염진해 대책의 기본 조건

(1) 오손등급 구분

오손등급	A	B	C	D	비고
상정등가 염분 부착밀도	0.03 초과 0.063	0.063 ~0.125	0.125 ~0.25	0.25 초과 0.5	단위[mg/cm^2]

(2) 애자의 오손양상은 애자의 종류, 형상, 치수, 취부방향, 바람의 방향과의 관계
등 복잡한 Factor가 많아 정량적 분석이 곤란하다. 따라서, 파일럿 애자를 사용하
여 오손등급의 결정에 기초를 하고 있다.

(3) 오손등급의 적용

① 해안으로부터의 거리에 따라 A·B·C·D급으로 구분되고 서해안이 제일 심
하다.

② 예 A급 : 해안으로부터 9km 초과된 곳

(4) 오손의 조건

① 적용 개소의 염해 외 진애 및 공업오손에 대해서도 등가염분 부착밀도로 환산

② 공업오손 : 0.5 ~ 2μm 크기이다.

③ 진애오손 : 내륙부의 공업지대 이외의 건조장소에서 사진에 의한 애자오손

④ 염분 부착밀도의 최대치 예상 : 장기 오손과 급속 오손의 예상

㉠ 급속 오손 : 태풍에 의함

㉡ 장기 오손 : 오손된 애자가 강우 등의 자연현상으로 오손의 정도가 낮아진
상태에의 오손상태

3. 염진해 대책

(1) 절연강화

① 애자증결, 내염용 애자 또는 상위 절연계급의 애자사용으로 상용 주파 내전압치를 증가시킨다.

② **기기의 부싱 절연강화** : 치수를 크게 해야 하나 기술·경제적으로 절연강화에만 의존하기가 어렵다.

③ 현수애자 사용에는 오손등급별로 사용개수를 달리한다.

 ㉠ 154kV에서 현수형 개소의 소요애자 개수 결정법의 예

$$\text{A지구} = \frac{\text{공칭선간 kV당 소요 누설거리}[\text{mm}] \times \text{공칭전압}}{\text{현수애자 1개당 누설거리}(280\text{mm})}$$

$$= \frac{19 \times 154}{280} = 11\text{개}$$

$$\text{B지구} = \frac{22.9 \times 154}{280} = 12\text{개}$$

$$\text{C지구} = \frac{25.4 \times 154}{280} = 14\text{개}$$

$$\text{D지구} = \frac{28 \times 154}{280} = 16\text{개}$$

 ㉡ 345kV 및 154kV에서의 오염지구별(현수개소에서) 애자개수

전압 \ 오손등급	지역	A	B	C	D	비고
	상정등가 염분 부착밀도	0.03 초과 0.063	0.063 ~ 0.125	0.125 ~ 0.25	0.25 초과 0.5	• 상정등가 염분 부착밀도 : 단위[mg/cm^2] • 애자 식성은 254mm • 누설거리는 280mm
154kV		11	12	14	16	
345kV		22	25	30	33	

(2) 세정

① 정지세정

 ㉠ 피뢰기, 조상설비

 ㉡ 브러시 세정기 사용 시 정지 세정법 적용

 ㉢ 오손이 극심하여 활선세정이 곤란한 경우

② 활선세정법

 ㉠ 물의 고유저항은 5000Ω·m 이상일 것

 ㉡ 활선 세정장치의 종류

  • 고정 세정장치

- 간이 고정 세정장치
- 이동 세정장치
- 휴대식 세정기(브러시식)

③ 세정장치 활용 시 고려사항

    ㉠ 애자가 청결한 상태에서 염분 부착밀도가 한계치에 달하는 시간에 비해 전체 세정 대상설비를 세정 1회로 세정작업이 가능한 세정주기 및 구획수

    ㉡ 바람의 방향

    ㉢ 당해 변전소 전체가 정지한 경우에도 비상용 동력 및 전원에 의한 고정 세정장치 가동이 필요한 전원 확보

(3) 엄폐

① GIS 차풍벽 활용

② 옥내식, 큐비클 및 DUCT의 애자선로의 누설거리 : 옥외에서의 누설거리 $\times \dfrac{1}{1.3}$

(4) 발수성 물질도포 사용

① 애자의 자기표면에 실리콘, 콤파운드 등을 도포하여 섬락 방지

② 유효수명은 $1 \sim 2$년 정도이다.

4. 설비별 염진해 대책의 적용

comment 생략할 수 있다.

(1) 화력 발전소, 원자력 발전소의 개폐장치

오손이 매우 심한 지역에 GIS화, 옥내형, GIS형에는 필요 시 고정식 세정장치를 활용한다.

(2) 변전소, 개폐소

① 오손이 매우 심한 지역(오손 구분이 $0.125 \sim 0.5\text{mg/cm}^2$의 C · D 지역) : GIS화, 옥내화, 절연강화 불가능 개소(부싱 등)는 세정장치 활용

② 오손이 약간 심한 지역(오손 구분이 $0.03 \sim 0.125\text{mg/cm}^2$의 A · B 지역) : 절연강화, 절연강화 불가능 개소(부싱 등)는 세정장치 활용

SECTION 02 변압기 기초

011 변압기의 원리, 등가회로, 정격사항에 대하여 설명하시오.

data 전기응용기술사 22-126-3-2 / 발송배전기술사, 건축전기설비기술사, 전기안전기술사, 전기응용기술사 출제예상문제

답안

1. 전자유도작용과 변압기의 원리

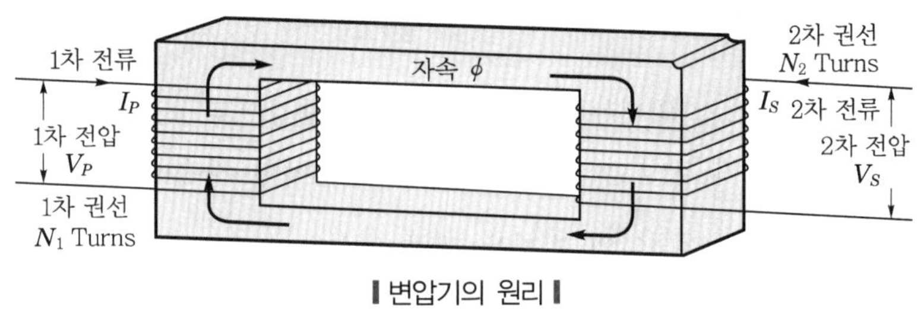

∥ 변압기의 원리 ∥

(1) 전자유도작용

코일의 유기기전력은 그 코일과 쇄교하는 자속의 변화량에 비례한다는 것이다.

(2) 패러데이의 법칙

회로 외부에 형성된 자기장의 변화로 유기기전력이 발생되는 현상이다.

$$e = - N\frac{d\phi}{dt}$$

① 유기기전력의 기호 e는 교류에서의 표현법이다.

② 유기기전력의 기호 E는 직류에서의 표현법이다.

③ (−)의 의미는 자기력의 변화와 반대 방향으로 기전력이 발생한다는 렌츠의 법칙을 말한다.

(3) 변압기는 이 전자유도작용을 이용하여 한 권선에 공급한 교류 전력을 다른 권선에 동일한 주파수의 교류 전력으로 변환하는 정지유도장치(static induction instrument)이다.

(4) 변압기는 둘 이상의 전기회로가 하나의 공통된 자기회로(磁氣回路)에 쇄교하는 구조이다.

(5) 여자전류에 의한 변압기 기전력

① 여자(餘磁, excitation)는 Winding 선에 기자력이 생성되는 것이다.

② **기자력** : 전압을 일으키는 힘으로서, 자속과 자류의 생성을 도와주는 힘이다.

③ 변압기는 교류 여자전류를 사용한다.

(6) 상기와 같이 변압기 1차 측의 경우, 여자전류 i_0가 다음과 같이 흐르고, 이의 해석으로 유기기전력의 크기를 살펴보면 다음과 같다.

① $i_0 = I_m \sin\omega t$

> **reference**
>
> $\sin x$의 미분은 $\dfrac{d}{dx}\sin x = \cos x$

이 식의 의미는 교류의 운동은 최댓값으로 $\sin$파(정현파)의 흐름이다.

② 이렇게 발생한 여자전류에 의해 발생한 자속(ϕ)은 $\phi = \phi_m \sin\omega t$이다.

(7) 상기의 패러데이의 법칙을 재차 해석하면

$$\frac{d\phi}{dt} = \omega\phi_m \cdot \cos\omega t$$

$$\therefore \ e = -N\frac{d\phi}{dt} = -\omega N \phi_m \cos\omega t = \omega N\phi_m \sin\left(\omega t - \frac{\pi}{2}\right)$$

(8) 유기기전력의 최댓값(E_m)은 자속의 최댓값에서 결정되므로

$$E_m = wN\phi_m$$

(9) 유기기전력의 실횻값(e)은 최댓값의 $\dfrac{1}{\sqrt{2}}$이므로

$$e = \frac{E_m}{\sqrt{2}} = \frac{2\pi f N \phi_m}{\sqrt{2}} = 4.44fN\phi_m$$

여기서, $\omega : 2\pi f$, $N :$ 코일을 철심에 감는 횟수

(10) 1차 측과 2차 측의 유기기전력 공식은 다음과 같다.

$$e_1 = 4.44f_1N_1\phi_m\,[\text{V}]$$

$$e_2 = 4.44f_2N_2\phi_m\,[\text{V}]$$

(11) 이를 정리하면, $\dfrac{e_1}{e_2} = \dfrac{N_1}{N_2} = a$

① 변압기 1차 측과 2차 측의 유기기전력은 권선수에 비례한다.

② 위의 수식상 a는 권수비라 하여 1차 측과 2차 측의 감은 횟수의 비율이다.

(12) 변압과정에서 전력 자체는 변화가 없으므로, 다음과 같은 권수비로 설명된다.

$$P = VI \rightarrow P_1 = V_1 I_1, \ P_2 = V_2 I_2$$

$$P_1 = P_2 \text{이므로 } V_1 I_1 = V_2 I_2 \text{에서 } \frac{V_2}{V_1} = \frac{I_1}{I_2}$$

$$\frac{E_1}{E_2} = \frac{N_1}{N_2} = \frac{V_1}{V_2} = \frac{I_2}{I_1} = \sqrt{\frac{Z_1}{Z_2}} = a$$

$$\therefore \ P_1 = \frac{V_1^{\ 2}}{Z_1}, \ P_2 = \frac{V_2^{\ 2}}{Z_2}$$

$$\frac{V_1^{\ 2}}{Z_1} = \frac{V_2^{\ 2}}{Z_2} \rightarrow \frac{V_1^{\ 2}}{V_2^{\ 2}} = \frac{Z_1}{Z_2} \rightarrow \left(\frac{V_1}{V_2}\right)^2 = \frac{Z_1}{Z_2} \rightarrow a^2 = \sqrt{\frac{Z_1}{Z_2}}$$

$$\therefore \ Z_1 = a^2 Z_2$$

2. 변압기의 등가회로(equivalent circuit)

(1) 변압기의 전기회로는 자기회로의 영향을 고려한 것이며, 독립된 1·2차 전기회로의 전기적 특성을 용이하게 계산하기 위하여 단일 회로, 즉 등가회로로 만들어 해석하는 것이다.

(2) 등가회로는 1차 또는 2차에서 본 전력이 등가가 되도록 유도한다.

(3) 이 등가회로의 정수는 직류 저항의 측정, 무부하시험, 단락시험에 의하여 구해진다.

(4) 1차 측에 환산한 등가회로

(comment) 2차 측으로 환산한 것도 있으나 생략한다.

① 1차 측에서 본 등가회로로 변압기를 표시하려면, 변압기의 특성을 바꾸지 않고 2차 권선의 권수를 1차 권선수와 같이 하여야 한다. 이것을 2차 측을 1차 측으로 환산한다고 하고, 2차 측의 전기적 제량에 곱해야 할 계수를 환산계수라 한다.

② 권선비가 $a\left(a = \dfrac{N_1}{N_2}\right)$일 때 2차 권선의 권수, 즉 도체의 길이를 a배로 하고 그 단면적을 $\dfrac{1}{a}$배로 하면, 동량은 변함없이 2차 권선의 권수가 1차 권선의 권수와 동일하게 된다.

③ 변압기의 2차 권선수를 a배로 해서 1차 권선수를 $N_1 = aN_2$로 바꾸어 감았다면 유도기전력은 a배가 되므로, 부하 및 권선의 임피던스를 a^2배로 한다면

511

전류는 $\frac{1}{a}$ 배로 되어 전력의 변화가 없게 된다.

④ 2차 유도기전력에 대한 환산계수는 a, 2차 부하 및 권선의 임피던스에 대한 환산계수는 a^2, 2차 전류에 대한 환산계수는 $\frac{1}{a}$ 배이다.

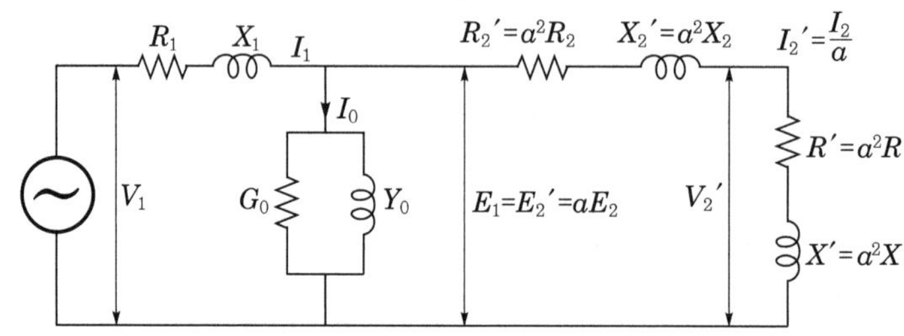

▌2차 측을 1차 측에 환산한 변압기 등가회로 ▌

여기서, a : 권수비 $\left(\dfrac{1차\ 측\ 권수\ N_1}{2차\ 측\ 권수\ N_2}\right)$

V_1 : 1차 공급전압(sinusoidal wave voltage)

E_1 : 1차 유기전압(counter electro motive force)

E_2 : 2차 유기전압, $E_2{'}$: 1차 환산 2차 유기전압

$V_2{'}$: 1차 환산 2차 부하 측 단자전압

I_1 : 1차 공급전류, I_0 : 여자전류

$I_2{'}$: 1차 환산 2차 전류

R_1 및 X_1 : 1차 회로저항 및 리액턴스

$R_2{'}$ 및 $X_2{'}$: 1차 환산 2차 회로저항 및 리액턴스

R_2 및 X_2 : 2차 측 부하의 저항 및 리액턴스

$R{'}$ 및 $X{'}$: 1차 환산 2차 측 부하의 저항 및 리액턴스

Y_0, G_0 및 B_0 : 변압기 여자회로의 여자 어드미턴스, 여자 컨덕턴스 및 여자 서셉턴스

3. 변압기의 정격사항

(1) 명판에 기록된 정격전압, 정격주파수, 전류, 출력(변압기 용량) 등을 말한다.

(2) 변압기의 사용한도를 나타내며, 연속 정격과 단시간 정격이 있다.

(3) 단시간 정격의 표준시간은 실용상 5분, 10분, 15분, 30분, 60분 등이다.

(4) 상수

단상, 3상, 계통 외의 특수목적으로 2상, 6상, 12상이 있다.

(5) 정격용량

① 규정된 부하를 최대한 사용할 수 있는 크기로 표시된다.

② 단위 : VA, kVA, MVA

③ 변압기 명판에 표기되는 피상전력이다.

④ 정격전압, 정격주파수 및 정격역률하에서 규정된 변압기의 온도 상승한도를 넘지 않고 출력단자 간에 얻어지는 값, 보통 연속정격으로 표현한다.

012 전력용 변압기의 등가회로를 이용하여 임피던스 전압을 설명하고, $\%Z$가 전력계통에 미치는 영향을 설명하시오.

(data) 발송배전기술사 21-125-3-6 / 발송배전기술사, 건축전기설비기술사, 전기안전기술사, 전기응용기술사 출제예상문제

(comment) 2015년도 105회 3교시 기출문제로서 6년의 공백기간이 있다.

[답안]

1. 변압기 등가회로(Equivalent circuit)

Chapter 01 – 문제 011의 답안 '2.' 내용을 참조한다.

2. 임피던스 전압(V_e)

(1) 변압기 2차 측을 단락하고 변압기 1차 측에 정격주파수의 저전압을 인가했을 때 2차 측에 정격전류가 흐를 경우의 전압(V_e)(변압기 내부에서의 전압강하 전압임)

$$V_e = I_{1n} \times Z\,[\text{V}]$$

여기서, I_{1n} : 1차 정격전류, Z : 변압기 임피던스

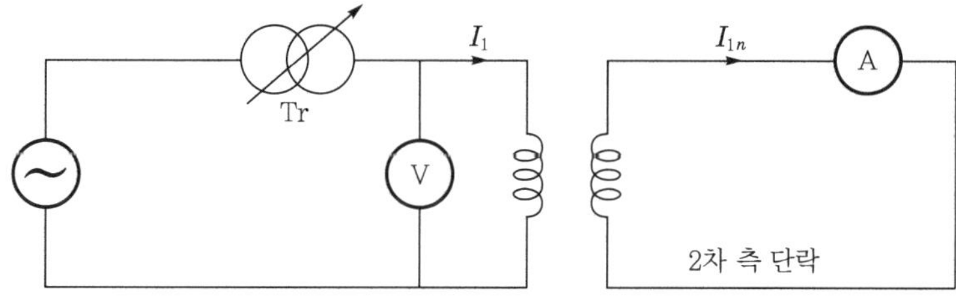

┃ 변압기 임피던스 전압(V_e) 등가회로도 ┃

(2) 변압기의 임피던스는 누설자속에 의한 리액턴스분과 권선저항에 의한 저항분이 있으며 이러한 임피던스는 변압기 내부 전압강하를 발생시키는 전압을 말한다.

(3) 임피던스 전압과 %Impedance의 관계

① 임피던스 전압강하분이 정격전압의 몇 %인가를 나타낸 것을 %Impedance라 한다.

$$\%Z = \frac{Z[\Omega] \cdot I_n[\text{A}]}{V_n[\text{V}]} \times 100[\%] = \frac{P \cdot Z}{10\,V^2}$$

여기서, Z : 임피던스[Ω], I_n : 정격전류[A]

V_n : 정격 상전압[kV], P : 변압기 용량[kVA]

V : 정격 선간전압[kV]

② 변압기의 2차 권선을 단락시키고 1차 권선에 저전압을 인가하여 정격 2차 전류(I_{2n})가 흐르는 경우의 정격 1차 전압(V_{1n})에 대한 임피던스 전압(V_S)의 백분율 비

$$\%Z = \frac{V_S}{V_{1n}} \times 100[\%]$$

여기서, V_S : 전압계에 지시된 임피던스 전압

3. $\%Z$가 전력계통에 미치는 영향

(1) 전압 변동률의 영향

① 전압 저하 시 : 유효전력 손실의 증가, 송·변전설비의 전류 영향에 의한 송전 용량의 송·변전 설비의 정태 안정도 저하에 의한 송전용량의 저하

② 전압 상승 시 : 전력용 기기의 열화 촉진, 고조파의 발생, 기기의 절연 파괴, 기기의 과전류에 의한 소손

(2) 무부하손과 부하손의 손실비

① 전력계통에 설치되어 있는 전력기기의 손실에 영향을 준다.

② 765kV $-$ 18 $\sim$ 20%Z, 345kV $-$ 13 $\sim$ 15%Z, 154kV $-$ 11 $\sim$ 13%Z

(3) 계통 고장용량의 영향

계통 고장용량 계산은 $I_S = \dfrac{100}{\%Z} \times I_n$ 식이 적용되며 %Z의 크기는 전력계통의 차단기 용량 $P_S = \dfrac{100}{\%Z} \times P_n$ 산정에도 영향을 준다.

(4) 변압기의 병렬운전

전력계통에 연계되어 있는 변압기는 병렬운전을 하는데 $\%Z$의 크기는 변압기의 병렬운전조건에도 영향을 준다.

(5) 고장 시 권선에 작용하는 전자기계력에 영향을 준다.

(6) $\%Z$ 대소(大小)의 비교

$\%Z$가 클 때	$\%Z$가 작을 때
고장전류가 작아진다$\left(I_s = \dfrac{100}{\%Z} \times I_n\right)$.	고장비가 커져서 전기자 반작용이 작아진다.
차단기의 동작책무가 감소하고 차단기의 용량이 감소한다$\left(P_S = \dfrac{100}{\%Z} \times P_n\right)$.	안정도가 증가한다.
전압 변동률이 커지고 동손이 증가한다.	철손 및 기계손이 증가하고, 가격이 비싸진다.
전압 변동률이 커지고 안전도가 감소한다.	부하손은 감소하지만 중량이 무거워진다.

comment 출제횟수 추이를 파악하면 6년 사이클로 유추된다.

013 변압기의 등가회로를 작성하려고 한다. 다음 물음에 답하시오.

1. 등가회로를 작성하기 위한 단락시험과 개방시험의 회로도를 작성하시오. (단, 변압기는 단상 2400/240V, 15kVA이다)
2. 단락시험과 개방시험으로 구할 수 있는 사항에 대하여 설명하시오.
3. 단락시험, 무부하시험으로 변압기 효율을 구하는 식을 간단히 설명하시오.
4. %임피던스와 변압기 고장 시 단락전류, 변압기 전압 변동률과의 관계에 대하여 수식을 쓰고 설명하시오.

data 발송배전기술사 17-111-4-5 / 발송배전기술사, 건축전기설비기술사, 전기안전기술사, 전기응용기술사 출제예상문제

답안 1. 등가회로의 작성

(1) 등가회로를 작성하기 위한 단락시험 및 개방회로의 회로도

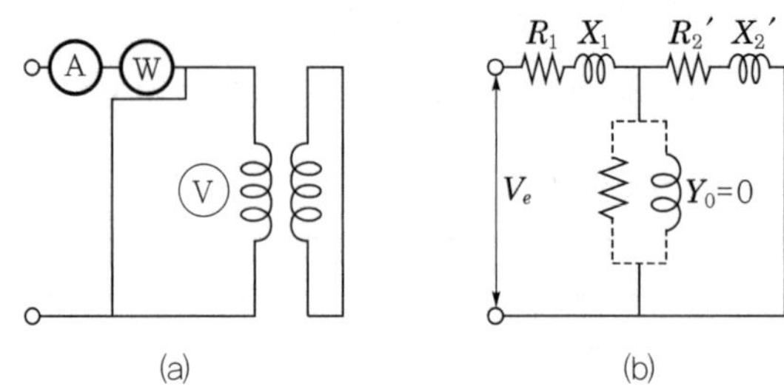

▎단락회로시험 등가회로도 ▎

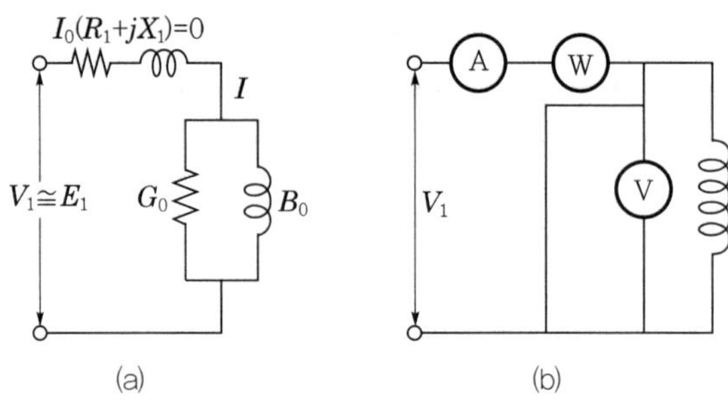

▎무부하시험(개방시험) ▎

① **시험방법** : 2차 측을 단락하고 정격전류가 통전 때까지 1차 측 전압을 상승시킨다.

② **전압계 지시치** : $V_s = ZI_1 \rightarrow Z = \dfrac{V_s}{I_1}$ [Ω]

③ **전력계 지시치** : $P_s = P_c = r_1 {I_1}^2 \rightarrow r_1 = \dfrac{P_s}{{I_1}^2}$ [Ω]

④ **리액턴스** : $x_1 = \sqrt{{Z_1}^2 - {r_1}^2} = \sqrt{\left(\dfrac{V_s}{I_1}\right)^2 - \left(\dfrac{P_s}{{I_1}^2}\right)^2}$ [Ω]

(2) 개방시험

① 시험방법

㉠ 변압기 2차 측을 개방하고 1차 측에 정격전압 V_1을 인가한다.

㉡ 전류계의 지시치로 무부하전류 I_0를 측정한다.

② 전류계 지시치

㉠ 여자전류 : $I_0 = Y_0 V_1$, $|Y_0| = \sqrt{{g_0}^2 + {b_0}^2}$

㉡ 어드미턴스 : $Y_0 = g_0 - j b_0$

516

③ 전력계 지시치 : $P_0 \fallingdotseq P_i = g_0 {V_1}^2 \,[\text{W}] \rightarrow g_0 \fallingdotseq \dfrac{P_0}{{V_1}^2}\,[\mho]$

④ 여자 서셉턴스 : $b_0 = \sqrt{{Y_0}^2 - {g_0}^2} = \sqrt{\left(\dfrac{I_0}{V_1}\right)^2 - \left(\dfrac{P_i}{{V_1}^2}\right)^2}\,[\mho]$

2. 단락 및 개방시험으로 구할 수 있는 사항

(1) 단락시험으로 알 수 있는 항목

① 임피던스 전압

② 임피던스 와트(동손)

③ %저항 강하

④ %리액턴스 강하

⑤ 전압 변동률

(2) 개방시험으로 알 수 있는 항목

① 여자전류

② 어드미턴스

③ 무부하손(철손)

(3) 단락시험 + 개방시험

효율 산출 가능

3. 단락시험, 무부하시험으로 변압기 효율 구하는 식

(1) 조건

변압기의 2차 전압을 V_2, 임의의 부하전류를 I_2, 철손을 P_{h+e}, 부하의 역률을 $\cos\theta_2$라고 하면 효율 η은 다음과 같이 구할 수 있다.

(2) 효율

$$\eta = \dfrac{V_2 I_2 \cos\theta_2}{V_2 I_2 \cos\theta_2 + p_{h+e} + {I_2}^2\left(R_2 + \dfrac{R_1}{a^2}\right)} \times 100\,[\%]$$

$$= \left[1 - \dfrac{P_{h+e} + {I_2}^2\left(R_2 + \dfrac{R_1}{a^2}\right)}{V_2 I_2 \cos\theta_2 + P_{h+e} + {I_2}^2\left(R_2 + \dfrac{R_1}{a_2}\right)}\right] \times 100\,[\%]$$

4. %임피던스와 변압기 고장 시 단락전류, 변압기 전압 변동률과의 관계 수식

(1) 임피던스 전압과 %Impedance 관계

① 임피던스 전압강하분이 정격전압의 몇 %인가를 나타낸 것을 %Impedance라 한다.

$$\%Z = \frac{Z[\Omega] \cdot I_n[A]}{V_n[V]} \times 100[\%] = \frac{P \cdot Z}{10\,V^2}$$

여기서, Z : 임피던스[Ω], I_n : 정격전류[A]

V_n : 정격 상전압[kV], P : 변압기 용량[kVA]

V : 정격 선간전압[kV]

② 변압기의 2차 권선을 단락시키고 1차 권선에 저전압을 인가하여 정격 2차 전류(I_{2n})가 흐르는 경우 정격 1차 전압(V_{1n})에 대한 임피던스 전압(V_S)의 백분율 비

$$\%Z = \frac{V_S}{V_{1n}} \times 100[\%]$$

여기서, V_S : 전압계에 지시된 임피던스 전압

(2) %임피던스와 변압기 고장 시 단락전류

$$I_S = \frac{100}{\%Z} I_n$$

여기서, I_n : 정격전류로서, $I_n = \dfrac{P_n}{\sqrt{3}\,V_n \cos\theta}$

P_n : 변압기 정격용량[kVA], $\cos\theta$: 역률

V_n : 정격전압[kV]

(3) %임피던스와 전압 변동률

① 변압기에 부하를 걸면 단자전압이 변화하는데 이것은 일정 변압기에서 부하의 역률에 따라 다르며 일정 역률에서의 전압 변동률은 다음과 같이 표시한다.

$$전압\ 변동률\ \varepsilon = \frac{V_{20} - V_2}{V_2} \times 100[\%]$$

여기서, V_{20} : 무부하 2차 단자전압, V_2 : 2차 정격전압

② 보통 전력용 변압기의 부하 역률은 1이 아니고, 이때의 전압 변동률은 변압기 임피던스에 의한 전압강하에 의하여 결정되며 이를 간략식으로 표시하면 아래와 같다.

$$\varepsilon \fallingdotseq r_p \cos\theta + x_q \sin\theta$$

여기서, r_p : %저항 전압강하, x_q : %리액턴스 전압강하

㉠ 진상 저역률 시 전압 변동률이 음의 값이 되어 단자전압이 무부하 시 전압보다 더 높아질 수 있음을 의미한다.

㉡ 백분율 저항강하 : $r_p = \dfrac{r_1 I_1}{V_1} \times 100\,[\%]$

㉢ 백분율 리액턴스 강하 : $x_q = \dfrac{x_1 I_1}{V_1} \times 100\,[\%]$

③ 역률이 1인 경우 $\cos\theta = 1$, $\sin\theta = 0$이므로 $\varepsilon \fallingdotseq r_p$

즉, 전압 변동률은 동손의 정격용량에 대한 비율에 근사한 값이 된다.

④ %Z와의 관계

$$\varepsilon_m = \sqrt{p^2 + q^2} = \%Z$$

여기서, %Z : 전압 변동률의 최댓값

---

014 3상 전력용 변압기(transformer)에 대하여 다음을 설명하시오.
1. 결선방식(△-△, △-Y, Y-Y, V-V)
2. 용량 산정방법

(data) 전기응용기술사 23-131-2-3 / 발송배전기술사, 건축전기설비기술사, 전기안전기술사, 전기응용기술사 출제예상문제

답안

1. 변압기 결선방식(△-△, △-Y, Y-Y, V-V)

(1) △-△ 결선(Dd0)

① 고압측 - 저압측 결선 및 각변위

㉠ 결선 : △-△ 결선

㉡ 각변위 : 0°

② 결선도

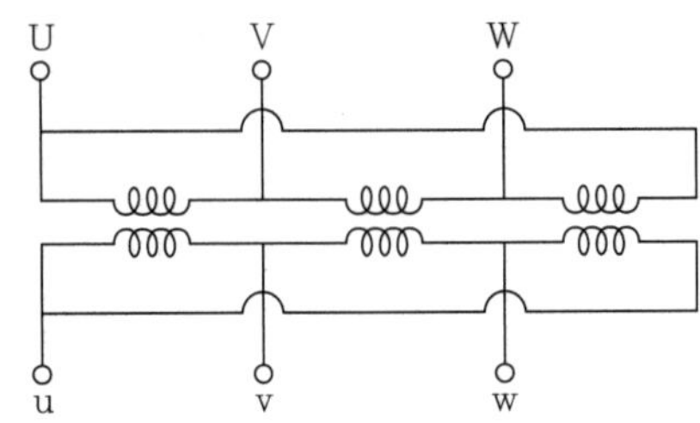

③ △-△ 결선의 장점

　㉠ 제3고조파 여자전류가 △결선 내를 순환하므로 유도기전력의 왜곡이 없어 정현파 전압을 유기한다.

　㉡ 1상 권선 고장 시 V결선하여 △결선의 57.7% 출력 운전이 가능하다.

　㉢ 상전류가 선전류의 $\dfrac{1}{\sqrt{3}}$ 배로 대전류 부하에 적합하다.

　㉣ 1대 고장 시 V결선이 가능하다.

　㉤ 비교적 66kV 이하의 저전압 대전류인 경우 Y결선보다 경제적이다.

④ △-△ 결선의 단점

　㉠ 안정운전 조건으로 무부하 시 순환전류가 발생하지 않도록 하기 위하여 변압기 권선비와 동기 임피던스가 같아야 한다.

　㉡ 중성점을 접지할 수 없어, 아크지락에 의한 이상전압이 Y결선에 비하여 크며, 중성점 필요 시 별도의 접지 변압기가 필요하다(지락검출 곤란).

　㉢ 각 상의 권수비에 차이가 있으면 2차 측 △ 결선 내부에 1차 전압이 가해져 1차 및 2차 권선 내로 순환전류가 발생한다(변압비가 다를 경우 순환전류 발생).

　㉣ 각 상 내부에 임피던스 차가 있으면 변압기 각 상 부하 불평형이 발생한다.

　㉤ 부하 시 탭 조정 변압기에서는 각 상별로 탭 체인저 구비로 비경제적이다.

　㉥ 선간전압에 대해 Y결선보다 상전압이 낮아 권수가 많아져, 전압이 높아 층간 절연인 경우, 도체의 점적률이 나빠진다.

⑤ 용도

　㉠ 일반적으로 70kV 이하의 중성점이 필요 없는 곳으로 무전압 탭 변압기에 이용한다.

　㉡ 소규모의 용량으로 전력전자부하를 많이 활용하는 곳(주로 정보화 기기 사용이 많은 수용장소)

　㉢ 75kVA 이상 저전압, 대전류의 중성점 접지가 필요 없는 곳

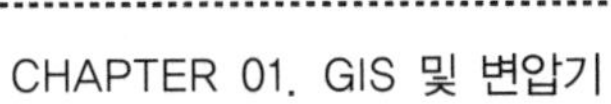

(2) △-Y 결선(Dy11)

① 고압측 - 저압측 결선 및 각변위

　㉠ 결선 : △-Y 결선

　㉡ 각변위 : 30° 진행

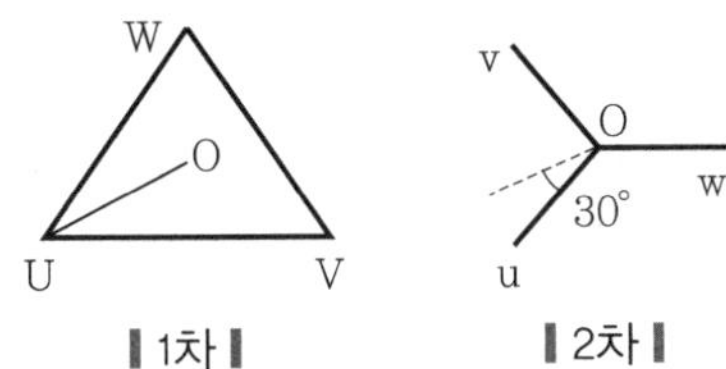

② 결선도

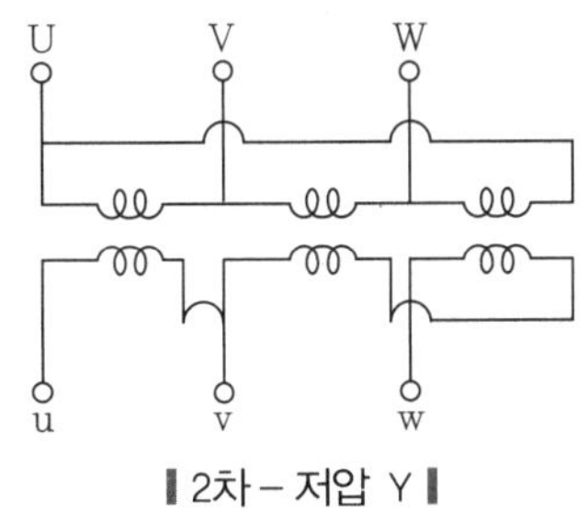

③ △-Y 결선의 장점

　㉠ 전력계통용의 변압기는 2차 측 선간전압을 $\sqrt{3}$ 배 만큼 높일 수 있어 발전소의 승압 변압기로 이용한다($\triangle-\triangle$, Y-Y 결선의 장점을 지녀, 승압용에 적합).

　㉡ 2차의 중성점을 접지히여 중성점 이용이 가능하며, 단절연 채용 가능으로 절연강도를 낮출 수 있다.

　㉢ 중성점 탭 절환식을 이용할 수 있다.

　㉣ 각 변압기의 변압비나 임피던스 차이가 있어도 순환전류가 흐르지 않는다.

　㉤ 수용가용에 채용할 경우 변압비를 1차는 높게, 2차는 낮게 하여 중성점을 이용하여 3상 4선식 결선함으로써, 저압 측을 양전압 발생시킬 수 있다.

　㉥ 델타 권선 측에 제3고조파 통로가 있으므로 정현파 전압을 유기한다.

④ △-Y 결선의 단점

　㉠ 1차와 2차는 30° 위상각 변위가 있다.

　㉡ 1상에 고장이 나면 송전이 불가능하다[1대 고장 시 V결선 불가(1·2차 간에 30도 위상차 발생)].

　㉢ 중성점 접지로 인한 유도장해를 초래한다.

　㉣ 상전압 평형유지를 위해 Y측 권선의 중성점 접지가 필요하다.

　　ⓜ △회로의 한쪽이 개방되면 Y측의 여자가 되지 않는 변압기가 선로의 대지 정전용량과 공진될 우려가 있다.

⑤ 용도

　　㉠ 대부분의 수용가용 변압기

　　㉡ 75kVA 이상 중성점 접지가 필요한 곳

　　㉢ 발전용 승압 변압기(단, 대용량 발전소의 승압용은 소내 전력을 위하여 △ - △ - Y 결선)

(3) Y-Y 결선(Yy0)

① 고압 측-저압 측 결선 및 각변위

　　㉠ 결선 : Y-Y 결선

　　㉡ 각변위 : 0°

② 결선도

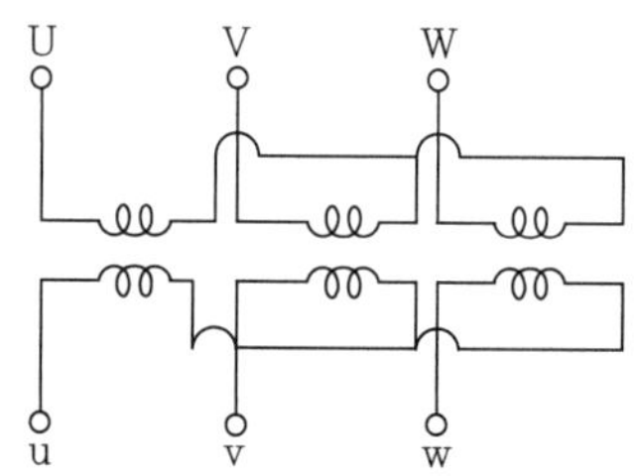

③ Y-Y 결선의 장점

　　㉠ 중성점을 인출하여 피뢰기 접속으로 단절연 채택이 가능하여 경제적이다.

　　㉡ 1상의 권수가 △결선의 $\dfrac{1}{\sqrt{3}}\left(\text{상전압} = \text{선간전압} \times \dfrac{1}{\sqrt{3}}\right)$이 되므로 고전압 권선에 적당하다.

　　㉢ 부하 시 탭을 조정할 경우 중성점 탭 방식을 채택할 수 있어 변압기의 소형화가 가능하다.

　　㉣ 변압기의 권선 임피던스가 틀려도 순환전류가 흐르지 않는다.

④ Y-Y 결선의 단점

　　㉠ 제3고조파 통로가 없어 유기전압 파형이 왜형파가 된다.

　　㉡ 제3고조파에 의해 통신선 유도장해를 일으키며 지락사고 시 이상전압이 발생한다.

　　㉢ 부하의 불평형에 의해 중성점 전위가 변동하여 3상 전압의 불평형을 발생시킨다.

　　㉣ 중성점을 접지하지 않는 경우 중성점이 불안정하여 단상 부하를 공급하지 못한다.

　　㉤ 층간전압의 증대가 있다.

　　㉥ 발전기와 변압기 1차 측 접지 시 발전기 권선에 제2고조파가 흘러 발전기 권선을 과열시킨다.

　　㉦ 변압기 2차 측만 접지 시 제3고조파 충전전류가 흘러 부근의 통신선에 유도장해가 발생한다.

　　㉧ V - V 결선 불가

⑤ 용도

　　㉠ 전력계통 2차 변전소용(Y-Y-△하여 1차 154kV, 2차 22.9kV, 3차 소내 저압용)

　　㉡ 50kVA 이하 중성점 접지가 필요한 곳

　　㉢ 고조파 발생 부하에는 적용 곤란

(4) V - V 결선

① 결선도

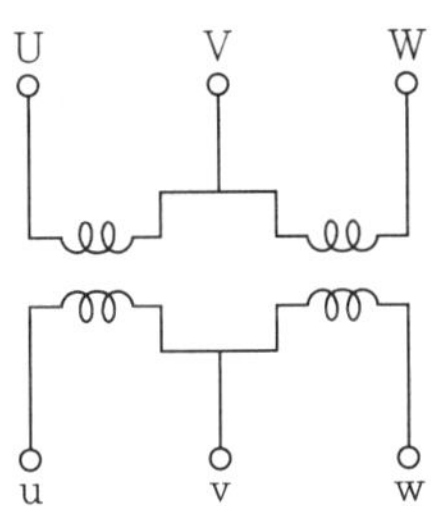

② 장점 : △-△ 결선에서 2대의 변압기로 3상 변성 가능

③ 단점

　　㉠ 변압기의 이용률은 $86.6\%\left(\dfrac{\sqrt{3}}{2}\right)$

　　㉡ 출력은 $57.7\%\left(\dfrac{\sqrt{3}}{2}\right)$

　　㉢ 부하 시 두 단자전압이 불평형됨

④ 용도 : △-△ 결선에서 1대 고장 시 장래 부하 증설 시

2. 변압기 용량 산정방법

(1) 수용률 검토

부하설비가 동시에 사용되지는 않으므로 동시에 사용되는 정도를 최대 수요전력의 설비용량에 대한 백분율로 나타낸다. 따라서, 수용률은 항상 100보다 작다.

$$\text{수용률} = \frac{\text{최대 수요전력}}{\text{부하 설비용량}} \times 100[\%]$$

(2) 부등률 검토

부하집단 간의 최대 수요전력을 나타내는 시각이 다를 경우 최대 수요전력의 합계를 합성 최대 전력으로 나눈 값을 부등률이라 하며 항상 1보다 크다.

$$\text{부등률} = \frac{\text{각각의 최대 수요전력의 합계}}{\text{합성 최대 수요전력}}$$

(3) 부하율 검토

일정 기간 중의 평균전력을 최대 수요전력으로 나눈 값으로, 설비의 이용률이다.

$$\text{부하율} = \frac{\text{평균전력}}{\text{최대 수요전력}} \times 100[\%]$$

(4) 변압기 용량의 산출 및 배전용 변압기 용량

① 변압기 용량 산출의 기준은 합성 최대 수요전력으로 수용률과 부등률을 이용하여 변압기 용량을 산출한다.

$$\text{변압기 용량(합성 최대 수요전력)} = \frac{\text{수용률}[\%] \times \text{부하의 설비용량}}{\text{부등률} \times 100}$$

② 실제 변압기의 용량은 상기 식에서 여유분을 두어 산정한다.

③ 부하율은 산출된 용량의 변압기의 이용률을 나타내는 지표가 된다.

④ 일반적으로 고객수가 많으면 수용률은 감소, 부등률은 증가되므로 소용량으로 많은 부하에 공급이 가능하다.

SECTION 03 변압기의 종류와 부하분담 등

015 유입 변압기와 몰드 변압기를 비교하여 설명하시오.

data 발송배전기술사 22-127-1-7 / 발송배전기술사, 건축전기설비기술사, 전기안전기술사, 전기응용 기술사 출제예상문제

답안

1. 몰드 변압기의 특성

(1) 난연성

에폭시 수지에 무기물의 충진제가 혼입되어 있어 자기소화성이 있으며, 외부의 불꽃에 의해 착화하지 않는다.

(2) 절연의 신뢰성 향상

내 코로나 특성, 임피던스 특성이 좋아 신뢰도가 향상된다.

(3) 소형, 경량

철심이 Compact화 되어 면적이 축소되고 가볍다.

(4) 무부하 손실이 작아 에너지 절약효과가 있으며 운전경비가 절감된다.

(5) 유지보수 및 점검 용이

① 절연유 여과 및 교체가 없다.

② 상기간 운전정지 후 재사용 시 건조작업이 긴단하다.

③ 먼지, 습기에 의한 절연내력의 영향을 극소수 받는다.

(6) 단시간 과부하 내량이 크다.

(7) 소음이 크나 무공해 운전을 한다.

(8) 서지에 대한 대책이 설립되어야 한다.

① VCB와 연결하여 사용 시 VCB 개폐 시에 발생되는 개폐 Surge에 대한 방지대책이 수립되어야 한다.

② 변압기 1차 측에 서지옵서버를 설치한다.

2. 유입 변압기와 비교할 때 장단점

(1) 몰드 변압기가 유입식보다 유리한 점(장점)

① 연소성 : 유입식은 가연성이나 몰드식은 난연성이다.

② **폭발성** : 유입식은 폭발성이나 몰드식은 비폭발성이다.

③ **전력손실** : 유입식은 크나 몰드식은 작다.

④ **단락강도** : 유입식은 강하나 몰드식은 매우 강하다.

⑤ **외형 치수와 중량** : 유입식은 대형, 몰드식은 소형이다.

⑥ **내진성** : 유입식은 강하나 몰드식은 매우 강하다.

⑦ **단시간 과부하 내량** : 유입식은 150% 부하로 15분이나 몰드식은 200% 부하로 15분 정도로 유리하다.

(2) 몰드 변압기가 유입식보다 불리한 점(단점)

비교항목	유입식	몰드식
절연계급	A종	B종, F종
권선의 온도 상승온도	권선 : 55℃, 절연유 : 50℃	B종 : 75℃, F종 : 95℃
사용장소	옥내, 옥외	옥내
소음	小	大
절연내력	강함	중 정도
충격파 내전압	150kV	95kV
상용주파 내전압	16kV	10kV
용량	765kV급은 2000MVA	22.9kV급으로 30MVA

016 몰드(mold) 변압기 제조방법에 대하여 설명하시오.

(data) 발송배전기술사 17-112-1-6 / 발송배전기술사, 건축전기설비기술사, 전기안전기술사, 전기응용 기술사 출제예상문제

답안

1. 몰드 변압기의 기본 구성

(1) 자로를 형성시키기 위한 철심

(2) 전로를 형성시키기 위한 권선

2. 몰드 변압기의 제조방법

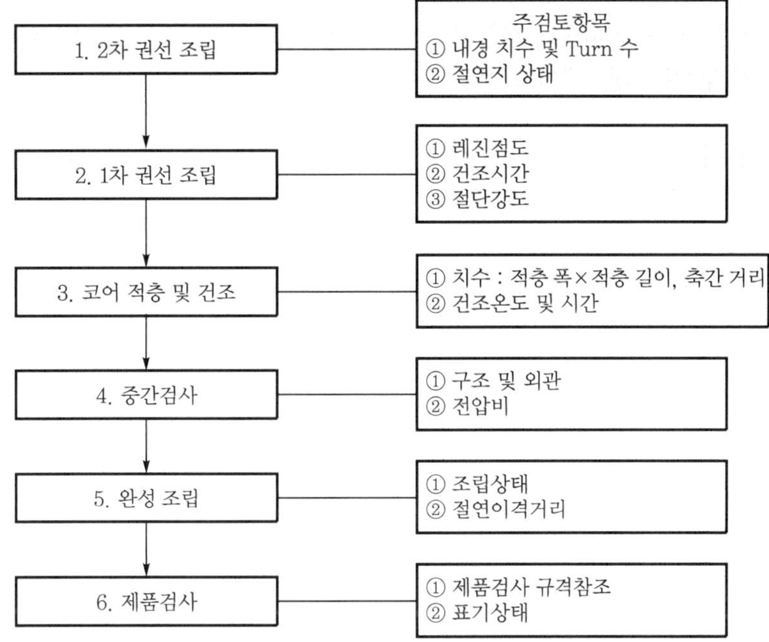

3. 제품 품질 검사항목

(1) 구조 및 외관 검사

(2) 권선저항 측정

(3) 변압비 측정, 극성 시험 및 각변위 시험

(4) 임피던스 전압 및 부하손 측정

(5) 무부하손 및 여자전류 측정

(6) 온도 상승 시험

(7) 유도 내전압 시험

(8) 상용주파 내전압 시험

(9) 뇌임펄스 내전압 시험

(10) 부분방전 시험

(11) 소음측정 시험

(12) 단락강도 시험

017 단상 변압기 75kVA 3대를 델타 결선하여 225kVA의 부하에 전력을 공급하고 있다. 이중 2대는 임피던스 전압이 2.8%, 1대는 임피던스 전압이 3%일 경우 각 단상 변압기의 부하분담을 계산하시오.

(data) 발송배전기술사 22-126-1-12 / 발송배전기술사, 건축전기설비기술사, 전기안전기술사, 전기응용기술사 출제예상문제

답안

1. 부하분담 계산방법 Ⅰ

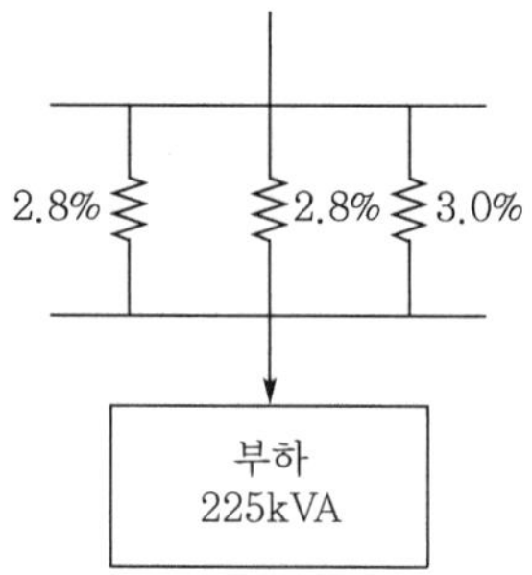

(1) 전체 %임피던스

$$\frac{1}{Z_0} = \frac{1}{Z_1} + \frac{1}{Z_2} + \frac{1}{Z_3}$$

$$\rightarrow Z_0 = \frac{Z_1 Z_2 Z_3}{Z_1 Z_2 + Z_2 Z_3 + Z_3 Z_1}$$

$$= \frac{2.8 \times 2.8 \times 3}{2.8 \times 2.8 + 2.8 \times 3 + 3 \times 2.8} = \frac{2.8 \times 3}{2.8 + 3 + 3} = \frac{8.4}{8.8}$$

(2) $P = \dfrac{V^2}{Z} \rightarrow V = \sqrt{PZ} = \sqrt{225 \times \dfrac{8.4}{8.8}} = 15 \times \sqrt{\dfrac{42}{44}}$

(3) $I_1 = \dfrac{V}{Z_1} = \dfrac{15 \times \sqrt{\dfrac{42}{44}}}{2.8}$

(4) $P_1 = V I_1 = \left(15 \times \sqrt{\dfrac{42}{44}}\right) \times \dfrac{15 \times \sqrt{\dfrac{42}{44}}}{2.8} = 225 \times \dfrac{\dfrac{42}{44}}{2.8} = 76.7\,\text{kVA}$

(5) $P_2 = V I_2 = \left(15 \times \sqrt{\dfrac{42}{44}}\right) \times \dfrac{15 \times \sqrt{\dfrac{42}{44}}}{2.8} = 225 \times \dfrac{\dfrac{42}{44}}{2.8} = 76.7\,\text{kVA}$

(6) $P_3 = P_0 - (P_1 + P_2) = 225 - (76.7 + 76.7) = 71.6\,\text{kVA}$

2. 부하분담 계산방법 Ⅱ

$$P_A = \cfrac{\cfrac{1}{\%Z_A}}{\cfrac{1}{\%Z_A}+\cfrac{1}{\%Z_B}+\cfrac{1}{\%Z_C}} \times P = \cfrac{\cfrac{1}{2.8}}{\cfrac{1}{2.8}+\cfrac{1}{2.8}+\cfrac{1}{3}} \times 225 = 76.7\,\mathrm{kVA}$$

$$P_B = \cfrac{\cfrac{1}{\%Z_B}}{\cfrac{1}{\%Z_A}+\cfrac{1}{\%Z_B}+\cfrac{1}{\%Z_C}} \times P = \cfrac{\cfrac{1}{2.8}}{\cfrac{1}{2.8}+\cfrac{1}{2.8}+\cfrac{1}{3}} \times 225 = 76.7\,\mathrm{kVA}$$

$$P_C = P_0 - (P_A + P_B) = 225 - (76.7 + 76.7) = 71.6\,\mathrm{kVA}$$

018 6600/220V인 두 대의 단상 변압기 A · B가 있다. A 변압기의 용량은 30kVA로서 2차로 환산한 저항값과 리액턴스의 값은 $r_A = 0.03\Omega$, $x_A = 0.04\Omega$이고, B 변압기의 용량은 20kVA로서 2차로 환산한 저항값과 리액턴스의 값은 $r_B = 0.03\Omega$, $x_B = 0.06\Omega$이다. 이 두 변압기를 병렬운전하여 40kVA의 부하를 연결한 경우 각 변압기의 분담부하 [kVA]를 구하시오.

(**data**) 발송배전기술사 19-119-1-9 / 발송배전기술사, 건축전기설비기술사, 전기안전기술사, 전기응용 기술사 출제예상문제

(답안) 1. 회로도

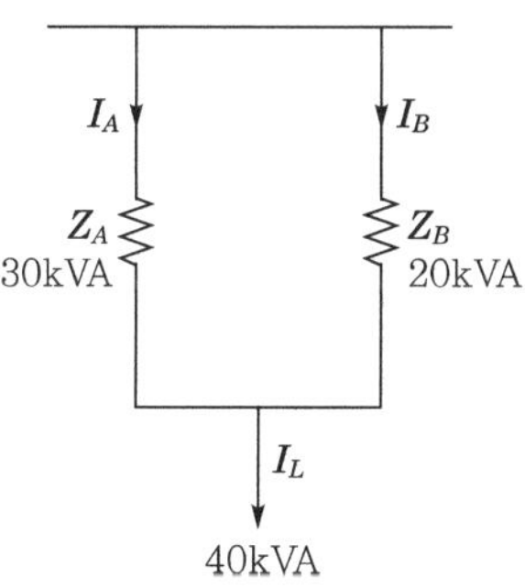

2. 부하전류 I_L

병렬운전 시 부하분담은 임피던스에 반비례한다.

(1) $I_A = \dfrac{Z_B}{Z_A + Z_B} I_L$

(2) A 변압기 부하분담 : $P_A = VI_A$

$$\therefore \ I_L = \frac{P_L}{V} = \frac{40 \times 10^3}{220} = 181.82\,\text{A}$$

3. A 변압기에 흐르는 전류

$$I_A = \frac{Z_B}{Z_A + Z_B} I_L$$

$$= \frac{0.03 + j0.06}{(0.03 + j0.04) + (0.03 + j0.06)} \times 181.82$$

$$= 104.28 + j8\,[\text{A}]$$

4. A 변압기 분담용량

$$P_A = VI_A$$

$$= 220(104.28 + j8)$$

$$= 22941 + j1760 = 23\,\text{kVA}$$

5. B 변압기에 흐르는 전류

$$I_B = \frac{Z_A}{Z_A + Z_B} I_L$$

$$= \frac{0.03 + j0.04}{(0.03 + j0.04) + (0.03 + j0.06)} \times 181.82$$

$$= 77.54 - j8\,[\text{A}]$$

6. B 변압기 분담용량

(1) $P_B = VI_B = 220(77.54 - j8) = 17058 - j1760 = 17\,\text{kVA}$

(2) 혹은 연결된 전체 부하에서 A 변압기의 부담부하를 감한 값

$$40 - 23 = 17\,\text{kVA}$$

530

019 발전소에서 발전전압을 송전전압으로 승압하기 위하여 설치하는 주변압기에 대한 다음 사항을 설명하고 주변압기의 적정 용량을 산정하시오.

1. 발전기 역률 변동에 따른 발전기와 주변압기 사이의 무효전력 흐름
2. 주변압기 용량 산정 기준과 산정 시 고려해야 할 사항
3. 다음 조건 시 주변압기 적정 용량 산정

> [조건]
> - 터빈 보증 출력 : 854MW
> - 발전기 정격 : 22kV±5%, 950MVA
> - 역률범위 : 지상 0.9 ~ 진상 0.95
> - 소내 부하(소내 보조 변압기 입력) : 52MVA
> - 지상 역률 : 0.85
> - 주변압기 누설 리액턴스 : 14±7.5%
> - 철손 및 동손 : 0.3%(전부하 시)

data 발송배전기술사 22-127-3-6 / 발송배전기술사, 건축전기설비기술사, 전기안전기술사, 전기응용 기술사 출제예상문제

답안

1. 발전기 역률 변동에 따른 무효전력 흐름

(1) 발전기 지상 역률 운전

① 변압기부터의 전력계통이 지상인 상태

② 발전기 측에서 변압기(계통)로 지상 무효전력 공급

(2) 발전기 진상 역률 운전

① 변압기부터의 전력계통이 진상인 상태

② 발전기 측에서 전력계통으로 진상 무효전력을 공급

③ 역으로 말하자면 변압기(계통) → 발전기로 지상 무효전력 공급

④ 따라서, 발전기의 고정자는 단부 과열현상이 발생하므로 출력 제한이 필요함

2. 주변압기 용량 산정 기준과 산정 시 고려사항

(1) 주변압기 용량 산정 기준

① 발전기 출력

㉠ 지상 역률 0.9 운전 시 : $W_g = P + jQ = P + j\tan(\cos^{-1}0.9)$

㉡ 진상 역률 0.95 운전 시 : $W_g = P - jQ = P - j\tan(\cos^{-1}0.95)$

② 변압기 손실

　　㉠ 발전기 출력 이용 시 : $(R_{pu}+jX_{pu})\times\eta\times$발전기 출력

　　　$\eta=1-0.075=0.925$, 임피던스 보정

　　　여기서, 0.075란 주변압기 누설 리액턴스의 $14\pm7.5\%$ 수치 중 7.5%를 말한다.

　　㉡ 변압기 출력 이용 시 : $(R_{pu}+jX_{pu})\times\eta\times$변압기 출력

　　　$\eta=1-0.075=0.925$, 임피던스 보정

③ 변압기 용량 : 변압기 출력 = 발전기 출력 − 소내 전원용량 − 변압기 손실

(2) 산정 시 고려사항

① 산정 기준

　　㉠ ANSI/IEEE 기준 : C57.116, C57.12.00, std. 141

　　㉡ Heat balance diagram

② 설계 기준

　　㉠ 변압기 정격

　　　• 온도정격 : 55℃, 65℃(최대 용량)

　　　• 결선 : 고압은 성형 결선, 저압 측은 델타 결선

　　　• 냉각방식 : FOA

　　　• 저압 측 정격전압 : 발전기 정격전압의 0.95pu(전압강하 고려)

　　㉡ 발전기 출력 : 지상 역률 0.9, 진상 역률 0.95 운전할 경우를 기준으로 산출

③ 가정

　　㉠ 변압기 외기 온도별 Loadingdata는 업체 자료 적용

　　㉡ 발전기 여자전력, IPB Loss(IPB : 상분리 모선)는 용량 산정 시 여유 고려

　　㉢ 발전소 해발고도에 따른 변압기 용량 감소는 고려하지 않음

3. 주변압기 적정 용량 산정

(1) 지상 역률 0.9 운전 시 발전기 출력 및 변압기 입력 전력

① 터빈 출력기준 : $854MW < 950\times0.9MW$

② 발전기 출력

　　$W_g=P+jQ=854+j854\times\tan(\cos^{-1}0.9)=854+j413.61$

③ 소내 전력

　　$W_a=52+j52\times\tan(\cos^{-1}0.85)=52+j32.23$

④ 변압기 입력

$$W_t = W_g - W_a = (854 + j413.61) - (52 + j32.23) = 802 + j381.38$$
$$= 888\,\text{MVA}$$

⑤ 발전기 출력을 이용한 변압기 출력

 ㉠ 변압기 손실 $= (R_{pu} + jX_{pu}) \times \eta \times$ 발전기 출력

$$= (0.003 + j0.14) \times (1 - 0.075) \times 888$$
$$= 2.46 + j115$$

여기서, 0.003 : 전부하 동손 0.3%를 의미함

     0.14 : 주변압기 누설 리액턴스 14%를 의미함

 ㉡ 변압기 출력[MVA] = 변압기 입력 – 변압기 손실

$$= 802 + j381.38 - (2.46 + j115)$$
$$= 799.54 + j266.38 = 842.75\,\text{MVA}$$

(2) 진상 역률 0.95 운전 시 발전기 출력 및 변압기 입력 전력

① 터빈 출력기준 : $854\text{MW} < 950 \times 0.9\text{MW}$

② 발전기 출력

$$W_g = P - jQ = 854 - j854 \times \tan(\cos^{-1}0.95) = 854 - j280.7$$

③ 소내 전력

$$W_a = 52 + j52 \times \tan(\cos^{-1}0.85) = 52 + j32.23$$

④ 변압기 입력

$$W_t = W_g - W_a = (854 - j280.7) - (52 + j32.23) = 802 - j312.93$$
$$= 860.89\,\text{MVA}$$

⑤ 발전기 출력을 이용한 변압기 출력

 ㉠ 변압기 손실 $= (R_{pu} + jX_{pu}) \times \eta \times$ 발전기 출력

$$= (0.003 + j0.14) \times (1 - 0.075) \times 860.89$$
$$= 2.39 + j111.5$$

여기서, 전부하 동손 : $\dfrac{I_n^2 R}{E_n I_n} \times 100\,[\%] = 0.3$ 에서

$$\%R = \frac{I_n R}{E_n} \times 100 = 0.3\%$$

 ㉡ 변압기 출력 = 변압기 입력 – 변압기 손실

$$= 802 - j312.93 - (2.39 + j111.5)$$
$$= 799.6 - j424.43 = 907.15\,\text{MVA}$$

533

(3) 결론적으로 변압기 용량 산정 (1)과 (2)에 의해 큰 수치인 것으로 선정한다.
즉, 터빈용 주변압기는 FOA 절연냉각방식의 950MVA으로 산정한다.

020

3권선 변압기(Y-Y-△)에서 다음 3가지 경우의 영상(zero phase sequence) 등가회로를 각각 그리시오. (단, 3권선 변압기의 등가회로의 임피던스는 Z_p, Z_s, Z_t의 기호를 사용)

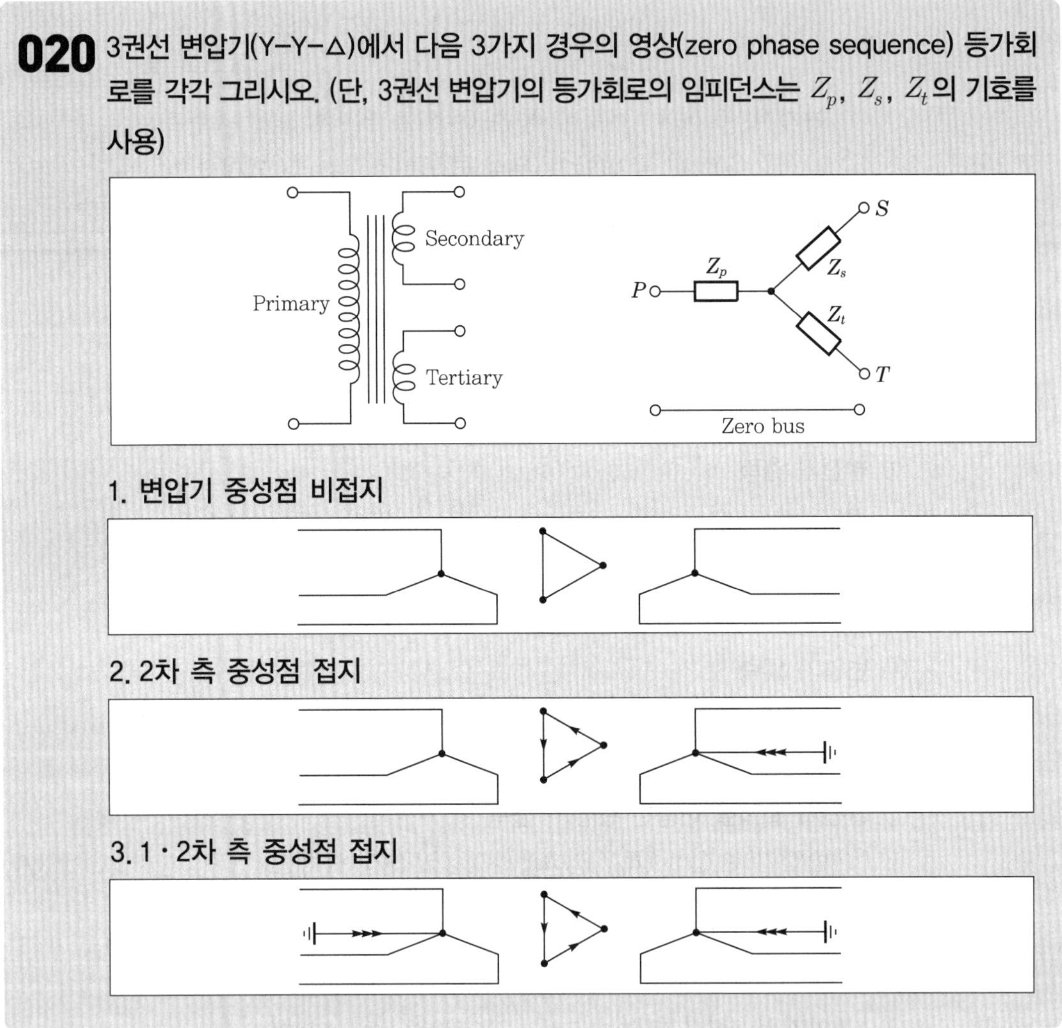

data 발송배전기술사 22-128-1-1 / 발송배전기술사, 건축전기설비기술사, 전기안전기술사, 전기응용기술사 출제예상문제

답안 **1. 3권선 변압기의 등가회로의 임피던스 Z_p, Z_s, Z_t 산출**

(1) 1차 권선과 2차 권선의 합성 임피던스

$$Z_{ps} = Z_{sp} = Z_p + Z_s$$

(2) 2차 권선과 3차 권선의 합성 임피던스

$$Z_{st} = Z_{ts} = Z_s + Z_t$$

(3) 3차 권선과 1차 권선의 합성 임피던스

$$Z_{tp} = Z_{pt} = Z_p + Z_t$$

(4) 따라서, (1)·(2)·(3)에 의해 3권선 변압기의 등가회로의 임피던스 Z_p, Z_s, Z_t 산출

① $Z_p = \dfrac{Z_{ps} + Z_{tp} - Z_{st}}{2}$

② $Z_s = \dfrac{Z_{ps} + Z_{st} - Z_{tp}}{2}$

③ $Z_t = \dfrac{Z_{tp} + Z_{st} - Z_{ps}}{2}$

2. 3가지 경우의 영상등가 회로

(1) 변압기 중성점 비접지

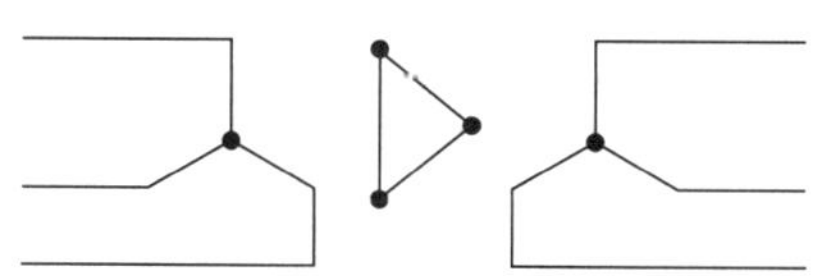 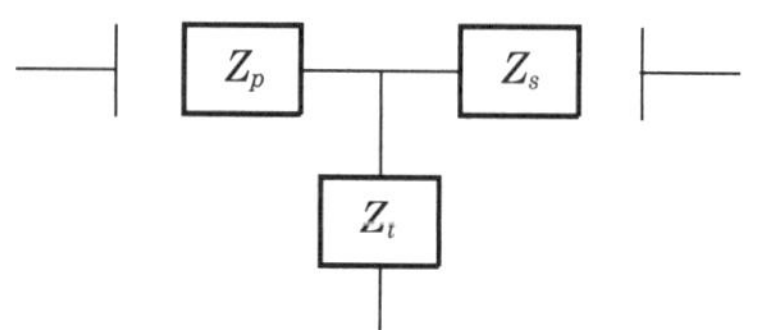

(2) 2차 측 중성점 접지

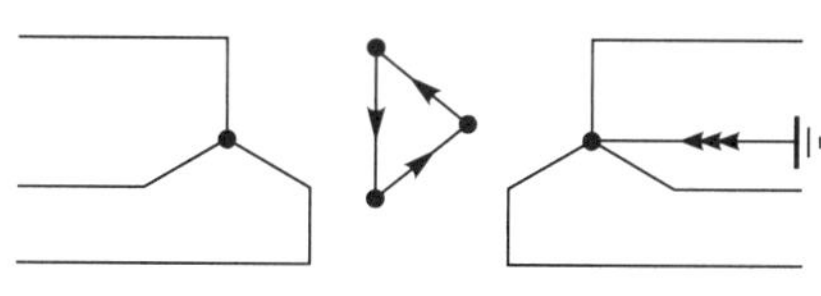 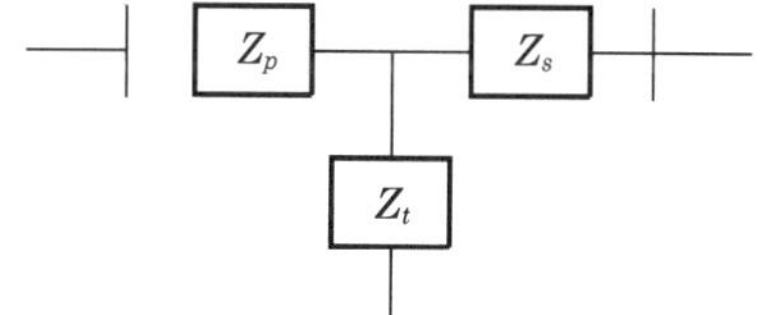

(3) Ⅰ·2차 측 중성점 접시

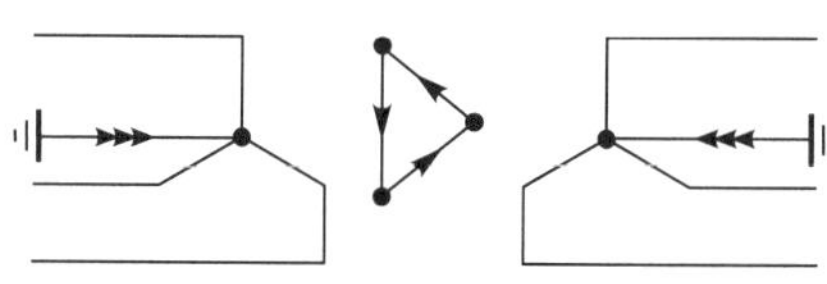 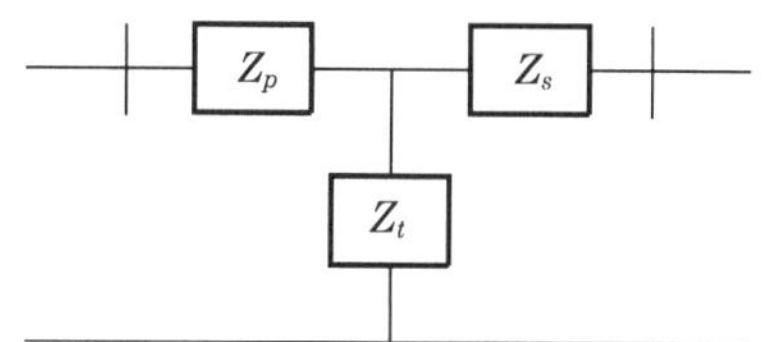

021 송·변전 계통에 사용되는 전력용 3권선 변압기의 결선을 Y-Y-△로 하는 이유를 설명하시오.

data 발송배전기술사 23-131-1-7 / 발송배전기술사, 건축전기설비기술사, 전기안전기술사, 전기응용 기술사 출제예상문제

답안

1. Y-Y-△를 사용하는 이유

(1) 중성점의 접지

765kV, 345kV, 154kV는 모두 중성점 접지방식을 사용하고 있으므로 1차와 2차를 모두 Y결선으로 해야 한다.

(2) 고조파 및 자속파형의 일그러짐에 대한 보상

① Y-Y로만 결선하는 경우는 유기전압에 제3고조파를 포함하는 중대한 결점이 있다.

② 자속의 파형이 일그러지기 때문에 제3권선을 △결선으로하여 제3고조파 전류를 흘려줌으로써 고조파의 영향을 보상할 수 있다.

(3) 조상설비의 접속

제3권선에 동기 조상기, 전력용 콘덴서, 분로 리액터 등의 조상설비를 접속하여 가용한다.

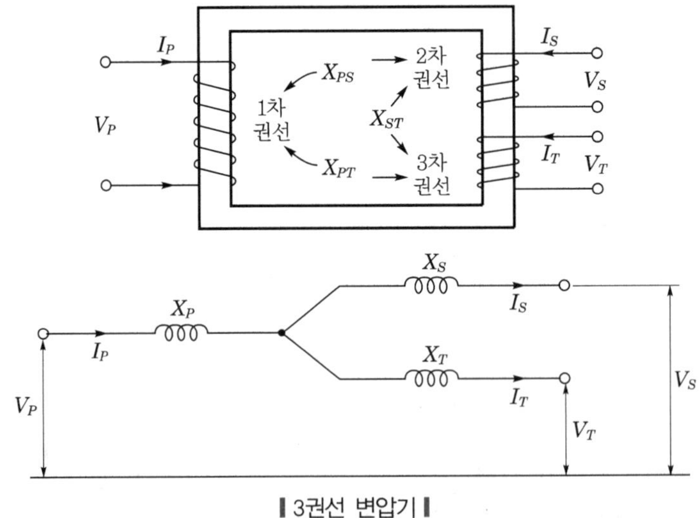

‖3권선 변압기‖

(4) 소내용 동력

제3권선으로부터 소내 전력을 공급할 수 있다.

(5) 낮은 절연강도

1 · 2차는 Y–Y 결선이므로 변압기 1대의 상전압은 계통전압의 $\dfrac{1}{\sqrt{3}}$ 이 되어 절연비가 저감된다.

(6) 위상차

Y–△, △–Y 결선의 경우는 1 · 2차 전압 간의 30°의 위상차가 생기나, Y–Y 결선의 경우에는 이 위상차가 없다.

2. Y–Y–△ 결선방식의 한전 적용 예

결선						적용
1차 측[kV]	2차 측[kV]	3차 측[kV]	1차 권선	2차 권선	3차 권선	
765	345	23	Y	Y	△	단상 단권 2분할 변압기를 3상 결선하여 적용함
345	161	23	Y	Y	△	단상 단권 변압기를 3상 결선하여 적용함
154	23	6.6	Y	Y	(△)	3차 권선은 부하를 연결하지 않는 안정권선만으로 둠

---

022 변압기에서 다음 사항을 각각 설명하시오.
1. 안정권선의 사용목적 및 용량
2. 임피던스 전압과 %임피던스의 개념, 이것이 변압기에 미치는 영향

data 발송배전기술사 21-123-1-10 / 발송배전기술사, 건축전기설비기술사, 전기안전기술사, 전기응용 기술사 출제예상문제

답안 1. 안정권선(stabilizing winding)의 사용목적 및 용량

(1) 변압기 1 · 2차가 Y–Y 결선 시 유기기전력을 정현파로 유지하기 위한 3차 델타권선

(2) 변압기의 1 · 2차 결선이 Y–Y 결선일 경우의 현상

① 철심의 비선형 특성으로 인하여 기수 고조파를 포함한 왜형의 전압 · 전류가 흐르게 되고, 이 고조파분은 인접 통신선에 전자유도장해를 일으킨다.

② 2차 측 중성점을 접지할 경우 직렬공진에 의한 이상전압 및 제3고조파의 영상 전압에 따른 중성점의 전위이동과 같은 현상을 발생시킨다.

(3) 안정권선(stabilizing winding)의 사용목적

① 고조파분은 인접 통신선에 전자유도장해 현상들을 제거한다.

② 고조파 중 가장 큰 제3고조파의 전압·전류를 억제한다.

③ 영상 임피던스를 작게 한다.

④ 직렬공진에 의한 이상전압을 방지한다.

⑤ 중성점 전위이동을 방지한다.

(4) 안정권선은 단자를 변압기 외부에 인출하지 않는 경우도 있고, 2 또는 4개의 단자를 인출하여 접지하는 경우도 있다.

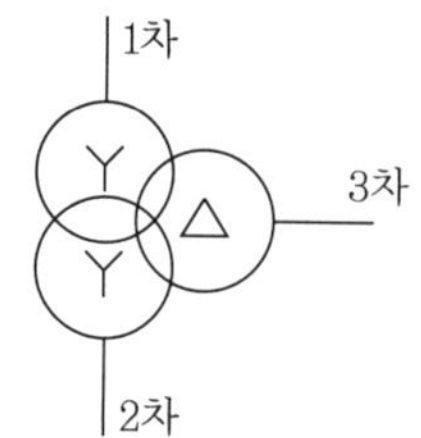

▮ 안정권선(stabilizing winding) 예 ▮

(5) 안정권선의 용량

주권선 용량의 $\dfrac{1}{3}$ 로 한다.

2. 임피던스 전압(V_e)과 %Impedance의 개념

* Chapter 01 - 문제 012의 답안 '2.' 내용을 참조한다.

⌐reference⌐

154kV 수전용 변전소일 경우

%임피던스를 증가시킨 변압기를 적용시켜 %임피던스가 클 경우의 장점을 적정하게 이용함으로써 경제적 이득이 높다(설계 시 중요한 요소임).

023 수용가의 비접지계통에 적용하는 3상 접지변압기(Grounding Transformer ; GTR)의 사용목적, 종류, 동작원리에 대하여 설명하시오.

(data) 발송배전기술사 22-128-2-4 / 발송배전기술사, 건축전기설비기술사, 전기안전기술사, 전기응용 기술사 출제예상문제

답안 **1. GTR 접지변압기의 사용목적**

(1) 부하 증가로 케이블 증설 시 충전전류 증가로 인한 다음 현상을 방지한다.

① 페란티 현상 시 역률 저하, 전원과 고조파 공진 발생 우려, 역조류 발생

② 개폐 서지 증가로 계통 직렬 기기 절연파괴 우려

③ 전동기 자기 여자현상 발생

④ 1선 지락 시 비접지계통에서 포화된 리액터와 정전용량에 의해 철공진 발생 우려 증가

(2) 비접지계통을 3상 4선식 운전을 위한 중성점 인출 목적으로 GTR을 사용한다.

(3) 충전전류를 아래와 같이 감소시켜 개폐서지를 감소시킨다.

① 충전전류

$$I_C = \omega C_0 E = 2\pi f\, C_0 \frac{V}{\sqrt{3}} \times 10^{-6} [\text{A/km}]$$

여기서, $C_0 = \dfrac{0.02413 c_s}{\log_{10} \dfrac{R}{r}}$

C_0 : 케이블의 정전용량 $[\mu \text{F/km}]$

ε_s : 비유전율, R : 연피의 안반지름(절연 반지름)[m]

r : 도체의 반지름[m]

② 계통이 커지면 I_C가 커지므로 R_N을 작게 하여 유효전류(I_N)를 증대시킨다.

③ $I_N \geq I_C$에서 $\dfrac{E}{R_N} \geq j\omega C_0 E$이며, 위상각은 $\theta = \tan^{-1} \omega C_0 R_N$이 된다.

여기서, I_N : 1선 완전 지락 시 유효전류

④ 따라서, 위상각 $\theta = \tan^{-1} \omega C_0 R_N$를 45도 이하로 하면(충전전류의 위상각을 45도 이하로) 충전전류는 저감되면서 개폐서지도 저감된다.

(4) △결선 또는 비접지계통에서 접지를 위한 중성점을 제공할 목적의 변압기이다.

(5) 6.6kV 선정 예시

I_C	I_N	접지방식	저항	비고
$I_C \leq 500\text{mA}$	380mA	GPT 방식	25(50)Ω	CLR
$500\text{mA} < I_C < 1\text{A}$	1A	충전전류 보상식	–	접지 콘덴서
$1\text{A} < I_C \leq 10\text{A}$	10A	NGR	380Ω	고저항 접지
$10\text{A} < I_C$	100 ~ 400A	NGR	38Ω	저저항 접지

2. 접지용 변압기(GTR : Grounding Transformer)의 종류

△결선 또는 비접지계통에서 접지를 위한 중성점을 제공하는 변압기로서 다음과
같다.

(1) Y-△ 접지변압기

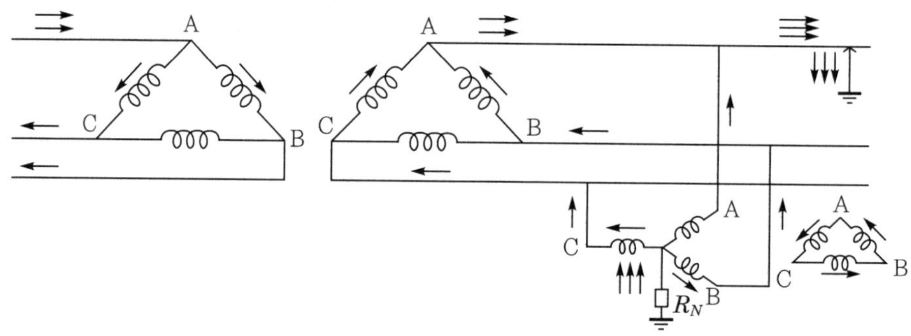

(2) 지그재그 접지변압기

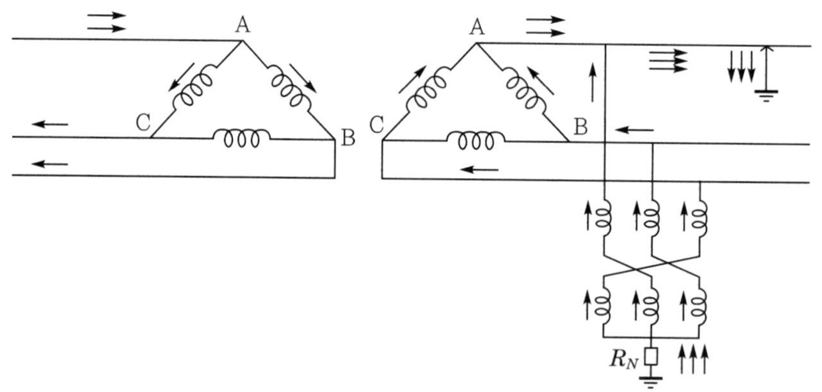

540

(3) 한류 저항(CLR)식 오픈 델타 변압기 방식(CLR＋OVGR＋SGR＋ZCT 사용)

상세 그림은 다음을 참조한다.

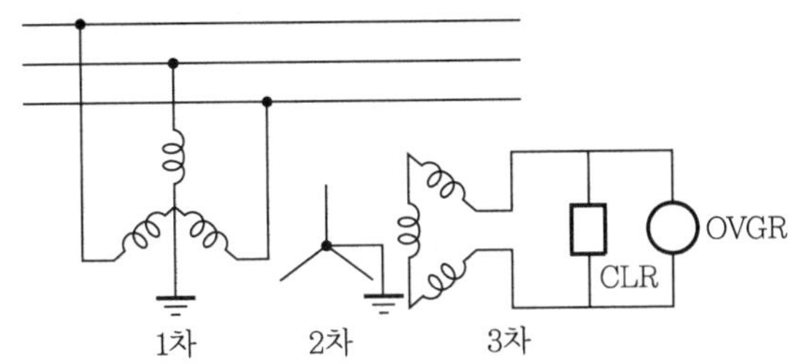

3. 동작원리

(1) GPT＋SGR＋ZCT의 조합 설치의 비접지계통의 GTR 동작원리

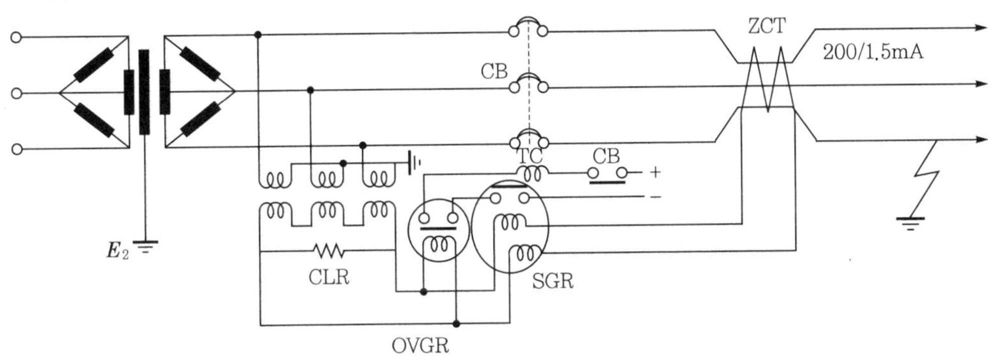

❙ GPT＋SGR＋ZCT의 조합 설치의 비접지계통의 GTR 동작원리 ❙

① 위의 그림과 같이 GPT＋SGR＋ZCT의 조합 설치로 불평형 전류에는 부동작하고, 지락사고는 선택 차단한다.

② 이때의 영상전류와 영상전압은 다음 식과 같다.

　㉠ 지락전류

$$I_g = \frac{3E}{Z_0 + Z_1 + Z_2 + 3R_g} = \frac{3E}{Z_0 + 3R_g} = \frac{3E}{\dfrac{1}{\dfrac{1}{3R_N} + j\omega C} + 3R_g}$$

$$= \frac{\left(\dfrac{1}{R_N} + j3\omega C\right)E}{\left(1 + \dfrac{R_g}{R_N}\right) + j3\omega C R_g}$$

　㉡ 영상전류

$$I_0 = \left(\frac{1}{R_N} + j3\omega C\right)E = \left(\frac{1}{R_N} + j\omega C_0\right)E = I_N + jI_C$$

ⓒ 영상전압

$$V_0 = \frac{Z_0}{Z_0 + 3R_g}E = \frac{1}{1 + \dfrac{3R_g}{Z_0}}E = \frac{1}{1 + R_g Y_0}E = \frac{1}{1 + R_g\left(\dfrac{1}{R_N} + j\omega C_0\right)}E$$

(2) ZIG-ZAG TR 동작원리

① 필터와 유사한 원리로 작용하며, 정상분과 역상분을 서로 상쇄시키고, 영상분만 있다.

② 동일한 철심에 2개의 반대방향으로 권선(Zig-Zag 결선)한 것으로 영상분 전류에 의한 영상자속은 서로 상쇄되고, 정상·역상분 자속은 상쇄 없이 증가되어 정상·역상분 전류의 벡터 합성이 크게 되는 것이다.

③ 지락사고 시 영상전류의 3배는 지락전류이므로 영상 임피던스를 작게 하여 영상분 전류는 Zigzag 변압기로 잘 흐르게 하고, 지락전류 검출을 용이하게 한다.

❙ZIG-ZAG TR 동작원리❙

구분	영상분 자속	정상 및 역상분 자속
자속 벡터	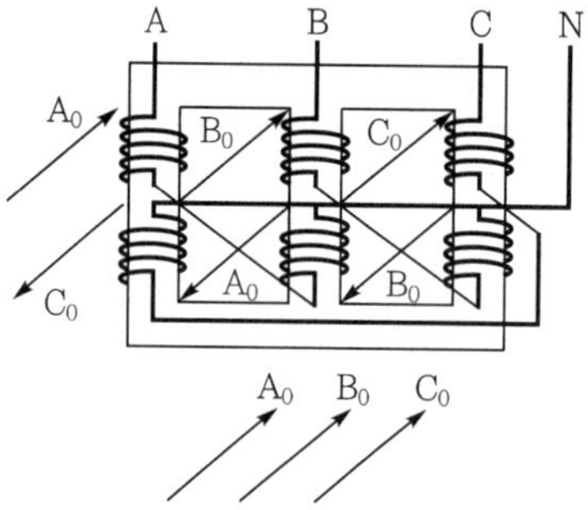	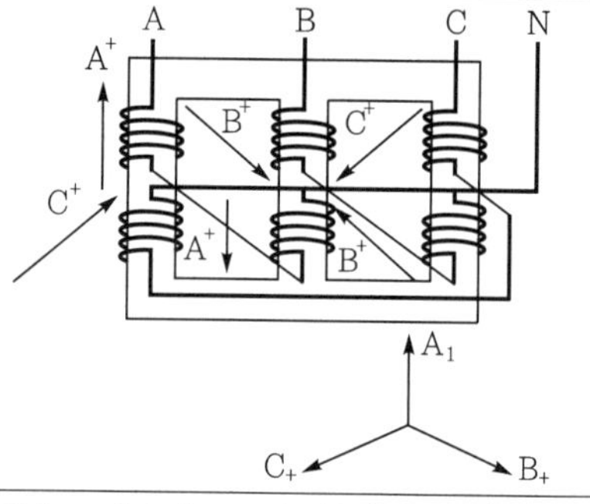
크기	• 자속 : 영상분 자속은 반대 위상차 • 역기전력 : 발생하지 않음 $$e_{A0} = -\frac{d(\phi_{A0+} - \phi_{C0})}{dt} = 0$$ • 영상분 역기전력이 없어 영상분 전류가 유입됨	• 자속 : 자속은 60도 위상차로 합성됨 • 역기전력 : 합성자속에 의해 생성 $$e_A = -\frac{d(\phi_{A+} + \phi_{C+})}{dt}$$ • 역기전력에 의해 정역상분 전류는 서로 상쇄되므로 유입되지 않으며 이것을 정역상분에 대한 임피던스가 크다라고 표현함

024 단권 변압기(auto transformer)의 장단점과 자기용량보다 더 큰 부하로 운전할 수 있음을 설명하시오.

data 발송배전기술사 17-112-3-6 / 발송배전기술사, 건축전기설비기술사, 전기안전기술사, 전기응용 기술사 출제예상문제

답안

1. 개요

단권 변압기란 한 권선의 중간에 Tap을 두어 사용하는 변압기로, 1차와 2차가 서로 절연되지 않고 권선의 일부를 공통으로 사용하며 변압비가 1 근처에서 극히 경제적인 변압기이다.

2. 단권 변압기의 장점

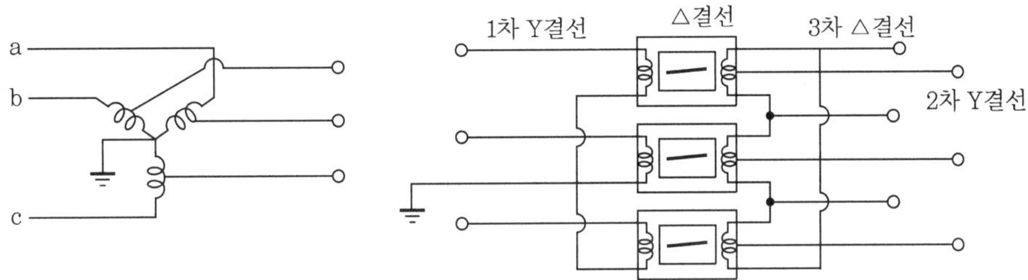

┃ 345kV 단상 단권 변압기의 결선도 ┃

(1) 위 그림과 같이 변압기 결선상 중성점을 1개소만 둘 수 있어 경제적이다.

(2) 초고압 송전세동에서는 중성점 직집 집지방식을 재용하고, 특히 1·2차 양 권신이 준성점 지접 접지방식인 경우에는 계통 연계용 변압기로서 단권 변압기가 유리하다.

(3) 단상 단권 변압기의 권선구성에서 알 수 있듯이 부하용량이 자기용량(권선용량)보다 크므로, 소용량으로 큰 부하를 걸 수 있다. 즉, 부하용량이 자기용량(권선용량)보다 커서 소용량으로 큰 부하를 걸 수 있다.

(4) 동량이 절약되어 중량 감소, 가격 저하, 경제적이며, 조립·수송이 간편하다.

① 2권선 변압기를 단권 변압기로 할 때의 동량 비교

$$\frac{\text{단권 변압기 동량(기자력)}}{\text{2권선 변압기 동량(기자력)}} = \frac{(n_1 - n_2)I_1 + n_2(I_2 - I_1)}{n_1 I_1 + n_2 I_2}$$

$$= \frac{n_1 - n_2}{n_1} = 1 - \frac{n_2}{n_1}$$

② 권선분비(K)

$$K = \frac{\text{자기용량}\ P_S}{\text{부하용량}\ P_L} = \frac{(V_1 - V_2)I_1}{V_1 I_1} = \frac{V_1 - V_2}{V_1}$$

$$= 1 - \frac{V_2}{V_1} = 1 - \frac{V_L}{V_H} = 1 - \frac{1}{a} = 1 - \frac{n_2}{n_1}$$

③ 권선분비 = 동량 저감량 = 용량 증대

(5) 동손의 감소로 효율 증가

① 변압기 효율

$$\eta = \frac{\text{출력}}{\text{입력}} = \frac{\text{출력}}{\text{출력} + \text{동손} + \text{철손}}$$

② 전류가 동일하면 동손은 동량이 비례하므로 동손이 감소되어 변압기 효율이 상승한다.

③ 분로권선에는 1·2차의 차전류가 통과하므로 동손이 감소된다.

(6) 분로권선은 공통 자로(磁路)이므로 누설자속이 없어 리액턴스가 작아서 전압 변동률이 작고, 계통의 안정도는 증가한다.

(7) 안전운전을 위해서 %Impedance를 2권선 변압기와 같이 10% 정도로 하면 동기기가 되고 철심치수가 작아서 소형으로 된다.

3. 단권 변압기의 단점

(1) 임피던스가 작기 때문에 단락전류가 크고, 따라서 열적·기계적 강도를 크게 해야 된다. 즉, 권선분비 K의 수식에서 보면

$$K = \frac{P_S}{P_L} = \frac{(V_1 - V_2)I_1}{V_1 I_1} = 1 - \frac{V_2}{V_1}\ \text{에서}$$

$$(\% Z\, P_S) = K(\% Z\, P_L) = \left(\frac{V_1 - V_2}{V_1}\right) \times 100\,[\%]\ \text{이므로},\ \% Z\, P_L\text{은 작아진다.}$$

따라서, 선로의 단락용량이 커지고, 단락사고 발생 시 문제점이 될 수 있다.

(2) 1·2차 측 사이가 보통 변압기와 같이 절연되어 있지 않으므로, 저압 측도 고압 측과 거의 같은 정도의 절연을 해야 한다. 계통 연계용 변압기의 권선비는 1에 가깝고, 또 중성점이 직접 접지방식에 의한 것일 때는 저압 측의 절연문제도 별로 문제가 안 된다.

(3) 1·2차가 직접 접지계통에서만 적용되는 Tr이다.

(4) 충격전압은 거의 직렬권선에 가해지므로 이에 대한 적절한 절연설계가 필요하다.

4. 단권 변압기의 자기용량보다 더 큰 부하로 운전할 수 있는 원리

(1) 회로도

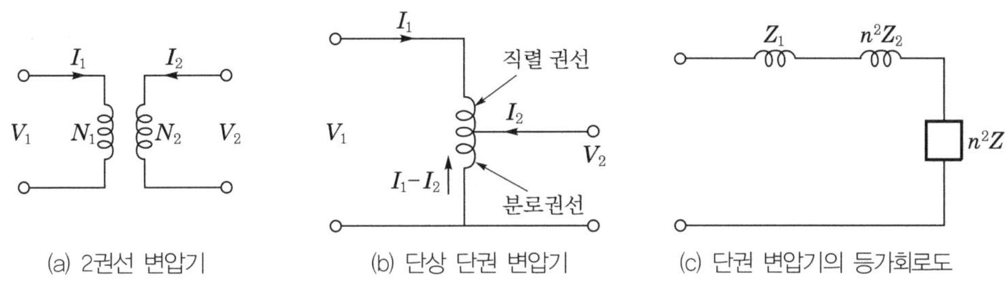

(a) 2권선 변압기   (b) 단상 단권 변압기   (c) 단권 변압기의 등가회로도

▌단상 단권 변압기의 권선구성▐

(2) 위 그림과 같이 단상 단권 변압기의 권선구성에서 알 수 있듯이 부하용량이 자기용량(권선용량)보다 크므로, 소용량으로 큰 부하를 걸 수 있다.

이를 해석하면 다음과 같이 정리된다.

① 고유용량(자기용량, 정격용량, P_S)

$$= 부하용량(P_L) \times \frac{고압\ 측의\ 전압(V_h) - 저압\ 측의\ 전압(V_L)}{고압\ 측의\ 전압(V_h)}$$

$$= 부하용량 \times \frac{직렬권선의\ 전압}{직렬권선의\ 전압 + 분로권선의\ 전압}$$

$$= 부하용량 \times \frac{V_S}{V_2}$$

여기서, V_S(또는 V_1, 또는 V_h) : 직렬권선의 전압

$\qquad\qquad V_2$(또는 V_L) : 분로권선의 전압

② 부하용량$(P_L) = V_1 I_1 = V_2 I_2 =$ 자기용량$(P_S) \times \dfrac{V_h}{V_h - V_L}$

③ $V_S < V_2$이므로 부하용량(또는 선로용량)은 변압기의 고유용량(자기용량 또는 정격용량)보다 크다.

④ 소용량 변압기로서 큰 부하를 걸 수 있음을 알 수 있다.

⑤ 단상 단권 변압기의 용량(단권 변압기의 용량 → 직렬권선의 용량)과 경제성

    ㉠ 자기용량(고유용량, 정격용량) : $P_S = (V_1 - V_2) I_1$

$$= (I_2 - I_1) V_2$$

    ㉡ 부하용량(선로용량) : $P_L = V_1 I_1 = V_2 I_2$

$$= P_S \times \frac{V_1}{V_1 - V_2}$$

545

ⓒ 권선분비 : $K = \dfrac{P_S}{P_L} = \dfrac{(V_1 - V_2)I_1}{V_1 I_1} = \dfrac{V_1 - V_2}{V_1}$

$$= 1 - \dfrac{V_2}{V_1} = 1 - \dfrac{1}{a} \quad\text{··· 식 1)}$$

ⓓ 단권 변압기의 경제성 : 아래 그림과 같이(고압/저압)의 비가 1에 근접할 수록 $\dfrac{\text{자기용량}}{\text{부하용량}}$ 이 작아져서 경제적이다.

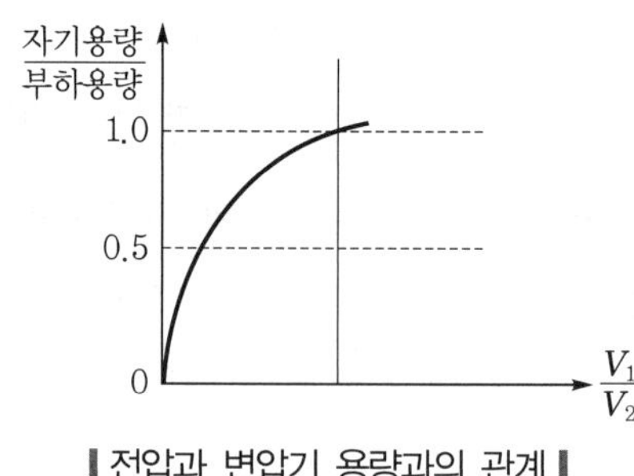

▍전압과 변압기 용량과의 관계 ▍

025 단권 변압기의 구조와 권수비 및 용량에 대하여 설명하시오.

data 발송배전기술사 23-131-1-9 / 발송배전기술사, 건축전기설비기술사, 전기안전기술사, 전기응용 기술사 출제예상문제

답안

1. 결선 구조

(1) 단권 변압기란 한 권선의 중간에 Tap을 두어 사용하는 변압기로, 1차와 2차가 서로 절연되지 않고 권선의 일부를 공통으로 사용하며 변압비가 1 근처에서 극히 경제적인 변압기이다.

(2) 결선 구조

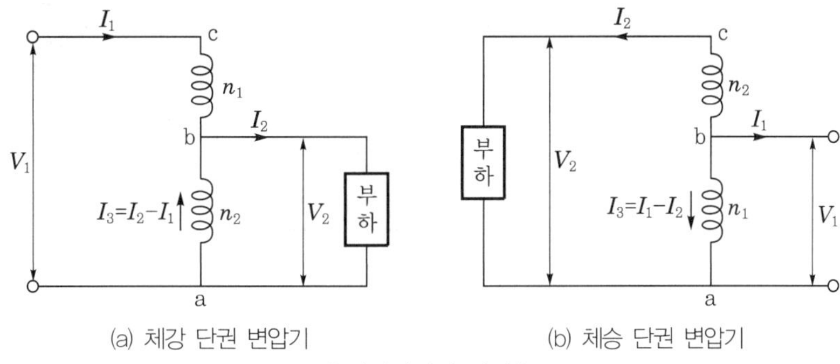

(a) 체강 단권 변압기   (b) 체승 단권 변압기

┃ 단권변압기 결선 ┃

2. 용량과 권수비

(1) 권수비[권선분비(K)]의 의미

① $\dfrac{\text{단권 변압기 동량(기자력)}}{\text{2권선 변압기 동량(기자력)}} = \dfrac{(n_1 - n_2)I_1 + n_2(I_2 - I_1)}{n_1 I_1 + n_2 I_2}$

$$= \frac{n_1 - n_2}{n_1} = 1 - \frac{n_2}{n_1}$$

② 권선분비(K)

$$K = \frac{\text{자기용량}}{\text{부하용량}}\frac{P_S}{P_L} = \frac{(V_1 - V_2)I_1}{V_1 I_1} = \frac{V_1 - V_2}{V_1}$$

$$= 1 - \frac{V_2}{V_1} = 1 - \frac{V_l}{V_h} = 1 - \frac{1}{a} = 1 - \frac{n_2}{n_1}$$

③ 권선분비 = 동량 저감량 = 용량 증대

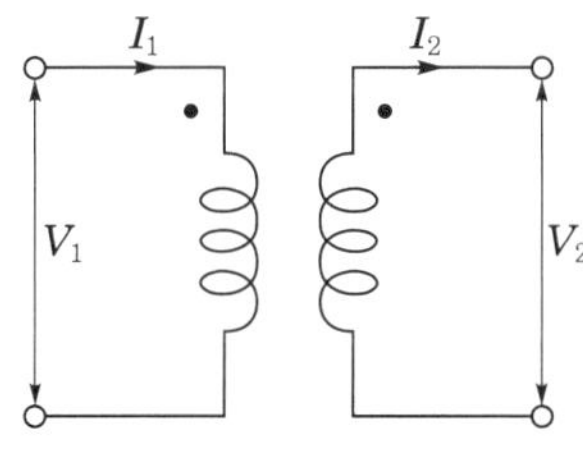 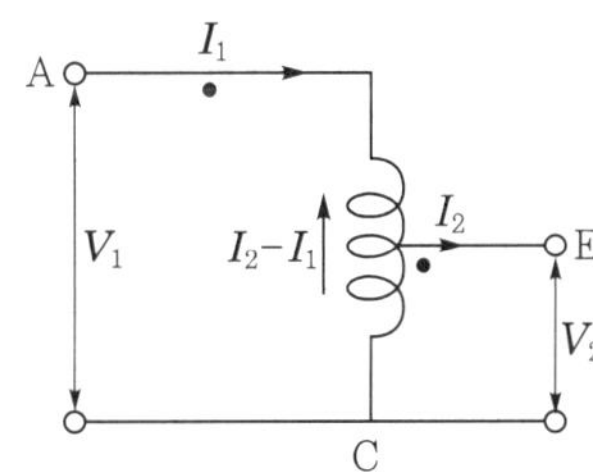

┃ 2권선 변압기의 권선 ┃   ┃ 단권 변압기의 권선 ┃

(2) 단상 단권 변압기의 용량(단권 번압기의 용량 → 직렬권신의 용량)과 경제성

① 자기용량(고유용량, 정격용량) : $P_S = (V_1 - V_2)I_1 = (I_2 - I_1)V_2$

② 부하용량(선로용량) : $P_L = V_1 I_1 = V_2 I_2 = P_S \times \dfrac{V_1}{V_1 - V_2}$

(3) 단권 변압기의 종류별 자기용량과 부하용량의 비(단, 승압용 경우임)

구분	단상	Y결선	V결선	△결선
자기용량 / 부하용량	$\dfrac{V_2 - V_1}{V_2}$	$\dfrac{V_2 - V_1}{V_2}$	$\dfrac{2}{\sqrt{3}} \cdot \dfrac{V_2 - V_1}{V_2}$	$\dfrac{V_2^2 - V_1^2}{\sqrt{3}\, V_2 V_1}$
비고	V_2 : 고압 측 전압(승압된 전압), V_h로도 표현함 V_1 : 저압 측 전압, V_l로도 표현함			

026 전력계통에서 사용하는 단권 변압기에 대하여 다음을 설명하시오.

1. 결선 구조
2. 용량과 권선분비
3. 특징
4. 국내 응용사례

data 발송배전기술사 23-129-4-3 / 발송배전기술사, 건축전기설비기술사, 전기안전기술사, 전기응용기술사 출제예상문제

답안

1. 결선 구조

* Chapter 01 - 문제 25의 답안 '1.' 내용을 참조한다.

2. 용량과 권선분비

* Chapter 01 - 문제 25의 답안 '2.' 내용을 참조한다.

3. 단권 변압기의 특징

(1) 장점(345kV 초고압 변압기로서 단권 변압기를 사용하는 이유)

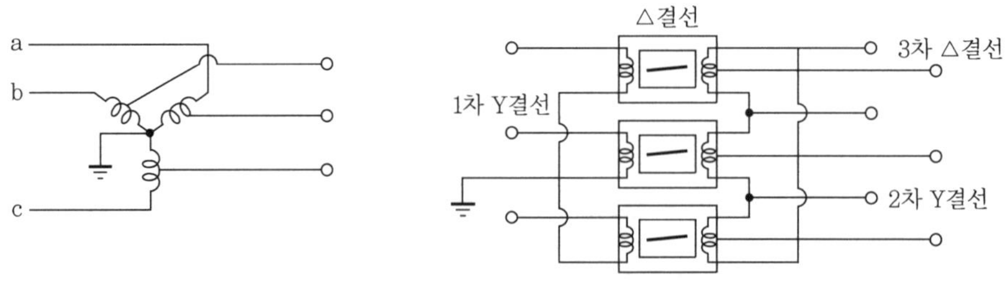

❙345kV 단상 단권 변압기의 결선도❙

① 위 그림과 같이 변압기 결선상 중성점을 1개소만 둘 수 있어 경제적이다.

② 초고압 송전계통에서는 중성점 직접 접지방식을 채용하고, 특히 1·2차 양 권선이 중성점 직접 접지방식인 경우에는 계통 연계용 변압기로서 단권 변압 기가 유리하다.

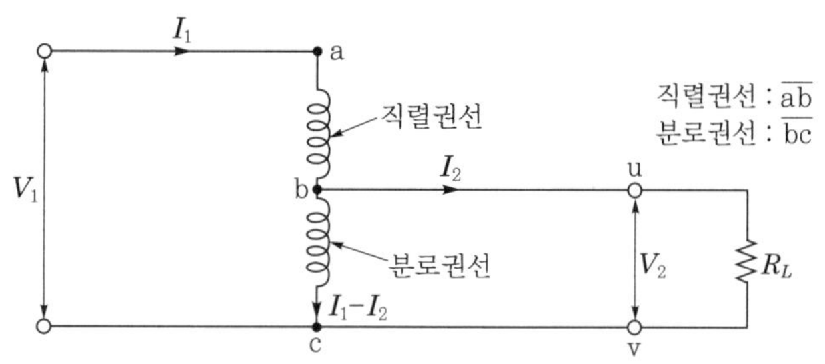

▌ 강압용 단상 단권 변압기의 권선구성 ▐

㉠ 직렬권선(series winding) : 단권 변압기나 부하 시 전압조정 변압기에서 선로에 직결되며 하나의 전압단자에만 이용되는 권선이다.

㉡ 분로권선(common winding, 병렬권선) : 단권 변압기에서 1·2차 계통이 공통적으로 사용하는 권선이다.

③ 소용량 변압기로서 큰 부하를 걸 수 있다.

㉠ 자기용량(등가용량) : 직렬권선의 출력을 의미하고, 등가용량으로 부른다.

㉡ $P_S = V_2 I_2 (부하용량) \times \dfrac{V_1 - V_2}{V_1} = 부하용량 \times \dfrac{V_S}{V_1}$ ⋯⋯⋯⋯⋯⋯ 식 1)

여기서, V_S : 직렬권선의 전압

㉢ 부하용량(선로용량, 정격용량) : 단권 변압기로서의 용량으로서, 2차 측 출력

• 식 1)에서 부하용량 : $P_L = \dfrac{V_1}{V_S} \times P_S$ ⋯⋯⋯⋯⋯⋯⋯⋯ 식 2)

• 식 2)에서 $V_1 > V_S$이므로, 부하용량 $P_L >$ 자기용량 P_S

㉣ 소용량 변압기로서 큰 부하를 걸 수 있음을 알 수 있다.

④ 단상 단권 변압기의 용량(단권 변압기의 용량 → 직렬권선의 용량)과 경제성

㉠ 자기용량(고유용량, 정격용량) : $P_S = (V_1 - V_2)I_1 = (I_2 - I_1)V_2$

㉡ 부하용량(선로용량) : $P_L = V_1 I_1 = V_2 I_2 = P_S \times \dfrac{V_1}{V_1 - V_2}$

⑤ 동량이 절약되어 중량 감소, 가격 저하, 경제적이며, 조립·수송이 간편하다.

⑥ 동손의 감소로 효율이 증가한다.

⑦ 분로권선은 공통 자로(磁路)이므로 누설자속이 없어 리액턴스가 작아서 전압
변동률이 작고, 계통의 안정도는 증가한다.

$$P = \frac{V_S V_R}{X} \sin\delta$$

⑧ 안전운전을 위해서 %Impedance를 2권선 변압기와 같이 10% 정도로 하면
동기기가 되고 철심치수가 작아서 소형으로 된다. → 설치면적 축소 가능

(2) 단권 변압기의 단점

① 1·2차 회로가 절연되어 있지 않아, 어느 한 개소의 전기적 사고가 파급되기
쉽다. 즉 자기용량보다 더 큰 용량의 부하용량[부하용량 $= (1 + a) \times$ 자기용
량]을 걸 수 있으나 절연에 대한 더 심각한 우려가 있어 일반용 수전 변압기에
는 현실적으로 적용하지 않는다.

② 1·2차 측의 절연수준을 동일하게 하여야 하므로 절연처리 기술 적용이 어렵다.

③ 2차 측에 부하가 접속된 경우에서 직렬권선의 임피던스에 비해 2차 회로의
임피던스가 극히 작아서 서지전압이 1차 단자에 침입 시, 대부분이 직렬권선
에 가해져서 권선의 절연이나 Tab 간 절연을 위협할 수 있다.

④ 변압기의 $\%Z$가 작아서 단락전류가 증가되어, 열적·기계적 강도를 증가시킨
절연설계가 요구된다.

4. 단권 변압기의 국내 응용사례

(1) 345kV 단권 변압기와 765kV 단권 변압기
계통연계용 주변압기로 강압용에 사용하여 대형 변압기의 수송 조립에 용이하다.

(2) 전기철도 단권 변압기(AT 변압기로서, $a = 1$임)

(3) 모터의 기동 보상기

(4) 저압용 승압기

(5) 저압용 소용량 슬라이닥스

(6) FELV 전원

027 345kV 이상 전력용 변압기에 대한 다음 사항을 설명하시오.

1. 변압기의 구조 및 장단점
2. 3권선 등가회로를 2권선 등가회로로 환산하는 방법
3. 변압기의 보호방식
4. 변압기의 절연시험 종류 및 원리(5가지 이상)

data 발송배전기술사 22-126-2-2 / 발송배전기술사, 건축전기설비기술사, 전기안전기술사, 전기응용기술사 출제예상문제

답안

1. 345kV 이상의 변압기의 구조 및 장단점

(1) 345kV 이상에서는 중량, 설치면적, 효율증가 등의 이유로 단권 변압기를 사용한다.

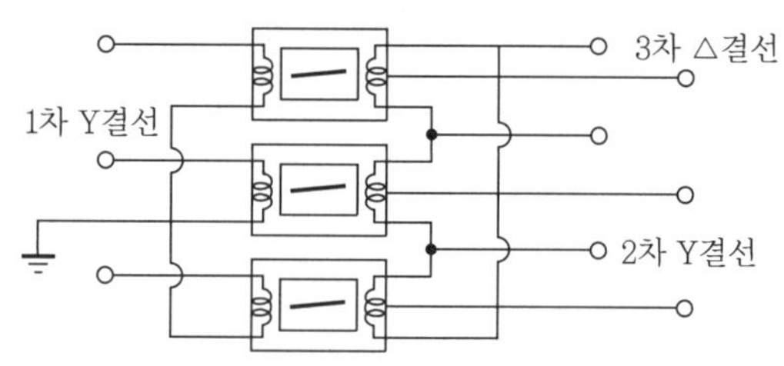

▮ 단권 변압기의 결선도 ▮

① 권선 : 단권, 이권, 삼권 변압기, 전위 권선

② 철심 : 내철형, 외철형

③ 절연 : 오일

④ 외함 및 부속품 : 탱크, 냉각기, 부싱, 보호계기, OLTC

(2) 단권 변압기의 장점

① 단권 변압기란 한 권선의 중간에 Tap을 두어 사용하는 변압기로, 1차와 2차가 서로 절연되지 않고 권선의 일부를 공통으로 사용하며 변압비가 1 근처에서 극히 경제적인 변압기이다.

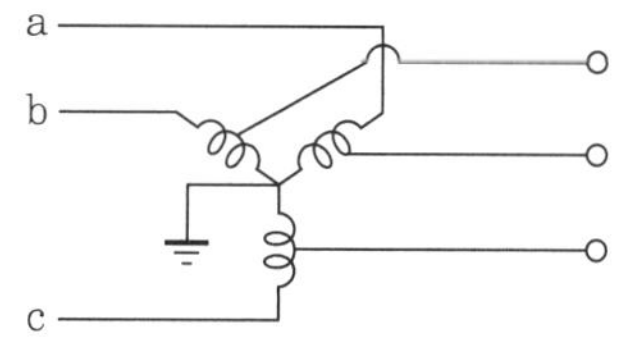

▮ 345kV 단상 단권 변압기의 결선도 ▮

② 위 그림과 같이 변압기 결선상 중성점을 1개소만 둘 수 있어 경제적이다. 즉, 초고압 송전계통에서는 중성점 직접 접지방식을 채용하고, 특히 1·2차 양 권선이 중성점 직접 접지방식인 경우에는 계통 연계용 변압기로서 단권 변압기가 유리하다.

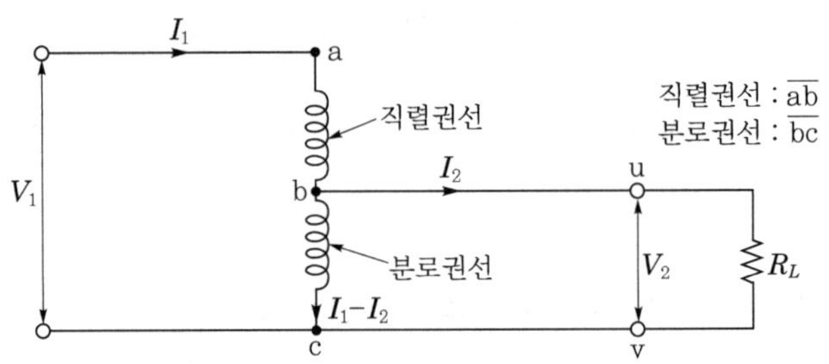

❙ 강압용 단상 단권 변압기의 권선구성 ❙

③ 소용량 변압기로서 큰 부하를 걸 수 있다.

　㉠ 자기용량(＝등가용량) : 직렬권선의 출력을 의미하고, 등가용량으로 부른다.

　㉡ $P_S = V_2 I_2 (부하용량) \times \dfrac{V_1 - V_2}{V_1} = 부하용량 \times \dfrac{V_S}{V_1}$ ⋯⋯⋯⋯⋯⋯⋯ 식 1)

　여기서, V_S : 직렬권선의 전압

　㉢ 부하용량(선로용량, 정격용량) : 단권 변압기로서의 용량으로서 2차 측 출력

　• 식 1)에서 부하용량 : $P_L = \dfrac{V_1}{V_S} \times P_S$ ⋯⋯⋯⋯⋯⋯⋯⋯⋯⋯⋯ 식 2)

　• 식 2)에서 $V_1 > V_S$이므로, 부하용량 $P_L > $ 자기용량 P_S

　㉣ 소용량 변압기로서 큰 부하를 걸 수 있음을 알 수 있다.

④ 단상 단권 변압기의 용량(단권 변압기의 용량 → 직렬권선의 용량)과 경제성

　㉠ 자기용량(고유용량, 정격용량) : $P_S = (V_1 - V_2)I_1 = (I_2 - I_1)V_2$

　㉡ 부하용량(선로용량) : $P_L = V_1 I_1 = V_2 I_2 = P_S \times \dfrac{V_1}{V_1 - V_2}$

⑤ 동량이 절약되어 중량 감소, 가격 저하, 경제적이며, 조립·수송이 간편하다.

⑥ 동손의 감소로 효율이 증가한다.

⑦ 분로권선은 공통 자로(磁路)이므로 누설자속이 없어 리액턴스가 작아서 전압 변동률이 작고, 계통의 안정도는 증가한다.

$$P = \frac{V_S V_R}{X} \sin \delta$$

⑧ 안전운전을 위해서 %Impedance를 2권선 변압기와 같이 10% 정도로 하면 동기기가 되고 철심치수가 작아서 소형으로 된다. → 설치면적 축소 가능

(3) 단권 변압기의 단점

① 1·2차 회로가 절연되어 있지 않아, 어느 한 개소의 전기적 사고가 파급되기 쉽다. 즉 자기용량보다 더 큰 용량의 부하용량[부하용량 $= (1 + a) \times$ 자기용량]을 걸 수 있으나 절연에 대한 더 심각한 우려가 있어 일반용 수전 변압기에는 현실적으로 적용하지 않는다.

② 1·2차 측의 절연수준을 동일하게 하여야 하므로 절연처리 기술 적용이 어렵다.

③ 2차 측에 부하가 접속된 경우에서 직렬권선의 임피던스에 비해 2차 회로의 임피던스가 극히 작아서 서지전압이 1차 단자에 침입 시, 대부분이 직렬권선에 가해져서 권선의 절연이나 Tab 간 절연을 위협할 수 있다.

④ 변압기의 $\%Z$가 작아서 단락전류가 증가되어, 열적·기계적 강도를 증가시킨 절연설계가 요구된다.

(4) 전력계통에서 단권 변압기의 용도

계통연계용 주변압기는 345kV급, 765kV급의 강압용에 사용하여 대형 변압기의 수송 조립에 용이하다.

2. 3권선 등가회로를 2권선 등가회로로 환산하는 방법

(1) 등가회로

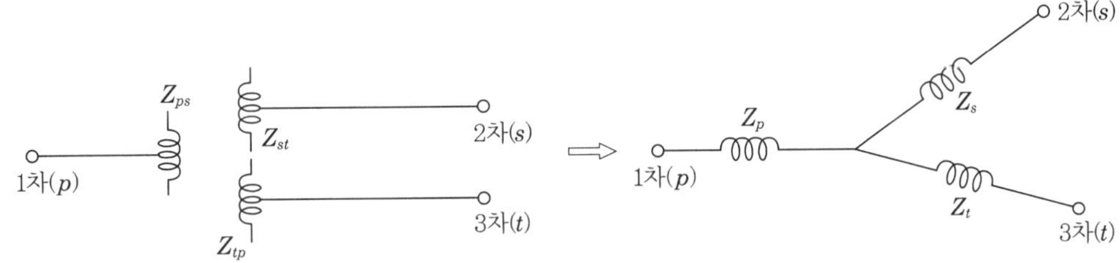

∥ 등가환산회로 ∥

(2) 환산방법

① 임피던스 측정

㉠ Z_{ps} : 3차 권선은 개방, 1 – 2차 권선을 단락시험으로 $\%Z$를 측정

㉡ Z_{st} : 1차 권선은 개방, 2 – 3차 권선을 단락시험으로 $\%Z$를 측정

㉢ Z_{tp} : 2차 권선은 개방, 1 – 3차 권선을 단락시험으로 $\%Z$를 측정

② 등가식으로 환산

 ㉠ $Z_{ps} = Z_p + Z_s$

  $Z_{st} = Z_s + Z_t$

  $Z_{tp} = Z_p + Z_t$

 ㉡ $Z_p = \dfrac{1}{2}(Z_{ps} + Z_{tp} - Z_{st})$

  $Z_s = \dfrac{1}{2}(Z_{ps} + Z_{st} - Z_{tp})$

  $Z_t = \dfrac{1}{2}(Z_{tp} + Z_{st} - Z_{ps})$

3. 345kV 이상의 변압기에 대한 보호방식

(1) 전기적 보호

① 이상 과전압 보호 : 피뢰기를 변압기 1차측 외함에 설치

② 주보호 계전방식 : 비율 차동 계전방식 적용

③ 후비보호방식 : 다음 표와 같이 1차, 2차, 3차로 구분하여 단락과 지락보호를 시행

▌345/154/23kV 단권 변압기의 보호계전방식 ▌

주보호	후비보호			
	구분	1차	2차	3차
전류비율 차동방식	단락	2단계 한시 거리 계전방식	2단계 한시 거리 계전방식	과전류 계전방식
	지락	방향성 과전류 계전방식	방향성 과전류 계전방식	영상 과전압 계전방식

 ㉠ 비율 차동 계전방식(87T) : 내부사고 시 동작 코일전류와 억제 코일전류의 비가 일정 값 이상일 때 동작하여 변압기 내부사고를 보호한다.

 ㉡ 2단계 한시 거리 계전방식(21) : 계전기 설치점에서 본 Impedance로서, 고장 여부를 판별하는 거리계전기를 사용하는 계전방식이다. 주로 송전선의 고장을 검출할 경우 사용하나 대규모 발전기나 전력용 변압기의 후비보호로 사용되기도 한다.

 ㉢ 과전류 계전방식 : 각 상에 OCR를 설치하여 과전류 보호와 외부 사고의 후비보호를 시행한다(변압기 3차가 △결선 비접지라도 단락전류가 충분하여 적용함. 즉, 3차의 단락 후비보호 및 무방향성임).

554

ⓔ 방향성 과전류 계전방식 : 변압기의 1차 및 2차의 지락보호
지락고장 시 거리계전방식의 단락고장보호보다 지락보호방식의 신뢰성이
더 우수하여 사용한다.

(2) 기계적 보호

① 부흐홀츠 계전기[96B] : 변압기의 주탱크와 콘서베이터 사이에 설치하여 절연
유의 분해가스 및 절연유의 급격한 이동을 검출하여 경보 및 전력차단을 시행
한다.

② 충격압력계전기[96P] : 변압기 내부사고 시 분해가스의 급격한 증가로 인한
이상압력 상승을 검출한다.

③ 방압 장치(변)[96R] : 변압기 내부사고 시 내부압력이 일정 압력 이상이 되면
변압기 외부로 분출시켜 변압기 본체의 변형이나 폭발사고를 방지한다.

④ OLTC 보호계전기

⑤ 권선 및 절연유 온도계 : 온도 상승값이 일정 값 이상 시 경보

⑥ 유면계 : 유면 저하 시 경보

4. 345kV 변압기의 절연시험 종류 및 원리

(1) 뇌충격시험

변압기 운전 중 뇌로 인한 이상전압에 견딜 수 있도록 규정된 절연계급에 맞게
설계 제작되었는 지 검증하기 위한 시험

(2) 개폐충격시험

변압기 운전 중 선로 개폐에 의헤 발생하는 이상전압에 대해 규정된 절연계급에
맞도록 설계 제작되었는 지를 검증하기 위한 시험

(3) 상용 주파수 내전압시험

변압기의 권선과 권선 간 및 권선과 대지 간의 절연강도를 확인하기 위하여 실시
하는 시험

(4) 유도 내전압시험

변압기의 각 Turn 간 및 섹션 간의 절연강도 검증이 시험의 주목적이며, 부분방
전 측정을 병행하여 실시하는 시험

(5) 부분방전시험

변압기 내부에 발생하는 RIV(Radio Interference Voltage)를 측정하여 변압기
내부의 이상 유무를 판단하기 위하여 실시하는 시험

028 직류배전을 위한 반도체 변압기 기술에 대하여 설명하시오.

data 발송배전기술사 21-123-3-5 / 발송배전기술사, 건축전기설비기술사, 전기안전기술사, 전기응용
기술사 출제예상문제

답안

1. 개요

(1) Solid State Tr이란 반도체 변압기로서, 기존 변압기의 철심을 이용하지 않은
전력 전자 반도체를 이용한 변압기이다.

(2) SST는 교류 배전용과 직류 배전용이 있으며 직류 부하 증가로 직류 배전용을
더 선호한다.

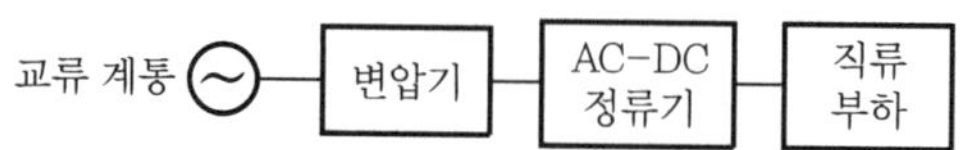

┃ 기존 변압기를 이용한 직·교류 배전 접속 시스템 ┃

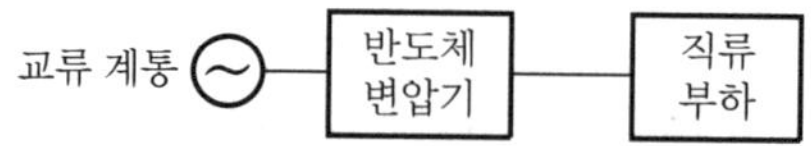

┃ 반도체 변압기를 이용한 직·교류 배전 접속 시스템 ┃

2. 반도체 변압기 기술

(1) 개념도

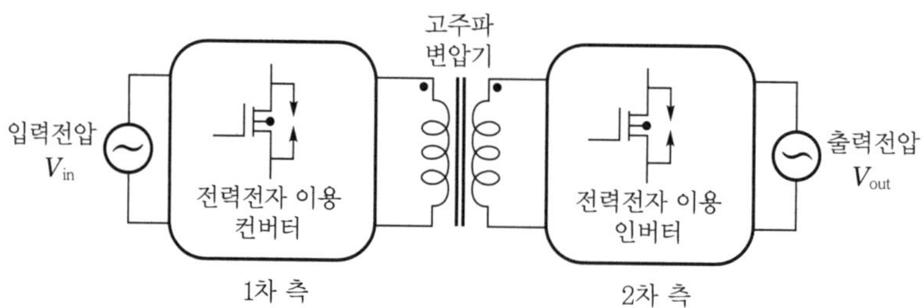

(2) SiC 반도체 소자 활용

① 기존 반도체와 비교하면 열전도율이 3배, 절연파괴 전계가 10배 정도로 강
하다.

② 절연파괴 전압 10kV/개당 이상의 내압이 있어 고전압에 유리하다(13.2kV
까지).

(3) 기존 컨버터 방식과 반도체 변압기의 가격, 부피, 무게, 손실 측면 비교

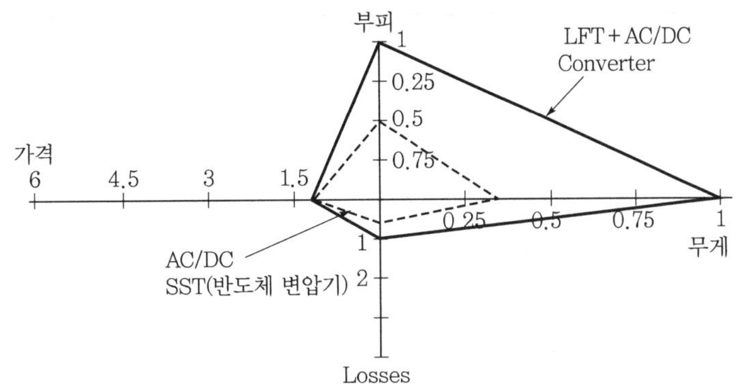

LFT : Low Frequency Transformer(기존의 배전용 변압기)

(4) 구성방법

고내압 반도체 소자 활용방법	멀티 레벨 회로방법	다중 모듈입력 직렬 연결방법
MV AC (6.6~14kV) / Converter	MV AC / Converter, Converter, Converter	MV AC / Converter, Converter, Converter

(5) 특징

① 반도체 변압기는 13.2kV의 교류 전압을 입력으로 받고, ±750V의 양극성 직류 출력을 갖는다.

② 고전력 밀도

③ 양방향 전력, 전압, 주파수, 유효 및 무효진력 제이가 가능하다.

④ 교류와 직류의 출력을 동시에 할 수 있다.

⑤ 다용도로 사용 가능하다.

　　㉠ 능동형 변전소

　　㉡ 저장·충전설비

　　㉢ 스마트 그리드

　　㉣ 분산형 전원장치기술

　　㉤ 전력품질 보상장치기술

　　㉥ HVDC-LVDC 연계

　　㉦ 그린 에너지 연계

　　㉧ 직류 배전 요소기술 확보

3. 기존 변압기와 비교

기존 변압기	반도체 변압기
교류 배전만 가능	직·교류 배전 가능
단일 전압 출력	다중 전압 출력
전력품질 보상 불가	전력품질 보상 가능
절연유 사용	절연유 미사용
역률이 부하에 종속적임	단위 역률 가능
직류 링크 없음	직류 링크 있음
기술적으로 성숙	기술개발 초기단계
경제적	비경제적
고효율	상대적으로 낮은 효율

SECTION **04** 변압기 병렬운전

029 변압기 병렬운전 조건과 3상 변압기의 병렬운전 가능 또는 불가능 결선에 대하여 각각 설명하시오.

(data) 발송배전기술사 17-113-1-7 / 발송배전기술사, 건축전기설비기술사, 전기안전기술사, 전기응용 기술사 출제예상문제

답안

1. 변압기 병렬운전의 조건

변압기의 병렬운전조건	충족되지 않았을 때의 문제점	단상 변압기	3상 변압기
1차 전압 = 2차 전압	순환전류로 소손	○	○
권수비 등가	권선비가 다르면 변압기의 2차 전압이 달라지므로 변압기 2차 모선 간에는 전위차가 생기며 이로써 순환전류가 발생하여 변압기 소손으로 이어짐	○	○
$\%Z$ 전압 등가	$\%Z$ 전압 낮은 쪽에 과부하($\pm10\%$ 이내 허용)	○	○
$\%(X/R)$비 등가	역률에 따라 부하분담 변동	○	○
극성 등가(1ϕ)	단락으로 인한 과전류 소손	○	○
각변위, 상회전 등가 (3ϕ)	• 상회전 방향이 반대로 되면 등가적으로 단락상태가 되어 과전류 소손 • 각변위가 다르면 변압기에 순환전류가 흘러 권선 온도 상승으로 장기간이면 소손	–	○
용량 등가	용량비가 3 : 1 이내일 것	○	○

2. 3상 변압기의 병렬운전 가능 또는 불가능 결선

가능 결선		불가능 결선	
A변압기	B변압기	A변압기	B변압기
△ – △	△ – △	△ – △	△ – Y
Y – Y	Y – Y	△ – △	Y – △
△ – Y	△ – Y	Y – Y	Y – △
Y – △	Y – △	Y – Y	△ – Y
결선이 같더라도 각변위가 다를 경우 병렬운전 불가			

3. 각변위가 다를 경우의 현상

comment 향후 따로 배점 10점용으로 재출제 가능성이 높다.

(1) 각변위의 정의

① 1·2차 결선이 Y–△인 경우 1차 측과 2차 측은 30°의 위상차가 발생한다.

② 변압기 병렬운전이 가능한 결선이라 하더라도 결선방법에 따라서 위상차가 발생한다.

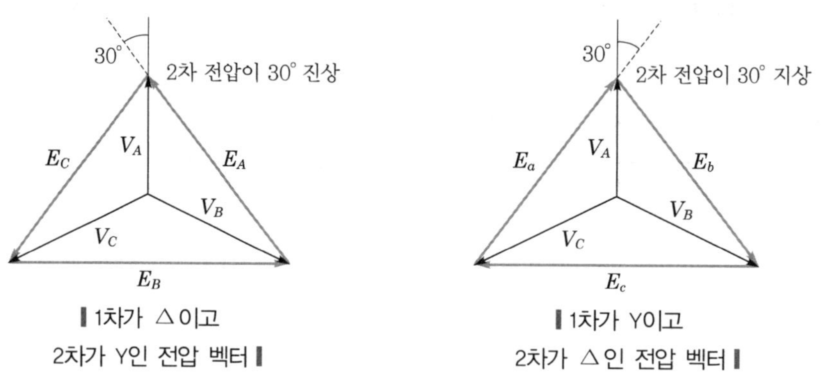

▌1차가 △이고
2차가 Y인 전압 벡터 ▌

▌1차가 Y이고
2차가 △인 전압 벡터 ▌

(2) 각변위가 다를 경우 현상

① 전위차

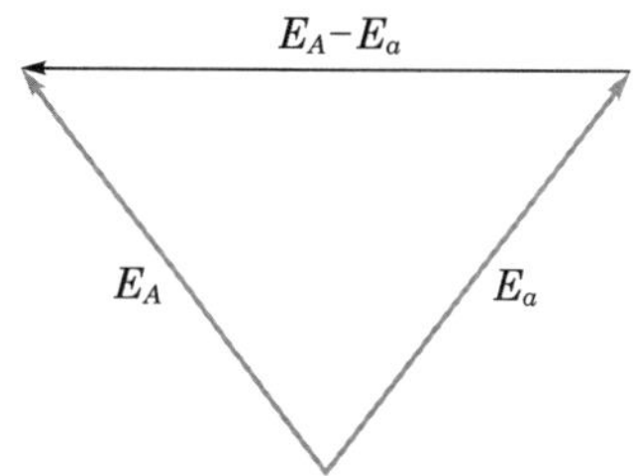

② 위의 전압 벡터 중 a상만을 고려하면 크기가 동일할지라도 위상차에 따른 전위차가 발생한다.

③ 위상차에 따른 현상

　㉠ A·B 변압기의 2차의 전위차는 상전압에 해당된다.

　㉡ 따라서, 이 경우는 상전압으로 단락된 것과 동일하다.

　㉢ 단락 발생 시 과대한 전류가 흘러 변압기가 소손될 수 있다.

　㉣ 결과적으로 각변위가 다른 경우 병렬운전을 할 수 없다.

030 변압기 병렬운전 조건과 그 조건이 충족되지 않았을 때의 문제점을 단상 변압기와 3상 변압기로 나누어 설명하시오.

(**data**) 발송배전기술사 22-128-1-9 / 발송배전기술사, 건축전기설비기술사, 전기안전기술사, 전기응용 기술사 출제예상문제

답안 단상 변압기와 3상 변압기의 병렬운전 조건

* Chapter 01 - 문제 029의 답안 '1.' 내용을 참조한다.

031 변압기의 병렬운전 조건에 대하여 설명하고, 조건과 다를 경우 발생하는 현상에 대하여 설명하시오.

(**data**) 발송배전기술사 24-133-2-4 / 발송배전기술사, 건축전기설비기술사, 전기안전기술사, 전기응용 기술사 출제예상문제

(**comment**) 발송배전기술사 2023년 132회에서도 동일 문제가 출제되었다.

답안 1. 변압기의 병렬운전 조건

변압기의 병렬운전 조건		단상 변압기	3상 변압기
1차 전압＝2차 전압		○	○
권수비 등가		○	○
$\%Z$ 전압 등가		○	○
$\%(X/R)$비 등가		○	○
극성 등가(1ϕ)		○	○
3상에서는 각변위, 상회전 등가		−	○
용량 등가		○	○
병렬운전 가능 결선			

병렬운전 가능 결선			단상 변압기	3상 변압기
A변압기	B변압기			
△ − △	△ − △	결선이 같더라도 각변위가 다를 경우 병렬운전 불가	○	○
△ − △	Y − Y			
Y − Y	Y − Y			
△ − Y	△ − Y			
△ − Y	Y − △			
Y − △	Y − △			

변압기의 병렬운전 조건	단상 변압기	3상 변압기
온도 상승 한도가 같을 것	○	○
두 변압기의 BIL 같을 것	○	○

2. 병렬운전 조건이 다를 경우의 문제점(현상)

(1) 1·2차 정격전압이 다를 경우의 문제점

① 다를 경우 변압기 간 순환전류(I_1)가 흘러 변압기가 소손된다.

② 순환전류 : $i_C = \dfrac{E_1 - E_2}{2jx}$

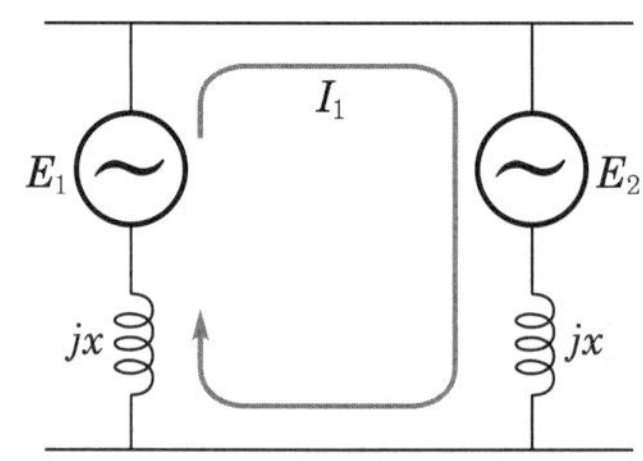

(2) 권수비 등가가 다를 경우의 문제점

① 다를 경우 순환전류(횡류)가 흘러 동손이 증가하고 변압기가 과열된다.

② 횡류 $i_C = \dfrac{E_{2a} - E_{2b}}{Z_a + Z_b}\,[\text{A}]$

단, $E_{2a} > E_{2b}$

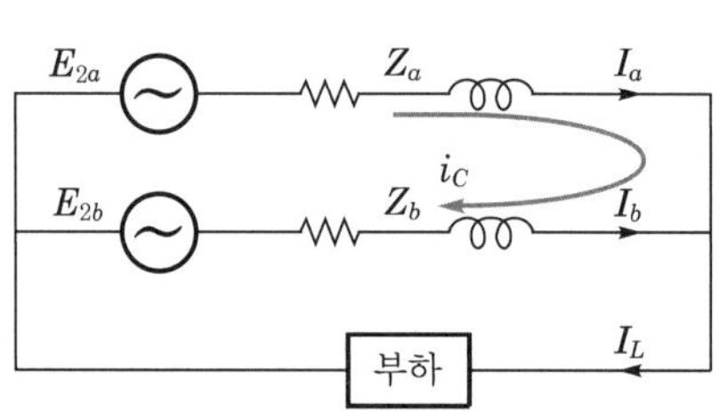

‖ 권수비가 다를 경우의 순환전류 ‖

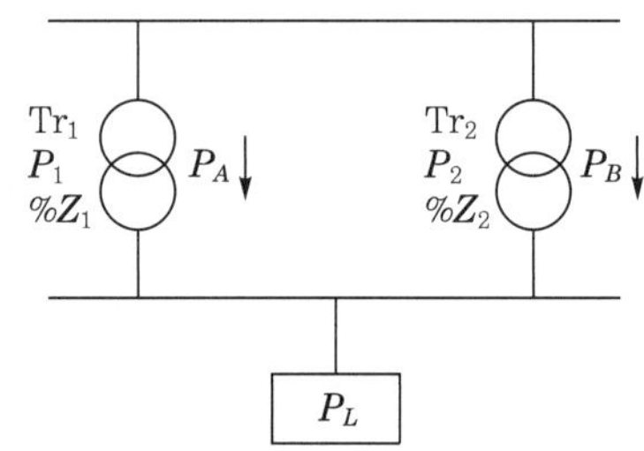

‖ $\%Z$가 다를 경우의 부하분담 ‖

(3) $\%Z$ 전압 등가가 다를 경우의 문제점(±10% 이내 허용)

① 다를 경우 $\%Z$가 낮은 쪽 변압기가 과부하로 소손된다.

② Tr_1의 부하부담 : $P_A = \dfrac{\%Z_2{}'}{\%Z_1 + \%Z_2} \times P_L$

③ Tr_2의 부하부담 : $P_B = \dfrac{\%Z_1}{\%Z_1 + \%Z_2} \times P_L$

(4) 극성 등가(1ϕ)가 아닐 경우의 문제점

① 다를 경우 단락상태가 되어 과전류로 소손된다(다를 경우 전원이 직렬 : 2배 전압).

② 극성을 반대로 접속하여 운전 시 $I = \dfrac{E_{2a} + E_{2b}}{Z_a + Z_b}$ [A]

③ 변압기 내부 임피던스($Z_a + Z_b$)는 매우 작은 값으로 등가적인 단락이 되어, 권선의 과열로 인해 소손

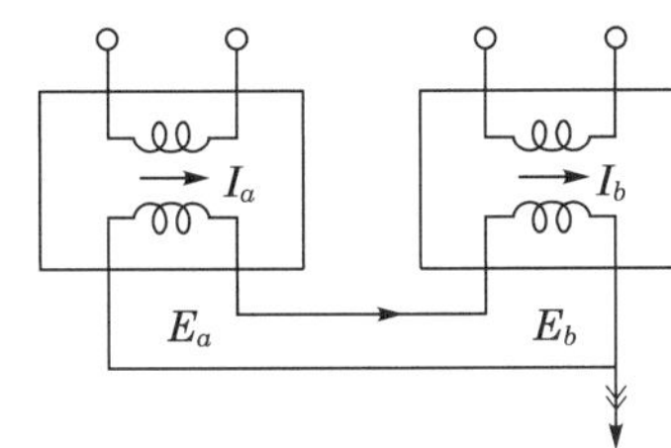

┃ 극성 등가가 아닐 경우의 등가적인 회로도 ┃

(5) 3상에서는 각변위, 상회전 등가가 아닐 경우의 문제점

① 각변위가 다를 경우 : 위상차로 순환전류가 흘러 과열[$E_a - E_b = E_{ab}$의 전압차 (E_{ab}) 발생에 의해 순환전류가 흐름]

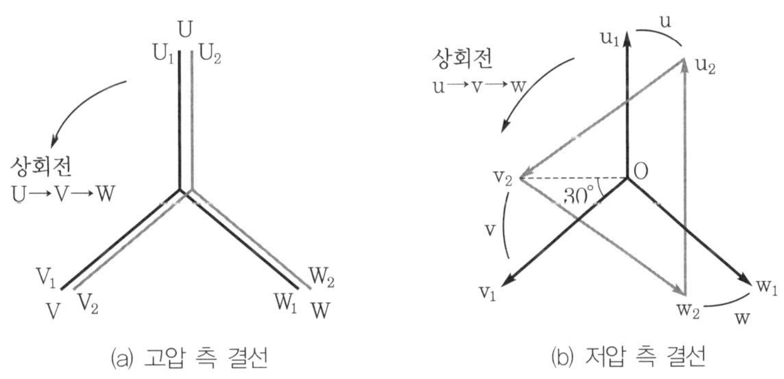

(a) 고압 측 결선　　　　(b) 저압 측 결선

┃ Y–Y와 Y–△의 병렬운전 Vector ┃

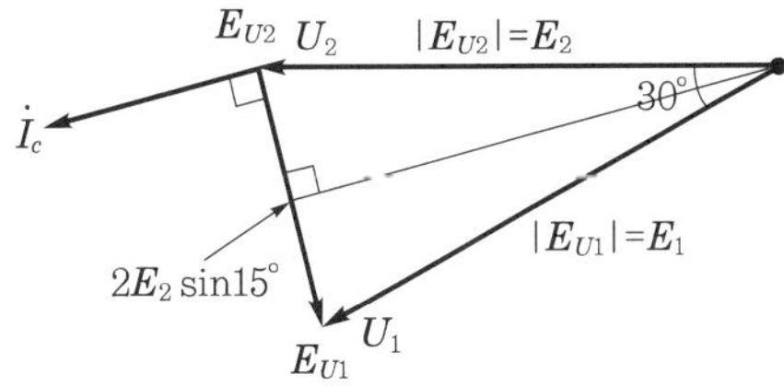

┃ 각변위 붕괴 Vector ┃

② 이것에 의한 횡류 I_c는 순환전류이다.

$$I_c = \frac{E_{u1} - E_{u2}}{Z_{u1} + Z_{u2}} = \frac{2E_2 \times \sin 15°}{2Z_2} \fallingdotseq 0.26 \frac{100}{\%Z_2} I_2$$

여기서, E_2 : 변압기 저압 측의 상전압[V]

Z_2 : 변압기의 저압 측 환산 임피던스[Ω]

$\%Z_2$: 변압기의 임피던스[%]

I_2 : 변압기 저압 측 정격전류[A]

(6) %(X/R)비(내부저항과 리액턴스 비) 등가가 아닐 경우의 문제점

① 최대 효율을 위한 조건을 만족시키지 못한다.

② 다른 경우 부하의 역률에 따라 부하분담이 변동된다.

(7) 용량비가 3 : 1 이내(용량 등가)가 아닐 경우의 문제점

이상일 경우 소용량 변압기가 과부하(제조업체 권장 사항)된다.

(8) 온도 상승한도가 다른 경우의 문제점

① 온도 상승한도가 용량이 적은 변압기의 열화 진전속도 가속화로 수명 감소

② 따라서, 온도 상승한도를 용량이 적은 변압기에 맞출 것

(9) BIL 다른 경우 이상전압 대책용 기기의 선정이 어렵다. 즉, LA, SA 등의 선정이 곤란하다.

(10) 결선이 다음 표일 경우 병렬운전이 불가하므로 결선의 정확한 시공을 요한다.

변압기의 병렬운전조건	충족되지 않았을 때의 문제점	단상 변압기	3상 변압기
1차 전압 =2차 전압	순환전류로 소손	○	○
권수비 등가	권선비가 다르면 변압기의 2차 전압이 달라지므로 변압기 2차 모선 간에는 전위차가 생기며 이로써 순환전류가 발생하여 변압기 소손으로 이어짐	○	○
$\%Z$ 전압 등가	$\%Z$ 전압 낮은 쪽에 과부하($\pm10\%$ 이내 허용)	○	○
%(X/R)비 등가	역률에 따라 부하분담 변동	○	○
극성 등가(1ϕ)	단락으로 인한 과전류 소손	○	○
각변위, 상회전 등가 (3ϕ)	• 상회전 방향이 반대로 되면 등가적으로 단락상태가 되어 과전류 소손 • 각변위가 다르면 변압기에 순환전류가 흘러 권선 온도 상승으로 장기간이면 소손	–	○
용량 등가	용량비가 3 : 1 이내일 것	○	○

564

032 변압기의 Y-△, △-Y, △-△, Y-Y 결선에서 전압의 각변위(angular displacement)에 대하여 설명하시오.

(data) 발송배전기술사 18-115-1-6 / 발송배전기술사, 건축전기설비기술사, 전기안전기술사, 전기응용기술사 출제예상문제

(comment) 15년도에 유사한 문항이 출제되었고 각변위에 대한 모든 내용이다. 이 안의 내용에서 각변위 문항이 출제될 것으로 예상된다.

답안

1. 각변위(angular displacement)의 개념

(1) 각변위(위상차)는 전압 벡터에서 고압 측과 저압 측의 각도차로서, 위상변화의 양을 각도로 표현한 것이다.

(2) 고압 권선의 유기전압과 저압 권선의 유기전압 간에는 결선에 의하여 발생한 위상각 차가 있다.

(3) 각변위란 그림과 같이 각 전압 벡터선도에서 각각의 중성점과 동일 기호의 선단을 각각 연결한 두 직선 사이의 각도를 말한다. 즉, U와 u(또는 a) 사이의 전압 벡터의 각도차

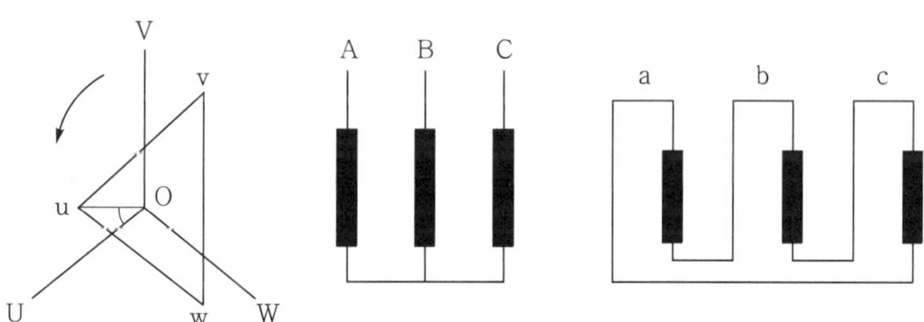

▎3상 변압기의 유기전압 벡터도와 각변위 ▎

(4) △결선에서 중성점은 각 상 유기전압으로 만들어진 삼각형의 중심이다.

(5) 유기전압 벡터도를 그릴 때 전압 벡터의 회전방향은 반시계 방향이며, 벡터의 크기는 실효치로 한다.

2. Y-△, △-Y, △-△, Y-Y 결선의 각변위

전압 Vector도		기호	각변위	전압 Vector도		기호	각변위
고압	저압			고압	저압		
(Y도)	(Y도)	Yy0	0°	(△도)	(Y도)	Dy1	30° 진행
(Y도)	(△도)	Yd1	30° 지연	(△도)	(△도)	Dd0	0°

1. 각변위 정하는 방법

① 저압 측이 고압 측에 비해 늦은 만큼의 위상차로 정한다.

② 각변위 표현방법

㉠ Yy0 : 대문자는 Y결선 1차 측, 소문자는 y결선 2차 측, 0은 동상을 의미

㉡ Yd1 : 대문자는 Y결선 1차 측, 소문자는 △결선 2차 측으로 저압 측이 30° 지상

㉢ Dy1 : 대문자는 △결선 1차 측, 소문자는 y결선 2차 측으로 저압 측이 30° 지상

㉣ 숫자의 의미(시계방향과 같은 의미)

- 0 : 동상
- 1 : 저압 측이 30° 지상
- 5 : 저압 측이 150° 지상
- 11 : 저압 측이 30° 진상

㉤ 345kV 변압기 Y-Y-△ 결선의 각변위 표시 : Yy0d1 또는 YNynod1

→ 1차 Y와 2차 Y결선의 각변위는 단연히 0이고, 3차 저압은 델타 결선으로서 30도 지상 (d_1 : 시계가 1시를 표시한다는 것)

㉥ △-△-Y 결선의 각변위 표시 : △△0y11

→ 1차 △와 2차 △결선의 각변위는 단연히 0이고, 3차 저압은 y결선으로서 30도 진상 (y_{11} : 시계가 11시를 표시한다는 것)

㉦ △-Y-△ 결선의 각변위 표시 : △Y11d1

→ 1차 △와 2차 Y결선의 각변위는 단연히 30도로 2차가 1차보다 진상이고, 3차 저압은 델타 결선으로서 30도 지상(d_1 : 시계가 1시를 표시한다는 것)

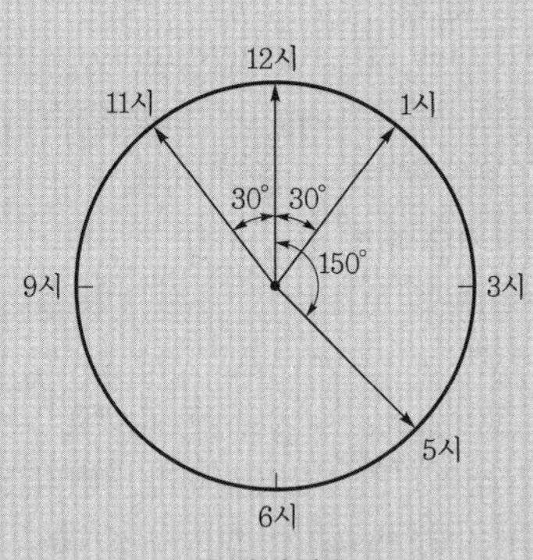

‖ 각변위 ‖

2. △-Y와 △-Y 결선의 병렬운전 가능 이유와 △-Y와 Y-Y 결선의 병렬운전 불가한 이유

① △-Y와 Y-Y 결선의 병렬운전 불가한 이유(각변위가 다를 경우에 병렬운전 불가한 사유)

  ㉠ 각변위 0°의 Y-Y 결선과 각변위 30° Y-△ 결선 시 상회전을 맞추어 병행운전하면 양 변압기 저압 권선 유기전압 간에는 아래 그림 (b)와 같이 30° 위상차가 생겨 $E_{u1} - E_{u2}$의 차전압이 발생한다.

  ㉡ 이것에 의하여 아래 그림 (c)와 같이 위상차에 의한 횡류가 발생되며, 장시간 운전할 경우 변압기의 소손이 발생한다. 이때, 횡류는 $I_C = \dfrac{E_{u1} - E_{u2}}{Z_{u1} + Z_{u2}}$ 가 된다.

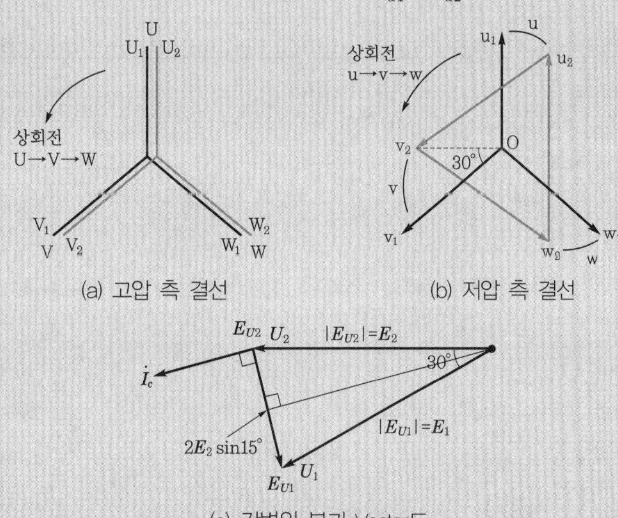

(a) 고압 측 결선   (b) 저압 측 결선

(c) 각변위 붕괴 Vector도

‖ 각변위의 페이서도와 Vector도 ‖

  ㉢ 순환전류 : $I_c = \dfrac{2E_2 \times \sin 15°}{2Z_2} \fallingdotseq 0.26\dfrac{100}{\%Z_2}I_2$

    여기서, E_2 : 변압기 저압 측의 상전압[V], Z_2 : 변압기의 저압 측 환산 임피던스[Ω]

    $\%Z_2$: 변압기의 임피던스[%], I_2 : 변압기 저압 측 정격전류[A]

    ㉹ 병렬운전이 불가능한 결선은 2차 측 전압의 각변위가 달라지므로 전위차에 의한 순환전류가 발생하여 △-Y와 Y-Y 결선의 병렬운전이 불가하게 된다.

  ② △-Y와 △-Y 결선의 병렬운전 가능 이유 : 병렬운전이 가능한 결선은 2차 측 전압의 각변위가 동일하므로 전위차에 의한 순환전류가 발생하지 않아 △-Y와 △-Y 결선의 병렬운전은 가능하게 된다.

3. 3상 변압기의 병렬운전을 위한 결선 조합

  ① 단상 변압기는 병렬운전 시 위상은 동상 또는 2π의 위상차 두 가지로 매우 간단하다.

  ② 3상의 경우는 단자전압이 동상이라도 1상의 전압이 Y결선과 △결선에서도 30도 위상차가 있다.

  ③ 3상의 경우 상 간에는 각각 120도만큼 위상차가 있기에 병렬운전 시 결선에 주의해야 한다.

  ④ 만일 위상이 틀리면 그 위상차만큼 국부순환전류가 흘러 변압기에 악영향을 준다.

  ⑤ 표와 같은 위상변위를 가지고 있어야 하며 그림과 상세 설명은 아래와 같다.

‖3상 변압기의 결선 조합‖

번호	각변위/ 벡터군 기호	전압 벡터도		기호도	
		고압	저압	고압	저압
1	Yy0 0도	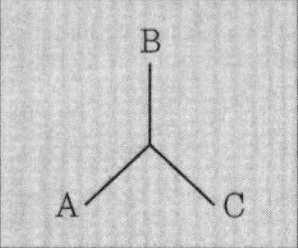	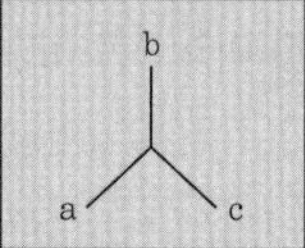	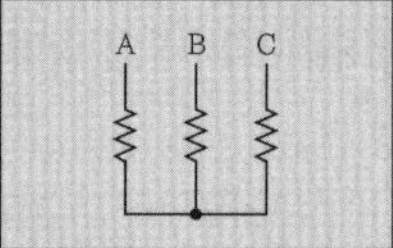	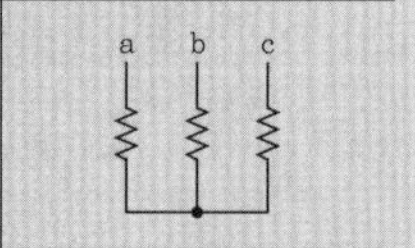
2	Dd0 0도	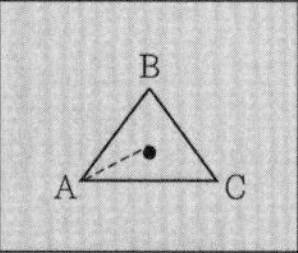	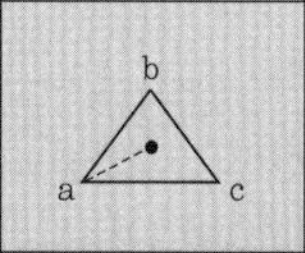	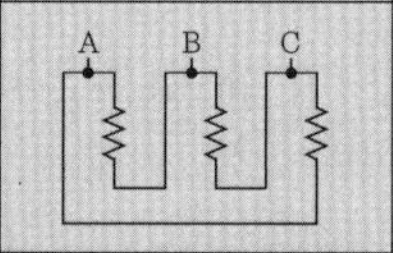	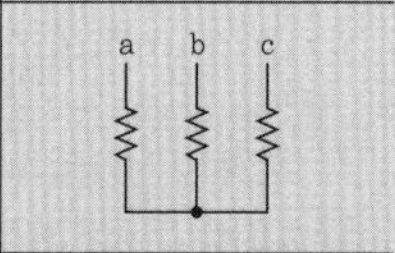
3	Dy11 (+30도) 30도 진상	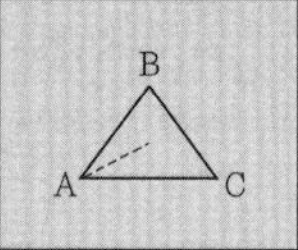	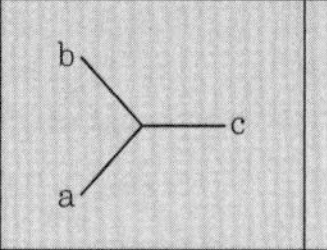	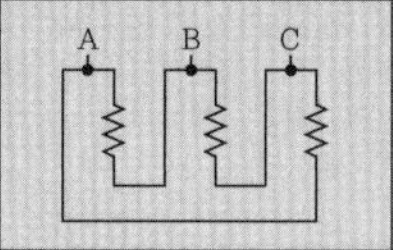	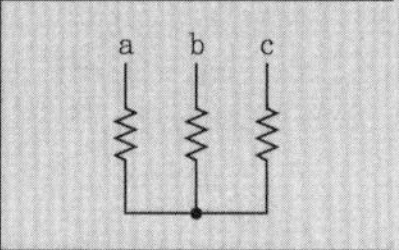
4	Yd11 (+30도) 30도 진상	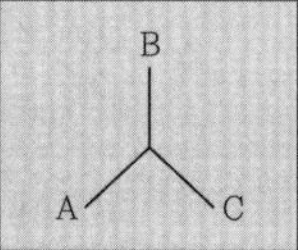	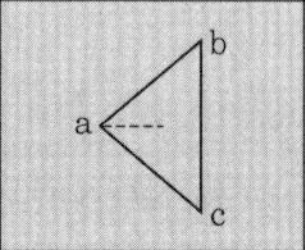	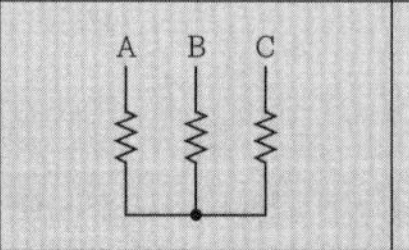	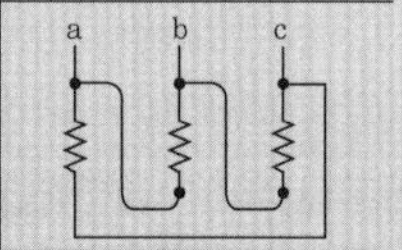
5	Yd1 (−30도) 30도 지상	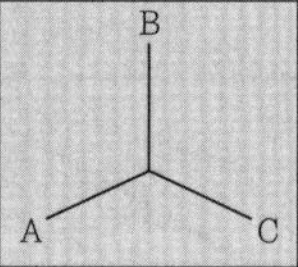	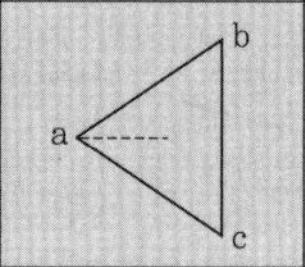	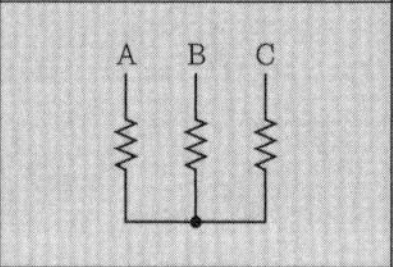	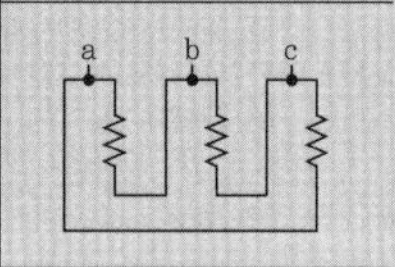
6	Dy1 (−30도) 30도 지상	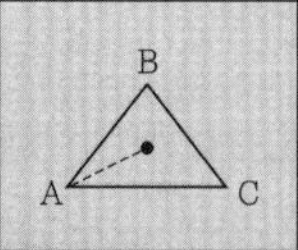	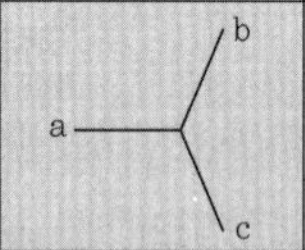	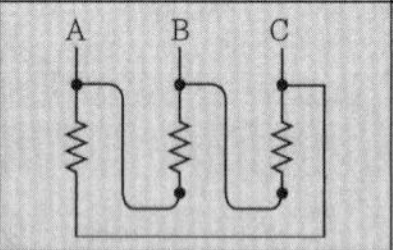	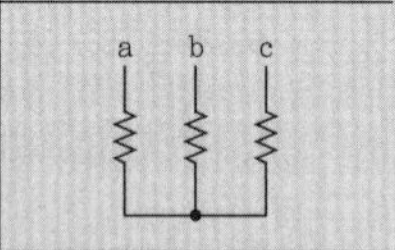
7	Yy6* 180도	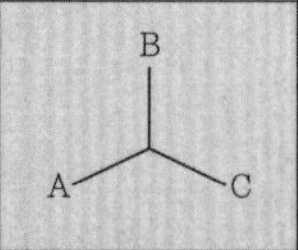	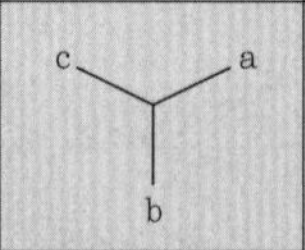	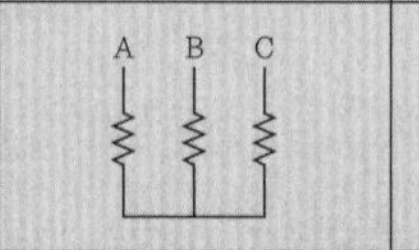	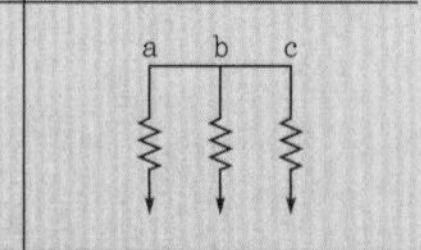
8	Dd6* 180도	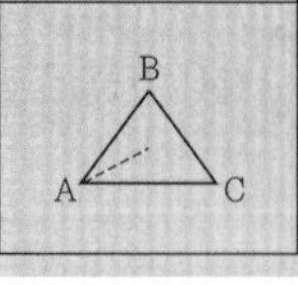	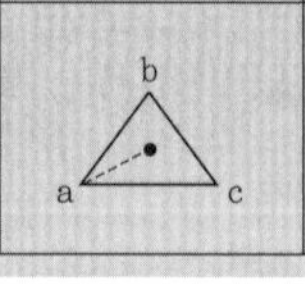	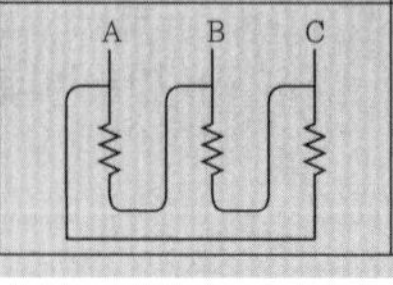	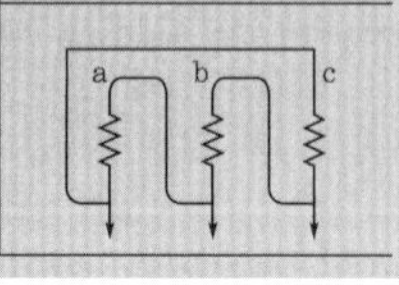

번호	각변위/ 벡터군 기호	전압 벡터도		기호도	
		고압	저압	고압	저압
9	150도				
10	210도				

㉠ 위 표의 2와 8은 둘 다 △-△ 결선이나, 2의 경우는 각변위가 0°, 8의 경우는 180°이고 이것을 조합하여도 2차에서 동위상의 전압이 안 되어서 양자의 병렬운전은 불가하다.

㉡ Y-Y 결선에서도 1과 7은 병렬운전이 안 된다.

㉢ 병렬운전 가능 결선과 결선 불가의 결선의 조합은 '문제 029의 2. 표'와 같다.

㉣ 병렬운전이 가능한 결선에서는 각변위가 서로 같아서 병렬운전이 된다.

㉤ 위 그림에서 △-Y의 각변위는 330°, Y-△ 결선의 각변위는 210°이다. 이 경우는 아래 그림과 같은 위상관계가 되므로 각 2차 측을 $a_1 - b_2$, $b_1 - c_2$, $c_1 - a_2$로 연결하여 병렬운전할 수 있다.

㉥ a_2, b_2, c_2의 관계위치를 그대로 두고, 120도 늦게 할 수 있으므로 아래 그림 (b)의 각변위는 210° + 120° = 330°가 되고, 아래 그림 (a)와 같은 각변위가 되어 병렬운전할 수 있다.

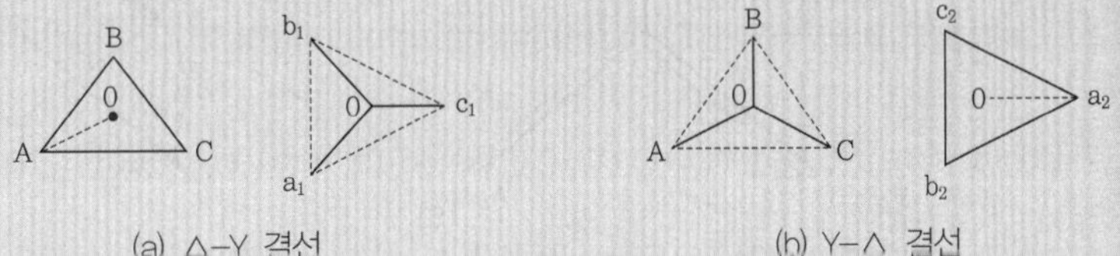

▌ △-Y 결선과 Y-△ 결선 병렬회로의 Vector 선도 ▌

㉦ 이상의 내용을 요약하면 아래 표와 같이 병렬운전 가능 결선과 불가능 결선을 나타낼 수 있다.

comment 문제 031의 '1.'의 표 안의 병렬운전 가능 결선표와 동일하다.

033 전력용 변압기 2대의 병렬운전에 대하여 다음을 설명하시오.

1. 변압기 병렬운전의 조건
2. 변압기 병렬운전 가능 및 불가능 결선방법과 그 이유
3. 변압기 병렬운전 시 부하분담률

data 발송배전기술사 23-130-1-10 / 발송배전기술사, 건축전기설비기술사, 전기안전기술사, 전기응용기술사 출제예상문제

답안 1. 변압기의 병렬운전 조건

* Chapter 01 - 문제 029의 답안 '1.' 내용을 참조한다.

2. 변압기 병렬운전 가능 및 불가능 결선방법과 그 이유

(1) 변압기의 병렬운전 결선조합과 변압기의 병렬운전 불가능 결선조합

병렬 가능 결선	병렬 불가능 결선
△ − △ 와 Y − Y	△ − △ 와 Y − △
Y − △ 와 △ − Y	Y − Y 와 Y − △
△ − Y 와 Y − △	△ − △ 와 △ − Y

(2) 불가능 결선의 이유

각변위 차이로 인한 순환전류 발생

① 각변위가 다를 경우 : 위상차로 순환전류가 흘러 과열[$E_a - E_b = E_{ab}$의 전압차 (E_{ab}) 발생에 의해 순환전류가 흐름]

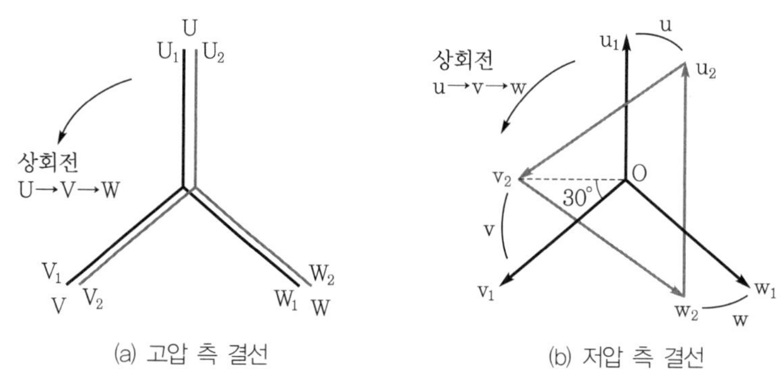

▌Y−Y와 Y−△의 병렬운전 Vector ▌

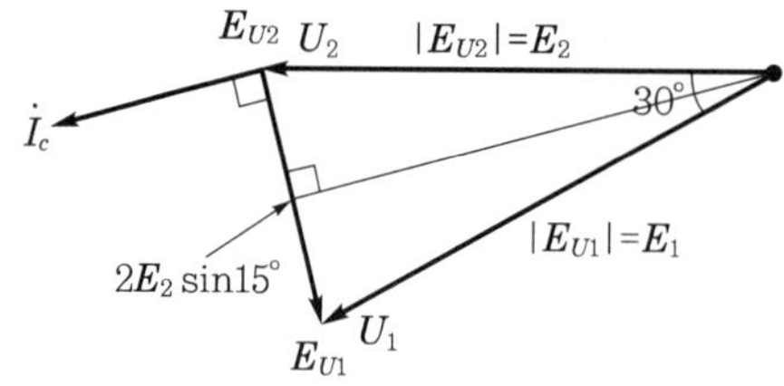

▌각변위 붕괴 Vector ▌

② 위상차에 따른 현상

   ㉠ A · B 변압기의 2차 전위차는 상전압에 해당된다.

   ㉡ 따라서, 이 경우는 상전압으로 단락된 것과 동일하다.

   ㉢ 단락 발생 시 과대한 전류가 흘러 변압기가 소손될 수 있다.

   ㉣ 결과적으로 각변위가 다른 경우 병렬운전을 할 수 없다.

3. 변압기 병렬운전 시 부하분담률

(1) $\%Z$가 다른 변압기를 병렬운전 시의 부하분담(1000kVA 부하의 예로 설명)

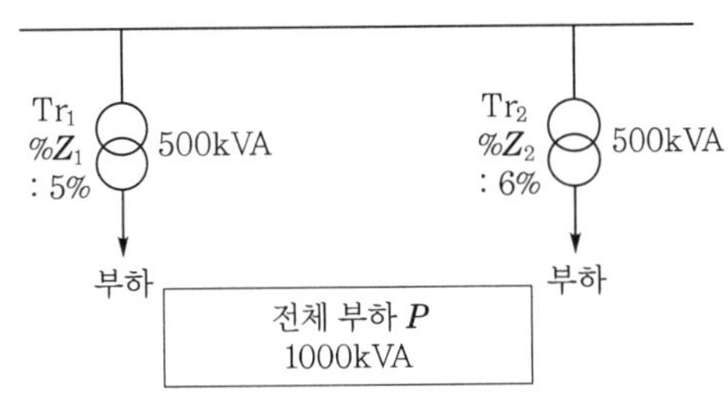

① Tr₁의 부하분담 P_a와 Tr₂의 부하분담 P_b

$$P_a = \frac{Z_b}{Z_a + Z_b} \times P_L = \frac{6}{5+6} \times 1000 = 545.5\,\text{kVA}$$

$$P_b = 1000 - 545.5 = 454.5\,\text{kVA}$$

② 임피던스 전압($= \%Z$)이 작은 변압기 Tr₁의 부하분담이 증가한다.

③ 부하분담이 정격 이상이 될 경우로서, 병렬운전이 불가하다.

(2) $\%Z$가 다른 경우의 부하제한

① 병렬운전 시 $\%Z$가 작은 변압기에 과부하가 발생되어 부하제한이 필요하다.

② 500kVA($\%Z = 5\%$), 500kVA($\%Z = 6\%$)인 경우, $\%Z$가 낮은 Tr에 545.5kVA 의 과부하가 발생한다.

③ 과부하 방지 부하제한 수식

㉠ 최대 부하 $P_{\max} = \%Z_{\min} \times \left(\dfrac{P_1}{\%Z_1} + \dfrac{P_2}{\%Z_2} \right)$

㉡ 부하 1000kVA, $\%Z = 5\%$인 500kVA의 Tr과 $\%Z = 6$인 500kVA Tr이 병렬운전 시 예

$$P_{\max} = \%Z_{\min} \times \left(\frac{P_1}{\%Z_1} + \frac{P_2}{\%Z_2} \right) = 5\% \times \left(\frac{500}{5\%} + \frac{500}{6\%} \right) = 916.7\,\text{kVA}$$

(3) 결론적으로 변압기 병렬운전 시 부하분담률은 %임피던스가 작은 변압기 부하가 더 많이 안분되어 과부하 현상이 발생한다.

034 변압기의 병렬운전에 대하여 다음 사항을 설명하시오.

1. 병렬운전 조건
2. 병렬운전 조건이 다를 경우의 문제점
3. 병렬운전 시 고려사항

(data) 발송배전기술사 24-132-4-1 / 발송배전기술사, 건축전기설비기술사, 전기안전기술사, 전기응용
기술사 출제예상문제

답안

1. 변압기의 병렬운전 조건

* Chapter 01 – 문제 031의 답안 '1.' 내용을 참조한다.

2. 병렬운전 조건이 다를 경우의 문제점

* Chapter 01 – 문제 031의 답안 '2.' 내용을 참조한다.

3. 변압기 병렬운전 시 고려사항

(1) 위의 변압기 병렬운전 조건을 준수한다.

(2) 변압기 Bank의 임피던스 저하로 인한 단락전류 증가와 차단기 용량 증가를 고려
할 것

① 병렬운전이므로 %임피던스 감소가 있어 단락전류의 증가로 이어지므로 차단
기의 단락용량 증가를 반드시 검토할 것$\left(I_s = \dfrac{100}{\%Z} \times I_n \text{에서 \%임피던스 감소로}\right.$

인한 단락용량 $P_S = \sqrt{3}\,VI_S$는 증가$\Big)$

② 단락고장 시 차단기 2차 측 직렬기기의 큰 충격을 방지하도록 여유 있는 차단
기 용량을 설치할 것

(3) 변압기 Bank의 임피던스 저하로 인한 전압 변동률이 감소한다.

(4) 여자돌입전류의 영향

재가압 시 영향을 고려한 보호계전장치 및 순간적인 모선 전압강하를 고려할 것

(5) 캐스케이딩 현상에 대비한 신속한 고장구간의 분리가 필요하다.

(6) 보호계전

고장 변압기만 선택 차단, 정격전류 변화에 다른 보호계전기 정정

(7) 변압기 교체 시

교체되는 변압기에 안분된 부하를 교체되지 않은 변압기로 부하이동이 되어야
하므로 이에 대비한 변압기 용량을 선정하여야 한다.

SECTION 05 변압기 특성

035 변압기 임피던스 전압(impedance voltage)에 대하여 다음 사항을 설명하시오.
1. 퍼센트(%) 임피던스
2. 임피던스 전압
3. 퍼센트(%) 임피던스 전압
4. 임피던스 전압이 변압기에 미치는 영향의 종류
5. 임피던스 전압에 의한 변압기의 영향 그 대책

data 전기안전기술사 24-132-3-6 / 발송배전기술사, 건축전기설비기술사, 전기안전기술사, 전기응용 기술사 출제예상문제

답안

1. 퍼센트(%) 임피던스

(1) 정의

정격 전압, 정격 전류 및 정격 주파수에서 변압기 저항과 리액턴스에 의한 전압강하분과 회로의 정격 전압에 대한 백분율[%]

(2) 수식

$$\%Z = \frac{I_n Z}{E} \times 100 \, [\%]$$

2. 임피던스 전압(V_e)

(1) 정의

변압기 2차 측을 단락하여 1차 측에서 정격 주파수의 저전압을 인가하여 정격 전류를 흘려보냈을 때의 1차 측 전압(V_e)(변압기 내부에서의 전압강하 전압임)

$$V_e = I_{1n} \times Z \, [\text{V}]$$

여기서, I_{1n} : 1차 정격 전류

Z : 변압기 임피던스

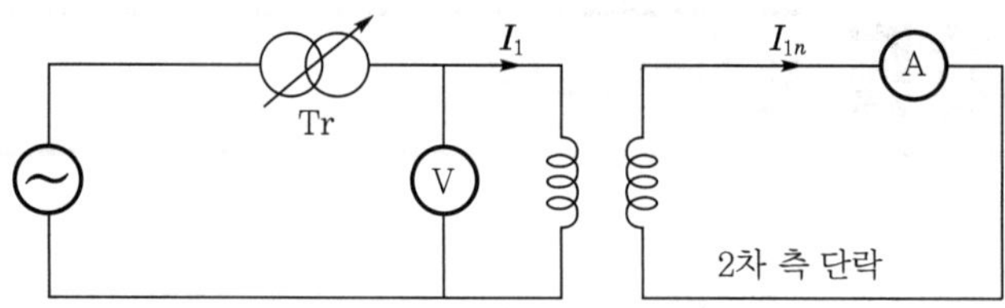

┃변압기 임피던스 전압 등가 회로도┃

(2) 변압기의 임피던스는 누설자속에 의한 리액턴스분과 권선저항에 의한 저항분이 있으며 이러한 임피던스는 변압기 내부 전압강하를 발생시키는 전압을 말한다.

(3) 1차 전류로 인한 전압강하

① $IR = I_1(r_1 + a^2 r_2)$

여기서, a : 변압비, r_1, r_2 : 변압기 1차·2차 측 저항

② $IX = I_1(x_1 + a^2 x_2)$

여기서, x_1, x_2 : 변압기 1차·2차 측 리액턴스

(4) 임피던스 전압과 %Impedance 관계

① 임피던스 전압강하분이 정격 전압의 몇 %인가를 나타낸 것을 %Impedance라 한다.

$$\%Z = \frac{Z[\Omega] \cdot I_n[A]}{V_n[V]} \times 100[\%] = \frac{P \cdot Z}{10\,V^2}[\%]$$

여기서, Z : 임피던스[Ω], I_n : 정격 전류[A]

V_n : 정격 상전압[kV], P : 변압기 용량[kVA]

V : 정격 선간전압[kV]

② 변압기의 2차 권선을 단락시키고 1차 권선에 저전압을 인가하여 정격 2차 전류(I_{2n}) 가 흐르는 경우 정격 1차 전압(V_{1n})에 대한 임피던스 전압(V_s)의 백분율 비

$$\%Z = \frac{V_S}{V_{1n}} \times 100[\%]$$

여기서, V_S : 전압계에 지시된 임피던스 전압

3. 퍼센트(%) 임피던스 전압

(1) 정의

임피던스 전압을 권선의 정격 전압 단위값 또는 퍼센트로 나타낸 전압이다.

(2) 수식

① $\% IR = \dfrac{IR}{V_1} \times 100\,[\%] = \dfrac{I_1(r_1 + a^2 r_2)}{V_1} \times 100\,[\%]$

② $\% IX = \dfrac{IX}{V_1} \times 100\,[\%] = \dfrac{I_1(x_1 + a^2 x_2)}{V_1} \times 100\,[\%]$

③ %임피던스 전압 : $\% IZ = \sqrt{(\% IR)^2 + (\% IX)^2}$

4. 임피던스 전압이 변압기에 미치는 영향의 종류

(1) 영향

변압기 내의 전압강하로 인해 다음 영향의 종류가 나타난다.

① 손실 증대

② 발열 증대

③ 효율 저하

④ 수명 감소

(2) 종류 : 임피던스 와트(전부하 동손)

$$P_s = (r_1 + a^2 r_2)\, I_{1n}^{\,2}\,[\text{W}]$$

5. 임피던스 전압에 의한 변압기의 영향 및 대책

(1) 전압 변동률의 영향

① 개념

ㄱ) $\% Z$가 크면 변압기의 내부 임피던스가 증가하므로 변압기의 진압 변동률은 증가한다.

ㄴ) 전압 변동률(ε) : $\varepsilon = p\cos\theta + q\sin\theta\,[\%]$

$$\% Z = \sqrt{p^2 + q^2}$$

여기서, p : %저항 강하, q : %리액턴스 강하

ㄷ) 식에서 $\% Z$가 증가할 경우 ε도 커진다.

② 전압 저하 시 : 유효전력 손실의 증가, 송·변전설비의 전류 영향, 정태 안정도 저하에 의한 송전용량의 저하

③ 전압 상승 시 : 전력용 기기의 열화 촉진, 고조파의 발생, 기기의 절연파괴, 기기의 과전류에 의한 소손

④ 대책 : 전원 측 리액턴스의 감소, 전압의 조정, 무효전력의 보상

(2) 손실 및 무부하손과 부하손의 손실비

① 변압기의 내부 임피던스 증가 시 내부 손실 증가가 있으며 주로 동손 증가이다.

② 무부하손은 $\%Z$에 무관하나, 부하손은 $\%Z$에 비례하여 증가하므로, 무부하손과 부하손의 손실도 증가한다.

③ 전력계통에 설치되어 있는 전력기기의 손실에 영향을 준다.

④ 대책 : 역률 개선, 고조파 저감으로 부하손 감소

(3) 계통 고장용량의 영향

① 단락전류 : $I_s = \dfrac{100}{\%Z} \times I_n\,[\text{A}]$

② 전력계통의 차단기 용량 : $P_S = \dfrac{100}{\%Z} \times P_n\,[\text{MVA}]$

③ $\%Z$를 증대시키면 차단기 용량은 감소된다(실제 대규모 공장 적용).

④ 대책 : 변압기의 임피던스 전압은 전압 변동률을 작게 하기 위해서는 낮은 편이 좋지만, 계통의 단락용량면에서는 높은 편이 차단기 용량 산정 및 절연협조에 좋다.

(4) 변압기의 병렬운전

① 사유 : 조건 성립이 안 되어 %Impedance 전압이 다르면 변압기 용량에 비례한 분담을 하지 않고 임피던스 전압이 낮은 쪽이 과부하로 소손이 발생한다.

② 병렬운전 시 부하분담은 변압기의 임피던스에 반비례하며, 이를 해석하면 다음과 같다.

$$P_A = P_L \times \frac{Z_2{}'}{Z_1 + Z_2{}'} = P_L \times \frac{Z_2(P_1/P_2)}{Z_1 + Z_2(P_1/P_2)} = \frac{Z_2 P_1}{Z_1 P_2 + Z_2 P_1} \times P_L\,[\text{kVA}]$$

$$P_B = P_L - P_A = \frac{Z_1 P_2}{Z_1 P_2 + Z_2 P_1} \times P_L\,[\text{kVA}]$$

③ 동일 용량에서는 %임피던스가 낮은 쪽의 Tr에 과부하가 발생한다.

㉠ Tr₁ 부하분담 : $P_A = \dfrac{\%Z_2}{\%Z_1 + \%Z_2} \times P_L\,[\text{MVA}]\ \text{or}\ [\text{kVA}]$

㉡ Tr₂ 부하분담 : $P_B = \dfrac{\%Z_1}{\%Z_1 + \%Z_2} \times P_L\,[\text{MVA}]\ \text{or}\ [\text{kVA}]$

㉢ $\%Z_2 > \%Z_1$이면 $P_A > P_B$가 되어 Tr₁에 과부하가 발생한다.

④ %R과 %X비가 다른 경우 : 역률 각 차에 의해 변압기 간 다음 벡터도와 같이 순환전류 발생으로 변압기의 전력손실이 증가한다.

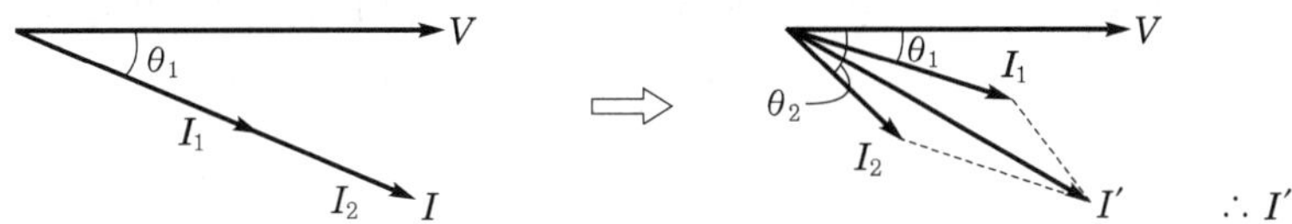

⑤ 대책 : 과부하 운전을 방지하기 위한 부하 제한, 임피던스 전압차를 10% 이내로 한다.

(5) 고장 시 권선에 작용하는 전자기계력에 대한 영향

① %Z 전압이 증가하면 단락용량(차단기 용량)은 감소한다.

② 따라서, 고장전류 축소로 권선에 미치는 전자력도 감소된다.

$$F = K \times 2.04 \times 10^{-8} \times \frac{I_m^2}{D} \, [\text{kg/m}]$$

여기서, F : 도체에 작용하는 힘, I_m : 전류 파고값

D : 도체 간격[m]

③ 권선 간, 권선과 철심 간 전자기계력에 의한 기계적 변형이나 파괴

④ 대책 : 임피던스가 큰 변압기를 사용한다.

036 %임피던스 전압이 변압기 특성에 미치는 영향에 대하여 설명하시오.

data 전기응용기술사 22-128-4-1 / 발송배전기술사, 건축전기설비기술사, 전기안전기술사, 전기응용기술사 출제예상문제

답안

1. 백분율 임피던스 전압강하(percent impedance voltage drop)

(1) 변압기의 임피던스는 누설자속에 의한 리액턴스분과 권선저항에 의한 저항분이 있다.

(2) 이 임피던스는 변압기 내부 전압강하를 생기게 하는데 이것을 임피던스 전압이라고 한다.

(3) 임피던스 전압 측정

① 변압기의 한쪽 권선을 단락시키고 단락한 권선에 정격전류가 흐를 때까지 다른 권선에 전압을 인가하는데, 이때의 전압이 임피던스 전압이다.

② 그 권선의 정격전압에 대한 비율을 백분율 임피던스 전압강하(%impedance voltage drop) 또는 백분율 임피던스라고 부른다.

(4) 단락하지 않은 권선에서의 입력은 임피던스 Watt라고 하고 값은 전부하 시의 동손과 같다.

(5) %임피던스 전압강하

$$Z_{pc} = \frac{V_e}{V_{1n}} \times 100 = \frac{I_{1n} Z_e}{V_{1n}} \times 100 \, [\%] \quad \cdots\cdots \text{식 1)}$$

이를 저항 성분과 리액턴스 성분으로 나누어 표현하면 다음과 같다.

① %저항 전압강하

$$r_{pc} = \frac{P_c}{I_{1n} \times V_{1n}} \times 100 = \frac{I_{1n}(R_1 + R_2{}')}{V_{1n}} \times 100 \, [\%] \quad \cdots\cdots \text{식 2)}$$

② %리액턴스 전압강하

$$x_{pc} = \frac{I_{1n}(X_1 + X_2{}')}{V_{1n}} \times 100 \, [\%] \quad \cdots\cdots \text{식 3)}$$

(6) 1차 단락전류와 1차 정격전류와의 비는 $\dfrac{I_{1s}}{I_{1n}} = \dfrac{100}{Z}$ 으로 표시한다.

(7) 일반적으로 전력용 변압기에서는 $X \gg R$ 이므로 근사적으로 $Z \fallingdotseq X$ 이다. 즉, $\% Z_{pc} = X_{pc}$ 로 간주하여도 무방하다.

2. 임피던스 전압(V_e)

* Chapter 01 - 문제 035의 답안 '2.' 내용을 참조한다.

3. 변압기 임피던스 전압과 %임피던스의 관계

(1) 임피던스 전압과 %Impedance의 관계

① 임피던스 전압강하분이 정격 전압의 몇 %인가를 나타낸 것을 %Impedance라 한다.

$$\% Z = \frac{Z[\Omega] \cdot I_n[\text{A}]}{V_n[\text{V}]} \times 100 \, [\%] = \frac{P \cdot Z}{10 \, V^2} \, [\%]$$

여기서, Z : 임피던스[Ω], I_n : 정격 전류[A]

$$V_n : 정격\ 상전압[kV],\quad P : 변압기\ 용량[kVA]$$
$$V : 정격\ 선간전압[kV]$$

② 변압기의 2차 권선을 단락시키고 1차 권선에 저전압을 인가하여 정격 2차 전류(I_{2n})가 흐르는 경우 정격 1차 전압(V_{1n})에 대한 임피던스 전압(V_s)의 백분율 비

$$\%Z = \frac{V_S}{V_{1n}} \times 100\,[\%]$$

여기서, V_S : 전압계에 지시된 임피던스 전압

(2) %임피던스와 변압기 고장 시 단락전류

$$I_S = \frac{100}{\%Z}\,I_n$$

여기서, I_n : 정격전류, $I_n = \dfrac{P_n}{\sqrt{3}\,V_n \cos\theta}$

$\quad\quad\quad\ P_n$: 변압기 정격용량[kVA], V_n : 정격전압[kV]

$\quad\quad\quad\ \cos\theta$: 역률

(3) %임피던스와 전압 변동률

① 변압기에 부하를 걸면 단자전압이 변화하는데 이것은 일정 변압기에서 부하의 역률에 따라 다르며 일정 역률에서의 전압 변동률은 다음과 같이 표시한다.

$$전압\ 변동률\ \varepsilon = \frac{V_{20} - V_2}{V_2} \times 100\,[\%]$$

여기서, V_{20} : 무부하 2차 단자전압, V_2 : 2차 정격전압

② 보통 전력용 변압기의 부하역률은 1이 아니고 이때의 전압 변동률은 변압기 임피던스에 의한 전압강하에 의하여 결정되며 이를 간략식으로 표시하면 아래와 같다.

$$\varepsilon \fallingdotseq r_p \cos\theta + x_p \sin\theta$$

여기서, r_p : %저항 전압강하[%]

$\quad\quad\quad\ x_q$: %리액턴스 전압강하[%]

㉠ 진상 저역률 시 전압 변동률이 음의 값이 되어 단자전압이 무부하 시 전압보다 더 높아질 수 있음을 의미한다.

ⓛ 백분율 저항 강하 : $r_p = \dfrac{r_1 I_1}{V_1} \times 100 \, [\%]$

ⓒ 백분율 리액턴스 강하 : $x_q = \dfrac{x_1 I_1}{V_1} \times 100 \, [\%]$

③ 역률이 1인 경우 $\cos\theta = 1$, $\sin\theta = 0$이므로 $\varepsilon \fallingdotseq V_r$

　　즉, 전압 변동률은 동손의 정격용량에 대한 비율에 근사한 값이 된다.

④ %Z와의 관계

$$\varepsilon_m = \sqrt{p^2 + q^2} = \%Z$$

여기서, %Z : 전압 변동률의 최댓값

4. 변압기 임피던스 전압이 전기설비에 미치는 영향

(1) ~ (5)

　　* Chapter 01 – 문제 035의 답안 '5.' 내용을 참조한다.

(6) %Z 대소(大小)의 비교

%Z가 클 때	%Z가 작을 때
고장전류가 작아진다. $I_s = \dfrac{100}{\%Z} \times I_n$	고장비가 커져서 전기자 반작용이 감소한다.
차단기의 동작책무가 감소하고 차단기의 용량이 감소한다. $P_S = \dfrac{100}{\%Z} \times P_n$	안정도가 증가한다. $P = \dfrac{V_s V_r}{x} \sin\theta$
전압 변동률이 커지고 동손이 증가한다.	철손 및 기계손이 증가하고, 가격이 상승한다.
동손이 많고 중량 가벼운 경향, 동기계	동손이 적고 중량 무거운 경향, 철기계
단락비가 작다. $scr = \dfrac{1}{Z[\mathrm{pu}]}$	단락비가 크다.
전압 변동률이 커지고 안정도가 감소한다.	부하손은 감소하지만 중량이 무거워진다.
병렬운전 시 부하분담 감소	병렬운전 시 부하분담 증가
경제성 유리	임피던스 전압이 작을수록 단락용량 증대 → 차단기 용량 大 → 경제적 불리

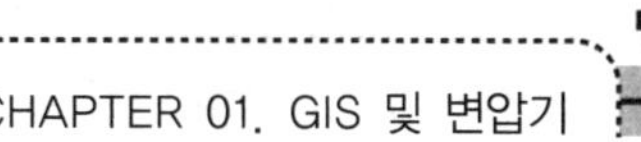

037 변압기 절연유의 성질에 대하여 설명하시오.

038 변압기 절연유의 구비조건 및 열화 원인에 대하여 설명하시오.

(data) 전기응용기술사 23-129-1-6·21-124-1-12 / 발송배전기술사, 건축전기설비기술사, 전기안전기술사, 전기응용기술사 출제예상문제

답안

1. 절연유의 기능

(1) 절연유는 유입 변압기에서 권선의 외기 접촉차단 및 고체 절연물을 보호한다.

(2) 권선의 발생열을 대류에 의해 방열하는 절연과 냉각

2. 제조

절연유는 정제한 양질의 광유를 탈수, 탈기하여 제조한다.

3. 절연유의 성질(구비조건)

(1) 절연내력이 커야 한다.

(2) 인화점이 높아야 한다.

(3) 응고점이 낮아야 한다.

(4) 점도가 낮아 유동성이 좋아야 한다.

(5) 화학적으로 안정성이 높아야 한다.

(6) 인체에 무해하고 독성이 없어야 한다.

4. 절연유의 종류

(1) 절연유의 분류

종류		주성분	적용
1종	1호	광유	유입 콘덴서, 유입 케이블에 사용
	2호		유입 차단기, 유입 변압기에 사용(66kV 미만)
	3호		춥지 않은 곳의 유입 변압기, 유입 차단기
	4호		유입 변압기(66kV 이상)
6종		실리콘유	주로 유입 변압기에 사용
7종	2호	광유 + 알킬 벤젠	유입 차단기, 유입 변압기에 사용(66kV 미만)
	3호		춥지 않은 곳의 유입 변압기, 유입 차단기
	4호		유입 변압기(66kV 이상)

(2) 광유(鑛油, mineral oil)의 특성

① 광유계 절연유는 석유의 분류(分溜, fraction)에서 비점(沸點)이 250 ~ 400℃ 정도의 수많은 혼합물을 정제하여 만든 것이다.

② 성분

㉠ 나프텐계 탄화수소, 파라핀계 탄화수소 및 방향족계 탄화수소 등이 있다.

㉡ 나프텐계 탄화수소 : 분자 속에 적어도 1개의 포화탄화수소 링(나프텐 링)을 지닌 화합물

(3) 합성유(synthetic oil)

① 합성유계 절연유는 화학적인 합성반응에 의하여 공업적으로 특성을 조절한 것이다.

② 절연유 분류상 2종부터 6종까지 속하고, 염소화페닐계(PCB), 실리콘계, 에스테르계, 알킬계 등이 있다[염소화페닐계(PCB)의 사용은 전면 중단(발암물질)].

③ 요구되는 특수한 조건에 맞추어 널리 사용 중이다.

④ 합성유의 총칭을 아스카렐(askarel)이라고도 한다.

5. 변압기 기름의 열화 원인

(1) 변압기 내의 온도 변화에 따른 절연유의 수축, 팽창으로 공기의 침입이 발생하여 절연유와 공기가 화학반응하는 것을 호흡작용이라 하는데 이로 인해 공기 중의 수분을 흡수하고 산소와 반응하여 열화가 발생한다.

(2) 절연유가 열적 스트레스를 받는 경우 열화시간에 따라 절연내력이 감소 및 유전손실은 증가되어 다음과 같은 열화진행의 촉발원인으로 된다.

① 특히, 유전손실은 열화시간과 온도 상승에 크게 좌우된다.

② 절연지가 절연유 내에서 열적 스트레스를 받을 경우에는 열화시간에 따라 인장강도는 급격히 감소되고 유전손실과 유전율은 증가된다.

③ 유전율의 변화는 절연유와의 절연지의 계면에서 전압 스트레스와 불균일하게 되어 열화가 증가하면서 수명단축의 원인이 될 수 있다.

6. 운전 중인 변압기의 온도 상승 원인

(1) 과부하에 의한 온도 상승

(2) 부하의 불평형에 의한 온도 상승

(3) 절연유의 열화에 의한 온도 상승

(4) 단락, 이상전압의 내습에 의한 온도 상승

(5) 권선의 구조상 이상 발생 시

(6) 변압기실 환기량 부족

(7) 고조파의 원인에 위한 변압기의 동손 및 부하전류 증가로 줄 발생열이 증가한다.
과부하 외로 누설전류(고조파)로 인한 것이 온도 상승 원인의 대부분이다.

① 동손 증가율

$$\varepsilon_c = \left(\frac{w_{c2}}{w_{c1}} \right) \times 100\,[\%]$$

여기서, w_c : 고조파 유입 시의 동손

② 부하전류 증가율

$$K_p = \frac{I_e}{I_1}\,[\%]$$

여기서, I_e : 고조파 포함 실효치 전류

③ **영향** : 변압기 동손 증가로 전력 손실 및 온도 상승, 용량 감소 초래
④ 고조파 전류에 의해 히스테리시스 손실 및 와전류 손실이 증가함
⑤ 철손 증가로 절연유 및 권선의 온도 상승 초래
⑥ 변압기의 권선온도 상승

$$\Delta\theta_0 = \Delta\theta_1 \times \left(\frac{I_e}{I_1} \right)^{1.6}$$

⑦ 변압기 과열 및 이상소음 발생 등

7. 변압기 절연유 열화에 대한 대책

(1) 변압기 수분관리 철저

(2) 콘서베이터 유지·보수 관리 철저

(3) 온라인으로 변압기 유중가스를 진단하는 유중가스 분석법의 적용 확대

> **comment** • 문제 037의 변압기 절연유의 성질에 대한 설명은 답안 '1·2·3·4'를 기술한다.
> • 문제 038의 변압기 절연유의 구비조건 및 열화 원인에 대한 설명은 답안 '1·2·3+
> 5·6·7'을 기술한다.

039 운전 중인 변압기의 온도 상승 원인, 절연유 구비조건, 변압기 냉각방식에 대하여 설명하시오.

040 변압기의 냉각방식(IEC에 의한 방식)에 대하여 설명하시오.

(data) 전기응용기술사 23-129-1-3 · 18-115-4-5 / 발송배전기술사, 건축전기설비기술사, 전기안전기술사, 전기응용기술사 출제예상문제

답안

1. 운전 중인 변압기의 온도 상승 원인

* Chapter 01 – 문제 038의 답안 '6.' 내용을 참조한다.

2. 절연유의 구비조건

(1) 절연내력이 높은 것

변압기유는 공기의 약 5배의 절연내력을 가지고 있으나 수분이 조금만 들어있어도 현저히 절연내력은 저하한다.

(2) 화학적으로 안정적일 것

① 변압기의 구성재료인 철, 동, 절연물 등이 변질되지 않아야 한다.

② 고온에서 사출물(析出物)이 산화하지 않을 것

(3) 인화점이 높을 것

(4) 응고점이 낮을 것

(5) 증발량이 적을 것

(6) 냉각작용이 양호할 것

비열, 열전도도가 높고 점도가 작으며 유동성이 좋을 것

3. 변압기 냉각방식

(1) 건식

① 건식 자냉식 : 일반적으로 소용량의 변압기에 한해서 사용된다.

② 건식 풍냉식 : 권선 하부에 풍도를 마련하여 송풍기로 바람을 불어넣어 방열효과를 향상시키는 것으로, 500kVA 이상의 경우에 채용하면 경제적이다.

(2) 유입식

① 유입 자냉식

㉠ 보수가 간단하여 가장 널리 쓰인다.

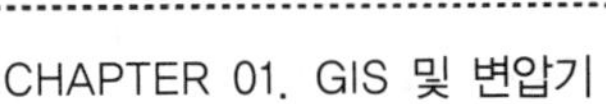

  ⓛ 권선철심의 발생열은 대류에 의해 우선 기름에 전해지고 다시 탱크 벽에 전달되어 탱크 벽 외측 표면에서 방사와 공기의 대류에 의해 방열된다.

  ⓒ 30 ~ 60MVA 이상의 대용량에서는 소요 방열기수가 많아지므로 자냉식보다도 강제 냉각방식이 일반적으로 유리하다.

② 유입 풍냉식

  ⓐ 유입 자냉식의 방열기에 송풍기로 바람을 보내어 방열효과를 증가시킨 것이다.

  ⓛ 부하율이 낮은 변압기에서는 피크부하일 때만 송풍기를 운전하고 부하가 감소했을 때에는 송풍기를 멈추어 자냉식으로서 운전할 수도 있다.

  ⓒ 기설 자냉식 변압기에 송풍기를 부착하여 풍냉식으로 개조하면 20 ~ 30% 정도의 용량 증가가 가능하다.

③ 유입 수냉식

  ⓐ 냉각수관을 탱크 상부의 내벽을 따라 배치하고 펌프로 물을 순환시켜서 기름을 냉각하는 방식이다.

  ⓛ 냉각수의 질이 좋지 못하면 물때가 끼거나 수관이 부식되어 보수하기가 어렵다.

④ 송유 자냉식

  ⓐ 방열기 탱크를 따로 두고 본체 탱크와의 접속관로 도중에 송유펌프를 설치하여 기름을 강제적으로 순환시키는 방식이다.

  ⓛ 소음 또는 오손방지 때문에 변압기 본체는 옥내에 설치하고 방열기 탱크는 옥외에 설치하는 경우에 쓰인다.

⑤ 송유 풍냉식 : 송유 자냉식의 방열기 탱크에 송풍기를 설치한 것 등 각종 방식이 있는데 가장 널리 쓰이고 있는 것은 탱크 주위에 송유 풍냉식 유닛 쿨러를 설치하는 방식이다.

4. 냉각방식의 분류와 표기기호

변압기는 권선과 철심을 직접 냉각하는 매체와 이를 둘러싼 주위의 냉각매체(공기 또는 물)의 종류 및 순환방식에 따라 다음과 같이 분류하고 있다.

냉각방식	표시기호	권선·철심의 냉각매체		주위의 냉각매체	
		종류	순환방식	종류	순환방식
건식 자냉식	AN	공기	자연	공기	자연
건식 풍냉식	AF	공기	강제	공기	강제
건식 밀폐 자냉식	ANAN	공기(가스)	자연	공기(가스)	자연

냉각방식	표시기호	권선·철심의 냉각매체		주위의 냉각매체	
		종류	순환방식	종류	순환방식
유입 자냉식	ONAN	기름	자연	공기	자연
유입 풍냉식	ONAF	기름	자연	공기	강제
유입 수냉식	ONWF	기름	자연	냉각수	강제
송유 자냉식	OFAN	기름	강제	공기	자연
송유 풍냉식	OFAF	기름	강제	공기	강제
송유 수냉식	OFWF	기름	강제	냉각수	강제

041 전력계통에서 철심 포화현상으로 발생하는 공진현상, 공진 종류, 공진 조건 및 대책을 각각 설명하시오.

(data) 발송배전기술사 20-122-4-3 / 발송배전기술사, 건축전기설비기술사, 전기안전기술사, 전기응용 기술사 출제예상문제

답안

1. 철공진(ferro-resonance)의 개요

수·배전 계통의 변압기나 PT 등의 리액터가 어떤 원인으로 인해 포화되어 계통의 정전용량과 공진을 일으키게 되면 이상전압이 발생할 수 있는데 이를 철공진이라 한다.

2. 공진현상

L은 철심 리액터이고 직렬 콘덴서에 취부할 경우에 나타나는 현상이다.

(1) 전류 증가 시 소자의 임피던스에 따라 각 소자의 전압이 증가한다.

$$V_R = RI, \quad V_L = X_L I, \quad V_C = X_C I$$

$$\dot{V} = \dot{V}_R + \dot{V}_L + \dot{V}_C$$

$+V_{R-}$ $+V_{L-}$ $+V_{C-}$

(2) 철심포화의 원인

① 선로 단선, 차단기 비동기 투입, 퓨즈 용단, 결상 등으로 계통이 단선상태가 되면 철심에 인가되는 대지전압이 상승하여 철심이 포화하게 된다.

② 철심이 포화하게 되면 리액턴스가 급감하고 선로 대지 정전용량과 공진이 발생한다.

(3) 철심포화 시 단자전압의 변화

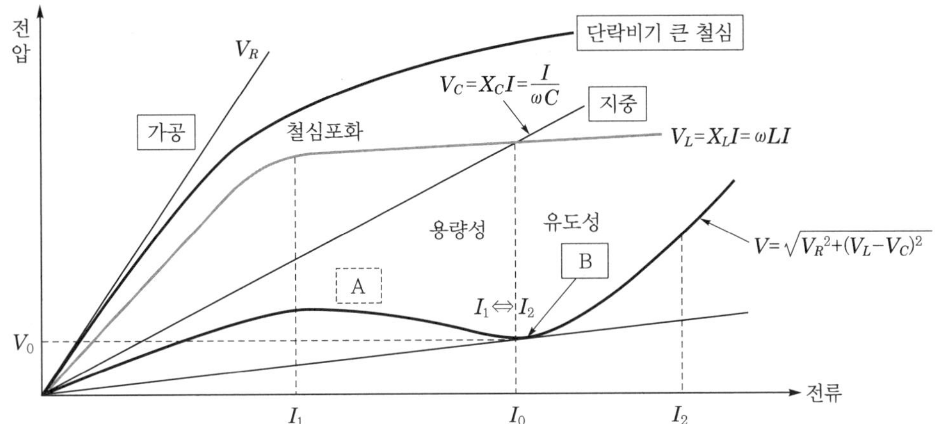

① A점 : 철심 포화 개시점까지 V 전압이 증가하나 포화점을 지나서는 오히려 감소한다.

② B점 : 공진점에서는 전압이 V_R로 줄었다가 공진점을 지나면 V_L로 포화되어 일정하고 V_C는 계속 증가하므로 그 차에 의해 V가 크게 증가하게 된다.

③ 돌입전류 폭증 발생 : 전류 I_1(충전전류 : 용량성)이 I_2(여자전류 : 유도성)로 즉시 바뀌는 돌입전류 폭증현상이 발생한다.

3. 철공진의 종류

(1) 기본파 철공진

① 발생 원인 : 선로 단선, 차단기 비동기 투입, 퓨즈 용단 등의 단선상태 시 변압기 여자 임피던스가 포화로 인하여 리액턴스가 급감하여 선로의 정전용량과 기본파 직렬 공진상태가 되어 이상전압이 발생할 수 있다.

② 대표사례 : B · C상 전압에 의한 A상 충전으로 인한 과전압 발생

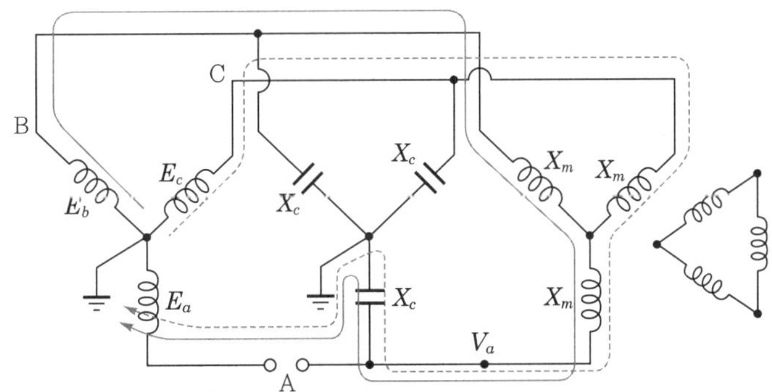

❙ a상 단선 시 B · C상 전압에 의한 A상 충전전류의 흐름 ❚

㉠ 등가회로

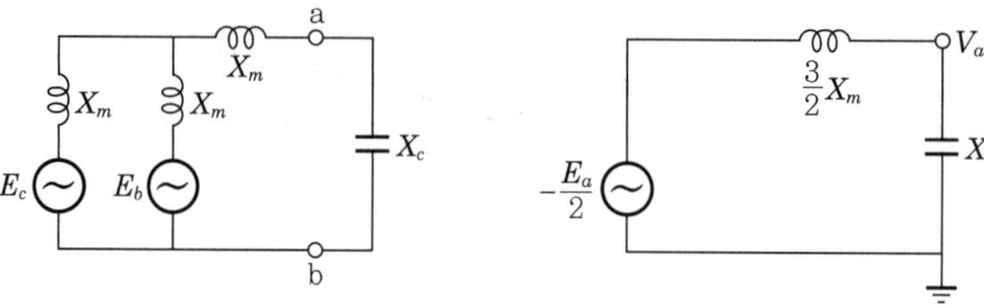

▌등가회로▐

㉡ 테브난의 정리, 밀만의 정리 이용

- $Z_{ab} = X_m + \dfrac{1}{2}X_m = \dfrac{3}{2}X_m$

- $V_{ab} = \dfrac{Y_b E_b + Y_c E_c}{Y_b + Y_c} = \dfrac{E_b + E_c}{2} = -\dfrac{E_a}{2}$

㉢ 밀만의 정리를 이용하여 전압을 구한다.

㉣ 대지에 인가되는 전압(X_c에 걸리는 전압, 즉 대회에 걸리는 전압)

$$V_a = \dfrac{-E_a}{2} \times \dfrac{-X_c}{\dfrac{3}{2}X_m - X_c} = \dfrac{X_c}{3X_m - 2X_c}E_a$$

식에서 분모가 0일 경우, 즉 $X_m = \dfrac{2}{3}X_c$가 되면 공진이 발생한다.

(2) 특수 철공진

① **발생 원인** : 차단기 투입 시나 1선 지락사고 제거 시 발생하는 고주파 전압 및 전류에 의해 철심 리액터가 포화하여 선로 정전용량과 공진을 이루어서 계통의 중성점 전위가 불안정하게 흔들리고 이상전압을 발생시키는 현상이다.

② **대표사례** : GPT

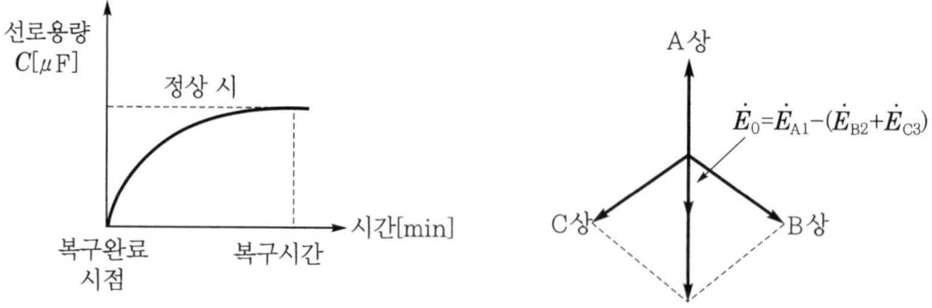

③ **특수 철공진의 중성점 불안정 현상 메커니즘**

㉠ A상 지락 후 복귀 시 A상의 대지 정전용량은 0에서 과도상태를 거쳐서 정상 상태로 가게 되는데 A상 정전용량의 과도현상으로 인해 다른 B·C상의 정전 용량이 일정하지 않기 때문에 중성점이 복잡한 과도진동을 발생시킨다.

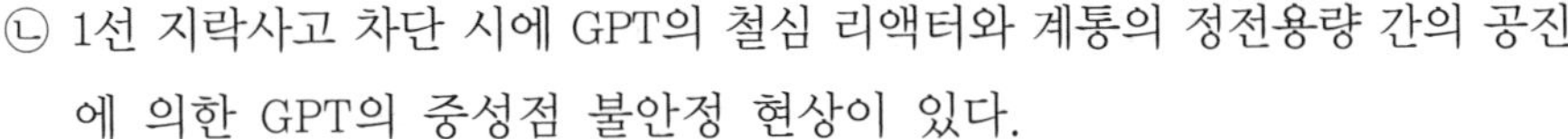

  ⓛ 1선 지락사고 차단 시에 GPT의 철심 리액터와 계통의 정전용량 간의 공진에 의한 GPT의 중성점 불안정 현상이 있다.

  ⓒ 차단기의 투입조건에 따라 GPT의 한 상이 1사이클이라도 먼저 가압되어 그 철심이 포화하면 그 상의 인덕턴스는 거의 $\dfrac{1}{5000}$ 정도로 감소한다.

  ⓔ 포화된 상에는 일방향의 큰 돌입전류가 흐르고 그 전류에 의해서 대지정전용량 $C_n = 3C_s$가 충전된다.

  ⓜ $C_n = 3C_s$의 충전에 따라서 전류는 감소하고 그 상의 포화는 해소된다.

  ⓗ 그런데 이번에는 다른 상이 대지 정전용량 $C_n = 3C_s$의 전압과 동상이 되어 다시 포화하는 과정을 되풀이하게 된다.

  ⓢ 보통은 이 과정을 통하여 중성점 전위는 차차 감쇠해 간다.

  ⓞ 그러나 경우에 따라서는 이 현상이 오래 지속되어 중성점 불안정 상태가 결국은 계통 전위를 2 ~ 3배 높이게 된다.

  ⓩ 이것은 계통전압, GPT 철심의 포화특성, 계통의 대지 정전용량과 GPT의 여자 리액턴스의 비에 따라 정해진다.

4. 철공진의 발생조건

(1) 철공진은 $L-C$ 공진의 기본적 조건이다.

 여기서, 리액터 L은 선로의 리액턴스와 변압기나 PT의 철심 리액턴스를 말한다.

 ① **가공선로** : 정상 상태라면 정전용량 C는 매우 작아서 $L-C$ 공진이 어렵다.

 ② 철심기기의 경우 철심이 포화하게 되면 충전용량과의 교점이 발생하여 공진이 발생한다.

 ③ 선로나 콘덴서의 경우 그 용량이 커지게 되면 충전전류가 증가하여 철심과 공진이 발생한다.

 ④ **지중선로**

  ㉠ 케이블 계통은 같은 길이의 가공선로에 비하여 C가 30 ~ 50배 정도 크다.

  ㉡ 용량성 리액턴스$\left(X_C = \dfrac{1}{\omega C}\right)$는 가공선로 전체 리액턴스의 2 ~ 3%이다.

  ㉢ 용량성 리액턴스가 작아져 충전전류가 커지게 되므로 공진발생 가능성이 증대된다.

$$I_C = \frac{E}{Z_C} = \frac{E}{\dfrac{1}{\omega C}} = \omega C E \text{에서 } C \text{가 커지면 } I_C \text{가 증가한다.}$$

㉣ 대규모 케이블 계통일수록 계통의 유도성 리액턴스 X_L과 용량성 리액턴스 X_C가 공진을 일으킬 가능성은 증대된다.

(2) 철공진이 주로 발생하는 개소

① PT 또는 변압기 용량이 작은 경우에 포화가 낮은 지점에서 발생하므로 철공진이 주로 발생한다. 전력용 변압기처럼 용량이 큰 경우에 비하여 PT 또는 변압기의 용량이 작은 경우에는 아주 작은 커패시턴스에도 $L-C$ 공진이 일어날 수 있기 때문에 철공진이 발생하기 쉽다.

② 계통전압이 높은 곳

　㉠ 전력회사의 배전계통이 25kV 또는 35kV 등의 높은 전압을 사용하거나 아니면 15kV 이상의 계통에서 지중 케이블을 사용하면서 철공진이 문제가 된다.

　㉡ 15kV 이상의 산업공장의 전력계통에서 콘덴서의 용량 증가로 충전전류가 증가한다.

③ 케이블 선로

　㉠ PT에 공급되는 회로 도체의 커패시턴스는 철공진 발생 가능성을 판단하는 데 있어서 가장 중요한 요소이다.

　㉡ 철공진은 변압기가 가공선로에 접속된 경우보다 지중 케이블 선로에 접속된 경우에 발생하기가 더 쉽다.

④ 비접지 1차 회로

　㉠ 접지된 1차 계통은 $L-C$ 회로에서 대지 정전용량 C가 단락된 상태이므로 철공진 발생 가능성이 아주 낮다.

　㉡ 비접지된 1차 계통은 대지 정전용량에 의해 접지되어 있어서 C가 단락상태이므로 철공진의 가능성이 크다.

　㉢ 특히 비접지 계통의 접지형 계기용 변압기(GPT)에서 1차 측 케이블 계통의 충전전류가 3차 측 접지 검출 계전기(59G)의 코일을 통하여 순환하므로 철공진의 가능성이 크다.

⑤ 경부하 운전 중인 변압기

　㉠ 철공진이 일단 발생한 경우 변압기회로의 손실에 의한 감쇠가 진동을 억제하지 못하면 철공진에 의한 진동은 지속될 수 있다.

　㉡ 철공진이 계속되는 동안 $L-C$ 회로를 구성하는 유도성 리액턴스와 용량성 리액턴스의 값은 거의 같다.

ⓒ 이 경우에 회로의 손실은 단지 1차 권선의 저항과 철심의 손실뿐이므로 이 정도의 작은 손실로는 제동효과가 충분치 않을 경우 철공진 발생이 쉽다.

5. 철공진의 대책

(1) 기본 개념

저항 R을 크게 하여 $R > X_L$, X_C이면 $L - C$ 공진이 발생하더라도 V_R이 커서 공진값에서 전류값이 한 개뿐(I_0)이므로 전류의 폭증은 없다.

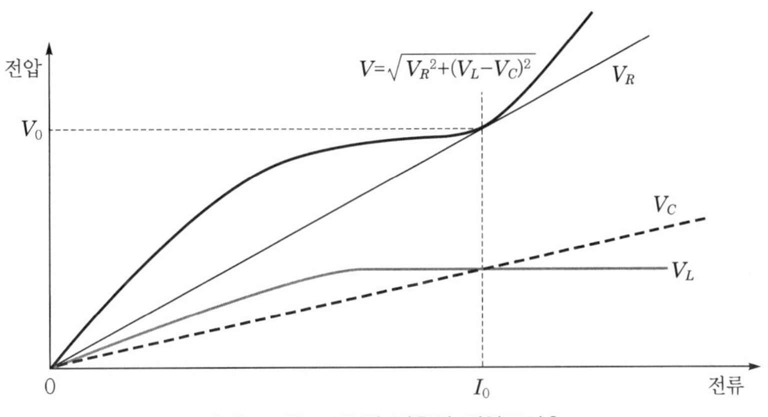

❚ $R > X_L$, X_C인 경우의 전압크기 ❚

(2) 저항 R을 삽입 : CLR, NGR

(3) 충전용량을 적게 할 것

① 유효접지 방식

② CLR 삽입

(4) 철심포화방지 : 단락비 증대

(5) 영상공진 억제 : 저항접지방식 채용

(6) 콘덴서 과보상 억제 : 직렬 리액터

(7) 콘덴서리스 차단기 사용

(8) 철심 포화방지 장치 설치

(9) 계통 변경 시 선로정수 검토

(10) 기본파 철공진 대책

① 사고 시 직렬 공진을 일으키지 않도록 회로구성을 할 것(확실한 회로구성)

② 차단기 단상 투입 배제, 개폐기류의 철저한 보수 및 완전한 조작

591

042 변압기의 α-Factor가 변압기에 미치는 영향과 대책에 대하여 설명하시오.

(data) 발송배전기술사 24-132-4-5 / 발송배전기술사, 건축전기설비기술사, 전기안전기술사, 전기응용 기술사 출제예상문제

1. α-Factor 개념

(1) 이상전압이 변압기에 침투 시 정전용량에 의한 초기 이상전압의 거동을 표현하는 계수이다.

(2) 변압기 권선에 충격파가 인가된 경우 인덕턴스에는 급격하게 전류가 흐를 수 없기 때문에, 전압인가 후 아주 근소한 시간동안, 인덕턴스 회로는 개방회로로 작용하고 커패시턴스 회로는 전압인가와 동시에 급속히 충전되어 단락회로로 작용하므로 이때 전위분포(초기 전위분포)는 권선의 커패시턴스에 의해서 결정된다.

2. α-Factor 수식 유도

(1) 변압기 권선에 충격파 인가 시 과도현상

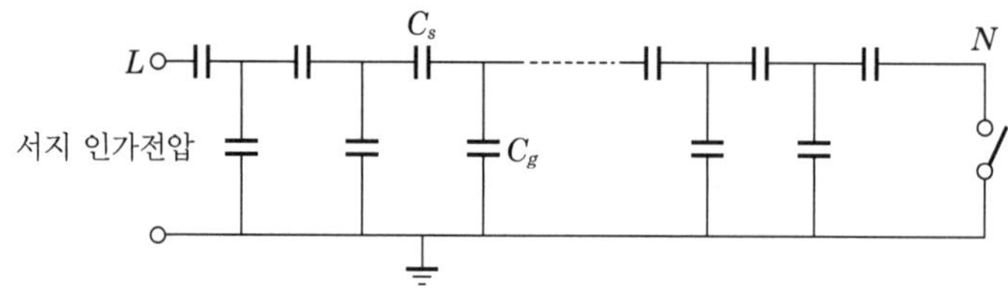

┃ 변압기 권선에 충격파 인가 과도현상 ┃

① 충격파는 고주파이다.

② 인덕턴스 L은 개방회로로 작용하며, 과도현상으로 $e = -\dfrac{di}{dt}$ 의 역기전력이 발생한다.

③ 커패시턴스 C는 단락회로로 작용하며, 과도현상으로 $e = \dfrac{dV}{dt}$ 의 전압이 유도된다.

(2) 등가회로

권선 간의 정전용량은 C_s로 대지 간의 정전용량을 C_g로 표현하면 그림과 같다.

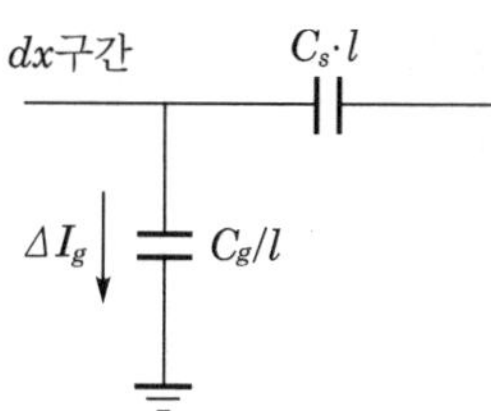

❙ 변압기 권선에 충격파 인가 시의 과도현상 등가회로 ❙

(3) α-Factor값 산정

① 단위길이당 커패시턴스

㉠ 병렬 커패시턴스 : C_g / l

㉡ 직렬 커패시턴스 : $C_s\, l$

여기서, l : 권선 길이

② 병렬구간의 전류 : 병렬이므로 전류가 변수이다.

$$dI_g = y\,E\,dx = \omega\left(\frac{C_g}{l}\right)E\,dx$$

③ 직렬구간의 전압 : 직렬이므로 전압이 변수이다.

$$dE = Z I_s\,dx = \left(\frac{1}{\omega\,C_s\,l}\right)I_s\,dx$$

$$\therefore \frac{dI_s}{dx} = \omega\,C_s\,l\,\frac{d^2 E}{dx^2}$$

④ 미소구간의 병렬전류 = 미소구간의 직렬전류

㉠ $\dfrac{dI_g}{dx} = \dfrac{dI_s}{dx}$

㉡ 그러므로 $\dfrac{\omega\,C_g\,E}{l} = \omega\,(C_s\,l)\dfrac{d^2 E}{dx^2}$

㉢ 따라서, $\dfrac{d^2 E}{dx^2} - \dfrac{1}{l^2}\left(\dfrac{C_g}{C_s}\right)E = 0$

⑤ 위 미분방정식의 일반해는 $E = A_1 e^{sx} + A_2 e^{-sx}$ 형태이다.

따라서, 라플라스 해석을 하면 $s^2 - \dfrac{1}{l^2}\left(\dfrac{C_g}{C_s}\right) = 0$

⑥ $sl = \sqrt{\dfrac{C_g}{C_s}}$ 이며, 이때, $\alpha = s\,l$ 이라 두고, α-Factor라 한다.

3. 변압기 중성점 접지방식상 충격파 전압의 변압기 알파계수 적용 방법

(1) 중성점 접지방식의 변압기 알파계수 적용

① 초기 조건 $x = 0$, $E = 0$을 대입하면

$$E = A_1 e^{sx} + A_2 e^{-sx} \text{은 } A_1 + A_2 = 0 \text{이다.}$$

② $x = l$, $E = V$를 대입하면

$$E = A_1 e^{sx} + A_2 e^{-sx} \text{은 } A_1 e^{sl} + A_2 e^{-sl} = V \text{이다.}$$

③ 따라서, $\alpha = sl$을 대입 후 정리하면

$$A_1 = -A_2 = \frac{V}{e^{sl} - e^{-sl}} = \frac{V}{e^{\alpha} - e^{-\alpha}} = \frac{V}{2\sinh\alpha}$$

$$\therefore E = \frac{V}{2\sinh\alpha}\left[e^{sx} - e^{-sx}\right] = V \times \frac{\sinh(\alpha x/l)}{\sinh\alpha}$$

(2) 중성점 비접지방식의 변압기 알파계수 적용

① 비접지 시 초기 조건 : $x = 0$, $I_s = 0$ 또는 $\dfrac{dE}{dx} = 0$, $x = l$, $E = V$

② $E = A_1 e^{sl} + A_2 e^{-sl} = V$

③ $\dfrac{dE}{dx} = A_1 s\, e^{sx} - A_2 s\, e^{-sx} = 0 \ \rightarrow\ A_1 = A_2$

④ $A_1 = A_2 = \dfrac{V}{2\cosh sl} = \dfrac{V}{2\cosh\alpha}$

$$\alpha = sl = \sqrt{\frac{C_g}{C_s}} \ \text{로 } \alpha\text{-Factor라 한다.}$$

$$\therefore E = \frac{V}{2\cosh\alpha}\left[e^{sx} + e^{-sx}\right] = V \times \frac{\cosh(\alpha x/l)}{\cosh\alpha}$$

4. α-Factor가 변압기에 미치는 영향

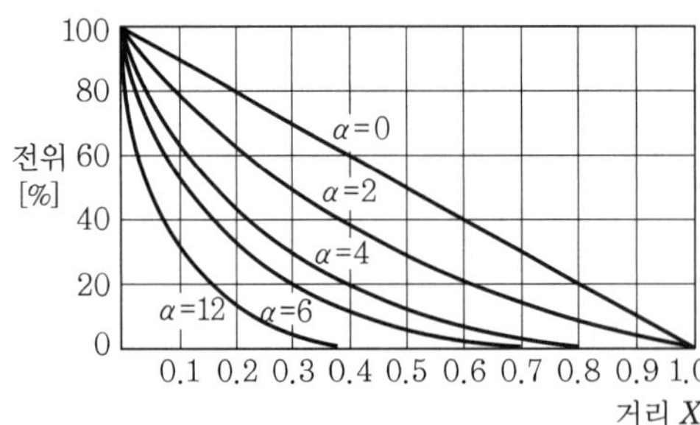

‖일단 접지 권선 초기 전위분포‖

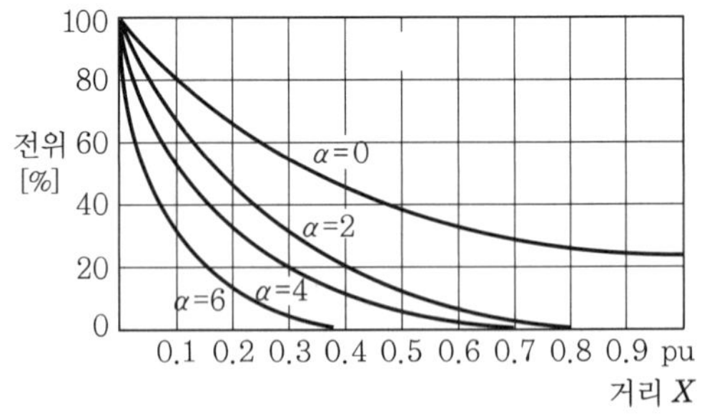

‖비접지 권선 초기 전위분포‖

594

(1) α값에 따른 전위 거동

① α값이 클수록 선로에 전압의 집중이 발생하여 선로 측 절연파괴의 위험이 있다.

② $\alpha = sl = \sqrt{\dfrac{C_g}{C_s}}$ 이므로 그 값이 클수록 C_g가 크고, C_s가 작다.

여기서, C_s : 권선 간의 정전용량

C_g : 대지 간의 정전용량

(2) 정전 이행전압에 미치는 영향

$$V_{이행전압} = \frac{C_s}{C_s + C_g} \times V$$

따라서, C_g가 크면 이행전압은 작게 된다.

(3) 변압기 절연에 미치는 영향

① 권선의 전위분포를 단계적으로 할 수 있어 단절연 기능을 한다.

② 선로 측의 절연을 강하 시 l의 증가로 C_s가 감소하고, α계수가 증가하여 초기 전압이 집중된다.

(4) 정전용량에 의한 초기 전위분포의 영향

① 최종적으로 인덕턴스에 의한 균일한 전위분포로 낙착되지만 이 과정에서 인덕턴스 회로를 통해서 방전이 일어나며 정전용량과 인덕턴스 회로 사이에서 진동이 발생한다.

② 이때, 진동하는 폭은 초기 전위분포와 최종 전위분포의 차 만큼 상하로 진동하여 선로 측 권선에서는 인가전압의 1.5배 이상으로 되는 경우도 있어 권선의 절연을 위협하게 된다(즉, α값이 클수록 권선의 전위진동현상이 크게 발생함).

5. 대책

(1) 절연 설계 시 절연강도 증가분을 전압 집중의 증가값보다 크게 설계해야 한다.

(2) 변압기 권선 내부의 초기 전위분포에서 선로 측 권선의 전압분담은 α값이 클수록 선로 측 권선에 전압이 집중되어 절연을 파괴할 우려가 있으므로 가능한 한 α값을 작게 하여야 한다. 그 방법은 다음과 같다.

① 정전차폐판을 설치하여 초기 전압의 집중분을 해소시킬 것

② 권선의 교호배치 등

③ 통상 유입 변압기용 절연지의 임펄스 절연내력이 40kV/mm이므로 이 값의 30% 정도인 12kV/mm 이하가 되도록 α-Factor 값을 제한할 것을 권장한다.

(3) 충격전압 흡수기를 설치한다.

043 변압기의 K-factor에 대하여 설명하시오.

(data) 건축전기설비기술사 18-116-1-7 / 발송배전기술사, 건축전기설비기술사, 전기안전기술사, 전기응용기술사 출제예상문제

(comment) 배점 10점용일 경우 1·2·3의 큰 제목만 서술하고, 배점 25점일 경우 전부 기술해야 한다 (여러 번 출제됨).

답안

1. 변압기의 K-factor 개념

(1) 비선형 부하에 의한 고조파 발생은 손실의 증가 및 변압기 용량을 감소시키므로 발생되는 고조파의 영향을 고려하여 변압기 용량을 계산하여야 한다.

(2) K-factor Tr의 정의

부하전류에 포함된 고조파 전류의 영향을 고려하여 IEEE(ANSI/IEEEC57)에 의한 K-factor를 계산한 후 권선 및 철심의 내구성, 절연내력 등을 보강하여 설계한 변압기

예 정류기용 변압기(K-factor Tr)

(3) 변압기의 K-factor

비선형 부하에 의해 고조파의 영향을 받는 변압기가 과열현상 없이 부하에 전력을 안정적으로 공급할 수 있는 능력을 수치화한 것

2. K-factor 값 및 공식

(1) K-factor 값과 부하특성 관계

K-factor 값	부하특성
1	순수한 선형 부하, 찌그러짐 현상이 없음
7	3상 부하 중 50% 비선형 부하, 50% 선형 부하
13	3상의 비선형 부하
20	단상과 3상의 비선형 부하
30	단상의 비선형 부하

(2) K-factor 공식

$$K-factor = \frac{P_{eh}}{P_{ef}} = \frac{\sum\limits_{h=1}^{\max}(I_h{}^2 \cdot h^2)}{I_1{}^2} > 1$$

여기서, P_{eh} : 기본파와 고조파 전류가 동시 통전 시의 와류손

$\quad\quad\quad P_{ef}$: 기본파 전류만 통전 시의 와류손

$\quad\quad\quad h$: 고조파의 차수, I_h : 해당 고조파 차수의 전류

$\quad\quad\quad I_1$: 기본파 전류

3. K-factor Tr의 특징

(1) 손실과 권선의 온도보상을 고려한 변압기이다.

　① 권선의 도체에서 발생되는 와전류손은 전류 주파수의 제곱에 비례하여 증가한다.

$$\text{와전류 손실 } P_e = k_e(t f k_f B_m)^2 [\text{W/m}^3]$$

　여기서, k_e : 외전류 손실계수, t : 두께, f : 주파수

$\quad\quad\quad k_f$: 파형률, B_m : 최대 자속밀도

　② 고조파 전류에 따라 변압기의 최대 정격용량이 감소되는 비율만큼 변압기의 온도 상승 내량을 증가시켜 설계한다.

(2) 절연내력이 증가된 변압기이다.

　① 정류회로에서 방향전환 순간에 매우 심한 Notching 및 Oscillation(진동)이 발생한다.

　② 발생된 Surge는 변압기의 저압 권선 절연손상을 발생시키므로 절연보강이 필요하다.

　③ 따라서, 정류기용 변압기는 절연내력을 증가한 K-factor 변압기의 사용이 필요하다.

(3) 철손과 이상소음이 억제된 변압기이다.

　① 고조파는 변압기 철심 자속파형을 왜곡 및 소음의 증가와 철심 내부의 와류손 증가를 유발한다.

　② 고조파에 의하여 변압기 철심 내부의 자속밀도가 증가하게 된다.

　③ 따라서, K-factor 변압기는 철심의 단면적을 크게 한 것이므로 적용을 검토한다.

(4) 일반 변압기보다 약 1.8배 이상 고가용으로 발주처에서 적용하기를 난감해 할 수 있어, 설계 시 부하의 특성과 변압기 고장 시 입을 심각한 피해 및 근무환경을 충분히 설명하여 설계 시부터 적극 반영해야 할 것이다(시공 시의 변경은 발주처에서 승인보류 확률이 높음).

4. K-factor Tr과 일반 Tr의 다른 점

(1) 권선을 연속적으로 연가시켜 고조파 상쇄효과를 발휘한다.

(2) Delta 권선 측

표준 변압기보다 권선을 더 굵게 한다. 왜냐하면, 3배수 고조파가 Delta 권선을 순환함에 따른 권선의 과열을 방지하기 위해서이다.

(3) Y 권선 측

중성점 접속부의 굵기를 상권선의 300%로 설계 적용하여 3배수 고조파에 의한 중성점 접속부의 과열를 방지한다.

(4) %Z를 표준 변압기보다 낮은 값으로 선정하여 동손을 저감시킨다.

5. 변압기 출력 감소율(THDF : Transformer Harmonics Derating Factor) 및 변압기 용량 결정 예

[조건]
K-factor가 13인 비선형 부하에 3상 750kVA 몰드 변압기
(단, 와류손의 비율은 변압기 손실의 5.5%임)

$$THDF = \sqrt{\frac{P_{LL-R}[\text{pu}]}{P_{LL}}} = \sqrt{\frac{1+P_{EC-R}[\text{pu}]}{1+K-\text{factor} \cdot P_{EC-R}[\text{pu}]}}$$

여기서, P_{LL-R} : 정격에서 부하손, P_{LL} : 고조파 전류를 감안한 부하손

P_{EC-R} : 와류손

(1) K-factor 적용

① K-factor가 13인 비선형 부하에 3상 750kVA 몰드 변압기이므로 와류손은 5.5% 발생한다.

② $THDF = \sqrt{\dfrac{1+0.055}{1+13\times0.055}} \times 100[\%] = 78.43\%$

(2) 750kVA 변압기를 사용하면 $750 \times 0.7843 = 588.2$kVA의 부하에만 전력공급이 가능하다.

(3) 변압기 용량 선정

① 식에서 용량이 78.43%로 감소하였으므로 변압기 용량은 아래와 같이 구한다.

$$T_R = \frac{1}{THDF} \times P_L = \frac{1}{0.7843} \times 750 = 956.3\,\text{kVA}$$

② 따라서, 약간의 여유를 두어 1000kVA를 선정한다.

044 자동 전압 조절장치(AVR)의 동작특성에 관하여 설명하시오.

(data) 발송배전기술사 17-111-3-2 / 발송배전기술사, 건축전기설비기술사, 전기안전기술사, 전기응용 기술사 출제예상문제

(comment) 발전기에 적용하는 AVR의 설명이다.

답안

1. AVR(Automatic Voltage Regulator)

(1) 부하속도 변동 등으로 인한 발전기 단자전압의 변동을 자동적으로 보상하여 정밀하고 일정하게 유지하는 것을 AVR이라고 하며 대용량 발전기의 경우 다음과 같은 사항이 요구된다.

(2) 전력계통에서 부하의 변동으로 인해 발전기 출력과 진입의 변동이 있을 때 발전기 전압을 검출하여 기준치와의 편차에 의해서 여자기의 여자전류를 자동으로 조정하여 발전기 전압을 일정하게 유지하는 장치로 수동운전도 가능하다.

2. 구성 및 동작 메커니즘과 블록선도

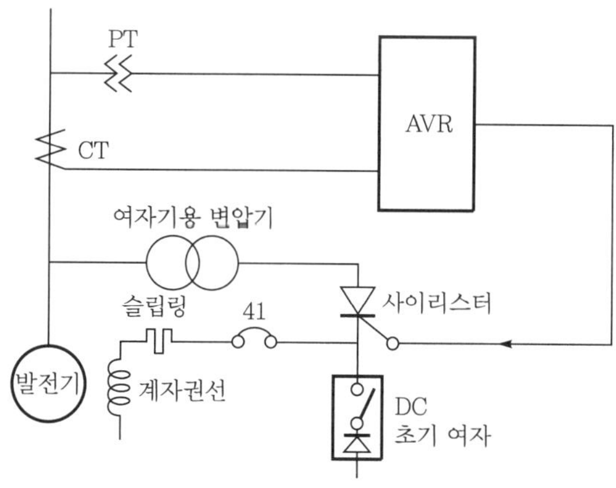

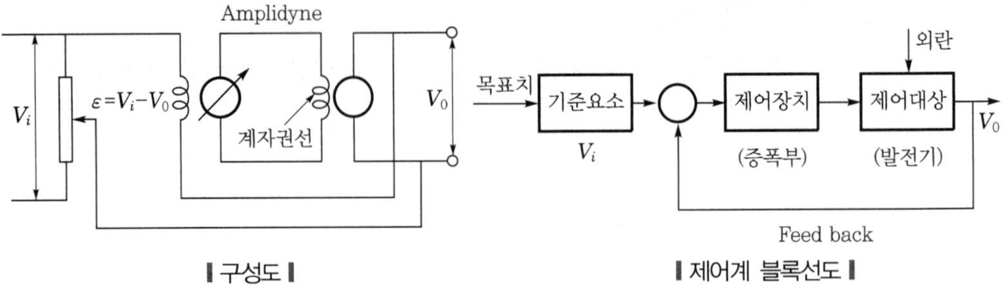

| 구성도 | 제어계 블록선도 |

(1) 발전기 단자전압 V_0를 검출하여 이를 Feedback시켜 기준전압 V_i를 비교한다.

(2) 편차 $\varepsilon = V_i - V_0$를 구하고 제어장치에서 증폭된 조작량을 발전기의 계자전류를 조정하여 단자전압을 일정하게 유지한다.

(3) 편차 ε은 매우 작아 증폭장치를 통해 증폭하여 계자권선에 입력한다.

3. AVR의 종류

(1) 단속 동작형

여자회로에 삽입된 저항값을 조정하는 방식이다.

① **직접식** : Solenoid 단독으로 계자 저항기를 직접 제어하는 방식

② **간접식** : 계전기를 통하여 조정용 전동기로 제어하는 방식

(2) **연속 동작형**

① Amplidyne식 : 특수 직류 발전기인 Amplidyne을 이용하여 편차를 증폭한 후 계자에 가하는 형식

② 자기 증폭식 : Amplidyne에 정전류 장치가 부가되는 정지형

③ 전자 회로식 : 반도체 소자를 이용하여 전압 평형, 횡류 보상, 무효전력 제어 등 다양한 기능을 부가하여 조정이 안정되고 정밀도가 높은 방식

4. AVR에 요구되는 사항

(1) 속응성이 우수, 전압 변동률이 작을 것(전압 변동에 민감하게 반응하여야 함)

(2) 조정범위가 크고 난조의 염려가 없을 것

(3) 병렬운전 시 횡류를 제어할 수 있을 것

(4) 발전기 전류를 제한하는 기능이 있을 것

(5) 제어범위가 넓어야 함

(6) 설비정비가 간편해야 함

(7) 운영경비가 적어야 함

600

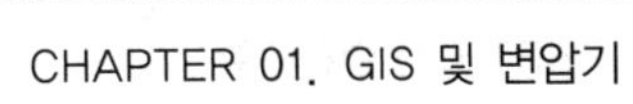

044-1 부하 시 전압 조정기(OLTC)의 구성, 기능 및 역할(탭 선택기 포함과 제네바 기구 변압기용 AVR 포함) 등에 대하여 설명하시오.

(data) 발송배전기술사 출제예상문제

답안

1. OLTC의 구성

부하 시 전압 조정기(OLTC : On Load Tap Changer)는 변압기를 주통전선로의 활선상태에서 탭을 바꿔 지정된 권선전압으로 자동 조정하기 위한 장치를 말한다.

(1) 유격실(oil compartment)

(2) 전환개폐기 유닛(driver switch unit)

(3) 탭 선택기(tap selector, arcing tap switch)

(4) 구동장치(motor drive unit)

(5) 기타

① 자동 전압 조정기(automatic voltage regulator)

② 활선 여과기(oil filter unit)

③ OLTC용 콘서베이터

④ 보호계전기(protective relay)

(6) 현장제어와 원격제어를 할 수 있으며, 원격제어반에는 탭 위치 표시기, 자동 전압 조정기, 고장경보 표시 능이 구비되어 있다.

2. OLTC의 구성요소들의 기능 및 역할

(1) 유격실(oil compartment)

① 유격실은 전환 개폐기 유닛과 이에 필요한 절연유를 본체와 별도로 관리하기 위한 절연통으로 탭 선택기와 전환 개폐기를 연결하는 접점에 설치

② 이 유격실 내에 이상이 발생하면 OLTC 보호 계전기나 방압장치에 의해 유격실 내의 기기를 보호하고 변압기를 통전선로에서 분리

(2) 전환 개폐기 유닛(driver switch unit)

① 기능 : 탭을 전환하기 위해 유중에서 사용 중인 탭을 주통전회로에서 개방하고, 동시에 아크 발생 없이 탭 선택기에 의해 선택된 탭을 주통전회로에 연결하는 기능을 수행

601

② **구성과 역할**

　㉠ 구동부 : 동력 전달 역할

　㉡ 전환 개폐기 : 접점의 개폐를 담당하는 가동자와 고정자로 구성

　㉢ 전류 제한 임피던스 : 접점의 개폐 중 폐회로를 이룬 2탭의 전위차에 의해 흐르는 순환전류를 제한(한류 저항, 한류 리액터)

(3) 탭 선택기(tap selector, arcing tap switch)

① **탭 선택방식** : 탭을 선택하는 방법에는 3가지가 있다.

　㉠ 선형 전압 조정방식

　　• 주물공장 등에서 주로 사용

　　• 최대 9, 11, 13, 15, 17step(동작위치 10, 12, 14, 16, 18개)이 가능

　㉡ 극성 절환 스위치 방식

　　• 효성제품

　　• 최대 ±9, ±11, ±13, ±15, ±17까지 사용 가능

　㉢ 전위 전환 방식

　　• 현대제품

　　• 최대 ±9, ±11, ±13, ±15, ±17까지 사용 가능

❙ 부하 시 탭 절환 장치의 탭수와 탭 간 전압 ❙

변압기의 종류	탭수			탭 간 전압
	승압	강압	총탭수	
765kV	10	12	23	각 탭별 상이
345kV	8	8	17	정격전압의 1.25%
154kV	10	10	21	정격전압의 1.25%

② **제네바 기구(Geneva wheel, gear)**

　(comment) 배점 10점으로 출제되기 좋다.

　㉠ OLTC의 동작에서 탭 선택기와 탭 범위 확장기가 하나의 구동축에 의해 순차적으로 동작하여야 하므로, 이를 만족하기 위해 제네바 기구를 사용한다.

　㉡ 제네바 휠이 상하로 배열되어 있고, 구동력 전달 롤러가 180° 간격으로 2개가 있어 한 개의 롤러는 상측, 다른 롤러는 하측에 위치하며 제네바 휠만 움직이게 되어 있다.

ⓒ M Type OLTC의 경우에는 중앙축이 180° 회전하는 동안에 제네바 휠은 72° 정도 회전하도록 되어 있다.

ⓔ 이러한 원리에 의하여 탭 선택기의 가동 접점 2조가 1탭 동작 시마다 교대로 한번씩 움직일 수 있게 된다.

(4) 구동장치(motor drive unit)

① 탭 조정 시 탭 체인저의 구동을 위한 구동력의 생성과 조정을 담당하는 장치

② 변압기 외함에 부착되어 있으며 구동축으로 전환 개폐기 유닛과 연결

③ 대부분 전동기에 의해 구동하며 수동으로도 동작이 가능

④ 전동기, 기어박스, 캡 스위치, 전환 스위치, 탭 표시판, 동작횟수 기록계 등 부착

⑤ 탭 조정 시 각 탭의 이동을 단계적으로 제어할 수 있는 각종 보조장치가 내장

⑥ OLTC 여과기의 제어를 담당하는 전원과 타이머 등이 설치

(5) 자동 전압 조정기(automatic voltage regulator)

① 부하변동과 전원전압의 변동 시에도 변압기 2차 측의 송출전압을 일정하게 유지하기 위하여 OLTC의 탭을 조정하는 장치. 즉, 전압 조정을 위하여 부하 시 탭 체인저에 탭 조정신호를 송출하는 장치이다.

② 공급 전압 측의 모선에 설치된 변성기로부터 송출전압을 측정한다.

③ 공급하는 부하전류의 크기와 공급하는 선로의 전압강하를 고려하여, 이를 정정된 기준전압과 비교하여 부하 시 탭 체인저의 상승, 하강을 지시하는 신호를 구동장치로 보내어, 탭 체인저가 동작하여 적정한 전압을 유지하도록 하는 역할을 한다.

④ 변압기 2차 측 CT와 2차 측 모선 PT에서 부하전류의 크기와 모선전압을 감지하고, 설정된 내부의 기준전압과 비교하여 기준전압을 유지하기 위해 변압기의 탭을 조정하는 신호를 OLTC 구동장치로 송출한다.

⑤ AVR에는 AVR의 동작범위를 설정하는 기능, 부하선로의 임피던스에 따라 선로전압강하의 크기를 정하는 기능, 송출전압의 조정을 위한 동작시간 조정 기능(시간 지연), 송출전압 설정기능 등이 포함된다.

⑥ 종류로서 MK-20, MK-30, VC100-BU, YVC-01 등이 있다.

(6) 활선 여과기(oil filter unit)

① 부하 시 탭 체인저는 부하를 공급하면서 전압조정을 하기 때문에 이의 동작 시 발생하는 아크로 인하여 절연유가 분해되며, 이로 인한 절연유의 오손은

유격실 내의 절연파괴를 유발할 수 있으므로, 이를 방지하고자 활선상태에서 유격실 내의 절연유를 여과하기 위한 장치가 필요하다.

② 여과기는 부하 시 탭 체인저의 상판에 연결된 파이프를 통하여 유입된 유격실 내의 절연유를 정유하는 필터, 절연유를 순환시키는 유펌프, 타이머, 온도계, 압력계, 외함 등으로 구성된다.

③ 여과기의 전원과 제어는 구동장치에서 이루어진다.

④ 부하 시 탭 체인저가 동작할 경우 반드시 여과기가 지정된 시간만큼 동작하여 유격실 내의 절연유를 여과하도록 되어 있다.

(7) OLTC용 콘서베이터

① 부하 시 탭 체인저 유격실 내의 절연유 유온변화에 따른 절연유의 신축에 따라 절연유의 과부족을 해소하는 기능

② 일반적으로 절연유의 보존방식은 개방형을 채택하므로 호흡기를 통하여 절연유가 외기와 접촉하게 됨

(8) OLTC용 보호 계전기(protective relay)

comment 배점 10점용으로 매우 좋은 문항이다.

① OLTC 유격실 내에 고장 발생 시 급속한 유속에 의해 동작하는 OLTC 보호 계전기

② 계전기 설치 및 구성

　㉠ OLTC 유격실과 콘서베이터를 연결하는 관의 중간에 설치

　㉡ 부표를 고정시키기 위한 영구자석

　㉢ 유속의 흐름에 응동하는 부표

　㉣ 부표에 의해 전기적으로 회로를 구성하는 리드 접점

　㉤ 시험단자의 단자대 등

③ 유격실 절연유의 급격한 흐름이 콘서베이터 측으로 향하여 흐르면 이 압력에 의해 평상시 영구자석의 자력에 의해 수직으로 세워진 부표가 뒤로 밀려 넘어지며 리드 접점을 동작시킨다.

④ 동작 시 OLTC를 고장의 지속에서 분리하도록 전기적으로 결선되어, 변압기 1·2차 차단기를 개방한다.

045 대용량 변압기의 OLTC(On Load Tap Changer)의 설치목적과 동작방식에 대하여 설명하시오.

045-1 부하 시 전압 조정기(OLTC : On LoadTap Changer)에 대하여 설명하시오.

(data) 발송배전기술사 19-117-1-7·14-102-3-2 / 발송배전기술사, 건축전기설비기술사, 전기안전기술사, 전기응용기술사 출제예상문제

답안

1. OLTC(On Load Tap Changer)의 설치목적

(1) 전압 조정의 필요성

① 전기기기는 정격전압하에서 가장 좋은 성능을 발휘한다.

② 전압 저하가 심한 경우

  ㉠ 유효전력 손실 증가

  ㉡ 정태 안정 극한전력 저하

  ㉢ 송전용량 저하

③ 전압이 높을 경우

  ㉠ 직렬기기 열화 촉진

  ㉡ 고조파 발생

  ㉢ 기기의 수명 저하

(2) OLTC의 설치목적

① 변전소에서의 규정전압 유지

② 주·야간 부하변동에 따른 전압 변동에 대응하여 전압을 조정

③ 조상설비는 무효전력의 조정으로 전압을 조정하고 OLTC는 주변압기에서 Tap을 변경시킴으로써 전압을 조정한다.

④ 무정전 Tap 전환 : NLTC는 무부하 상태에서만 Tap 조정이 가능하나 OLTC는 부하가 걸려 있는 상태에서도 Tap 조정이 가능하다.

⑤ OLTC가 부착된 변압기를 LRT(Load Ratio Transformer)라 한다.

2. OLTC(On Load Tap Changer)의 동작방식

(1) OLTC의 구성

① 상판(head)

② 전환 개폐기(diverter switch unit)

③ 탭 선택기(tap selector)

④ 구동장치, 보호기기, 여과기, 콘서베이터 등

(2) OLTC의 동작방식별 분류

① CFVV(Constant Flux Voltage Variation)

 ㉠ 자속밀도는 항상 일정하고 탭이 없는 권선의 전압은 일정하며 탭이 있는 권선의 전압은 변하는 방식이다.

 ㉡ 345kV 단권 변압기에 적용한다.

② VFVV(Variable Flux Voltage Variation)

 ㉠ 탭이 있는 권선의 자속밀도가 변하고, 탭이 있는 권선의 전압은 일정하며, 탭이 없는 권선의 전압이 변하는 방식이다.

 ㉡ 765kV 단권 변압기에 사용한다.

③ CbVV(Combined Voltage Variation) : 탭이 설치된 권선의 자속밀도가 변하고 탭이 있는 권선의 전압은 일정하며 탭이 없는 권선의 전압이 변하는 방식이다.

④ 각 방식의 전압 조정 특성

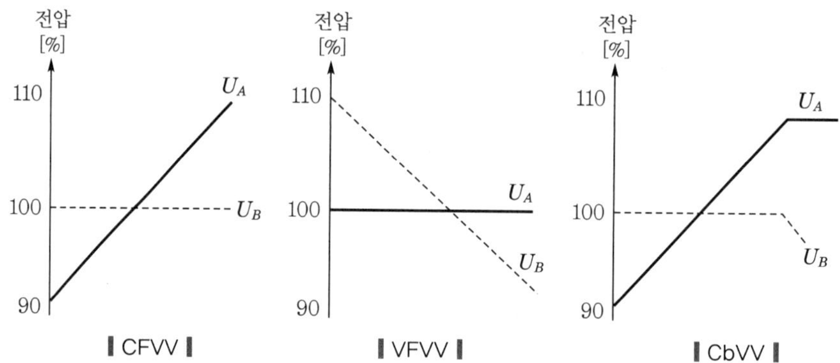

(3) 부하 시 탭 절환의 원리

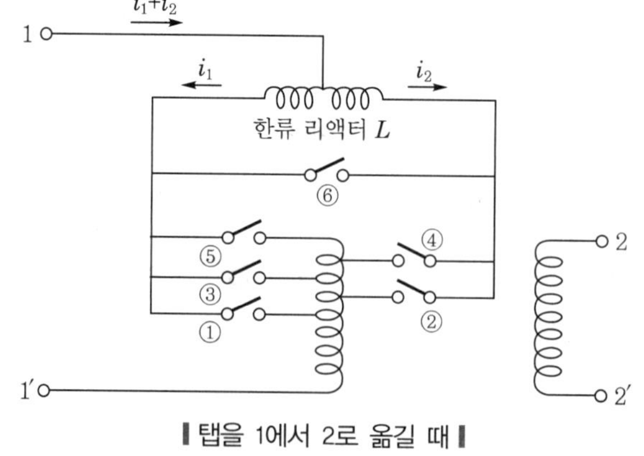

┃ 탭을 1에서 2로 옮길 때 ┃

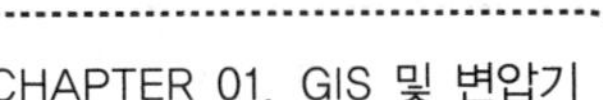

① ⑥ 개방 : 한류 리액터 L을 살린다.

② ② 투입 : ①-② 간의 과도적인 기전력에 의한 순환전류를 한류 리액터로 억제한다.

③ ① 개방 : 탭은 ①에서 ②로 이동한 상태이다.

④ ⑥ 투입 : 한류 리액터를 단락시킨다.

3. 전압별 OLTC 탭수 및 전압 간격

변압기의 종류	탭수			탭 간 전압
	승압	강압	총탭수(정격 전압탭 포함)	
765kV	10	12	23	각 탭별 상이
345kV	8	8	17	정격전압의 1.25%
154kV	10	10	21	정격전압의 1.25%

SECTION 06 변압기 손실과 효율

046 용량 100kVA, 6600/105V인 변압기의 철손이 1kW, 전부하 동손이 1.25kW이다. 이 변압기의 효율이 최고로 될 때의 부하는 몇 kW인지 구하고, 또 이 변압기가 무부하로 18시간, 역률 100%의 $\frac{1}{2}$ 부하로 4시간, 역률 80%의 전부하로 2시간 운전된다고 할 때 이 변압기의 전일 효율을 구하시오. (단, 부하전압은 일정함)

data 발송배전기술사 20-122-4-4 / 발송배전기술사, 건축전기설비기술사, 전기안전기술사, 전기응용 기술사 출제예상문제

답안 1. 관련 공식

(1) 변압기 효율이 최고일 경우의 조건

$$P_i = m^2 P_c$$

여기서, $m : \left(\dfrac{현재\ 용량\ P}{정격용량[\mathrm{kVA}] = 100[\mathrm{kVA}]} \right)$ 로 부하율

(2) 변압기 전일(全日) 효율

$$\eta_d = \frac{P_d}{P_d + 24P_i + P_l}$$

여기서, P_d : 1일 출력 전력량[kWh]

2. 변압기의 효율이 최고로 될 때의 부하 산출

(1) 효율이 최고일 경우의 조건

① $P_i = m^2 P_c$

여기서, m : 부하율, 철손이 1kW에서 전부하 동손이 1.25kW

② $1\,\mathrm{kW} = \left(\dfrac{P}{100} \right)^2 \times 1.25$

$1.25 P^2 = 10000$

$P^2 = \dfrac{10000}{1.25} = 8000$

$\therefore\ P = 89.44\,\mathrm{kVA}$

(2) 최고 효율로 될 때의 부하 P' [kW]

① 역률이 주어지지 않았다.

② 따라서, 단위 변환방식으로 산출한다.

$$P' = P\cos\theta = 89.44\cos\theta \,[\text{kW}]$$

3. 변압기 전일 효율

(1) 부하율을 반영한 출력량 산출(P_d)

① 변압기가 무부하로 18시간의 출력

$$18\text{h} \times (100\% \times 0) = 0\,\text{kWh}$$

② 역률 100%의 $\dfrac{1}{2}$ 부하로 4시간의 출력

$$4\text{h} \times (100\text{kW} \times 0.5) \times 1.0 = 200\,\text{kWh}$$

③ 역률 80%의 전부하로 2시간 출력

$$2\text{h} \times (100\text{kW} \times 1) \times 0.8 = 160\,\text{kWh}$$

④ 총출력

$$0 + 200 + 160 = 360\,\text{kWh}$$

(2) 손실 산출($P_{\text{total loss}}$)

① 동손량 : $m^2 P_c \times h$

㉠ 전부하로 2시간 운전 시의 동손

$$1^2 \times 1.25\text{kW} \times 2\text{h} = 2.5\,\text{kWh}$$

㉡ 반부하로 4시간 운전 시의 동손

$$(0.5)^2 \times 1.25\text{kW} \times 4\text{h} = 1.25\,\text{kWh}$$

② 철손

$$24\text{시간} \times 1\text{kW} = 24\,\text{kWh}$$

③ 총손실

$$2.5 + 1.25 + 24 = 27.75\,\text{kWh}$$

(3) 전일 효율

$$\eta_d = \frac{\text{총 출력}}{\text{총손실} + \text{총출력}}$$

$$= \frac{360}{27.75 + 360} = 0.93 = 93\%$$

047 전력용 변압기의 무부하손실과 부하손실에 대하여 설명하시오.

data 발송배전기술사 19-117-1-6 / 발송배전기술사, 건축전기설비기술사, 전기안전기술사, 전기응용
기술사 출제예상문제

답안

1. 변압기 손실의 종류

(1) 고정손(무부하 손실)

① 철손

㉠ 히스테리시스손 : $P_h = kfB_m{}^2$

㉡ 와류손 : $P_e = k(tfB_m)^2$

여기서, t : 철심두께, B_m : 최대 자속밀도

② 여자전류에 의한 $I_0{}^2 r$ 손실

③ 절연체의 유전체손

(2) 가변손(부하손)

① 동손$(I^2R) = m^2 P_c$

여기서, m : 부하율, P_c : 전부하 동손

② 누설자속에 의한 표류 부하손

(3) 실제 Tr의 손실 중 무부하 손실의 대부분은 철손이며, 부하손 중에서는 동손이
대부분이다.

2. 변압기 손실의 발생원인

(1) 부하손(동손)

① 동손(저항손) : 부하전류에 의한 권선의 I^2R의 손실

② 와류손 : 도체 내 와류에 의한 손실(권선이 누설자계 내에 있으므로 도체 내에
유기전압이 발생하여 생기는 손실)

③ 표유 부하손 : 권선 이외 부분의 누설자속에 의한 손실(철심과 권선의 취부금
구, 외함 등과 쇄교하며 발생하는 손실이며 부하전류의 제곱에 비례)

④ 고조파 전류 손실

(2) 무부하손(철손)의 발생원리

① 히스테리 시스손(P_h)

㉠ 철심 내 자속 통과 시 철심의 자구 재배열로 분자 상호 간의 마찰에 의한
손실

ⓛ 부하 증감과 상관없이 일정한 손실

$$P_h = K_h \cdot f \cdot {B_m}^{1.6 \sim 2.0}[\text{W/m}^3]$$

여기서, K_h : 재료상수, f : 주파수, B_m : 자속밀도

② 와류손(P_e)

ⓐ 철심 내 자속 통과 시 와류에 의한 Joule열에 의한 손실

ⓛ 부하 증감과 상관없이 일정한 손실

$$P_e = K_e (t f B_m)^2 [\text{W/m}^3]$$

여기서, K_e : 재질에 따른 계수, t : 철심의 두께[mm]

(3) 유전체손

절연물에 전압 인가 시 발생하는 손실

$$W = E \cdot I_r = E \cdot I_c \cdot \tan\delta = \omega C E^2 \tan\delta [\text{W}]$$

3. 변압기 손실의 대책

(1) 무부하손의 감소대책

① 무부하손의 대부분은 히스테리시스 손실이다.

$$P_h = K_h \cdot f \cdot {B_m}^{1.6 \sim 2.0}[\text{W/m}^3]$$

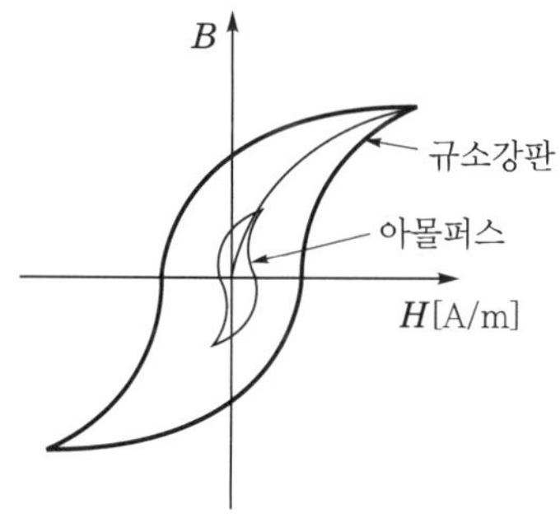

▌철심의 $B-H$ 곡선 ▌

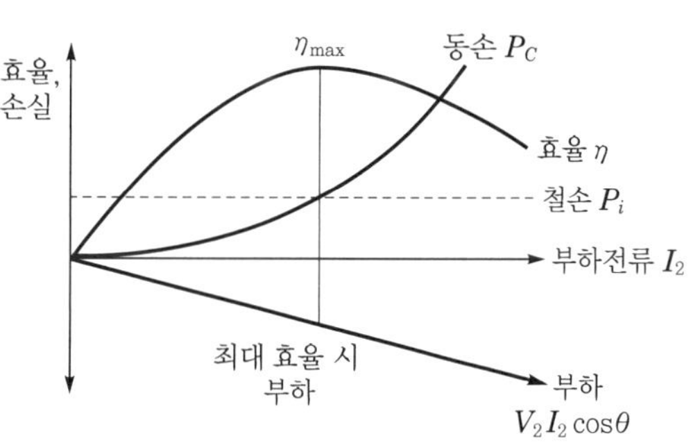

▌변압기 최대 효율곡선 ▌

ⓐ 자속밀도 B_m의 경감

ⓛ 자구 미세화 변압기 채택 : 철심의 자구를 강제적으로 분할하여 철손을 개선

ⓒ 아몰퍼스 변압기 채택(그림과 같이 BH의 면적이 대폭 감소)

611

　　　② 가공방법 개선 : 고 배향성 규소강판 사용 또는 방향성 규소강판을 가공하
　　　　여 자구 미세화

　　② 와류손 감소대책

$$P_e = K_e (t f B_m)^2 [\text{W/m}^3]$$

　　여기서, K_e : 재질에 따른 계수, t : 철심의 두께[mm]
　　　　　　f : 주파수, B_m : 자속밀도

　　　③ 철심을 얇게 하여 성층(아몰퍼스 변압기 적용)
　　　② 소재 두께가 얇아 와류손 감소
　　　② 철심재료 개선 : 아몰퍼스 박대상과 같은 저손실 철심재료를 사용
　　　② 철심형태 개선 : 두께를 얇게 하여 와류손 감소, 모서리를 둥글게 하여
　　　　에지효과 감소

(2) 부하손 감소대책

　① 동손 : $P_c \propto \rho \dfrac{l}{A}$

　② 권선재료 개선 : 권선에 초전도 도체 사용

　③ 권선형태 개선 : 권선 단면을 얇게, 권선 길이를 짧게, Tr 크기를 작게

　④ 설계에서 개선하는 방법

　　　③ 최고 효율은 $P_i = m^2 \cdot P_c$ 이므로, 부하율 $m = \sqrt{\dfrac{P_i}{P_c}}$

　　　② 부하율이 낮으면 무부하손이 효율에 큰 영향을 미친다.
　　　③ 부하율이 높으면 부하손이 효율에 큰 영향을 미친다.
　　　② 유입 변압기의 경우, 소용량은 이용률 60 ～ 75%에서, 중용량(1000kVA)
　　　　이상은 이용률 40 ～ 50%에서 최고 효율을 나타낸다.

(3) 기타 손실 감소대책

　① 무부하손과 부하손을 같게 운전
　② 고효율 변압기 채택
　③ 경부하 운전 금지
　④ 고조파 제거
　⑤ 역률 개선 등

048 변압기 손실 중 무부하손과 부하손에 대하여 관계식을 이용하여 설명하시오.

data 발송배전기술사 24-133-1-8 / 발송배전기술사, 건축전기설비기술사, 전기안전기술사, 전기응용 기술사 출제예상문제

답안

1. 변압기의 무부하 손실(고정손)

(1) 철손

① 히스테리시스손

$$P_h = k f B_m^{\,2}$$

② 와류손

$$P_e = k (t f B_m)^2$$

여기서, t : 철심두께[mm]

B_m : 최대 자속밀도[Wb/m^2]

(2) 여자전류에 의한 $I_0^{\,2} r$ 손실

(3) 절연체의 유전체손

2. 변압기의 부하 손실

(1) 가변손(부하손)

$$동손(I^2 R) = m^2 P_c$$

여기서, m : 부하율, P_c : 전부하 동손

누설자속에 의한 표유 부하손

(2) 실제 Tr의 손실 중 무부하 손실의 대부분은 철손이며, 부하손 중에서는 동손이 대부분이다.

049 변압기의 실측효율 및 규약효율에 대하여 정의하고, 최대 효율조건을 설명하시오.

(data) 발송배전기술사 19-119-1-6 / 발송배전기술사, 건축전기설비기술사, 전기안전기술사, 전기응용
기술사 출제예상문제

[답안] **1. 실측효율**

(1) 정의

Tr의 입·출력 값을 직접 측정하여 입력값에 대한 출력값으로 구한 효율

$$\text{실측효율} = \frac{\text{출력의 측정값}[\text{kW}]}{\text{입력의 측정값}[\text{kW}]} \times 100[\%]$$

2. 규약효율

(1) 정의

정해진 규약으로 결정된 손실을 기준으로 효율을 구한 것

(2) 변압기 효율 기준

출력과 손실(무부하손과 단락시험으로부터 얻은 손실)을 기준으로 하여 역률
100%, 온도 75℃ 기준의 규약효율을 기준을 한다.

$$\text{규약효율} = \frac{\text{출력}}{\text{입력}} \times 100 = \frac{\text{출력}}{\text{출력} + \text{손실}} \times 100[\%]$$

3. 전일 효율(η_d)

부하가 변동이 있을 경우에서 1일 동안의 변압기 효율을 종합적으로 파악하기 위한
출력 전력량과 입력 전력량(출력 전력량 + 손실 전력량)의 비율

$$\text{전일효율} = \frac{1\text{일 출력 전력량}[\text{kWh}]}{1\text{일 출력 전력량}[\text{kWh}] + 1\text{일 손실 전력량}[\text{kWh}]} \times 100[\%]$$

$$= \frac{P}{P + P_i + P_c} \times 100[\%]$$

여기서, P : 1일 출력 전력량[kWh]

P_i : 1일 철손량[kWh]

P_c : 1일 동손량[kWh]

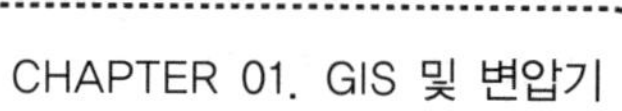

4. 변압기의 최고 효율 조건

$$\eta_d = \frac{P_1}{P_1 + P_i + P_c\left(\dfrac{P_1}{P}\right)^2} = \frac{aP}{aP + P_i + P_c a^2} = \frac{P}{P + \dfrac{P_i}{a} + P_c a}$$

여기서, η_d : 전일 효율, P_1 : 1일 간의 부하 전력량[kVA]

$\qquad\quad P_i$: 철손[kWh], P_c : 전부하 동손[kWh]

$\qquad\quad P$: 변압기의 정격용량×24시간[kVA×h]

(1) $\dfrac{P_1}{P} = a$라 하면 $P_1 = aP$이고 P는 일정하므로 효율을 최고로 하기 위해서는, 분모

중 P와 관련 없는 변수가 되는 부분을 $\mu = \left(\dfrac{P_i}{a} + aP_c\right)$라 할 경우 μ가 최소가 된다.

즉, $\dfrac{d\mu}{da} = -\dfrac{P_i}{a^2} + P_c = 0$

(2) 그러므로 $P_i = a^2 P_c = \left(\dfrac{P_1}{P}\right)^2 P_c$

즉, 철손 = 부하율$^2 \times$동손

(3) 결과적으로 철손과 어떤 부하상태의 동손이 동일할 경우 최고 효율이 된다.

---

050 변압기의 효율은 철손과 동손이 같아지는 부하일 때 최고 효율로 된다는 것을 증명하시오.

data 발송배전기술사 20-122-1-10 / 발송배전기술사, 건축전기설비기술사, 전기안전기술사, 전기응용기술사 출제예상문제

답안 1. 규약효율

(1) 정의

정해진 규약으로 결정된 손실을 기준으로 효율을 구한 것

(2) 변압기 효율 기준

출력과 손실(무부하손과 단락시험으로부터 얻은 손실)을 기준으로 하여 역률 100%, 온도 75℃ 기준의 규약효율을 기준한다.

$$규약효율 = \frac{출력}{입력} \times 100 = \frac{출력}{출력 + 손실} \times 100[\%]$$

2. 전일 효율(η_d)

부하가 변동이 있을 경우에서 1일 동안의 변압기 효율을 종합적으로 파악하기 위한 출력 전력량과 입력 전력량(출력 전력량 + 손실 전력량)의 비율

$$전일효율 = \frac{1일\ 출력\ 전력량[kWh]}{1일\ 출력\ 전력량[kWh] + 1일\ 손실\ 전력량[kWh]} \times 100[\%]$$

$$= \frac{P}{P + P_i + P_c} \times 100[\%]$$

여기서, P : 1일 출력 전력량[kWh], P_i : 1일 철손량[kWh]

P_c : 1일 동손량[kWh]

3. 변압기의 최고 효율 조건 증명

$$\eta_d = \frac{P_1}{P_1 + P_i + P_c\left(\dfrac{P_1}{P}\right)^2} = \frac{aP}{aP + P_i + P_c a^2} = \frac{P}{P + \dfrac{P_i}{a} + P_c a}$$

여기서, η_d : 전일 효율, P_1 : 1일 간의 부하 전력량[kVA]

P_i : 철손[kWh], P_c : 전부하 동손[kWh]

P : 변압기의 정격용량 × 24시간[kVA×h]

(1) $\dfrac{P_1}{P} = a$라 하면 $P_1 = aP$이고 P는 일정하므로 효율을 최고로 하기 위해서는, 분모 중 P와 관련 없는 변수가 되는 부분을 $\mu = \left(\dfrac{P_i}{a} + aP_c\right)$라 할 경우 μ가 최소가 된다.

즉, $\dfrac{d\mu}{da} = -\dfrac{P_i}{a^2} + P_c = 0$

(2) 그러므로 $P_i = a^2 P_c = \left(\dfrac{P_1}{P}\right)^2 P_c$

즉, 철손 = 부하율^2 × 동손

(3) 결과적으로 철손과 어떤 부하상태의 동손이 동일할 경우 최고 효율이 된다.

(4) 변압기 효율이 최고일 경우의 조건은 다음의 경우이다.

$$P_i = m^2 P_c$$

여기서, $m : \left(\dfrac{\text{현재용량} \; P}{\text{정격용량}[\text{kVA}]} = 100[\text{kVA}] \right)$로 부하율

051 배전선로에 정격용량 15kVA, 철손 110W, 전부하 동손 225W인 변압기가 있을 때, 부하역률 85%에서 $\dfrac{1}{4}$ 부하 효율과 최대 효율을 구하시오. (단, 주어진 값 이외는 무시함)

(data) 발송배전기술사 23-131-1-3 / 발송배전기술사, 건축전기설비기술사, 전기안전기술사, 전기응용 기술사 출제예상문제

[답안]

1. $\dfrac{1}{4}$ 부하 시의 효율

$$\eta = \frac{m\,P_0 \cos\theta}{mP_0\cos\theta + P_i + m^2 P_c} \times 100\,[\%]$$

$$= \frac{P_0 \cos\theta}{P_0\cos\theta + \dfrac{P_i}{m} + mP_c} \times 100\,[\%]$$

$$= \frac{15 \times 0.85}{15 \times 0.85 + \dfrac{0.11}{\dfrac{1}{4}} + \dfrac{1}{4} \times 0.225} \times 100 = 96.25\,\%$$

여기서, m : 부하율, P_i : 철손, P_c : 동손(부하손) $\rightarrow I^2 R$

2. 최대 효율

(1) 효율

$$\eta = \frac{m\,P \cos\theta}{mP\cos\theta + P_i + m^2 P_c} \times 100\,[\%]$$

(2) 최대 효율 조건

① $\eta = \dfrac{m\,P\cos\theta}{mP\cos\theta + P_i + m^2 P_c} \times 100 = \dfrac{P\cos\theta}{P_0\cos\theta + \dfrac{P_i}{m} + mP_c} \times 100\,[\%]$

에서 변수인 m에 해당하는 분모를 미분하여 최솟값일 경우이다.

② 분모를 u로 두고, $P\cos\theta + \dfrac{P_i}{m} + mP_c$를 m에 대하여 미분하여 0이면 된다.

즉, $\dfrac{du}{dm} = -\dfrac{P_i}{m^2} + P_c = 0$

$P_i = m^2 P_c$

$\therefore\ m = \sqrt{\dfrac{P_i}{P_c}}$

③ 철손 = 부하율$^2 \times$동손

④ 결과적으로 철손과 어떤 부하상태의 동손이 동일할 경우 최고 효율이 된다.

(3) 최대 효율 계산

① $P_i = m^2 P_c$에서 $m = \sqrt{\dfrac{P_i}{P_c}} = \sqrt{\dfrac{110\ W}{225\ W}} = 0.7$ 부하율일 경우 효율은 최대

이다.

② 계산

$\eta = \dfrac{m\,P\cos\theta}{mP\cos\theta + P_i + m^2 P_c} \times 100 = \dfrac{P\cos\theta}{P\cos\theta + \dfrac{P_i}{m} + mP_c} \times 100$

$\quad = \dfrac{15 \times 0.85}{15 \times 0.85 + \dfrac{0.11}{0.7} + 0.7 \times 0.225} \times 100$

$\quad = 97.6\%$

SECTION 07 변압기 시험

052 변압기 온도 상승 시험에 대하여 설명하시오.

data 발송배전기술사 16-110-1-5 / 발송배전기술사, 건축전기설비기술사, 전기안전기술사, 전기응용 기술사 출제예상문제

답안

1. 변압기 시험의 종류

(1) 권선저항 측정

(2) 권선비 측정

(3) 극성 및 상회전 시험

(4) 절연특성 시험

(5) 무부하시험

(6) 단락시험

(7) 온도상승시험

(8) 교류 내전압 시험

(9) 충격전압시험 등

2. 온도상승시험

(1) 목적

변압기의 수명을 좌우하는 인자 중 하나가 온도이므로 이것을 측정하여 정격부하에서 정격출력을 낼 수 있는지의 여부를 판별하기 위해 시행한다.

(2) 방법

등가부하법, 반환부하법, 실부하법

(3) 등가부하법

① 특성 : 변압기의 온도 상승은 철손, 동손, 표유 부하손에 의해 생기는 Joule열에 의한 것으로, 이때의 등가전류를 구하며, 가장 많이 적용한다.

② 정격

㉠ 단락시험과 같이 결선하고 정격전류보다 조금 큰 등가전류를 흘린다.

ⓛ 근래에는 변압기의 온도상승시험으로 많이 사용한다.

ⓒ 등가전류

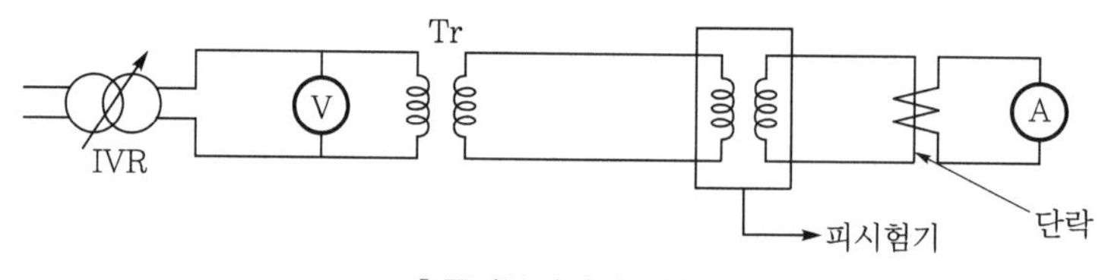

$$I_{eq} = I_N \times \sqrt{\dfrac{동손 + 철손 + 표유\ 부하손}{동손}}$$

여기서, I_N : 변압기 정격전류

ⓔ IVR 출력전압을 서서히 올려 I_{eq}(등가전류)가 될 때까지, IVR을 조정 후 그 상태로 15분, 30분 또는 1시간의 Tr의 온도를 측정한다.

③ 그림과 같이 변압기를 접속하고 정격전류보다 조금 큰 등가전류를 흘려 일정 시간 간격으로 온도를 측정한다.

┃등가부하법의 예┃

(4) 반환부하법

① **특성** : 두 대 이상의 동일 정격의 변압기가 있는 경우에 사용한다.

② **정격** : 저압 측에 정격전압을 가하여 철손을 공급하고 고압 측은 동일 극성의 단자접속으로 정격전류를 흐르게 하여 동손을 공급한다.

053 몰드 변압기의 공장 검사 시험항목에 대하여 설명하시오.

data 발송배전기술사 19-117-1-5 / 발송배전기술사, 건축전기설비기술사, 전기안전기술사, 전기응용 기술사 출제예상문제

답안 1. 인정시험(認定試驗, type test)

(1) 처음 개발한 제품에 대하여 설계의 적정성과 목적한 성능을 만족하는 지를 확인 하기 위한 시험이다. 인정시험은 검수 시험항목을 포함하여 전 항목을 시험한다.

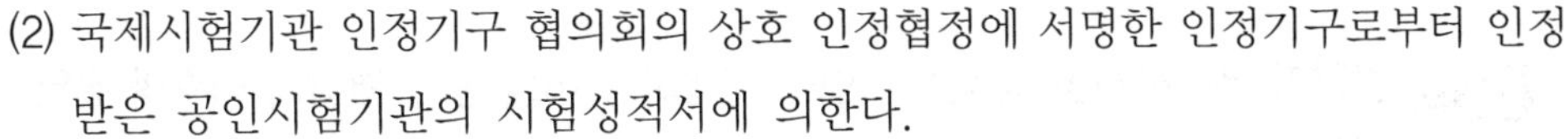

(2) 국제시험기관 인정기구 협의회의 상호 인정협정에 서명한 인정기구로부터 인정받은 공인시험기관의 시험성적서에 의한다.

2. 검수시험(檢受試驗, routine test)

구매품이 구매자가 요구하는 시방과 기준에 맞도록 적절하게 제작되었는 지를 확인하기 위한 시험으로, 일반적으로 제작자의 공장에서 시행한다.

3. 참고시험(參考試驗, special test)

인정시험, 검수시험 이외에 필요한 경우 구매자의 요구에 의해 시행하는 시험으로, 최초 개발시험 시 또는 특별히 지정된 경우에 행한다.

4. 시험 및 검사항목

시험 및 검사항목	인정시험	검수시험
(1) 구조 및 외관검사	○	○
(2) 변압비 측정, 극성 시험 및 각변위 시험	○	○
(3) 임피던스 전압 및 전부하 시험	○	○
(4) 무부하손 및 여자전류 측정	○	○
(5) 권선저항 측정	○	○
(6) 유도 내전압 시험	○	○
(7) 상용 주파 내전압 시험	○	○
(8) 부분방전 시험	○	○
(9) 온도상승시험	○	○
(10) 뇌임펄스 내전압 시험	○	○
(11) 부싱 변류기 시험	○	○
(12) OLTC 구조점검		
① 시퀀스 시험	○	○
② 내압력 및 진공 시험	○	○
(13) OLTC 구동장치		
① 기계적 동작 시험	○	○
② 보조회로 절연 시험	○	○
(14) 절연유 시험	○	○
(15) 조작 및 제어회로의 절연강도 시험	○	○
(16) 소음레벨	○	○

054 변압기 무부하시험 및 단락시험을 설명하고 이를 통한 변압기 정수와 전압 변동률을 설명하시오.

data 발송배전기술사 21-123-4-6 / 발송배전기술사, 건축전기설비기술사, 전기안전기술사, 전기응용 기술사 출제예상문제

답안

1. 무부하시험

(1) 시험 회로도

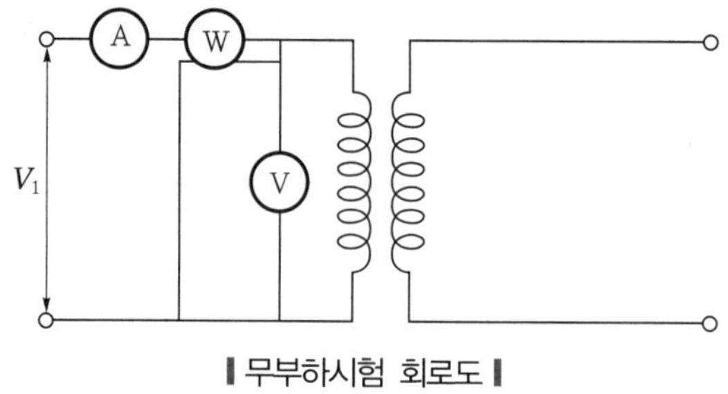

▮무부하시험 회로도▮

(2) 개방시험의 목적

① 무부하 상태에서 무부하손과 무부하 전위를 측정

② 신품에서는 성능을 확인하기 위해 시행

③ 여자전류, 어드미턴스, 무부하손(철손) 측정

④ 단락시험과 조합시켜 변압기의 효율 산출

(3) 무부하시험(개방시험) 방법

① 시험방법

㉠ 변압기 2차 측을 개방하고 1차 측에 정격전압 V_1을 인가한다.

㉡ 정격 75℃로 온도 보정을 하고 인가전압은 정격전압의 60 ~ 110%를 변화 시켜 특성 곡선을 얻는다.

㉢ 전류계의 지시치로 무부하 전류 I_0를 측정한다.

② 전류계 지시치

㉠ 여자전류 : $I_0 = Y_0 V_1$, $|Y_0| = \sqrt{g_0^2 + b_0^2}$

㉡ 어드미턴스 : $Y_0 = g_0 - j b_0$

③ 전력계 지시치 : $P_0 \fallingdotseq P_i = g_0 V_1{}^2 [\mathrm{W}] \rightarrow g_0 \fallingdotseq \dfrac{P_0}{V_1{}^2} [\mho]$

④ 여자 서셉턴스 : $b_0 = \sqrt{Y_0{}^2 - g_0{}^2} = \sqrt{\left(\dfrac{I_0}{V_1}\right)^2 - \left(\dfrac{P_i}{V_1{}^2}\right)^2} [\mho]$

2. 단락시험

(1) 시험 회로도

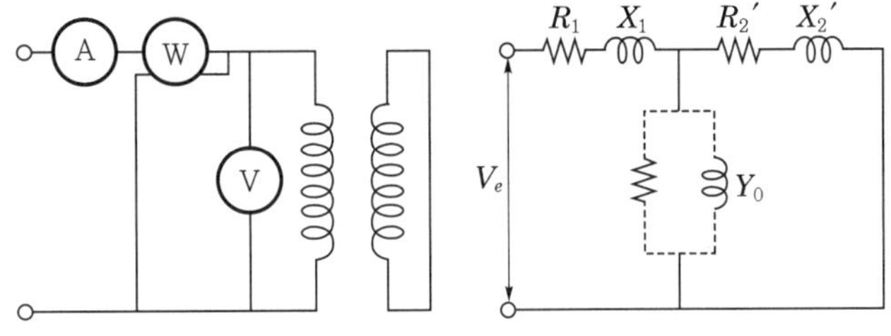

┃단락회로 시험 등가 회로도┃

(2) 단락시험의 목적

임피던스 전압, 동손(임피던스 와트), %저항 강하, %리액턴스 강하, 전압 변동률 측정 및 산출, 개방시험과 조합시켜 변압기의 효율 산출

(3) 단락시험의 방법

① 시험방법 : 2차 측을 단락하고 정격전류가 통전 때까지 1차 측 전압을 상승

② 전압계 지시치 : $V_s = Z I_1 \rightarrow Z = \dfrac{V_s}{I_1} [\Omega]$

③ 전력계 지시치 : $P_s = P_c = r_1 I_1{}^2 \rightarrow r_1 = \dfrac{P_s}{I_1{}^2} [\Omega]$

④ 리액턴스 : $x_1 = \sqrt{Z_1{}^2 - r_1{}^2} = \sqrt{\left(\dfrac{V_s}{I_1}\right)^2 - \left(\dfrac{P_s}{I_1{}^2}\right)^2} [\Omega]$

3. 효율(단락시험, 무부하시험으로 변압기 효율 구하는 식)

(1) 조건

변압기의 2차 전압을 V_2, 임의의 부하전류를 I_2, 철손을 P_{h+e}, 부하의 역률을 $\cos\theta_2$라고 하면 효율 η는 아래와 같이 구할 수 있다.

(2) 효율

$$\eta = \frac{V_2 I_2 \cos\theta_2}{V_2 I_2 \cos\theta_2 + P_{h+e} + I_2^{\,2}\left(R_2 + \dfrac{R_1}{a^2}\right)} \times 100\,[\%]$$

$$= \left[1 - \frac{P_{h+e} + I_2^{\,2}\left(R_2 + \dfrac{R_1}{a^2}\right)}{V_2 I_2 \cos\theta_2 + P_{h+e} + I_2^{\,2}\left(R_2 + \dfrac{R_1}{a_2}\right)}\right] \times 100\,[\%]$$

4. 임피던스 전압

* Chapter 01 - 문제 035의 답안 '2.' 내용을 참조한다.

---

055 변압기의 변압비 측정방법 및 판정기준에 대하여 설명하시오.

data 발송배전기술사 23-130-1-8, 전기안전기술사 19-117-3-2 / 발송배전기술사, 건축전기설비기술사, 전기안전기술사, 전기응용기술사 출제예상문제

답안

1. 목적

변압기의 각 권선의 권수비가 올바른지를 확인하여 정격전압 인가 시 요구된 출력전압으로 변환되는 지를 확인하기 위해서이다.

2. 측정방법

(1) 유기 기전력을 비교하는 방법

① 한쪽 권선에 전압을 인가하고 대응하는 상대 측 권선의 유기전압을 측정하여 변압비를 확인하는 방법이다.

② 1~2차 간 및 1~3차 간 모든 Tap에 대해 변압비를 측정한다.

③ 2~3차 간은 탭권선이 없으므로 정격 변압비에 적합한 지를 확인한다.

④ 탭이 설치된 변압기에 대해서는 모든 탭에 대해 변압비를 측정할 것

(2) 비오차 시험기를 이용하는 방법

① 비오차 시험기(ratio meter)는 Bridge 회로를 이용하여 변압비를 측정하는 시험기기이다.

② 기본 원리

㉠ 일반적으로 비오차 시험기를 사용하면 변압비뿐만 아니라 극성, 각변위, 상회전 시험이 동시에 가능하여 대부분의 제작사에서는 비오차 시험기를 사용하고 있다.

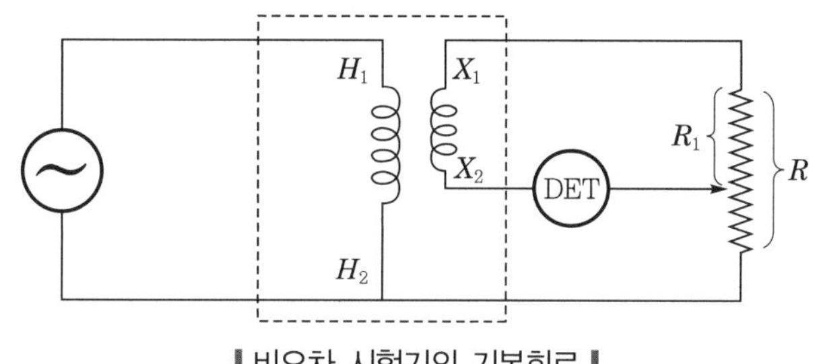

‖ 비오차 시험기의 기본회로 ‖

㉡ 그림에서 DET가 평형을 이루는 위치에서 변압비는 $\dfrac{R_1}{R}$ 과 같다.

3. 판정 기준

각 탭에서의 정격 변압비 계산치의 ±0.5% 이내이어야 한다.

---

056 변압기 절연내력(dielectric strength)을 정의하고, 변압기 제작 후 절연내력을 검증하기 위한 시험에 대하여 설명하시오.

(data) 발송배전기술사 19-118-1-2 / 발송배전기술사, 건축전기설비기술사, 전기안전기술사, 전기응용 기술사 출제예상문제

[답안]

1. 변압기 절연내력(dielectric strength)의 정의

변압기 절연체에 인가된 전압이 일정 한도를 초과하여 절연파괴가 발생한 경우 가해진 전압의 한계값을 절연내력이라 한다.

2. 변압기 제작 후 절연내력 검증을 위한 시험

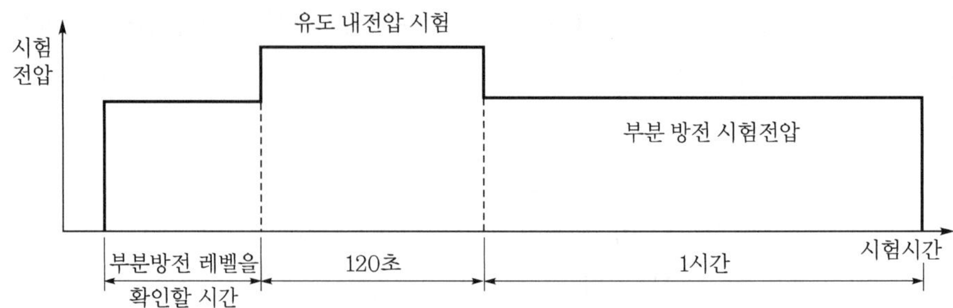

▌변압기 제작 후 검증시험 전압과 시간 ▌

(1) 뇌임펄스 내전압 시험(충격파 시험, BIL 시험)

① 목적 : 변압기와 피뢰기는 병렬로 접속되므로 직격뢰가 침입 시 피뢰기로 제한 전압 이하에서 견디는 여부를 측정하는 것이다.

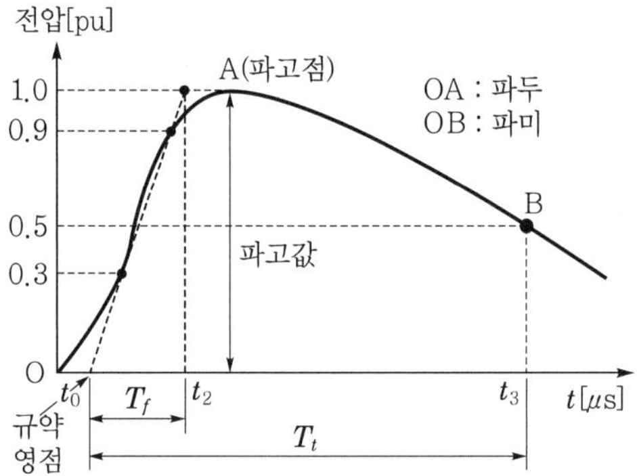

- E : 전압 파고치
- t_0 : 규약영점
- I : 파고치 전류
- $T_f = (t_2 - t_0)$: 규약 파두장(1.2μs)
- $T_t = (t_3 - t_0)$: 규약 파미장(50μs)
- E / T_f : 규약 파두준도
- $T_h = (t_3 - t_1)$: 규약 반파고 시간

② 시험충격 발생 시험기를 사용하여 충격전압을 인가하였을 때 Flash over와 구조물에 손상이 없을 것

③ 충격시험 시의 표준 충격파형 : $1.2 \times 50\mu$s[파두시간(파두장)을 1.2μs, 파미장 50μs]

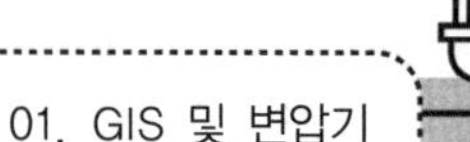

④ **충격파 크기** : 피시험 변압기의 표준충격절연강도(BIL)와 같은 파고치

⑤ **방법**

 ㉠ 50 ~ 70% 정도의 낮은 충격파(reduced impulse wave)를 인가해서 이상이 없을 경우 전파(full wave)를 가한다.

 ㉡ 필요에 따라서는 재단파(chopped wave)를 가하기도 한다.

 ㉢ 충격파를 가할 때는 변압기의 이상 유무는 접지선에 흐르는 전류의 파형분석으로 판별한다.

(2) 상용 주파 내전압 시험

변압기 권선과 권선 간 및 권선과 대지 간의 절연강도를 확인하는 시험

(3) 유도 내전압 시험

① 권선의 권회 간의 절연내력을 시험하는 경우와 상용 주파의 시험전압을 가압시켜 절연물의 절연파괴 여부를 시험하는 목적

② 부분 방전 측정과 병행하여 실시

③ 시험시간 $= 120 \times \dfrac{정격\ 주파수}{시험\ 주파수}\,[\text{s}]$

④ 시험 주파수 $= \left(\dfrac{유도\ 시험전압}{1.1 \times 정격전압} \right) \times 정격\ 주파수\,[\text{Hz}]$

(4) 개폐충격 내전압 시험

① **목적** : 선로를 개폐 시 발생되는 이상전압에서 규정된 절연계급에 맞도록 설계 및 제작 여부를 확인한다.

② **변압기 개폐충격 내전압 시험의 파형(BSIL)**

 ㉠ $10/350\mu\text{s}$: 파두장은 $10\mu\text{s}$, 파미장은 $350\mu\text{s}$

 ㉡ BSIL의 크기

  • BIL의 83%와 반복전압 인가에 대한 여유치 0.85를 고려한다.

  • $\text{BSIL} = 0.83\text{BIL} \times 0.85 = 0.7\text{BIL}$

057 대용량 변압기의 열화 및 이상진단 방법으로 사용되는 유중 가스 분석법과 SFRA (Sweep Frequency Response Analyzer, 기계적 변형 진단) 시험에 대하여 다음 사항을 설명하시오.

1. 유중 가스 분석법의 목적, 이상상태의 종류에 따른 가스 발생 유형, 판단방법
2. SFRA의 시험원리, 목적 및 판단방법, 측정시기

(data) 발송배전기술사 21-124-2-4 / 발송배전기술사, 건축전기설비기술사, 전기안전기술사, 전기응용 기술사 출제예상문제

답안 1. 유중 가스 분석법

(1) 유중 가스 분석법의 목적

변압기 내부에 이상이 발행하면 이상 개소에 과열이 발생하게 되고, 절연유 가열에 의해서 분해되어 Gas가 발생되어 유중 Gas 분석을 시행하여 열화를 진단한다.

① 변압기 내부 이상 유무 판정

② 내부 이상상태 진단

③ 운전계속 가능성 판단(변압기 수명 예측)

④ 해체, 점검 여부의 판단

(2) 분석방법

① 전기 절연유 채취 : 대기 접촉금지, 첫 번째 채유는 폐기

② 용존가스 추출 : 토리첼리, 티플러법

③ 가스 분석법 : 가스 크로마토그래피로 분석

(3) 이상상태의 종류에 따른 가스 발생 유형

이상의 종류	주발생 가스	비고
절연유의 과열	H_2, CH_4, C_2H_6, C_3H_8	• C_3H_8 : 프로판, C_3H_6 : 프로필렌, C_4H_{10} : 부탄
유침 고체 절연체의 과열	CO, CO_2, H_2, CH_4, C_2H_4, C_2H_6, C_3H_6, C_3H_8	• 도체가열 : CO, CO_2 생성되며, CO_2/CO의 체적비가 클수록 높은 온도 존재
절연유 중의 방전	H_2, CH_4, C_2H_2, C_2H_4, C_3H_8	
유침 고체 절연체의 방전	CO, CO_2, H_2, CH_4, C_2H_2, C_2H_4, C_3H_6, C_3H_8	

(4) 판단방법

comment 아세틸렌이 요주의 이상 나타나면 유지 • 보수에 신속한 대응이 반드시 필요하다. 방치 시 대형 고장이 예상된다.

구분	종류	현상	발생	발생 가스량	
				요주의	이상
H_2 (수소)	• 유중 코로나 분해 • 고체 절연물 아크 분해	• 코로나 방전(순환 전류에 의한 아크 발생) • 아크 방전	• 권선의 층간 단락 • 권선의 융단 • 탭 전환기 접점의 아크 발생	400ppm 이상	800ppm 이상
CH_4 (메탄) C_2H_4 (에틸렌)	• 절연유의 열분해	• 순환 전류 및 접촉 불량 • 누설전류에 의한 과열	• 접속부 이완 • 절환기 접점의 접촉 불량, 절연 불량	메탄 150ppm 에틸렌 200ppm	메탄 300ppm 에틸렌 400ppm
C_2H_2 (아세틸렌)	• 유중 아크 분해 • 고체 절연물 아크 분해	아크 과열	• 권선의 층간 단락 • 탭전환기 섬락	10ppm 이상	20ppm 이상
CO (일산화탄소)	• 고체 절연물 열분해 • 경년열화	과열, 소손	• 절연지 소손 • 베크라이트 소손	300ppm 이상	600ppm 이상

CO_2 (이산화탄소)	• 고체 절연물 열분해
	• 경년열화
		과열	• 절연내압 불량
			• 절연물, 절연유 열화
				• 에탄(CH_6)
				  – 요주의 : 150ppm 이상
				  – 이상 : 300ppm 이상	

2. SFRA(Sweep Frequency Response Analyzer, 기계적 변형진단)

(1) 시험원리

① 기기를 $R-L-C$ 회로로 모델링

　㉠ 권선 : R, L로 모델링

　㉡ 권선과 권선 간 C로 모델링, 철선과 철심(core) 간 C로 모델링

　㉢ 권선과 대지 간 C로 모델링

　㉣ $R-L-C$ 주파수 특성 : $Z = R + j\left(\omega L - \dfrac{1}{\omega C}\right)$, $\omega = 2\pi f$

② 주파수 가변 시 임피던스의 변화는 다음 그림과 같다.

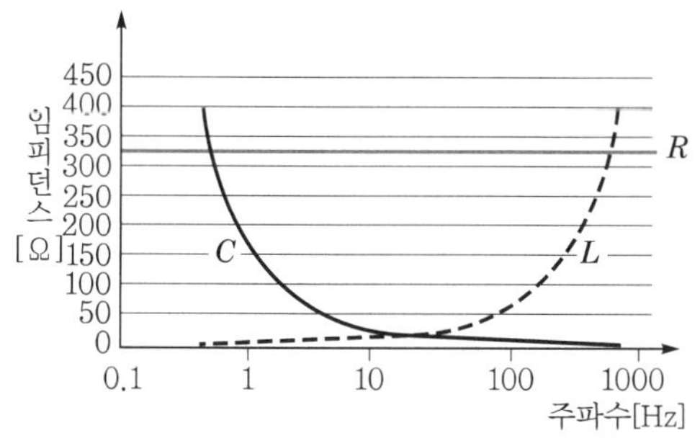

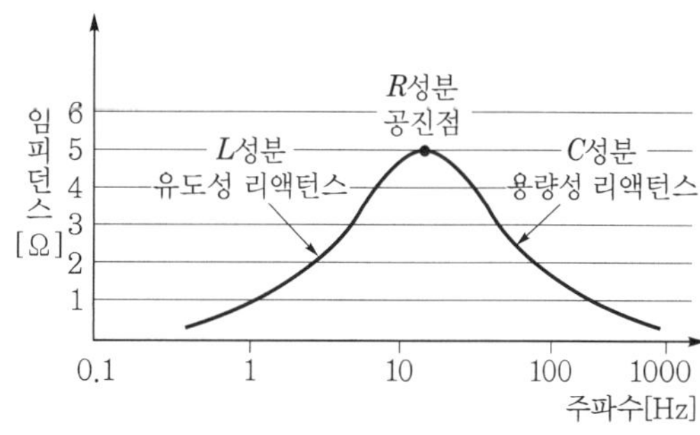

③ 응답특성

  ㉠ 대상기기에 ±10V 전압, 20Hz ~ 2MHz 주파수 인가로 응답특성을 산정한다.

  ㉡ 응답특성

- 입·출력비 $dB = 20\log_{10}\left(\dfrac{V_{out}}{V_{in}}\right)$

- 입·출력 위상차 $H(\theta) = \tan^{-1}\left(\dfrac{V_{out}}{V_{in}}\right)$

  ㉢ 각 요소별 응답특성

- R : 저항 증가 시 출력전압 감소
- L : 고주파수로 갈수록 출력 감소
- C : 고주파수로 갈수록 출력 증가

(2) 측정방법

① 단락회로시험

  ㉠ 2차 측을 단락시킨 후 시험전압 인가

  ㉡ 저항성분과 Inductance 분석 가능

② 개방회로시험(무부하시험)

  ㉠ 2차 측을 개방상태(무부하)시킨 후 시험전압 인가

  ㉡ 여자전류를 분석할 수 있음

(3) 측정목적

① 제작, 이동, 설치 시 구조물의 기계적 변형 진단

② 기기의 품질 증명과 이상 여부 진단

(4) 판단방법

영역	주파수 영역	진단가능 항목
1	0Hz ~ 2kHz	변압기 철심 변형 및 이동
2	2 ~ 20kHz	Bulk 권선 및 지지부분 변형
3	20 ~ 400kHz	변압기 주권선 및 Tap 권선 부분 변형
4	400kHz ~ 1MHz	변압기 주권선 및 Tap 권선 리드 및 부싱 부분 변형

(5) 측정시기

검수, 설치, 제작, 납품, 시운전, 운영 시 측정한다.

comment 25년부터 SFRA 관련 문제가 계속해서 출제될 것으로 예상된다.

058 변압기의 소음 발생원인 및 저감 대책에 대하여 설명하시오.

data 발송배전기술사 18-114-1-9, 전기안전기술사 09-89-1-10 / 발송배전기술사, 건축전기설비기술사, 전기안전기술사, 전기응용기술사 출제예상문제

답안

1. 개요

(1) 변전실 내에서의 소음은 변압기, 차단기, 송풍기, 공기 압축기, 비상 발전기 등이 원인이다.

(2) 이중 변압기의 소음은 항상 있으며 환경 관련 법상 규제를 다음과 같이 정한다.

▌환경 관련 법상의 변압기 소음범위 ▌

소음지역	지역특성	소음기준[dB]	
		주간	야간
'가'지역	자연환경 보존지역(국토 이용)	50 이하	30 이하
'나'지역	일반 주거지역, 준주거지역	55 이하	45 이하
'다'지역	상업지역	65 이하	55 이하
'라'지역	공장	70 이하	65 이하

(3) 변전소의 설계 시 화재 및 누유 대책과 정전유도 대책, 전파장해 대책, 주위환경과의 대책을 수립하여 민원방지에 철저를 기해야 한다.

2. 변압기 소음발생 원인

(1) 변압기 철심 자화현상에 의한 소음

① 철심이 자화되면 히스테리시스 현상과 와전류 현상으로 소음과 손실 발생

② 자구의 회전에 의한 진동, 소음 발생

③ 권선의 전자력에 의한 소음

④ 철심 포화 시 고조파 발생과 소음 발생

⑤ 변압기 소음의 주파수 특성은 100 ~ 수천 Hz이나 이중 저주파수인 100 ~ 500Hz가 주성분이다.

⑥ 철심의 이음새 및 싱층 간에 작용하는 자기력에 의한 진동

(2) 부하전류에 의한 소음

① 부하 불평형에 의한 소음 : 급격한 부하 변동

② 과부하에 의한 소음 확대

③ 고조파에 의한 소음, 진동 발생

(3) 기타 요인에 의한 소음

    ① 송풍기에 의한 소음 : 변압기 냉각

    ② 냉각팬 전동기에 의한 소음

3. 변압기의 소음 저하 대책

(1) 자화현상 대책

    ① 자구 미세화 변압기 사용

    ② 고방향성 규소강판 사용

(2) 자속밀도의 저감

경제성을 고려하여 자속밀도 저감의 한계가 있다.

(3) 부하전류에 의한 소음

변압기 운전의 안정화, 고조파 발생 억제

(4) 철심 탱크 사이에 방진고무를 삽입하면 저감효과는 3dB 정도이다.

(5) 변압기 탱크 주위에 방음 차폐판 설치

약 10dB 정도 저감되는 효과가 있다.

(6) 변압기 둘레와 윗부분에 콘크리트 방음벽 설치

약 30dB 저감되는 효과가 있다.

(7) 큐비클 내의 내장 또는 GIS화 시행

    ① GIS화된 Tr 배치는 소음원인의 근본적 차단(방지)대책이 된다.

    ② 일반적인 GIS화는 개폐장치 위주로 하고 있으나 최근 도심지 Load control S/S 건설 유지 · 보수 시 MTr 자체도 GIS화시켜 소음 민원방지 차원에 설계, 기획 시부터 검토하여 반영할 사항이다.

(8) ATNC(Active Transformer Noise Cancellation) 적용

    ① 변압기 굉음의 주파수, 위상, 진폭 등의 변화를 감지하고 장치된 제2의 소음원(굉음 방지장치)으로부터 나오는 음파와 3차원적으로 상쇄시키는 개념이다.

    ② 변압기 외벽의 굉음을 입력, 분석하는 장치를 설치하고 제2의 소음원을 변압기와 근접 설치하여 굉음의 분석결과에 따른 간접소음을 발생시키는 것

    ③ 기설 변압기에도 설치가 간편하다. 설계 시 모든 측면의 굉음에 대하여 가능하므로 경제성이 있다.

(9) 변압기에서 발생하는 소음과 180° 위상차를 가지는 동일 소음을 인공적으로 발생시켜 변압기에서 발생하는 소음을 상쇄시킨다. 이를 Active Noise Cancellation 이라고 한다.

SECTION 08 변압기 운영관리

059 변압기 과부하 운전 시 온도영향 및 수명과의 관계를 설명하시오.

data 발송배전기술사 17-112-1-2 / 발송배전기술사, 건축전기설비기술사, 전기안전기술사, 전기응용
기술사 출제예상문제

답안

1. 개요

과부하 운전이란 정격 연속 출력범위를 초과하여 운전하는 것으로, 부하가 갑자기
증가하면 권선이나 절연물의 온도가 상승하여 수명에 영향을 미친다.

2. 변압기 과부하 운전 시 온도 영향 및 수명과의 관계

(1) Montsinger의 실험식에 의한 수명과 온도 관계

① $Y = ae^{-b\theta}$ (85 ~ 105℃ 범위)

여기서, Y : 절연물의 수명, a : 상수, b : 0.1155, θ : 절연물의 온도

② 절연물의 온도가 6℃ 상승할 때마다 수명은 반감(최고 온도 90℃)된다.

③ 주위온도 30℃에서 1℃ 하강할 때마다 0.8% 과부하 운전이 가능하다. 즉,
여름철 변압기 주위온도를 냉각(선풍기 가동, 얼음장막 등으로 임시 조치)

④ 정격 부하에서 연속 사용 시 일반적으로 30년 사용한다.

(2) 10℃ 법칙에 의한 온도와 수명관계

① 온도 10℃ 오를 때마다 절연물의 수명은 약 절반으로 감소하고, 온도가 10℃
내릴 때마다 절연물의 수명은 2배 증가한다는 법칙이다.

② 10℃의 법칙으로 정확한 수치는 아니나, 절연물의 수명 근사치를 파악할 수
있다.

$$RL \simeq \frac{1}{2^{(\delta T/10)}}$$

여기서, RL : 절연물의 상대적인 수명

δT : 변압기 온도와 주위온도의 차이

(3) 일본규격(JEC)에 의한 변압기 수명

대략 30년(단, 아래 조건에 의해)

① 표고 1000m 이하 운전 시

comment 수험생들이 많이 틀리는 수치이다.

② 정격부하로 연속 가동

③ 주위온도 : 25도로 일정

④ 최고 온도 상승한도 : 95도 이내

3. 결론

(1) 최근에는 라이프 사이클의 저하로 실무적으로 15 ~ 20년 정도를 적정 수명으로 한다.

(2) 다음의 과부하 금지조건에 준수한 과부하 운전을 단시간 시행할 것

① 주위온도가 40도 초과 시는 금지

② 수리경력이 있는 경우

③ 연수가 15년 이상인 경우

④ 직렬기기 상태가 과부하 운전정격 초과 시

⑤ 유중 가스 분석결과가 1000ppm을 초과하는 경우

---

060 60Hz 기기를 50Hz에서 운전할 경우 변압기와 전동기의 변화에 대하여 설명하시오.

data 발송배전기술사 23-129-3-5 / 발송배전기술사, 건축전기설비기술사, 전기안전기술사, 전기응용 기술사 출제예상문제

답안 1. 60Hz 기기를 50Hz에서 운전할 경우 변압기 변화사항

(1) 자속밀도의 영향

① $E = 4.44 f N \phi_m = K_2 f B_m$ 이므로 $B_m = K_s \dfrac{E}{f}$

② 따라서, $B_{m1} = K_s \dfrac{E}{60}$, $B_{m2} = K_s \dfrac{E}{50}$

$B_{m1} : B_{m2} = \dfrac{1}{60} : \dfrac{1}{50}$ 에서 $\dfrac{1}{60} \times B_{m2} = B_{m1} \times \dfrac{1}{50}$ 이다.

③ 그러므로 $B_{m2} = B_{m1} \times \dfrac{60}{50}$, 즉 자속밀도는 당초보다 $\dfrac{6}{5}$ 배이다.

(2) 철손과 효율에 미치는 영향

comment 문제 061번은 철손을 구체적으로 질문한 것이며, 문제 060번은 개략적인 질문이다.

① 변압기 효율

$$\eta = \frac{출력}{출력 + 손실} = \frac{출력}{출력 + 철손 + 동손}$$

② 변압기의 유기전압은 $E = 4.44 f N \phi_m = K_2 f B_m$ 이므로 $B_m = K_s \dfrac{E}{f}$ 이다.

③ 철손 $W_i \propto B_m{}^2 f$ 이므로 철손은 철손$(W_i) \propto K \cdot \dfrac{E^2}{f}$

④ 결과적으로 f 에 반비례하여 철손의 변화가 있다$\left(철손은\ \dfrac{6}{5} 으로\ 증대\right)$.

⑤ 따라서, $\eta = \dfrac{출력}{출력 + 철손 + 동손}$ 의 산식에 의하여 효율은 원래의 Tr 효율보다 감소된다.

(3) 온도 상승의 변화

철손은 $\dfrac{6}{5}$ 으로, 증대는 에너지가 온도로 변환한다는 의미로 온도는 당초의 $\dfrac{6}{5}$ 으로 증가한다.

(4) 정격출력에 미치는 영향

① $P = V_2 I_2 \cos\theta$ 이므로 $V_2 = 4.44 f N \phi_m$ 변압기에서의 조건을 이용하면 다음과 같다.

$$V_1 - 4.44 \times 60 \times N\phi_m = K \times 60$$
$$V_2 = 4.44 \times 50 \times N\phi_m = K \times 50$$

② 따라서, $V_2 = V_1 \times \dfrac{5}{6}$ 로 낮아진다(출력이 83.3% 감소함).

③ 그러므로 $P \propto V_2 I_2$ 이므로 출력은 감소된다.

(5) 전압 변동률에 미치는 영향

① 전압 변동률의 표현식

$$\varepsilon = p\cos\theta + q\sin\theta$$

여기서 ε : 전압 변동률, p : %저항 강하 $= \% I_R$, q: %리액턴스 강하 $= \% I_X$

② 60Hz에서 50Hz로 변화하여 사용할 때는 p(%저항 강하)는 변화 없으나, q(%리액턴스 강하)는 주파수에 비례하므로 $q' = \dfrac{5}{6} \times q[\%]$ 가 된다.

③ 결과적으로 $(\varepsilon' = p\cos\theta + q'\sin\theta) < \varepsilon$ 됨을 알 수 있다.

④ 전압 변동률은 주파수에 비례하여 감소한다.

(6) 사용 가능성

① 60Hz 전월 대와 같이 동등 효율이 되려면 자속밀도의 저감이 필요하다.

② 철심의 양과 권선의 양을 상대적으로 증가시켜야 하므로 가격이 상승한다.

③ 손실 증가로 인한 용량이 감소하므로 설계 검토가 필요하다.

④ 결론적으로 60Hz Tr은 50Hz에 사용이 불가능하나, 50Hz Tr은 60Hz에 사용이 가능하다(출력 감소가 없기에).

2. 60Hz 기기를 50Hz에서 운전할 경우 전동기 변화사항

(1) 속도 변화

① 회전자계 속도 : $N_s = \dfrac{120f}{P}$ 에서 $\dfrac{5}{6}$ 감소

② 회전자 속도 : $N = \dfrac{120f}{P}(1-s)$ 에서 $\dfrac{5}{6}$ 감소

③ 슬립의 변화

$$s = \frac{N_s - N}{N_s} \times 100\,[\%]$$

여기서, N_s : 동기속도, N : 회전자(전기자) 속도[rpm]

주파수 저하 시 N_s와 N도 감소하나 Slip 변화는 극히 작다.

(2) 자속의 변화와 역률 및 손실과 온도 변화

① 자속은 $E_2 = 4.44K_2f\phi_m\omega_2$에서 $\phi_m = K\dfrac{E_2}{f}$ 이므로 $\phi_m = K_s\dfrac{E}{f}$

③ $\dfrac{1}{f}$ 에 비례하여 자속은 증가한다.

③ 따라서, $\phi = LI$에서 자속 증가, 여자전류의 증가로 이어지므로 역률 저하, 손실 증가, 온도 상승

(3) 철손의 증가

(4) Reactance 감소로 2차 전류 증가

① $I_2 = \dfrac{E_{2s}}{Z_{2s}} = \dfrac{sE_2}{\sqrt{r_2{}^2 + (sx_2)^2}} = \dfrac{E}{\sqrt{\left(\dfrac{r_2}{s}\right)^2 + (x_2)^2}}\,[\mathrm{A}]$

② 윗 식에서 $x_2 = \omega L = (2\pi f)L$이므로 주파수 감소 시 리액턴스 감소가 있다.

③ 따라서, 2차 전류 I_2는 증가한다.

(5) 토크의 변화

전동기 부하 특성에 따라 다르다.

① 정토크 부하 : $T =$일정이므로, $P = \omega T \propto NT$

$\quad \therefore P \propto N$

② 비례토크 부하 : $T \propto N,\ P = \omega T \propto NT$

$\quad \therefore P \propto N^2$

③ 제곱토크 부하 : $T \propto N^2,\ P = \omega T \propto NT$

$\quad \therefore P \propto N^3$

④ 정전력 부하 : $P = \mathrm{const}$이므로 $T \propto \dfrac{1}{N}$

(6) 사용 가능성

제곱토크 부하의 특성을 이용하는 VVVF 기동 및 속도제어용 전동기의 에너지 절감효과는 $\left(\dfrac{50}{60}\right)^3$, 즉 $\left(\dfrac{5}{6}\right)^3$만큼 감소하여 적용할 때 상세 검토를 해야 한다.

---

061 정격주파수 60Hz의 변압기를 50Hz 계통에 사용할 경우, 다음 사항들이 어떻게 변화하는지 설명하시오. (단, 철심은 포화상태가 되지 않음)

1. 자속밀도
2. 히스테리시스손과 와류손
3. 전압 변동률
4. 온도 상승

data 발송배전기술사 18-116-2-5 / 발송배전기술사, 건축전기설비기술사, 전기안전기술사, 전기응용기술사 출제예상문제

답안 1. 자속밀도의 영향

＊Chapter 01 - 문제 060의 답안 '1.' 내용을 참조한다.

2. 히스테리시스손과 와류손

(1) 철손

$$W_i = W_h(\text{히스테리시스손}) + W_e(\text{와전류손}) = k_1 f\, B^{1.6} + k_2 (t f B)^2\,[\text{W/kg}]$$

여기서, k_1, k_2 : 상수, f : 주파수[Hz]

$\qquad B$: 자속밀도[Wb/m^2], t : 철심재료의 두께[mm]

(2) 히스테리시스손 변화

약 11.6% 증가된다.

$$\frac{W_{h50}}{W_{h60}} = \frac{50}{60} \times \frac{(1.2 B_m)^{1.6}}{B_m^{\,1.6}} = 1.116$$

$$\therefore\ W_{h50} = 1.116\, W_{h60}$$

(3) 와류손 W_e 변화

$$\text{와류손} = k_2 (t f B)^2\,[\text{W/kg}]$$

$$\frac{W_{e50}}{W_{e60}} = \left(\frac{50}{60}\right)^2 \times \frac{(1.2 B_m)^2}{B_m^{\,2}} = 1$$

$$\therefore\ W_{e50} = W_{e60}\text{으로 와류손 변화는 없다.}$$

(4) 그러므로 철손 W_i는 약 1.116배 증가한다.

(5) 따라서, $\eta = \dfrac{\text{출력}}{\text{출력} + \text{철손} + \text{동손}}$ 의 산식에 의하여 효율은 원래의 Tr 효율보다 감소된다.

3. 전압 변동률

(1) 리액턴스 $X = \omega L = 2\pi f L$

(2) $\dfrac{X_{50}}{X_{60}} = \dfrac{K \cdot 50}{K \cdot 60} = 0.833$

$$X_{50} = 0.833 X_{60}$$

Reactance는 약 83.3% 감소

(3) 전압 변동률의 표현식은 $\varepsilon = p\cos\theta + q\sin\theta$ 이므로 q의 감소로 전압 변동률은 감소한다.

여기서 ε : 전압 변동률, p : %저항 강하$= \%I_R$

$\qquad q$: %리액턴스 강하$= \%I_X$

638

4. 온도 상승

철손이 1.116배 증가하면 당연히 온도는 상승한다.

5. 정격출력에 미치는 영향

(1) $P = V_2 I_2 \cos\theta$ 이므로 $V_2 = 4.44 f N \phi_m$ 변압기에서의 조건을 이용하면 다음과 같다.

$$V_1 = 4.44 \times 60 \times N \phi_m = K \times 60$$
$$V_2 = 4.44 \times 50 \times N \phi_m = K \times 50$$

(2) 따라서, $V_2 = V_1 \times \dfrac{5}{6}$ 로 낮아진다(출력이 83.3% 감소함).

(3) 그러므로 $P \propto V_2 I_2$ 이므로 출력은 감소된다.

---

062 변압기 1차 측 중성점이 직접 접지되어 Y−△ 결선으로 운전 중인 상태에서 1차 측 한 상이 결상되었을 때 변압기에 미치는 영향에 대하여 설명하시오.

data 발송배전기술사 17-113-2-6 / 발송배전기술사, 건축전기설비기술사, 전기안전기술사, 전기응용 기술사 출제예상문제

답안

1. 변압기 1차 측 중성점 직접 접지 Y−△ 결선에서 1차 측 한 상 결상 시 회로도

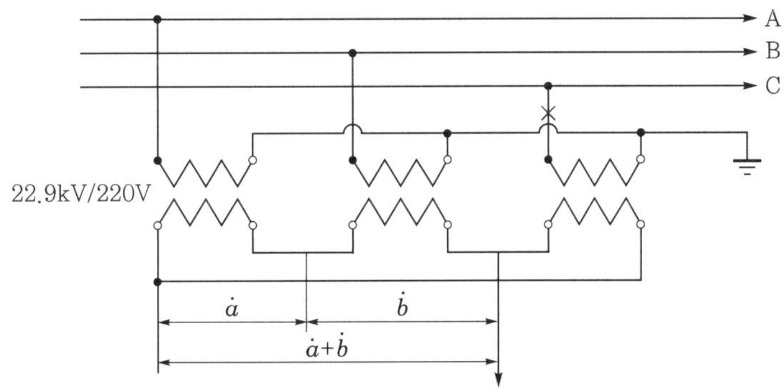

┃C상 결상 시 : 1차 측 Fuse 단선 시┃

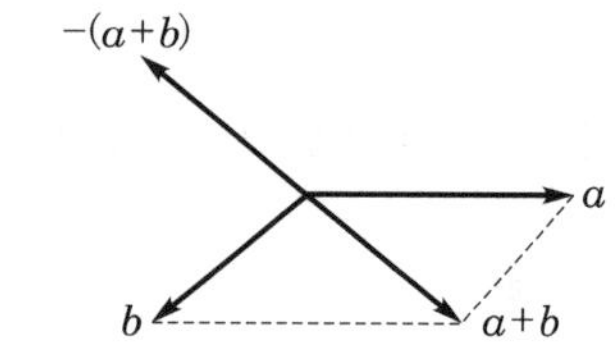

▌1상 결상 시 역 V결선의 전압 벡터도 ▌

1차 측 퓨즈 1상 단선으로 결상 시 역 V결선에 의해 2차 측으로 3상 전력공급이 가능하다.

2. 1차측 중성점 직접 접지 Y−△ 결선에서 1차측에 나타나는 현상

(1) Main VCB 측(22900V)에 보호계전기가 동작한다.

(2) 파워퓨즈 사고없이 자연 용단 시 단락되고 지락 계전기가 동작하지 않을 수 있다.

(3) 결상 계전기 셋팅 시 보호 계전기가 동작한다.

(4) 특고압 측 1상이 결상되어도 2차 측에 정상적으로 전원이 공급된다.

　① 1차 측 퓨즈 단선 시 역 V결선에 의해 2차 측에 3상 전력을 공급할 수 있다.

　② 결상된 $c = a + b$ 전압 발생

3. 결상 원인

(1) 정상운전상태 시 퓨즈 용단

(2) 전원 측 차단기의 오동작

(3) 접촉 불량, 단선 등에 의해 발생

4. 1차 측 한 상이 결상되었을 때 변압기에 미치는 영향

(1) 결상으로 인하여 정상상태일 때보다 변압기 용량이 감소

　① V결선 : 출력비 57.7% 감소($\sqrt{3}/3$)

　② 이용률 86.6% 감소($\sqrt{3}/2$)

(2) 변압기의 과부하현상 발생

(3) 변압기의 단상 운전으로 인한 발열 및 소손

(4) 저전압 계전기의 동작으로 정전 유발

(5) 전동기의 단상 운전으로 인한 소손

(6) 조명등 기구 점등 불가

(7) 마그넷 등의 오동작

(8) 정밀기기 오동작 및 내부 회로 소손

5. 대책

(1) 변압기 중성점 접지 Floating 운전

(2) 결상 계전기 설치

(3) 단선(결상) 시 보호 계전기가 동작할 수 있도록 보호협조 구성

---

063 전력용 변압기의 OIP(Oil Impregnated Paper) 부싱과 RIP(Resin Impregnated Paper) 부싱을 비교 설명하시오.

data 발송배전기술사 17-112-2-2 / 발송배전기술사, 건축전기설비기술사, 전기안전기술사, 전기응용 기술사 출제예상문제

답안

1. 개요

(1) 전력용 변압기의 부싱은 전력용 변압기의 전체 신뢰성에 크게 좌우된다.

(2) 특히 초고압(154, 345, 765) 변전소용 변압기는 변압기로 인한 정전피해가 매우 심각하므로(한전 변전소 정전 시 일반 부하 대정전 발생됨), 부싱 불량으로 인한 대형 전기화재(2014년 11월 30일 왕십리 154변전소)에 대한 예방대책 및 근원적인 부싱의 재료 측면에서 심각하고 신속한 대책이 필연적이다.

(3) 현재의 대형 변압기는 유침지 부싱 OIP(Oil Impregnated Paper) 절연 부싱을 오랫동안 사용해 왔고, 민간용 154변전소에서 거의 5년에 1회 정도로 대형 전기화재가 발생된 것으로 추정하나, 최근(14년)의 왕십리 한전 변전소 전기화재로 인해 정부가 급관심을 가지게 되었고 일반 대중들이 그 정전의 피해 심각성을 인식하는 계기가 되었다.

(4) 일반적으로 한 뱅크에서 전기화재 등으로 인한 변압기 가동 중지는 전기적으로 철저히 대비(이중 모선, 보호 계전기, 소화설비 등)한다.

(5) 오일부싱이 발화점이 된 경우 소화설비가 감지기 등을 통해 연동하도록 하나 대용량의 오일이 변압기 내 있기에 현존의 소화설비능력 보다 크게 초과한 화재 하중으로 소화설비가 가동해도 실제 화재현장에서는 급속한 화염전파를 막기에 매우 역부족이다.

(6) 더욱이 대형 변압기 뱅크가 밀집된 경우 2차 모선 및 1차 모선의 전기화재 피해는 막을 수 없고 실제 현장에서 발생된 사실도 있다.

(7) 따라서, 근원적인 안전개념에서, 최근에는 OIP를 절연성능이 우수한 RIP(수지 함침지 부싱)로 대체 중이며, 이 새로운 시스템은 OIP에 비해 몇 가지 장점이 있다.

2. 부싱의 재료에 의한 종류

(1) 수지 함침 합성섬유 부싱(RIS : Resin Impregnated Synthetic)

　① 주절연물이 순수 합성섬유로 싸여진 코어로 구성

　② 경화수지에 함침시킨 부싱

(2) 수지 함침지 부싱(RIP : Resin Inpregnated Paper)

　① 주절연물이 순수 절연지로 싸여진 코어로 구성

　② 경화수지에 함침시킨 부싱

(3) 폴리머 부싱(polymer bushing)

　① 주절연물이 싸여진 코어를 구성

　② 경화수지에 함침시킨 후 외부 셰드를 실리콘 소재로 성형한 부싱

3. OIP와 RIP의 특성비교

성능	OIP	RIP
절연성	오일 함침지	수지 함침지(절연성능 우수)
절연물	오일 함침지에 수분 침투 시 수명 단축, 오일 누출 위험	전기적 성능이 우수한 에폭시 수지로 함침
인화성 및 폭발위험	낙뢰 및 오일에 의한 화재 및 폭발 위험	오일이 없어 화재 및 폭발에 안전
환경성	기름이 첨가되어 환경오염 가능 (오일 저장소 운영 어려움)	기름이 첨가되지 않아 환경오염 가능성 작음
부분방전(PD) 수준	OIP는 5pC 많음	PD 수준은 2pC 미만 작음
$\tan\triangle$	0.45%	0.35% 이하
절연체등급 IEC 표준 60137	Class-E	Class-A
적용 전압	모든 전압에 적용	초고압(EHV) : 550kV까지 가능
취급 운송 설치	운송 중 파손 및 설치 어려움	중량이 OIP 부싱의 약 50% 설치하므로 유리
내진 및 기계적 강도	• 내진 성능이 낮음 • 적당한 강도	• 높은 내진 성능 • 기계적 강도 높음

성능	OIP	RIP
설치방법	• 수직에서 30° • 변압기 오일 낮추는 동안 교체	• 설치 제한 없음(수직, 어떤 각도로도 가능, 수평) • 부싱 설치시간 단축
유지관리	오일 관리 필요	RIP 유지·보수가 덜 필요
비용측면	RIP에 비해 저렴함	• 20 ~ 50% 비쌈 • 고 전압에서 비용 경쟁력이 있음 • 수요 증가 시 OIP와 동등해질 수 있음

4. 부싱의 구조상 구분

(1) 단일형(solid type) 부싱

① 자기(磁器)로 만든 중공(中空) 원통에 단순히 도체 삽입

② 구조가 간단하여 가격이 싸며 점검 정비가 용이

③ 구조상 절연내력이 낮기 때문에 30kV 이하에 사용

(2) 콤파운드(compound) 부싱

① 중심 도체에 절연물을 감고 애관 사이에 콤파운드 충진

② 애관 사이의 기포 제거로 단일형보다 절연내력 우수

(3) 콘덴서(condenser) 부싱

① 중심 도체 주위에 절연지와 금속박을 번갈아 감아 애관에 넣은 형태이다.

② 금속박층이 각각 같은 정전용량을 갖도록 하여 도체와 외함 간의 전위분포를 균일하게 유지시켜준다.

③ 부싱 직경이 가늘고 내염해 특성이 우수하다.

(4) 유입(oil-filled) 부싱

① 애관과 도체 사이에 절연 원통을 동심으로 배치하고, 절연유를 충진한다.

② 사용 전압은 60kV 이상 161kV 정도까지 널리 채용한다.

③ 60kV 이상 계통에 널리 쓰이며 특히 초고압 계통에 유리하다.

5. 향후 전망

(1) 특히 배전용 변전소용 154kV급 변압기 화재는 일반 부하가 많아 정전피해가 사회적으로 많다고 생각되므로(다른 변전소를 통한 정전부하 절체를 통한 실제 피해는 정전 1시간 이내로 복구 완료됨) 여론을 감안한 근원적인 안전재료의 부싱 교체가 필요하다.

(2) 또한, 국내 공장 및 대형 건축물의 154kV급 변압기용 부싱도 전기화재에 대비한 철저한 소방대책을 적용하여야 한다.

(3) 실제적인 전기화재 시 그 소화설비의 소화능력 및 탐지능력을 성능화재 보증 측면에서 실시해야 하며, 현재의 OIP는 가능한 RIP로 조속히 교체함이 바보안전(pool proof safty) 측면에서 이루어져야 할 것이다.

064 대용량 유입식 변압기의 유중 가스를 이용한 상태진단 및 고장진단 방법에 대하여 설명하시오.

064-1 유입식 변압기의 유중 가스를 이용한 상태진단 및 고장진단 방법에 대하여 설명하시오.

(data) 발송배전기술사 19-118-4-3·17-112-3-3 / 발송배전기술사, 건축전기설비기술사, 전기안전기술사, 전기응용기술사 출제예상문제

답안

1. 개요

(1) 대용량 변압기는 전력의 안정공급에 관련된 중요한 설비이며, 사고를 예방하기 위한 보수관리 및 절연진단이 필요하다.

(2) 최근 변압기 이상징후를 On-line 상태에서 상시 감시하여 사고를 예측하는 기술로 발전하고 있다.

(3) 상기의 개념으로 유중가스 분석법, 부분방전 측정법, 적외선 진단법과 이들을 통합관리할 수 있는 원격지의 온라인 진단법에 대하여 기술한다.

2. 유중 가스 분석에 의한 상태진단

(1) 구성도

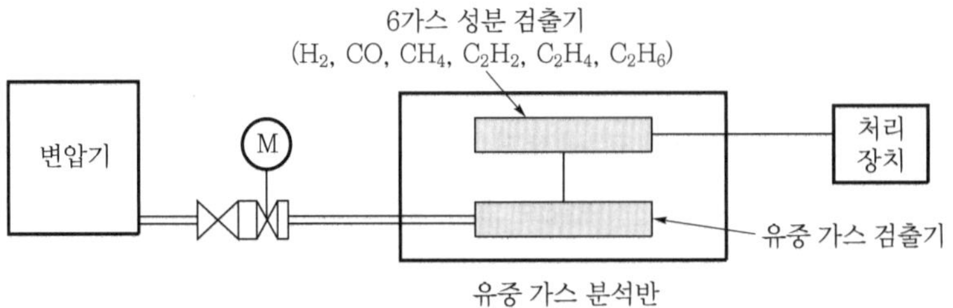

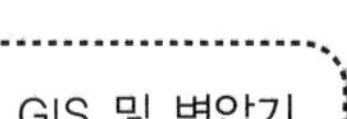

(2) 원리

변압기 내부에 이상이 발행하면 이상 개소에 과열이 발생하게 되고, 절연유 가열에 의해서 분해되어 Gas가 발생되어 유중 Gas 분석을 시행하여 열화진단한다.

(3) 내부 이상 시 발생 Gas(이상상태의 종류에 의한 가스 발생 성분)

이상의 종류	주발생 가스	비고
절연유의 과열	H_2, CH_4, C_2H_6, C_3H_8	• C_3H_8 : 프로판, C_3H_6 : 프로필렌, C_4H_{10} : 부탄
유침 고체 절연체의 과열	CO, CO_2, H_2, CH_4, C_2H_4, C_2H_6, C_3H_6, C_3H_8	• 도체가열 : CO, CO_2 생성되며, CO_2/CO의 체적비가 클수록 높은 온도 존재
절연유 중의 방전	H_2, CH_4, C_2H_2, C_2H_4, C_3H_8	
유침 고체 절연체의 방전	CO, CO_2, H_2, CH_4, C_2H_2, C_2H_4, C_3H_6, C_3H_8	

(4) 유중 Gas의 축출법

토리첼리의 진공법, 티플러법

(5) Gas 분석방법

가스 크로파토그래피 사용

3. 유입 변압기의 각 성분 Gas량에 의한 고장 진단방법(판정)

(comment) 아세틸렌이 요주의 이상 나타나면 유지·보수에 신속한 대응이 반드시 필요하다. 방치 시 대형 고장이 예상된다.

구분	종류	현상	발생	발생 가스량	
				요주의	이상
H_2 (수소)	• 유중 코로나 분해 • 고체 절연물 아크 분해	• 코로나 방전(순환 전류에 의한 아크 발생) • 아크 방전	• 권선의 층간 단락 • 권선의 융단 • 탭 전환기 접점의 아크 발생	400ppm 이상	800ppm 이상
CH_4 (메탄) C_2H_4 (에틸렌)	• 절연유의 열분해	• 순환 전류 및 접촉 불량 • 누설전류에 의한 과열	• 접속부 이완 • 절환기 접점의 접촉 불량, 절연 불량	메탄 150ppm 에틸렌 200ppm	메탄 300ppm 에틸렌 400ppm
C_2H_2 (아세틸렌)	• 유중 아크 분해 • 고체 절연물 아크 분해	아크 과열	• 권선의 층간 단락 • 탭전환기 섬락	10ppm 이상	20ppm 이상
CO (일산화탄소)	• 고체 절연물 열분해 • 경년열화	과열, 소손	• 절연지 소손 • 베크라이트 소손	300ppm 이상	600ppm 이상
CO_2 (이산화탄소)	• 고체 절연물 열분해 • 경년열화	과열	• 절연내압 불량 • 절연물, 절연유 열화	• 에탄(CH_6) - 요주의 : 150ppm 이상 - 이상 : 300ppm 이상	

4. 절연유 유중 가스 분석 및 판정 절차

KEPCO(한전) 판정기준이다.

발생 가스량	요주의	이상
수소(H_2)	400ppm 이상	800ppm 이상
일산화탄소(CO)	300ppm 이상	600ppm 이상
아세틸렌(C_2H_2)	10ppm 이상	20ppm 이상
메탄(CH_4)	150ppm 이상	300ppm 이상
에탄(CH_6)	150ppm 이상	300ppm 이상
에틸렌(C_2H_4)	200ppm 이상	400ppm 이상

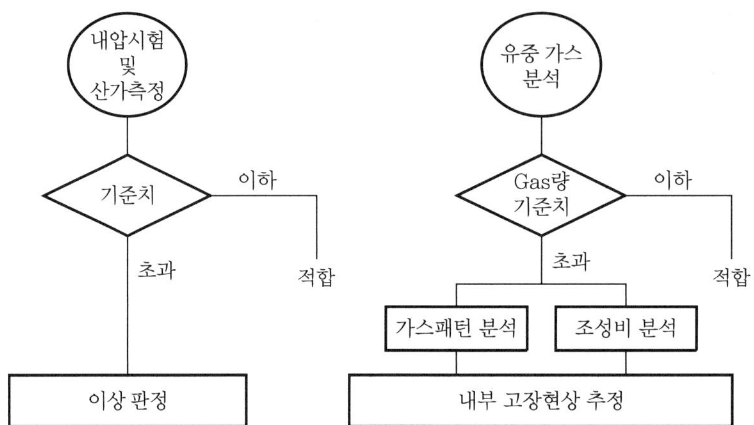

▌절연유 유중 가스 분석 및 판정절차 ▌

5. 변압기 예방보전 시스템

상기의 여러 방법을 통합하여 신호 및 변환처리 프로세스를 경유 후 원방 감시 시스템에서 인터넷을 통하여 On-line 감시하는 시스템으로, 현재 발전 중에 있다.

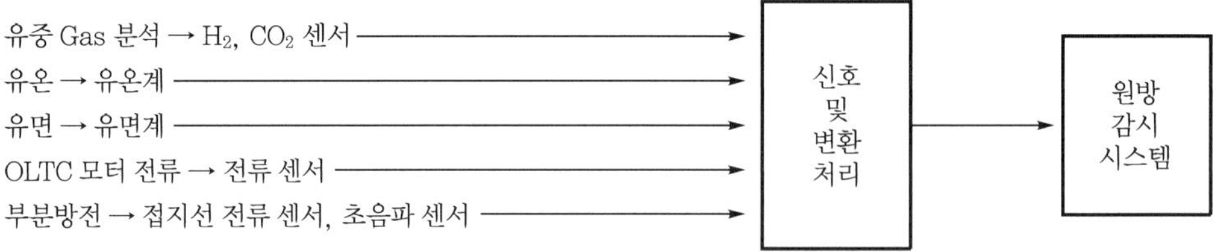

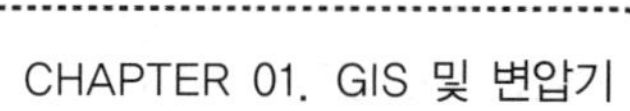

065 초고압 변압기의 열화 원인과 온라인 진단방법에 대하여 설명하시오.

(data) 발송배전기술사, 건축전기설비기술사, 전기안전기술사, 전기응용기술사 출제예상문제

답안

1. 개요

(1) 유입 변압기를 구성하는 주재료에는 도전재료로서의 동·알루미늄, 철심으로서의 규소강대, 구조재료로서의 강재, 절연재료로서의 절연유, 셀룰로스를 주재료로 하는 절연지, 프레스보드 등의 절연물이 있다.

(2) 절연유에 대해서는 공기, 수분 등의 침입이 없으면 절연유가 파괴전압에 큰 저하가 없어 장기 사용이 가능한 것이 보통이라 할 수 있다.

(3) 유침된 절연지, 프레스보드의 내전압도 가열열화로 큰 저하가 없다.

2. 변압기의 열화(劣化) 요인

절연물의 주요 열화 원인으로 다음 사항을 들 수 있는데, 이들 원인이 많은 경우 중복되어 절연물을 열화시킨다.

(1) 열에 의한 열화

유입 변압기가 발생하는 열로 절연물이 산화 및 열분해해서 일어나는 것으로, 절연지, 프레스보드 등은 기계적 강도가 저하한다. 열화의 원인 중 가장 큰 요인이기도 하다.

(2) 흡습에 따른 열화

절연지, 프레스보드가 대기 중의 수분을 흡수해서 절연내력 및 기계적 강도가 저하하는 경우로, 열에 의한 열화를 촉진하기도 한다.

(3) 코로나에 의한 열화

절연물에 가해지는 전계의 강도가 어느 정도를 넘었을 때 발생하는 코로나에 의해 일어나는 것으로 절연물이 탄화하고 절연내력의 저하와 함께 기계적 강도도 저하해서 열화가 되는 것이다.

(4) 기계적 응력에 의한 열화

단시간의 전자 기계력 또는 이상한 진동, 충격에 따라 절연지, 프레스보드 등이 기계적으로 파괴되어 절연내력이 저하하는 경우로 전술한 (1) ~ (3)의 원인으로 기계적 저항력이 약해져 있는데다가 기계적 응력이 작용해 파괴되는 경우도 많이 있다.

3. 전력용 변압기의 열화 진단방법

(1) 유중 가스 분석에 의한 상태진단

　* Chapter 01 - 문제 064의 답안 '2.' 내용을 참조한다.

(2) 부분방전 측정법

　① 접지선 전류법

　　㉠ 변압기 내부에서 부분방전이 발생하고 있는 회로에서 펄스성의 방전전류
　　　가 환류하는데 이것을 확인하여 열화 진단한다.

　　㉡ 접지선에 흐르는 펄스 전류를 검출하는 데 이용하는 기구는 로고스키 코일
　　　을 이용한 CT이다.

　　㉢ 구성도

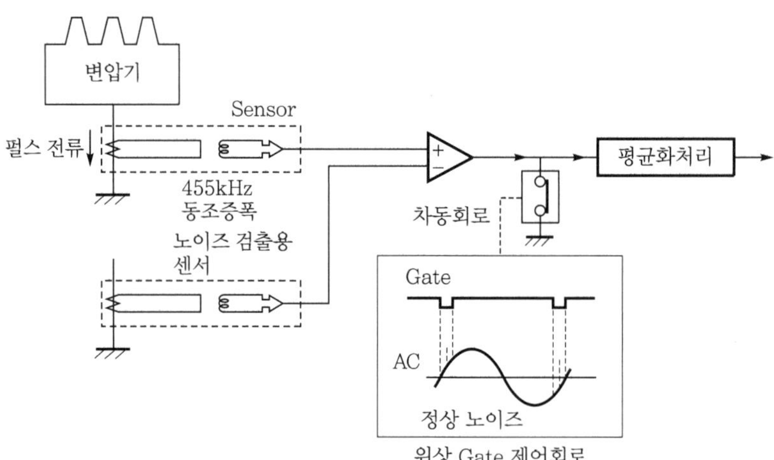

　② 초음파 진단법 : 변압기 내부에서 부분방전 발생 시 생기는 음향신호를 탱크
　　외벽에 밀착 설치된 초음파 센서로 압력 진동파를 검출하여 전기신호로 변환
　　하여 열화를 진단한다.

(3) 적외선 진단에 의한 방법

　① 적외선 카메라로 열을 영상으로 변환하여 열화를 진단한다.

　② 주로 배전용 Tr의 과부하 또는 열화 정도 파악에 사용된다.

(4) 변압기 예방보전 시스템

　상기의 여러 방법을 통합하여 신호 및 변환처리 프로세스를 경유 후 원방 감시
　시스템에서 인터넷을 통하여 On-line 감시하는 시스템으로, 현재 발전 중에
　있다.

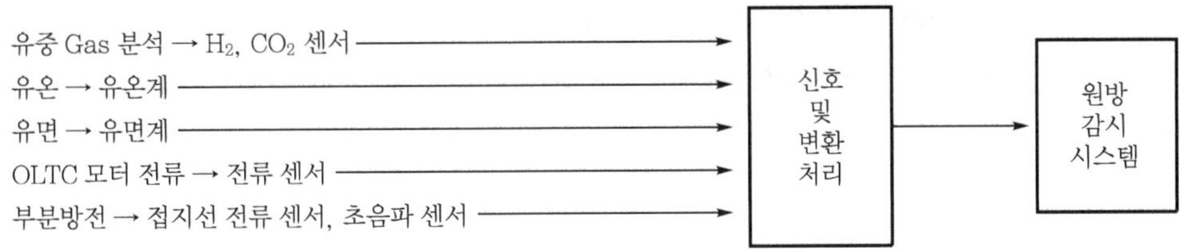

066 콘서베이터(conservator) 방식 유입 변압기에 대하여 설명하시오.

(data) 전기응용기술사 19-118-4-3 / 발송배전기술사, 건축전기설비기술사, 전기안전기술사, 전기응용 기술사 출제예상문제

답안

1. 개요

(1) 콘서베이터(conservator)

변압기 상자의 상부에 설치하여 호흡작용에 의해 오일이 열화되는 것을 방지하기 위해 설치한다.

(2) 적용

154kV급 이상의 4만 kW 수전 이상에 적용하는 유입 변압기에서 사용한다(4만 초과에는 154kV 수전함 : 기장 기초 상식임).

▍유입 변압기의 콘서베이터 ▍

2. 콘서베이터 방식의 유입 변압기의 종류

(1) 질소봉입 변압기(nitrogen-sealed transformer, gas oil seal tank)

① 개념도

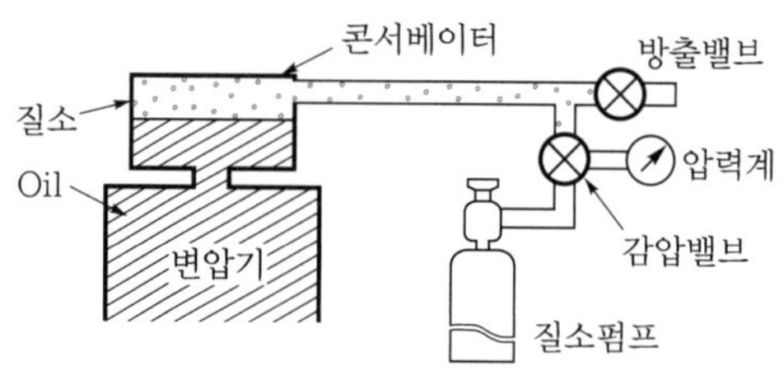

▎자동식 질소봉입 변압기 ▎

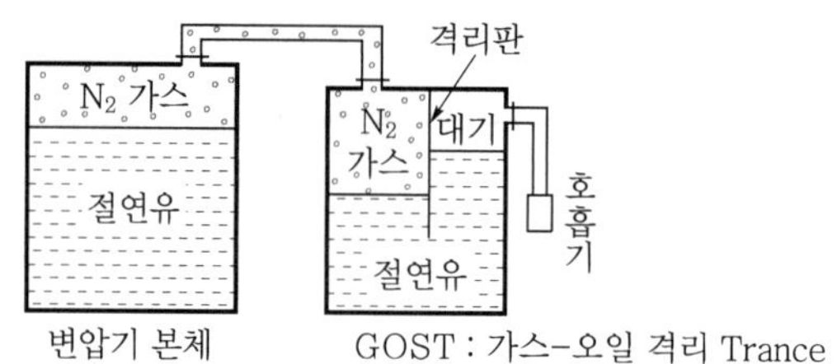

▎자동식 질소봉입 변압기 N_2 동작 메커니즘 ▎

② 동작원리

    ㉠ 유입 변압기에서 외함의 상부에 설치된 탱크(콘서베이터) 속의 오일 상부에 공기를 사용하였을 때 공기 중의 산소로 오일이 산화되어 열화한다.

    ㉡ 이것을 방지하기 위해 공기 대신에 질소 가스를 봉입한 변압기이다.

③ 장점

    ㉠ 절연유의 열화 정도를 극소화할 수 있다.

    ㉡ 구조와 동작원리가 간단하여 오동작이 거의 없다.

    ㉢ 설치 및 조작 운전이 용이하고 보수 및 점검이 대단히 간단하다.

④ 단점

    ㉠ 별도의 기초를 설치하여야 한다.

    ㉡ 제작처에서는 절연유가 다소 소요된다.

    ㉢ 질소가스가 절연유에 혼입되어 절연력을 약화시킬 수 있다.

    ㉣ 가스가 유중에 혼입되므로 운전에 따라 빈번하게 가스를 충전하여야 한다.

    ㉤ 세계적으로 사용을 중지하는 추세에 있다(구형 방식임).

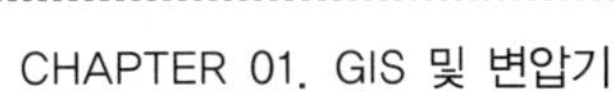

(2) Diaphragm conservator

① 개념도

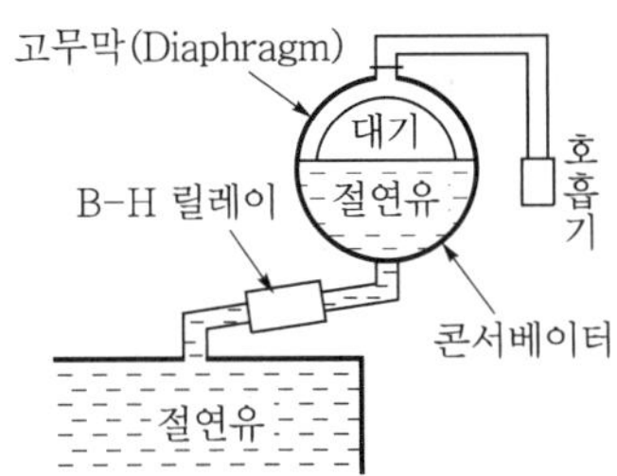

② 동작원리 : Conservator 속의 고무막(diaphragm)이 절연유의 팽창 및 수축에 따라 유동되게 함으로써 절연유의 열화를 방지한다.

③ 장점

  ㉠ 고무막을 사용하므로 대기와의 분리가 확실하고 변압기 절연유의 열화를 우수하게 방지한다.

  ㉡ 변압기 본체의 상부에 취부되므로 별도의 베이스를 설치할 필요가 없다.

  ㉢ Conservator 내부에서는 항상 대기압을 유지할 수 있고 냉각효과가 크게 나타난다.

  ㉣ 설치 이후에는 보수가 불필요하므로 유지비용이 적다.

④ 단점

  ㉠ 고무막이 터지면 열화 방지장치로서의 기능을 상실한다(고무막의 life cyalc이 긴지 않음).

  ㉡ 고무막의 취급 및 교환이 불편하다.

  ㉢ 공급 납기가 매우 길다.

  ㉣ 고무막의 전주위를 압착하여 조립하므로 누유 가능성이 높다.

3. Air seal cell conservator

(1) 개념도

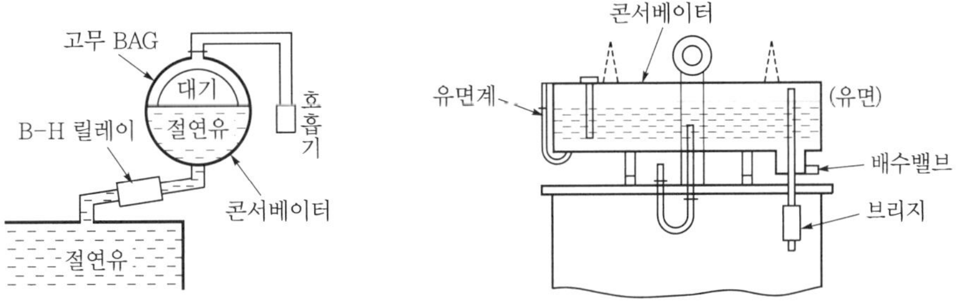

(2) 원리

변압기 절연유의 온도변화에 기인한 팽창 수축에 따라 Conservator 속의 고무셀 (air seal cell)이 팽창·수축 운동을 하게 하여 절연유의 열화를 방지한다.

(3) 장점

① 절연유와 대기를 완전 차단하므로 변압기 절연유의 열화현상을 우수하게 방지한다.

② 변압기 본체의 상부에 취부되므로 별도의 베이스를 설치할 필요가 없다.

③ Conservator 내부에서는 항상 대기압을 유지할 수 있고 냉각효과가 크다.

④ 설치 이후에는 보수가 불필요하므로 유지비용이 적다.

⑤ Diaphragm에 비해 운전 시 Partial stress를 적게 받는다.

⑥ Conservator에 연결부위가 없으므로 누유의 염려가 없다.

⑦ 해외에서 일반적으로 적용되며, 대부분의 국내 대규모 플랜트 전력설비에서 적용한다.

(4) 단점

고무백의 취급 및 교환이 불편하다.

---

067 배전용 변압기(154/22.9kV)의 이행전압을 설명하고, 이행전압 발생 시 절연파괴가 될 수 있는 전압을 구하시오.

data 발송배전기술사 23-129-3-2 / 발송배전기술사, 건축전기설비기술사, 전기안전기술사, 전기응용 기술사 출제예상문제

답안

1. 배전용 변압기(154/22.9kV)의 이행전압

(1) 이행전압

변압기 1차 측에 가해진 Surge가 정전적 혹은 전자적으로 2차 측에 이행하는 현상이다.

(2) 이행전압의 종류

① 정전 이행전압 : 변압기 권선에 가해지는 Surge 전압이 양전선 간 및 2차 권선 대지 간 정전용량으로 분포되어 생기는 전압이다.

② 전자 이행전압 : 변압기의 1차 권선을 흐르는 Surge 전류에 의한 자속이 2차 권선과 쇄교하여 유기되는 전압이며, 권선비가 그 Base가 된다.

③ 저압 권선(2차 권선)의 고유 진동전압

　㉠ 이행전압에 의해 2차 권선에 생기는 고유 진동전압

　㉡ '①·②'의 과정을 거쳐 저압 측(2차 측)으로 이행한 전압에 의해 생기는 저압 권선의 고유 진동전압으로서, 크기는 작으므로 무시해도 지장이 없다.

④ 결과적으로 2차 권선에는 이상의 세 가지 합성된 전압이 발생된다.

(3) 이행전압의 영향

① 변압기 2차 권선 및 2차 측에 접속되는 발전기 등 전기기기의 절연에 악영향을 준다.

② 전압비가 큰 변압기에서는 이행전압이 2차 측 BIL을 상회할 경우도 있어 보호장치가 필요하다.

(4) 정전 이행전압 개념과 보호방법

① 등가회로 및 내부전위 분포

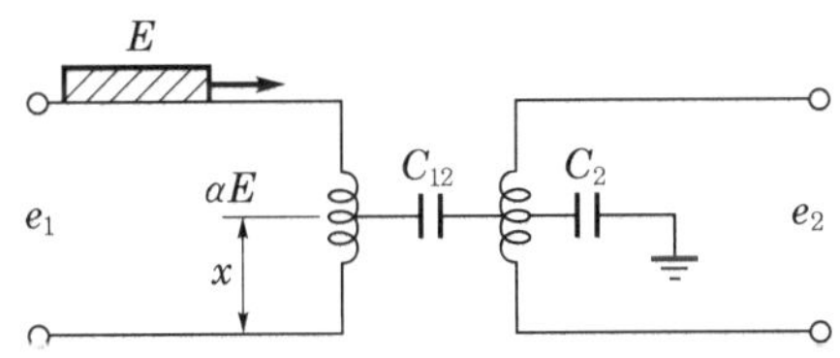

▌정전 이행전압 등가회로▐　　　　▌내부전위 분포▐

② 2차 권선으로 이행되는 전압

$$e_2 = E \cdot \frac{\alpha\, C_{12}}{C_{12} + C_{2e}}$$

여기서, E : 1차 측 서지전압

　　　　α : 변압기 구조에 따른 정수(보통 $1.3 \sim 1.5$)

　　　　C_{12} : 변압기 1·2차 권선 간 정전용량

　　　　C_{2e} : 변압기 2차 권선과 대지 간의 정전용량

③ 고전압 측의 전압이 높을수록 권선 간의 절연거리가 증대되어 두 권선 간의 정전용량은 감소한다.

④ 정전 이행전압의 크기(단, $C_{12} \simeq 0.5 C_{2e}$일 경우)

    ㉠ 단상 Tr : 1차 권선에 가해진 Surge 전압의 $40 \sim 50\%$가 이행된다.

    ㉡ 3상 Tr

- 중성점 접지 시 $\alpha = 0.6$이므로 1차 측 서지의 20%가 2차 측으로 이행된다.

- 중성점 개방 시 $\alpha = 1.5$이므로 1차 측 서지의 52%가 2차 측으로 이행된다.

⑤ 정전 이행전압 보호방법

    ㉠ 위 식과 같이 이행전압을 억제하기 위해서는 C_{2e}를 크게 하면 된다.

    ㉡ 대체로 변압기 1차와 2차 사이의 정전용량은 $10^{-2}\mu\text{F}$를 넘지 않으므로 변압기 2차 측과 대지 간에 $0.02\mu\text{F}$ 이상의 보호 콘덴서를 설치하면 된다.

    ㉢ 변압기 2차 측 선로가 케이블인 경우에는 케이블의 정전용량이 이를 충분히 커버할 수 있는지를 검토할 필요가 있다.

- 2차 측에 LA 설치

- 2차 측에 보호 Condenser 설치

- 2차 측의 BIL의 향상 등

(5) 전자 이행전압

① 전자 이행전압의 개념 : 1차 권선을 흐르는 Surge 전류에 의한 자속이 2차 권선과 쇄교하여 유기되는 전압이다.

② 해석 모델

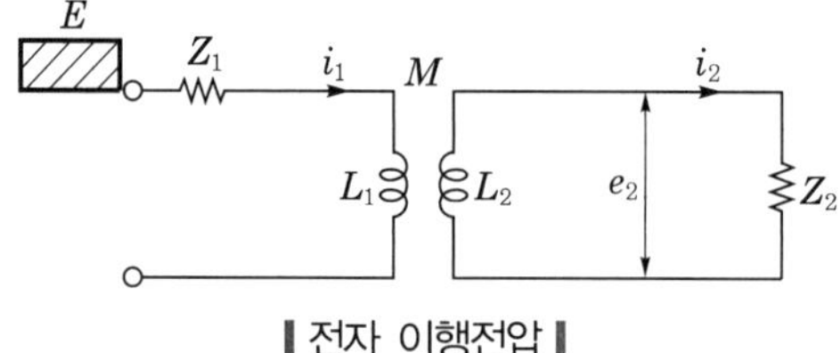

┃ 전자 이행전압 ┃

③ 단상 변압기 2차 권선으로의 전자 이행전압(e_2)의 크기

$$e_2 = \frac{E}{r} \cdot \frac{Z_2}{Z_1 + Z_2}\left(1 - e^{\frac{Z_1 + Z_2}{L_s}}\right)$$

여기서, e_2 : 전자 이행전압

    E : 1차 측 서지전압 파고치

    r : 권수비

Z_2 : 2차 권선에 접속된 임피던스의 1차 측 환산치$(r^2 \cdot Z_2^{'})$

Z_1 : 1차 권선 측의 서지 임피던스

L_S : 변압기 권선의 임피던스$(L_S = L_1 + L_2 - 2M)$

L_1 : 1차 권선의 인덕턴스

L_2 : 2차 권선의 1차로 환산한 인덕턴스

M : 상호 인덕턴스

④ 전자 이행전압의 특성

㉠ 전자 이행전압은 주로 권선비에 의해 정해진다.

㉡ 부하 임피던스가 클수록 전자 이행전압은 큰 값이 된다.

㉢ 전자 이행전압에 대해서 2차 측 콘덴서는 진동분을 길게 하는 것 뿐이므로 파고치를 억제하는 효과는 없다.

⑤ 전자 이행전압 억제 대책(보호방법)

㉠ 보통의 변압기, 권선 변압기 정전용량은 $2 \sim 10\mu F$ 정도이다.

㉡ 2차 측 대지 간에는 $5 \sim 10$배인 $0.05 \sim 0.1\mu F$의 콘덴서를 설치하면 이행전압은 억제되므로, 실제 계통에서는 별 문제가 없다.

2. 변압기(154/22.9kV)에서 이행전압 발생 시 절연파괴가 될 수 있는 전압

(1) 개념도

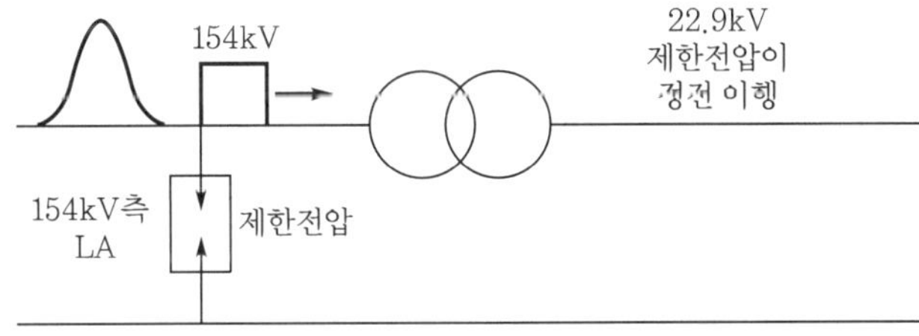

(2) 154kV 피뢰기의 정격전압과 제한전압 구분

① 피뢰기의 정격전압(실효치) : 144kV

② 피뢰기의 제한전압(파고치) : 460kV

③ 급준전류 제한전압(파고치) : 413kV

④ 뇌충격 제한전압(파고치) : 375kV

⑤ 개폐충격 제한전압(파고치) : 315kV

(3) 154/22.9kV 변압기 2차 측 이행전압의 크기

154kV급은 약 35%가 이행된다.

(4) 22.9kV 측 BIL(기준충격절연강도)

$$5E + 50 = 5 \times 20 + 50 = 150\,\mathrm{kV}$$

(5) 아래와 같이 이행전압이 22.9kV 측 절연레벨 초과 시 절연파괴된다.

① {460(= 154kV용 피뢰기 제한전압)×0.35 = 161kV} > 150kV : 절연파괴 발생

② {413(= 154kV용 피뢰기 급준전류 제한전압)×0.35 = 144.5kV} < 150kV : 절연파괴 없음

③ {375(= 154kV용 피뢰기 뇌충격 제한전압)×0.35 = 131kV} < 150kV : 절연파괴 없음

(6) 대책

① 22.9kV 피뢰기 적용 시 선로보호는 가능하나 변압기 권선은 과전압이다.

② 154/70kV의 MVAC 변압기에 피뢰기를 적용할 경우 70kV의 BIL이 325kV이므로 154kV 측으로부터의 정전이행 시에도 절연유지가 가능하다.

---

reference

2차측 정전 이행전압(e_2) 유도

$$e_2 = \frac{C_{12}}{C_{12} + C_{2e}} \times k E_A = \frac{1}{1 + \dfrac{C_{2e}(= C_g)}{C_{12}(= C_s)}} \times k E_A = \frac{1}{1 + \alpha^2}(k E_A)$$

여기서, C_{12} : 변압기 1·2차 권선 간 정전용량

C_{2e} : 변압기 2차 권선과 대지 간의 정전용량

k : 변압기 구조 및 접지에 따른 상수

E_A : 1차 측 서지전압

α : $\sqrt{\dfrac{C_g}{C_s}}$ (α-factor라 함)

변압기 구조에 따른 정수(보통 1.3 ~ 1.5)

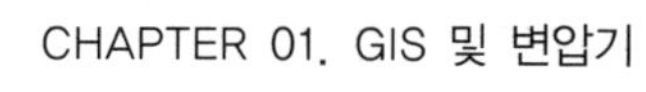

068 전기기기에 적용되는 절연계급을 허용온도에 따라 분류하고 적용 기기에 대하여 설명하시오.

068-1 KS C IEC 60085(전기 절연-내열성 평가와 표시)에 따라 전기절연, 내열성 등급 및 공기로 냉각할 수 있는 허용온도와 최대 허용온도의 관계에 대하여 설명하시오.

(data) 전기응용기술사 22-128-1-10·20-122-1-2 / 발송배전기술사, 건축전기설비기술사, 전기안전기술사, 전기응용기술사 출제예상문제

답안

1. 상대 내열지수, 내열등급의 정의

(1) 상대 내열지수(Relative Thermal Endurance index ; RTE)

시험재료의 끝점 도달 추정시간이 예상되는 내열온도와 동일한 온도에서 기준재료의 예상되는 끝점 도달시간과 동일할 때의 온도에 해당하는 수치[℃]

(2) 내열등급(thermal class)

① 전기 절연재료나 전기 절연 시스템이 사용되기에 적절한 온도[℃]의 최대 수치에 상응하도록 표현된 전기 절연재료와 전기 절연 시스템의 구분

② 동일한 전기 절연재료나 전기 절연 시스템이라 하여도 다른 운전 조건 하에서 다른 내열등급으로 분류할 필요가 있을 수 있다.

2. 전기절연, 내열성 등급 및 공기로 냉각할 수 있는 허용온도와 최대 허용온도의 관계

(1) 전기장치에 있어서 온도는 절연재료에 영향을 미치는 핵심적인 열화인자이다.

(2) 기본적인 내열성 분류가 가능하다는 것이 국제적으로 인식되고 있다.

(3) 'Y' 표기는 90℃ 미만의 상대 내열지수를 의미한다.

(4) 내열성 등급 분류가 전기 절연재료에 대하여 규정되는 경우 적절한 전기 절연재료에 대하여 ℃로 표현된 온도의 최댓값을 말한다.

(5) 전기 절연재료의 내열성 등급(IEC 680085)

상대 내열지수[℃]	내열등급[℃], 허용 최고 온도	종별 (표기)	주요 절연물의 종류
90 이하	90	Y	목면, 비단, 종이 등의 재료로 구성되며, 바니시류를 함침하지 않고 기름 속에 담그지 않은 절연
90 초과 105 이하	105	A	목면, 비단, 종이 등의 재료로 구성되며, 바니시류를 함침하고 기름 속에 담근 절연
105 초과 120 이하	120	E	에나멜선용 폴리우레탄 수지, 에나멜선용 에폭시 수지, 면적층, 종이적층 등의 절연재료로 구성

상대 내열지수[℃]	내열등급[℃], 허용 최고 온도	종별 (표기)	주요 절연물의 종류
120 초과 130 이하	130	B	마이카, 석면, 유리섬유 등의 재료를 접착재료와 함께 사용하여 구성한 절연
130 초과 155 이하	155	F	마이카, 석면, 유리섬유 등의 재료를 실리콘 알키드 수지 등의 접착재료와 함께 사용하여 구성한 절연
155 초과 180 이하	180	H	마이카, 석면, 유리섬유 등의 재료를 규소수지 또는 동등 성질을 가진 접착재료와 함께 사용한 절연
180 초과 200 이하	200	N	생 마이카, 석면, 자기, 석영 등이 단독으로 구성된 것이나 접착재료와 함께 사용한 절연
200 초과 220 이하	220	R	
200 초과 250 이하	250	–	

※ 250℃ 초과 온도는 25℃ 간격으로 증가시키고 그에 따라 등급을 구분한다.

069 대지진에 의한 전력설비의 보호를 위한 변전기기의 내진 대책에 대하여 기술하시오.

069-1 수·변전설비의 내진설계 세부사항에 대하여 설명하시오.

(data) 발송배전기술사 14-102-2-4, 전기응용기술사 22-126-1-12 / 발송배전기술사, 건축전기설비기술사, 전기안전기술사, 전기응용기술사 출제예상문제

답안

1. 개요

(1) 대지진으로 인하여 기기가 지진과 공진하여 애자형 기기나 지지애자를 중심으로 피해가 발생하며, 고전압·대용량화에 따라 기기의 신뢰성 향상을 목적으로 한 내진성능의 연구가 진행되어 왔다.

(2) 지진과 공진하기 쉬운 애자형 기기를 중심으로 정적인 수평속도 0.5G의 지진에도 견딜 수 있도록 동적 내진설계를 도입하여 진도 6.5에도 견디는 기준으로 정한다.

2. 동적 내진설계 시 고려사항

(1) 변전기기는 여러 지역에 걸쳐 있기 때문에, 설계지진 압력, 지반, 기초의 영향을 개개로 검토하는 어려움이 있다.

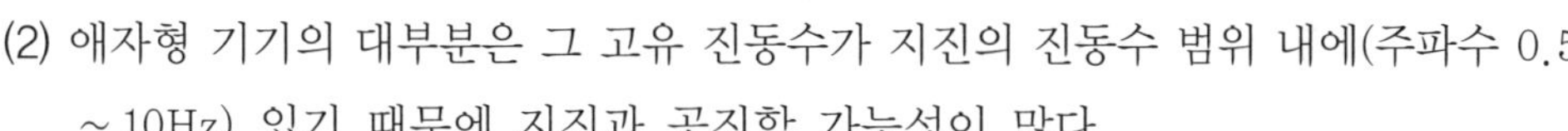

(2) 애자형 기기의 대부분은 그 고유 진동수가 지진의 진동수 범위 내에(주파수 0.5
~10Hz) 있기 때문에 지진과 공진할 가능성이 많다.

(3) 내진상, 취약부가 되는 애자류는 포성재료이기 때문에 그 파괴는 망, 재 등과
달라서 발생응력이 허용치를 초과한 순간에 일어나며, 그 계속 시간이나 파형의
영향을 받지 않는다.

3. 동적 내진설계 방법

(1) 설계 지진력

① 지표면의 입력으로서 수평 가속도 0.3G를 선택한다.

② 파형은 공진 정현 3파를 채용한다.

㉠ 파형은 과거의 실제 지진파에 의한 응답과 인공 지진파에 의한 응답의
비교에서 공진 정현 2파를 채용하는 것이 타당하다.

㉡ S파(횡파) 속도 150m/s 이상의 지반에서는 기초의 증폭은 1.2배 이하로
하고, 이것에 연직 가속도나 저속도체의 영향 등의 불확정 요인에 대한
여유도 1.1배로 고려한다.

㉢ 기기 단체의 지진입력은 지표면 입력의 약 1.3배(1.2×1.1배＝1.32)로 한다.

㉣ 공진 정현 2파에 대한 공진 정현 3파의 응답비가 1.3배가 되므로 공진
정현 3파를 채용한다.

③ 고유 진동수가 0.5Hz을 밑돌 때 또는 10Hz를 상회할 때는 설계 지진력의
진동수를 각각 0.5Hz 또는 10Hz로 힌다.

(2) 인가장소

가대의 하단(수평 가속도 0.3G의 힘을 가대의 하단 장소에 인가함)

(3) 지반조건

지반의 S파 속도 150m/s 이상

4. 내진대책

(1) 지진과의 공진을 피하는 방법

① 기기의 고유 주파수를 지진의 탁월 주파수(0.5~10Hz)에서 움직이게 하는
방법이다.

② 고유 주파수를 0.5Hz보다 작게 하는 부드러운 구조로 하는 방법과 10Hz보다
크게 하는 강구조에 의한 방법의 두 가지 중 강도면에서 강구조로 하는 방법을
취하는 경우가 많다.

(2) 부재를 강화하는 방법

① 애자의 강화

　ㄱ 단면계수의 증대 : 애자의 직경을 크게 하고, 단면계수를 증가시켜서 응력을 저하

　ㄴ 고강도 애자의 사용

　ㄷ 플랜지의 강화

② 스테이 애자의 취부 : 다단적 지지애자를 사용하고 있는 경우, 중단의 지지애자에 스테이 애자를 취부하여 하부 지지애자의 강성을 높인다.

③ 가대, 기초의 강화 : 가대, 기초의 고유 진동수를 기기의 고유 진동수보다 높게 한다.

　ㄱ 가대를 사재 등에 의해 보강

　ㄴ 지지애자의 취약부를 보강

　ㄷ 볼트의 풀림 방지대책을 강구

④ 상호 간섭으로 인한 피해 파급의 방지

　ㄱ 단독 접속에 의한 방법

　ㄴ 기기 간 연결선에 여유를 갖게 하는 방법

(3) 수 · 변전설비의 내진대책

① 변압기

　ㄱ 기초 볼트의 적정 하중이 최대 점검 포인트 : 전단력과 인발력 이상의 허용 값 사이즈

　ㄴ 방진장치가 있는 것은 내진 스토퍼 설치 : 전도 방지

　ㄷ 기계적 계전기류의 불필요한 동작에 대한 대책 강구

　ㄹ 내진성 향상을 위해 기초 부재를 크게 하고 부싱 지지부 강도를 보강 실시한다.

② 옥외 애자형

　ㄱ 공진 시 동적 하중에 견디는 강도로 할 것

　ㄴ 필요에 따라 고강도 애자 사용

　ㄷ 내진조건에 따라 스테이 애자로 보강

③ 가스 절연 개폐장치(GIS)

　ㄱ 기초부를 중심으로 한 정적 내진설계로 대처 가능

　ㄴ 가공선 인입의 경우 부싱은 공진을 고려해 동적 설계할 것

　ㄷ 진동 발생 시 플렉시블 조인트를 접속부에 사용할 것

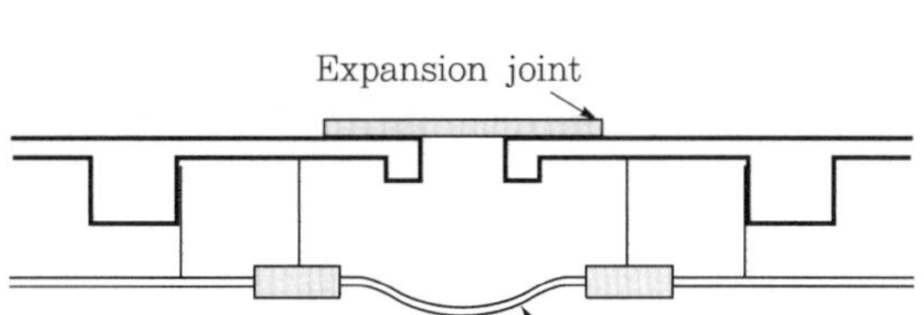

④ 보호 계전기

　㉠ 정지형 계전기나 디지털 릴레이를 사용한다.

　㉡ 협조상 가능한 범위 내에서 타이머를 사용한다.

⑤ 설비전반

　㉠ 전기실은 지하층이나 저층에 시설한다.

　㉡ 옥외 기기의 경우 기초는 일체 구조로 한다.

　㉢ 배관, 리드선, 케이블은 가요성을 부여한다.

　㉣ 접속부 배선은 여유를 둔다.

5. 변전설비별 내진대책 요약

항목		내진대책
수전 변압기		• 기초 볼트의 정적 하중이 최대 체크 포인트임 • 방진 장치가 있는 것은 내진 스토퍼를 설치함 • 애자는 0.3G, 공진 3파에 견디는 것일 것 • 기계적 계전기류의 불필요한 동작대책을 세움
가스절연 개폐장치	옥외 가스 절연 개폐장치 (GIS)	• 일반적으로 기초부를 중심으로 한 정적 내진설계로 계획함 • 가공 인입선의 경우 부싱은 공진을 고려한 동적 설계를 함
	큐비클형 가스 절연 개폐장치 (C-GIS)	• 기본적으로 스위치 기어와 동일한 내진설계 • 盤(반) 사이 및 변압기와의 접속에는 케이블 및 Flex conductor를 사용하고 가요성을 고려함 • 0.3G, 공진 3파에 견디는 것일 것
보호 계전기		• 정지형 계전기나 디지털 릴레이를 사용함 • 판의 강성을 높여서 응답배율을 내림 • 기초부를 보강함 • 다른 종류의 계전기를 조합해서 사용함 • 협조상 가능한 범위에서 타이머를 넣음

항목	내진대책
자가 발전 설비	• 발전기 연료는 외부 공급방식이 아닌 자체 저장시설에서 공급하는 방식일 것(가스연료는 지진이나 화재 시 공급 차단 우려가 있음) • 냉각방식은 외부의 물 이용방식이 아닌 자체 라디에이터 냉각방식일 것(외부의 물 이용방식은 지진 시 공급 차단 우려 있음) • 엔진과 발전기에 방진장치를 시설할 경우에는 지진 하중이 엔진 발전기의 중심에 작용한 경우의 수평 2방향과 연직 방향의 변위에 대하여 유효하게 구속하는 스토퍼를 시설할 것 • 스토퍼와 본체 접촉면은 완충 고무판 설치, 배기관 지지 2m마다 고정, 스토퍼와 배기관 상하 좌우틈은 5mm로 함 • 엔진의 배기, 냉각수, 연료, 윤활유, 시동용 공기의 각 출입구 부분에는 변위량을 흡수하는 가요관을 시설할 것 • 보조기, 탱크류의 가대, 배관류, 배전반의 보강, 지지 방법을 구체적으로 명시할 것
축전지 설비	• 앵글 프레임은 관통 볼트에 의하여 고정시킴 • 내진가대의 바닥면 고정은 강도적으로 충분히 견딜 수 있도록 처리 • 축전지 상호 간의 틈이 없도록 내진가대를 적용할 것 • 축전지 인출선은 가요성이 있는 접속재로 충분한 길이의 것을 사용하고, S자형으로 배선하는 방법 등을 고려함

모선 / 차단기 / 파워퓨즈 / 접지

SECTION 01 모선

070 우리나라 전력계통의 변전소에 적용하고 있는 전압별(765/345/154/22.9kV) 모선 구성방식을 설명하시오.

(data) 발송배전기술사 22-128-4-5 / 발송배전기술사 출제예상문제

답안

1. 개요

(1) 모선(bus)의 정의

발·변전소의 주변압기 단자와 송·배전 선로의 인출구 사이에 기기를 접속할 수 있는 공통의 전선

(2) 모선의 구성방식의 기본 개념

계통 운용에 있어서 가장 유기적이면서 구조가 간단하고, 설비보수가 편리하도록 되어야 한다.

(3) 변전소별 모선 구성방식 구분

모선전압 변전소	765kV	345kV	154kV	22.9kV
765kV	2B-1.5CB	2B-1.5CB	–	–
345kV	–	2B-1.5CB	2B-1.5CB 2B-1CB	–
154kV	–	–	2B-1.5CB 2B-1CB	2B-1CB

주) 2B : 2중 모선, nCB : 1회선당 차단기수 n

2. 765kV 변전소의 모선 구성방식

(1) 1차(765kV) 측 모선 구성방식

① 2중 모선 1.5차단방식으로 1개의 Bay당 3개의 차단기를 설치하고 2개 회선이 연결되도록 한다.

② 양방향 인출이 불가능한 Bay는 2개의 차단기를 설치하고 1개 회선이 연결되도록 한다.

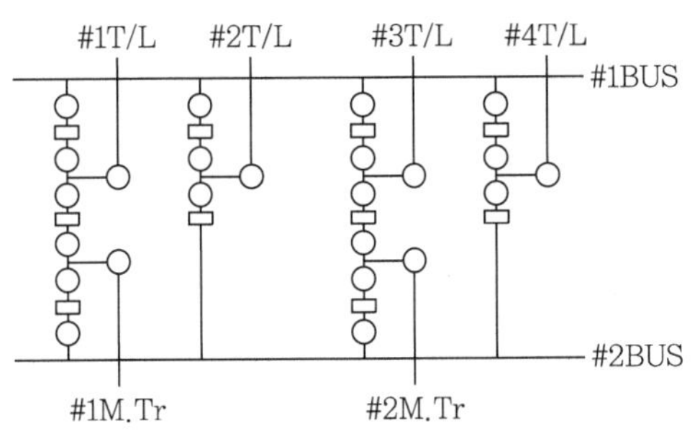

(2) 2차(345kV) 측 모선 구성방식

① 2중 모선 1.5차단방식으로 1개의 Bay당 3개의 차단기를 설치하고 2개 회선이 연결되도록 한다. 단, 양방향 인출이 불가능한 Bay는 2개의 차단기를 설치하고 1개 회선이 연결되도록 한다.

② 분기모선에 연결되는 분로 리액터는 개폐용 차단기를 별도로 설치한다.

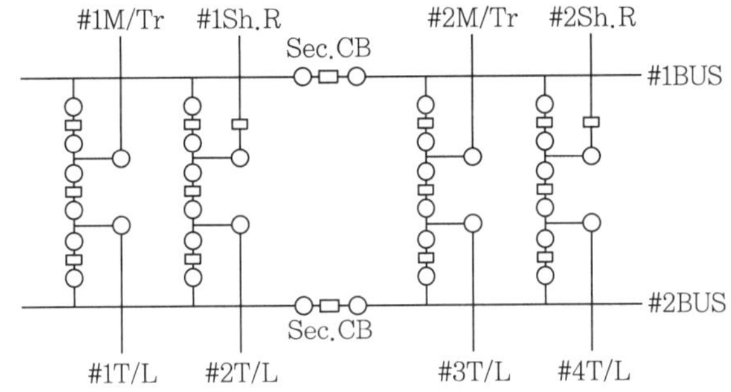

③ 변전소 건설 조기 변선설비 최종 규모를 감안하여 모선 구분 차단기 설치공간을 확보하고 기술 검토결과 계통 고장전류의 제한 등 모선 구분운전이 필요한 경우에 모선 구분 차단기를 설치한다.

(3) 3차(23kV) 측은 △결선으로 구성하고 소내 부하 공급용 차단기를 설치한다.

3. 345kV 변전소의 모선 구성방식

(1) 1차 측(345kV) 모선 구성방식

① 2중 모선 1.5차단방식으로 1개의 Bay당 3개의 차단기를 설치하고 2개 회선이 연결되도록 한다. 단, 양방향 인출이 불가능한 Bay는 2개의 차단기를 설치하고 1개 회선이 연결되도록 한다.

② 분기모선에 연결되는 분로 리액터는 개폐용 차단기를 별도로 설치한다.

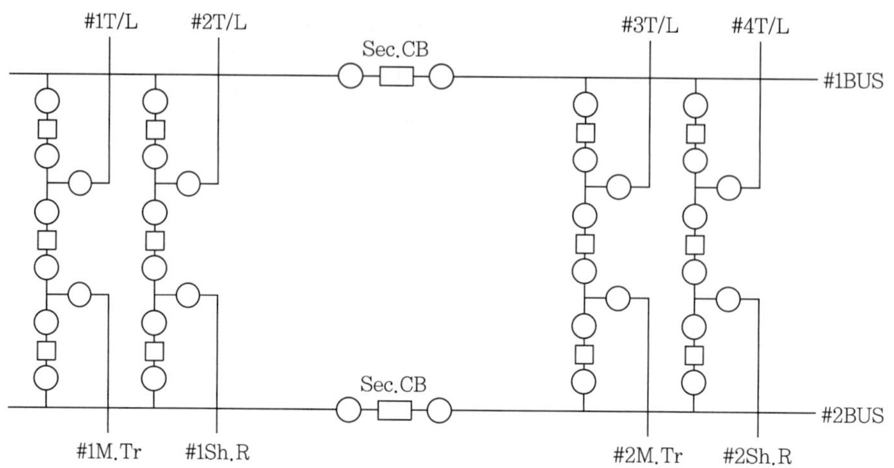

③ 변전소 건설 초기 변전설비 최종 규모를 감안하여 모선 구분 차단기 설치공간을 확보하고 다음의 경우에 모선 구분 차단기를 설치한다.

　㉠ 기술 검토 결과 계통 고장전류의 제한 등 모선 구분운전이 필요한 경우

　㉡ 345kV 인출 송전선로가 10회선을 초과하는 경우

(2) 345kV 변전소의 2차(154kV) 측 모선 구성방식

① 2차(154kV) 측을 2중 모선 1차단방식으로 구성한다.

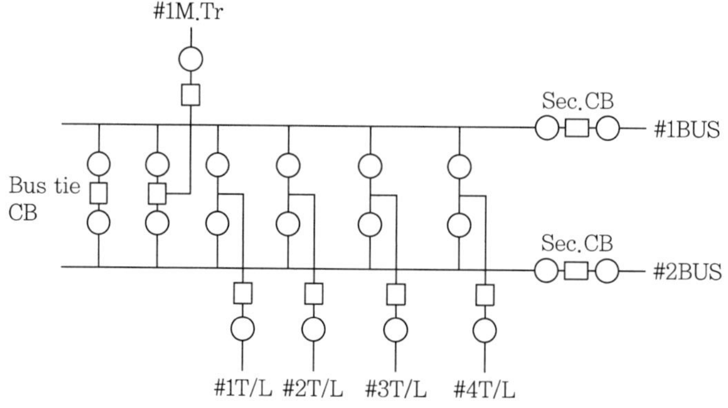

　㉠ 변전소 건설 초기 변전설비 최종 규모를 감안하여 모선 구분 차단기 설치공간을 확보하고 주변압기 Bank별로 모선 구분 차단기를 설치함을 원칙으로 하되, 다음의 경우는 생략 가능하다.

　• 기술 검토 결과 계통 고장전류의 제한 등 모선 구분운전이 필요 없는 경우

　• 단순 주변압기 증설 시 인접 Bank와의 인출 송전선로 회선수 합계가 12회선을 초과하지 않는 경우

ⓛ 모선 연결 차단기는 모선 구분 구간마다 설치한다.

② 2차(154kV) 측을 2중 모선 1.5차단방식으로 구성한다.

㉠ 2중 모선 1.5차단방식으로 1개의 Bay당 3개의 차단기를 설치하고 2개 회선이 연결되도록 한다. 단, 양방향 인출이 불가능한 Bay는 2개의 차단기를 설치하고 1개 회선이 연결되도록 한다.

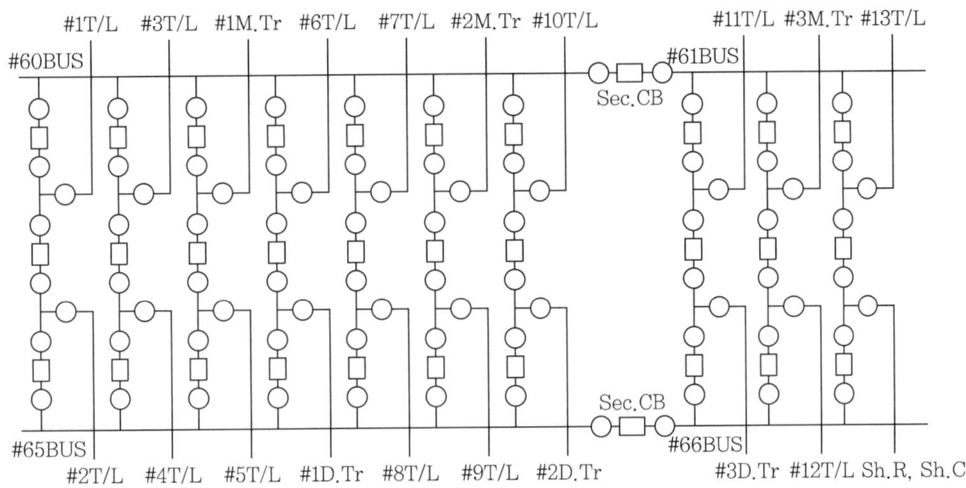

㉡ 분기모선에 연결되는 분로 리액터는 개폐용 차단기를 별도 설치한다. 변전소 건설 초기 변전설비 최종 규모를 감안하여 모선 구분 차단기 설치 공간을 확보하고, 다음의 경우에 모선 구분 차단기를 설치한다.

• 기술 검토 결과 계통 고장전류의 제한 등 모선 구분 운전이 필요한 경우

• 154kV 인출 회선수(M.Tr, 송전선로)가 4회선을 초과하는 경우

③ 345kV 변전소의 3차 측(23kV)은 △결선으로 구성하고 필요 시 S.Tr, Sh.R, S.C를 설치한다.

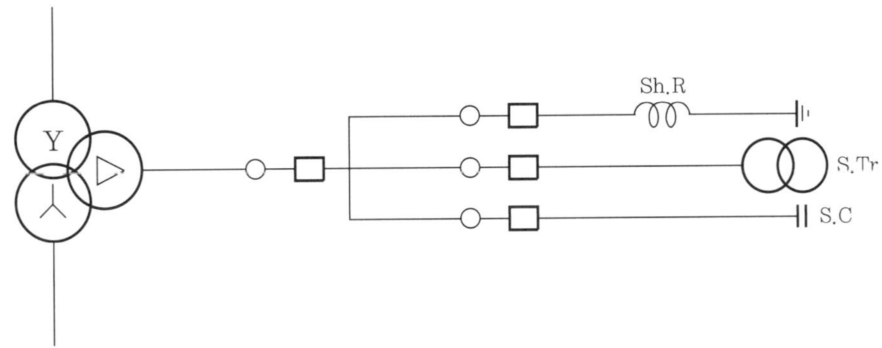

4. 154kV 변전소의 모선 구성방식

1차 측(154kV) 모선 구성방식

(1) 2중 모선 1차단방식으로 구성한다.

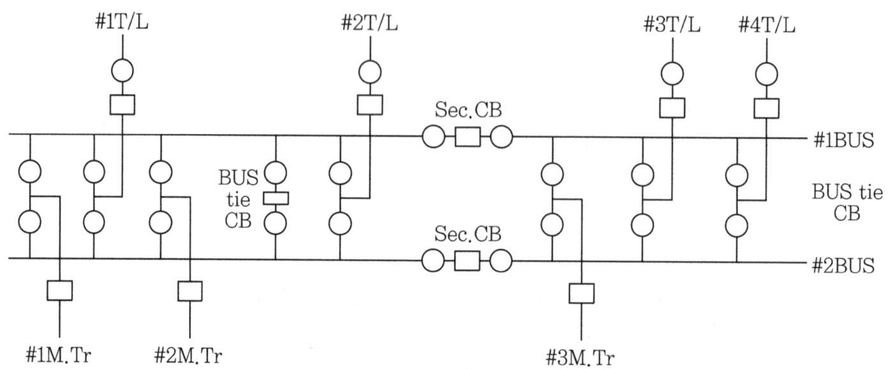

① 변전소 건설 초기 변전설비 최종 규모를 감안하여 모선 구분 차단기 설치공간을 확보하고, 다음의 경우에 모선 구분 차단기를 설치한다.

　㉠ 기술 검토 결과 계통 고장전류의 제한 등 모선 구분 운전이 필요한 경우

　㉡ 154kV 인출 회선수(M.Tr, 송전선로)가 4회선을 초과하는 경우

② 모선 연결 차단기는 모선 구분 구간마다 설치한다.

(2) 2중 모선 1.5차단방식으로 구성한다.

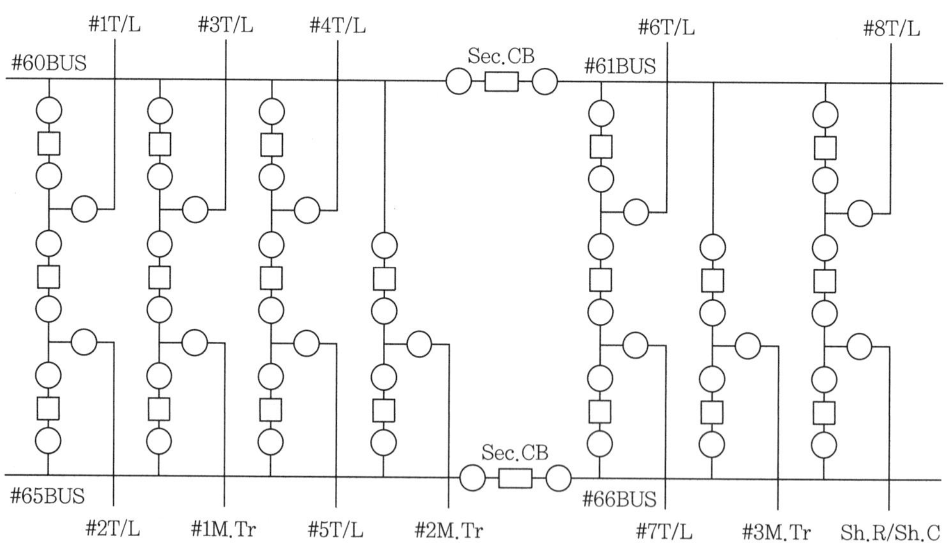

• Sh.R/Sh.C : 필요에 따라 분로 리액터 또는 Shunt 커패시터 설치

① 분기모선에 연결되는 분로 리액터는 개폐용 차단기를 별도 설치한다.

② 변전소 건설 초기 변전설비 최종 규모를 감안하여 모선 구분 차단기 설치공간을 확보하고, 다음의 경우에 모선 구분 차단기를 설치한다.

    ㉠ 기술 검토 결과 계통 고장전류의 제한 등 모선 구분 운전이 필요한 경우

    ㉡ 154kV 인출 회선수(M.Tr, 송전선로)가 4회선을 초과하는 경우

5. 배전용 변전소 154/22.9kV 변전소의 2차 측(22.9kV) 모선 구성방식

2중 모선 1차단방식으로 구성한다.

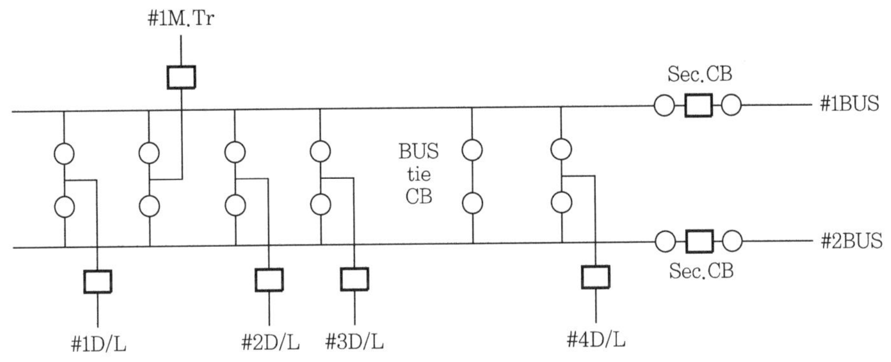

│ 한전 배전용 변전소 154kV/22.9kV 변전소 모선 구성방식 │

(1) 변전소 건설 초기 변전설비 최종 규모를 감안하여 모선 구분 차단기 설치공간을 확보하고, 주변압기 Bank별로 모선 구분 차단기를 설치함을 원칙으로 한다.

(2) 모선 연결 차단기는 원활한 모선 절체와 경제성을 감안하여 주변압기 2Bank마다 설치한다.

071 초고압 345kV에서 적용하는 1.5차단방식의 구성도와 특성에 대하여 설명하시오.

data 발송배전기술사 출제예상문제

답안

1. 구성도

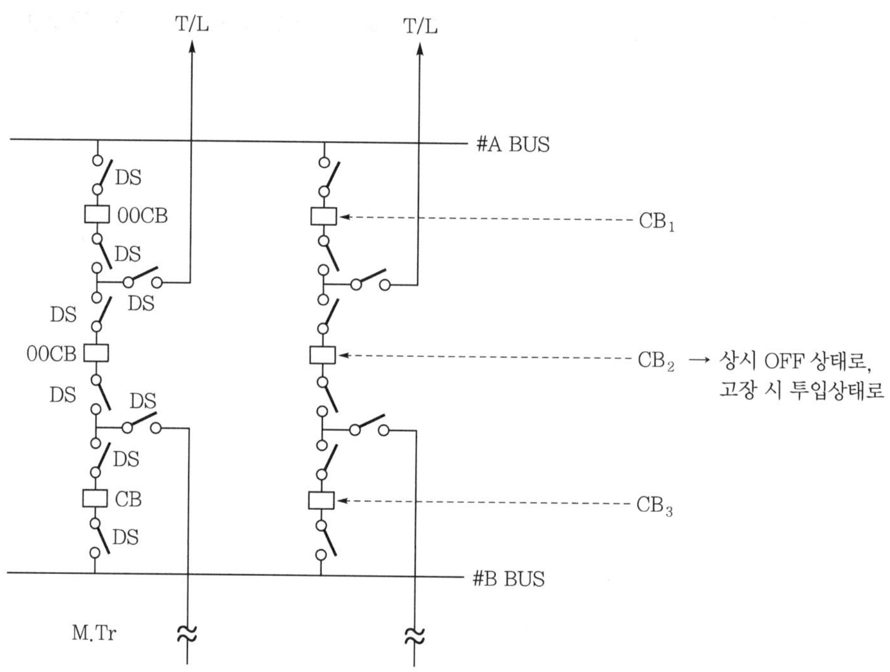

2. 특성

(1) 이 방식은 2개의 회선을 3개의 차단기로 구성하는 방식이다.

(2) 주로 345kV 변전소에 사용하고 SF_6(GCB) 차단기를 사용한다.

(3) 운전방법

공용 CB(그림의 CB_2)는 상시 OFF 상태로 있다가 만일 A모선에 고장이 발생할 경우 CB_1을 OFF하고 CB_2를 투입함으로써 정전없이 전력공급을 할 수 있다.

(4) 특징

① 모선분리 운전 가능

② 1개 또는 2개 모선 고장 시에도 무정전 전력공급 가능

③ 차단기 및 단로기의 소요대수가 많음

④ 공급 신뢰도 측면에서는 유리하지만 경제성 측면 불리

⑤ 초고압 중요 계통 변전소에 적용

072 발·변전소에 적용하고 있는 모선 회로구성 결정 시 고려사항과 모선 결선방식에 대하여 설명하시오.

(data) 발송배전기술사 17-113-3-1 / 발송배전기술사, 건축전기설비기술사, 전기안전기술사, 전기응용기술사 출제예상문제

답안

1. 모선 방식 선정 시 고려사항

(1) 발·변전소의 소요 부지면적의 크기 및 기기배치 등을 정하기 위해 기본설계에 있어 제일 먼저 결정되어야 할 것이 모선 결선방식이다.

(2) 특히 초고압 변전소는 1차 계통의 중추가 되므로 계통운용, 보수양면에 고려해야 하고 건설 초기에는 모선 확장 및 증설에 대하여 편리한 구조이어야 한다.

(3) 중점적 고려사항

① 계통운용의 유연성

② 전력공급의 신뢰성

③ 설비 증설의 용이성

④ 경제성

(4) 상기 사항에 대한 모선 방식별의 일반적인 평가는 다음과 같다.

구분	운용 유연성	공급 신뢰성	증설 용이성	경제성
단모선방식	×	×	○	○
Double bus 방식	○	○	○	○
$1\frac{1}{2}$ CB Bus 방식	○	◎	○	×

× : 불리, ○ : 유리, ◎ : 아주 유리

2. 모선 결선방식

발·변전소에 적용하고 있는 모선 중복모선을 위주로 아래와 같이 설명한다.

(1) 1.5차단기 방식 및 2.0차단기 방식

① 1.5차단방식은 한쪽 모선 사고 시에도 다른 쪽 모선으로 중간의 Tie CB를 이용해서 절체할 수 있어 차단기 점검 시에도 송전을 계속 할 수 있다.

② 양모선의 사고 시에도 사고를 국한시킬 수 있어, 회선정전이 안 되는 장점이 있어 특별히 고신뢰도를 요구하는 계통 변전소(345kV, 765kV)에 사용한다.

③ 회선 2개에 CB 3개가 있으므로 1.5차단방식이라 한다.

④ 2중 모선방식에 비해 차단기, 단로기 등이 많아지므로 경제적으로 불리하고
제어회로가 복잡하게 된다.

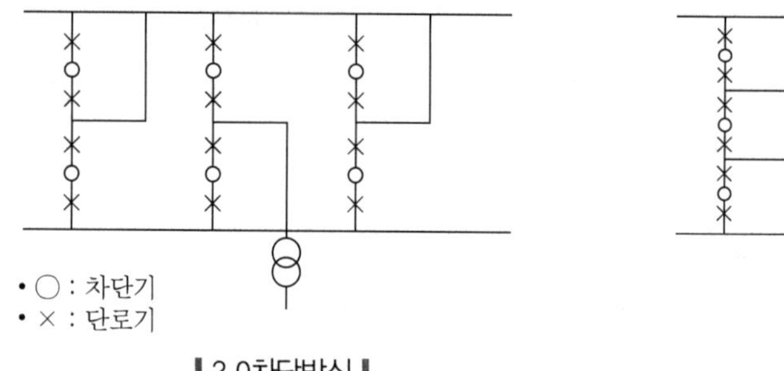
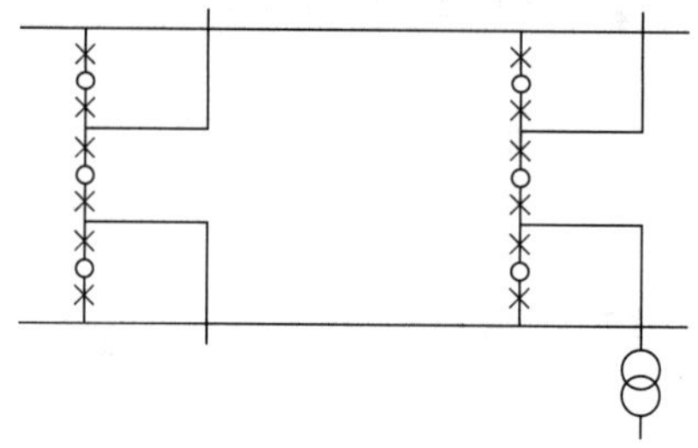

▌2.0차단방식▐   ▌1.5차단방식▐

(2) 2중 모선방식

주로 154kV용 변전소에 적용한다.

① 단모선에 비해 소요면적은 증가하지만 기기의 점검, 계통 운용상 편리하며
사고를 국한시킬 수 있다.

② 전정전을 유발하지 않으므로 신뢰도가 높아 계통의 중요 변전소나 고신뢰도
를 요구하는 변전소에 사용된다.

③ 1회선당 2개씩 차단기를 가지게 하는 것으로, 한쪽 모선의 고장 시에 다른
쪽 모선으로 절체하여 회선정전을 시키지 않아도 되는 장점은 1.5CB방식과
같다.

④ 차단기의 경제성 측면에서 1.5차단방식보다 불리하다.

⑤ 표준 2중 모선, 변형 2중 모선으로서 변전소 모선방향의 확장이 곤란한 경우
에 사용된다.

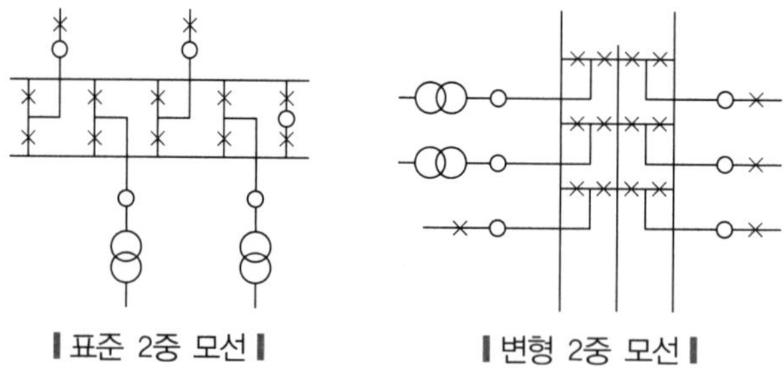

▌표준 2중 모선▐   ▌변형 2중 모선▐

672

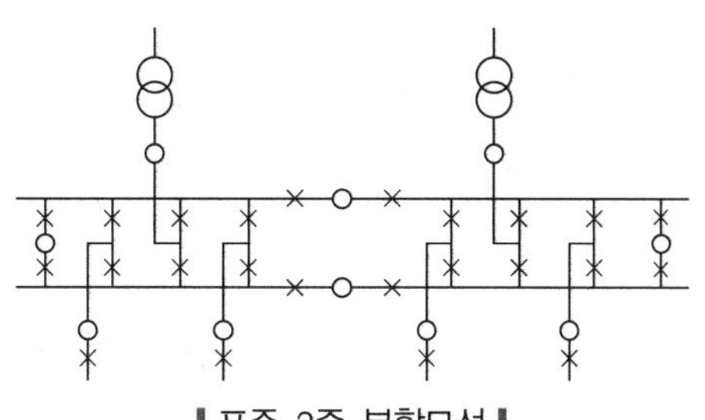

▌표준 2중 분할모선 ▌

(3) 절환모선방식

① Transfer bus는 단모선의 발·변전소보다는 좀 중요도가 큰 배전 변전소 등에 적용한다.

② 평상시는 주모선으로 운전하지만 회선 또는 차단기 등의 점검 시에는 주모선에서 Transfer CB를 거쳐서 인출시킨다.

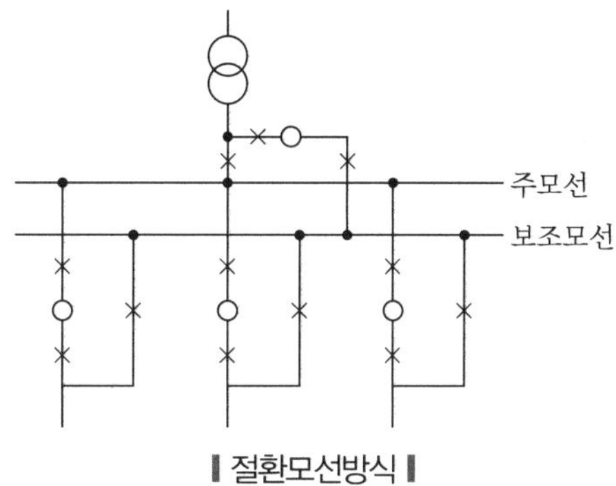

▌절환모선방식 ▌

(4) 2 또는 4 Bus Tie CB 방식

① 이 방식은 일본에서 500kV 계통에 적용하고 있는 방식으로, 모선 사고 시에 CB 사이의 모선 구역만 정전시킬 수 있으므로 신뢰성이 높다.

② 아래 그림에서 1 ~ 4가 Tie CB인데 3·4번 Tie CB를 빼면 2 Bus Tie CB 방식이 된다.

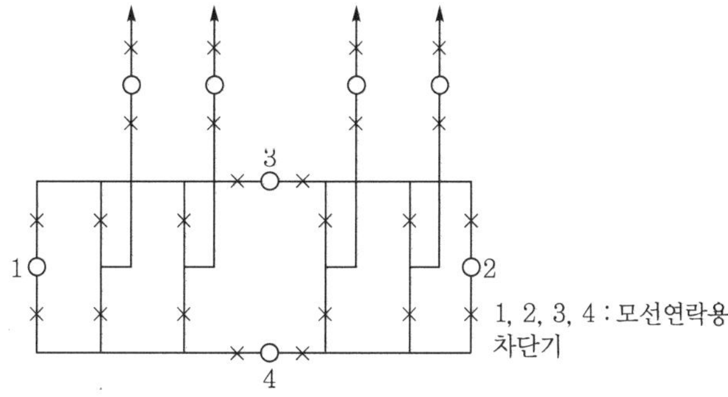

▌2 또는 4 Bus Tie CB 방식 ▌

073 대형 기력 발전을 운용할 때 발전기 단자의 안전성을 높이기 위하여 발전기로부터 인출된 모선을 Isolated phase bus로 적용할 수 있다. 이에 대한 정의 및 장점을 간단히 설명하시오.

data 발송배전기술사 14-102-1-1 / 발송배전기술사 출제예상문제

답안

1. Isolated phase bus의 정의

(1) 발전기 단자에서 외부로 전력을 인출하기 위해서는 소용량기에서는 케이블을 채용한다.

(2) 약 4000A를 넘는 대용량기에서는 각 상의 모선을 각각 별개의 금속관 내에 넣어서 각 상을 분리하는 방식을 Isolated phase bus(상분리 모선)라 한다.

2. 상분리 모선의 종류와 설치 위치

(1) 상분리 모선의 구성

① 도체는 금속관 내에서 애자 등 절연물로 도체를 지지

② 외함과 도체의 절연은 기중절연

③ 열팽창을 고려한 팽창부분

④ 발전기와 변압기의 진동 흡수용 가변부분

(2) 상분리 모선의 종류 및 설치 위치

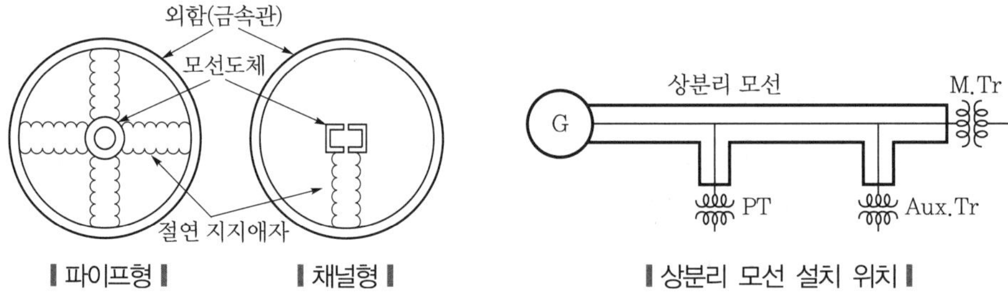

3. 상분리 모선의 장점

(1) 상간 단락의 우려가 없다.

(2) 내전류 강도가 크다.

모선도체를 중공도체, 채널형을 사용하여 도체 단면계수가 크고 금속 외함의 전자차폐로 자계도 감소한다.

(3) 전자유도 과열 및 유도장해가 없다.

외부 누설자속이 매우 작아 주변 철구나 배관류에 유도 과열 및 제어 배선 등에 유도장해가 거의 없다.

(4) 통전능력이 좋다.

중공도체를 사용하므로 표피효과가 작고 냉각효과가 뛰어나다.

(5) 기밀성이 높고 보수가 용이하다.

외함 Unit 간에는 용접하므로 완전 밀폐형이고 염분, 먼지 등의 침입이 없어 보수점검이 거의 불필요하다.

(6) 절연강도가 높다.

지지애자는 절연강도가 매우 커 절연열화 위험성이 작다.

(7) 설치 용이

각 Unit으로 조립되어 반입되므로 설치가 용이하다.

074 아래 그림과 같은 발 · 변전소의 2중 모선(double bus)에서 평상시 No.1 T/L은 A모선에서, No.2 T/L은 B모선에서 공급하고 모선 연락용 CB는 개방되어 있는 경우 다음의 각 물음에 답하시오.

1. B모선을 점검하기 위하여 절체하는 조작순서를 쓰시오.

2. B모선을 점검 후 원상 복귀하는 조작순서를 쓰시오.

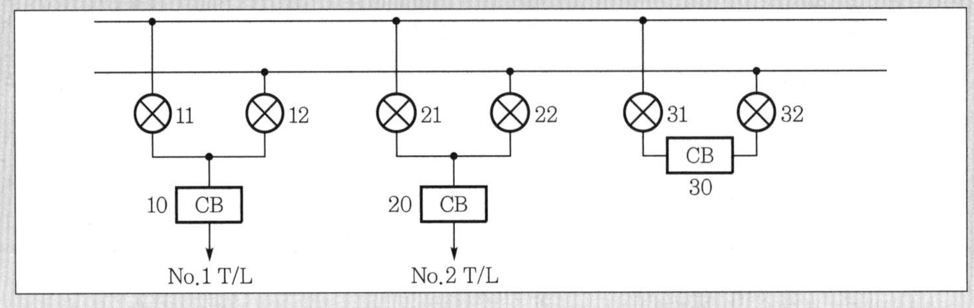

data 발송배전기술사 17-111-1-13 / 발송배전기술사, 건축전기설비기술사, 전기안전기술사, 전기응용 기술사 출제예상문제

답안

1. B모선을 점검하기 위한 조작순서

(1) 조작 전 사전조치로 UFRy 운전 정지(UFRy가 있는 경우)

(2) BUS tie 30CB 투입(A모선 – B모선 loop)

(3) No.2 T/L A모선 21DS 투입 후 43PDA 절체 확인

　　여기서, 43PDA : 자동 절체되는 PT, UFRy : 저주파 계전기

(4) No.2 T/L B모선 22DS 개방

(5) BUS tie 30CB 개방(A모선 – B모선 loop 해제)

(6) B모선 검전 후 접지취부

2. B모선 점검완료 후 복귀하는 조작순서

(1) B모선 접지 제거

(2) BUS tie 30CB 투입(A모선 – B모선 loop)

(3) No.2 T/L B모선 22DS 투입 후 43PDA 절체 확인

(4) No.2 T/L A모선 21DS 개방

(5) BUS tie 30CB 개방(A모선 – B모선 loop 해제)

(6) UFRy 운전(UFRy가 있는 경우)

SECTION **02 차단기 정격과 특성, 단로기, 파워퓨즈, 용량**

075 차단기의 정격과 동작 책무에 대하여 설명하시오.

076 차단기의 정격(정격전압, 정격전류, 정격 차단전류, 정격 차단용량) 및 동작 책무에 대하여 설명하시오.

data 발송배전기술사 24-133-2-6·17-111-2-3 / 발송배전기술사, 건축전기설비기술사, 전기안전기술사, 전기응용기술사 출제예상문제

답안

1. 차단기의 정격

(1) 차단기 정격의 정의

규정된 책무, 조건 및 특정한 조건하에서 차단기가 갖는 성능의 보증 한계

(2) 차단기의 정격구분

순번	구분	내용
1	정격전압	규정의 조건 하에서 그 차단기에 과할 수 있는 사용회로 전압의 상한값을 선간전압(실횻값)으로 표현함
2	정격 차단전류	모든 정격 및 규정의 회로조건 하에서 규정된 표준 동작책무와 동작상태에 따라서 차단할 수 있는 지상 역률의 차단전류의 한도를 밀함
3	정격 차단용량	• 3상 교류일 경우 정격 차단용량이란 그 차단기의 정격 차단전류와 정격전압을 곱한 것에 $\sqrt{3}$ 을 곱한 것 정격 차단용량 $= \sqrt{3} \times$ 정격전압 $\times$ 정격 차단전류 단, 단상의 경우에는 $\sqrt{3}$ 을 생략함 • 차단용량의 단위는 kVA 또는 MVA로 표현함
4	정격전류 (定格電流, rated normal continuous current)	• 정격전압 및 정격 주파수, 규정한 온도 상승한도를 초과하지 않은 상태에서 연속적으로 흐를 수 있는 전류의 한도 • 표준으로 적용하고 있는 차단기의 정격전류는 600, 1200, 2000, 3000, 4000, 8000A가 있음

순번	구분	내용
5	차단시간 (breaking time 또는 interrupting time)	• 개로시간(開極時間)과 아크시간을 합한 것을 차단시간이라 함 • 정격 차단시간이란 정격 차단전류를 정격전압, 정격 주파수 및 규정한 회로조건에서 규정한 표준 동작책무 및 동작상태에 따라서 차단할 경우 차단시간의 한도를 말함 • 정격 차단시간은 정격 주파수를 기준으로 하여 사이클 수로 나타냄 • 정격 차단시간은 아래 표의 값을 표준으로 하고, 차단기는 정격전압 하에서 정격 차단전류의 30% 이상의 전류를 차단할 때의 시간은 정격 차단시간을 초과할 수 없음 • 차단기의 정격 차단시간

정격전압[kV]	7.2	25.8	72.5	170	362	800
정격 차단시간[cycle]	5	5	5	3	3	2

2. 동작책무

(1) 동작책무(動作責務, duty cycle, operating duty)를 규정하는 이유 및 정의

① 차단기는 전력의 송수전, 절체 및 정지 등을 계획적으로 하는 외에 전력계통에 어떤 고장이 발생하였을 때 신속히 차단하며, 계통의 안정도를 위해 필요할 경우 재투입하는 책무를 가지는 중요한 보호장치로서, 차단동작의 보증이 필요하다.

② 차단기의 동작책무란 1~2회 이상의 투입, 차단 또는 투입차단을 일정한 시간간격으로 행하는 일련의 동작을 말하고, 이것을 기준으로 하여 그 차단기의 차단성능, 투입성능 등을 규정한 동작책무를 표준 동작책무(standard duty cycle)라 한다.

(2) 동작책무의 표기법 및 기호의 의미

① KSC 4611 규정에 의한 표준 동작책무

㉠ 조작방법별 표준 동작책무의 분류

동력조작	기호 : A	O-(1분)-CO-(3분)-CO
	기호 : B	CO-(15초)-CO
수동조작	기호 : M	O-(2분)-O 및 CO

㉡ 기호의 의미

• O : 차단동작

• CO : 투입동작에 이어 즉시 차단동작

• θ : 재투입시간(120kV급 이상에서 0.35초 표준)

678

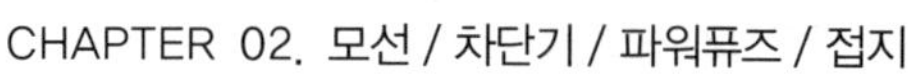

ⓒ 표에서 기호 A, B는 고속도가 아닌 재투입 시에 사용되며, A가 가장 널리 사용되고, B는 보통 이보다 재투입시간이 짧은 것에 적용된다.

② 한전 규격의 동작책무의 표기법 및 기호의 의미

㉠ 표준 동작책무(ES 150)

종별	동작책무
일반용	CO-(θ : 15초)-CO
고속도 재투입용	O-(θ : 0.3초)-CO-(3분)-CO

㉡ 기호의 의미 : θ는 재투입시간으로서, 120kV급 이상에서 0.3초가 표준이다.

㉢ 한전 표준규격(ES)에서는 위의 표와 같이 표준 동작책무를 2종으로 하고 있다.

㉣ 여기에서 7.2kV급 차단기, 전력용 Condenser용 차단기 및 분로 Reactor용 차단기의 표준 동작책무는 CO-(15초)-CO로 한다.

(3) 한전의 고속도 재투입용 차단기의 표준 동작책무

① 25.8kV급 이상 차단기의 표준 동작책무는 O-(0.3초)-CO-(3분)-CO로 한다.

② 800kV 차단기의 경우는 O-(0.3초)-CO-(1분)-CO로 하고 있다.

077 고압 및 특고압 차단기의 종류별 소호원리를 설명하시오.

data 발송배전기술사 23-129-1-9 / 발송배전기술사, 건축전기설비기술사, 전기안전기술사, 전기응용기술사 출제예상문제

답안

1. 차단기의 목적

보통의 부하전류 개폐 및 이상사태 발생 시 신속히 회로를 차단하고, 회로에 접속된 전기기기, 전선류를 보호한다.

2. 자가용 고압 차단기의 소호방식 분류 및 소호원리

소호방식의 분류	소호원리
OCB (Oil Circuit Breaker, 유입 차단기)	• 절연유가 고온 Arc에 접촉 시 수소, 아세틸렌, 메탄 등의 분해가스 중 수소가스의 높은 열전도도를 이용해 아크를 냉각 소호함 • 소호실 내의 아크 압력으로 분해가스를 뿜어 차단 • 오일을 분사하여 절연유의 소호작용 이용
ABCB 혹은 ABB (Air Blast Circuit Breaker, 공기 차단기)	개방 시 접촉자가 떨어지면서 발생하는 Arc를 강력한 압축공기(10 ~ 30kg/cm^2)로 불어 소호
VCB (Vacuum Circuit Breaker, 진공 차단기)	• 기체의 압력 저하 시 분자의 자유행정 거리가 늘어나 아래 그림과 같이 파센의 법칙에 의해 절연내력이 저하됨 • 10^{-2}Torr 정도까지 내리면 오히려 절연내력이 상승함 • 파센의 법칙에 의거 10^{-4}Torr 이하의 진공의 밸브 안에서 Arc 금속증기는 주위로 급속히 확산 후 전류 영점에서 Arc 소호됨 • 진공 중에 Arc를 확산시켜 소호
GCB (Gas Circuit Breaker, 가스 차단기)	• SF$_6$ 가스의 열화학적 특성, 전기적 특성을 이용한 자력소호 • Arc 시 생성된 금속입자를 SF$_6$ 가스가 흡착 환원하므로 극간 절연내력 회복 • SF$_6$ 가스를 불어서 소호 • SF$_6$ 특성 : 소호능력은 공기의 100배, 매우 안정도가 높은 무독·무취의 가스이나, 지구 온난화 물질로 22.9kV용에는 사용 감소
MBB (Magnetic Blow Out Circuit Breaker, 자기 차단기)	• 아크를 Arc Shoot와 같은 Ion 장치 중에 구동시킬 자기회로를 가지고 있어 대기 중에서 전로의 차단을 하는 차단기 • 대기 중에서 전자력에 의해 소호장치 내에 Arc를 구동하는 것임

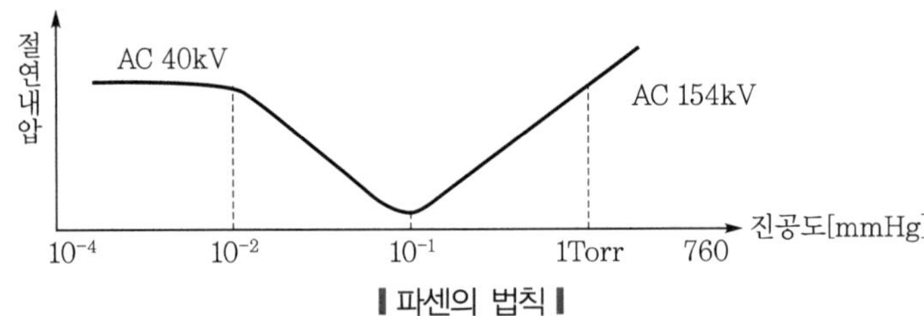

▌파센의 법칙 ▌

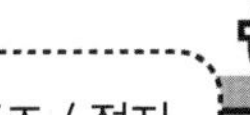

078 수전설비에서 사용하는 차단기(CB : Circuit Breaker)에 대하여 특징 및 적용 시 유의사항을 설명하시오.

data 전기안전기술사 24-132-3-3 / 발송배전기술사, 건축전기설비기술사, 전기안전기술사, 전기응용기술사 출제예상문제

답안

1. 수 · 변전설비에서 사용되는 고압 차단기의 특징[대부분 VCB와 GCB만 사용 중]

(1) VCB와 ABB

항목	VCB	ABB
사용회로	3.6 ~ 36kV	12kV 이상
서지 발생	있음, Surge 대책 필요 (서지 발생 대)	있음 (서지 발생 소)
재점호	없음	없음
아크시간	1cycle 이하	1cycle 이하
전차단	3 ~ 5cycle	3 ~ 5cycle
방재성	불연성	불연성
장점	소형, 경량, 구조 간단, 보수 용이 성능 우수	차단능력 큼, 화재 위험성 작음
단점	동작 시 서지가 높게 발생하므로 SA 설치	압축공기 콤프레셔 등 부대설비 필요, 폭발음 있음, 차단 시 이상전압 발생
용도	22.9kV 빌딩용 수전 차단기 개폐 빈도가 많은 곳	대용량, 전기로 등 개폐 빈도가 많은 곳
차단능력	차단시간 小, 차단성능이 주파수의 영향을 받지 않음	대전류 차단용
수명	중	중
경제성	소	중

(2) GCB와 OCB

항목	GCB(Gas Circuit Breaker)	OCB(Oil Circuit Breaker)
사용회로	3.6kV 이상 초고압까지	3.6 ~ 300kV
서지 발생	있음(차단기 중 가장 작음), 소	있음(차단기 중 중간 정도임), 중
재점호	있음	없음
아크시간	1cycle 이하	2 ~ 3cycle
전차단	3 ~ 5cycle	5 ~ 8cycle
방재성	불연성	가연성

항목	GCB(Gas Circuit Breaker)	OCB(Oil Circuit Breaker)
장점	• 보수점검 횟수가 적음 • 차단성능이 우수함 • 저소음 • 성능 우수	• 사용범위가 넓음 • 저가 • 소음 없음 • 취급 간단
단점	• 설치면적 큼 • 가스의 기밀 구조가 필요함 • SF_6 가스는 액화($-60\,℃$)가 용이 • 고가	• 광유 사용으로 화재의 위험성 • 보수 번거로움, 특히 화재 발생 고려해야 됨
용도	초고압 계통 차단기	옥외용 자가 변전소용 또는 전력 회사용
차단능력	재기전압, 회복전압에 대한 성능이 안전함	높은 재기전압 상승률에 대하여 차단 성능 저하가 없음
수명	대	대
경제성	대	소

2. 적용 시 유의사항

(1) VCB 적용 시 유의사항

① 동작시 서지가 높게 발생하므로 서지 옵서버를 설치한다.

② 서지 옵서버는 VCB 2차이면서 몰드 또는 건식 변압기의 1차 측에 설치할 것

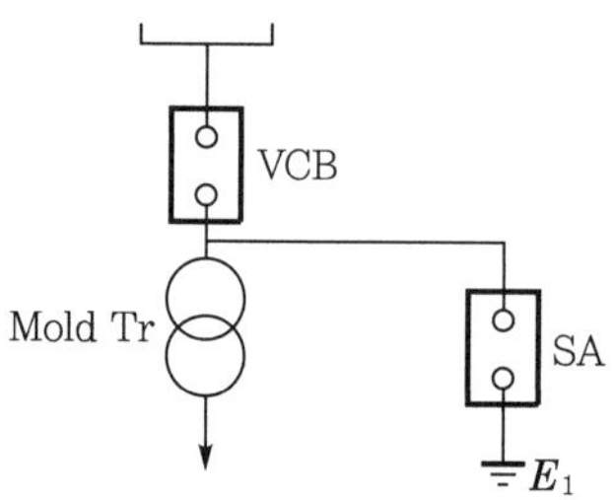

┃ 서지 옵서버 설치 예 ┃

(2) ABB 적용 시 유의사항

압축공기 콤프레셔 등 부대설비가 필요하여, 타 설비들의 배치공간의 조합이 적정한가를 파악하고, 폭발음이 있어 소음 대책을 강구할 것

(3) GCB 적용 시 유의사항

① 설치면적이 크므로 변전설비 배치공간이 설치면적에 충분한 지의 여부 파악

② SF₆ 가스의 누출 방지대책을 우선한 기밀구조가 필요하다.

③ SF₆ 가스는 액화(-60℃)가 용이하고, 지구온난화 물질이고, 고가이므로 한냉 장소 여부를 확인할 것이며, GAS 누출에 따른 차단 소호능력에 대한 보증이 요구된다.

(4) OCB 적용 시 유의사항

① 광유 사용으로 화재의 위험성이 있고 보수가 번거로우며, 특히 화재 발생을 고려해야 된다.

② 국가 화재기준에 적정한 소방설비와의 연동 여부를 확인해야 한다.

---

reference

EFI(25.8kV 에폭시 절연 고장구간 차단기)

(1) 22.9kV-Y 가공 배전선로에서 전력을 공급받는 고압 고객 또는 연계된 분산형 전원의 책임 분기점에 설치하여 고객 설비 고장 발생 시 배전계통으로의 파급 방지가 목적이다.

(2) 종류

① 일반형 : 가공 배전선로에서 부하 측에 고장이 발생하였을 때, 고장전류를 감지하여 지정된 시간에 고속 차단 및 자동 재투입 동작을 수행하여, 고장구간을 분리하는 곳에 사용한다.

② 방향형 : 과전류 계전요소를 탑재하여 고장전류의 크기와 방향에 따른 차단동작의 결정이 가능한 Recloser로서, 분산형 전원 연계 선로에서 Recloser의 전원 측 고장 시 발생할 수 있는 역방향 고장전류로 인한 오동작을 방지하기 위하여 분산형 전원으로부터 계통 전원 측에 설치, 운용함

(3) 정격 사항

① 정격전압 : 25.8kV

② 정격전류 : 400A

③ 정격 단시간 전류 : 12.5kA

④ 정격 투입전류 : 32.5kA

⑤ 상용 주파수 내전압 : (건조, 1분) 60kV, (주수, 10초) 50kV

⑥ 뇌충격 내전압 : 150kV, $1.2 \times 50\mu s$

⑦ 조작방식 : 자동・수동 조작

⑧ 총중량 : 130kg

⑨ 절연 매개물 : Epoxy

⑩ 정격 제어전압 : DC 24V, AC 220V

079 전력계통을 보호하기 위한 차단기의 각종 정격을 설명하고, 단락전류의 비대칭계수에 대하여 설명하시오.

data 발송배전기술사 22-126-4-5 / 발송배전기술사, 건축전기설비기술사, 전기안전기술사, 전기응용 기술사 출제예상문제

답안

1. 차단기

(1) 정격의 정의

규정된 책무, 조건 및 특정한 조건하에서 차단기가 갖는 성능의 보증 한계

(2) 차단기 선정 시 고려사항(정격구분)

＊ Chapter 02 – 문제 076의 답안 '1.' 내용을 참조한다.

2. 단락전류의 비대칭계수

(1) 고압·특고압 차단기 선정에는 보통 3 ~ 8cycle의 전차단시간을 적용하므로, 대칭 단락전류($I_{sym}[\text{rms}]$)만 적용한다.

(2) 퓨즈 등 차단시간이 짧은 차단장치는 단락 후 0.5cycle 부근의 전류 차단이 많아 비대칭 단락전류(I_{as})를 적용한다.

(3) 비대칭 단락전류에 대한 단상 및 3상의 비대칭계수(k)의 적용

$$I_{as} = k \cdot I_S$$

여기서, k : 단상 비대칭계수 k_1과 3상 비대칭계수 k_3로 구분된다.

① 1ϕ 회로의 비대칭계수(k_1)

$$k_1 = \frac{\text{비대칭 단락전류 } I_{as}}{\text{대칭 단락전류 } I_S}$$

㉠ 1상 비대칭 단락전류 $I_{as} = k_1 \cdot I_S$

㉡ k_1은 $\dfrac{X}{R}$값에 따라 정해지며, 1.0 ~ 1.732까지이다.

㉢ 회로의 $\dfrac{X}{R}$값이 불분명 시 적용 k_1수치

- 단락점이 전원 측에 근접할 때 : 약 1.6 적용
- 단락점이 전원 측에서 멀 때 : 약 1.4 적용

　　㉣ k_1은 전력 Fuse와 같이 각 상별로 차단하는 기기의 단락용량을 구할 때 적용한다.

　② 3ϕ 회로의 비대칭계수(k_3)

　　㉠ 3상 회로는 각 상의 위상각이 다르므로, I_{as}의 값은 각 상이 다르다.

　　㉡ $\dfrac{1}{2}$ cycle 후 각 상의 평균을 구하여 3상 평균 비대칭 전류를 구한다.

　　㉢ 3상 비대칭 단락전류 $I_{as} = k_3 \cdot I_S$이다.

　　㉣ k_3는 1.0 ~ 1.394의 수치이다.

　　㉤ 회로의 $\dfrac{X}{R}$값 불분명 시 적용 k_3수치

　　　• 단락점이 전원 측에 근접할 때 : 약 1.25 적용

　　　• 단락점이 전원 측에서 멀 때 : 약 1.1 적용

　　㉥ k_3은 ACB, MCCB 등 3상을 동시에 개폐하는 기기의 단락용량을 구할 때 적용한다.

---

080 차단기의 트립(trip) 방식은 제어전원에 따라 직류 트립방식, 교류 트립방식, CTD (Condenser Trip Device) 방식으로 나눌 수 있다. 각각의 트립방식을 회로도를 그려서 설명하시오.

data 발송배전기술사 20-120-4-5 / 발송배전기술사, 건축전기설비기술사, 전기안전기술사, 전기응용기술사 출제예상문제

답안 1. 차단기의 투입방식

　(1) 수동 투입조작

　　인력에 의한 투입, 투입전류가 16kA 이하에 적용한다.

　(2) 스프링 투입조작

　　스프링의 기계력으로 투입한다.

　　① 수동 스프링 조작

　　② 전동 스프링 조작

　(3) 전기 투입조작

　　① 구동원에 따라 : 전동기 구동, 전자 솔레노이드 구동

② 조작전원상 구분 : 직류 조작, 교류 조작

(4) 공기 투입조작

압축공기로 조작한다.

(5) 투입방식 선정 시 고려사항

① 정격 투입전류 : 정격 차단전류의 2.5배

② 정격투입 조작전압 : DC 125V, AC 1ϕ 110V, 220V, 3ϕ 380V

③ 정격투입 조작전압 범위 : 교류에서는 정격투입 조작전압의 85% 이상, 110V 이하의 투입조작전압으로, DC에서는 75 ~ 110%의 투입조작전압으로 정격 투입전류를 지장없이 투입 가능할 것

2. 차단기 트립방식

(1) 개념

차단기는 부하전류 및 고장전류의 차단목적으로 전기설비 보호 및 안전성 확보가 중요시되며, 차단기의 조작장치는 ① 투입 후 → ② 투입 유지 → ③ Trip → ④ 개로유지 등의 조작을 반복한다.

따라서, 투입보다 트립을 우선하는 트립 자유(trip free) 우선 시행의 방식 선정 이 요구된다.

> **reference**
> **전기트립제어**
> 차단기의 Trip 조작장치가 전기적으로 제어되는 방식

(2) 분류

① 직류전압 Trip방식

② 교류전압 Trip방식

③ 과전류 Trip방식

④ 부족전압 Trip방식

⑤ 콘덴서 Trip방식

(3) 직류전압 Trip방식

① 다음 그림과 같이 배전선에 고장이 발생할 경우 보호 계전기가 동작하여 차단기를 Trip시키는 방식의 일종이다.

② 발·변전소의 제어전류인 직류를 차단기 Trip coil에 흘려 차단시키는 것이다.

③ 동작의 확실성 면에서 타 방식보다 우수하다.

686

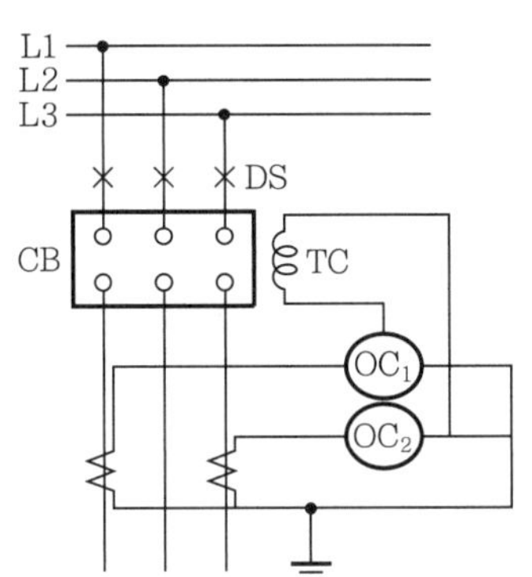

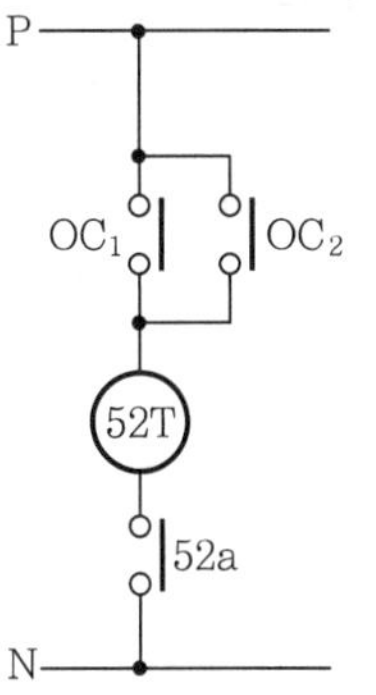

❚ 직류 트립방식 ❚

(4) 과전류 Trip방식

① 배전선에 고장 발생 시 보호 계전기가 동작하여 차단기를 Trip시키는 방식의 일종이다.

② 발·변전소에 제어용 전원이 없을 경우에 사고전류, 즉 교류전류 자체를 이용하여 계전기를 동작시켜 차단기가 Trip 되도록 하는 방식의 일종이다.

③ 사고 시 CT 2차 전류는 OCR 'b'접점을 통해 OCR Coil을 여자시킨 후 이 여자전류를 TC(트립코일)를 통하도록 하여 차단기를 Trip시킨다.

④ **구분**

　㉠ 상시 여자방식 : CT 2차 전류를 상시 여자해 두는 방식

　㉡ 순시 여자방식 : 보호 계전기를 통해서 동작 시에만 순시 여자되는 방식

⑤ **과전류 Trip방식의 용량** : 트립코일의 통전전류와 단자전압의 곱을 말한다.

　㉠ 상시 여자방식에서는 정격 트립전류에 대한 용량을 말한다.

　㉡ 순시 여자방식에서는 트립전류 표준치에 대한 용량을 말한다.

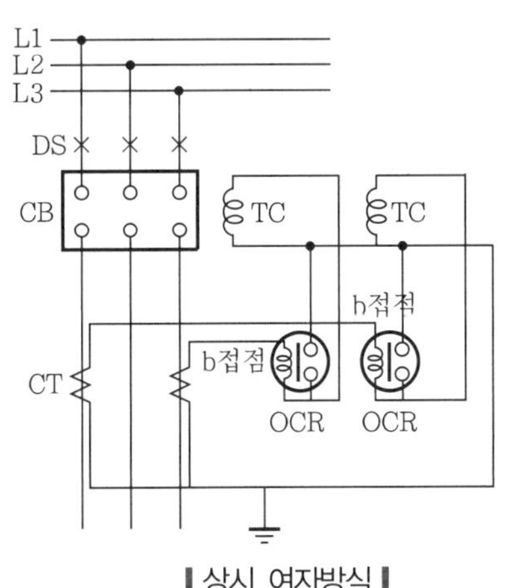

❚ 상시 여자방식 ❚

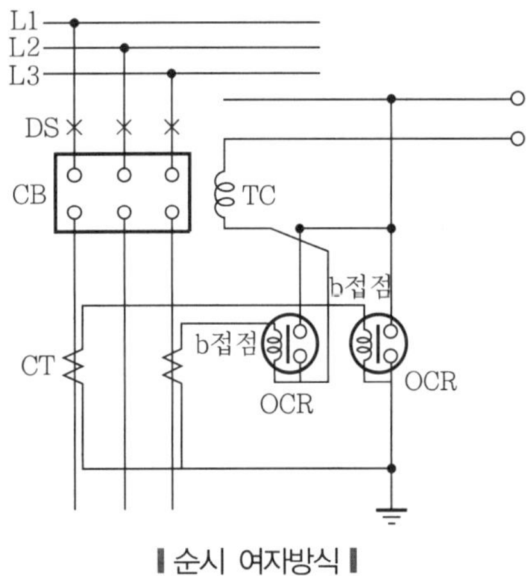

❚ 순시 여자방식 ❚

(5) 부족전압 트립방식

① 정의 : 트립장치에 인가된 전압의 저하에 의하여 차단기가 트립되는 방식

② 구분

ㄱ 직접식 : 트립코일이 직접 제어전원에 접속된 구조

ㄴ 간접식 : 보호 계전기를 통하여 제어전원에 접속된 구조

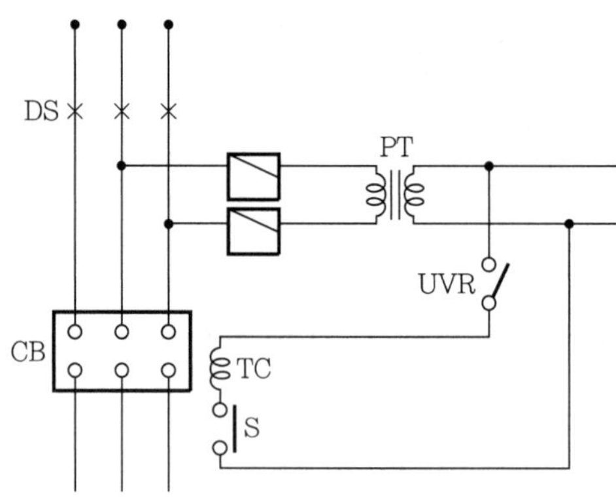

▮ 부족전압 Trip방식 ▮

(6) 전압 트립방식

① 정의 : 차단기의 트립코일에 외부에서의 정격전압이 인가될 때 기계적 트립 (개발) 동작을 유도하는 방식

② 특징

ㄱ 무전압 대기

ㄴ 전압이 인가 시에만 작동함

ㄷ 평상시 전력소모 없음

ㄹ 원격제어 용이, 회로 단순

ㅁ 보조전원 상실 시 트립 불능

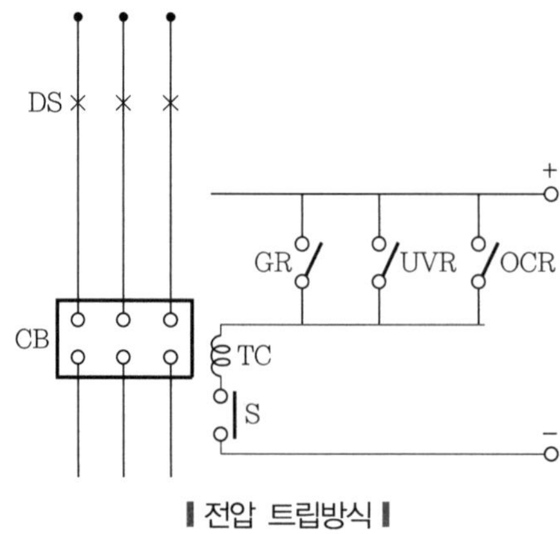

▮ 전압 트립방식 ▮

(7) 콘덴서 Trip방식(CTD 방식)

① 충전된 콘덴서의 에너지로 트립하는 방식으로, 정류기를 통하여 상시적으로 콘덴서에 충전시킨 후 고장이 발생하면 보호 계전기의 동작에 의해 콘덴서가 방전될 때 방전전류가 차단기의 트립코일을 동작시켜 차단기를 Trip시킨다.

② 효과는 과전류 Trip방식보다 우수하다.

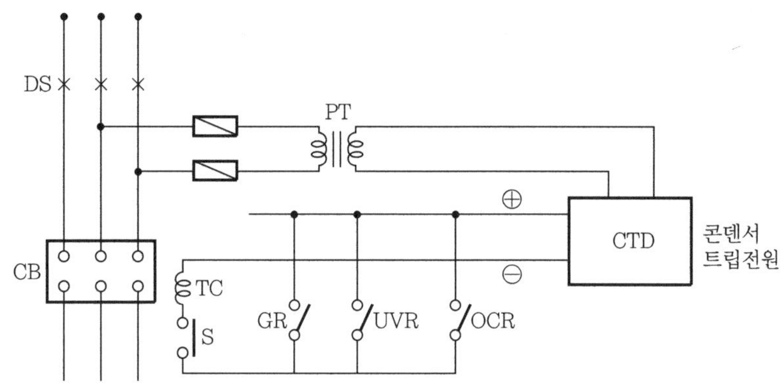

3. 차단기의 트립방식 선정 시 고려사항

(1) 차단기는 투입보다 트립이 더욱 중요하며 투입은 투입 기계력이 크지만 트립은 소세력으로 작동한다.

(2) 확실한 트립을 위해 최근에는 Redundant system이나 Fail safe system이 적용되고 있으므로 실무에 적용할 때 고려할 것

(3) 정격 트립전압(rated trip voltage)

① 실효치의 단자전압으로 표현한다.

② 정격 트립전압의 표준 : DC 125V, AC 1상 110V 또는 220V

(4) 정격 트립전압의 60% 이상 125% 이하의 트립전압에서도 지장없이 트립되어야 된다.

(5) 트립전류

① 트립장치가 동작하여 차단기가 트립하는 데 필요한 전류로, 정격 트립전류란 설계기준의 전류치로서 실횻값이다.

② 표준치

㉠ 순간 여자방식의 트립전류는 3A가 표준이다.

㉡ 상시 여자방식의 트립전류는 5A가 표준이다.

(6) 정격 개극 Time과 Trip 조건상에서 다음을 고려할 것

Trip방식의 종류		Trip 조건
전압 Trip방식		정격전압을 인가하였을 때
콘덴서 Trip방식		정격 입력전압에서 트립코일을 여자한 경우
과전류 Trip 방식	순시 여자식	정격전류 표준치의 300% 통전 시
	상시 여자식	
부족전압 Trip방식		정격전압으로 유지되어 있는 트립장치의 전원 개방 시

---

081 차단기의 Trip free 및 Anti pumping에 대하여 설명하시오.

(data) 발송배전기술사 16-110-3-2 / 발송배전기술사, 건축전기설비기술사, 전기안전기술사, 전기응용 기술사 출제예상문제

답안 1. Trip free

(1) 정의

① Trip free란 최소한 접촉자의 접촉 또는 접촉자 간의 Arc에 의하여 차단기의 주회로가 통전상태가 되었을 경우 투입지령 중이라 할지라도 Trip 장치의 동작에 의해 그 차단기를 Trip할 수 있다.

② Trip 완료 후라도 계속 투입지령에 재차 투입동작을 하지 않고 일단 투입신호를 해제한 후 다시 투입지령을 주었을 때 비로소 투입동작이 행해지는 것을 말한다.

(2) Trip free방식

① 기계적 Trip free

㉠ 투입기구가 전기적으로 투입 측에 넣어져 있어도 트립기구가 동작되면 차단기를 Trip시킬 수 있는 것이다.

㉡ 차단기의 가동 접촉부를 움직이는 조작 로드와 투입기구의 피스톤, 플런저, 전동기 등의 연결기구를 풀어 투입동작을 방지한다.

② 전기적 Trip free

    ㉠ 전기적 투입조작의 차단기에서 투입조작 회로가 여자되어 있어도 Trip 기구가 여자되면 차단기를 Trip시킬 수 있다.

    ㉡ 투입조작 회로를 그대로 닫아둔 채로 있어도 재투입하지 않는 것으로 투입 회로와 Trip 회로가 동시에 여자될 경우 투입 회로는 Trip free relay에 의해 Open되는 것이다.

③ 공기적 Trip free

    ㉠ 압축공기 투입방식으로 압축공기에 의한 Trip free 기구를 가진 것이다.

    ㉡ 투입명령과 Trip 명령이 동시에 주어졌을 때 Trip free valve의 동작에 의하여 주 Cylinder의 압축공기가 외부로 방출되고 Piston 동작을 방지한다.

2. Trip free 장치

(1) Trip 우선장치

투입지령 중이라도 그 차단기를 Trip시킬 수 있는 기계적 장치이다.

(2) Pumping 방지장치

투입명령 중 Trip명령에 의해 차단기 Trip 완료 후, 계속해서 투입명령이 주어졌을지라도, 일단 이 투입명령을 해제하고 다시 투입명령을 주어야 투입되도록 하는 장치이다.

3. 반복투입 방지회로

(1) 개요

① 차단기의 Trip free는 차단기의 주회로가 통전 중이고 투입신호가 계속되더라도 트립지령이 있으면 차단기가 트립될 수 있는 것을 말한다.

② 트립 완료 후 투입지령이 계속되더라도 재차 투입동작은 하지 못하고 일단 투입신호를 해제한 후 다시 투입지령을 주었을 때 비로소 투입동작이 이루어지게 된다.

③ 따라서, 차단기의 트립프리 장치는 차단기의 펌핑 작용을 방지하는 역할을 겸하게 된다.

(2) 차단기의 펌핑 작용 방지 기본 회로 및 동작설명

① 회로도

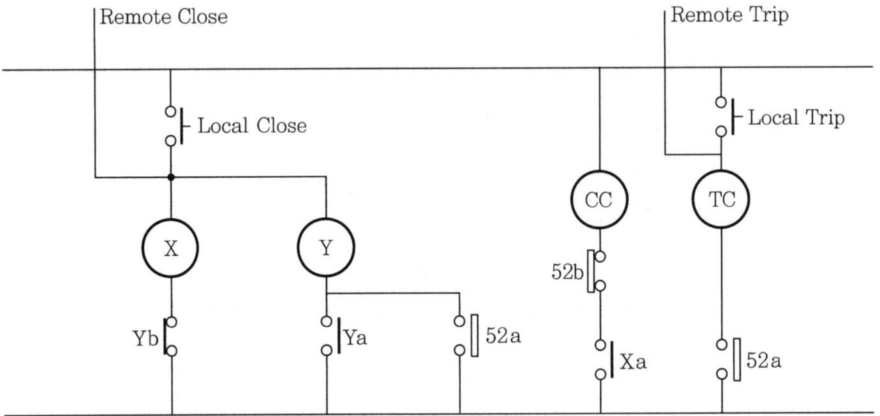

- RC, RT : Remote Close, Remote Trip
- LC, LT : Local Close, Local Trip
- X : Closing 보조 계전기
- Y : Trip free 및 펌핑 방지용 계전기
- CC : Closing Coil
- TC : Trip Coil
- a : 해당 계전기 또는 차단기 기계적 'a' 접점
- b : 해당 계전기 또는 차단기 기계적 'b' 접점

┃ 차단기 Trip free 회로도 ┃

② 회로설명

㉠ RC 또는 LC에 의해 투입지령이 주어지면 Ⓧ코일이 여자된다.

㉡ Ⓧ코일이 여자되면 52b와 Xa 접점을 통하여 ⓒⓒ 코일이 여자되어 차단기가 투입된다.

㉢ 차단기가 투입되면 52a접점에 의해 Ⓨ코일이 여자되어 Ⓨ코일의 Self holding 회로가 구성되고 Yb접점에 의해 Ⓧ코일이 소자된다.

㉣ 이때, 투입지령이 계속되더라도 차단지령(RT 또는 LT)이 있으면 52a접점을 통해 Ⓣⓒ코일이 여자되어 차단기는 트립하게 된다.

㉤ 투입지령이 계속된 상태에서는 Ⓨ코일이 Ya접점으로 Self holding을 하기 때문에 Yb접점에 의해 Ⓧ코일이 여자될 수 없어 차단기는 투입되지 않게 된다.

㉥ Ⓨ코일이 차단기의 Trip free와 Anti-pumping 회로를 구성하게 된다.

> **082** 무부하 변압기 1차 차단장치가 각 상 동시 투입이 되지 않았을 때의 현상에 대하여 설명하시오.
>
> **082-1** 다음은 결상에 대한 내용이다. 이를 각각 설명하시오.
>   1. 무부하 변압기 1차 차단장치가 각 상 동시 투입이 되지 않았을 때 그 원인과 현상
>   2. 변압기 결선방식에 따른 결상의 현상
>   3. PT 결선에서 결상의 현상

data 발송배전기술사 16-110-1-4 / 발송배전기술사, 건축전기설비기술사, 전기안전기술사, 전기응용기술사 출제예상문제

답안

1. 결상의 원인

(1) 전원용 차단기의 오동작

(2) 차단기 접점의 접촉 불량(주로 메이커 제품의 하자에 의한 것임)

(3) 단선 등에 의하여 3선 중 1선이 전원에서 분리될 경우

2. 결상의 현상(영향)

(1) 변압기의 단상 운전으로 인한 발열 및 소손

(2) 저전압 계전기의 동작으로 정전 유발

(3) 전동기의 단상 운전으로 인한 소손

(4) 조명 등기구 점등 불가

(5) 전자 개폐기 등의 오동작

(6) 정밀기기의 오동작 및 내부회로 소손

(7) 정전 작업 시 안전규칙 무시한 경우 감전사고 발생

3. 결상 발생 대표적 유형

(1) 변압기의 1차 퓨즈 1상이 용단된 경우

　① △-Y 결선된 변압기의 1차 측 전력퓨즈 1상이 용단될 경우 현상

　　㉠ 변압기 2차 측 Y결선의 전압이 정상 전압인 한 개의 상과 정상 전압의 $\dfrac{1}{2}$이 되는 2개의 상이 나타난다.

     ⓛ 변압기는 전압 저하에 의한 전류 증가로 소음이 발생하고 발열하며, 장시간 사용 시 소손되어 저전압 계전기가 동작하여 정전이 발생한다.

     ⓒ 전압이 $\frac{1}{2}$로 되는 회로에 연결된 조명 등의 소등

     ⓔ 제어전압이 저하되어 전자 개폐기의 탈락

     ⓜ 전동기 소음이 심해지며, 발열로 인한 모터의 소손 우려

② △-△ 결선된 변압기의 1차 측 전력퓨즈 1상이 용단될 경우 현상

     ⓐ 변압기 2차 측의 전압은 정상 전압의 $\frac{1}{2}$이 되는 2개의 상과 전압이 0인 1개의 상이 나타난다.

     ⓛ 저전압 계전기의 동작으로 정전을 유발한다.

     ⓒ 모든 조명이 소등된다.

     ⓔ 가동 중인 모든 설비가 정지된다.

(2) 변압기 2차 측(Y결선) 접촉불량 등으로 1상이 단선된 경우

① 정상 전압인 2개의 상과 전압이 0인 1개의 상이 나타난다.

② 3상 전동기가 단상으로 되어 운전되며, 소손될 수 있다.

③ 전압이 0인 상에 연결된 조명 등은 소등된다.

④ 전압이 0인 상이 제어전원인 마그네트 등은 탈락되거나 운전이 정지된다.

(3) 일반적으로 PT결선이 Y-△에서 1차 Y측 1상이 단선된 경우

1차 Y측은 역 V결선상태가 되므로 2차 △측은 1차가 단선되었음에도 불구하고 거의 정상에 가까운 전압을 나타내게 되어 PT에서 검출한 전압계의 지침만으로는 단선 여부를 알 수 없는 경우가 있다.

(4) 기타

결상이 되면서 지락사고로 발전하게 되면 계통에 악영향을 주고 인명의 감전사고가 우려된다.

083 그림과 같은 발전소에 설치된 선로의 단로기(DS ①, DS ②)와 접지 단로기 및 차단기에 대하여 투입과 개방순서를 설명하시오.

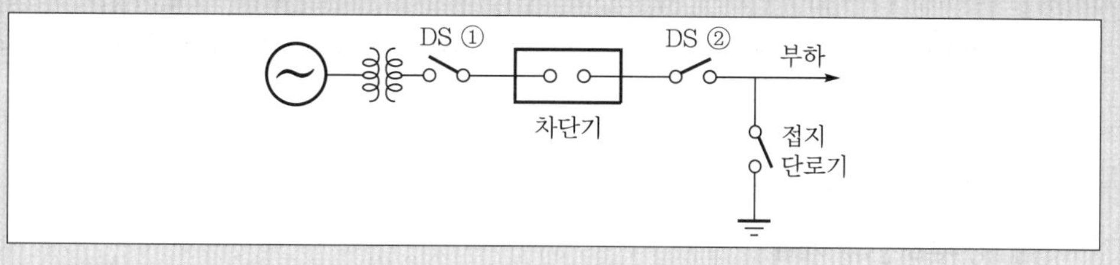

data 발송배전기술사 18-116-1-10 / 발송배전기술사, 건축전기설비기술사, 전기안전기술사, 전기응용 기술사 출제예상문제

답안

1. 기본 개념

(1) 전기 안전사고를 방지하고자 오동작을 방지(interlock)한다.

(2) 선로 측 단로기가 투입된 상태에서는 접지 측 단로기는 투입 불가능할 것

(3) 접지 측 단로기가 투입된 상태에서는 선로 측 단로기는 투입 불가능할 것

2. 단로기(DS ①, DS ②)와 접지 단로기 및 차단기의 투입과 개방순서

(1) 투입 시 순서

① 접지 측 단로기 개방

② DS ② 투입

③ DS ① 투입

④ 마지막에 차단기를 투입할 것

(2) 개방 시 순서

① 차단기 측 개방

② DS ② 개방

③ DS ① 개방

④ 마지막에 접지 단로기를 투입할 것

084 차단기(CB), 부하 개폐기(LBS), 단로기(DS)의 동작 특성을 설명하시오.

data 발송배전기술사 17-114-1-6 / 발송배전기술사, 건축전기설비기술사, 전기안전기술사, 전기응용 기술사 출제예상문제

답안

1. 차단기(CB)의 동작 특성

(1) 부하전류 개폐

정상 부하전류 개폐

(2) 사고 시 사고전류 차단 보호

① 단락·지락전류 차단

② 과부하전류 차단

2. 부하 개폐기(LBS)의 동작 특성

(1) 수용가 인입구에 설치 부하전류 개폐

(2) 정상 부하전류 개폐

(3) 3상 동시 개폐로 결상 방지

(4) 단락전류 개폐 능력이 없어 PF와 협조

3. 단로기(DS)의 동작 특성

(1) 무부하 선로 개폐

(2) 선로 충전전류 차단

(3) 부하전류, 고장전류 차단 능력은 없다.

(4) 조작순서

① 개방 시 : 차단기를 우선 OFF → B측 단로기를 OFF → A측 단로기를 OFF

② 복전 시 : 정전 시와 역순이다.

4. 종류별 동작 특성 비교

종류	회로분리		사고차단	
	무부하	부하	과부하	단락
CB	가능	가능	가능	가능
LBS	가능	가능	가능	불가능(PF와 협조)
DS	가능	불가능	불가능	불가능

085 전력퓨즈(power fuse)의 시간-전류 특성에 대하여 설명하시오.

(data) 발송배전기술사 16-110-2-4 / 발송배전기술사, 건축전기설비기술사, 전기안전기술사, 전기응용
기술사 출제예상문제

(답안)

1. 전력퓨즈의 목적

(1) 전력Fuse는 부하전류를 안전하게 통전하고 과도전류(Tr 돌입전류, 모터 기동전
류 등)나 과부하전류에 용단하지 않으며 어떤 일정 이상의 과전류는 차단하여
전로나 기기를 보호하는 것으로 단락전류의 차단이 주목적이다.

(2) 전력퓨즈는 차단기 + Ry + 변성기의 3가지 역할을 수행한다.

2. 선정상 기준

(1) 예상되는 과부하전류에는 동작하지 않을 것

(2) 전부하전류의 2배 정격일 것(단, 100A 초과 시 → 측근 상위값, 100A 이하 시
→ 측근 하단값)

(3) 과도적 서지전류(주변압기 여자 돌입전류, 전동기 및 축전지의 기동전류 등)에는
동작해서는 안 된다.

(4) 타 보호기기와 보호협조를 가질 수 있는 것일 것(다음 그림 참조)

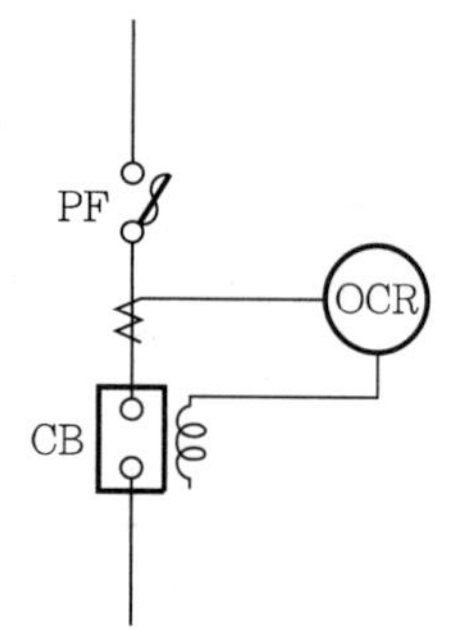

▌보호 계전기와 PF 설치 계통도 간이회로도 ▌

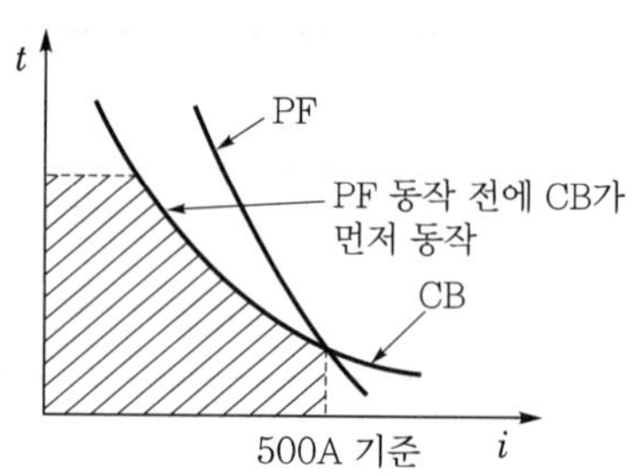

▌CB와 PF의 보호협조 ▌

3. 전력퓨즈의 시간–전류 특성(전력 퓨즈의 5가지 특성)

comment 머리글 : 허/용/작/열/한

(1) 허용시간 – 전류 특성

퓨즈 소자를 정해진 조건으로 사용했을 경우 노화시키는 일 없이, 그 퓨즈에 흐를 수 있는 전류와 시간관계를 나타내는 특성이며, 적용하는 회로부하에 대한 퓨즈의 정격전류 선정 때 사용한다.

(2) 용단시간 – 전류 특성

퓨즈에 전류가 흐르기 시작해서 퓨즈 소자가 용단되기까지 전류와 시간관계를 나타내는 특성이다. 시간은 규약시간, 전류는 규약전류로 나타낸다.

(3) 작동시간 – 전류 특성

정격전압이 인가된 상태에서 퓨즈에 과전류가 흘렀을 때 퓨즈 소자는 용단, 발호하고 아크가 완전 소호하기까지의 시간과 전류 관계를 표시한 것이다.

(4) 작동 I^2t 특성

① 퓨즈에 전류가 흐르고 있는 어느 일정 기간 중 전류 순시치의 2승 적분치를 지시하는 것이며, 용단시간 중의 것을 용단 I^2t, 차단작동시간 중의 것을 작동 I^2t라고 한다.

② 작동 I^2t는 콘덴서 보호 또는 개폐기나 차단기 후비보호에 퓨즈를 사용할 경우에 있어 열적 응력을 검토할 때 적용한다.

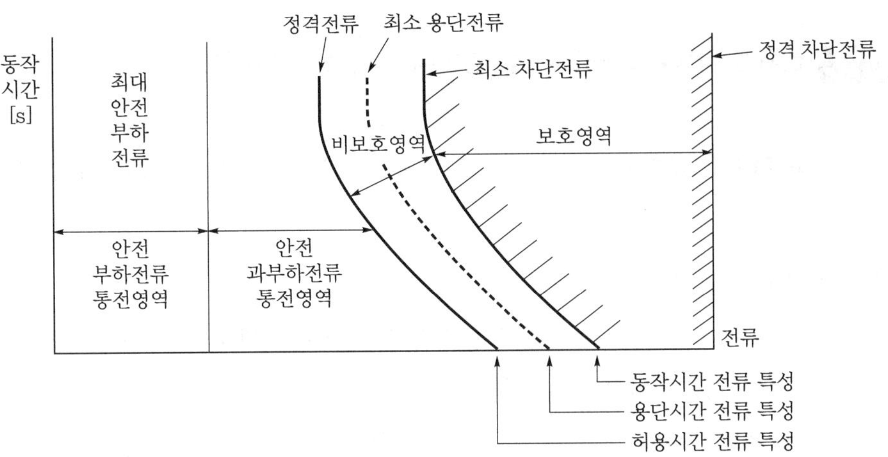

1. 안전통역영역
　① 안전 부하전류 통전영역 : 퓨즈에 연속해서 통전되는 최대 안전부하전류 이하의 영역
　② 안전 과부하전류 통전영역 : 최대 안전부하전류와 단시간 허용곡선 사이의 영역
2. 비보호영역
　안전통전영역과 보호영역 사이의 영역으로 파워퓨즈로는 보호가 불가하여 다른 차단장치
　(CB, MCCB, 저압 퓨즈 등)로 보호해야 함

┃특성 곡선 상호 간의 관계┃

(5) 한류 특성

① 퓨즈가 사고전류를 차단할 때 파고치에 이르기 전에 한류 차단하는 퓨즈의 귀중한 특성이다.

② 차단시간이 릴레이 동작시간과 합쳐 10cycle이 소요되나, 전력퓨즈의 경우는 전차단시간이 0.5cycle(한류형의 경우)이 된다.

③ 전력퓨즈의 통과전류 파고치도 차단기의 통과전류보다 대폭 제한, 즉 한류효과가 매우 크므로 회로에 접속된 직렬기기나 회로의 열적·기계적 손상을 대폭 경감시킬 수 있다.

④ 이러한 이유로 후비보호에 다른 차단기와 병행하여 많이 사용한다.

086 전력용 파워퓨즈(PF)의 선정방법에 대하여 설명하시오.

data 전기응용기술사 23-129-4-6 / 발송배전기술사, 건축전기설비기술사, 전기안전기술사, 전기응용
기술사 출제예상문제

답안

1. 전력퓨즈의 목적

(1) 전력Fuse는 부하전류를 안전하게 통전하고 과도전류(Tr 돌입전류, 모터 기동전
류 등)나 과부하전류에 용단하지 않을 것

(2) 어떤 일정 이상의 과전류는 차단하여 전로나 기기를 보호하는 것으로 단락전류의
차단이 주목적이다.

(3) 전력퓨즈는 차단기 + Ry + 변성기의 3가지 역할 수행한다.

2. 전력퓨즈의 정격 선정방법

(1) 정격전압의 선정

정격전압 = 공칭전압 × 1.2/1.1[V]

전원	퓨즈 개수	V_n(퓨즈 정격전압), V(회로 선간전압)
3상	3	$V_n \geq V$
1상	2	$V_n \geq V$
	1	$V_n \geq 1.15\,V$(한류형만)

(2) 정격전류의 선정

분류	내용
일반적 회로	• 상시 부하전류 통전, 반복 부하 충분한 여유가 있을 것 • 선택 차단(사고 확대 방지) • 과부하, 여자 돌입전류는 단시간 허용 특성 이하일 것
변압기	• 허용 과부하 안전 통전 • 여자 돌입전류로 안전 통전 • 2차 측 단락 시 변압기 보호
전동기	• 허용 과부하 안전 통전 • 시동전류로 퓨즈의 손상이 없을 것 • 빈번한 개폐나 역전 시에도 퓨즈의 손상이 없을 것
콘덴서	• 연속 최대 전류 안전 통전 • 여자 돌입전류로 퓨즈 미손상 • 파괴 확률 10% 특성이 퓨즈 전차단 특성보다 우측에 있을 것

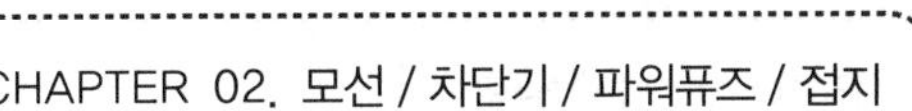

(3) 정격 차단용량의 선정

① 퓨즈가 차단할 수 있는 단락전류 최댓값[kA]

② 회로의 대칭 단락용량을 구한 후 그 이상의 차단용량을 갖는 퓨즈 선정

③ 회로의 최대 비대칭 단락전류를 고려하여 차단용량 선정(역률이 나쁠 경우 비대칭 계수 1.6을 적용)

④ 과도현상에서 발생하는 직류분을 포함한 비대칭 실효치로 나타내지 않고 교류분만의 실효치로 나타낸다.

  ㉠ 차단전류 구성 예

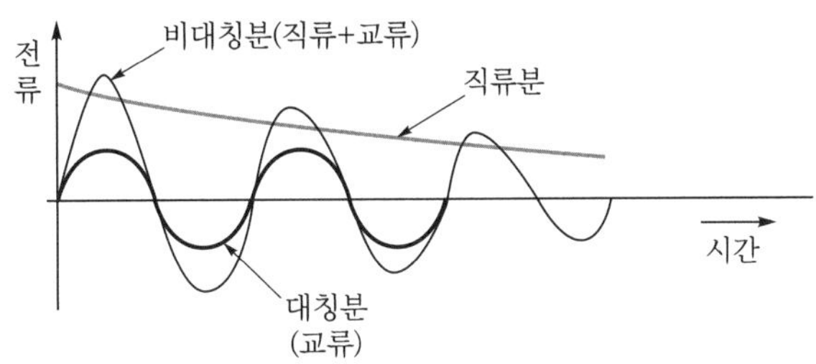

  ㉡ 일반적인 퓨즈 : $\dfrac{\text{비대칭값}}{\text{대칭값}} = 1.6$

⑤ 정격 차단용량 예

정격전압[kV]	정격 차단전류[kA]				
7.2	8	12.5	20	31.5	40
25.8	12.5kA 이상의 것				

(4) 최소 차단전류의 선정

① 차단할 수 있는 전류 최솟값

② 최소 차단전류 이하에서 동작하지 않도록 큰 정격의 전력퓨즈를 사용한다.

③ 최소 차단전류 이하는 다른 기기로 보호한다.

④ 한류형 퓨즈의 경우 단락전류는 바로 차단하나 과전류는 차단하지 않는다.

광역퓨즈	후비 보호퓨즈
• 전역 차단 가능 보호범위 향상	• 고압 측 : 고압 퓨즈 단독 차단
• 정격 최소 차단전류 이하 차단 불능 위험	• 저압 측 : 저압 퓨즈와 MCCB 보호 협조 차단
• 과부하, 작은 단락전류 보호에는 비추천	• 단락 보호용으로 많이 사용

(5) 예상되는 과부하전류에는 동작하지 않을 것, 단락 보호용으로는 전부하전류의 2배 정격일 것(단, 100A 초과 시 → 측근 상위값, 100A 이하 시 → 측근 하단값)

(6) 과도적 서지전류(주변압기 여자 돌입전류, 전동기 및 축전지의 기동전류 등)에는 동작해서는 안 된다.

(7) 타 보호기기와 보호협조를 가질 수 있는 것일 것(아래 그림 참조)

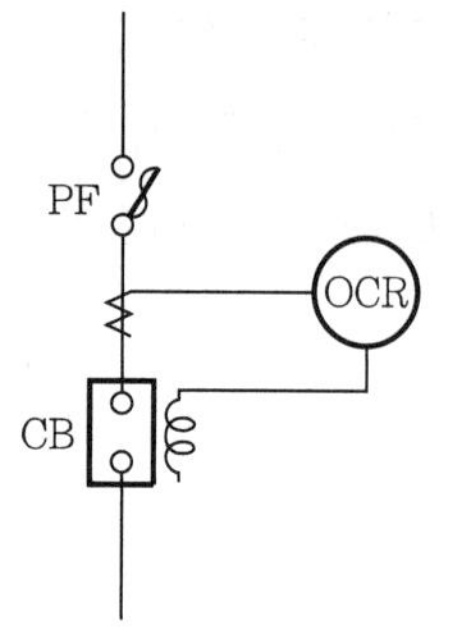

❙보호 계전기와 PF 설치 계통도 간이회로도❙   ❙CB와 PF의 보호협조❙

(8) 용도의 한정

① 단락전류 보호를 주목적으로 한다.

② PT용에는 1A 정격 PF 선정

③ 빈번한 개폐가 있는 경우의 변압기 보호용 PF는 특히 열적 응력을 충분히 검토할 것

---

087 전력퓨즈(power fuse)의 종류와 특징에 대하여 설명하시오.

data 전기응용기술사 23-131-4-5 / 발송배전기술사, 건축전기설비기술사, 전기안전기술사, 전기응용기술사 출제예상문제

답안

1. 한류형 퓨즈

(1) 정의

밀폐된 절연통 속에 퓨즈 엘리먼트와 규소 등 소호제를 충전하여 높은 아크저항을 발생하여 사고전류(단락전류)를 강제적으로 한류 억제하고 차단하는 퓨즈이다. 즉, 힘으로 전류를 찍어 누르는 특성이 있다.

(2) 용도

한류형 퓨즈는 주로 Back up 보호용으로 사용한다.

(3) 한류형 퓨즈의 특성

① 고장전류 최대치 도달 이전 0.5cycle 이내에 고장전류 차단의 고속 응답 특성이 있다.

② 전압 0점에서 전류를 강제 차단한다.

③ 소음이 작고 용량이 큰 특성이 있다.

④ 변압기 단락보호용으로도 사용된다.

⑤ 현대에서 가장 많이 사용되는 퓨즈이다.

2. 비한류형 퓨즈

(1) 정의

퓨즈 링크에 전류가 흐르면 퓨즈가 용단되어 회로를 분리하는 내부 스프링 힘에 의해 동작하여, 소호가스를 뿜어내며 전류 영점인 극 간이 절연내력을 재기전압 이상으로 높여 차단한다.

(2) 용도

비한류형 퓨즈는 주로 과부하 보호용으로 사용한다.

(3) 비한류형 퓨즈의 특성

① 내부 스프링 힘에 의해 동작하며 소음이 큰 단점이 있다.

② 전류 0점에서 전압을 강제 차단한다.

③ 변압기의 과부하, 단락보호용으로 사용한다.

3. 비교

구분	한류형 퓨즈	비한류형 퓨즈
전차단시간	0.5cycle	0.65cycle
최대 통과전류	단락전류 파고치의 10%	단락전류 파고치의 80%
차단 I^2t	크게 증가하지 않음	난락선류와 같이 증가
소전류 차단기능	용단시간이 긴 소전류 영역에서 차단되지 않고 큰 고장전류에 차단이 용이함	정격 차단전류 이하에서 동작하면 반드시 차단됨
과부하 보호	과부하 보호에 사용 곤란	과부하 보호 가능함

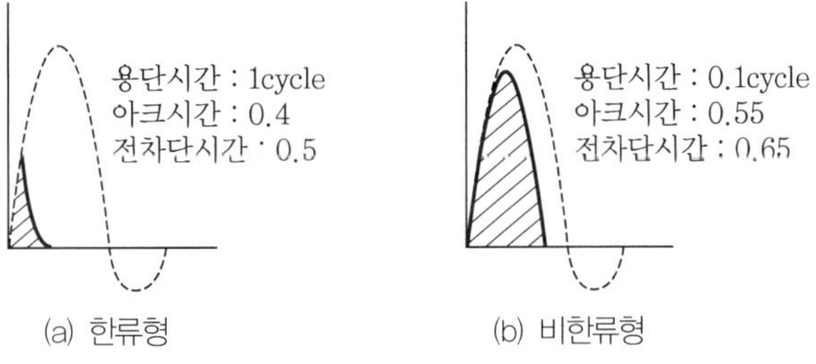

‖ 전력 퓨즈 차단시간 ‖

703

088 F₁점에서 3상 단락 고장이 발생한 경우 다음 물음에 답하시오.

1. F₁점에 유입되는 고장전류[kA]

2. 차단기 C의 차단용량[MVA] (단, 모선 전압은 345kV이고, 각 부분의 설비용량과 임피던스는 그림과 같음)

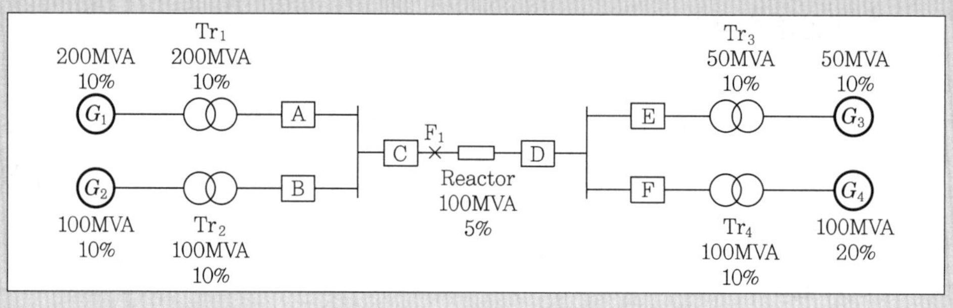

(data) 발송배전기술사 17-113-3-3 / 발송배전기술사, 건축전기설비기술사, 전기안전기술사, 전기응용 기술사 출제예상문제

[답안]

1. 100MVA 기준으로 $\%Z$ 환산

(1) $G_1 = \dfrac{\text{기준용량 } 100\,\text{MVA}}{\text{원래의 자기용량 } 200\,\text{MVA}} \times \text{자기의 }\%\text{임피던스 } 10\% = 5\%$

(2) $T_1 = \dfrac{100}{200} \times 10 = 5\%$

(3) $G_2 = \dfrac{100}{100} \times 10 = 10\%$

(4) $T_2 = \dfrac{100}{100} \times 10 = 10\%$

(5) $G_2 = \dfrac{100}{50} \times 10 = 20\%$

(6) $T_3 = \dfrac{100}{50} \times 10 = 20\%$

(7) $G_4 = \dfrac{100}{100} \times 20 = 20\%$

(8) $T_4 = \dfrac{100}{100} \times 10 = 10\%$

(9) $\text{Reactor} = \dfrac{100}{100} \times 5 = 5\%$

2. 임피던스 맵(100MVA 기준)

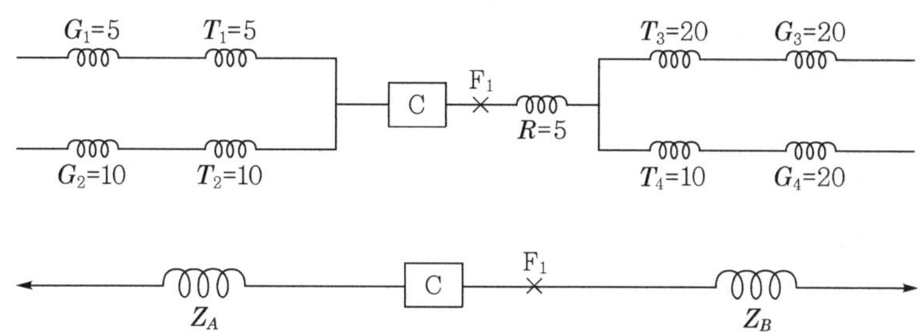

$$Z_A = \frac{10 \times 20}{10 + 20} = 6.67\%$$

$$Z_B = 5 + \frac{40 \times 30}{40 + 30} = 22.14\%$$

3. 고장점 F_1의 고장전류[kA]

(1) $\%Z_{\text{total}} = \dfrac{\%Z_A \cdot \%Z_B}{\%Z_A + \%Z_B} = \dfrac{6.67 \times 22.14}{6.67 + 22.14} = 5.13\%$

(2) $I_S = \dfrac{100}{\%Z} \cdot I_n = \dfrac{100}{5.13} \times \dfrac{100 \times 10^3}{\sqrt{3} \times 345} = 3262.14\,\text{A}$

즉, 단락 시 고장전류는 3262A이다.

4. 차단기용량

(1) 단락전류가 큰 값에도 차단이 가능하도록 적용되는 %임피던스 값을 정한다.

(2) 그리므로, $\%Z = 6.67\%$로 설정힌다.

(3) $P_s = \dfrac{100}{\%Z} \cdot P_n = \dfrac{100}{6.67} \times 100\,\text{MVA} = 1499.25\,\text{MVA}$

(4) 차단기용량의 결정

차단용량이 1500MVA보다 큰 차단기 중 표준형 규격을 적용한다.

SECTION 03 차단현상

089 과도 회복전압(transient recovery voltage)의 특성과 차단기에 미치는 영향을 설명하시오.

data 발송배전기술사 16-110-4-5 / 발송배전기술사, 건축전기설비기술사, 전기안전기술사, 전기응용기술사 출제예상문제

comment 1., 2./(1), 2/(3), 2/(4), 3.만 기록해도 된다.

답안

1. 개요

(1) 전력 계통에서 차단기를 차단하는 경우 과도현상으로 이상전압이 발생하고, 특히 유도성 또는 용량성의 경우는 그 메커니즘이 복잡하다.

(2) 일반적으로 차단 메커니즘에서 진상 전류에서는 재점호가 발생하고, 지상 전류에서는 재기전압이 현저히 나타난다.

2. 과도 회복전압(transient recovery voltage)의 특성

(1) 교류 전류의 차단현상

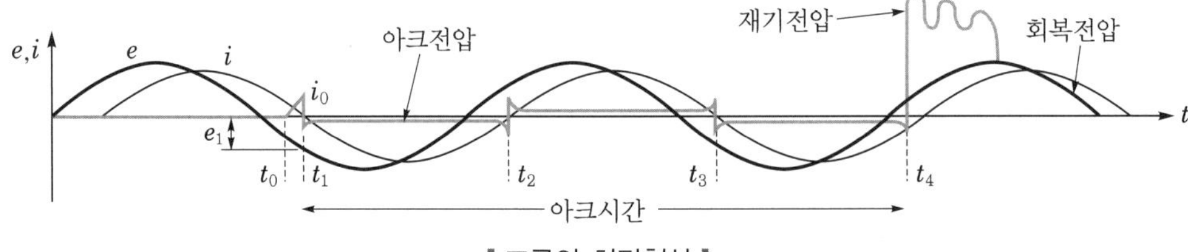

▮ 교류의 차단현상 ▮

① 보호 계전기가 동작해서 차단기가 전극을 열면, 반드시 전극 간에는 아크가 발생해서 기계적으로는 전극이 열리지만, 전기적으로는 아직 회로가 연결되어 있는 상태이다.

② 아크가 꺼졌을 때 회로가 차단되는 것으로, 차단기의 개로 상태에서는 전극 간 전압은 0이지만 아크저항에 의해 아크전압이 나타난다.

③ t_0에서 접촉자가 떨어지기 시작하면, 그 순시동안 전류는 i_0의 값을 갖고 있어 바로 0으로는 될 수 없으며 아크상태로 흐름이 계속된다.

④ t_1이 되면 아크는 꺼지지만 전원전압이 e_1의 값으로 되어 있어 아크를 발생하여 전류를 흘리게 된다.

⑤ 반주기마다 아크의 점멸을 되풀이 하다가 t_4가 되면 접촉자는 충분히 떨어져서 전극 간 절연내력이 아크전압을 이겨서 아크가 소호된다.

(2) 교류 전류의 차단현상 특성

① 회복전압(recovery voltage) : 차단기의 차단 직후 차단점 간에 나타나는 상용 주파수의 전압으로서 실효치로 나타낸다.

② 재기전압(transient recovery voltage)

㉠ 차단기의 차단 직후에 차단점 간에 계속하여 나타나는 과도전압으로서, 단일 주파 과도성분과 다중 주파 과도성분을 가진 것이 있다.

㉡ 차단 시 발생하는 전압으로 회복전압(RV : Recovery Voltage)의 한 종류이다.

③ 재점호 : 재기전압 때문에 아크가 전류의 0점에서 일단 소멸된 후 다시 차단점에서 아크를 일으키는 현상이다.

④ 회로차단의 어려움

㉠ 역률이 1인 경우에는 전류가 0일 때 전압도 0이므로, 이때 접점을 열면 아크가 발생되지 않고 회로 차단이 수월하다.

㉡ 그러나 단락전류, 충전전류 차단은 이보다 어려워진다.

(3) TRV의 특성

① 단락전류의 차단

㉠ 단락전류는 전압보다 90° 가까이 뒤지는 지상 전류이며, 아크전압과 회복전압의 위상이 반대이고, 아크가 꺼지는 순간 회복전압의 파형이 높은 재기전압으로 나타나 끊기가 어렵다.

$$I_S = \frac{E_a}{Z_1} \fallingdotseq \frac{E_a}{jX_1} = -j\frac{E_a}{X_1}$$

㉡ 그러나 일단 끊어진 뒤에는 재점호가 없고, 끊어지는 순간 과도 진동에 의해 서지가 발생된다.

② 충전전류의 차단

㉠ 충전전류는 전압보다 90° 앞선 진상 전류로 아크전압과 회복전압의 위상이 동상이므로 재기전압은 낮아서 아크가 쉽게 꺼진다.

㉡ 그러나 재점호를 일으켜 높은 이상전압이 발생한다.

㉢ 방지대책

• 차단속도를 신속하게 한다.

- 중성점을 임피던스 접지한다.
- 병렬회선을 설치한다.

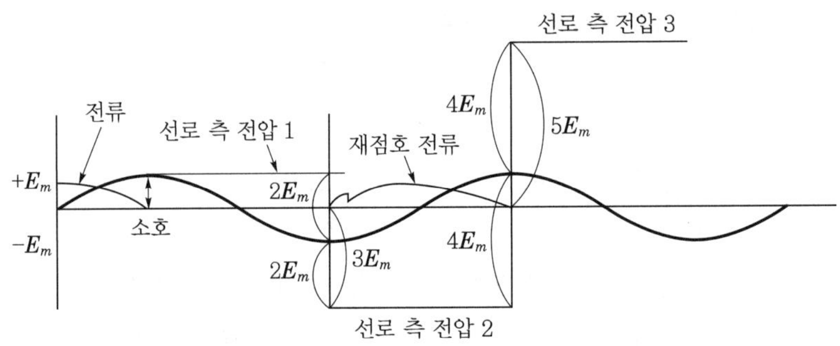

▌충전전류 차단 시 예▐

(4) TRV(과도 회복전압)의 종류별 특성

① TRV의 크기와 파형은 계통전압, 계통구성, 설비상수, 차단기 설치위치, 고장 전류 등에 따라 변한다.

② TRV와 PFRV 파형

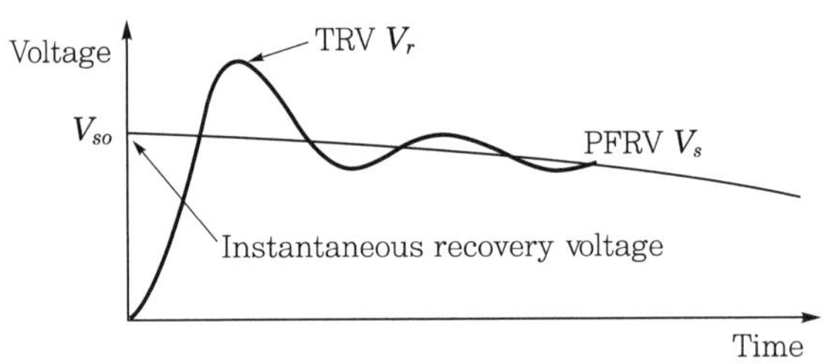

③ ITRV(Initial Transient Recovery Voltage)

㉠ 차단기 용량 증대와 차단기 차단능력 향상을 위해서는 더욱 자세한 TRV의 측정이 필요한데 차단기 종류에 따른 차단능력에 특별히 영향을 주는 ITRV는 열적 파괴특성에 상당한 영향을 준다.

㉡ 차단기와 고장점 간 소폭 전압진동에 의하여 정해지는 ITRV는 SLF 현상 과 유사하지만 최댓값은 SLF값보다 낮고 전류 0점으로부터 최댓값에 이르는 시간은 $1\mu s$ 이내이다.

3. 과도 회복전압이 차단기의 차단에 미치는 영향

(1) 공기 유입 차단기

아크 저항은 부특성으로 온도가 저하하면 저항은 높아지므로, 아크를 냉각시켜 R이 커지면 I가 작아져서 전류 0점에서 소호된다.

(2) 자기 차단기

아크 길이를 길게 해서 단락회로의 저항을 크게 하여 전류를 차단한다.

$$R = \rho \frac{l}{S} [\Omega] \rightarrow R \propto l, \ I = \frac{V}{R} [A]$$

(3) 진공 차단기

① Arc를 진공으로 흡입하여 소호시켜 차단한다.

② 전류 0점이 아닌 부분에서도 소호되어 큰 Surge가 발생한다.

(4) 가스 차단기

① SF_6 Gas는 전자 친화력이 커서 아크 소호가 잘된다.

② SF_6 Gas는 아크 시정수가 작아 대전류 차단에 우수하다.

4. TRV의 현상에 대한 대책

(1) 리액터 설치

용량성 서지에 대하여는 리액터를 설치하여 서지를 억제한다.

(2) 중성점 접지

중성점을 접지하면 대지전위가 내려가 서지가 억제된다.

(3) 잔류전하 신속 방전

고속 재폐로 시 발생하는 서지는 회로의 잔류 전하가 주원인이므로 잔류 전하를 신속하게 방전시키면 서지전압이 낮아진다.

(4) 서지 흡수기(SA) 사용

피뢰기의 기능이 뇌격 보호인데 비해 서지 흡수기는 개폐서지 보호용으로 주로 몰드 변압기 채택 시 VCB 후단, 변압기 전단에 설치하여 VCB 개폐서지로부터 보호한다.

① 제한전압 이상의 전압은 방전갭을 통하여 방전된다.

② 진공 차단기의 부하 측에 설치한다.

090 단거리 송전선로의 단락고장을 차단하는 경우에 발생하는 근거리 선로 고장(SLF : Short Line Fault)의 차단 장애현상과 차단 시 나타나는 영점 추이현상을 설명하시오.

(data) 발송배전기술사 21-123-3-1 / 발송배전기술사, 건축전기설비기술사, 전기안전기술사, 전기응용 기술사 출제예상문제

답안 1. 근거리 선로의 차단 장애현상(SLF : Short Line Fault)

(1) 개요

발전소에 설치된 차단기에서 수 km 떨어진 선로상에서의 단락고장 차단 시, 차단기의 가장 가까운 곳보다 단락전류가 작음에도 불구하고 재기전압의 상승률이 높아지기 때문에 차단이 곤란한 현상인 근거리 선로고장의 현상

(2) SLF 발생 메커니즘

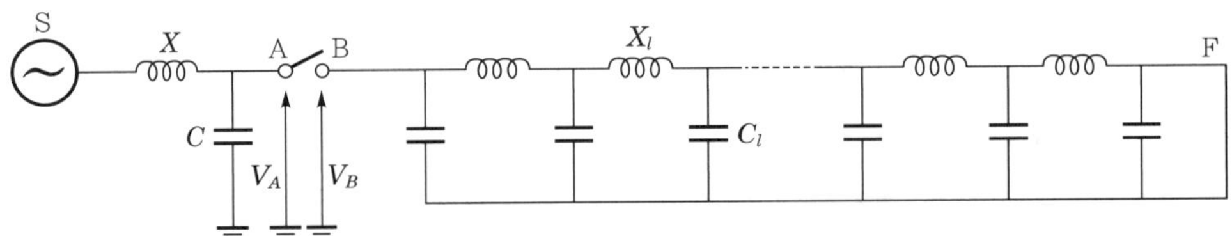

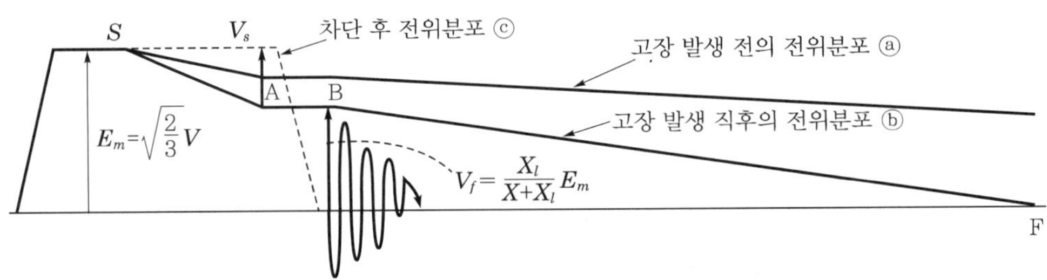

① 전원 측 전압 : $E_m = \sqrt{\dfrac{2}{3}}\ V$

② 고장 전 전위분포 : 그래프 ⓐ와 같이 거리에 따른 전압강하 발생

③ 고장 직후 전위분포 : 그래프 ⓑ와 같고, $V_f = \dfrac{X_l}{X + X_l}E_m$

④ 차단 후 전위분포 : 그래프 ⓒ와 같고, 전원 측은 전원 측 전압으로 급변하고, 선로 측 전압은 0으로 급변한다.

(3) 과도현상 발생

① 차단기의 전원 측 전압 V_A는 V_s만큼 상승한다.

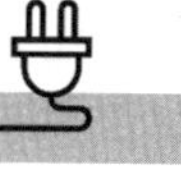

② 차단기의 선로 측 전압 V_B는 단락고장으로 인해 0으로 급변하여 그림과 같이 삼각파가 발생한다.

③ 이때, 선로 측의 삼각파의 주파수는 $\omega_1 = \dfrac{1}{\sqrt{L_1 C_1}}$ 에서 L_1이 작아 고조파가 발생한다.

즉, $\omega = 2\pi f = \dfrac{1}{\sqrt{L_1 C_1}}$ 에서 $f = \dfrac{1}{2\pi \sqrt{L_1 C_1}} \;\rightarrow\; C_1 \downarrow$ 이면 $f \uparrow$

(4) SLF 발생파형

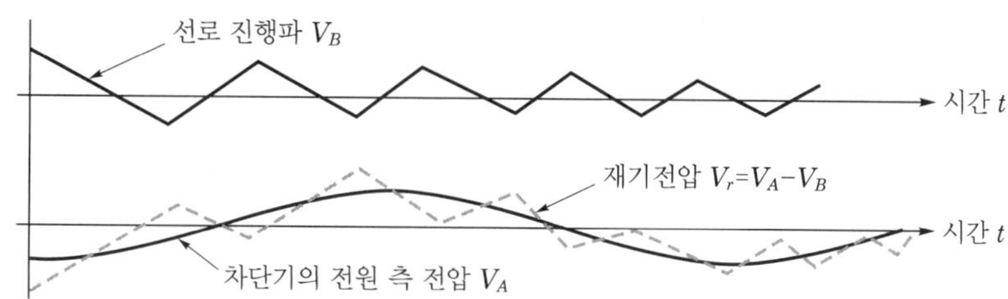

(5) SLF 재기전압의 크기

① 등가회로

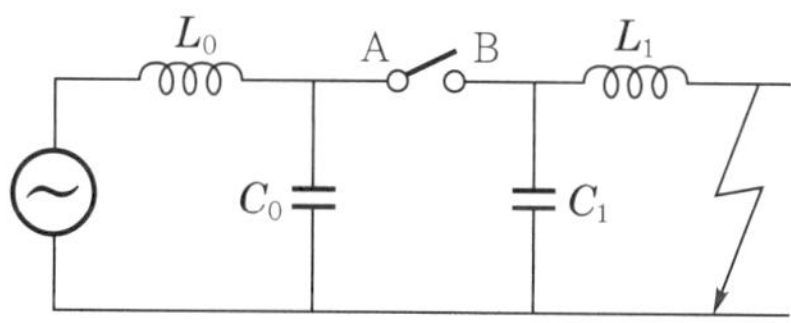

② 재기전압 : $V_r = E_m \left(1 - \dfrac{L_0}{L_0 + L_1} \cos \omega_0 t - \dfrac{L_1}{L_0 + L_1} \cos \omega_1 t \right)$ ··············· 식 1)

③ 고장점까지의 거리가 특별히 길지 않다면 $\omega_0 < \omega_1$

④ 따라서, $V_r = \dfrac{L_1}{L_0 + L_1} E_m (1 - \cos \omega_1 t)$

고주파 진동이 발생하며, 재기전압의 극대치 V_m 은 다음과 같다.

$$V_m = \dfrac{2L_1}{L_0 + L_1} E_m = \dfrac{2E_m}{\dfrac{L_0}{L_1} + 1}$$ ·· 식 2)

⑤ 상기의 식 2)에서 L_1이 극단적으로 작으면 V_m 은 작고 또 L_1이 극단적으로 크면 차단전류 및 재기 상승률이 작아진다.

⑥ 따라서, 차단기에서 어느 거리만큼 떨어진 지점(수 km)에서의 선로고장 차단이 가장 곤란하다는 것을 알 수 있다.

(6) SLF 크기에 미치는 영향요소

① 삼각파 진동전위 V_f의 크기

② 단락전류의 크기

③ 삼각파 초기의 ITRV 상승률이 클수록 차단이 어렵다.

④ 고장 시 단락회로의 역률과 전압의 위상도 SLF 크기에 영향을 미친다.

2. 차단기의 SLF 대책

(1) 재기전압을 억제한다.

① 차단부에 병렬저항 삽입 : 저항 차단기

② 콘덴서를 차단기 단자 간 또는 선로 측 단자대 대지 간에 삽입한다.

(2) 차단기의 절연회복 특성을 빠르게 하기 위한 방법

① 고속도 차단 : 전극의 개리 속도를 빨리 한다.

② 다절점 차단기 사용 : 차단점수를 증가시킨다.

③ 가스 차단기 같이 절연내력이 높은 매체를 사용한다.

3. 영점 추이현상

(1) 개요

① 대용량 발·변전소 근처에 고장이 일어났을 때 매우 큰 비대칭적인 전류가 흐르는데 낮은 저항을 가진 선로에서는 DC 성분의 시간상수가 AC 성분과 달라져 고장 발생 후 몇 Cycle까지 전류 0점이 발생하지 않기 때문에 일어나는 전류를 끊지 못하는 현상이다.

② 비대칭 전류는 정전용량에 의한 (+)값과 정전유도에 의한 (−)값에 의하여 비대칭적인 전류를 말한다.

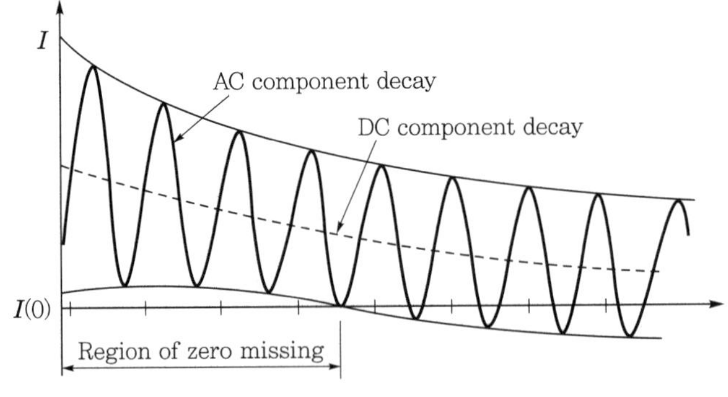

(2) 발생원인

① 대용량 발·변전소 근처의 저저항 선로에 고장 발생 시 큰 비대칭적인 전류가 흐르며 이 전류에서 DC 성분이 AC 성분보다 클 때 비대칭 성분에 의한다.

② 시정수 차이 : DC 성분의 시정수와 AC 성분 시정수의 차이

③ 고전압 무부하 케이블 선로에 분로 리액터 투입 시 과도현상에 의한 DC 성분 발생

(3) 영향

① 전류 0점이 없어 차단기 차단 불능, 차단시간 지연, 과도 안정도 저하

② 영점 추이현상 구간에 차단기를 차단할 경우 전류재단 서지 발생

(4) 대책

① 분포 리액터 투입 시 전원 전압이 피크치에 투입되도록 투입 시 위상 제어

② 비대칭 성분 억제

③ 저항 차단기 사용

---

091 변전소에서 차단기의 개폐조작에 따른 차단기의 가혹 차단현상에 대하여 종류별 개념 및 그 대책을 설명하시오.

(data) 발송배전기술사 22-128-4-4 / 발송배전기술사, 건축전기설비기술사, 전기안전기술사, 전기응용기술사 출제예상문제

답안

1. 개요

(1) 개폐서지의 정의

송전선로, 배전선로의 차단기, 개폐기 조작에 따른 과도현상으로 인한 이상전압

(2) 가혹 차단의 대표적 종류

① 탈조 차단

② 단자 간 단락고장(BTF : Bus Terminal Fault)

③ 근거리 선로고장(SLF : Short Linf Fault)

④ 충전전류 차단

⑤ 지상 소전류 차단

713

⑥ 회복전압(Recovery Voltage) : RV, TRV 등

⑦ 급준과도전압(VFTO)

⑧ DC 가혹 차단

2. 탈조차단(out of phase switching)의 개념과 대책

(1) 탈조차단의 개념

차단기 양측 전원이 동기 이탈상태에서 계통분리를 할 경우 단락 차단보다도 큰 회복전압이 발생하며 가장 가혹한 차단조건(통상의 단락 전류보다 큼)이 된다.

(2) 탈조차단의 대책

차단성능이 우수한 가스 차단기(GCB) 적용

3. 단자 간 단락고장(BTF : Bus Terminal Fault)의 개념과 대책

(1) BTF 차단 개념

① 차단기의 부하단자에서 일어난 단자 단락고장을 말하며, 계통의 단락 고장 중 가장 가혹한 조건이 되는 개폐서지를 말한다.

② $I_s = \dfrac{100}{\% Z} I_n = \dfrac{100}{X_g + X_t + X_l} I_n$ 에서 $X = X_g + X_t$ 로 되어 I_s 가 증가한다.

(2) BTF 차단대책

① 고속도 차단

② 소호가스의 압력 증대

③ 아크 접점형상의 개량

4. 근거리 선로고장(SLF : Short Linf Fault)의 개념과 대책

(1) SLF 차단 개념

차단기에서 근거리($2 \sim 3\text{km}$)에서 지락이 발생되어, 고장전류를 차단 시 차단기와 고장점 사이에 발생하는 과도 회복성 재기전압 상승률(RRRV : Rate of Rise Recovery Voltage)이 높아 재기전압의 왕복 전위 진동이 있는 개폐서지

(2) SLF 발생파형

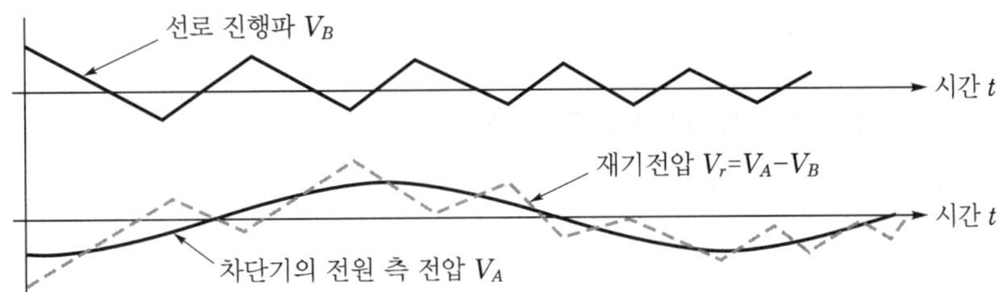

(3) SLF 차단대책

① 재기전압을 억제한다.

㉠ 차단부에 병렬저항 삽입 : 저항 차단기

㉡ 콘덴서를 차단기 단자 간 또는 선로 측 단자대 대지 간에 삽입한다.

② 차단기의 절연회복 특성을 빠르게 하기 위한 방법

㉠ 고속도 차단 : 전극의 개리 속도를 빨리 한다.

㉡ 다절점 차단기 사용 : 차단점수를 증가시킨다.

㉢ 가스 차단기 같이 절연내력이 높은 매체를 사용한다.

5. 급준과도전압(VFTO : Very Fast Transient Overvoltage)의 개념과 대책

(1) 개념

SF_6 가스 절연 변전소(GIS 변전소)에서 개폐기기(특히 단로기)의 조작이나 지락 사고 발생 시 $4 \sim 20ns$의 상승시간을 갖는 급준과도전압이 발생하면 수 MHz 정도의 단일 주피수 진동이 수반된다.

(2) 영향

① 금속 이물질이 SF_6 가스 중을 이동 중이거나 절연 스페이서 표면에 고착되어 있는 경우 절연성능에 심각한 영향을 미친다.

② GIS 외부로 접속된 부싱을 통과한 급준과도전압은 부싱과 GIS 인입 변압기 고전압 측 권선에 과도한 전압을 가하여 고장을 초래하거나, 보호 계전기 오동작 등도 발생할 수 있다.

(3) 대책

① 우수한 피뢰기를 사용한다.

② 저항부 DS(단로기) 사용으로 VFTO 발생을 억제한다.

③ 중심도체 및 Sheath 내면에 자성체를 코팅한다.

④ 중심도체에 강자성체의 링을 형성하여 VFTO 전파를 감쇄하거나 억제한다.

⑤ SF₆ 가스 자동 충진압력을 이용해 아크 및 개폐서지를 흡수하여 VFTO 발생을 억제한다.

6. 지상 소전류 차단의 개념과 대책

(1) 지상 소전류 차단 개념

① 지상 소전류란 변압기 여자전류, 리액터 및 전동기 전류

② 계통이 유도성일 때 성능이 좋은 차단기로 차단 시 전류 재단현상에 의해 발생하는 서지로 전류재단 서지, 반복 재발호, 유발 절단 서지 등이 있다.

③ 전류 0점 이전에 강제적으로 전류를 재단하는 Arc chopping 현상으로 개폐 서지 발생

④ 지상 소전류를 소호력이 큰 대용량의 타력 차단기로 차단 시

$e = - L\dfrac{di}{dt} [\text{V}](dt = 10^{-8}\text{ms}$ 정도이므로 급격히 증가)에 의한 과도 이상전압 발생

(2) 지상 소전류 대책

① 변압기와 병렬로 직당한 콘덴서 설치

② 콘덴서와 저항을 조합한 Surge 억제 피뢰기 설치(RC형 SA 설치)

③ 작은 여자전류는 단로기로 차단(전류 0점에서 차단)

7. 충전전류 차단(Interruption of Capacitive Current)의 개념과 대책

(1) 충전전류 차단 개념

① 무부하 송전선로 개방 시 발생하는 개폐서지이다.

② 콘덴서 또는 Cable, 무부하 가공 승전선로를 차단할 때 발생한다.

③ 충전전류(진상 전류) 차단 후 부하 측과 전원 측의 전압차를 차단기가 견디지 못하면 재점호를 발생시킨다.

④ 재점호 현상이 계속되면 $-3E$, $+5R$, $-7E$, $+9E_a$ ……의 이상전압이 발생한다.

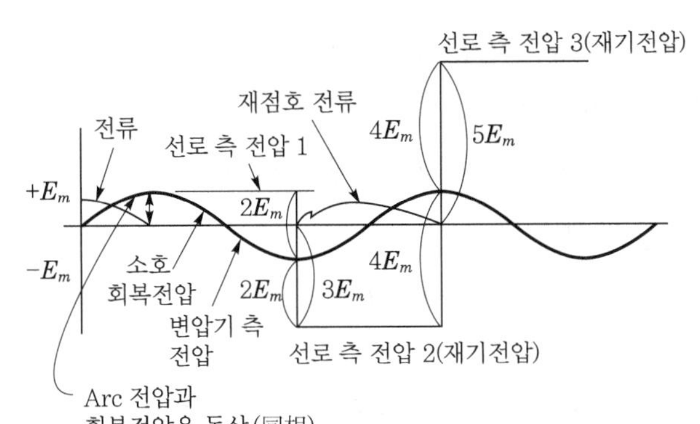

∥ 무제동 이상전압의 충전전류 차단(고주파 소호) ∥

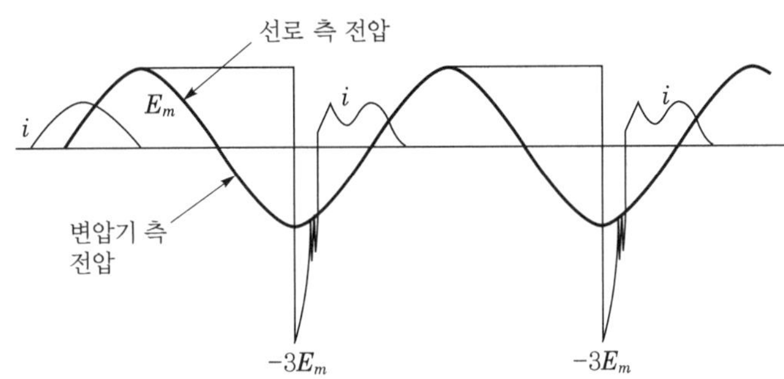

∥ 제동작용이 있을 경우의 충전전류 차단(저주파 소호) ∥

(2) 충전전류의 차단대책

  ① 고속도 차단방식 적용(개극속도 증가)

  ② 저항 차단방식 채택

  ③ 중성점 직접 접지계통 적용

  ④ 콘덴서 잔류전하의 방전

8. DC 가혹 차단의 개념과 대책

(1) DC 가혹차단 개념

  ① 직류는 맥류이므로 전류 0점이 없어 차단 시 전류 절단현상이 발생하여 강한 Arc가 발생하고 폭발음이 크다.

  ② DC 전원은 전류 0점이 없어 강제 전류 영점을 차단하게 되므로 개폐서지가 발생한다.

(2) DC 가혹차단의 대책

  ① 특고압용으로 직류 차단기로는 HSCB(High Speed CB)가 사용된다.

  ② 차단기 접촉자의 마모가 쉬워 접촉자 간에 바리스터나 ZNR 등을 삽입시킨다.

9. 회복전압(recovery voltage)의 개념과 대책

(1) 회복전압 차단 개념

차단 직후 차단기 양단자 간에 나타나는 전압

(2) 회복전압의 구분

① 시간에 따라 ITRV → TRV → PFRV로 구분된다(PFRV : Power Frequency Recovery Voltage).

② 형태에 따라 지수형, 진동형, 삼각파형으로 구분된다.

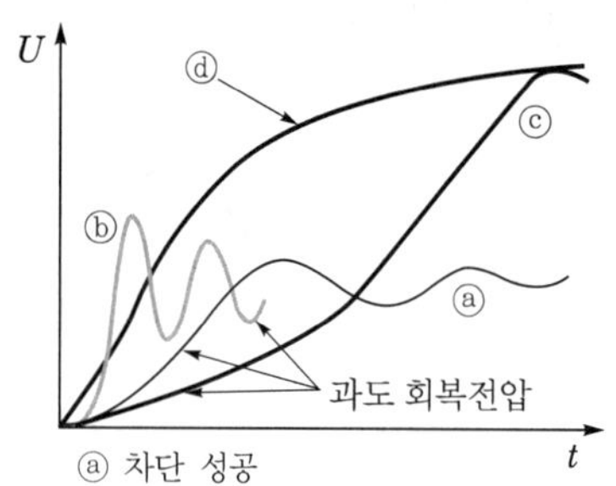

‖ TRV 특성과 차단상태 ‖

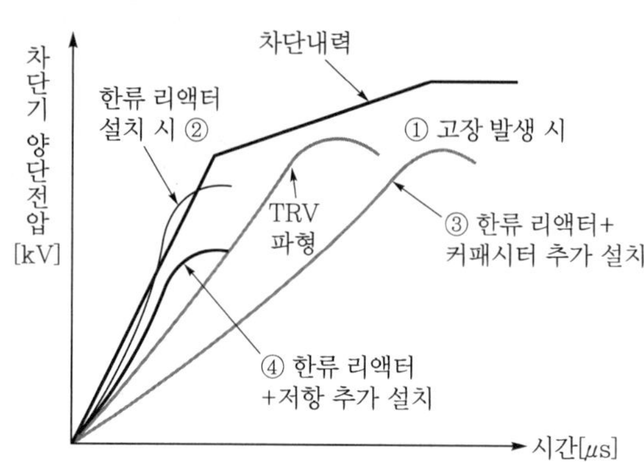

‖ TRV 및 RRRV 대책방법에 따른 TRV 변화 ‖

여기서, U_c : 규정된 파고치 전압

RRRV : 과도 회복전압 상승률(Rate of Rise of Recovery Voltage)

(3) 회복전압 대책

계통 측 대책 (위 TRV 대책방법 그림)	차단기 측 대책
• 유효 접지 • 한류 리액터 설치 • 한류 리액터 설치 + 커패시터 추가 • 한류 리액터 설치 + 저항 추가 • 잔류 전하 신속 방전 • LA, SA 설치 • 다상 재폐로 방식 채용 • 고속 재폐로 방식 채용	• GCB 사용 • 다점절 차단방식 • 저항 차단방식 • 콘덴서리스 차단방식(철공진 가능)

(4) TRV의 유형별 비교

지수형(exponential)	진동형 TRV	삼각파형(triangular) TRV
선로가 변압기와 차단기 사이에 존재할 때 차단기 2차 측 사고 시 선로 종단에서 반사되는 반사파에 의해 TRV가 중첩되는 파형	사고가 변압기 또는 직렬 리액터에 의해 제한되며, 선로가 없거나 서지 임피던스가 없을 때 발생하는 파형	단거리 선로 사고 시 발생하는 파형
▮ 지수형 TRV의 이상전압 ▮	▮ 진동형 TRV의 이상전압 ▮	
다수의 선로가 병렬로 접속된 경우에 주로 발생, 조건은 $Z_{eq} < 0.5\sqrt{\dfrac{L_{eq}}{C_{eq}}}$ 임	병렬로 연결된 선로의 수가 작은 경우 주로 발생, 조건은 $Z_{eq} > 0.5\sqrt{\dfrac{L_{eq}}{C_{eq}}}$ 임	차단기로부터 선로가 짧은 고장 시 주로 발생

여기서, Z_{eq} : N개의 선로가 접속된 상태에서 등가 서지 임피던스

L_{eq} : 전원의 등가 인덕턴스, C_{eq} : 전원의 등가 정전용량, U_r : 정격전압

---

092 TRV를 유형별로 비교 설명하시오.

(data) 발송배전기술사, 건축전기설비기술사, 전기안전기술사, 전기응용기술사 출제예상문제

답안 **1. 지수형(exponential) TRV**

(1) 정의

선로가 변압기와 차단기 사이에 존재할 때 차단기 2차 측 사고 시 선로 종단에서 반사되는 반사파에 의해 TRV가 중첩되는 파형이다.

(2) 지수형(exponential) TRV의 특성

① 지수형 TRV는 차단기의 단자 측에서 고장(terminal fault)이 발생한 경우 차단기의 전원 측 단자에서 나타나는 TRV의 전형적인 유형의 하나이다.

② 병렬로 접속된 선로가 많아서 고장전류가 크게 발생된다.

③ 초기 TRV의 상승률(rate of rise)은 병렬로 접속된 선로의 수와 관계되며, RRRV는 고장전류가 증가할수록 낮아지는 경향이 있다. → 과제동

④ 고장점으로부터 가장 짧은 선로의 끝단에서 반사파, 진행파의 중첩이 나타나 TRV의 파고값을 약간 증가시킨다.

(3) 지수형(exponential) TRV의 발생조건

다수의 선로가 병렬로 접속된 경우에 주로 발생되며, 발생조건은 다음과 같다.

$$Z_{eq} < 0.5 \sqrt{\dfrac{L_{eq}}{C_{eq}}}$$

여기서, Z_{eq} : N개의 선로가 접속된 상태에서 등가 서지 임피던스

L_{eq} : 전원의 등가 인덕턴스

C_{eq} : 전원의 등가 정전용량

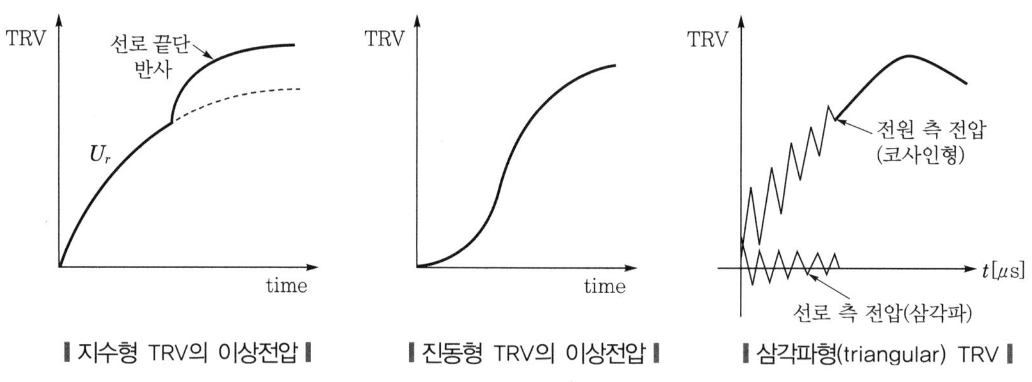

| 지수형 TRV의 이상전압 | 진동형 TRV의 이상전압 | 삼각파형(triangular) TRV |

2. 진동형 TRV(oscillatory, 코사인형 TRV)

(1) 정의

사고가 변압기 또는 직렬 리액터에 의해 제한되며, 선로가 없거나 서지 임피던스가 없을 때 발생하는 파형이다.

(2) 특성

① 코사인형 TRV는 차단기의 단자 측에서 고장(terminal falut)이 발생한 경우 차단기의 전원 측 단자에서 나타나는 TRV의 전형적인 유형의 하나이다.

② 진동하는 형태의 TRV는 고장 발생 시에 변압기 또는 한류 리액터 등에 의해서 전류가 제한되고, 송전선로가 없거나 케이블의 서지 임피던스가 제동을 억제할 만큼 충분하지 않은 경우에 발생한다. → 부족제동

③ 고장전류는 비교적 작게 발생(정격의 30% 수준)되는 경우에 해당한다.

(3) 조건

병렬로 연결된 선로의 수가 작은 경우 주로 발생하고 TRV로 조건은 다음과 같다.

$$Z_{eq} > 0.5 \sqrt{\frac{L_{eq}}{C_{eq}}}$$

3. 삼각파형(triangular), 톱니파 TRV → SLF(Short Line Fault, 근거리 선로고장)

(1) 정의

단거리 선로 사고 시 발생하는 파형이다.

(2) 특성

① 삼각파형의 TRV는 SLF(근거리 선로고장)과 관련이 있는 왕복 진동형태이다.

② SLF는 차단기에서 수 ~ 수십 km 지점의 선로에서 고장이 발생한다.

③ 차단 직후의 전압분포는 차단기 설치점(최대 전압)에서 고장점(0V)까지 선형적으로 분포한다.

④ SLF 발생 시 선로 측 TRV는 삼각파로 진동하는 형태로 발생된다.

　㉠ 차단기의 전원 측 단자의 전위는 매우 느리게 상승한다.

　㉡ 짧은 선로구간으로 반사파가 되돌아오는 시간이 매우 짧기 때문에 차단기 단자 측에서 정반사, 고장점에서 부반사가 왕복으로 발생된다.

⑤ SLF 발생 시 일반적으로 초기 전압의 상승률은 지수형, 코사인형보다 높으며, 파고값은 낮게 나타난다.

⑥ 시간 경과 시 선로 측 전압은 크기가 감소되는 삼각파의 TRV를 나타낸다.

⑦ SLF에서는 차단기 단자고장(terminal fault)에 비해서 고장전류는 낮게 발생한다. 왜냐하면 선로의 임피던스가 포함되기 때문이다.

(3) 초기 TRV 상승률 측면에서 가혹한 조건

차단기로부터 선로가 짧은 고장일수록 상승률이 증가한다(반사파가 되돌아오는 시간 짧아짐).

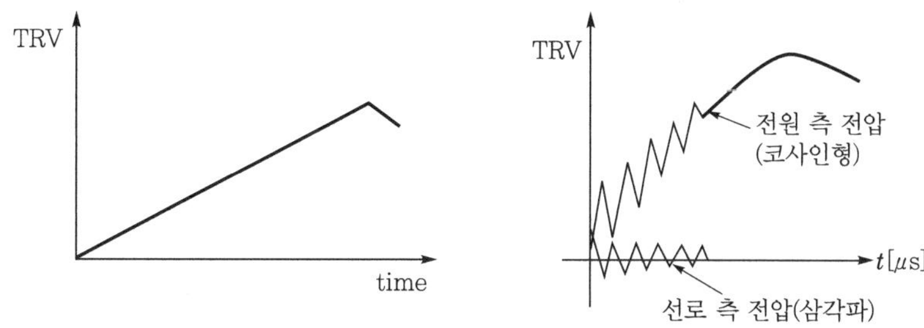

‖ 삼각파형 TRV의 이상전압 표본과 파형 ‖

(1) 차단기 회복전압(RV : Recovery Voltage, 재기전압)의 분류

① 개요 : 차단기 차단 직후 양단자 간 또는 차단점 간에 회복전압이 나타나며 단락고장 시 ITRV, TRV, PFRV 등으로 분류된다.

즉, RV란 차단 직후 양단자 간에 나타나는 전압(ITRV + TRV + PFRV 등)의 조합을 말하며 차단 이후의 시간경과에 따라 여러 형태로 분류된다.

② 분류

㉠ 순시 과도 회복전압[초기 과도 회복전압(ITRV : Initial Transient Recovery Voltage)]

- 차단기 용량 증대와 차단기 차단능력 향상을 위해서는 더욱 자세한 TRV의 측정이 필요한데 차단기 종류에 따른 차단능력에 특별히 영향을 주는 ITRV는 열적 파괴특성에 상당한 영향을 준다.

- 차단기와 고장점 간 소폭 전압 진동에 의하여 정해지는 ITRV는 SLF 현상과 유사하지만 최댓값은 SLF값보다 낮고 전류 0점으로부터 최댓값에 이르는 시간은 $1\mu s$ 이내이다.

㉡ 과도 회복전압[TRV : Transient Recovery Voltage, (고유) 과도 회복전압 = 재기전압]

- 차단기 차단 직후 접촉자 간에 발생하는 과도진동을 말하며 차단기의 차단능력을 측정하는 중요한 요소로 작용한다.

- TRV의 크기와 파형은 계통전압, 계통구성, 설비상수, 차단기 설치위치, 고장전류 등에 따라 변화한다.

- 과도 회복전압이란 차단기 차단 직후 접촉자 간에 발생하는 과도 자연진동을 말한다.

- 차단기의 차단능력을 측정하는 중요한 요소로 작용한다.

- 정격 과도 회복전압은 차단기 정격 차단전류 또는 그 이하의 전류를 차단할 때 부과될 수 있는 고유 회복전압의 한도로서, 2 Parameter법과 4 Parameter법의 규약치로 표시한다.

- 고장전류의 파형과 시간의 변화에 따라 발생된 TRV 파형에 반사파가 중첩되기를 반복하여 진동하는 전압파형을 나타내면 다음과 같다.

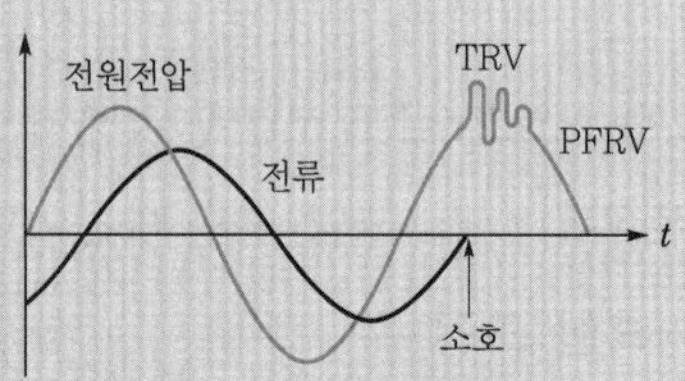

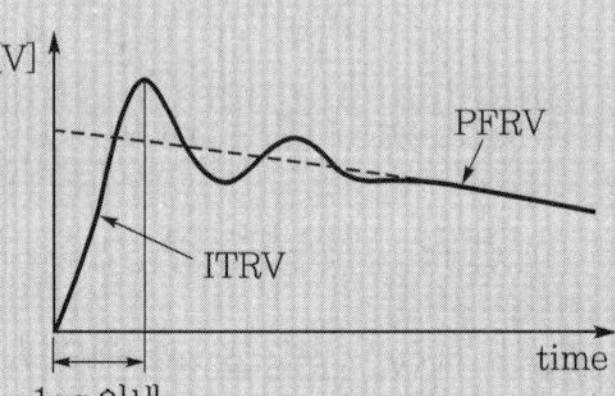

㉢ 상용 주파 회복전압(PFRV : Power Frequency Recovery Voltage)

- 차단기의 차단 직후 차단기의 극 간에 나타나는 사용주파수의 전압으로서 실효치로 나타낸다.

- TRV 진동이 진정된 후 상용 주파수와 같이 진동하는 회복전압을 상용 주파 회복전압(PFRV)이라 한다.

722

    ⓔ 정격 회복전압 : 차단기가 정격 차단전류 또는 그 이하의 전류를 차단할 때 나타날 수 있는 고유 회복전압의 한계

    ⓗ 고유 회복전압

- 전로(電路)의 1점에서 그 전로(電路)의 정현파 교류가 자연 0점에서 아크를 발생하지 않고 차단되거나, 전로(電路)의 과도현상 특성에 영향을 주지 않고 차단되었을 경우의 회복전압을 고유 회복전압이라 한다.
- 3상 회로일 때 최초 차단된 상의 동상(同相) 단자 간의 값으로 나타낸다.

(2) TRV 파형 분석을 위한 파라미터

① 과도 회복전압은 TRV의 파고치와 상승률(RRRV)의 두 가지 파라미터 값으로 정의된다.

② TRV 파형의 형태는 고장의 발생위치 및 유형 등의 다양한 요소에 의해서도 영향을 받는다.

③ 일반적으로 TRV 상승률이 높을수록, 파고치가 클수록 차단기로서는 고장전류를 차단하기 어렵게 된다.

④ TRV의 파형 분석 시 고려되어야 할 파라미터는 크게 초기 부분의 과도회복 전압 상승률과 파고부분의 파고치로 구분된다.

⑤ 적용 기준 : 과도 회복전압은 정격 차단전류 또는 그 이하의 전류를 차단할 때 차단기 극 간에 나타나는 전압을 말하며, 차단기는 이 전압에 견딜 수 있는 절연성능을 가져야 한다.

⑥ ANSI/IEEE std. C37.04 및 IEC에서 규정하고 있으며, 차단기를 규정된 TRV로 시험하기 위한 것이다.

⑦ 차단기 단자에서 발생된 TRV와 비교하기 위한 포락선(envelope)으로 정격전압 100kV 이하 차단기의 과도 회복전압은 2-파라미터(U_c, t_3)를 100kV를 초과하는 4-파라미터(U_1, t_1, U_c, t_2) 포락선(envelope)를 적용하며, 그 개념도는 다음 그림과 같다.

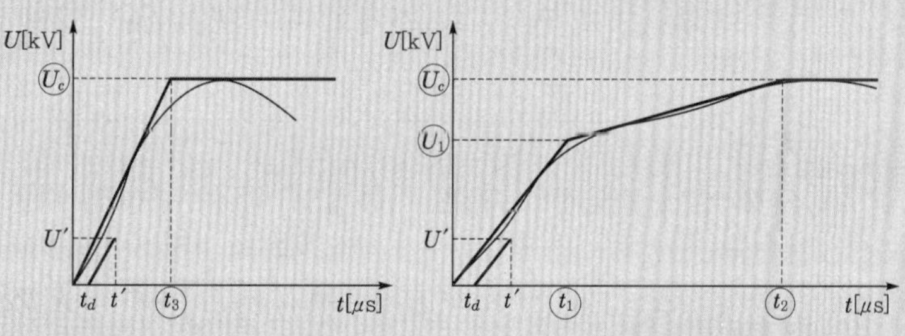

‖ 2-Parameter envelope ‖   ‖ 4-Parameter envelope ‖

⑧ 차단기의 시험 시에 규정된 상승률(RRRV)보다 가파르고, 규정된 파고치(U_c)보다 큰 파형으로 시험을 실시해야 한다.

093 절연재료에 전압을 인가하여 어느 값에 도달하게 되면 급격하게 대전류가 흘러 도체와 같이 되는 현상을 절연파괴라고 한다. 다음 물음에 답하시오.

1. 기체의 절연파괴를 파센의 법칙으로 설명하시오.

2. 고체의 절연파괴를 열적 파괴와 전자적 파괴로 나눠서 설명하시오.

(data) 발송배전기술사 20-120-1-10 / 발송배전기술사, 건축전기설비기술사, 전기안전기술사, 전기응용기술사 출제예상문제

답안

1. 기체의 절연파괴이론 중 파센의 법칙

(1) 파센의 법칙이란 방전개시에 필요한 전압(V_S)은 전극 간의 거리(d)와 방전관 내부기압(P)에 비례한다는 법칙이다.

(2) 압력과 거리, 진공상태와 거리의 관계에 의한 불꽃방전 발생 여부를 나타내는 법칙이다.

(3) 표현식

① 기동전압을 $V_S[\text{V}]$, 전극 간의 거리 $d[\text{m}]$라 하면 전계의 세기 $E[\text{V/m}]$는

$$E = \frac{V_S}{d}\,[\text{V/m}] \quad\text{········· 식 1)}$$

② 전자의 충돌전리계수 α와 전계의 세기 $E[\text{V/m}]$, 압력 $P[\text{mmHg}]$의 관계는

$$\frac{\alpha}{P} = A\varepsilon^{\frac{-B}{E/P}} \quad\text{········· 식 2)}$$

③ 식 2)에서 불꽃전압 혹은 기동전압 V_S를 구하면 다음과 같다.

$$V_S = B \cdot \frac{P \cdot d}{\log\left(\dfrac{APd}{\log\left(1 + \dfrac{1}{\gamma}\right)}\right)} = KPd$$

여기서, A, B : 기체에 따른 상수, P : 압력[mmHg]

d : 전극 간의 간격[mm], γ : 양이온 1개당의 전자수

④ 일정한 전극금속과 기체의 조합에서는 γ은 일정하므로 기동전압은 기압 $P[\text{mmhg}]$와 전극간격 $d[\text{m}]$의 곱만의 함수로 된다.

2. 고체의 절연파괴에 대한 열적 파괴와 전자적 파괴 이론

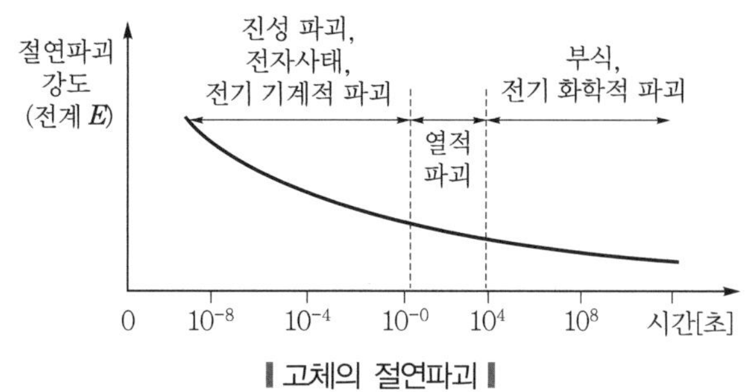

‖ 고체의 절연파괴 ‖

(1) 열적 파괴

고체 절연체(유전체)에 전계를 인가할 때 줄열 손실과 유전 손실로 발열하며, 이때의 파괴현상을 말한다.

(2) 와그너의 열적 파괴이론

① 유전체에 전계를 인가할 때 도전율이 큰 부분에는 발열현상이 더 많아져 열적 파괴가 발생한다는 이론이다(A부분의 전류밀도는 다른 부분보다 크므로 따라서 이 부분은 다른 부분보다 온도가 높아짐).

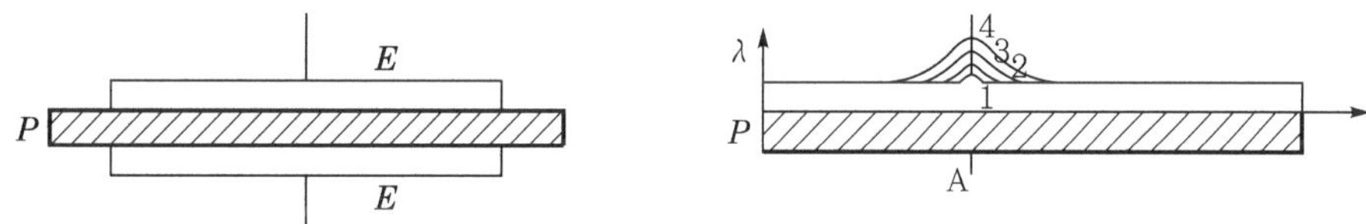

‖ 열적 파괴의 기구 ‖

② 절연물의 저항온도계수는 음수이므로 A부분의 도전율은 더욱 커진다.

③ A부분에서 발생하는 열량과 이 부분에서 다른 곳으로 흐르는 열량이 같아지면 열의 평형상태가 이루어져 일정한 온도로 된다.

④ 인가전압을 올리면 나중에는 평형상태가 무너져 A부분의 온도는 더욱 상승하고 온도가 상승하면 도전율이 커져 전류는 더욱 증가한다.

⑤ 최후에는 A부분의 온도가 심하게 상승하여 이 부분의 재료가 열적으로 녹거나 타게 되는 즉 열적인 파괴가 일어난다.

(3) 전자적 파괴이론

① 진성 파괴(intrinsic breakdown) : 고전계에 의해 가속된 전도전자가 얻는 에너지가 잃는 에너지보다 커서 절연체가 파괴되는 현상

② 전자사태 파괴(electron avalanche breakdown) : 전도전자가 전계에서 원자로부터 전리 에너지를 얻어 연속적으로 전자를 생성하여 Electron avalanche (전자사태)를 일으켜 절연체가 파괴되는 현상

③ 제너 파괴(zener breakdown), 전계방출 파괴
  ㉠ 얇은 유전체에 고전계가 인가되면 양자역학적 터널효과에 의해 가전자대의 전자가 전도대로 천이한다.
  ㉡ 이때, 전류가 증가하고 이 에너지에 의해 격자구조가 임계 온도 이상으로 상승되어 발생하는 절연파괴 현상이다.

SECTION 04 접지공사

094 변전소에서 접지를 하는 목적과 중요 접지개소를 설명하시오.

(data) 발송배전기술사 17-111-1-6 / 발송배전기술사, 건축전기설비기술사, 전기안전기술사, 전기응용 기술사 출제예상문제

답안

1. 발·변전소의 접지 목적

(1) 접지전위 상승에 따른 인체의 감전사고 방지

(2) 기기의 절연파괴 방지

(3) 계통의 이상전압 억제, 소내 기기의 보호

(4) 계통의 중성점 전위 안정화

(5) 보호 계전기 동작력의 확실한 전류 확보 등

(6) 유도장해 방지용 접지

전력선으로부터 통신선에 유도장해가 발생하는 것을 방지하기 위하여 차폐선 이나 통신 케이블의 시스(sheath)를 접지하는 것

(7) 기능용 접지(functional grounding)

전기전자 회로의 기술적 측면이나 측정기술 및 기능적 측면에서 대지를 회로의 일부로 사용하기 위해서 접지가 필요한 경우를 가리키며 대지귀로 회로 접지 (earth return circuit grounding)라고도 한다.

2. 중요 접지개소

(1) 전력계통의 중성점 접지(변압기의 중성점) : 전력계통의 이상전압 발생 억제

(2) 기기의 프레임, 외함 등의 기기 접지 : 누전 또는 접촉에 의한 감전 방지

(3) 변압기 2차 측 중성선 또는 1선 접지, 전로의 접지 : 혼촉에 의한 감전 방지

(4) 케이블 금속 차폐층 : 유도 또는 이에 의한 감전 방지, 시스 유기전압 및 손실 감소

(5) 절연재 바닥, 보안기, 배관 및 기기의 본딩 개소 : 정전기 장해(ESD) 방지

(6) 피뢰침, 피뢰기, 피뢰도선 및 뇌 차폐선, 가공지선 : 뇌재해 방지

(7) 전원계통의 중성점, 지락 검출용 보호 계전기 : 보호 계전기의 동작 확보

095 가공 송전접지와 관련하여 다음 각 항목에 대하여 설명하시오.

1. 접지저항 측정 시 61.8% 법칙
2. 대지 고유저항의 특성 및 접지저항의 과도 특성
3. 봉상 전극 및 선상 전극의 접지저항 관계

data 발송배전기술사 22-128-3-4 / 발송배전기술사, 건축전기설비기술사, 전기안전기술사, 전기응용
기술사 출제예상문제

답안

1. 접지저항 측정 시 61.8% 법칙

(1) 정의

변전소 접지망과 같은 대규모 접지극의 접지저항 측정법 중 가장 널리 사용되는
방법으로서, 아래 그림과 같은 전극배열을 구성하여 전류 전극 사이의 거리(D)의
61.8% 되는 지점에서 측정된 저항값을 P전극의 접지저항으로 간주한다는 법칙이다.

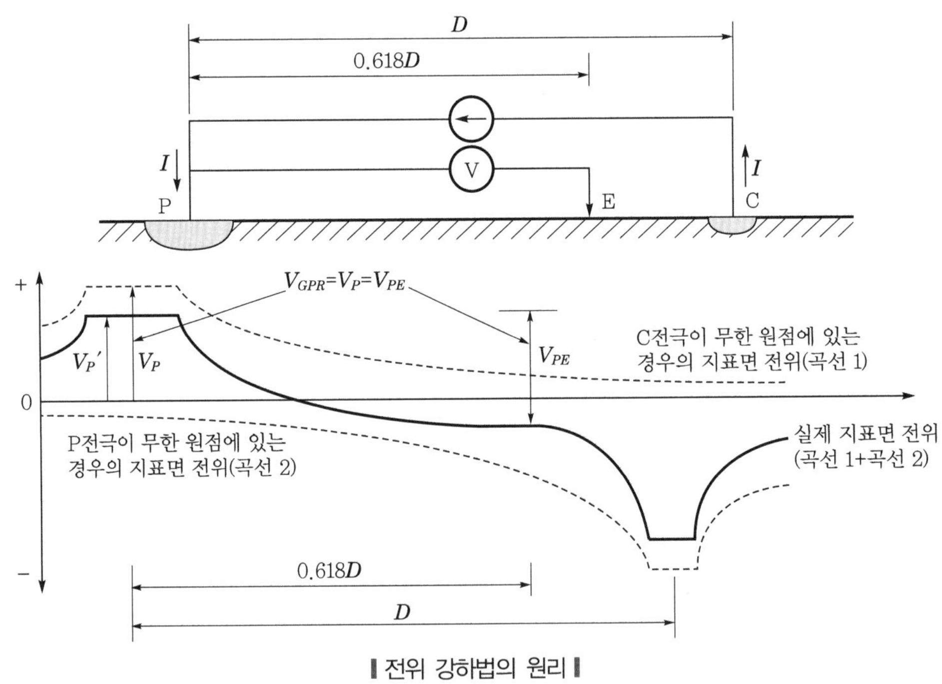

┃ 전위 강하법의 원리 ┃

(2) 적용

변전소 접지망과 같은 대규모 접지극의 접지저항 측정법 중 가장 널리 사용된다.

(3) 수식적 증명

① 저항률 ρ로 일정한 균일 매질에 매설된 반구형 접지전극으로부터 x만큼 떨어진 곳의 지표면 전위 $V(x) = \dfrac{\rho I}{2\pi x}$

② 따라서, 앞의 그림에서 실제 측정하는 전압(V)은 P전극과 E점 사이의 전압이므로 P전극의 반경을 a라고 하면, V_P와 V_{PE}는 아래 식과 같이 기술할 수 있다.

$$V_P = \frac{\rho I}{2\pi a}$$

$$V_{PE} = V_P{}' - V_E = \left(\frac{\rho I}{2\pi a} - \frac{\rho I}{2\pi D} \right) - \left(\frac{\rho I}{2\pi x} - \frac{\rho I}{2\pi (D-x)} \right)$$

$$V_{PE} = V_P \leftrightarrow \frac{\rho I}{2\pi a} = \left(\frac{\rho I}{2\pi a} - \frac{\rho I}{2\pi D} \right) - \left(\frac{\rho I}{2\pi x} - \frac{\rho I}{2\pi (D-x)} \right)$$

$$\leftrightarrow \frac{\rho I}{2\pi} \left(\frac{1}{D} + \frac{1}{x} - \frac{1}{D-x} \right) = 0$$

$$\leftrightarrow \frac{1}{D} + \frac{1}{x} - \frac{1}{D-x} = 0$$

$$\leftrightarrow \left(\frac{x}{D} \right)^2 + \frac{x}{D} - 1 = 0$$

$$\therefore \ x = 0.618D$$

(4) 결과적으로 V_P와 같아지려면 x는 D의 61.8%되는 지점이어야 한다.

(5) 이 위치에서 측정한 저항값$\left(= \dfrac{V_{PE}}{I} \right)$이 P전극의 접지 저항값이다.

2. 대지 고유저항의 특성 및 접지저항의 과도 특성

(1) 대지 고유저항

$$접지저항(R) = \rho \times f \ [\Omega]$$

여기서, ρ : 대지 저항률[$\Omega \cdot$ m]

　　　　f : 함수 → 형상, 치수[1/m] → 전극의 구체적 형상에 의해 결정

① 대지 저항률이란 대지 1m^3 입방체의 저항값이다.

② 대지 저항률의 영향요소에는 토양의 종류, 수분함량, 온도, 계절의 변화, 화학물질, 해수, 암석의 영향 등이 있다.

③ 대지 저항률에 영향을 주는 요소

　㉠ 토양의 종류

　㉡ 수분함량

ⓒ 온도

ⓔ 계절에 따른 변화

ⓜ 화학물질

ⓑ 해수(海水)의 영향

ⓢ 암석(岩石)의 영향

(2) 접지저항의 과도 특성

comment 이 내용 자체가 배점 10점으로 타 과목에서는 2회 이상 출제되었다.

① 접지는 사용하는 주파수에 따라 정상 상태 또는 저주파 상태에서의 접지와 과도 상태, 임펄스 접지로 분류된다.

② 정상 상태 접지는 상용 주파수의 인위적인 전원에 의한 접지 개념이며 과도 상태 접지는 자연현상에서 발생한 낙뢰나 고장 현상 시의 Surge 전류 등에 의한 접지개념이다.

③ 접지 전극의 과도 현상

ⓐ 상용 주파수 영역에서 접지극은 전도전류 성분이 지배적이어서 임피던스에 의한 전압강하가 매우 작기 때문에 단순한 저항으로 해석한다.

ⓑ 그러나 고주파 영역에서는 주파수가 비교적 낮을 때는 유도성, 높을 때는 용량성 특성을 가지기 때문에 임피던스로 해석한다.

ⓒ 접지 임피던스는 접지극에 서지가 침입할 때 서지의 최대 전압/최대 전류 [Ω]로 표시하는데 이는 접지극의 형상, 포설 방식, 포설 면적 등에 따라 달라진다.

ⓓ 서지 침입 시에 대지전위는 수 μs 동안에 급격히 상승했다가 서서히 내려간다.

ⓔ 접지 임피던스는 서지의 전류 파형 및 대지 저항률에 따라 달라진다.

④ 접지 전극의 과도 현상 대책

ⓐ 접지극의 과도 현상에 대한 대책은 서지 임피던스를 감소시켜서 과도 접지 전위 상승을 억제하는 것이 제일 중요하다.

ⓑ 접지 도체의 유효거리를 고려하여 접지 도체의 효과를 극대화시킨다.

ⓒ 망상 접지극은 유효거리 내에서 면적이 넓을수록 임피던스가 감소하므로 면적을 가능한 넓게 한다.

ⓓ 주접지망의 서지 유입점 근처에 보조 접지망을 설치한다.

• 보조 접지망의 굵기는 주접지망과 같거나 더 굵은 것으로 한다.

- 보조 접지망의 형상은 망상보다는 방사상으로 하는 것이 효과적이다.
- 망의 메시 간격은 좁을수록 효과적이다.
- 보조 접지망의 반경은 대지 저항률이 클수록 넓게 한다.

3. 봉상 전극 및 선상 전극의 접지저항 관계

(1) 접지 전극 형태에 의한 분류

① 봉상 전극

   ㉠ 동피복 강봉 또는 동봉이 주로 쓰이며, 지름 14mm, 길이 $1 \sim 1.5$m의 것이 주로 쓰인다.

   ㉡ 특수한 것으로 스테인리스 피복 강봉, 탄소 피복 강봉이 있다.

   ㉢ 가공 철탑용으로는 현실적으로 침상 접지봉을 가장 많이 사용하고 있다.

   ㉣ 봉상 전극 형태 : 수직봉 매설법, 판상 매설법, 수평 방사형 매설법

② 선상 전극

   ㉠ 도체선을 그대로 접지체로 이용하는 경우로서, 송전 철탑의 접지에 적용되는 매설지선을 예로 들 수 있다.

   ㉡ 메시 접지도 대표적인 예이며, 이 방식은 케이블 헤드 철탑 기초 시에 시공한다.

   ㉢ 과거에는 철탑 주변에 방사상으로 지표면 아래 약 50cm 깊이로 $30 \sim 50$m 매설했으나 요즘은 시공상 현실성 부족과 인허가 관계로 거의 시설하지 않는다.

③ 보링 전극 : 접지저항 또는 접촉전압을 저감시키기 위하여 전극을 수직으로 보링하여 매설하는 방법으로서, 경제적 측면을 고려하여야 한다.

④ 판상 전극

   ㉠ 정사각형의 동판으로서 두께는 $1.5 \sim 2.0$mm의 것이 주로 쓰인다.

   ㉡ 접지봉의 경우보다는 접지면적이 크므로 매설 시 접지면과의 접촉에 유의해야 한다.

(2) 접지저항 관계(A형 접지극)

① 접시 과도 임피던스 저감 : 봉상 진극법이 유리

② 접지 저항 저감 : 선상 전극법인 매설지선이 유리

(3) 적용

① $\rho - \alpha$ 곡선

ㄱ 접지저항이 낮은 곳과 대지표면과 가까운 곳엔 수평 접지극(선형 접지극)을 사용한다.

ㄴ 대지로부터 깊은 부분의 접지저항이 낮으면 수직 접지극(봉상 접지극)을 사용한다.

② 철탑 접지

ㄱ 봉형(침상형) 접지극 적용 : 제일 많이 사용하고 있다.

ㄴ 매설지선 : 과거의 시공방식

ㄷ 상용 주파 접지저항과 과도 주파수 접지 임피던스는 서로 다른 대책이 필요하다.

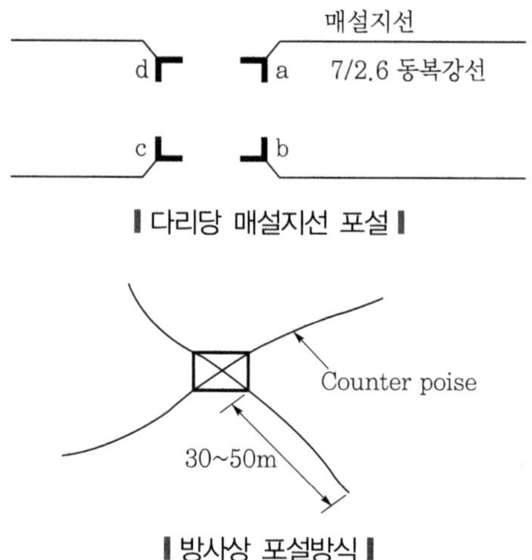

‖ 다리당 매설지선 포설 ‖

‖ 방사상 포설방식 ‖

096 접지전극을 병렬로 접지할 때 집합계수 η의 의미를 설명하고, 그림과 같이 반경이 r[m]인 반구형 전극을 d[m] 간격으로 이격하여 설치할 경우 η를 반경 r과 간격 d의 함수로 나타내고 그 특성을 설명하시오.

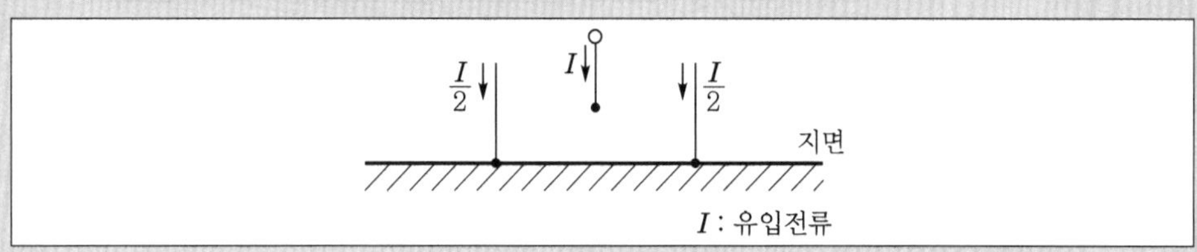

097 접지전극을 병렬로 설치하는 경우 집합효과에 대하여 설명하시오.

data 발송배전기술사 21-123-1-8 · 18-116-1-13 / 발송배전기술사, 건축전기설비기술사, 전기안전기술사, 전기응용기술사 출제예상문제

답안

1. 접지전극 병렬 설치 시 집합계수(결합계수)

(1) 전기저항의 병렬 접속 시 합성저항은 각 저항의 역수 합의 역수이고 동일 저항치 R이 n개 병렬일 경우에는 $\dfrac{R}{n}$이 된다.

(2) 전극 또는 접지선의 병렬은 전류가 단독으로 흐르지 않고 상호 간섭하므로, 전극이 접근하면 각 전극 단독의 전류 분포와 달리 간섭부분이 생겨 전류가 흐르기 어려우므로 병렬저항에 어떤 계수를 가진 저항치가 되는데 이를 집합계수라 한다.

(3) $R = k\left(\dfrac{1}{\dfrac{1}{R_1}+\dfrac{1}{R_2}+\dfrac{1}{R_3}+\cdots\cdots}\right)$ 에서 k를 집합계수라 한다.

(4) 집합계수는 매설되어 있는 접지판의 종류나 크기, 깊이 및 간격 등에 의해 변화된다.

2. 집합계수 η(또는 k)를 반경 r과 간격 d의 함수로 표현하는 방법

(1) 반구상의 접지극을 통해 지락 고장전류 I[A]가 대지로 방류 시 접지극의 전위는 아래와 같다.

$$V = \frac{\rho I}{2\pi r}[\text{V}]$$

(2) P점의 전위 산출

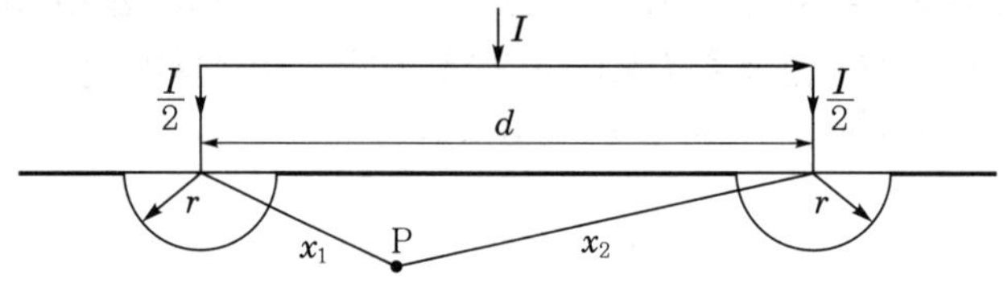

▌병렬 접지의 개념도 ▌

① 양쪽 접지극에는 $\dfrac{I}{2}$가 흐른다.

② 지중의 임의의 점에서 각각 x_1, x_2 떨어진 점 P의 전위

$$V_P{}' = \frac{0.5\,I\,\rho}{2\pi x_1} + \frac{0.5\,I\,\rho}{2\pi x_2}\,[\mathrm{V}]$$

③ 점 P를 한쪽의 반구 전극 표면으로 설정할 때 전위

$$V_P = \frac{0.5\,I\,\rho}{2\pi\gamma} + \frac{0.5\,I\,\rho}{2\pi d} = \frac{\rho I}{4\pi}\left(\frac{1}{r} + \frac{1}{d}\right)[\mathrm{V}]$$

④ 합성 접지저항 R

$$R = \frac{V}{I} = \frac{\rho}{4\pi r}\left(1 + \frac{r}{d}\right)[\Omega]$$

여기서, $\dfrac{r}{d}$: 집합계수 η

⑤ 반구형태의 접지극 2개가 병렬 설치 시 합성저항은

$R = \dfrac{R_1}{2} = \dfrac{1}{2} \times \dfrac{\rho}{2\pi r} = \dfrac{\rho}{4\pi r}$ 이나 집합효과로 인하여 $\left(1 + \dfrac{r}{d}\right)$ 만큼 접지저항은 약간 증가한다.

3. 집합효과의 특성

(1) 두 접지극 사이가 근접할수록 집합효과는 증가한다.

(2) 접지극 간의 거리 d가 무한대이거나, $d \gg r\,(r$: 접지극의 반경)이면 집합효과는 무시한다.

098 발·변전소의 접지설계 Flow chart를 작성하고 접지의 목적, 설계 시 고려사항을 설명하시오.

1. 수·변전설비에서 접지설계 시 고려할 사항을 설명하시오.
2. 발전소나 변전소의 주접지망(main mesh) 설계 시 설계순서를 나열하고, 그 내용을 설명하시오.
3. 대용량 초고압 변전소 접지망 설계 시 IEEE의 접지설계 흐름도와 고려사항을 설명하시오.

(data) 발송배전기술사 23-129-4-6·22-126-3-3·20-121-3-5·20-120-4-3 / 발송배전기술사, 건축전기설비기술사, 전기안전기술사, 전기응용기술사 출제예상문제

답안

1. 발·변전소의 접지설계 Flow chart 작성

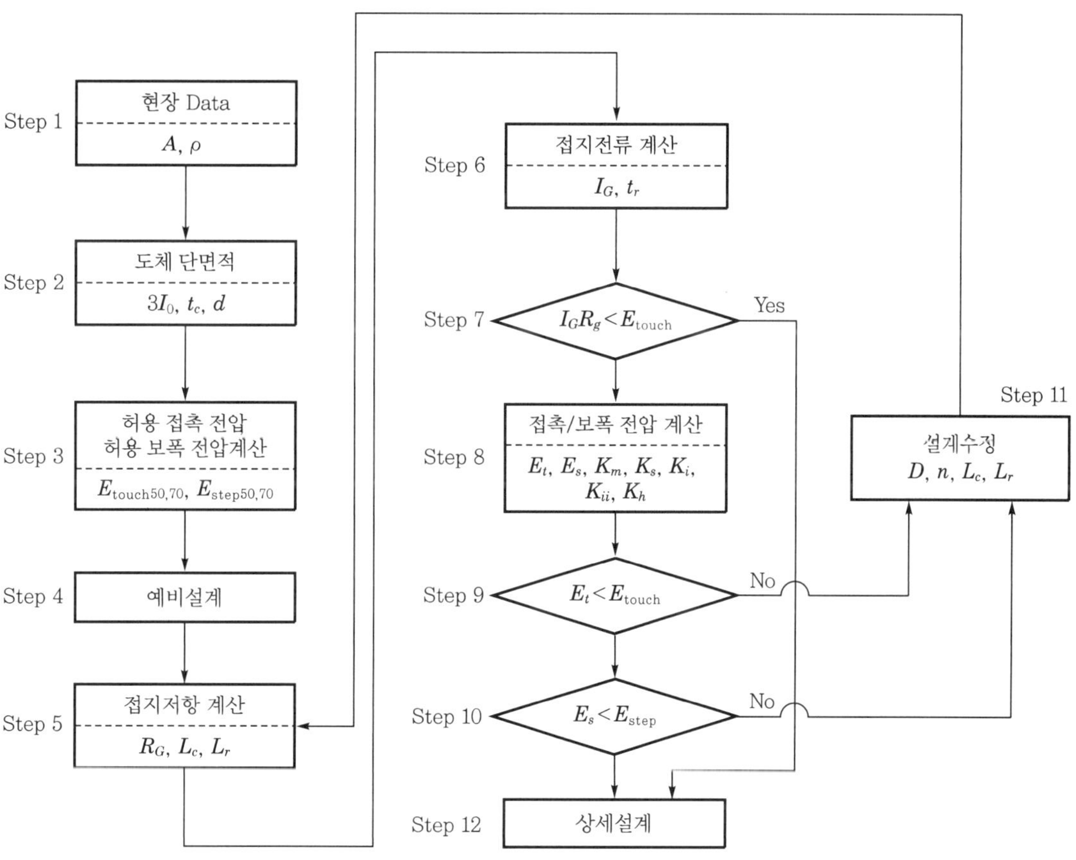

순번	기호	기호 설명	순번	기호	기호 설명
1	A	접지공사의 가능한 면적 $[\text{m}^2]$	14	I_G	최대 지락전류[A]
2	ρ	접지구역의 대지 저항률 $[\Omega \cdot \text{m}]$	15	t_r	지락전류 통전시간[s]
3	$3I_0$	고장 지락전류[A]	16	E_t	접지망 주변의 최대 예상 접촉전압
4	t_c	차단시간[s]	17	E_s	접지망 주변의 최대 예상 보폭전압
5	d	메시도체(선상 전극)의 지름[m]	18	E_{touch}	최대 허용 접촉전압
6	D	메시포설 간격	19	E_{step}	최대 허용 보폭전압
7	L	메시 길이	20	K_m	메시 간격계수
8	n	접지봉 수량	21	K_s	보폭 간격계수
9	h	매설깊이	22	K_i	전위경도 변화에 대한 교정계수
10	$E_{\text{touch }50,70}$	몸무게 50kg, 70kg 인체 허용 접촉전압[V]	23	K_{ii}	외곽 도체에 대한 내부도체의 보정계수
11	$E_{\text{step }50,70}$	몸무게 50kg, 70kg 인체 허용 보폭전압[V]	24	K_h	매설깊이에 따른 보정계수
12	R_g	접지 저항[Ω]	25	$I_G R_g$	구내의 전위 상승 GPR
13	L_c	메시 도체의 길이[m]	26	L_r	봉상 전극의 길이[m]

2. 발·변전설비의 접지목적

(1) 고장전류나 뇌격전류의 유입에 대한 기기의 보호

(2) 지표면의 국부적인 전위경도에서 감전사고에 의한 인체 보호

(3) 계통회로 전압, 보호 계전기 동작의 안정과 정전차폐 효과 유지

(4) 보안용으로 평상시에는 접지계에 작은 전류 또는 전류가 흐르지 않아, 인축의 감전사고 방지 및 화재사고 방지의 안전이 목적임

(5) 전력계통의 중성점 접지 목적

① 계통접지 : 유효 접지계통 시

㉠ 1선 지락 시 건전상의 대지전압을 1.3배 이하로 억제

㉡ 고장전류의 크기가 커 보호계전 동작 확실

② 계통 고장 시 고장전류의 귀로

③ 피뢰기의 정격 전압을 낮게 선정하기 위함

④ 기기의 단절연, 저감 절연 가능

⑤ 중성선 인출하여 상전압과 선간전압 공급 가능

3. 설계 시 고려사항

(1) 법적 요구사항

접지 공용 문제, 인근 설비와의 검토

(2) 대지 고유저항 측정

Wenner 4전극법, 역산법

(3) 접지전류(I_G) 산정

$$I_G = \beta \cdot D_f \cdot C_p \cdot I_F = 0.5 \sim 0.75 I_F$$

여기서, β : 지락전류 분류계수, D_f : 비대칭분에 대한 교정계수

C_p : 장차 계통 확장계수($1.0 \sim 1.5$), I_F : 최대 지락전류

최대 지락 고장전류(I_F)는 장기 계통 계획에 의한 해당 변전소의 1선 지락 고장전류를 활용하거나 계통 확장을 고려하여 차단기 정격 차단전류로 한다.

(4) 소요 접지저항 산정

$$R = \frac{\text{전위 상승 최댓값}}{\text{접지전류}} = \frac{1500 \sim 2000}{I_G}$$

(5) 접지선 굵기 산정

고장 지속시간 $0.5 \sim 3$초로 설정 시의 굵기

① 규정의 비교

규정	IEC 60364	JIS, KEC	한전
계산식 $A[\text{mm}^2]$	$A = I \cdot \dfrac{\sqrt{t_c}}{k}$	$I\sqrt{\dfrac{t_c(8 \times 10^{-3})}{T_m - T_a}} = 0.0496 I_n$	$I\sqrt{\dfrac{8.5 \times 10^{-6} \times t_c}{\log_{10}\left(\dfrac{t}{274} + 1\right)}}$

여기서, I : 고장전류[A], t_c : 고장지속시간[s], k : 접지도체 재질 계수

T_m : 접지선의 용단에 대한 회로 허용온도(나선의 경우 : 850℃, 접지용 비닐전선 : 120℃)

T_a : 주위의 온도[℃], I_n : 정격전류

② 주접지망 접지도체의 최소 굵기는 기계적 강도와 설치 후 유지·보수가 어려운 점을 감안하여 150mm^2 적용을 원칙으로 한다.

(6) 감전사고 허용전류 산정

① 70kg인 경우 : $I_K = \dfrac{0.157}{\sqrt{t_s}}$

② 50kg인 경우 : $I_K = \dfrac{0.116}{\sqrt{t_s}}$

(7) 안전한계 전압 선정

전위경도 계산(50kg 1인 기준)

① 최대 허용 접촉전압

$$E_{\text{touch}} = \frac{116 + 0.24\rho_s}{\sqrt{t_s}}$$

여기서, ρ_s : 표토층 저항률

② 최대 허용 보폭전압

$$E_{\text{step}} = \frac{116 + 0.94\rho_s}{\sqrt{t_s}}$$

여기서, t_s : 고장 지속시간[s]

(8) 접지공사 방식 선정

단독·공통 분리, 도심지 구조체 이용

(9) 예비설계

① 포설 간격(D), 길이(L)

② 매설 깊이(h)

③ 접지봉 수량(n)

(10) 접지극 형태에 따른 접지저항 계산

(comment) 대표적으로 메시 접지저항으로 설명하였다.

① 메시 접지저항(R_g) 계산 : Mesh 접지

$$R_g = \rho \left\{ \frac{1}{L} + \frac{1}{\sqrt{20A}} \left(1 + \frac{1}{1 + h\sqrt{20/A}} \right) \right\}$$

여기서, ρ : 고유 저항

L : Grid 길이(망상 전장 : $b(n+1) + a(m+1)$[m])

A : 단면적, h : Grid 깊이

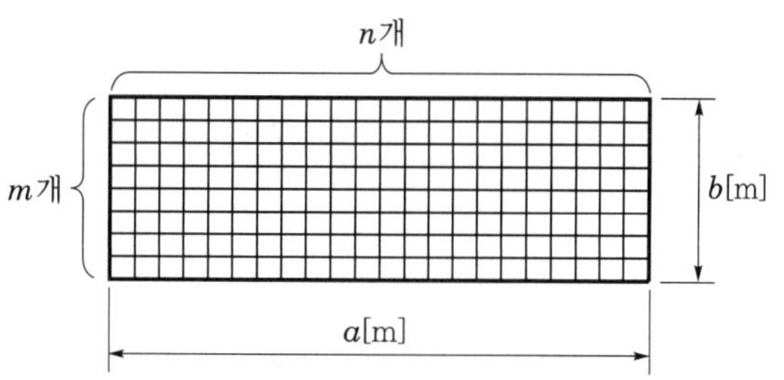

② Lieman의 공식

$$R = \frac{\rho}{4r} + \frac{\rho}{L} \, [\Omega]$$

여기서, r : 등가변경, $\sqrt{\dfrac{a \times b}{\pi}} \, [m]$

(11) 접지망의 전위 상승과 최대 허용 접촉전압과의 비교

$$GPR = I_G R_g < E_{\text{touch}}$$

여기서, GPR(Ground Potential Rise) : 구 내의 전위 상승

① 만족 시 : 상세 설계

② 불만족 시 : 다음 (12) 단계로

(12) 접지망 주변의 최대 예상 보폭전압(E_s)과 접지망의 최대 예상 접촉전압(E_m) 산출

① 최대 예상 보폭전압

$$E_s = \frac{\rho \cdot K_s \cdot K_i \cdot I_G}{L_{\text{step}}}$$

여기서, K_s : 보폭전압 산출을 위한 간격계수

$\quad\quad K_i$: 전위경도 변화에 대한 교정계수

$\quad\quad I_G$: 접지전류

$\quad\quad L_{\text{step}}$: 매설 접지도체의 전장[m]

$$L_{\text{step}} = 0.75 L_c + 0.85 L_r$$

• L_c : 주집지망 도체의 총길이[m]

• L_r : 접지봉 1개의 길이[m]

② 최대 예상 접촉전압

$$E_m = \frac{K_{10} \cdot \rho \cdot K_m \cdot K_i \cdot I_G}{L_{\text{touch}}}$$

여기서, K_{10} : 도체간격(D)이 10m 이하이면 $K_{10} = 2.7159 \cdot D^{-0.4416}$,

10m 초과하면 $K_{10} = 1.0$

ρ : 대지 고유저항$[\Omega \cdot m]$

K_m : 메시전압 산출을 위한 간격계수

K_i : 전위경도 변화에 대한 교정계수$(0.1 \sim 0.8)$

L_{touch} : 메시접지 system에 적용한 접지도체의 총길이

$$L_{\text{touch}} = L_c + \left\{ 1.55 + 1.22 \left(\frac{L_r}{\sqrt{L_x^2 + L_y^2}} \right) L_R \right\}$$

- L_c : 메시도체의 총길이$[m]$
- L_r : 접지봉 1개의 길이$[m]$
- L_x : 주접지망의 X축 방향 최대 길이$[m]$
- L_y : 주접지망의 Y축 방향 최대 길이$[m]$
- L_R : 접지봉의 총길이$[m]$

(13) 접지망의 최대 Mesh 접촉전압(E_m)과 최대 허용 접촉전압(E_{touch}) 및 접지망의 최대 Mesh 보폭전압(E_s)과 최대 허용 보폭전압(E_{step})의 비교

$E_m < E_{\text{touch}}$, $E_s < E_{\text{step}}$일 것

① 만족 : 상세 설계

② 불만족 : 예비 설계부터 재설계$(D$ 좁게, n, L 크게$)$

(14) 변전소의 접지설계 시 지속성 지락전류(I)의 영향 검토

① 고장전류에 대한 허용전압은 일정한 전류치와 고장 지속시간 이내에서 적용이 가능하다.

② 보호 계전기 정정치 이하의 고장전류는 상당 시간 지속할 수 있기에, 지속성 지락전류에 대하여 검토해야 된다.

③ 일반적으로 인체에 9mA 이상의 전류가 수분 간 지속하면 고통을 느끼며 근육에 통제가 곤란해진다.

관련 식은 $K_m K_i \rho \dfrac{I}{L} < (1000 + 1.5\rho_s) \cdot \dfrac{9}{1000}$ 에서 다음 식으로 표현한다.

$$I < \frac{(1000 + 1.5\rho_s)L}{K_m K_i \rho} \cdot \frac{9}{1000}$$

여기서, I : 접지망과 대지 간에 흐르는 지속성 지락전류

ρ_s : 발밑 토양의 고유저항(자갈 3000Ω, 아스팔트 5000Ω 이상)

K_m : 도체수, 간격, 직경, 매설깊이에 관계되는 계수

K_i : 접지망 각 부의 지락전류 불평등에 기인한 교정계수(0.1 ~ 0.8)

ρ : 토양의 고유저항[Ω·m]

④ 지속성 지락전류는 보호 계전기가 감지하는가를 확인하고 만일 이것이 되지 않으면 접지도체 전장을 감소시켜야 한다.

(15) 구내 시설물 접지 및 특히 위험한 개소의 조사

① 부식 및 부식 방지 대책 적용 : 원인 제거, 환경 개선, 전기 방식법

② 인근 설비와의 검토, 안전성 검토 및 대책 강구

㉠ 통신회로의 케이블화 또는 광통신

㉡ 구내 회로 : 주접지망과 연결시켜 공동접지 시행

㉢ 조작핸들의 절연재료 사용

㉣ 지층에 매설된 수도관 접지

㉤ 울타리는 보조 접지망으로 근처에 매설 등

㉥ 전이전압과 특히 위험개소 조사

(16) 초기 설계 수정

① 접지저항 및 위험전압 감소대책 수립

② **전위경도의 조정** : 접지망 간격을 좁게

③ **지락전류의 분류** : 가공지선과 접지선의 연결

④ 지락전류의 제한

⑤ **접근 금지** : 여하한 방법으로 위험전압 억제 불가능 시 적용

(17) 접지계 건설

필요에 따라서 접지게 변경 또는 Screen 및 Barrier 추가

(18) 현지측정

시공 후 접지저항 측정 및 보폭전압 및 접촉전압의 측정(공사결과 확인)

(19) 보충적인 접지의 개선(재시공)

(20) 종합 검토

099 접촉전압(touch voltage), 보폭전압(step voltage)에 대하여 설명하고 접촉전압 및 보폭전압 저감방안을 설명하시오.

data 발송배전기술사 19-117-3-3 / 발송배전기술사, 건축전기설비기술사, 전기안전기술사, 전기응용 기술사 출제예상문제

답안

1. 접촉전압(E_{touch})과 보폭전압(E_{step})의 구분

(1) 접촉전압(E_{touch})

① 사람이 지상에 서서 기기의 외함이나 철구에 접촉한 경우 인체에 가해지는 전압

② 사람 다리의 접지저항 R_f[Ω]는 지표면 부근의 토양 고유저항[Ω·m]의 3 ~ 5배 또 인체저항 R_k는 500 ~ 2300Ω 정도라고 하면 이것을 $3\rho_s$ 및 1000Ω 이라고 하면 접촉전압은 다음과 같다.

③ 접촉전압(E_{touch})

$$E_{\text{touch}} = \left(R_k + \frac{R_f}{2}\right)I_k = \frac{(1000 + 1.5\rho_s)0.116}{\sqrt{t}} = \frac{155 + 0.23\rho_s}{\sqrt{t}}$$

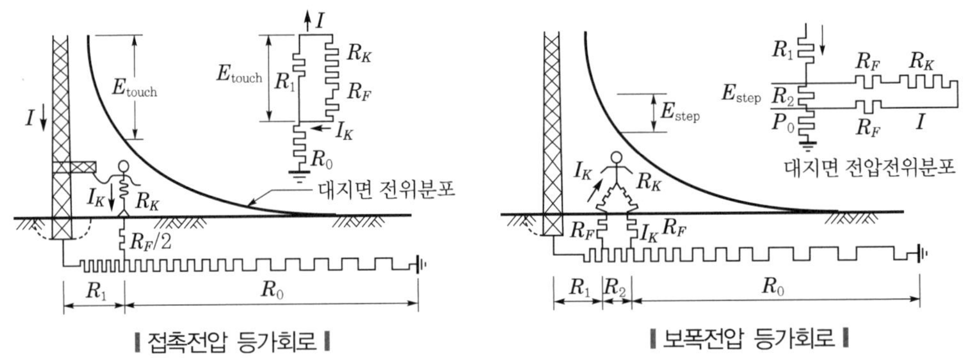

(2) 보폭전압(E_{step})

① 접지전극 부근의 지표면에 생기는 전위차로 보폭전압의 등가회로는 인체에 걸리는 전위차는 지표면상에 사람이 발로 접근할 수 있는 2점간(보통 1m) 전위차의 최대치로 표시한다.

② 보폭전압

$$E_{\text{step}} = (R + 2R_f)I_k = \frac{(1000 + 6\rho_s)0.116}{\sqrt{t}} = \frac{0.116 + 0.7\rho_s}{\sqrt{t}}$$

(3) 접지망의 Mesh 전압과 보폭전압

$$E_{\text{step}} = (0.1 \sim 0.15)\rho_s \cdot \frac{K \cdot I_E}{L}$$

$$E_{\text{touch}} = (0.1 \sim 0.8)\rho_s \cdot \frac{K \cdot I_E}{L}$$

여기서, ρ_s : 표토층의 고유저항, I_E : 접지전류
     K : 수정계수(보통 1.0, 접지망 주변은 $1.2 \sim 1.3$)
     L : 매설 접지선의 망상 전장

2. 접촉전압 및 보폭전압의 위험방지 방법

(1) 접촉전압 저감방법

전위경도를 저감시킨다.

① 전위분포나 전위경도는 접지전극의 모양에 따라 그 양상이 다르다.

② 전위분포는 매설깊이에 따라 변화한다.

③ 깊이 매설하면 전위경도를 낮게 할 수 있다.

④ 그 방법으로는 75cm 이상 깊이로 접지극의 매설 또는 망상접지에서 망의 간격을 좁게 하는 방법이다.

⑤ 접지기기, 철구 등의 주변 1m의 위치에 깊이 $0.2 \sim 0.4$m의 환상 보조 접지선을 매설하고 이를 주접지선과 연결한다(저감률 25%).

⑥ Mesh 접지방식을 채용하고 Mesh 간격을 좁게 한다.

(2) 보폭전압 저감방법

① 전위경도를 작게 한다.

    ㉠ 접지선을 깊게 매설한다.

    ㉡ Mesh 접지방식을 채용하고 Mesh 간격을 좁게 한다.

    ㉢ 철구 가대 등에 보조 접지를 한다.

    ㉣ 부지 경계부근은 Main mesh의 끝 $2 \sim 3$m 정도를 깊게 매설한다.

② 접촉저항을 크게 한다.

    ㉠ 접촉저항과 관계되는 접촉부위는 손 ~ 구조체, 다리 ~ 대지의 2종류가 있다.

    ㉡ 따라서, 이 접촉부위의 저항을 크게 함으로써, 접촉 및 보폭전압의 허용 한도치를 크게 할 수 있다.

    ㉢ 그 방법으로는 구조체 주위(약 2m) 대지의 표면을 절연물로 덮는 것이며, 변전소 구내에 자갈과 아스팔트로 포장한다.

100 대지 고유저항률 측정방법에 대하여 다음을 설명하시오.
1. 2전극법(two electrode method, two-point method)
2. Wenner의 4전극법
3. 간이 측정법
4. Schlumberger-palmer법

data 발송배전기술사 23-130-3-4 / 발송배전기술사, 건축전기설비기술사, 전기안전기술사, 전기응용
기술사 출제예상문제

답안

1. 2전극법(two electrode method, two-point method)

(1) 2전극법(two electrode method) 또는 2점법(two-point method)은 균일한 토
질이 아닌 토양의 대지 저항률을 현장에서 개략적으로 측정하는 방법이다.

(2) 절연봉에 부착된 2기의 소형 전극을 사용한다. 축전지의 정극성 (+)단자는 미소
전류계를 경유하여 하나의 전극에 접속하며, 부극성 (-)단자는 다른 전극에 접속
한다.

(3) 계측기는 미리 규정의 축전지 전압으로 대지 저항률[$\Omega \cdot cm$]를 직접 읽을 수 있도
록 교정하여 놓는다.

(4) 이동성이 간편하고, 대지나 굴삭 지점의 측벽 또는 바닥에 측정용 전극을 설치하
여 대지 저항률을 짧은 시간 내에 계측할 수 있는 방법이다.

(5) 단점

정확성이 낮으며, 토양의 국부적 위치의 대지 저항률만을 측정하게 된다.

(6) 설치방법 및 산출방법

① 주접지전극 또는 대형 보조전극과 측정용 소형의 보조전극을 아래 그림과
같이 충분한 이격거리를 두고 설치한다.

② 보조전극 사이의 거리 x가 보조전극의 반경 a_0, a보다 훨씬 크면 인가전압은
거의 측정용 소형 보조전극에서의 전압강하(fall-of-potential)가 된다.

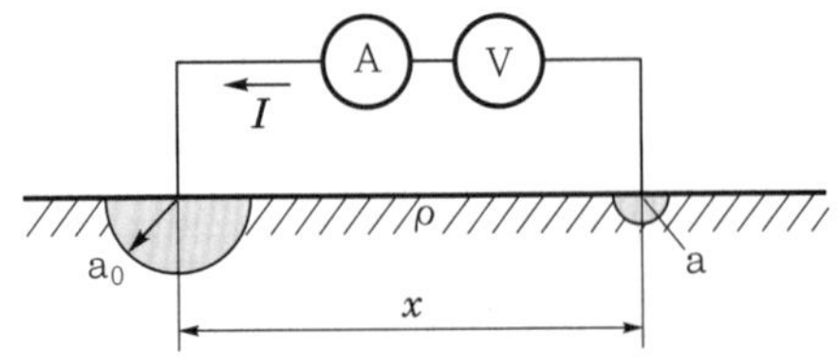

┃2전극법에 의한 대지 저항률의 측정┃

③ 그림에 나타낸 측정회로의 합성 접지저항

$$R = \frac{V}{I} = \frac{\rho}{2\pi}\left(\frac{1}{a_0} + \frac{1}{a} - \frac{2}{x}\right)$$

④ 두 개의 반구형 접지전극(hamispherical grounding electrode)을 연결하면 각각의 접지 저항보다는 작아진다.

⑤ 대지 저항률 ρ가 일정하다면 이는 인가전류와 전압, 보조전극의 크기와 이격거리에 의해서 결정될 수 있다. 만약, $a \ll a_0$, x가 되도록 측정회로를 구성하면 대지 저항률 ρ는 $\rho = 2\pi a\dfrac{V}{I}$이다.

⑥ 따라서, 측정용 보조전극의 반경과 측정전류 및 전압에 의해서 대지 저항률이 산출된다.

2. Wenner의 4전극법

(1) 보조전극을 동일한 간격으로 배치하는 Wenner 4전극법이 가장 널리 이용되고 있으며 대지구조가 균질이거나 잘 정리된 경우 정확도가 우수하다.

(2) 접지극을 설치하고자 하는 장소의 주변조건과 표면상태의 영향이 작은 측정방법으로 대지 저항률을 평가할 필요가 있다.

(3) Wenner 4전극법에 의한 ρ측정방법

① 개념도 : 다음 그림과 같이 접지전극 4개를 대지에 타입 후 C극, 즉 전류극에는 전류계 Ⓐ를, P극, 즉 전위극에는 전압계 Ⓥ를 두고 C극 양단자 간에 전원을 투입해 전류와 전압을 측정한다.

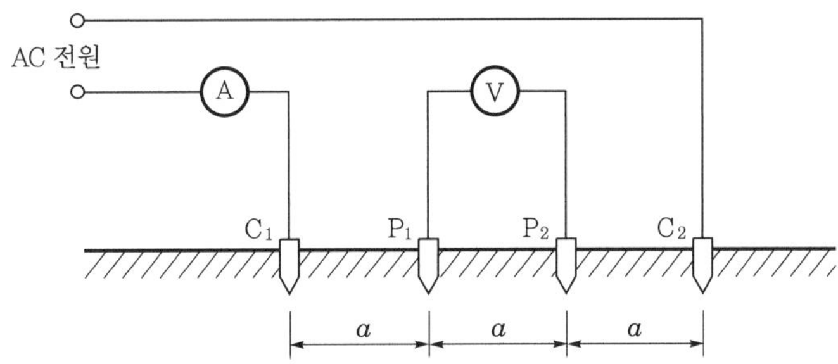

$C_1 \cdot C_2$: 전류 접지극, $P_1 \cdot P_2$: 전압 접지극, Ⓐ : 전류계, Ⓥ : 전압계

❙ Wenner 4전극법 ❙

② 원리 : 4개의 전극을 일직선 등간격으로 설치하여 C_1, C_2에 교류 전류를 보내어 P_1, P_2 간의 전압을 측정하여 $R = \dfrac{V}{I}$ 계산 후 $R = \dfrac{\rho}{2\pi a}$ 에서 $\rho = 2\pi aR$

745

$[\Omega \cdot m]$를 산정한다.

여기서, R : 저항값, ρ : 대지의 고유 저항률, a : 전극 간의 거리

③ 측정조건

   ㉠ $a = 20d$

     여기서, a : 접지극 간의 거리, d : 접지극의 매설 깊이

   ㉡ $d \geq \dfrac{1}{20}a$일 것

④ 측정시기

   ㉠ 건조한 시기

   ㉡ 기온이 낮을 때

   ㉢ 플랜트 완성 시와 가까운 토지 조성상태 시

3. 간이 측정법

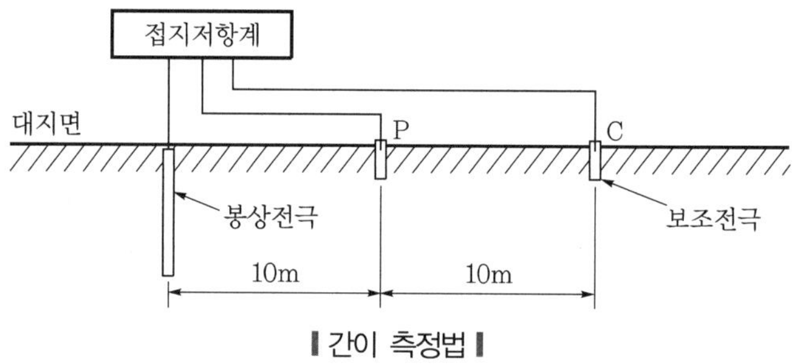

┃ 간이 측정법 ┃

(1) 주전극을 설치한 대지에 봉상전극을 그림과 같이 박고 전압전극 P와 전류전극 C를 수직으로 매설한다.

(2) 봉상전극의 접지저항을 측정한다.

(3) 봉상전극 접지저항 식 $R = \dfrac{\rho}{2\pi L} \ln \dfrac{4L}{d}$ 에서 저항을 구하여 대지 저항률 ρ를 산출한다.

4. Schlumberger-palmer법

(1) Wenner 4전극법의 문제점

① 측정용 접지전극 사이의 간격 a가 넓은 경우 전위검출용 전극 사이의 전위차가 매우 낮아져 전위차의 검출이 곤란하고 오차가 발생할 수 있다.

② 따라서, 측정전류를 많이 흘려야 되지만 이것도 쉬운 일은 아니며, 상용의 계측기를 사용하여 대지 저항률을 측정하는 것은 부적당하다.

746

(2) '(1)'에 대한 대책으로서 깊은 대지의 하부 지층 토양의 저항률을 측정하고자 하는 경우와 같이 측정용 전류전극 사이의 간격이 넓을 때 전위 검출용 전극을 전류 보조전극에 가까이 위치하도록 이동시켜 검출전압을 높이는 방법인 Schlumberger-palmer에 의해서 측정한다.

(3) 부등간격 4전극법(unequally spaced four electrode method)이라고도 한다.

(4) 동일한 측정 전류에 대해서 Wenner 4전극법에 비해서 검출전압이 높으므로 접지전극 간 거리가 먼 경우도 측정이 가능하고 정확도가 개선된다.

(5) 그림과 같이 측정용 접지전극의 배치일 때 대지 저항률은 $\rho = \pi\left(\dfrac{a^2}{b} - \dfrac{b}{4}\right)R$로 산출된다.

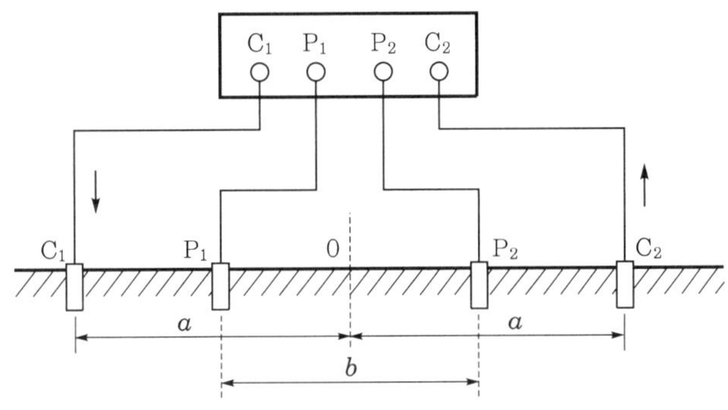

‖ Schlumberger-palmer법의 구성 ‖

---

reference

다이폴-다이폴(dipole-dipole) 전극법에 의한 대지 저항률 측정방법

(1) 정의

Dipole-dipole 전극법은 전류극(C_1, C_2)은 고정시키고, 전위전극(P_1, P_2)을 움직여 가면서 전류를 유입시키고 다른 전극을 통하여 전위를 측정하는 방법이다.

(2) 측정법

① 전류극 C_1과 C_2의 등간격을 a로 하고, C_1과 전위극 P_1의 간격을 na로 두고 넓혀 가면서 (즉, n을 변화시키면서) 측정한다. 단, $n = 1, 2, 3, 4 \sim$ 양의 정수배

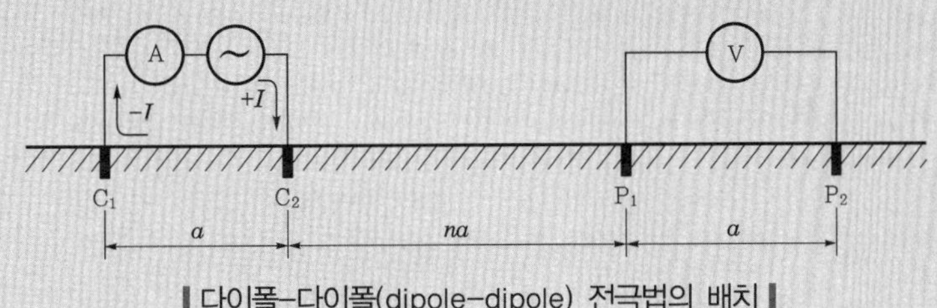

‖ 다이폴-다이폴(dipole-dipole) 전극법의 배치 ‖

② 다이폴-다이폴(dipole-dipole) 전극법의 대지 저항률 계산

   ⊙ $\rho = n(n+1)(n+2)\pi aR\,[\Omega \cdot m]$

     여기서, n : 양의 정수, a : 측정 전극 간 등분거리[m]

   ⓒ $R = \dfrac{V}{I} = \dfrac{\text{전압계 전위수치}}{\text{암메터 전류수치}}\,[\Omega]$

     여기서, V : 대지의 두 지점(P_1, P_2) 간 측정전압[V]

             I : 대지의 두 지점(C_1, C_2) 간에 유입시킨 시험전류[A]

③ 다수의 등간격(a_n)으로 전위극으로 설정한 후 n을 변화시키면 짧은 시간에 수많은 데이터를 확보할 수 있다(즉, 넓은 영역까지 측정 가능).

④ 넓은 대지 평면적에 대한 3차원적 대지 저항률 분포를 파악할 때 유용하다.

CHAPTER 03

보호계전 시스템

SECTION 01 보호계전 기초

101 송전계통 보호장치의 구비조건과 백업방식(backup method)에 대하여 설명하시오.

(data) 발송배전기술사 24-133-4-3 / 발송배전기술사, 건축전기설비기술사, 전기안전기술사, 전기응용기술사 출제예상문제

답안

1. 개요

(1) 보호장치의 정의(전력시장운영규칙 2025년 1월 기준)

보호장치란 전기설비가 고장나거나 전력계통이 불안정할 경우 이를 감지하여 고장 또는 불안정 요인을 전력계통으로부터 분리시키거나 보호대상설비 운영자 또는 계통운영자에게 경고하는 장치이다.

(2) 고장 감지의 메커니즘

① CT와 PT를 통하여 고장전류와 고장전압의 고장을 감지하여 고장을 판단하고 경고한다.

② 보호계전기와 감시시스템에 신호를 전달한다.

③ 차단기의 Trip 코일을 여자시켜 차단기를 OFF시켜 계통에서 분리한다.

2. 송전계통 보호장치의 구비조건

(1) 보호계전 시스템의 역할과 구성

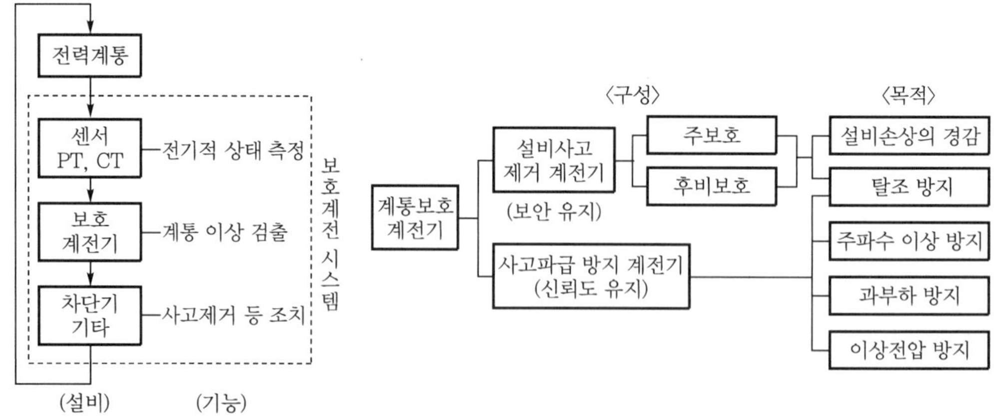

▌보호계전 시스템의 역할▐　　　　　▌보호계전기의 구성과 목적▐

(2) 보호장치의 구비조건

① 고장회선 내지 고장구간을 고속도 선택차단을 신속 정확하게 할 수 있을 것

ㄱ 최근에 1선 지락고장이 많으므로 고장회선을 차단하고 아크가 커질 무렵 (20사이클 전후)에 재폐로하여 송전용량 감소방지를 검토할 것

ㄴ 차단범위의 최소화 기능이 있을 것

② 전력계통에 발생하는 사고 제거로 보안 유지기능을 보유할 것

ㄱ 사고 발생 시의 전압·전류 등의 전기량으로부터 이상 상태를 판별하여 보안을 유지하기 위하여 사고를 신속하게 제거하는 기능을 갖는다.

ㄴ 사고 시 설비의 손상이나 인명의 피해를 방지하기 위하여 무엇보다 신속하게 사고점을 제거하여야 한다.

③ 적절한 후비 보호능력이 있을 것

제1단 계전기 또는 차단기가 동작하지 않을 때는 인접 구간의 후비 보호계전기(back-up relay)에 의해서 사고범위 파급을 최소화한다.

④ 계통의 구성 또는 발전기 운전 대수 변화에 따른 고장전류 변동에 대한 소정의 계전기 동작 수행이 가능할 것

⑤ 신속한 복구기능

ㄱ 계통사고가 제거된 후에는 계통 상태를 정상 상태로 되돌리는 기능을 구비할 것

ㄴ 고속 자동 재폐로, 자동 동기투입 등을 통하여 사고복구를 신속하게 달성한다.

⑥ 파급사고의 방지로 신뢰도 유지 기능

ㄱ 전력공급의 안정 확보를 위해 전력계통이나 설비의 사고파급을 최소한으로 억제하여 정전범위를 줄이는 것으로서, 신속성과 함께 선택성이 요구된다.

ㄴ 사고의 영향이 확대되는 것을 방지하는 기능을 갖는다.

⑦ 송전계통의 과도 안정도를 유지하는 데 필요한 한도 내의 동작시한을 가질 것

⑧ 전력계통 운용의 입장에서도 보호계전방식의 전체가 경제적일 것

3. 보호장치의 백업방식(backup method)

(1) 보호장치의 백업방식의 개념

① 사고제거 계전기의 구분

ㄱ 주보호계전기(main protection relay)

ㄴ 후비보호계전기(back-up protection relay)

② 주보호계전기의 동작 실패 또는 운휴에 대비하여 2차적인 보호기능을 수행하는 장치

(2) 보호장치의 백업방식의 필요성

① 주보호장치가 제기능을 수행하지 못하고 동작에 실패하는 경우가 있을 수 있다.

② 부동작 원인으로는 계전기 코일의 단선, 각 단자의 접속불량 등의 여러 가지가 있을 수 있으며 계전기쪽이 아니라 차단기쪽에 문제가 있을 수도 있다.

③ 주보호계전기의 동작 실패 또는 운휴에 대비하여 2차적인 보호기능을 수행한다.

(3) 보호장치의 백업방식 2가지 적용방법

① 자단 후비보호(local back-up relay, 국지점 후비보호)

　㉠ 시간협조상 원단 후비보호방식에 비하여 짧게 할 수 있어서 안정도 유지에 유리하므로 중요 선로에 적용되고 있다.

　㉡ 계전기 후비보호방식(relay back-up)

　　• 주보호계전기가 설치된 발·변전소에 주보호방식과 다른 후비보호계전기를 설치하여 주보호방식의 동일 차단기를 동작시키는 방식

　　• 154kV 계통 송전선 보호방식 중에서 주보호로는 Pilot relaying을, 후비보호로는 3단계 한시 거리계전방식을 적용하는 방식

　㉢ 차단기 후비보호(breaker back-up)

　　• 어느 모선의 차단기 동작 실패 시에 동일 모선에 있는 다른 차단기들을 동작시켜서 후비보호하는 방식

　　• 345kV 계통 송전선 후비보호방식

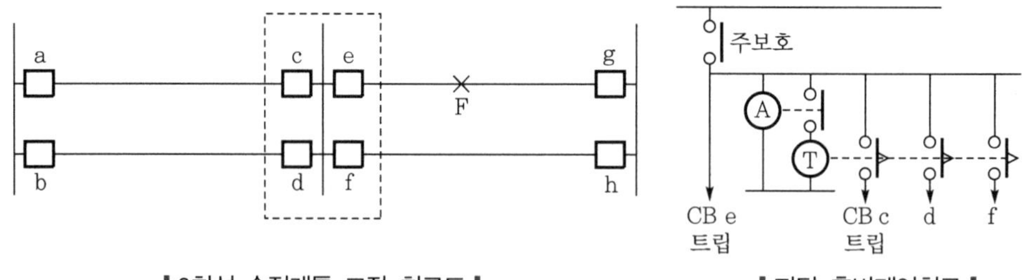

❙2회선 송전계통 고장 회로도❙　　　　❙자단 후비제어회로❙

② 원단 후비보호방식(remote back-up, 원격점 후비보호)

　㉠ 가장 일반적인 후비보호방식이다.

752

ⓛ 주보호계전기가 동작 실패할 경우 인접구간에 있는 다른 발·변전소의 차단기로 후비보호하는 방식

ⓒ 송·배전 계통 보호에 적용되는 반한시형 과전류 계전방식 또는 3단계 한시 거리계전방식에서의 Zone 2 및 Zone 3 요소로 적용한다.

ⓔ 3단계 시한차 거리계전방식(3step distance relaying)

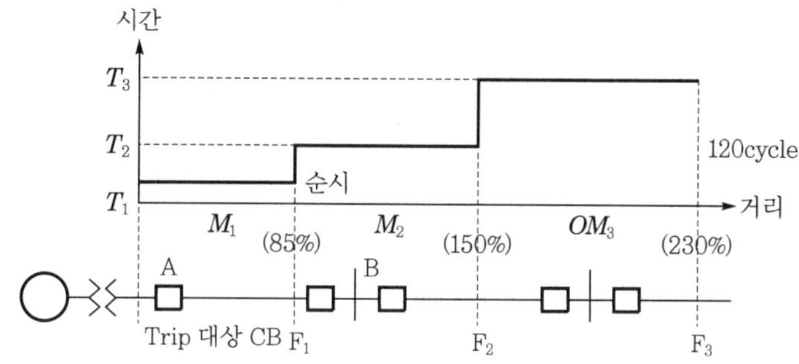

▌거리계전기의 단계별 동작 특성 ▌

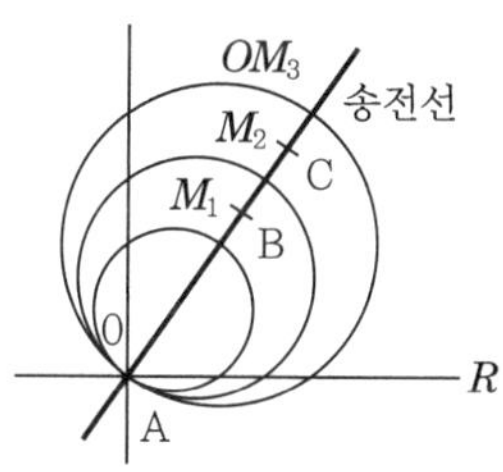

M_1, M_2 : Mho형
OM_3 : Off set Mho형

▌Off set Mho형 계전기의 R-X의 궤적 ▌

단계	적용거리	동작시간	비고 1	비고 2
제1단계 (Zone 1)	자기구간의 85%까지	1 ~ 3cycle	고속도 차단	CT, PT 2차 때문에 15% 정도 여유 둠
제2단계 (Zone 2)	〃 150%까지	20 ~ 24cycle	지연 차단	Zone 1과의 선택성 여유를 위해 한시 동작
제3단계 (Zone 3)	〃 230%까지	100cycle	지연 차단	Zone 1·2부 동작 시 후비 보호구간을 위함

- 고장이 자기구간일 때는, 즉 F1점에서는 : Zone 1 순시동작
- 고장이 자기구간일 때는, 즉 F_2점에서는 : Zone 2 지연차단 동작
- 고장이 다음 구간일 때, 즉 F_3점에서는 : A차단기 Zone 2 동작하지 않고 B차단기 Zone 1이 먼저 동작

102 다음의 보호계전 관련 용어에 대하여 설명하시오.

1. 오차
2. 정동작
3. 정부동작
4. 오동작
5. 오부동작
6. 페일 세이프(fail safe)

data 발송배전기술사 20-122-1-12 / 발송배전기술사, 건축전기설비기술사, 전기안전기술사, 전기응용기술사 출제예상문제

답안 1. 오차

공칭값과 실측값의 차이

$$오차 = \frac{실측값 - 공칭값}{공칭값} \times 100 [\%]$$

2. 정동작, 정부동작, 오동작, 오부동작의 개념 비교

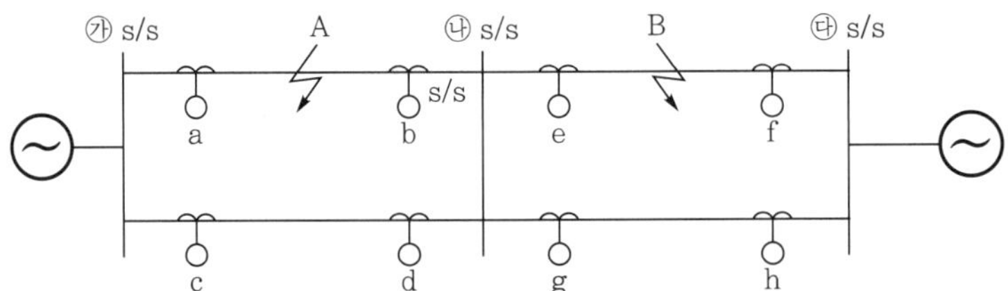

❚ 정동작, 정부동작, 오동작, 오부동작의 개념 ❚

구분	내용
정동작	• 계전기가 동작하여야 할 경우에 동작 • A구역 사고 시 a·b 계전기가 동작한 경우
정부동작	• 계전기가 동작하지 말아야 할 경우에 동작하지 않는 것 • A구역 사고 시 c·d·e·f·g·h 계전기가 부동작한 경우
오부동작	• 계전기가 동작하여야 할 경우에 동작하지 않는 것 • A구역 사고 시 c·d·e·f·g·h 계전기 중 하나라도 동작한 경우
오동작	• 계전기가 동작하지 말아야 할 경우에 동작 • A구역 사고 시 a·b 계전기가 부동작한 경우

3. 페일 세이프(fail safe)

(1) 의미

1차 보호시스템이 실패에도 안전하다는 의미로서, 실패 시 2차 보호시스템으로 보호 가능을 의미한다.

(2) 예

주보호와 후비보호

① 송전선로의 주보호 : 전류 차동방식, PCM 보호방식

② 후비보호 : 3단계 거리계전방식

---

103 계통보호에 있어 맹점보호(blind point protection)에 대하여 설명하시오.

data 발송배전기술사 13-101-1-4 / 발송배전기술사, 건축전기설비기술사, 전기안전기술사, 전기응용 기술사 출제예상문제

답안

1. 보호맹점(blind zone)

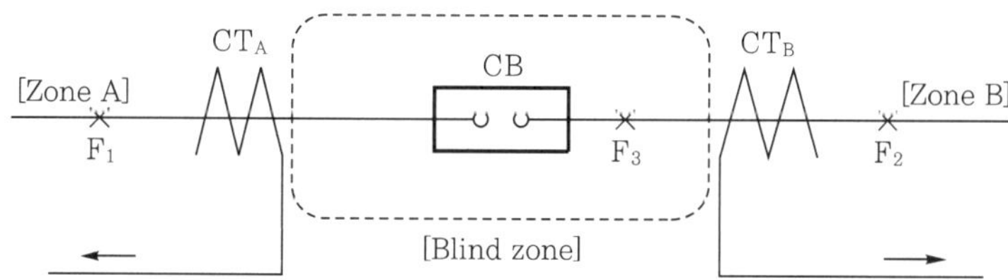

(1) 보호범위는 고장검출용 CT, PT 등의 위치에 따라 위 그림과 같이 보호할 수 없는 구간이 발생하며 이를 보호맹점이라 한다.

(2) 이를 없애기 위해서는 CT, PT 등의 위치에 따른 약간의 중복이 필요하다.

(3) 위 그림에서 F_1 및 F_2점 고장은 각각 CT_A, CT_B가 검출 가능하지만 F_3점의 고장은 검출하지 못해 보호맹점이 된다.

2. 맹점보호(blind point protection)

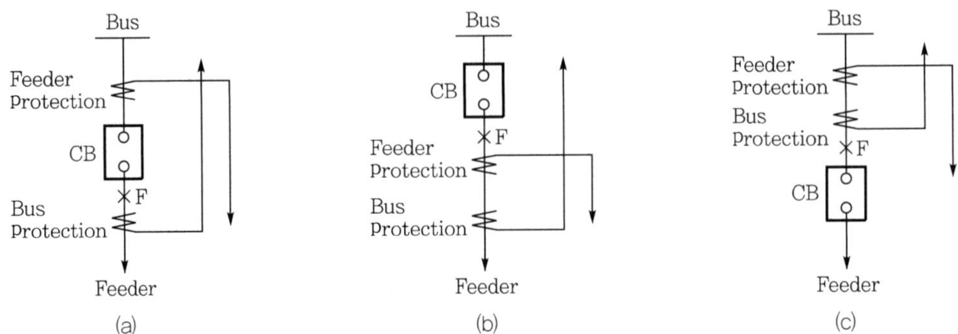

(1) 차단기와 CT 간의 보호는 그림 (a)처럼 차단기의 Bushing CT 사용 등 차단기 양쪽에 걸쳐서 중첩시키는 것이 바람직하다.

(2) (b)의 경우 모선보호가 먼저 이루어지고 나서 선로보호용 파일럿 계전방식을 단락 또는 평형을 깨뜨리는 방식으로 차단기를 동작시킨다.

(3) (c)의 방법은 사용하지 않는 것이 바람직하며, 불가피할 경우 고장 검출계전기와 타이머를 이용하여 선로보호용 차단기가 동작 후에도 일정 시간 동안 고장전류가 계속 흐르면 모선보호용 차단기도 동작하도록 하는 방법을 쓴다.

SECTION 02 발전기 보호

104 대용량 화력 발전기와 승압 변압기의 보호계전 단선도를 그리고, 계전기(87G, 40, 32, 24, 51V)의 보호목적과 원리에 대하여 각각 설명하시오. (단, 중성점 접지보호방식은 접지변압기를 사용하는 것임)

data 발송배전기술사 17-113-2-3 / 발송배전기술사, 건축전기설비기술사, 전기안전기술사, 전기응용기술사 출제예상문제

답안

1. 보호 계전기 단선도

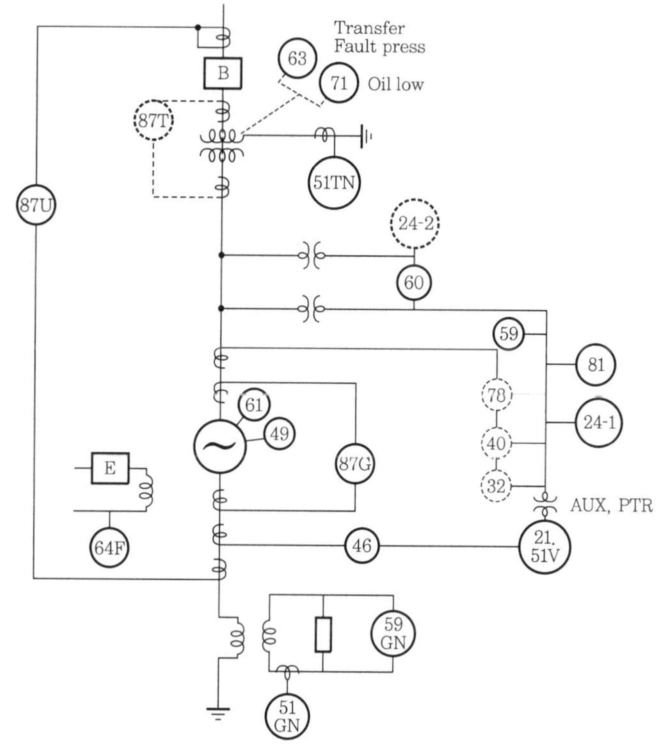

- 21 : 거리 계전기, 24 : 과여자 계전기[V/Hz], 32 : 역전력 계전기, 40 : 계자 상실 계전기
- 51TN : Backup for ground faults, 46 : 역상 계전기(불평형 계전기)
- 49 : 고정자 온도 계전기, 51GN : Time over current ground relay
- 51V : 전압 억제부 OCR, 59 : 과전압 계전기, 87G : 비율 차동 계전기(발전기 내부 보호용)
- 87T : 비율 차동 계전기(변압기 보호용), 87U : 비율 차동 계전기(발전 시스템 유닛용 : 전체 보호)
- 81 : 주파수 계전기, 64F : 계자 지락보호 계전기, 63 : 압력 계전기, 78 : 동기 탈조 계전기
- 60 : 전압 불평형 계전기, 59GN : 교류 과전압 계전기(발전기 중성점에 이상전압 발생의 보호)
- 61 : 전류 평형 계전기

▮ 대용량 발전기와 승압 변압기의 보호계전 단선도 ▮

2. 87G(비율 차동 계전기)

(1) 보호목적

발전기 단락보호

(2) 원리 : 비율 차동 계전기

① 동작비율 5 ~ 10%

② 동작시간 고속도 50 ~ 100ms

③ 양측 CT Y결선 동일 사용

④ 보상 CT 필요 없음

　　㉠ 변압기처럼 위상 및 크기 조정 불필요

　　㉡ 여자돌입전류 대책 불필요

3. 40(계자 상실 보호 : off-set Mho형 거리 계전기 사용)

(1) 계자 상실 원인

계자 단락, 브러시 접촉 불량, AVR 고장 등

(2) 동작원리

발전기 전기자에서 계자 상실 시 임피던스 궤적이 $\frac{1}{2}x_d$와 x_d 간에 이동되는 것에 착안

(3) 발전기가 계자 상실 시 계통에서 무효전력을 유입하여 유도 발전기가 되며 동기 속도 이상으로 회전[$N = N_s(1+s)$]하여 회전자 간에는 큰 유도전류가 흘러서 회전자 철심은 급속히 과열되고 그 단부는 2분 정도면 위험상태까지 온도가 상승한다.

> **reference**
> 발전기 속도 증가 → 동기 탈조 → 계통에 동요

(4) 사용 계전기(동작원리)

계자 상실이 아닌 탈조 시 오동작하지 않도록 $\frac{1}{2}x_d$ 이상으로 계전기의 동작 임피던스를 Off-set시킨 Off-set Mho형 거리 계전기 한시요소 이용

758

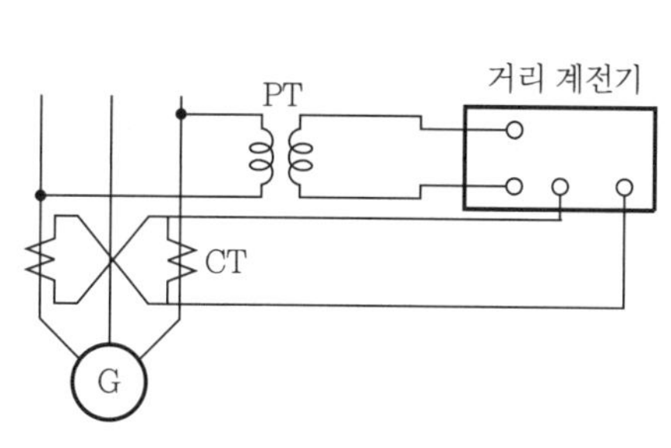

▎Off-set형 Mho 거리 계전기 ▎

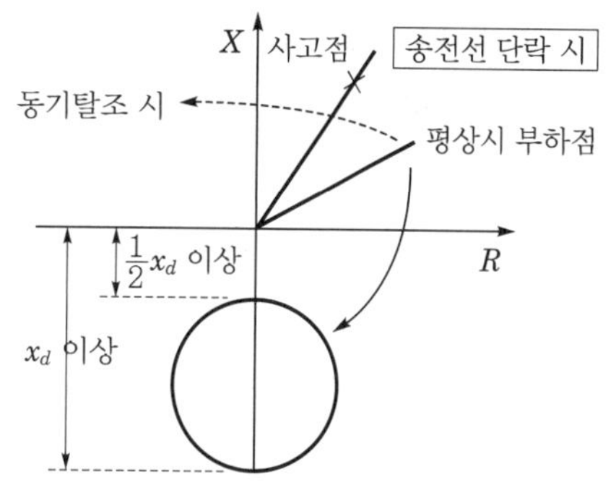

▎계자 상실 시 임피던스 궤적 ▎

4.32 [발전기 motering 보호(역전력 계전기)]

(1) 보호 목적

① 터빈의 공회전 방지가 목적이다. 발전기가 원동기의 입력 상실 시 발전기는 계통에서 전력을 받아 동기 전동기로 회전하는 것을 방지시킨다.

② 역전력 계전기(reverse power relay) : 원동기 입력이 없어지면 발전기는 계통에서 전력을 받아서 동기 전동기로 운전된다.

③ 발전기보다 TBN에서 문제가 발생된다.

(2) 적용 계전기

정한시형 유효 전력 계전기로 보호한다.

5.24 [과여자보호(V/F 계전기 59/81)]

(1) 보호 목적

발전기 계자 과여자 시 계자권선 보호

(2) 원리

① $E = 4.44 f \phi N = K \phi N$ 에서 $K \phi = \dfrac{E}{N} \fallingdotseq \dfrac{V}{f}$ 에서

ϕ 의 상승은 속도 N 의 감소로, 또 주파수 저하로 연계된다.

② 과여자의 원인

㉠ 계통 주파수 저하 시 $f \downarrow$

㉡ AVR 운전 시 저속 운전할 경우 $N \downarrow$

㉢ AVR 운전 시 부하 탈락할 경우 $V \uparrow$

(3) 보호범위

정격전압의 110% 이상 동작 한시요소 2 ~ 5초

6. 51V(전압 억제부 OCR)

(1) 보호 목적

모선, T/L 등 외부 단락 사고 시 외부 사고가 조속히 제거되지 않으면 동작하여 단락 후비보호, 고정자 권선의 과부하 보호

(2) 정정법

① 동작 정정은 정격전류의 150%, 전압 억제부인 경우는 전압 80% 정정

② 한시 정정은 전위 보호 계전기(부하 측 차단기의 트립용 계전기)와 협조(0.4 ~ 0.5초)

---

105 발전기 후비 보호방식의 종류별 동작개념 및 특성을 비교 설명하시오.

(data) 발송배전기술사 19-118-1-1 / 발송배전기술사, 건축전기설비기술사, 전기안전기술사, 전기응용 기술사 출제예상문제

답안 1. 발전기 후비보호방식의 종류별 동작개념

(1) 거리 계전기(21)

① 계전기 설치점에서 입력되는 전류·전압 입력요소에 의해 고장점까지 전기적 거리를 측정하여 동작한다.

② 전압과 전류의 비가 일정치 이하인 경우에 동작하는 계전기이다.

③ 실제로 전압과 전류의 비는 전기적인 거리, 즉 임피던스를 나타내므로 거리 계전기라는 명칭을 사용하며 송전선의 경우는 선로의 길이가 전기적인 길이에 비례하므로 이 계전기를 사용이 용이하게 보호할 수 있게 된다.

④ 거리 계전기에는 동작특성에 따라 임피던스형, MHo형, 리액턴스형, OHM형, Off set Mho형 등이 있다.

⑤ 발전기 후비 보호방식으로는 Off set mho 거리 계전기를 사용한다.

(2) 전압 억제부 과전류 계전기(51V : 전압 억제부 OCR)

① 전압 억제요소와 과전류 요소를 조합하여 사용하며 억제전압이 작을수록 동작 전류값도 작아지는 방식

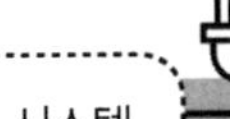

② 모선, T/L 등 외부단락 사고 시 외부 사고가 조속히 제거되지 않으면 동작하여 단락 후비를 보호한다.

③ 고정자 권선의 과부하를 보호하기도 한다.

(3) 전압 제어부 과전류 계전기(voltage controlled over current relay)

① 전압이 일정치 이하로 감소할 때 동작하는 계전기로, 부족 전압 기동 과전류 계전기라 한다.

② 사고전류가 최대 부하전류보다 적은 경우가 있는 장소에 단락사고 보호용으로 사용된다.

2. 발전기 후비보호방식의 특성 비교

구분 \ R/Y 종류	거리 계전기(21)	전압 억제부 과전류 계전기	전압 제어부 과전류 계전기
동작 특성	Off set Mho형	정한시 또는 반한시	정한시 또는 반한시
회로구성 및 시험	협조용 Timer를 구비하여 내부구조 복잡	비교적 용이	단순
보호 특성	양호	미흡	미흡
전류 분류효과	분류효과 영향 고려	거리 계전방식 대비 영향 작음	영향이 작음
Setting	용이	사고지점에서 개별적 고장전류 및 전압 강하 검토 필요	전압요소 및 고장 종류별 검토

106 발전기의 전기자 권선 및 계자 권선 보호 계전방식에 대하여 설명하시오.

data 발송배전기술사 24-133-4-1 / 발송배전기술사, 건축전기설비기술사, 전기안전기술사, 전기응용기술사 출제예상문제

답안

1. 발전기의 전기자 권선 보호 계전방식

(1) 단락보호(87G : 비율 차동 계전기)

① 비율 차동 Ry의 동작비율은 10% 이하, 2MVA 이상 용량에는 고속도형(동작시간 2Hz 이내) 사용(동작시간 : 고속도 5 ~ 100ms)

② **동작원리** : 차동 전류회로 내에 유입하는 동작전류, 억제전류의 비율에 의해 동작한다.

③ **접속 시 유의사항**

    ㉠ 사용되는 CT의 과전류 정수는 발전기 단락전류 이상일 것

    ㉡ 양쪽 CT에 부담을 되도록 적게 함과 동시에 같게 할 것

    ㉢ CT 2차 측의 중성점은 계전기 설치 배전반 접속점에서 접지할 것

    ㉣ 전기자 권선 양단의 CT는 동일 규격, 특성을 선택

    ㉤ 고속도형 비율 차동 계전기(동작시간 2Hz)에는 전용 CT를 사용할 것

④ **최소 동작전류** : 0.25A 이하(CT 1차 정격전류의 4 ~ 8%)

⑤ **층간 단락보호에도 87G(비율 차동 계전기)를 사용함**

⑥ **동작비율** : 5 ~ 10%

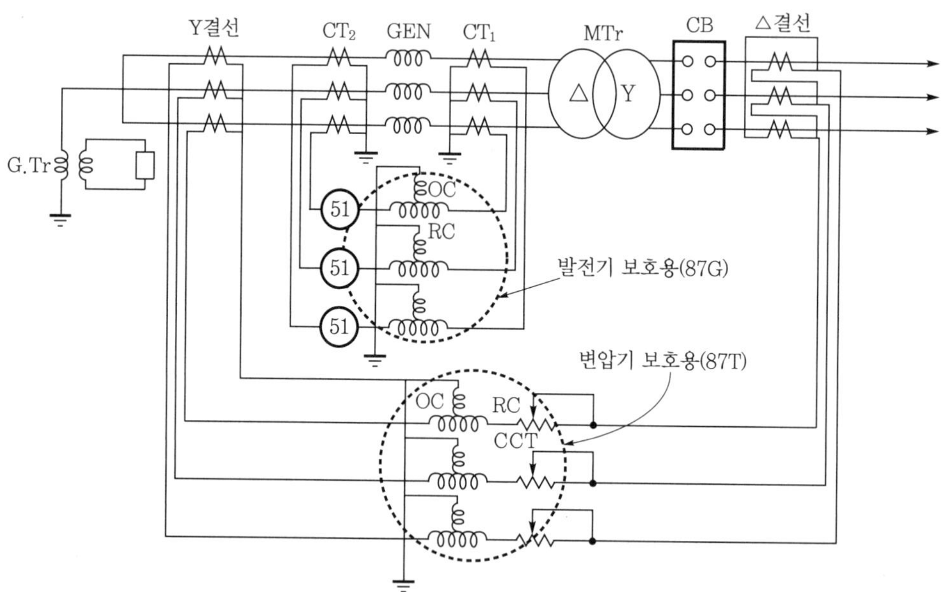

▌대형 발전기의 단락 보호용 87Ry 결선도 ▌

(2) 전기자 권선 지락보호

① 전기자 권선에 지락사고 발생 시 지락전류의 크기는 발전기의 중성점 접지방식에 의해 결정된다.

② **비단위식 발전기 전기자 지락보호** : 고저항 접지방식을 적용한다. 발전기의 중성점을 지락전류 100A 전후로 제한하는 저항기가 있어 영상전류에 의한 비율 차동 계전방식이며, 고감도의 지락보호용이다. 이때, CT 회로는 3차 영상 분로를 적용하고 2차 잔류회로를 사용한다.

762

이때, 저항기의 저항은 $R = \dfrac{E}{\sqrt{3} \times 100}$ [Ω]이다.

③ 단위식 발전기 전기자 지락보호(64G)

    ㉠ 동작원리 : 접지용 변압기 2차 측 저항과 병렬로 지락 과전압 계전기 (OVGR)를 설치하여 지락을 검출한다.

    ㉡ 특성 : 보호감도 90 ~ 95%, 필터 설치로 고조파 전압에 대한 계전기 오동작을 방지시킨다. 변압기 2차 측에 OVGR을 연결한다.

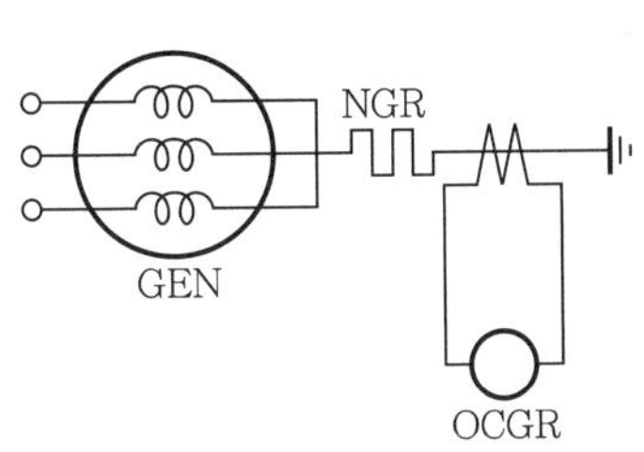

| 저항 접지식 : 비단위식에 적용 |

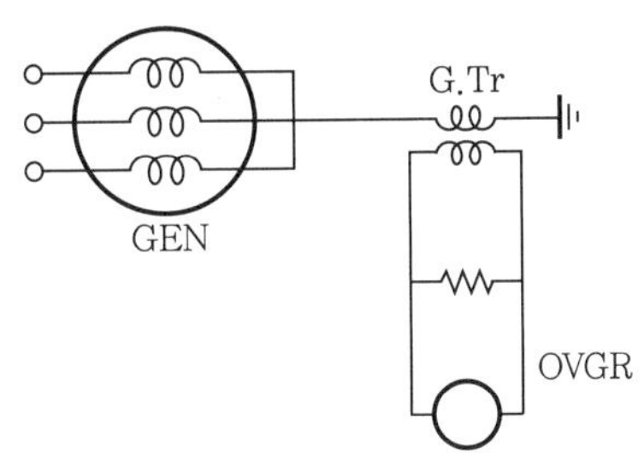

| 변압기 접지식 : 단위식에 적용 |

2. 발전기 계자회로 보호

(1) 계자회로의 지락보호(64E : 계자 지락 계전기)

계자회로는 비접지방식으로 1개 요소만 지락이면 운전에는 지장이 없으나 방치할 경우는 과도적인 대지전위 상승으로 2점 지락으로 발전되어 큰 사고로 진행된다.

① Bridg 식 : R_1과 R_2는 같고 Varistor를 저항 한편에 넣으면 지락지점에 따라 Varistor에 설리는 전압이 달라지고 Varistor 저항치도 달라지므로 보호맹점을 최소한 줄일 수 있다.

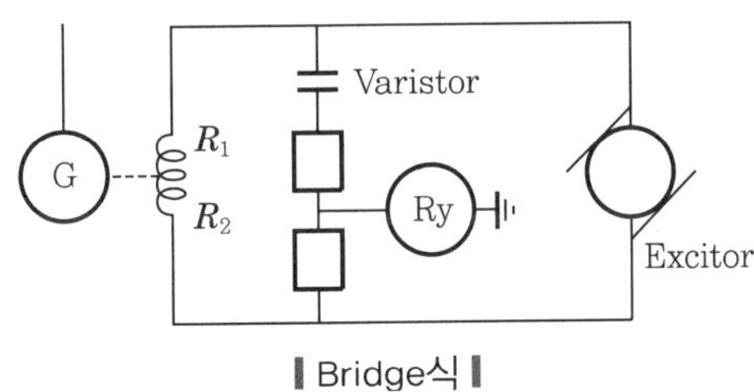

| Bridge식 |

② 직류 중첩식

    ㉠ 계자회로와 대지 간에 직류전압을 OCR(X_1)을 통하여 인가

    ㉡ 계자회로 1점 지락 시 인가된 직류 전압과 계자권선의 연결점에서 고장점 까지의 계자회로의 전압에 의해 OCR에는 한 전류가 통전되어 OCR이 동작 (계자회로에 1선 지락 발생 시 계전기 X_1에 흘러 전압이 중첩되어 계전기 동작)한다.

ⓒ 100% 지락검출이 가능하다.

ⓔ 대용량 발전기에서 주로 적용된다.

comment 직류 중첩식은 반드시 기록해야 한다.

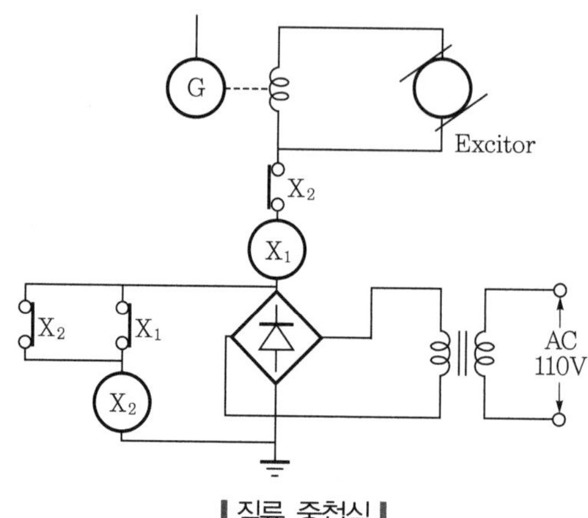

┃ 직류 중첩식 ┃

(2) 계자 상실 보호(40G : Off-set Mho형 거리 계전기 사용)

① 계자 상실 원인 : 계자 단락, 브러시 접촉 불량, AVR 고장 등

② 동작원리 : 발전기 전기자에서 계자 상실 시 임피던스 궤적이 $\frac{1}{2}X_d$와 X_d 간에 이동되는 것에 착안

③ 발전기가 계자 상실 시 계통에서 무효전력을 유입하여 유도 발전기가 되며 동기속도 이상으로 회전[$N = N_s(1+s)$]하여 회전자 간에는 큰 유도전류가 흘러서 회전자 철심은 급속히 과열되고 그 단부는 2분 정도면 위험상태까지 온도가 상승한다.

reference
발전기 속도 증가 → 동기 탈조 → 계통에 동요

④ 사용 계전기 : 계자 상실이 아닌 탈조 시 오동작하지 않도록 $\frac{1}{2}X_d$ 이상으로 계전기의 동작 임피던스를 Off-set시킨 Off-set Mho형 거리 계전기 한시요소를 이용한다.

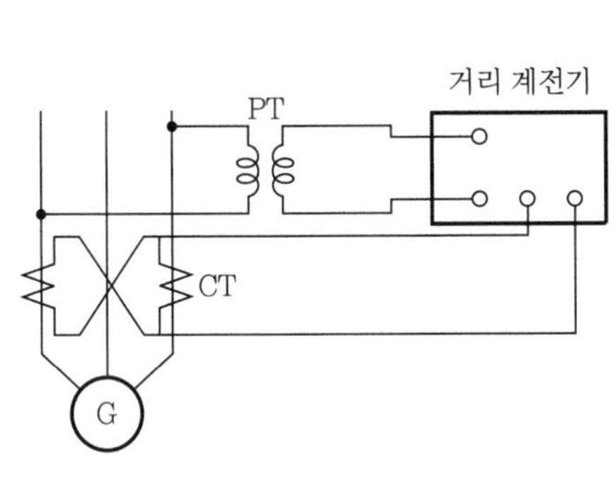

▌Off-set형 Mho 거리 계전기▐

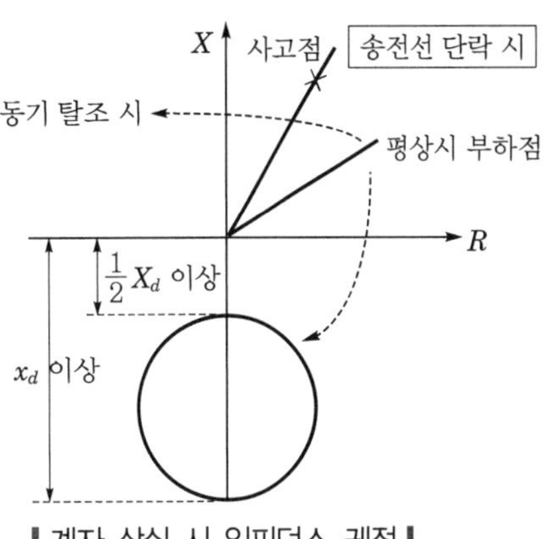

▌계자 상실 시 임피던스 궤적▐

107 발전기의 고정자 권선과 회전자 권선의 과부하 보호방법에 대하여 각각 설명하시오.

data 발송배전기술사 20-122-3-1 / 발송배전기술사, 건축전기설비기술사, 전기안전기술사, 전기응용 기술사 출제예상문제

답안

1. 고정자 권선의 과부하 보호

(1) 개요

고정자 권선의 온도가 과부하로 인해 상승되는 경우 최근 터빈 발전기는 단락비가 작아 단락전류도 작아져서 단순한 과전류 계전기로는 정격전류와 구분이 안 되어 51V를 이용한다(51V : 전압 억제부 과전류 계전기).

(2) 51V가 필요한 사유

① 모선, T/L 등 외부 단락사고 시 외부 사고가 조속히 제거가 안 되면 51V가 동작하여 단락 후비 및 과부하를 보호한다.

② 최근 터빈 발전기는 단락비가 작고 단락전류도 작으므로 단순한 OCR로는 정격전류와의 구별이 어려워 단락사고 시 전압이 저하되는 것을 이용하여 거리 Ry와 한시 Ry에 의해 발전기를 Trip과 동시에 터빈도 Trip시킨다.

(3) 보호방법 및 장치

① 고정자 권선에 취부된 매입 온도계에 의하여 경보 – 운전원에 의한 필요한 조치

② 단락사고 시에는 전압이 저하되는 것을 이용하여 전압 억제부 과전류 계전기로 검출한다.

(4) 51V의 정정법

① 동작치 정정은 정격전류의 150%, 전압 억제부인 경우는 전압 80%에서 정정한다.

② 복귀치는 동작치의 95% 이상이어야 한다.

③ 한시 과전류 계전기의 동작치는 정격전류의 75 ~ 100%에 정정하고, 동작시간은 정격전류의 218%에서 7초에 정정하도록 추천하고 있다.

④ 한시 정정은 전위 보호 계전기와 협조할 것(0.4 ~ 0.5s)

(5) 조치사항

발전기 주차단기 트립, 터빈의 모든 밸브 급폐

(6) 비상 시 단시간 동안 허용할 수 있는 고정자 전류에 대한 IEEE C50.13의 규정

① 고정자 권선 단시간 허용전류

허용시간[s]	10	30	60	120
고정자 전류[%]	218	150	127	115

② 발전기 과부하 보호용으로 순시 과전류 계전기와 강반한시형 과전류 계전기를 적용한다.

③ 과전류 계전기를 이용하여 과부하 보호를 할 때 115% 과부하 이하에서 Trip되지 않도록 보호회로를 구성해야 한다.

④ 예를 들면, 115%에 정정된 순시 과전류 계전기가 동작하면 강반한시형 과전류 계전기에 전류를 인가한다.

⑤ 이때부터 강반한시형 과전류 계전기가 동작하여 120초에 Trip 신호가 발생되도록 한다.

2. 회전자 권선의 과부하

비정상적인 조건에서 단시간 동안 허용할 수 있는 원통형 회전자 권선의 전류에 대한 IEEE C50.13의 규정

(1) 회전자 권선 단시간 허용전류

허용시간[s]	10	30	60	120
고정자 전류[%]	209	146	125	113

(2) 회전자 권선의 과부하 보호에 정한시형 과전류 계전기와 강반한시형 과전류 계전기를 적용할 수 있다.

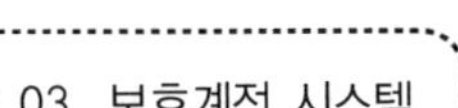

(3) 과부하의 정도에 따라 동작시간을 조정할 수 있는 반한시형이 유리하다.

(4) 보호 계전기는 여자기의 교류 측에 설치하거나 직류 측에 설치할 수 있다.

(5) 동작치는 단시간 허용전류보다 5 ~ 10% 정도 낮게 정정한다.

---

108 동기 발전기에서 Motoring의 원인, 영향 및 보호방식을 설명하고, 원동기의 입력없이 발전기가 동기속도의 전동기로 운전되는 데 필요한 전력을 증기터빈, 수차터빈, 디젤터빈 및 가스터빈으로 구분하여 설명하시오.

data 발송배전기술사 22-126-1-2 / 발송배전기술사, 건축전기설비기술사, 전기안전기술사, 전기응용기술사 출제예상문제

답안

1. 개요

(1) 발전기 모터링 현상이란 발전기가 전기생산을 하지 못하고 전동기로 운전되는 현상을 말한다.

(2) '원동기 기계적 에너지 < 발전기 무부하 정격속도'로 회전시키는 에너지일 경우 발생한다.

2. 동기 발전기에서 Motoring의 원인

(1) 계자 상실 및 기계적 입력 차단

① 계자 상실 : $E = 0$, 계통으로부터 무효전력을 공급받아 유도기화

② 기계 입력 차단 : $P_i = 0(P_g = 0)$, 동기 전동기화

(2) 계자와 기계적 입력에 따른 발전기 장해 현상

계자가 없으면 유도기화, 원동기 입력이 없으면 전동기화

3. Motoring의 영향

터빈에 미치는 영향	발전기에 미치는 영향
• 기계적 입력인 증기 감소로, 선속도가 큰 저압 터빈 단부 과열 즉, 터빈에서는 저압 차실 배기부의 풍손이 증가하여 온도가 급격히 상승되면서 안전한도를 초과함 • 복수기 진공도 저하로 공기가 유입되어 풍손 증가	계자 상실, 기계적 입력 차단으로 유도 발전기나 유도 전동기로 될 경우 • 유도 발전기로 될 경우 : 계자의 회전속도 증가로 철심 과열, 축비틀림 발생 • 유도 전동기로 될 경우 : 터빈 손상

4. 각 발전 시스템별 모터링을 발생시키는 전력(정격 출력 대비 %)

(comment) 시험 시 개조식으로 간략히 기록하여 시간을 최소한으로 줄이도록 한다.

구분	모터링 전력 정격 출력 대비 %
증기터빈	3%
수차터빈	0.2%
디젤터빈	25%
가스터빈	50%

5. Motoring 대책

(1) 계자 상실 보호(40 : 계자 상실 계전기)

① Off-set Mho 계전기로 보호

㉠ 계자 상실 : 계통에서 발전기로 무효 전력공급$(-X)$

㉡ 탈조 시 오동작 방지 : $I = \dfrac{2E}{X_d{}'} = \dfrac{E}{\dfrac{1}{2}X_d{}'} \to \left(\dfrac{1}{2}X_d\right)$ Off-set

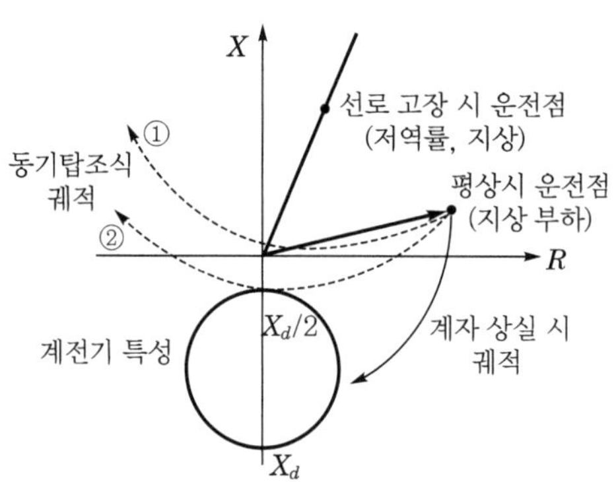

┃ 계자 상실 시 $R-X$의 궤적과 계전기 특성 ┃

(2) 역전력 보호(32 : 역전력 계전기)

① 보호 목적 : 발전기 단자로 유입하는 유효전력을 측정하여 모터링을 방지한다.

② 동작 정정

㉠ 동작치 정정 : 모터링 전력의 5% 이하로 정정

㉡ 시간치 정정 : 일시적 모터링이 오동작하지 않도록 10s 이하 정정

(3) 모터링 전력 회피 운전

① 모터링을 발생시키는 전력(정격 출력 대비)

(comment) '3.'의 표 내용 참조

② 모터링이 발생하지 않도록 상기 출력 이하로 운전되는 것을 방지

SECTION 03 모선 보호

109 다음의 모선 보호 계전방식들 중 5개를 선택하여 특징과 장단점에 대하여 설명하시오.
1. (전류)비율 차동방식
2. 리니어 커플러(linear coupler) 방식
3. 전압 차동방식
5. 방향 비교방식
4. 위상 비교방식
6. 차폐 모선방식

data 발송배전기술사 21-123-3-4 / 발송배전기술사, 건축전기설비기술사, 전기안전기술사, 전기응용 기술사 출제예상문제

답안

1. 개요

(1) 전력계통에서 모선이란 계통의 연계 역할을 하며, 전력의 집중 및 배분을 하는 곳으로 발전기, 변압기, 송·배전선 및 조상설비가 연결되는 도체이다.

(2) 발전소 모선은 사고 시 변전소의 기능 정지, 계통에 악영향을 주므로, 신속한 차단과 정전범위의 축소를 도모하기 위하여 신뢰도가 높은 계전방식을 채택할 필요가 있다.

2. 모선 보호 계전방식

(1) 비율 차동방식

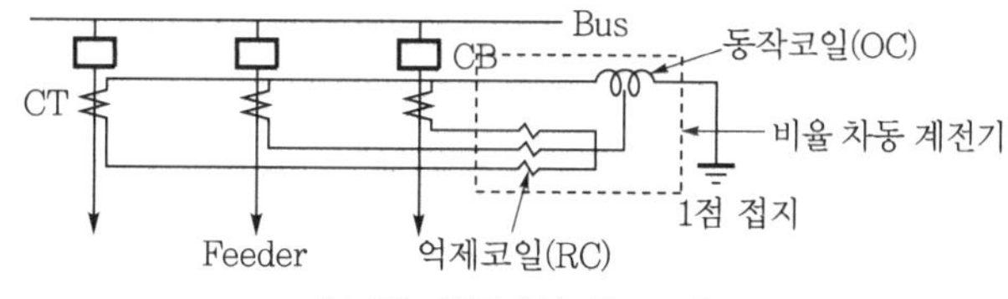

┃ 비율 차동방식 회로도 ┃

① CT 2차 회로의 차동회로에 억제코일과 동작코일이 있는 비율 차동 계전기를 사용한다.

② CT 특성 오차에 의한 오동작을 방지할 수 있다.

③ 동작원리

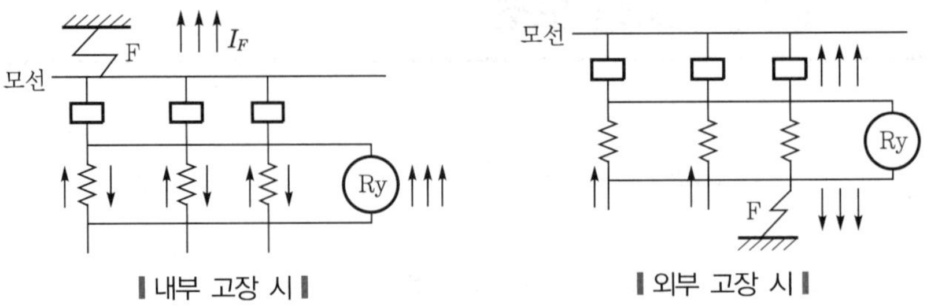

㉠ 전 피더의 Vector 합전류의 유무로 고장을 판별한다.

- 모선 사고 시 $\sum_{i=1}^{n} I_{F_i} = I_F$

- 외부 사고 시 $\sum_{i=1}^{n} I_{F_i} = 0$

㉡ 각 피더의 CT 2차 회로를 일괄하여 비율 차동 회로를 구성하고 RC(억제코일)와 OC(동작코일) 비율에 따라 동작(비율 차동 계전 원리임)한다.

㉢ 모선의 회선수가 많아지면 몇 개의 비율 차동 계전기를 조합하고 차동회로를 직렬 접속하여 보호하거나 다억제형 계전기를 사용한다.

㉣ 외부 사고 시에는 차동회로에 흐르는 전류가 많이 왜형되어 있어 고조파 억제형을 사용한다.

(2) 리니어 커플러(linear coupler) 방식, 공심 변류기(linear coupler) 방식

① CT 포화문제를 철심이 없는 변류기(공심 변류기)를 사용하여 해결한 방식이다.

② Linear coupler의 특성차로 생기는 전압의 최고치보다 모선 내부의 최소 전류 고장 시의 전압이 크면 적용이 가능하다.

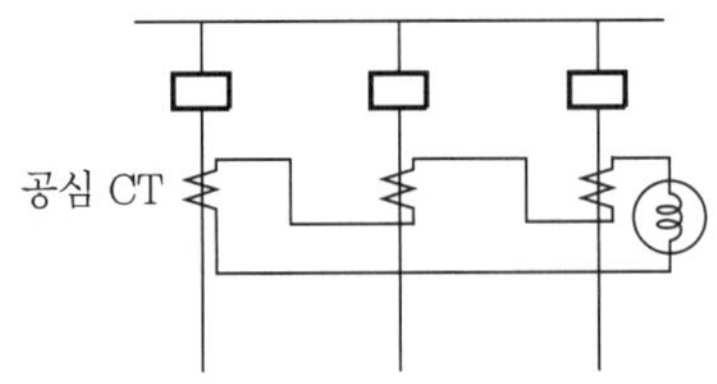

(3) 전압 차동방식(주보호방식에 많이 사용됨)

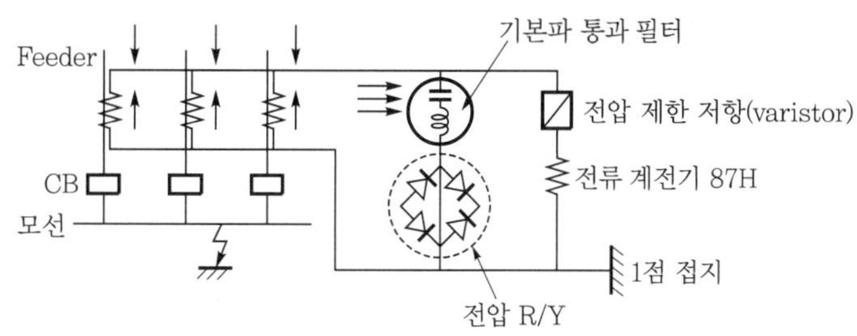

① 변류기 차동회로에 전압 차동 계전기(고임피던스 내장) 삽입으로 차전류를 검출, 즉 전류 차동 방식의 CT 포화특성에 따른 오동작 문제점을 해결할 수 있게 차동 계전기의 저항을 CT 포화 시의 회로저항보다 크게 하여 계전기에 유입하는 전류를 동작전류 이하로 제한한 것이다.

② CT 오차전류에 의한 오동작을 방지할 수 있고 외부 고장에서 CT 포화에 의한 오동작도 방지할 수 있다.

③ CT 포화 특성에 의한 오동작이 없고, 내부 사고만을 검출하는 방식으로 대규모 S/S에서 많이 적용 중이다.

④ CT 2차 회로의 전압을 높지 않게 하기 위하여 병렬로 전압 제한 저항(varistor)을 설치한다.

⑤ 전압 계전기와 직·병렬로 필터를 설치하여 전압 계전기는 CT 2차 전류의 기본파에만 응동한다.

⑥ 내부 고장 : CT 2차 회로를 환류할 수 없어 차동회로에 전압이 발생하여 전류 계진기가 동작한다.

⑦ 외부 고장 : 차동회로의 높은 임피던스 때문에 감지된 고장전류는 CT 2차 측으로 분류되어 전압강하를 감지한다.

⑧ 전압 계전기와 병렬로 전류 계전기를 설치한다.

(4) 방향 비교방식

① 모선에 이어지는 모든 회로에 전력 방향 계전기를 설치하고 그 접점의 짝지움에 의해 사고를 검출한다.

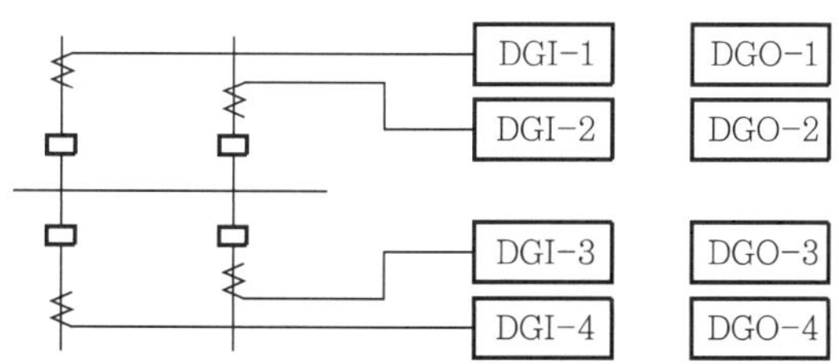

771

② 내부 사고 : 내부 방향 동작

③ 외부 사고 : 외부 방향 동작

(5) 위상 비교방식

① CT 2차 전류 위상만으로 고장위치를 판별한다.

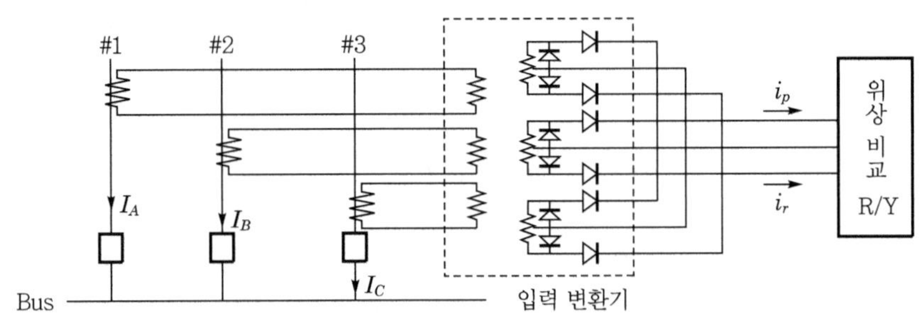

② 모선에 이어지는 모든 회로의 변류기 2차 전류가 입력 변환기에 의해 전압으로 변환되고, 이 전압은 정류기에 의해 양(+)의 반파와 음(−)의 반파로 나뉘고 그 조의 OR 회로를 통하여 위상 비교 계전기에 공급한다.

③ 이 방식은 전류의 크기와 무관하게 사고의 판별을 할 수 있다.

④ CT 2차 전류를 입력 변환기의 전압으로 변환해서 사용하므로 회로의 변환이 용이하고, 복잡한 변환을 하는 모선에 적합하다.

⑤ CT 포화의 영향을 받지 않는다.

⑥ 모선 고장 시 전류 유출 회로가 있으면 오동작할 수 있다.

⑦ 각 회선의 전류 위상이 모두 동상이면 모선사고 1회선의 전류라도 역위상이면 외부 사고로 판단한다.

(6) 차폐 모선방식

① 모선 전체상 및 각 상을 차폐 Case에 넣어서 절연·격리

② 차폐 케이스 접지, 지락 Ry 설치

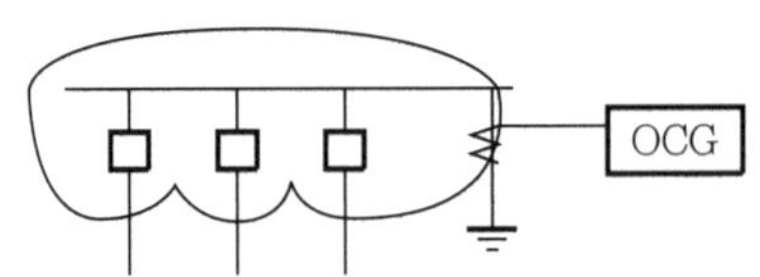

3. 각 모선 보호방식의 특징 비교

comment 중요한 표이므로 반드시 암기하기 바란다.

종류	장점	단점	적용
비율 차동방식	모선 보호 방식의 기본	CT의 문제점(오접속, 오동작)	–
공심 변류기 방식	• 철심이 없어 CT 포화에 따른 오차의 영향이 없음 • 결선 간단	• 외부 자계의 영향을 받음 • 2차 출력이 작아 고감도 Ry 필요	–
전압 차동방식	• 신뢰도가 높음 • CT가 포화되어도 오동작하지 않음	• CT 회로 절환 시 문제점 (이중 모선의 경우) • 모선 적용 CT 필요	단모선 154kV 345kV
위상 비교방식	• 전용 CT가 필요 없음 • 모선구성에 따라 보호회로 변경 용이 • 오차전류로 인한 오동작 없음	외부 유출전류가 있는 사고에는 동작하지 않음	154kV 이중 모선
방향 비교방식	–	• 회선수가 많으며 회로 복잡 • 동작시간 협조 필요	고저항 접지 시 사용
차폐 모선방식	보호면에서 완벽	설치비 고가	–

4. 모선 보호 적용 시 유의점

(1) 고장 검출 계전기 범용

① 오동작 방지를 위해 27Ry(부족전압) 사용

② 트립 조건 : 모선 보호 계전기 동작, 부족전압 Ry 동작

(2) CT 위치

① 보호 범위가 중첩되도록 할 것, 중첩 보호시킬 것

② 단독 CT 사용 : 선로 측에 설치

(3) CT의 정격부담

CT 정격부담 > 계전기 부담 + 케이블 부담

(4) 최대 고장전류 < 과전류 정수

SECTION 04 변압기 보호

110 154kV 변압기의 주보호방식과 후비 보호방식에 대하여 각각 보호 계전기 결선도를 그리고 설명하시오.

(data) 발송배전기술사 24-132-3-4 / 발송배전기술사, 건축전기설비기술사, 전기안전기술사, 전기응용기술사 출제예상문제

답안

1. 154kV 주변압기의 주보호방식과 후비보호방식의 전체 분류

(1) 154kV 변압기의 주보호방식 : 비율 차동 방식

(2) 154kV 변압기의 후비보호방식

① 1차 측의 단락보호 : 과전류 계전기(51P), 즉 OCR

② 1차 측의 지락보호 : 지락 과전류 계전기(51PN), 즉 OCGR

③ 2차 측의 단락보호 : 과전류 계전기(51S), 즉 OCR

④ 2차 측의 지락보호 : 지락 과전류 계전기(51SN), 즉 OCGR

⑤ 2차 측 중성점에는 지락 과전압 계전방식(59GA, 59GT)의 NGR 설치

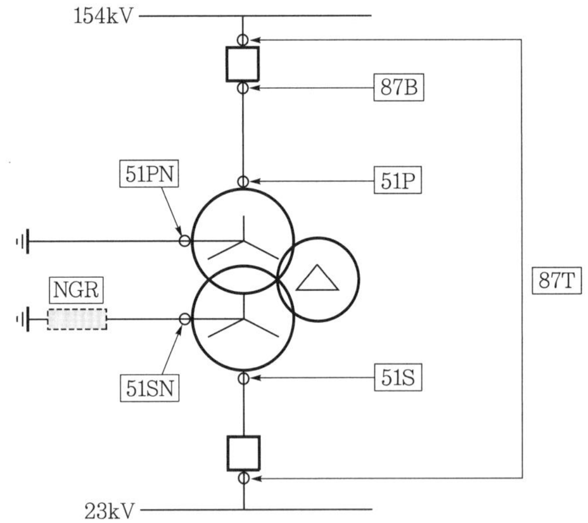

┃154kV(Y-Y-D) 주변압기 보호 전체 회로도┃

❙ 154kV 주변압기 보호 계전방식 ❙

보호대상	변압기 종류	적용 계전방식			
		주보호	후비보호		
			1차 권선	2차 권선	3차 권선
154kV 주변압기	154/23kV (Y−Y−D) D : 안정권선 10MVA 이상	단락 · 지락 비율 차동 계전기	• 단락 : 과전류 • 지락 : 과전류	• 단락 : 과전류 • 지락 : 과전류 (중성점)	−
	154/23kV (Y−D) 10MVA 이상	단락 · 지락 비율 차동 계전기	• 단락 : 과전류 • 지락 : 과전류	• 단락 : 과전류 • 지락 : 과전압	−
	154/23kV (D−Y) 10MVA 이상	단락 · 지락 비율 차동 계전기	• 단락 : 과전류 • 지락 : 과전류	• 단락 : 과전류 • 지락 : 과전류 (중성점)	−

2. 154kV 주변압기의 주보호방식(Y−Y−△ 결선방식)

비율 차동 계전방식(87T)의 결선 − 단락 및 지락 보호용

(1) 왼쪽 그림과 같이 평상시, 외부 고장 시 차전류 $i_d = i_1 - i_2 = 0$가 되어 계전기는 부동작

(2) 내부 고장 시 차전류 i_d 가 큰 값이 되어 동작 코일이 작동되어 계전기 동작

(3) 동작 비율 $= \dfrac{|I_1 - I_2|}{|I_1|\ \text{or}\ |I_2|} \times 100\,[\%]$

여기서, $|I_1|$ or $|I_2|$ 중 작은 값을 선택

(4) 전류 차동요소

억제 코일과 동작 코일 2개의 전자식 요소 부착

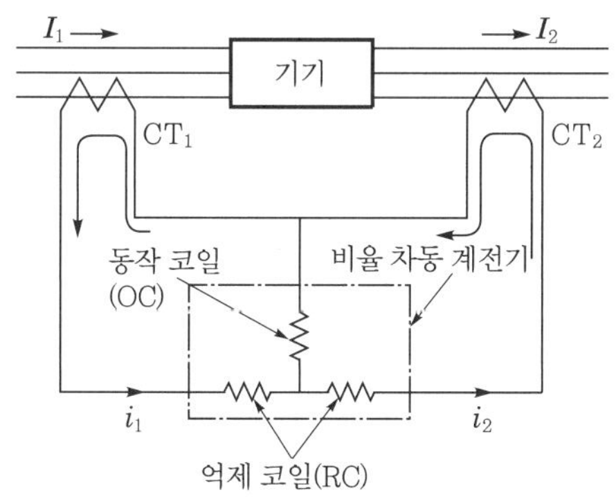

❙ 비율 차동 계전기의 원리 ❙

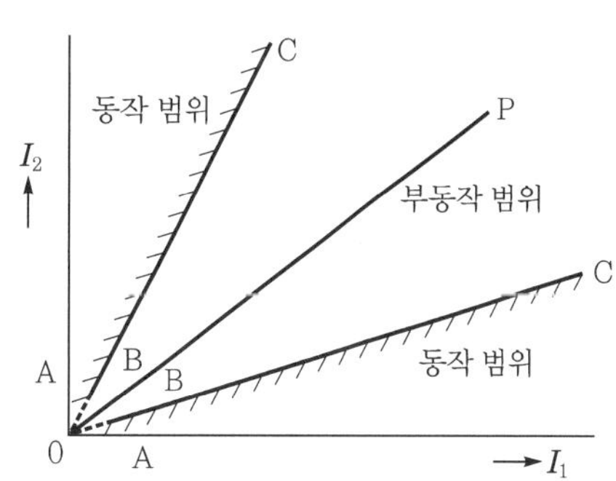

❙ 비율 차동 계전기의 동작 특성 ❙

(5) 계전기 오동작을 고려한 결선방법

계전기 오동작 요소	오동작 방지할 수 있는 방법의 주내용
여자 돌입전류	감도 저하식, 고조파 억제식, 비대칭 저지법
위상차	CT 결선은 변압기 결선과 반대로 시행 즉, 변압기 결선이 Y-△ 결선이면 CT 결선은 △-Y 결선
변류비 오차	• CCT 보상 변류기 사용 • 적정 과전류 정수 선정 • 적정 비율탭 선정

① 감도 저하법

　㉠ 여자 돌입전류는 시간이 지남에 따라 감쇄하는 것을 이용하여, 차동 계전 의 동작 코일에 분류저항을 넣어 일정 시간 동안 계전기의 감도를 둔화시 켜 돌입전류에 의한 오동작을 방지하는 방법이다.

　㉡ UVR을 사용하여 투입 후 일정 시간 By-pass시킨다.

　㉢ 변압기 투입 시 순간적 감도를 0.2s 동안 저하시킨다.

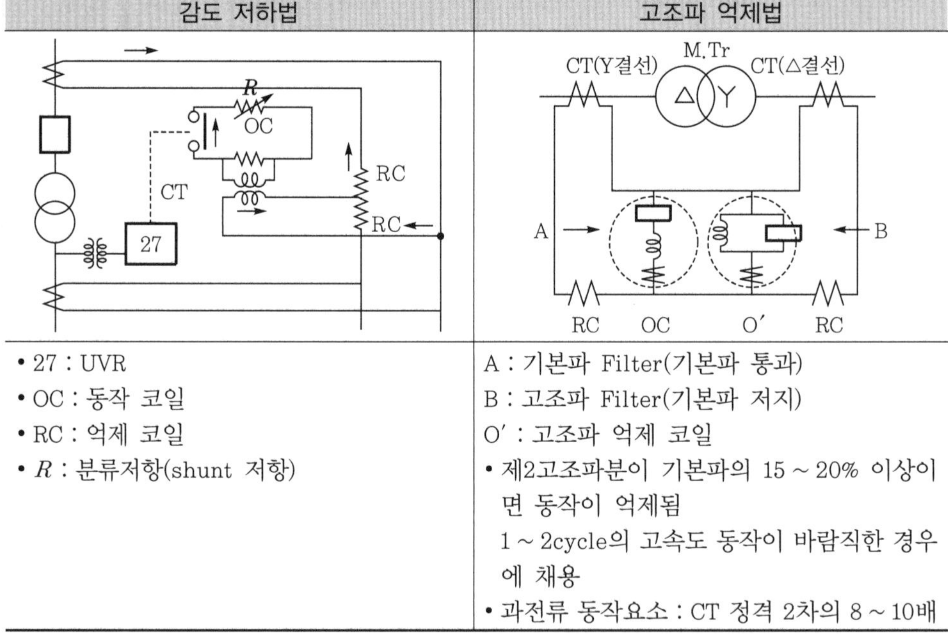

감도 저하법	고조파 억제법
• 27 : UVR • OC : 동작 코일 • RC : 억제 코일 • R : 분류저항(shunt 저항)	A : 기본파 Filter(기본파 통과) B : 고조파 Filter(기본파 저지) O′ : 고조파 억제 코일 • 제2고조파분이 기본파의 15 ~ 20% 이상이 면 동작이 억제됨 　1 ~ 2cycle의 고속도 동작이 바람직한 경우 에 채용 • 과전류 동작요소 : CT 정격 2차의 8 ~ 10배

② 고조파 억제법

　㉠ 여자 돌입전류 파형 중에는 제2고조파 성분이 많다는 것에 착안하여 필터 를 사용하여 동작 코일에는 기본파가 유입되고, 고조파 성분은 고조파 억제 코일에 흐르게 함으로써 여자 돌입전류에 의한 오동작을 방지하는 방법이다.

ⓛ 이 방법은 투입 시에 고감도, 고속도 동작이 가능하며, 제2고조파 성분이 15 ~ 20% 이상이면 동작이 억제된다.

③ 비대칭 저지법(trip lock법 : 변압기 투입 후 일정 시간 trip 회로를 lock 시킴) : 여자 돌입전류 파형이 비대칭이므로 비율 차동 계전기의 동작 코일과 직렬로 저지 코일을 삽입하여 비대칭 전류가 흐르면 저지 계전기가 동작하여 계전기를 Lock시킨다.

④ 위상각 차에 의한 오차의 대책 : 위상차 보정은 변압기 결선이 △-Y이면 CT 결선을 Y-△로, 변압기 결선이 Y-△이면 CT 결선을 △-Y로 한다.

⑤ 전류 불일치(변류비 오차)에 대한 오동작 대책 : 정합용 Tap 또는 계전기 외부에 CCT를 설치하여 전류를 정합시킨다.

3. 154kV 주변압기의 후비보호방식

(1) 154kV 변압기의 후비보호방식(Y-Y-△ 결선방식에서)

① 1차 측의 단락보호 : 과전류 계전기(51P), 즉 OCR

② 1차 측의 지락보호 : 지락 과전류 계전기(51PN), 즉 OCGR

③ 2차 측의 단락보호 : 과전류 계전기(51S), 즉 OCR

④ 2차 측의 지락보호 : 지락 과전류 계전기(51SN), 즉 OCGR

⑤ 2차 측 중성점에는 지락 과전압 계전방식(59GA, 59GT)의 NGR 설치

(2) 154/22.9kV-Y 변압기 2차 측 보호 계전방식 결선도

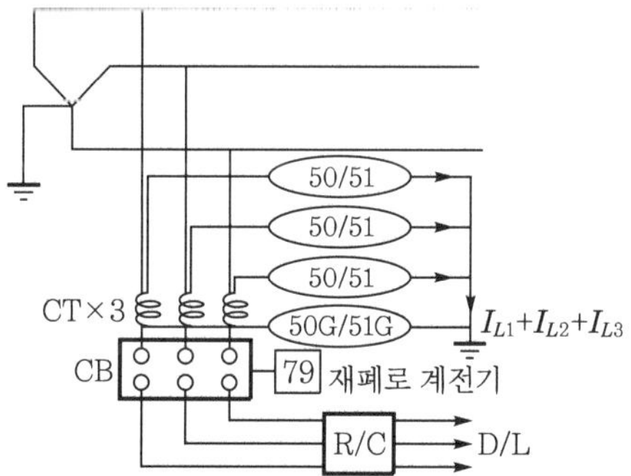

(3) 2차 측 중성점 리액터(NGR) 보호방식

comment NGR 자체로도 배점 10점으로 출제되었다.

① 중성점 접지 리액터의 보호 회로도(변전소에 적용 시)

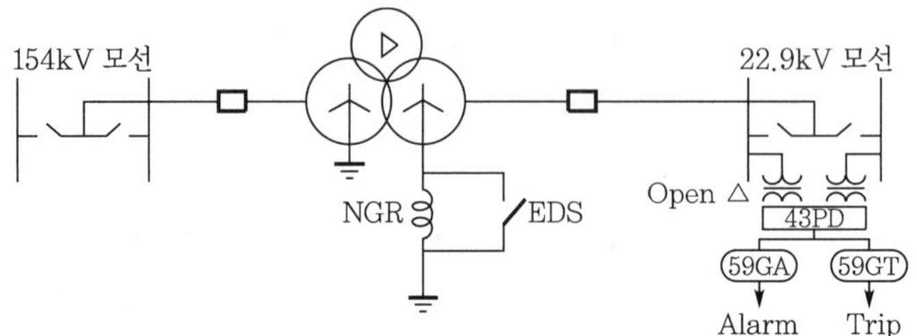

┃중성점 접지 리액터의 보호회로┃

② NGR의 방식은 유입식과 건식의 두 종류가 있으며 단시간 정격전류는 10초를 적용하고 자체 임피던스는 변압기 1차 측의 결선방식(△결선의 경우에는 0.4Ω, Y결선의 경우 0.6Ω)에 따라 달라진다.

③ NGR의 사용은 2차 측 중성점에 임피던스를 가진 코일을 접속하므로 임피던스가 매우 작아 직접 접지로 간주한다.

④ NGR 고장으로 중성점과 대지 간 분리를 방지하기 위하여 단극 단로기를 설치한다(비접지 방지).

⑤ NGR 고장 시 변압기의 보호를 위하여 영상전압 검출 계전기(59G)를 설치한다.

reference

(1) 154kV 주변압기 후비보호의 과전류 계전방식

① 5IP 및 51PN(P : Primary, 즉 1차. N : Neutral, 즉 중성점)

　㉠ 51P : 1차 측 보호장치로서 변압기의 1차 측 BCT를 사용하며 변압기를 포함하여 22.9kV 모선 측의 단락고장에 응동하여 1차 측 차단기를 트립

　㉡ 51PN : 변압기의 1차 측 BCT를 사용하여 변압기 1차 측 지락고장 시 1차 측 중성점에 유입되는 전류에 의해 응동하며 인근 선로의 고장 시에 오동작하는 경우가 있어 경보로 운전

② 51S 및 51SN(S : Secondary, 즉 2차. N : Neutral, 즉 중성점)

　㉠ 51S : 2차 측 보호장치로서 변압기의 2차 측 BCT를 사용하며 22.9kV 모선 측 단락고장에 응동하여 변압기의 2차 측 차단기를 트립

　㉡ 51SN : 변압기의 2차 측 중성점 BCT를 사용하여 변압기 2차 측 지락고장 시 2차 측 중성점에 유입되는 전류에 의해 응동하여 변압기의 1·2차 측 차단기를 트립

(2) 154kV 주변압기 후비보호의 중성점에 설치되는 과전압 계전방식(59GA, 59GT)

① 변압기의 2차에 지락고장 발생 시 변압기에 유입되는 전류의 크기를 제한하기 위하여 중성점 접지 리액터(NGR)를 설치하여 운영함

② 변압기 운전 중에 접지 리액터가 단선이 되면 변압기의 2차 계통이 비접지가 되고 이 경우 변압기의 2차 측에 1선 지락 고장이 발생하면 건전상의 전압이 최대 $\sqrt{3}$ 배 만큼 증가하여 전력설비나 고객 측 설비에 손상을 줌

③ 이를 방지하기 위하여 22.9kV 모선의 영상 전압에 의해 동작하는 과전압 계전기(59G)를 설치하여 1단계는 경보용(59GA)으로, 2단계는 변압기 1·2차 차단기를 개방시키는 트립용(59GT)으로 사용함

‖ 345kV 주변압기 보호 계전방식 ‖

보호대상	적용 계전방식			
	주보호	후비보호		
		1차 권선	2차 권선	3차 권선
345kV 주변압기	단락, 지락 시 전류 비율 차동 계전방식	단락 방향 거리 계전방식(2단계)	단락 방향 거리 계전방식(2단계)	단락 과전류 방식
		지락 지락 방향 과전류 방식	지락 지락 방향 과전류 방식	지락 지락 과전압 방식

111 아래 그림은 변압기 명판의 일부이다. 변압기 Tap 위치가 2에 설정되어 있으며, 변압기 내부 고장 보호방식으로 비율 차동 계전기를 설치하려고 한다. 다음 물음에 답하시오.

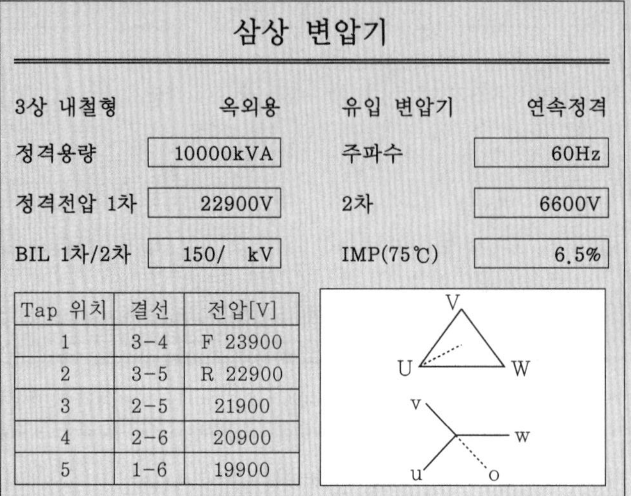

삼상 변압기

3상 내철형		옥외용	유입 변압기	연속정격
정격용량		10000kVA	주파수	60Hz
정격전압 1차		22900V	2차	6600V
BIL 1차/2차		150/ kV	IMP(75℃)	6.5%

Tap 위치	결선	전압[V]
1	3–4	F 23900
2	3–5	R 22900
3	2–5	21900
4	2–6	20900
5	1–6	19900

1. 비율 차동 계전기가 포함된 변류기의 3상 결선도를 그리시오.
2. 2차 측 전압이 6300V일 때 Tap을 한 단계 조정해서 2차 전압을 높이고자 할 경우 Tap의 위치와 Tap 조정 2차 전압을 구하시오.
3. Tap 전압 앞에 표기되어 있는 기호(F와 R)의 의미와 무기호의 의미에 대하여 설명하시오.

data 발송배전기술사 21-123-4-3 / 발송배전기술사 출제예상문제

답안 **1. 비율 차동 계전기가 포함된 변류기의 3상 결선도**

(1) 3상 결선도

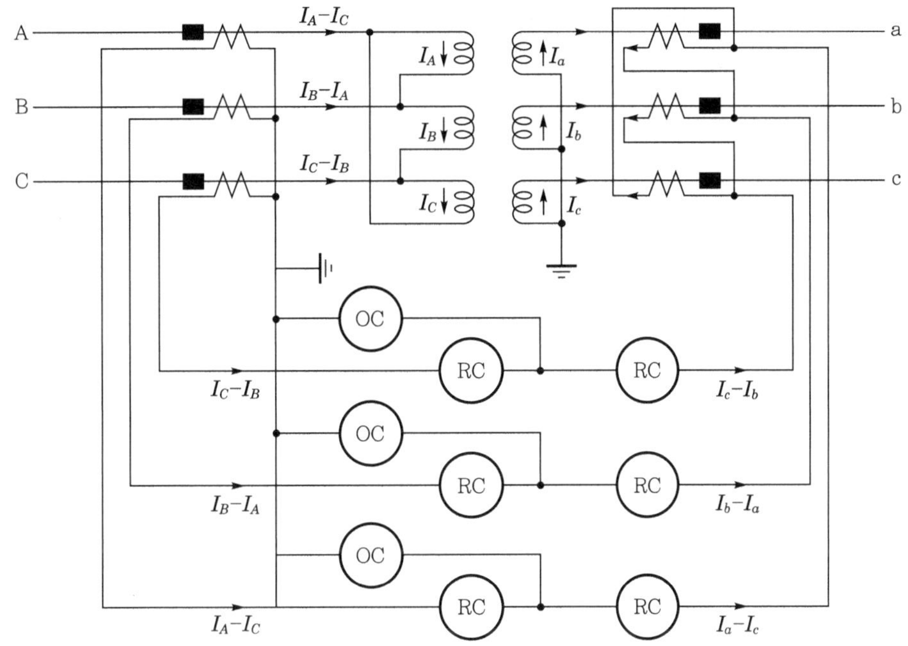

(2) 각변위

전압 Vector도		기호	각변위
고압	저압		
U · O · W · V	v · u · O · w · 30°	Yd1	30° 지연
V · o · U · W	v · o · w · u · 30°	Dy11 A B C a b c	30° 진행

(3) 2차 측 CT 결선 반대 이유

변압기 1·2차 전류가 180도 위상차이므로 위상차 보정을 위해 2차 측 극성을 반내로 연결한다.

(4) 2차 측 CT를 △ 결선하는 이유

① 변압기 결선이 Dy11로서 1차 측과 2차 측은 30도 위상차가 생기므로 위상차를 보정하기 위함

② 변압기가 △-Y 결선이면 변압기 1차 측의 CT는 Y결선 시행, 변압기 2차 측의 CT는 △결선

2. Tap의 위치와 Tap 조정 후 2차 전압(탭 보정)

(1) 전압과 권선비의 관계

1차 측		2차 측	
권선수(N_1)	Tap에 의해서만 변경 가능	권선수(N_2)	항상 고정
입력 전압(V_1)	1차에 공급되는 전압	출력 전압(V_2)	1차 권선수에 의해 변경

$$a = \frac{n_1}{n_2(\text{고정})} = \frac{V_1}{V_2} \text{에서}$$

$$n_1 V_2 = n_2 V_1, \quad V_2 = \frac{n_2}{n_1} V_1$$

$$\therefore \ n_1 \ \text{감소 시} \ V_2 \text{는 상승}$$

(2) Tap비 변경

① $2\text{차 전압} = \dfrac{\text{현재 Tap 전압}}{\text{변경 Tap 전압}} \times \text{측정 2차 전압}$

② $6.6\text{kV} = \dfrac{22.9}{x} \times 6.3\,\text{kV}$

③ 변경 Tap 전압 $x = \dfrac{22.9}{6.6} \times 6.3 = 21.859\text{kV}$

④ 주어진 조건에 의해 3Tap(2-5결선)으로 Tap비 변경

(3) 조정 후 2차 전압

$$2\text{차 전압} = \frac{\text{현재 Tap 전압}}{\text{변경 Tap 전압}} \times \text{측정 2차 전압}$$

$$= \frac{22.9\text{kV}}{21.9\text{kV}} \times 6.3\text{kV} = 6587\text{V}$$

3. Tap 전압 앞에 표기되어 있는 기호(F와 R)의 의미와 무기호의 의미

(1) F 23900

전용량 Tap 전압, 정격용량에서 연속 사용 가능함을 의미한다.

(2) R 22900

정격전압, 용량 및 특성 등 변압기의 성능 보증을 의미한다.

(3) 기호 없음

저감 용량 Tap 전압으로, 정격전압에 대한 비만큼 저감된 용량으로 사용 가능

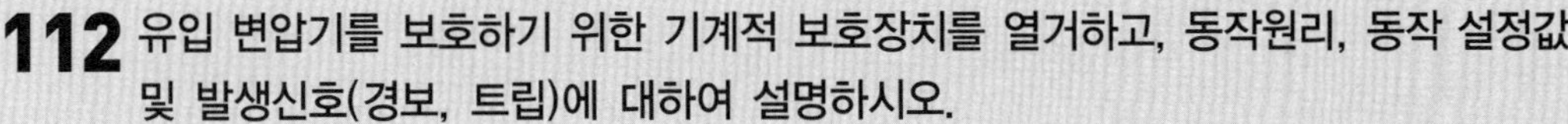

112 유입 변압기를 보호하기 위한 기계적 보호장치를 열거하고, 동작원리, 동작 설정값 및 발생신호(경보, 트립)에 대하여 설명하시오.

data 발송배전기술사 20-121-3-6 / 발송배전기술사, 건축전기설비기술사, 전기응용기술사 출제예상 문제

답안

1. 기계적 보호장치

(1) 변압기 주요 고장의 종류

① 권선의 상간 단락과 층간 단락

② 권선과 철심과의 절연파괴에 의한 지락고장

③ 고 · 저압 권선의 혼촉

④ 권선의 단선

⑤ 기타 부싱 Lead의 절연파괴 등

(2) 변압기의 기계적 보호장치의 종류 및 발생신호

보호장치명	Device No.	발생신호 (운전기준)	비고
방압관 방압 안전장치	96D	Trip	변압기 Tank 내의 이상압력 방출
충격 압력 계전기	96P	Trip	변압기 Tank 내의 이상압력 방출
부흐홀츠 계전기	96B11, 96B12	Trip, 경보	변압기 Tank 내의 가스 검출과 질연유 이동 검출
OLTC 보호 계전기	96B2(96T)	경보	OLTC 유격실의 절연유 이동 검출
가스 검출 계전기	96G	경보	변압기 내부의 가스 검출
유온도계	26Q1, 26Q2	경보	절연유의 온도 검출
권선 온도계	26W1, 26W2	경보	권선의 온도 검출
압력계	63N, 63F	경보	• 질소 가스 고압력 검출 • 오일 필터 고압력 검출
유면계	33Q1, 33Q2	경보	• 본체 또는 콘서베이터 저유면 검출 • OLTC 저유면 검출
유류 지시계	69Q	경보	송유풍(수)냉식에서 유의 흐름 검출

2. 기계적 보호장치별 동작원리

(1) 방압장치(96D, pressure relief device)

① 변압기 내부 고장 시 내부 압력이 기준 이상일 경우 방압막이 동작하여 변압기 탱크의 폭발을 막아주며, 변압기의 상판에 설치한다.

② 일종의 안전변으로 일반적으로 방압장치의 동작 시 이를 알리기 위한 경보를 96D로 나타낸다.

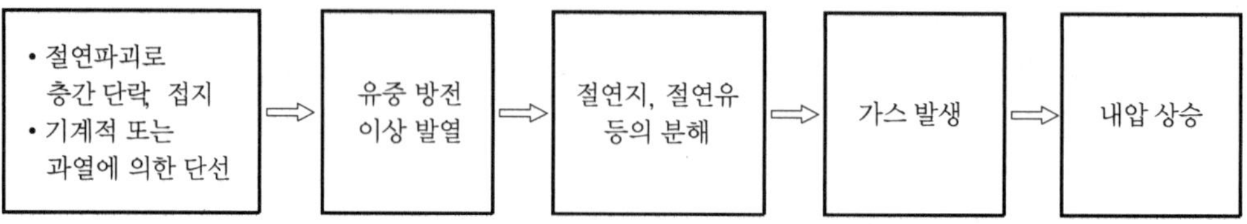

┃변압기 내부 고장 시 내압 상승 메커니즘┃

③ 방압관(bursting tube)
  ㉠ 변압기의 최고 유면보다 높은 상부에 관을 설치하고, 관의 끝단에 방압판(베크라이트판, 운모판 등)이 부착된 것이다.
  ㉡ 방압판 전단과 콘서베이터를 균압관이 연결하여 유온의 변화에 따른 절연유면의 변화와 절연유 여과 시 유면 변화에 의하여 절연유가 방압판을 파손하는 것을 방지한다.
  ㉢ 변압기 내부에 고장으로 인한 고압력이 발생할 경우 방압판이 파손되며 과도 압력을 외부로 방출한다.
  ㉣ 방압관 내부의 압력이 $0.85\mathrm{kg/cm^2}$에 도달하면, 동작봉이 방압판을 깨뜨려 변압기 내부의 과도한 이상압력을 외부로 방출하고, 경보용 접점을 붙여 신호를 변압기용 차단기 트립 회로에 송출하여 차단기를 개방시켜 보호한다.

④ 방압 안전장치
  ㉠ 절연유와 접하지 않는 변압기의 상부 판 또는 상부 관에 부착된다.
  ㉡ 변압기 내에 이상압력이 발생하여 일정 압력[$10\pm1\mathrm{psi}(0.7\pm0.07\mathrm{kg/cm^2})$]에 도달하면 방압막(diaphragm)이 동작하여 이상압력을 외부로 방출시켜 변압기함의 파손을 방지한다.

(2) 부흐홀츠 계전기(96B)
  ① 일종의 Float S/W와 Float 계전기를 조합한다.
  ② 과열 등으로 절연유가 분해되어 Gas화해서 유면이 내려가면 B_1의 Float가 경보접점을 접촉시킨다.
  ③ 급격한 유류 또는 Gas의 이동이 생기면 B_2의 Float가 차단접점을 접촉시킨다.
  ④ 설치 장소는 주탱크와 콘서베이터의 중간이다.

784

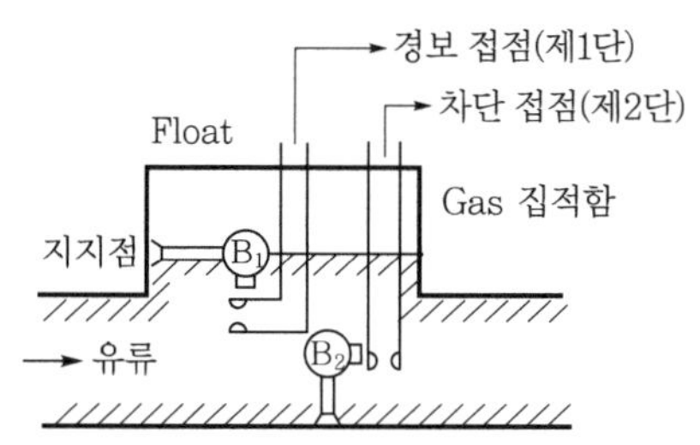

▮ 부흐홀츠 계전기(96B) ▮

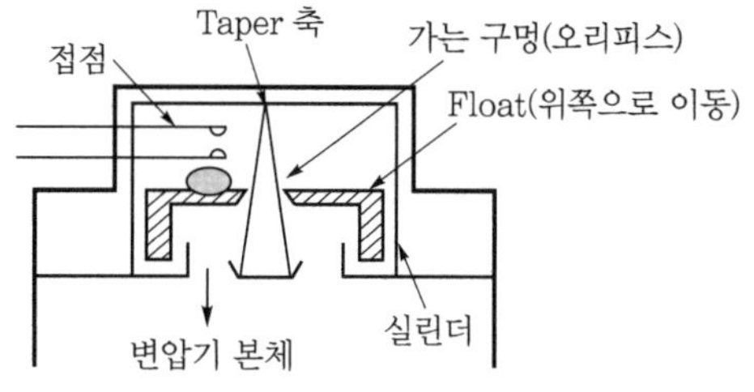

▮ 충격 압력 계전기(방압 안전장치) ▮

(3) 충격 압력 계전기(방압 안전장치 : 96P)

① 변압기 내부 사고 시 Gas가 발생하여 충격성 이상압력 발생

② 급격한 압력 상승 : Float를 밀어올려 접점 폐로

③ 완만한 압력 상승 : 가는 구멍을 통해 Float 양면의 압력이 균형화되어 동작하지 않는다.

④ 설치장소 : 유면 위의 Tank 내 또는 맨홀 뚜껑

⑤ 충격 압력 계전기는 동작요소와 설치위치에 따라 충격 가스 압력 계전기와 충격 유압 계전기로 구분된다.

   ㉠ 충격 유압 계전기(sudden oil pressure relay)

     • 절연유와 접하는 변압기의 상부 측면이나 중간부분 측면에 설치된다.

     • 변압기의 내부 고장 시 발생되는 이상압력으로 인한 압력파와 단위시간당의 압력 상승값으로 동작하므로, 고감도이고, 동작시간이 매우 짧다.

   ㉡ 충격 가스 압력 계전기(sudden gas pressure relay)

     • 충격 가스 압력 계전기는 질소가 봉입된 형태의 변압기에 사용할 수 있다.

     • 절연유와 접하지 않는 변압기의 최상부나 관에 설치된다.

     • 금속제 용기 속에 등압기(equalizer), 마이크로 스위치, 벨로우즈(bellows), 시험단자 등으로 구성되어 있다.

     • 이 계전기는 변압기 내부의 절대 압력에는 동작하지 않는다.

     • 변압기 내부의 압력과 계전기실 내의 압력차가 일정한 기준값 이상이 되었을 때만 동작하게 된다.

(4) OLTC 보호 계전기(protective relay)

① OLTC 유격실 내에 고장 발생 시 야기되는 손상으로부터 변압기와 탭 절환기를 보호하는 것이 목적이다.

② 보호 계전기 동작은 OLTC용 콘서베이터와 탭 절환기 간의 절연유 흐름으로 동작한다.

③ OLTC 유격실과 OLTC용 콘서베이터 사이에 설치된다.

④ 부표를 고정시키기 위한 영구자석, 유속의 흐름에 응동하는 부표(flap valve), 부표에 의해 전기적으로 회로를 구성하는 리드 접점, 시험단자와 단자대 등으로 구성된다.

⑤ 유격실의 절연유의 급격한 흐름이 콘서베이터 측으로 향하여 흐르면 이 압력에 의해 평상시 영구자석의 자력에 의해 수직으로 세워진 부표가 뒤로 밀려 넘어지며 리드 접점을 동작시킨다.

⑥ 동작 시 OLTC를 고장의 지속에서 분리하도록 전기적으로 결선되어, 변압기 1·2차 차단기를 개방하게 된다.

⑦ 계전기의 정상 동작 여부는 In service, Off 2개의 푸시 버튼에 의하여 복귀와 차단을 시험할 수 있다.

(5) 가스 검출 계전기(gas accumulation indicator, 96G)

① 변압기 본체에 절연유가 최상부까지 충만되는 콘서베이터형 변압기의 내부에서 부분 방전, 절연 불량으로 생성된 가스를 검출하는 계전기이다.

② 변압기 상부에 오일이 가득차는 형(콘서베이터 등)의 변압기에만 작용한다.

③ 부흐홀츠 계전기의 기능을 대신한다.

④ 지상에서 축적 가스의 양을 관찰할 수 있도록 변압기의 상부 외측에 설치한다.

⑤ 부표, 커플링, 스위치 등으로 구성되어 있다.

(6) 온도계

온도 상승값이 일정 값 이상 시 경보

(7) 유면계

유면 저하 시 경보

3. 변압기용 기계적 보호장치의 설정값

고장 내용	Setting
부흐홀츠 계전기 2단 동작	$1\pm0.1\text{m/s}$
부흐홀츠 계전기 1단 동작	가스량 : $325\pm25\text{cc}$
방압변 동작	$10\pm1\text{psi}(0.7\pm0.07\text{kg/cm}^2)$
충격 압력 계전기	• 최저 동작 압력 : $0.0245\text{kg/cm}^2/\text{s}$ • 압력 변화에 따른 동작시간 $-0.1\text{kg/cm}^2/\text{s} : 0.25$초 $-1.0\text{kg/cm}^2/\text{s} : 0.025$초
권선 온도 계전기 2단 동작	$115℃$

786

고장 내용	Setting
권선 온도 계전기 1단 동작	95℃
절연유 온도 계전기 2단 동작	95℃
절연유 온도 계전기 1단 동작	75℃
OLTC Pitot 계전기 동작	1m/s±20%
질소 Gas 압력 저하	±0.35kg/cm^2
Oil Filter 전원 고장	25℃, ±4kg/cm^2

4. 변압기용 기계적 보호장치 동작 시 대처방법

(1) 일반적으로 기계적 보호장치와 전기적 보호 계전기가 동시에 동작한 경우

대부분이 내부 또는 권선의 고장이므로 변압기는 선로에서 분리할 것

(2) 간혹 기계적 보호장치와 과전류 계전기, 거리 계전기 등이 동시에 동작하였으나 변압기 점검 후 변압기에 이상이 없는 경우

고장이 발생할 때 다른 선로나 외부 고장의 충격에 의해 동작할 수 있으므로 항상 보호장치 동작 시 주변 상황을 잘 분석할 것

(3) 한 종류의 기계적 보호장치만 동작한 경우

① 오동작이나 선로 고장의 파급에 의한 충격에 의해 계전기가 동작하는 경우가 많다.

② 동작한 기계적 보호장치의 외관 점검과 마이크로 스위치의 이상 유무를 점검한다.

③ 권선 간, 권선과 대지 간 절연저항을 측정한 후 이상이 없으면 바로 투입해 운전할 수 있다.

(4) 두 종류 이상의 기계적 보호장치가 동작한 경우

절대로 재가압하지 않고, 내부 점검을 실시할 것

(5) 87T 같은 주보호 계전기가 동작한 경우

CT 결선을 점검한 후 이상이 없는 경우를 제외하고는 재투입을 반드시 금할 것

113 변압기 내부 고장 보호를 위한 기계식 보호장치에 대하여 설명하시오.

114 대용량 유입식 변압기의 기계적 보호장치인 부흐홀츠 계전기와 충격 압력 계전기를 비교 설명하시오.

(data) 발송배전기술사 17-112-1-5·16-110-3-4 / 발송배전기술사, 건축전기설비기술사, 전기응용기술사 출제예상문제

(답안)

1. 변압기의 고장의 구분

구분	내용
내부 고장	권선의 상간 단락, 층간 단락, 고·저압 혼촉, 지락, 리드선의 단락, 지락 단선, 탭 절환기의 단락·지락, 접촉자의 과열, Oil의 이상 열화, Oil 누설, 기구 불량, 철심의 가열
외부 고장	부싱의 절연파괴, 기계적 파손, 단자의 과열
보조기 고장	냉각 팬, 송유펌프 고장
외부 단락 및 과부하	변압기 2차 부하의 과부하 및 연결 T/L 또는 D/L의 단락

2. 특고압용 변압기의 보호장치[KEC 351.4]

(comment) 별도로 배점 10점으로 출제될 것으로 예상된다.

(1) 특고압용의 변압기에는 그 내부에 고장이 생겼을 경우에 보호하는 장치를 아래 표와 같이 시설하여야 한다.

(2) 변압기의 내부에 고장이 생겼을 경우 그 변압기의 전원인 발전기를 자동적으로 정지하도록 시설한 경우에는 그 발전기의 전로로부터 차단하는 장치를 하지 않아도 된다.

‖특고압용 변압기의 보호장치‖

뱅크용량의 구분	동작조건	장치의 종류
5000kVA 이상 15000kVA 미만	변압기 내부 고장	자동차단장치 또는 경보장치
10000kVA 이상	변압기 내부 고장	자동차단장치
타냉식 변압기(변압기의 권선 및 철심을 직접 냉각시키기 위하여 봉입한 냉매를 강제 순환시키는 냉각 방식을 말함)	냉각장치에 고장이 생긴 경우 또는 변압기의 온도가 현저히 상승한 경우	경보장치

3. 변압기 내부 보호의 기계적 보호장치

(1) 변압기 내부 보호에 대한 기계적 보호 계전기의 동작구분

① Oil 또는 절연지가 열분해하여 발생된 가스 검출로 동작

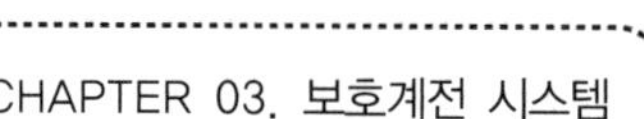

② 발생원 Oil 또는 가스의 압력으로 동작

(2) 부흐홀츠 계전기(Buchholtz relay, 96B)

① 일종의 Float S/W와 Float 계전기를 조합한 것이다.

② 변압기의 내부 고장 시 발생하는 가스의 부력과 절연유의 유속을 이용하여 변압기 내부 고장을 검출하는 계전기이다.

③ 과열 등으로 절연유가 분해되어 Gas화해서 유면이 내려가면 B_1의 Float가 경보접점을 접촉시키고 급격한 절연유 또는 Gas의 이동이 생기면 B_2의 Float가 차단접점을 접촉시킨다.

④ **설치장소** : 주탱크와 콘서베이터를 연결하는 관의 중간에 설치한다.

⑤ **동작 메커니즘**

  ㉠ 정상적인 변압기 운전 시 계전기가 절연유로 충만되어 1단 부표와 2단 부표가 유중에 떠 있다.

  ㉡ 변압기 내부의 경미한 고장 시 다음 동작 메커니즘으로 동작한다.

    • 발생가스가 변압기 상부에서 콘서베이터로 이동

    • 계전기 상부에 가스가 축적

    • 계전기 상부에 설치된 1단 부표가 점차 하강

    • 계전기 내에 일정량의 가스축적 시 1단 부표가 하강

    • 경보 접점회로를 구성하여 경보신호 송출

  ㉢ 변압기 내부의 **중**고장 발생 시

    • 가스가 급격히 생성되어 본체에서 콘서베이터로 이동하는 절연유 흐름이 급격해져 부흐홀츠 계전기의 방유판을 밀어 차단회로 구성 1단이 동작함

    • 다음에 계속해서 가스가 계전기 내에 축적되어 2단 부표를 하강시키면, 중고장 발생 시와 같이 차단회로를 구성하여 차단신호를 보냄

⑥ 계전기 점검창을 통해 축적된 가스 색에 따른 오동작 유무 판단

  ㉠ 흑회색 가스 : 기름의 분해

  ㉡ 황색 가스 : 지지목의 분해

  ㉢ 백색 가스 : 절연지의 분해

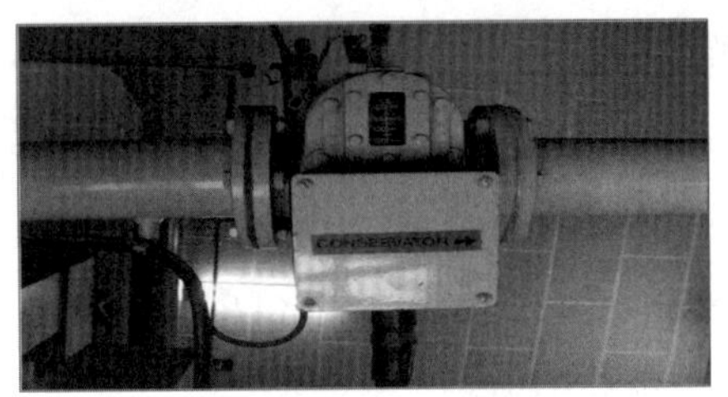

┃ 부흐홀츠 계전기 외형도 ┃

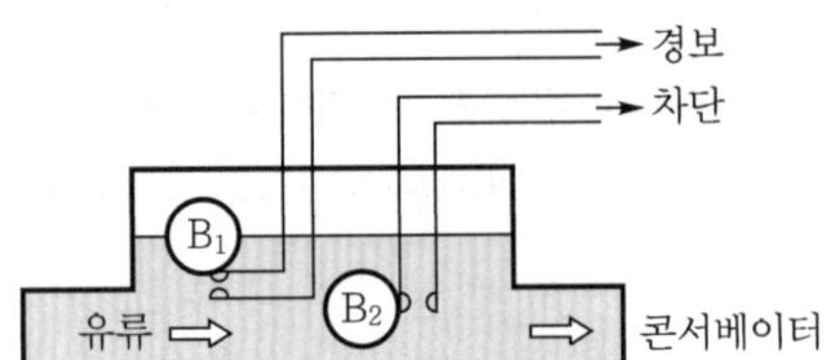

┃ 부흐홀츠 계전기의 동작 ┃

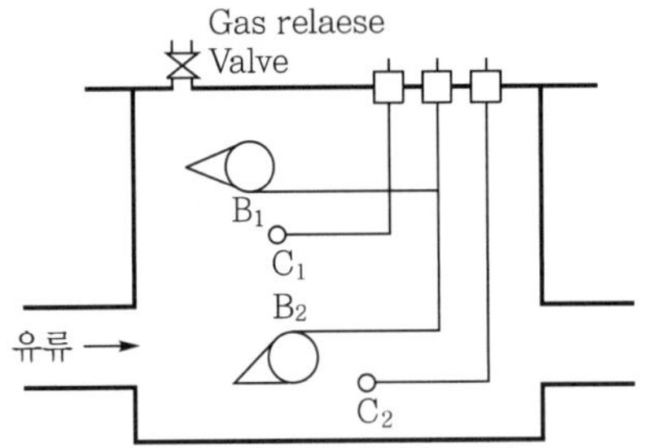

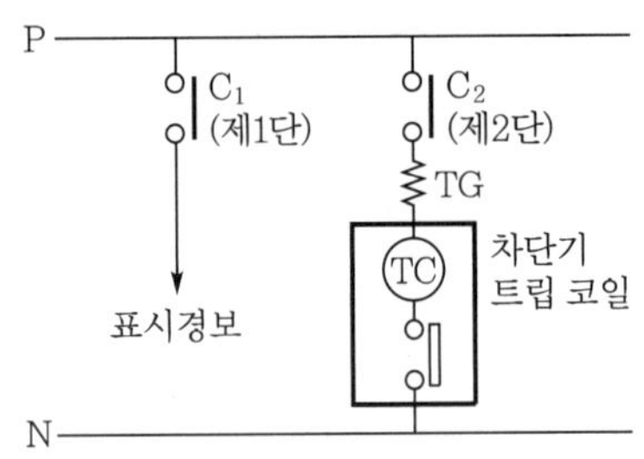

┃ 부흐홀츠 계전기 회로도 ┃

(3) 충격 압력 계전기

① 변압기 내부 사고 시 분해가스가 발생하여 충격성의 이상압력이 생기므로 이 압력 상승을 검출 차단시키는 장치이다.

② 구조는 아래 그림와 같고, 급격한 압력 상승에는 Float를 밀어올려서 접점을 폐로시키거나 완만한 압력상승에는 Float에 있는 가는 구멍을 통해서 Float 양면의 압력이 균형화되어 동작하지 않는다.

③ 설치개소 : 유면 위의 Tank 내나 맨홀 뚜껑 등에 설치한다.

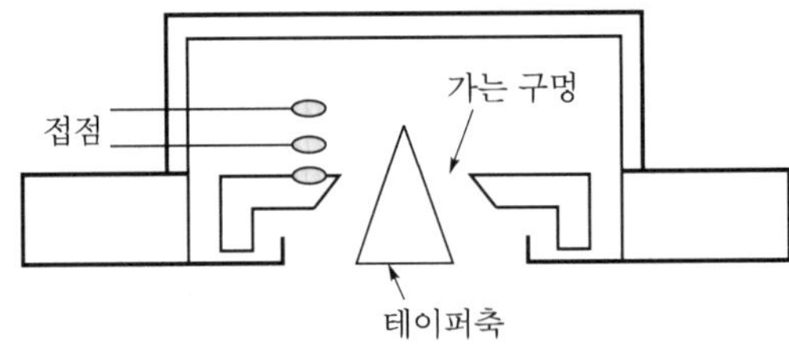

┃ 충격 압력 계전기 ┃

(4) 가스 검출 계전기(gas accumulation indicator, 96G)

계전기는 변압기 본체에 절연유가 최상부까지 충만되는 콘서베이터형 변압기의 내부에서 부분 방전, 절연 불량으로 생성된 가스를 검출하는 계전기로, 경보 또는 트립 회로를 구성한다.

▮ 가스 검출기 외형도 ▮

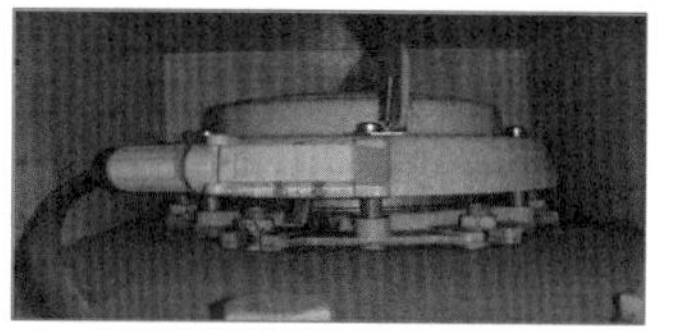

▮ 방출 안전장치 외함 ▮

(5) 방출 안전장치(automatic resetting pressure relief device)

절연유와 접하지 않는 변압기 상부 판 또는 상부 관에 부착되어 변압기 내에 이상압력이 발생 시 일정 압력[$10\pm1\mathrm{psi}(0.7\pm0.07\mathrm{kg/cm^2})$]에 도달하면 방압막이 동작하여 이상압력을 외부로 방출시켜 변압기함의 파손을 방지한다.

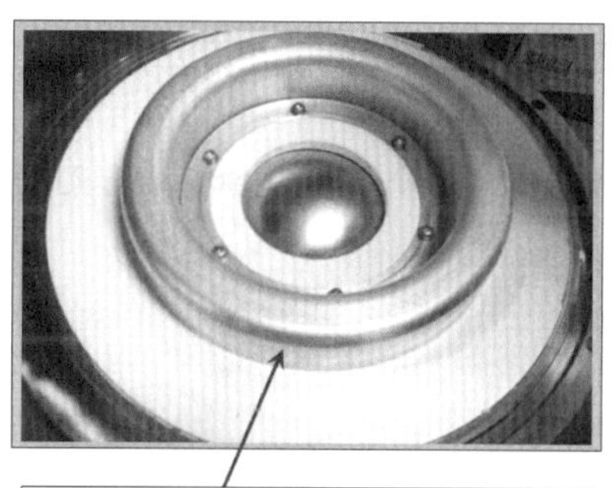

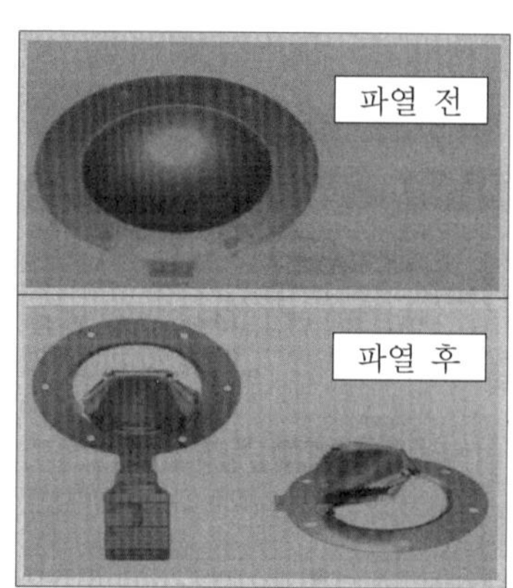

▮ 방출 안전장치 ▮

115 그림과 같은 3권선 변압기에서 외부 고장이 발생했을 때 비율 차동 계전기용 변류기를 Y–Y 결선과 △–△ 결선으로 나누어 각각 그리고, 변압기 권선, 변류기, 억제 코일(RE), 동작 코일(OP)에 흐르는 전류를 표시하고 설명하시오. (단, 변압기 및 변류기의 변성비는 1:1이고, 외부 지락 고장 전류는 300A임)

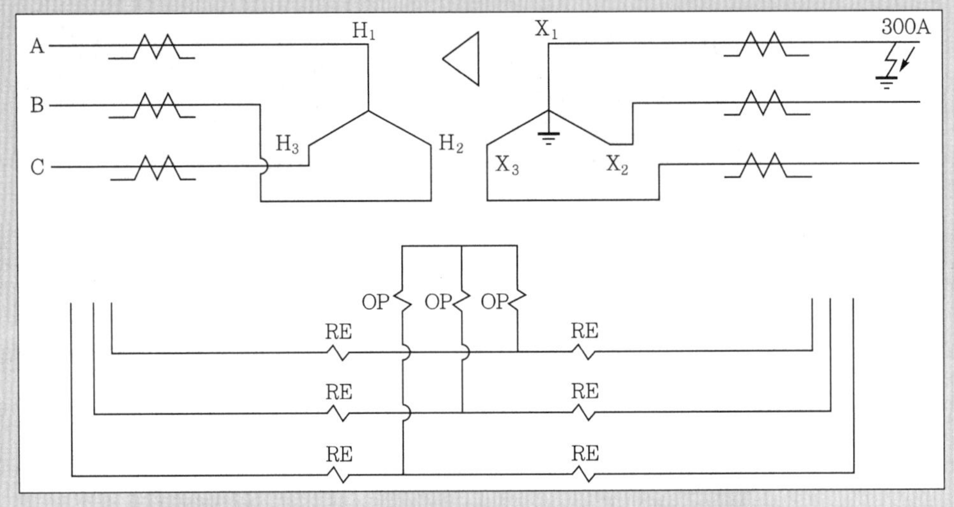

(**data**) 발송배전기술사 17-113-4-3 / 발송배전기술사, 건축전기설비기술사, 전기응용기술사 출제예상문제

답안

1. CT의 Y–Y 결선

(1) 결선도 및 전류 표시

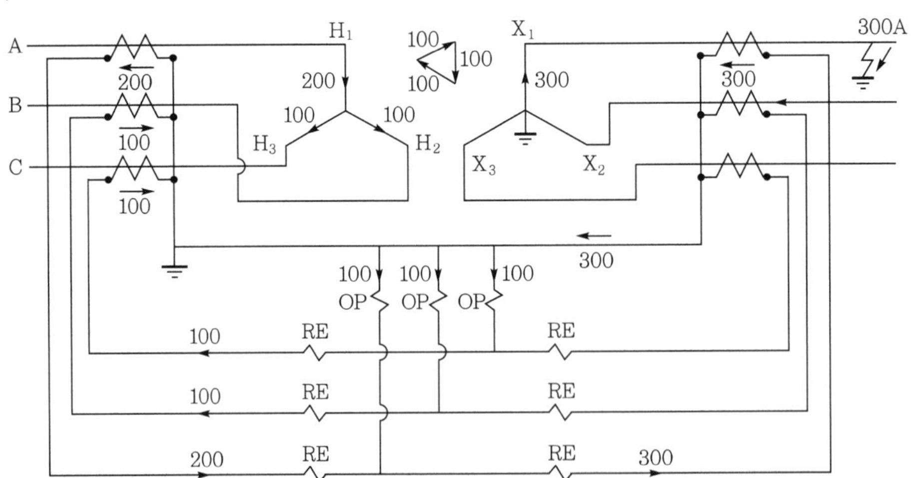

(2) CT를 Y–Y 결선 시 문제점

DCR(비율 차동 계전기)은 변압기의 내부 고장 시 전기적 보호장치의 보호 Relay 이나 Y–Y 결선 시 DCR이 오동작하여 정전이 발생한다.

2. △-△ 결선

(1) 결선도 및 전류 표시

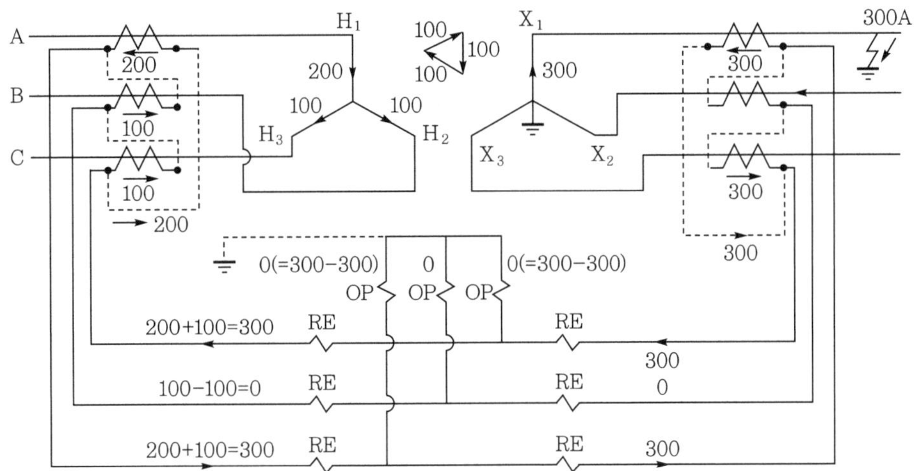

(2) CT를 △-△ 결선 시의 특성

△-△ 결선 시는 외부 고장 시 OP에 동작전류가 흐르지 않아, DCR(비율 차동 계전기)은 정부동작으로 선로의 고장회로만 차단하므로 정전을 예방한다.

3. Ynyn0 변압기의 CT 결선 시 유의사항

'1'의 설명과 같이 비율 차동 계전기가 오동작하므로 반드시 CT 결선은 △-△ 결선을 시행한다.

> **reference**
>
> **(1) 상결선이 Dyn1인 변압기 보호를 위해 사용하는 비율 차동 계전기의 변류기 결선**
> ① 상결선이 Dyn1인 변압기 보호용 기계식 비율 차동 계전기의 변류기 결선도
>   ㉠ 상결선 Dyn1 : 1차가 델타-2차가 Y결선이고 2차의 중성점에 접지한 결선의 기호로 1차와 2차 간에는 30도 위상차가 있음을 말한다(2차가 1차보다 30° lagging).
>   ㉡ 따라서, 차전류가 발생하여 비율 차동 계전기가 오동작할 우려가 있으므로 이를 보정하기 위해 변압기 결선과 반대의 결선을 할 필요가 있다.
>   ㉢ CT의 극성은 1차 측 K가 마주보거나 또는 바깥방향이 되도록 한다.
>   ㉣ 각변위를 보정한 결선도(변압기의 1차 측 CT는 Y결선, 변압기의 2차 측 CT는 △결선)
>
> 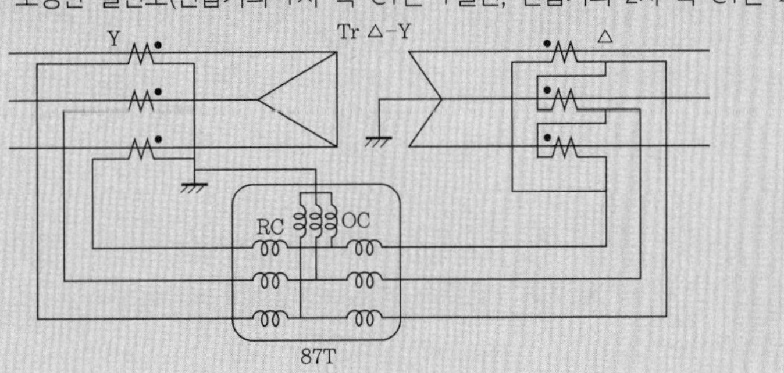
>

(2) CT 결선을 △-△로 시행 시 정·부 동작하는 이유

① 각변위가 Ynyn0인 변압기의 CT 결선을 △-△로 할 경우 외부 고장 시 정·부 동작하는 이유

  ㉠ △-△ 결선도

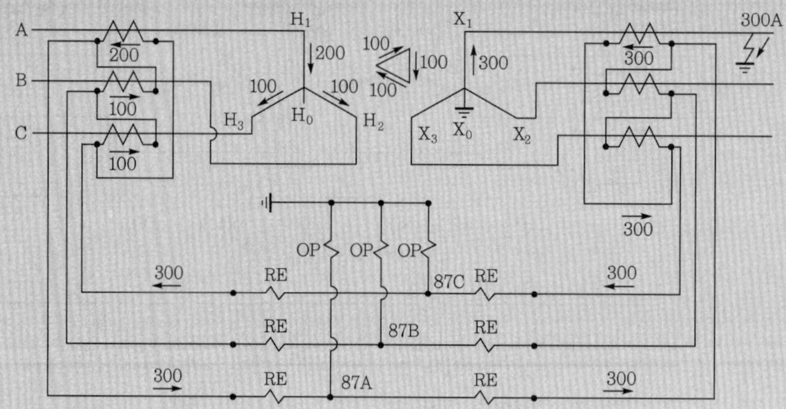

  ㉡ △ 결선 시의 지락전류 300A 분석

- $I_g = 3I_0 = 300\text{A}$ (영상전류 I_0의 3배인 지락전류 I_g는 300A임)

- 영상전류 I_0는 지락 시 각 상의 합전류의 $\dfrac{1}{3}$이다.

  즉, $I_0 = \dfrac{1}{3}\left(\dot{I_a} + \dot{I_b} + \dot{I_c}\right) = \dfrac{1}{3}\left(100 + 100 + 100\right) = \dfrac{1}{3} \times 300 = 100\text{A}$

- $I_a = 100\text{A}$, $I_b = 100\text{A}$, $I_c = 100\text{A}$

- 비율 차동 계전기는 내부 고장이 아님을 인식하여 동작하지 않는다.

② 각변위가 Ynyn0인 변압기의 CT 결선을 Y-Y로 할 경우 외부 고장 시 오동작하는 이유

  ㉠ 결선도

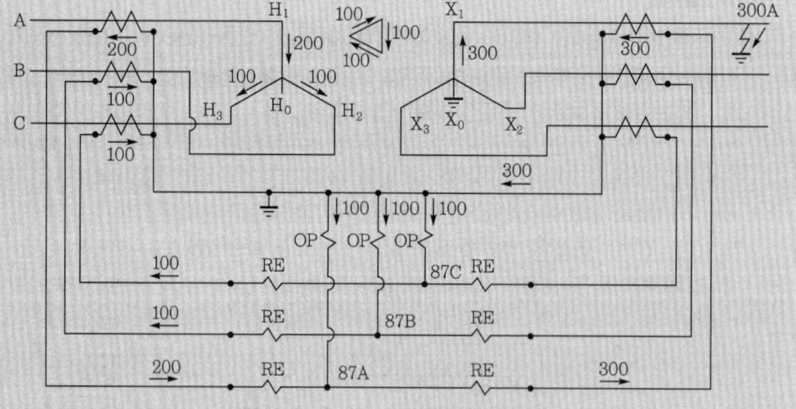

  ㉡ Y 결선 시의 지락전류 300A 분석

- $I_a = 200\text{A}$, $I_b = 100\underline{/60°}\text{A}$, $I_c = 100\underline{/-60°}\text{A}$

- $300 = 200 + 100\underline{/60°} + 100\underline{/-60°}$

- 비율 차동 계전기는 외부 고장임에도 오동작한다.

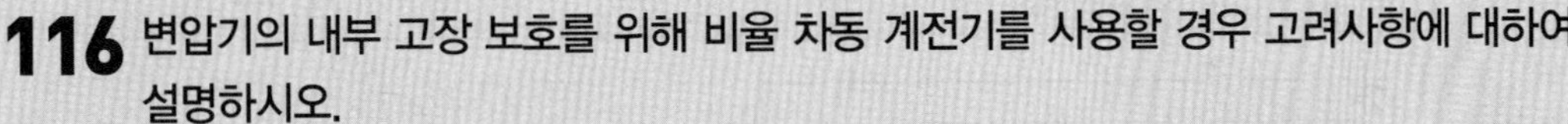

116 변압기의 내부 고장 보호를 위해 비율 차동 계전기를 사용할 경우 고려사항에 대하여 설명하시오.

data 발송배전기술사 24-133-1-10 / 발송배전기술사, 건축전기설비기술사, 전기응용기술사 출제예상 문제

답안

1. 비율 차동 계전기(DCR : Differential Current Relay)의 정의

1·2차 변류기(CT)로부터 입력된 전류의 차를 입력받아 그 비율이 일정한 정정값으로 이 값 이상이 되었을 때(내부 사고) 동작 코일 OC를 여자시켜 고장을 보호하는 계전기

2. 고려사항

(1) 변압기 결선에 따른 CT 결선법

① 변압기 고·저압 측 결선이 서로 다를 경우 CT 결선은 변압기 결선과 역으로 한다.

② 비율 차동 계전기용 CT의 결선은 변압기의 1차 및 2차 전류 Vector 차이로 인하여 변압기 결선과 특별한 관계가 있다.

변압기 결선 1-2차 측 결선	CT 결선 1-2차 측 결선
△ - △	Y - Y
Y - Y	△ - △
△ - Y	Y - △
Y - △	△ - Y

(2) CT 2차 부담

사용 부담이 증가하면 오차 커짐 → 전용 사용

(3) 여자 돌입전류 오동작 방지

① 감도 저하법 : 특징은 2초 정도 신호를 억제시켜 오동작 방지

② 고조파 억제법 : 특징은 고조파를 필터(공진)로 통과시켜 고조파에서 오동작 없게 한다.

③ 비대칭파 저지법 : 반파 정류 회로를 구성시켜 오동작 방지

감도 저하법	고조파 억제법
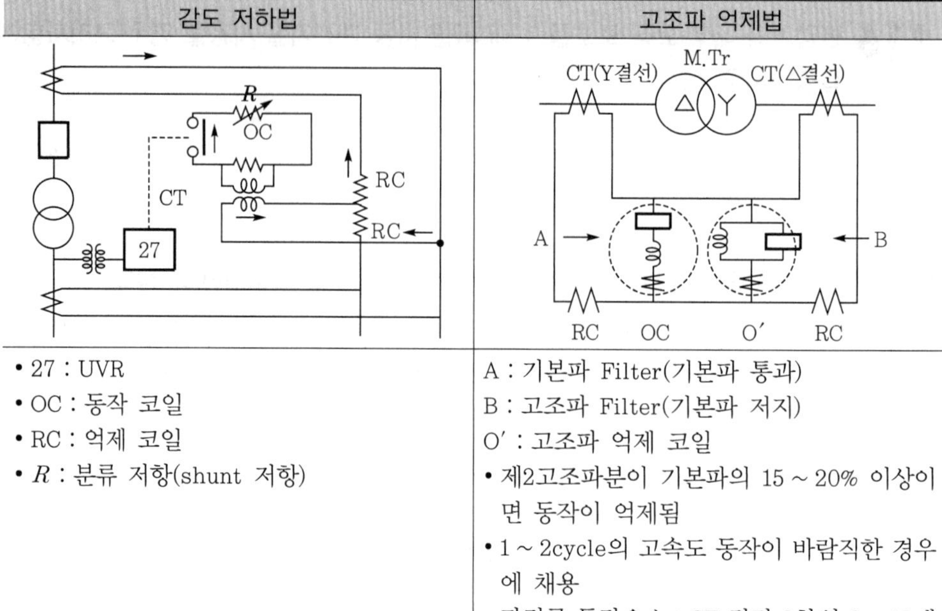	

- 27 : UVR
- OC : 동작 코일
- RC : 억제 코일
- R : 분류 저항(shunt 저항)

A : 기본파 Filter(기본파 통과)
B : 고조파 Filter(기본파 저지)
O′ : 고조파 억제 코일
- 제2고조파분이 기본파의 15 ~ 20% 이상이면 동작이 억제됨
- 1 ~ 2cycle의 고속도 동작이 바람직한 경우에 채용
- 과전류 동작요소 : CT 정격 2차의 8 ~ 10배

(4) DCR용 CT

① 감극성일 것

② CT 2차 부담은 CT 2차 측 부하의 크기와 CT에 흐르는 전류에 의해 부담이 결정되는데 정격 부담치 이상의 부하가 걸리면 CT는 포화하게 되어 큰 오차가 발생한다.

(5) 변압기의 각변위

각변위에 따라 DCR용 CT 결선을 조정하는 변압기의 경우 1차 측 전류와 2차 측 전류의 위상을 다르게 해주어 차전류를 없앨 수 있다.

117 변압기 여자전류 및 여자 돌입전류를 설명하고, 변압기 여자 돌입전류로 인한 비율 차동 계전기의 오동작 방지대책에 대하여 설명하시오.

data 발송배전기술사 21-123-2-3 / 발송배전기술사, 건축전기설비기술사, 전기안전기술사, 전기응용 기술사 출제예상문제

답안

1. 여자전류

(1) 정의

변압기의 2차 측을 무부하 상태로 전원을 투입하면 전원 투입 순간의 전압 위상 및 철심의 잔류자속에 따라 정격전류의 7~10배에 달하는 돌입전류가 순간적으로 1차 측에 흐르는 무부하 전류이다.

(2) 구성

여자전류＝철심 내에 자속을 발생시키기 위한 자화전류＋히스테리시스손 및 와류손 등 철손을 공급하기 위한 전류

(3) 여자전류의 파형

① 파형은 철심의 자기포화 현상 및 히스테리시스 현상 때문에 왜형파이다.

② 이 왜형파는 기본파와 기수 고조파로 구분되며 실제로 기본파와 제2고조파만을 고려해도 된다.

2. 여자 돌입전류의 발생원인(이유)

(1) 변압기를 운전하기 위해 $v_1 = V_{1m}\sin(\omega t + \phi)$ 의 전원을 $t = 0$일 때 1차 측에 공급할 경우, 그 투입 위상에 $+\phi = 0$일 때 돌입전류는 정격전류의 수 배에 달하는 최대치를 갖는다.

(2) 2차 돌발고장의 발생에 의한 정상 단락 시 약 두 배의 순시전류가 흐르는 경우 이는 정격전류의 수십 배이다.

(3) 변압기 2차를 개방하고 1차 측 차단기를 투입하는 경우

① 철심에 잔류자기가 없고 전압 0지점에서 S/W를 투입하면 1차 권선에 가해진 전압과 같은 유기 기전력을 유기하기 위하여 자속은 정현파로 변화하여야 한다.

② 그런데 최초 변압기의 자속은 0이므로 0.5사이클 동안 $2\phi_m$ 의 자속변화를 하여야 하고 철심에 잔류자속 ϕ_r 이 있다면 철심에 흐르는 자속의 최대치는 $2\phi_m + \phi_r$과 같게 된다. 이때, 철심은 포화되고 큰 여자전류가 흐르며, 이것을 돌입 여자전류(inrush current)라 한다.

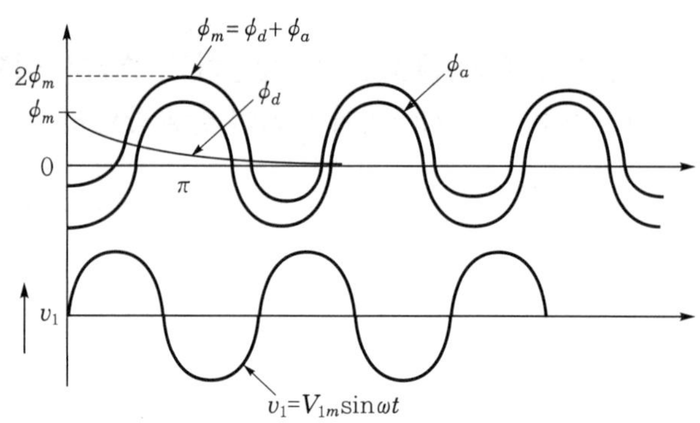

▎여자 돌입전류에 의한 자속의 파형 ▎

3. 여자 돌입전류의 영향과 자속 및 파형

(1) 돌입전류 중에는 제2고조파 성분이 많이 포함되어 있어 전류 차동 계전기의 오동작이 발생한다.

(2) 자속 및 파형

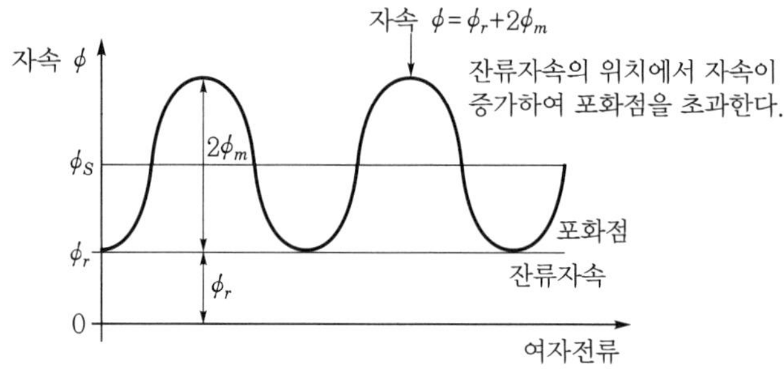

▎돌입전류상의 자속 ▎

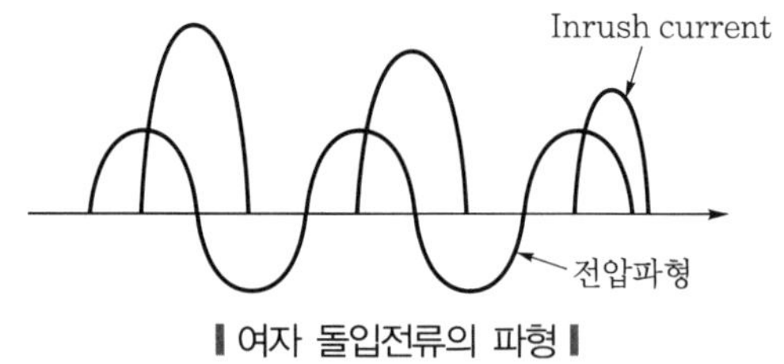

▎여자 돌입전류의 파형 ▎

4. 변압기 여자 돌입전류로 인한 비율 차동 계전기의 오동작 방지대책

(1) 감도 저하법

① 여자 돌입전류는 시간이 지남에 따라 감쇄하는 것을 이용하여, 차동 계전의 동작 코일에 분류저항을 넣어 일정 시간 동안 계전기의 감도를 둔화시켜 돌입전류에 의한 오동작을 방지하는 방법이다.

② 이 방식은 저감도 상태에서 내부 사고가 발생되면 사고 제거 시간이 길어지는 단점이 있다.

③ 일정 시간 동안 지연시간을 주어 여자 돌입전류에 의한 오동작을 방지하는 ASS 등도 있다.

④ UVR을 사용하여 투입 후 일정 시간 By-pass시킨다.

⑤ 변압기 투입 시 순간적 감도(0.2s 동안)를 저하시킨다.

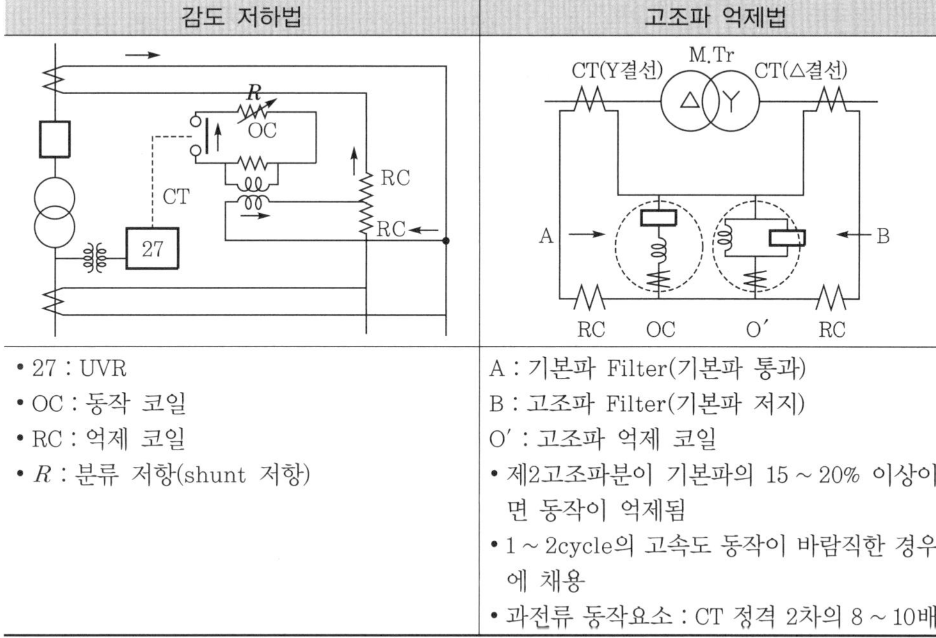

감도 저하법	고조파 억제법
• 27 : UVR • OC : 동작 코일 • RC : 억제 코일 • R : 분류 저항(shunt 저항)	A : 기본파 Filter(기본파 통과) B : 고조파 Filter(기본파 저지) O′ : 고조파 억제 코일 • 제2고조파분이 기본파의 15 ~ 20% 이상이면 동작이 억제됨 • 1 ~ 2cycle의 고속도 동작이 바람직한 경우에 채용 • 과전류 동작요소 : CT 정격 2차의 8 ~ 10배

(2) 고조파 억제법

① 여자 돌입전류 파형 중 제2고조파 성분이 많다는 것에 착안하여 필터를 사용하여 동작 코일에는 기본파가 유입되고, 고조파 성분은 고조파 억제 코일에 흐르게 함으로써 여자 돌입전류에 의한 오동작을 방지하는 방법이다.

② 이 방법은 투입 시에 고감도, 고속도 동작이 가능하며, 제2고조파 성분이 15 ~ 20% 이상이면 동작이 억제된다.

(3) 비대칭 저지법(trip lock법 : 변압기 투입 후 일정 시간 trip 회로를 lock시킴)

여자 돌입전류 파형이 비대칭이라는 점을 착안하여 비율 차동 계전기의 동작 코일과 직렬로 저지 코일을 삽입하여 비대칭 전류가 흐르면 저지 계전기가 동작하여 비율 차동 계전기를 Lock시키는 방법이다.

(4) 위상각차에 의한 오차의 대책

위상차 보정은 변압기 결선이 △-Y이면 CT 결선은 Y-△로, 변압기 결선이 Y-△이면 CT 결선은 △-Y로 한다.

(5) 고조파 발생 시 고조파에 의한 오동작 대책

고조파 억제방식의 비율 차동 계전기를 적용한다.

(6) 전류 불일치에 대한 오동작 대책

정합용 Tap 또는 계전기 외부에 CCT를 설치하여 전류를 정합시킨다.

(7) CT 회로의 1점 접지 미시행의 대책

87 계전기의 오동작을 우려하여 CT 회로 접지는 1점 접지를 시행한다.

(8) CT의 극성 확인

극성이 오결선되지 않도록 시공 시 감리자의 입회 하에 시공 후 재차 확인한다.

SECTION 05 송전선로 보호

118 전선 보호를 위한 반송 전류 차동 계전방식(carrier current differential relay)의 적용에 대하여 설명하시오.

data 발송배전기술사 24-133-3-2, 건축전기설비기술사 10-90-2-2 / 발송배전기술사, 건축전기설비기술사, 전기응용기술사 출제예상문제

답안

1. 개요

(1) 반송 전류 차동 계전방식은 양단의 전류 순시치를 원거리 전송이 가능한 Micro파나 광파를 이용하여 전송·수집하여 각 단자에서 수집된 전류 순시치를 가지고 전류차에 의해 사고를 판별하는 방식이다.

(2) 전송방식의 종류

① AM(Amplitude Modulation) : 진폭 변조

② FM(Frequency Modulation) : 주파수 변조

③ PM(Phase Modulation) : 위상 변조

④ PCM(Pulse Code Modulation) : 부호화 변조

(3) 우리나라에서의 적용

양단의 Sampling을 동기시키는 자동 동기방식을 채택해 광전송로가 설치된 345kV 지중 전선로에 Digital 형식의 PCM 방식을 적용 중이다. 현재 사용방식 중 PCM 방식이 가장 신뢰도가 양호하다.

2. PCM 보호방식

(1) 반송 전류 차동 계전방식의 한 종류로, 설치점에 디지털 계전기로 전기회로를 구성(CT, PT 이용)하여, 유입된 단자전류를 Sampling하여 그 시점의 전류의 크기에 맞도록 부호화한 후 부호의 조합으로 각 정보 bit로 전송하는 부호화 변조 방식(pulse code modulation)이다.

(2) 적용

3단자 T/L에 적용

(3) 원리

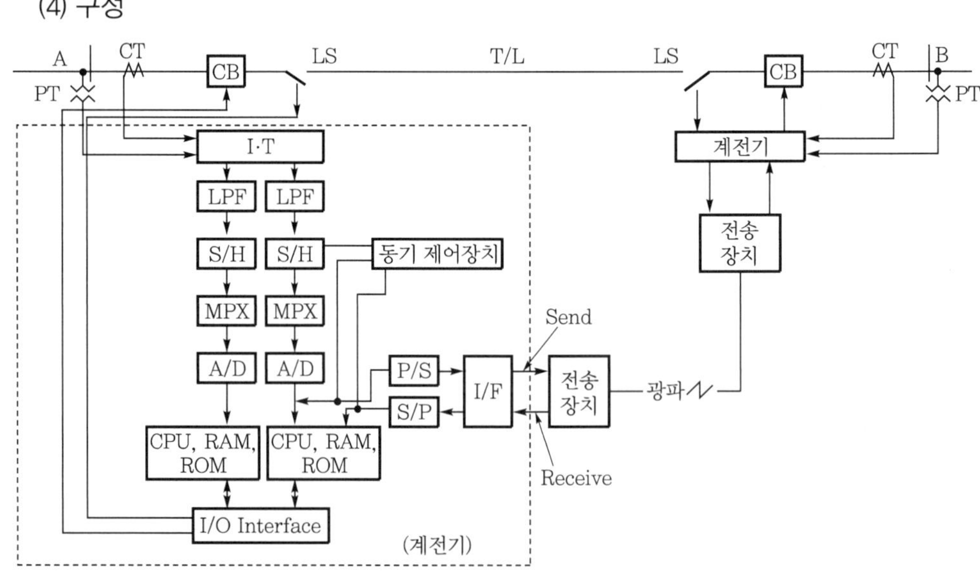

❚ 반송 전류 차동방식의 원리, PCM 방식의 원리 ❚

① $|i_A + i_B + i_C| - k_1(|i_A| + |i_B| + |i_C|)$일 때 동작한다.

여기서, $|i_A + i_B + i_C|$는 동작력이며, Vector 합이다.

$k_1(|i_A| + |i_B| + |i_C|)$는 억제력이며, 스칼라 합이다. 즉, 동작력과 억제력의 차에 의해 동작한다.

② 동작력 < 억제력 : 내부 사고로서 트립 신호 전송

동작력 > 억제력 : 외부 사고로서 트립 저지신호 전송

③ A·B단자에서 전송된 신호를 변조 후 PCM 전송시킨 다음, 복조하여 i_A, i_B, i_C를 동작회로에 도입하여 전류 차동원리에 의해 내·외부 사고를 판정한다.

(4) 구성

① IT(입력 변환기) : CT에서 온 전류를 적절한 입력으로 변환

② LPF(Low Pass Filter) : 고조파분 제거

③ S/H(Sampling Holder) : 아날로그 값을 일정 간격 샘플링하여 Holding

④ MPX(Multi Plexer) : 많은 입력 신호를 선택하여 출력에 조합

⑤ A/D : 아날로그-디지털 변환

⑥ P/S : 병렬-직렬 변환기

(5) PCM(Pulse Code Modulation) 변조의 원리

① 앞의 첫 번째 그림의 동작 판정회로와 변·복조 회로는 두 번째 그림의 점선 Box를 말하며 디지털 계전기이다.

② 동작원리

　㉠ 표본화 : 아날로그 신호를 일정 시간 간격으로 Sampling하여 표본화하는 것

　㉡ 양자화 : Sampling된 아날로그 신호를 일정 시간 Holding한 Step마다의 값

　㉢ 부호화 : 양자화에 의해 연속적인 값을 2진수로 변환(0, 1)

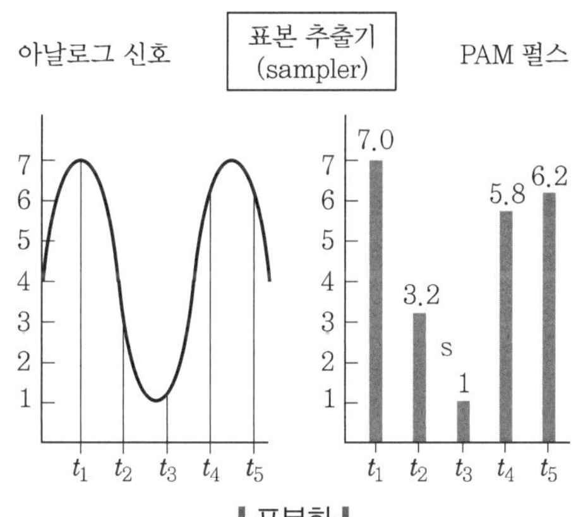

▌표본화▐

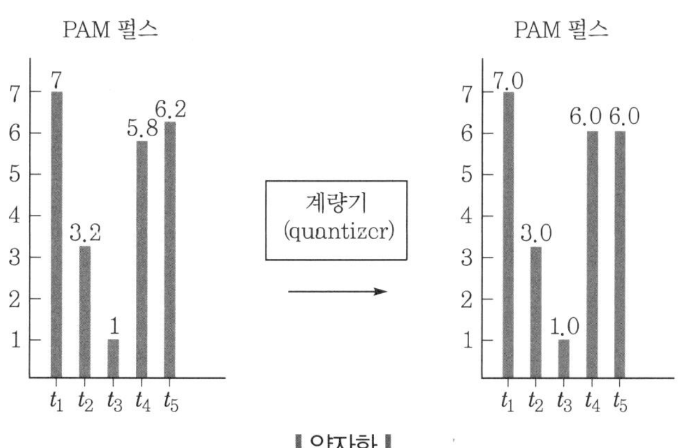

▌양자화▐

803

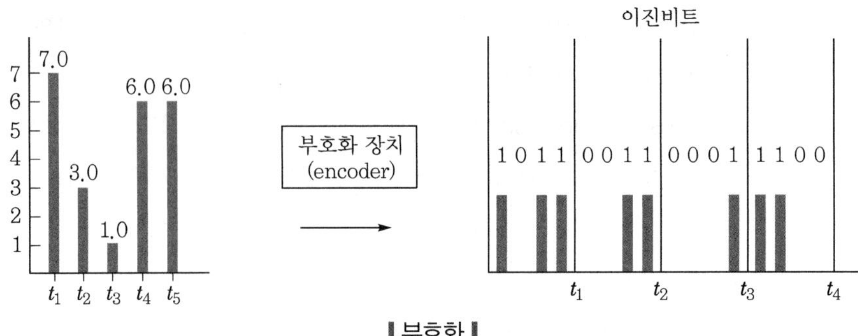

(6) 반송 방식

① 유선 반송 : 전력선 반송, 통신선 반송

② 무선 반송 : 마이크로파 반송

(7) PCM 방식의 기능

① 보호기능 : 단락 과전류, 지락 과전류, 과전압, 부족전압, 고저항 지락, 저주파수 보호, 자동 재폐로, 선택지락, 저주파수 보호

② 자기진단기능

  ㉠ 영상체크 : 건전한 계통의 경우 3상 전압의 합이 0이 되는 것 확인

  ㉡ A/D 변환 체크 : 아날로그–디지털 기준값과 비교하여 점검

  ㉢ 자동 점검 : 입력부에 모의 입력을 인가하고 출력부의 모의 출력으로 동작 확인

③ 통신기능

  ㉠ 각 디지털 계전기로부터 데이터 수집, 중앙으로 고속 전송

  ㉡ 중앙 감시반에서 그래픽 화면처리, 기록 저장

  ㉢ 원방 감시, 원방 제어 기능

(8) 특징

① 원리상 표시선 계전방식과 같다.

② 전류 차동으로 다단자 송전에도 가능하다.

③ 신뢰도면에서 자동 동기식이 우수하다.

④ 현재 전송방식 중 가장 우수하다.

3. 적용

(1) 다단자 송전선

(2) 345kV T/L 및 154kV 지중 송전선로의 부보호에 적용

(3) 적용 시 고려사항

① 내부 사고 시 고장전류 유출, 조류전류와 사고전류가 비슷한 크기의 경우 다단자 보호를 어렵게 한다$\left(3단자의 경우 : \dfrac{유출전류}{유입전류} \leq 0.5로 둘 것\right)$.

② **다단자 송전선 보호상의 문제점** : 다단자 보호를 어렵게 하는 내부 사고 시 고장전류 유출, 내부 사고 시의 사고전류 유입, 부하전류 영향 등의 문제점이 있어도 보호할 수 있도록 하기 위해 반송신호를 사용하고 전류차동 원리에 의해 내·외부 판정을 하므로 다단자 송전선 보호에 적합하며, 이것들에 유의할 것

㉠ 내부 사고 시 사고전류 유출

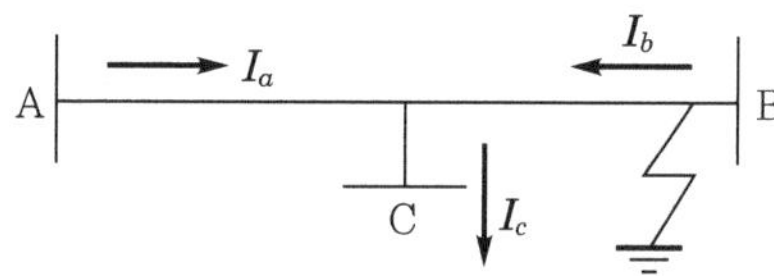

- 유입단자와 유출단자의 전류가 역위상이 되어 부동작
- I_a의 일부가 C에서 유출

㉡ 내부 사고 시 사고전류 분류 유입

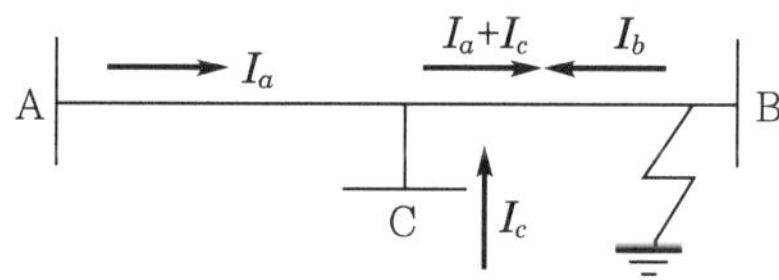

- 유입 전류 레벨을 $\dfrac{I_f}{2}$에서 동작할 수 있도록 고감도로 할 필요가 있음
- I_f가 A·C 양단에서 유입
- I_c의 일부가 C에서 유출

㉢ 부하전류의 영향

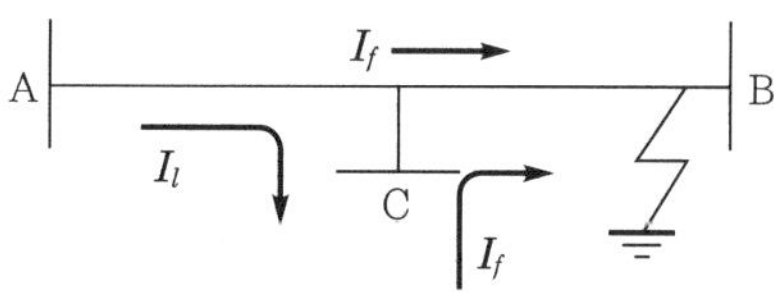

- A·C 양단의 전류 위상차가 커져서 부동작할 수 있음
- I_l이 I_f 보다 충분히 커질 수 있음

805

③ 장치의 H/W 오차 및 전송방식의 오차

④ 전송 대역상의 오차(계통조건, 보호조건, 단자수, CT 등)

⑤ CT의 성능

⑥ 재폐로 장치, 맹점사고 대책, 계전기부와 전송부의 Interface

⑦ 디지털 계전기 사용상의 일반적인 문제점에 대한 적응 시 대책을 강구해야
하는데 일반적인 주의점은 다음과 같다.

　㉠ 항온·항습 대책과 노이즈 방지 대책 적용을 반드시 할 것이며, 해킹 방지
　대책도 철저히 적용할 것

　㉡ 하드웨어 공사 시 응급복구 곤란

　㉢ 프로그램 문제상의 원인 규명 곤란 등

119 아래 그림에서 거리 계전방식 적용 시 A모선에서 고장점을 바라본 임피던스 Z_A와
B모선에서 고장점을 바라본 임피던스 Z_B를 구하고, 각 임피던스를 근거로 분류효과에
대하여 설명하시오.

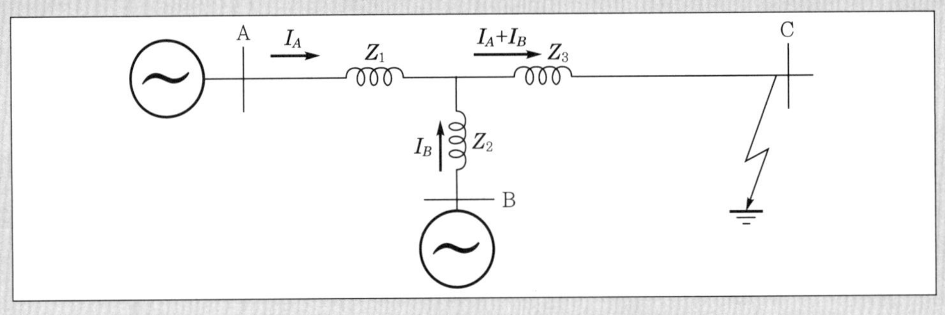

data 발송배전기술사 21-124-1-9 / 발송배전기술사, 건축전기설비기술사, 전기응용기술사 출제예상
문제

답안 1. A모선에서 고장점을 바라본 임피던스 Z_A와 B모선에서 고장점을 바라본 임피던스 Z_B

(1) $Z_A = \dfrac{V_A}{I_A} = \dfrac{Z_1 I_A + Z_3(I_A + I_B)}{I_A}$

$\quad = Z_1 + Z_3 + Z_3 \times \left(\dfrac{I_B}{I_A}\right) > Z_{SA}(= Z_1 + Z_3)$

(2) $Z_B = \dfrac{V_B}{I_B} = \dfrac{Z_2 I_B + Z_3(I_A + I_B)}{I_B}$

$\quad = Z_2 + Z_3 + Z_3 \times \left(\dfrac{I_A}{I_B}\right) > Z_{SB}(= Z_2 + Z_3)$

2. 각 임피던스를 근거로 한 분류효과 설명

(1) 개념

① 거리 계전기의 전기적 거리는 A단 거리 계전기의 정정치보다 $Z_3 \times \left(\dfrac{I_B}{I_A}\right)$ 만큼 더 먼 구간에서 고장 발생한 것으로 판단하여 Under reach하여 계전기가 부동작 되는 현상이다.

② 겉보기 효과(분류효과)가 나타나 계전기는 $\dfrac{I_B}{I_A} Z_3$ 만큼 Under-reach가 된다.

(2) I_A와 I_B의 크기에 따른 거리 계전기의 동작

① $I_A \gg I_B$일 때

　㉠ $Z_A \fallingdotseq Z_1 + Z_3$로, A단의 거리 계전기는 구간 내 사고로 판정

　㉡ B단의 거리 계전기는 외부 사고로 판정

② $I_A \ll I_B$일 때

　㉠ $Z_B \fallingdotseq Z_2 + Z_3$로, B단의 거리 계전기는 구간 내 사고로 판정

　㉡ A단의 거리 계전기는 외부 사고로 판정

120 파일럿 계전방식 중 표시선 계전방식(전류 순환식 및 전압 반향식) 및 반송파 계전방식 (방향 비교방식 및 위상 비교방식)의 적용 및 동작원리에 대하여 설명하시오.

data 발송배전기술사 23-130-2-6 / 발송배전기술사, 건축전기설비기술사, 전기응용기술사 출제예상 문제

comment 한전 송배전 기술용어집 605 ~ 606페이지 참고하여 출제된 문항이다.

답안

1. 송전선 보호방식의 종류와 적용

(1) 과전류 방식

T/L에서는 수지상 선로에만 사용이 가능하다.

(2) 방향 과전류 방식

T/L에서는 수지상 선로에만 사용이 가능하다.

(3) 거리 계전방식

거리 계전기를 사용하여 T/L 후비보호방식에 적용(적용 계전기의 종류 : 임피던스, MHO형, 옴형, 리액턴스형, Off-set Mho형)

(4) Pilot 계전방식

① 표시선 계전방식 : 전류 순환방식, 전압 반향방식(사용 주파수 : 50 ~ 300Hz)

② 전력선 반송 계전방식 : 방향 비교방식, 전송 차단방식, 위상 비교방식(사용 주파수 : 900 ~ 6000Hz)

③ 마이크로파 계전방식

④ 광파 계전방식 : PCM 전송 방식

(5) 재폐로 방식

① 고속도 재폐로 방식 : 3상 재폐로 방식, 단상 재폐로 방식, 3상/단상 재폐로 방식, 다상 재폐로 방식

② 저속도 재폐로 방식 : 배전용 재폐로 방식

(6) 송전선 보호방식의 적용

① 주보호 : 전류 차동(PCM 전송) 방식

② 후비보호 : 3단계 거리 계전방식

2. 표시선(pilot wire) 계전방식 중 전류 순환식의 동작원리 및 적용

(1) 개요

① 보호구간의 양단자 간에 시설한 표시선에 의하여 직접 서로의 신호를 교환하는 차동 계전방식의 일종이다.

② 특징

㉠ 구간 내의 고장을 100% 고속도 차단 가능

㉡ 단거리 송전선(15 ~ 20km)의 주보호로 이용(경제성 때문)

㉢ 지중 송전선에 많이 채용(표시선을 전력구 또는 관로 등에 포설)

(2) 동작원리

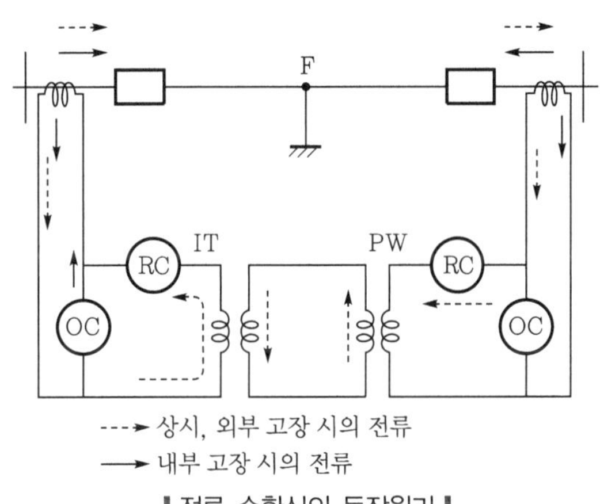

┃ 전류 순환식의 동작원리 ┃

① 보호구간의 각 단자에서 고장상황을 수시로 정보 교환

② 상시 및 외부 고장 시 : 전류는 표시선을 순환하여 억제 코일로 흐름

③ 내부 고장 시

㉠ 전류는 실선과 같이 통전되어 표시선 및 억제 코일에는 흐르지 않음

㉡ 표시선 간에 전압이 인가되어 양 CT의 전류 벡터 차만큼 동작 코일에서 흘러서 동작함

(3) 장점

① CT의 소비부담이 작다.

② 동작 특성이 양호하다.

(4) 단점

표시선 감시반을 설치해야 한다.

① 표시선 단락 : 부동작

② 표시선 단선 : 오동작(전류 순환식)

(5) 적용

① 보호구간의 양단자 간에 시설한 표시선(pilot wire)에 의하여 직접 서로 신호를 교환하는 것으로서, 차동 계전방식의 일종이다.

② 표시선은 나선 또는 케이블을 사용하여 경제성으로 보아 항상 20km 정도까지의 근거리 송전선에 사용하는 것이 바람직하다(통신 주파수 50 ~ 300Hz).

③ CT 2차 회로의 부담은 상시 및 외부 사고 시 전류 순환식이 작고 CT 오차 대책 상 유리하며 종합적으로 전류 순환식이 우수하여 실제 많이 채용된다.

3. 표시선(pilot wire) 계전방식 중 전압 반향식의 동작원리 및 적용

(1) 동작원리

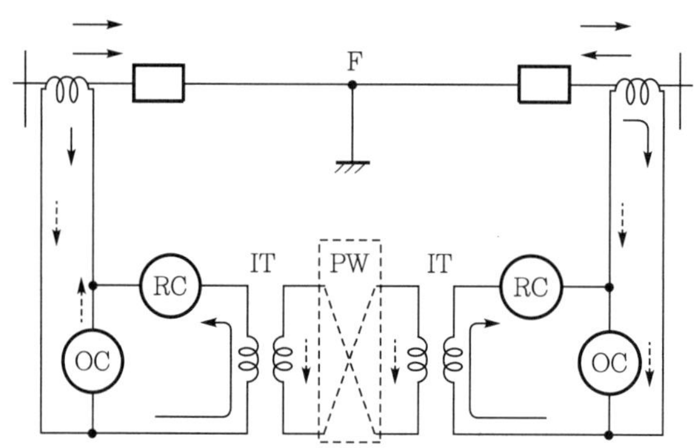

- RC : 억제 코일
- OC : 동작 코일
- IT : 절연 변압기
- PW : Pilot Wire

❚ 전압 반향식의 동작원리 ❚

① 전류 순환식의 억제 코일과 동작 코일이 바뀐 위치에 있으며 표시선의 극성이 반대로 접속된다.

② 상시·외부 고장 시 전류는 억제 코일(RC)로 통전되고 표시선에는 흐르지 않아 계전기는 부동작한다.

③ 내부 고장 시 표시선에 전류가 순환되어 동작 코일(OC)에 전류가 흘러 계전기는 동작한다.

(2) 장점

① 내부 고장 검출이 확실하다.

② 상시 감시가 용이하다.

(3) 단점

① 부하전류에 의해 상시 표시선에 전압이 인가되어(유도장해) 표시선 간의 정전 용량이나 절연 변압기의 여자 임피던스 등을 통해 전류가 흐르기 쉽다.

② 고조파분 돌입전류에 의해 표시선 간의 정전용량이 저임피던스로 되어 오동 작이 쉽다.

(4) 적용

전류 순환식과 같다.

4. 반송파 계전방식 중 방향 비교방식의 적용 및 동작원리

(1) 동작원리

① 각 단자에 내부 방향 계전기 DI와 외부 방향 계전기 DO를 마련하여 그 접점을 표시선으로 조합시킨 방식이다.

② 내부 고장 시에는 양단 내부 방향 계전기가 동작하여 표시선을 통해서 폐회로 를 만들어 동작 코일에 전류를 흘려서 차단을 행한다.

③ 외부 고장 시에는 어느 것인가의 단자 외부 방향 계전기가 동작하여 폐회로를 열게 되므로 동작이 Lock되는 방식이다.

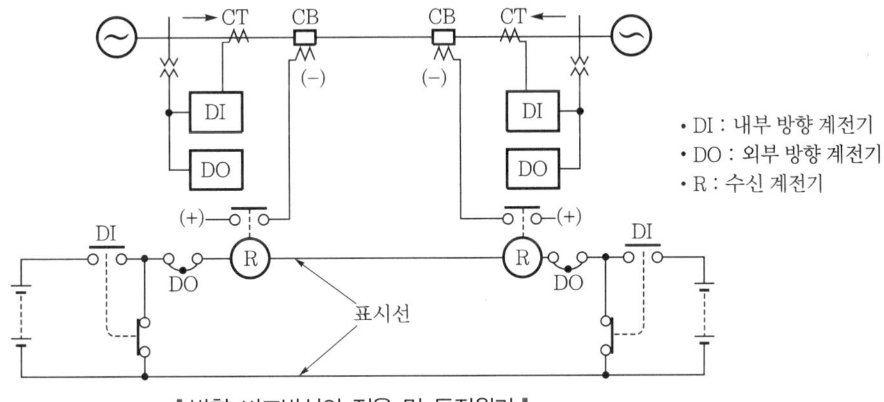

❚ 방향 비교방식의 적용 및 동작원리 ❚

(2) 적용

① 방향 비교방식은 피보호 송전선로 각 단에 설치된 방향성 계전기, 즉 방향성과 전류 계전기 또는 방향 거리 계전기에 의해 얻어진 정보를 통신장치에 의해 상대단으로 전송하고 이 전송신호를 서로 비교하여 보호구간 내부의 고장인 가 아닌가를 판별·보호하는 방식이다.

② 반송 신호 전송방법에 따른 구분

　㉠ 상시 송출 Trip 저지방식

　　• 상시 또는 외부 고장 시 반송신호를 송출하여 상대단의 Trip을 저지한다.

　　• 내부 고장 시는 반송신호를 송출하지 않으므로 상대단에서 내부 방향 계전기 동작으로 Trip이 가능하게 한다.

　　• 상시 송출방식의 장점

　　　- 외부 방향 계전기가 불필요하므로 회로 구성이 간단하다.

　　　- 반송장치에 대한 연속적인 감시가 가능하다.

　　• 상시 송출방식의 단점

　　　- 상시 반송파를 송출하고 있으므로 전파장해가 생기기 쉽다.

　　　- 반송장치를 반송전화 등 타 용도에 이용할 수 없다.

　㉡ 고장 시 송출 Trip 저지방식

　　• 상시 또는 내부 고장 시는 반송신호를 송출하지 않으므로 상대단에서 내부 방향 계전기의 동작으로 인한 Trip을 허용한다.

　　• 외부 고장 시 반송신호를 송출하여 상대단의 Trip을 저지한다.

　　• 외부 방향 계전기는 상대단의 내부 방향 계전기보다 더 먼 곳의 고장에도 동작하도록 정정되므로 보호 구간 외의 고장으로 일단에서 내부 방향 계전기가 동작하면 상대단에서는 반드시 외부 방향 계전기가 동작하며 결국 Trip은 보호 구간 내의 고장 시에만 이루어지게 된다.

5. 반송파 계전방식 중 위상 비교방식(phase comparison relaying)의 적용 및 동작원리

(1) 위상 비교방식은 송전선 보호를 위한 Pilot 계전방식의 하나로서, 보호 구간 양단의 고장전류 위상이 내부 고장 시는 동상이고, 외부 고장 시는 역위상이 되는 것을 이용한 것이다.

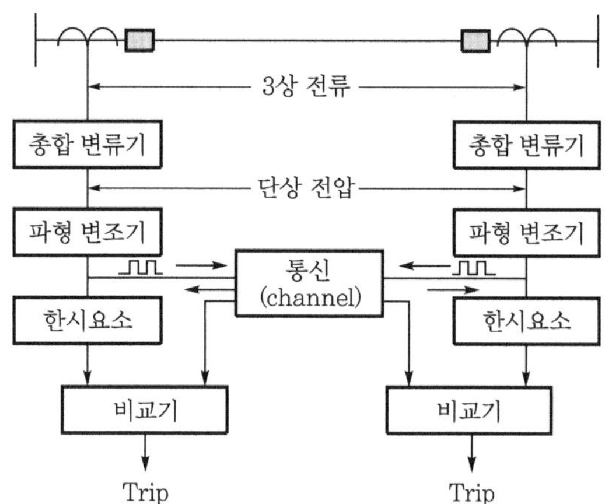

┃ 위상 비교방식(phase comparison relaying)의 종합적인 Vector 비교법(그림 a) ┃

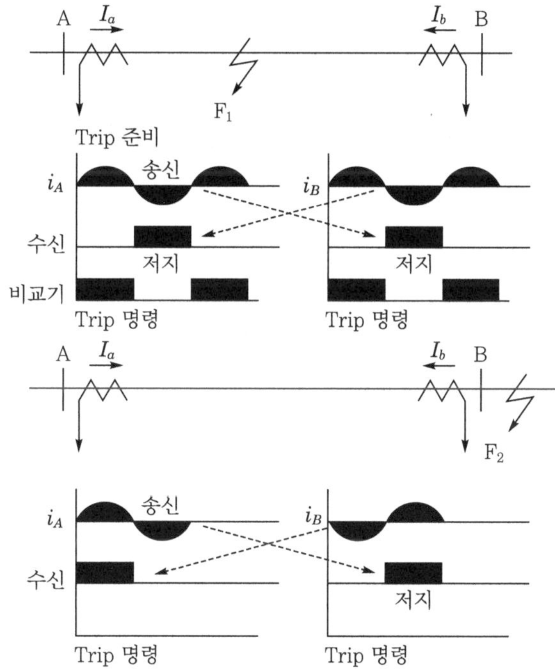

┃ 위상 비교방식(phase comparison relaying)의 전송신호 동작원리(그림 b) ┃

(2) 3상에 흐르는 종합적인 Vector를 비교하는 방법과 각 상별로 비교하는 방법이 있다.

(3) 종합적인 Vector를 비교하는 방법은 그림 a와 같이 3상 전류를 단상 전압으로 변환하는 총합 변류기가 필요하며 이 장치는 Pilot wire relay에 사용되는 것과 유사하다.

(4) 파형 변조기는 총합 변류기의 출력 전압을 전송하기 쉬운 직류 구형파로 바꾸어 주는 역할을 하며 한시요소는 상대단 신호가 통신 Channel을 통하여 전송되는 시간만큼 자기단의 신호를 지연시켜 준다.

(5) 비교기는 자단과 상대단의 신호를 비교하여 그 결과에 따라 Trip 신호를 낸다.

(6) 동작원리

① 각 단자에서 전류가 '+' 반파에서는 Trip을 기도하고 '−' 반파에서는 Trip 저지신호를 송출하는 방법(그림 b)

② 전류의 극성에 관계없이 전송신호를 송·수신하여 비교하는 방법으로 동작속도가 빠르다.

---

121 거리 계전기의 언더리치(under reach)와 오버리치(over reach)에 대하여 설명하시오.

data 발송배전기술사 16-110-1-9 / 발송배전기술사 출제예상문제

답안 1. 거리 계전기의 언더리치(under reach)

(1) 정의

거리 계전기의 동작범위가 정정범위에 미치지 못하는 현상이다.

(2) 발생 이유

① 다단자 전원의 송전선에서 거리 계전기가 보는 겉보기(apparent) 임피던스가 실제 사고지점까지의 임피던스보다 크게 나타나서 고장점이 거리적으로는 동작범위이나 오동작되는 수가 있는데 이런 것이 분류효과 때문이다.

② 분류효과란 아래 그림과 같이 고장점이 거리적으로는 동작범위이나 오동작되는 경우를 말한다.

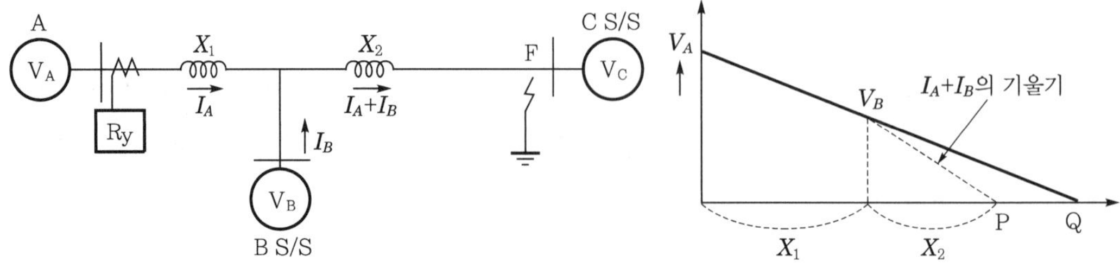

‖ 거리 계전기의 언더리치(under reach) ‖

814

　㉠ A단의 거리 계전기 Z는 실제의 고장점 P보다 먼 Q점 고장으로 판단하여 부동작

　㉡ 거리 계전기가 보는 거리는 다음과 같이 된다.

$$Z_R{'} = \frac{V_A}{I_A} = \frac{(I_A \cdot X_1) + (I_A + I_B) \times X_2}{I_A} = (X_1 + X_2) + \frac{I_B}{I_A} \cdot X_2$$

　㉢ $\frac{I_B}{I_A} \cdot X_2$ 만큼 Under reach한데, 이것을 분류효과라 한다.

　㉣ 앞의 그림에서 F점 사고 시 A변전소 거리 계전기(R_y)가 보는 $Z_R{'}$

　㉤ 그러나 실제 계전기의 정정 Z_R은 $Z_R = X_1 + X_2$로 되어 있으므로 계전기는 Under reach하게 된다.

2. 거리 계전기의 오버리치(over reach)

(1) 거리 계전기의 동작범위가 정정범위 이외까지 미치는 현상

(2) 계전기 정정 시 이러한 분류효과를 감안하여 정정 운전하는 중에 B S/S 측의 전원이 없어지면, 분류효과가 없으므로 계전기는 Over reach하게 되어 외부 사고 시 오동작하게 된다.

(3) 직류분(고장 초기 직류분) 전류에 의한 Over reach로, 거리 계전기가 Over reach하여 정정범위 밖의 먼 지점사고에 동작한다.

(4) 이 경향은 송전선의 임피던스가 크고, 고장 발생 전압위상이 90°에 가까울수록 더 강해지며, 그때의 오차는 10% 이내이다.

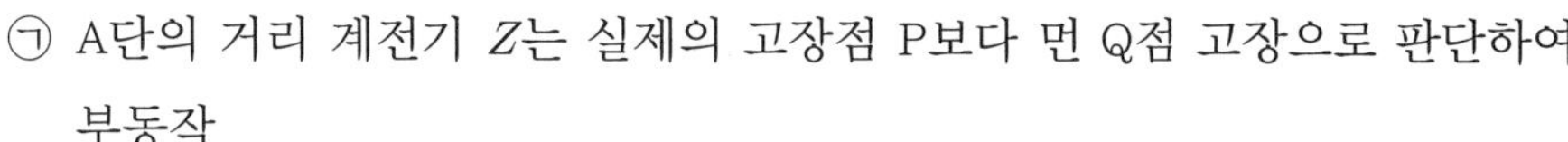

122 3단계 거리 계전기의 정정 시 설비의 오·부동작을 방지하기 위하여 고려되는 분류효과에 대하여 설명하시오.

data 발송배전기술사 19-117-3-4 / 발송배전기술사 출제예상문제

답안

1. 3단계 한시차 거리 계전기

(1) 거리 계전방식은 계전기 설치점에서 고장점까지의 전기적 거리를 전압·전류의 크기 및 위상차로 판별하여 동작하는 계전방식이다.

(2) 이 방식은 송전선로 보호 계전방식에서 후비보호 개념이다.

(3) 3단계 시한차 거리 계전방식(3step distance relaying)은 송전보호의 기본이다.

(4) 거리 계전기(21-1, 21-2, 21-3)를 적용하여, 3단계의 한시 거리 계전방식을 구성시킨 고속도, 선택성이 우수한 방식이다.

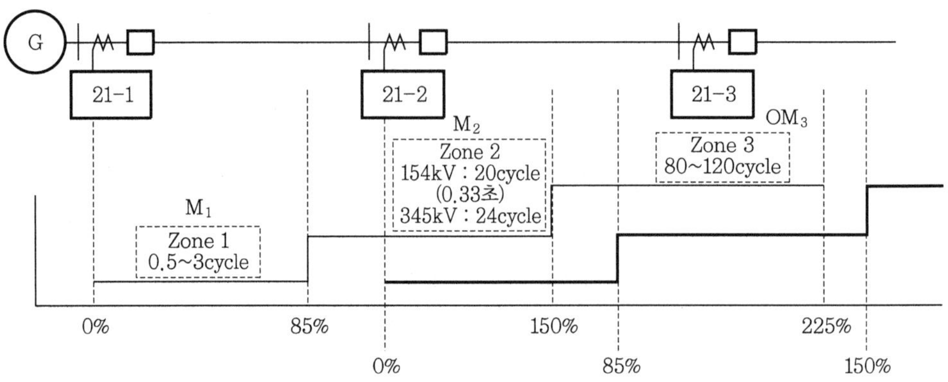

┃ 거리 계전기의 단계별 동작 특성 ┃

단계	적용 거리	동작시간	적용 계전기	차단속도	비고
제1단계 (Zone 1)	자기 구간의 85%까지	0.5 ~ 3cycle	Mho형 거리 계전기(M_1)	고속도 차단	CT, PT 2차 때문에 15% 정도 여유를 둠
제2단계 (Zone 2)	자기 구간의 150%까지	154kV는 20cycle (0.33초) / 345kV는 24cycle (0.4초)	Mho형 거리 계전기(M_2)	지연 차단	Z-1과의 선택성 여유를 위해 한시 동작
제3단계 (Zone 3)	자기 구간의 225%까지	80 ~ 120cycle (2초)	Off set Mho형 거리 계전기(OM_3)	지연 차단	Z-1, 2 동작 시 후비 보호구간을 위함

(5) 거리 계전기의 동작원리

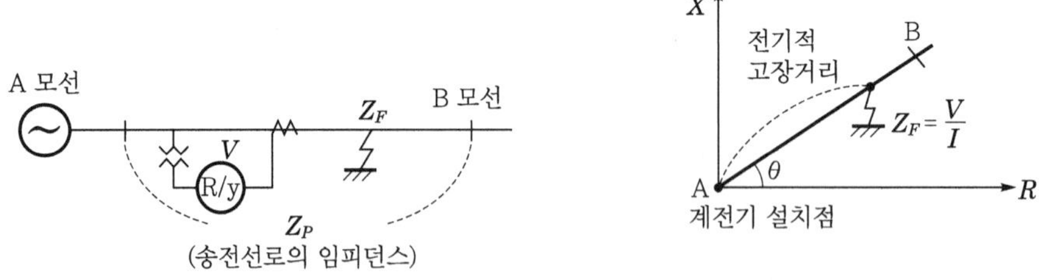

여기서, V : Ry 전압, Z_F : 고장점까지의 임피던스

① 설치점의 전압과 전류비로 고장점까지의 거리를 측정한다.

② 계전기 정정 임피던스

$$Z_s = Z_p \cdot \frac{\text{CT 비}}{\text{PT 비}}$$

여기서, Z_s : 계전기 정정 임피던스, Z_p : 선로 임피던스

즉, $Z_s = \dfrac{V_2}{I_2} = \dfrac{V_1}{I_1} \cdot \dfrac{\dfrac{1}{\text{PT 비}}}{\dfrac{1}{\text{CT 비}}} = Z_p \cdot \dfrac{\text{CT 비}}{\text{PT 비}}$

③ $Z_s > Z_F$이면[계전기 정정 임피던스(Z_s)가 고장점까지의 임피던스(Z_F)보다 크면] 내부고장으로 Ry 동작, $Z_s < Z_F$이면 외부 고장으로 Ry 부동작

2. 거리 계전기의 분류효과

(1) 분류효과의 정의

① 다단자 송전선에서 거리 계전기가 보는 겉보기(apparent) 임피던스가 실제 사고지점까지의 임피던스보다 크게 나타나서 고장점이 거리적으로는 동작범위인데 오동작 되는 경우

② 분류효과의 구분 : 언더리치(under reach)와 오버리치(over reach)

(2) 거리 계전기의 언더리치(under reach)

① 정의 : 내부 고장을 외부 고장으로 인식

② 의미 : 거리 계전기의 동작범위가 정정범위에 미치지 못하는 현상

③ 개념도와 수식을 이용한 설명

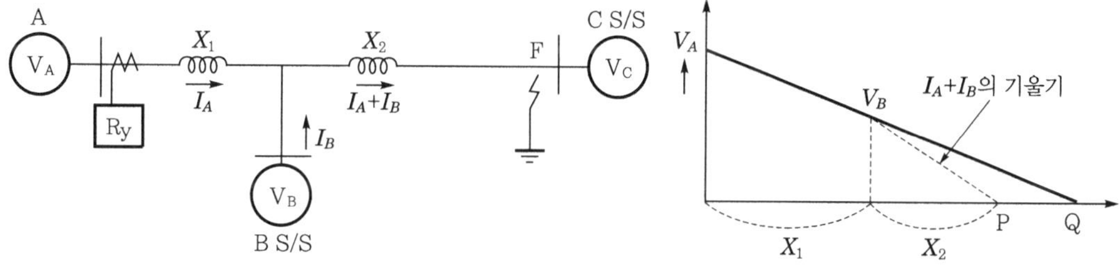

│ 거리 계전기의 언더리치(under reach) │

㉠ A단의 거리 계전기 Z는 실제의 고장점 P보다 먼 Q점 고장으로 판단하여 부동작

㉡ 거리 계전기가 보는 거리는 다음과 같이 된다.

$$Z_R{}' = \frac{V_A}{I_A} = \frac{(I_A \cdot X_1) + (I_A + I_B) \times X_2}{I_A} = (X_1 + X_2) + \frac{I_B}{I_A} \cdot X_2$$

ⓒ $\dfrac{I_B}{I_A} \cdot X_2$ 만큼 Under reach한데, 이것을 분류효과라 한다.

ⓔ 앞의 그림에서 F점 사고 시 A변전소 거리 계전기(R_y)가 보는 $Z_R{}'$

ⓜ 그러나 실제 계전기의 정정 Z_R은 $Z_R = X_1 + X_2$로 되어 있으므로 계전기는 Under reach하게 된다.

④ 영향 : A단의 거리 계전기 Z는 실제의 고장점 P보다 먼 Q점 고장으로 판단하여 부동작한다.

(3) 거리 계전기의 오버리치(over reach)

① 정의 : 외부 고장을 내부 고장으로 인식

② 의미 : 거리 계전기의 동작범위가 정정범위 이외까지 미치는 현상

③ 오버리치(over reach)의 특성

ⓐ 계전기 정정 시 이러한 분류효과를 감안하여 정정 운전하는 중에 B S/S 측의 전원이 없어지면, 분류효과가 없으므로 계전기는 Over reach하게 되어 외부 사고 시 오동작하게 된다.

ⓑ 직류분(고장 초기 직류분) 전류에 의한 Over reach로 거리 계전기가 Over reach하여 정정범위 밖의 먼 지점사고에 동작한다.

ⓒ 이 경향은 송전선의 임피던스가 크고, 고장 발생 전압위상이 90°에 가까울수록 더 강해지며, 그때의 오차는 10% 이내이다.

④ 개념도와 수식을 이용한 설명

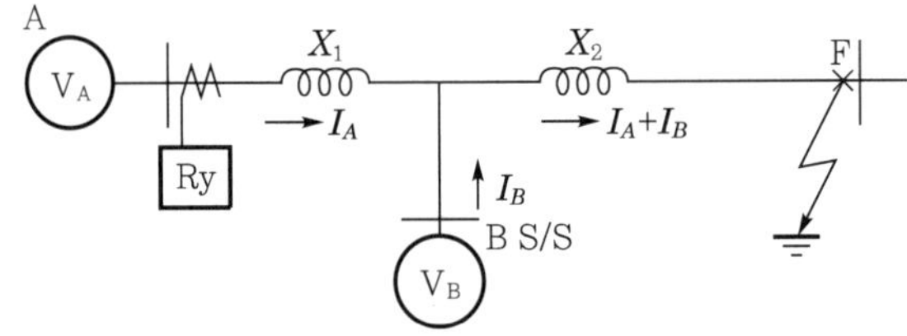

ⓐ B전원을 투입한 후를 고려한 F점의 고장 검출을 위한 셋팅 임피던스값

$$Z_R{}' = \dfrac{V_A}{I_A} = \dfrac{(I_A \cdot X_1) + (I_A + I_B) \times X_2}{I_A} = (X_1 + X_2) + \dfrac{I_B}{I_A} \cdot X_2$$

ⓑ B전원이 제거된 후 F점의 실제 임피던스값 : $Z_R = X_1 + X_2$

ⓒ 릴레이 셋팅값에 비해 실제의 임피던스값이 적으므로 내부 고장으로 인식

• $Z_R{}' > Z_R$

• 릴레이 셋팅값이 필요한 임피던스($X_1 + X_2$)에 비하여 $\dfrac{I_B}{I_A} \cdot X_2$ 만큼 증가되어 있는 현상

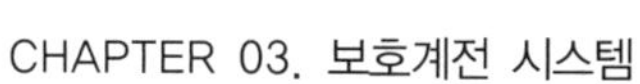

reference

거리 계전기 적용 시 문제점

comment 배점 10점으로 출제될 것으로 예상된다.

(1) 아크-저항의 영향

각 단계의 거리 Ry에 있어서 동작 한계 부근의 고장일 때, 크게 나타나서 Zone-1 고장이 Arc로 Zone-2 범위로 넘어가기도 한다.

(2) 분류효과

① 다단자 전원계통에서는 분류효과 때문에 Ry가 Under reach하여 거리상으로는 동작범위 내인 데도 부동작하는 일이 있어 주의할 것

② 분류효과의 개념

㉠ A단의 거리 계전기 Z는 실제의 고장점 P보다 먼 Q점 고장으로 판단하여 부동작함

㉡ 거리 계전기가 보는 거리는 $Z_Q = \dfrac{I_B}{I_A} = (X_1 + X_2) + \dfrac{I_B}{I_A} X_2$이다.

㉢ 따라서, $\dfrac{I_B}{I_A} X_2$만큼 Under reach하는데, 이것을 분류효과라 한다.

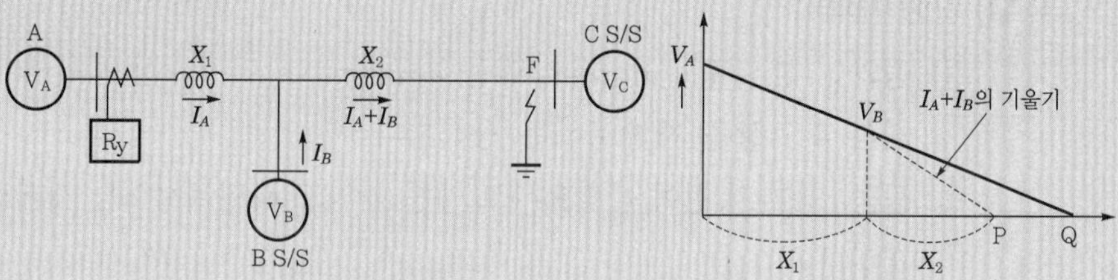

┃ 거리 계전기의 언더리치(under reach) ┃

(3) 가까운 지점 고장 시의 동작

Ry 설치짐과 아쭈 가까운 지점 고장 시 $V-0$으로 되어, MHO형 거리 Ry가 부동작 기능성이 있다.

(4) 전압 상실 시의 오동작

Ry 전압회로의 전압이 변성기 회로의 단선 등에 의해 상실 시 오동작이 쉽다.

(5) 직류분에 의한 Over reach

① 고장 초기 직류분 전류로 거리 계전기가 Over reach하여 정정범위 밖의 먼 지점사고에 동작한다.

② 이 경향은 송전선의 임피던스각이 크고, 고장 발생 전압위상이 이에 가까울수록 더 강해지며, 그때의 오차는 10% 이내이다.

(6) 동기탈조 시의 응동

① 동기탈조되어 양단 전위차가 이에 가까우면, 계통의 전압, 전류는 계통의 전기적 중심점에 3상 단락사고가 발생된 것과 같다.

② 따라서, 그 중심점의 동작범위 내에 있으면 Ry가 동작한다.

(7) 다중 사고 시의 동작

거리 Ry는 각 상간 전류를 동작력으로 사용하므로, 계전기 설치점의 전방과 후방에 걸친 이상 지락사고 시, 일반적으로 동작전류가 감소되어 Under reach한다.

> **(8) 타상 사고 시의 거리 계전기 동작**
> ① 단락 Ry가 1선 지락 시에 동작하기도 하고, 지락 Ry가 단락 사고 시에도 동작한다.
> ② 특히 문제가 되는 것은 2선 지락 시에 지락 계전기가 Over reach할 위험이 있다.
> **comment** 기출문항으로 2회 이상 출제된 것인바 반드시 암기하기 바란다.

123 송전계통에서 사용되고 있는 재폐로 보호방식을 설명하시오.

data 발송배전기술사 17-111-1-5 / 발송배전기술사, 건축전기설비기술사, 전기응용기술사 출제예상문제

답안 **1. 송전계통에서 사용되고 있는 재폐로 보호방식**

    (1) 단상 재폐로

        ① 정의 : 1선 지락 시 고장상만을 차단하고 나머지 2상으로 송전하면서 절연 회복 후 1상을 재폐로하는 방식이다.

        ② 장점 : 동기 확인이 불필요하고 계통 안정도 측면에서 3상 재폐로 방식보다 유리하다.

        ③ 단점

            ㉠ 2선 이상 고장 시 재폐로 못한다.

            ㉡ 고장상 선택 차단기의 부가장치가 복잡하여 차단기 비용이 증대된다.

    (2) 3상 재폐로

        ① 정의 : 고장 종류에 관계없이 3상 모두 차단하고 재투입하는 방식이다.

        ② 장점 : 보호 계전기 자체가 고장 선택 능력이 부족해도 적용이 가능하고 장치가 간단하다.

        ③ 단점

            ㉠ 동기 검출 계전기, 조류 검출 계전기 필요 – 동기 확인

            ㉡ 1회선 고장 : 전원분리

            ㉢ 2회선 고장 : 계통분리

        ④ 적용 : 154kV 송전계통용

(3) 단상＋3상 재폐로

① 정의 : 1선 지락 시는 단상 재폐로하고 그 외에는 3상 재폐로하는 방식

② 장점 : 단상＋3상 재폐로 장점을 동시에 발휘한다.

③ 적용 : 345kV 송전계통용

(4) 다상 재폐로(HSGS 적용)

① 정의 : 2회선 송전계통에서 다른 2상 건전하면 고장상만 차단하고 재폐로하는 방식

② 장점 : 과도 안정도 향상, 공급 신뢰도 향상

③ 단점 : 고장상 선택 차단기 부가등 장치 복잡

④ 적용 : 765kV 송전계통용

2. 재폐로 동작 Sequence

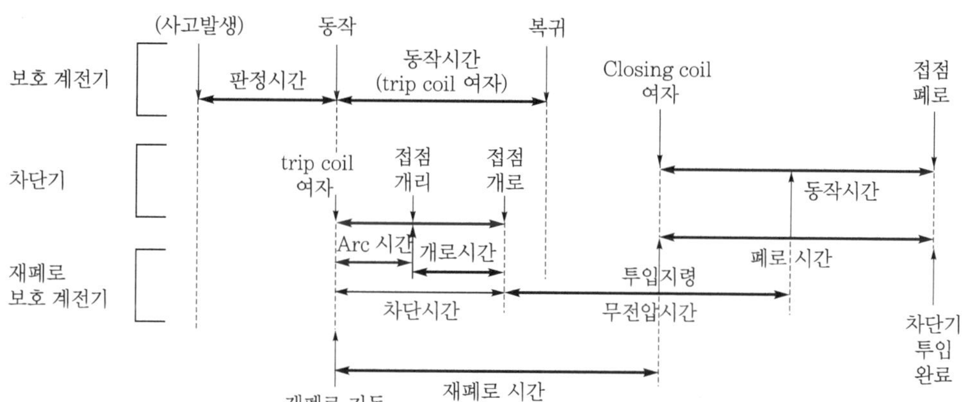

124 전력계통 보호에서 재폐로 계전기의 동작순서와 재폐로 시간에 대하여 설명하시오.

data 발송배전기술사 22-127-1-10 / 발송배전기술사, 건축전기설비기술사, 전기안전기술사, 전기응용기술사 출제예상문제

답안

1. 재폐로 계전기의 동작순서

comment 문제 123의 그림을 간단히 그린 것이다.

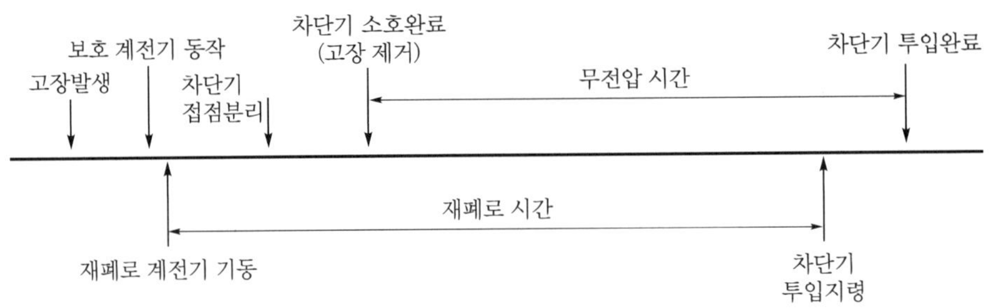

❚ 재폐로 계전기 동작순서 ❚

2. 재폐로 시간

(1) 보호 계전기인 재폐로 계전기가 기동 후 재폐로 차단기 투입 신호지령까지의 시간을 말한다.

(2) 22.9kV의 재폐로 시간

1회 고속 재폐로	2회 저속 재폐로	복귀
0.5초	15초	180초(3분)

① CB의 재폐로는 선로가 무전압(소이온 시간 포함) 이후에 이루어져야 한다.

② 무전압 시간(dead time)

$$t_r = 10.5 + \frac{\text{선로의 선간전압}[\text{kV}]}{34.5} [\text{cycles}]$$

㉠ 의미 : 고장 시 차단기가 고장전류를 차단하면 고장지점의 전류는 없어지게 되나 고장 시 Arc-energy에 의해서 고장지점의 공기는 이온화되어 절연능력을 상실하게 된다.

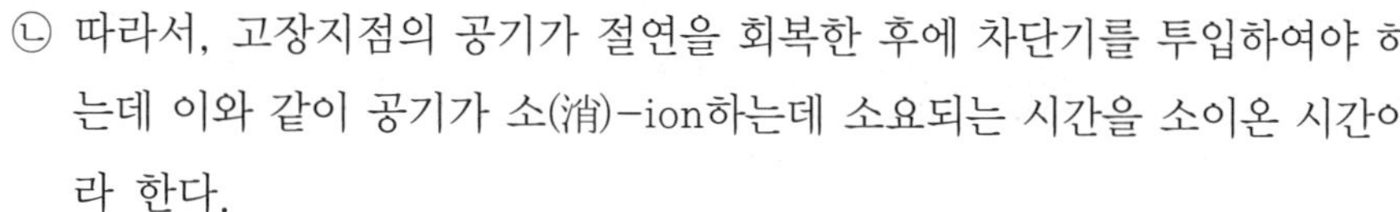

ⓛ 따라서, 고장지점의 공기가 절연을 회복한 후에 차단기를 투입하여야 하는데 이와 같이 공기가 소(消)-ion하는데 소요되는 시간을 소이온 시간이라 한다.

ⓒ 22.9kV의 경우는 3상 단락 시 0.2초

ⓔ 1선 지락 시 0.2×2 = 0.4초 고려

③ 그러므로 고속 재폐로 시간은 0.5초이다.

SECTION 06 배전선로 보호 / 기타 보호 등

125 배전계통에 사용하는 보호기기의 다음 사항에 대하여 설명하시오.
1. $T-C$ 특성곡선(time-current characteristic curve)
2. Pick-up 배수
3. $T-C$ 특성곡선과 Pick-up 배수의 상호관계

data 발송배전기술사 20-120-2-1 / 발송배전기술사, 건축전기설비기술사, 전기응용기술사 출제예상 문제

답안 1. $T-C$ 특성곡선(Time-current characteristic curve)

(1) 정의

보호 계전기의 동작시간과 입력전류의 관계를 표현하는 보호기기의 특성곡선 이다.

(2) OCR의 $T-C$ 특성곡선 예

① 순한시 계전기(instantaneous time limit relay)

㉠ 정정(set)된 최소 동작전류 이상의 전류가 흐르면 즉시 동작한다.

㉡ 보통 0.3cycle 이내 동작, 0.5 ~ 2cycle 이내 동작은 고속도 계전기이다.

② 정한시 계전기(definit time limit relay) : 정정된 값 이상의 전류가 흘러서 동작 할 때 동작전류의 크기에 무관하게 일정한 시간에 동작한다.

③ 반한시 계전기(inverse time limit relay)

㉠ 정정된 값 이상의 전류가 흘러서 동작할 때 동작시간과 반비례하여 동작 한다.

㉡ 전류가 크면 빨리 동작하고 전류가 작으면 천천히 동작한다.

㉢ 종류 : 정반한시, 강반한시, 초반한시

④ 반한시성 정한시 계전기(inverse-definite time limit relay) : 상기의 정한시와 반 한시의 특성을 조합한 것이다.

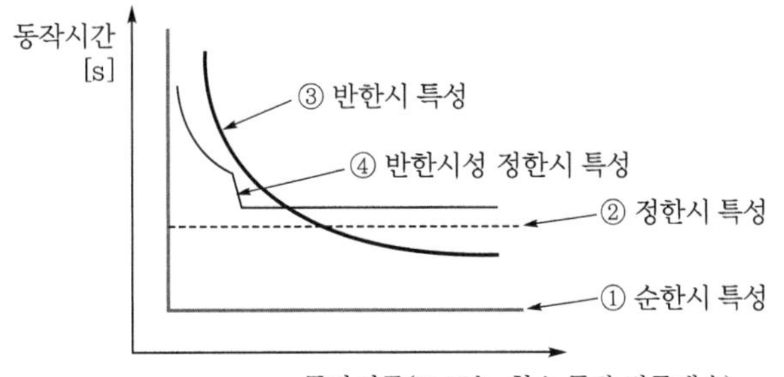

┃ 보호 계전기의 한시특성 ┃

(3) 전류조정

전류는 Tap으로 조정한다.

(4) 시간조정

시간은 Lever로 조정한다.

(5) 계전기의 한시 정정시간

$$t = \frac{K}{(I/I_s)^\alpha - 1} \Delta t \leq 0.6\,[\text{s}]$$

① 기호

㉠ K : 특성상수

㉡ I_s 혹은 G_s : 세팅전류[A]

㉢ I 혹은 G : 사고전류[A]

㉣ α : 특성곡선지수

㉤ Δt : 동작시간 정정

② IEC 기준의 적용 Factor(IEC−60255)

적용 Factor　　　　동작특성	정반한시 (SI)	강반한시 (VI)	초반한시 (EI)	장반한시 (LI)
K	0.14	13.5	80	120
α	0.02	1	2	1

* SI : Standard Inverse Time, VI : Very Inverse Time
　EI : Extremely Inverse Time, LI : Long Inverse Time

2. Pick−up 배수

(1) 정의

고장전류값을 최소 동작전류값으로 나눈 값이다.

(2) 표현식

$$P_u = \frac{I_F}{I_s}$$

여기서, I_F : 고장전류, I_s : 소동작 전류

(3) 최소 동작전류(最小動作電流, pick-up current)

① 최소 동작전류는 보호기기가 동작하게 되는 최소 입력 전류값이다.

② 최소 동작전류를 Pick-up 전류라고도 한다.

③ 보호기기는 최소 동작전류 이상의 전류를 고장전류로 인식한다.

④ 최소 동작전류 설정값 > 설치지점의 최대 부하전류

⑤ 최소 동작전류 = 최대 부하전류의 1.5배 이상 정정(안전계수를 적용)

(4) Pick-up 배수는 고장전류가 최소 동작전류의 몇 배인가를 표시하는 것이다.

3. $T-C$ 특성곡선과 Pick-up 배수의 상호관계

(1) 과부하 보호

최소 동작전류(pick up current) 관계는 다음과 같을 것

① 최대 부하전류 < 한시정정 < 최소 동작전류로 정정

② 부하의 특성에 따라 1.5 ~ 2.5배 적용 가능

(2) 고장전류 차단

Pick up 배수의 관계가 다음과 같을 것

① 순시정정 < Pick-up 배수

② 고장전류 선택 적용 : 단상 단락전류나 1선 지락전류 중 더 작은 것을 적용

③ 순시 정정 시 고려사항

㉠ 변압기 여자 돌입전류에 부동작 : 리클로저에는 돌입전류 억제 기능이 있다.

㉡ 변류기가 포화되지 않을 것 : 변류기 포화점은 Pick-up 배수 이상으로 한다.

(3) 기울기

① 한시와 순시가 정해지고 기기의 열적 내량을 알고 적정한 선택을 한다.

② 변압기의 경우 $T-C$ 곡선이 변압기 열적 내량(anci point) 곡선 하부에 있어야 보호가 가능하다.

826

(4) X 배수

① 최대 부하전류보다 돌입전류가 얼마나 큰 지를 나타내는 것이다.

② 돌입전류에 의한 R/C 동작을 억제하기 위해 정정하는 값이다.

③ 정정값

㉠ 변압기 경우 10km, 0.1초에 부동작

㉡ X배수 >10 $(10I_m/I_m,\ I_m$: 최대 부하전류$)$

---

126 직접 접지계통, 고저항 접지계통, 비접지계통에서의 지락 과전류 계전기 결선방법에 대하여 각각 설명하시오.

(data) 발송배전기술사 20-122-1-10 / 발송배전기술사, 건축전기설비기술사, 전기응용기술사 출제예상 문제

답안

1. 직접 접지계통의 지락전류 계전기의 결선방법

(1) Y결선의 CT 잔류회로로 구성한다.

(2) 회로 구성 및 벡터도

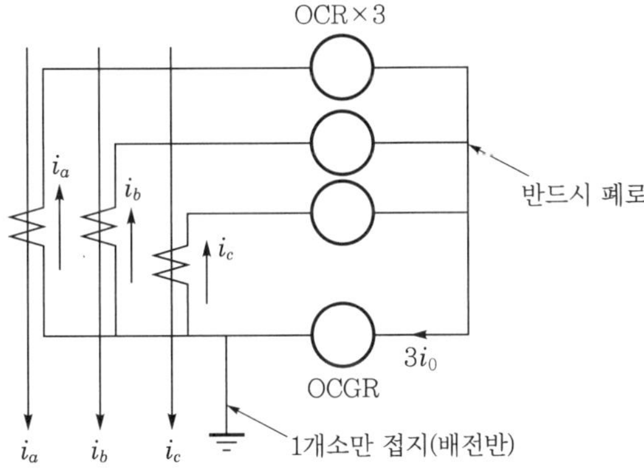

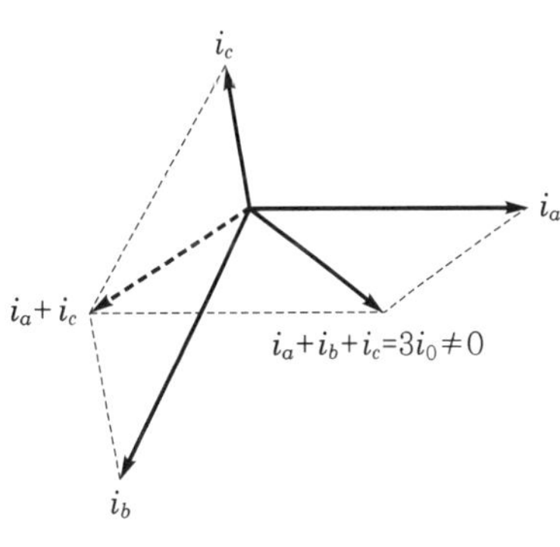

(3) 검출원리

① CT 3대로 Y결선을 하고 각 지로에는 OCR을 접속한다.

② 각 결선의 중성선 잔류회로에 OCGR을 접속, 지락 사고 발생 시 불평형 3상 전류의 합인 영상전류 i_0의 3배의 크기를 검출할 수 있다.

$[i_a+i_b+i_c=3i_0,$ 지락 계전기(OCGR)에 흐름$]$

827

(4) Y결선의 CT 잔류회로의 특성

comment 별도로 배점 10점으로 예상한다.

① 3상 전류를 정확하게 측정할 수 있다.

② 3상 전류의 불평형분을 측정할 수 있다.

③ 잔류회로에는 각 상전류의 벡터합으로서 영상전류의 3배인 $3i_0$가 흐른다.

④ 중성점 접지방식의 경우 지락사고 검출이 쉽기 때문에 가장 널리 사용된다.

⑤ 고저항 접지방식에서는 보통 변류비가 300/5A 이하인 소규모 설비에 적용한다.

⑥ 회로전위를 안정시키기 위하여 잔류회로는 반드시 한 곳만 접지한다.

⑦ 3대의 CT 특성이 일치하지 않으면 영상 잔류전류가 흐르게 되고, 단락 시 직류분에 의한 철심의 포화때문에 오동작 가능성이 있다.

⑧ 특히 CT 오결선에 따른 계전기의 오동작이나 부동작 우려가 있으므로 주의를 요한다.

2. 고저항 접지계통의 지락전류 계전기의 결선방법

(1) 3차 권선부 변류기를 이용한다.

① 결선도

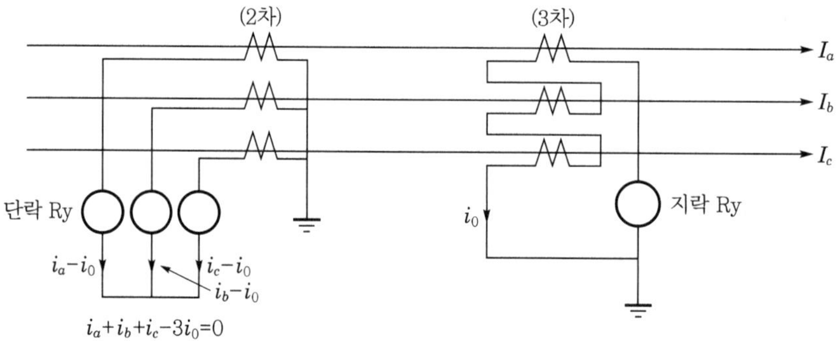

② 2차 권선은 Y결선으로 하여 단락 계전기를 접속하되 잔류회로는 구성하지 않는다.

(2) 3차 권선부 변류기 결선의 특성

① 3차 권선은 △결선을 하여 지락 계전기를 접속하고 영상전류를 검출한다.

　㉠ 3차 권선에 흐르는 영상전류는 잔류회로와는 달리 $3i_0$가 아니라 i_0이다.

　㉡ 2차 권선에는 '상전류 – 영상전류'가 흐른다.

② 2차 및 3차 둘 다 각각 한 곳만 접지하여야 한다는 점에 주의할 것

828

③ 2차 잔류회로와 3차 영상회로의 중요한 차이점은 변류비가 다르다는 것이다.

   ㉠ 일반적인 변류비 → 1차 전류 : 2차 전류 $= I_1 : I_2 = I_1 : 5[A]$

   ㉡ 3차 영상분로의 변류비

      • 1차 전류 : 3차 전류 $= I_1 : I_3 = 100 : 5[A]$ (1차 정격전류와 무관하게 일정)

      • 3차 측 영상전류

$$i_0 = \frac{5}{100} I_0 = \frac{3I_0}{\left(\frac{100}{5}\right) \times 3} = \frac{I_g}{\frac{I_1}{I_3} \times 3} = \frac{1\text{차 지락전류}}{3\text{차 변류비} \times 3} = \frac{I_g}{60}$$

      여기서, I_0 : 1차 영상전류

   ㉢ $I_1 = 300\text{A}$일 경우 Y잔류회로의 OCGR에 검출되는 영상전류 $i_0{}'$

$$i_0{}' = 3I_0 \times \frac{I_2}{I_1} = I_g \times \frac{5}{300} = \frac{I_g}{60} = i_0$$

④ 1차 전류가 300A인 경우에 Y잔류회로에서 얻어지는 영상전류와 3차 영상분로의 영상전류의 크기가 동일하다.

⑤ 1차 전류가 300A를 넘게 되면 잔류회로의 경우 변류비 $\dfrac{I_1}{I_2}$ 가 커지고 영상전류 $i_0{}'$는 3차 영상분로의 영상전류 i_0보다 적어지므로 검출감도가 3차 영상분로 경우보다 낮아진다.

⑥ 이 이유로 변류비가 400/5A 이상인 대규모 고저항 접지계통에서는 Y잔류회로 대신 3차 권선부 CT를 주로 사용한다. (적용 : 고저항 접지계통에서 CT비가 300/5를 초과 시)

(3) 적용 시 주의점

① 3권선 CT 사용 시 2차 Y결선의 잔류회로를 연결하거나 2차 측에 2중 접지를 하면 접지점 간 전위차 때문에 오동작 가능성이 높다.

② 3차 권선의 영상전류가 상쇄되어 부동작할 가능성이 있으므로 주의해야 한다.

3. 비접지 계통의 지락전류 계전기의 결선방법

(1) 구성

1개의 철심에 3상의 1차 권선 및 1조의 2차 권선으로 구성된다.

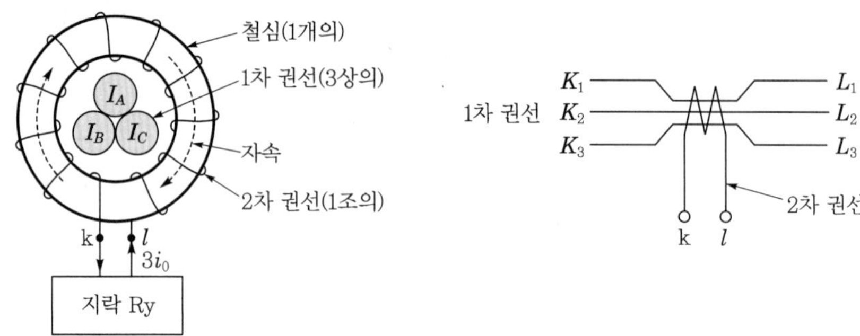

(2) 원리

① 정상상태

$$\dot{I}_A + \dot{I}_B + \dot{I}_C = (\dot{I}_0 + \dot{I}_1 + \dot{I}_2) + (\dot{I}_0 + a^2\dot{I}_1 + a\dot{I}_2) + (\dot{I}_0 + a\dot{I}_1 + a^2\dot{I}_2) = 3\dot{I}_0$$

이때, $I_g = 3\dot{I}_0 = 0$이므로 $\dot{I}_A + \dot{I}_B + \dot{I}_C = 0$이고, 철심 내 자속 역시 0(영)이다.

② 지락 시에는 $I_g = 3\dot{I}_0 \neq 0$이므로 $\dot{I}_A + \dot{I}_B + \dot{I}_C = 3\dot{I}_0 \neq 0$이다.

③ 이때, 철심 내에는 자속 $3\phi_0$가 생기고, 영상 변류기의 2차 권선에는 이에 대응한 기전력이 유기되어 전류 $3i_0$가 흐른다.

(3) 적용 및 특성

① 3상 회로의 3개의 도체를 절연해서 철심 중심부를 관통시켜서 1차 도체로 사용하고, 2차 권선은 철심 주위에 균일하게 감은 구조이다.

② 따라서, 1차 측 3상 전류의 벡터합, 즉 영상전류의 3배의 크기에 비례하는 2차 전류를 지락 계전기의 입력으로 얻을 수 있다.

③ 이 방식은 CT 3개를 사용하는 Y잔류회로 방법에 비하여 철심 1개를 공통으로 이용하므로 철심의 특성 차이에 기인하는 오차가 작아서 고감도의 지락보호에 적용한다.

④ 주로 비접지계통이나 고저항 접지계 등의 배전선 지락사고 보호에 SGR과 함께 이용한다.

⑤ 검출감도는 수백 mA 정도, 변류비는 보통 200mA/1.5mA(또는 3.0mA)가 쓰인다.

⑥ 영상 2차 전류의 오차 축소를 위해서는 여자 임피던스를 증대되게 철심을 크게 한다.

⑦ 영상 변류기는 정격 여자 임피던스의 값에 따라 다르다.

등급	정격 여자 임피던스	영상 2차 전류
L급	$Z_0 > 10\Omega$	$1.0 \sim 2.0$mA

⑧ 정격 과전류 정수 : 영상 변류기가 포화하지 않는 영상 1차 전류의 범위

$n_0 > 100$ 또는 $n_0 > 200$

⑨ 잔류전류에 대한 주의점 : 철심을 개재시킨 1차 도체와 2차 권선 사이의 전자적 불평형으로 인해서 영상 잔류전류가 생기면 계전기 오동작의 원인이 되므로 1차 도체, 철심 및 2차 권선 간의 상호관계를 기하학적으로 대칭이 되도록 배치한다.

---

127 고장용량이 3500MVA$\left(\dfrac{X}{R}=무한대\right)$인 전원에 3상 변압기(용량 35MVA, 3상 154/6.6kV, X=6%, R=0)의 2차 측 주차단기(정격 42kV sym rms, 1초 정격)에 설치된 변류기(4000/5A, C200)에 순시 과전류 계전기(코일 임피던스가 2Ω이고 CT 2차 전류 60A에 정정)와 강반한시 과전류 계전기(계전기 전류 60A에서 1초 동작하는 시간 지연 곡선에 정정)가 연결되어 있다. CT 2차 측의 전선은 0.1Ω/m, 거리 30m이다. 고장 직전의 전압은 6.9kV이다. 2차 측 모선에 발생한 3상 단락 고장전류를 차단기가 성공적으로 차단 가능한지 여부를 판별하시오.

data 발송배전기술사 22-126-4-2 / 발송배전기술사, 건축전기설비기술사, 전기응용기술사 출제예상 문제

답안

1. 제의에 의한 계통도 작성

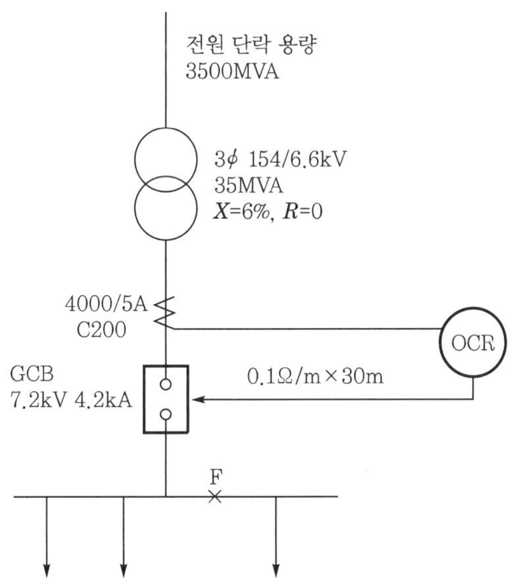

2. 단락전류 산출(35MVA, 6.6kV 기준) 및 CT 2차 전류 산출

(1) $I_s = \dfrac{100}{\%Z} \times I_n$ 에서

$$\%Z = \dfrac{I_n}{I_s} \times 100 = \dfrac{\sqrt{3}\,VI_n}{\sqrt{3}\,VI_s} \times 100 = \dfrac{P_n}{P_s} \times 100\,[\%]$$

(2) 전원 측 $\%Z_s = \dfrac{P_n}{P_s} \times 100\,[\%] = \dfrac{35}{3500} \times 100\,[\%] = j1\,[\%]$

(3) 변압기의 $\%Z_{TR} = j\,6\,[\%] \times \left(\dfrac{6.9}{6.6}\right)^2 = j\,6.588\,[\%]$ (단, 전압의 기울기를 고려함)

(4) 합성 %임피던스 $\%Z = j\,1 + j\,6.588 = j\,7.588\,[\%]$

(5) 단락전류 $I_s = \dfrac{100}{\%Z} \times I_n = \dfrac{100}{7.588} \times \left(\dfrac{35 \times 10^3\,\mathrm{kVA}}{\sqrt{3} \times 6.6\mathrm{kV}}\right) = 40.5\,\mathrm{kA}$

(6) 따라서, CT 2차 전류는 CT비를 고려하므로

$$I_2 = I_s \times \dfrac{1}{\mathrm{CT\ 비}} = 40.5 \times 10^3 \times \dfrac{5}{4000} = 50.5\,\mathrm{A}$$

3. CT 포화 검토

(1) CT 2차 정격부담

① C200의 의미

㉠ 의미 : 부싱형 CT, 변류비 계산 가능, 과전류 정수 $20I_n$ 에서 포화전압이 200V 의미

㉡ 부담 임피던스

$$Z = \dfrac{전압}{전류} = \dfrac{200\mathrm{V}}{20\,I_n\,[\mathrm{A}]} = \dfrac{200\mathrm{V}}{20 \times 5\mathrm{A}} = 2\Omega$$

즉, $V_k = 20I_n \times Z = 20 \times 5 \times Z = 200$

$\therefore\ Z = 2\Omega$

(2) CT 2차 실제부담

① CT 2차 측 전선의 임피던스 : $0.1\Omega/\mathrm{m}$, 거리 30m이므로

$0.1 \times 30 = 3\Omega$

② CT 자체의 임피던스 : $2\Omega \times \left(\dfrac{60}{50.5}\right)^2 = 2.82\Omega$

㉠ 여기서, 60A : CT 2차 전류의 정정값, 50.5A : CT 2차 전류값

832

ⓒ Relay의 기자력이 일정하므로

$$60\text{A} \times n = 50.5\text{A} \times N \text{에서} \quad N = \left(\frac{60}{50.5}\right)n$$

$$Z \propto N^2 \text{에서} \quad L \propto N^2$$

③ CT 2차 실제부담 = $3\Omega + 2.82\Omega = 5.82\Omega$

④ 따라서, 주어진 C200의 2Ω보다 크므로 CT는 포화된다.

(3) 포화전류 한도치

$$I_2 = \frac{V}{Z} = \frac{200\text{V}}{5.82\Omega} \fallingdotseq 34.5\text{A}$$

즉, 단락전류가 흐르기 전에 포화된다.

4. 릴레이 동작특성과 차단기 동작 여부 검토

(1) 과전류 정수 C400에서 구해보면 $400\text{V}/5.82\Omega = 68.9\text{A}$

① 계산된 CT 2차 전류값인 50.5A보다 크다.

② 2차 측 저항은 여전히 4Ω으로 부족하다.

(2) 릴레이 동작특성

1 ~ 3의 결과를 이용해서 그림으로 표현하면 다음과 같다.

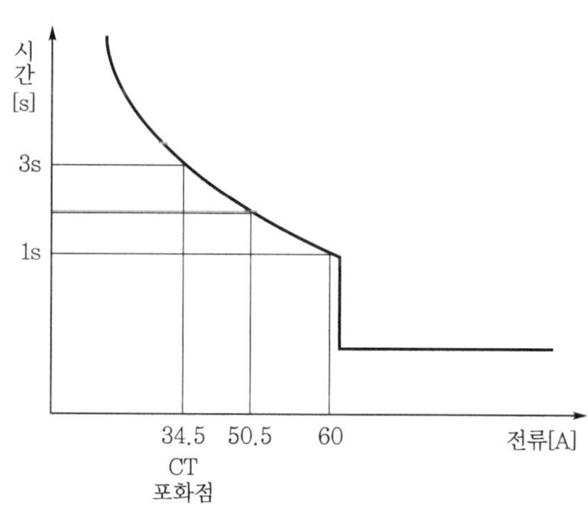

(3) CT의 정격부담이 작아 CT가 포화되므로 차단기가 동작하지 않는다.

(4) 따라서, 차단기의 용량 증대가 필요하다.

128 단락 방향 계전방식을 90° 진상 전류법으로 설명하고, 계전기의 최대 토크각을 설명하시오. (단, 선로의 임피던스 각은 70°임)

(data) 발송배전기술사 22-126-4-4 / 발송배전기술사, 건축전기설비기술사, 전기응용기술사 출제예상 문제

답안 1. 단락 방향 계전방식에서 90° 진상 전류법

(1) 방향성 과전류 계전기란 과전류 계전기에 방향 판정 요소를 더함으로써 정방향과 역방향의 구분이 가능해져서 일정 방향의 일정 크기 이상의 과전류를 And 조건으로 구성하여 보호하는 계전기이다.

(2) 설정된 방향의 세팅치 이상의 전류를 차단한다는 것이다.

(3) 어느 일정한 방향으로 일정 값 이상의 고장전류가 흐를 경우에 동작하는 계전기로서, 이런 경우 동시에 전력조류가 반대로 되기 때문에 역력 계전기(reverse power relay)라고도 한다.

(4) 3상 단락이 발생할 경우 고장전류는 거의 90도에 가까운 저역률의 대전류이다. 이것을 다음 그림과 같이 I_{3s}로 표시한다.

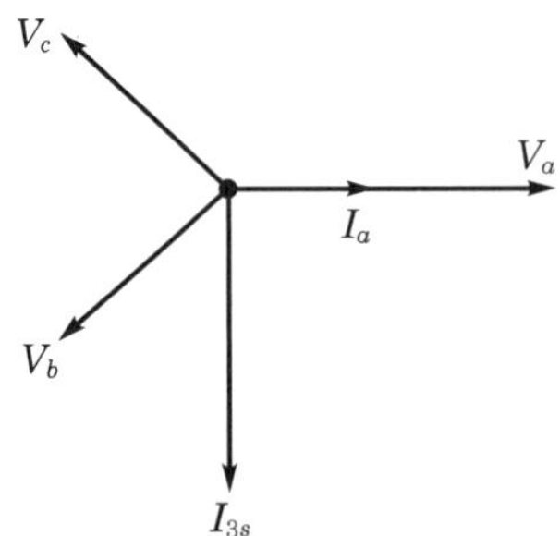

┃a상 기준의 3상 단락 시 단락전류 Vector도 ┃

(5) 기준전압 V_a와 90도 위상차를 나타내는 전류는 벡터도와 같이 I_{3s}이다.

(6) 이때, a상을 고장으로 가정하고 b·c상의 선간전압을 기준전압으로 설정한다.

(7) 이 V_{bc}는 a상과 90도 차이가 나서 이를 90도 진전류법이라고 한다.

(8) b·c상 선간전압을 기준으로 해서 고장전류 I_g와의 위상 차이를 동작 정정치로 하게 되어 a상의 입장에서 기준전압(V_{ref})과 90도 앞서는 차이가 나니 90도 진상 전류법이라고도 한다.

834

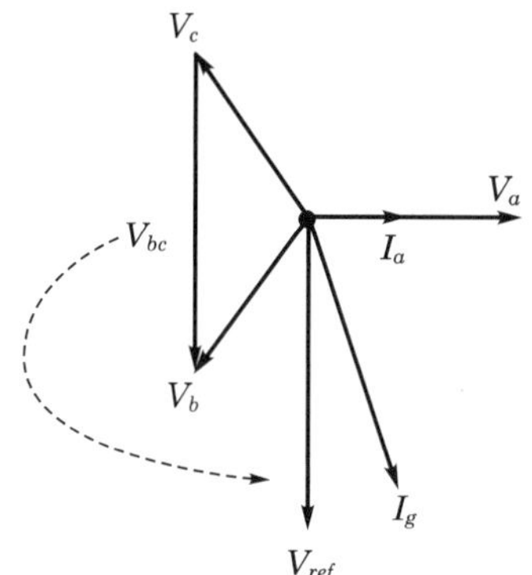

그림에서 고장전류를 I_g로 표현하였고, 약간의 저항성분을 반영해 완벽한 90도 지상 전류가 아닌, 대략 70도 정도의 벡터도이다.

▌a상 기준의 3상 단락 시 단락 방향 계전방식 90° 진상 전류법 ▌

(9) 계전기의 단락요소에는 기준전압 V_a와 전류의 위상을 비교하여 이 위상차이로 고장을 판별한다.

(10) 보통 고장판별 위상을 30도로 정정한다.

(11) 단락 고장 시는 이렇게 방향성 과전류 계전기 67을 정정하고 지락 시에는 기준전압 V_{ref}이 아닌 영상전압 $3V_0$를 사용한다. $3V_0$와 고장 간의 위상 차이가 정정값 이상인 경우에 동작하게 되는 것이다.

(12) 30도, 60도, 90도 진전류 방식이 있으며, 전압과 전류의 곱이 동작토크가 되므로 고장 시 극성 전압이 가장 크게 나타나는 90도 진전류 방식을 우리나라 보호계전기에서는 거의 대부분 채택하고 있다.

(13) 따라서, MTA(최대 토크각) +90도로 정정하게 된다.

2. 단락 방향 계전방식에서 90° 진상 전류법의 적용

(1) 전력계통에서 방향성 과전류 계전기 67은 다음의 전력계통에 적용한다.

　① 1회선 방사성 계통에 발전기가 있는 송전선로

　② 배전선로에 분산형 전원이 설치된 개소

　③ 345kV 변압기 지락 후비보호

(2) 방향성 보호 계전기를 사용하는 대표적 장소

　분산형 전원이 설치된 배전선로

3. 현재의 분산형 전원 연계선로의 OCR의 문제점과 DOCR의 필요성

(1) 기존 배전선로는 일방향 전력방향의 배전선로이다.

(2) 요즘은 분산형 전원이 배전선로에 직접 연계되어 배전선로도 송전선로와 같이 발전원을 포함하게 되었다.

(3) 이에 따른 보호계전의 방법도 바뀌어야 하고, 추후 VPP와 같은 대규모 발전단이 될 경우 송전선로에 적용하는 보호방법으로 발전되어야 할 것이다.

(4) 현재의 배전선로의 보호 계전방식의 문제점

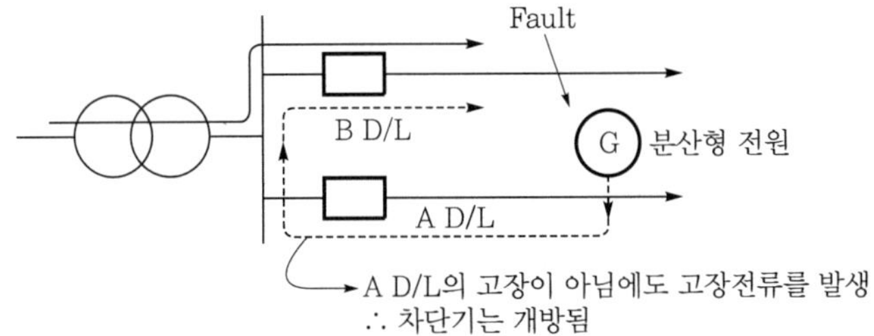

┃ B선로가 단락사고 시 건전한 분산형 전원 A선로의 차단기 개방 ┃

위 그림과 같이 분산형 전원이 연계된 A배전선로에서는 B선로의 고장인데도 분산형 전원 G가 고장점을 향해 고장전류를 공급함으로써 A선로의 과전류 계전기 동작으로 인해 차단기가 트립된다. 즉, B의 고장에 의해 A선로까지 정전된다.

(5) '(4)'의 기존 OCR 문제에 대한 대책

① 고장전류의 방향을 이용한 DOCR 채용

    ㉠ 다음 그림과 같이 A선로가 고장 시 고장전류는 차단기를 오른쪽으로 통과하는 고장전류를 발생시키게 된다.

    ㉡ 또, 타 선로 고장 시에는 계통쪽으로 향하는 고장전류를 발생시키게 된다.

    ㉢ 바로 이 점을 이용해서 방향성 보호를 적용시키면 타 선로에서 고장 시 자기가 보호하는 선로의 보호 계전기는 동작하지 않는다. 즉, 바로 극성 전압(V_p)과 전류의 위상을 비교하는 것이다.

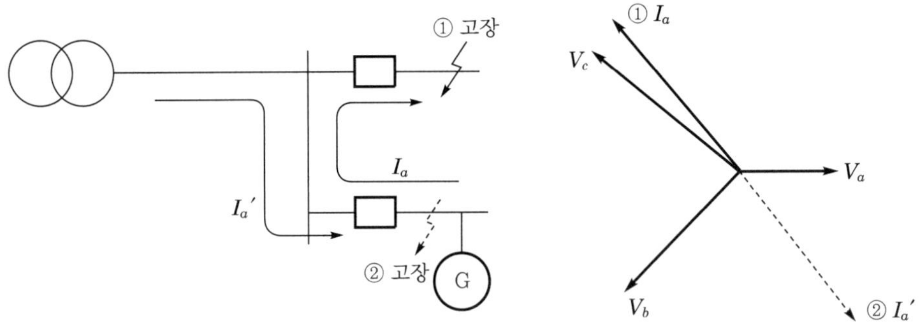

  ② 67D, 67I, 67N, 67ND 등 방향성 계전기를 분산형 전원에 적용시켜 보호협조한다.

4. 과전류 계전기의 방향성 판별 원리와 MTA(최대 토크각 : Maximum Torque Angle)

(1) 고장전류는 고장 전에 비해, 각 상전압 대비 선로 임피던스 각도만큼의 위상 지연이 발생하게 된다.

(2) 선로 임피던스의 리액턴스 성분만 존재한다면, 90도의 지연이 발생할 것이나, 실제 선로에는 저항성분도 있으므로, 90도보다 작은 위상 지연이 발생한다.

(3) 이는 방향성 판별 기준이 되는 선간전압으로부터 멀어지므로(벡터의 방향이 달라지므로), 선로 임피던스를 고려한 위상을 보정하여, 새로운 기준 V_{pol}을 만들어야, 가장 정확한 방향성 판별이 가능해진다.

(4) 따라서, 기준 선간전압에 MTA(RCA)를 보상하고, 이를 V_{pol}(Maximum Torque Line ; MTL)로 설정한 다음, 이의 ±90도를 동작영역으로 설정한다.

(5) 요즘은 전자식 계전기가 도입되면서, MTA라는 용어는 릴레이 특성 각도(Relay Characteristic Angle ; RCA)로 변경된다.

즉, RCA = MTA, '방향성 판별을 위한 위상 보정값'이라고 통용 중이다.

최대 감도 위상 = MTA = RCA

(6) 아래 그림과 같이 $\dfrac{R}{X}$이 고려된 선로의 임피던스 상황에서 고장전류는 90도가 아닌, 부하의 임피던스 각도에 따라 뒤진다. 즉, 90도보다 작게 뒤지는 것이다.

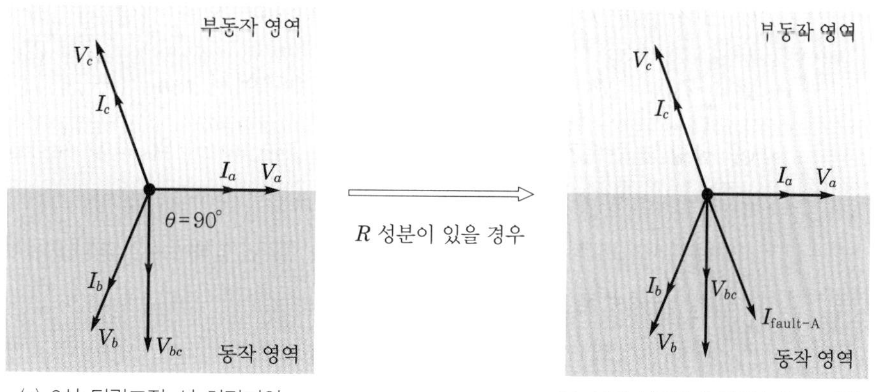

(a) 3상 단락고장 시 차단기의 동작·부동작 영역 (b) 실제 선로의 임피던스를 고려한 3상 단락 고장 시 차단기의 동작·부동작 영역

❙ 실제 배전선로를 고려한 고장전류의 위상변화 ❙

a상 고장전류와 V_{bc}의 방향을 비교하면 다음과 같다.

① **동작 영역** : V_{bc} ±90도가 되는 영역을 동작 영역을 정방향으로 판별하는 영역

② **부동작 영역** : ① 외의 영역으로서, 역방향으로 판별하는 영역

(7) MTA(RCA)를 보상해주는 이유

선로 임피던스를 고려해서, V_{bc}의 위상각에 일정 부분 보상을 해주어, Cosine을 취했을 때 1에 가깝도록 할 수 있게 하는 방법을 이용하기 위해서이다.

(8) 선로 임피던스를 고려한 MTA 보상 전 MTA(최대 토크각)

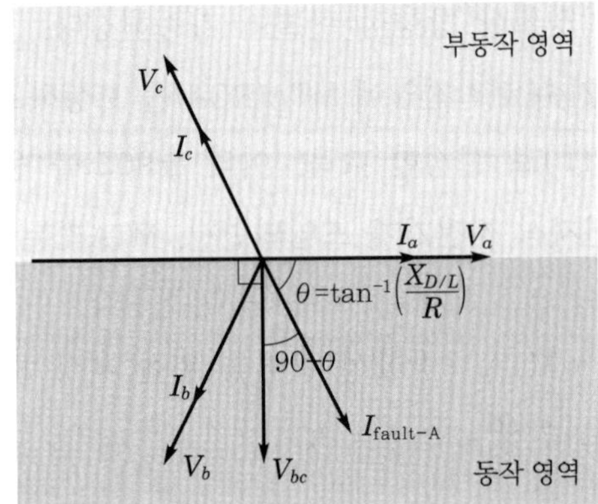

▍선로 임피던스를 고려한 차단기의 MTA 보상 전 동작과 부동작 영역 ▍

① 선로 임피던스는 R성분이 존재하므로 순수 리액턴스 성분이 아니다.

② 고장전류 $I_{\text{fault}-a}$는 V_a이 기준 90°보다 작은 위상 지연을 야기한다.

$$\left[Z_{D/L} = R + jX_{D/L}, \ \text{이때, 위상은 } 90° \text{에서 } \tan^{-1}\left(\frac{X_{D/L}}{R}\right) \right]$$

③ 방향성 판별기준인 V_{bc}로부터 I_{fault_A}는 $90-\theta$의 위상 차이를 가지며, 이는 방향성 판별 최대 감도(직선, MTL)에서 벗어난 상황

④ 따라서, 기존 방향성 판별기준의 V_{bc}를 변경해주어, 최대의 방향성 판별감도를 가지도록 해주는 것이 중요하다.

⑤ 이때, 그의 각도 θ를 MTA(Maximum Torque Angle)라고 한다.

(9) 단락 고장 시 방향성 판별을 위한 원리

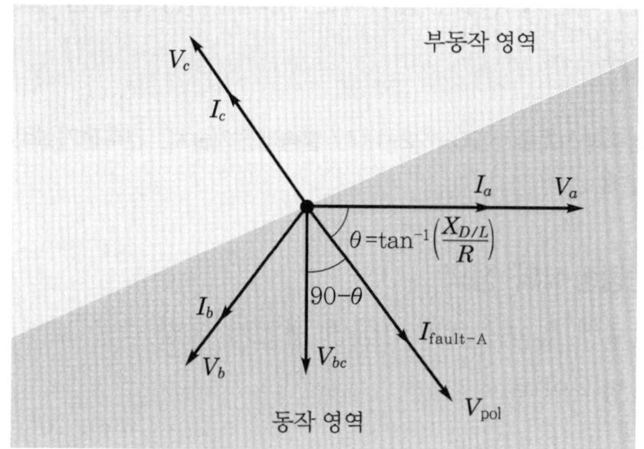

▌선로 임피던스에 따른 위상 지연을 고려한 차단기의 MTA 보상 후 동작과 부동작 영역▐

① 단락 고장 시 각 상에 흐르는 고장전류는 고장 전에 비해 각 상전압 대비 선로 임피던스 각도만큼의 위상 지연이 발생한다.

② 선로 임피던스의 리액턴스 성분만 존재한다면 90° 지연이 발생할 것이나(즉, V_{bc}와 동상), 실제 선로에는 저항성분이 있으므로, 90° 보다 작은 위상 지연이 발생한다.

③ 이는 방향성 판별기준인 V_{bc}로부터 멀어지므로, 선로 임피던스를 고려한 위상을 보상하여, 새로운 기준 V_{pol}을 생성한다.

④ 기준 V_{pol}(MTL)의 ±90°를 동작영역으로 설정하고 고장전류와의 위상 비교를 통한 방향성 판별을 수행한다.

> **(reference)**
> **과전류 계전기의 방향성 판별에 대한 원리 요약**
> (1) 고장전류는 고장 전에 비해, 각 상전압 대비 선로 임피던스 각도 만큼의 위상 지연이 발생하게 된다.
> (2) 선로 임피던스의 리액턴스 성분만 존재한다면, 90도의 지연이 발생할 것이나, 실제 선로에는 저항 성분도 있으므로, 90도보다 작은 위상 지연이 발생한다.
> (3) 이는 방향성 판별기준이 되는 선간전압으로부터 멀어지므로(즉, 벡터의 방향이 달라지므로), 선로 임피던스를 고려한 위상을 보정하여, 새로운 기준 V_{pol}을 만들어야, 가장 정확한 방향성 판별이 가능해진다.
> (4) 따라서, 기준 선간전압에 MTA(RCA)를 보상하고, 이를 V_{pol}(Maximum Torque Line ; MTL)로 설정한 다음, 이의 ±90°를 동작영역으로 설정한다.

129 저압 뱅킹 배전방식에서 일어나는 캐스케이딩 현상을 설명하고, 그 대책에 대하여 설명하시오.

(data) 발송배전기술사 20-122-1-7 / 발송배전기술사, 건축전기설비기술사, 전기응용기술사 출제예상 문제

답안

1. 저압 뱅킹방식의 정의

고압 선로에 접속된 2대 이상의 변압기 저압 측을 병렬접속시켜, 부하의 융통성을 도모한 방식이다.

2. 저압 뱅킹 배전방식의 구분

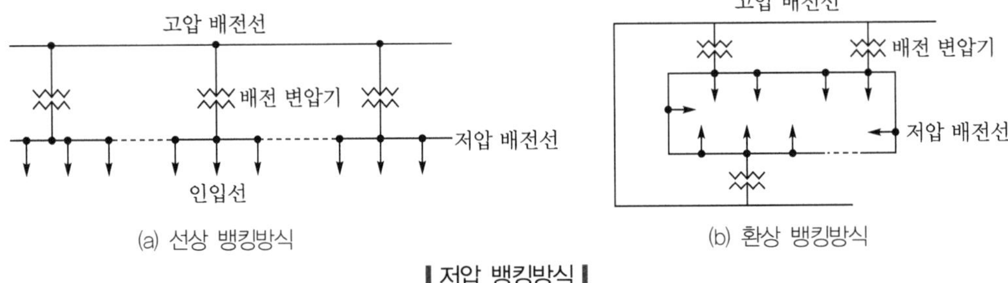

‖ 저압 뱅킹방식 ‖

3. Cascading 장해에 대한 대책(보호방식)

(1) 인접 변압기의 중간에 퓨즈 또는 차단기를 삽입할 것

(2) 변압기의 1차 측에 퓨즈를 설치하고 인접 변압기를 연락하는 저압선의 중간에 구분 퓨즈를 설치할 것

(3) 변압기 또는 저압선에 고장이 일어나면 1차 측 퓨즈 및 변압기 양측의 구분 퓨즈가 용단해서 그 구간의 수용가만 정전하게 된다.

(4) 구분 Fuse가 변압기 1차 Fuse보다 먼저 Open 되도록 설계할 것

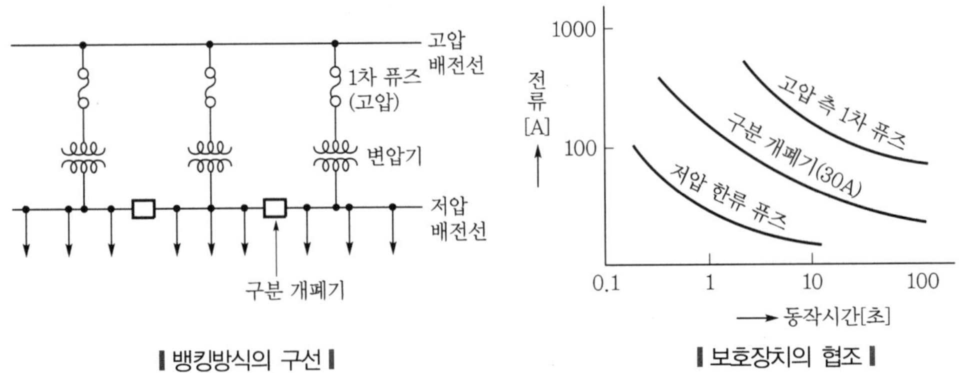

4. 저압 뱅킹 배전방식의 장단점

comment 배점 10점일 경우는 기록하지 않아도 된다.

(1) 장점

① 전압변동에 의한 Flicker 경감

② 전압강하, 손실 경감

③ 변압기 용량, 배전선 동량 절감

④ 수요 증가에 대한 융통성 증대

⑤ 공급 신뢰도 향상

(2) 단점

① 계통 보호가 복잡하다.

② Cascading 현상이 발생할 수 있다.

㉠ Cascading 현상 : 변압기 또는 선로의 사고에 의해서 Banking 내 건전한 변압기의 일부 또는 전부가 연쇄적으로 회로로부터 차단되는 현상

㉡ 저압 측을 병렬 접속하는 1차 퓨즈라든가 2차 퓨즈 등의 보호장치가 적당하지 않으면 어떤 장소에서 발생한 사고가 발생 시 고장구간 양단의 단락 보호장치로 제거되지 않아 사고범위가 확대되어 Cascading 장해가 발생한다.

---

130 디지털 보호 계전기의 구성도를 그리고 목적, 장단점, 주요 구성요소를 각각 설명하시오.

data 발송배전기술사 17-113-4-5 / 발송배전기술사, 건축전기설비기술사, 전기응용기술사 출제예상문제

답안

1. 개요

디지털 계전기는 전압, 전류 등을 일정한 시간 간격으로 샘플링하여 디지털량으로 변환하고 이 데이터를 마이크로 프로세서 등으로 구성된 연산처리부로 보내 연산처리하여 계전기 특성을 실현하게 된다.

2. 디지털 계전기의 필요성(목적)

(1) 전력계통의 사고에 따른 과도 전압 · 전류는 직류 성분과 고조파 성분에 의해 심하게 왜곡된다.

(2) 계전신호에 포함된 이 과도성분들은 보호 계전기의 동작속도를 느리게 한다.

(3) Digital relay는 왜곡된 계전신호에서 필요한 성분만을 추출하는 신호 처리기법을 이용하여 계전기의 획기적인 성능 향상을 달성한다.

3. Hardware 구성도와 구성요소

(1) Digital 계전기의 구성

연산형 디지털 계전기의 H/W 구성은 다음과 같다.

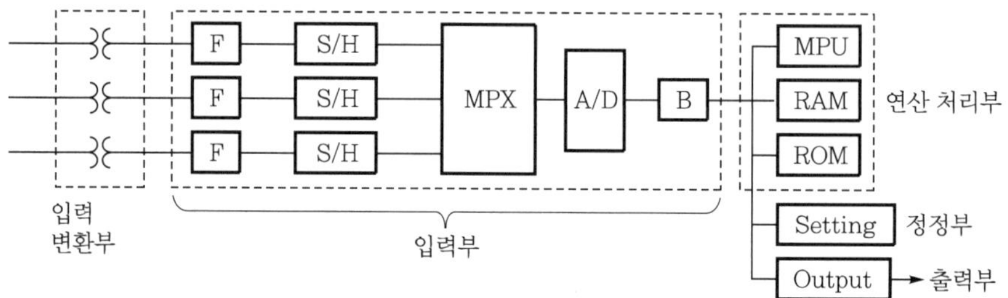

(2) 각 부분의 역할

① **입력 변환부** : PT, CT로부터 회로의 실제 값을 보호 계전기가 동작되는 전압값과 전류값으로 변환한다.

② **입력부**

ㄱ 필터(filter) : 입력 중의 고조파분 제거 및 샘플링에 따른 폴링 오차 제거 (중첩 에러 방지)

ㄴ 샘플홀더(S/H : Sample Holder)

• 샘플링 펄스에 의해 펄스 발생시점의 입력의 크기를 다음 펄스가 오는 동안 유지

• 신호값을 일정 시간 간격으로 Sampling하고 A/D 변환이 완료될 때까지 Data 보전

ㄷ 절체회로(MPX : Multiplexer)

• 여러 개의 입력 데이터를 차례로 직렬로 A/D에 전송

• 신호값을 입력받아, 이것을 시분할시켜 버퍼(B)에 보내줌

ㄹ A/D 변환기 : 전압, 전류의 Analog 순시치 아날로그량을 Digital 값으로 변환

ㅁ 버퍼(buffer) : 디지털화된 데이터를 저장

③ **연산 처리부** : Micro processor unit으로 저장되어 있는 보호 계전기가 Program 수행

   ㉠ Micro Processor Unit(MPU)

   ㉡ Random Access Memory(RAM) : MPU에서 수행해야 하는 보호 계전 Program 저장

   ㉢ RAM, Read Only Memory(ROM) : A/D 변환기에 의한 전압·전류 Data 및 임시저장

④ **정정부(EPROM, 정정치 기억부)** : 계전기 동작판정에 필요한 정정치 기억

⑤ **출력부** : 계전기 동작조건이 성립되면 출력신호 송출

4. 디지털 계전방식의 장단점

(1) 장점

① **고도의 보호기능, 다기능화** : Analog에서는 실현하지 못하는 특성·기능을 실현할 수 있다. 이로써 대용량의 정보와 복잡한 계전기 특성을 쉽게 처리한다.

② **소형화** : LSI 소자의 고집적화에 따라 장치가 소형화

③ **고신뢰도** : 자기 진단기능에 의한 신뢰도 확보로 자동 점검, 상시 감시 기능 보유

④ **고융통성** : 계통구성, 보조방식 변경 시 H/W 변경 없이 S/W 변경만으로 가능

⑤ **표준화** : H/W 변경 없이 다양한 보호방식 구성

⑥ **저부담화** : 변성기의 부담이 작아진다.

⑦ **경제성** : 반도체 소자의 가격 저하에 따른 계전기의 가격 저하가 기대된다.

⑧ **장래성** : 보호설비의 Digital화 추세

(2) 단점

① 반도체 소자로 구성되므로 Surge, Noise 대책 필요 및 고온·저온 시 오동작 발생

② Sampling 오차 등이 존재하며 컴퓨터를 활용해 Booting하므로 최초에 실적용 시 3분 정도 무응답이 됨

③ H/W 자체 고장 시 긴급복구 곤란

④ 반도체 기술의 발전속도가 빨라 부품 확보에 어려움이 발생

⑤ 보호방식이 Program으로 되어 있어 문제점 발생 시 원인 규명이 어려움

⑥ 온도 및 습도의 영향을 쉽게 받음(항온·항습 장치 필요)

⑦ 계전기 자체 고장 시 원인규명이 어려움

5. Digital relay의 동작원리

디지털 전송 방식인 PCM을 활용한 방식으로, 표본화, 양자화, 부호화를 거쳐 Digital 신호로 변환 전송시킨다.

(1) Digital relay의 기본 개념은 Sampling이며, CT에서 얻은 Analog 전류를 일정 간격으로 Digital 변환(표본화 → 양자화 → 부호화)

(2) Digital 변환값은 Micro-processor에 입력되어 연산처리 수행

(3) 표본화(sampling)

CT에서 얻은 전류 Anolog 신호를 Shanon의 표본화 정리에 의해 PAM 펄스로 변환하는 과정

(4) 양자화(quantization)

표본화를 수행하여 얻은 PAM 신호를 몇 개의 bit를 사용하여 이산적인 신호로 변환시키는 과정

(5) 부호화(coding)

양자화된 PAM 펄스의 진폭의 크기를 2진 부호(0과 1)로 변환시키는 과정

---

131 수·변전설비에서 사용하는 디지털 계전기에 대하여 다음 사항을 설명하시오.
1. 동작원리 및 특징
2. 기능 및 회로 구성
3. 디지털(digital) 계전기와 아날로그(analog) 계전기 비교

data 전기안전기술사 21-125-3-4 / 발송배전기술사, 건축전기설비기술사, 전기안전기술사, 전기응용기술사 출제예상문제

답안

1. 디지털 계전기 동작원리와 특징

(1) 디지털 계전기는 아날로그 신호를 디지털로 변환하여 CPU에서 연산처리한다.

(2) Data 처리과정

① Digital relay의 기본 개념은 Sampling이며, CT에서 얻은 Analog 전류를 일정 간격으로 Digital 변환되며, 그 처리순서는 표본화 → 양자화 → 부호화로 진행된다.

② 디지털 전송방식인 PCM을 활용한 방식으로 표본화, 양자화, 부호화를 거쳐 Digital 신호로 변환되어 전송시킨다.

③ PAM 변조과정

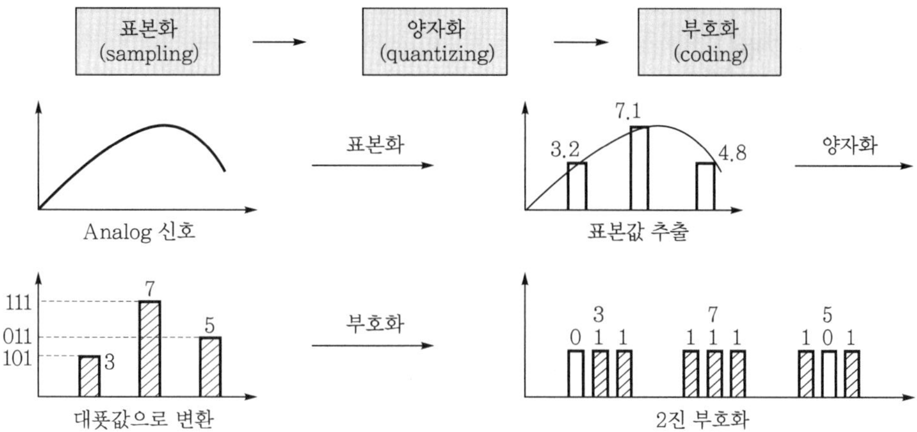

(3) 특징

① 장점

㉠ 고성능, 다 기능화 : 디지털 연산처리 및 메모리 기능에 의해 아날로그에서 실현하지 못했던 특성과 기능을 실현

㉡ 소형화 : Micro-computer를 구성하는 소자의 고 집적화에 따라 장치를 소형화

㉢ 고 신뢰화 : 자기진단 및 상시 감시기능이 있어 장치의 이상 유무를 조기 발견

㉣ 융통성 : 보호방식을 개선, 변경할 경우 H/W 변경 없이 Memery의 변경만으로 가능

㉤ 저 부담화 : 변성기의 부담을 줄일 수 있음

㉥ 배선 용이 : 계기, 계전기를 한 곳에 집합하므로 배전반 등 배선이 간단

㉦ 경제성 : 반도체 소자의 가격 저하에 의하여 보호 계전기의 가격 저하가 가능

② 단점

㉠ Surge, Noise에 약하고, 고조파, 왜형파에 따른 오동작이나 오차가 발생할 가능성이 있다.

㉡ 기술의 발전속도가 빨라 단종되기 쉬우며, 부품 확보에 어려움이 있을 수 있다.

ⓒ 고도의 기술제품으로 내부 문제가 발생할 경우 원인규명이 쉽지 않다.

ⓔ 유도형에 비해 제품이 아직은 고가이므로 초기 설치비가 고가이다.

2. 디지털 계전기의 기능 및 회로 구성

(1) 기능

① 계전기 기능 : 기존의 과전류 계전기, 지락 계전기, 부족 전압 계전기, 과전압 계전기, 역상 계전기, 주파수 계전기 등 모든 계전기의 기능을 집합화함

② 계기 기능

㉠ 계기를 간소화하면서도 정밀화함

㉡ 기존 아날로그 계기에 비하여 전류, 전압, 역률 등 기록이 가능

③ 사고 분석 기능 : 디지털 계전기의 메모리 기능으로 사고 기록 및 분석이 명확해짐

④ 자기 진단 기능 : 마이크로 프로세서에 의한 자기진단 기능을 실현함

⑤ 데이터 통신 기능 : 각 Digital relay로부터 Data를 수집하여 중앙으로 고속 전송함으로써 중앙 감시반에서 Graphic 화면처리, 기록 작성을 가능하게 하고, 제어 명령을 받아 동작함으로써 원방 감시와 원격 제어가 가능

(2) 회로 구성

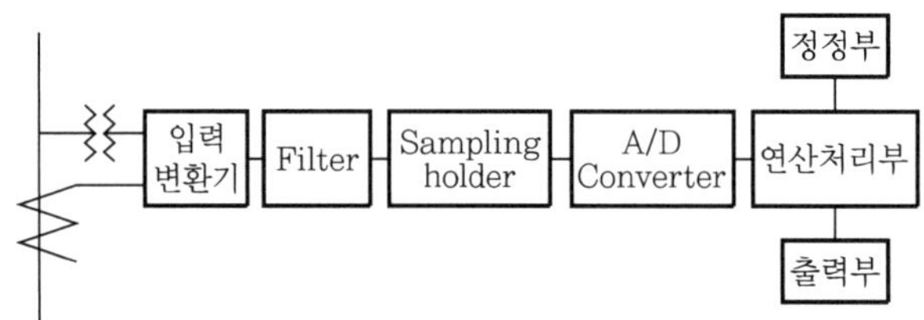

❚ 디지털 계전기의 구성도 ❚

① 입력 변환기 : 전압·전류 등의 입력정보를 보조 CT에서 처리하기 쉬운 값으로 변환

② Filter : 고조파 제거 및 샘플링에 따른 중첩 성분 제거(LPF : Low Pass Filter, BPF : Band Pass Filter)

③ S/H(Sampling Holder) : 입력치를 일정 시간 Hold하는 기능(표본화)

④ A/D Converter : 12bit 소자로서, 1bit는 파형의 정보를 나타내며, 나머지 11bit는 입력정보를 표현한다.

⑤ **연산 처리부** : 보호 계전기의 동작 실행을 하며, CPU에서 연산처리한 다음 Memory부에 전송, 기억한다.

⑥ **정정(입력)부** : 각종 원하는 데이터 값을 입력

⑦ **출력부** : 계전기 등이 작동하게 되면 차단기를 작동 또는 각종 데이터를 출력 하는 부분

3. 디지털(digital) 계전기와 아날로그(analog) 계전기 비교

comment 별도로 기출문제 배점 10점으로 나온다.

분류	Digital 계전기	Analog 계전기	
		정지형	유도형(전자계기형)
환경성	• 서지, 노이즈, 온도 상승에 대한 대책 필요 • 진동에 강함	• 서지, 노이즈, 온도 상승에 대한 대책 필요 • 진동에 강함	잡음에 강하나 진동에 약함
신뢰성	높음	높음	낮음
성능	고감도, 고속도, 고기능	고감도, 고속도	저속도, 저기능
크기	소	중	대
경제성	고가	중간	저가
기능 확장	용이	곤란	불가능
자동점검	S/W로 가능	기능에 따라 다름	곤란
동작원리	CPU에 의해 입력을 Digital 신호로 계산	트랜지스터 증폭 스위칭 작용	입력 전자력을 기계적 변위로 작용
사용소자	U-Processor, S/H	트랜지스디, Op-amp	가동철심, 유도원판
Noise, Surge	대책 필요	H/W에 따라 필요	대책 필요
보수성	• 자동점검(무보수 가능) • 자기진단기능 구비	자동점검, 정기점검 필요	정기점검 필요

132 다음 그림의 자기유지(self holding) 유접점 시퀀스 회로를 무접점 논리회로로 바꾸고, 발전소에서 에너지 절약 및 3상 유도 전동기 돌입전류를 제한하기 위하여 적용되는 정지형(soft starter) 제어기와 가변속(VVVF) 제어기에 대하여 설명하시오.

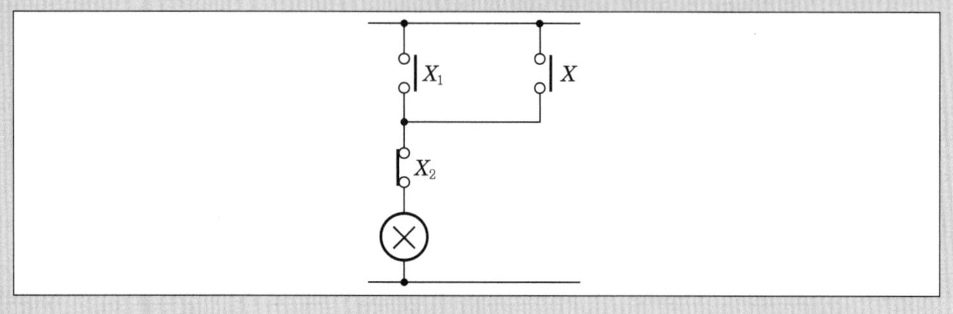

data 발송배전기술사 20-121-4-1 / 발송배전기술사, 건축전기설비기술사, 전기응용기술사 출제예상 문제

답안 **1. 시퀀스 회로 변경**

(1) 회로기능

① 자기유지기능 : 접점 X_1 투입 시 코일 X 여자되고, 접점 X에 의한 자기 유지

② 정지우선기능 : X_2

(2) 무접점 회로 변경

① 논리식 : $X = (X_1 + X)\overline{X_2}$

② 회로 변경

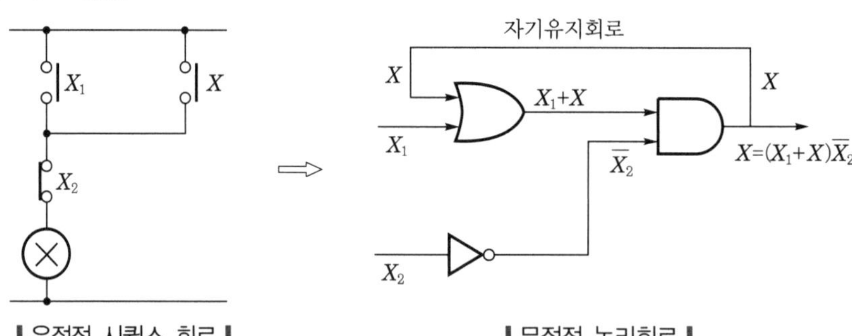

▌유접점 시퀀스 회로▐　　　　▌무접점 논리회로▐

(3) 자기유지회로의 개념

① 푸시버튼 등의 순간동작으로 만들어진 입력신호가 계전기에 가해지면 입력신호가 제거되어도 계전기의 동작을 계속적으로 지켜주는 회로이다.

  ② 자기유지회로를 이용하는 이유는 공급 전원이 무단으로 차단된 후 재공급될 경우의 회로를 보호하기 위함이다.

2. 정지형(soft starter) 제어기(VVCF의 원리, 특징 및 적용 분야)

(1) 정지형(soft starter) 제어기(soft stater 혹은 motor-saver)

SCR의 점호각 제어를 통해 유도 전동기 기동 및 정지 시의 전압·전류를 조절하는 제어기

(2) VVCF의 구성도

주요 구성요소로는 컨버터, 제어부

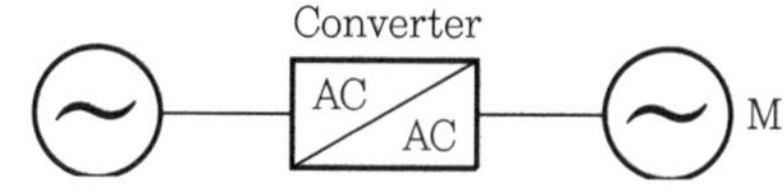

(3) 제어원리

① 제어회로에서 주어지는 신호에 따라 주기적으로 ON-OFF하여 전동기 입력 전압을 조정한다.

② 사이리스터나 IGBT의 ON 시점을 제어(점호각 α 제어)하여 전동기 인가전압을 조정하여 속도 및 기동토크를 제어한다.

③ 전동기의 토크가 인가되는 1차 전압에 대략 비례한다는 점을 이용하여 속도제어를 하는 것으로 1차 전압제어라고도 한다.

④ 유도 전동기의 슬립이 일정하면 토크는 전압의 제곱에 비례한다.

$$T = k_1 F_2{}^2 = k_1 \left(\frac{E_1}{a}\right)^2 = k_2 F_1{}^2 [\text{N} \cdot \text{m}]$$

$$V_1 = E_1 + I_1 Z_1 \quad (E_1 \gg I_1 Z_1 \text{이라면})$$

즉, $T = k_3 V_1{}^2 [\text{N} \cdot \text{m}]$

⑤ 결국 유도 전동기의 토크는 인가된 전압 V_1 의 제곱에 비례하게 된다.

(4) VVCF의 속도-토크 특성

① 1차 전압을 변화시키면 그림과 같이 토크-슬립 곡선이 변화된다.

② 따라서, 인가전압은 V_1 에서 V_2 로 감소된다.

③ 이때의 부하토크가 T 일 때 속도는 N_1 에서 N_2 로 감소된다.

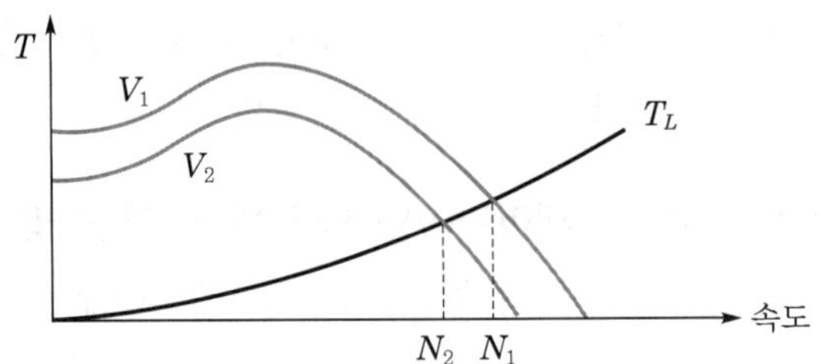

┃ VVCF 기동의 속도-전압-토크 특성 곡선 ┃

(5) VVCF의 특징

① 기동전류 억제, 유연 기동, 유연한 정지목적

② 전압제어는 사이리스터 교류 스위치를 사용한다.

③ 기동 시에 약간의 SCR 스위칭 노이즈가 발생한다.

④ 무접점 SCR 소자를 이용하여 기동에 적합한 저전압부터 전전압까지 서서히 증가시키면서 저전류로 기동한다.

(6) 주회로 Device

SCR, IGBT

(7) 적용 분야

① 어떤 부하에도 무관하게 적용이 가능하다.

② 기동 정지가 빈번하여 모터에 기계적 스트레스가 심한 펌프류 등에 적용 시 효과가 우수하다.

③ 제어범위는 좁지만 간단하여 소형 전동기에 사용된다.

3. 가변속 제어기(VVVF의 원리, 특징 및 적용 분야)

(1) VVVF의 개념

Variable Voltage Variable Frequency의 약자로, 가변 전압 가변 주파수 장치로 전압과 주파수를 동시에 변화시켜 모터의 속도를 제어하는 정지식 속도 제어 장치로서, 유도 전동기의 속도 제어 및 기동에 이용하는 장치이다.

(2) VVVF의 원리, 특징 및 적용 분야

① VVVF의 구성도

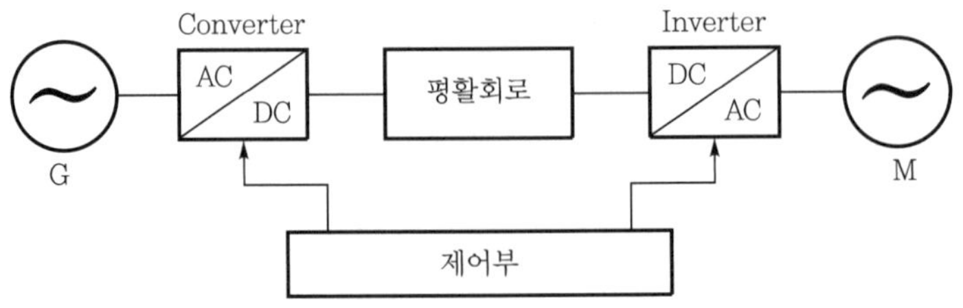

850

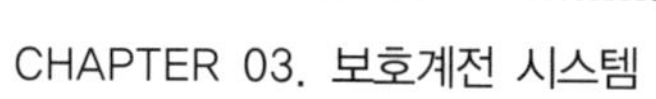

ⓐ Converter부 : 3상 전파 정류회로와 평활회로의 전력 전자 소자를 이용하여 교류를 직류로 전환시킨다.

ⓑ Inverter부 : Converter부에서 변환된 직류를 교류로 역변환시킨다.

ⓒ 제어부 : 연산, 검출, 구동회로로 구성되어 있고, 인버터의 출력, 주파수 및 전압 제어 등에 대한 각종 보호와 기능 동작을 수행한다.

② 제어 원리

ⓐ 유도 전동기 속도 제어식

$$V \fallingdotseq K\phi N \fallingdotseq K\phi \frac{120f}{P}$$

여기서, ϕ : 자속, P : 극수

이 식에서 회전자계의 자속 ϕ는 $\frac{V}{f} = K\phi$의 관계가 있다.

ⓑ 전압 V를 일정하게 하고 주파수 f만 변화시키면, 주파수가 감소할수록 자속 ϕ가 증가하여 토크가 증가한다.

ⓒ 자속 ϕ의 일정 유지를 위해 주파수와 전압을 동시에 변화시켜 $\frac{V}{f}$를 일정하게 함으로써 일정한 크기의 토크를 가지고 속도를 제어할 수 있다.

ⓓ 주파수 변환으로 속도 제어를 원활하게 하려면 주파수 f와 전압 V를 동시에 변화시켜야 한다.

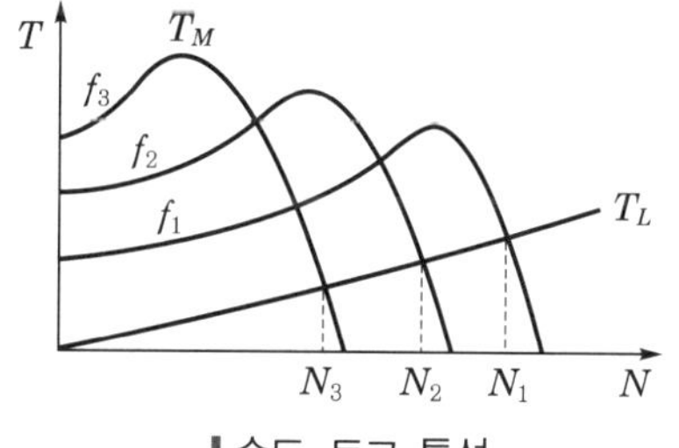

▌속도-토크 특성
(주파수만 변화 시)▌

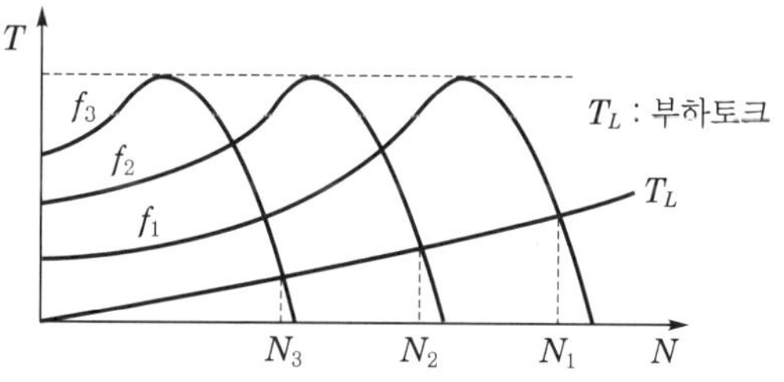

▌V/f 일정 속도-토크 특성
(주파수와 전압 동시 제어 시)▌

③ 주파수와 토크의 관계

ⓐ 전동기에서 회전자계의 자속 ϕ는 1차 전압에 비례하고 주파수에 반비례한다.

$$E = 4.44K_w \phi fn$$

    ⓛ 주파수와 전압을 동시에 변화시켜 $\dfrac{V}{f}$ 를 일정하게 함으로써 위의 오른쪽 그림과 같이 일정한 크기의 토크를 가지고 속도를 제어할 수 있다.

    ⓒ 주파수와 전압과의 관계

- 전류 $\propto$ 자속 $\propto$ 전압/주파수 $\left(\dfrac{V}{f}\right) =$ 일정

- 전압을 일정하게 한 채 주파수를 내리면 입력전류는 증가하고 전동기는 과열된다.

④ VVVF의 특징

    ㉠ 속도/토크 제어 목적

    ⓛ FAN, Blower, Pump류에 VVVF 속도 제어 적용 시 에너지 절감효과가 우수

    ⓒ $\dfrac{V}{f}$ 에 의한 속도제어의 광범위(1 : 20 이상)

    ㉣ 고조파 발생이 많고 저속 제어에서 저역률

    ㉤ 구성이 복잡하고 고장요소가 많음

    ㉥ 전동기의 전류, 토크, 속도 제어

    ㉦ 고속운전이 가능하고, 높은 빈도의 운전 및 정지가 가능

    ㉧ 전기적으로 회생 제동 가능

    ㉨ 정토크, 정출력 특성을 얻을 수 있음

    ㉩ 범용 모터를 그대로 사용할 수 있음 $\left(\dfrac{V}{f} \text{ 제어}\right)$

    ㉪ 각종 자동제어가 용이함

    ㉫ 구형파 인버터로 전류형 및 전압형이 있고, 이중 PWM 제어로 전압 및 주파수 제어로 속도 제어가 우수

⑤ **주회로 Device** : SCR, IGBT, BTT

⑥ **상용 명칭** : Inverter, Vector controller

⑦ **적용분야** : FAN, Blower, Pump류에 VVVF 속도 제어 적용 시 에너지 절감효과 우수

    ㉠ 유량 : $Q \propto N$

    ⓛ 양정(또는 압력) : $H \propto N^2$

    ⓒ 축동력 : $P = K_1 QH = K_2(N)(N^2) = K N^3$

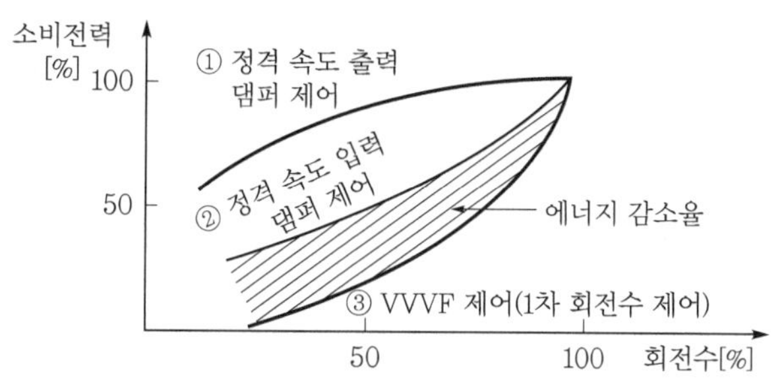

❙ VVVF 제어방식과 다른 제어방식의 소비전력 비교 ❙

reference

시퀀스 회로 및 논리 회로별 비교

comment 시험장에서는 생략해도 된다.

AND 회로		
논리기호	논리식	진리표

논리기호	논리식	A	B	Q
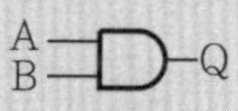 $Q = A \cdot B$		0	0	0
		0	1	0
		1	0	0
		1	1	1

유접점 회로	무접점 회로

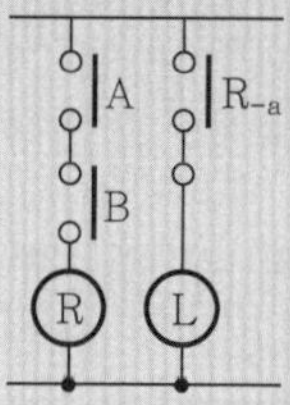

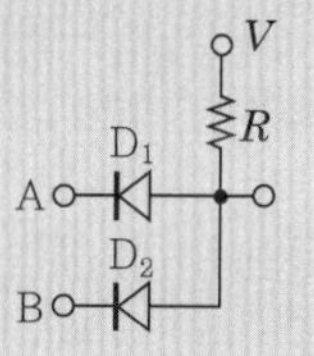

OR 회로		
논리기호	논리식	진리표

논리기호	논리식	A	B	Q
 $Q = A + B$		0	0	0
		0	1	1
		1	0	1
		1	1	1

유접점 회로	무접점 회로

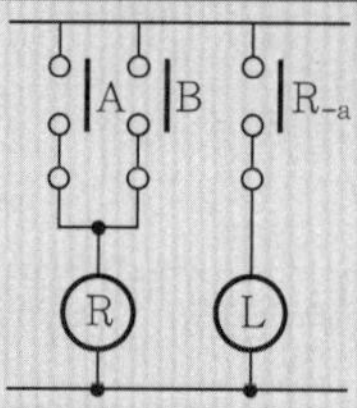

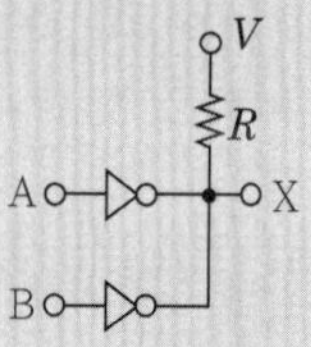

NOT 회로		
논리기호	논리식	진리표

논리기호	논리식	A	Q
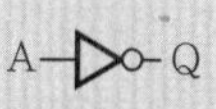 $Q = \overline{A}$		0	1
		1	0

유접점 회로	무접점 회로

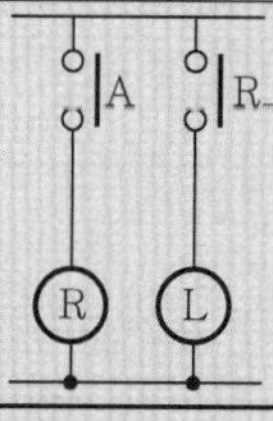

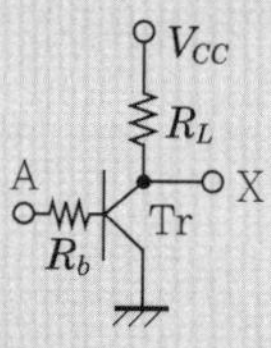

NAND 회로		
논리기호	논리식	진리표

논리기호	논리식	A	B	Q
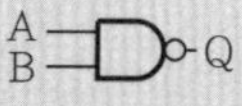 $Q = \overline{A \cdot B}$		0	0	1
		0	1	1
		1	0	1
		1	1	0

유접점 회로	무접점 회로

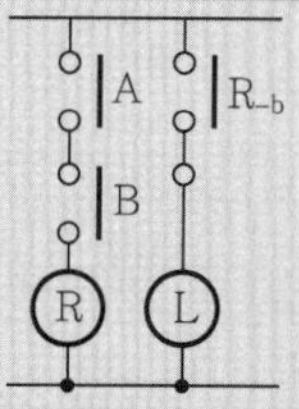

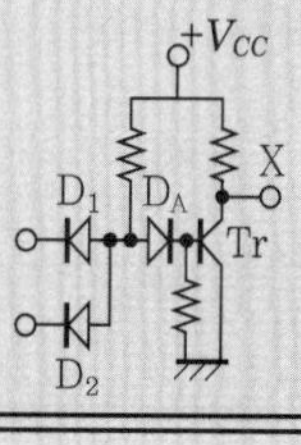

NOR 회로			Exclusive OR		
논리기호	논리식	진리표	논리기호	논리식	진리표

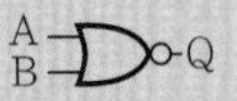

NOR 회로 진리표

A	B	Q
0	0	1
0	1	0
1	0	0
1	1	0

논리식: $Q = \overline{A+B}$

Exclusive OR 진리표

A	B	Q
0	0	0
0	1	1
1	1	0
1	0	1

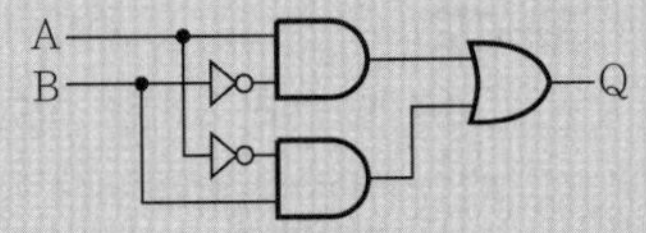

논리식: $Q = A\overline{B} + \overline{A}B$

유접점 회로	무접점 회로

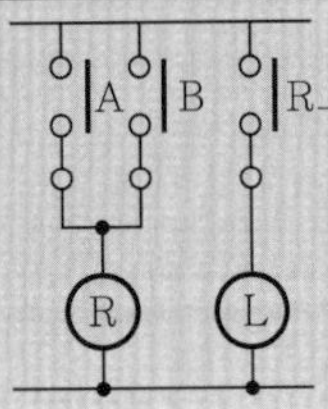

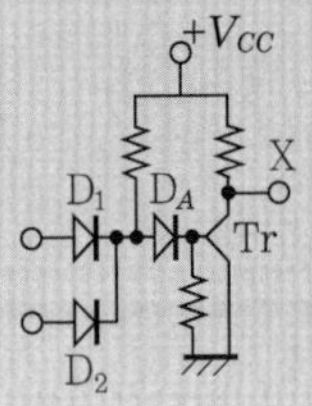

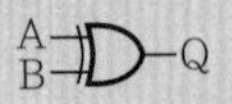

무접점 회로: $+V_{CC}$, D_1, D_A, X, Tr, D_2

단락전류

SECTION 01 단락전류 억제

133 전력계통 고장계산 시 X/R Ratio가 나타내는 의미와 그 크기에 따라 보호기기 선정 시 어떠한 영향이 나타나는지 설명하시오.

data 발송배전기술사 20-121-3-3 / 발송배전기술사, 건축전기설비기술사, 전기안전기술사, 전기응용 기술사 출제예상문제

답안

1. 개요

(1) $\dfrac{X}{R}$비는 시스템의 리액턴스와 저항의 비이다.

(2) $\dfrac{X}{R}$비는 $\tan\theta$이다.

(3) 부하의 역률과 단락전류에 적용되는 Power factor는 그 의미가 매우 다르다.

(4) 단락전류에 적용되는 Power factor란 System의 특정지점에서의 Power factor 이다.

(5) 왜냐하면 발전기, 변압기, 송전선로의 유도용량이 큰 값이므로 $(X > R)$ 단락전류는 $\dfrac{X}{R}$비에 따라 단락전류의 크기에 큰 영향을 받기 때문이다.

(6) 단락사고 발생 시 사고지점의 임피던스와 시스템의 전압에 따라 대칭 전류분이 결정되나 고장전류에는 직류분이 포함된 비대칭분이다.

(7) 비대칭분은 $\dfrac{X}{R}$비에 따라 감쇠비율이 다르다.

(8) $\dfrac{X}{R}$비가 크면, 감쇠비율이 작고, 고장전류의 감쇠속도가 늦으며, 비대칭 전류가 커진다.

(9) $\dfrac{X}{R}$ Ratio가 너무 크면, 비대칭분이 차단기의 차단용량을 초과한다.

(10) 선로 고장 시 고장전류는 선로정수(R, L, G, C)에 따라서 과도적으로 변화된다.

(11) 교류분은 그 안에 직류의 과도현상이 포함되어 있기에 비선형 변화에 따라 감쇠하여 일정한 지속전류가 된다.

(12) 직류분은 회로정수인 저항 R과 리액턴스 X의 비인 $\left(\dfrac{X}{R}\right)$에 따라 변화되어서 시간 경과에 따라 시정수(τ)에 의해 급속히 감쇄하여 소멸한다.

(13) $\left(\dfrac{X}{R}\right)$ 비가 클수록 과도현상(transient state)이 증가되고 단락전류도 증가한다.

2. 고장전류의 분석과 산출

(1) KVL 법칙에 의한 전압 평형식

$$L\frac{di}{dt} + Ri = E_m \sin(\omega t + \theta) \quad \text{································· 식 1)}$$

(2) 과도전류의 일반해

$$i = 정상해(i_s) + 과도해(i_t)$$

① 정상해 : $i_s = \dfrac{E_m}{Z_m}\sin(\omega t + \theta - \phi)$

여기서, θ : 고장 시 전압의 위상각, ϕ : 고장회로의 역률각

$$Z_m = \sqrt{R^2 + X^2}, \quad \phi = \tan^{-1}\frac{X}{R} = \tan^{-1}\left(\frac{\omega L}{R}\right)$$

② 과도해 : 식 1)의 우변을 0으로 하여 다음과 같이 산출한다.

   ⊙ $L\dfrac{di}{dt} + Ri = 0$에서 변수 분리 후 적분하면

   ⊙ $L\dfrac{di}{dt} = -Ri$에서 $L\,di = -Ri \cdot dt$이므로 $\dfrac{di}{i} = -\dfrac{R}{L}dt$

   ⊙ 적분하여 정리하면 $i_t = A\varepsilon^{-\frac{R}{L}t}$

③ 일반해

   ⊙ $i = \dfrac{E_m}{Z_m}\sin(\omega t + \theta - \phi) + A\varepsilon^{-\frac{R}{L}t}$

    초기 조건 $t = 0$이면 $i = 0$에서 $A = -I_m \sin(\theta - \phi)$

   ⊙ $i = \dfrac{E_m}{Z_m}\sin(\omega t + \theta - \phi) - I_m \sin(\theta - \phi)\varepsilon^{-\frac{R}{L}t}$

(3) 전력계통에 고장 발생 시 고장 전류는 비대칭 전류로 흐른다.

(4) 비대칭 전류는 가로축에 대하여 대칭분 교류전류와 직류 성분으로 구분된다.

(5) 고장전류 속에 포함되어 있는 직류분은 회로정수 $\left(\dfrac{X}{R}\right)$에 따라 정해지며, 시간 경과에 따라 시정수 $\left(\tau = \dfrac{L}{R}\right)$에 의해 감쇄한다.

(6) 3가지로 분류된다(초기 과도, 과도, 정상상태).

3. 전력계통 고장계산 시 $\dfrac{X}{R}$ Ratio가 나타내는 의미

(1) 직류 전류의 시정수

① 단락 시 전원전압 위상(θ), 단락회로의 역률 $\cos\phi$에 따라서 직류 전류가 발생한다.

$$i = \frac{E_m}{Z_m}\sin(\omega t + \theta - \phi) - \frac{E_m}{Z_m}\sin(\theta - \phi)\varepsilon^{-\frac{R}{L}t}$$

여기서, θ : 고장 시 전압의 위상각, ϕ : 고장회로의 역률각

② 직류 전류의 발생은 θ, ϕ에 의해서 결정되지만 그 소멸시기는 단락된 계통의 시정수 $\tau = \dfrac{L}{R}$에 의해 결정된다.

(2) 대칭분 단락전류와 비대칭 단락전류의 비를 결정한다.

(3) 고장회로의 역률 의미

$$I_s = \frac{E}{R + jX} \fallingdotseq \frac{E}{jX} \rightarrow 단락전류는 지상분의 큰 무효전류라는 의미이다.$$

(4) 단락전류의 크기 변화와 시간에 따른 단락전류 크기 산출이 가능하다.

(5) 차단 시 전류재단 현상 발생 유무 확인 가능

(6) 영점 추이현상 발생 가능성 확인 가능

선로의 충전전류와 직류 전류가 같은 극성으로 나타나면 DC OFF-set되어 전류 0점이 나타나지 않아 차단기가 전류 0점에서 차단이 어렵다.

4. 고장전류의 구분과 적용 리액턴스, 용도 비교

(comment) 매우 중요하므로 철저히 학습하도록 한다.

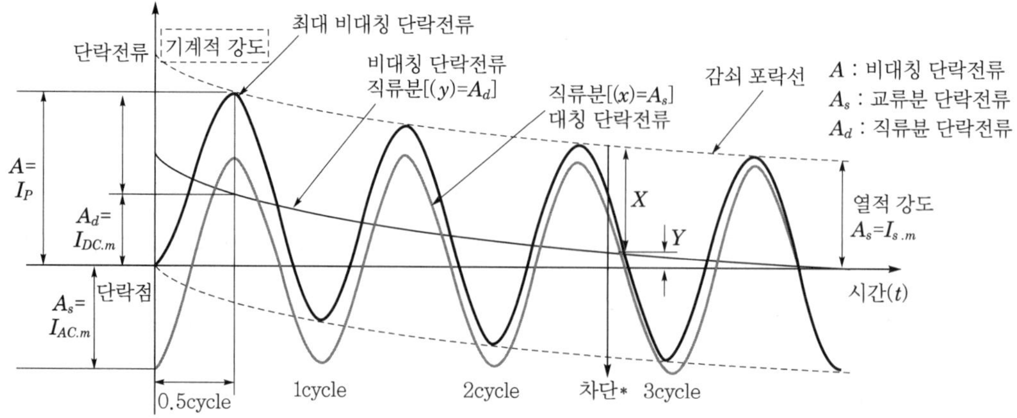

구분	First fault current (초기 과도전류)	Interrupting fault current (과도전류)	Steady state fault current (정상상태 전류)
개념 및 경과시간	• 고장 발생 후 초기 0.5cycle 까지의 전류 • 0.5cycle에서 가장 큼 • 발전기, 전동기, 계통 등 모든 단락전류에 대해 고려	• 차단기가 동작하는 3 ~ 8cycle 의 고장전류 • 발전기, 전동기, 계통 등 모든 단락전류에 대해 고려	• 회전기에 의한 영향이 없어지는, 즉 계통의 임피던스가 안정된 시점의 고장전류 • 보호 계전기 동작시점(30cycle 이후)의 고장전류
적용 리액턴스	• 회전기기 : x_d'' 적용 (초기 과도 리액턴스) • 차과도 리액턴스 $x_d'' = x_L$	• 발전기 : x_d'' 적용 (차과도 리액턴스) • 기타 회전기 : x_d' (과도 리액턴스) • $x_d' = x_L + x_a'$	• 발전기 : x_d' 적용 (과도 리액턴스) • 계통의 단락전류 계산 시 x_d(동기 리액턴스) • 동기 리액턴스 $x_d = x_s = x_L + x_a$
작용시간	0.5cycle 이내	보통 3 ~ 8cycle	30cycle 이상
용도 (적용)	• 케이블 굵기 검토(단락 전자력) • CT의 기계적 강도 • 보호 계전기의 순시탭 • 저압 차단기(MCCB, fuse)의 용량 선정 • PF의 용량 선정 • 직렬기기 기계적 강도 검토	• 특고압 및 고압 차단기의 차단 용량 선정 • 직류분 포함 시 차단기 재단 서지	• 보호 계전기의 한시탭 정정값 선정 • 직렬기기 열적 강도 검토 • 변압기 열적 강도 • CT 열적 강도 • 케이블 단락 시 허용전류
전기자 반작용	없음	시정수 $\tau = \dfrac{L}{R}$에 따라 증가	전기자 반작용 발생
회로상태	단락 직후의 돌발 단락전류	과도상태의 단락전류	정상상태의 단락전류

5. 보호기기 선정 시 $\dfrac{X}{R}$ 영향

보호기기

CT, 보호 계전기, 차단기, 파워 퓨즈

(1) CT(변류기) 정격 선정에 영향

① 열적 강도 : $S_n^2 Rt \geq S^2 Rt$, $t_n = 1$초, $S_n \geq S\sqrt{t}$

② 기계적 강도 : $2.5S_n$ (열적 강도의 2.5배 이상)

(2) 보호계전 정정에 영향

① 순시치 정정

㉠ 3상 단락전류의 차단이 가능하도록 보호 계전기의 순시치를 정정할 것

㉡ 최소 단상 단락전류도 차단 가능하도록 정정

      © 순시정정의 끝머리는 차단기 정격 차단전류 한도까지 정정

  ② 한시정정

      ③ 직렬기기 열적 강도를 고려한 정정

      © 피보호기기의 열적 내량보다 밑에 있어야 보호 가능

(3) 차단기 선정에 영향

① 정격차단용량 : $P_s = \sqrt{3} \times V_s[\text{kV}] \times I_s[\text{kA}]$

  여기서, V_s : 차단기의 정격전압[kV]

      I_s : 정격차단전류[kA] $= \alpha I_{3s}$

        α : 비대칭계수(혹은 AF)로서 보정계수(MF) 및 $\%Z$의 여유를 반영한 계수로, $\alpha = AF = K$로 통상적으로 표현되며 보정계수는 광의적으로 비대칭계수라고도 함

        I_{3s} : 3상 대칭단락전류

② 정격 투입용량 : $i_p = \sqrt{2}\, I_s \left(1 + \varepsilon^{-\frac{\pi R}{X}}\right) \rightarrow 2.5 I_s$

  즉, 정격 차단전류의 약 2.5배 이상으로 선정

③ 차단기 TRV 정격에 영향

  ③ 직류분 포함에 따라 발생하는 재단서지가 있다.

  © $\dfrac{X}{R}$의 영향을 검토하여 재점호가 발생하지 않도록 해야 한다.

(4) PF 선정

> **comment** 154kV급 이상에는 PF를 사용하지 않는다.

① PF 종류 선정에 영향 : 한류형, 비한류형(현장에서는 주로 COS)

② PF 정격 선정에 영향

  ③ 정격 차단용량 : $P_s = \sqrt{3}\, V_n[\text{kV}] \times I_{as}$ (비대칭분 고려)

    여기서, V_n : 파워 퓨즈의 정격전압(6.6kV 배전선로는 7.2kV, 22.9kV 배전선로는 25.8kV)

      I_{as} : 비대칭 단락전류[= 3상 대칭 단락전류 $\times \alpha$(비대칭계수)]

  © 최소 차단전류

134 계통의 고장지점에서 'X/R Ratio'가 나타내는 의미와 고장전류 및 차단기 등 보호기기에 미치는 영향을 설명하시오.

(data) 발송배전기술사 10-92-4-3 / 발송배전기술사, 건축전기설비기술사, 전기안전기술사, 전기응용 기술사 출제예상문제

답안

1. 비대칭계수(MF : Multiplaying Factor)$= k = \alpha = AF$

(1) 고장 발생 초기의 임의 시간대의 비대칭 고장전류(rms)는 고장전류 속에 포함되어 있는 DC분의 감쇄율과 회전기 리액턴스 변화율에 대한 정확한 값을 알아야 되므로 매우 어렵고 복잡하다.

(2) 이러한 것은 정확하게 산출하는 것이 바람직하나, 실제로는 간단한 계수를 곱하여 구하는 것이 일반적이다.

(3) 비대칭계수는 DC분이 포함된 비대칭파의 전류 실효치를 대칭 AC분의 교류값으로 바꾸는 것을 말하며, 보통 표로 정하여 적정한 것을 사용한다.

$$K = \frac{I_{as}(비대칭전류\ rms)}{I_s(대칭전류\ rms)}$$

2. 비대칭계수(K) 적용 예

(1) 3상 대칭 단락전류$= \dfrac{100}{\%Z} \times I_n$

(2) 3상 비대칭 단락전류$=$3상 대칭 단락전류$\times$비대칭계수(K)

(3) 실제의 고장전류는 이론값으로 계산한 데이터와 차이가 있다.

(4) 계통에 고장이 발생하면 임펄스, Jumping 등의 현상으로 계산값보다 클 수가 있다.

(5) 임피던스의 허용오차, 변압기 용량 증설, 회전기 부하 증설 등으로 사용 중 고장전류가 증가하게 된다.

(6) 차단기의 차단용량 선정 시 계산된 고장전류값에 1.5 ~ 2배 정도는 여유를 두는 것이 바람직하다.

(7) 일반적인 적용 방법

구분	K_1(단상 최대 비대칭계수)	K_3(3상 평균 비대칭계수)
전원에서 가까운 경우	1.6	1.25
전원에서 먼 경우	1.4	1.1

3. '$\dfrac{X}{R}$ Ratio'가 나타내는 의미 및 영향

(1) 임피던스 맵의 최종 계산 값을 구하여 저항값(R)과 리액턴스값(X)을 구분한다.

(2) $\dfrac{X}{R}$를 계산한다.

(3) 표에 의해 비대칭계수(K)를 구한다.

(4) 대칭 단락전류에 비대칭계수(K)를 고려하여 비대칭 단락전류를 최종적으로 구한다.

(5) $\dfrac{X}{R}$가 크다의 의미

비대칭계수가 크다는 의미이고, 3상의 비대칭계수는 최대가 1.732가 된다.

(6) $\dfrac{X}{R}$가 작다의 의미

비대칭계수가 작다는 의미이고, 이때 3상의 비대칭계수는 1.0이 된다.

(7) 고장전류는 대칭성분인 교류분과 회로의 역률, 즉 $\dfrac{X}{R}$의 비에 따라서 시간적으로 감쇠하는 직류분을 포함한 비대칭값이므로 각 회로별 실제의 단락전류의 최대치 I_p를 정확하게 계산하는 것은 매우 복잡하다.

(8) 간단한 계수를 곱하여 구하는 것이 보통인데 이를 비대칭계수라 하며, 비대칭계수는 대칭 단락전류의 실효치 I_s와 비대칭 단락전류의 실효치 I_{as}의 비로서 나타낸다.

❙ 역률 또는 $\dfrac{X}{R}$ 비에 따른 비대칭계수 ❙

Short-circuit $\dfrac{X}{R}$	Short-circuit power factor [%]	Ratio to symmetrical RMS current		
		Maximum single-phase instantaneous peak current $M_p(=\gamma)$	Maximum single-phase RMS current at half cycle $K_1(=\alpha)$	Average three-phase RMS current at half cycle $K_3(=\beta)$
∞	0	2.828	1.732	1.394
100.00	1	2.785	1.696	1.374
49.993	2	2.743	1.665	1.355
33.332	3	2.702	1.630	1.336
24.979	4	2.663	1.598	1.318
19.974	5	2.625	1.568	1.301

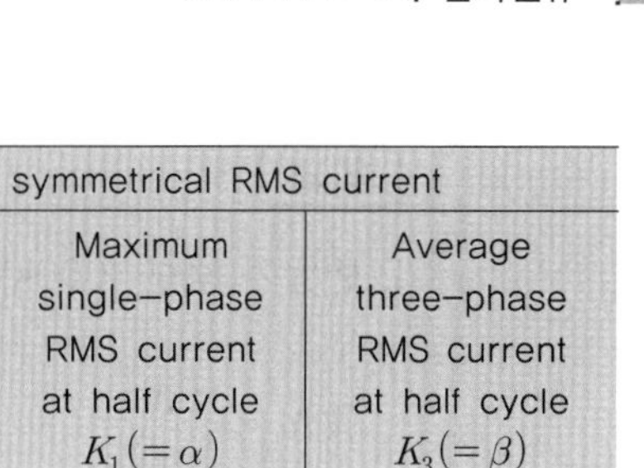

Short-circuit $\dfrac{X}{R}$	Short-circuit power factor [%]	Ratio to symmetrical RMS current		
		Maximum single-phase instantaneous peak current $M_p(=\gamma)$	Maximum single-phase RMS current at half cycle $K_1(=\alpha)$	Average three-phase RMS current at half cycle $K_3(=\beta)$
16.623	6	2.589	1.540	1.285
14.251	7	2.554	1.511	1.270
12.460	8	2.520	1.485	1.256
⋮	⋮	⋮	⋮	⋮
0.000	100	1.414	1.000	1.000

① 실효치의 경우 $I_{as} = KI_s$ 로 표현할 때 K_1 은 단상 최대 비대칭계수이고, K_3 은 3상 평균 비대칭계수이다.

② 비대칭계수는 위 표에서처럼 역률에 따라 값이 정해지는데 저압 회로에 비하여 고압 회로에서 $R \ll X$ 인 관계가 성립하는 것이 보통이다.

③ 만일 회로의 $\dfrac{X}{R}$ 비가 불분명한 경우에는 대략 다음과 같이 적용한다.

    ㉠ 변압기 전원에 가까운 장소 : $K_3 = 1.25,\ K_1 = 1.6$

    ㉡ 변압기 전원에서 먼 장소 : $K_3 = 1.1,\ K_1 = 1.4$

(9) $\dfrac{X}{R}$ 비와 $\%Z$의 표현

① $\%Z = \dfrac{ZI}{E} \times 100$ 에서

$$\dfrac{I}{E} \times 100 = \dfrac{\%Z}{Z} = \dfrac{\%Z}{\sqrt{R^2 + X^2}}$$

② $\%R$의 정의식 : $\%R = \dfrac{RI}{E} \times 100 = \dfrac{R \times \%Z}{\sqrt{R^2 + X^2}}$ 에서 식 우변의 분자와 분모를 각각 R로 나누면 다음과 같이 된다.

$$\%R = \dfrac{\%Z}{\sqrt{1 + (X/R)^2}}$$

③ $\dfrac{I}{E} \times 100 = \dfrac{\%R}{R}$ 인 관계와 $\%X$의 정의식에서

$$\%X = \dfrac{XI}{E} \times 100 = \%R \times \dfrac{X}{R} \quad \text{또는} \quad \%R = \dfrac{\%X}{\dfrac{X}{R}}$$

예제

1. 변압기 용량 1000kVA, $\%X = 6\%$, $\dfrac{X}{R} \fallingdotseq 7$인 경우의 $\%Z$는?

$$\%R = \frac{\%X}{X/R} = \frac{6}{7} = 0.857\%$$

$$\therefore \ \%Z = R + jX = 0.857 + j6\,[\%]$$

2. $\%Z$ 집계 시 저항분($\%R$)의 처리

① $\%Z = \sqrt{\%X^2 + \%R^2} = \%X\sqrt{1 + (R/X)^2}$

② 변압기, 전동기 등

  ㉠ $X/R = 2$일 때 $\rightarrow R = 0.5X \rightarrow Z = X\sqrt{1 + 0.5^2} = 1.12X$

  ㉡ $X/R = 5$일 때 $\rightarrow R = 0.2X \rightarrow Z = X\sqrt{1 + 0.2^2} = 1.02X$

  ㉢ 변압기 등의 기기는 저항분이 리액턴스 성분에 비하여 대략 20% 정도 이하($X/R = 5$ 정도 이상)이면 전체 임피던스의 크기에 미치는 영향은 고작 2%에 지나지 않으므로 저항분은 무시하고 리액턴스를 곧 임피던스라 보면 된다.

③ 선로

  ㉠ 저항분이 리액턴스 성분의 50% 이하이면 보통 저항분은 무시한다.

  ㉡ 이것은 발전기, 변압기 등 각 기기들의 리액턴스까지 고려할 때 선로의 저항분이 차지하는 비중이 더욱 작아지기 때문이다.

135 전력계통의 단락용량 증가에 대한 원인, 문제점 및 대책에 대하여 설명하시오.

1. 전력계통의 단락전류 억제대책을 설명하시오.
2. 전력계통에서 단락 시 고장전류를 줄이는 방안에 대하여 설명하시오.
3. 계통에서 고장 발생 시 고장전류 저감을 위한 대책방안을 설명하시오.

(data) 발송배전기술사 22-127-1-4·21-124-3-2·19-117-3-6·17-111-2-2 / 발송배전기술사, 건축전기설비기술사, 전기안전기술사, 전기응용기술사 출제예상문제

답안

1. 단락전류의 증대 원인

(1) 산업발전에 따른 전력수요의 증가로 전원설비 및 전력계통이 대용량화하게 되었고 더불어 전원 측 임피던스가 감소되어 계통 사고 시 고장전류가 급격히 증가하였다.

(2) 발전기 단위 용량의 증대

(3) 전원입지의 집중화

(4) 2회선 2Route화에 의한 연계

(5) 신재생에너지 전원이 대규모로 전력계통에 연계되어 계통의 등가 임피던스가 지속적 감소

(6) 현재 현황

154kV S/S 50kA, 345kV 63kA를 단락전류 제한폭으로 두고 있고, 765kV를 감안하여 50kA까지 설정하고 있다.

2. 고장용량 증대가 전력계통에 미치는 영향(단락전류 증대 시 문제점)

(1) 차단기 차단내력의 증대가 필요하다(수용가는 설비 증설이 없었는데도 차단기 용량을 교체해야 되는 경우도 있음).

(2) 차단기 과도 회복전압 상승

(3) 각종 전기기기 및 전기설비의 열적·기계적 강도 상승

(4) 애자류의 아크 성능도 단락전류 증대 시 문제가 되며, 사고의 고속차단에도 문제가 된다.

(5) 고장용량이 큰 계통은 계통 안정도가 높고 계통 운영을 원활하게 할 수 있는 장점이 있으나, 지락사고 시 지락전류가 커서 통신선의 전자유도 장해가 심각하게 된다.

(6) 지락전류의 증대

① 유효접지 계통에서는 단락전류의 증대와 더불어 지락전류도 증대하는 경향이
있고, 경우에 따라 지락전류가 더 클 때도 있다(발전기 단자 단락 시
$I_g = 1.5I_S$).

② 지락전류의 증대는 통신선에의 전자유도 장해를 발생한다.

$$E_m = -j\omega M l(3I_0)$$

3. 단락전류 저감을 위한 계통구성 측면의 대책

(1) 계통 분할방식

① 단락전류의 증대를 피하기 위해 변전소 모선을 분할하여 계통을 분리하고
송전선의 루프 회선수를 줄이는 방법

② 상시 분할방식 : 안정도가 낮고 설비 이용률이 낮으며 손실이 많다(우리나라
적용 : 345kV).

③ 사고 시 분할방식 : 사고 발생 시 계통이 분리되어 계통운용에 혼란이 생기지
않도록 해야 되며, 모선분할용 차단기의 차단용량은 모선분리 이점의 단락용
량을 차단할 수 있는 차단용량이 큰 것을 선택하여야 한다.

④ 문제점

㉠ 상시식은 계통 안정도 저하, 손실 증가, 설비 이용률 저하

㉡ 사고 시 분할식은 계통 운용에 혼란 가중 및 모선 차단기 용량을 모선
분리 이전의 차단기 단락용량 이상으로 구비해야 된다.

(2) 직류 연계(HVDC 연계)

단락전류 저감을 위한 직류 연계 계통구성

① 연계된 계통을 분리한 것과 같은 효과를 나타내며, 연계선 조류 제어가 가능하
므로, 전력계통의 안정도 향상도 동시 추구할 수 있는 방식이다(국내 당진의
500kV 직류 케이블 송전을 이미 운영 중).

② 초대형 전력 건설공사가 23년부터 동해안 발전단지에서 수도권 가공 HVDC
사업 시행 중이다.

③ 문제점

㉠ 교류의 직류 변환에 따른 변환장치가 고가이다.

㉡ 변환장치의 고조파 발생 억제 대책수립이 요망된다.

㉢ 타 방식보다 고가로서 신뢰성・경제성 면에서 종합검토가 요구된다.

866

(3) 계통전압의 격상

① 차단기의 차단내력이 한계점에 달하면 계통전압을 격상시켜 계통을 구성한다.

② $P = \sqrt{3}\, VI\cos\theta$ 에서 V가 높아지면 I가 작아져 I_s가 작아진다.

즉, $I_s = \dfrac{100}{\%Z} \times I_n$

③ 기존의 전력계통을 방사상으로 분리한다.

④ 장래의 계통규모 확대를 수용할 수 있는 가장 현실적인 방안이다.

⑤ 기간계통의 765kV 건설(345kV → 765kV 승압)

⑥ 승압(특히 765kV)에 따른 기간계통의 건설비 증대 관련 전력설비의 절연내력 향상이 요구된다.

예 345kV MTr의 BIL 1050kV이나, 765kV MTr의 BIL은 2050kV

4. 단락전류 저감을 위한 설비차원에서의 대책

(1) 고임피던스 기기의 채용

① 변압기, 발전기 등의 임피던스를 현재 사용 중인 10%에서 13 ~ 17%로 높인다.

② 이 방법은 임피던스를 높임에 따라 효율 저하, 무효전력 손실 증대, 계통 안정도 저하, 전압 변동의 증대 등의 문제가 따르지만 단락전류 억제가 더욱 중요하다는 인식에서 채용되었다.

③ 주의점 : 표준 임피던스가 아닌 기기의 특수사양 설계와 제작으로 제작비 상향 및 계통 안정도 저하, 전압변동의 증대

④ 대용량 변전소를 증설하려고 할 때 한전 측은 차단기를 교체해야 된다고 하면, 단락용량을 증가시키는 결과이니, 고임피던스 변압기를 새로 제작 발주시켜 현장설치로 차단용량 증가 없이 건설을 할 수 있다(공사비가 10억 이상 차이날 수도 있으므로 실무에서 충분히 검토 – 154급 변압기 $\%Z$를 11.5%에서 14.5% 상승된 제품 사용 가능).

(2) 한류 리액터 설치

① 단락전류의 제한 : 전력계통에 직렬로 설치시켜 계통의 리액턴스를 증가하도록 하여 단락전류를 경감시키는 역할이다.

즉, $I_s = \dfrac{100}{\%Z} \cdot I_n$ 에서 $\%Z$ ↑이면 I_s의 감소

② 직렬 리액터 방식 : T/L에 직렬로 리액터를 삽입하여 상시에 조류를 통전시키는 방식

③ **분리 리액터 방식** : 모선 간에 설치하여 불평형 조류만을 흐르게 하는 방식으로서, 직렬 리액터 방식에 비해 소용량의 리액터로 가능하지만 모선 간 전력 융통의 제한으로 계통 운용의 탄력성이 저하된다.

④ **주의점** : 무효전력 손실 및 안정도와 계통 보호방식의 검토가 요구된다.

⑤ **최근** : 초전도 한류 리액터가 적용되기 시작하였다.

(3) 고장전류 제한기(계통 연계기 사용)

① 사이리스터, GTO 등 전력 전자기기를 응용한 것으로, 평상시는 저임피던스로 회로에 접속되어 있다가 사고 시에 고임피던스 역할을 함으로써 단락전류를 억제시킨다.

② 기능

　㉠ 초기 최대 전류를 설비의 순시 적용치 이내로 제한하고, 그 이후는 최대 전류를 기준 차단기의 차단내력 이내로 제한한다.

　㉡ 평상시 : 직렬 콘덴서를 작용하여 선로의 정태안정도 향상

　㉢ 고장 시 : 사이리스터 고속도 동작으로 차과도, 과도 고장전류를 제한하도록 고임피던스로 변화되어 단락전류는 억제된다.

③ 문제점

　㉠ 타 방식에 비해 고가이다.

　㉡ 전력 전자소자 사용에 따른 고조파가 발생하는 문제가 발생한다.

5. 결론

(1) 상기의 여러 대책을 설명하였고, 현실적으로는 송전전압 격상을 통한 단락용량 저감 효과가 우선 시 되어 근본적인 문제점을 해소하기 위해서는 계통전압의 격상, 즉 345kV를 765kV로 격상함이 공급 신뢰성, 경제성면에서의 합리적인 방안으로 생각된다.

(2) 전국적인 765kV 교류에 대한 님비현상이 높아져서, 현실적으로 전자파 장해가 작은 500kV HVDC 건설이 보다 더 현실적인 방안으로 최근에 대두되면서 초대형 전력건설공사가 2023년부터 시행 중에 있다.

comment DC는 진동을 하지 않아 전자파 유도장해는 없다.

과거 765kV 건설 도중 민원 폭증으로 전자파 유도장해가 없는 500kV HVDC를 25년 현재 가공으로 건설 중에 있다. 중국은 무려 1000kV급 HVDC를 상업운전 중에 있어 향후 한국의 대형 송전프로젝트에 더욱더 HVDC 건설시장이 확대될 것이다.

136 전력계통에 설치되는 직렬 리액터, 분로(병렬) 리액터, 한류 리액터 및 소호 리액터의 사용목적과 특징에 대하여 각각 설명하시오.

data 발송배전기술사 22-127-3-3 / 발송배전기술사, 건축전기설비기술사, 전기안전기술사, 전기응용 기술사 출제예상문제

답안

1. 직렬 리액터의 목적

(1) 목적

① 대용량의 진상용 콘덴서를 설치할 때 고조파 전류에 의한 회로전압이나 전류 파형의 왜곡현상에 대한 문제점을 보완한다.

② 콘덴서 투입 시 과도 돌입전류에 의한 콘덴서 스트레스를 억제한다.

③ 콘덴서 개방 시 선로의 이상전압을 방지한다.

④ 소용량의 콘덴서에는 설치하지 않았으나, 파워 일렉트로닉스 기기의 사용 증가로 고조파 발생이 증대하므로 소용량일 때도 설치하는 것이 좋다.

⑤ 고조파에 대한 악영향 방지

  ㉠ 고조파 전압이 변압기 과열 및 이상 소음을 증대시킨다.

  ㉡ 고조파 전압이 콘덴서 회로에 이상전류를 발생시켜 콘덴서 운전에 지장을 초래한다.

  ㉢ 고조파 전류에 의한 계전기류의 오동작을 방지한다.

  ㉣ 일반적으로 3상 회로에는 제5고조파가 가장 많고, 제7·9고조파로 되어 있다(제3고소파노 발생되나 변압기 △권선에서 순환되어 무시함).

  ㉤ OA기기, 전자식 안정기, 단상 정류기 부하가 많은 건축전기설비에는 제3 고조파도 많이 발생한다.

⑥ 고조파 저감대책의 일환으로 일반 3상 회로에는 제5고조파 이상을 고려하고, 제5고조파에 대해서 유도성 회로로 하기 위해 SC에 SR을 삽입한다.

⑦ 아크로 등의 제3고조파 발생부하에 대한 고조파 억제용

⑧ LC 공진에 의한 파형의 왜곡 방지

(2) 설치장소

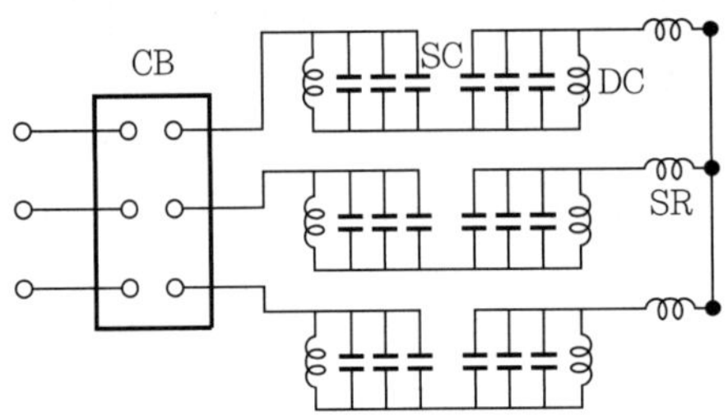

- DC : 방전코일(Discharge Coil)
- SR : 직렬 리액터(Series Reactor)
- SC : 전력용 콘덴서(Static Condenser)
- CB : Circuit Breaker

(3) 적용

용량은 콘덴서 뱅크군 용량의 6 ~ 13%

① SR의 용량 : 제5고조파 대응용은 SC용량의 6%, 제3고조파 대응용[arc 노(爐) 부하]은 13%이다.

② SR의 적용 : 콘덴서 용량이 500kVA 이상에서 일반적으로 설치된다.

2. 분로(병렬) 리액터(Sh.R : Shunt Reactor)의 목적과 특징

(1) 목적

① 무효전력 흡수

ㄱ 심야, 경부하 시 진상 무효전력이 많아 페란티 현상, 자기여자 현상 등의 악영향을 감소시키기 위한 무효전력의 흡수

ㄴ 지상 전류를 얻고 전압 상승을 억제할 목적

ㄷ 345kV 차단기 케이블 충전전류 차단용량 확보(진상 소전류 차단) : 선로 설치의 주목적

ㄹ 적정 계통전압 유지 : 모선 설치 주목적

② $Q - V$ Control에 의한 전압 조정

ㄱ 진상 무효전력 과다로 인한 전압 과다 상승 억제, 계단적 전압 조정 가능

ㄴ 무효전력(Q)과 전압강하(ΔV)의 관계

$$\Delta V = E_s - E_r \fallingdotseq I(R\cos\theta + X\sin\theta) = \frac{PR + QX}{E_r}$$

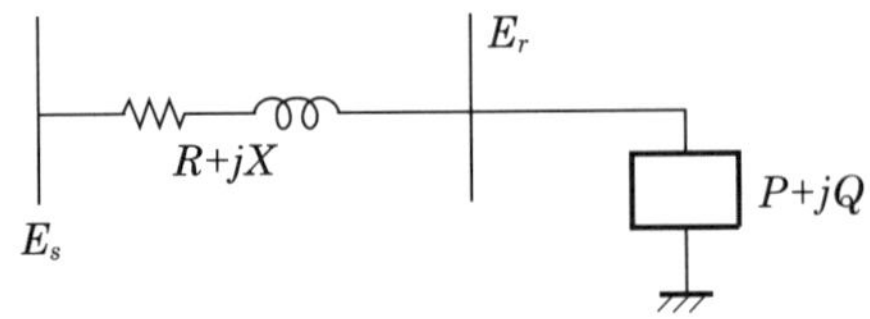

ㄷ 계통에서는 $R \ll X$이므로, 전압강하는 $\Delta V = \dfrac{QX}{E_r}$ 이다.

② 경부하로 인해 무효전력의 용량성이 증가하면 전압강하는 그 반대로 상승하여 $Q = Q_L - Q_C$에서 용량성 무효전력(Q_C)이 유도성 무효전력(Q_L)보다 증가하면 전체 무효전력은 마이너스 성분된다.

㉺ 이에 따라 전압강하도 마이너스가 되어 $E_R = E_S - (-\Delta V) = E_S + \Delta V$로 오히려 수전단이 상승하는 페란티 효과가 발생한다.

㉻ 유도성 부하인 분로 리액터를 투입할 때 유도성 무효전력을 증가시키면 수전단의 전압은 적정하게 조정된다.

(2) 특징

① 설치 장소

㉠ 1차 S/S(345kV급)의 1차 측(345kV)에 설치, 특히 지중 T/L이 집중된 곳

㉡ 345kV 주변압기 3차 측에 연결(최근에는 scale merit 없어 사용 않음)

㉢ 345kV 모선 측에 연결(설치용량 : 50, 100, 200MVar)

㉣ 345kV 선로 측에 연결(대용량 지중 T/L 설치개소, 장거리 대용량 가공 송전선로 설치개소)

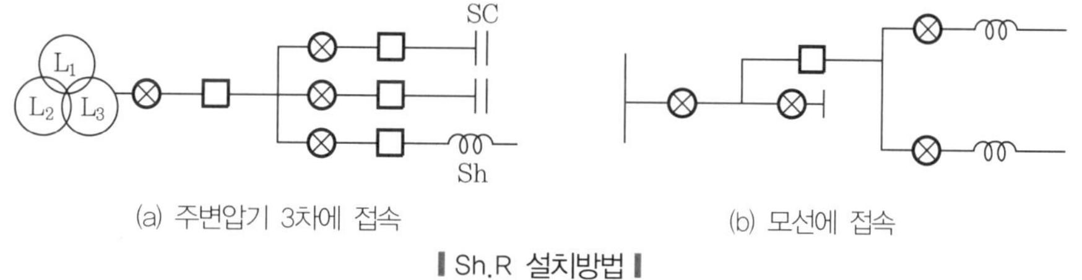

(a) 주변압기 3차에 접속　　　(b) 모선에 접속

❙ Sh.R 설치방법 ❙

② 분로 리액터 설치 시 주의사항

㉠ 3권선 변압기에 Sh.R 접속 시 주의사항

- 전자 이행전압의 악영향을 고려하여 3차 측에 적정 콘덴서 설치($0.1 \sim 0.2\mu\text{F}$)
- 철심의 구조상 소음이 크기 때문에 이에 대한 대책을 고려할 것
- 리액턴스 특성을 선형적으로 조정하기 때문에 국부적으로 자속밀도가 높게 되고 또 자기흡입력에 의한 진동 때문에 소음이 크게 되기 쉽다.
- 철심을 크게 하여 자속밀도를 작게 하고 또 각종의 방음구조를 갖도록 한다(실제로 345변전소에서 가동 시 소음 과다로 방음벽 설치함).

㉡ 변압기와 달리 운전은 전부하와 무부하가 번갈아 사용되기 때문에 호흡작용이 크므로 이점을 충분히 고려하여 제작하여야 한다.

㉢ 장기적으로 계통 투입 시 손실 발생의 우려가 높다.

㉣ 개폐서지 대책으로 차단기 설치 시 다빈도에 견디는 차단기를 설치해야 한다.

ⓜ 개폐 돌입전류가 정격의 약 5배 정도이므로 이에 대한 대책이 필요하다(계전기 측 보호).

③ 장점 : 시설비가 저렴하고 지상 무효전력 조정이 쉽다.

3. 한류 리액터(current limit reactor)의 사용목적과 특징

(1) 사용목적

① 차단전류를 제한(고장전류 차단을 위해서)하여 차단기 용량을 감소시킨다. 즉, 사고 시 등가 임피던스를 높여 고장전류를 저감시킨다.

② 전력기기의 열적·기계적 장해를 방지한다.

(2) 특징

① 접속장소(설치장소)

   ㉠ 직렬 리액터 방식 : 선로에 삽입하여 상시에 조류만을 흐름

   ㉡ 분로 리액터 방식 : 변전소 모선에 분할 삽입하여 모선 간 불평형 조류만을 흐르게 한다.

② 공심 리액터와 유입 철심 리액터 방식이 있다.

   ㉠ 공심 방식 : 선형성 우수, 과도전압 영향 작음, 절연 간단, 저렴

   ㉡ 냉각을 위해서(공심) 대류에 의해 자연 냉각, 대기 노출 설치

③ 직렬 연결 시 평상시 전압강하, 전력 손실, 안정도 저하

④ 작동 시 과도현상이 발생하여 TRV의 회복전압 초기 상승률이 증가(RRRV 증가)

⑤ 주의사항 : 무효전력 손실, 계통 안정도, 보호방식을 검토함

4. 소호 리액터의 사용목적과 특징

(1) 주목적(설치 이유)

① 1선 지락사고 시 접지 아크를 자연소멸함

② 정전, 아크 접지 시 이상전압 장해를 방지함

③ 병렬 공진을 이용하여 지락전류의 제한목적

④ 평상시에는 유도성으로 운용하여 직렬 공진 회피용

(2) 특징

① 접속장소(설치장소) : 변압기 중성점에 소호 리액터 접지를 실시한다.

② 원리

   ㉠ 1선 지락전류를 이론적으로 0으로 한다.

ⓛ 1선과 대지 간의 정전용량의 3배이다.

ⓒ 3C와 L에 의한 공진조건 $\dfrac{1}{3\omega C}=\omega L$을 이용한 방식이다.

ⓔ LC 병렬 공진 시 임피던스가 최대가 된다.

ⓜ 따라서, 소호 리액터를 사용하는 접지방식에서는 지락사고 시 병렬 공진으로 지락전류를 소멸시킨다.

③ 장점

ⓐ 1선 지락전류는 이론적으로 0이므로 전류 차단효과가 매우 크다.

ⓛ 통신선 유도 장해 방지

ⓒ 사고 시 연속 송전 가능 : 고장점 아크 자연 소멸

ⓔ 과도 안정도 향상

ⓜ 10 ~ 20% 정도 과보상에도 소호 지장 없음

④ 단점

ⓐ 중성점 잔류 전압으로 인한 직렬 공진 발생

ⓛ 이 직렬 공진에 의한 이상전압이 발생될 수 있다. 즉, 직렬 공진 시 임피던스가 최소가 되는 전류의 최대로 이어져 이상전압이 발생하는데 문제점을 방지하기 위해 공진점을 약간 벗어나게 합조도를 설정한다.

ⓒ 부족보상의 상태 시 특히 주의할 것

즉, $\omega L > \dfrac{1}{3\omega C}$일 때 부족보상 상태임. 이러한 부족보상 Tap으로 운전 시 지락사고가 발생되면 이상전압이 발생함

ⓔ 사고 시 지락전류가 작아 건전상 전위 상승이 증가하므로 전절연 필요

ⓜ 지락전류가 작아 보호계전 동작이 곤란

ⓗ 탭변경 등 조작 및 보수가 어려움

ⓢ 자동제어 등 기술력 필요

ⓞ 병가된 타 계통 사고 시 정전유도에 의한 이상전압 발생

ⓩ 코로나 발생 시 병렬 공진 이탈

　• 과보싱 상태린 $I_L > I_C$이므로 $\omega L < \dfrac{1}{3\omega C}$를 말함

　• 코로나 방전 시 C성분의 증가로 직렬 공진 발생 가능

　즉, C가 증가되면 $\omega L < \dfrac{1}{3\omega C}$에서 ωL은 감소되어 $\omega L > \dfrac{1}{3\omega C}$이 되어 부족보상으로 변경되면서 직렬 공진이 발생할 가능성이 있음

> **137** 한류 리액터로 사용되는 건식 공심 리액터의 구조적 특징을 설명하고, 현장적용 시 유의사항을 전기적·자계적 측면에서 각각 설명하시오.

data 발송배전기술사 19-117-2-2 / 발송배전기술사, 건축전기설비기술사, 전기안전기술사, 전기응용 기술사 출제예상문제

답안

1. 한류 리액터의 개념

(1) 개요

선로에 직렬로 리액터를 삽입하고 선로 등가 임피던스를 높여 고장전류를 저감시키는 장치

(2) 종류

공심 리액터와 유입 철심 리액터로 구분한다.

(3) 고장전류에 철심이 포화되지 않도록 철심이 없는 공심 리액터를 주로 사용한다.

2. 건식 공심 리액터의 구조적 특징(구조 및 특징)

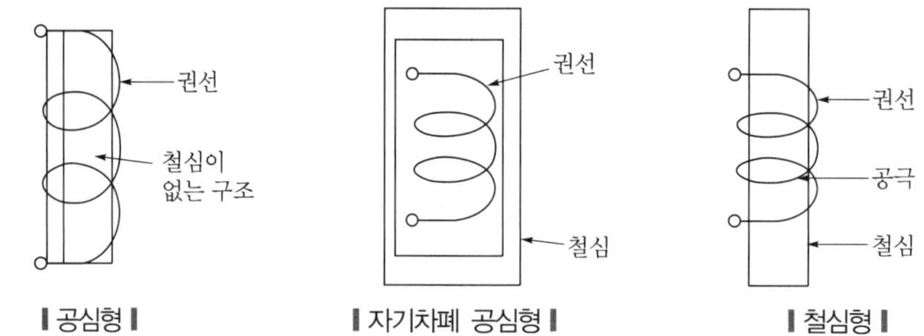

(1) 구조

절연전선(단층, 다층) + 유리섬유/세라믹 등으로 지지되며 철심이 없다.

(2) 특징

① **선형성 우수** : 철심이 없어 대전류에도 포화되지 않아 비선형 특성에 의한 이상현상이 없다.

② **활선상태** : 표면을 포함한 모든 부분을 활선상태로 간주한다.

③ 포화특성 없어 소음이 작다.

④ 공기 냉각으로 넓은 설치공간이 필요하다.

⑤ **환경** : 분진, 염해 등 환경조건에 노출되며 공간자계를 형성한다.

⑥ **경제성** : 운반취급이 용이하고 투자 및 유지·보수비가 저렴하다.

3. 현장적용 시 유의사항의 전기적·자계적 측면

(1) 전기적 측면

① 활선상태 : 운전 리액터 본체 모든 표면은 활선상태로 감전주의

② 절연 이격거리(변전소 이격 기준 적용)

㉠ 리액터 상간 이격거리 : 리액터 1상 지름의 1.7배 이상일 것

㉡ 대지 간 이격거리 : 리액터 1상 지름의 1.1배 이상일 것

(2) 자계적 측면

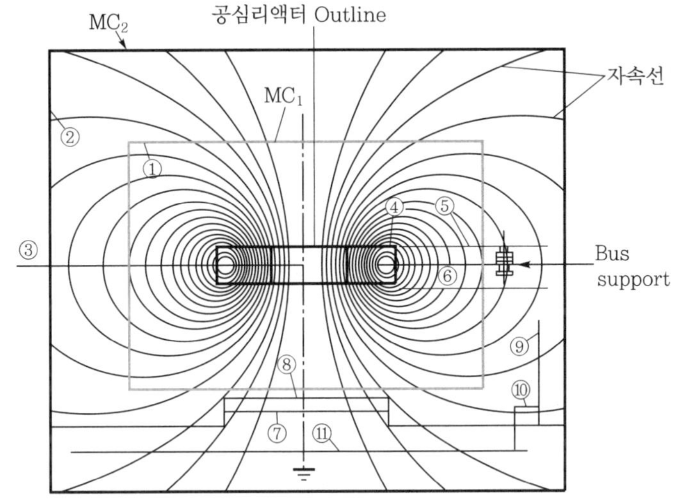

① 이격거리 유지

㉠ MC₁

• 코일 외경×0.5 거리 유지

• 폐루프 형상이 아닌 소형 금속체 배치

㉡ MC₂

• 코일 외경과 동일 거리 유지

• 대형 금속체 또는 폐루프로 된 금속체 배치

㉢ 인접 리액터 간 이격거리

• 상호 간섭 작용을 검토할 것

• 단락 전자력 발생 억제력

$$F = k \times 2.04 \times 10^{-8} \times \frac{I_m^{\,2}}{D(\text{이격거리})} \, [\text{kg/m}]$$을 고려할 것

② 와전류, 순환전류 고려

㉠ 와전류에 의한 온도 상승 고려 : 돌출부가 없게 설치

   ⓛ 순환전류에 의한 온도 상승 고려 : 적당한 Connection bar, 연결단자로부터 방사상 배치

③ **기계적 강도 고려(그림의 ⑥)** : 과도한 기계적 하중이 가해지지 않도록 지지대 구비

④ **절연** : 교차점은 절연(그림의 ⑦)

⑤ **접지 및 기초**

   ㉠ 편평한 기초 표면 : 기하학적 대칭과 수평으로 유지(그림의 ⑧)

   ⓛ 분할구획 및 개별 접지, 단락 환상 루프 형성 금지(그림의 ⑨ ~ ⑪)

4. 공심 리액터 설계 시 고려사항

구분	고려사항

열적 내력	• 연속정격 허용전류
	  – 직렬 리액터에서는 순시전류 분담 중요
	• 단락정격 선정(고장 전류 억제용 직렬 리액터)
	  – 단락정격 : 연속정격의 약 20배
	  – 단시간 지속전류 : 3초

임피던스 요구조건	• 직렬 리액터의 자기 임피던스 크기가 고장전류 결정 • 임피던스 허용 오차 : ±2%
전압책무, 관련 기준, 절연강도	IEEE Std. S57.16–1996 참조
이격거리	전기적, 통풍 및 자기적 이격거리
전압 변동률	역률 0.85 ~ 1.0일 때, 송전단 전압 약 5% 증가 필요
기계적 책무	• 정상 상태 기계적 내력 • 고장전류 통전내력 • 내풍력 및 내진력 내력
주위온도	주위온도 조건이 리액터 수명과 가격에 영향

5. 공심 리액터 설치 시 고려사항

(1) 전력 손실 및 안정도 고려

① **임피던스 증가** : 전력흐름 감소, 전압강하 증가, 단락전류 억제 능력 우수, 안정도 저하

② **임피던스 감소** : 전력흐름 증가, 전압강하 감소, 단락전류 억제 능력 저하, 안정도 증가

(2) 과도 회복전압

① 직렬 리액터 설치 시 과도 전압 파고치는 낮아진다.

② 과도 회복전압 초기 상승률(RRRV)이 상승하여 차단기 동작책무에 영향을 미친다.

876

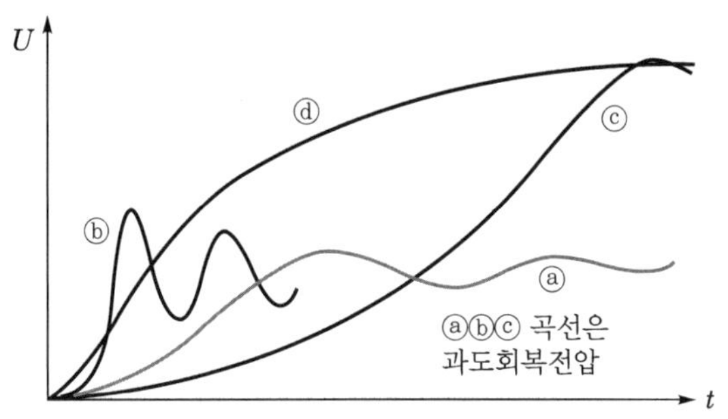

▎TRV 특성과 차단상태▎

(3) 리액터 근처 자계 형성으로 인한 다음의 사유로 설치공간을 충분히 검토 후 적용할 것

리액터 근처 자계 형성 → 유도전압 발생 → 와전류 순환전류 생성 → 발열과 단락 전자력 발생 → 이격거리 확보 필요 → 넓은 부지공간 필요

6. 건식 공심 리액터와 유입 철심 리액터 비교

구분	건식 공심 리액터	유입 철심 리액터
구조적 특징	리액터 활선표면 대기 노출	리액터 유입 탱크 내 설치
장점	• 선형성 우수 : 신뢰성 우수 • 과도 과전압 영향 작음 • 친환경성 : 기름사용 없어 화재위험 감소 • 소음 저감, 설치비용 저감	• 상대적 좁은 공간 설치 • 밀폐되어 분진 및 염해에 강함
단점	• 넓은 설치공간 확보 필요 • 분진, 염해에 노출	• 신뢰성 측면 불리 • 기름에 의한 환경오염

138 한류 리액터의 역할 및 전력계통에 미치는 영향을 설명하시오.

data 발송배전기술사 17-111-1-2 / 발송배전기술사, 건축전기설비기술사, 전기안전기술사, 전기응용기술사 출제예상문제

답안

1. 한류 리액터의 역할

(1) 송전선, 모선 간에 한류 리액터를 삽입하여 단락용량을 경감시킨다.

(2) 리액터의 주된 용도

① 단락전류에 의한 기기의 기계적·열적 장해 방지

② 차단해야 할 전류를 제한해서 차단기의 소요 차단용량 경감

(3) 설치 장소 및 방법

① **직렬 리액터 방식** : 선로에 직렬 리액터를 삽입하여 선로의 전기적 거리를 크게 하는 방법으로, 상시 조류를 흐르게 한다.

② **분로 리액터 방식** : 변전소 모선을 분할해 그 사이에 직렬 리액터를 삽입하여 모선 간에 불평형 조류만을 흐르게 하는 방식이다.

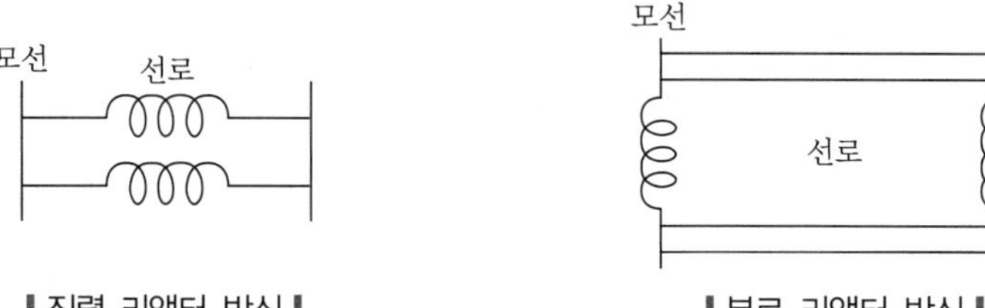

2. 한류 리액터가 전력계통에 미치는 영향

(1) 기본 개념

① 단락전류는 $I_S = \dfrac{E}{X}$ 이다.

② 계통연계가 증대될수록 계통의 등가 리액턴스는 저감되므로, 단락전류의 증대현상이 발생한다.

③ 따라서, 단락용량 $P_s = \sqrt{3}\, V I_S$ 는 증대된다.

④ 그러므로 차단기 용량을 증대시켜야 되나 이에 대한 경제성을 고려하여 차단기 단락용량을 저감시키는 방법 중의 하나인 한류 리액터를 적용한다.

⑤ 그러나 한류 리액터의 선로정수는 X_L 이므로 아래와 같은 현상이 발생한다.

(2) 한류 리액터가 전력계통에 미치는 영향

① **무효전력 손실 증대** : $Q_l = 3I^2 X_L$ 에서 X_L 의 증대로 무효전력 손실 증대

② **안정도 저하** : $P = \dfrac{V_s V_r}{X} \sin\theta$ 에서 X_L 의 증대로 P(유효전력)의 감소로 이어져 안정도 저하

③ **계통 보호방식 검토 요구** : 선로정수 중 X_L 의 증대로 거리 계전기 등 보호 계전기 적용에 있어 검토가 요구됨

878

139 전력계통에 설치하는 한류기(current limiter)의 동작원리, 설치효과 및 종류별 특성에 대하여 설명하시오.

(data) 발송배전기술사 17-112-4-3 / 발송배전기술사, 건축전기설비기술사, 전기안전기술사, 전기응용기술사 출제예상문제

답안

1. 한류기(current limiter)의 동작원리

(1) 고장 시의 한류기와 차단기의 동작특성 비교

한류기의 동작특성	차단기의 동작특성
• 고장전류 발생 시 고속으로 고장 검출 및 고임피던스 투입	• 고장전류 발생 시 차단동작으로 선로를 계통에서 분리
• 고장 발생 후 한류기의 동작 소요시간 : < 16ms	• 고장 발생 후 차단기의 동작 소요시간 : 85 ~ 120ms
• 열적 및 기계적 Stress 저감, 선로의 저전압 보상	• 열적 및 기계적 Stress 및 선로의 저전압 발생
• 한류기의 전압 및 전류	• 차단기의 전압 및 전류
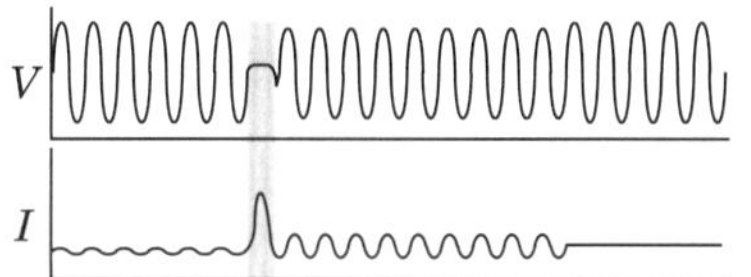	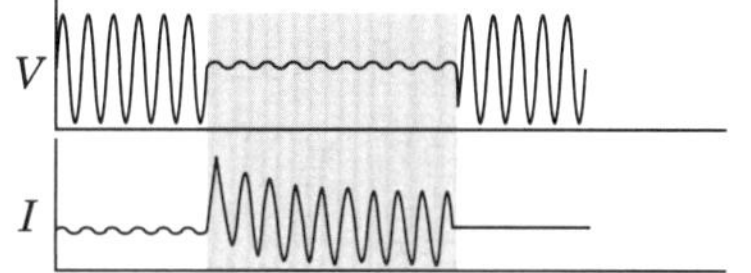

(2) 한류기 동작원리

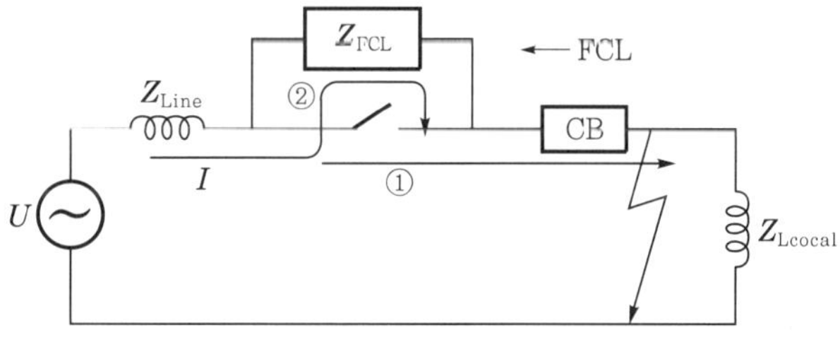

① : 정상상태의 전류 ② : 고장전류

❚ 한류기의 동작원리 ❚

$I = \dfrac{U}{Z}$ 에서 위 그림과 같은 동작 메커니즘을 아래와 같이 설명할 수 있다.

① 정상상태의 임피던스 : $Z - Z_{Line} + Z_{Lcocal}$

② 고장상태의 임피던스

　㉠ 고장회로가 없는 경우의 임피던스 : $Z = Z_{Line}$

　㉡ 고장회로가 있는 경우의 임피던스 : $Z = Z_{Line} + Z_{FCL}$

③ 고장전류 발생 시 고속 고장 검출 및 임피던스 투입으로 고장전류 $I = \dfrac{U}{Z}$ 를 감소시킨다.

2. 한류기 설치효과

(1) 단락전류에 의한 기기의 기계적·열적 장해 방지

(2) 차단해야 할 전류를 제한해서 차단기 소요 차단용량 경감

(3) 고장 발생 시 한류 임피던스(Z_{FCL})의 고속 투입에 따른 인접선로 저전압 파급 방지

(4) 배전선로 보호 협조 개선

(5) 계통 용량 증대(증설, 연계 등)에 따른 전력기기 보호

3. 한류기 종류별 특성

(1) 저항형 초전도 한류기

① 사고가 발생하여 고장전류가 임계전류를 초과할 경우 그 즉시 초전도성을 잃게 되고(quench, $R \neq 0$) 저항에 의해 고장전류가 한류된다.

② 고장 발생 시 고속으로 임피던스를 투입할 수 있다.

③ 단점

㉠ 초전도 상태를 유지하고 냉각장치의 비용이 크다.

㉡ 동작 전류 조절이 어려운 단점이 있다.

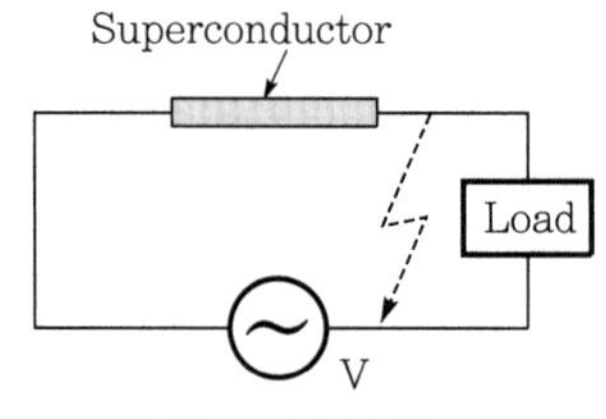

‖ 저항형 한류기 ‖

(2) 포화 철심형 한류기

① 주회로인 AC Coil과 철심 포화용 DC Coil로 구성된다.

② 정상 시 DC Coil에 의해 철심이 포화되어 저임피던스 상태로 운전한다.

③ 고장 발생 시 큰 고장전류가 AC Coil에 흐르게 된다.

④ 이때, 발생되는 자속에 의해 철심포화가 상쇄되어 임피던스가 발생된다.

⑤ 철심을 포화시키기 위해 DC Coil은 고 자장을 생성해야 하므로 초전도 Coil을 사용한다.

⑥ 장점

㉠ 동작전류 설정이 쉬우며, 정확히 한류가 된다.

㉡ 상시 임피던스가 비교적 크다.

⑦ 단점

㉠ DC Coil을 구동하기 위해 별도의 극저온 냉각장치 및 전원장치가 필요하다.

㉡ 고장 시 AC Coil에서 발생되는 자속이 DC Coil에 여자되면 순간적으로 과전압이 발생하여 DC Power supply가 손상될 수 있다.

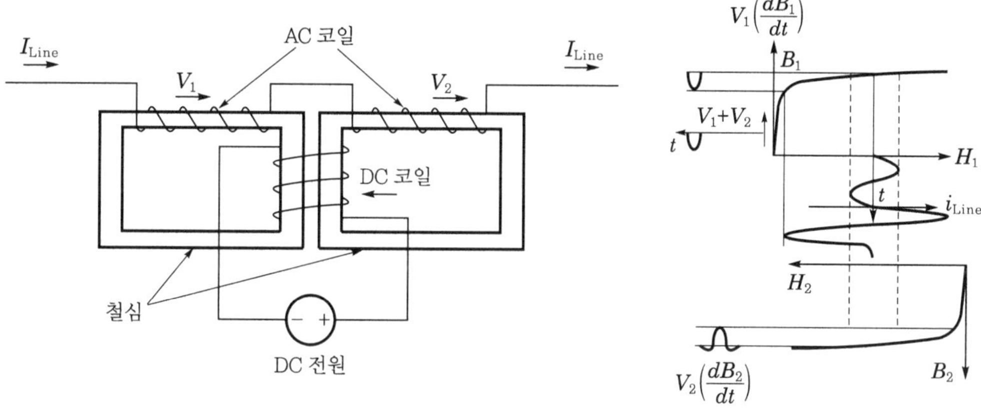

┃ 포화 철심형 한류기 ┃

(3) 전력용 반도체형 한류기

① Turn-off가 가능한 전력용 반도체(GTO, IGCT, IGBT 등)를 이용한다.

② 고장 발생 시 고장전류가 피크값에 도달하기 전 한류가 되도록 구성한다.

③ 전압 및 전류용량에 따라 다량의 전력용 반도체가 소요되며, 냉각장치가 필수적이다.

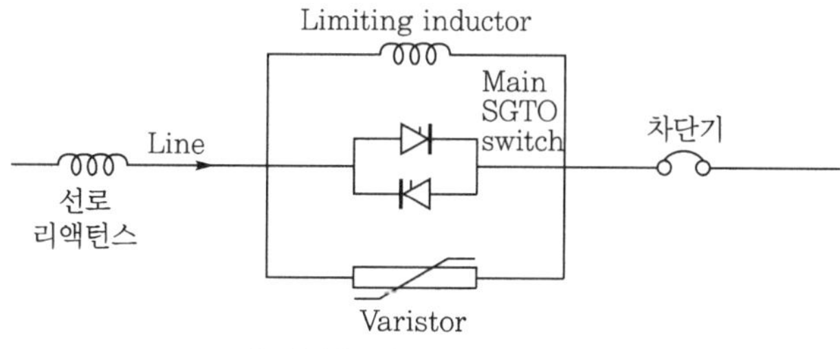

┃ 전력용 반도체형 한류기 ┃

(4) 복합형 한류기

① 고장전류를 효과적으로 한류하기 위해 초전도체 또는 전력용 반도체 등과 고속 스위치, CLR 등과 더불어 복합적으로 구성된 한류기이다.

881

② 고장 발생 시 초전도체 또는 전력용 반도체를 이용하여 초기 고장전류를 한류하고, 고속 스위치를 통해 수 ms 이내 한류 회로 측으로 우회시켜 고장전류를 제한한다.

4. 한류기 적용 사례

(1) 국내는 6.6kV/200A 저항형 초전도 한류기, 22.9kV/630A 및 22.9kV/3000A 초전도 복합형 한류기를 개발하였다.

(2) 광양 POSCO

① 적용 사유

㉠ 전기아크로(EAF) 운용 시 빈번한 개폐로 인하여 고장 발생

㉡ 고장 발생 후 차단기 동작까지 저전압 발생(~100ms), 인접 전동기 부하 저전압 파급

㉢ 전동기 Invertor의 저전압 보호동작으로 생산 장애 발생(열연, 압연 등)

② 효과

㉠ 고장 발생 후 16ms 이내 고속 임피던스 투입 : CB 차단 전 고장 선로 전압 유지 → 전동기 부하 Trip 방지

㉡ 고장 선로 전력설비의 기계적 충격 완화

(3) 경기도 이천 변전소 초전도 복합형 한류기

① 한전 실제 계통 초전도 복합형 한류기 운용(경기도 이천 변전소, 08.11 ~ 13.10)

② 한전 실제 계통 설치와 운용 기술 취득 및 규격 제정

③ 고장검출 방법 : 초전도체 및 FFD

④ 실적 : 시범 선로 고장 발생(총 2회)에 따라 한류기 동작

<table><tr><td>SECTION</td><td>**02**</td><td>초전도 관련</td></tr></table>

140 초전도 한류기의 개요 및 동작특성, 구성도와 동작원리에 대하여 설명하시오.

(**data**) 발송배전기술사 15-107-3-4 / 발송배전기술사, 건축전기설비기술사, 전기응용기술사 출제예상 문제

답안

1. 개요

(1) 초전도 한류기(초전도 사고전류 제한기, SFCL : Superconducting Fault Current Limiter)는 전기저항 영(零)의 초전도 현상을 이용하여 정상운전 시 발생저항이 전혀 없다가, 계통의 고장 발생 시 별도의 감지장치 없이 스스로 임피던스가 발생하는 신개념의 차세대 전력기기이다.

(2) 이러한 특성 때문에 전력계통 고장(사고)에 대한 가장 근본적인 해결책으로 최근 제시되고 있다.

(3) 낙뢰나 지락, 단락과 같은 사고로 인해 선로에 과전류가 흐르면 0.1ms 이내에 감지하여 수 ms 이내에 사고전류를 제한함으로써 정전과 같은 대형 사고를 방지하고 계통에 연계된 주변기기로의 사고 파급을 감소시킬 수 있다.

2. 초전도 한류기의 동작특성

(1) 정상운전 시에는 임피던스 없이 동작하여 선로에 아무런 손실을 주지 않으나, 사고 시에는 일정 크기의 임피던스가 발생하여 사고전류를 제한한다.

(2) 사고 발생 후 임계 전류값 이상의 사고전류가 흐르면 초전도 소자가 Quench되어 사고 발생 후 $\frac{1}{4}$ 사이클 이내에 사고전류를 제한함으로써 계통 내의 주변기기에 미치는 영향을 최소화하여 피해의 파급을 최소화할 수가 있다.

(3) 사고전류 제한역할을 끝낸 후 0.5초 이내에 다시 초전도상태로 복귀된다.

(4) 전체적인 원리 및 구조가 간단하고, 기존 기기의 교체 없이도 적용이 가능하다.

3. 초전도 한류기의 구성도

(1) 구성도

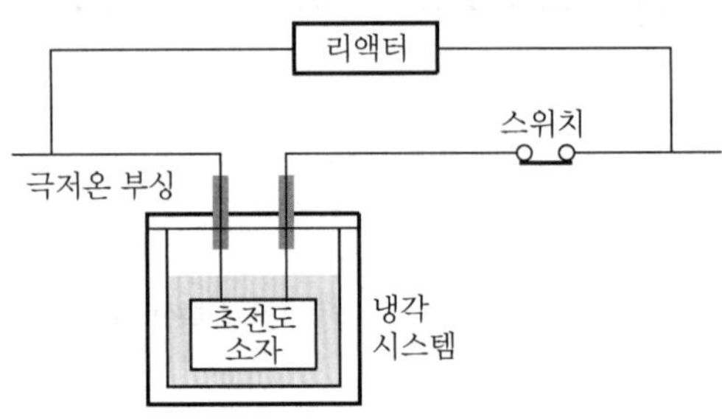

(2) 초전도 소자는 액체질소를 사용하여 냉각하고, 냉동기를 사용하여 액체질소를 일정한 온도로 유지하도록 냉각 시스템을 구성한다.

(3) 초전도 소자가 초전도성을 유지하려면 영하 185℃ 이하로 유지해야 하므로 초전도 소자를 냉각하는 냉각 시스템이 필요하다.

(4) Thyristor 제어 초전도 한류 리액터와 콘덴서의 직렬 $L-C$ 회로로 구성된다.

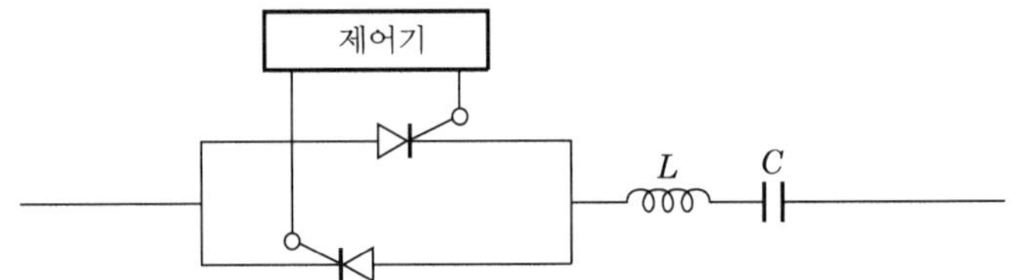

┃ 초전도 한류 리액터와 콘덴서의 직렬 $L-C$ 회로 ┃

4. 초전도 한류기의 동작원리

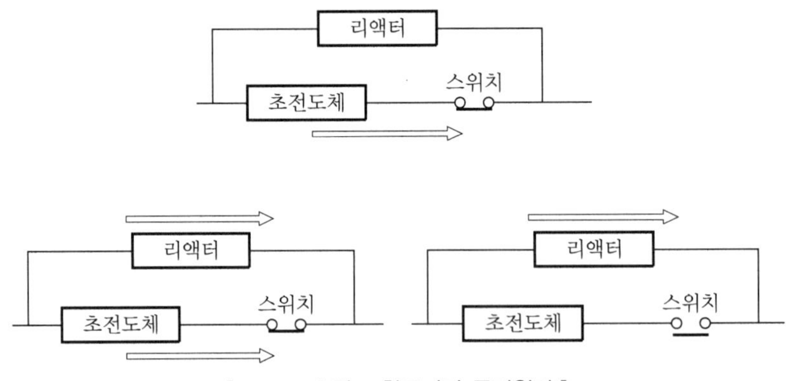

┃ 154kV 초전도 한류기의 동작원리 ┃

(1) 그림처럼 상시에는 전류가 초전도체와 스위치를 통하여 흐르다가 고장전류가 흐르면 초전도체에 저항이 발생함에 따라 전류는 병렬로 연결되어 있는 리액터에도 흐르게 된다.

(2) 이후, 스위치가 열릴 때 전류는 리액터에만 흐르게 되어 리액터에 의해 전류가 제한된다.

(3) 초전도 한류기에 사용되는 초전도 소자는 임계온도 영하 196℃ 이하에서는 정상 전류가 흐를 때 초전도 상태를 유지하면서 아무런 손실이나 임피던스가 없이 전류가 흐른다.

(4) 초전도 소자에 임계 전류값 이상의 전류가 흐르면 초전도 성질을 잃게 되어 임피던스가 발생하는데 이때 급속히 증가하는 임피던스에 의해 사고전류가 제한된다.

(5) 정상상태에서는 직렬 콘덴서로 작용하여 선로의 유도성 리액턴스를 보상함으로써 전압강하를 경감시킨다.

(6) 고장 시에는 초전도 한류 리액터가 고임피던스로 작용하여 고장전류를 억제하는 효과를 갖는다.

5. 초전도 한류기의 사고전류를 제한하는 방법상 분류

(1) 저항형 한류기

① 가장 기본적인 모델로 초전도체가 상전도체로 전이하면서 발생하는 저항을 직접적으로 이용하여 전류를 제한한다.

② 초전도체와 상전도체와의 접촉에 의해 발생되는 접촉저항이 있고, 저항에서 발생된 열의 전파로 초전도체가 Quench날 가능성이 있어 보완이 필요하다.

(2) 유도형 한류기

① 유도형 고온 초전도 한류기의 가장 기본적인 모델은 앞의 그림과 같은 자기 차폐형이다.

② 시스템에 사고 발생 시 고장전류가 급격하게 흘러 초전도체에 유도된 전류가 Quench시킬 만큼 커지게 되면, 더 이상 자장 차폐효과가 없으므로 권선에 임피던스가 발생되어 그 임피던스로 전류를 제한한다.

6. 초전도 한류기의 필요성

(1) 전력수요 증가에 따른 설비 증설로 전력계통에서의 고장전류(fault current)가 꾸준히 증가한다.

① 단락용량 증가에 따른 기존의 차단기 용량 한계로 차단기의 교체 상당부분이 요구된다.

② 154kV급 송전선로들은 서로 연계되어 고장 발생에 대한 유연성을 높이는 것이 전력계통 운용에 효율적이나 높은 고장전류 때문에 모선을 분리하여 방사형으로 운전하고 있는 실정이다.

→ 초전도 한류기와 같은 고장전류에 대한 근본적인 새로운 대안이 강력하게 요구된다.

(2) 전력계통 사고 발생 시 차단기의 고장전류 차단시간(3 ~ 5주기) 동안 계통에는 정상전류의 수십 배에 달하는 전류가 흘러 아래와 같은 특징이 나타난다.

① 계통의 안정도 저하

② 전력기기의 수명 단축

③ 2003년 미국, 유럽에서와 같은 대규모 정전사태와 같은 심각한 상황 초래

(3) 초전도 한류기는 고장 발생 $\frac{1}{4}$ 주기 이내에 스스로 동작이 시작되며 고장전류를 차단하는 시간을 단축시키는 것이 아니라 고장전류의 크기를 감소시키는 것이기 때문에 전력계통의 안정화에 매우 중요한 역할 수행이 가능하다.

141 초전도 현상을 설명하고, 퀜치(quench) 현상과 마이스너 효과(Meissner effect)에 대하여 설명하시오.

142 초전도 기술에 대한 다음 물음에 답하시오.

1. 초전도의 정의 및 특징
2. 초전도 기술의 응용분야 5가지
3. 초전도 기술의 적용 효과

(data) 발송배전기술사 23-130-1-6·21-125-4-5 / 발송배전기술사, 건축전기설비기술사, 전기응용기술사 출제예상문제

답안

1. 초전도 현상(원리)

(1) 초전도

어떤 물질이 일정 온도 이하(약 4K)에서 갑자기 전기저항이 없어지는 현상

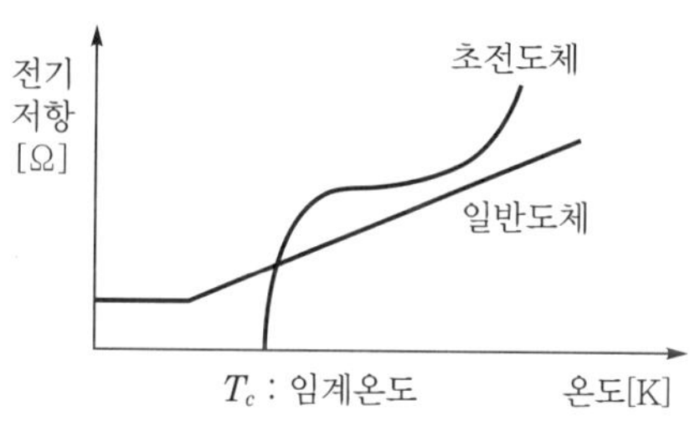

┃초전도체와 일반 도체의 온도에 따른 저항 특성┃

(2) 초전도체의 Quench 현상

① 초전도체는 3가지 임계값(critical value)을 갖는다.

② 임계값이란 임계 전류밀도(critical current density : c), 임계자장(critical magnetic field : H_c), 임계온도(critical temperature : T_c)를 말하며, 초전도체는 이 범위 안에 존재하여야만 성질을 유지할 수 있다.

③ 초전도체는 임계값 안에 존재해야지만 전기저항이 0인 초전도체가 되는 것이다.

④ 만약 다음 그림과 같이 세 가지 임계값 중 하나라도 범위를 넘어서게 되면 초전도체는 상도전도체(일반적인 도전체)로 변화하며 이를 Quench 현상이라 한다. 세 가지 임계값의 대략적인 관계는 다음 그림과 같다.

887

⑤ 세 가지 임계값의 관계

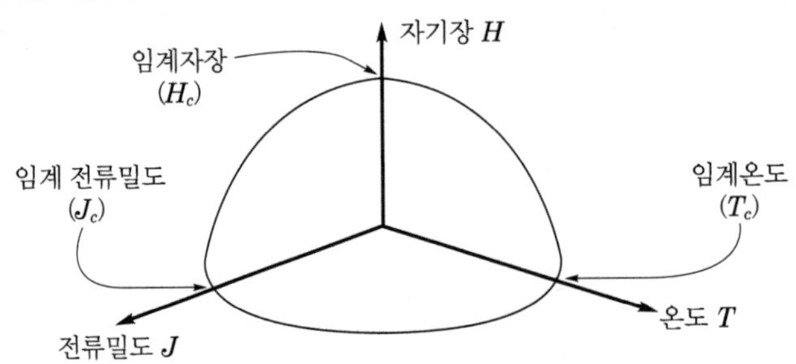

‖ 초전도체의 Quench 현상(임계값) ‖

2. 마이스너 효과(Meissner effect)

(1) 정상 전도 상태에서 전도물질의 내부에 흐르던 자속이 초전도 전이온도 이하까지 냉각되면 완전히 외부로 배제되어 전도 물질 내부의 자속밀도가 0이 되어 완전한 반자성체가 되는 자기효과로서, 초전도체 속에는 자기력선이 들어갈 수 없다고 하는 현상이다.

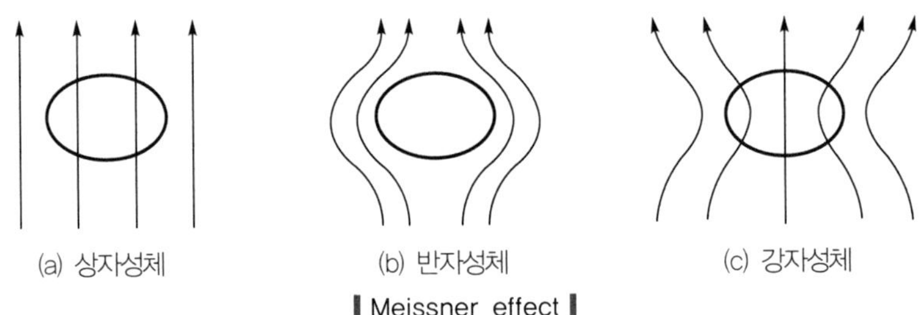

‖ Meissner effect ‖

(2) 어떤 물질이 초전도 상태에 있는지 여부의 판단은 전기저항이 0이 되는 성질보다 마이스너 효과가 본질적인 판단기준이 된다.

(3) 초전도 상태에 있는 전도물질에 자계를 가하여 자속밀도가 어느 값 이상으로 상승하면 초전도 성질이 상실되어 비초전도(정상 속도) 상태로 된다.

3. 조지프슨 효과(Josephson effect)

(1) 초전도체 사이에 얇은 절연체를 끼워도 일정한 조건에서는 한쪽 초전도체에서 다른 한쪽 초전도체로 저항 없이 전류가 흐르는 현상(쿠퍼쌍에 의한 전류 발생)이다.

(2) 바이어스가 걸리지 않은 상태임에도 2개의 초전도체 사이의 절연층을 통과하는 전류의 흐름이 가능하고, 전압이 0임에도 조지프슨 전류 I_C가 나타난다.

888

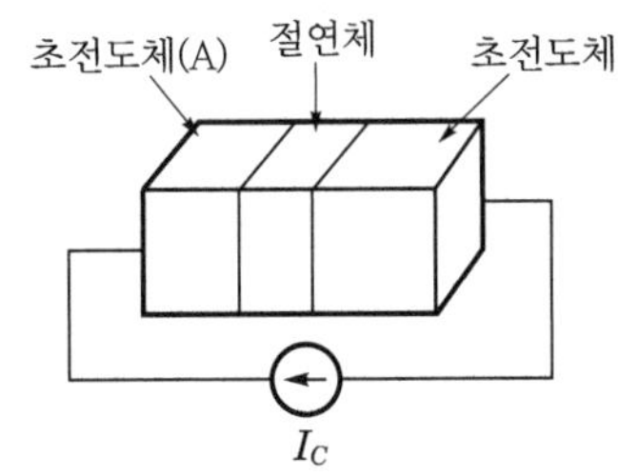

▮ 초전도체-절연체 접합도 ▮

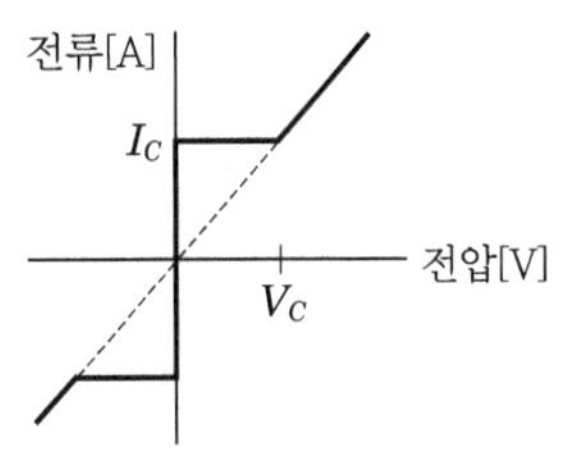

▮ 조지프슨 접합에서의 $I-V$ 곡선 ▮

4. 자기장 보존

(1) 초전도 회로에서 나타나는 현상으로 초전도 상태가 되기 전의 초전도 회로 내부의 자기장은 냉각되어 초전도체가 된다.

(2) 자기장의 변화가 있어도 초전도 회로의 자기장(磁氣場)은 원래 냉각되기 전의 자기장을 유지한다.

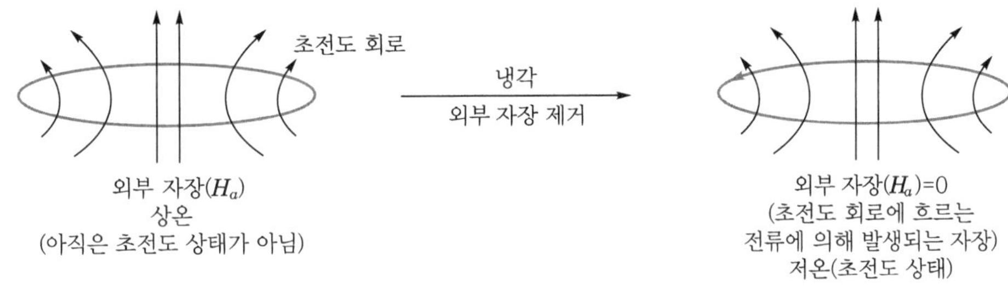

▮ 초전도 회로에서의 자기장 보존 ▮

5. 초전도 기술의 응용분야(5가지)

comment 이 사항 사세로 배점 25점 기출로 여러 번 나왔었다.
- 핵심은 고온도 초전도 물질의 적용에 있음(23년 03월 20도에서 초전도 현상을 보이는 물질이 미국에서 발견되었다).
- 향후 군사 무기개발에 각국서 큰 관심사이다. 세계 무기시장에 일대 혁신으로 군사력 영향 등으로 학계에 자료 공표하지 않는다.

(1) 초전도 Cable

① 단거리 계통에서는 실증시험 완료, 장거리 T/L에서는 연구단계

② 장점 : 송전용량을 500kV에서 1000만kW까지 수송 가능하다.

(2) 초전도 변압기

① 구조 : 액체 헬륨을 내포한 저온용기에 코일과 철심을 넣은 구조

② 철심을 초전도화하면 효율 99%까지 상승(종래 변압기에 비해 손실이 45% 정도)

③ 정지기이며 철심에 인가되는 자속이 낮아 초전도화가 용이

(3) 초전도 한류기

① 평상시 : 초전도 상태로 부하전류의 안전 통전

② 사고 시 : 퀜치현상이 되어 초전도 성질은 상실되면서 상도체로 되면 저항 증
가로 부하전류를 제한한다.

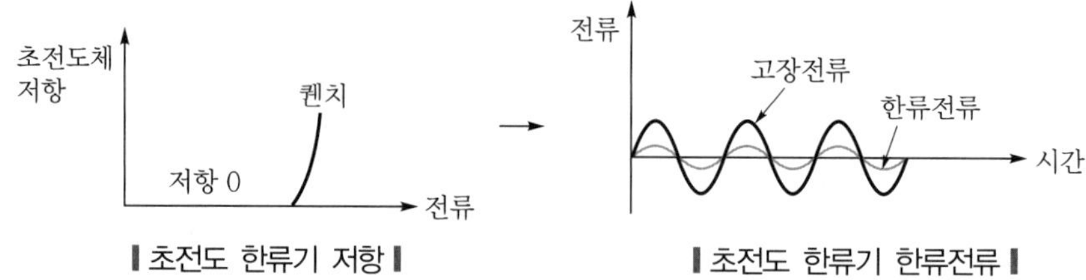

▌초전도 한류기 저항 ▌　　　　▌초전도 한류기 한류전류 ▌

(4) 초전도 에너지 저장장치(SMES : Super Conducting magnetic Energy Storage)

① Coil의 인덕턴스에 전류를 흘리면 코일에 축적되는 에너지는 $E = \dfrac{1}{2}LI^2$[J]이다.

② Coil을 임계온도까지 초저온 상태로 저장하게 되면 이론상 무한대까지 에너
지 저장이 가능하다.

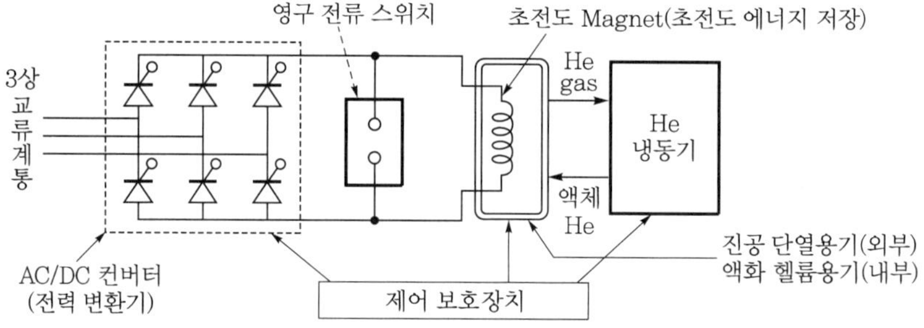

(5) 초전도 동기 발전기

① 회전계자형 발전기의 계자권선을 초전도화한 것이다.

② 회전자 철심은 포화하지 않는 비자성의 동심 원통, 내부는 액체 He, 초전도
계자권선, 토크를 전달하는 축, 진공 단열층, 복사 실드, 상온 댐퍼로 구성
된다.

③ 전기자 권선이 공심 구조로 되는 사유 : 초전도 계자권선의 강력한 자계 유지
및 철심을 포화하지 않는 구조인 공심 구조

④ 계자권선의 초전도 상태 유지방법 : 액체 헬륨(He)을 송입하여 증발가스로, 토
크 튜브와 복사 실드 냉각

890

6. 초전도 기술의 적용 효과

comment 이 사항 자세로도 여러 번 배점 25점으로 출제되었다.

(1) 초전도 케이블의 적용 효과

① 송전손실 : 송전손실이 $\frac{1}{2}$로 구리 케이블 20% 수준의 크기로 같은 용량 송전 가능

② 송전용량 : 동일 전압으로 송전용량 3 ~ 5배 이상 증가, DC는 10배 증가

③ 소면적 : 추가 건설공사없이 용량 확대 가능, 터널 단면 60% 작게 함

④ 주변기기 간략화 가능, 친환경 CO_2 저감 효과

⑤ 도심지 전력공급에 적합

⑥ 완벽한 자기장 차폐 기능으로 유도장해 현상과 전자파 문제가 없음

(2) 초전도 변압기의 적용 효과

① 효율 상승 : 초전도체의 대표적인 특징은 저항이 0이라는 점이다. 저항이 없으므로 전류가 흐를 때 발생하는 줄열 손실 0, 즉 동손이 없어 초전도 변압기는 일반 변압기보다 효율이 높다.

② 무게 및 부피 감소

   ㉠ 초전도 변압기의 다른 장점으로는 무게와 부피의 감소를 들 수 있다.

   ㉡ 변압기 권선을 초전도선으로 대체 시 손실이 줄 뿐만 아니라 같은 단면적의 선에 10 ~ 20배의 전류를 흘릴 수 있으므로 선의 양을 크게 줄일 수 있다.

   ㉢ 고온 초전도 변압기의 중량은 순환 방식의 경우에는 일반 변압기의 $\frac{1}{2}$, 비순환 방식의 경우에는 일반 변압기의 $\frac{1}{3}$로 감소함을 알 수 있다.

③ 안전하고 환경 친화적

   ㉠ 일반 변압기에서는 권선의 냉각과 절연을 위해 절연유를 사용한다.

   ㉡ 30MVA급 변압기에 들어가는 절연유는 대략 23000L나 되며 이 절연유는 환경오염과 변압기 과열 시 화재나 폭발 위험이라는 문제점이 있다.

   ㉢ 고온 초전도 변압기는 냉각을 위해 액체 질소를 사용한다. 꼭 액체 질소를 사용할 필요는 없으나 20 ~ 77K의 온도 범위에서 값싸고 안전한 냉매로서 액체 질소가 가장 적합하다.

   ㉣ 냉매인 액체 질소는 고온 초전도 변압기 권선의 절연도 담당한다.

④ 과부하 내력 증가(초전도 변압기의 과부하 내력 및 열화 강도 증가)

    ㉠ 일반 변압기와 달리 고온 초전도 변압기의 경우 정격 전류를 넘어서는 부하전류를 흘린다고 해서 일반 변압기와 마찬가지로 절연이 열화되는 일은 발생하지 않는다.

    ㉡ 초전도 변압기에 정격의 200% 정도인 부하전류가 흘러도 변압기 수명에는 아무 영향이 없으므로 일년 중 몇 주밖에 되지 않는 피크 부하에 맞춰 변압기 용량을 결정할 필요가 없으며 이에 따라 연간 운전효율은 일반 변압기보다 더 좋아지게 된다.

(3) 초전도 한류기 적용 효과

① 초전도 한류기에 사용되는 초전도 소자는 임계온도 영하 196℃ 이하에서도 정상전류가 흐를 때 초전도 상태를 유지하면서 손실이나 임피던스가 없이 전류가 흐른다.

② 초전도 소자에 임계 전류값 이상의 전류가 흐르면 초전도 성질을 잃게 되어 임피던스가 발생하는데 이때 급속히 증가하는 임피던스에 의해 사고전류가 제한된다.

③ 정상상태에서는 직렬 콘덴서로 작용하여 선로의 유도성 리액턴스를 보상하여 전압강하를 경감시킨다.

④ 고장 시에는 초전도 한류 리액터가 고임피던스로 작용하고 고장전류를 억제하는 효과를 갖는다.

(4) 초전도 에너지 저장장치(SMES) 적용 효과

구분	전력계통 안정용 SMES	일부하 조정용 SMES
현재 상황	계통에 고장 발생 시 속응 여자방식, 제동 저항, 긴급 조속기 제어 등 이용	• 부하추종을 위한 중간부하용 빈번한 기동 정지와 저부하 운전 • 기동 손실 발생, 열효율 저하
SMES 채용 시 전망	• 초전도 에너지 저장장치의 속응성을 이용하여 잉여 에너지 흡수 또는 부족 전력의 긴급 방출 • 계통 안정도의 획기적 향상	• 초전도 에너지 저장장치 전력의 저장, 방출이 자유로우며 운전효율이 높음 • 전력계통 계획 및 운영 측면에서 신뢰성, 경제성을 극대화시킬 수 있음
적용	소규모로 지역별 분산형 배치	전력 수요관리

(5) 초전도 발전기 적용 효과

① 고효율(99.3 ~ 99.5%)로서 보통 발전기(40 ~ 43%)에 비해 상당히 높다.

② 전기자가 공심이어서 동기 임피던스가 작고 전력계통도 안정도 향상, 절연 용이, 고전압화가 가능하다.

③ 자기장계, 전기장계가 함께 커져서 소형, 경량화의 제작한계의 확대화가 가속
  될 수 있다.

143 초전도체의 특성 및 종류와 초전도 기술의 전력응용에 대하여 설명하시오.

(data) 발송배전기술사 23-131-2-2 / 발송배전기술사, 건축전기설비기술사, 전기안전기술사, 전기응용
기술사 출제예상문제

(comment) 1.은 배점 10점, 2.는 배점 25점, 3.은 배점 25점으로 기출 또는 향후 예상문제이므로 숙지
하기 바란다.

(답안)

1. 초전도 특성

＊ Chapter 04 - 문제 141의 답안 '1. ~ 4.' 내용을 참조한다.

2. 초전도 기술의 응용분야(5가지)

(comment) 이것 자세로 배점 25점 기출로 여러 번 출제되었다.

(1) 초전도 동기 발전기

① 원리

ⓘ 회진계자형 발전기의 계지 권선을 초전도화한 것이다.

ⓛ 초전도 계자 코일로 높은 자속을 생성하고 출력 및 토크를 향상시킨 발전기이다.

ⓒ 계자권선의 초전도 상태 유지방법 : 액체 헬륨(He)을 송입하여 증발가스
로 토크 튜브와 복사 실드 냉각

② 구성 : 초전도 동기 발전기 + 냉각장치 + 블레이드 + 나셀로 구성

㉠ 회전자 철심

* 회전자의 고온 초전도 계자코일(권선) : 고자기장(5T)이 발생하고, 레이
  스트랙 형태이며 누설자속이 작아 단락비가 크다.

* 회진자 칠심은 포화하지 않는 비자성의 동심 원통이다.

* 내부는 액체 He이다.

* 토크를 전달하는 회전축 역할을 한다.

* 복사 실드, 상온 댐퍼로 구성된다.

      ⓛ 회전자의 보빈 블록 : 계자코일을 구조적으로 지지, 극저온 냉매로 계자
      코일의 발생열의 전도 냉각

      ⓒ 회전자의 토크 튜브 : 원동기의 회전력으로 계자코일 회전 역할, 열침입
      방지, 비자성체인 FRP 사용함으로써 단자전압의 6.6kV 고전압화 가능

      ⓔ 고정자의 플럭스 댐퍼 : 자기장 차폐, 극저온 냉각 유지, 진공 단열층 역할

      ⓜ 고정자의 구리 전기자 권선
- 유도 기전력 발생, 와전류손 경감을 위하여 여러 가닥의 세선(細線) 사용
- 전기자 권선이 공심 구조로 되는 사유 : 초전도 계자권선의 강력한 자계
  유지 및 철심을 포화하지 않는 구조인 공심 구조

      ⓗ 고정자의 기계적 차폐로 전기자 권선의 누설 자속을 방지한다.

③ 특징

      ㉠ 소형·경량화가 가능하여 발전기 중량 감소, 건설비용 절감

      ⓛ 고효율화로 고정손 저감, 대형화될수록 고효율화 가능, 해상 풍력의 발전
      기에 적합

      ⓒ 기어리스 적용에 따른 부품 개수 절감, 복잡한 윤활 시스템의 제거, 신뢰성
      확보

      ⓔ 초전도 계자 코일의 냉각 시스템 필요

      ⓜ 동기 발전기에 적용하여 유효·무효전력의 조정이 가능하여 전력계통 병
      입에 유리

      ⓗ 단락비가 큰 발전기 제작이 가능하여 무효전력 공급능력 및 안정도 향상

      ⓢ 강력한 5Tesla 자속 발생으로 동기 리액턴스의 저감

      ⓞ 초전도 계자코일의 보호 기술 : AE 센서 적용, 높은 압전상수, 유전상수
      개발 필요

(2) 초전도 에너지 저장장치(SMES : Superconducting Magnetic Energy Storage)

① 초전도 코일에 전류를 흘리면 자계가 발생하고 이 자기 에너지가 초전도 코일
의 축적 에너지로서 코일에 축적된다.

$$E = \frac{1}{2}LI^2[\text{J}]$$

여기서, L : 초전도 코일의 자기 인덕턴스[H], I : 통과전류(직류)[A]

② SMES(Superconducting Magnetic Energy Storage)는 전력계통의 필요에
따라 전력을 초전도 코일의 자기 에너지 형태로 축적하거나 자기 에너지로부

894

터 전력 에너지를 끄집어 내어서 전력계통에서 사용하는 것이다.

③ SMES의 기본구성 및 동작원리

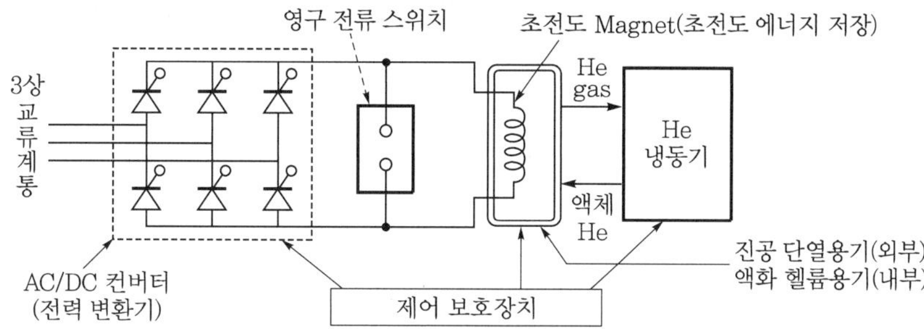

㉠ 초전도 코일은 직류 전류로 운전된다.

㉡ 교류 전력계통의 잉여전력을 사이리스터 변환기로 AC → DC로 변환하여 초전도 코일을 충전한다.

㉢ 초전도 스위치를 폐쇄해서 코일 내에 전력을 저장한다.

㉣ 초전도 코일의 방전은 사이리스터 점호각을 바꾸어서 직류 전압 충전 시와 반대로 수행한다.

㉤ SMES의 적용 예상분야로서 적용 목적별 구분

구분	전력계통 안정용 SMES	일부하 조정용 SMES
현재 상황	계통에 고장 발생 시 속응 여자방식, 제동 저항, 긴급 조속기 제어 등 이용	• 부하추종을 위한 중간부하용 빈번한 기동 정지와 저부하 운전 • 기동 손실 발생, 열효율 저하
SMES 채용 시 전망	• 초전도 에너지 저장장치의 속응성을 이용하여 잉여 에너지 흡수 또는 부족 전력의 긴급 방출 • 계통 안정도의 획기적 향상	• 초전도 에너지 저장장치 전력의 저장, 방출이 자유로우며 운전효율이 높음 • 전력계통 계획 및 운영 측면에서 신뢰성, 경제성을 극대화시킬 수 있음
적용	소규모로 지역별 분산형 배치	전력 수요관리

④ SMES의 특징

㉠ 이제까지의 전력기기에서는 없는 새로운 기능의 장치이다.

㉡ 에너지 저장효율이 높고 에너지 입·출력 속도도 빠르다.

㉢ 최신의 교·직류 변환장치를 이용함으로써 유효전력과 무효전력을 독립적으로 제어 가능하다.

㉣ 냉각매체로서는 액체 헬륨 또는 초임계 헬륨을 사용한다.

㉤ 초전도 코일로서는 솔레노이드형과 트로이드형이 있다.

⑤ 에너지의 충·방전은 영구전류 스위치를 개방해서 AD Converter로 초전도 코일의 단자전압을 제어함으로써 수행한다.

⑥ 전압 $V = L\dfrac{dI}{dt}$ 이며, 여기서 정(+)전압을 인가하면 코일에 에너지가 축적되고, 반대로 부(-)전압을 인가하면 에너지가 방출된다.

⑦ 변환기의 손실을 무시하면 융통될 전력 P는 $P = IV$이므로 전류값에 따라서 전압을 정(+) 또는 부(-)로 조정하면 된다.

(3) 초전도 변압기

① 구성

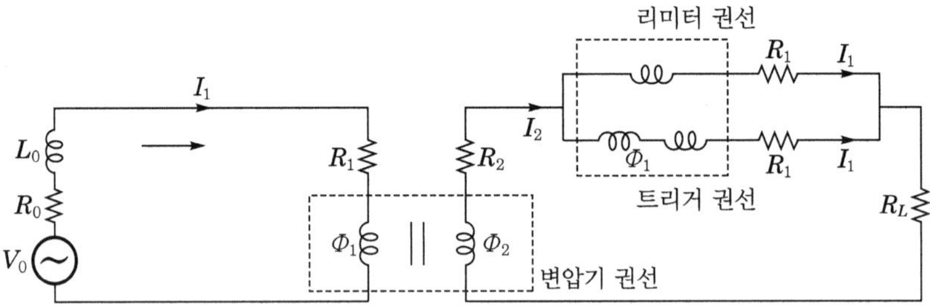

㉠ 초전도 변압기 + 초전도 전류 제한기로 구성

㉡ 변압기 권선 : 고온 초전도체로 YBCO(이트륨 바륨 구리 산화물) 77K 고온 초전도체(HTS) 사용

㉢ 냉각기 : LN_2(액체 질소) 보관용기-냉각용기 Cryostat

㉣ 철심

② **구조** : 액체 헬륨을 내포한 저온 용기에 코일과 철심을 넣은 구조

㉠ 1차 권선과 2차 권선 사이에 자기결합이 잘 되도록 철심을 두고, 철심의 단면적 등을 설계하는 기준은 일반 변압기와 동일한 기준을 적용한다.

㉡ 열적 또는 기계적인 측면에서 초전도선을 냉각시키고 온도를 유지하기 위해 극저온 용기가 필요하다.

㉢ 철심과 권선을 함께 냉각시킬 수 있지만 철심에서 발생하는 열로 냉매가 기화하면 이를 다시 액화하는 데는 20배 정도의 전력이 필요하므로 전체 효율면에서 철심을 냉각시키는 방법은 바람직하지 않다.

㉣ 그러므로, 철심은 상온에 두고 1 · 2차 권선만 냉각시켜야 하며 가운데가 빈 저온 용기에 권선을 설치하고 철심은 저온 용기의 중심으로 통과시키는 구조를 가져야 한다.

③ 원리

㉠ 트리거

• 정상 시 : 자계가 상쇄, 인덕턴스가 매우 작아 모든 부하전류가 트리거를 통과한다.

896

- 사고 시 : Quench 현상 발생 시 고임피던스로 되어 리미터로 전류를 통과한다.

 ⓒ 리미터

- 높은 임피던스로 고장전류 감소 역할
- 리미터로 고장전류가 흐르는 동안 트리거는 냉각되면서 빠른 화복

④ **특징** : 일반 변압기의 권선을 초전도화함으로써 얻을 수 있는 장점은 크게 다음과 같다.

 ㉠ 손실 감소 : 교류 손실 대폭 감소, 전기저항이 0으로 동손 대폭 감소

 ⓒ 효율 증가

- 동손 감소로 효율 증가 및 전압강하 감소
- 철심을 초전도화하면 효율 99%까지 상승(종래 변압기에 비해 손실이 45% 정도)
- 저항이 없으므로 전류가 흐를 때 발생하는 줄열 손실 0, 즉 동손이 없어 초전도 변압기는 일반 변압기보다 효율이 높다.

 ⓒ 정지기이며 철심에 인가되는 자속이 낮아 초전도화가 용이하다.

 ⓔ 무게 및 부피 감소

- 소형화 : 전류밀도 일반형에 비해 약 2.5배로 용량 증대, 도심 밀집지역 적용 시 설치면적 감소, 무게와 부피의 감소를 들 수 있다.
- 변압기 권선을 초전도선으로 대체하면 손실이 줄 뿐만 아니라 같은 단면적의 선에 10 ~ 20배의 전류를 흘릴 수 있으므로 선의 양을 크게 줄일 수 있다.
- 실제 30MVA급 변압기에 사용되는 구리선은 수천 kg 정도인데 비해 고온 초전도 변압기에서는 수십 kg의 초전도선으로 충분한 것으로 밝혀졌다.
- 개발된 3가지 형태의 변압기 모두 30MVA(138kV/13.8kV) 용량으로서, 고온 초전도 변압기의 중량은 순환방식의 경우에는 일반 변압기의 $\frac{1}{2}$, 비순환 방식의 경우에는 일반 변압기의 $\frac{1}{3}$로 감소함을 알 수 있다.

 ⓜ 안전하고 환경 친화적

- 일반 변압기에서는 권선의 냉각과 절연을 위해 절연유를 사용한다. 30MVA급 변압기에 들어가는 절연유는 대략 23000L나 되며 이 절연유는 환경오염과 변압기 과열 시 화재나 폭발 위험이라는 문제점이 있다.

- 고온 초전도 변압기는 냉각을 위해 액체 질소를 사용한다. 꼭 액체 질소를 사용할 필요는 없으나 20 ~ 77K의 온도범위에서 값싸고 안전한 냉매로서 액체 질소가 가장 적합하다.
- 냉매인 액체 질소는 고온 초전도 변압기 권선의 절연도 담당한다(절연유 사용 없음).

ⓑ 고장전류 제한 효과 : Quench현상을 이용하여 고장전류 제한

ⓢ 과부하 내량 증가 및 열화강도 증가

- 냉각효과가 우수하여 과부하 내량을 200% 정도 증가
- 일반 변압기와 달리 고온 초전도 변압기의 경우 정격 전류를 넘어서는 부하전류를 흘린다고 해서 일반 변압기와 마찬가지로 절연이 열화되는 일은 발생하지 않는다.
- 초전도 변압기 정격의 200% 정도인 부하전류가 흘러도 변압기 수명에는 아무 영향이 없으므로 일년 중 몇 주밖에 되지 않는 피크부하에 맞춰 변압기 용량을 결정할 필요가 없고 이에 따라 연간 운전효율은 일반 변압기보다 더 좋아지게 된다.

(4) 초전도 Cable

① 초전도 Cable의 구조

항목비교	저온 초전도체(LTS)	고온 초전도체(HTS)
초전도 특성 발현온도	4.2K	77K 이상
냉각재료	액체 He, 고가	액체 질소, 저가
초전도 도체	나이오븀 주석(Nb_3Sn), 나이오븀 티타늄(NbTi)	YBCO(이트륨 바륨 구리 산화물) Bi 2223 : Bismuth strontium calcium copper oxide
Cable 구성	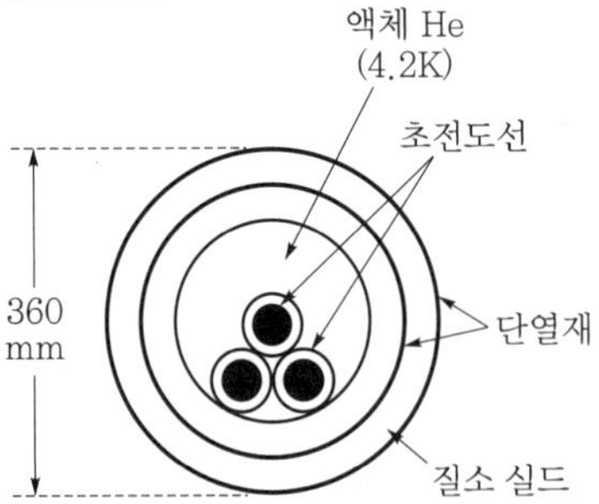 66kV, 9000A, 1회선	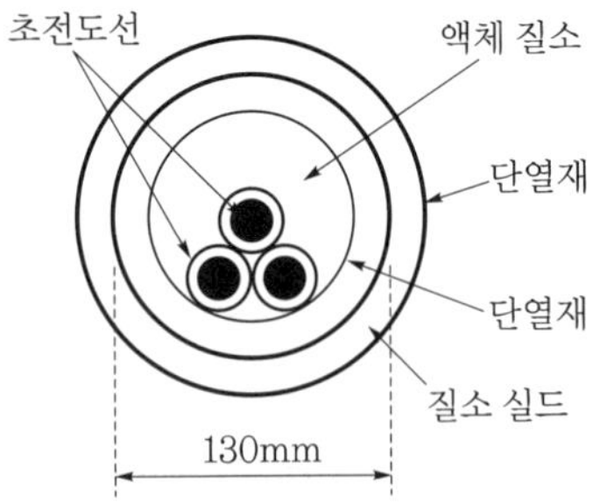 66kV, 9000A, 1회선

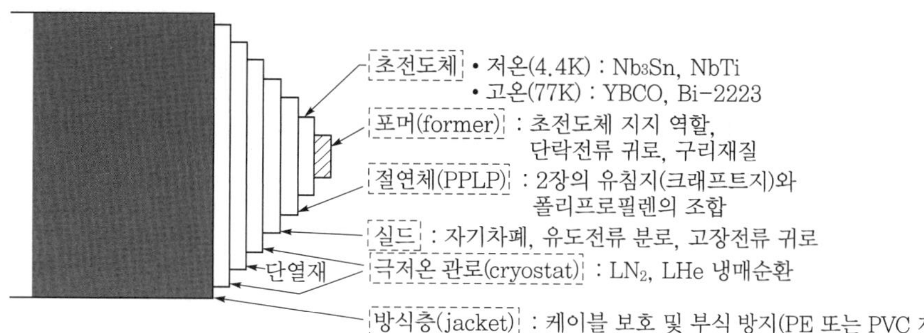

┃ 초전도 케이블의 구조도 ┃

② 구성

　㉠ 케이블 : 전력수송을 담당하는 초전도 케이블

　㉡ 냉각 시스템 : 냉매 순환펌프, 냉동기 등으로 구성

　㉢ 극저온 관로 : 열절연을 위한 Cryostat(LN₂, LHe 냉매순환)

　㉣ 단말장치 : 상온 케이블과 극저온 케이블의 연결부

　㉤ 제어 시스템

③ 초전도 Cable의 기본적인 요구조건

주요 특성	초전도 특성 발현 조건	상품화를 위한 조건
임계온도, T_c	극저온	77K 이상, 액체 질소로 냉각
임계자기장, H_c	저(低)	상향 필요
임계전류밀도, J_c	저(低)	상향 필요

④ 도체의 필요조건

　㉠ 임계전류 등 전자기적 특성이 우수할 것

　㉡ 제작, 가공이 용이하고 기계적 강도가 클 것 : 대부분의 고온 초전도 재료들의 경우 세라믹 계통의 원소들로서 기계적 강도에 취약성이 있다.

　㉢ 가격이 싸고 경제성이 좋을 것 : 냉각에 따른 경비를 현저히 낮추면서 초전도의 장점을 최대한 살릴 수 있을 것

　㉣ 환경상 유리할 것

　㉤ 고온화가 가능할 것, 즉 가급적 고온에서 초전도 효과를 나타낼 것

　㉥ 보통 초전도체가 퀜치되면 상전도상태의 저항은 다른 금속들의 저항에 비해 상당히 커져서 전류를 제한하게 되는데 이는 한류기의 선재로서 내열성이 좋아 정상상태에서는 열의 전파에 의한 퀜치가 일어나지 않을 것

　㉦ 선재의 전류밀도가 클 것

　㉧ 대량생산이 용이할 것

　㉨ 고온 초전도체의 경우 장척화가 가능할 것

ⓧ 초전도층의 균질화가 가능할 것 : 각 선재의 전류 분포가 균일할 것, 이것을 위해 원형 선재를 사용한 전위형 도체구조로 한다.

ⓚ 임계전류가 클 것 : 대전력 수송이 가능하게 주어진 운용온도에서 임계전류밀도(J_c)가 커야 한다.

ⓔ 표피효과가 작을 것

ⓟ 구부려도 도체의 전류 특성이 저하되지 않을 것

ⓗ 대전류 용량의 유연한 특성을 가질 것

⑤ **교류 Cable로서의 필요조건**

㉠ 임계온도(T_c)가 높아야 한다.

- 현재 90K 근방의 고온 초전도체가 개발되어 사용 중(재료 : Bi 2223계, Y 123계, Hg 1223계)
- 나이오븀, 나이오븀 티타늄(NbTi)은 4K 근방에서 특성이 발현되어 최근 사용하지 않는다.

㉡ 손실의 감소, 현재 0.5W/kA · m를 0.1W/kA · m로 추진 중

- 손실 발생원인은 히스테리시스손과 선재과정에서의 표면 불완전성과 오염 발생에 기인된다.
- 손실 감소 등을 위한 제조공정 : Hysteresis 손실을 줄이기 위하여 도체의 단면적이 작은 Filament형태로 만들고, 선간 유지가 필요하다.

공법	목표제품	공정
Powdering in tube	Cable	Ag Tube에 BiSr계 Powder를 넣고 Drawing → In tube → Drawing → Rolling → 열처리
Coated conductor	Cable 등	Ni기판에 후막 Coating
Thin film	전자 소자 등	Siputtering on thin film

㉢ H_c(임계 자기장)가 높아야 한다.

㉣ 임계 전류밀도를 높여야 한다. 높을수록 좋고 장거리에서도 성능이 유지되어 장거리 포설이 가능하면 좋다.

㉤ 가격 하락, 현재 Bi-2223/Ag의 경우 200\$/kA · m를 10\$ 정도, 최종 1\$선까지 하락되어야 한다.

⑥ **직류 Cable로서의 필요조건** : 초전도 선재로서 직류 전류에서 사용하는 것만 국한한다.

㉠ H_c(임계 자기장), J_c(임계 전류밀도)가 높아야 한다.

㉡ 기타 임계온도, Strain 등 기계적인 요구 특성은 동일하다.

⑦ 송전용량을 500kV에서 1000만kW까지 수송 가능하다.

⑧ 초전도 송전은 송전손실을 10분의 1 수준으로 줄이고 송전용량은 5배 이상 늘릴 수 있어 선로 증설이 어려운 대도시에 적합한 기술이다.

⑨ 단거리 계통에서는 실증시험 완료, 장거리 T/L에서는 연구단계

   ㉠ 23kV 초전도 케이블 건설사업(2019. 11 준공)

   ㉡ 23kV 모선 간 초전도 실계통 상용화

   ㉢ 154kV 신갈 변전소~흥덕 변전소 23kV 모선 간 50MVA, 1035m

(5) 초전도 한류기

① **평상시** : 초전도 상태로 부하전류의 안전 통전

② **사고 시** : 퀜치현상이 되어 초전도 성질은 상실되면서 상도체로 되면 저항 증가로 부하전류를 제한한다.

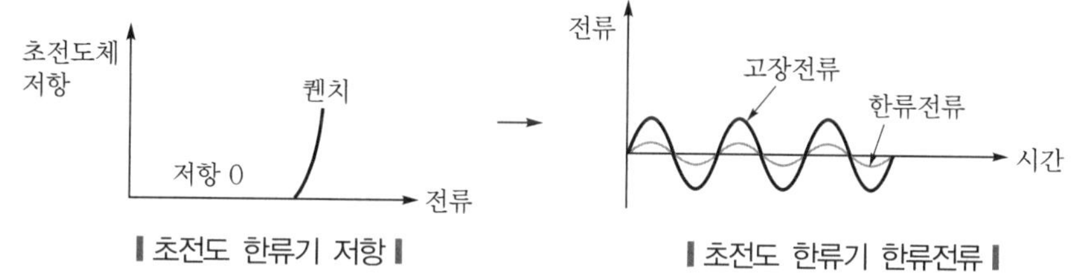

‖ 초전도 한류기 저항 ‖　　　　‖ 초전도 한류기 한류전류 ‖

③ 초전도 한류기의 종류

   ㉠ 저항형 한류기

     • 가장 기본적인 모델로 초전도체가 상전이 하면서 발생하는 저항을 직접적으로 이용하여 전류를 제한한다.

     • 조전도체와 상전도체와의 접촉에 의해 발생되는 접촉저항이 있고, 저항에서 발생된 열의 전파로 초전도체가 Quench날 가능성이 있어 보완이 필요하다.

   ㉡ 자기 차폐형(혹은 유도형) 한류기

     • 유도형 고온 초전도 한류기의 가장 기본적인 자기 차폐형이다.

     • 시스템에 사고 발생 시 고장전류가 급격하게 흘러 초전도체에 유도된 전류가 퀜치시킬 만큼 커지게 되면, 더 이상 자장 차폐효과가 없으므로 권선에 임피던스가 발생되어 그 임피던스로 전류를 제한한다.

   ㉢ 포화 철심형

     • 정상 시 DC 포화 이용

     • 사고 시 퀜칭

④ 갖출 조건

㉠ 초전도 한류기는 파급효과가 크므로 장기간 안정적으로 운전할 수 있어야
한다.

㉡ 유지·보수가 용이하여야 하며, 성능이 기존의 기술보다 앞서야 한다.

㉢ 비용과 크기가 적당해야 한다.

㉣ 고장이 종료되면 자동적으로 임피던스가 감소하고 초전도성을 회복해 정
상운전 상태로 복귀할 것

㉤ 정상 동작 시 계통에 미치는 영향이 없을 것

3. 초전도 도체의 종류

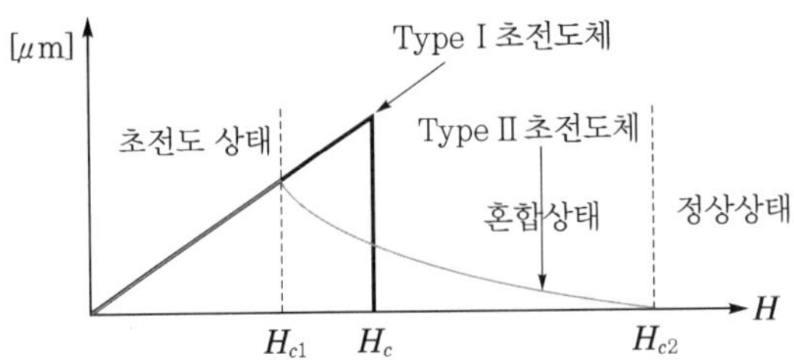

(1) BCS 이론에 의한 저온 초전도체(type I 초전도체, type II 초전도체)

① Type I 초전도체

㉠ 단일 임계 자기장을 가지며, 이 임계 자기장 이하에서는 완전한 전도성을
나타내고, 이상에서는 갑작스럽게 초전도성을 잃는다(임계 자장이 하나인
초전도체).

㉡ '연성' 초전도체로도 지칭된다.

㉢ 수은(4.2K), 납(7.2K), 주석 등

② Type II 초전도체

㉠ 두 개의 임계 자기장을 가지고 있으며, 이 두 자기장 사이에서는 재료의
일부만이 초전도상태를 유지하는 혼합상태를 나타낸다(임계 자장이 두
개인 초전도체).

㉡ '경성' 초전도체로 불리며, MRI 기계와 입자 가속기와 같은 응용 프로그램
에서 중요한 강한 자기장에서도 초전도성을 유지할 수 있다.

㉢ 나이오븀–티타늄(NbTi), 나이오븀–주석(Nb_3Sn), YBCO(이트륨 바륨 구
리 산화물)가 이에 해당한다.

㉣ H_{c1} : 초전도 영역으로 마이스너 효과가 있다.

㉤ H_{c2} : 상전도 영역으로 마이스너 효과가 없다.

ⓗ 두 임계 자장 사이의 혼합상태에서 효과가 발생한다.

ⓢ 도체의 종류

구분	임계온도	재료	냉매
고온 초전도	77K	YBCO, Bi-2223	LN_2
저온 초전도	4.2K	NbTi, Nb_3Sn	LHe

(2) 유형 외의 초전도체

① BCS(세 명의 학자이름 : 바딘-쿠퍼-슈리퍼) 초전도 이론에 맞지 않는 비전통적 초전도체가 있다.

② 여기에는 고온 초전도체와 무거운 페르미온 초전도체가 포함되었다.

(3) 고온 초전도체(High-temperature superconductors, high-Tc 또는 HTS) 특징

① 보통 세라믹들이 절연체인데 반해 어떤 종류의 세라믹은 초전도체이다.

② 고온 초전도 산화물의 임계온도는 약 100K이다. 이 값은 다른 일반적인 금속, 합금, 화합물 초전도체의 임계온도보다 높은 값이다.

③ 이 재료의 초전도성을 완전히 파괴하기 위해서는 4.2K에서 50Tesla 정도의 매우 높은 자기장이 필요하다.

④ 고온 초전도체(HTS)는 전통적인 초전도체에 비해 상대적으로 높은 온도에서 초전도성을 나타내는 비전통적 초전도체의 일종이다.

⑤ 란탄, 구리, 산소로 구성된 화합물이 35K(-238℃)의 임계온도를 가지고 있다.

⑥ LaBaCuO 및 YBCO 고온 초전도체

ㄱ LaBaCuO 초전도체

- LaBaCuO(란타넘 바륨 구리 산화물)는 초전도 구리 산화물 평면과 절연층으로 구성된 층상 결정 구조를 가진 고온 초전도체의 한 유형이다.
- 초전도 자석, 전력 전송 케이블, 전자 장치 등 다양한 응용분야에 사용된다.

ㄴ YBCO 초전도체

- YBCO(이트륨 바륨 구리 산화물, $YBa_2Cu_3O_7-x$) 초전도체는 -196℃의 액체 질소의 끓는점보다 훨씬 높은 약 93K(-180℃)의 임계온도(T_c)를 가진다.
- YBCO 초전도체는 높은 임계 전류밀도로 인해 전력 발생 및 전송, MRI 기계, 입자 가속기 등 다양한 응용분야에서 유용하다.

(4) 초전도체 유형별 임계온도와 임계자장 구분

초전도체	유형	임계온도(K)	임계자장(T)
주석(Sn)	유형 I	3.72	0.005
납(Pb)	유형 I	7.19	0.015
수은(Hg)	유형 I	4.15	0.091
나이오븀-티타늄	유형 II	10.4	12.5
나이오븀-주석	유형 II	18.1	25
이트륨 바륨 구리 산화물	유형 II	92	0.2
비스무트 스트론튬 칼슘 구리 산화물	유형 II	107	0.2
란타넘 바륨 구리 산화물	유형 II	40	0.2
마그네슘 디보라이드	유형 II	39	0.2
철 기반 초전도체	유형 II	8	0.17

SECTION 01 CT 관련

144 보호 계전용 CT(Current Transformer)의 선정 시 고려사항에 대하여 설명하시오.

145 변류기(CT)의 열적 과전류 강도와 기계적 과전류 강도에 대하여 설명하시오.

data 발송배전기술사 17-112-1-13, 건축전기설비기술사 23-129-2-2 / 발송배전기술사, 건축전기설비기술사, 전기안전기술사, 전기응용기술사 출제예상문제

답안

1. 정격 1차 전류

(1) 정격 1차 전류는 그 회로의 최대 전류를 계산하여 그 값에 여유를 주어 결정한다.

(2) 수용가 인입 회로나 전력용 변압기의 경우 최대 부하전류의 125 ~ 150% 정도이다.

(3) 전동기 부하는 최대 부하전류의 200 ~ 250%로 선정한다.

(4) 정격 2차 전류 : 5A, 1A, 0.1A

① 일반적인 계기, 보호 계전기는 5A, 디지털 계전기는 1A이다.

② CT 2차에 직렬 접속되는 부하의 정격 입력전류와 일치시켜야 한다.

③ 원방 계측의 경우 주로 1A, 0.1A를 사용한다.

(5) 정격 3차 전류

다중 접지 또는 직접 접지계통의 영상전류를 얻기 위해 사용한다.

① CT 정격 1차 전류가 300A 이하에서는 Y회로의 정류회로를 이용하고 300A 초과에서는 3차 영상분도 이용하며 지락 영상전류를 검출한다.

② CT 정격 1차 전류가 300A 초과하면 전류 회로로는 충분한 영상전류가 얻어지지 않기 때문에 3차 영상 분로권선을 사용한다.

2. CT 정격부담

(1) 정의

① 변류기의 부담이란 2차 단자 간 또는 3차 단자 간에 접속되는 부하를 말하며, 2차 전류 또는 3차 전류하에서 부하로 소비되는 피상전력[VA] 시 그 부하의 역률로 나타낸다.

② 정격부담[VA]$= I^2 Z$

여기서, I : CT 2차 정격전류[A], Z : 부하 임피던스

(2) 변류기의 정격 2차 부담

계급	정격부담[VA]
0.5급	15, 25, 40, 100
1.0급	5, 10, 15, 25, 40, 100

① 일반적으로 40VA가 주로 사용된다.

② 부하가 정격부담보다 클 경우 오차가 증가하여 과전류 특성이 나빠진다.

3. 과전류 정수(n)

(1) 과전류 정수의 정의

과전류 영역에서는 전류가 어느 한도를 넘어서면 철심에 포화가 생겨 비오차가 급격히 증가하는데 비오차가 −10%될 때의 1차 전류를 정격 1차 전류값으로 나눈 값이다.

(2) 비오차

$$비오차(\varepsilon) = \frac{K_n - K}{K} \times 100 [\%]$$

여기서, K_n : 공칭 변류비$\left(\dfrac{정격\ 1차\ 전류}{정격\ 2차\ 전류}\right)$

K : 측정한 참변류비$\left(\dfrac{측정\ 1차\ 전류}{측정\ 2차\ 전류}\right)$

(3) 과전류 정수를 고려해야 되는 사유

사고 시 대전류 영역에서의 계전기 작동은 변류기의 과전류 영역에서의 특성을 고려하지 않으면 오동작이 되거나 예정된 시간에 동작하지 않을 우려가 있다.

(4) 보호용 CT에만 적용한다.

(5) 정격 과전류 정수 표준

$n > 5,\ n > 10,\ n > 20,\ n > 40$

(6) 과전류 정수의 부하부담에 따른 변화(n')

2차 부담이 변화하면 과전류 정수도 변화한다.

$$n' = n \times \frac{변류기의\ 정격부담[VA] + 변류기의\ 정격\ 내부손실}{변류기의\ 사용부담 + 변류기의\ 내부손실}$$

(7) 정격 과전류 정수 선정

$$\frac{최대\ 사고전류}{1차\ 전류} < 정격\ 과전류\ 정수$$

(8) 정격 과전류 정수는 가급적 작은 것을 선택해야 2차 권선에 연결된 계기 및 보호 계전기 등의 유입전류가 작아서 좋다.

(9) 정격부담과 과전류 정수의 관계

과전류 정수×정격부담 ≒ 일정이므로 과전류 정수가 부족한 경우 비례로 정격 부담을 증가시키는 방향으로 CT의 부담을 수정한다.

4. 과전류 강도

(1) 정의

CT 1차에 고장전류가 흐를 경우 정격 1차 전류값의 몇 배의 과전류까지 견딜 수 있는가를 정하는 것이다.

(2) 과전류 강도의 설정 사유

① 회로에 단락사고 발생 시 CT 1차 권선에도 단락전류가 흘러 권선용단, 변형 등이 일어날 수 있다.

② 따라서, CT를 적정 사용하려면 과전류 강도를 정하여 이에 대한 대비책을 마련해야 한다.

(3) 정격 과전류 강도의 표준

40배, 75배, 150배, 300배이며, 300배 이상은 주문 제작한다.

(4) 과전류 강도의 구분

① **열적 과전류 강도** : 표준시간 1.0s에서 정격 1차 전류의 몇 배까지 견딜 수 있는 것으로, 전선의 온도 상승에 의한 용단에 대한 강도

$$S = \frac{S_n}{\sqrt{t}}$$

여기서, S : 통전시간 t초에 대한 열적 과전류 강도

S_n : 정격 과전류 강도[kA]

t : 표준시간 1.0s

② **기계적 과전류 강도** : 정격 과전류의 2.5배에 상당하는 초기 최대 순시치의 과전류에 견디는 것, 즉 전자력에 의한 권선의 변형에 견디는 강도이다.

$$\text{CT 의 기계적 과전류 강도} \geq \frac{\text{회로의 최대 고장전류}}{\text{CT 1차 정격전류}}$$

(5) CT의 과전류 강도＝열적 과전류 강도＋기계적 과전류 강도

(6) 한전 S/S로부터 거리별 과전류 강도

거리[km]	1	3	5	7	8	20	20 이상
5/5A	$300I_n$	$150I_n$			$75I_n$		$40I_n$
15/5A	$150I_n$	$75I_n$		$40I_n$			
50/5A	$75I_n$						
75/5A	$40I_n$						

146 보호 계전기 중 거리 계전기의 언더리치 및 오버리치 개념을 설명하고, 변류비 300/5A, 30VA 5P 10등급(class)인 CT의 등가회로와 포화특성에 하여 설명하시오.

data 발송배전기술사 22-126-1-9 / 발송배전기술사, 건축전기설비기술사, 전기안전기술사, 전기응용기술사 출제예상문제

comment 배점 10점으로 다소 무리가 있는 복합문제로, 문제 선택 시 되도록 회피하도록 한다.

답안

1. 거리 계전기의 언더리치 및 오버리치 개념

＊ Chapter 03 - 문제 121의 답안 내용을 참조한다.

2. 변류비 300/5A, 30VA, 5P 10등급(class)인 CT의 등가회로

comment 발송배전기술사 81회 배점 25점

(1) 변류비

$$\frac{300}{5} = 60\,배$$

(2) 30VA

소비부담이 30VA이다.

① 계전기의 부담을 소비되는 VA로 나타낸 것이다.

② 소비 VA는 보통 정격치 소비 VA와 동작치 소비 VA 중 하나로 표시된다.

(3) 5P 10등급(class)

① CT 용도별 오차한도, 즉 보호 계전기용 CT란 의미이면서 오차가 5% 이내이면서 과전류 정수가 10인 제품

② CT 용도별 오차한도

용도	IEC Class	비고
초정밀 측정, 표준	0.1	
정밀 측정, 요금계산용	0.2	
요금계산, 정밀 계측용	0.5	
공업용 계측, 전압, 전류, 전력 등	1	여기서,
전압전류 측정 및 과전류 과전압 계전기	3	P : Projection의 P
보호 계전기	5P	
보호 계전기	10P	

(4) CT 등가회로(근사 등가회로, approximate equivalent circuit)

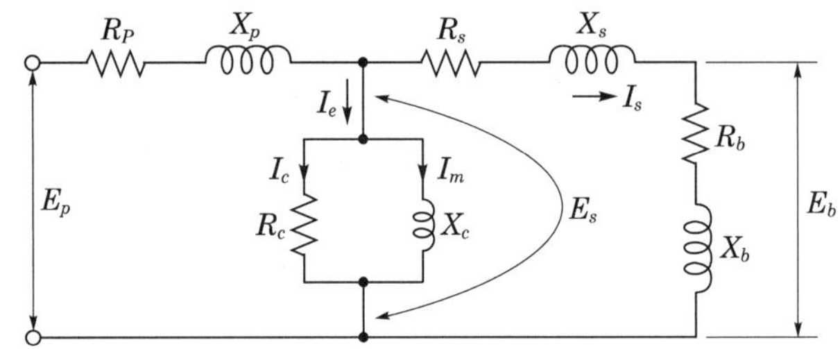

여기서, I_p, I_s : 1차 전류, 2차 전류, I_e, I_c, I_m : 여자전류($I_e = I_c + I_m$), 철손전류, 자화전류
E_p, E_s, E_b : 1차 유기전압, 2차 유기전압, 2차 단자전압
R_p, X_p : 1차 권선의 저항, 누설 리액턴스, R_s, X_s : 2차 권선의 저항, 누설 리액턴스
R_b, X_b : 2차 부담의 저항, 누설 리액턴스, R_e, X_e : 철심의 철손 저항 및 여자 리액턴스

3. 변류비 300/5A, 30VA 5P 10등급(class)인 CT의 포화 특성[Knee point voltage]

(1) 개념

① 변류기의 1차 전류가 정격치를 크게 상회하면 철심에 포화가 생겨 비오차가 크게 상승한다.

$$비오차 = \frac{K_n - K}{K}$$

여기서, K_n : 공칭 변류비, K : 측정된 참변류비

② 사고 시 대전류 영역에서의 계전기 작동은 변류기의 과전류 영역에서의 특성을 고려하지 않으면 오동작이 되거나 예정된 시간에 동작하지 않을 우려가 있다.

③ 이 과전류 영역에서의 비오차 특성을 과전류 정수라 한다.

(2) CT의 포화특성으로 인한 Knee point voltage

① 정의 : 변류기의 1차 권선을 개방하고 2차 권선에 정격 주파수의 교류전압을 인가하여 2차 여자전류를 측정하면 아래 그림과 같이 2차 여자 포화곡선이 그려진다. 그림에서 포화되기 직전의 2차 여자전압, 즉 2차 전압이 +10% 증가될 때, 2차 여자전류가 +50% 증가되는 점의 전압을 Knee point voltage 라 한다.

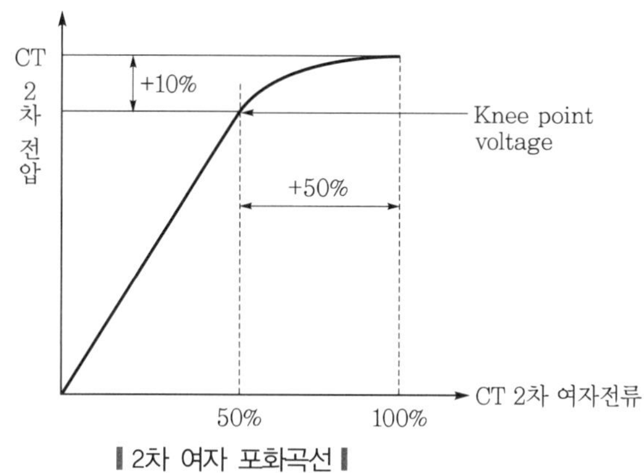

‖ 2차 여자 포화곡선 ‖

② Knee point voltage의 특성 : Knee point voltage가 높은 특성의 CT를 계전기 에 사용하여야 큰 고장전류에서도 확실한 보호 계전기 동작을 기대할 수 있다.

(3) 30VA 5P 10등급(class)인 CT의 포화특성

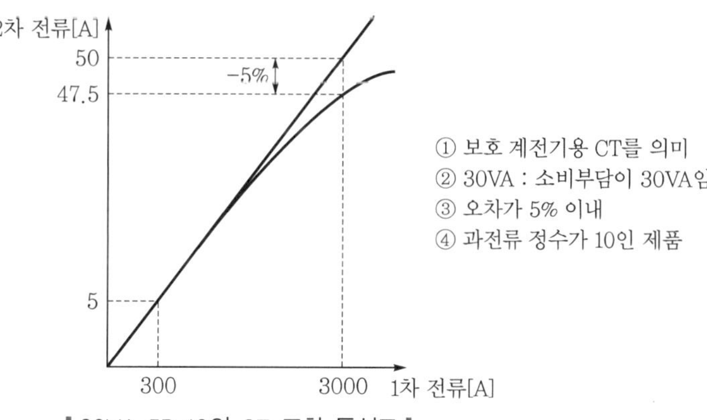

‖ 30VA 5P 10의 CT 포화 특성도 ‖

comment 향후 각 항목마다 별도로 배점 10점으로 출제가 예상되는 중요 문항이다.

147 계측용 CT와 계전기용 CT를 간단히 구분하고, 변류기의 과도 특성에 대하여 설명하시오.

data 발송배전기술사, 건축전기설비기술사, 전기안전기술사, 전기응용기술사 출제예상문제

comment 이 문제도 발송배전 · 건축전기 · 전기응용 · 전기안전에서 1회 이상 출제됨

답안

1. 계측용 CT와 계전기용 CT의 구분

(1) 계측용 CT

정격 부하상태에서 사용하므로 정격 이내에서 오차가 작아야 하며, 사고 시에는 포화하여 2차 측에 대전류를 흘리지 않음으로써 계측기와 회로를 보호한다.

(2) 계전기용 CT

사고 시 동작해야 하므로 대전류에서 포화하지 않아야 한다.

2. 변류기의 과도 특성

(1) 계통의 고장전류에는 일반적으로 직류분이 포함되어 있으며, 이 직류분은 시간이 지남에 따라 계통의 저항 R과 인덕턴스 L에 의해 정해지는 시정수는 $T = \dfrac{L}{R}$ [s] 로 감쇠하는 성분이다.

(2) 여자전류를 무시하는 경우에는 직류분에 의한 자속은 한쪽 방향으로만 자화되므로 시간이 지남에 따라 증가하고, 최종적으로는 교류분에 의한 자속의 $\dfrac{\omega L}{R} = \dfrac{X}{R}$ 배이다. 따라서, 합성자속은 아래 그림과 같이 증가한다.

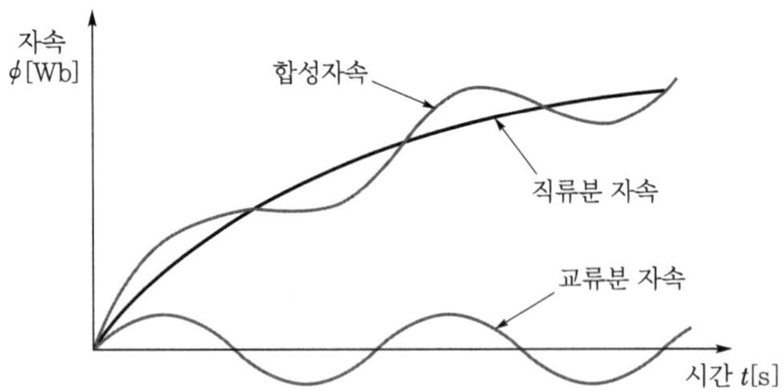

(3) 예를 들어서 과전류 정수가 40인 CT를 $\dfrac{X}{R} = 3$인 계통에 사용할 때 만약 여자전류를 무시하고, 잔류자속이 0인 상태에서 사고가 발생하였다면 CT가 포화되지 않는 전류의 최대치는 정격 전류의 $\dfrac{40}{1+3} = 10$배로 크게 줄어든다.

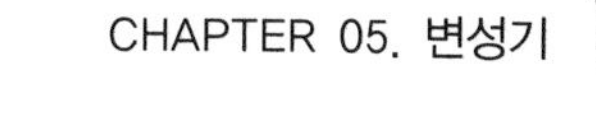

(4) 이와 같은 고장전류의 직류분에 의한 포화현상에 대비하여 과전류 정수 및 정격 부담에 여유를 두는 것이 바람직하다.

148 300/5A, 30VA, 5P 10등급(class)인 변류기(CT)의 등가회로와 포화 특성에 대하여 설명하시오.

(data) 발송배전기술사 01-81-3-5 / 발송배전기술사, 건축전기설비기술사, 전기안전기술사, 전기응용 기술사 출제예상문제

답안

1. 개요

(1) 변류기(current transformer)란 정상적인 사용 상태에서는 CT의 2차 측 전류가 1차 측 전류에 현저히 비례하고 그 위상각의 변위가 거의 없는 계기용 변류기를 말한다. 즉 대전류의 측정에 적용되는 계기이다.

(2) 이와 같은 특성으로 계측기기, 보호 계전기나 이와 유사한 기기의 1차 측에 흐르는 전류에 비례하는 전류를 공급하며, CT는 계측기용과 보호용으로 구분된다.

(3) 보호 계전기의 동작 전류원 및 계측기용 기기에 대한 전류원으로서 그 목적을 두고 있다.

2. 300/5A, 30VA, 5P 10등급(class)인 변류기(CT)의 의미와 등가회로

* Chapter 05 - 문제 146의 답안 '2.' 내용을 참조한다.

3. CT의 포화 특성(knee point voltage)

(1) 개념

① 변류기의 1차 전류가 정격치를 크게 상회하면 철심에 포화가 생겨 비오차가 크게 상승한다.

② 사고 시 대전류 영역에서의 계전기 작동은 변류기의 과전류 영역에서의 특성을 고려하지 않으면 오동작이 되거나 예정된 시간에 동작하지 않을 우려가 있다.

③ 이 과전류 영역에서의 비오차 특성을 과전류 정수라 한다.

(2) CT의 포화 특성으로 인한 Knee point voltage

① 정의 : 변류기의 1차 권선을 개방하고 2차 권선에 정격 주파수의 교류 전압을
인가하여 2차 여자전류를 측정하면 아래 그림과 같이 2차 여자 포화곡선이
그려진다. 그림에서 포화되기 직전의 2차 여자전압, 즉 2차 전압이 +10%
증가될 때, 2차 여자전류가 +50% 증가되는 점의 전압을 Knee point voltage
라 한다.

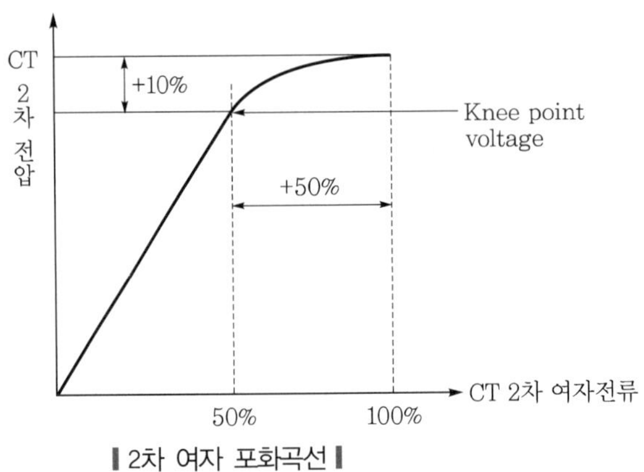

‖2차 여자 포화곡선‖

② Knee point voltage의 특성 : Knee point voltage가 높은 특성의 CT를 계전기
에 사용하여야 큰 고장전류에서도 확실한 보호 계전기 동작을 기대할 수 있다.

③ CT의 설계 시 고려사항

㉠ CT의 Knee point voltage가 작으면 위 그림에서와 같이 과전류 영역에서
변류기의 비오차가 증대되어 보호 계전기가 오동작이 되어 사고가 확대
되므로 계통의 단락전류 등을 산정하여 변류기의 내(耐)전류와 보호협조
를 검토하여야 한다.

㉡ 비오차, 공칭 변류비, 측정된 변류비(참값)

④ Knee point voltage 발생 시 문제점 및 대책

㉠ 문제점

• 변류값의 1차 전류에 비례한 2차 전류가 발생하지 않는다.

• 보호 계전기의 정상 동작이 곤란하다.

㉡ 대책

• Knee point voltage가 높은 CT 사용

• 다음 그림에서 A특성을 갖는 CT와 B특성을 갖는 CT가 있을 경우
A특성을 갖는 CT를 사용하는 것이 유리하다.

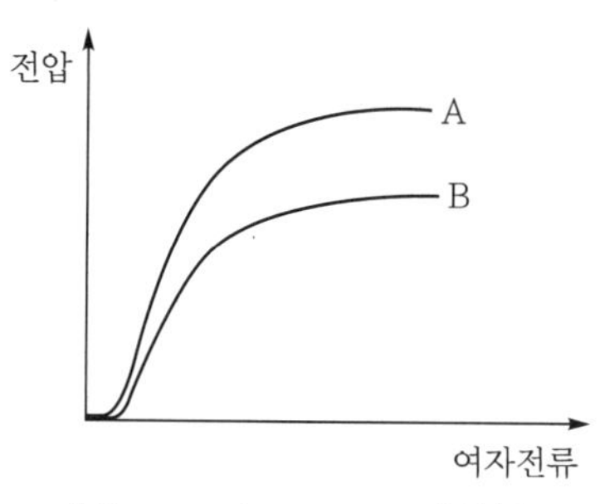

❚ Knee point voltage 특성 ❚

149 계기용 변류기(CT)에 대한 다음 항목을 설명하시오.
1. 정격 부담 및 소비 부담
2. 부담 임피던스

data 발송배전기술사 21-125-1-1 / 발송배전기술사, 건축전기설비기술사, 전기안전기술사, 전기응용
기술사 출제예상문제

답안 1. 정격 부담

(1) 정의

① 변류기의 부담이란 2차 단자 가 또는 3차 단자 간에 접속되는 부하를 말하며,
2차 전류 또는 3차 전류하에서 부하로 소비되는 피상전력[VA] 시 그 부하의
역률로 나타낸다.

② 변류기 오차범위를 유지할 수 있는 부하 임피던스로서 2차 전류의 제곱 과부
하 임피던스의 곱으로 표시(정격 부담[VA]= IZ)하며, 정격 주파수에서 2차에
정격 전류가 흘렀을 때 소비되는 피상 전력(정격 부담[VA])이다.

③ 변류기 부담이란 변류기의 2차 단자 또는 3차 단자에 접속되는 부하를 말
한다.

$$\text{성격 부담[VA]}= I^2 Z$$

여기서, I : CT 2차 정격 전류[A], Z : 부하 임피던스

(2) 변류기의 정격 2차 부담

계급	정격 부담[VA]
0.5급	15, 25, 40, 100
1.0급	5, 10, 15, 25, 40, 100

① 일반적으로 40VA가 주로 사용된다.

② 부하가 정격 부담보다 클 경우 오차가 증가하여 과전류 특성이 나빠진다.

2. 소비 부담

(1) 계전기의 부담을 소비되는 VA로 나타낸 것이다.

(2) 소비 VA는 보통 정격치 소비 VA와 동작치 소비 VA 중 하나로 표시된다.

(3) 정격치 소비 부담

① 소비 부담을 나타낸 것으로, 계전기의 정격 입력에 대한 소비 VA이다.

② 그 값이 정정치나 다른 입력 등에 따라 변하는 경우에는 특히 조건을 명시하지 않는 한 최대가 되는 조건하에서의 값을 나타낸다.

(4) 동작치 소비 부담

① 계전기를 동작시키는 데 필요한 공칭 동작치에 대한 소비 VA이다.

② 이 값은 정정치, 기타 입력치로 변하는 경우에서 특별 조건이 없으면 최소치를 말한다.

3. 부담 임피던스와 사용 부담(실부담)

(1) 부담 임피던스를 옴(Ohm)으로 나타낸 것이다.

(2) 사용 부담(실부담)

값이 입력의 크기, 정정치, 타 입력의 영향으로 변하는 경우의 관계를 살펴보면 다음과 같다.

$$VA_{(1)} = I^2 Z, \quad VA_{(2)} = \frac{V^2}{Z}$$

여기서, $VA_{(1)}$: 전류 계전기의 [VA]

$VA_{(2)}$: 전압 계전기의 [VA]

Z : 특히 명시하지 않는 한 최대 조건하의 부담

916

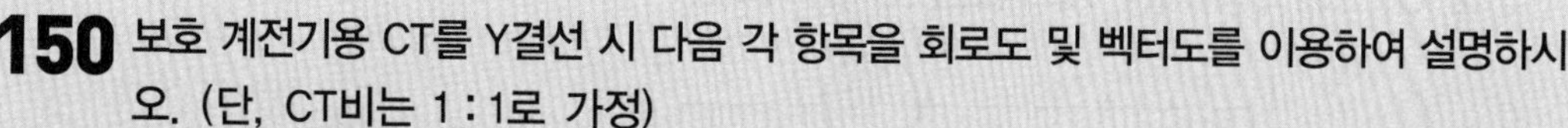

150 보호 계전기용 CT를 Y결선 시 다음 각 항목을 회로도 및 벡터도를 이용하여 설명하시오. (단, CT비는 1 : 1로 가정)

1. 정상 결선 시
2. CT 2차 1상 개방 시
3. CT 2차 1상(또는 2상) 역 결선 시
4. CT 2차 2상 개방 시

data 발송배전기술사 22-128-3-5 / 발송배전기술사, 건축전기설비기술사, 전기안전기술사, 전기응용기술사 출제예상문제

답안 **1. 정상 결선 시(Y결선, 잔류회로)의 회로도 및 벡터도**

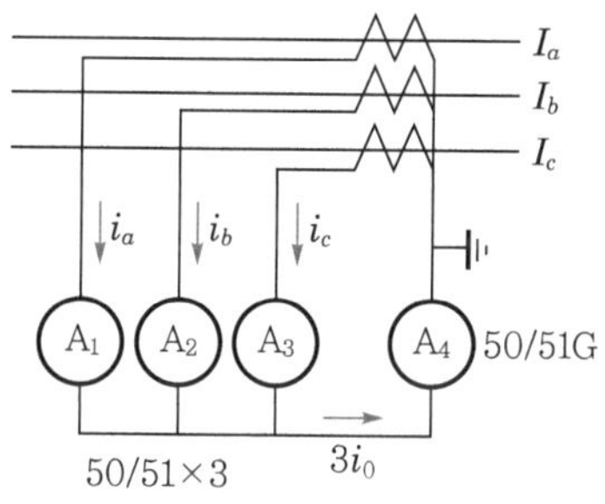

┃ CT 잔류회로 회로도 ┃

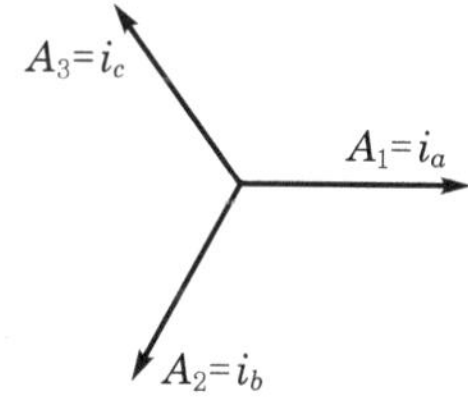

┃ 결선 정상, 회로도 정상 시의 벡터도 ┃

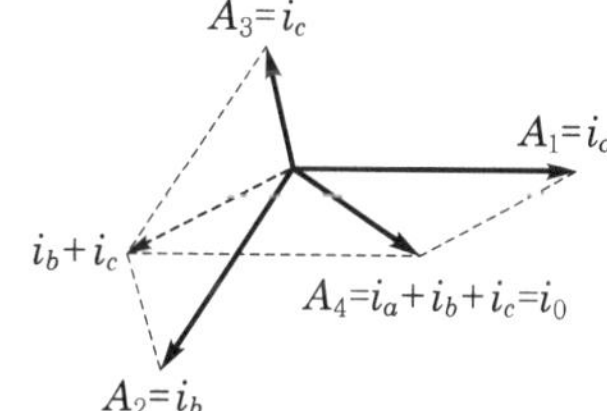

┃ 결선은 정상이나 회로사고 시의 벡터도 ┃

(1) CT 구성

  Y 잔류회로에 OCGR을 접속하여 지락전류를 검출하는 구성방식이다.

(2) 단락전류는 그림의 $A_1 \sim A_3$로 검출하고 지락전류는 그림의 A_4로 검출한다.

(3) 51N을 사용하지 않는 경우에도 영상전류가 흐르도록 잔류회로는 단락해 두어야 한다.

2. CT 2차 1상 개방 시의 회로도 및 벡터도

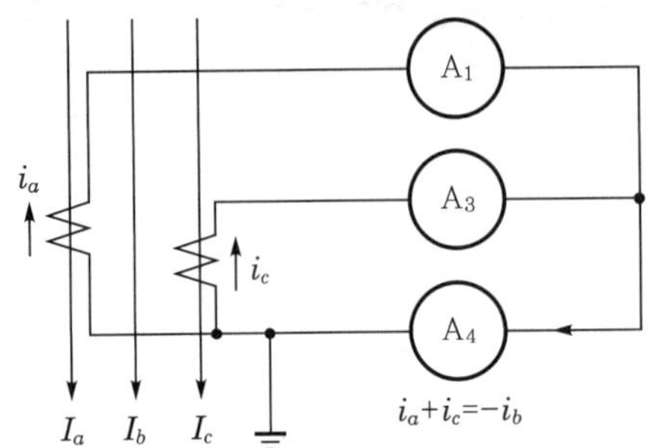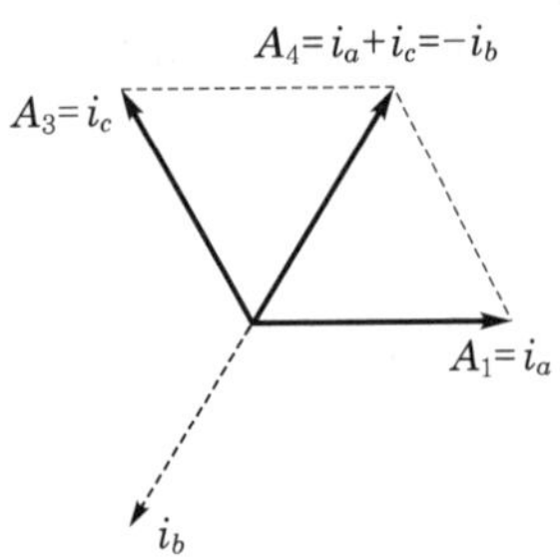

▌CT 2차 1상 개방 시의 회로도 및 벡터도▐

(1) b상 CT 단선 시 V결선과 동일하다.

(2) 3상 회로 단락보호는 가능하나 지락보호는 곤란하다.

(3) 개방 CT에는 과전압이 발생한다.

3. CT 2차 1상(또는 2상) 역결선 시

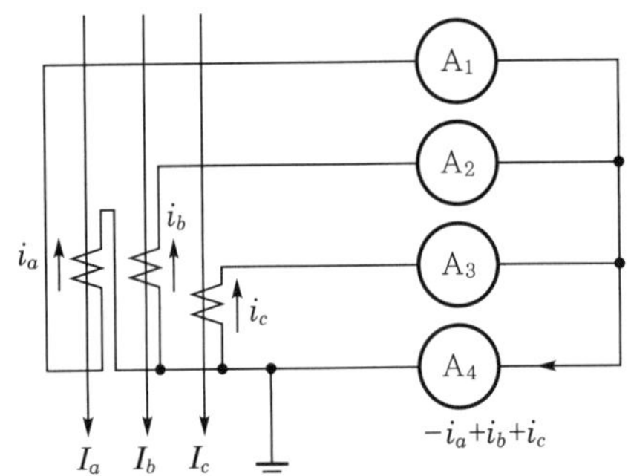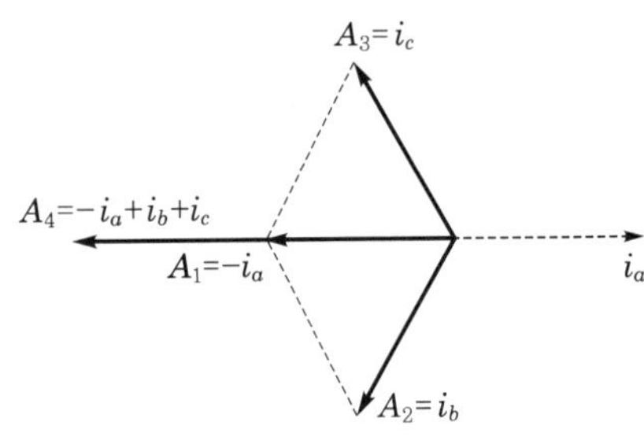

▌CT 2차 1상(또는 2상) 역결선 시의 회로도 및 벡터도▐

(1) a상 CT 역결선 시 CT 2차 전류는 역방향으로 형성된다.

(2) 지락전류 계전기의 전류가 감소하여 감도가 저하한다.

4. CT 2차 2상 개방 시

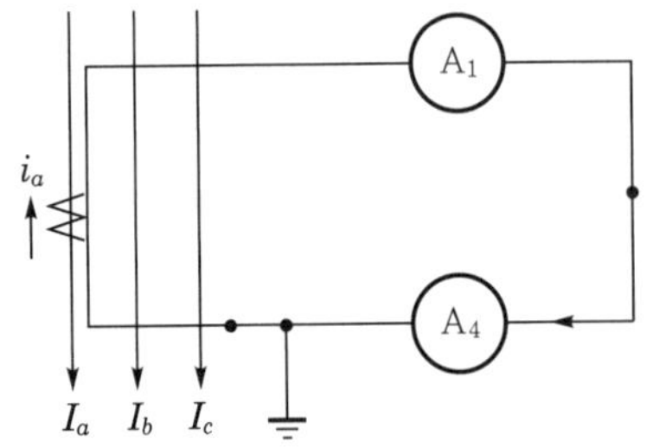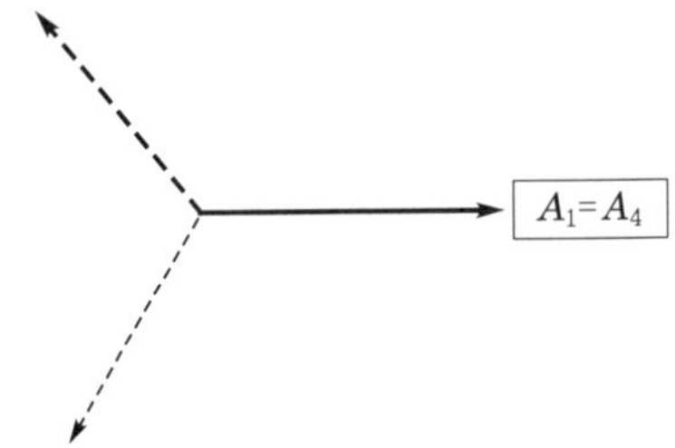

▌CT 2차 2상 개방 시 결선 시의 회로도 및 벡터도▐

(1) b상, c상 2상을 개방 시 $A_1 = A_4$ 전류만 검출된다.

(2) a상 단락사고는 검출이 가능하고, 지락전류도 검출 가능하나 감도는 저하한다.

$$i_0 = \frac{1}{3}(i_a + i_b + i_c) = \frac{1}{3} i_a$$

151 지락전류 검출방식에 대해 설명하시오.

(data) 발송배전기술사 21-123-2-5, 전기안전기술사 17-113-4-2 / 발송배전기술사, 건축전기설비기술사, 전기안전기술사, 전기응용기술사 출제예상문제

답안

1. 영상전압 검출방법

- 비접지 계통의 영상전압 검출방법 : 3상 접지형 계기용 변압기 이용법 또는 단상 계기용 변압기 3대 사용법
- 중성점 접지계통의 영상전압 검출은 단상 PT 1대를 사용하여 영상전압을 얻음
- 기타 방식에 의한 영상전압 검출방법

(1) 비접지 계통에 3상 접지형 계기용 변압기를 이용한 영상전압 검출방법

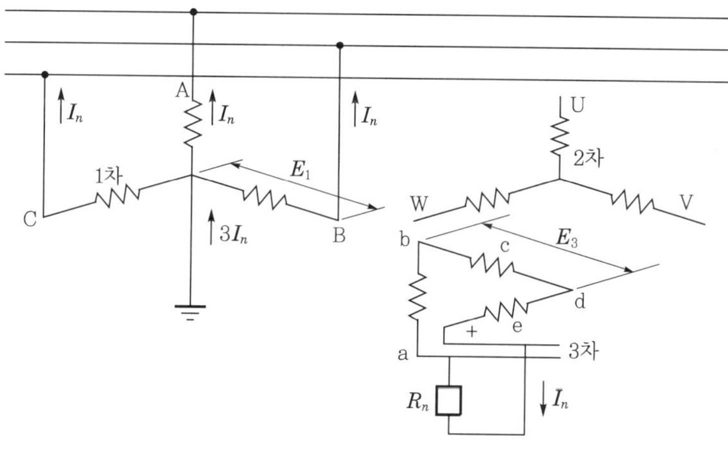

▮ 접지형 계기용 변압기 ▮

① 1차 권선은 Y로 접속되고 그 중성점은 접지한다.

② 2차 측은 Y접속되어 중성점을 접지한 후 정상전압을 인출하고, 주 PT에 3차 권선을 갖고 있으면 3차 권선을 오픈델타로 접속하여 영상전압을 얻는다.

③ Open △결선할 경우 A상을 Open함을 원칙으로 한다.

④ 주 PT에 3차 권선이 없을 때에는 주 PT의 2차 권선에 보조 PT를 접속하고 2차 권선을 Y결선하고 중성점을 접지하며, 보조 PT의 2차 측은 Open △결선 한다.

⑤ 정격 3차 전압은 $\dfrac{110}{3}$ 또는 $\dfrac{190}{3}$ 이고 완전 1선 지락 시 오픈델타의 개방단자에 나타나는 정격 영상 3차 전압은 110V 또는 190V이다(즉, GPT 3차 측 1상의 전압은 $\dfrac{110}{\sqrt{3}}$ 이지만 3차 권선에 나타난 전압은 3배의 영상전압이 나타나므로 $3 \times \dfrac{110}{\sqrt{3}} = 190\text{V}$임$\Big)$.

⑥ 영상전압의 크기는 계통의 중성점 접지방식, 고장점까지의 거리에 따라 달라지며 최대치는 정격 전압(상전압)의 1배(직접 접지계)에서 3배(비접지계)가 된다.

⑦ 3차 측의 정격 부담은 지락전류를 380mA로 제한할 경우 500VA 이상으로 제작된다.

⑧ 영상전압의 극성은 C상 '−'측이 영상전압 '+'측이 된다.

⑨ 주 PT가 2차 권선만 있을 때에는 보조 PT를 사용하여 보조 PT의 2차 측을 개방 △결선하여 영상전압을 얻는다.

(2) 비접지 계통에 단상의 계기용 변압기를 이용한 영상전압 검출방법

① 단상 계기용 변압기 3대를, 1차 측을 Y결선으로 접속하여 그 중성점을 접지하고, 2차 측은 오픈델타로 접속한다.

② 이때, 완전 지락 시 얻어지는 영상전압은 190V(각 상이 63.5V)이다.

(3) 중성점 접지계통에서의 영상전압 검출방법 – 중성점 접지 PT 방식(NGT 방식)

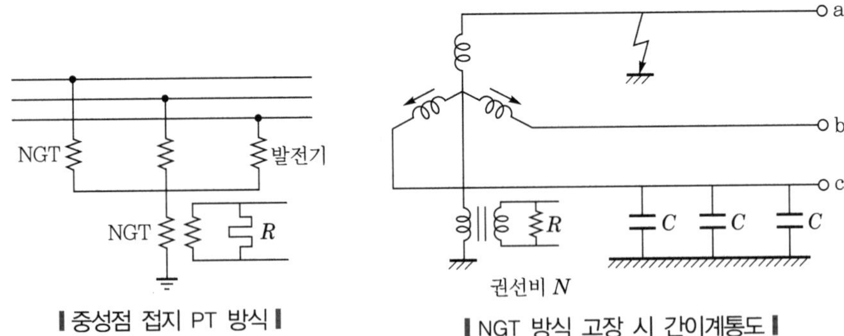

| 중성점 접지 PT 방식 |　　　| NGT 방식 고장 시 간이계통도 |

① 접지용 변압기의 저압 측 저항기의 값은 $R = \dfrac{X_c}{3N}$ 이다.

여기서, X_c : 서지 업서버, 발전기 본체 외 변압기의 발전기측 권선 및 접속도체 등의 1상당 대지용량 리액턴스의 합

N : 변압기 권수비

② **저항기의 목적** : 소호 시 발생할 수 있는 이상 과전압을 방지

③ 저항기값은 대지 과도전압의 최고 순시치를 상전압의 2.6배 이하로 억제할 수 있고, 또한 1선 지락전류는 10A 정도로 제한된다.

④ 앞의 오른쪽 그림과 같은 발전회로에서 a상이 1선 지락을 일으키는 경우의 저항값 : 지락전류를 전 대지 충전전류와 같은 값으로 하기 위하여 중성선에 설치된 변압기의 2차 저항의 값은 다음 식의 값 이하로 한다.

$$R = \frac{\omega L}{N} = \frac{1}{3\omega N^2 C} = \frac{1}{6\pi f N^2 C}$$

⑤ 접지용 변압기 고압 측 정격전압은 발전기 정격 상전압의 1.5배 이상으로 하며 저압 측의 정격전압은 일반적으로 220V로 한다.

⑥ 접지용 변압기와 저항기의 시간정격은 계전기 동작으로 경보만 발할 경우에는 연속 정격으로 하는 것이 좋으나, 보통 경보 시 발전기를 해열시키게 되므로 5분 정격으로 만족할 수 있다.

(4) 기타 방식에 의한 영상전압 검출방법

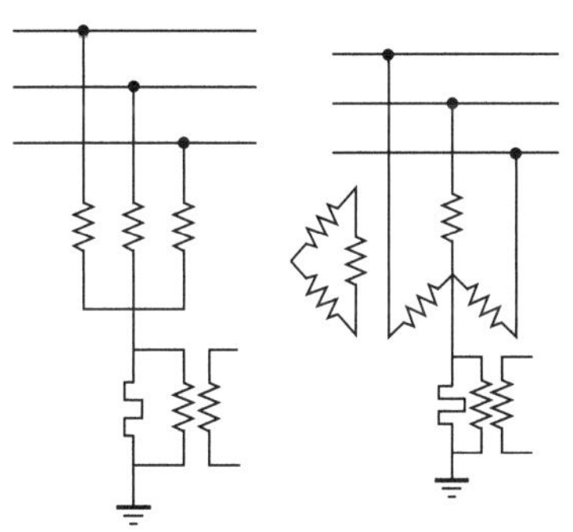

▮ 중성점 집지 저항기 + PT 방식 ▮

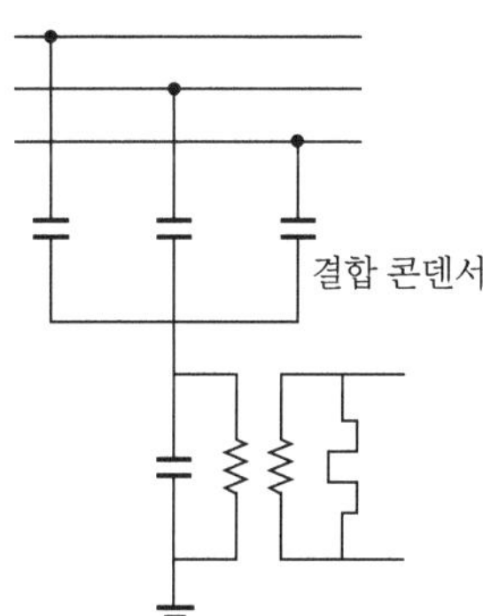

▮ 결합 콘덴서 + PT 방식 ▮

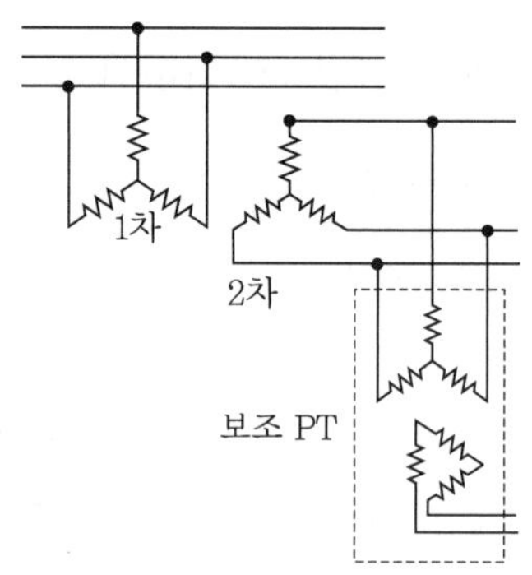

▌보조 변압기 사용 ▌

2. 영상전류 검출방법

(1) 잔류회로법

① 정의 : 잔류회로법이란 CT를 Y결선하고 1점 접지하여 각 상 전류의 벡터합에 의한 영상전류를 얻는 방법이다.

② 특성

㉠ 각 상 전류의 벡터합인 영상전류의 3배가 된다.

㉡ 회로전위를 안정시키기 위해 CT 2차 회로에 접지하며, 반드시 한 곳만 접지한다.

㉢ 단락전류나 지락전류를 검출하기 위한 접속을 한다.

㉣ 가장 많이 사용되며 3상 전류의 불평형분도 측정 가능하다.

㉤ 잔류회로에 지락 계전기를 접속하지 않을 때도 영상 2차 회로의 개방을 방지하기 위해 잔류회로를 반드시 폐회로할 것

㉥ 중성점 접지(저항 접지 및 직접 접지식) 방식에서 지락사고 검출이 용이하다.

③ 결선도

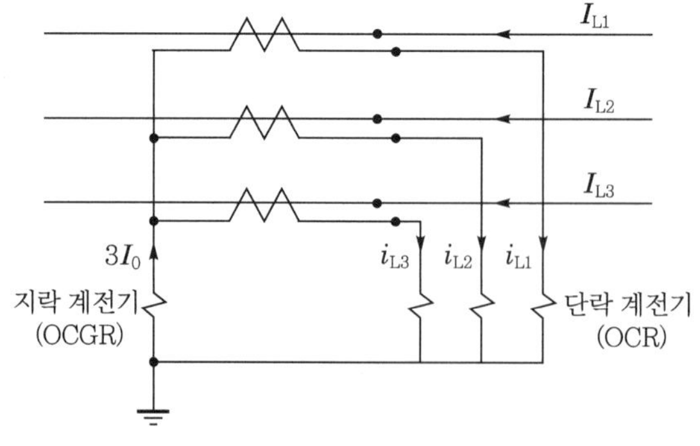

▌Y결선(잔류회로) ▌

(2) 3차 영상 분로회로(三次零相分路回路)

① 2차 권선회로에는 잔류회로를 만들지 않기 때문에 2차 회로에는, 상전류 - 영상전류인 전류가 흐르고 3차 회로에 영상전류가 흐른다.

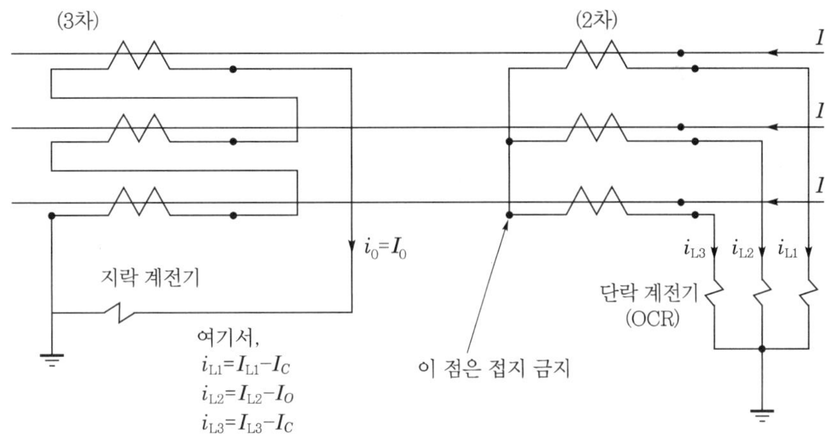

❚ 3차 영상 분로접속 ❚

② 적용

　㉠ 계통 접지전류가 수백 A 이하인 고저항 접지계통에서의 영상전류 검출에 사용한다.

　㉡ 고저항 접지계통에서 변류비가 큰 CT를 쓰면, 잔류전류에서 영상전류를 얻는 방법인 경우 지락 과전류 계전기를 동작시킬 만큼의 충분한 전류를 얻을 수 없으므로, 그림과 같이 변류비가 작은 3차 권선을 갖는 CT를 사용하게 된다.

③ 2차 잔류회로에는 $3I_0$ 전류가 흐르는데 3차 영상분로에는 I_0 전류가 흐른다.

④ CT 전류의 흐름을 이해하는 것이 계전기 동작해석에 매우 중요한데 전류 흐름을 구하는 데 기초가 되는 것은 다음 항목이 되어야 한다.

　㉠ 전류의 연속, 즉 전류의 흐름은 Loop가 되어야 한다.

　㉡ 암페어 턴(amper turn)의 상쇄, 즉 1차 측 코일에 전류가 흘러들면 2차 측(혹은 3차 측과 합해서) 코일에 같은 AT의 상쇄전류가 흘러야 한다.

⑤ 변류비가 크면(300 : 5 이상 시) Y접속의 잔류회로에서는 계전기의 동작에 필요한 영상전류를 얻지 못할 때가 있다. 이런 경우 변류기에 3차 권선을 만들고 이것을 영상분로에 접속함으로써 필요한 영상전류를 얻을 수 있다.

⑥ 주의사항 : 2차 회로에 2개소 접지에 의한 잔류회로는 만들지 말 것

(3) 중성선 CT를 이용하는 방법

저항 접지, 직접 접지, 다중 접지식에 적용 가능

(4) 3권선 CT를 이용하는 방법

저항 접지, 직접 접지, 다중 접지식에 적용 가능

(5) ZCT를 이용

비접지 방식에 적용

---

152 계기용 변류기(current transformer)를 이용하여 영상전류를 얻기 위한 방법들의 회로도를 그리고 간단히 설명하시오.

data 발송배전기술사 20-121-1-12 / 발송배전기술사, 건축전기설비기술사, 전기안전기술사, 전기응용기술사 출제예상문제

답안

분류	회로도	특징
Y결선 잔류회로법 (CT비가 작은 경우)	I_a, I_b, I_c, i_a, i_b, i_c, 50/51G, 50/51×3, $3i_0$	• 정확한 3상 전류, 지락전류 검출 • CT비 300/5 이하 사용 • $3i_0 = i_a + i_b + i_c$ • 계전기 1차 측 1개소만 접지 • 직접 접지계통, 저저항 접지계통

3권선 CT법 (CT비가 큰 경우)	I_a, I_b, I_c, i_a, i_b, $i_c = \frac{1}{a}(I_c - I_0)$, $i_0 = \frac{5}{100} I_0$, 50/51G, 50/51×3	• 결선에 따라 $\pm 30°$ 전류 얻음
		• CT비 300/5 초과 사용
		• 2차 : Y(정상, 역상)
		  3차 : △(영상)
		• 변류비
		  $1:2 = n:5$
		  $1:3 = 100:5$
		• 고저항 접지계통

153 ANSI standard에 따른 변류기의 규격인 C200과 C100의 의미를 설명하고, 변류기의 2차 임피던스가 1.5Ω일 때 상기 변류기 중 규격을 선정하고, 선정방법을 설명하시오.

153-1 ANSI standard에서 변류기 C200의 의미를 설명하고 변류기 2차 임피던스가 1.5Ω일 때 변류기를 선정하시오.

(data) 발송배전기술사 24-132-1-4·21-123-1-2 / 발송배전기술사, 건축전기설비기술사, 전기안전기술사, 전기응용기술사 출제예상문제

답안

1. C200의 의미

(1) 의미

부싱형 CT, 변류비 계산 가능, 과전류 정수 $20I_n$에서 포화전압이 200V인 의미이다.

(2) 부담 임피던스

$$Z = \frac{전압}{전류} = \frac{200\text{V}}{20I_n[\text{A}]} = \frac{200\text{V}}{20 \times 5\text{A}} = 2\Omega$$

즉, $V_k = 20I_n \times Z = 20 \times 5 \times Z = 200$

$$\therefore Z = 2\Omega$$

(3) 2차 회로의 선로 및 계전기의 임피던스를 2Ω 수치 이하로 억제해야 한다.

2. C100의 의미

(1) 의미

부싱형 CT, 변류비 계산 가능, 과전류 정수 $20I_n$에서 포화전압이 100V인 의미이다.

(2) 부담 임피던스

$$Z = \frac{전압}{전류} = \frac{100\text{V}}{20I_n[\text{A}]} = \frac{100\text{V}}{20 \times 5\text{A}} = 1\Omega$$

즉, $V_k = 20I_n \times Z = 20 \times 5 \times Z = 100$

$$\therefore Z = 1\Omega$$

(3) 2차 회로의 선로 및 계전기의 임피던스를 1Ω 수치 이하로 억제해야 한다.

3. 1.5Ω일 때 CT 선정

(1) 포화전압

$$V_k = 20I_n \times Z = (20 \times 5) \times 1.5 = 150\text{V} \ (\text{즉, } 150\text{V에서 포화})$$

(2) C200 규격은 포화전압이 200V이므로 150V에서는 포화하지 않는다.

(3) 따라서, 1.5Ω일 때 CT는 C200 규격으로 선정한다.

---

154 변류기의 2차 측 개방 시 발생하는 과전압의 원인을 정상적인 운전상태와 비교하여 설명하시오.

(data) 전기응용기술사 21-124-3-1 / 발송배전기술사, 건축전기설비기술사 출제예상문제

답안

1. CT 등가회로(근사 등가회로 : approximate equivalent circuit)

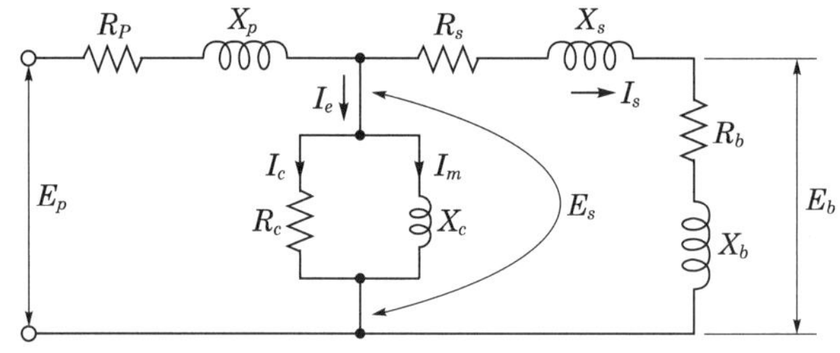

여기서, I_p, I_s : 1차 전류, 2차 전류, I_e, I_c, I_m : 여자전류($I_e = I_c + I_m$), 철손전류, 자화전류

E_p, E_s, E_b : 1차 유기전압, 2차 유기전압, 2차 단자전압

R_p, X_p : 1차 권선의 저항, 누설 리액턴스, R_s, X_s : 2차 권선의 저항, 누설 리액턴스

R_b, X_b : 2차 부담의 저항, 누설 리액턴스, R_e, X_e : 철심의 철손 저항 및 여자 리액턴스

2. CT 2차측에 부하를 접속하지 않으면 단락되는 이유와 정상적인 운전상태와의 비교

CT 등가회로상 2차 개로 시의 현상 해석(즉, 2차 개방하면 안 되는 사유)은 다음과 같다.

(1) 2차 개로 시 R_b, X_b가 무한대가 되어 1차 전류 I_p는 계속 흐르고 2차 전류 I_s는 없으므로 I_p는 모두 여자전류 I_e가 되어 철심이 과도하게 여자되고 포화에 의한 한도까지 고전압이 유기된다.

(2) 2차 측 임피던스가 무한히 커지므로 2차 전압 E_s가 철심 포화 시까지 $Z_b = R_b + jX_b$에 비례하여 커지게 된다.

(3) 상기 설명을 벡터와 파형으로 보면 다음의 그림들과 같다.

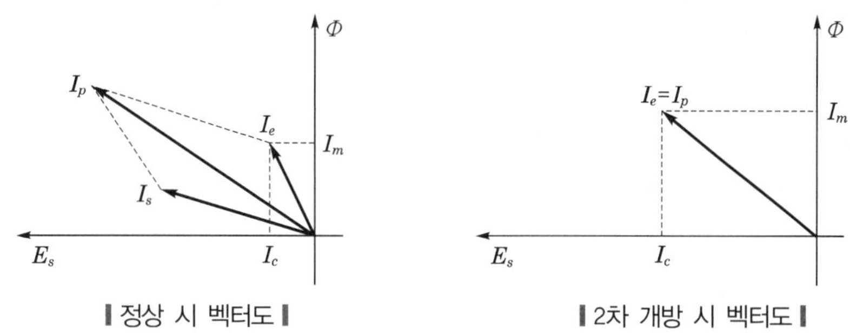

▮ 정상 시 벡터도 ▮　　　　　▮ 2차 개방 시 벡터도 ▮

(4) CT 2차 개방 시 2차 전류(I_s)는 0이 되고, 여자전류(I_e)는 1차 전류(I_p)의 크기와 같게 되어 2차 단자에 고전압이 발생하게 된다.

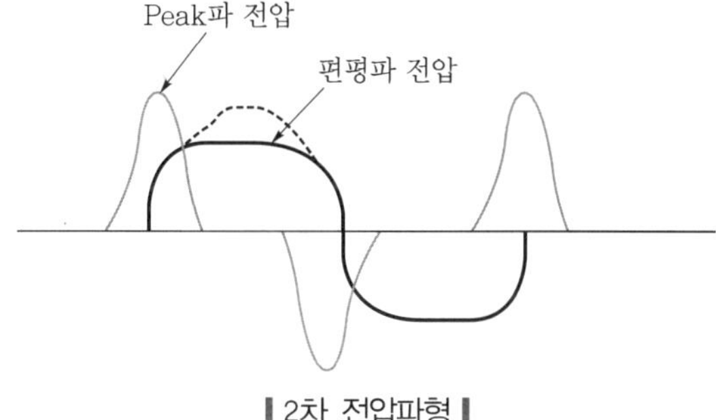

▮ 2차 전압파형 ▮

SECTION 02 NGR / GPT / CLR 관련

155 154kV/22.9kV 변압기 2차 측 중성점에 설치하는 NGR(Neutral Ground Reactor)에 대하여 아래 내용을 설명하시오.
1. 설치목적
2. 적용 개소
3. 설치효과
4. 보호방식 개요도 및 DS(Disconnecting Switch) 접지방식

data 발송배전기술사 23-129-1-9 / 발송배전기술사, 건축전기설비기술사 출제예상문제

답안

1. 중성점 접지저항(NGR : Neutral Grounding Resistor)의 설치목적

지락사고 시 발전기, 주변압기(주로 154kV/23kV 변압기)의 2차 권선에 유입되는 고장전류를 제한함으로써 발전기나 변압기의 권선고장을 감소시키는 목적이다.

2. 전기사업자용 NGR 적용 개소

(1) 변압기에 유입되는 고장전류가 7000A를 초과하는 경우(2차 변압기 중성점에 설치)

(2) 지락전류가 3상 단락전류보다 큰 경우

(3) 지락·단락 고장횟수가 많은 곳

(4) 무인 변전소 등을 우선 설치

3. 설치효과

(1) 지락사고 시 발전기, 주변압기(주로 154kV/23kV 변압기)의 2차 권선에 유입되는 고장전류를 제한함으로써 발전기나 변압기의 권선고장을 감소시킨다.

(2) 변전소용은 1선 지락전류가 3상 단락전류의 85%로 감소되고, 기기의 충격이 28% 감소된다(지락전류를 20 ~ 30% 감소시켜 변압기 고장 감소).

(3) 변압기 충격을 완화하여 수명연장

(4) CB의 차단용량 경감

(5) 지락고장 시 효율적인 순시동작 보호협조 가능

(6) 1선 지락 고장 시 접촉전압과 보폭전압의 감소로 안전성 확보

(7) S/S 인근의 일단 접지 주상 변압기 폭발 가능성 경감

(8) 1선 지락 시 접촉·보폭 전압의 감소로 안전성 제고

(9) 가공 절연 배전선로의 용융사고 방지

(10) 임피던스가 매우 작아 직접 접지식(0.4Ω 또는 0.6Ω)에 속한다.

(11) 수용가용 NGR의 용량은 수백 Ω 정도이다.

4. NGR 보호방식(예 변전소용) 개요도 및 DS(Disconnecting Switch) 접지방식

(1) NGR 보호방식(예 변전소용) 개요도

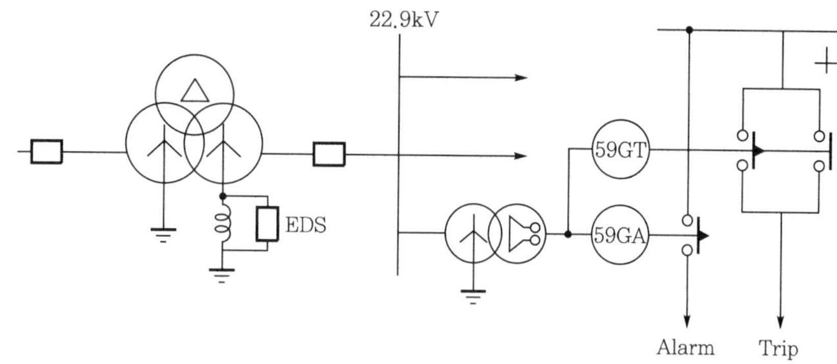

▎NGR 보호방식 ▎

NGR 고장과 1선 지락고장 시 변압기의 보호를 위하여 영상전압 검출 계전기 (59G)를 설치하며, 이때 59G 동작조건은 다음과 같다.

① NGR 단선 + 1선 지락고장

② **59GA(경보)** : 8V 이상 Pick up 시

③ 59GT(trip)

　㉠ 한시 : 70V 이상 Pick up 시(GPT 3차 권선 정격전압 : 63.5V)

　㉡ 순시 : 120V 이상 Pick up 시

④ NGR 단선 여부만을 검출할 수 있는 보호장치(경보, 트립)는 현재 없다. GFR을 이용하는 방법이 있지만 오동작이 너무 많아 잠정보류 중이다.

(2) NGR 설치개소의 DS(Disconnecting Switch) 접지방식

① NGR의 방식은 유입식과 건식의 두 종류가 있으며 단시간 정격전류는 10초를 적용한다.

② 변압기 1차 측의 결선방식 △결선의 경우에는 0.4Ω

③ 변압기 1차 측의 결선방식 Y결선의 경우에는 0.6Ω

④ NGR의 사용은 2차측 중성점에 임피던스를 가진 코일을 접속하므로 임피던스가 매우 작아 직접 접지로 간주한다.

⑤ NGR 고장으로 중성점과 대지 간 분리를 방지하기 위하여 단극 단로기(EDS)를 설치(비접지 방지)한다.

---

156 비접지 보호에 사용하는 GPT의 개요와 CLR의 사용목적을 설명하고, 22.9kV에 사용하는 CLR의 크기[Ω]와 용량[kW]을 구하시오.

(data) 발송배전기술사 22-126-2-6 / 발송배전기술사, 건축전기설비기술사 출제예상문제

답안 1. 비접지 계통의 GPT 개요

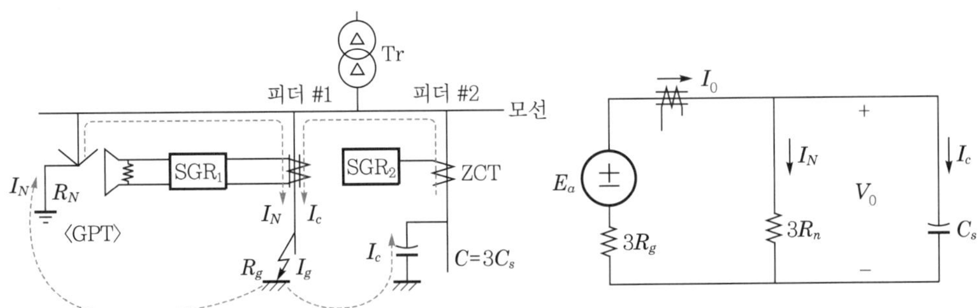

┃ 비접지 계통의 GPT와 SGR을 이용한 지락 고장전류 분포 ┃

(1) 선택 지락 계전기(SGR)는 시스템의 접지 오류를 감지하고 격리하여 정전 및 장비 손상의 일반적인 원인을 방지하며, 비접지 계통에 사용되고, 지락 발생 시 해당 사고지점 차단기만 Trip시켜 다른 선로에 피해를 주지 않는 것이 목적이다.

(2) GPT와 CLR은 비접지 계통의 지락사고를 감지하여 지락 방향 계전기(SGR, DGR)를 동작시켜 사고선로를 계통으로부터 분리하고자 하는 목적으로 ZCT와 조합하여 사용한다.

(3) GPT는 지락 사고 시 영상전압을 검출하기 위해서 사용하는 3권선식의 변압기이며 1차 측을 Y결선하고 그 중성점을 대지에 직접 접지하며 3차 측 권선을 개방 3각 결선하여 사용한다.

(4) CLR은 GPT의 3차 권선에 연결하여 제3고조파 전압이 Open 델타에 흐르는 것을 방지하고 지락 방향 계전기에 유효전류를 흐르게 하는 목적으로 사용된다.

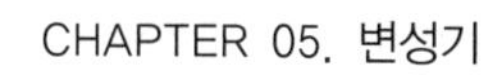

(5) GPT 역할

비접지 계통의 영상분 전압 검출, 유효분 전류의 통로 역할

(6) GPT 정격

① 정상 시의 정격전압 : 1차는 $\dfrac{22900}{\sqrt{3}}$, 2차는 $\dfrac{110}{\sqrt{3}}$, 3차는 $\dfrac{190}{3}(=63.5)[\text{V}]$

② 정격시간 : 10초

③ 지락 고장 시 GPT의 전압 변화 및 전류 변화 비교

구분	정상 시		1선 지락 고장 시
GPT 1차 전압	$\dfrac{22900}{\sqrt{3}}\text{V}$	⇒	고장상 : 0V, 건전상 : 22.9V
1선 지락전류	0A	⇒	380mA (0.127=380/3)
GPT 2차 전압	$\dfrac{110}{\sqrt{3}}(=63.5)\text{V}$	⇒	고장상 : 0V 건전상 : 110V
GPT 3차 전압 (오픈델타 전압)	$\dfrac{190}{3}(=63.5)\text{V}$	⇒	고장상 : 0V 건전상 : 110V
영상전압 V_0/표시 Lamp	0V 표시 램프 미점등	⇒	190V 지락상만 점등

(7) 1차 측과 3차 측의 전압크기 Vector와 고장전압 190V 발생 분석

구분	1차 측	3차 측
Vector도		
상전압 크기 변화	$V_A = \dfrac{22900}{\sqrt{3}} = 13200\text{V}$	$V_a = \dfrac{190}{3} \rightarrow V_a{}' = \dfrac{190}{3} \times \sqrt{3} = 110\text{V}$
고장 시 전압	$V_{F0} = V_A{}' + V_B{}' = 3V_0$ $= \sqrt{3}\,V_A{}' = \sqrt{3}\,\sqrt{3}\,V_A$ $= 3V_A = 3 \times \left(\dfrac{22900}{\sqrt{3}}\right) = 39664\text{V}$	$V_{f0} = V_a{}' + V_b$ $= \sqrt{3}\,V_a{}' = \sqrt{3}\,\sqrt{3}\,V_a$ $= 3V_a = 3 \times 63.5 = 190\text{V}$

(8) 지락 시 GPT 전류의 변화

① 1차 측 지락 제한 전류 : 380mA로 제한

② 3차 측 지락전류(I_N) : $\left(\dfrac{I_{1g}}{3}\right) \times n = \dfrac{0.38}{3} \times \dfrac{22900}{110} = 26.37\text{A}$

여기서, I_{1g} : 1차 측 지락 제한 전류, n : 변압비

931

(9) GPT 부담산정

① 1상 정격 : $VA_1 = EI_n = \dfrac{22900}{\sqrt{3}} \times \dfrac{0.381}{3} = 1680\,VA$

여기서, E : GPT 1차 상전압 $\left(= \dfrac{\text{선간전압}}{\sqrt{3}} = \dfrac{22.9}{\sqrt{3}} \right)$

$\quad\quad I_n$: GPT 1차 전류, VA_1 : GPT 1상 정격

$\quad\quad VA_3$: GPT 3상 정격

② 3상 정격 : $VA_3 = 3EI_n = 3 \times 1680 = 5040\,VA$

2. CLR(한류 저항기)의 사용목적

(1) 변압기 원리를 이용하여 지락전류를 제한한다[유효분 전류를 적정치로 제한 (380mA)[.

(2) SGR 계전기에 유효분 전류를 공급시켜 영상전압을 형성시킨다.

(3) 철공진 방지로 중성점 불안정 현상을 없게 하여 지락 후 회복 시 C의 과도현상을 방지한다.

(4) 3차 회로 제3고조파를 억제시켜 보호 계전기 오동작을 방지한다.

3. 22.9kV에 사용하는 CLR의 크기[Ω]와 용량

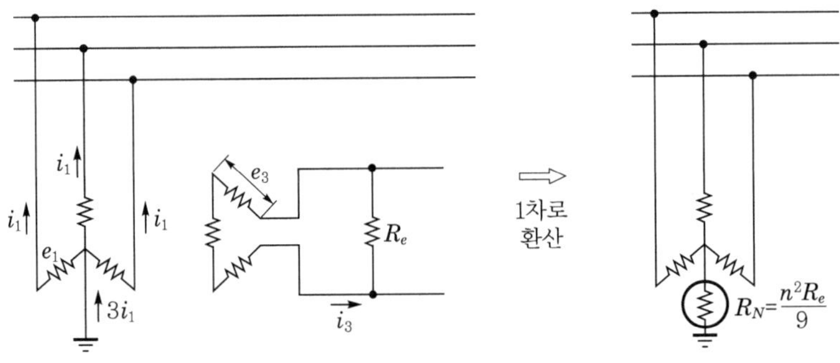

‖ GPT 등가회로 ‖

(1) CLR 저항 크기 산출

① CLR 크기는 1차 측 전류를 380mA로 제한하는 것에 목적이 있다.

② 크기 산정

$\bigcirc\ I_n = \dfrac{E}{R_N} \rightarrow R_N = \dfrac{E}{I_n} = \dfrac{\dfrac{22900}{\sqrt{3}}}{0.38} \cong 34793\,\Omega$

여기서, I_n : GPT 1차 전류, E : 상전압

$\quad\quad R_N$: GPT 1차로 환산한 등가저항, n : 변압비

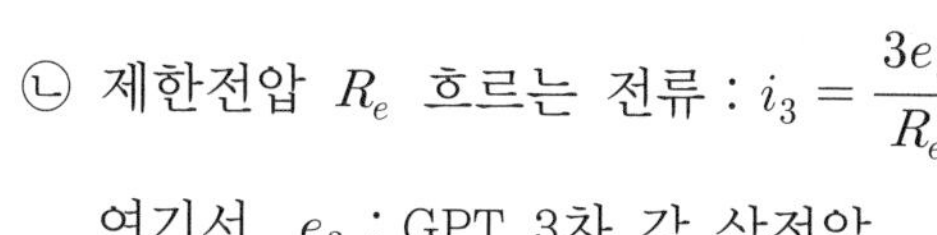

ⓛ 제한전압 R_e 흐르는 전류 : $i_3 = \dfrac{3e_3}{R_e}$

여기서, e_3 : GPT 3차 각 상전압

ⓒ 3차 전압과 3차 전류를 1차로 환산하면 $e_3 = \dfrac{e_1}{n}$, $i_3 = n\,i_1$

ⓔ '©' 결과를 'ⓛ'에 대입하고 변압비를 고려하여 식을 정리하면 다음과 같다.

$$i_3 = n\,i_1 = \frac{3e_3}{R_e} = \frac{3}{R_e} \times e_3 = \frac{3}{R} \times \left(\frac{e_1}{n}\right)$$

$$\therefore \ i_1 = \frac{3e_1}{n^2 R_e}$$

ⓜ 대지에서 중성점으로 흐르는 전류 $i = 3i_1$이다.

ⓗ 1차로 환산한 등가저항 R_N

$$i = 3i_1 = 3 \times \frac{3e_1}{n^2 R_e} = \frac{9e_1}{n^2 R_e} = \frac{e_1}{\dfrac{n^2 R_e}{9}} \ \text{에서 또,} \ \ R_N = \frac{E}{I_n} = \frac{e_1}{i} \ \text{이므로}$$

$$R_N = \frac{n^2 R_e}{9}$$

여기서, i : 대지에서 중성점으로 흐르는 전류

　　　　n : PT의 권선비(변압비)

　　　　R_e : 제한저항

　　　　R_N : GPT 1차로 환산한 등가저항

　　　　E : 상전압

　　　　I_n : GPT 1차 전류

ⓘ $R_e = CLR = \dfrac{9}{n^2} \times R_N$

$$= \frac{9}{\left(\dfrac{22900}{110}\right)^2} \times 34793 = 7.23\,\Omega$$

◎ CLR 저항의 크기 : 8Ω

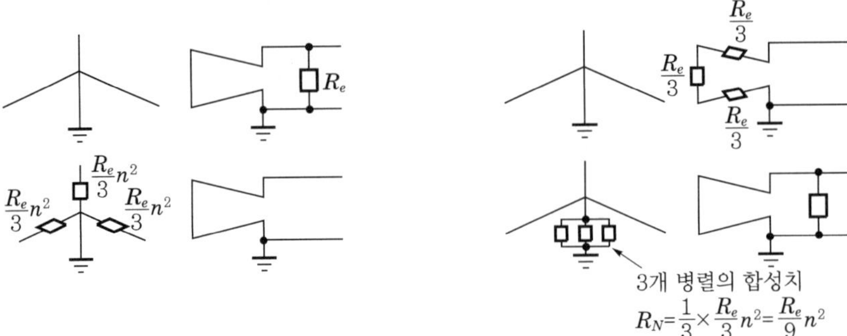

┃도식화┃

(2) CLR 용량

① 전류 방식으로 산출

$$P_c = I_3^2 \times CLR = 26.37^2 \times 8 = 5563\,\text{W} \rightarrow 6\,\text{kW}$$

여기서, I_3 : 3차 측 지락전류

② 전압 방식으로 산출

$$P_c = \frac{V_{03}^2}{CLR} = \frac{190^2}{8} = 4512.5\,\text{W} \rightarrow 5\,\text{kW}$$

여기서, V_{03} : 지락 고장 시의 GPT 3차 측 전압으로서, 190V

③ '①·②'에 의하여 상위 규격인 6kW로 선정한다.

(3) CLR의 전압별 정격

구분[kV]	1차 유효분 전류	CLR 저항	CLR 1차 환산저항	CLR 용량	시간정격
22.9	381mA	8	38456Ω	6kW	10초
22.0	381mA	8	35555Ω	5kW	10초
6.6	381mA	25	10000Ω	2kW	30초
3.3	381mA	50	5000Ω	1kW	30초
0.440	381mA	370	658Ω	0.1kW	

reference

비접지 계통 선택 지락 계전기(SGR)의 동작원리 및 사용목적

comment 24년 132회 건축전기설비기술사 기출해설

(1) 동작원리(비접지 △-△ 변압기 결선 2차 측의 지락사고 선로 예시도)

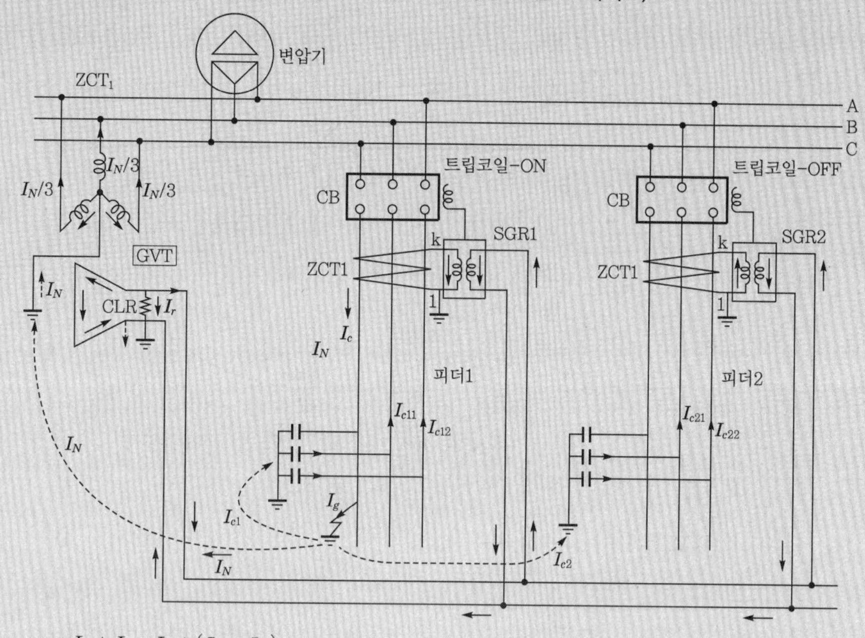

$$\bullet\ g = I_N + I_c = I_N + (I_{c1} + I_{c2})$$

① 등가회로

  ㉠ 전원 측을 단락하고 3상을 단상 취급

  ㉡ 지락점에 영상전압과 지락점 저항을 삽입

② 비접지 계통에서 지락 시 GVT로 영상진압을 검출하고 영상 변류기 ZCT로 영상전류와 결합시켜, OVGR(지락 과전압 계전기)과 조합한 고감도의 전력형 선택 접지 계전기인 SGR에 의하여 보호되는 방식이다.

③ 이로서, 지락전력 회로만 선택 차단하는 방식으로 사고 파급영향을 최소화할 수 있다.

④ 한 선로에서 지락 시 그 사고 발생 선로에 접속된 계전기만을 동작하는 것으로 영상전압과 영상전류에 의해 동작한다(선택 지락 고장 보호방식임).

⑤ GPT 1차는 Y결선, 3차는 Open delta 결선(broken △결선)하여 영상전압은 $3V_0$가 되어 동작시킨다(즉, $V = V_A + V_B + V_C = 3V_0$).

⑥ 지락 시 GPT 3차는 190V로 되나 정상 시는 0V이다(GPT 2차 : 110V, GPT 3차 : 190/3V).

⑦ GPT 철심이 갖는 Reactor 포화 시의 중성점 불안정 현상을 방지하기 위해 CLR을 GPT 3차 개방회로에 삽입한다.

⑧ OVGR의 최소 동작전압은 최대 영상전압의 30%를 표준으로 하고 시한은 0.5초이다.

⑨ ZCT의 정격 : 1차는 200mA, 2차는 1.5mA

935

⑩ SGR의 동작감도 및 동작영역 : 다음 그림과 같다.

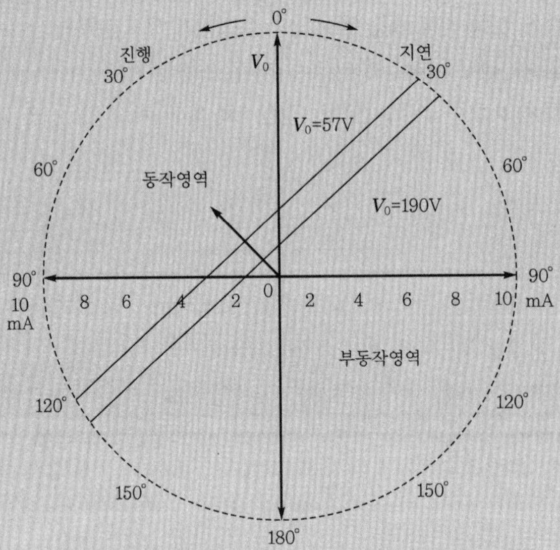

▐ SGR 계전기의 동작영역 및 동작감도 ▐

⑪ 1선 지락전류의 크기와 계전기(SGR)의 동작관계

㉠ $I_G = \dfrac{E_g}{R_g + \dfrac{1}{\dfrac{1}{R_N} + j3\omega C}}$

㉡ 여기서, R_g, $j3\omega C$를 무시하면

- 6.6kV의 경우 $I_G = \dfrac{E_g}{R_N} = \dfrac{6600/\sqrt{3}}{10055} \fallingdotseq 380\text{mA}$

- 3.3kV의 경우, $I_G = \dfrac{3300/\sqrt{3}}{5028} \fallingdotseq 380\text{mA}$

- 즉, 완전 지락 시 계통 정전용량을 무시하면 지락전류는 380mA가 흐른다.

㉢ ZCT 2차는 380mA × ZCT비가 되므로

- 이때 한류 저항값이 맞지 않을 경우 1선 지락사고가 발생하여도 ZCT에서 지락전류가 검출되지 않는다.
- 지락전류 검출이 되더라도 감도가 작아 계전기(SGR)가 동작하지 않는다.

(2) SGR 사용목적

① 비접지 계통에서 지락사고 시 영상전압만 검출하여 차단하는 경우 계통 전체가 정전된다.

② 따라서, SGR 계전기를 사용 시 지락사고가 발생한 회로만 선택 차단할 수 있다.

③ 비접지 회로에서 가장 신뢰성이 있는 지락 보호방식이다.

④ 적용 설비 : 고신뢰도를 요하는 비접지 계통에서 가장 많이 적용한다.

(3) 영상전압의 크기

① $V_0 = E_g \times \dfrac{\dfrac{1}{\dfrac{1}{R_N}+j3\omega C}}{R_g + \dfrac{1}{\dfrac{1}{R_N}+j3\omega C}} = E_g \times \dfrac{1}{\left(R_g \cdot \left(\dfrac{1}{R_N}+j3\omega C\right)\right)+1}$

$\qquad \fallingdotseq I_g \times \dfrac{1}{\dfrac{1}{R_N}+j3\omega C}\,[\text{V}]$

② 이때, $R_g = 0$, $\omega C = 0$일 경우 V_0는 $0.38\text{A} \times 10055\Omega = 3820.9\text{V}$

③ 따라서, 계전기에 입력되는 영상전압은 $V_0{}' = 3820.9 \bigg/ \left(\dfrac{6600}{\sqrt{3}} \bigg/ \dfrac{190}{3}\right) \times 3 = 190.5\text{V}$

(4) 한류 저항(CLR)

comment 이 자체가 배점 10점 이상으로 여러 번 출제되었다(발송, 건축, 응용 등).

① CLR의 크기 : 계전기 제작업체에 따라 다르나 일반적으로 3.3kV는 50Ω, 6.6kV는 25Ω, 22kV 는 8Ω을 사용하며 지락 시 지락전류가 흐르므로 충분한 용량으로 설계할 것

② CLR의 GPT 1차 환산

㉠ $R_N = \dfrac{n^2 r}{9}$

여기서, R_N : 한류 저항을 1차로 환산한 값, n : GPT의 권수비, r : 한류 저항의 크기

㉡ 6.6kV의 경우 : $R_N = \dfrac{n^2 r}{9} = \dfrac{1}{9} \times \left(\dfrac{6600}{\sqrt{3}} \bigg/ \dfrac{190}{3}\right)^2 \times 25 = 10055\Omega$

㉢ 3.3kV의 경우 : $R_N = \dfrac{1}{9} \times \left(\dfrac{3300}{\sqrt{3}} \bigg/ \dfrac{190}{3}\right)^2 \times 50 = 5028\Omega$

③ 전압별 CLR 용량 및 등가저항

구분	1차 유효분 전류	CLR 저항	CLR 1차 환산저항	PT 권선비 (n)	CLR 용량	시간정격
22.9kV	381mA	8Ω	$R_N = \dfrac{n^2 R_e}{9}$ $= 38456\Omega$	$n = \dfrac{22900}{\sqrt{3}} \bigg/ \dfrac{110}{\sqrt{3}}$ $= 208$	6kW	10초
22kV	381mA	8Ω	35555Ω	$n = \dfrac{22000}{\sqrt{3}} \bigg/ \dfrac{110}{\sqrt{3}}$ $= 200$	5kW	10초
6.6kV	381mA	25Ω	10000Ω	$n = \dfrac{6600}{\sqrt{3}} \bigg/ \dfrac{110}{\sqrt{3}}$ $= 60$	2kW	30초
3.3kV	381mA	50Ω	5000Ω	$n = \dfrac{3300}{\sqrt{3}} \bigg/ \dfrac{110}{\sqrt{3}}$ $= 30$	1kW	30초
440V	381mA	370Ω	658Ω	–	0.1kW	–

(5) 전압별 GPT 1대의 용량

전압[kV]	GPT 1대 용량	선정[VA]
22.9	$P = \dfrac{22900}{\sqrt{3}} \times \dfrac{0.380}{3} = 1675\text{VA}$	1700
22	$P = \dfrac{22000}{\sqrt{3}} \times \dfrac{0.380}{3} = 1608.9\text{VA}$	1700
6.6	$P = \dfrac{6600}{\sqrt{3}} \times \dfrac{0.380}{3} = 482.7\text{VA}$	500
3.3	$P = \dfrac{3300}{\sqrt{3}} \times \dfrac{0.380}{3} = 241.3\text{VA}$	300
0.44	$P = \dfrac{440}{\sqrt{3}} \times \dfrac{0.380}{3} = 32.2\text{VA}$	50

157 접지형 계기용 변압기(GVT) 사용 시 고려사항에 대하여 설명하고, 설치개수와 영상전압과의 관계에 대해서도 설명하시오.

data 건축전기설비기술사 18-116-3-2 / 발송배전기술사, 건축전기설비기술사 출제예상문제

답안

1. 개요

(1) 비접지 계통의 지락보호에 SGR 및 OVGR에 접지형 계기용 변압기(GVT)를 설치하여 보호한다.

(2) GVT(GPT)를 시용할 때 전류 제한저항(CLR)의 용량, 설치조건, 결선 등에 따른 감도 저하 및 오동작을 검토하고 고려하여 설치해야 한다.

(3) GPT(GVT) 1차 접지 측으로 지락전류인 영상전류가 유입되면, 3차에서 전자유도법칙에 따라 영상전압이 나타나면 지락사고 및 영상분 고조파 전류가 유입되어 계전기를 동작시키는 것이 GVT의 동작원리이다.

2. 접지형 계기용 변압기(GVT) 사용 시 고려사항

(1) 한류저항 값이 큰 경우(부적절 시)

① 1선 지락 고장 시 지락전류가 작아 지락전류 검출이 어렵다(지락전류 감도 저하 발생).

② Relay가 부동작할 가능성이 있다.

③ 충전전류가 유효전류보다 큰 경우에서는 SGR 감도가 낮아 계전기 부동작이 발생한다.

(2) 영상전압 저감으로 인한 계전기 감도 저하 발생

① 지락점의 저항 R_g가 클 경우 지락전류가 작아지고 영상전압이 감소하므로 계전기의 감도가 저하된다.

② GVT를 극성 및 오결선 시 계전기 오동작이 발생한다.

(3) SGR의 극성 및 오결선 시 계전기 오동작이 발생한다.

(4) 중성점 불안정 현상 발생

① 중성점 불안정 현상의 개념

㉠ 중성점이 계통의 혼란, 전기적 충격, 단선 등으로 인해 철공진을 일으키는 과도진동 발생이 진행되어 정상진동으로 이행되는 현상이다.

㉡ 계기용 변압기의 특이현상 중 하나로서, 중성점 불안정 현상이 있다.

㉢ 특수 철공진 이상전압의 대표적인 예로서, 비접지 계통에 1차 접속 중성점 직접 접지, 2차 또는 3차에 단락 △권선으로 계기용 변압기가 접속되어 있을 때 계통이 돌연 변동되거나 또는 1선 지락, 복귀 등 전기적 충격이 가해졌을 때에 중성점이 복잡한 과도진동을 일으키고 이것이 오래 지속되어 정상진동이 되는 수가 있다.

② 중성점 불안정 현상의 발생원인

㉠ 전력계통이 비섭시계일 때 계기용 변압기들 접시한 경우 발생한나.

㉡ 전력계통이 접지계일 때 일시저으로 계통분리에 의해 전력계통이 비접지계로 된 경우 발생한다.

㉢ 계기용 변압기의 2차 부담이 극히 작을 때 전력계통에 갑자기 전압이 인가되거나 1선 지락사고의 복구와 같은 전기적인 충격에 의한 전력계통의 혼란 시 발생한다.

㉣ 차단기, 개폐기, 단로기 등의 개방 또는 Fuse 용단과 같은 전력계통의 단선 시 발생한다.

㉤ 어느 1개 상에서 지락 후 다시 원상복구가 되었을 경우 지락된 상의 대지성 전용량 $C[\mu\text{F}]$는 상당 기간 동안(수 분 동안) 건전 2개의 상에 비해 작다. 이는 선로 각 상과 대지 간의 절연이 공기 및 케이블 절연체이기 때문에 지락상의 대지정전용량이 바로 원상복구가 되는 것이 아니고 수 분이 지난 다음 원상태로 되기 때문이다.

ⓗ 지락상 대지정전용량 $C[\mu F]$가 변화된 기간 동안 각 상의 대지정전용량은 지락상에 의해 다르기 때문에 3상 중성점 이동이 불가피하게 된다(다음 그림 참조).

ⓢ 전기충격에 의해 PT의 대지전압이 높아져 철심이 포화되기 때문에 방향성의 돌입전류가 흐르게 되고 이것이 다른 상의 대지전압을 높여 다음 2상의 PT가 포화하는 것이다.

ⓞ GPT의 대지용량과 관련하여 주기적으로 포화, 무포화를 반복하여 중성점을 진동시키기 때문이며 대표적인 진동형식으로서는 $\frac{1}{2}$ 조파, 기본파, 제3 고조파 등이 있다.

ⓩ 이 현상은 변압기 철심의 자기포화 및 계통의 대지정전용량에 기인하는 것이다.

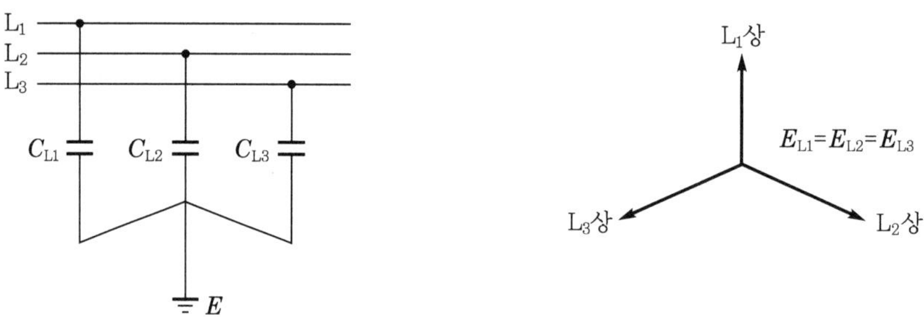

❚ 선로 충전용량 회로 및 Vector ❚

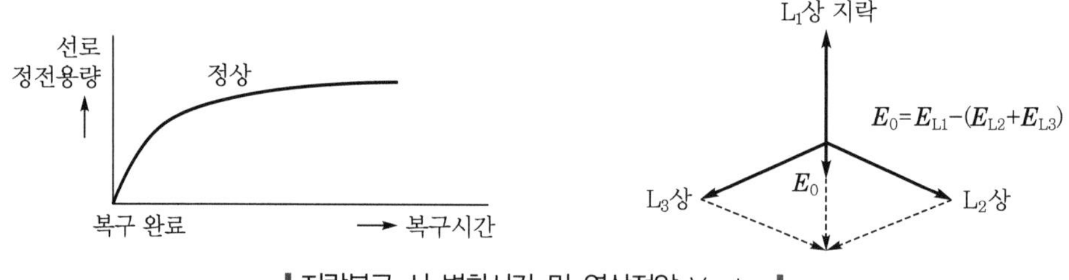

❚ 지락복구 시 변화시간 및 영상전압 Vector ❚

③ 중성점 불안전 현상의 영향

㉠ 1선 대지전압이 정상전압의 2 ～ 3배까지 상승한다.

㉡ GPT에는 상시 여자전류의 수십 배에 달하는 이상전류가 흐른다.

㉢ 수 배의 대지전압이 발생해서 계통 절연을 파괴할 염려가 있으며, 계기용 변압기에 정상값의 수십 배나 되는 이상전류가 흘러 잡음이 발생한다.

④ 중성점 불안정 현상 방지대책

　㉠ GPT 부담을 적절히 선정

　㉡ Open 델타에 적정 용량의 저항 삽입(CLR)

　㉢ 보통 3.3kV 계통은 CLR은 약 50Ω, 6.6kV에서는 25Ω 정도 저항 삽입

　㉣ 한류 저항기(CLR)의 역할

　　• 지락전류 제한(380mA)

　　• 제3고조파 억제시켜 보호 계전기 오동작 방지

　　• 철공진 현상 방지 : 중성점 불안정 현상 방지, 지락 후 회복 시 C의 과도 현상 방지

　　• 유효분 전류(I_n)를 공급시켜 영상전압(V_{03})을 형성

$$V_{03} = I_n \times CLR = \frac{0.38}{3}\text{A} \times 60 \times 25\Omega = 190\text{V}$$

　　여기서, 60 : 배수

　㉤ CLR 용량

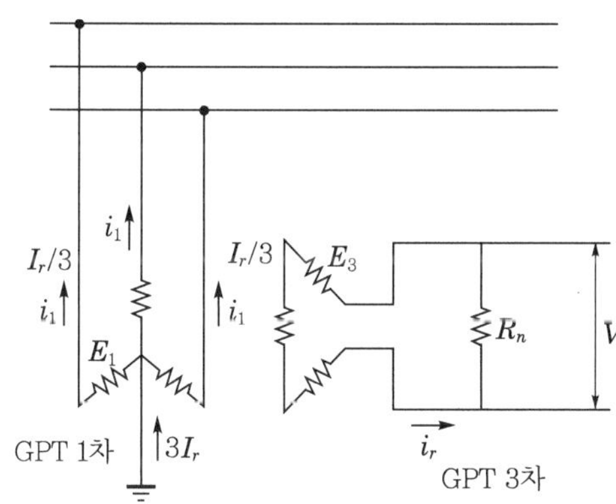

• E_1 : GPT 1차 상전압
• E_3 : GPT 3차 상전압
• R_n : CLR(한류 저항기)
• V_0 : 영상전압(완전 지락 시 3차 측 전압 $= 3E_3$)
• I_r : 1선 지락 시 GPT에 흐르는 전류
• i_r : 1선 지락 시 GPT 3자 한류 저항기에 흐르는 전류
• n : GPT의 전압비(E_1 / E_3)
• R : 1차 환상 중성점 저항

$$\bullet\ R_n = \frac{V_0}{i_r} = \frac{V_0}{n \times \dfrac{I_r}{3}} = \frac{V_0}{\dfrac{E_1}{E_3} \times \dfrac{I_r}{3}} = \frac{9E_3}{\dfrac{E_1}{E_3} \times I_r} = \frac{9E_1}{n^2 I_r} = \frac{9R}{n^2}$$

$$\bullet\ W = i_r{}^2 \times R_n = \frac{V_0{}^2}{R_n}\,[\text{W}]$$

3. 설치개수와 영상전압과의 관계

(1) 1선 지락 시 영상전압과 영상전류

① 대칭분 등가회로

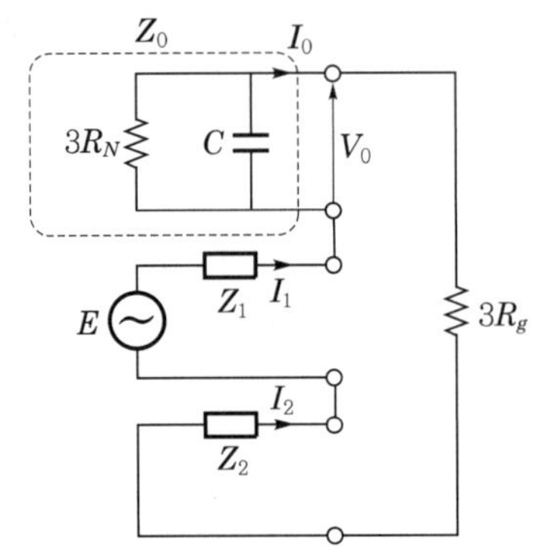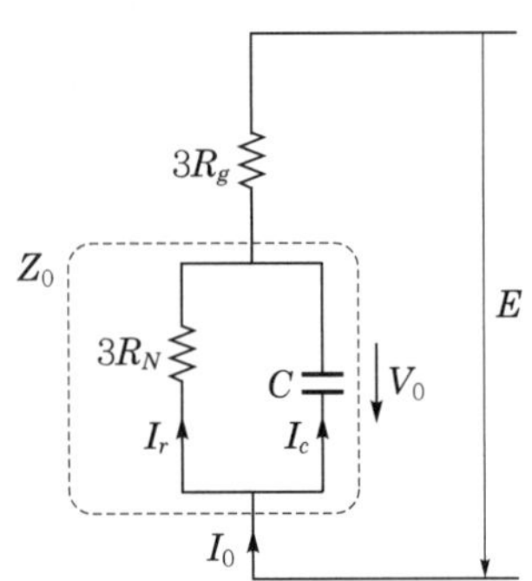

② 영상전압 V_0

㉠ 1차 측 영상전압 : 분압법칙에 의하여

$$V_{01} = \frac{Z_0}{Z_0 + 3R_g} \times E = \frac{1}{1 + 3Y_0 R_g} E = \frac{1}{1 + \left(\dfrac{1}{3R_N} + j\omega C\right)R_g} E$$

$$= \frac{1}{1 + \dfrac{R_g}{R_N} + j3\omega CR_g} E = \frac{1}{1 + \dfrac{R_g}{R_N} + j\omega C_0 R_g} E$$

㉡ 3차 측 영상전압 : $V_{03} = \dfrac{3}{n} V_{01}$

(2) 영상전압이 보호 계전기에 미치는 영향 및 GPT 설치개수와 영상전압의 관계

① 지락점 저항 R_g가 클수록 지락 시에 영상전압은 감소한다.

② 충전전류 I_c가 클수록 지락 시에 GVT 2차의 영상전압은 작아진다.

③ GPT의 CLR을 1차 측으로 환산한 등가저항 R_N이 작을수록 영상전압이 작아진다.

④ 1뱅크에 다수의 GPT가 설치된 경우 R_N값은 병렬로 되어 합성 저항값은 더 감소하므로 GVT 2차의 영상전압은 작아진다.

SECTION 03 PT

158 345kV 및 154kV 모선과 송전선에 적용되는 계기용 변압기의 설치, 결선방식 및 용도에 대하여 설명하시오.

data 발송배전기술사 19-118-4-2 / 발송배전기술사, 건축전기설비기술사 출제예상문제

답안

1. 345kV 모선과 송전선의 PT 설치위치 및 용도와 결선

설치위치	용도	결선
모선설치 • 1.5CB 방식에서 양모선 (#1·2bus)에 설치 • 각 모선에 1상×3대를 설치하고, 2개의 2차 권선을 갖도록 함(bus PT)	• NO.1의 2차 권선(Y결선) =115/$\sqrt{3}$ 및 115V – Bus #1 모선 보호용 – 재폐로용(bus 전압) – 동기검정용 – 계기용 • NO.2의 2차 권선(Y결선) =115/$\sqrt{3}$ – Bus #2 모선보호용	
각 송전선로 • 각 송전선 인출지점에 설치 • 1상×3대를 설치하고, 2개의 2차 권선을 갖도록 함(line PT)	• NO.1의 2차 권선(Y결선) =115/$\sqrt{3}$ – 선로 보호용(1계열) • NO.2의 2차 권선(Y결선) =115/$\sqrt{3}$ – 선로 보호용(2계열) – 동기검정용 – 계기용 – 전압 선택	
345kV 변압기 • 1차 측 각 상마다 설치 (3대) * DS-2403-2013 : 한전 변전 설계기준의 코드 * 67N : 방향성 지락 계전기	• NO.1의 2차 권선(Y결선) – 변압기 후비 보호용 • NO.2의 2차 권선 (Y결선 또는 오픈 D결선) – 재폐로용 – 동기검정용 – 계기용(DS-2403-2013에 서는 Y결선 사용상태에서 67N 사용 시 보조 PT 사용)	

설치위치	용도	결선
345kV 변압기 3차 측 • 3상 GPT×1대	• 3차 권선 지락보호용 • 분로 리액터 보호용	

2. 154kV 모선과 송전선의 PT 설치위치 및 용도와 결선

설치위치	용도	결선

모선설치
• 1.5CB 방식에서 양모선
  (#1·2 bus)에 설치
• 주모선이 구분 차단기에
  의해 분리될 경우에는 각
  구분마다 설치
• 각 모선에 1상×3대를
  설치하고, 2개의 2차
  권선을 갖도록 함
  (bus PT)
	• NO.1의 2차 권선(Y결선)
	  $=115/\sqrt{3}$
	  − 보호 계전기용(거리 계전기)
	• NO.2의 2차 권선
	  (open D결선 또는 Y결선)
	  $=115/\sqrt{3}$ 또는 115V
	  − 계기용
	  − 3차 권선에 보호 계전기용
	  (방향성 지락 계전기)설치	

154 각 송전선로
• 송전선용 PT는 한 상
  (A상)에만 설치
	• 재폐로 계전기의 동기검정
	  용 동기검정
	  − 재폐로 및 동기검증용
		• 단상 PT 1개 접속
		  (A·B상 접속의 경우)

변압기
• 154kV 이하급 변압기에
  는 1차 측에 별도의 PT
  를 설치하지 않음
• 단, 154kV 변압기는
  3차 측에 GPT 설치
	• 별도 PT 설치하지 않음
	• 비접지 계통 지락 보호
		−

CHAPTER 06

콘덴서 / 조상기 / 축전지(연축전지)

SECTION **01** 콘덴서 관련

> **159** 역률 개선효과를 관련 수식을 이용하여 설명하시오.
>
> **159-1** 배전선로에서 역률 개선에 따른 효과에 대하여 설명하시오.

(data) 발송배전기술사 21-125-2-4 · 20-120-4-1 / 발송배전기술사, 건축전기설비기술사, 전기안전기술사, 전기응용기술사 출제예상문제

답안 **1. 콘덴서의 용량 Q[kVA]를 구하는 방법**

(1) 개념도와 벡터도

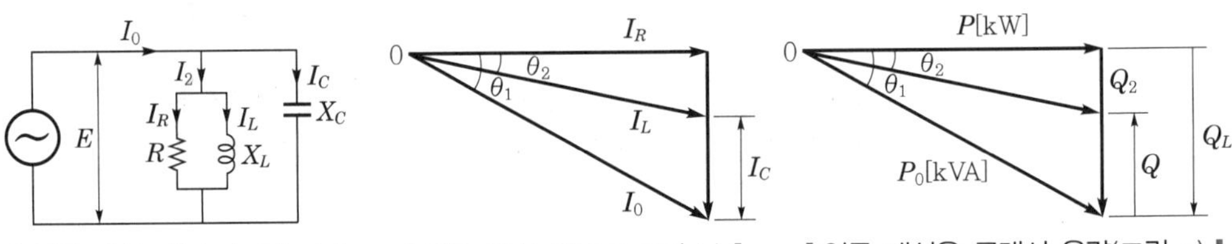

| 역률 개선 개념도(그림 a) | 역률 개선 벡터도(그림 b) | 역률 개선용 콘덴서 용량(그림 c) |

(2) 역률의 정의

   ① 전력부하는 저항(R)과 리액턴스(X_L, X_C)에 의하여 θ만큼의 위상차가 있다.

   ② 따라서, 목표한 유효전력(P)을 달성하고자 할 경우 무효전력(Q)이 필요하며, 두 전력의 합인 피상전력에 대한 유효전력의 비를 역률이라 한다.

(3) 표현식

$$역률(\cos\theta) = \frac{유효전력}{피상전력} = \frac{유효전력}{\sqrt{유효전력^2 + 무효전력^2}}$$

(4) 역률 개선의 회로적 분석

   [그림 a]와 같이 부하에 용량성 리액턴스를 병렬로 접속하면 $\dot{I}_L$와 $\dot{I}_C$로 분류되며, 두 전류의 위상차(180°)로 상쇄되어 [그림 b]와 같이 무효전류가 감소되면 역률이 개선된다.

(5) 필요한 콘덴서의 용량 Q

   ① [그림 c]과 같이 콘덴서 용량 Q는 $Q = Q_L$[kVar]$- Q_2$이다.

   ② 콘덴서 설치 전의 무효전력 : Q_L[kVar]$= P\tan\theta_1$

③ 콘덴서 설치 후의 무효전력 : $Q_2[\mathrm{kVar}] = P\tan\theta_2$

④ 역률을 개선하기 위한 콘덴서 용량

$$Q = P(\tan\theta_1 - \tan\theta_2) = P\left[\sqrt{\frac{1}{\cos^2\theta_1} - 1} - \sqrt{\frac{1}{\cos^2\theta_2} - 1}\right][\mathrm{kVA}]$$

여기서, P : 부하전력[kW]

$\cos\theta_1$, $\cos\theta_2$: 콘덴서 설치 전·후의 역률

2. 역률 개선효과

(1) 변압기의 손실 저감

① 변압기의 손실은 철손과 부하손(동손)이 있고, 철손은 역률에 무관하다.

② 역률 개선용 콘덴서를 설치한 경우의 동손 저감량

$$W_t = \left(\frac{100}{\eta} - 1\right) \times \frac{n}{100} \times \left(\frac{P}{P_t}\right)^2 \times \left(1 - \frac{\cos\theta_1}{\cos\theta_2}\right) \times P_t [\mathrm{kW/kVA}]$$

여기서, W_t : 단위용량에 대한 동손 저감분, η : 효율[%]

n : 변압기 손실 중 동손이 차지하는 비율[%]

P : 부하용량[kW], P_t : 변압기 용량[kW]

(2) 배전선의 손실 저감

① 역률 개선용 콘덴서를 취부할 경우의 배전선 손실 저감분

$$W_l = \frac{P^2}{E^2} \times R \times \left(\frac{1}{\cos^2\theta_1} - \frac{1}{\cos^2\theta_2}\right) \times 10^{-3} [\mathrm{kW}]$$

여기서, P : 부하의 유효전력[kW], E : 부하단 전압[V]

R : 선로 1상분의 저항[Ω]

② 손실저감률 $= \dfrac{\text{저감된 손실량}}{\text{처음 손실량}} \times 100$

$$= \frac{k\left(\dfrac{1}{\cos^2\theta_1} - \dfrac{1}{\cos^2\theta_2}\right)}{k\left(\dfrac{1}{\cos^2\theta_1}\right)} \times 100$$

$$= \left(1 - \frac{\cos^2\theta_1}{\cos^2\theta_2}\right) \times 100 [\%]$$

(3) 설비용량의 여유 증가

① 역률 개선으로 부하전류가 감소되어 설비용량을 증설없이도 부하의 증설이 가능하다.

② 이 경우 더 공급 가능한 부하 $W_1[\text{kVA}]$ 및 전력의 증가분 $P_1[\text{kW}]$은 다음과 같다.

    ㉠ $W_1 = W_0\left(\dfrac{\cos\theta_2}{\cos\theta_1} - 1\right)[\text{kVA}]$

    ㉡ $P_1 = P - P_0 = W_0(\cos\theta_2 - \cos\theta_2)[\text{kW}]$

      여기서, P : 개선 후의 유효전력, P_0 : 개선 전의 유효전력

(4) 전압강하의 경감

① 전압강하의 경감으로 전력설비 보강 공사비 경감

② 전압강하 경감률

$$\varepsilon = \frac{Q_C}{Q_{RC}} \times 100\,[\%]$$

    여기서, Q_C : 콘덴서 용량, Q_{RC} : 콘덴서 삽입모선의 단락용량

(5) 역률 개선에 의한 전기요금 경감

① 역률 92% 이상 97%까지 역률일 경우 기본 요금 경감

② 역률 개선으로 부하율 개선 시 그만큼 전력회사의 설비는 합리화를 이룰 수 있다.

③ 전기요금 = 기본요금 + 전력사용량 요금

    ㉠ 기본요금 $= \left[\text{계약전력} \times \left(1 + \dfrac{92 - \text{역률}\,[\%]}{100}\right) \times \text{계약 전력단가}\right]$

    ㉡ 전력사용량 요금 = 전력사용량 × 전력 단가

948

160 부하의 역률을 개선하면 (a) 전력(유효전력, 무효전력 등), (b) 송전전류, (c) 임피던스의 관점에서 어떤 점이 달라지는지 설명하시오.

(data) 발송배전기술사 18-115-1-11 / 발송배전기술사, 건축전기설비기술사, 전기안전기술사, 전기응용기술사 출제예상문제

답안

1. 부하 역률 개선 시 전력의 변화

(1) 유효전력의 변화

$P = \sqrt{3}\,VI\cos\theta$ 에서 역률 $\cos\theta$ 가 상승되면 유효전력, 즉 수송전력을 더 많이 수송한다.

(2) 무효전력의 변화

$Q = \sqrt{3}\,VI\sin\theta$ 에서 역률 $\cos\theta$ 가 상승되면 $\sin\theta = \sqrt{1 - \cos^2\theta}$ 이므로 무효전력 Q 는 감소되고 조상설비 용량도 감소되어 설비에 유리하다.

2. 부하 역률 개선 시 송전전류의 변화

$P = \sqrt{3}\,VI\cos\theta$ 에서 유효전력과 전압이 일정할 때 역률 $\cos\theta$ 가 상승되면

$I = \dfrac{P}{\sqrt{3}\,V\cos\theta}$ 에서 전류는 감소하고, 이에 따라 송전손실도 감소된다.

3. 부하 역률 개선 시 임피던스의 변화

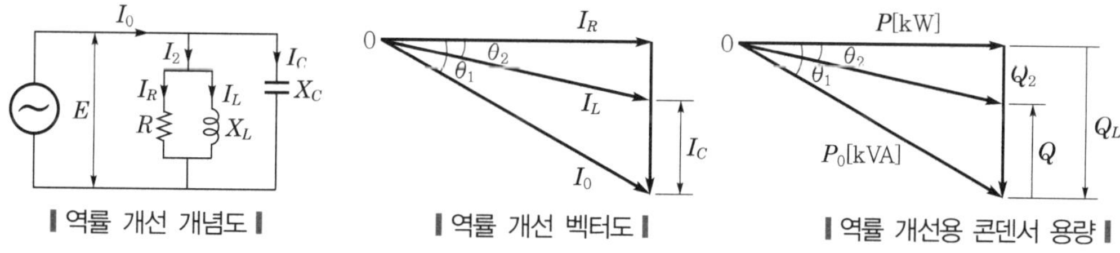

(1) 부하의 역률 개선 시 선로의 통전전류 I_0 는 감소하게 된다.

(2) 그림의 $R-L$ 회로 측으로 흐르는 전류 I_2 이 감소하며, 이때 V_L 은 일정하게 되려면 $V_L = I_L Z_L$ 에서 Z_L 은 약간 증가하게 된다.

949

161 전력용 콘덴서의 다음 사항을 설명하시오.

1. 설치목적
2. 선정 시 고려사항
3. 사용 시 문제점
4. 콘덴서에 의한 고조파 왜곡현상
5. 콘덴서에 의한 고조파 억제대책

(data) 건축전기설비기술사 24-132-4-6 / 발송배전기술사, 건축전기설비기술사, 전기안전기술사, 전기
응용기술사 출제예상문제

(comment) 콘덴서 관련된 핵심문항이다.

답안

1. 설치목적

* Chapter 06 – 문제 159의 답안 '2.' 내용을 참조한다.

2. 콘덴서 선정 시 고려사항

(1) 적정 용량일 것

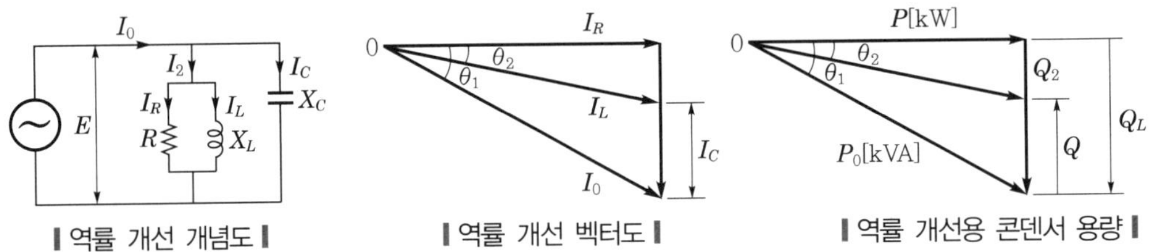

| 역률 개선 개념도 | | 역률 개선 벡터도 | | 역률 개선용 콘덴서 용량 |

① 오른쪽 그림과 같이 필요한 콘덴서의 용량 Q는 $Q = Q_L[\text{kVar}] - Q_2$이다.

② 콘덴서 설치 전의 무효전력 : $Q_L[\text{kVar}] = P\tan\theta_1$

③ 콘덴서 설치 후의 무효전력 : $Q_2[\text{kVar}] = P\tan\theta_2$

④ 역률을 개선하기 위한 콘덴서 용량

$$Q = P(\tan\theta_1 - \tan\theta_2) = P\left[\sqrt{\frac{1}{\cos^2\theta_1} - 1} - \sqrt{\frac{1}{\cos^2\theta_2} - 1}\right] [\text{kVA}]$$

여기서, P : 부하전력[kW]

$\cos\theta_1$, $\cos\theta_2$: 콘덴서 설치 전·후의 역률

(2) 종류

① 극성이 있는 제품은 전력용, 극성이 없는 제품은 통신용이다.

② 전해질이 있는 제품은 전력용, 세라믹 전해질인 경우는 통신용이다.

(3) 용도

　① 전력용

　② 전력용 외 : 정류용/커플링용/완충용

(4) 정격전압, 최고 전압

(5) 부하의 종류와 용량[kW]

(6) 목표 역률[%]

(7) 주위 온도

(8) 과보상이 없을 것

3. 콘덴서 사용 시 문제점

(1) 사용온도(주위온도) 고려

　① 콘덴서는 고온에서 사용하면 수명이 대폭 감소한다.

　② 대책 : 주위온도는 최고 40℃ 이하에서 사용할 것. 따라서, 대용량 콘덴서 패널에는 배기팬을 설치한다.

(2) 과전압 발생 고려

　콘덴서에서 과전압은 온도 상승을 초래하여 그 수명을 단축시킨다.

(3) 과전압 요인

　① 경부하 시 진상 역률로 인하여 모선전압이 상승한다.

　② 실치된 직렬 리액터에 의하여 콘덴서 단자전압이 상승한다.

　③ 허용범위 : 커패시터의 허용 과전압은 정격 전압의 115% 이하이다.

(4) 과전류 발생 고려

　① 영향 : 콘덴서를 과전류로 운전하면 온도가 상승하여 수명이 단축된다.

　② 과전류 요인

　　㉠ 과보상 및 직렬 리액터에 있는 경우 콘덴서 단자에는 과전압이 발생한다.

　　㉡ 고조파 전류의 유입이 원인이다.

　　㉢ 계통에 고조파가 있는 경우 고조파에 의한 영향이 매우 크다.

　③ 허용범위 : 커패시터의 허용전류는 고조파를 포함한 실횻값이 135% 이하이다.

┃ 허용 과전압 및 허용 과전류 ┃

전압 구분	최대 사용전류(허용 과전류)		허용 과전압 (직렬 리액터 용량이 콘덴서 용량의 6%인 경우)
	리액터 없는 경우	리액터 있는 경우	
고압용	고조파 포함 135% 이하	120% 이하, 제5고조파 35% 이하	최고 115%

(5) 고조파 공진 및 고조파 영향 고려

① 진상용 콘덴서 설치 시 콘덴서의 용량성 때문에 제품에서 발생된 고조파가 더욱 증가·확대되어 악영향을 끼진다.

② 경부하 시 진상 역률이 되어 고조파 왜곡의 증가요인이 된다.

③ 콘덴서와 계통 리액턴스의 병렬공진 발생 시 고조파 전류가 극단적으로 확대된다.

4. 콘덴서에 의한 고조파 왜곡현상

(1) 원인

① 경부하 시 콘덴서가 투입되어 있는 경우 진상 역할이 되면 모선전압이 상승하고 변압기가 과여자되면서 고조파 전압이 상승한다. 이로써 고조파 왜곡이 증가한다.

② 고조파 왜곡 증가 시 다른 기기의 손실 및 오동작을 초래한다.

(2) 고조파가 계통 및 콘덴서에 미치는 영향

① 고조파에 의한 공진현상이 발생하며, 콘덴서와 계통의 병렬공진 시 가장 위험하다.

② 콘덴서 단자전압이 상승한다.

③ 콘덴서 회로 전류 실효치가 증대한다.

④ 콘덴서 실효용량이 증가한다.

⑤ 고조파 전류에 의해 손실이 증가한다.

(3) 임피던스 분담에 의한 고조파 전류의 분류

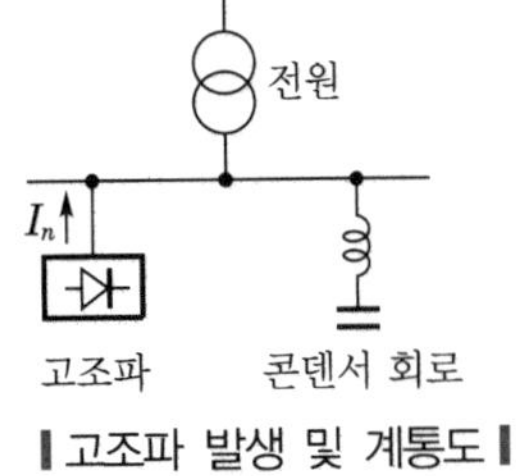

┃ 고조파 발생 및 계통도 ┃

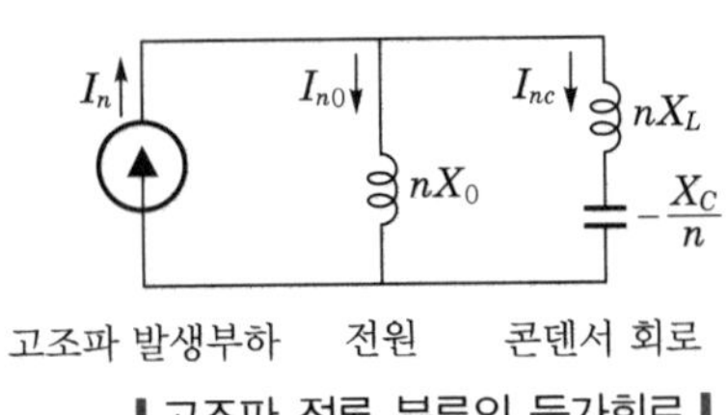

┃ 고조파 전류 분류의 등가회로 ┃

전원 측에 흐르는 고조파 전류 I_{n0} 및 콘덴서 회로에 흐르는 고조파 전류 I_{nc}는 다음과 같이 구한다.

① 전원 측의 전류 분류

$$I_{n0} = \frac{nX_L - \dfrac{X_C}{n}}{nX_0 + \left(nX_L - \dfrac{X_C}{n}\right)} \times I_n$$

여기서, X_L : 직렬 리액터의 기본파 리액턴스

X_C : 콘덴서의 기본파 리액턴스

X_0 : 전원의 기본파 리액턴스

② 콘덴서 측의 전류 분류

$$I_{nc} = \frac{nX_0}{nX_0 + \left(nX_L - \dfrac{X_C}{n}\right)} \times I_n$$

(4) 콘덴서 회로의 고조파 확대 왜곡현상의 분류

유형		분류 양상	콘덴서 회로 Impedance	비고
일반적 조건			유도성 $nX_L - \dfrac{X_C}{n} > 0$	X_L을 증가시켜 콘덴서의 과부하 조건을 더욱 경감시킴
직렬 공진			저항성 $nX_L = \dfrac{X_C}{n}$	필터로서 설계가 되지 않을 때는 X_L을 승가시켜 과부하를 피해야 함
고조파 확대	전원 측 확대		용량성 $\left\| \dfrac{nX_L - \dfrac{X_C}{n}}{nX_0 + nX_L - \dfrac{X_C}{n}} \right\| > 1$	• 모선전압의 Distortion을 확대함 • 설비를 유도성으로 하거나 Filter를 적정 위치에 설치함
	병렬 공진		용량성 $-nX_0 = \left\| nX_L - \dfrac{X_C}{n} \right\| < 0$	• 반드시 피하여야 할 조건 • 설비를 유도성으로 할 것
	콘덴서 측 확대		용량성 $\left\| \dfrac{nX_0}{nX_0 + nX_L - \dfrac{X_C}{n}} \right\| > 1$	설비를 유도성으로 할 것

5. 콘덴서에 의한 고조파 억제대책

(1) 직렬 리액터가 없는 콘덴서 회로의 대책

① 직렬 리액터를 부착한 콘덴서로 교체 설치할 것

② 이때, 직렬 리액터의 용량은 고조파 영향에서 유도성이 되도록 한다.

(2) 직렬 리액터가 있는 콘덴서 회로의 대책

① 고조파 포함 합성 전류 실횻값을 리액터 내량을 고려하여 정격 전류의 120% 이하로 제한할 것

② 직렬 리액터와 콘덴서가 직렬 공진이 되지 않도록 한다(6% 직렬 리액터 설치). 제5고조파 이상에서 콘덴서 회로는 항상 유도성 회로가 된다.

㉠ 직렬 리액터 용량계산 : $nX_L > \dfrac{X_C}{n} \;\rightarrow\; X_L > \dfrac{X_C}{n^2}$

㉡ 제5고조파용 직렬 리액터 용량 : $5X_L > \dfrac{1}{5\,\omega C}$

$$\rightarrow \omega L > \dfrac{1}{25\,\omega C} = 0.04 \times \dfrac{1}{\omega C}$$

㉢ 실제적인 제5고조파 억제용 직렬 리액터 용량은 여유분을 고려하여 6%로 정한다.

(3) 기타

고조파가 많은 계통에서는 전력용 콘덴서의 사용을 가능한 억제한다.

162 그림과 같은 3상 배전선이 있다. 변전소 A의 전압을 3300V, 중간점 B의 부하를 50A (지상 역률 80%), 말단의 부하를 50A(지상 역률 80%)라고 한다. 지금 AB 간의 선로길이를 2km, BC 간의 선로길이를 4km라 하고 선로의 임피던스는 $r=0.9\Omega/\text{km}$, $x=0.4\Omega/\text{km}$라 할 때 다음 사항을 구하시오.

1. B·C점의 전압
2. C점에 전력용 콘덴서를 설치해서 진상 전류를 40A 흐르게 할 때 B·C점의 전압
3. 전력용 콘덴서 설치 전후의 선로손실

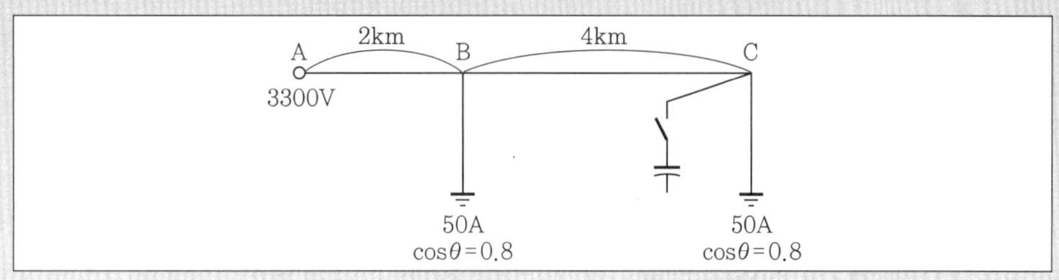

(**data**) 발송배전기술사 19-117-4-2 / 발송배전기술사, 건축전기설비기술사, 전기안전기술사, 전기응용기술사 출제예상문제

답안 1. B·C점의 전압(콘덴서 설치 전)

(1) A – B 사이에는 합계 전류 100A, 역률 $=0.8$이므로 V_B는

$$V_B = V_A - \sqrt{3}\, I(R\cos\theta + X\sin\theta)$$

$$= 3300 - \sqrt{3} \times 100\{(1.8 \times 0.8) + (0.8 \times 0.6)\} = 3300 - 333 = 2967\text{V}$$

여기서, $1.8 - 2\text{km} \times 0.9\Omega/\text{km}$, $0.8 - 2\text{km} \times 0.4\Omega/\text{km}$

$$0.8 = 당초\ 역률,\ 0.6 = \sin\theta$$

(2) B – C 사이에는 합계전류 100A, 역률 $=0.8$이므로 V_C는

$$V_C = V_B - \sqrt{3}\, I'(R'\cos\theta + X'\sin\theta)$$

$$= 2967 - \sqrt{3} \times 50\{(3.6 \times 0.8) + (1.6 \times 0.6)\} = 2.67 - 33 = 2634\text{V}$$

여기서, $R' = 4\text{km} \times 0.9\Omega/\text{km} = 3.6$, $X' = 4\text{km} \times 0.4\Omega/\text{km} = 1.6$

2. C점에 전력용 콘텐서 설치 후 진상 전류 40A 호를 때 B·C점의 전압

(1) A−B 사이의 합계 전류

① $100(0.8 + j0.6) - j40 = 80 + j20 = 82.46\text{A}$

② $V_B' = V_S - \sqrt{3}\, I(R\cos\theta' + X\sin\theta')$

$$= 3300 - \sqrt{3} \times 82.46\left\{1.8 \times \frac{80}{82.46} + 0.8 \times \frac{20}{82.46}\right\} = 3022.87\text{V}$$

(2) B-C 사이의 합계 전류

① $50(08+j0.6)-j40 = 40-j10 = 41.23\,\text{A}$

② $V_C{}' = V_S{}' - \sqrt{3}\,I'\,(R'\cos\theta' + X'\sin\theta')$

$$= 3022.87 - \sqrt{3}\times41.23\left\{3.6\times\frac{40}{41.23}+1.6\times\frac{10}{41.23}\right\} = 2745.7\,\text{V}$$

3. 전력용 콘덴서 설치 전후의 손실

(1) 콘덴서 설치 전 손실

① A-B 사이의 손실 : $3I^2R = 3\times100^2\times1.8 = 54\,\text{kW}$

② B-C 사이의 손실 : $3I^2R = 3\times50^2\times3.6 = 27\,\text{kW}$

③ 콘덴서 설치 전 손실합계 $= 54+27 = 81\,\text{kW}$

(2) 콘덴서 설치 후 손실

① A-B 사이의 손실 : $3I^2R = 3\times82.46^2\times1.8 = 36.718\,\text{kW}$

② B-C 사이의 손실 : $3I^2R = 3\times41.23^2\times3.6 = 18.359\,\text{kW}$

③ 콘덴서 설치 후 손실합계 $= 36.718+18.359 = 55.077\,\text{kW}$

(3) 콘덴서 설치 전후 손실량 비교

$\dfrac{55.077}{81} = 68.8\%$ 이므로 손실량은 약 $100-68.8 = 31.29\%$ 감소된다.

---

163 역률 0.6(지상), 용량 50kVA의 부하에 연결되어 있는 배전선로의 말단에 용량이 40kVar인 커패시터를 병렬로 연결할 때 설치 전의 전력손실을 기준으로 설치 후의 선로의 손실은 몇 %가 되는지 구하시오. (단, 부하전압은 일정하다고 가정한다.)

(data) 발송배전기술사 23-129-1-6 / 발송배전기술사, 건축전기설비기술사, 전기안전기술사, 전기응용 기술사 출제예상문제

답안 1. 콘덴서 설치 전 부하의 유효 및 무효전력

(1) 유효전력

$P_1 = W\cos\theta$

$= 50\times0.6 = 30\,\text{kW}$

(2) 무효전력

$$Q_1 = W\sin\theta$$
$$= 50 \times \sqrt{1-\cos^2\theta} = 50 \times \sqrt{1-0.6^2}$$
$$= 50 \times 0.8 = 40\,\mathrm{kVar}$$

2. 콘덴서 설치 후 부하의 유효 및 무효전력

(1) 유효전력

$$P_2 = W\cos\theta$$
$$= 50 \times 0.6 = 30\,\mathrm{kW}$$

(2) 무효전력

$$Q_2 = Q_1 - 40\,\mathrm{kVar}$$
$$= 40 - 40 = 0$$

3. 콘덴서 설치 전후의 전력손실

(1) 콘덴서 설치 전 손실

$$P_{l1} = I_1{}^2 R = \left(\frac{P}{\sqrt{3}\,V\cos\theta_1}\right)^2 R$$

(2) 콘덴서 설치 후 손실

① 유효전력은 동일, 무효전력은 0, 역률은 1이다.

$$② \quad P_{l2} = I_2{}^2 R = \left(\frac{P}{\sqrt{3}\,V\cos\theta_2}\right)^2 R$$

(3) 실치 전후의 전력 % 산출

$$\%\ 전력손실 = \frac{P_{l2}}{P_{l1}} = \frac{\left(\dfrac{P}{\sqrt{3}\,V\cos\theta_2}\right)^2 R}{\left(\dfrac{P}{\sqrt{3}\,V\cos\theta_1}\right) R} = \left(\frac{\cos\theta_1}{\cos\theta_2}\right)^2 \times 100\,[\%]$$

$$= \left(\frac{0.6}{1}\right)^2 \times 100 = 36\,\%$$

(4) 전력손실 감소율 $= 100 - 36 = 64\,\%$

164 부하의 유효전력이 일정한 경우와 부하의 피상전력이 일정한 경우에 역률 개선용 콘덴서의 용량 변화에 대하여 각각 설명하시오.

data 발송배전기술사 17-113-1-3 / 발송배전기술사, 건축전기설비기술사, 전기안전기술사, 전기응용기술사 출제예상문제

답안 유효전력 및 피상전력이 일정할 경우 콘덴서 투입 시의 용량 변화 비교

구분	유효전력이 일정할 경우 콘덴서 용량 변화	피상전력이 일정할 경우 콘덴서 용량 변화
벡터도	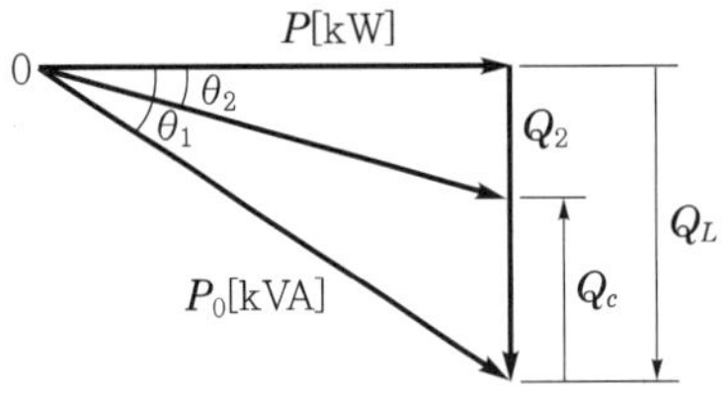 $P[kW]$, 0, θ_2, θ_1, Q_2, Q_L, $P_0[kVA]$, Q_c	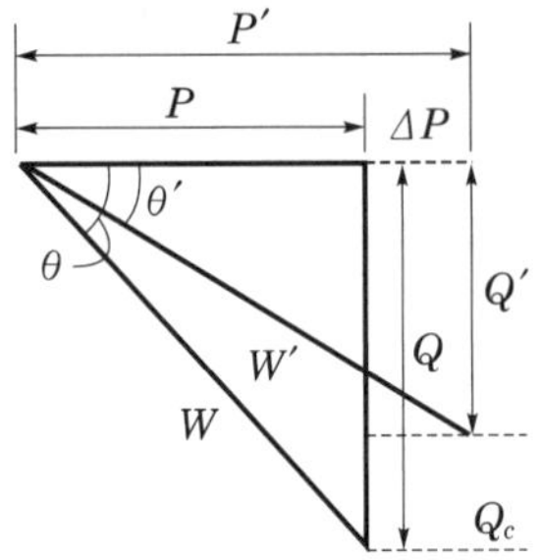 P', P, ΔP, θ', θ, Q', Q, W', W, Q_c
콘덴서 투입 시 전력변화	• W' 감소(피상전력 감소) • 유효전력 P 일정 • 무효전력 Q는 $Q-Q_c=Q'$ 로 감소 • 역률 $\cos\theta \rightarrow \cos\theta'$ 로 증가	• W 일정 • 유효전력 $P'=P+\Delta P$로 증가 • 무효전력 Q는 $Q-Q_c=Q'$ 로 감소 • 역률 $\cos\theta \rightarrow \cos\theta'$ 로 증가
콘덴서 용량 변화	• $Q=Q_c$만큼 증가시킬 수 있음 • $Q=Q_c$되면 P(일정), W(감소)가 되고 $\cos\theta=1$이 됨 • 콘덴서 용량 $$Q_c = P(\tan\theta_1 - \tan\theta_2)$$ $$= P\left[\sqrt{\frac{1}{\cos^2\theta_1}-1} - \sqrt{\frac{1}{\cos^2\theta_2}-1}\right]$$	• $Q=Q_c$만큼 증가시킬 수 있음 • $Q=Q_c$되면 P(증가), W(일정)가 되고 $\cos\theta=1$이 됨 • 콘덴서 용량 $$Q_{c_2} = (P+\Delta P)(\tan\theta_1 - \tan\theta_2)$$
결론	• 역률 향상, 무효전력 손실 감소 • 피상전력 감소로 여유전력 증가(변압기 부하분담 감소)	• 역률 향상, 무효전력 손실 감소 • 유효전력 부하 증가 • 무효전력 감소 • 전체 피상전력은 동일 • 콘덴서 투입 시 변압기 용량(W) 증설 없이 유효전력 증가(P')

165 배전계통의 역률이 개선될 경우 설비용량의 여유가 증가함을 벡터도를 이용하여 설명하시오.

data 발송배전기술사 23-130-1-11 / 발송배전기술사, 건축전기설비기술사, 전기안전기술사, 전기응용기술사 출제예상문제

답안 설비용량의 여유 증가

(1) 역률 개선으로 부하전류가 감소되어 설비용량의 증설 없이도 부하의 증설이 가능하다.

(2) 이를 회로도와 벡터도로 표현하면 다음 그림과 같다.

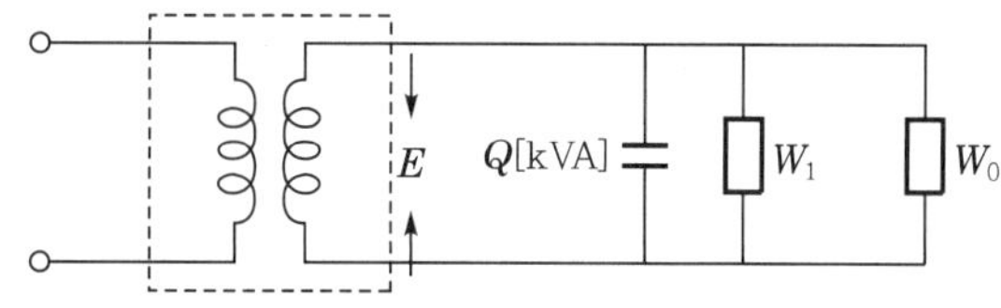

여기서, Q : 설치 콘덴서 용량[kVA]

W_0 : 기설부하[kVA]

W_1 : 새로운 부하[kVA]

❙ 설비 여유도와 역률 관계도 ❙

(3) 역률 개선 시 설비용량의 여유 증가 벡터도

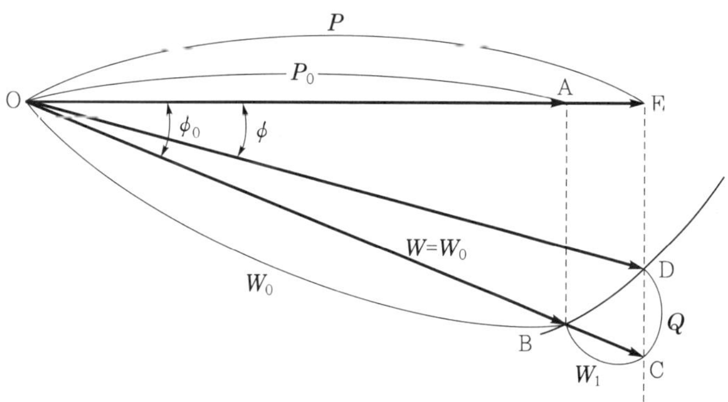

여기서, ϕ_0 : 개선 전 역률각, ϕ : 개선 후 역률각

E : 상전압, P_0 : 역률 개선 전의 유효전력

P : 역률 개선 후의 유효전력, P_1 : 여유용량($P_1 = P - P_0$)

❙ 설비 여유도 증가 벡터도 ❙

(4) 더 공급 가능한 부하 $W_1[\text{kVA}]$ 및 전력의 증가분 $P_1[\text{kW}]$은 벡터도에 의하여 다음과 같다.

① $W_1 = \overline{\text{BC}} = \overline{\text{OC}} - \overline{\text{OB}}$

$$= \frac{P}{\cos\phi_0} - W_0 = \frac{W_0\cos\phi}{\cos\phi_0} - W_0 = W_0\left(\frac{\cos\phi}{\cos\phi_0} - 1\right)[\text{kVA}]$$

② $P_1 = P - P_0 = W_0(\cos\phi - \cos\phi_0)[\text{kW}]$

---

166 그림과 같은 회로에서 직렬 및 병렬 공진 시 고조파 전류가 콘덴서 회로에 미치는 영향에 대하여 설명하시오.

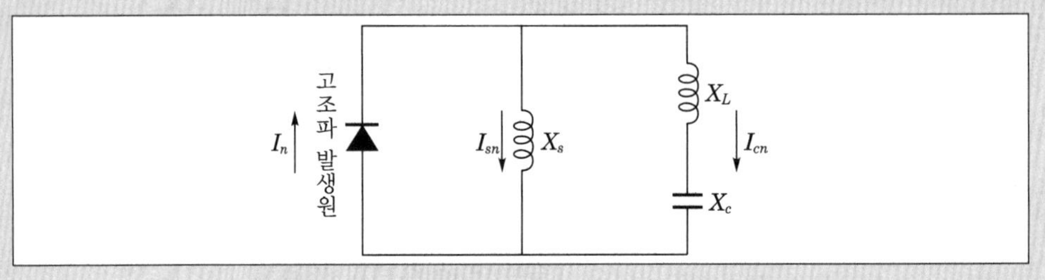

data 발송배전기술사 22-128-1-10 / 발송배전기술사, 건축전기설비기술사, 전기안전기술사, 전기응용기술사 출제예상문제

답안

1. 고조파 발생회로와 유도성 회로

(1) 고조파 발생회로

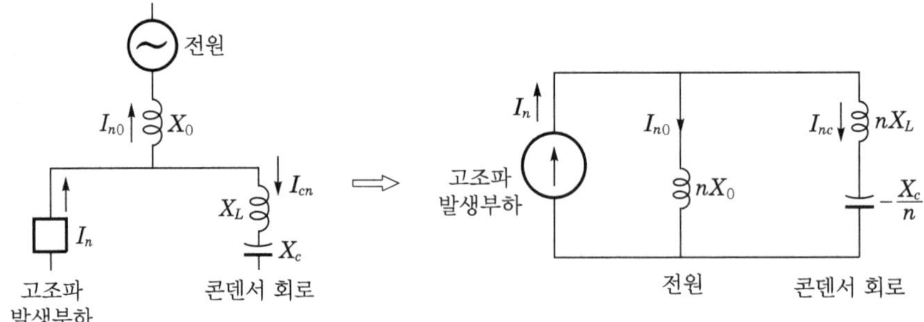

┃콘덴서 회로 구성도┃   ┃직렬 공진회로 패턴의 고조파 증대 등가회로┃

(2) 고조파 전류의 분류

① 전원 측에 흐르는 고조파 전류

$$I_{n0} = \frac{nX_L - \dfrac{X_c}{n}}{nX_0 + \left(nX_L - \dfrac{X_c}{n}\right)} \times I_n$$

② 콘덴서 회로 측에 흐르는 고조파 전류

$$I_{nc} = \frac{nX_0}{nX_0 + \left(nX_L - \dfrac{X_c}{n}\right)} \times I_n$$

여기서, X_0 : 전원의 기본파 리액턴스

X_c : 콘덴서의 기본파 리액턴스

X_L : 직렬 리액턴스의 기본파 리액턴스

2. 직렬 공진 시 고조파 전류가 콘덴서 회로에 미치는 영향

(1) 분류 양상

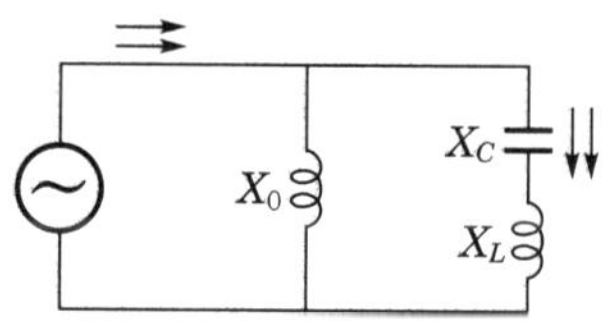

(2) 콘덴서 회로 Impedance

저항성, $nX_L = \dfrac{X_C}{n}$

(3) 직렬 공진의 영향

① 큰 고조파 전류(왜냐하면 직렬 공진 시 임피던스는 최소가 되므로)로 인한 콘덴서 회로 및 직렬 공진 회로에 접속된 변압기의 단자전압 상승

② 회로의 손실 증대 및 열화 심화 등

(4) 대책

필터로서 설계가 되지 않을 때는 X_L을 증가시켜 과부하를 피해야 한다.

3. 병렬 공진 시 고조파 전류가 콘덴서 회로에 미치는 영향

(1) 분류 양상

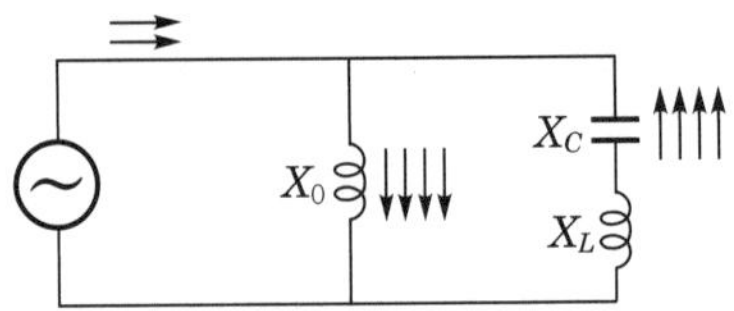

(2) 콘덴서 회로 Impedance

$$\text{용량성, } -nX_0 = \left| nX_L - \frac{X_C}{n} \right| < 0$$

(3) 병렬 공진의 영향

① 이론상 $I = \dfrac{E}{X}$ 에서 $X = \infty$ 이므로 전류 $I = 0$ 되어 콘덴서에 에너지 충·방전 현상이 나타난다.

② 이로 인한, 고조파 전류의 확대현상으로 인덕턴스와 콘덴서 간에는 큰 고조파 전류가 나타나서 특정 고조파 전압이 높아진다.

③ 병렬공진이 되고 n차 고조파는 극단적으로 확대되어 계통 전체에 고조파 왜곡현상이 발생한다.

④ 그 결과 배전선로의 이상 과전압, 열화 촉진 등의 원인이 되어 변압기 손실 과다, 선로 손실 과다 등의 악영향을 초래한다.

(4) 대책

① 반드시 피하여야 할 조건이다.

② 설비를 유도성으로 한다.

167 고조파 전류가 콘덴서 회로에 미치는 영향에 대한 다음 사항을 설명하시오.

1. 직·병렬 공진현상 및 영향
2. 콘덴서 단자전압에 미치는 영향
3. 고조파 장해 방지대책

(data) 발송배전기술사 22-126-3-5 / 발송배전기술사, 건축전기설비기술사, 전기안전기술사, 전기응용 기술사 출제예상문제

(comment) 유사한 문항이 배전공학에도 있으나, 계속해서 재차 출제될 KEY문항이므로 변전공학에서도 취급하였다.

답안

1. 직·병렬 공진현상 및 영향

(1) 콘덴서 회로의 직렬 공진으로 인한 고조파 확대 메커니즘과 영향

① 고조파 발생회로

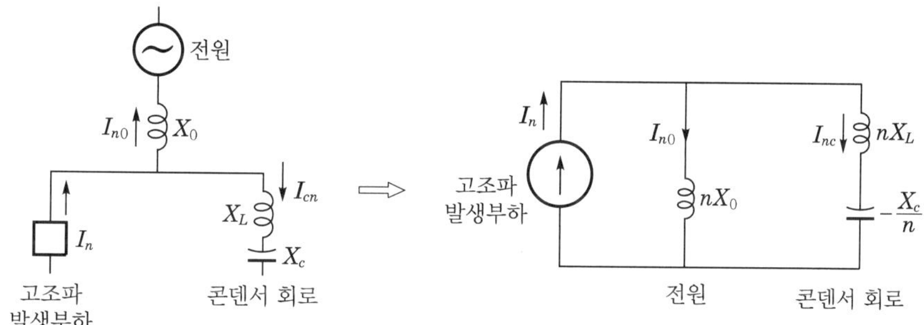

┃ 콘덴서 회로 구성도 ┃   ┃ 직렬 공진회로 패턴의 고조파 증대 등가회로 ┃

② 고조파 전류의 분류

㉠ 전원 측에 흐르는 고조파 전류

$$I_{n0} = \frac{nX_L - \dfrac{X_c}{n}}{nX_0 + \left(nX_L - \dfrac{X_c}{n}\right)} \times I_n$$

㉡ 콘덴서 회로 측에 흐르는 고조파 전류

$$I_{nc} = \frac{nX_0}{nX_0 + \left(nX_L - \dfrac{X_c}{n}\right)} \times I_n$$

여기서, X_0 : 전원의 기본파 리액턴스, X_c : 콘덴서의 기본파 리액턴스

X_L : 직렬 리액턴스의 기본파 리액턴스

ⓒ $I = \dfrac{V}{Z} = \dfrac{V}{\dfrac{nX_L - X_c}{n}}$ 에서 전류가 최대가 되려면 $nX_L = \dfrac{X_c}{n}$ 이다.

③ 직렬 공진의 경우 합성 임피던스 $X = X_L - X_c$는 최소로 되어 전류$\left(I = \dfrac{V}{Z}\right)$는 최대로 발생하여 $X = 0$이면, $I = \infty$로 된다(실제로 선로의 저항분이 있어 무한대가 아님).

④ 직렬 공진현상

　　㉠ 큰 고조파 전류(왜냐하면 직렬 공진 시 임피던스는 최소가 되므로)로 인한 콘덴서회로 및 직렬 공진회로에 접속된 변압기의 단자전압 상승

　　㉡ 회로의 손실 증대 및 열화 심화 등

(2) 콘덴서 회로의 병렬 공진으로 인한 고조파 확대 메커니즘과 영향

① 고조파 발생회로

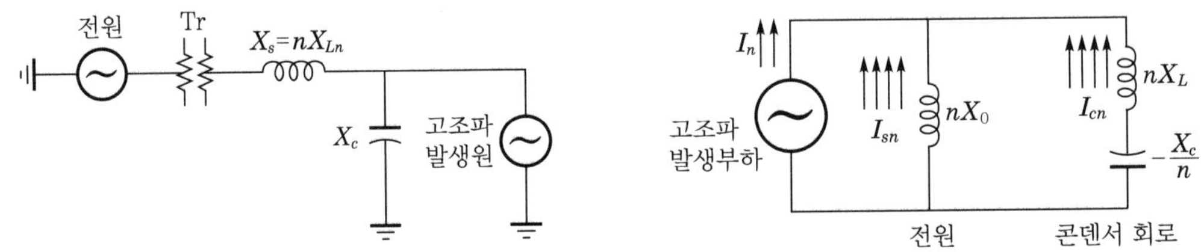

여기서, I_n : 고조파 전류원(비선형 부하)에 의한 n차 고조파 전류

I_{sn} : 전원에 유입되는 고조파 전류, I_{cn} : 콘덴서에 유입되는 고조파 전류

‖ 고조파 발생회로 ‖　　　　　　**‖ 병렬 공진회로 패턴의 고조파 증대 등가회로 ‖**

② **병렬 공진회로 패턴일 경우**$\left(nX_0 \fallingdotseq \left|nX_L - \dfrac{X_c}{n}\right|\text{일 때}\right)$: 병렬 공진이 되고 n차 고조파는 극단적으로 확대되어 계통 전체에 고조파 왜곡 현상을 발생하므로 반드시 이 구성은 피해야 한다.

③ **병렬 공진할 경우의 영향**

　　㉠ 이론상 $I = \dfrac{E}{X}$에서 $X = \infty$이므로 전류 $I = 0$이 되어 콘덴서에 에너지 충·방전 현상이 나타난다.

　　㉡ 이로 인한, 고조파 전류의 확대현상으로 인덕턴스와 콘덴서 간에는 큰 고조파 전류가 나타나 특정 고조파 전압이 높아진다.

　　㉢ 그 결과 배전선로의 이상 과전압, 열화촉진 등의 원인이 되어 변압기 손실 과다, 선로 손실 과다 등의 악영향을 초래한다.

2. 콘덴서 단자전압에 미치는 영향

comment 이 자체로도 기출 문항으로 출제되었다.

(1) 콘덴서 과열

$$I = \sqrt{I_1^2 + I_2^2 + \cdots + I_n^2} = I_1 \sqrt{1 + \sum_{n=2}^{n} \left(\frac{I_n}{I_1}\right)^2}$$

(2) 콘덴서 과전압

① 고조파에 의한 콘덴서 과전압

$$V_c = I \cdot \frac{X_c}{1} + I_2 \cdot \frac{X_c}{2} + \cdots + I_n \cdot \frac{X_c}{n} = V_1 \left(1 + \frac{1}{I_1} \sum_{n=2}^{n} \frac{I_n}{n}\right)$$

② 6% 리액터 취부 시 콘덴서 과전압

$$V_c = \frac{-100}{-100 + \alpha} V = \frac{100}{100 - \alpha} V = \frac{100}{100 - 6} V \fallingdotseq 1.06 \, V \, [\text{V}]$$

(3) 콘덴서 실효용량 증가

$$Q_c = I_1^2 X_c + I_2^2 \frac{X_c}{2} + \cdots + I_n^2 \frac{X_c}{n}$$

$$= I_1^2 X_c \left(1 + \frac{1}{I_1^2} \sum_{n=2}^{n} \frac{I_n^2}{n}\right) = Q_{C1} \left[1 + \sum_{n=2}^{n} \left(\frac{I_n}{I_1}\right)^2 \cdot \frac{1}{n}\right]$$

(4) 직렬 리액터 손실 증가

$$Q_L = I_1^2 X_L + I_2^2 (2X_L) + \cdots + I_n^2 (nX_L)$$

$$= I_1^2 X_L \left[1 + \frac{1}{I_1^2} \sum_{n=2}^{n} \left(I_n^2 \cdot n\right)\right] = Q_{L1} \left[1 + \sum_{n=2}^{n} \left(\frac{I_n}{I_1}\right)^2 \cdot n\right]$$

3. 고조파 장해 방지대책

(1) 콘덴서 측 대책

① 직렬 리액터 부착

㉠ 콘덴서 측 회로가 고조파에 대해 유도성이 되도록 리액터를 선정한다.

㉡ 제5고조파 억제 시 $5\omega L \geq \dfrac{1}{5\omega C} \rightarrow \omega L \geq 0.04 \cdot \dfrac{1}{\omega C}$ 이므로 여유를 두어 기본파에서 콘덴서 용량이 100%라면 리액터는 6% 정노 용량을 선정하며 제3고조파에 대해서는 13% 리액터를 선정한다.

㉢ 설계 공진차수 : $nX_L = \dfrac{X_c}{n} \rightarrow n = \sqrt{\dfrac{X_c}{X_L}} = \sqrt{\dfrac{100}{6}} = 4.1$차에서 공진

$(60\,\text{Hz} \times 4.1 = 246\,\text{Hz})$

㉣ 기본파에 대해서는 용량성 : $j6 - j100 = -j94$

ⓜ 제5고조파에 대해서는 유도성 : $j6 \times 5 - j\left(\dfrac{100}{5}\right) = j10$

ⓗ 필터로 설계 시에는 고조파에 대한 내량을 검토하고 또한 위의 '㉠ ~ ㉣' 사항을 다음 그림과 같이 표현할 수 있다.

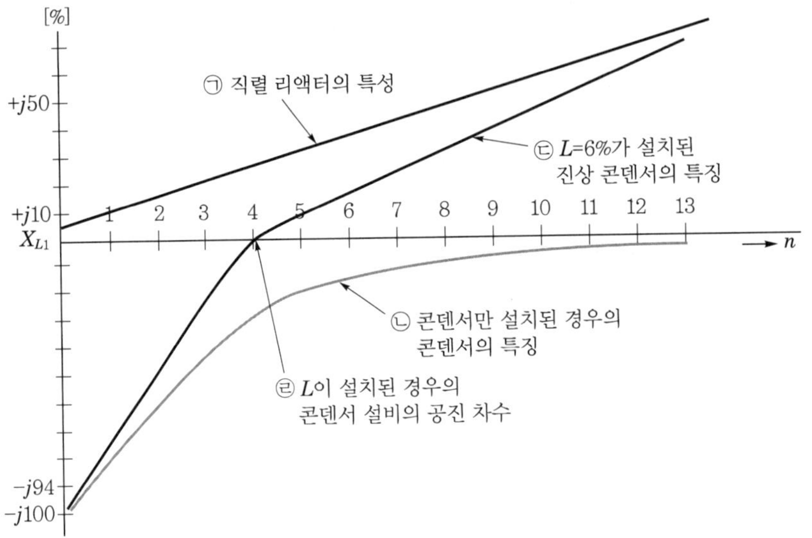

▮ 직렬 리액터를 사용한 콘덴서 설비의 임피던스 특성 ▮

② 자동 역률 조정장치 취부로 고조파에 의해 용량성이 되지 않도록 한다.

③ 전력용 콘덴서 사용전류 최대한 억제 : 유도 전동기 대신 동기 전동기를 사용한다.

(2) 고조파 저감대책

① **발생원** : 다상화, 인버터 PWM + ACL + DCL → 저차 고조파 2% 이하로 억제

② **계통 측** : 전원 분리, 전용 배선, 필터 설치, 역률 개선, 불평형 개선, 고조파 관리

③ **피해기기 측** : K-Factor Tr, 하이브리드 Tr, 용량 산정 반영, NCE, 중성선 굵기 증대, 발전기 댐퍼권선 설치 등

168 콘덴서 개폐에 따른 계통상의 문제점을 설명하시오.

168-1 전력용 커패시터의 개폐 시 현상과 개폐장치의 요구 성능에 대하여 설명하시오.

(data) 발송배전기술사 19-117-4-5, 전기응용기술사 22-126-4-5 / 발송배전기술사, 건축전기설비기술사, 전기안전기술사, 전기응용기술사 출제예상문제

답안

1. 개념

콘덴서 회로의 개폐는 유도회로와는 달리 다음의 특이성이 있다.

(1) 콘덴서 투입 시 돌입전류가 막대하다.

(2) 콘덴서 개방 시 개폐극 간에는 회복전압(R_V)이 크고, 재점호가 되면 이상전압이 발생한다.

(3) 과도현상

스위치 ON/OFF 여부		인덕턴스 L	정전용량 C
전압 인가 시	초기 상태($t=0$)	개방회로 $i_L(0)=0$	단락회로 $v_C(0)=0$
	정상상태($t=\infty$)	단락회로	개방회로
전압 제거 시	초기 상태($t=0$)	전류 연속	전압 연속
	정상상태($t=\infty$)	−	−

2. 조상용 콘덴서 회로의 투입 특징

(1) 투입 시 과도 돌입전류 발생

다음 그림과 같이 콘덴서 회로 투입 시 과도한 돌입전류에 의한 파형의 찌그러짐이 발생한다.

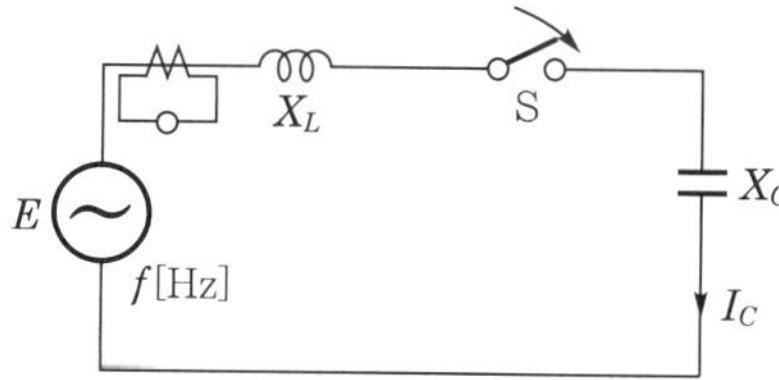

여기서, $I_{C\max}$: 돌입전류, 즉 투입전류, I_C : 콘덴서 회로전류
X_C : 용량성 리액턴스, X_L : 유도성 리액턴스, E_C : 정상 시 콘덴서 전압
f_1 : 과도 주파수[Hz], f : 상용 주파수[Hz]

‖ 콘덴서 회로의 투입 ‖

① 크기 : X_L값이 작은 경우($X_C \gg X_L$인 경우) 과도 돌입전류는 수십 ~ 수백 배로 증가한다.

② 원인
   ㉠ 직렬 리액터 미설치
   ㉡ 전원 단락용량이 클 때
   ㉢ 병렬 뱅크에서 직렬 리액터 미설치(콘덴서 용량이 비교적 작고 경제적인 이유로 직렬 리액터를 생략한 경우)
   ㉣ 콘덴서에 잔류전하 존재 시
   ㉤ 콘덴서 회로는 회로의 투입 순간에 단락회로처럼 작용하고, 돌입전류는 전원 측 임피던스에 의해서만 제한됨

③ 투입 시 과도 돌입전류의 문제점 및 영향과 CT 2차 측 과전압 유기
   ㉠ CT 2차 회로에 콘덴서 돌입전류에 의한 과전압 발생으로 접속된 2차 기기에 손상 유발 : CT 2차에 접속된 계기, 계전기의 소손 및 오동작 발생
   ㉡ CT의 과전류 강도를 초과하게 되면 CT 2차측의 전압이 매우 높게 나타나게 되고, CT는 소손
   ㉢ CT비가 작은 경우 CT의 과전류 강도가 문제됨
   ㉣ 콘덴서 보호용 계전기 소손 또는 오동작
   ㉤ 콘덴서에 사용되는 계기 소손 또는 오동작
   ㉥ CT 2차 측 과전압 유도
   ㉦ 건축전기설비의 콘덴서 보호용 퓨즈 용단

④ 대책
   ㉠ 투입 순간의 과도 돌입전류에 의한 CT 2차 측의 전압이 2000V를 초과하지 않게 할 것
   ㉡ 직렬 리액터(SR)를 설치하여 돌입전류를 감소시킬 것

$$\boxed{예}\ 6\%\ 리액터\ 설치\ 시\ 돌입전류 : I_{C\max} = I_C\left(1 + \sqrt{\frac{X_C}{0.06X_C}}\right)$$
$$= 5.08 I_C$$

   ㉢ 2차 단자에 피뢰관(방전장치)을 부착할 것(계전기의 오동작 방지)

(2) 콘덴서 투입 시의 모선전압 강해(ΔV) 발생

① 원인
   ㉠ 콘덴서 뱅크를 투입하는 순간에는 Step 형태의 전압이 인가되고, 투입 시의 전압은 전원 측 리액턴스와 직렬 리액터에 의해 분담된다.

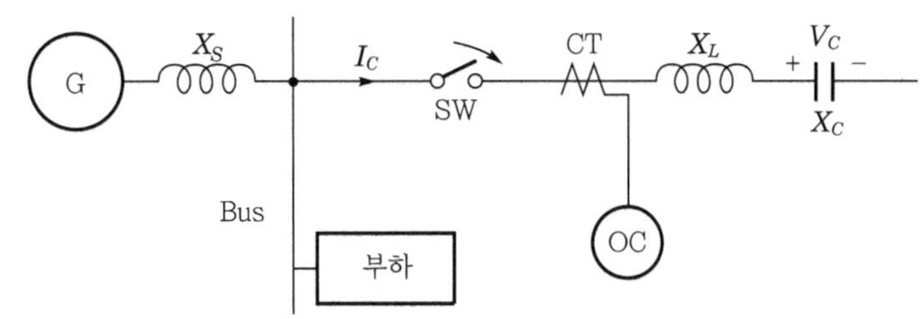

▌콘덴서 투입 시의 모선전압 강하 ▌

   ㄴ 위 그림과 같이 모선의 전압 강하율

- $\Delta V = \dfrac{X_S}{X_S + X_L + X_C} \times 100\,[\%]$

- 투입 시 X_C는 거의 '0'이고, $X_L \ll X_S$이면,

  모선전압 강하 $\Delta V = \dfrac{X_S}{X_S + X_L} \times 100\,[\%]$

② 모선의 순시전압 강하의 영향

   ㄱ 동일 모선에 접속되어 있는 타 부하에 영향

   ㄴ 동일 모선에 역변환 사이리스터 설비가 있을 경우 전류(轉流) 실패

③ 모선의 순시전압 강하에 대한 대책

   ㄱ 순시전압 강하를 5 ~ 10% 정도로 억제

   ㄴ 직렬 리액터 포화가 없는 공심 리액터 채택

   ㄷ 전원 측 리액턴스가 큰 모선(계통용량이 작은 모선)에서는 콘덴서 분할하여 뱅크수 늘림

   ㄹ 직렬 리액터(X_L)를 수전 측 리액턴스에 대해 문제없을 정도로 크게 함

3. 콘덴서 차단 시(개방 시) 특이사항

(1) 재점호에 의한 과전압 발생

① 발생원인 : 잔류전하에 의한 재점호의 반복으로 개폐기 극간 전압 상승률이 증가하여 접촉자의 절연이 0.5cycle 후 파괴된다.

② 과전압의 크기 : 3, 5, 7, 9배

③ 영향 : 콘덴시 파손 및 모선기기 절연파괴

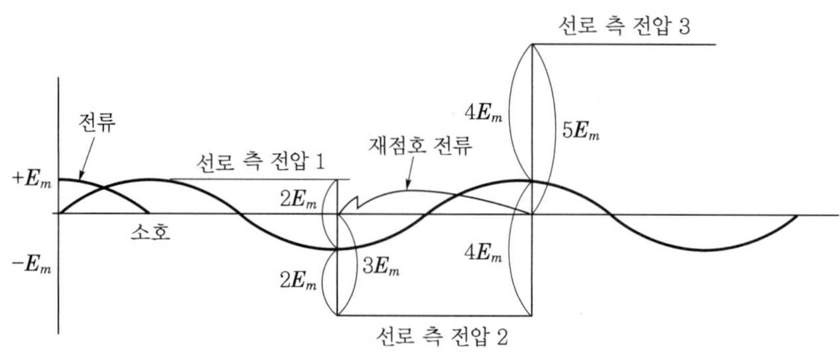

▌재점호에 의한 과전압 ▌

(2) 개방 시 문제점

① 재점호에 의한 차단기의 절연파괴

② 사고 확대

③ 건축전기설비의 유도 전동기에서 자기여자 현상 발생으로 전동기 소손 가능성

(3) 개방 시 대책

① 차단기의 진상 전류 개폐능력이 우수할 것

② 절연회복 성능이 우수할 것

③ 개폐속도가 빠를 것

④ 저항차단 방식의 차단기 사용

⑤ IEEE 규정은 콘덴서의 차단기 전류를 콘덴서 정격전류의 1.35배 이상으로 선정할 것을 권고함

(4) 콘덴서 차단 시(개방 시) 유도 전동기의 자기여자 현상

comment 발송배전기술사에서는 기록이 불필요하지만, 유도 전동기의 자기여자 현상 자세가 배점 10점으로 출제 예상된다.

① 원인 : 전동기가 전원과 분리된 경우 일정 시간 동안 회전운동의 관성력으로 계속 회전 중일 때 여자전류가 콘덴서에 공급되면 전동기는 유도 발전기로 운전될 수 있으며 이는 자기여자 현상에 의한 것이다.

② 영향

㉠ 유도 전동기에 자기여자 현상의 발생으로 전동기 소손 가능성이 있다.

㉡ 자기여자 현상 : 전동기가 운동 중에 CB나 MC를 개방할 경우(콘덴서 용량이 전동기 자기용량보다 클 경우) 콘덴서 단자전압이 즉시 0이 되지 않고 이상 상승하거나 장시간 감쇄하지 않는 현상

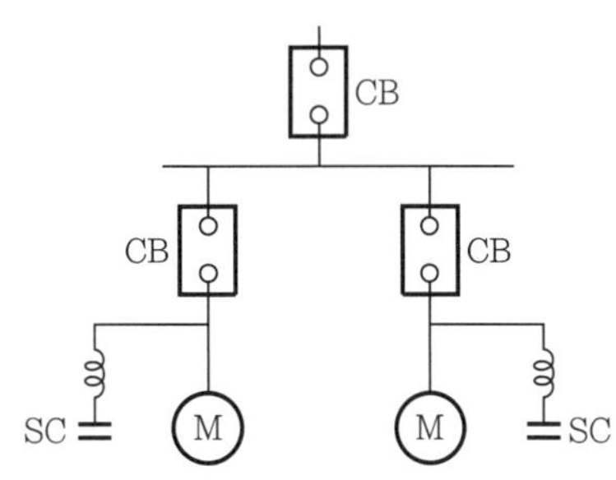

▌유도 전동기 회로도 ▌

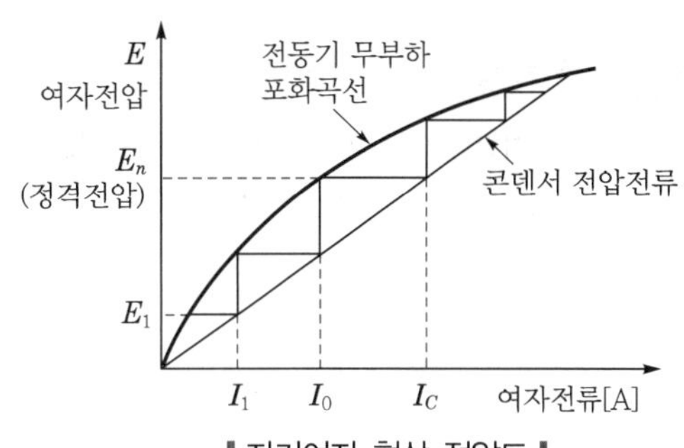

▌자기여자 현상 전압도 ▌

③ 문제점

    ㉠ 전동기의 절연 파괴

    ㉡ 콘덴서의 절연 파괴(회로 역률 100%되는 콘덴서 설치 시, 자기여자 현상에 의해 전압이 140% 정도까지 상승)

④ 대책

    ㉠ 전동기 용량의 $\dfrac{1}{3}$ 미만으로 콘덴서 용량을 설치할 것

    ㉡ 콘덴서를 전동기보다 먼저 개방하도록 다음과 같이 설비를 설치할 것
      – 전동기용 개폐기 MC_1과 연동할 수 있게 콘덴서용 개폐기 MC_2를 설치

4. 콘덴서용 개폐장치에 요구되는 성능

(1) 접점용량

두입 시 정격전류의 2 ~ 2.5배가 흐르므로 개폐기의 성격전류는 콘덴서 성격전류의 1.5 ~ 2배의 것을 사용한다.

(2) 고속동작

재점호가 발생하기 전에 접점 간의 간격을 충분히 이격시키도록 하기 위해서 고속으로 동작하는 전자 접촉기 또는 진공 접촉기를 사용한다.

(3) 소호능력

재점호에 의한 아크 발생을 억제하고 아크가 발생해도 이를 곧 소호할 수 있도록 하기 위해서 소호능력이 큰 진공 차단기 또는 유입 차단기 등을 사용한다.

---

169 전력용 Capacitor에 대하여 다음을 설명하시오.

1. 계통 이상 시 Capacitor의 보호
2. Capacitor 설비 내의 단락 · 지락사고에 대한 보호
3. Capacitor 내부소자 사고에 대한 보호

data 전기응용기술사 23-131-4-6 / 발송배전기술사, 건축전기설비기술사, 전기안전기술사, 전기응용
기술사 출제예상문제

comment '2003. 09. 전력기술인 잡지자료 + 한번에 합격하기 건축전기 2권 성안당'의 정리자료이다.

답안

1. 계통 이상 시 Capacitor의 보호

(1) 일반적으로 과전압과 저전압을 예상할 수 있으며 이러한 현상을 확대시키지 않도록 해야 하는 것이다. 한편 이들 보호 계전기는 모선 측 PT를 사용하는 것을 원칙으로 하고 있다.

(2) 과전압 보호

① 콘덴서의 허용 장시간 전압은 일반적으로 정격 전압의 110% 정도로 이 이상의 전압에 대하여는 보호할 필요가 있으며 통상 유도형 한시 과전압 계전기를 사용한다.

② 과도적인 전압 상승 등으로 인한 오동작을 막고, 기기의 확실한 보호를 위하여 정격 전압의 130% 정도에서 동작되도록 하며 시한은 2초 정도로 한다.

(3) 저전압 보호

① 회로가 저전압 또는 무전압 시 콘덴서가 투입되어 있으면 회로전압 회복 시에 콘덴서만이 운전되면서 콘덴서에 의한 전압 상승으로 인하여 타 기기에 손상을 주는 요인이 된다.

② 이러한 현상을 막기 위해 통상 유도형 한시 부족전압 계전기를 사용하며, 모선 또한 선로의 사고 발생 시 이를 주보호 계전기 동작 불확실 등으로 콘덴서 과방전을 방지하기도 한다.

③ 동작전압은 정격 전압의 70% 이하로 하며 시한은 2초 정도이다.

2. Capacitor 설비 내의 단락 · 지락사고에 대한 보호

(1) 단락보호

① 일반부하와 같이 유도형 부하는 한시 과전류 계전기(OCR)를 사용한다.

② OCR 동작치는 콘덴서 투입 시 투입전류(정격 전류의 약 500%) 직렬 Reactor 를 갖는 경우에, 오동작하지 않는 범위에서 감도를 낮출 수 있고 보통 전류의 수 배로 할 수 있으나 투입 시의 순시요소를 Lock시켜야 한다.

③ PF 선정 시 고려사항

   ㉠ 여자 돌입전류로 퓨즈가 손상되지 않을 것

   ㉡ 콘덴서 연속 최대 전류를 안전 통전할 것

   ㉢ 콘덴서 파괴 확률 10% 특성이 퓨즈 전차단 특성보다 우측에 있을 것

(2) 지락보호

① 전력용 콘덴서의 지락사고로는 모선지락, Reactor를 통한 지락, 중성점 지락 등이 있겠으나 이러한 것들은 중성점 접지방식, 대지 분포용량, 고장점의 접 지저항에 따라 영향의 크기가 다르며 일괄적으로 보호방식을 결정하기는 곤 란하다.

② 보통 변전실 모선에 근접하여 콘덴서를 설치하므로 설비 자체로서는 지락보 호를 하지 않는 것이 보통이다.

③ 특별히 필요한 경우에는 동일 모선에 접속된 타 Feeder와 같이 선택 차단방식 을 적용한다.

3. Capacitor 내부소자 사고에 대한 보호

(1) 개념

① 콘덴서에 고장이 발생할 경우 사고의 확대와 파급을 방지하기 위하여 콘덴서 를 회로로부터 신속하게 제거해야 한다.

② 콘덴서 내부소자 사고에 대한 보호방식으로 중성점 간 전류 검출방식(NCS), 중성점 전압 검출방식(NVS), Open delta 보호방식, 전압 차동 보호방식, ARN Switch 보호방식, Lead Cut 보호방식 등이 있다.

③ 이들 중 NCS 방식과 NVS 방식을 다음과 같이 집중 설명한다.

(2) NCS(Neutral Current Sensor) 방식

① 개요도

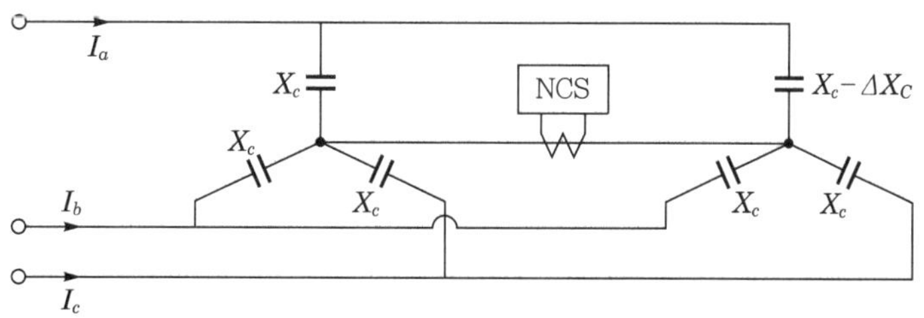

㉠ Y결선된 콘덴서 2조를 병렬로 결선한다.

㉡ 2개 회로의 중성점을 연결한 중성선에 CT를 설치하고 전류를 감지 후 고장회로를 제거하는 방식이다.

㉢ 3.3/6.6kV 계통에서는 150 ~ 500kVA까지 사용한다.

㉣ 반드시 Y결선이 이중이어야만이 적용 가능하다.

② 동작원리

㉠ 정상상태에서는 중성선에 전류가 흐르지 않는다($\Delta I = 0$).

㉡ 소자가 고장나면 3상 평형이 깨지므로 고장 소자의 중성점 전압이 상승하여 중성점 연결선에 전류가 흐른다.

㉢ 이 전류를 검출하여 차단기를 차단시킨다.

㉣ 고장 시 중성점 간 전류

$$\Delta I = \frac{1.5K}{6 - 5K} I_a$$

여기서, I_a : 콘덴서의 정상 전류

$$K = \frac{\Delta X_c}{X_c}$$

- ΔX_c : 고장분의 리액턴스
- X_c : 정상상태에서의 리액턴스

③ NCS 방식에서의 중성점간 전류 예

전압 [kV]	결선도 및 고장상태	리액턴스 변화율 ($\Delta X / X$)	중성점 간 전류 ΔI[A]	고장상 전류
6.6	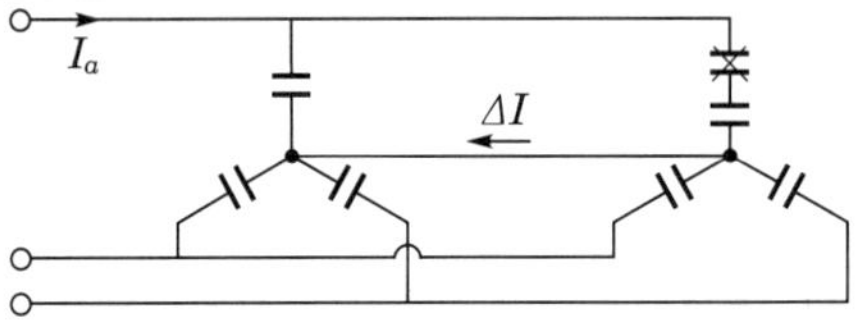	0.5	$0.22 I_a$	$1.5 I_a$
	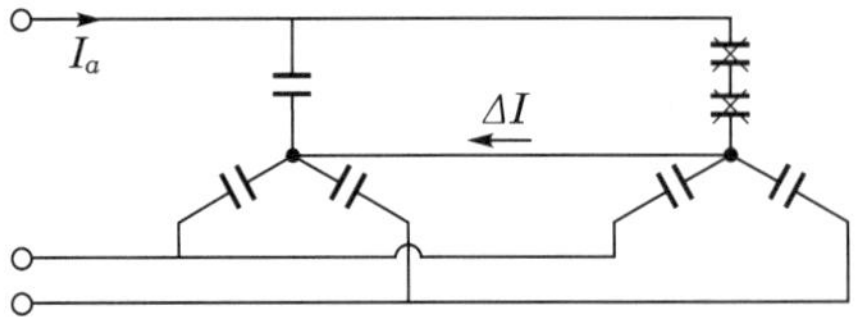	1	$1.5 I_a$	$3 I_a$
3.3	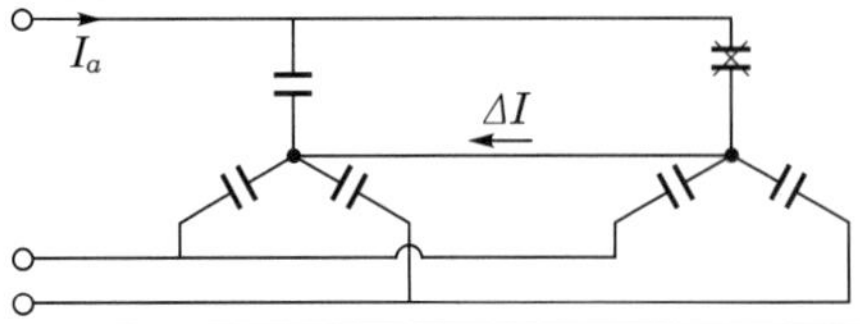	1	$1.5 I_a$	$3 I_a$

(3) NVS(Neutral Voltage Sensor) 방식

① 개요도

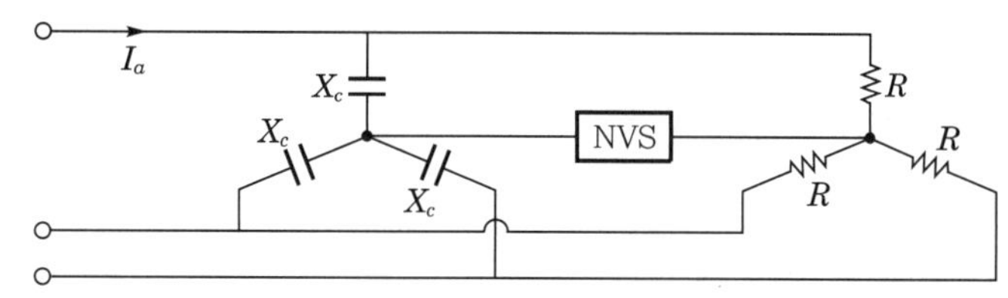

㉠ 콘덴서 소자 파손 시 중성점 간의 전압을 검출하는 방식

㉡ 보조저항을 Y결선 단자에 연결하여 보조 중성점을 만들어 불평형 전압을 검출하는 방식

㉢ 콘덴서 결선이 단일 Y결선이어도 적용 가능

② 동작원리

㉠ 콘덴서 소자 고장 시 중성점 간의 전압이 상승하는 것을 감지하여 차단기를 차단

㉡ 중성점 전위 상승

$$V_N = \frac{E}{3P(S-1)+1}$$

여기서, E : 상전압, P : 콘덴서 외부 병렬 회로수, S : 직렬 소자수

170 직렬 리액터에 대하여 다음 사항을 설명하시오.

1. 설치 목적
2. 용량 산정
3. 설치 시 문제점 및 대책

data 건축전기설비기술사 16-109-1-6 / 발송배전기술사, 건축전기설비기술사, 전기안전기술사, 전기응용기술사 출제예상문제

답안

1. 설치 목적

(1) LC 공진에 의한 파형의 왜곡을 방지한다.

(2) 고조파 악영향 제거 : 특히 제5고조파 제거

콘덴서가 접속된 모선에 고조파 발생부하가 있는 경우 고조파 전류의 이상 확대가 발생되지 않도록 SR을 설치한다.

(3) 병렬로 결선된 콘덴서 뱅크가 있는 경우는 아래와 같이 SR을 설치한다.

　① 콘덴서 회로에 설치하여 콘덴서 투입 시 과도 돌입전류에 의한 콘덴서 스트레스를 억제한다.

　② 돌입전류의 억제용일 경우는 콘덴서 용량의 0.5 ~ 1.0% 정도의 한류 리액터의 설치도 무방하다.

　③ 콘덴서 회로를 개방할 경우 선로 이상전압을 방지한다.

(4) SC를 여러 군으로 분할하여 Automatic control을 할 경우에 SR을 설치한다.

(5) 특고압용 SR 설치장소

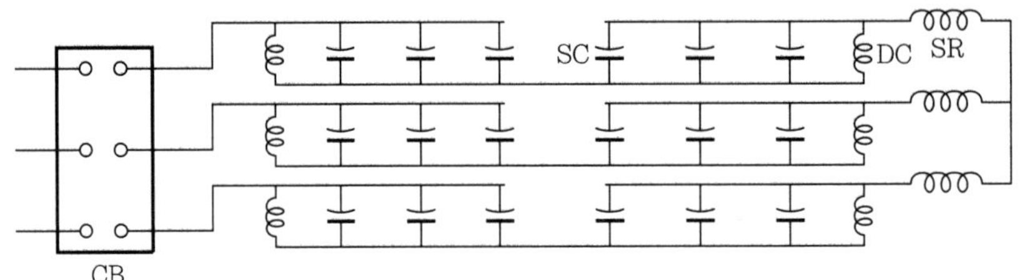

여기서, SR : 직렬 리액터, DC : 방전코일, SC : 전력용 콘덴서, CB : 차단기

2. 직렬 리액터 용량 산출

(1) 제3고조파 제거용

　① **기본 개념** : $Z = R + j\left(\omega_n L - \dfrac{1}{\omega_n C}\right)$에서 허수부가 0이 되면 임피던스는 최소이고, 전류는 최대로 되므로 $\left(\omega_n L - \dfrac{1}{\omega_n C}\right) > 0$이면 이러한 현상을 방지할 수 있다.

　② 제3고조파가 전력전자 기기 등에서 발생되면 $\left(\omega_n L - \dfrac{1}{\omega_n C}\right) > 0$로 하여 고조파의 영향을 감소시킬 수 있다.

그러므로 $\omega_n L > \dfrac{1}{\omega_n C} \rightarrow 2\pi(3f)L > \dfrac{1}{2\pi(3f)C}$

$$\therefore \; \omega L > \dfrac{1}{3^2 \omega C} = 0.11 \dfrac{1}{\omega C}$$

　③ 이론상 직렬 리액터 용량은 콘덴서 용량의 11% 이상이나 실제적으로 주파수 변동 등을 감안한 경제적인 측면에서 13%를 표준으로 한다.

976

(2) 제5고조파 제거용

① $\omega_n L > \dfrac{1}{\omega_n C} \rightarrow 2\pi(5f)L > \dfrac{1}{2\pi(5f)C} \rightarrow \omega L > \dfrac{1}{5^2 \omega C} = 0.04\dfrac{1}{\omega C}$

② 이론상 직렬 리액터 용량은 콘덴서 용량의 4% 이상이나 실제적으로 주파수 변동 등을 감안한 경제적인 측면에서 6%를 표준으로 한다.

(3) 직렬 리액터 산정

6%의 직렬 리액터는 Capacitor 용량의 6%를 곱하면, 직렬 리액터 용량이 산출된다.

(4) 직렬 리액터는 고가로서 보통 500kVA 이상인 것에 설치한다.

3. 설치 시 문제점 및 대책

(1) 직렬 리액터와 콘덴서의 단자전압 관계

① 제5고조파 제거용으로 6%의 직렬 리액터를 설치하면 콘덴서의 단자전압은 6% 상승하고 콘덴서의 용량도 약 13% 상승한다.

즉, $Q' = \sqrt{3}\,V'I_c' = \sqrt{3} \times 1.0638\,V \times 1.0638 I_c = 1.13\,Q$

② 따라서, 큐비클 내 '발열'을 검토할 경우 주의할 것

(2) 콘덴서 용량 증가하는 경우에서 직렬 리액터 적용 문제점 및 대책

① 콘덴서 용량 증가에 따라 전류가 증가하므로 직렬 리액터의 전류용량이 부족하게 된다. 따라서, 직렬 리액터는 과열 또는 소손이 된다.

② 콘덴서 리액턴스가 작아지므로 직렬 리액턴스 %율이 증가한다. 따라서, 콘덴서 및 직렬 리액턴스의 난자선압이 상승한다.

③ 대책 : 콘덴서 용량을 증가하는 경우에는 직렬 리액터를 교체해야 한다.

(3) 직렬 리액터 설치 시 콘덴서 단자전압[3.3kV, 3상, 500kVA(167×3), Y결선] 예

① $V_C = \dfrac{V_1}{\sqrt{3}} = 1905\,\mathrm{V}$

② 13% 직렬 리액터 삽입 시 단자전압

$V_C = 1905 \times \dfrac{1}{1 - 0.13} = 2190\,\mathrm{V} = \dfrac{2190}{1905} \times 100 = 115\,\%$

③ 커패시터 허용 과전압은 정격의 110%로 규정하고 있으므로 회로전압의 상승분을 포함하여 커패시터의 단자전압이 110% 이상 될 수 있는 직렬 리액터를 삽입할 경우에는 사전에 과전압·과용량을 고려해야 한다.

(4) 용량 비일치로 인한 직렬 리액터의 목적을 이룰 수 없는 경우 적정 용량 교체

① 예를 들어 6kVA 리액터를 100kVA 콘덴서에 설치하였다가 50kVA의 콘덴서에 설치한다면, 리액터 용량은 $6 \times \left(\dfrac{50}{100}\right)^2 = 1.5\,\text{kVA}$가 되어 50kVA 콘덴서에 대하여 3%의 리액터가 되어 제5고조파를 억제할 수 없다.

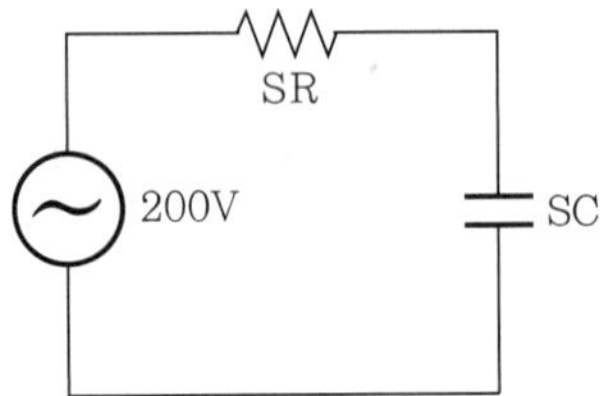

② 100kVA 콘덴서에 6kVA 직렬 리액터 접속 시

㉠ $I_1 = \dfrac{P}{E} = \dfrac{100000}{200} = 500\,\text{A}$

㉡ 직렬 리액터 내부저항 $R = \dfrac{P}{I^2} = \dfrac{6000}{500^2} = 0.024\,\Omega$

③ 50kVA 콘덴서에 6kVA 직렬 리액터 접속 시

㉠ $I_2 = \dfrac{P}{E} = \dfrac{50000}{200} = 250\,\text{A}$

㉡ 직렬 리액터 용량 $P = I^2 R = 250^2 \times 0.024 = 1.5\,\text{kVA}$

④ 따라서, 이 직렬 리액터는 50kVA에 대하여 3% 리액터 역할을 하여 제5고조파를 제거할 수 없게 된다.

171 동기 조상기, 전력용 콘덴서(static condenser), 분로 리액터를 비교하여 설명하시오.

data 발송배전기술사 20-120-3-4 / 발송배전기술사, 건축전기설비기술사, 전기안전기술사, 전기응용기술사 출제예상문제

답안

1. 동기 조상기(synchronous phase modifier)

(1) 정의

무부하상태로 운전되는 동기 전동기로 운전(역률 '0')하면서 계자전류를 조정하는 기기이다.

(2) 목적

① 회로로부터 얻는 진상 또는 지상의 무효전력을 공급하여, 회로의 역률을 조정한다.

② 지상 콘덴서나 분로 리액터는 탭 조정방식이나, 동기 조상기는 연속적인 조정을 한다.

(3) 원리

전압강하의 원인은 무효전력에 기인한 것이 압도적이다($V-Q$ 컨트롤, 전압 안정도).

운전방법	효과	비고
과여자 운전	• 진상 전류가 흘러 콘덴서로 작용하여 송전선로의 전압강하 보상 즉, $\Delta v \fallingdotseq \dfrac{PR+QX}{V_r} \equiv> Q(무효전력 = Q_L - Q_C)$의 조정 • 진상 역률이 되어 콘덴서 역할을 하게 되어 진상 전류가 흐름 • 계자전류가 증가 시 동기 전동기는 과여자 상태 • 전기자 전류가 진상 운전 상태로 됨 • 진상 무효전력의 공급(Q_C)	V곡선의 우측 부분 (아래 그림 참조)
부족여자 운전 (지여자 운진)	• 지상 전류가 흘러 리액터로 작용하여 발전기의 이상전압 상승 방지 • 지상 역률이 되어 리액터(Q_L) 역할을 하게 되어 지상 전류가 흐름 • 계자전류 감소 시 동기 전동기는 부족여자 상태 • 전기자 전류가 지상 운전 상태로 됨 • 지상 무효전력의 공급(Q_L)	V곡선의 좌측 부분 (아래 그림 참조)

* 조상설비 : 무효전력(Q_L 및 Q_C)의 공급설비(콘덴서, 분로 리액터, SVC, 발전기 등)

(4) 동기 전동기의 위상 특성(V곡선)

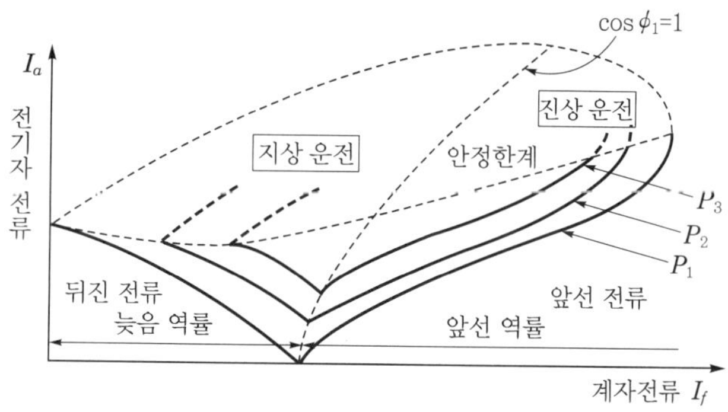

❙ 동기 전동기의 위상 특성(V곡선) ❙

① 일정 출력에서 계자전류로 변화시킬 때 전기자 전류와 계전류의 관련 곡선

② I_f 증가 → 90° 진상 전류 통전 → 역률이 앞서고, 전기자 전류 증가

③ I_f 감소 → 90° 지상 전류 통전 → 역률이 뒤지고, 전기자 전류 증가

④ 전동기 출력이 $P_1 < P_2 < P_3$로 증가될수록 V곡선은 상승된다.

(5) 동기 조상기의 특징

① 계자전류를 조정으로 전기자 전류의 크기와 위상을 변화(V곡선)시켜 역률을 조정한다.

② 연속적인 무효전력의 조정 가능

(6) 설치방법

낙뢰, 서지에 노출되지 않게 하기 위해 송전선에 3차 권선 등을 이용하여 접속한다.

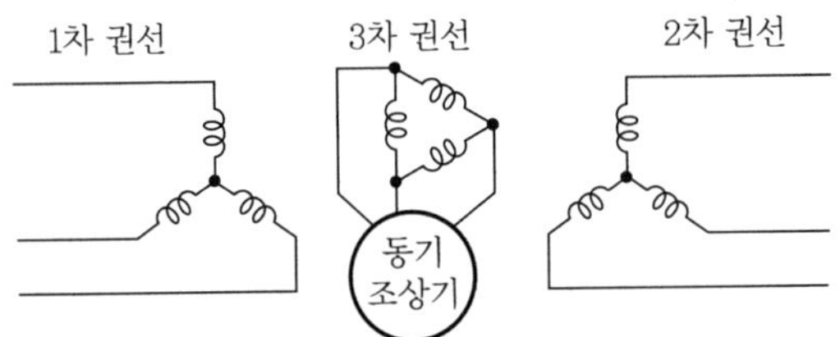

┃동기 조상기의 접속┃

2. 전력용 콘덴서(static condenser)

(1) 대규모 SC는 주로 2차 변전소(154/22.9kV)에 설치한다.

(2) 목적

중부하 시 용량성 무효전력을 투입시켜 전압강하 감소 및 전압 안정도 개선

(3) 특성

운전이 단속적이며, 경부하 시는 차단해야 페란티 효과의 증가를 방지할 수 있다.

(4) 개폐 시 콘덴서 특이현상이 발생한다(투입 시 과다 돌입전류, 개방 시 재점호에 의한 이상전압 발생).

(5) 다른 조상설비보다 운영상 고장이 잦은 편이다.

3. 분로 리액터(Sh.R : Shunt Reactor)

(comment) 발송배전기술사가 감리 현장에 주로 투입된다.

(1) 설치장소

1차 S/S(345kV급)의 1차 측(345kV)에 설치, 특히 지중 T/L이 집중된 곳

① 345kV 주변압기 3차 측에 연결(최근에는 scale merit 없어 사용하지 않음)

② 345kV 모선 측에 연결(설치용량 : 50, 100, 200MVar)

③ 345kV 선로 측에 연결(대용량 지중 T/L 설치개소, 장거리 대용량 가공 송전 선로 설치개소)

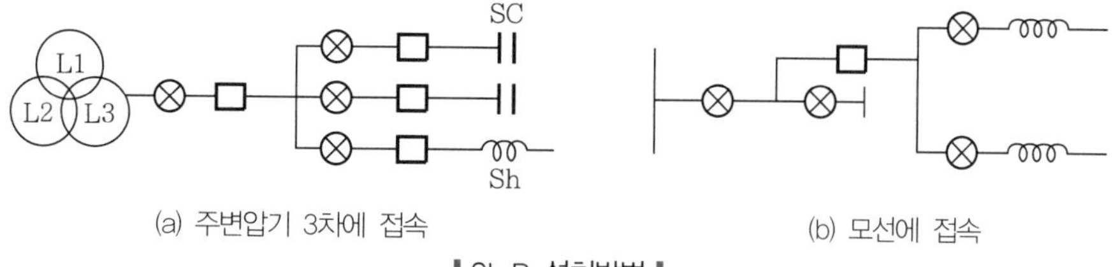

(a) 주변압기 3차에 접속 　　　　(b) 모선에 접속

❙ Sh.R 설치방법 ❙

(2) 목적

① 무효전력 흡수

　　㉠ 심야, 경부하 시 진상 무효전력이 많아 페란티 현상, 자기여자 현상 등의 악영향을 감소시키기 위한 무효전력의 흡수

　　㉡ 지상 전류를 얻고 전압 상승을 억제할 목적

　　㉢ 345kV 차단기 케이블 충전전류 차단용량 확보(진상 소전류 차단) : 선로 설치의 주목적

　　㉣ 적정 계통 전압 유지 : 모선설치 주목적

② $Q-V$ Control에 의한 전압 조정

　　㉠ 진상 무효전력 과다로 인한 전압 과다 상승 억제, 계단적 전압 조정 기능

　　㉡ 무효전력(Q)과 전압강하(ΔV)의 관계

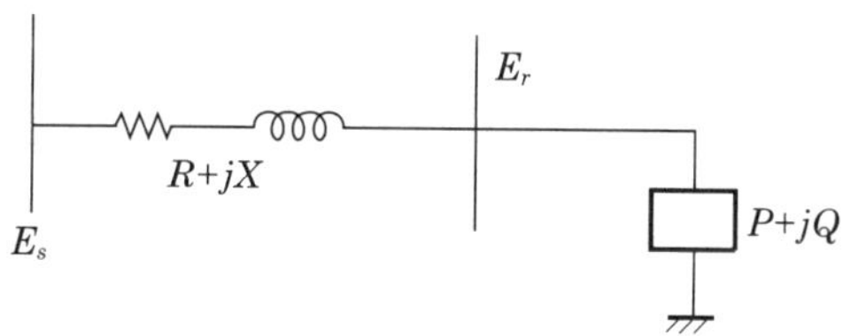

　　㉢ $\Delta V = E_s - E_r \fallingdotseq I(R\cos\theta + X\sin\theta) = \dfrac{PR + QX}{E_r}$

　　㉣ 계통에서는 $R \ll X$이므로, 전압강하는 $\Delta V = \dfrac{QX}{E_r}$이다.

　　㉤ 경부하 시 용량성 무효전력이 증가하면 전압강하는 그 반대로 상승하여 $Q = Q_L - Q_C$에서 용량성 무효전력(Q_C)이 유도성 무효전력(Q_L)보다 증가하면 전체 무효전력은 마이너스 성분이고 이에 따라 전압강하도 마이너

스가 되어 $E_R = E_S - (-\Delta V) = E_S + \Delta V$로 오히려 수전단이 상승하는 페란티 효과가 생기므로, 유도성 부하인 분로 리액터를 투입 시 유도성 무효전력을 증가시키면 수전단의 전압은 적정하게 조정된다.

(3) 설치 시 주의사항

① 3권선 변압기에 Sh.R 접속 시 주의사항

㉠ 전자 이행 전압의 악영향을 고려하여 3차 측에 적정 콘덴서를 설치(0.1 ~ 0.2μF)한다.

㉡ 철심의 구조상 소음이 크기 때문에 이에 대한 대책을 고려할 것

㉢ 리액턴스 특성을 선형적으로 조정하기 때문에 국부적으로 자속밀도가 높게 되고 또 자기 흡입력에 의한 진동 때문에 소음이 크게 되기 쉽다.

㉣ 철심을 크게 하여 자속밀도를 작게 하고 또 각종의 방음구조를 갖도록 한다(실제로 345변전소에서 가동 시 소음 과다로 방음벽 설치함).

② 변압기와 달리 운전은 전부하와 무부하가 번갈아 사용되기 때문에 호흡작용이 크므로 이 점을 충분히 고려하여 제작하여야 한다.

③ 장기적으로 계통 투입 시 손실 발생의 우려가 높다.

④ 개폐 서지대책으로 차단기 설치 시 다빈도에 견디는 차단기를 설치해야 한다.

⑤ 개폐 돌입전류가 정격의 약 5배 정도이므로 이에 대한 대책이 필요하다(계전기 측 보호).

(4) 장점

시설비가 저렴하고, 지상 무효전력 조정이 쉽다.

4. 각종 조상설비의 비교

항목	동기 조상기(RC)	전력용 콘덴서(SC)	분로 리액터(Sh.r)
가격 및 연경비	고가	저가	저가
무효전력 흡수능력	진·지상	진상	지상
무효전력 출력	용량 범위 내에서 조정	V^2에 비례	V^2에 비례
제어신호	전력, 전압 및 전류	수동 조작	수동 조작
조정형태	연속적	단계적	단계적
전압유지 능력	큼	작음	작음
전력손실	1.2 ~ 1.5% 이하	0.3% 이하	0.3% 이하
유지보수 비용	많음	적음	적음
응답속도	0.1 ~ 2초	3 ~ 5cycle	3 ~ 5cycle
제어 주파수	8CPM (Cycle Per Minute)	제어 불가	제어 불가

항목	동기 조상기(RC)	전력용 콘덴서(SC)	분로 리액터(Sh.r)
기동시간	10분	차단기 개폐시간	차단기 개폐시간
보수의 난이도	복잡	쉬움	중간
설치장소	HVDC 계통의 역변환소	154kV 변전소	345kV 변전소
설치비	가장 고가	저가	중간

172 전력 에너지를 저장할 수 있는 슈퍼 커패시터의 종류, 특징 및 스마트 그리드에서의 활용 가능성에 대하여 설명하시오.

(data) 발송배전기술사 22-128-4-6 / 발송배전기술사, 건축전기설비기술사, 전기응용기술사 출제예상 문제

1. 슈퍼 커패시터의 정의

에너지 저장기술의 여러 종류 중 전자기적 저장방법에서 전기적 저장장치로서, 축전 용량이 매우 큰 커패시터, 초고용량 커패시터이다.

2. 슈퍼 커패시터의 구조 및 원리

(1) 구조

양·음극, 다공성 전극, 전해질, 집진체, 분리막

① 전극 : 탄소 사용, 낮은 내부저항 물질

② 전해질 : 유기물·무기물 전해질

③ 분리막 : PP 계열 고분자막, 크라프트지

(2) 원리(전기화학적 메커니즘)

① 단위 셀 전극 양단에 수 볼트 전압을 인가해 전해액 내 이온들이 전기장을 따라 이동 후 전극표면에 흡착되어 에너지를 저장한다.

② 저장 에너지

$$E_c = \frac{1}{2} C V^2$$

여기서, C : 큰 커패시터 $C = \varepsilon \frac{A}{d}$ [F]

V : 저전압 인가

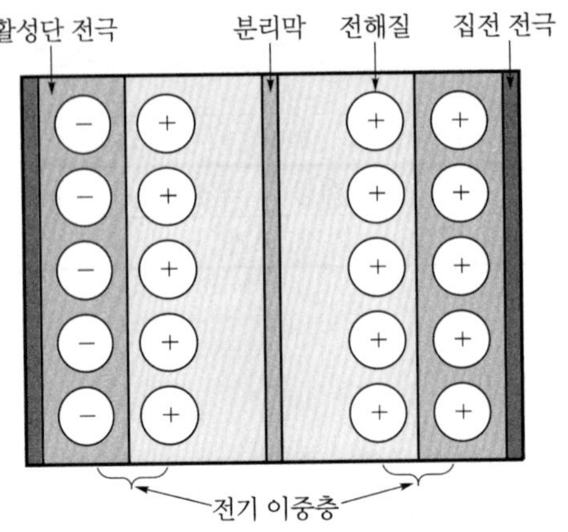

▮ 슈퍼 커패시터의 구조 및 원리 ▮

3. 슈퍼 커패시터의 종류 및 특징

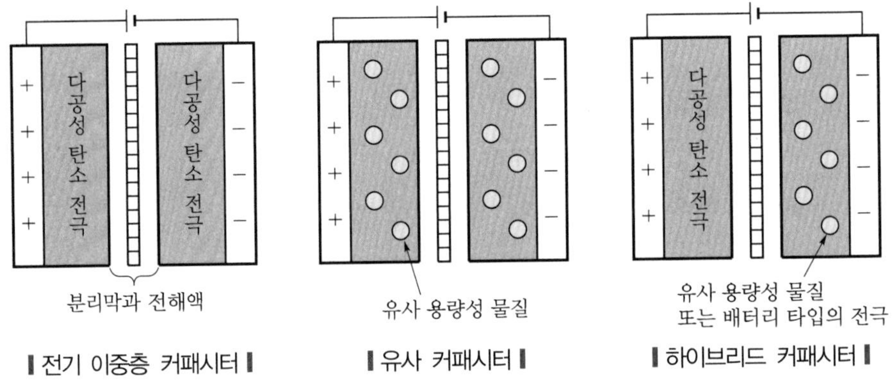

▮ 전기 이중층 커패시터 ▮   **▮ 유사 커패시터 ▮**   **▮ 하이브리드 커패시터 ▮**

(1) 전기 이중층 커패시터(EDLC : Double Layer)

  ① **구조** : 대칭 활성탄 전극, 분리막, 전해액

  ② **원리** : 전기 이중층을 형성하여 고밀도 에너지 저장

  ③ **특징**

    ㉠ 전기화학 반응이 없음(정전기적 대전만 이용)

    ㉡ 충·방전 시 흡열반응 없음

    ㉢ 일반 전지보다 고출력, 장수명

    ㉣ 전극표면에만 전하 축적

    ㉤ 이차 전지보다 용량이 적어 보조전원으로 활용

  ④ **적용** : 군사, 의료, 전기차, 신재생에너지 보조전원

⑤ 리튬이온 배터리와 EDLC 비교

구분	리튬이온 배터리	EDLC
장점	높은 에너지 밀도	높은 출력밀도
단점	충·방전 속도 낮음, 충·방전 시 열화	낮은 에너지 밀도, 낮은 Cell 전압

(2) 유사 커패시터(pseudo capacitor)

① **구조** : 전극 금속 산화물로 전도성 고분자를 포함

② **원리** : 전기 이중층 작용과 산화환원 반응을 이용한 전력 에너지 축적

③ **특징**

㉠ 전기 화학적 산화환원 반응 수반

㉡ 커패시터보다는 배터리와 유사

㉢ 전극에 전도성 고분자를 포함하고 있어 금속 산화물보다 낮은 산화반응이 있음

㉣ 유연성 우수(고분자)

(3) 하이브리드 커패시터(hybrid) : 배터리 + 커패시터 기능

① **구조** : 비대칭 전극(양극 – 대용량, 음극 – 고출력), 탄소재, 금속 산화물 + 전도성 고분자

② **원리** : 전기 이중층 작용과 산화환원 반응을 이용한 전력 에너지 축적

③ **특징**

㉠ 비대칭 전극 사용

㉡ 고전압 가능 : 양극 내전압이 작동전압

(4) 비교 표

분류 특성	전기 이중층 커패시터		유사 커패시터		하이브리드 커패시터	
전극재료	활성탄 탄소 에어로겔		금속 산화물	전도성 고분자	탄소재, 금속 산화물, 전도성 고분자	
전해질	수계	비수계	수계	수계, 비수계	수계	비수계
작동전압(V)	> 1	> 3.3	> 1	> 2.7	> 1	> 4.2
메커니즘	전기 이중층		전기 이중층 + 산화환원		전기 이중층 + 산화환원	
비고	양극과 음극에 동일 전극		복합재 형태로도 사용		전극 하이브리드가 일반적(탄소 전극 + 금속산화물 전극)	

4. 스마트 그리드 활용 가능성

(1) 스마트 그리드에 가장 적합한 저장장치 형태

고밀도, 속응성, 장수명

(2) 미소변동 출력 안정화에 유리

풍력 발전, 태양광

(3) V2G 응용 가능

(4) 에너지 자립섬(island)에 이용

이차 전지나 저장장치를 통해 전력저장, 공급하다가 수 분, 수 초 내에 일어나는 돌발상황으로 인해 신재생에너지를 통한 전력수급이 원활하지 않을 때 기존의 원전이나 화력발전에 대체할 수 있을 때까지 에너지 저장 시스템에 연결된 슈퍼 커패시터가 시간을 벌어주는 역할을 기대할 수 있다.

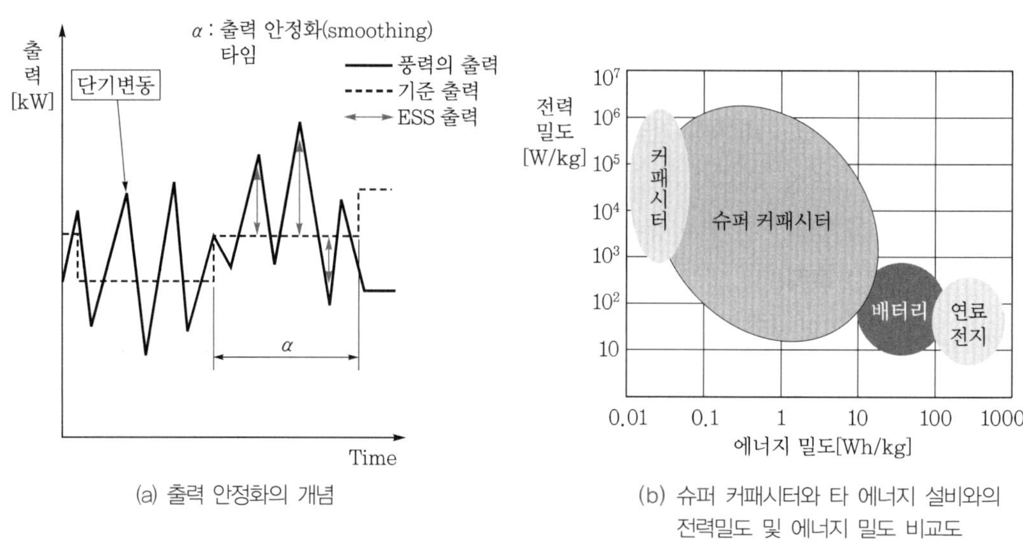

(a) 출력 안정화의 개념　　　(b) 슈퍼 커패시터와 타 에너지 설비와의 전력밀도 및 에너지 밀도 비교도

▌슈퍼 커패시터의 활용 가능성 개념도▐

173 선간전압 154kV 단거리 3상 송전선로에서 다음을 설명하시오. (단, 변압기를 포함한 일반 회로정수는 저항을 무시하며 $A = 0.7$, $C = j1.7 \times 10^{-3}\mho$, 기타의 4단자 정수는 공식에 의거한다)

1. 4단자 정수 B, D의 계산값 및 A, B, C, D의 물리적 의미
2. 무부하 시 송전단에 154kV를 인가하였을 때 수전단 선간전압 V_r[kV] 및 송전단 전류 I_s[A]
3. 무부하 시 수전단 선간전압을 154kV로 유지하는 데 필요한 조상기의 용량[MVA]

(**data**) 발송배전기술사 23-129-3-6 / 발송배전기술사, 건축전기설비기술사, 전기안전기술사, 전기응용 기술사 출제예상문제

(**comment**) 과거 기출문항은 154kV를 345kV로 출제된 것의 재차 출제된 문항이다.

답안 1. 4단자 정수 A, B, C, D의 물리적 의미 및 4단자 정수 산출

(1) 4단자 정수의 의미

① $A = \dfrac{E_s}{E_r} I_r = 0$, 수전단 개방 시 전압의 비교

② $B = \dfrac{E_s}{I_r} E_r = 0$, 수전단 단락 시 단락 전달 임피던스[Ω]로의 단위

③ $C = \dfrac{I_s}{E_r} I_r = 0$, 수전단 개방 시 개방 전달 어드미턴스[℧]로의 단위

④ $D = \dfrac{I_s}{I_r} E_r = 0$, 수전단 단락 시 전류의 비교

(2) 나머지 두 개의 정수 산출

① $A = D$이므로 $D = 0.7$

② $AD - BC = 1$이므로

$$B = \dfrac{1 - AD}{C} = \dfrac{1 - 0.7 \times 0.7}{j1.7 \times 10^{-3}} = -j0.3 \times 10^{3}[\Omega]$$

2. 수전단 선간전압 V_r[kV] 및 송전단 전류 I_s[A]

(1) 무부하의 조건에서 $I_r = 0$

$$E_s = AE_r + BI_r = AE_r$$

$$I_s = CE_r + DI_r = CE_r$$

(2) 수전단 선간전압 V_r[kV]

$$V_r = \frac{V_s}{A} = \frac{154 \angle 0°}{0.7} = 220 \angle 0°$$

송전단 전압보다 크다. 즉 페란티 현상이 발생한다.

(3) 송전단 전류 I_s[A]

$$I_s = CE_r = j1.7 \times 10^{-3} \times \frac{220}{\sqrt{3}} = j215.93[\text{A}] \rightarrow \text{이것이 충전전류가 됨}$$

3. 무부하 시 수전단 선간전압을 154kV로 유지하는 데 필요한 조상기의 용량[MVA]

(1) 등가 회로도

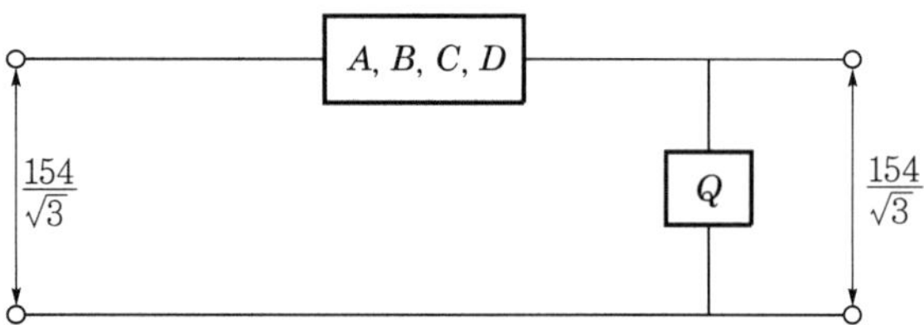

(2) 수전단 전류 산출

① 수전단 전류는 부하단자가 개방이므로 전부 I_c가 된다.

② 이 경우의 방정식은 다음과 같이 산출된다.

$$E_s = AE_r' + BI_c, \quad I = CE_r' + DI_c$$

$$\therefore I = \frac{E_s - AE_r'}{B} = \frac{\left(\dfrac{154}{\sqrt{3}} - 0.7 \times \dfrac{154}{\sqrt{3}}\right) \times 10^3}{-j0.3 \times 10^3}$$

$$= \frac{0.3 \times \dfrac{154}{\sqrt{3}}}{-j0.3} = -j\frac{154}{\sqrt{3}}[\text{A}]$$

(3) 조상기 용량 계산 및 조상기 종류 선정

① $Q = 3E_r I_c = 3 \times \dfrac{154}{\sqrt{3}} \times 10^3 \times \left(-j\dfrac{154}{\sqrt{3}}\right) = -j23716\,\text{kVA} = -j23.7\,\text{MVA}$

② 계산 결과가 $-j23.7\text{MVA}$이므로 유도성 무효전력을 말한다.

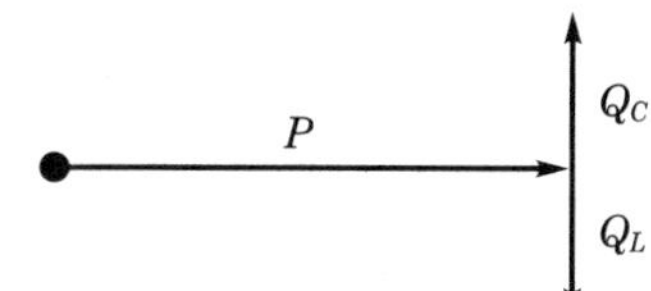

③ 수전단 전압을 154kV로 유지시키기 위해서는 지상 무효전력의 흡수 운전 (진상 무효전력을 공급)을 통해 선간전압을 154kV로 유지시킨다.

④ 결론적으로 이 154kV 변전소에 Shunt Reactor의 용량은 23.7MVA임을 말한다.

⑤ SVC나 STATCOM도 설치할 수 있으나 현실적으로는 경제성을 고려해야 하므로 Shunt Reactor 설치가 가장 합리적이다.

SECTION 03 축전지(연축전지)

174 축전지의 용량산정 시 고려사항에 대하여 설명하시오.

(data) 전기응용기술사 19-118-4-1 / 발송배전기술사, 건축전기설비기술사, 전기안전기술사, 전기응용
기술사 출제예상문제

답안

1. 개요

(1) 축전지는 상용 전원 정전 시 대비하기 위한 비상전원

(2) 경보, 피난설비, 감시제어 설비에 전원공급을 한다.

2. 축전지의 특성

(1) 순수한 직류 전원

(2) 방재용 설비의 비상전원으로 사용한다.

　용량이 적어 경보설비, 유도등에 이용한다.

(3) 중간 전원으로 사용한다.

　상용 전원 정전 시 자가 발전설비를 정격전압 확립 시까지 사용한다.

(4) UPS에 사용, 기동용에 사용

　① UPS(무정전 전원장치)의 공급전원

　② 내연기관 기동에 의한 펌프 사용 시 기동, 제어용

3. 축전지의 구성

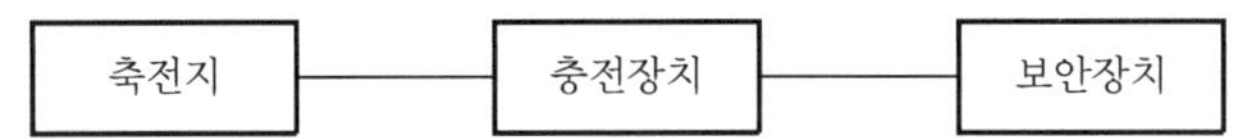

4. 축전지 용량 산정 시 고려사항

(1) 부하종류의 결정 : 순시, 상시 부하로 결정

　① 순시부하 : 화재 시 정전된 경우로서 소방용 부하, 정전부하로 분류 후 최대치
로 결정한다.

　② 최대 부하가 예상되는 화재로 상정하므로, 지상 1층의 화재로 결정하여 부하
를 계산한다.

　③ 비상용 조명부하, 차단기 투입부하, 릴레이용, 제어회로용 기기기용 등

(2) 방전전류(I)의 결정

방전전류는 최대 전류치를 사용한다.

$$방전전류(I) = \frac{부항용량[VA]}{정격전압[V]}[A]$$

(3) 방전시간(t)의 산출

NFSC 규정에 의한다.

① 부하의 종류에 따른 비상시간 결정

② 법적인 전원공급 : 10 ~ 30분

③ 발전기 설치 시 : 10분

(4) 예상부하 특성 곡선 작성

① 방전 말기에 가급적 큰 방전전류가 사용되도록 그래프를 작성한다.

② 방전 말기의 최저 조건 시에 대전류가 필요한 경우에도 작동해야 되기 때문이다.

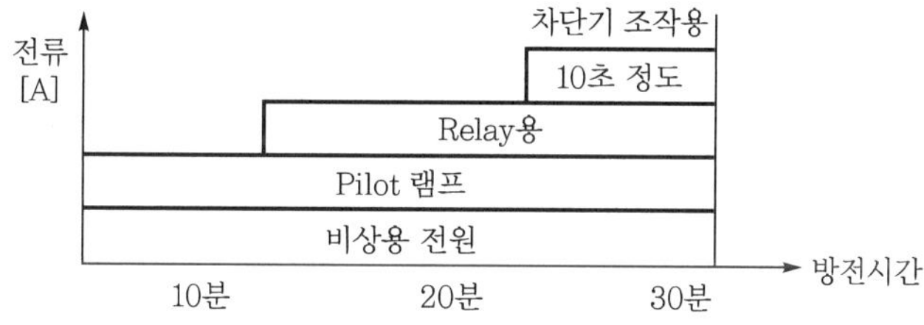

(5) 축전지 종류의 결정

① 납축전지 : CS형(클레드식), HS(페이스트식)

② 알칼리 축전지 : 포켓식, 소결식

③ 리튬이온전지

(6) 축전지 Cell수 결정

연(50 ~ 55셀), 알칼리(80 ~ 86셀)

종류	표준 셀수	Cell의 공칭전압	정격전압[V]
연축전지	54개	2.0	2.0×54=108
알칼리 축전지	86개	1.2	1.2×86=103

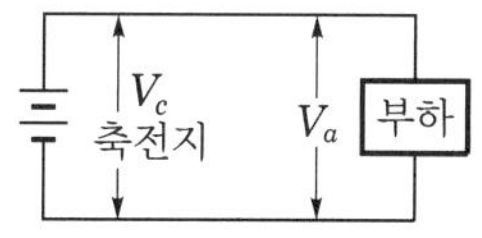

(7) 허용 최저 전압 결정

$$V = \frac{V_a + V_c}{n} \ [\text{V/cell}]$$

여기서, V_a : 부하의 허용 최저 전압[V]

V_c : 축전지와 부하 간 전압강하[V]

n : 축전지 직렬 접속 개수[cell], 허용 최저 전압(1.7V/cell)

(8) 최저 축전지 온도 결정

① 설치장소에 따라 온도조건 추정

② 온도조건 : 옥내(5℃), 옥외(5~10℃), 한냉지(-5℃)

(9) 용량 환산시간 K값 결정 : Table에 의해

① 축전지의 표준 특성곡선, 용량 환산 시간표에 의해 결정

② K값 : 방전시간, 온도에 유의

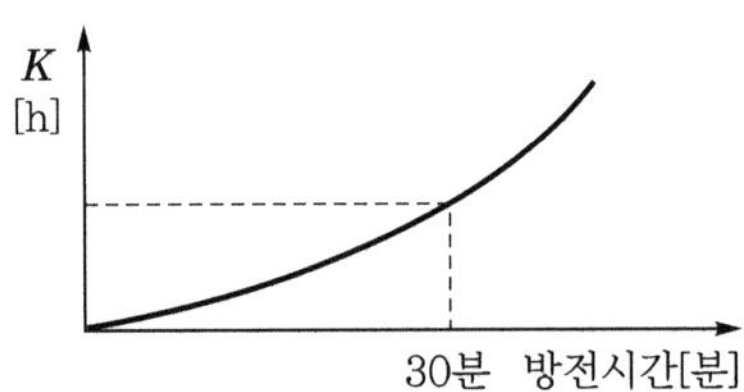

❚ 용량 환산시간 K값과 방전시간 ❚

(10) 축전지 용량 산출

$$C = \frac{1}{L} \left[K_1 I_1 + K_2 (I_2 - I_1) + \cdots + K_n (I_n - I_{n-1}) \right]$$

여기서, C : 25℃에 있어서 정격 방전율 환산용량[Ah]

L : 보수율(보통 0.8)

K : 방전시간, 축전지의 최저 온도 및 허용 최저 전압에 의해서 결정되는 용량 환산시간, 제조회사의 자료 참조

I : 방전전류[A]

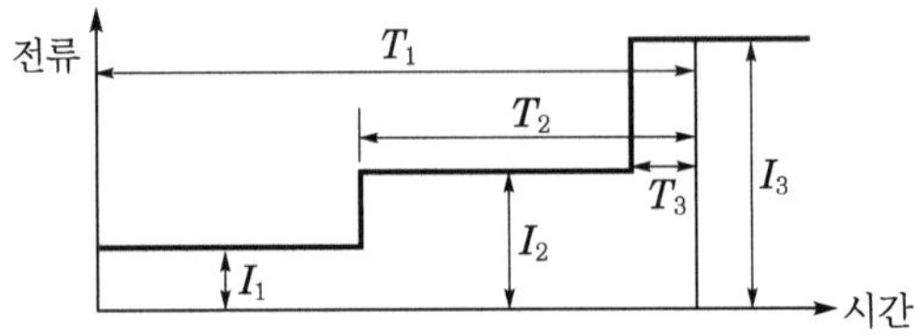

❚ 용량 환산 공식에 적용한 축전지 용량 ❚

07

Arc flash

175 플랜트 전력설비의 Electrical system study의 하나인 Arc flash analysis에 대하여 설명하시오.

data 발송배전기술사 16-110-3-1, 전기안전기술사 18-114-4-4 / 발송배전기술사, 건축전기설비기술사, 전기안전기술사 출제예상문제

답안

1. PPE(Personal Protective Equipment)의 개념

개인 보호장비는 보건과 안전을 위협하는 위험으로부터 보호하기 위해 개인이 착용 또는 휴대하도록 설계된 도구나 기기를 뜻한다.

2. 기본 용어 정리

(1) 전기위험의 종류

전격, 아크 섬광, 폭발 등

(2) Arc flash의 위험성

① 선도체 사이의 단락전류 또는 직접 접지계통에서 선도체와 대지 간의 가혹한 지락전류로 인해 발생한다.

② 플라스마 형태의 아크는 방사 에너지의 폭발 현상으로 기화된 금속에 의해 만들어진 고온의 조각들로 빠른 속도로 공기 중으로 확산되어 근접 작업자를 위험에 노출시킨다.

③ 관련된 위험성은 압력, 소음, 고온 파편 등이다.

(3) Arc flash의 위험 분석

① Arc flash의 위험으로부터 인체 노출과 위험을 경고하기 위해 위험성을 분석하고 평가하는 것이다.

② 이를 근거로 안전작업 수행지침을 작성하고 작업자 보호를 위한 적정한 PPE 등급을 정할 수 있다.

3. 분석 및 평가절차

(1) 자료조사

① 전원 공급 측부터 구내 저압 계통의 배분전함, 제어함, 케이블, 전동기까지 조사한다.

② 소용량 변압기 3상 125kVA 이하로 공급하는 240V 이하의 전기기기와 단상 3선식 계통은 제외한다.

③ 전동기 용량 : 37kW 이상

④ 고저항 접지방식 : 비접지로 취급한다.

⑤ 단선 결선도의 수정 보완 : 조사된 기기를 식별하고 계통 해석, 유지관리를 목적으로 수정·보완한다.

⑥ Arc flash 위험분석 적용 대상

구분	적용 범위
계통전압	3상 208 ~ 15000V
주파수	50, 60Hz
3상 단락전류	700 ~ 106000A
도체 간격	13 ~ 152mm
큐비클, 배분전함	Open air, Box, MCC, Switchgear, Cables
계통 접지방식	비접지, 저항접지, 직접 접지
고장요건	3상 단락고장

(2) 전력계통 운용모드 결정

① 복잡한 전력계통의 운용모드를 결정한다.

② 단락전류 계산 조건이 여러 가지로 복잡해진다(각종 차단기의 투입/개방 여부, 1·2회선 수전 여부, bus-tie 차단기의 투입·개방 등).

(3) 단락전류 계산

① 최소·최대 단락전류 : 기여전류 등을 감안하여 회로의 운전조건에 따른 최소 단락전류를 계산한다.

② 보호계전기 동작시간을 감안할 것

(4) 아크 고장전류 계산

① 아크 고장전류는 아크 임피던스로 인해 단락전류보다 낮게 계산된다.

② 3상 단락전류를 구한 후 아크 고장전류 변화에 따른 사고 에너지 변화는 다음과 같다.

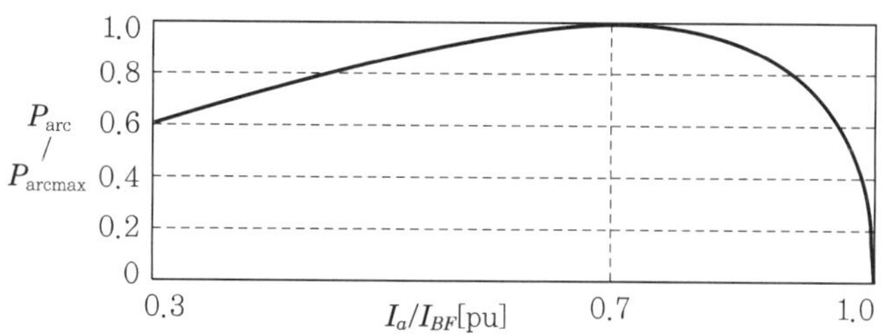

③ 위 그림에서 3상 단락전류가 70%로 감소하는 아크 고장전류에서 사고 에너지가 가장 크게 변화한다.

④ 아크 고장전류 계산

㉠ 저압(1000V)

$$\log_{10}I_a = K + 0.662\log_{10}I_{bf} + 0.0966\,V + 0.000526\,G + 0.5588\,V(\log_{10}I_{bf})$$
$$- 0.00304\,G(\log_{10}I_{bf})$$

여기서, I_a : 아크 고장전류

K : Open 형태(−0.153), Box 형태(−0.097)

I_{bf} : 대칭 3상 단락전류[kA]

V : 계통전압[kV], G : 도체 사이의 간격

㉡ 고압(1000V 초과)

$$\log_{10}I_a = 0.00402 + 0.983\log_{10}I_{bf}$$
$$\therefore\ I_a = 10^{(0.00402 + 0.983\log_{10}I_{bf})}$$

(5) 보호기기 동작시간과 아크 지속시간

① 퓨즈의 아크 지속시간

㉠ 평균 용단시간 0.03초 이하 +15%

㉡ 평균 용단시간 0.03초 초과 +10%

② **저압 차단기** : 고장 제거시간은 아크시간까지 포함되어 있으므로 이를 감안

③ **보호 계전기** : TCC와 차단기 표준 동작시간을 감안할 것

(6) 부스 간격

구분	부스 간격[mm]
15kV Switchgear	152
5kV Switchgear	104
저압 Switchgear	32
저압 MCC & Panel board	25
Cable	13
기타	미적용

(7) 작업거리

최소 안전거리는 작업자의 안면, 가슴부분의 거리이며 다음을 적용한다.

구분	작업거리[mm]
15kV Switchgear	910
5kV Switchgear	910
저압 Switchgear	610
저압 MCC & Panel board	455

구분	작업거리[mm]
Cable	455
기타	현장 조건 적용

(8) 사고 에너지 레벨 계산

아크 지속시간 0.2초, 작업거리 610mm를 기본조건으로 계산

$$\log_{10}E_n = K_1 + K_2 + 1.081\log_{10}I_a + 0.0011G[\text{J/cm}^2]$$

여기서, K_1 : 개방형태(−0.0792), 박스형태(−0.555)

K_2 : 직접 접지(−0.113), 비접지, 고저항 접지(0)

(9) Arc flash 보호범위 계산

① 치료 가능한 2도 화상을 일으키기 직전의 보호에 해당된다.

② 전격으로부터 보호를 위해 접근 제한, 접근 한계, 접근 금지의 범위 설정

㉠ 접근 제한 : 1도 화상

㉡ 접근 한계 : 2도 화상

㉢ 접근 금지 : 3도 화상

(10) 아크 플래시 위험등급 설정 : 사고 에너지로 분류함[cal/cm^2]

구분	위험등급 0	위험등급 1	위험등급 2	위험등급 3	위험등급 4
사고 에너지[cal/cm^2]	0 ~ 1.2	1.5 ~ 4.0	4.0 ~ 8.0	8.0 ~ 25	25 ~ 40

(11) 보호 계전기의 재정정

① 아크 지속시간을 경감시켜 에너지를 저하시킨다.

② 한시와 순시를 짧게 정정한다.

4. Arc flash 위험분석 적용방법

(comment) 이 항 자체가 배점 10점으로 출제될 가능성이 높다.

(1) 분석 결과

위험분석 결과를 통해 회로명, 전압, 단락전류, 아크전류, 고장 지속시간, Arc flash 보호범위, 작업거리, 사고 에너지, PPE 등급 등의 결과치를 기록한다.

(2) 개인 안전보호구 선정

분석결과에 따라 PPE 등급 결정

(3) 경고 라벨 제작 및 부착

① 작업자의 위험성을 경고하는 라벨을 디자인하고 이를 부착한다.

② 식별과 판독이 용이하도록 제작한다.

(4) 보호 계전기 현장 정정

사고 에너지를 줄이기 위한 보호 계전기 동작시간 정정

(5) 분석 및 평가 주기

전력계통 구성 변경, 기기 재배치 등이 발생하면 재검토한다.

---

176 전력설비 충전부에서의 Arc flash 분석 및 평가절차, 경감대책에 대하여 각각 설명하시오.

data 발송배전기술사 20-122-2-2 / 발송배전기술사, 건축전기설비기술사, 전기안전기술사 출제예상 문제

comment Arc flash에 대한 전체 종합 문제이고 여러 번 출제되었으므로 확실히 숙지하기 바란다.

답안

1. 아크 플래시의 개념

(1) 전극에서 빛, 고온, 증기, 금속파편을 동반한 전격에 의하여 Plasma 상태에서 증기를 통해 방전하는 현상이다.

(2) 용융금속, 압력파, 강렬한 빛, 파편, 뜨거운 공기의 빠른 팽창, 음파를 발생시킨다.

(3) 발생온도는 19426℃ 정도이며, 순식간에 구리증기를 발생시킨다.

① 용접기 불꽃 온도 : 1200 ~ 2000℃

② 화재 발생 시 Flash over 온도 : 483 ~ 649℃

(4) 전기 플라스마 상태로 온도 19426℃ 정도로서, 배전반에서 아크 플래시 발생 시 고온, 증기, 금속파편을 동반한 전격에 의해 배전반이 폭파하면서 대형 전기재해가 발생한다.

2. 아크 플래시 발생원인

(1) 전기적

과전압, 절연파괴, 파열극한 전위경도 초과

(2) 열적

과전류, 단락 및 지락사고

(3) 환경적

먼지, 트레킹 현상, 부식

(4) 기타

공구낙하, 충전부 직접 접촉(예 작업자가 충전 중인 배전반 내 공구 접촉 등)

3. PPE(Personal Protective Equipment)의 개념

개인 보호장비는 보건과 안전을 위협하는 위험으로부터 보호하기 위해 개인이 착용 또는 휴대하도록 설계된 도구나 기기를 뜻한다.

4. 분석 및 평가절차

* Chapter 07 - 문제 175의 답안 '3.' 내용을 참조한다.

5. Arc flash 경감대책

(1) 기본 개념

아크 플래시는 주로 저압 설비(35kV)에서 적용시키는 방법이며, 구내 전기설비의 용역 보고서에 많이 등장하는 사항이다.

(2) 아크 에너지의 저감

① 단락전류의 저감 : 파워퓨즈, 초전도 한류기

② 접지방식은 직접 접지방식을 채택

③ 사고 시 차단시간을 단축하여 아크 에너지 저감(고속도 차단기 적용 등)

(3) 보호기 적용

① 아크 감시설비 채용

② 저압 차단기에 아크 차단기 채용 : 현실적으로 고가이나 중요 설비인 전산센터 건물에는 화재 피해가 매우 클 것으로 예상되어 적극 설치요함

(4) 방폭 난연성 제품을 KEC 규정에 의해 적용 및 사용

(5) 작업자의 개인 보호구 착용 철저 및 안전관리 철저

(6) PPE 평가

(7) 작업 시 이격거리 준수

구분	작업거리[mm]
15kV Switchgear	910
5kV Switchgear	910
저압 Switchgear	610
저압 MCC & Panel board	455
Cable	455
기타	현장 조건 적용

(8) 잔류전하 방전 후 작업

용량성 검전기로 검전 후 3상 단락시켜 방전시킨 후 작업한다.

---

reference

아크 플래시 보호범위

(1) 아크 플래시 위험분석 적용범위

구분	적용 범위
계통 전압	3상 208 ~ 15000V
주파수	50Hz 또는 60Hz
3상 단락전류	700 ~ 106000A
도체 간격	13 ~ 152mm
큐비클, 배분전함	Open air, Box, MCC, Panel, Switchgear, Cable
계통 접지방식	비접지, 직접 접지, 저항접지
고장조건	3상 단락고장

※ 출처 : IEEE Std 1584-2002

주 : 1. 단상 부하 또는 DC 계통은 이 조건을 적용하지 않음

    2. 저압 전동기는 37kW 이상을 조사하여 단락전류 계산

    3. 초기 대칭분 3상 단락전류[A] : I_{bf}(bolted fault current)

    4. 15000V를 초과하는 계통은 Ralph Lee에 의한 수식으로 계산

(2) 위험보호범위

① 위험보호범위 : 아크 플래시가 일어날 수 있는 고장 지점 또는 전격의 위험 보호범위를 말한다.

② 아크 플래시가 일어날 수 있는 고장 지점 또는 전력의 위험으로부터 작업자가 위험에 노출되지 않도록 접근을 제한하는 보호범위를 말한다.

③ 다음 그림에서 바깥 둘레의 아크 플래시 보호범위(flash protection boundary)는 고장지점으로부터 작업자의 피부에 떨어지는 아킹 전류를 사고 에너지로 계산 시 판단할 수 있는 보호거리를 말하며, 치료 가능한 2도 화상을 일으키기 직전의 보호에 해당한다.

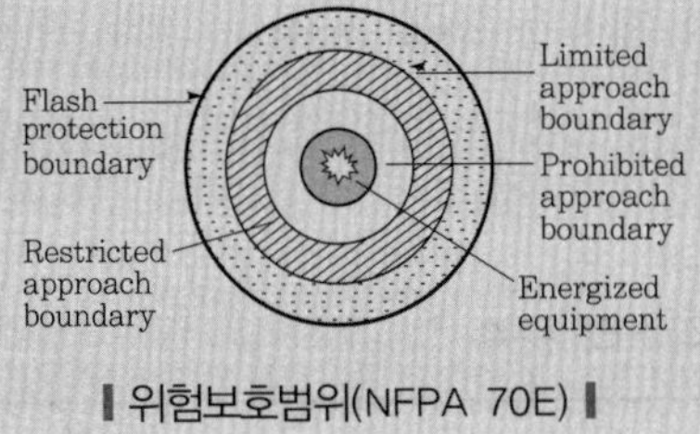

┃ 위험보호범위(NFPA 70E) ┃

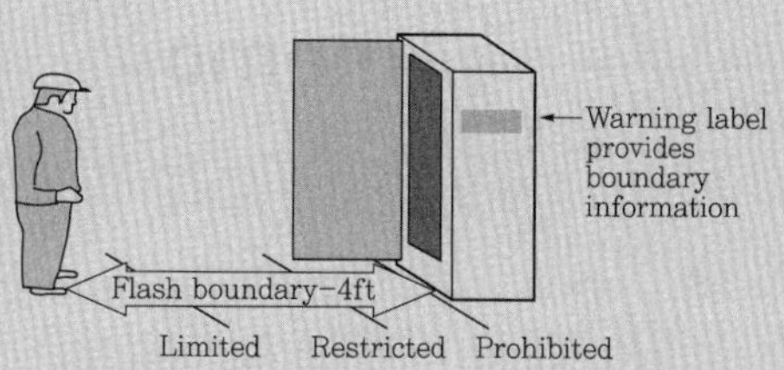

▌노출 충전부의 접근 제한거리 개념 ▌

④ 노출된 충전부위로부터 전격(electrical shock)을 보호하기 위해 앞의 그림과 같이 접근 제한 (limited), 접근 한계(restricted), 접근 금지(prohibited)의 범위를 정하고 있으며 충전부 접근 제한거리는 아래 표를 참조한다.

구분	작업거리[mm]
15kV Switchgear	910
5kV Switchgear	910
저압 Switchgear	610
저압 MCC & Panel board	455
Cable	455
기타	현장 조건 적용

⑤ 여기서 앞의 위험보호범위에서 플래시 보호범위(flash protection boundary)를 아크 플래시 보호범위라 한다.

⑥ 보호범위는 계통전압 15kV 이하인 경우 식 1)을 적용한다.

⑦ 계통전압이 15kV를 넘는 경우는 식 2)에 의한다.

$$D_B = \left[4.184\, C_f E_n \left(\frac{t}{0.2} \right) \left(\frac{610^x}{E_B} \right) \right]^{1/x} \quad \text{(IEEE Std 1584에 의한 계산)} \quad \cdots\cdots \text{식 1)}$$

$$D_B = \sqrt{2.142 \times 10^6\, V I_{bf} \left(\frac{t}{E_B} \right)} \quad \text{(Ralph Lee에 의한 계산)} \quad \cdots\cdots \text{식 2)}$$

여기서, D_B : 아킹 지점으로부터 경계거리[m]

C_f : 1.0(> 1000V일 때), 1.5(≤ 1500V일 경우)

E_n : 사고 에너지[J/cm²](아크 지속시간 0.2초, 작업거리 610mm일 때)

E_B : 보호경계 거리에서의 사고 에너지[J/cm²](1.2cal/cm² = 5.0J/cm²)

memo

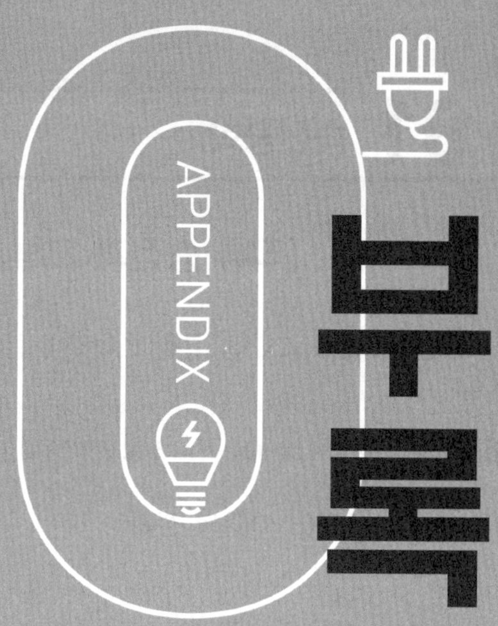

부록

최근 기출문제 해설

PART 01 송전공학

[직류 송전과 교류 송전]

001 직류 송전 시스템(HVDC)의 특징에 대하여 설명하시오.

data 발송배전기술사 24-134-3-4 / 발송배전기술사 출제예상문제

답안 **1. 직류 송전 시스템(HVDC)의 정의**

(1) 구성도

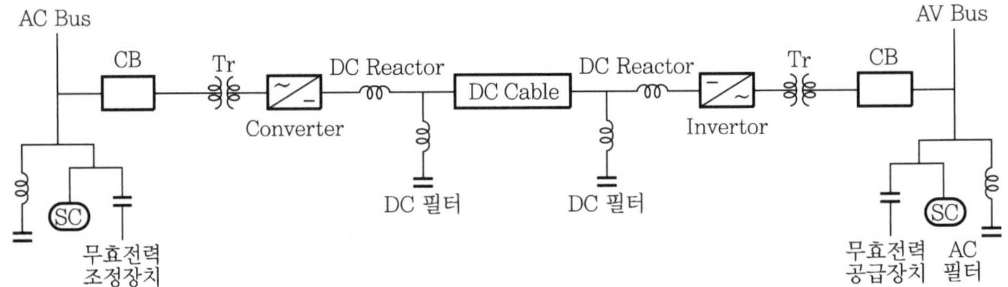

(2) 직류 송전방식이란 직류 특고압 및 초고압에 의해서 국가 간 연계, 장거리 해저 케이블 전송, 장거리 연계 등에 활용되는 송전방식으로, 순변환소에서 교류를 직류로 변환시킨 후 송전 케이블이나 가공 송전선로로 직류 전력을 전송시킨 후 수요지 부근의 변전소에서 역변환시켜 교류로 AC 그리드에 공급되는 송전 시스템을 말한다.

2. 직류 송전의 특징(장단점)

(1) 직류 송전방식의 장점

① 전압의 최대치가 낮다.

㉠ 직류 전압＝교류의 최곳값의 $\dfrac{1}{\sqrt{2}}$ 로 절연이 용이하여 AC 보다 유리하다.

㉡ 가공 전선로의 애자수가 감소하고 전선 소요량도 감소하며 특히 초고압 가공 T/L 및 케이블에서 유리하다.

② 표피효과가 없다.

㉠ 표피효과란 전선의 중심부일수록 리액턴스가 커져서, 통전이 어려워 도체 표면의 리액턴스가 작은 곳으로 통전이 많다.

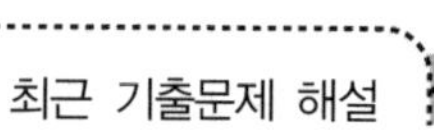

     ⓛ 표피효과의 깊이 $\delta = \dfrac{1}{\sqrt{\pi f \mu k}}$ 에서 전선 전체의 단면의 모든 부분을 통전한다는 의미이다.

     여기서, δ : 표피효과의 깊이, f : 주파수[Hz], μ : 투자율[H/m]

         k : 도전율

③ 유전손이 없다.

     ㉠ 유전체손 : $W_d = E\,I_R = 2\pi f\,C E^2 \tan\delta\,[\text{W/m}^2]$에서 $f = 0$이므로 $W_d = 0$이다.

     ㉡ 케이블의 온도 상승 요인이 저항손, 유전체손, 연피손(시스손)에 기인하므로, 직류의 유전체손이 없는 만큼, DC Cable의 온도 상승은 감소한다.

④ 정전용량에 무관하여 송전선로의 충전이 불필요하다.

⑤ 직류의 전압과 전류는 동위상이어서 $\sin\delta = 0$이기 때문에 무효전력을 필요로 하지 않는다. 따라서, 자기여자 현상이 없고, 페린티 효과도 없다.

⑥ 역률 1로 송전효율이 높다.

⑦ 계통의 안정도 향상

     ㉠ 교류 계통은 송전전력 한계가 $P = \dfrac{V_S V_R}{X}\sin\delta$에 의해 제한되나 DC는 안정도에 영향이 없어 계통의 안정도 향상 효과가 발생한다.

     ㉡ 신속한 조류제어 가능으로 교류 계통의 사고에 의해 발생된 주파수 교란을 직류 진력제어를 통하여 세어 가능하브로, 연계계통의 과도 안정도가 향상된다.

     ㉢ 송·수전단이 각각 독립운전이 가능하다.

⑧ 주파수 다른 계통과 비동기 연계(back to back system 적용 가능)가 가능하다.

⑨ 교류 계통 간을 연계할 경우 직류 연계에 의한 단락용량의 증가는 없다.

⑩ 대지귀로 송전이 가능한 경우는 귀로도체를 생략한다.

(2) 직류 송전방식의 단점

① 변환장치는 유효전력 50 ~ 60%로 무효전력을 소비하므로 무효전력 보상설비의 경비가 크다.

② 단락전류가 작은 교류 계통에 연계할 경우 교류 연계점에서 전압 불안정 현상이 발생한다.

③ 교류 계통보다 자유도가 작고 제어방식 및 차단기의 신뢰성이 제고되어야 한다.

④ 변환장치가 고가로 소용량 단거리 송전계통에 적용하는 것은 비경제적이다.

⑤ 변환장치에서 고조파가 발생하므로 이의 방지대책이 요구된다.

⑥ 전기부식의 우려가 크다.

3. 직류 송전방식의 Back to Back 방식과 Point to Point 방식의 특징 비교

(1) Point – to – Point 방식

① **정의** : 가공선이나 케이블로 송전선로를 건설하여 두 지점을 계통연결하는 방식으로, HVDC의 기본적인 구성방식이다.

② **구분** : 모노폴라(monopolar : 단극) 방식과 바이폴라(bipolar : 양극) 시스템으로 구분한다.

③ **특징**

㉠ 통상 양극은 동일 전류로 동작되며, 이러한 조건하에서는 접지류의 흐름은 0이다.

㉡ 이 방식은 2개의 극 중 한 극에 고장이 발생하더라도 다른 한 극만으로 운전이 가능한 장점이 있다.

㉢ PTP 방식에서 송전전압은 최소의 투자비와 최소의 송전손실에 대하여 최적화된 값으로 결정된다.

(2) Back – to – Back 방식

① **구성도** : PTP 시스템 방식에서 송전선로가 없는 방식으로서, 다음 그림과 같다.

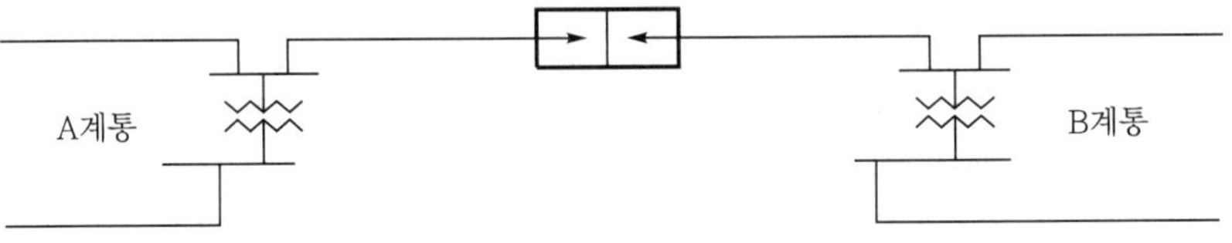

▌BTB 전송방식 ▌

② **특징 및 목적**

㉠ 주파수나 위상변환 또는 계통의 안전화가 주된 목적이다.

㉡ 송전선이 없고, 중·소 용량의 전력량만 전송한다.

㉢ 대규모 계통에 존재하는 저차고조파의 영향을 줄이고, 송전용량을 증대시킬 목적이다.

㉣ 2개의 변환기가 동일 장소(동일 변전소 내)에 있는 직류 송전선이 없는 시스템이다.

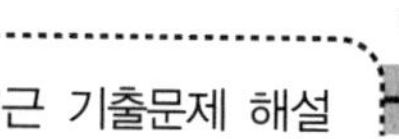

ⓜ 직류 송전선이 없으므로 PTP에 비해 저전압, 대전류의 설계가 가능하여 절연설계 측면에서 유리하다.

ⓗ 설치장소와 기타 설비가 공유할 수 있어 PTP 방식보다 비용이 15 ~ 20% 경제적이다.

[가공 송전]

002 가공 송전선로 철탑 기초의 종류 3가지를 쓰고, 각각의 장단점을 설명하시오.

data 발송배전기술사 24-134-1-6 / 발송배전기술사 출제예상문제

답안 철탑 기초 중 주요 종류별 장단점 비교

구분	역 T형 기초	Pier 기초(심형 기초)	현장 타설 말뚝 기초
장점	• 시공이 비교적 단순함 • 지반상태, 지층의 육안 확인이 가능하므로 신뢰성이 높음 • 154/345kV 산악지 철탑 기초에 대부분 채택하여 시공경험이 많음	• 사용장비가 적고 간편한 공법임 • 굴착면이 좁아 산림 훼손 면적이 작음 • 산악 경사지에 유리함 • 큰 설계하중(인발력, 압축력)에 직합한 구조물 • 주각재 청각 설계 및 수평 지지력 등 많은 연구를 통해 얻은 공식 전용으로 신뢰성이 높음	• 인발 저항력이 큼 • 시공속도가 빠르고 토지조건에 관계없이 시공 가능함 • 말뚝 길이 조절이 간단함
단점	• 설계하중이 작은 곳에 채택 • 산림 훼손 면적이 큼 • 기초의 되메우기 상태에 따라 신뢰성 평가 • 지반상태에 영향을 받음 • 소규모 철탑에 적용 • 경사면의 영향을 많이 받음 • 상판 폭이 7m 이상 되면 시공 곤란함	• 용수 및 지하수위가 높은 지층에서는 시공 불가 • 시공속도가 느리고 숙련 작업 필요 • 안전관리에 주의 필요 • 굴착장비 개발 필요 • 연임 및 경암 등의 성실암에서의 발파로 인한 시공속도 저하 • 굴착고가 큰 경우 작업자를 위한 환기장치 필요	• 대형 장비 및 넓은 작업장 필요 • 말뚝 시공 품질 관리 필요

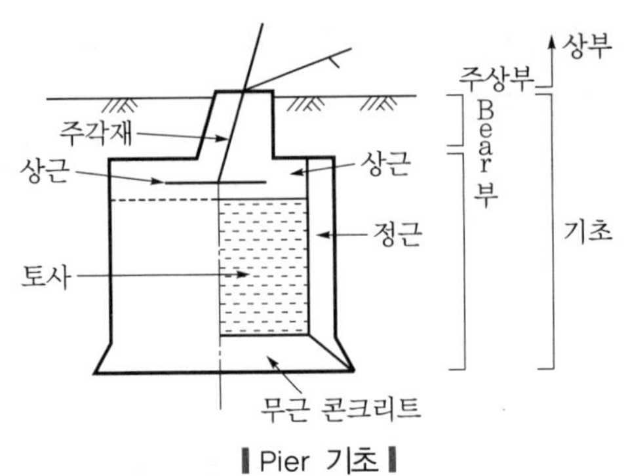

❙ Pier 기초 ❙

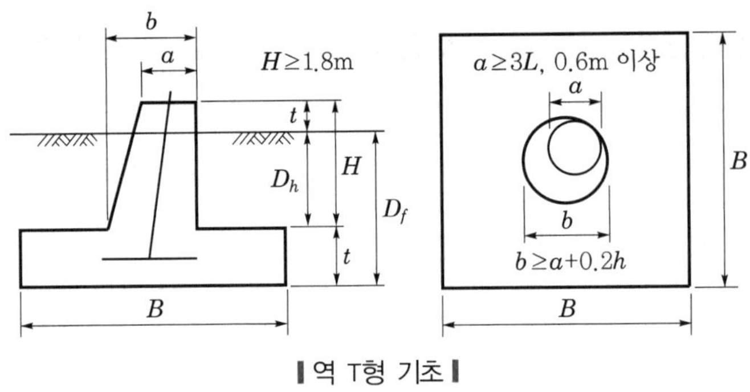

❙ 역 T형 기초 ❙

003 가공 송전선에서 발생할 수 있는 부식에 대하여 설명하시오.

(data) 발송배전기술사 24-134-1-12, 전기안전기술사 19-117-2-1 / 발송배전기술사, 전기안전기술사 출제예상문제

[답안] **1. 대기부식(atmospheric corrosion)**

    (1) 대기 중의 가스(NO_x, SO_x)와 전선 표면의 접촉에 따라 발생하는 부식으로서, Uniform corrosion과 Pit corrosion으로 구분할 수 있다.

    (2) 대기 중에 노출된 모든 송전선로는 영향이 있다.

    (3) 접촉전위에 의한 부식이 발생한다.

2. 전해부식(galvanic corrosion, 이종금속 접촉부식)

ACSR 전선의 아연도강연선과 경알루미늄 소선이 서로 접촉함에 따라 발생하는 이종 금속 간의 접촉전위에 의한 부식이 발생한다.

3. 간극부식(crevice corrosion)

빗물에 내포된 염소이온 등이 ACSR 전선 내부에서 스며들어 국부적으로 금속 표면과 반응함으로써 취약부를 형성하여 발생하는 부식이다.

4. 코로나에 의한 전선의 부식 촉진

코로나에 의한 오존(O_3) 및 산화질소가 공기 중의 수분과 흡수 화합하여 초산(HNO_3)이 되어 전선과 바인드선을 열화 부식시킨다.

5. 응력부식

(1) 금속재료에 응력이 가해진 상태에서 특정의 부식환경이 조성되면 갈라진 면에서 부식이 진행되어 결국은 파단에 이르게 된다.

(2) 응력부식에 의한 파단현상은 응력과 부식이 중첩되어 발생하는 현상으로, 사용조건에 따라 발생시기가 매우 다르다.

(3) 응력부식은 파단될 때까지 외견적인 징후가 나타나지 않아 현장에서 조기 발견이 어렵다.

6. 피로부식

(1) 부식환경 하에서 금속에 가해지는 응력에 변동이 있는 경우 발생하는 부식이다.

(2) 응력부식과 다른 점은 금속에 가해지는 응력이 동적으로 변한다는 점이다.

(3) 주로 대전류와 같이 항상 진동이 발생하는 개소에서 발생한다.

7. 대책

(1) 시공 감리 및 품질 검수 감리에 만전을 기한다.

(2) 기계적 강도가 품질업무 지침에 합격한 제품을 사용한다.

(3) 시공 시 이물질이 접속 금구 등에 침입하지 않게 시공을 철저히 하고 감리를 강화한다.

(4) On-line상에서 부식을 사전에 발견할 수 있는 센서 개발과 적용을 시행한다.

(5) 유효 적정한 코로나 대책 강구

[지중 전선로]

004 지중 송전선로에서 발생할 수 있는 프리 스네이크(free snake) 현상과 이를 방지하기 위한 스네이크(snake) 포설방식에 대하여 설명하시오.

(data) 발송배전기술사 24-134-1-11 / 발송배전기술사, 전기안전기술사 출제예상문제

답안 1. 스네이크(snake) 부설에 대한 필요성

(1) 전력구에서는 케이블을 행거나 방재 트로프 내에 설치한다.

(2) 이 경우 케이블에 대하여 구속력이 작기 때문에 관로에 설치할 때와 같이 열신축량이 크고, 경사지에는 활락현상이 발생하기 쉽다.

(3) 특히 케이블 경과지 중 곡선부에서의 케이블의 이동이 심하고, 그 부분에 신축이 집중되어 케이블이 극단적으로 구부러진다. 이런 현상을 'Free snake 현상'이라 부른다.

(4) 이러한 현상을 완화하기 위하여, 전력구 내에 케이블을 설치할 때에는 뱀이 기어가는 것과 같이 케이블을 구불구불하게 설치하는 것을 스네이크(snake) 부설이라 한다.

2. Snake 부설의 개념도

아래 그림은 케이블이 열팽창하였을 때 점선과 같이 변위를 일으키며 신축량을 흡수하는 것을 보여주고 있다.

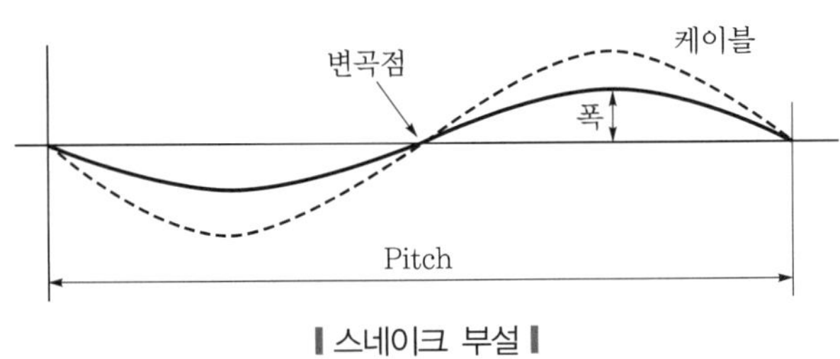

‖ 스네이크 부설 ‖

3. Snake 부설의 특징

(1) 열신축은 Snake 현상의 변화에 따라서 흡수되기 때문에 맨홀에서의 케이블 신축은 현저히 감소되고, Off-set 길이를 줄일 수 있다.

(2) Snake의 변곡점 또는 끝부분을 Cleat로 고정하면 직선적으로 설치할 때보다 훨씬 작은 구속력으로 고정할 수 있고, 크리트 구조도 간단하게 된다.

(3) 금속시스에 발생하는 형태 변화는 케이블 전구간에 걸쳐서 분산되어 Off-set 부분만에 집중되지 않는다.

(4) 케이블을 크리트로 고정하기 때문에 프리 스네이크(free snake) 현상이 발생하지 않는다.

(5) 경사지에서는 크리트에 요구되는 구속력이 현저히 감소되고, 간단히 고정할 수 있다. 전력 구내 케이블 스네이크는 수평 스네이크로 하고, 필요 시 수직 스네이크를 시행하며, 현재 국내에서 적용하고 있는 스네이크 설치 규격은 아래와 같다.

❚ 수평 스네이크 폭 및 피치 ❚

구분	345kV	154kV
Pitch	9m 이하	6m 이하
스네이크 폭	$1D_s$ 이상	$1.2D_s$ 이상

단, D_s : 케이블 시스의 평균 외경

comment 수험생 스스로 목차를 기록하도록 한다.

[안정도]

005 과도 안정도 향상 대책에 대하여 설명하시오.

data 발송배전기술사 24-134-3-2 / 발송배전기술시 출제예상문제

답안 **1. 개요**

사고가 발생하면 발전기는 탈조에까지 이르게 되므로, 과도 안정도 향상을 위해서는 무엇보다도 발전기 가속을 억제하는 대책을 취해야 한다.

(1) 과도 안정도의 정의

과도 안정도란 계통의 주어진 과도 안정도 운전조건 하에서 안정하게 운전을 지속할 수 있는가의 여부를 결정하는 능력이다.

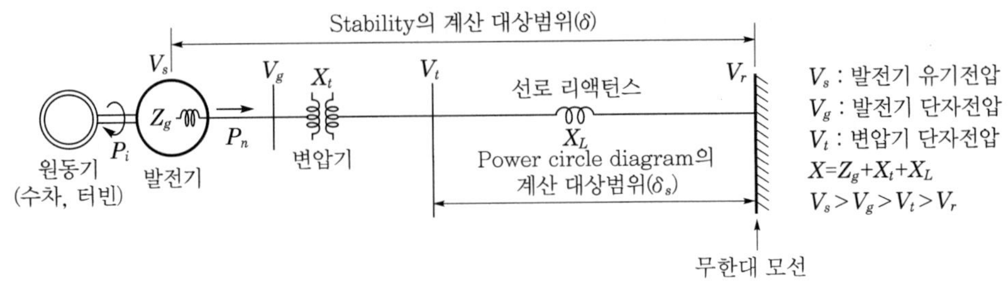

▌ 전력계통의 안정도 및 원선도 등가회로 ▌

(2) 과도 안정도의 기본식

$$\frac{d^2\theta}{dt^2} = \frac{d\omega}{dt} = \frac{\omega}{M}(P_i - P_n) = \frac{\omega}{M}\left(P_i - \frac{V_s V_r}{x}\sin\theta\right) \quad \cdots\cdots \text{식 1)}$$

여기서, θ : 상차각, ω : 회전체 각속도, M : 단위 관성정수

P_i : 기계적 입력, P_n : 전기적 출력, x : 계통의 리액턴스

① 발전기가 탈조한다는 것은 식 1)의 우변이 고장 중 급격히 커지든지 고장 제거 후(1회선 차단)에도 상당한 시간동안 정의 값을 취하기 때문에 일어난다.

② 발전기 가속 억제대책

　　㉠ 강제적으로 전기적 출력 증대(P_n 증대)

　　㉡ 터빈으로부터 공급되는 기계적 입력(P_i) 경감

　　㉢ 관성정수 M 증대

2. 안정도 향상 대책

(1) 계통의 직렬 리액턴스를 감소시킴

① 발전기와 변압기의 리액턴스가 감소하면 단락비가 커지고 관성정수도 증가하므로 과도 안정도 향상

　　㉠ 대용량 발전기를 채용하면 $K_S = \dfrac{1}{x_d}$ 단락비가 커짐

　　㉡ 단권 변압기 채용으로 리액턴스가 감소되어 과도 안정도 향상

② 선로의 병행회선을 증가하거나 복도체 사용 : 리액턴스가 20% 정도 감소되고, 코로나 개시전압이 높아지므로 안정도는 향상

　　㉠ $L_n = \dfrac{0.05}{n} + 0.4605\log_{10}\dfrac{D}{\sqrt[n]{rS^{n-1}}}$ [mH/km]

　　여기서, S : 소도체 간격[m]

  ⓒ $C_n = \dfrac{0.02413}{\log_{10}\dfrac{D}{\sqrt[n]{rS^{n-1}}}}\,[\mu\text{F}]$

   여기서, n : 소도체수, r : 소도체 반지름[m]

  ⓒ L은 20% 감소하고, 코로나 개시전압 증가, 정전용량은 20 ~ 30% 정도
   증가되어, 안정도가 향상된다.

③ 직렬 콘덴서를 삽입해서 선로의 리액턴스 보상 : 선로정수를 변화시켜서 선로의
 전압강하를 감소시키거나 수전단 전압의 맥동을 작게 하는 것으로 선로의
 중앙점 부근에 두는 것이 좋다.

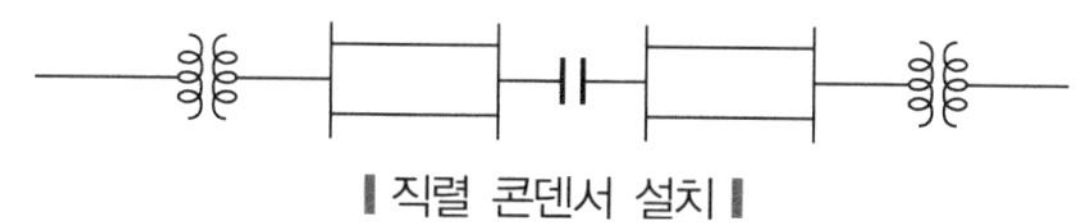

‖ 직렬 콘덴서 설치 ‖

(2) 전압변동의 억제

① 속응 여자방식의 채용
  ㉠ 고장 발생으로 발전기 전압이 저하하더라도 여자기의 전압 상승률이 크
   고, 정상전압이 크며 응답속도가 빠른 자동전압 조정기를 사용하여 발전
   기 전압을 일정 수준까지 유지시키면 그만큼 안정도가 향상된다.
  ㉡ 일반 여자기의 전압 상승률 : 30 ~ 100V/s
   속응 여자기의 전압 상승률 : 수천 V/s
   정상전압(ceiling voltage) : 1000V 정도

② 계통연계 : 여러 계통을 적당한 장소에서 서로 연락하면 계통용량이 증대되어
 튼튼해지므로 고장 시 전압 변동이 감소된다.

③ 중간 조상방식의 채용
  ㉠ 선로의 송·수전 양단의 중간위치에 조상기를 설치하여 이점의 전압을
   상승시켜 일정하게 유지함으로써 안정극한 전력을 증대시킬 수 있다.
  ㉡ 송·수전단의 용량과 맞먹을 정도의 조상기 용량을 필요로 하므로 경제적
   인 면에서 문제가 된다.

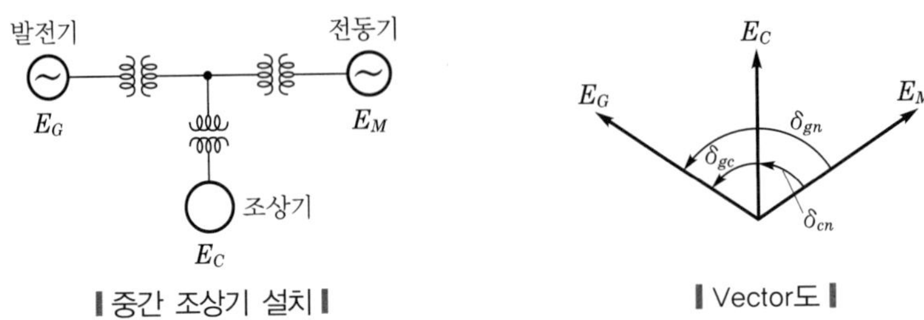

∎ 중간 조상기 설치 ∎   ∎ Vector도 ∎

(3) 사고 시 계통에 주는 충격의 경감

① 적당한 중성점 방식의 채용 : 소호 리액터 방식 > 비접지 > 고저항 접지 > 직접 접지

② 보호계전방식 중 고속 차단방식 채용

㉠ 보호계전방식을 완비해서 고장구간의 양단을 신속하게 동시에 차단한다.

㉡ 차단시간이 늦어지면 늦어질수록 양단의 동기 상차각은 벌어지게 되어 과도 안정도가 나빠진다.

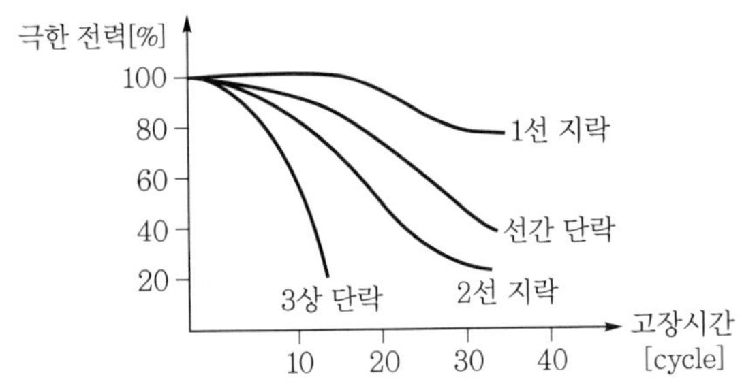

∎ 고장 차단시간이 과도 안정도에 미치는 영향 ∎

(4) 재폐로 방식의 채용

① 재폐로 방식이란 반송 보호계전방식에 의해 고속차단–재폐로 동작을 자동적으로 실시하는 방법이다.

② 3상 재폐로와 단상 재폐로의 두 가지가 있으며 단상 재폐로 방식이 안정도면에서 더 유리하다.

(5) 고장 중 발전기의 기계적 입력과 전기적 출력 차이의 최소화(고장 시 전력변동 억제대책)

① 초고속 조속기 채용 : 동작이 빠른 조속기가 나오면 그만큼 안정도 증진에 유효

② 동적 제동(dynamic braking) 및 TCBR(Thyrister Control Braking Resistor) : 고장과 동시에 발전기 회로에 직렬로 저항을 넣어줌으로써 출력의 불평형을 완화시킨다.

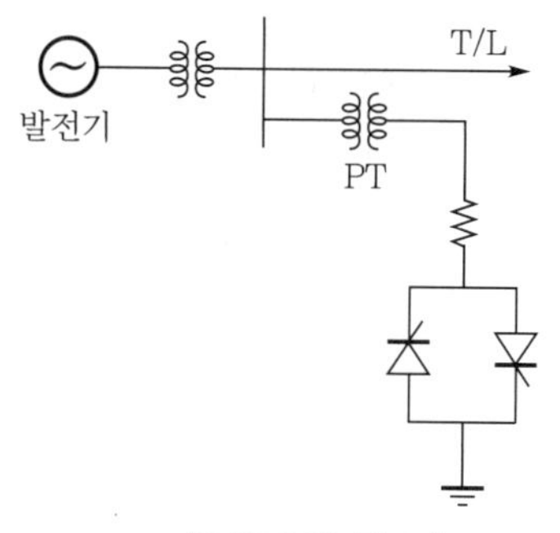

▮ TCBR의 구조 ▮

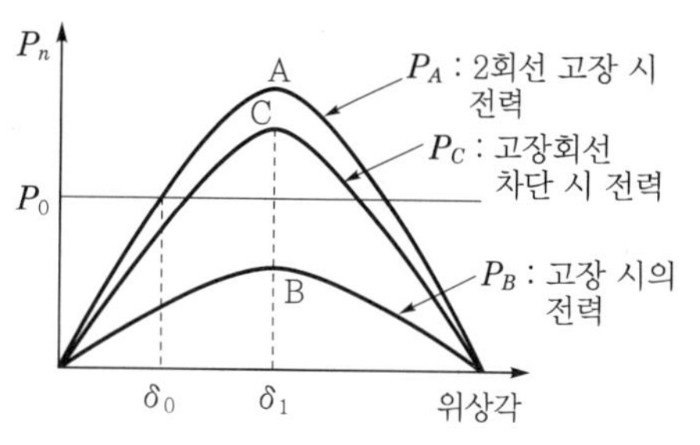

▮ EVA에 의한 안정화 원리 ▮

(6) EVA(고속 터빈 밸브 제어) 채용

차단이 너무 늦으면 안정도 회복이 안 되므로 EVA를 사용하고 기계적 입력(入力)(터빈 입력)을 경감시켜 등면적법에 의한 과도 안정도 향상에 유효하다.

(7) FACTS 설비 적정 적용

FACTS 설비 종류	FACTS 주요 기능과 시스템	직·병렬 보상구분	보상대상
UPFC (Unified Power Flow Controller) : 종합 조류 제어기	(전압원 인버터 시스템) 안정도 향상, 위상각 제어, 전압 제어, 전력 조류 제어,	직·병렬 보상	$\delta,\ V,\ X$
STATCOM (Static Synchronous Compensator) : 정지형 동기 직렬 보상장치	(전압원 인버터 시스템) 안정도 향상, 전압 유지	직·병렬 보상	$X,\ V$
SVC (Static Var Compensator) : 정지형 무효전력 보상장치	(사이리스터 스위칭 시스템) 전압 유지	병렬 보상	V
TCSC (Thyristor Controlled Series Capacitor) : 사이리스터 제어 직렬 커패시터	(사이리스터 스위칭 시스템) 안정도 향상, 임피던스 제어, 조류 제어	직렬 보상	X
TCBR (ThyristoR Controlled Braking Resistor) : 사이리스터 제어 제동저항	(사이리스터 스위칭 시스템) 안정도 향상, 계통동요 억제	병렬 보상	P
TCPR (Thyristor Controlled Phase Angle Regulator) : 사이리스터 제어 위상 변환기	(사이리스터 스위칭 시스템) 안정도 향상, 위상각 제어, 전력조류 제어	직렬 보상	$\delta,\ V,\ X$

FACTS 설비 종류	FACTS 주요 기능과 시스템	직·병렬 보상구분	보상대상
SSSC (Static Synchronous Series Compensator) : 정지형 동기 직렬 보상장치	(전압원 인버터 시스템) 전력조류 제어, 임피던스 제어, 안정도 향상	직렬 보상	X

※ UPFC, STATCOM, SVC, TCSC의 FACTS 설비는 23년 현재 적용 중이다.

comment 수험생 스스로 목차를 기록하도록 한다.

006 아래의 계통에서 1선 지락, 2선 지락, 3상 단락 순으로 계통의 안정도가 더 가혹하게 나빠짐을 고장 임피던스와 전력 전송공식을 이용하여 설명하시오. (단, 고장 시 영상 및 역상 임피던스는 1보다 작음)

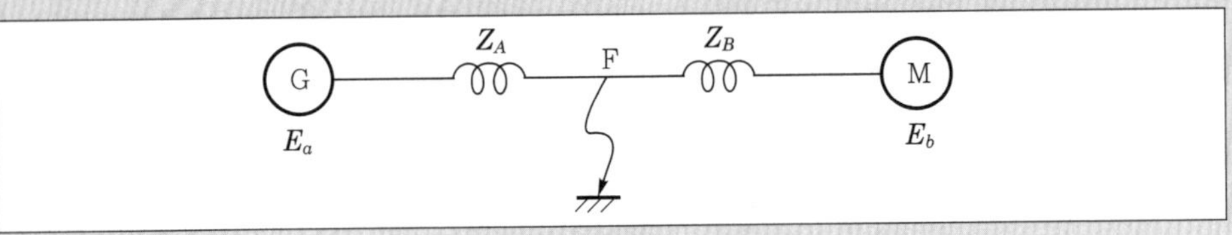

data 발송배전기술사 24-134-4-4 / 발송배전기술사 출제예상문제

답안 **1. 개요**

(1) 고장 시에 있어서 안정도의 정도는 고장 중의 송전전력을 계산함으로써 알 수 있다.

(2) 고장 시의 전력 계산식은 먼저 정상분 등가회로를 만들고 고장의 종류에 따라 정해지는 등가 고장점 임피던스(Z_F)를 정상회로의 고장점과 병렬(지락·단락 고장 시) 혹은 직렬(단선 고장 시)로 연결해서 마치 이것을 평형부하와 같이 취급함으로써 송전전력을 계산한다.

2. 고장 시 송전전력

(1) 고장 중 등가 정상회로

계산을 간단히 하기 위하여 다음 그림 (a)의 송전선에서 고장(단, 단선 고장 제외)이 일어났다고 하면 고장 중의 등가 정상회로는 그림 (b)처럼 되고, 이것을 Y → △ 변환하면 그림 (c)가 된다.

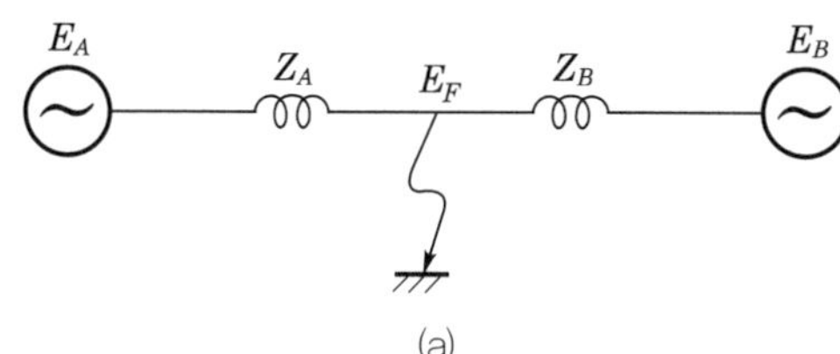

E_A, E_B : 양단 동기기의 배후 전압
E_F : 고장점에서의 고장 발생 전 대지전압
Z_A, Z_B : 고장점에서 양측으로 본 정상 임피던스

(a)

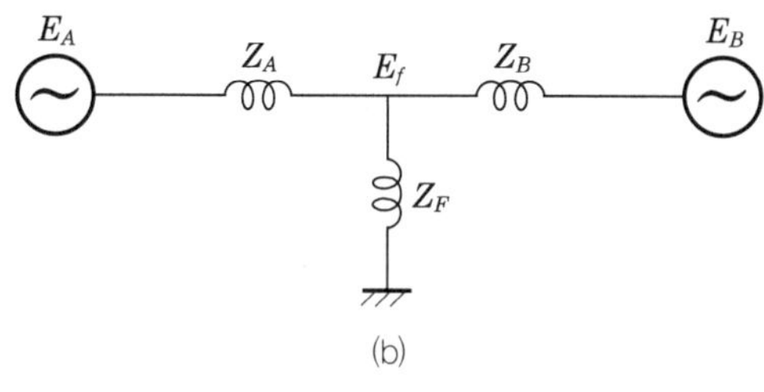

$$Z_A = Z_{g1A} + Z_{tA} + Z_{l1A}$$
$$Z_B = Z_{g1B} + Z_{tB} + Z_{l1B}$$

(b)

- Z_{g1A}, Z_{g1B} : 양단 초기
  과도 정상 임피던스
- Z_{tA}, Z_{tB} : 양단 변압기 임피던스
- Z_{l1A}, Z_{l1B} : 선로의 좌우 측 정상 임피던스
- Z_F : 고장점 임피던스

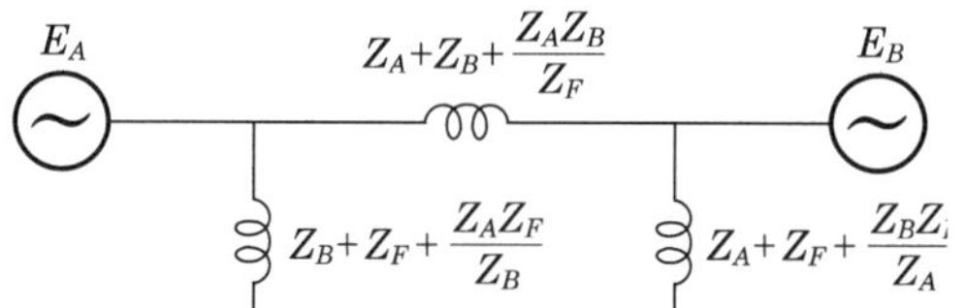

(c)

┃ 선로 고장 시 등가 고장회로 ┃

(2) 고장 중의 전달 임피던스 Z와 송전전력 P' 산출

① 고장 중의 전달 임피던스는 위 그림 (c)와 같다.

$$Z = Z_A + Z_B + \frac{Z_A Z_B}{Z_F}$$

② 이때의 송전전력 P'는 다음과 같다.

$$P' = \frac{E_A E_B}{Z_A + Z_B + \dfrac{Z_A Z_B}{Z_F}} \sin\delta$$

여기서 δ : E_A, E_B 간의 상차각

3. 1선 지락 고장 시의 등가 고장점 임피던스(Z_F) 유도와 전력전송 크기

(1) 1선 지락전류

$$I_g = \frac{3E_F}{Z_0 + Z_1 + Z_2}$$

(2) 고장점에서 대지로 흐르는 정상 전류

$$I_1 = \frac{E_F}{Z_0 + Z_1 + Z_2} = \frac{E_F}{Z_1 + Z_F}$$

$$\therefore \ Z_F = Z_0 + Z_2$$

(3) 1선 지락 고장 시의 전력전송 크기

$$P' = \frac{E_A E_B}{Z_A + Z_B + \dfrac{Z_A Z_B}{Z_F}} \sin\delta \text{에서 } Z_F \text{에 } Z_F = Z_0 + Z_2 \text{를 대입하여 전력전송}$$

크기를 구하면 다음과 같다.

$$\therefore \ P' = \frac{E_A E_B}{Z_A + Z_B + \dfrac{Z_A Z_B}{Z_0 + Z_2}} \sin\delta$$

4. 2선 지락 고장 시 등가 고장점 임피던스(Z_F) 유도

(1) 고장점에서 대지로 흐르는 2선 지락 시의 정상전류

$$I_1 = \frac{E_F}{Z_1 + \left(\dfrac{Z_0 Z_2}{Z_0 + Z_2}\right)} = \frac{E_F}{Z_1 + Z_F}$$

$$\therefore \ Z_F = \frac{Z_0 Z_2}{Z_0 + Z_2}$$

(2) 2선 지락 고장 시의 전력전송 크기

$$P' = \frac{E_A E_B}{Z_A + Z_B + \dfrac{Z_A Z_B}{Z_F}} \sin\delta \text{에서 } Z_F \text{에 } Z_F = \frac{Z_0 Z_2}{Z_0 + Z_2} \text{를 대입하여 전력전송}$$

크기를 구하면 다음과 같다.

$$\therefore \ P' = \frac{E_A E_B}{Z_A + Z_B + \dfrac{Z_A Z_B}{\dfrac{Z_0 Z_2}{Z_0 + Z_2}}} \sin\delta$$

5. 3상 단락 고장 시의 등가 고장점 임피던스(Z_F) 유도

(1) 고장점에서 대지로 흐르는 3상 단락 시의 정상전류

$$I_1 = \frac{E_F}{Z_1} = \frac{E_F}{Z_1 + Z_F}$$

$$\therefore \ Z_F = 0$$

(2) 3상 단락 고장 시의 전력전송 크기

$$P' = \cfrac{E_A E_B}{Z_A + Z_B + \cfrac{Z_A Z_B}{Z_F}} \sin\delta \text{에서 } Z_F \text{에 } Z_F = \cfrac{Z_0 Z_2}{Z_0 + Z_2} \text{를 대입하여 전력전송}$$

크기를 구한다.

$$\therefore \ P' = \cfrac{E_A E_B}{Z_A + Z_B + \cfrac{Z_A Z_B}{0}} \sin\delta = 0$$

6. 결론

(1) 1선 지락 시 전송전력

$$P' = \cfrac{E_A E_B}{Z_A + Z_B + \cfrac{Z_A Z_B}{Z_0 + Z_2}} \sin\delta$$

(2) 2선 지락 시 전송전력

$$P' = \cfrac{E_A E_B}{Z_A + Z_B + \cfrac{Z_A Z_B}{\cfrac{Z_0 Z_2}{Z_0 + Z_2}}} \sin\delta$$

(3) 3상 단락 시 전송전력

$$P' = \cfrac{E_A E_B}{Z_A + Z_B + \cfrac{Z_A Z_B}{0}} \sin\delta = 0$$

(4) '1선 지락 시 전송전력 > 2선 지락 시 전송전력 > 3상 단락 시 전송전력'임을 알 수 있다.

(5) 결론적으로 1선 지락, 2선 지락, 3상 단락 순으로 계통의 안정도가 더 가혹하게 나빠진다.

007 피뢰기의 다음 항목에 대하여 설명하시오.

1. 구비조건
2. 정격전압
3. 제한전압

data 발송배전기술사 24-134-2-3 / 발송배전기술사, 건축전기설비기술사, 전기안전기술사, 전기응용기술사 출제예상문제

답안 1. 구비조건

(1) 충격 방전 개시전압이 낮을 것

① 피뢰기의 단자 간에 충격 전압을 인가하였을 경우 방전을 개시하는 전압을 충격 방전 개시전압이라고 한다.

② 충격비의 수식

$$\text{충격비} = \frac{\text{충격 방전 개시전압}}{\text{상용 주파 방전 개시전압의 파고값}}$$

(2) 상용 주파 방전 개시전압이 높을 것

① 상용 주파수의 방전 개시전압(실횻값)을 상용 주파 방전 개시전압이라고 하는데 보통 이 값은 피뢰기의 정격 전압의 1.5배 이상이 되도록 한다.

② 154kV 경우 : $138 \times 1.5 ≒ 207\,kV$

(3) 방전내량이 크고, 제한전압이 낮을 것

① 방전내량

㉠ 정의 : Gap의 방전에 따라 피뢰기를 통해서 대지로 흐르는 충격전류를 피뢰기의 방전전류라 한다.

㉡ 피뢰기 방전전류의 허용 최대 한도를 방전내량이라 하며, 파고값이다.

㉢ 방전전류의 적용 예

적용 개소	공칭 방전전류[kA]
발전소, 154kV 이상 전력계통, 66kV 이상 S/S, 장거리 T/L용	10
변전소 (66kV 이상 계통, 3000kVA 이하 뱅크에 적용)	5
배전선로용(22.9kV, 22kV), 일반수용가용(22.9kV용)	2.5

㉣ 선로 및 발·변전소의 차폐 유무와 그 지방의 IKL를 참고로 하여 결정한다.

② 제한전압 : 피뢰기 방전 중 이상전압이 제한되어 피뢰기의 양 단자 사이에 남는 (충격)임펄스 전압으로, 방전 개시의 파고값과 파형으로 정해지며, 파고값으로 표현한다.

(4) 속류 차단능력이 신속할 것

① 방전 전류에 이어서 전원으로부터 공급되는 상용 주파수의 전류를 속류라고 한다.

② 속류는 특성 요소에 의해서 어느 일정 값 이하로 억제되어야 하기 때문에 직렬 갭으로 차단하고 있다.

(5) 경년변화에도 열화가 쉽게 안 될 것

(6) 우수한 비직선성 전압-전류 특성을 가질 것

Gap형과 Gapless형의 특성 요소별 특성곡선을 비교하면 다음과 같다.

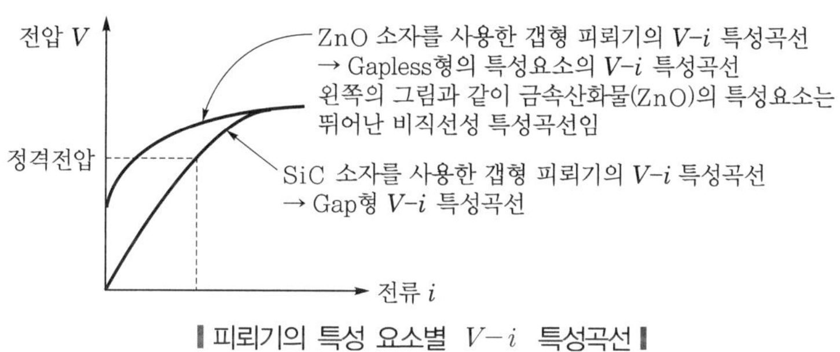

∥ 피뢰기의 특성 요소별 $V-i$ 특성곡선 ∥

(7) 경제적일 것

2. 피뢰기 정격전압

(1) LA의 정격전압이란 상용 주파 허용 단자전압으로 피뢰기에서 속류를 차단할 수 있는 최고의 상용 주파수의 교류 전압으로 실횻값으로 나타낸다.

(2) 피뢰기 양단자에 인가된 상태에서 소정의 단위동작 책무를 소정의 횟수만큼 반복 수행할 수 있는, 속류를 차단할 수 있는 정격 주파수의 상용 주파 전압의 실횻값이다.

(3) LA이 정격전압 4가지 선정방법

① 유효접지 계통 LA의 정격전압

$$V_L = \alpha \beta V_m$$

여기서, α : 접지계수, β : 여유율, V_m : 계통 최고 전압

ㄱ 접지계수 α : 1선 지락 시 건전상의 대지전위 상승값과 상규 선간전압과의 비

$$접지계수 = \frac{1선\ 지락시\ 건전상의\ 대지전위}{지락\ 전\ 최대\ 선간전압}$$

ㄴ 공칭전압(접지계수) : 22kV(0.8), 154kV(0.75), 345kV(0.67), 765kV(0.64)

ㄷ 여유율 β : 유효접지 1.05 ~ 1.1, 비유효접지 1.15 정도

ㄹ 최고 전압 V_m : 해당 계통 지속운전 가능한 최고 전압

$$공칭전압 \times \frac{1.15}{1.1}$$

② 비유효접지 계통

$$V_n = V \times \frac{1.4}{1.1}\,[\mathrm{kV}]$$

③ 직접접지

$$V_n = V \times 0.8 \sim 1.2\,[\mathrm{kV}]$$

④ 저항접지, 소호리액터접지

$$V_n = V \times 1.4 \sim 1.6\,[\mathrm{kV}]$$

(4) 정격전압 결정 시 고려사항

① 정상 시 : 단시간 과전압에 동작하지 않을 것

ㄱ 페란티현상, 자기여자현상, 1선 지락 시 건전상 전위 상승값에 부동작

ㄴ 접지방식에 따라 단시간 과전압 양상이 다르므로 유효접지를 선정할 때 검토할 것

② 방전 시

ㄱ 제한전압 : 정격전압의 1.6 ~ 3.6배이므로 제한전압과 Tr 내량 확인

ㄴ 방전내량 : 공칭 방전전류에 견딜 수 있는 정격전압 선정

③ 절연협조

ㄱ 피뢰기 위치 검토 : 피뢰기와 가까운 위치

$$V_t = V_a + \frac{2uS}{V}$$

여기서, V_t : 기기에 걸리는 전압[kV]

V_a : 피뢰기의 제한전압[kV]

V : 서지의 전파속도[m/μs]

S : 피뢰기와 기기와의 거리[m]

μ : 침입파의 파두준도[kV/μs]

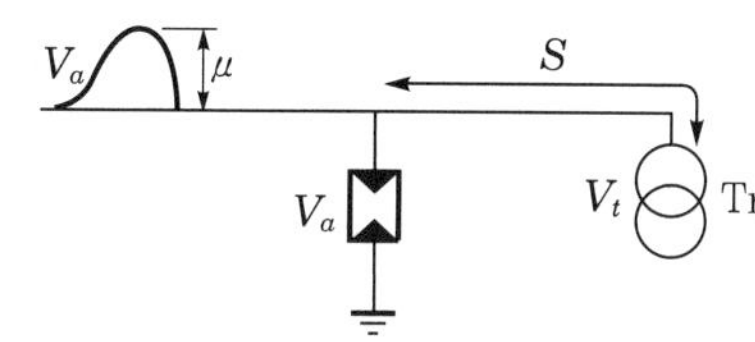

> **reference**
>
> **표현수식 다른 표현법**
>
> $$V_t = V_a + \frac{2Sl}{v} = V_a + 2St\,[\text{kV}]$$
>
> 여기서, S : 파두준도[kV/μs](가공 선로 : 200kV/μs 정도, 케이블 : 500kV/μs 정도)
>
> $l = vt$: 이격거리[m]
>
> V_t : 피뢰기의 제한전압[kV]
>
> v : 진행파의 전파속도[m/μs](가공 선로 : 300m/μs, 케이블 : 150~200m/μs)
>
> $t = \dfrac{l}{v}$: 전파시간[s]

    ⓛ 피보호기기 절연레벨

- 계통 최고 전압(V_m)
- 정격전압 : 속류 차단 가능한 접지계수와 여유계수 및 계통 최고 전압을 고려한 실효치
- 제한전압 : 정격전압 $\times (1.6 \sim 3.6)$배
- 변압기 BIL : 제한전압 $\times$ 1.2배(약 20% 여유를 줌)

3. 피뢰기 제한전압

(1) 정의

  ① 방전으로 저하되어 피뢰기 단자 간에 남게 되는 충격전압의 파고치

  ② 방전 중에 피뢰기 단자에 걸리는 전압

  ③ 공칭 방전전류에서의 피뢰기 단자전압

(2) 피뢰기의 제한전압 유도

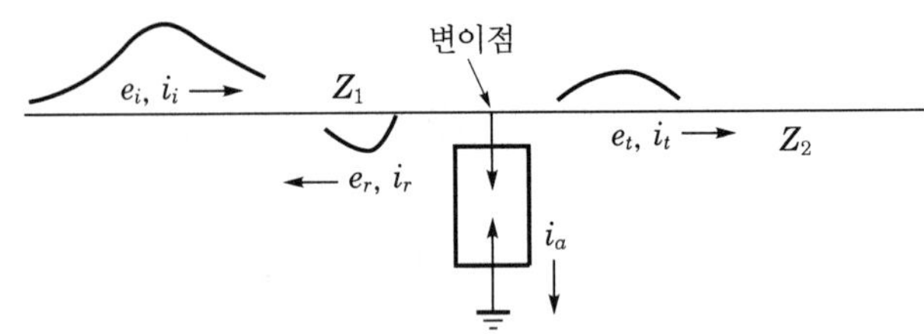

여기서, Z_1, Z_2 : 피뢰기 설치점(변이점) 전후의 특성 임피던스$\left(Z_1 = \sqrt{\dfrac{L_1}{C_1}},\ Z_2 = \sqrt{\dfrac{L_2}{C_2}} \right)$

e_i, i_i : 입사파 전압·전류, e_r, i_r : 반사파 전압·전류

e_t, i_t : 투과파 전압·전류, e_a : 제한전압, i_a : 피뢰기의 방전전류

∥ 피뢰기 설치점 전후의 이상전압과 방전전류 ∥

① 그림에서 전압은 키르히호프 제2법칙을 적용하면,

$$e_i - e_r = e_t = e_a \qquad \cdots\cdots\cdots\cdots\cdots\cdots\cdots \text{식 1)}$$

전류는 키르히호프 제1법칙을 적용하면

$$i_i - i_r = i_a + i_t \qquad \cdots\cdots\cdots\cdots\cdots\cdots\cdots \text{식 2)}$$

옴의 법칙을 적용하면

$$e_i = Z_1 i_1,\ \ v_r = - Z_1 i_r,\ \ v_t = Z_2 i_t \qquad \cdots\cdots\cdots\cdots \text{식 3)}$$

② 식 1)에 식 2)와 식 3)을 대입해 유도하면 다음과 같다.

$$e_a + Z_1 \left(\frac{e_a}{Z_2} \right) = 2 e_i - Z_1 i_a,\ \ e_a \left(1 + \frac{Z_1}{Z_2} \right) = 2 e_i - Z_1 i_a \qquad \cdots\cdots \text{식 4)}$$

③ 그러므로 $e_a = \dfrac{2 e_i - Z_1 i_a}{1 + \dfrac{Z_1}{Z_2}} = \dfrac{2 Z_2}{Z_1 + Z_2} e_i - \dfrac{Z_1 Z_2}{Z_1 + Z_2} i_a$

$$= \frac{2 Z_2}{Z_1 + Z_2} \left(e_i - \frac{Z_1}{2} i_a \right) \qquad \cdots\cdots\cdots\cdots\cdots \text{식 5)}$$

④ 피뢰기를 설치해서 보호하는 기기에 $\dfrac{Z_1 Z_2}{Z_1 + Z_2} i_a$ 만큼의 충격을 회피시킬 수 있음을 나타내고 그만큼 기기의 절연강도를 완화시킬 수 있어 경제성 효과가 우수하다.

4. 변압기의 절연강도와 피뢰기 제한전압 관계

(1) 변압기의 절연강도 > (피뢰기의 제한전압 + 피뢰기 접지저항의 저항강하)

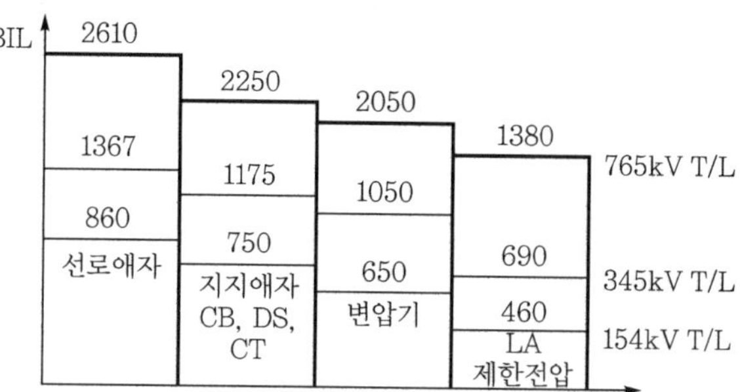

(2) 피뢰기의 제한전압과 계통의 BIL과의 관계 예(그림 참조)

① 제한전압 = BIL × 0.8 정도

② 충격 방전 개시전압 ≒ BIL × 0.85 정도

PART **02** 변전공학

[GIS 및 변압기]

001 가스 절연 개폐장치(GIS) 진단방법과 전력설비의 예방 보전방법(TBM, CBM)에 대한 개념을 설명하시오.

(**data**) 발송배전기술사 24-134-3-3 / 발송배전기술사, 건축전기설비기술사, 전기안전기술사, 전기응용기술사, 전기철도기술사 출제예상문제

답안 **1. 가스 절연 개폐장치(GIS) 진단방법**

(1) GIS 온라인 예방진단 개요

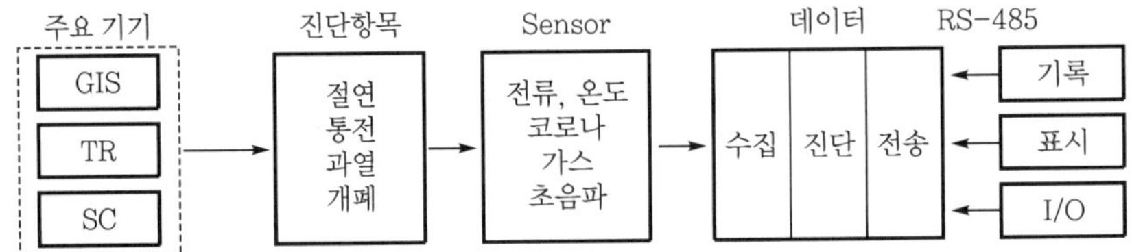

① 센서 : 각종 센서, 측정기를 GIS의 내부, 외함 또는 접지선에 설치한다.

② 신호처리 : 센서로 입력신호 발송 → 진단장치에서 A/D 변환, 필터링, 신호처리 후 → 컴퓨터로 전송

③ 진단용 컴퓨터 : 데이터 기록, 진단 결과 및 열화 추이 분석, 변화 추이를 감시

(2) GIS 온라인형 부분 방전 검출장치

① 전자파 검출(전자파 부분 방전 측정)

㉠ GIS 내부에 부분 방전 발생 시 주파수 범위가 광범위한 전자파가 발생한다.

㉡ 이 부분 방전으로 고주파 전압과 전류, 음향신호, 빛, 분해가스, 전자파 등이 생긴다.

㉢ 전자파 검출법

• 고주파 안테나 센서를 내장

• GIS 내부에서 발생하는 전자파 펄스 검출

• 스펙트럼 분석장치로 750 ~ 1500MHz대역의 주파수를 해석하는 기술

    ㄹ 특징
- 신뢰도가 확보된 수준까지 기술이 개발됨
- Noise 영향 최소화 가능
- 전압계급에 구애받지 않음
- 검출감도 측면에서 타 측정법보다 유리함

② 접지선 전류 검출
    ㉠ GIS 내부에서 부분 방전 시 GIS의 접지선에 고주파의 펄스전류가 흐른다.
    ㉡ 접지선의 페라이트 코어에 권선한 코일(로고스키 coil)로 이를 검출할 수 있다.

③ 절연 스페이서에 의한 전압 검출
    ㉠ GIS의 고전압 도체를 지지하는 절연 스페이서의 정전용량을 이용하여 부분 방전을 검출하는 방법
    ㉡ 스페이서 외부에 취부한 검출용 전극에 유기되는 고주파 펄스전압을 탐침으로 검출

④ 외피 전극법에 의한 전류 검출
    ㉠ GIS의 내부에 부분 방전이 발생하면 고주파 전류가 접지용기로 통전하게 되면 접지용기의 전위가 과도적으로 상승한다.
    ㉡ 이 용기의 전위진동을 용기 외피에 절연하여 취부시킨 전극을 이용해 검출하는 방식이다.

⑤ 음향·진동에 의한 진단(초음파 음향 측정)
    ㉠ GIS 내부에서 부분 방전 발생 시 아크에 의해 외함 벽에 고주파 충격진동이 발생
    ㉡ GIS의 외벽에 초음파 센서와 진동 가속도계를 이용하여 내부음향과 외함 미소 진동을 계측하는 방법

⑥ 화학적 검출에 의한 진단(SF_6 가스 분석)
    ㉠ GIS 내부에서 장기간 부분 방전이 발생할 경우 활성분해 생성물이 발생
    ㉡ 생성물 : SOF_4, SOF_2, SO_2F_2, SO_2 등
    ㉢ 가스 분석에 의하여 부분 방전의 발생 유무를 검출하기 위하여 검출 센서를 이용한다.
    ㉣ 변압기에도 유용한 진단기법으로, 변압기에는 유중 가스 분석법을 적용한다.

2. 온라인형 LA 누설전류 측정장치

(1) 피뢰기의 산화아연소자(ZnO)에 전압이 인가되면 소자의 저항분에 의한 누설전류가 흐르며, 이 누설전류에 의해 소자가 발열한다.

(2) 누설전류의 증가로 발열량(I^2R)이 방열량보다 큰 경우에는 피뢰기는 과열되고, 열폭주에 의하여 파괴에 이르게 되므로 평상시 LA의 누설전류를 모니터링 해야 한다.

(3) 피뢰기가 정상 상태일 때 절연체의 역할을 하므로 접지 측에 흐르는 누설전류는 수십 μA 밖에 흐르지 않는다.

(4) 누설전류 점검 시 정상 및 불량 판정

① 0.4mA 이하 : 정상

② 0.5mA 이상 : 불량

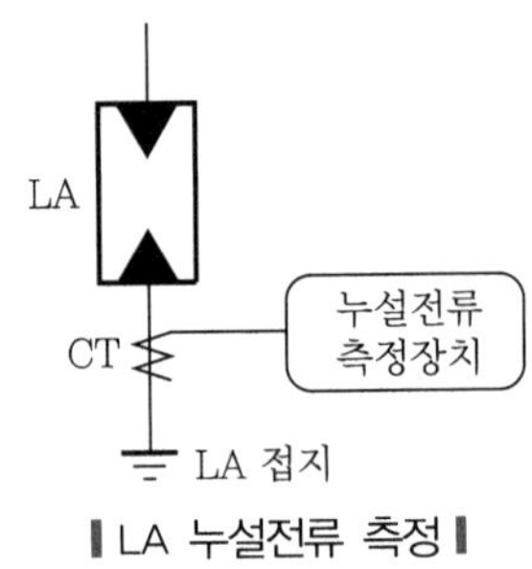

❚ LA 누설전류 측정 ❚

3. UHF PD 예방 진단 시스템

(1) 절연 열화 시 부분 방전에 의하여 전자파가 발생한다.

(2) 전자파(UHF)는 광대역(수백 MHz)에 걸쳐서 발생한다.

(3) 전자파는 약 3MHz에서 가장 많이 분포한다.

(4) 부분 방전 전자파(UHF)는 검출 안테나에 의해서 검출한다.

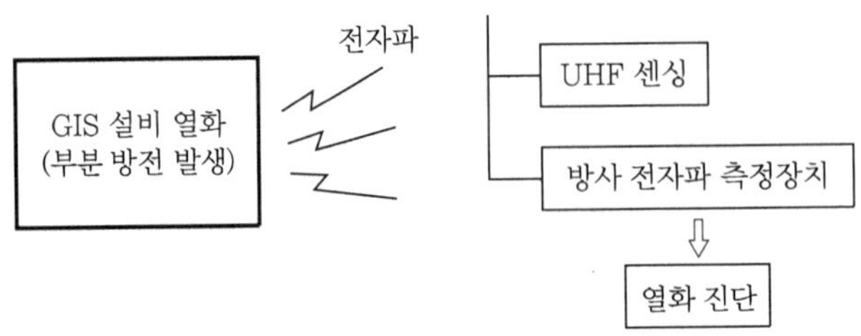

❚ UHF PD 예방 진단 시스템 ❚

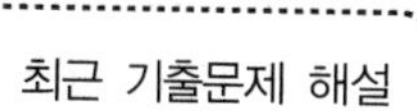

4. 전력설비의 예방 보전방법

(1) 예방 보전(Preventive Maintenance ; PM)

① **개념** : 예정된 시기에 점검 및 시험, 급유, 조정 및 분해정비(overhaul), 계획적 수리 및 부분품 갱신 등을 하여, 설비성능의 저하와 고장 및 사고를 미연에 방지함으로써 설비의 성능을 표준 이상으로 유지하는 보전활동을 의미한다.

② **특징**

㉠ 현재의 PM은 생산보전(productive maintenance)의 성격이 강하다.

㉡ 잘 훈련된 보전요원이 필요하다.

㉢ 정기적인 점검 및 서비스가 있어야 한다.

㉣ 정확한 점검기록 체계를 필요로 한다.

③ **목표** : 설비고장을 감소시키고 설비성능을 향상시켜서 안전, 위생, 환경 등을 정비, 개선하고 품질보증과 이익 개선 또는 원가 절감에 기여하도록 한다.

④ **예방 보전비용**

㉠ 점검 노무비

㉡ 부품 교체비용

㉢ 점검에 따른 수리비용

㉣ 예방 보전 기간 중의 기계 유휴비용

⑤ **효과**

㉠ 생산 시스템의 정지시간이 줄게 되고 이에 따른 유휴손실이 감소된다.

㉡ 수리작업의 횟수 및 기계 수리비용이 감소된다.

㉢ 납기지연으로 인한 고객 불만이 없어지고 매출이 신장된다.

㉣ 예비기계를 보유할 필요가 없어져, 결국 제조원가가 절감된다.

(2) 예방 보전의 방식으로서 TBM 및 CBM

① TBM(시간기준 보전 : Time Based Maintenance) 방식

㉠ 돌발 고장, 프로세스 트러블을 예방하기 위하여 정기적으로 설비를 검사, 정비, 청소하고 부품을 교환하는 보전방식이다.

㉡ 타임 베이스드 메인터넌스는 이전부터 행해지고 있던 전동적인 방법으로, 시간을 기준으로 하여 보전의 시기를 정하는 방법이다.

㉢ 이 방법은 정기보전 또는 Fixed time maintenance라고도 불리운다.

② CBM(상태기준 보전 : Condition Based Maintenance)

㉠ CBM을 예측 보전 또는 예지 보전(predictive or conditional maintenance)이라 한다.

ⓛ 고장이 일어나기 쉬운 부분에 진동 분석장치, 광학 측정기, 온도 측정기, 저항 측정기 등 감도가 높은 계측장비를 연결하여 기계설비의 트러블을 예측함으로써 사전에 고장위험을 검출하는 보전활동으로 설비상태를 기준으로 한 보전방식이다.

---

002 단권 변압기의 다음 항목에 대하여 설명하시오.
1. 결선도
2. 용량 및 권수비
3. 장점

(data) 발송배전기술사 24-134-1-3 / 발송배전기술사, 건축전기설비기술사, 전기안전기술사, 전기응용기술사, 전기철도기술사 출제예상문제

(comment) 수험생 스스로 목차를 기록하도록 한다.

답안

1. 개요

단권 변압기란 한 권선의 중간에 Tap을 두어 사용하는 변압기로, 1차와 2차가 서로 절연되지 않고 권선의 일부를 공통으로 사용하며 변압비가 1 근처에서 극히 경제적인 변압기이다.

2. 단권 변압기의 장점

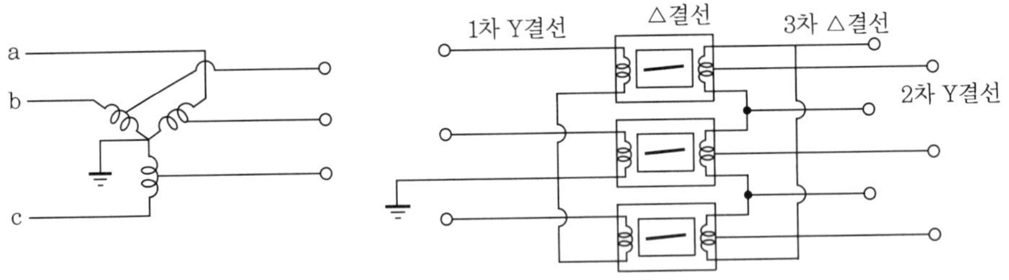

▌345kV 단상 단권 변압기의 결선도 ▐

(1) 위 그림과 같이 변압기 결선상 중성점을 1개소만 둘 수 있어 경제적이다.

(2) 초고압 송전계통에서는 중성점 직접 접지방식을 채용하고, 특히 1·2차 양 권선이 중성점 직접 접지방식인 경우에는 계통 연계용 변압기로서 단권 변압기가 유리하다.

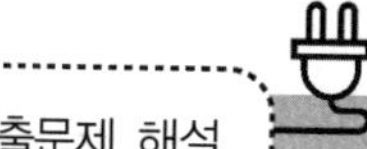

(3) 단상 단권 변압기의 권선구성에서 알 수 있듯이 부하용량이 자기용량(권선용량)보다 크므로, 소용량으로 큰 부하를 걸 수 있다. 즉, 부하용량이 자기용량(권선용량)보다 커서 소용량으로 큰 부하를 걸 수 있다.

(4) 동량이 절약되어 중량 감소, 가격 저하, 경제적이며, 조립·수송이 간편하다.

① 2권선 변압기를 단권 변압기로 할 때의 동량 비교

$$\frac{\text{단권 변압기 동량(기자력)}}{\text{2권선 변압기 동량(기자력)}} = \frac{(n_1 - n_2)I_1 + n_2(I_2 - I_1)}{n_1 I_1 + n_2 I_2}$$

$$= \frac{n_1 - n_2}{n_1} = 1 - \frac{n_2}{n_1}$$

② 권선분비(K)

$$K = \frac{\text{자기용량}~P_S}{\text{부하용량}~P_L} = \frac{(V_1 - V_2)I_1}{V_1 I_1} = \frac{V_1 - V_2}{V_1}$$

$$= 1 - \frac{V_2}{V_1} = 1 - \frac{V_L}{V_H} = 1 - \frac{1}{a} = 1 - \frac{n_2}{n_1}$$

③ 권선분비 = 동량 저감량 = 용량 증대

(5) 동손의 감소로 효율 증가

① 변압기 효율

$$\eta = \frac{\text{출력}}{\text{입력}} = \frac{\text{출력}}{\text{출력} + \text{동손} + \text{철손}}$$

② 전류가 동일하면 동손은 동량이 비례하므로 동손이 감소되어 변압기 효율이 상승한다.

③ 분로권선에는 1·2차의 차전류가 통과하므로 동손이 감소된다.

(6) 분로권선은 공통 자로(磁路)이므로 누설자속이 없어 리액턴스가 작아서 전압 변동률이 작고, 계통의 안정도는 증가한다.

(7) 안전운전을 위해서 %Impedance를 2권선 변압기와 같이 10% 정도로 하면 동기기가 되고 철심치수가 작아서 소형으로 된다.

3. 단권 변압기의 단점

(1) 임피던스가 삭기 때문에 단락전류가 크고, 따라서 열적·기계적 강도를 크게 해야 된다. 즉, 권선분비 K의 수식에서 보면

$$K = \frac{P_S}{P_L} = \frac{(V_1 - V_2)I_1}{V_1 I_1} = 1 - \frac{V_2}{V_1}~\text{에서}$$

$$(\%Z\,P_S) = K(\%Z\,P_L) = \left(\frac{V_1 - V_2}{V_1}\right) \times 100\,[\%]\text{이므로},~\%Z\,P_L\text{은 작아진다}.$$

따라서, 선로의 단락용량이 커지고, 단락사고 발생 시 문제점이 될 수 있다.

(2) 1·2차 측 사이가 보통 변압기와 같이 절연되어 있지 않으므로, 저압 측도 고압 측과 거의 같은 정도의 절연을 해야 한다. 계통 연계용 변압기의 권선비는 1에 가깝고, 또 중성점이 직접 접지방식에 의한 것일 때는 저압 측의 절연문제도 별로 문제가 안 된다.

(3) 1·2차가 직접 접지계통에서만 적용되는 Tr이다.

(4) 충격전압은 거의 직렬권선에 가해지므로 이에 대한 적절한 절연설계가 필요하다.

4. 단권 변압기의 자기용량보다 더 큰 부하로 운전할 수 있는 원리

(1) 회로도

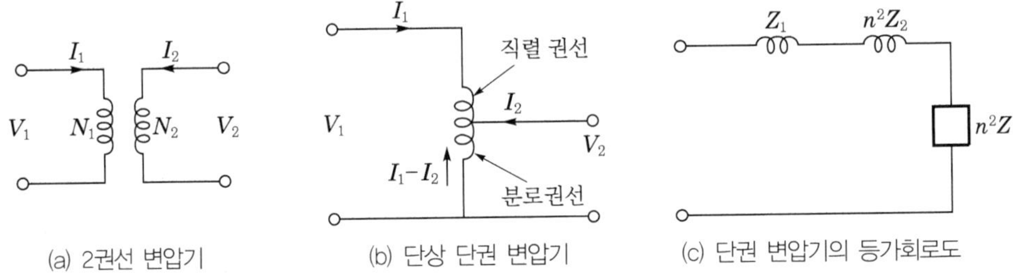

‖ 단상 단권 변압기의 권선구성 ‖

(2) 위 그림과 같이 단상 단권 변압기의 권선구성에서 알 수 있듯이 부하용량이 자기용량(권선용량)보다 크므로, 소용량으로 큰 부하를 걸 수 있다. 즉, 부하용량이 자기용량(권선용량)보다 커서 소용량으로 큰 부하를 걸 수 있다.

이를 해석하면 다음과 같이 정리된다.

① 고유용량(자기용량, 정격용량, P_S)

$$= 부하용량(P_L) \times \frac{고압\ 측의\ 전압(V_h) - 저압\ 측의\ 전압(V_L)}{고압\ 측의\ 전압(V_h)}$$

$$= 부하용량 \times \frac{직렬권선의\ 전압}{직렬권선의\ 전압 + 분로권선의\ 전압}$$

$$= 부하용량 \times \frac{V_S}{V_2}$$

여기서, V_S(또는 V_1, 또는 V_h) : 직렬권선의 전압

V_2(또는 V_L) : 분로권선의 전압

② 부하용량$(P_L) = V_1 I_1 = V_2 I_2 = $ 자기용량$(P_S) \times \dfrac{V_h}{V_h - V_L}$

③ $V_S < V_2$ 이므로 부하용량(또는 선로용량)은 변압기의 고유용량(자기용량 또는 정격용량)보다 크다.

④ 소용량 변압기로서 큰 부하를 걸 수 있음을 알 수 있다.

⑤ 단상 단권 변압기의 용량(단권 변압기의 용량 → 직렬권선의 용량)과 경제성

　㉠ 자기용량(고유용량, 정격용량) : $P_S = (V_1 - V_2)I_1 = (I_2 - I_1)V_2$

　㉡ 부하용량(선로용량) : $P_L = V_1 I_1 = V_2 I_2 = P_S \times \dfrac{V_1}{V_1 - V_2}$

　㉢ 권선분비 : $K = \dfrac{P_S}{P_L} = \dfrac{(V_1 - V_2)I_1}{V_1 I_1} = \dfrac{V_1 - V_2}{V_1}$

$$= 1 - \frac{V_2}{V_1} = 1 - \frac{1}{a} \quad \cdots\cdots\cdots\cdots\cdots\cdots\cdots\cdots \text{식 1)}$$

　㉣ 단권 변압기의 경제성 : 아래 그림과 같이(고압/저압)의 비가 1에 근접할수록 $\dfrac{\text{자기용량}}{\text{부하용량}}$ 이 작아져서 경제적이다.

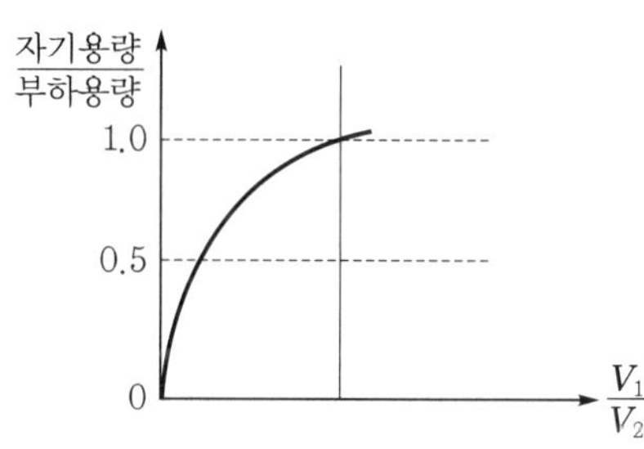

▌전압과 변압기 용량과의 관계 ▌

003 철공진의 종류와 방지대책을 설명하시오.

(data) 발송배전기술사 24-134-1-7·20-122-4-3 / 발송배전기술사, 건축전기설비기술사, 전기안전기술사, 전기응용기술사, 전기철도기술사 출제예상문제

(comment) 수험생 스스로 목차를 기록하도록 한다.

답안 1. 철공진(ferro-resonance)의 개요

수·배전 계통의 변압기나 PT 등의 리액터가 어떤 원인으로 인해 포화되어 계통의 정전용량과 공진을 일으키게 되면 이상전압이 발생할 수 있는데 이를 철공진이라 한다.

2. 공진현상

L은 철심 리액터이고 직렬 콘덴서에 취부할 경우에 나타나는 현상이다.

(1) 전류 증가 시 소자의 임피던스에 따라 각 소자의 전압이 증가한다.

$$V_R = RI, \quad V_L = X_L I, \quad V_C = X_C I$$

$$\dot{V} = \dot{V}_R + \dot{V}_L + \dot{V}_C$$

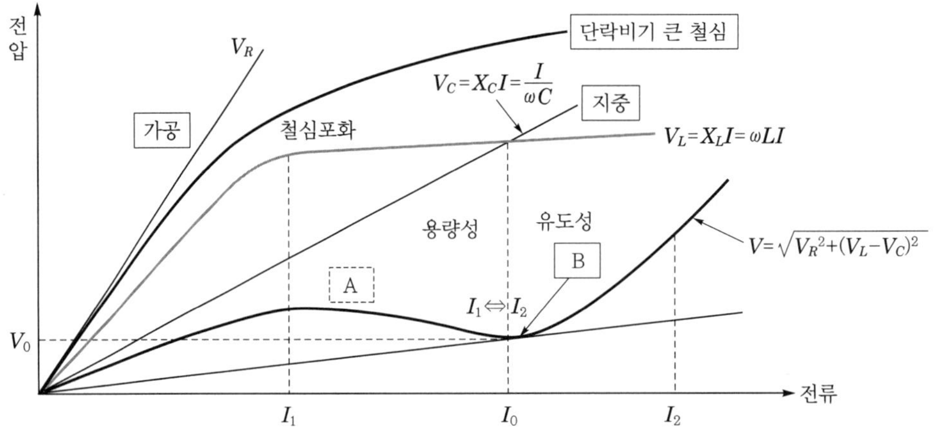

(2) 철심포화의 원인

① 선로 단선, 차단기 비동기 투입, 퓨즈 용단, 결상 등으로 계통이 단선상태가 되면 철심에 인가되는 대지전압이 상승하여 철심이 포화하게 된다.

② 철심이 포화하게 되면 리액턴스가 급감하고 선로 대지 정전용량과 공진이 발생한다.

(3) 철심포화 시 단자전압의 변화

① A점 : 철심 포화 개시점까지 V 전압이 증가하나 포화점을 지나서는 오히려 감소한다.

② B점 : 공진점에서는 전압이 V_R로 줄었다가 공진점을 지나면 V_L로 포화되어 일정하고 V_C는 계속 증가하므로 그 차에 의해 V가 크게 증가하게 된다.

③ **돌입전류 폭증 발생** : 전류 I_1(충전전류 : 용량성)이 I_2(여자전류 : 유도성)로 즉시 바뀌는 돌입전류 폭증현상이 발생한다.

3. 철공진의 종류

(1) 기본파 철공진

① 발생 원인 : 선로 단선, 차단기 비동기 투입, 퓨즈 용단 등의 단선상태 시 변압기 여자 임피던스가 포화로 인하여 리액턴스가 급감하여 선로의 정전용량과 기본파 직렬 공진상태가 되어 이상전압이 발생할 수 있다.

② 대표사례 : B · C상 전압에 의한 A상 충전으로 인한 과전압 발생

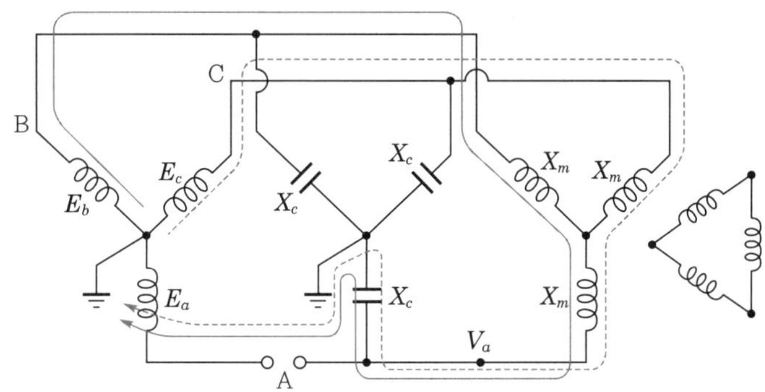

▌a상 단선 시 B · C상 전압에 의한 A상 충전전류의 흐름 ▌

㉠ 등가회로

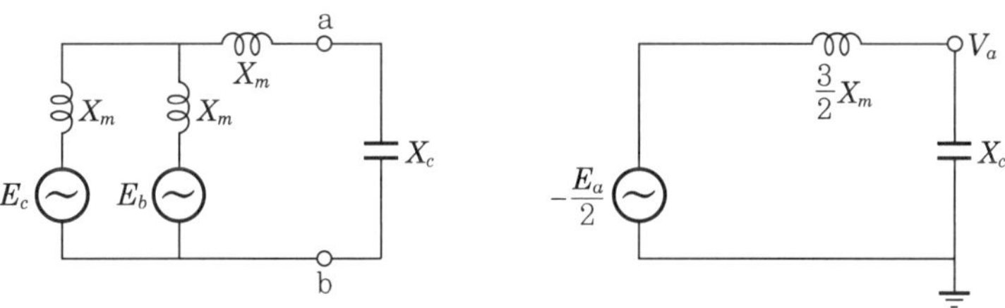

▌등가회로 ▌

㉡ 테브난의 정리, 밀만의 정리 이용

- $Z_{ab} = X_m + \dfrac{1}{2}X_m = \dfrac{3}{2}X_m$

- $V_{ab} = \dfrac{Y_b E_b + Y_c E_c}{Y_b + Y_c} = \dfrac{E_b + E_c}{2} = -\dfrac{E_a}{2}$

㉢ 밀만의 정리를 이용하여 전압을 구한다.

㉣ 대지에 인가되는 전압(X_c에 걸리는 전압, 즉 대회에 걸리는 전압)

$$V_a = \frac{-E_a}{2} \times \frac{-X_c}{\dfrac{3}{2}X_m - X_c} = \frac{X_c}{3X_m - 2X_c} E_a$$

식에서 분모가 0일 경우, 즉 $X_m = \dfrac{2}{3}X_c$가 되면 공진이 발생한다.

(2) 특수 철공진

① 발생 원인 : 차단기 투입 시나 1선 지락사고 제거 시 발생하는 고주파 전압 및 전류에 의해 철심 리액터가 포화하여 선로 정전용량과 공진을 이루어서 계통의 중성점 전위가 불안정하게 흔들리고 이상전압을 발생시키는 현상이다.

② 대표사례 : GPT

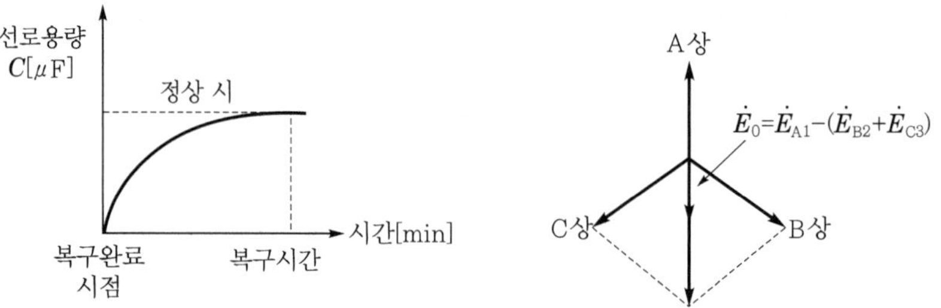

③ 특수 철공진의 중성점 불안정 현상 메커니즘

㉠ A상 지락 후 복귀 시 A상의 대지 정전용량은 0에서 과도상태를 거쳐서 정상 상태로 가게 되는데 A상 정전용량의 과도현상으로 인해 다른 B · C상의 정전 용량이 일정하지 않기 때문에 중성점이 복잡한 과도진동을 발생시킨다.

㉡ 1선 지락사고 차단 시에 GPT의 철심 리액터와 계통의 정전용량 간의 공진 에 의한 GPT의 중성점 불안정 현상이 있다.

㉢ 차단기의 투입조건에 따라 GPT의 한 상이 1사이클이라도 먼저 가압되어 그 철심이 포화하면 그 상의 인덕턴스는 거의 $\dfrac{1}{5000}$ 정도로 감소한다.

㉣ 포화된 상에는 일방향의 큰 돌입전류가 흐르고 그 전류에 의해서 대지 정전용량 $C_n = 3C_s$가 충전된다.

㉤ $C_n = 3C_s$의 충전에 따라서 전류는 감소하고 그 상의 포화는 해소된다.

㉥ 그런데 이번에는 다른 상이 대지 정전용량 $C_n = 3C_s$의 전압과 동상이 되어 다시 포화하는 과정을 되풀이하게 된다.

㉦ 보통은 이 과정을 통하여 중성점 전위는 차차 감쇠해 간다.

㉧ 그러나 경우에 따라서는 이 현상이 오래 지속되어 중성점 불안정 상태가 결국은 계통 전위를 2 ~ 3배 높게 된다.

㉨ 이것은 계통전압, GPT 철심의 포화특성, 계통의 대지 정전용량과 GPT의 여자 리액턴스의 비에 따라 정해진다.

4. 철공진의 발생조건

(1) 철공진은 $L-C$ 공진의 기본적 조건이다.

여기서, 리액터 L은 선로의 리액턴스와 변압기나 PT의 철심 리액턴스를 말한다.

① **가공선로** : 정상 상태라면 정전용량 C는 매우 작아서 $L-C$ 공진이 어렵다.

② 철심기기의 경우 철심이 포화하게 되면 충전용량과의 교점이 발생하여 공진이 발생한다.

③ 선로나 콘덴서의 경우 그 용량이 커지게 되면 충전전류가 증가하여 철심과 공진이 발생한다.

④ **지중선로**

   ⊙ 케이블 계통은 같은 길이의 가공선로에 비하여 C가 30 ~ 50배 정도 크다.

   ⓛ 용량성 리액턴스$\left(X_C = \dfrac{1}{\omega C}\right)$는 가공선로 전체 리액턴스의 2 ~ 3%이다.

   ⓒ 용량성 리액턴스가 작아져 충전전류가 커지게 되므로 공진발생 가능성이 증대된다.

$$I_C = \frac{E}{Z_C} = \frac{E}{\dfrac{1}{\omega C}} = \omega CE \text{에서} \quad C\uparrow \text{이므로} \ I_C \text{가 증가한다.}$$

   ⓔ 대규모 케이블 계통일수록 계통의 유도성 리액턴스 X_L과 용량성 리액턴스 X_C가 공진을 일으킬 가능성은 증대된다.

(2) 철공진이 주로 발생하는 개소

① PT 또는 변압기 용량이 작은 경우에 포화가 낮은 지점에서 발생하므로 철공진이 주로 발생한다. 전력용 변압기처럼 용량이 큰 경우에 비하여 PT 또는 변압기의 용량이 작은 경우에는 아주 작은 커패시턴스에도 $L-C$ 공진이 일어날 수 있기 때문에 철공진이 발생하기 쉽다.

② **계통전압이 높은 곳**

   ⊙ 전력회사의 배전계통이 25kV 또는 35kV 등의 높은 전압을 사용하거나 아니면 15kV 이상의 계통에서 지중 케이블을 사용하면서 철공진이 문제가 된다.

   ⓛ 15kV 이상의 산업공장의 전력계통에서 콘덴서의 용량 증가로 충전전류가 증가한다.

③ 케이블 선로

　㉠ PT에 공급되는 회로 도체의 커패시턴스는 철공진 발생 가능성을 판단하는 데 있어서 가장 중요한 요소이다.

　㉡ 철공진은 변압기가 가공선로에 접속된 경우보다 지중 케이블 선로에 접속된 경우에 발생하기가 더 쉽다.

④ 비접지 1차 회로

　㉠ 접지된 1차 계통은 $L-C$ 회로에서 대지 정전용량 C가 단락된 상태이므로 철공진 발생 가능성이 아주 낮다.

　㉡ 비접지된 1차 계통은 대지 정전용량에 의해 접지되어 있어서 C가 단락상태이므로 철공진의 가능성이 크다.

　㉢ 특히 비접지 계통의 접지형 계기용 변압기(GPT)에서 1차 측 케이블 계통의 충전전류가 3차 측 접지 검출 계전기(59G)의 코일을 통하여 순환하므로 철공진의 가능성이 크다.

⑤ 경부하 운전 중인 변압기

　㉠ 철공진이 일단 발생한 경우 변압기회로의 손실에 의한 감쇠가 진동을 억제하지 못하면 철공진에 의한 진동은 지속될 수 있다.

　㉡ 철공진이 계속되는 동안 $L-C$ 회로를 구성하는 유도성 리액턴스와 용량성 리액턴스의 값은 거의 같다.

　㉢ 이 경우에 회로의 손실은 단지 1차 권선의 저항과 철심의 손실뿐이므로 이 정도의 작은 손실로는 제동효과가 충분치 않을 경우 철공진 발생이 쉽다.

5. 철공진의 대책

(1) 기본 개념

저항 R을 크게 하여 $R > X_L$, X_C이면 $L-C$ 공진이 발생하더라도 V_r이 커서 공진값에서 전류값이 한 개뿐(I_0)이므로 전류의 폭증은 없다.

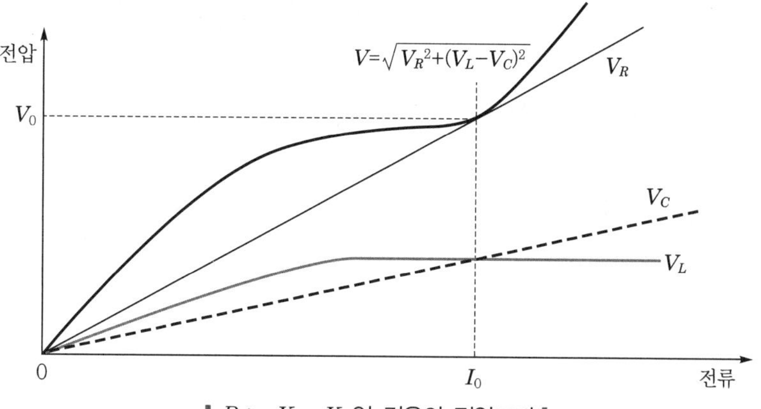

‖ $R > X_L$, X_C인 경우의 전압크기 ‖

(2) 저항 R을 삽입 : CLR, NGR

(3) 충전용량을 적게 할 것

    ① 유효접지 방식

    ② CLR 삽입

(4) 철심포화방지 : 단락비 증대

(5) 영상공진 억제 : 저항접지방식 채용

(6) 콘덴서 과보상 억제 : 직렬 리액터

(7) 콘덴서리스 차단기 사용

(8) 철심 포화방지 장치 설치

(9) 계통 변경 시 선로정수 검토

(10) 기본파 철공진 대책

    ① 사고 시 직렬 공진을 일으키지 않도록 회로구성을 할 것(확실한 회로구성)

    ② 차단기 단상 투입 배제, 개폐기류의 철저한 보수 및 완전한 조작

[모선 / 차단기 / 파워퓨즈 / 접지]

004 변전소 Mesh 접지설계의 다음 항목에 대하여 설명하시오.
1. 최대 허용 보폭전압과 최대 허용 접촉전압의 의미(등가회로, 수식)
2. 최대 대지전위 상승(GPR : Ground Potential Rise)
3. 최대 대지전위 상승(GPR)이 최대 허용 보폭전압이나 최대 허용 접촉전압보다 클 경우 대책

data 발송배전기술사 24-134-2-4 / 발송배전기술사 출제예상문제

답안 1. 최대 허용 보폭전압과 최대 허용 접촉전압의 의미(등가회로, 수식)

(1) 최대 허용 보폭전압(등가회로, 수식)

① 정의

㉠ 사람의 양발 사이에 인가되는 전압으로서, 이것은 접지극을 통하여 대지로 전류가 흘러나올 때, 접지극 주위의 지표면에 형성되는 전위분포 때문에 양발 사이에 인가되는 전위차

㉡ 전로에 어떤 원인으로 지락전류가 발생할 때 두 발 사이(1m 간격)에 나타나는 전위차

② 보폭전압의 발생 이유 : 지락전류 시 지락전류가 접지극을 통하여 대지로 귀로할 때 접지극 주위의 지표면은 전위분포를 갖게 되며, 이때 양발 사이의 전위차인 보폭전압이 발생한다.

③ 개념도 및 등가회로

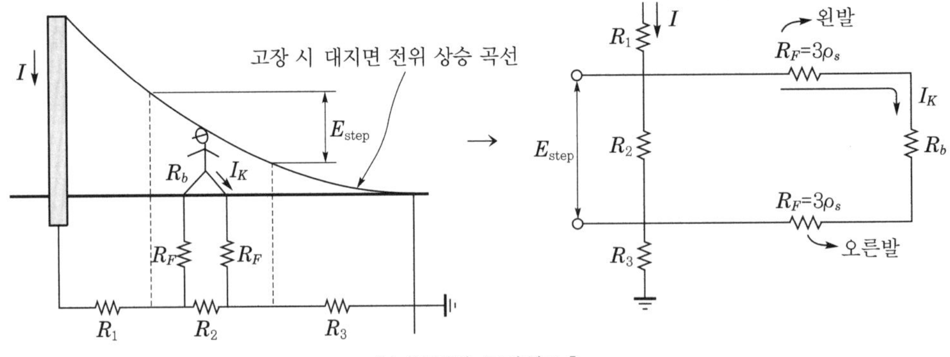

‖ 보폭전압 등가회로 ‖

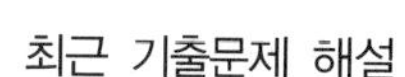

④ 최대 허용 보폭전압 계산[전위경도 계산(50kg 1인 기준)]

ㄱ) 최대 허용 보폭전압 $E_{\text{step}} = (R_K + R_{2FS}) \cdot I_K$

$$= (1000 + 6 \cdot C_s \cdot \rho_s)\frac{0.116}{\sqrt{t_s}} \text{ [V]}$$

여기서, R_K : 인체 내부저항(1000Ω 적용)

R_{2FS} : 두 발 사이의 직렬저항($6 \times C_s \times \rho_s$ 적용)

I_K : 인체 허용전류[A r.m.s]

C_s : 표토층의 두께와 반사계수(K)에 의해 결정되는 감소계수

ρ_s : 대지표면(표토층)의 고유 저항률[Ω·m]

(자갈의 저항률은 3000Ω·m)

t_s : 인체 감전시간[s]

$K = \dfrac{\rho - \rho_s}{\rho + \rho_s}$: 반사계수

ρ : 토양의 등가 고유 저항률[Ω·m]

(2) 최대 허용 접촉전압(등가회로, 수식)

① 접촉전압(touch voltage)의 정의 : 접지를 한 구조물에 사고전류가 흘렀을 때 접지전극 근처에 전위가 생기는데, 이때 근처에 있는 철구 등에 인축이 접촉할 경우 전위차로서 인체의 통전전류와 인체저항의 곱으로 표현한다.

② 특성

ㄱ) E_{Touch} 는 접지전류와 전극 근처에 접지저항의 곱으로 표현된다.

ㄴ) 저압 전로에서 전기기기나 배선 등의 설연열화로 누전사고가 발생할 때 지락전류가 전기기기나 배선과 대지 간에 흐름에 따른 지표면의 전위가 상승하게 되면, 고장전압이 생기며, 이때 고장전압의 분압은 접촉전압이 된다.

③ 허용 접촉전압 : 변전소 등에 고장전류가 유입될 때, 도전성 구조물과 그 부근 지표상의 점과의 사이의(약 1m) 전위차

④ 접촉전압(touch voltage)의 개념도와 등가회로도

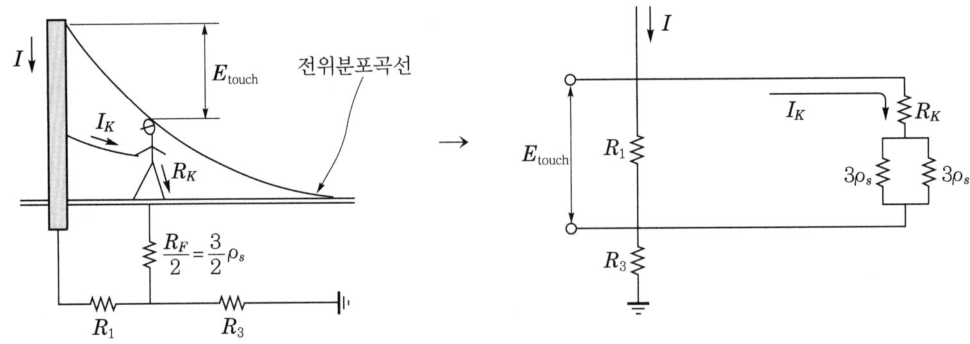

▌ 철구 부근의 접촉전압 ▌

⑤ 최대 허용 접촉전압 계산[전위경도 계산(50kg 1인 기준)]

최대 허용 접촉전압 $E_{touch} = (R_K + R_{2FP}) \cdot I_K$

$$= (1000 + 1.5 \cdot C_s \cdot \rho_s) \frac{0.116}{\sqrt{t_s}} \, [\text{V}]$$

여기서, R_K : 인체 내부저항(1000Ω 적용)

R_{2FP} : 두 발 사이의 병렬저항($1.5 \times C_s \times \rho_s$ 적용)

I_K : 인체 허용전류[A r.m.s]

ρ_s : 대지표면(표토층)의 고유 저항률[$\Omega \cdot$ m]

C_s : 표토층의 두께와 반사계수에 의해 결정되는 감소계수

t_s : 인체 감전시간[s]

2. 최대 대지전위 상승(GPR : Ground Potential Rise)

(1) 접지극 형태에 따른 접지저항 R_g 계산(대표적으로 메시 접지로 설명)

① 메시 접지저항(R_g) 계산 I

$$R_g = \rho \left\{ \frac{1}{L} + \frac{1}{\sqrt{20A}} \left(1 + \frac{1}{1 + h\sqrt{20/A}} \right) \right\}$$

여기서, ρ : 고유저항, h : Grid 깊이, A : 단면적

L : Grid 길이[망상 전장 : $b(n+1) + a(m+1)$m]

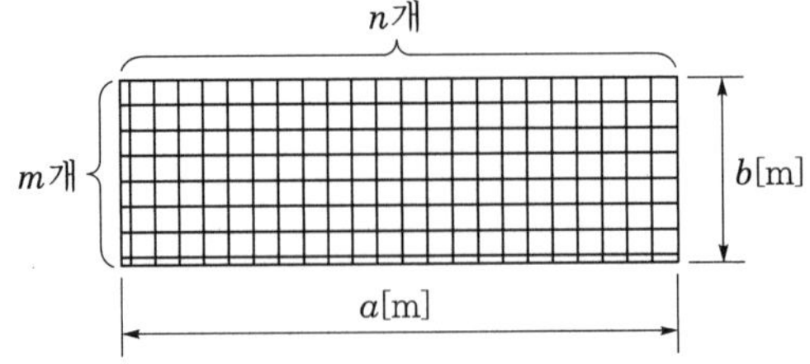

② 메시 접지저항(R_g) 계산 Ⅱ(Lieman의 공식)

$$R_g = \frac{\rho}{4r} + \frac{\rho}{L}\,[\Omega]$$

여기서, r : 등가변경$\left(\sqrt{\dfrac{a \times b}{\pi}}\right)$[m]

(2) 접지전류(I_G) 산정

① 수식

$$I_G = \beta \cdot D_f \cdot C_p \cdot I_F = 0.5 \sim 0.75 I_F$$

여기서, β : 지락전류 분류계수, D_f : 비대칭분에 대한 교정계수

C_p : 장차 계통 확장계수(1.0 ~ 1.5), I_F : 최대 지락전류

② 최대 지락고장전류(I_F)는 장기 계통 계획에 의한 해당 변전소의 1선 지락고장류를 활용하거나 계통 확장을 고려하여 차단기 정격 차단전류로 한다.

(3) 최대 대지전위 상승(GPR)

① 개념

㉠ 전력계통에서 지락고장이 발생하면 영상 고장전류는 접지설비를 통해 대지로 흐르게 되고 이로 인하여 대지 표면에 전위경도가 나타난다.

㉡ 전위경도는 접지설비 가까운 대지에서 가장 높고 거리가 증가되면서 감소된다.

㉢ 대지전위 상승(Ground Potential Rise ; GPR)은 최대 전위경도를 나타내는 것으로, 먼 거리까지의 전위차이다.

㉣ 대지전위 상승은 변전소 접지설비 임피던스와 여기에 흐르는 총 고장전류를 곱한 값이다.

㉤ 대지전위 상승은 대체 귀로인 중성선, 가공지선, 조가선 또는 케이블 차폐체와 같은 귀로 임피던스와 여기를 통하여 흐르는 전류 곱과 같다.

② 대지전위 상승의 접지원(ground source) : 변압기, 발전기, 전력용 콘덴서 등의 중성점 접지선이다.

③ 메시 전압(mesh voltage)

㉠ 접지망 내의 가장 낮은 지표면 전위와 접지도체의 전위 상승(GPR : Ground Potential Rise=$I_G \cdot R_G$) 값과의 전위차를 말한다.

㉡ 메시 전압은 최대 접촉전압을 말한다.

ⓒ 표현식

$$GPR = I_G R_g < E_{\text{touch}}$$

여기서, GPR : 구내의 전위 상승, 최대 대지전위 상승

④ 대지전위 상승(GPR)을 구해서 이 값이 허용 접촉전압보다 낮으면 분석을 끝내고, 그렇지 않으면 다음 Step을 진행한다.

⑤ 설계 시 GPR의 개략 설정값

ⓐ 접지저항은 가능한 한 낮게 하여야 하나 별도의 제한치를 설정하지 않는다.

ⓑ 대지전위 상승값은 가능한 한 10000V 이내로 하되 부득이한 경우에는 통신 접속함을 구외에 설치하고 배전선로는 절연변압기를 사용하는 등의 대책수립을 전제로 15000V 이내로 한다.

3. 최대 대지전위 상승(GPR)이 최대 허용 보폭전압이나 최대 허용 접촉전압보다 클 경우의 대책

(1) 전위경도의 조정(작게 하는)은 다음의 방법으로 적용한다.

① 전위분포나 전위경도는 접지전극의 모양에 따라 그 양상이 다르다.

② 전위분포는 매설깊이에 따라 변화한다.

③ 깊이 매설하면 전위경도를 낮게 할 수 있다.

ⓐ 접지면적이 한정되어 있고 대지 고유 저항률이 큰 경우 심타전극 및 접지저항 저감제를 사용한다.

ⓑ 접지저항 저감효과는 작으나 심타전극(75cm 이상 깊이)의 경우 접촉전압 저감에 효과적이다.

④ 망상 접지에서 망의 간격을 좁게 하는 방법 등의 적용(즉, 접지망의 도체간격을 좁히면 국부적으로 전위경도가 감소됨)

⑤ 접지망 총 도체길이를 증가시키거나 접지면적을 증가시킨다.

(2) 접촉저항을 크게 한다.

① 접촉저항과 관계되는 접촉부위는 손 ~ 구조체, 다리 ~ 대지의 2종류가 있다.

② 이 접촉부위의 저항을 크게 함으로써, 접촉 및 보폭전압의 허용한도치를 크게 할 수 있다.

③ 그 방법으로는 구조체 주위의 대지 표면을 절연물로 덮는 것이며, 변전소 구내에 자갈과 아스팔트 포장을 시행한다.

(3) 지락전류의 분류

① 송전선로의 가공지선을 접지망에 연결함으로써 지락전류의 일부를 분류시킨다.

② 이 경우 철탑 기초 전위경도에 대해서 고려해야 한다.

005 과도 회복전압(TRV : Transient Recovery Voltage)에 대하여 설명하시오.

(data) 발송배전기술사 24-134-4-3 / 발송배전기술사, 건축전기설비기술사, 전기안전기술사, 전기응용기술사, 전기철도기술사 출제예상문제

[답안] **1. 개요**

(1) 전력 계통에서 차단기를 차단하는 경우 과도현상으로 이상전압이 발생하고, 특히 유도성 또는 용량성의 경우는 그 메커니즘이 복잡하다.

(2) 일반적인 차단 메커니즘으로 진상 전류에서는 재점호가 발생하고, 지상 전류에서는 재기전압이 현저히 나타난다.

2. 과도 회복전압(transient recovery voltage)의 특성

(1) 교류 전류의 차단현상

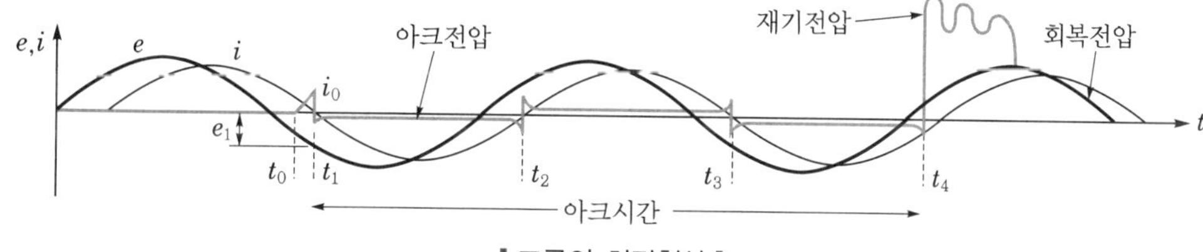

▌ 교류의 차단현상 ▐

① 보호 계전기가 동작해서 차단기가 전극을 열면, 반드시 전극 간에는 아크가 발생해서 기계적으로는 전극이 열리지만, 전기적으로는 아직 회로가 연결되어 있는 상태이다.

② 아크가 꺼졌을 때 회로가 차단되는 것으로, 차단기의 개로 상태에서는 전극 간 전압은 0이지만 아크저항에 의해 아크전압이 나타난다.

③ t_0에서 접촉자가 떨어지기 시작하면, 그 순시동안 전류는 i_0의 값을 갖고 있어 바로 0으로는 될 수 없으며 아크상태로 흐름이 계속된다.

④ t_1이 되면 아크는 꺼지지만 전원전압이 e_1의 값으로 되어 있어 아크를 발생하여 전류를 흘리게 된다.

⑤ 반주기마다 아크의 점멸을 되풀이 하다가 t_4가 되면 접촉자는 충분히 떨어져서 전극 간 절연내력이 아크전압을 이겨서 아크가 소호된다.

(2) 교류 전류의 차단현상 특성

① 회복전압(recovery voltage) : 차단기의 차단 직후 차단점 간에 나타나는 상용주파수의 전압으로서 실효치로 나타낸다.

② 재기전압(transient recovery voltage)

㉠ 차단기의 차단 직후에 차단점 간에 계속하여 나타나는 과도전압으로서, 단일 주파 과도성분과 다중 주파 과도성분을 가진 것이 있다.

㉡ 차단 시 발생하는 전압으로 회복전압(RV : Recovery Voltage)의 한 종류이다.

③ 재점호 : 재기전압 때문에 아크가 전류의 0점에서 일단 소멸된 후 다시 차단점에서 아크를 일으키는 현상이다.

④ 회로차단의 어려움

㉠ 역률이 1인 경우에는 전류가 0일 때 전압도 0이므로, 이때 접점을 열면 아크가 발생되지 않고 회로 차단이 수월하다.

㉡ 그러나 단락전류, 충전전류 차단은 이보다 어려워진다.

(3) TRV의 특성

① 단락전류의 차단

㉠ 단락전류는 전압보다 90° 가까이 뒤지는 지상 전류이며, 아크전압과 회복전압의 위상이 반대이고, 아크가 꺼지는 순간 회복전압의 파형이 높은 재기전압으로 나타나 끊기가 어렵다.

$$I_S = \frac{E_a}{Z_1} \fallingdotseq \frac{E_a}{jX_1} = -j\frac{E_a}{X_1}$$

㉡ 그러나 일단 끊어진 뒤에는 재점호가 없고, 끊어지는 순간 과도 진동에 의해 서지가 발생된다.

② 충전전류의 차단

㉠ 충전전류는 전압보다 90° 앞선 진상 전류로 아크전압과 회복전압의 위상이 동상이므로 재기전압은 낮아서 아크가 쉽게 꺼진다.

㉡ 그러나 재점호를 일으켜 높은 이상전압이 발생한다.

ⓒ 방지대책
- 차단속도를 신속하게 한다.
- 중성점을 임피던스 접지한다.
- 병렬회선을 설치한다.

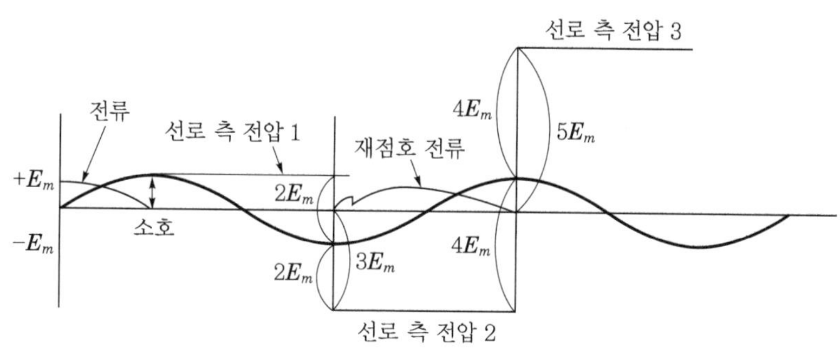

▌ 충전전류 차단 시 예 ▐

(4) TRV(과도 회복전압)의 종류별 특성

① TRV의 크기와 파형은 계통전압, 계통구성, 설비상수, 차단기 설치위치, 고장전류 등에 따라 변한다.

② TRV와 PFRV 파형

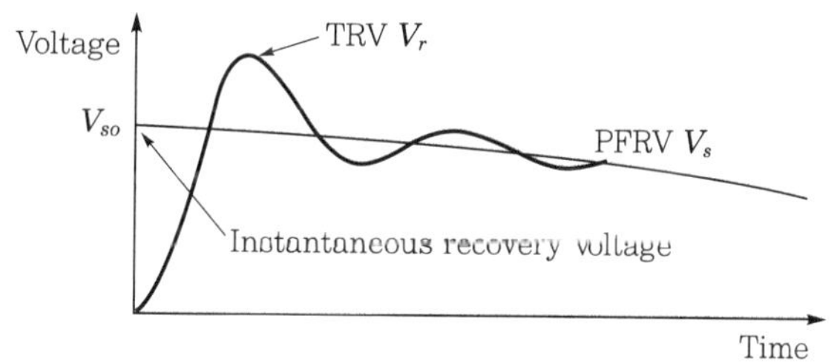

③ ITRV(Initial Transient Recovery Voltage)

㉠ 차단기 용량 증대와 차단기 차단능력 향상을 위해서는 더욱 자세한 TRV의 측정이 필요한데 차단기 종류에 따른 차단능력에 특별히 영향을 주는 ITRV는 열적 파괴특성에 상당한 영향을 준다.

㉡ 차단기와 고장점 간 소폭 전압진동에 의하여 정해지는 ITRV는 SLF 현상과 유사하지만 최댓값은 SLF값보다 낮고 전류 0점으로부터 최댓값에 이르는 시간은 $1\mu s$ 이내이다.

3. 과도 회복전압이 차단기의 차단에 미치는 영향

(1) 공기 유입 차단기

아크 저항은 부특성으로 온도가 저하하면 저항은 높아지므로, 아크를 냉각시켜 R이 커지면 I가 작아져서 전류 0점에서 소호된다.

(2) 자기 차단기

아크 길이를 길게 해서 단락회로의 저항을 크게 하여 전류를 차단한다.

$$R = \rho \frac{l}{S} [\Omega] \;\rightarrow\; R \propto l, \;\; I = \frac{V}{R} [\text{A}]$$

(3) 진공 차단기

① Arc를 진공으로 흡입하여 소호시켜 차단한다.

② 전류 0점이 아닌 부분에서도 소호되어 큰 Surge가 발생한다.

(4) 가스 차단기

① SF_6 Gas는 전자 친화력이 커서 아크 소호가 잘된다.

② SF_6 Gas는 아크 시정수가 작아 대전류 차단에 우수하다.

4. TRV의 현상에 대한 대책

(1) 리액터 설치

용량성 서지에 대하여는 리액터를 설치하여 서지를 억제한다.

(2) 중성점 접지

중성점을 접지하면 대지전위가 내려가 서지가 억제된다.

(3) 잔류전하 신속 방전

고속 재폐로 시 발생하는 서지는 회로의 잔류 전하가 주원인이므로 잔류 전하를 신속하게 방전시키면 서지전압이 낮아진다.

(4) 서지 흡수기(SA) 사용

피뢰기의 기능이 뇌격 보호인데 비해 서지 흡수기는 개폐서지 보호용으로 주로 몰드 변압기 채택 시 VCB 후단, 변압기 전단에 설치하여 VCB 개폐서지로부터 보호한다.

① 제한전압 이상의 전압은 방전갭을 통하여 방전된다.

② 진공 차단기의 부하 측에 설치한다.

comment 수험생 스스로 목차를 기록하도록 한다.

[보호계전 시스템]

006 변압기 여자 돌입전류의 영향과 비율 차동 계전기(RDFR : Ratio Differential Relay)의 오동작 방지대책에 대하여 설명하시오.

data 발송배전기술사 24-134-2-6 / 발송배전기술사, 건축전기설비기술사, 전기안전기술사, 전기응용기술사, 전기철도기술사 출제예상문제

답안
1. 여자전류

(1) 정의

변압기의 2차 측을 무부하 상태로 전원을 투입하면 전원 투입 순간의 전압 위상 및 철심의 잔류자속에 따라 정격전류의 7 ~ 10배에 달하는 돌입전류가 순간적으로 1차 측에 흐르는 무부하 전류이다.

(2) 구성

여자전류 = 철심 내에 자속을 발생시키기 위한 자화전류 + 히스테리시스손 및 와류손 등 철손을 공급하기 위한 전류

(3) 여자전류의 파형

① 파형은 철심의 자기포화 현상 및 히스테리시스 현상 때문에 왜형파이다.

② 이 왜형파는 기본파와 기수 고조파로 구분되며 실제로 기본파와 제2고조파만을 고려해도 된다.

2. 여자 돌입전류의 발생원인(이유)

(1) 변압기를 운전하기 위해 $v_1 = V_{1m}\sin(\omega t + \phi)$ 의 전원을 $t = 0$일 때 1차 측에 공급할 경우, 그 투입 위상에 $+\phi = 0$일 때 돌입전류는 정격전류의 수 배에 달하는 최대치를 갖는다.

(2) 2차 돌발고장의 발생에 의한 정상 단락 시 약 두 배의 순시전류가 흐르는 경우 이는 정격전류의 수십 배이다.

(3) 변압기 2차를 개방하고 1차 측 차단기를 투입하는 경우

① 철심에 잔류자기가 없고 전압 0지점에서 S/W를 투입하면 1차 권선에 가해진 전압과 같은 유기 기전력을 유기하기 위하여 자속은 정현파로 변화하여야 한다.

② 그런데 최초 변압기의 자속은 0이므로 0.5사이클 동안 $2\phi_m$의 자속변화를 하여야 하고 철심에 잔류자속 ϕ_r이 있다면 철심에 흐르는 자속의 최대치는

$2\phi_m + \phi_r$과 같게 된다. 이때, 철심은 포화되고 큰 여자전류가 흐르며, 이것을 여자 돌입전류(inrush current)라 한다.

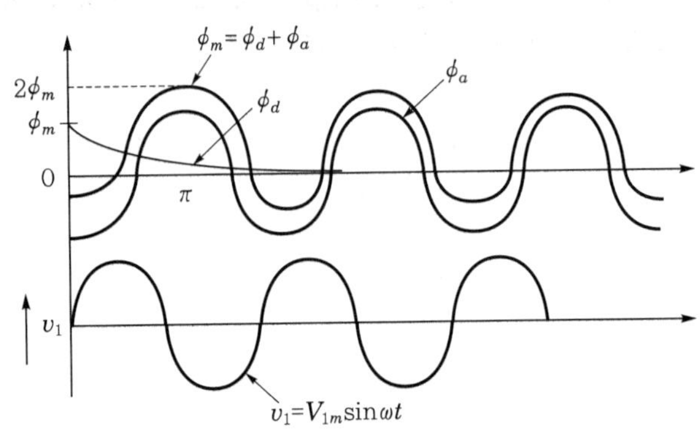

▌여자 돌입전류에 의한 자속의 파형 ▌

3. 여자 돌입전류의 영향과 자속 및 파형

(1) 돌입전류 중에는 제2고조파 성분이 많이 포함되어 있어 전류 차동 계전기의 오동작이 발생한다.

(2) 자속 및 파형

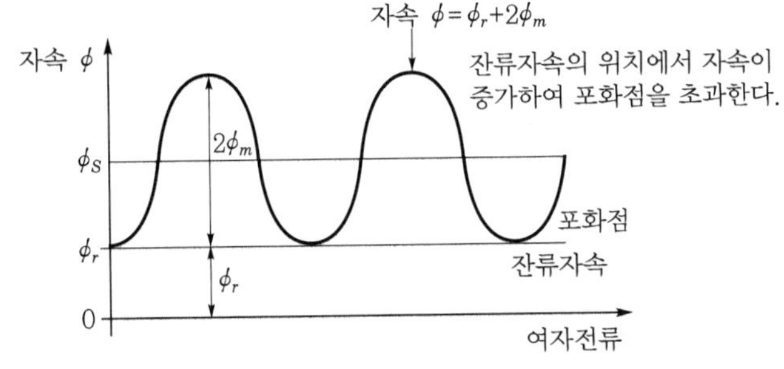

▌돌입전류상의 자속 ▌

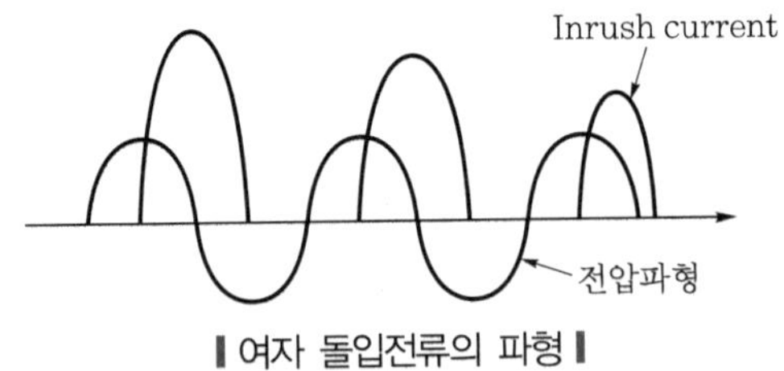

▌여자 돌입전류의 파형 ▌

4. 변압기 여자 돌입전류로 인한 비율 차동 계전기의 오동작 방지대책

(1) 감도 저하법

① 여자 돌입전류는 시간이 지남에 따라 감쇄하는 것을 이용하여, 차동 계전의

동작 코일에 분류저항을 넣어 일정 시간 동안 계전기의 감도를 둔화시켜 돌입 전류에 의한 오동작을 방지하는 방법이다.

② 이 방식은 저감도 상태에서 내부 사고가 발생되면 사고 제거 시간이 길어지는 단점이 있다.

③ 일정 시간 동안 지연시간을 주어 여자 돌입전류에 의한 오동작을 방지하는 ASS 등도 있다.

④ UVR을 사용하여 투입 후 일정 시간 By-pass시킨다.

⑤ 변압기 투입 시 순간적 감도(0.2s 동안)를 저하시킨다.

감도 저하법	고조파 억제법
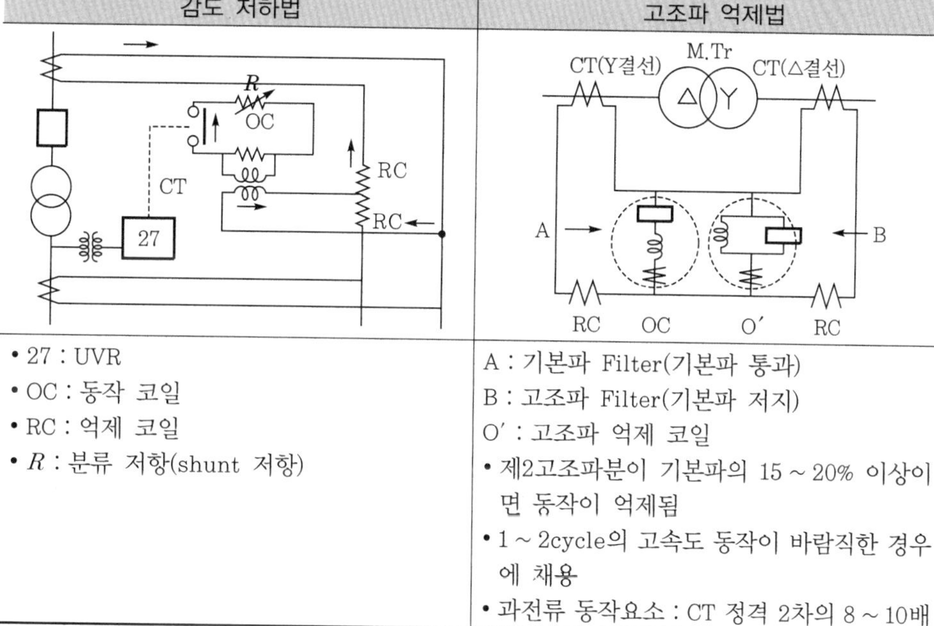	
• 27 : UVR • OC : 동작 코일 • RC : 억제 코일 • R : 분류 저항(shunt 저항)	A : 기본파 Filter(기본파 통과) B : 고조파 Filter(기본파 저지) O′ : 고조파 억제 코일 • 제2고조파분이 기본파의 15 ~ 20% 이상이면 동작이 억제됨 • 1 ~ 2cycle의 고속도 동작이 바람직한 경우에 채용 • 과전류 동작요소 : CT 정격 2차의 8 ~ 10배

(2) 고조파 억제법

① 여자 돌입전류 파형 중 제2고조파 성분이 많다는 것에 착안하여 필터를 사용하여 동작 코일에는 기본파가 유입되고, 고조파 성분은 고조파 억제 코일에 흐르게 함으로써 여자 돌입전류에 의한 오동작을 방지하는 방법이다.

② 이 방법은 투입 시에 고감도, 고속도 동작이 가능하며, 제2고조파 성분이 15 ~ 20% 이상이면 농작이 억제된다.

(3) 비대칭 저지법(trip lock법 : 변압기 투입 후 일정 시간 trip 회로를 lock 시킴)

여자 돌입전류 파형이 비대칭이라는 점을 착안하여 비율 차동 계전기의 동작 코일과 직렬로 저지 코일을 삽입하여 비대칭 전류가 흐르면 저지 계전기가 동작하여 비율 차동 계전기를 Lock시키는 방법이다.

(4) 위상각차에 의한 오차의 대책

위상차 보정은 변압기 결선이 $\triangle$–Y이면 CT 결선은 Y–$\triangle$로, 변압기 결선이 Y–$\triangle$이면 CT 결선은 $\triangle$–Y로 한다.

(5) 고조파 발생 시 고조파에 의한 오동작 대책

고조파 억제방식의 비율 차동 계전기를 적용한다.

(6) 전류 불일치에 대한 오동작 대책

정합용 Tap 또는 계전기 외부에 CT를 설치하여 전류를 정합시킨다.

(7) CT 회로의 1점 접지 미시행의 대책

87 계전기의 오동작을 우려하여 CT 회로 접지는 1점 접지를 시행한다.

(8) CT의 극성 확인

극성이 오결선되지 않도록 시공 시 감리자의 입회 하에 시공 후 재차 확인한다.

comment 수험생 스스로 목차를 기록하도록 한다.

[콘덴서 / 조상기 / 축전지(연축전지)]

007 콘덴서의 개폐서지에 대하여 설명하시오.

data 발송배전기술사 24-134-4-5 / 발송배전기술사, 건축전기설비기술사, 전기안전기술사, 전기응용기술사, 전기철도기술사 출제예상문제

답안 1. 직 · 병렬 공진현상 및 영향

(1) 콘덴서 회로의 직렬 공진으로 인한 고조파 확대 메커니즘과 영향

① 고조파 발생회로

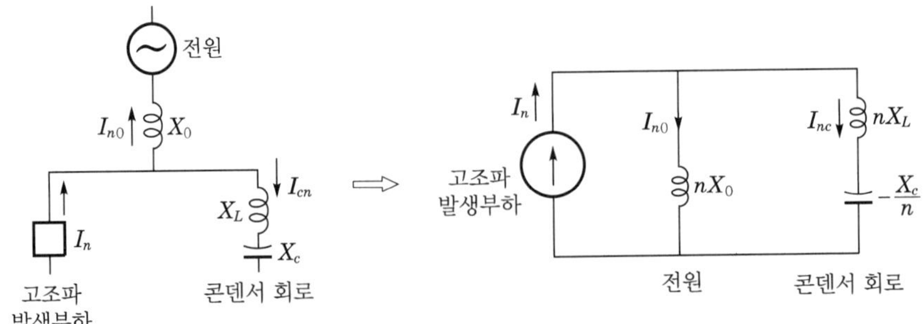

‖ 콘덴서 회로 구성도 ‖　　　‖ 직렬 공진회로 패턴의 고조파 증대 등가회로 ‖

② 고조파 전류의 분류

㉠ 전원 측에 흐르는 고조파 전류

$$I_{n0} = \frac{nX_L - \dfrac{X_c}{n}}{nX_0 + \left(nX_L - \dfrac{X_c}{n}\right)} \times I_n$$

㉡ 콘덴서 회로 측에 흐르는 고조파 전류

$$I_{nc} = \frac{nX_0}{nX_0 + \left(nX_L - \dfrac{X_c}{n}\right)} \times I_n$$

여기서, X_0 : 전원의 기본파 리액턴스, X_c : 콘덴서의 기본파 리액턴스
X_L : 직렬 리액턴스의 기본파 리액턴스

㉢ $I = \dfrac{V}{Z} = \dfrac{V}{\dfrac{nX_L - X_c}{n}}$ 에서 전류가 최대가 되려면 $nX_L = \dfrac{X_c}{n}$ 이다.

③ 직렬 공진의 경우 합성 임피던스 $X = X_L - X_c$는 최소로 되어 전류$\left(I = \dfrac{V}{Z}\right)$는 최대로 발생하여 $X = 0$이면, $I = \infty$로 된다(실제로 선로의 저항분이 있어 무한대가 아님).

④ 직렬 공진현상

㉠ 큰 고조파 전류(왜냐하면 직렬 공진 시 임피던스는 최소가 되므로)로 인한 콘넨서 회로 빛 직렬 공진회로에 접속된 변압기의 단자전압 상승

㉡ 회로의 손실 증대 및 열화 심화 등

(2) 콘덴서 회로의 병렬 공진으로 인한 고조파 확대 메커니즘과 영향

① 고조파 발생회로

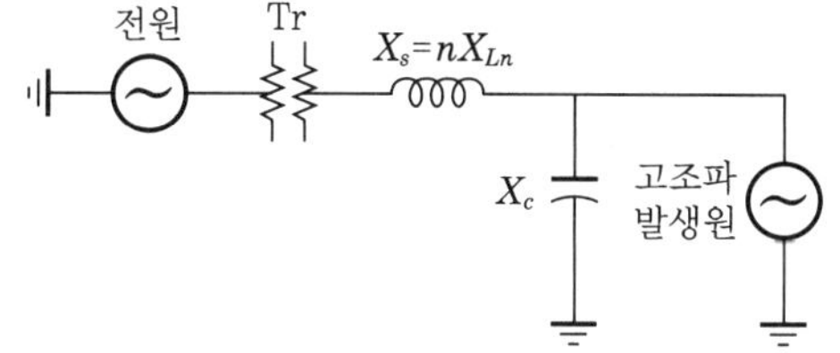

┃ 고조파 발생회로 ┃

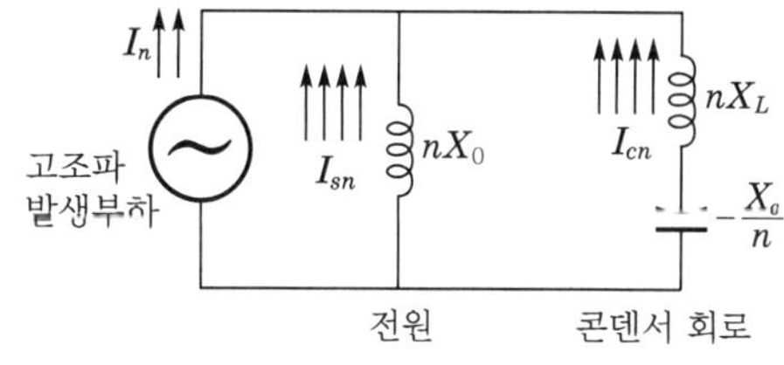

┃ 병렬 공진회로 패턴의 고조파 증대 등가회로 ┃

여기서, I_n : 고조파 전류원(비선형 부하)에 의한 n차 고조파 전류
I_{sn} : 전원에 유입되는 고조파 전류, I_{cn} : 콘덴서에 유입되는 고조파 전류

② 병렬 공진회로 패턴일 경우$\left(n\,X_0 \fallingdotseq \left| nX_L - \dfrac{X_c}{n} \right| \text{일 때}\right)$: 병렬 공진이 되고 n차 고조파는 극단적으로 확대되어 계통 전체에 고조파 왜곡 현상을 발생하므로 반드시 이 구성은 피해야 한다.

③ 병렬 공진할 경우의 영향

 ㉠ 이론상 $I = \dfrac{E}{X}$ 에서 $X = \infty$ 이므로 전류 $I = 0$ 되어 콘덴서에 에너지 충·방전 현상이 나타난다.

 ㉡ 이로 인한, 고조파 전류의 확대현상으로 인덕턴스와 콘덴서 간에는 큰 고조파 전류가 나타나 특정 고조파 전압이 높아진다.

 ㉢ 그 결과 배전선로의 이상 과전압, 열화촉진 등의 원인이 되어 변압기 손실 과다, 선로 손실 과다 등의 악영향을 초래한다.

2. 콘덴서 단자전압에 미치는 영향

comment 이 자체로도 기출 문항으로 출제되었다.

(1) 콘덴서 과열

$$I = \sqrt{I_1{}^2 + I_2{}^2 + \cdots + I_n{}^2} = I_1 \sqrt{1 + \sum_{n=2}^{n} \left(\frac{I_n}{I_1}\right)^2}$$

(2) 콘덴서 과전압

① 고조파에 의한 콘덴서 과전압

$$V_c = I \cdot \frac{X_c}{1} + I_2 \cdot \frac{X_c}{2} + \cdots + I_n \cdot \frac{X_c}{n} = V_1 \left(1 + \frac{1}{I_1} \sum_{n=2}^{n} \frac{I_n}{n}\right)$$

② 6% 리액터 취부 시 콘덴서 과전압

$$V_c = \frac{-100}{-100 + \alpha} V = \frac{100}{100 - \alpha} V = \frac{100}{100 - 6} V \fallingdotseq 1.06\,V\,[\text{V}]$$

(3) 콘덴서 실효용량 증가

$$Q_c = I_1{}^2 X_c + I_2{}^2 \frac{X_c}{2} + \cdots + I_n{}^2 \frac{X_c}{n}$$

$$= I_1{}^2 X_c \left(1 + \frac{1}{I_1{}^2} \sum_{n=2}^{n} \frac{I_n{}^2}{n}\right) = Q_{C1} \left[1 + \sum_{n=2}^{n} \left(\frac{I_n}{I_1}\right)^2 \cdot \frac{1}{n}\right]$$

(4) 직렬 리액터 손실 증가

$$Q_L = I_1{}^2 X_L + I_2{}^2 (2X_L) + \cdots + I_n{}^2 (nX_L)$$

$$= I_1{}^2 X_L \left[1 + \frac{1}{I_1{}^2} \sum_{n=2}^{n} \left(I_n{}^2 \cdot n\right)\right] = Q_{L1} \left[1 + \sum_{n=2}^{n} \left(\frac{I_n}{I_1}\right)^2 \cdot n\right]$$

3. 고조파 장해 방지대책

(1) 콘덴서 측 대책

① 직렬 리액터 부착

    ㉠ 콘덴서 측 회로가 고조파에 대해 유도성이 되도록 리액터를 선정한다.

    ㉡ 제5고조파 억제 시 $5\omega L \geq \dfrac{1}{5\omega C} \rightarrow \omega L \geq 0.04 \cdot \dfrac{1}{\omega C}$ 이므로 여유를 두어 기본파에서 콘덴서 용량이 100%라면 리액터는 6% 정도 용량을 선정하며 제3고조파에 대해서는 13% 리액터를 선정한다.

    ㉢ 설계 공진차수 : $nX_L = \dfrac{X_c}{n} \rightarrow n = \sqrt{\dfrac{X_c}{X_L}} = \sqrt{\dfrac{100}{6}} = 4.1$차에서 공진 $(60\,\mathrm{Hz} \times 4.1 = 246\,\mathrm{Hz})$

    ㉣ 기본파에 대해서는 용량성 : $j6 - j100 = -j94$

    ㉤ 제5고조파에 대해서는 유도성 : $j6 \times 5 - j\left(\dfrac{100}{5}\right) = j10$

    ㉥ 필터로 설계 시에는 고조파에 대한 내량을 검토하고 또한 위의 '㉠ ~ ㉣' 사항을 다음 그림과 같이 표현할 수 있다.

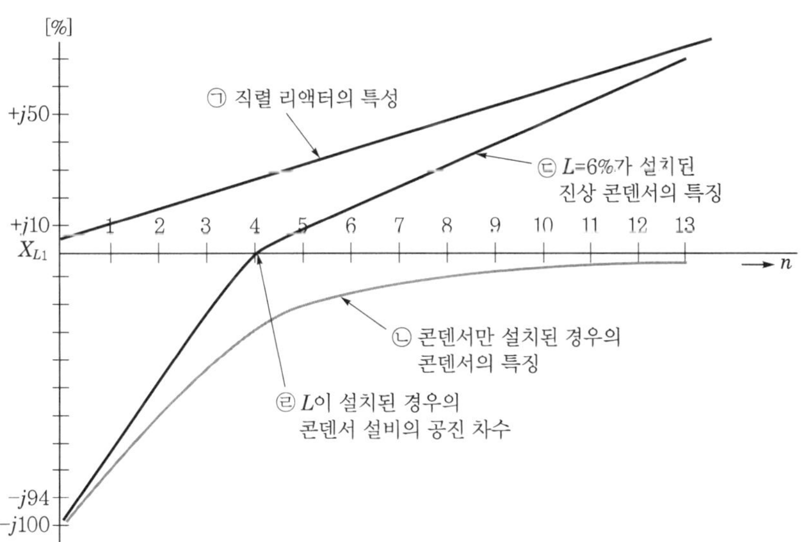

❚ 직렬 리액터를 사용한 콘덴서 설비의 임피던스 특성 ❚

② 자동 역률 조정장치 취부로 고조파에 의해 용량성이 되지 않도록 한다.

③ 전력용 콘덴서 사용전류 최대한 억제 : 유도 전동기 대신 동기 전동기를 사용한다.

(2) 고조파 저감대책

   ① **발생원** : 다상화, 인버터 PWM + ACL + DCL → 저차 고조파 2% 이하로 억제

   ② **계통 측** : 전원 분리, 전용 배선, 필터 설치, 역률 개선, 불평형 개선, 고조파 관리

   ③ **피해기기 측** : K-Factor Tr, 하이브리드 Tr, 용량 산정 반영, NCE, 중성선 굵기 증대, 발전기 댐퍼권선 설치 등

(comment) 수험생 스스로 목차를 기록하도록 한다.

저자소개

■ 양재학
- 중앙대학교 전기공학 학사, 한양대학교 전기공학 석사
- **[현재]** (주)자람앤수엔지니어링 전무이사
- **[경력]** 한국전력공사 송배전부장/(주)제일엔지니어링 전무이사/창조종합건축사 사무소 부장
- **[자격]** 발송배전기술사/건축전기설비기술사/전기응용기술사/전기안전기술사/산업안전지도사

■ 김재구
- 중앙대학교 전기공학 학사
- **[현재]** (주)제일엔지니어링 부사장
- **[경력]** 두원공과대학교 전기공학과 겸임교수/호원대학교 전기공학과 겸임교수
- **[자격]** 발송배전기술사/기술지도사

■ 구본우
- 중앙대학교 전기공학 학사
- **[현재]** (주)진광건설엔지니어링 고문
- **[경력]** 한국전력공사 전력계통 본부장
- **[자격]** 전기안전기술사

■ 정일재
- 서울과학기술대학교 전기공학 학사
- **[현재]** 주신엔지니어링 감리본부 전무
- **[경력]** 한국전력공사 송배전부장/국가직무능력표준 NCS 편집위원
- **[자격]** 전기안전기술사

■ 공영초
- 중앙대학교 전기공학 학사, 연세대학교 전기공학 석사
- **[현재]** (주)한국코아엔지니어링 전무
- **[경력]** 한국전력공사 송배전부장 대한민국산업현장교수(전기·전자)
- **[자격]** 전기안전기술사

■ 김재봉
- 조선대학교 전기공학 학사
- **[현재]** 부흥기술단 감리본부 전무
- **[경력]** 한국전력공사 송배전차장/완도~제주 #3 HVDC 해저케이블 건설공사 책임감리
- **[자격]** 전기안전기술사

▶ 인강으로 합격하는 발송배전기술사 [기출+예상문제집] 하권

2025. 8. 13. 초 판 1쇄 인쇄
2025. 8. 20. 초 판 1쇄 발행

지은이 | 양재학, 김재구, 구본우, 정일재, 공영초, 김재봉
펴낸이 | 이종춘
펴낸곳 | **BM** (주)도서출판 **성안당**
주소 | 04032 서울시 마포구 양화로 127 첨단빌딩 3층(출판기획 R&D 센터)
　　　 | 10881 경기도 파주시 문발로 112 파주 출판 문화도시(제작 및 물류)
전화 | 02) 3142-0036
　　　 | 031) 950-6300
팩스 | 031) 955-0510
등록 | 1973. 2. 1. 제406-2005-000046호
출판사 홈페이지 | www.cyber.co.kr
ISBN | 978-89-315-1370-7 (13560)
정가 | **84,000원**

이 책을 만든 사람들
기획 | 최옥현
진행 | 박경희
교정·교열 | 이은화
전산편집 | 유해영
표지 디자인 | 박현정
홍보 | 김계향, 임진성, 김주승, 최정민, 이해솔
국제부 | 이선민, 조혜란
마케팅 | 구본철, 차정욱, 오영일, 나진호, 강호묵
마케팅 지원 | 장상범
제작 | 김유석